U0865703

2003
中国海洋年鉴
CHINA OCEAN YEARBOOK

中国海洋年鉴编纂委员会 编

海洋出版社

2004年 · 北京

图书在版编目（CIP）数据

中国海洋年鉴．2003 / 《中国海洋年鉴》编纂委员会编．
—北京：海洋出版社，2004.6
ISBN 7-5027-6113-6

Ⅰ．中…　Ⅱ．中…　Ⅲ．海洋—中国—2003—年鉴
Ⅳ．P7-54

中国版本图书馆 CIP 数据核字（2004）第 034665 号

2003 ZHONGGUO HAIYANG NIANJIAN
海洋出版社　出版发行
http：//www.oceanpress.com.cn
（100081　北京市海淀区大慧寺路 8 号）
正文印刷：国家海洋信息中心印刷厂
彩色印刷：廊坊市锦华印刷有限公司
2004 年 6 月第 1 版　2004 年 6 月第 1 次印刷
开本：787mm×1 092mm　1/16　印张：40.25（插页：40 页）
字数：1 160 千字　印数：1 ～ 2 000 册
定价：160.00 元

海洋版图书印、装错误可随时退换

2002 年 2 月 8 日上午，中共中央政治局委员、书记处书记、国务院副总理温家宝来到国家海洋局，亲切接见了中国第 16 次、第 17 次南极考察队部分队员，代表党中央、国务院和全国人民，通过卫星通讯向日夜奋斗在南极第一线的中国第 18 次南极考察队的全体队员和“雪龙”号船员祝贺新春。慰问活动由国家海洋局局长王曙光主持。

中国海洋一号

HY–1A 卫星于北京时间 2002 年 5 月 15 日 9 时 50 分在太原与 FY–1D
与火箭分离，经过西安卫星测控中心与卫星研制单位对卫星实施测控，在
试，卫星上水色扫描仪与 CCD 成像仪两台遥感器与星上存储器、数传系统

卫星发射成功

由长征四号乙火箭发射升空，808 秒后到达 870 千米的轨道，HY—1A 卫星
7 次变轨后，于 2002 年 5 月 27 日到达 798 千米的预定轨道上运行，经测
常。

经党中央批准，全国人大常委会副委员长、“九三”学社中央主席吴阶平和全国政协副主席、“九三”学社中央常务副主席王文元率团于2002年7月8～18日，分别到山东、天津有关部门和单位进行了调研考察。全国人大常委、“九三”学社中央副主席洪绂曾和全国政协委员、“九三”学社中央副主席黄其兴等九三学社中央领导、“九三”学社有关社员、中央统战部有关部门负责人参加调研。调研考察团还邀请了国家经贸委、科技部和国家海洋局等有关部门的同志随团调研考察。山东省、天津市政府和统战部有关领导陪同调研。

吴阶平副委员长在青岛视察海水淡化工作时为黄岛电厂题词：“海水淡化成绩突出，环境保护效果显著”

全国人大常委会副委员长、“九三”学社中央主席吴阶平一行20余人到青岛进行关于海洋经济可持续发展问题的调研

全国政协副主席王文元到天津视察海水淡化与综合利用工作

胜利油田油建公司承建的国际反承包项目
——EDC 埕岛西 DPA 平台装船出海

胜利油田油建公司承建的国际反承包项目——阿帕契
赵东 ODA/OPA 平台海上就位安装

002 年 4 月 2 日，中国第 18 次南极科学考察队
暨“雪龙”号考察船，在圆满完成各项科学考察
任务后抵达上海港

国际帆联专家在青岛考察奥运会
帆船比赛海域海洋环境

表彰大会

海域使用权拍卖现场

海域管理

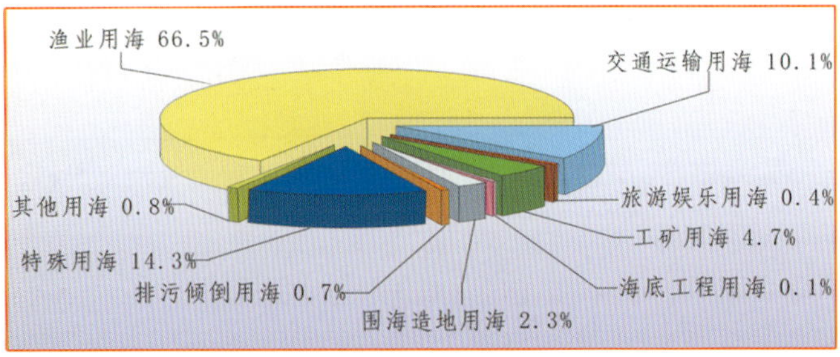

2002年全国主要用海类型及所占面积的百分比

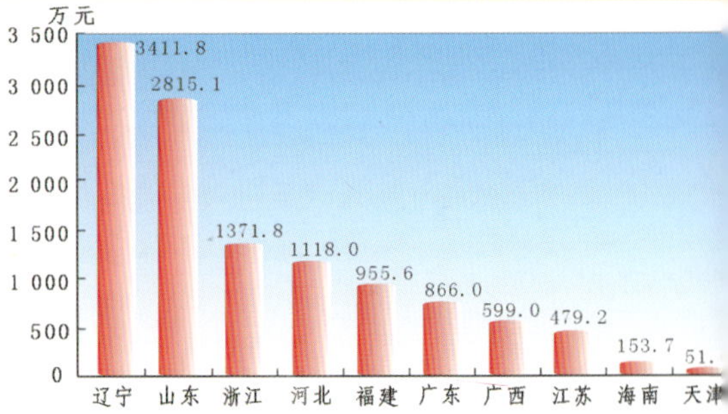

全国各地累计确权海域面积

全国海域勘界工作会议

2002 年 9 月 24 ～ 29 日，全球环境基金第二届水域大会在大连召开，国家海洋局局长王曙光在开幕式上作重要讲话

海洋国际合作

2002 年 12 月 6 日，朝鲜民主主义人民共和国代表团参加中朝海洋科技合作第十一次会议

参加中韩海洋科技联委会会议的中国代表

极地考

中山站新主楼工程

中山站国旗和方向标

冰盖考察准备作业

察工作

小艇运输

飞机运输

南极内陆冰盖考察车队

冰上卸货

大洋矿产资

中国大洋矿产资源研究开发协会于 1991 年经国务院批准成立，并于同年在联合国登记注册为国际海底区域开发先驱投资者。协会的主要任务是负责组织协调我国在国际海底区域矿产资源研究和开发活动，为我国经济可持续发展储备新的矿产资源和能源、促进我国深海高新技术产业的形成与发展、维护我国在国际海底区域的权益并为人类开发利用国际海底资源做出贡献。2002 年协会积极履行了根据《勘探合同》我国应承担的国际义务，在多金属结核合同区进行了资源勘查，并结合国际海底区域活动对富钴结壳资源调查的迫切需要，开展了钴结壳靶区资源评价和环境研究工作。协会基础设施建设在 2002 年上了一个新台阶，我国执行大洋资源海上调查和研究任务的主力船只“大洋一号”增改装工程顺利完成。同时为适应国际海底区域开发新形势，提高我国海洋科学调查水平，加强大洋工作的能力建设，根据深海勘查技术涉及研究面广、技术含量高、研究难度大的特点，“十五”深海勘查技术发展走技术引进与自主研发相结合的道路，既发挥全国技术和人才优势，培养一批技术骨干，又研制了一批具有国际水平的先进调查设备，提高了协会在富钴结壳、热液硫化物、深海生物基因及深海环境等多种资源和多个方面的勘查能力。

国家海洋局副局长倪岳峰和中国大洋协会陈炳鑫理事长视察增改装后的“大洋一号”船

增改装后的“大洋一号”（2002 年

源研究开发

中国大洋协会第四届理事会第二次会议合影

中国大洋协会第四届理事会第二次会议

DY105 航次获取的多金属结核样品

DY105—13 航次获取的富钴结壳样品

CTD 绞车

002 年中韩深海矿产资源研究开发合作第三次研讨会

进行富钴结壳浸出实验室扩大试验

海洋执法检查

国家海洋局慰问团慰问基层执法人员

空中监视

监视沉船打捞

中国海监工作交流会
在山东济南召开

《2003 中国海洋年鉴》编委会成员名单

（按姓氏笔画排序）

名誉顾问：刘华清

顾　　问：王曙光　国家海洋局局长

苏纪兰　联合国政府间海洋学委员会主席，第九届全国政协常委，中国科学院院士

管华诗　山东省政协副主席，中国海洋大学校长，中国工程院院士

主　　编：孙志辉　国家海洋局副局长

常务副主编：王　飞　国家海洋局局长助理、办公室（财务司）主任

编　　委：王一新　中国海洋石油总公司办公厅主任

王义库　中国船舶工业集团公司办公厅主任，高级经济师

王春生　厦门市海洋与渔业局副局长

王恩顺　大连市海洋与渔业局副局长

王桂忠　厦门大学海洋与环境学院副院长，教授

王淑莲　青岛市海洋与渔业局副局长

韦　忠　广西壮族自治区海洋局副局长，高级工程师

刘修德　福建省海洋与渔业局副局长

刘振民　外交部条法司副司长

阮水根　中国气象局预测减灾司司长，高级工程师

孙　洪　科技部农村与社会发展司资源环境处处长

邢新海　河北省国土资源厅调研员

陈毕伍　交通部科教司副司长

陈明剑　国家环保总局海洋环境保护办公室主任

陈宗尧　浙江省海洋与渔业局副局长

李建新　辽宁省海洋与渔业厅巡视员

李珠江　广东省海洋与渔业局局长

沈　琛　中国石油化工股份有限公司油田勘探开发事业部总工程师，教授级高级工程师

沈叙健　国家发展和改革委员会地区经济发展司综合处处长

宋修武　山东省海洋与渔业厅厅长

吴灶和　湛江海洋大学副校长，教授

吴季松　水利部水资源司司长

吴德星　中国海洋大学副校长，教授
张吉林　国家旅游局规划发展与财务司副司长
张海河　天津市海洋局局长，党组书记
张善丰　浙江省舟山市海洋与渔业局副局长
范蔚茗　中国科学院资源环境科学与技术局副局长，研究员
苗振清　浙江海洋学院副院长，教授
胡　宁　中国盐业总公司副总工程师，高级工程师
姜志军　海军军事学术研究所所长
郭　莘　中国海事局副局长
贾建军　上海市海洋局副局长
栗倩云　农业部渔业局处长
唐庆宁　江苏省海洋与渔业局副局长
黄　源　宁波市海洋与渔业局处长
黄望平　中国石油天然气集团公司发展研究部副局长
盖广生　海洋出版社社长
蒋亮平　中国船舶重工集团公司办公厅主任
谢焕忠　教育部科学技术司司长
潘建纲　海南省海洋与渔业厅计划与科技培训处处长，研究员
编委会秘书长：王　宏　国家海洋局办公室（财务司）　书记，副主任
特约编辑：王　红　王春荣　王益民　王校轩　石玉波　石青峰　田翠英
纪志康　刘大安　刘俊山　任小波　沈　毅　孙云潭　许金练
朱雪松　陈家博　何仁义　李长义　李孟杰　李明文　李渝红
佟　羽　杨　力　杨　菲　杨开良　张士锋　张义浩　金泰华
林旭东　郑　平　郑增豪　洪晓枫　徐质斌　翟　兵　潘克厚
编辑部主任：何广顺
编辑部副主任：翁立新　夏登文
编辑部成员：魏国旗　陈立群　许国栋　卢明生　徐　杰　张德山　程秀春　王占坤
英文校对：林宝法
责任编辑：刘　勃
（说明：本名单所列职务原则上以 2003 年为准）

编 辑 说 明

《中国海洋年鉴》是由国家海洋局主办，各部、委、局涉海部门及沿海省、市、区协办，国家海洋信息中心编辑、海洋出版社出版的我国海洋界惟一编年性大型综合性、资料性、史册性连续出版物，旨在客观记载、全面反映中国海洋事业发展历程以及各涉海部门、各行业、各地区每一年度的最新进展和主要成就，为国内外全面了解我国海洋事业的发展现状提供翔实的资料。《中国海洋年鉴》创办于1982年，至今已连续出版了10卷。

《2003中国海洋年鉴》所刊载的内容，主要是2002年度中国海洋各行各业的进展情况，少数资料由于事件的连续性而在时间上有所跨越。

《2003中国海洋年鉴》设9个部分：(1)综合信息；(2)海洋经济；(3)沿海海洋管理与海洋经济；(4)海洋管理；(5)海洋公益服务；(6)海洋科技、教育与文化；(7)极地与国际海底；(8)国际合作；(9)附录。

近年来，我国的海洋工作在海洋管理体制、海洋开发的深度和广度上都取得了重大实质性进展。为了适应这种变化，保持《中国海洋年鉴》的活力和持续发展，对年鉴编委会进行了调整，增加了国家发改委、水利部、教育部、外交部、海军、海事局等重要涉海部门的编委，减少了国家海洋局系统的编委名额，进一步体现了《中国海洋年鉴》为全国海洋界服务的宗旨。此外，在征求广大编委、专家和领导意见的基础上，对原年鉴框架进行了调整，主要是：一是取消综合信息中的专文部分；二是在海洋管理部分中增加了海洋交通管理等内容；三是在海洋公益服务部分中增加了海事服务内容；四是将海洋科技、新闻出版与教育合并为海洋科技、教育与文化，并增加了海洋影视文化及海洋军事等内容。通过这些调整，使本年鉴的整体结构更加紧凑，收录内容更为全面、权威。

《2003中国海洋年鉴》所刊载的内容和数据分别由有关主管部门和单位提供。文稿中的数据由于统计口径或来源不同或其他原因，与统计表中数字不一致者，以统计资料为准。

《2003中国海洋年鉴》资料未包括香港特别行政区、澳门特别行政区和台湾省。

本年鉴的编辑出版，得到了海洋界各部门、各单位的支持和热情帮助，特别是得到了许多单位的经费支持。同时，本卷编委会的变化较大，许多德高望重的海洋界专家和领导多年来对本年鉴工作给予了极大扶持和帮助，在此我们对所有为我国海洋年鉴工作做出过贡献的单位和个人表示衷心感谢。

由于本年鉴的内容涉及到不同行业、不同地区和不同部门，资料的搜集和处理难度较大，框架安排有疏漏或不足之处，资料不够全面或处理不当之处，恳请各界专家、领导和广大读者批评指正，欢迎提出建设性意见，使中国海洋年鉴越办越好。

中国海洋年鉴编辑部

2004年4月

目 次

综合信息

特 载

2002 年大事记

海洋法规选编

海洋经济

沿海海洋经济概况

海洋渔业

海洋交通运输业

海洋油气业

滨海旅游业

海洋船舶工业

海盐及海洋化工业

海洋生物制药和保健品开发

海洋管理

海域管理

海洋环境保护

海洋执法监察工作

海洋交通管理

沿海海洋管理和海洋经济

海南省

广西壮族自治区

广东省

福建省

厦门市

浙江省

宁波市

舟山市

上海市

江苏省

山东省

青岛市

天津市

河北省

辽宁省

大连市

海洋公益服务

海洋灾害与环境预报服务

海洋信息管理与服务

海洋档案管理与服务

海洋标准计量工作

海事服务

海洋科技、教育与文化

海洋科学研究

海洋技术

海洋教育

海洋文化

海洋军事

极地与国际海底

极地工作

CONTENTS

General Information

Marine Economy

Marine Management

Local Marine Management and Economy

Marine Public Welfare Service

Marine Science & Technology and Education and Culture

Polar and International Seabed

International Marine Cooperation

Appendixes

综合信息

General Information

特 载

Special Contributions

1. 党中央、国务院等国家领导人有关海洋资源工作的讲话、批文等

(1) 3月10日，中央人口资源环境工作座谈会在人民大会堂举行。中共中央总书记、国家主席江泽民主持座谈会并发表重要讲话。他强调，为了实现我国经济和社会的持续发展，为了中华民族的子孙后代始终拥有生存和发展的良好条件，我们一定要按照可持续发展的要求，正确处理经济发展同人口资源环境的关系，促进人和自然的协调与和谐，努力开创生产发展、生活富裕、生态良好的文明发展道路。

党和国家领导人李鹏、朱镕基、李瑞环、胡锦涛、尉健行、李岚清等出席座谈会。

江泽民指出，实现可持续发展，核心的问题是实现经济社会和人口资源环境的协调发展。发展不仅要看经济增长的指标，还要看人文指标、资源指标、环境指标。我国已经开始实施现代化建设的第三步战略部署，进一步做好人口资源环境工作，对我们实现既定的发展目标，具有十分重大的意义。我们既要保持经济持续快速健康发展的良好势头，又要抓紧解决人口资源环境工作面临的突出问题，着眼于未来，确保实现可持续发展的目标。

江泽民说，我国人口资源环境工作取得了很大成绩，实现了"十五"人口资源环境工作的良好开局。同时也要看到，我国人口资源环境工作仍然面临不少亟待解决的突出问题，人口资源环境状况与经济社会发展还很不协调。我们必须加紧解决存在的问题，坚定不移地实施可持续发展战略。

江泽民强调，加入世贸组织后，我国人口资源环境工作面临着新的形势和新的要求，最突出的特点是，我们做人口资源环境工作，不仅要把国内因素与国际因素结合起来考虑，而且要更多地考虑国际因素。加入世贸组织，既为我们充分利用国内外两市场、两种资源，实现经济社会与人口资源环境的协调发展提供了新的机遇，也对我们提高经济和社会的可持续发展能力提出了新的挑战。要充分利用有利因素，努力避免不利影响。各级党委和政府以及有关部门要增强紧迫感和责任感，抓住机遇，应对挑战，开拓创新，趋利避害，把人口资源环境工作提高到一个新水平。

在谈到国土资源工作时，江泽民说，国土资源工作，要以提高可持续发展的保障能力为目标，建立政府管理与市场运作相结合的资源优化配置新机制，全面加强资源调查、规划和管理，不断提高对资源的保护与合理利用水平。高度重视国土资源的规划编制工作，做到科学规划，严格实施，不断完善国土资源规划体系。经过科学论证和审批的资源规划必须严格执行，修改已批准的资源规划必须经过法定程序。全面加强地质灾害的监测预防，继续做好三峡库区等重点地区地质灾害防治工作。加强耕地特别是基本农田保护，积极推进土地整理和复垦。继续深化国土资源有偿使用制度改革，推进国土资源市场体系建设，做到产权明晰、规则完善、调控有力、运行规范，依法维护资源所有者和使用者的合法权益。加大对资源保护和合理利用的执法监察力度。全面推进国土资源信息化和网络化建设，加快国土资源工作的现代化步伐。

在谈到环境保护工作时，江泽民说，环境保护工作是实现经济和社会可持续发展的基础，一定要从全局出发，统筹规划，标本兼治，突出重点，务求实效，进一步控制全国污染物排放总量，改善重点地区环境质量。大力调整产业结构，根治和减少污染严重的企业，用高新技术改造传统产业，大力推进清洁生产，淘汰落后的生产工艺、设备和产品。引入市场机制，加快城市污水和垃圾处理设施建设，并保证正常运行。推广清洁能源，切实改善城市环境质量。加强农业和农村的污染防治，积极推广生态农业和有机农业，保护农村饮用水源地，保证食品安全。继续抓好"三河三湖"、酸雨和二氧化硫控制区、北京市、渤海、三峡库区、南水北调等重点地区和重点地区和重点项目的污染防治。在长江和黄河源头等地区建设一批生态功能保护区，充分发挥生态环境的自我修复能力。抓好西部大开发中的生态保护工作。积极推行国际通行的环境管理体系认证和环境标志产品认证，促进对外贸易发展。要有针对性地开展温地保护宣传教育，提高广大干部群众对保护湿地重要性的认识。要严格控制湿地资源开发，在具备条件的地区要采取抢救性措施建立一批湿地保护区，同时要管护好已经建立的湿地保护区。江泽民强调，水是基础性的自然资源和战略性的经济资源。水资源的可持续利用，是经济和社会可持续发展极为重要的保证。我国是一个水旱灾害十分频繁的国家。除水害、兴水利，历来是治国安邦的大事。水利工作要继续坚持全面规划、统筹兼顾、标本兼治、综合治理，坚持兴利除害结合、开源节流并重、防洪抗旱并举，对水资源进行合理开发、高效利用、优化配置、全面节约、有效保护和综合治理，下大力气解决洪涝灾害、水资源不足和水污染问题。立足于防大汛、抗大旱，加快在江大河大湖治理，抓紧抓好主要江河的堤防建设和控制性工程建设，加快病险水库除险加固。加强水资源的统一管理，提高水的利用效率，建设节水型社会。南水北调工程要按照先节水后调水、先治污后通水、先环保后用水的原则，抓紧做好总体规划，尽快开工建设。通过改革水资源管理体制，促进水资源合理利用，提高水资源利用效率。

江泽民强调，切实做好人口资源环境工作，不仅关系我们能否更好地解放和发展生产力，而且关系我们能否更好实现、发展、维护最广大人民的根本利益。各级党委和政府要进一步增强抓好人口资源环境工作的责任意识，继续坚持党政一把手亲自抓、负总责。党政领导班子要定期研究本地区人口资源环境工作，每年都要认真解决一两个影响和制约本地区人口资源环境工作的突出问题，做到责任到位、措施到位、投入到位。要坚持和完善责任制，明确有关部门的职责分工，协调各方面力量齐抓共管，加强督促检查，把任务和措施落到实处。要努力建设一支思想好、作风正、懂业务、会管理、善于做群众工作的人口资源环境工作队伍，推动人口资源环境工作不断取得新进展。

江泽民强调，人口资源环境工作要切实纳入依法治理的轨道。各级领导干部要带头学法、知法、懂法，努力做遵守法律法规的模范，同时要支持和督促有关部门严格执法，绝不能知法、懂法，努力做遵守法律法规的模范，同时要支持和督促有关部门严格执法，绝不能知法犯法，干扰甚至阻挠有关部门依法行政。有关职能部门要秉公执法，决不允许徇私枉法。加强人口资源环境方面的法制宣传教育，普及有关法律知识，使企事业单位和广大群众自觉守法。

(2) 全国政协副主席王文元考察国家海洋局天津海水淡化与综合利用研究所。

7 月 15 日，由全国政协副主席王文元率队的“九三”学社中央考察团在国家海洋局副局长倪岳峰、天津市政协副主席梁肃的陪同下，对国家海洋局天津海水淡化与综合利用研究所进行了视察。视察期间，王文元表示：“海水淡化已显示出很强的优越性。天津是一个极度缺水的城市，解决淡水问题是天津发展成一个国际化大都市必须要解决的一个问题。天津应该建立一些大的、有规模效应的海水淡化工程。”他同时希望今后要注意解决以下 6 个问题：第一，加大研究力度，争取进入国际市场。不仅把海水淡化看成是解决我国沿海地区缺水的一个重要途径，而且要作为占领国际市场的一种手段。第二，走产、学、研相结合的道路，满足企业需求。研究所、高等学校及应用单位应该结合起来，解决推广过程中如何降低成本、提高效率等问题。第三，要有自己的知识产权。中国要发展海水淡化，必须立足于自己的设备开发与制造。中国是一个大国，都靠引进技术、引进设备来解决问题，是不可能的。第四，要有示范工程。海水淡化是一个新行业，具有高风险性。没有示范工程的成功，就没有企业家的投资。应该建立一个示范区，有了很好的效益，自然就可以引来投资。第五，国家要有一个配套政策。在立项、研制的时候，给与经费支持；在制造的时候，对制造的企业，在税收上有所减免；在研究开发上、试制生产上、使用上有一套完整的政策支持，整个海水淡化产业就可以形成。第六，进行认真的可行性研究。海水淡化产业，要形成一个前后关联的产业链，必须进行深入的可行性研究。

(3) 7 月 15 日，第 27 届南极研究科学委员会会议和第 14 届国家南极局局长理事会会议在上海召开。国务院副总理温家宝为会议发了贺信。

温家宝副总理在贺信中指出，科学发现的大量事实证明，南极洲并不是游离于人类文明之外孤立的冰雪世界，而是与全球气候、生态环境以及人类社会未来发展等一系列重大问题密切相关。目前，对南极的探索已经引起国际社会的广泛关注。国际南极研究科学委员会和国际南极局局长理事会，多年来在国际研究计划的制定、启动、协调和后勤支援中发挥了极其重要的作用，为南极科学考察事业的健康发展做出了积极的贡献。在贺信中，温家宝副总理还高度评价了中国的南极考察事业，他指出，20世纪80年代以来，中国科学家一直为揭开南极大陆的奥秘而辛勤工作，做出了自己的贡献。中国已成功组织了18次南极考察，获得了大量宝贵的数据、资料和样品，取得了一批世界一流水平的科研成果，初步形成了一支素质优良的极地考察科研和管理队伍。温家宝副总理同时指出，希望通过这次会议，进一步加强从事南极考察的国家之间的交流，增进了解，互相学习。中国愿同各国一道，继续高举和平、合作、友好的旗帜，共同促进南极科学考察事业的发展，为人类和平利用南极做出新的贡献。

2. 部、局级领导人重要讲话

中国工程院院长徐匡迪在2002国际海洋与经济发展论坛上的讲话

发展海洋工程技术　开发利用海洋资源

（2002年7月14日）

女士们、先生们：

盛夏7月，海内外专家、学者及企业界人士会聚在美丽的海滨城市——青岛，参加第三届海洋科技与经济发展国际论坛，请允许我代表中国工程院对论坛的成功召开表示热烈的祝贺！对各位嘉宾的到来表示最诚挚的欢迎。

地球是人类共有的家园，海洋是这个家园保持生机的基本条件。在人类漫长的发展历史中，海洋与经济和社会的发展有着密不可分的关系。世界上大多数沿海国家通过开发海洋，先后成为发达国家。从西班牙、荷兰、瑞典、丹麦到英国和美国，这些国家的繁荣与发展无一不证明了海洋在经济和社会发展中的巨大作用。我愿借此机会，就中国海洋事业的历史、现状，及发展海洋工程技术，开发海洋资源作一发言。

早在新石器时期，中国就创造了带有海上活动特色的龙山文化和百越文化，并流传到国外。夏、商、周代，海洋捕捞技术已有初步发展。春秋时期，鱼、虾、贝类和食盐已成为沿海和内地进行交换的重要商品。秦始皇统一中国后曾四次巡海。汉代开辟了海上丝绸之路。指南针用于航海是中国的首创。唐朝，沿海地区就出现了利用潮汐来推磨的小作坊。明朝初期郑和组织了近3万人的庞大船队，七下西洋，历时28年，使永乐年间成为明朝的鼎盛时期。此后400年，中国禁海闭关，日渐衰落，以至沦为一个半封建、半殖民地国家。

新中国成立后，特别是20世纪80年代中国实行对外开放以来，中国在开发利用海洋资源，发展海洋经济方面取得了长足的发展，海洋经济已经成为国民经济新的增长点。全国海洋经济产值1980年为80亿元，1990年为438亿元，2000年为4 133亿元，增长迅速。海洋水产品和原盐产量已居世界第一位，海港货物吞吐量及造船总吨位居世界第二位，海洋运输已承担起中国对外贸易70%的货运量。

随着科学技术的进步，人类对海洋及其价值的认识也在不断深化。从“鱼盐之利、舟楫之便”到“世界交通重要通道”，从“人类生存的重要空间”到“人类生命支持系统的重要组成部分，可持续发展的宝贵财富”。现代海洋科学技术的发展，将把人类认识和开发海洋资源的能力提高到前所未有的高度。

世界上多数沿海地带由于有国际交流之便而成为经济、科技和文化中心。世界上3/4的大城市，70%的工业资本集中在沿海地区，如纽约、旧金山、洛杉矶、温哥华、里约热内卢、伦敦、鹿特丹、安特卫普、东京、孟买、新加坡等。这些城市的发展带动了所在国的经济繁荣和社会发展。海洋对中国东部沿海地区的经济和社会发展，也起到巨大的作用。特别是20世纪80年代以来，沿海地区成为中国经济快速增长的区域。沿海12省、区、市的陆地面积占国土总面积仅14%，而GDP却占全国的60%。中国沿海有中等以上城市25个，其中上海是中国经济实力最强的大城市，大连、青岛、厦门、深圳、北海的GDP分别占所在省的57.41%，34.07%，14.69%，28.42%，40.54%。

沿海地区又是人类生活生产的最佳场所。目前，世界60%的人口居住在距海岸100千米的地区。据预测，到2020年，世界3/4的人口将居住在沿海地区。中国每平方千米平均人口约124人，其中东部沿海地区372人，人口承载力最强，中部地区200人，西部地区15人。预计，到21世纪中叶，将有50%～60%的人口生活在沿海地区。

海洋是货物与商品运输的主要载体，远洋运输承载量最多、最经济。据统计，世界上共有1 000总吨以上船舶7.6万多艘，7.15亿载重吨。集装箱船已由第一代的1 200箱，发展到第五代的5 200～5 500箱。中国是世界十大海洋运输国家之一，现有海洋运输船舶7 600多艘，集装箱30多万标准箱位，3 000多万净载重吨。还拥有机动渔船近30万艘，其中远洋渔船1 700多艘。2000年造船能力已达200多万吨。

据统计，全世界已有港口9 800多个，其中贸易港2 300多个，年吞吐量亿吨级的10个，4 000万吨以上的25个，1 000万吨以上的100多个。许多港口随着船舶的大型化，正在向深水大港的方向发展。世界上能停靠50万吨油轮的港口3个，能停靠8万吨级船舶的港口超过100个，能停靠3万～5万吨级以上船舶的港口约500个。中国有宜建中级以上港址160余处，现有236个沿海港口，万吨级深水泊位490个，年货物吞吐量1 000万吨以上的海港22个，其中上海、广州、宁波港的年吞吐量已超过1亿吨。2000年上海港已达2.04亿吨。

海洋还是地球物质资源最丰富的宝库。海洋的自然资源主要包括四个方面。

首先，生命源于海洋，地球上的物种约有80%生活在海洋中，已知海洋生物有20多万种，其中动物约18万种，植物约2.5万种，总蕴藏量达1 350亿吨。海洋渔业资源的总可捕量为2亿～3亿吨年，目前，实际捕捞量不足1亿吨年，据报道，大洋深水区蕴藏着大量的中层鱼类资源，开发潜力巨大。另外，药用和其他生物资源也具有诱人的前景。目前，已有超过6 500种新产品从海洋生物中产生。估计有近1 000万个深海生物物种，由于特殊的生存环境，将为人类提供丰富的基因资源。中国近海海洋生物物种繁多，植物达2万余种，其中藻类1 820种，海洋动物1.25万余种，药用生物700余种，平均生物产量每平方千米3 020吨，处于世界中下水平。

其次，海底蕴藏丰富的油、气资源。据统计，世界油气远景面积7 746.3万平方千米，其中海底约2 639.5万平方千米，占34%。海洋石油蕴藏量约1 000多亿吨，探明储量380多亿吨。海洋天然气储量约140万亿立方米，探明储量约40万亿立方米。已有100多个国家进行海上油、气勘探，其中对深海海底勘探有50多个国家。随着工程技术的不断创新，海底石油和天然气勘探向深水区的发展，储量还会增加。中国近海石油约有240亿吨资源量，14万亿立方米天然气资源量。发现了71个含油、气构造，获地质储量石油12亿吨，天然气2 350亿立方米。已有25个海上油、气田投入开发，形成了一个海上油气产业。近年来，在南沙海域发现7个油气盆地。总资源量达320亿～430亿吨，是世界四大油气区之一。

天然气水合物，也称“可燃冰”，在海底分布广、含量丰富，目前全球“可燃冰”能量是所有煤、天然气和石油总和的2～3倍。中国对南海的初步调查，天然气水合物总资源量近800亿吨油当量，相当于全国石油总量的50%左右。

此外，海洋中蕴藏着巨大的再生性能源。海浪、海流、潮汐能等总储量160亿千瓦。中国海洋蕴藏的发电量6.3亿千瓦，不会造成任何污染，若能较好开发利用，发电量相当可观。

第三，人类已发现的100多种元素，其中80多种在海水中存在。在13.7亿立方千米的海水中，盐含量达4.8×1 016吨，重水达200万亿吨，铀的蕴藏量比陆地大3 000倍，金的含量也相当可观。每1立方千米海水中含有物质3 750万吨，除盐外，氯化镁320万吨，硫酸镁220万吨，碳酸镁120万吨，溴65万吨。深海区域蕴藏着丰富的矿产资源，包括多金属结核，热液矿床和钴结壳。据初步调查，15%的深海区域存有锰结核资源，总储量约3万亿吨。若把海水中的全部物质提取出来铺在陆地表面，厚度可达150米。中国漫长海岸线、领海及专属海域蕴藏着极为丰富的矿物资源，目前已探明十几种有工业价值的砂矿。其中探明钛铁矿和独居石等矿物质就有2 100万吨以上，渤海沿岸地下卤水资源估计总量约为100亿立方米左右。1990年又获得15万平方千米的开辟区，获得7.5万平方千米的勘探矿区，其干结核量为4.2亿吨，主要为锰、镍、铜、钴。

最后，海洋还是未来人类活动的重要空间。在陆地资源贫乏的国家，都很重视利用滩涂或海湾造地。荷兰几百年时间造地近千万亩（1亩=0.0667公顷），相当于国土面积的20%。日本围海造地12万平方千米。现代海洋空间利用已发展到建造人工岛、海上机场、跨海桥梁、海底隧道、水下仓库、海上工厂、海底管道、电缆等。中国也是开发滩涂较多的国家之一，累计开发滨海荒地与滩涂2.5亿亩，近40年来围垦造田800多万亩。

滩涂和沿岸浅水区是发展水产养殖业的良好场所。目前，世界上已有140多个国家从事水产养殖，仅虾类一项，养殖面积达100多万平方千米。中国是世界水产养殖业最发达的国家，海水养殖面积已达640多万亩。

海洋资源是具有战略意义的新兴领域，有着巨大的开发潜力。随着陆地资源的日趋枯竭，人类的生存和发展将越来越多地依赖海洋。中国是世界上人口最多、人均土地资源匮乏的国家，在合理利用陆地资源的同时，必须高度重视开发利用海洋资源。

开发海洋对工程科技有高度的依赖性。辽阔的海洋和丰富的海洋资源，为工程科技发挥作用提供了一个大舞台。实践证明，没有海洋工程科技的创新或高技术的突破，就没有海洋产业的形成与发展，就不能充分开发海洋资源，也就不能实现海洋资源的可持续利用。根据中国发展海洋科技确定的任务，海洋工程科技研究的重点是加强海洋环境预报技术、海洋信息技术、海洋环境保护与生态环境修复技术、海洋生物技术、海洋生物资源持续利用技术、海洋资源的综合利用技术和深海资源勘探与开发技术等，为开发海洋资源提供强有力的技术支撑。

海洋为全人类所共有，海洋经济的发展是人类可持续发展的重要组成部分。21世纪是海洋的世纪，也是海洋工程技术大发展和大施展的世纪。中国工程院集中了机械、信息、化工、材料、能源、矿业、农业、环境、医药等主要领域的杰出工程技术专家，可以为海洋工程科技的进步和海洋资源的开发做出贡献。我们也愿意扩大与世界各国相关组织与机构的交流，加强海洋工程科技领域的国际合作，共同为人类科学地开发、利用、保护海洋，做出我们的努力。

衷心希望本次论坛圆满成功，谢谢大家。

农业部部长杜青林在沿海捕捞渔民转产转业工作会上的讲话

（2002年8月6日）

由农业部、财政部、国家计委联合召开的沿海捕捞渔民转产转业工作会议今天在广东湛江市召开。这次会议的主要议题是传达贯彻国务院领导同志对中日、中韩、中越渔业协定签署和生效后沿海渔民转产转业问题的批示精神，研究部署沿海渔民转产转业工作。刚才，广东省李容根副省长、财政部廖晓军副部长、国家计委、外交部有关司局领导，分别对沿海渔民转产转业工作以及新的海洋制度下我国的渔业问题作了讲话，这充分表明了各有关方面对渔业和渔民转产转业工作的关心和支持，他们的讲话对我们准确把握当前的形势，研究部署渔民转产转业工作具有重要的指导意义。

近年来，随着中日、中韩、中越双边渔业协定的签署、生效，海洋渔业开始由领海外自由捕捞向专属经济区制度过渡，我国海洋渔业面临着一些新情况和新的问题：一是根据有关的渔业协定，我国海洋捕捞渔船的作业渔场将明显缩小，大量捕捞渔民面临转产和失业问题，对海洋渔业和沿海经济发展带来严重的影响的初步统计，三个渔业协定生效后，全国约有 3 万余艘渔船要陆续从部分外海传统渔场撤出，有30余万海洋捞渔民和近百万渔业人口的生产、生活受到不同程度的影响。水产品流通、加工、冷藏、运输、渔船网具制造及港口服务等与海洋捕捞业直接相关的产业受到连带的影响，渔区劳力就业难度增大。二是由于大批渔船从外海传统渔场退出，对我国近海渔业资源的压力加大，对现有保护近海渔业资源的制度会带来一定的冲击。由于近海渔场拥挤，海上治安问题会更为突出。由于有关国家加强了海上管理以及我们渔民受传统作业习惯影响，涉外渔业纠纷和越界捕鱼事件在一定期内上升。

当前我国海洋渔业面临的困难和问题，首先是长期以来形成的结构性矛盾。我国渔业历史上以海洋捕捞为主。改革开放以来，我们确立了以养殖为主的发展方针，进而采取了控制捕捞业发展的产业政策，实现渔船数量和功率双指标控制制度，近年还实施海洋捕捞产量“零增长”和“负增长”计划。这些制度和政策的实施，对调整海洋渔业结构，保护渔业资源起到了重要的作用，但始终没有从根本上解决捕捞强度盲目增长的问题。一些地方从自身经济发展和眼前利益出发，对盲目造船管理不力，甚至采取放任的态度，加上渔船管理制度和机制也存在一些问题，致使“沙滩船厂”等违法造船现象蔓延，“三无”渔船泛滥，捕捞强度大大超过了资源再生能力，对近海渔业资源造成严重破坏。渔船的盲目增长是当前我国海洋渔业面临问题的重要原因，三个渔业协定的签署、生效，使这些问题更为突出，矛盾更为尖锐。所以，对沿海捕捞渔业实行减船转产已成为我国海洋渔业结构战略性调整的必然选择。

中央对海洋渔业面临的新形势、新任务高度重视。要求有关部门对专属经济区制度给我国渔业和渔区经济带来的影响进行认真研究，采取相应对策妥善解决撤出传统渔场的渔民生活和渔区经济发展问题，对渔民转产转业要给予必要的政策扶持，以促进这些地区的经济发展和社会稳定。广西、浙江、江苏、广东等地开展专题调研，主动向国务院报告有关情况。根据中央领导的指示，农业部领导和外交部、财政部、国家计委有关部门的同志多次深入沿海渔区调查研究，逐步形成了引导渔民转产转业的共识。在多渠道调研和广泛征求各地意见的基础上，农业部和外交部提出了沿海捕捞渔民转产转业的政策建议，联合向国务院上报了《关于妥善解决中日中韩中越渔业协定生效后我国渔业及渔区经济面临若干问题的请示》。

在财政部、国家计委和税务总局等部门的支持下，最近，国务院领导同志对农业部、外交部的请示作了批示，对请示中提出的沿海渔区产业结构调整的基本思路和引导渔民转产转业的政策措施给予了肯定。主要内容是：

(1) 正确引导，加快沿海渔区产业结构调整。引导海洋捕捞渔民转产转业，因地制宜发展水产养殖，远洋渔业，休闲渔业，水产品加工、流通、运输及其他非渔产业。

(2) 严格控制捕捞强度，加大渔业资源和环境保护力度。进一步完善伏季休渔制度，加强渔业资源监测和评估，开展限额捕捞试点，逐步实行重点品种和海域的限额捕捞制度。

(3) 加强专属经济区渔业执法，维护海上生产秩序和国家渔业权益。加大海上渔政管理和执法力度，防止涉外纠纷发生，保持专属经济区的稳定。

(4) 加强领导，保持渔区经济发展和社会稳定。农业部要指导和协助地方政府制定沿海渔区渔民转产转业规划，并认真组织实施。国务院领导同志的批示还明确了中央对渔民转产转业的若干扶持政策：从2002年起3年内，中央财政每年安排 2.7 亿元转产转业资金，主要用于减船转产补助，增加3 000万元专属经济区渔政执法经费。为保证渔民转产转业和专属经济区渔政执法正常进行，中央财政还将适当加大支持力度，延长支持年限，具体办法由农业部商财政部解决。加大转产转业和渔政执法基础设施建设投入，在编制建设规划的基础上按基建程序审批后安排项目投资，资金的来源除农业部投资要向此倾斜外，国家计委可从中央财政新增预算内基建投资中予以适当支持，地方安排配套投入，中央支持的数额在年度计划中确定。海洋捕捞渔民转产从事水产养殖免征农业特产税问题，由各有关省、自治区、直辖市结合农村税费改革试点自主确定。

当前海洋渔业面临的一项重要任务就是要认真贯彻落实国务院领导同志的批示精神，全面启动沿海渔民转产转业工作。这两年，沿海一些省针对海洋渔业的新形势，不等不靠，积极采取应对措施，引导渔民减船转产、调整海洋渔业结构。浙江省委、省政府的主要负责同志深入渔区调研，并分别召开了省委常委会和省长办公会，听取省渔业主管部门的汇报。随后省政府下发了《关于加快海洋渔业结构调整切实减轻渔民负担的若干政策意见》，明确“十五”前三年，省里每年安排3 000万元浅海养殖扶持资金，500万元远洋贴息资金，500万元水产优质种苗繁育和推广资金，每年安排1 000万元用于赎买旧渔船建设人工鱼礁，计划每年减少1 000艘以上的渔船，2001年在舟山进行了报废渔船拆解试点工作。同时全面清理整顿涉渔收费项目，减轻渔民负担。虽然中越北部湾渔业合作协定尚未生效，但广东省已开始行动，省政府2002年安排了2 000万元用于扶持渔民转产转业，省海洋与渔业局年初在深入调研的基础上，在湛江雷州市进行了减船转产试点，给每一户减船转产渔民无偿划出2公顷海域发展水产养殖，渔业部门为其提供技术、种苗、市场信息和销售等方面的服务，受到渔民的欢迎和好评。江苏省从2002年就开始开展减船试点工作，每转产1艘捕捞渔船省财政补助5万元，引导渔民调整渔业结构。这些有益的探索，为全面推进沿海渔民转产转业积累了经验。

做好沿海渔民转产转业工作，须运用经济的、法律的和行政等手段积极稳妥地实施。在工作中要坚持以下原则：一是要坚持自力更生为主。渔民转产转业涉及面广，完全依靠国家政策扶持是不现实的，只有充分调动广大渔民的积极性、创造性，发扬艰苦创业精神，转产转业工作才能够顺利实施，才能持久下去。二是坚持渔民自愿。各级政府要积极引导，但怎样转、转到哪里去，一定要尊重渔民群众的意愿，不能搞强迫命令，不能包办代替。三是坚持按市场机制运作。渔民转产转业必须按市场经济规律办事，开发项目，一定要经过充分论证，搞好市场前景分析，讲究经济效益，按市场规则运作。四是坚持上下协调运作，充分发挥地方作用，主要的工作要靠地方各级政府去落实。

当前沿海渔民转产转业工作的指导思想是：认真贯彻国务院领导同志的批示精神，落实国家有关政策，重点实施减船转产工程，加强专属经济区渔政执法，确保双边渔业协定顺利实施，维护国家外交大局，保持渔区经济社会稳定。

(1) 沿海各地要将渔民转产转业、维护渔区稳定作为当前一项重要工作抓紧抓好。海洋捕捞渔民世代以打鱼为生，没有耕地，没有其他生产资料，转产转业的难度较大。减船转产任务的实现有赖方方面面共同努力。在思想感情上，我们首先要切实关心渔民，充分理解他们的难处，设身处地地为他们着想。在实际工作方面，关键是渔民安置的各项任务能否落到实处，保证他们有稳定的生产、生活出路。要创造一个有利于渔民转产转业、稳定生产生活的政策环境：一是千方百计减轻渔民负担，二是给渔民创造更多的就业机会。近两年浙江省努力减轻渔民负担，创造渔民转产转业的有利环境，以缓解当前渔民的困难。广东省湛江市为转产搞养殖的捕捞渔民专门划出海域给他们无偿使用，渔民称之为“保命海”，这一做法非常好，有利于降低渔民转产转业的成本，值得各地借鉴。

渔民转产转业是一项社会性工作，这项艰巨任务的完成，只凭渔业行政主管部门孤军奋战是不能奏效的。因此，渔业部门的同志要紧紧依靠政府的领导，主动求得有关部门支持，在各级政府的直接领导、统一组织下，抓紧组织制定今后5年渔民转产转业规划，并明确各部门的职责，建立目标责任制，层层抓落实。渔业部门还要积极求得地方财政、计划、税务等部门在资金等方面的有力支持，切实落实中央的相关政策。并同外事、公安边防密切配合共同做好对渔民宣传教育和管理工作，防止和减少涉外事件发生，确保渔业协定的顺利实施。

(2) 加快渔区产业结构调整，引导沿海渔民转产转业。引导海洋捕捞渔民转产转业要因地制宜。从全国来看，主要是通过发展水产养殖，远洋渔业，休闲渔业以及水产品加工、流通、运输及其他非渔产业，为捕捞渔民创造新的就业岗位。海水养殖是当前渔民转产转业的一个重要领域，各地要做好渔业水域规划，在合理确定养殖容量和科学规划的基础上，划出一定滩涂海域，发放养殖证，引导转产渔民发展海水养殖。各地要注意规划一些能够吸纳渔民就业的项目，比如在统一规划的基础上，由政府扶持建设防浪、排灌、水产苗种体系等公用设施，由渔民以联合、合作的方式进行规模开发，具体如何组织实施请大家研究，提出建议。还有，根据财政部的安排，在中央 2.7 亿元的专项资金中，有一部分资金可用于渔民转产转业的项目补助。各级渔业主管部门要负起责任，既为政府领导当好参谋，也要认真做好与有关部门的协调工作，同时要主动开展对转产转业渔民的培训，为渔民提供养殖技术、病害防治、苗种和市场信息等方面的服务，提高他们的就业能力。各地要为渔区经济结构调整创造有利的环境和条件，例如通过多渠道筹集资金，建设中心渔港带动沿海小城镇发展，为第二、三产业的发展和开拓就业渠道创造有利的环境，以吸纳更多的渔民和渔区富余劳动力。

(3) 集中力量实施减船计划，努力完成减船任务这次转产转业工作的重点是要把海洋捕捞渔船数量减下来，中央财政每年安排渔民转产转业的专项资金中大部分用于减船补助。能不能把船减下去，是衡量转产转业工程是否成功的主要标志。

根据农业部减船总体规划，今后 5 年全国共要减少 3 万艘捕捞渔船，每年减 6 000 艘。会后，各省一定要抓紧时间，根据农业部总的规划，编制各省的减船转产规划。规划要明确工作目标、任务、重点建设项目以及配套的政策措施，分年度实施计划，争取这个月底将规划上报农业部渔业局，农业部将把今年的减船任务尽快分解到各省。如何把减船的任务落到实处，是搞好这次渔民转产转业的关键所在。初步考虑，要从全局考虑渔船布局和减船问题，应把握好三点：一是全方位推进。无论重点地区还是非重点地区都要保证完成减船计划。二是统筹考虑。着眼缓解近海捕捞压力。三是体现政策。实行个人自愿申报、国家补助的办法。各省可根据以上三点提出本省的减船规划。2002 年 5 月农业部和国家安全生产监督管理局联合下发了《渔业船舶报废暂行规定》，各地在实施减船计划时要结合这个办法来实施。

《海洋捕捞渔民转产转业专项资金使用管理暂行规定》已经由财政部和农业部联合下发，暂行规定对减船补助条件、程序和标准做了具体规定，各地一定要严格按照规定执行，用好管好专项资金，决不允许拿了国家的补助又造船下海，这点希望各级政府和有关部门严格把关，强化监管。

(4) 加强渔政管理，执行好双边渔业协定。三个渔业协定签署和生效后，我国海洋渔业管理的方式发生了重大变化。目前，执行好三个渔业协定，管理好渔船，保障海上正常的渔业生产秩序，保护渔业资源，维护国家海洋权益，是我国现阶段专属经济区管理的主要任务。

我国是一个讲信誉的大国，执行好我国与周边国家签署的渔业协定，事关国家声誉，事关对外关系的大局。沿海各级渔业行政主管部门一定要以高度负责的态度做好工作，要主动争取各级财政、计划部门增加渔政执法经费，加大渔政执法的基础设施投入，改善执法手段，确保渔业执法工作正常开展和渔业协定顺利实施，维护渔业生产秩序和国家海洋权益。还要进一步加强对渔民的宣传教育，配合做好专属经济区渔政巡航检查。

为了配合渔民转产转业工程实施，各地特别要重点加强渔船管理，依法严格查处“三无”渔船。坚决制止盲目造船、无证捕捞，是我国海洋渔业管理工作的重中之重，农业部准备在今年伏季休渔全面结束后，组织开展一次全国性的查处“三无”渔船的专项整治行动。要与工商、边防等部门密切合作，组织联合执法，加大对沙滩船厂和非法捕捞渔船的查处力度，维护海上渔业生产秩序。同时要完善海洋捕捞从业准入制度，严格控制非渔劳力下海捕鱼。今后，各地一律不得批准新建渔船(远洋渔船除外)。决不能出现一边在引导渔民减船，一边又在大量非法造船下海；一边组织捕捞渔民转产，一边大量非渔业劳力又不断补充进来。这个问题各地一定要高度重视。

推进沿海捕捞渔民转产转业是一件功在当代、利在千秋的大事。只要认真贯彻落实中央的有关决策、指示精神，紧紧依靠各级政府的直接领导，各部门的支持配合，充分调动、发挥广大渔民群众的积极性、创造性，把各项政策落实到位，就能圆满完成沿海渔民转产转业艰巨任务。

王曙光在全国海洋厅局长会议上的讲话

（2003年1月15日）

同志们：

这次全国海洋厅局长会议，是党的十六大之后我们海洋行政管理系统召开的第一次全国性会议，也是首次请沿海地市海洋管理部门领导同志参加的一次规模较大的会议。这次会议的主要任务是，以邓小平理论和“三个代表”重要思想为指导，认真贯彻党的十六大和中央经济工作会议精神，在总结过去工作的基础上，进一步统一思想，提高认识，对当前及今后一个时期全国海洋管理工作做出部署。下面，我着重讲三个方面的问题。

一、过去五年的工作回顾

五年来，在党中央、国务院的正确领导下，我们认真落实家宝同志关于“国家海洋局要把工作重点放在规划、立法和管理上。按照‘三定’方案，加强与有关部门的配合，认真履行海洋行政管理职责”的重要指示精神，我国海洋事业取得了重大进展。过去的五年，是党和国家高度重视海洋工作的五年，是各级海洋行政主管部门和广大海洋工作者开拓奋进的五年，是海洋形势发生深刻变化的五年，是全国海洋工作硕果累累的五年。

(1) 全民族海洋意识空前增强。沿海各级政府和海洋管理部门都以联合国把1998年定为国际海洋年为契机，充分利用媒体、培训等多种形式，不断加大宣传力度，全面系统地宣传海洋，21世纪是海洋世纪的认识已经深入人心。沿海各级人民政府都把海洋事业的发展列入重要议事日程。海洋工作已经引起社会各界的高度重视。

(2) 海洋经济快速健康发展。海洋传统产业在结构调整中继续发展，新兴产业迅速崛起。这几年海洋经济平均年增长率超过20%，2001年总产值达到7 233亿元，增加值占全国GDP的3.4%，已经成为国民经济新的增长点。

(3) 海洋规划工作进展顺利。我国海洋发展中长期规划——海洋强国战略规划，现已形成初稿。《全国海洋经济发展规划》（纲要）将于近期上报国务院。两个规划的拟定，结束了我国没有海洋发展规划的历史。极地、大洋事业发展规划已经国务院批准，各专项“十五”规划全面拟定，沿海各省、区、市都制订了不同名称的海洋经济发展规划，不少地市、县市也都制订了相应的规划，我国海洋规划体系框架已经形成。

(4) 海洋立法工作取得突破性进展。修订后的《中华人民共和国海洋环境保护法》1999年出台，2001年颁布了《中华人民共和国海域使用管理法》，国家和省级拟定配套法规和实施办法100多件，海洋法规开始形成体系。

(5) 海洋管理工作全面起步。海域使用管理工作起点高，效果好，海域使用已经进入有序管理阶段。海洋环保工作力度加大，全天候海洋监视监测体系已经形成，赤潮监视监测效果显著。中国海监对外已经开始有效维护国家海洋权益，对内已经开始有效执法监察。涉及国家政治、军事、经济利益的重大海洋科技研究和调查专项进展都很顺利。科技兴海取得重要成果。大洋矿产调查为国争得重大利益，2001年在太平洋划出7.5万平方千米海域矿产属我国管理。南极科考取得重大进展。我国海洋管理的机构、队伍、任务、工作开始形成体系。

(6) 海洋行政管理机构普遍强化。1999年以来，沿海省区市都成立了政府一级海洋管理机构，地、县两级绝大多数成立了政府海洋管理一级机构。海洋管理工作有了强有力的组织保证。

(7) 中国海监队伍迅速壮大。1999年中国海监国家总队正式挂牌以来，三个海区总队全部成立，各省区市中国海监已经成立9个总队，34个支队，99个大队。中国海监队伍已经形成由国家、省、地、县四级组成的执法体系雏型。

(8) 海洋管理能力建设极大加强。国务院批准的海洋监测能力建设项目已经完成。13艘海监船、5架海监飞机建设项目已经启动。“大洋1号”调查船已经完成改造。第一颗海洋卫星发射成功，我国海洋已经开始形成由卫星、飞机、船舶、台站、浮标组成的立体监测监视网络。

近几年的工作具有重要意义。法制建设使我们的工作有了法律依据，规划工作为我们的工作描绘了蓝图，能力建设使我们的工作有了手段，机构队伍建设为我们的工作提供了组织保证，已经开展的工作确立了我们工作的职能地位和作用。所有这些，其意义不仅在于对这个时期工作的推动，更重要的是为今后我国海洋事业的大发展奠定了坚实的基础。

我们也要清醒地看到，在海洋工作发展过程中还存在一些问题和困难。规划、立法、管理体系还有待进一步完善和提高；涉海部门有待建立工作协调机制；维权力量薄弱，管理能力建设有待加强；我们的思想、工作还有许多不适应的地方，有待进一步提高；一些地方和部门对海洋工作重视还不够；全国海洋管理工作的发展还不够平衡等等。这些都需要我们在今后的工作中认真加以解决。

2002 年是党和国家发展史上极为重要的一年，也是全国海洋工作大踏步前进的一年。一年来，全国各级海洋行政主管部门以迎接党的十六大胜利召开为动力，在各级党委、政府的关怀和领导下，努力实践“三个代表”重要思想，团结一致，奋发进取，各项工作都取得了很大成绩。

(一) 海域使用管理工作呈现新的局面

去年是海域法正式实施的开局之年。为了推动这部法律的贯彻落实，各级海洋行政主管部门采取了一系列有力措施，做了大量开创性的工作，使我国海洋开发活动中长期存在的“无序、无偿、无度”现象开始得到有效遏制，海域使用管理工作从此进入有法可依的历史新阶段。

一是广泛开展了声势浩大的普法宣传。一年来，沿海各地采取开辟报纸专栏、电视专题，举办讲座、培训、法律咨询，制作流动宣传车船等多种形式，对海域法进行了深入的学习和宣传。绝大多数地区都做到了使法律知识进乡入村、家喻户晓，有的地方还搞了宣传周、宣传月活动，其时间之长、范围之广、力度之大，是以往从来没有过的。

二是进一步完善了海域法的配套制度。去年，国务院先后出台了《国务院关于海洋功能区划的批复》、《国务院办公厅关于沿海省市自治区直辖市人民政府审批项目用海有关问题的通知》。国家海洋局制订了《海域使用申请审批暂行办法》等十多个海域使用管理的规范性文件。沿海各省、区、市制定或修订了本地区的配套规章制度四十多个。辽宁、山东、广西、海南分别出台了海域使用权限划分的实施意见，福建、江苏先后启用了本省“海域使用专用章”，浙江还做出了“凡不符合海洋功能区划的项目用海，计划部门不能立项”的规定。沿海 11 个省区市，三分之二的市县已经完成功能区划编制工作，大部分已批准实施。这些配套措施，为海域法的顺利实施提供了有力支撑。

三是海域使用管理示范区积累了新鲜经验。去年，在总结示范区经验的基础上，又新增了 13 个示范区，总数达到 30 个，其布局基本覆盖了我国 60%的沿海市(县)，大体涵盖了各种用海类型。一年来，这些示范区创造了许多新鲜经验，有的在落实转产转业渔民用海方面做了成功尝试，有的在海域使用权招标拍卖方面进行了有益探索，有的在审批工业项目用海方面摸索了一套行之有效的办法。这些经验具有广泛的适用性，对进一步落实海域使用管理制度，规范各类用海活动起到了很好的示范作用。

四是海域使用确权发证工作全面推进。去年，沿海省区市对辖区内的海域使用情况进行了摸底排查和清理整顿。辽宁葫芦岛、福建厦门、广西北海等地对无证用海行为进行了清理，广东、辽宁等省对大型用海项目进行了专项检查。山东、江苏、广西等地开展了海域使用权招标拍卖。国家大型企业用海项目的监督管理也取得重大突破。完成了上海洋山深水港用海评审，正在受理深圳盐田港等 6 个用海项目。中海石油（中国）有限公司、中国电信、中国网通、香港电信等 100 多个海域使用大户提出了海域使用申请，其中 70 多个项目完成了审核。一年来，全国累计发放海域使用权证书 5 200 多本，其中山东 1 178 本；确权面积 22 万公顷，其中江苏 7 万公顷；征收海域使用金 1.2 亿元，其中辽宁 3 400 万元。

五是启动了省县两级海域界线的勘定工作。在顺利完成辽冀线和闽粤线勘定工作后，按照国务院的统一部署，去年正式启动了省际间海域勘界。目前，冀津北线、冀津南线、鲁苏线、浙闽线、粤桂线等 5 条省际间海域界线的外业调查和部分内业资料整理工作基本完成，县级海域勘界试点工作全面铺开。各省市区对这项工作高度重视，都组建了由政府有关领导任组长的海域勘界领导机构，设立了勘界办公室，拨出了专项经费，并相继召开了勘界工作会议。现在已有 5 条县际间海域界线完成了签字仪式，还有几条线正在做最后的协调工作。总体上看，这项工作安排是科学的，措施是稳妥的，进展是顺利的，基本达到了预期目的。

此外，海岛海岸带管理、海洋资质管理、海砂开采管理、海底电缆管道管理等工作也都有不同程度的推进。

（二）海洋环境保护工作取得新的进展

去年，在各级海洋行政主管部门的共同努力下，全国海洋生态环境保护工作整体上得到加强。

一是全国海洋环境监测体系建设稳步推进。通过“中国海洋环境监测系统建设项目”的实施，海洋环境监测能力得到大幅提高。天津、山东、江苏、浙江、福建、广东和海南等省通过共建和自建等方式组建了省级海洋环境监测机构；浙江、山东、福建、广东、江苏等省份基本完成了地市级海洋环境监测机构的组建工作；部分县市级海洋环境监测机构的建设工作也已展开。这些为今后组建现代化的全国海洋环境监测网奠定了坚实的基础。

二是赤潮防灾减灾工作取得突破性进展。根据我国海区赤潮的发生情况，去年在沿海 7 个省选划了10个赤潮监控区。辽宁、河北、山东、浙江、福建、海南等省都建立了以省政府或海洋行政主管部门牵头的监控区工作领导小组。在各海区分局的大力支持下都开展了高频率、高密度的赤潮监测工作，收到了显著的效果，全年共发现赤潮 21 次，发现率达到100%，大大降低了赤潮灾害带来的损失。据不完全统计，仅福建一省就减少经济损失 9 000 万元。在赤潮灾害信息发布管理方面，浙江省海洋部门和省委宣传部共同制定了有关规定，规范和统一了全省赤潮信息发布和新闻报道，对防灾减灾、促进经济建设和社会稳定起到了重要作用，这个做法值得推广。赤潮减灾工作开始实现从被动应付到主动防御的转变。

三是海洋环境监测工作有新的发展。发布海洋环境公报是国家赋予我们的一项重要职责，也是保障人民群众对环境知情权的重要体现。一年来，在国家海洋环境公报发布的基础上，沿海 11 个省、区、市和青岛、宁波、厦门、深圳等都发布了海洋环境质量公报，唐山、东营、威海等地级市也发布了海洋环境质量公报。第一次实现了省级海洋环境质量公报全部发布。去年还首次开展了暑期海水浴场环境监测预报，从“五一”黄金周在中央电视台播出全国12个主要海水浴场监测预报开始，致受到社会各界的好评和地方政府的关注。

四是海洋生态保护和保护区建设继续强化。全年，首次开展了全国海洋生态调查，范围主要包括我国沿海主要典型生态系统和开发密集区。该调查约 300 多名专家学者参加，历时 8 个多月，外业采样 20 多个航次，累计航程 2 万海里，获得第一手环境原始数据和调研数据 4 万多组，基本摸清了我国海洋生态环境的基本状况。在海洋保护区建设上，新选划了宁波韭山列岛、广东徐闻珊瑚礁、南澎列岛等 3 个省级海洋自然保护区，此外，辽宁团山海蚀地貌、凌河口滨海湿地、大连长山列岛海洋生态、沧州古贝堤与湿地生态、广西涠洲岛珊瑚礁 5 个地方级保护区的申报材料也基本完成，即将报批。在福建宁德建立了我国第一个海洋特别保护区。

同时，海洋倾废管理以及海洋工程环境影响评价等工作都有所加强。

（三）海洋权益维护工作实现新的突破

维护我国海洋权益是国家赋予我们的一项重要使命。去年开展了一系列专项维权工作。

一是有效监控了日本在我东海水域打捞沉船的活动。针对日本在我国东海专属经济区击沉不明国籍船舶事件，从去年 4 月开始，中国海监代表我国政府连续组织实施了为期 3 个月的海上高强度维权监控，先后派遣海监船舶 34 艘次，航行 6 000 多小时，派遣海监飞机 72 架次，飞行近 300 小时，有力地配合了外交谈判，迫使日本承认我在专属经济区对日方的调查和打捞拥有管辖权，并接受我现场监管执法。通过这次行动，不仅明确了我国在专属经济区和大陆架如何维权的工作思路，也在客观上促成了国家涉外海洋突发事件应急处置机制的建立。

二是组织实施了一批涉及国家海洋权益的专项调查。去年，为争得我国在 200 海里外大陆架的应有权益，经国务院批准，国家海洋局正式启动了 706 专项调查；配合外交部门完成了我国东黄海划界方案的前期准备；协调有关部门完成了大洋和国际海底资源年度调查任务；全面完成了专属经济区勘测专项任务，取得了一大批极具价值的图文资料和评价成果，为海防建设和权益维护提供了有力保障。

三是成功承办了国际南极局长理事会会议和南极科学委员会会议。经国务院批准，由国家海洋局和上海市政府共同承办了第14届国际南极局长理事会会议和第27届南极科学委员会会议。来自世界30多个国家和地区的280多名高级官员和知名科学家参加了会议，受朱镕基总理委托，温家宝副总理代表中国政府向大会发了贺信，在会上引起很大反响。这两个会议在我国的成功召开，既展示了我国为人类和平利用南极做出的重要贡献，也体现了我国在国际极地事务中的大国地位，并从一个侧面有效维护了国家的极地权益。

（四）海洋监察执法工作出现新的气象

2002年，中国海监各级机构以海域法的实施为契机，对内建章立制，对外树立形象，卓有成效地开展了各方面的工作，执法能力和执法水平明显提高。

一是执法地位进一步确立。去年，国务院相继下发的《国务院办公厅关于沿海省、自治区、直辖市审批项目用海有关问题的通知》和《国务院关于海洋功能区划的批复》以及国土资源部15号部长令，使中国海监的执法主体地位更加明确，执法行为更加规范，执法监察领域更加拓展。

二是执法能力进一步增强。为提升执法装备水平，去年，国家局为各省、区、市和海区总队统一配置了一批海监执法专用车，并规范了执法车的统一标识。这项举措得到了各级海监机构的普遍欢迎。2架中国海监飞机购销合同已签订，并进入总装阶段；4型6艘海监船招标工作已经完成，即将进入全面开工建造阶段。

三是执法力度进一步加大。去年，围绕海域使用、海洋环境保护、海洋权益维护三大执法领域，各级海监执法机构全面履行监督检查和实施行政处罚的职能，开展了全方位的执法监察活动。如，南海总队联合海南省总队开展了首次海陆空联合执法大检查；东海总队与浙江省总队共同组织了“蓝剑行动”，重点检查海砂开采活动；北海总队会同河北、辽宁开展了环保执法，重点检查石油开采和倾废活动；福建省总队开展了“镇海行动”，专项查处各类违法案件；河北省总队以秦皇岛“暑期办公”为重点，加大了海洋环境保护力度；天津市重点加强了对航道疏浚物的监督检查。一年来，各地检查用海项目2 900余个，其中海域使用2 300余个，海洋环保500余个，发现违法行为1 100余起，作出行政处罚771件，有效威慑并遏制了违法行为，进一步规范了各类海洋开发利用活动。

（五）海洋科技和公益服务工作实现新的跨越

作为海洋行政管理工作的两大基础支撑，海洋科技创新和海洋社会公益服务都有不小的进步，不仅进一步夯实了海洋管理工作的科技基础，而且进一步扩大了海洋公益服务对国家经济社会发展的影响力。

一是成功发射了我国第一颗海洋卫星。2002年5月15日，海洋1号卫星的成功发射，标志着我国海洋立体环境监测体系初具规模，监测能力向国际先进水平大大迈进了一步。目前卫星已在轨正常工作240多天，发回各类数据、图片资料420多轨，在监测预报赤潮、海冰、渔汛等方面发挥了其他手段不可替代的作用，产生了巨大的社会经济效益。

二是进一步增强了海洋科技创新实力。去年，新组建省部级海洋重点实验室3个，以重点实验室建设为龙头的海洋科技体制改革得到进一步推进，国家已经承诺保留一支海洋科技创新的国家队。为海洋行政管理服务的科技攻关和基础研究项目获得显著成绩。海洋环境预报等“十五”攻关课题全面开展，深海探查等海洋863和近海环流、赤潮机理等973海洋基础研究不断深入，为国防、经济建设和社会发展服务的126、703、921等海洋公益服务和海洋重大科技专项工作得到全方位推进。

三是继续推广了一批科技兴海成果。在推动海洋传统产业改造方面，去年有60多项先进适用技术在沿海各地推广，带动了地方海洋经济的发展和人民生活水平的提高。在培育和发展新产业新技术方面，去年，开发成功的环保型“辣素防污漆”、千吨级海水淡化工程装置以及海水养殖环境自动监测系统等技术不仅填补了国内空白，而且综合指标达到了国际水平，为扩大海洋产业开辟了新领域。

为了推动海洋各项业务工作的更快发展，我们同国家计委一起拟定的《全国海洋经济发展规划》(纲要),经过一年多的努力工作,近期将上报国务院审批。去年8月份,国务院领导同志责成国家海洋局为国务院代拟《关于进一步加强海洋管理工作的通知》,这是中央领导同志对海洋部门的信任。尽管工作难度很大,但是我们通过大量艰苦细致的工作目前即将形成上报稿。这些工作将对我国海洋事业的发展产生重要影响。

海洋工作的快速发展,是党中央国务院正确领导的结果,是各有关部门大力支持的结果,是全系统广大干部职工艰苦奋斗的结果。在此我代表国家海洋局向全国海洋工作者表示亲切的问候!向一贯给予我们大力支持的国务院办公厅、中组部、国家计委、财政部、外交部、科技部、法制办、中编办、全国人大法律委、法工委、环资委、国防科工委等有关部门表示衷心的感谢!

五年来,我国海洋工作有了长足的发展,回顾几年来走过的历程,我们有以下几点深刻的体会。

第一,认真落实党中央、国务院领导同志的指示精神,工作就有明确的前进方向。近几年,党和国家领导同志对我们工作的指示有几十件,为我们的工作指明了前进方向。特别是家宝同志要求我们“把工作重点放在规划、立法和管理上”的指示,既符合国际海洋发展形势,又符合中国国情,使我们开展工作的方向十分明确。我国海洋工作的快速发展,就是我们认真落实家宝同志指示的结果。

第二,站在大局高度考虑问题,开拓进取,工作就能充满活力。这几年,我们十分注意站到国家利益的高度思考问题,提出建议。这些建议都得到领导和有关部门的大力支持。比如,我们提出出台海域法的建议得到国务院、全国人大的支持;我们提出的加强维权执法和极地科考、大洋调查能力建设的建议,得到国务院领导的支持;我们提出的开展海洋环境调查的建议得到江总书记和国务院、军委领导的支持;我们提出的开展海域划界调查建议和制订全国海洋发展规划建议,得到国务院领导和有关部门的支持;我们提出的省、区、市海洋管理机构设置和中国海监队伍建设的建议得到中编办的支持;我们提出的海洋卫星系列计划建设,得到国防科工委的支持等等。这些建议都进入国家决策,国家已决定投资几十亿兴办有关重大项目。不少省区市提出的一些建议也都进入政府决策。各级领导和部门的大力支持为海洋工作注入活力,使我们的工作充满生机。

第三,发扬咬定青山不放松的精神,求真务实,工作任务就能件件落到实处。几年来,我们各级对完成重点工作任务都建立了责任制,将任务细化到单位和承办人,并明确分管领导。各阶段的中心工作都是领导班子带头,以不达目的绝不罢休的决心,全力以赴狠抓落实。几年来的重点工作任务件件都落到了实处,整体工作得到全面发展。

第四,强化思想政治工作,提高干部队伍素质,搞好工作就有可靠的组织保证。事业兴衰,关键在人。海洋工作十分艰苦,每年有上千人漂泊在大洋维权调查,上百人奋斗在极地科学考察站,几千人守候在岸边、孤岛监测、观测海洋环境;国外海洋形势发展很快,给我们构成很大压力;许多单位的机构刚刚组建,条件较差、队伍分散,开展工作难度很大。面对这些实际情况,我们靠的是加强思想政治工作,用“三个代表”重要思想武装人,强化各级领导班子建设,提高干部队伍素质推进工作。现在全系统上下已经形成团结奋进、昂扬向上的局面,海洋工作的快速发展,已经有了可靠的组织保障。

二、今后五年的工作设想

党的十六大报告确立了今后20年全面建设小康社会的奋斗目标,在总体战略部署中专门提出了“实施海洋开发”的具体要求,这是党中央审时度势,高瞻远瞩,在新世纪、新阶段向全国广大海洋工作者发出的动员令。

当前我国海洋工作面临着一些新的形势。从国际形势看,20世纪90年代以来,海洋在全球的战略地位日趋突出,国际海洋事务出现了一些值得关注的新动向:一是随着海洋法公约的生效,全球海洋面积的30%将划归沿海国家管辖,世界各国对海洋权益和资源的争夺日益加剧。二是全球海洋产业已经成为世界经济的重要支柱,总产值由1980年的不足2 500亿美元猛升到2001年1.3万亿美元。三是联合国大会多次做出决议,敦促世界沿海国家把开发利用海洋列入国家发展战略,加强海洋综合管理,保证实现海洋的可持续利用。在国际潮流的推动下,沿海各国纷纷调整海洋政策、强化海洋管理、争夺海洋权益、加快海洋开发。

从国内来看，我国海洋事业经过多年努力，取得了长足进步，出现了少有的好势头。但仍面临诸多不可忽视的问题。突出表现在：海洋经济占国民经济的比重较小；海洋资源总体开发利用不足与某些资源开发过度并存；新兴海洋产业发展缓慢，传统海洋产业战略性结构调整亟待深化；海域使用中的“三无”状况还没有从根本上得到扭转；局部海域环境污染和生态破坏的情况比较严重；国家海洋权益维护形势相当严峻。

所有这些都表明，我国海洋工作的现状与国际海洋事务的发展潮流还不相适应，与我国作为海洋大国的地位还不相适应，与我国全面建设小康社会对海洋工作的客观要求还不相适应。对此，我们必须要有清醒的认识，以高度的历史责任感和使命感，立足全局，把握方向，认真谋划海洋工作的新思路、新举措，努力开创海洋工作的新局面。今后五年是我国实施海洋开发战略，海洋事业大发展的关键时期。现在提出今后五年海洋工作的指导思想和主要任务的初步构想，请大家审议。

今后五年海洋工作的指导思想是：认真贯彻落实党的十六大精神，以邓小平理论和“三个代表”重要思想为指导，紧密围绕建设海洋强国总目标，全面实施海洋开发战略，与时俱进、开拓创新，为全面建设小康社会做出新的贡献。

今后五年海洋工作的重点任务是：以全面建设小康社会为中心，突出三大职能，完善三大体系，强化两大支撑，开展五项服务，全面推进海洋行政管理工作。

推动社会进步和海洋经济发展，为全面建设小康社会做出贡献，是全部海洋工作的出发点和落脚点。通过海洋管理，努力促进海洋经济的快速发展，五年中海洋经济占全国 GDP 的比重达到5%以上。

突出三大职能。一是海域使用管理。全面实施海域法，彻底改变海洋开发中的“三无”局面。二是海洋环境保护。认真实施海环法，有效遏制近海海域污染势头，城市近海水质好转。三是海洋执法维权。有效维护国家海洋权益，及时查处海上违法活动。

完善三大体系。一是海洋规划体系。制定和完善海洋中长期规划、专项规划、年度计划。二是海洋法规体系。完善海域法和海环法配套法规，拟定专属经济区和有关涉外法规。三是海洋管理体系。加强机构、队伍能力建设，全面履行职能管理工作。

强化两大支撑。一是加强海洋科技调查和提高行政管理科技含量。二是强化海洋预报、海洋环境监测、海洋信息、海洋技术标准公益工作。

开展五项服务。一是为海洋经济建设服务；二是为社会发展服务；三是为行政管理服务；四是为国防安全服务；五是为人民生活服务。

在全面履行上述职能的基础上，今后五年要突出抓好以下八大工程。

(1) 海强工程。这项工程主要包括两项任务。一是继续推进海洋强国战略研究。要在已有工作的基础上，与中国工程院一起组织海洋、经济、科技、军事等领域的高层次专家学者，用两年左右的时间，就建设海洋强国的指导思想、战略方针、战略目标、战略措施等重大问题提出较为成熟的方案。经过充分论证后，于2006年前后上报党中央、国务院，力争成为与西部大开发战略相呼应的国家发展战略。二是监督实施即将出台的《全国海洋经济发展规划》(纲要)。沿海省、自治区、直辖市和计划单列市要按照国家规划的要求，编制符合本地区实际的海洋经济发展规划。通过这项工程的实施，构成国家、地方相结合的海洋经济发展规划体系，并成为指导海洋经济发展的指南。

(2) 海权工程。这项工程主要包括三项任务。一是认真准备海上划界方案。对已有东黄海区域的划界方案进一步细化，使之成为真正可提交外交谈判的方案；通过全面加强对南海历史疆界线的研究，向国家有关方面提出有说服力的历史疆界证据；加快开展 200 海里外大陆架调查，为国家获得更大的管辖海域提供翔实的资料证据。力争通过五年的努力，基本完成划定我国海上边界的基础准备工作。二是积极寻找新的公海资源。在稳步推进现有大洋资源调查的同时，适时启动国家深海基因资源专项调查，抢占国际海底资源开发竞争的先机。三是大力倡导建立东亚沿海国家间海洋事务协调机制。按照《南海各方行动宣言》的基本精神，利用开展海洋科技等领域的合作，增信释疑，促进“主权属我、搁置争议、共同开发”的既定方针的落实。通过这项工程的实施，为有效维护国家海洋权益，创造长期稳定的周边环境。

(3) 海靖工程。这项工程主要包括两项任务。一是把海域使用三项制度落实到位。各级海洋行政主管部门要采取得力措施，经过一到两年的努力，当年项目使用海域实现三个百分之百，即百分之百的符合海洋功能区划、百分之百的确权发证、百分之百的按规定缴纳海域使用金。二是全面整治无居民海岛的开发利用秩序。用两年时间，联合有关部门编制国家关于无居民海岛开发利用保护规划，积极动议和配合立法机关出台一部无居民海岛的管理法规，促进无居民海岛的开发利用走上规范有序的轨道。通过这项工程的实施，使我国海域使用的秩序得到根本好转。

(4) 海蓝工程。这项工程主要包括三项任务。一是启动渤海综合整治能力建设项目，用三年时间全面提高环渤海三省一市海洋环境保护的技术装备水平。二是推动《海洋工程环境保护管理条例》出台，动议国家制定《渤海环境保护条例》，使海洋环境保护法的配套制度进一步健全。三是编制两口（长江口、珠江口）、三湾（大连湾、胶州湾、杭州湾）等重点海域的环境综合整治规划，力争2008年前上述规划得到国家批准，并开始实施。通过这项工程的实施，为近岸海域环境污染得到有效遏制奠定一定的基础。

(5) 海盾工程。这项工程主要包括四项任务。一是完成已批准的海监船和海监飞机的建造任务。二是研究和提出全国海监能力建设计划，力争用五年时间，使全国各类海监船舶总数突破100艘。三是动议国家建立应对海上突发事件的快速反应工作机制。四是实施对南海的巡航执法，以体现中国对该海域的管辖。通过实施这项工程，实现对我国管辖海域的有效监控。

(6) 海威工程。即“四极”工程。一是在南极内陆新建一个科学考察站，实现南极科学考察的战略延伸。二是在北极建设我国第一个科学考察站，结束我国在北极没有科学考察站的历史。三是在“海极”启动 7 000 米载人深潜器的研制项目，实现深海资源调查新突破。四是在“天极”发射海洋 1 号 B、C 星，研制并发射海洋 2 号 A 星，开始海洋 3 号卫星的研制工作，建立海洋卫星系列。通过实施这项工程，使我国大海洋管理科技含量达到国际比较先进的水平。

(7) 海籍工程。这项工程主要包括两项任务。一是研究和动议开展我国海洋基础大调查，争取用五年左右的时间，基本摸清我国管辖海域的“家底”。二是加快海洋信息化进程，实施对海洋大调查所获资料的数字化，整合现有各类海洋信息网络资源，规范和协调各类海洋信息的收集、管理和应用，并在此基础上构建面向多用户、宽平台的海洋综合管理信息系统。通过实施这项工程，奠定海洋管理手段的现代化的基础。

(8) 海兴工程。这项工程主要包括三项任务。一是突破一批海洋传统产业升级的关键技术，提高传统产业的科技含量。二是新建一批海洋高技术科技园，发挥其聚集效应和辐射、服务功能，加快科技成果转化。三是重点推动海水综合利用、海洋药物、海洋能开发等有潜力的海洋高新技术实现跨越式发展，尽快形成产业规模。通过实施这项工程，推动海洋经济的快速健康发展。

八大工程的提出，是落实党的十六大精神，实施海洋开发战略的新举措，我们要为之不懈奋斗。工程十分宏伟，但难度很大，是否可行，如何实施，也请大家提出宝贵意见。

三、今年工作的主要任务

今年是我们全面贯彻落实党的十六大精神的第一年，也是新一届政府开始工作的第一年。认真做好今年的各项工作，对于保持海洋工作的良好发展势头，鼓舞斗志，增强信心，实现我们确立的奋斗目标和各项任务，具有十分重要的意义。今年的主要工作任务有以下几个方面。

（一）认真学习党的十六大精神，深刻领会“实施海洋开发”战略的重大意义

十六大是一次在我们党的历史上具有里程碑意义的大会。这次大会分析了新世纪新阶段党和国家面临的新形势新任务，确立了“三个代表”重要思想作为我们党必须长期坚持的指导思想，提出了全面建设小康社会的奋斗目标。对于我们从事海洋工作的同志来说，学习贯彻十六大精神，就是要紧紧围绕报告中提出的“实施海洋开发”这一战略任务，正确理解大力“实施海洋开发”就是为全面建设小康社会做贡献的深刻内涵，正确理解搞好海洋综合管理就是为“实施海洋开发”

保驾护航的深刻内涵，正确理解发展海洋科技就是为“实施海洋开发”提供强大推动力的深刻内涵。把我们的思想和行动自觉地统一到十六大精神上来，励精图治，埋头苦干，使我国海洋工作再上一个新台阶。

（二）推广海域使用示范区的成功经验，全面落实海域使用管理法

经过这两年开展海域使用管理示范区建设的实践，我们积累了不少的经验。今年的工作重点就是要采取有力措施，全面推广这些经验。一是要加大对大型企业项目用海的确权发证力度，确保新上项目确权发证率达到100%，对老项目的清理确权要达到80%。保证今年大型用海项目的海域使用金征收较上一年度有较大幅度增加。二是要对养殖渔民用海进一步规范，所有渔民养殖用海都要办理海域使用证，各地在国家海域使用金征收条例正式出台之前，要按照海域法的要求进一步完善已有的海域使用金征收使用管理办法，做到应收尽收，不留死角。海域使用金的减免要按照海域法的规定办理。对已征收的海域使用金要严格管理，上缴国家的比例必须严格执行，凡允许留在地方财政的使用金要确保用于海洋管理工作。三是各地要配合财政部门有步骤有计划地开展使用金征收新试点，继续探索和积累这方面的经验和办法。

各地在加强海域使用管理的同时，要进一步推进海域勘界工作，按照省、县两级海域勘界工作的总体部署，努力完成今年的任务。另外，还要继续加强对海砂、海底电缆管道的监管力度。有条件的地区，可以率先出台无居民海岛管理的地方法规，为尽快出台国家法规积累立法经验。

（三）推进地市级海洋环境监测的能力建设，继续加大海洋环境的监督管理力度

今年要在充实稳定现有海洋环境监测体系的基础上，继续加大投入，全面强化地方海洋环境监测能力。通过统一监测方案、统一技术标准、统一组织部署和划分监测责任区等措施，不断推进国家与地方海洋环境监测机构的共建工作。争取年底前，80%以上的地市一级海洋环境监测机构正式挂牌。全面加强对近海海域环境监测监视工作。

各地要在已选划的赤潮监控区基础上，加强对海水养殖区的环境监测，定期发布海水养殖区的监测结果，提高赤潮预警报的时效性和准确性，努力减少赤潮灾害带来的损失。同时，对群众关心的海水浴场环境质量问题，也要引起高度重视，采取有效措施，尽快加以解决。今年，要全面铺开海水浴场环境监测工作，着重发布全国26个重点海水浴场的环境监测信息。此外，国家局要组织力量对全国地级以上海洋环境监测机构进行计量认证，提高各地海洋环境监测工作的质量。环渤海三省一市的海洋部门今年还要和国家局一起，努力做好工作，争取尽早正式启动渤海综合整治能力建设项目。

（四）完善涉外维权配套法规，不断拓宽海洋权益维护工作领域

根据我国目前的维权形势，今年要特别强调海洋权益管理的制度建设。一是要尽快完成《涉外海洋科学研究实施细则》的拟定，确保年内出台；二是要依照《联合国海洋法公约》，加快制订《中华人民共和国领海与毗连区法》、《中华人民共和国专属经济区及大陆架法》的配套制度，重点放在外国船舶无害通过领海、紧追权的实施、领海基点的保护与管理、专属经济区人工构造物的管理等方面。三是抓紧开展极地科学考察管理办法、大洋及深海资源开采管理办法的调研工作，为下一步国家适时出台相关法规奠定基础。

今年，国家将正式启动200海里外大陆架专项调查，有关单位要早作准备，密切配合。国家局和海南省要会同外交部门，在南海问题协调机制框架内积极开展权益维护专项研究，尽早提出对策方案。要认真筹备东亚地区海洋可持续发展战略部长级会议，确立我国在地区海洋事务中的主导地位。要精心准备，周密部署，圆满完成我国第一个北极科学考察站的建站任务。国际海底和大洋调查工作也要按计划扎实推进。

（五）提高中国海监的显示度和威慑力，进一步强化海洋执法监察工作

今年，海监工作要有新局面。一是要推进海监机构的组织建设。在完成省一级海监机构组建工作的基础上，要把重点放在推进市、县两级机构的建设上，年内地市一级要完成80%左右、县一级完成50%以上的组建任务。二是探索海上维权执法工作模式，建立维权执法工作协调机制，规范维权执法工作程序，出台维权执法工作指南。三是每个省、区、市选择1～2个有代表性的基层

海监机构，开展“执法示范队伍”的创建工作。针对重点用海类型，开展海区总队和省总队联合“蹲点执法”，摸索各种用海类型的执法方法和模式。四是组织重大执法行动。今年要在北部湾海域开展海、空联合的维权专项执法巡航；启动我国管辖海域特别是重点海域的经常性巡航执法；开展海洋自然保护区的执法检查。五是建立全国海监系统的宣传信息网络，推行海上重大违法案件的曝光制度。

(六) 狠抓国家科技专项的实施，扎实推动全国海洋科技发展

今年海洋科技工作要在以下方面实现突破。一是，在扎实推进国家重大专项调查的同时，认真开展由各级海洋部门共同参加实施的新的国家专项立项。二是，积极推进海洋科技十五攻关、海洋 863 以及海洋 973 等在研项目，力争向有关方面提交具备业务化应用前景的年度成果。三是，海洋卫星应用要在海冰、赤潮预报业务化上实现突破，并提出后续发射计划。四是，稳妥推进海洋科技体制改革，保留一支为海洋事业服务的国家海洋科技创新队伍。五是，继续加大对科技兴海项目的投入，强化对地方科技项目的支持力度。

(七) 强化综合保障措施，促进各项业务工作的顺利开展

今年，有几项重点工作必须抓好。一是，要千方百计促成国务院尽早下发《关于进一步加强海洋管理工作的通知》，为实现海洋管理工作的统一、有序、有力打好基础。二是，要及时报请国务院批转下发《全国海洋经济发展规划》(纲要)，为全国海洋工作会议的顺利召开创造有利条件。三是要提出地方海洋管理能力建设计划，千方百计提高地方海洋管理能力。四是，要做好安全稳定工作，采取切实有力措施，防止重大责任事故的发生，保护国家和人民群众的生命财产安全。同时，工会、青年团、妇联等群众团体要积极发挥作用。做好离退休干部工作。开展多种形式的送温暖、献爱心活动，切实帮助困难职工解决实际问题。努力改善干部职工的工作条件和生活环境。筹备好明年国家海洋局成立四十周年庆祝活动。

(八) 加强各级领导班子建设，提高海洋工作干部队伍的整体素质

做好海洋工作，关键在各级领导班子。各级海洋部门都要把加强班子建设摆上重要位置，抓紧抓实，抓出成效。在政治上，要坚持用“三个代表”重要思想武装头脑，树立正确的世界观、人生观、权力观，坚决贯彻党的基本理论、基本纲领和基本路线，始终与党中央保持高度一致。在思想上，要坚持与时俱进、开拓创新、勇于破除一切不合时宜、阻碍海洋事业健康发展的旧思想、旧观念，勇于改变一切束缚工作创新的旧框框和旧体制，保持和发扬共产党人的蓬勃朝气、昂扬锐气和浩然正气，不断探索新路子，创造新业绩。在作风上，要坚持理论联系实际，一切从实际出发，努力改进工作作风和领导作风，深入基层，调查研究，求真务实，真抓实干。坚决禁止各种形式主义和奢侈浪费行为，时刻保持勤俭节约，艰苦奋斗的优良传统。在纪律上，要坚持全面贯彻中央“八个坚持、八个反对”的要求，遵纪守法，依法行政，清正廉洁，正确行使手中的权力，自觉抵制各种消极腐败现象，严防以权谋私，执法腐败。需要特别指出的是，各级海洋行政主管部门一定要做好海域使用金的征收和使用管理工作，严格实行收支两条线，加强监督检查，严防出现纰漏。

各级海洋行政主管部门要通过多种途径，加强对广大干部职工综合素质的培训、轮训工作，努力提高他们的政治水平和专业技能。为了开阔眼界，跟上潮流，从今年开始，国家局将不定期组织选派一批政治上可靠、业务上过硬的省、市、县的有关同志出国参加培训，帮助他们尽快熟悉国际海洋事务的新特点，掌握国外海洋工作的新趋势，更好地借鉴国际成功经验，为我国海洋事业发展不断注入新活力。

同志们，海洋工作事关国家根本利益，任务艰巨，责任重大。让我们紧密团结在以胡锦涛同志为总书记的党中央周围，全面贯彻党的十六大精神，高举邓小平理论伟大旗帜，认真实践“三个代表”重要思想，振奋精神，扎实工作，努力开创海洋工作新局面，为全面建设小康社会做出新的贡献。

国家海洋局局长王曙光在第12次全国海岛联席会议上的讲话

全面开创我国海岛建设新局面

（2002年10月21日）

各位领导、同志们：

第12次全国海岛联席会议今天开幕了，首先我代表国家海洋局向会议的召开表示热烈地祝贺！

全国海岛联席会议是拓宽海岛市县之间横向联系，传递信息，加强协作，共谋发展的桥梁和纽带，也是展示海岛特色和建设成就的重要舞台。自1990年召开首次会议以来，已经分别在我国沿海海岛市县（区）连续召开了11次联席会议，在这11年中，通过对海岛经济、产业发展和海岛社会发展战略、规划等一系列重大问题的全方位探讨、研究和交流，积累了宝贵的经验，取得了丰硕的成果，对于推动海岛的开发与保护，促进沿海经济的快速健康发展起到了重要作用。

海岛是我国海洋国土的重要组成部分，是特殊的海洋资源和环境的复合区域，也是我国国防的屏障和前哨。开发海岛，建设海岛，保护海岛，使我国海岛成为经济发达、社会繁荣、环境优美、生态良好的海上明珠，是摆在我们广大海洋工作者，特别是海岛市县领导面前的一项光荣而神圣的历史任务。下面，我想借这个机会，谈几点意见，供大家参考。

一、世界海洋管理发展的新形势

海洋的流动性、开放性等自然属性，决定了海洋事务的国际性。20世纪中后期以来，世界各国越来越认识到海洋资源和海洋权益的重要性，海洋在全球政治、经济、军事格局中的战略地位日趋突出。在这个背景下，为了规范海洋开发利用秩序，加强海洋综合管理，协调各国海洋利益，《联合国海洋法公约》在1994年正式生效。为宣传、协调和监督各国对公约的实施，联合国成立了一系列专门海洋机构，政府间和非政府间海洋组织也纷纷应运而生，这标志着海洋事务进入了一个国际化的新阶段。

《联合国海洋法公约》生效后，世界各国特别是沿海国家对海洋更加关注，调整海洋政策，加强海洋管理，壮大海洋工作队伍，成为强大的世界潮流。美国在1998年和2000年两次召开全国海洋工作会议，并成立了海洋委员会，负责制定未来美国海洋事务的发展战略，以获取更大的海洋利益；日本提出海洋强国战略已经多年，在2000年中央各有关部门又制定了新的海洋发展战略；一些欧洲国家也在研究适应新形势的国家海洋管理体制。我国周边国家则在不断强化海洋管理和执法机构，韩国1996年组建了海洋渔业部，成立了海洋警备队；印度尼西亚1998年成立了海洋渔业部；越南1999年设立了海岸警备队；菲律宾等国海上执法力量也在加强。部分南海周边国家在强化海洋管理机构和执法力量的同时，进一步加强了对我国南海岛礁的实际占领，加快了南海资源的开发利用步伐。这些情况说明，我国的海洋工作面临着国际形势的巨大挑战，我们必须以高度的责任感和紧迫感，审时度势，认真谋划，与时俱进，做好工作。

二、我国海洋工作面临难得的发展机遇

党中央和国务院对海洋工作越来越重视。近几年来，国务院领导同志对海洋工作的批示多达几十次，这些批示和要求是对广大海洋工作者的巨大鞭策，是我们推进各项工作的强大动力。在党中央和国务院的领导下，当前我们海洋管理工作已经呈现了良好的发展势头。

一是我国海洋法律制度逐步完善。今年1月1日生效施行的《中华人民共和国海域使用管理法》和1999年修订的《中华人民共和国海洋环境保护法》是我国海洋工作的基本法律制度。这两部法律构成了我国海洋资源和环境管理较为完整法律体系。今年以来，国务院又连续下发了《关于勘定省县两级海域行政区域界线工作有关问题的通知》、《关于沿海省、自治区、直辖市审批项目用海有关问题的通知》和《关于全国海洋功能区划的批复》，这在我国海洋工作历史上是前所未有的，对我国海洋事业的发展都有着深远影响。

二是我国海洋管理能力建设取得重大进展。

今年5月15日，我国第一颗海洋卫星发射成功，结束了我国没有海洋卫星的历史；经总理批准的船舶飞机建造项目，今年也进入实施阶段；我国海洋环境监测系统建设基本完成；沿海地方海洋行政管理机构得到加强，国家、省、市、县四级海洋管理体制初步建立。

三是我国海洋执法监察水平显著提高。今年，中国海监多次有效地跟踪监视美国“鲍迪奇”号侦察船，对日本打捞东海沉船事件的海上执法监察也取得了较好的效果，既维护了国家的主权和权益，也在国际上树立了我国执法监察队伍的良好形象，得到了国家有关部门的充分肯定。

三、新时期海岛工作思路及需要抓好的重点工作

海岛作为国防的前沿和海洋资源和环境的核心点，有着很高的权益、安全、资源和环境价值。由于历史原因，有的经济建设相对落后，是我国东部的“西部区域”。因此，从事海岛管理工作必须要有明确的思路，我认为最主要的是把握好以下几条：一是要坚持开发与保护并重，坚持在开发中保护，在保护中开发的方针，坚定不移地走可持续发展的道路。二是要坚持以经济建设为中心。发展是硬道理，海岛工作必须围绕经济建设这个中心，使海岛经济成为国民经济新的增长点。三是要坚持因岛制宜，打好“特色牌”。每个海岛都有自己的特点，一定要从自身的实际出发，扬长避短，在充分发挥优势上做足文章，切不可照搬别人的经验。

四、要加强海洋行政管理工作，为海岛的建设和发展创造一个良好的外部环境

根据上述工作思路，要抓紧做好以下几项工作。

(1) 理顺海岛管理机制，建立统一有效的综合管理体制。由于海岛管理涉及多个部门，多种行业，综合性很强，实际工作中又职责交叉、条块分割，使管理难于到位。对此，国务院“国办发[1986]82号”文件专门要求，“沿海各省、自治区、直辖市人民政府要加强对海岛开发建设的领导，确定一个综合部门负责这项工作”。因此，抓紧建立集中统一、有效的海岛综合管理体制，对海岛的环境、生态、开发与管理进行统一考虑，是我们面临的首要任务之一。

(2) 加快海岛立法进程，实现依法治岛。海岛立法是依法管理海岛的基本前提。然而，由于海岛工作相对落后，国家至今尚未出台有关海岛的法律法规，海岛开发、保护和管理工作问题较多。随着我国社会主义法制建设的不断深入，尤其是加入WTO以后，依法行政已经成为行政管理工作的普遍准则和要求，海岛立法显得更加迫切和重要。我们要通过海岛立法，建立海岛开发保护规划、无居民海岛开发利用许可制度，对领海基点岛屿、具有特殊价值的岛屿建立严格保护制度，严禁炸岛、炸礁，积极引导海岛的合理开发和利用，保护海岛生态环境，促进海岛的可持续发展。

(3) 开展海岛资源环境综合调查，全面掌握海岛基本状况。1988年经国务院批准，我国开展了“全国海岛资源综合调查和开发试验”，取得大量基础性资料，成为我国海岛开发利用的主要依据。然而，第一次海岛调查已经十多年了，在这期间，由于自然和人为因素，我国海岛情况发生了巨大的变化，现有基础数据资料不能正确反映当前我国海岛的真实情况。因此，必须尽快开展第二次海岛资源和环境综合调查，采用高新技术手段，全面查清我国海岛自然地理和自然环境状况，查明资源的种类、储量、质量和分布，弄清海岛环境承载能力，摸清家底，全面更新我国海岛资源环境基础信息，建立高精度、大比例尺、实用可靠的“数字海岛”系统。目前，国家正在进行项目论证，争取尽快启动这项工作。

(4) 加强引导，全面加快海岛的建设和发展步伐。造成海岛经济建设在总体上滞后的主要因素之一，是我国过去对海岛工作重视不够，海岛基础设施落后，投资环境差，难以形成规模效益经济。因此，应当加强对海岛工作的引导，强化对海岛的宣传，提高社会各界对海岛价值的认识。

21世纪是海洋世纪。发展海洋事业，是中国走向现代化的必由之路。面对当前海洋工作的有利形势，全国海岛联席会议作为海岛工作的一项重要形式，应当不断总结经验，大胆改革，把会议越开越好，使联席会议真正成为海岛管理和经济发展的信息发源地、经验交流室、协作互助队，在全国海岛工作中发挥更大的作用。让我们以邓小平理论和“三个代表”重要思想为指导，在即将召开的党的十六大精神的指引下，团结奋斗，开拓前进，全面开创我国海岛建设的新局面。

国家海洋局副局长孙志辉在海洋新闻宣传工作会议上的讲话

适应形势　加强领导
努力开创海洋新闻宣传工作新局面

（2002年11月24日）

同志们：

在这美好的金秋季节，在这美丽的雁栖湖畔，在党的十六大召开前夕，我们在这里召开海洋新闻宣传工作会议，参加会议的有沿海省、区、市海洋管理部门、局属各单位主管宣传的同志以及海洋报领导及驻各地记者站的站长，还有海洋期刊的主编。国家海洋局建局以来召开了两次新闻宣传工作会议，中国海洋报这次会议，是开第十四次记者站长会议，前面几次会议无论从规模到规格上都没有这次高，来的人数这次也是最多。今天在座的有许多老朋友、老面孔，也有许多新朋友、新的力量，这说明我们新闻宣传队伍在不断壮大。局党组对这次海洋新闻宣传工作会议非常重视，会前专门对这次会议进行了研究，王局长也作了许多指示，这里，我代表国家海洋局党组，对参加我们这次会议的代表表示热烈的欢迎，同时向常年辛勤工作的各单位办公室主任们和所有对海洋新闻宣传工作做出贡献的同志表示衷心的感谢。

我们这次会议，将认真分析海洋工作发展形势，进一步提高对新闻宣传工作的认识，努力使海洋新闻宣传工作适应新形势的需要，就海洋新闻宣传工作如何为海洋中心工作服务，如何加强新闻队伍的建设，如何做好2003年的新闻宣传工作，进行研究和部署。因此，这次会议是一次很重要的会议，希望同志们集中精力开好会。下面，我讲几点意见。

一、要不断提高对海洋新闻宣传工作重要性的认识

大家都是搞新闻宣传工作的，任何事业，任何工作，都要以正确的舆论为先导。只有让广大群众了解和理解我们干什么，为什么干，如何干，让我们的思想被广大群众所接受，群众才会自觉地、真心实意地跟我们一起干。对宣传工作的重视，不论是古今中外，不论是资本主义还是社会主义，概莫能外。

过去曾有一句名言，叫：“枪杆子、笔杆子，夺取政权靠这两杆子，巩固政权还是靠这两杆子。”这里的笔杆子就是宣传。在我国新的历史发展时期，江总书记一直对宣传工作非常重视。江泽民总书记指出：“宣传思想工作历来是党的工作一个极其重要的组成部分，是一条重要的战线。革命战争年代如此，社会主义现代化建设时期也是如此。在改革开放、社会主义市场经济体制的新形势下，宣传思想工作更具有新的特殊重要性。”江总书记还说，“越是改革开放，越要动员和团结群众，越要重视宣传思想工作，宣传思想工作只能加强，不能削弱。宣传思想战线的同志要认清自己肩负的责任，增强光荣感、责任感和使命感，奋发进取，真抓实干，创造性地做好工作。”他还说，“我们的宣传思想工作，必须以科学的理论武装人，以正确舆论引导人，以高尚的精神塑造人，以优秀的作品鼓舞人。”江总书记的这些讲话，是我们这次会议的指导思想，同时也是我们做好海洋新闻宣传工作重要的行动指南。

刚才我说的是宣传工作，海洋宣传同一般的宣传工作相比，我想还有其特殊性。海洋宣传工作，当前对我们国家来说显得更为重要。为什么？一是海洋事业是一项新的事业，全国人民对海洋上的事知道的还不多，对海洋的重要性了解得更少；二是我们国家在封建社会有多年的闭关锁国历史，重视黄土文化、陆地文化，对蓝色文化，海洋文化，封建社会根本就不重视。因此，从整个民族看，海洋意识比较淡薄；三是在当今世界，海洋对每个国家，对世界经济的重大影响，知道的人更是少而又少。这种状况对我们发展海洋事业来讲是致命的。要改变这种状况，当然有许多工作要做，其中很重要的一条，就是加大海洋宣传工作力度，大力宣传海洋文化，使广大人民群众(包括各级领导)了解海洋，重视海洋，支持海洋工作，只有这样，才能促使我国海洋事业的健

康发展。因此，海洋新闻宣传工作是整个海洋工作中重要的一环，必须引起各级领导和所有海洋工作者的高度重视。

二、海洋工作不断发展的新形势，给我们海洋新闻宣传工作提出了更高的要求

从上世纪九十年代以来，国际海洋事务发展很快，一个重要标志就是《联合国海洋法公约》的出台和生效。《联合国海洋法公约》生效后，世界海洋政治格局发生了重大变化。国家管辖海域面积大大扩展。地球总面积是5.09亿平方千米，海洋面积3.6亿平方千米，占71%。在3.6亿的海洋面积中，现在有1.09亿平方千米是国家管辖海域，比《联合国海洋法公约》生效前扩大了十几倍。《联合国海洋法公约》为处理国家间的海洋事务提供了一个国际意义上的行为准则。这都为沿海国家加速开发利用海洋资源创造了条件。因此，沿海国家对海洋都给予了前所未有的重视，纷纷制定战略，采取了强有力的措施。在这种大背景下，我国面临的国际海洋形势可以说是错综复杂，维护我国海洋权益的任务十分复杂而艰巨。例如维权工作，关系到我们国家长远战略利益，涉及到我们子孙后代和民族发展，一定要做好。对此，我们深感责任重大，作为新闻宣传工作者，要充分认识到这一工作的分量，增强历史责任感。

海洋事业对于我们国民经济和社会发展、民族的伟大复兴具有战略意义。因此，党和国家对海洋事业十分重视，特别是近几年来，党和国家领导人多次为海洋工作做出批示，提出要求。江总书记在去年、今年两次人口资源环境座谈会上，对海洋工作都有明确指示，朱总理、家宝同志对海洋工作的关心更是具体，这些都是我们做好工作的有力保证，也是我们工作中的强大动力。此外，沿海地方党委、政府，对海洋工作也是高度重视，在海洋工作上，各地都有大手笔、大动作。许多地方海洋工作会议，都有省长、省委书记出席或讲话，这几年海洋工作环境是占了天时、地利、人和，海洋工作发展很快，形势很好。有些工作，在国内外都产生了重大影响。如：两部大法的出台，为我们的行政执法奠定了基础；全国海洋功能区划的颁布，为我们依法用海提供了科学依据；沿海各级地方政府海洋行政管理部门的建立和全国海监队伍的健全，为我们开展工作提供了强有力的组织保证；各项管理活动的开展，使海上生产活动秩序有了明显好转；海洋卫星的上天、海洋立体监测系统的建成，使我们的海洋监测、海洋服务工作的能力大大提高；各个重大专项工作进展也十分顺利。所有这些，是靠全国海洋工作者包括海洋新闻宣传工作者的共同努力才能完成的。

新的世纪是海洋世纪，我们国家的第三步发展战略目标，需要海洋工作者做出更大的贡献。在今明两年，我们将根据党和国家的要求，努力做好几件重大工作：一是加大两法的实施力度，努力促进海洋经济的快速发展；二是抓紧制定海洋强国战略和全国海洋经济发展规划，力争国务院早日批复；三是作为国家海洋行政主管部门，要适时向国务院提出建立与国际形势和国内工作发展相适应的海洋管理工作机制；四是要努力促成全国海洋工作会议的早日召开；五是认真完成各个重大专项以及极地、大洋的考察任务；六是不断加强海洋工作的条件建设，重点是船舶和飞机的建设和卫星系列的实施，不断增强工作实力和能力。当然还有一些其他工作，局将做出全面部署。努力做好这些工作，我国海洋事业将会出现一个崭新的局面，海洋为国家经济和社会发展的贡献将会大大提高，海洋工作的地位也会随之提高。因此，对于我们每一个海洋工作者来讲，任务十分光荣，但也十分艰巨。这样的形势，对我们每一个新闻宣传工作者都提出了新的要求。那就是：在新形势下，如何发挥宣传舆论的优势，引导群众，褒扬先进，团结人民，在全社会兴起一个关注海洋、爱护海洋、重视海洋、支持海洋工作的舆论氛围，更好地为海洋中心工作服务，为建设海洋强国服务，为中华民族的伟大复兴服务。

三、真抓实干，开拓创新，努力做好海洋新闻宣传工作

在新形势下，如何加强和做好海洋新闻宣传工作，这要靠大家出主意、想办法。这里我说几点意见供大家讨论参考。

(1) 提高认识，加强领导。提高认识，关键是提高领导的认识，领导的认识提高了，才会重视这项工作。各位负责宣传工作的同志要根据本地区、本单位的实际情况，提出宣传方案和计划，取得领导的理解和支持。另外，对各部门，各单

位领导，我想提出几点要求：一是各单位在研究安排年度工作计划时，要把新闻宣传工作作为重要内容安排进去；二是要在人员上、经费上、条件上，根据各单位实际尽量给予支持；三是对各大媒体涉及本单位的调研、采访活动，要给予大力配合；四是各单位到年底要对新闻宣传工作进行总结检查，好的表彰奖励，差的批评改进。

(2) 疏通网络，健全组织。新闻工作的特点是快、准、广。做好这些的基础，必须要有一个健全的新闻网络。海洋报记者站已建立多年，发挥了重要的作用，但我认为还不够，要继续完善加强。另外，作为局政务信息网络，要抓紧建立。局的新闻宣传工作，由办公室负责，具体组织实施以新闻信息办公室为主，请办公室、新闻办尽快拿出方案，并在各部门、各单位的大力支持下尽早建立信息宣传网络。

(3) 改进工作，创新方法。对海洋新闻宣传工作取得的成绩，做出的贡献，我前面已经作了充分肯定。但是实事求是地讲，我们的工作还有许多不足。比如，结合中心任务有时还不够紧密；有时新闻报道还不够及时；宣传报道形势比较单一；监督批评性报道做得不够等。这些都需要我们认真加以改进。根据我们的客观实际情况，要不断创新我们的工作方法，同各种媒体建立良好的关系，取得他们的支持，要善于抓住时机，捕捉信息，善于利用领导效应，善于利用各种媒体，善于利用网络，造成好的宣传效果。

(4) 严格把关，提高质量。这里的把关和质量，有两个方面。一是从内容上要把好关，我们的宣传文章，我们的报道，不能出现政治问题，不能有原则性的错误。在这方面，要建立责任制，建立稿件审查程序。今后凡是局重大问题的报道及重要文章，局领导的有关活动报道，由局办公室把关，局领导讲话要由局领导本人审查。二是从文字上把好关，提高文字的质量，这就要求记者站、编辑部不断提高业务素质，提高政策水平，加强业务培训，不能在文字上闹笑话，更不能在政治上惹麻烦，要把我们的报纸、期刊办成高水平、高质量的优质报纸、优质期刊。

同志们，党的十六大即将召开，让我们团结在以江泽民总书记为核心的党中央周围，认真贯彻“三个代表”重要思想，在局党组的领导下，共同努力，开创海洋新闻宣传工作的新局面。

国家海洋局副局长张宏声在2002年中国海监工作交流会上的讲话

总结经验　大胆开拓
继续推进中国海监队伍建设和执法监察工作

（2002年12月3日）

同志们：

这次海监工作交流会是继2000年11月北京怀柔海监工作座谈会之后，中国海监的又一次大聚会，是中国海监总队组建以来的又一次高规格的会议。在大家的共同努力下，会议开得生动、务实、高效。在此，我代表国家海洋局和中国海监总队，向与会的各省、自治区、直辖市海洋厅（局）、各分局的领导和中国海监各省、自治区、直辖市总队、各海区总队的领导表示衷心的感谢，向负责本次会议筹备的领导和同志们表示衷心的感谢！

下面，我谈两个方面的意见：

一、中国海监队伍建设和执法工作开展的简要回顾

自1999年7月中国海监队伍的首脑机关——中国海监总队完成组建以来，按照国家海洋局党组关于全国海监队伍建设“一盘棋”的指导思想，中国海监工作从无到有、由弱到强，走过了一条不平凡的发展之路。在中国海监的各项工作中，队伍建设工作和执法监察工作无疑是最重要的两个方面。

（一）队伍建设和执法工作取得的主要成绩

(1) 机构建设已初具规模，主要职责已得到明确，人员素质正逐步提高。在机构建设方面，目前覆盖我国近海的黄渤海、东海、南海三个海区的国家海监队伍已组建完成，中国海监总队及北海、东海、南海海区总队还按精简、高效、统一的原则落实了公务员管理。我国沿海11个省、自治区和直辖市海监队伍的建设取得了重大进展，除上海、广西和海南总队正在抓紧组建外，其余8个省级总队都已成立。特别是几个海洋大省的海监机构建设十分令人注目，如广东在省委、省政府的重视下，将海监渔政、渔监、船检三支执法队伍合并，重新组建了综合性执法队伍，规格为副厅级，省总队及下属各支队、大队的机构性质、人员编制和经费问题也得到根本解决，队伍管理体制得到完善；山东省沿海市、县全部成立了海监机构，初步形成了以省总队及直属队为主干，市支队为中坚，县大队为基础的三级海监机构网格；其他省市在成立省级总队的基础上，市、县两级海监机构的建设也正逐步推进。在主要职责方面，从1999年国家海洋局的528号文件到2002年国家海洋局的3号文件，中国海监机构的主要职责逐步得到明确。中国海监各级机构作为同级海洋行政主管部门的必要组成部分，集中实施同级海洋行政主管部门的海洋监督检查权和行政处罚权，这是国家海洋局党组在新时期做出的重大决策。在人员素质方面，各级海监机构始终把人员素质建设放在重要位置来抓，通过组织执法人员上岗资格培训、执法技能培训、军事训练等形式，有效地提高了海监队伍的政治素质和业务水平。中国海监总队这两年开办的高级培训班和涉外执法培训班，也越办越好。

(2) 法制和制度建设工作取得重大进展，队伍能力建设步伐不断加快。法制建设和制度建设是这几年中国海监工作的一大特点。为将海监工作纳入法制化、制度化、正规化轨道，中国海监总队几年来着力加强了建章立制的工作，出台了包括海洋执法监察公报和通报制度、海洋监督检查和行政处罚统计报表制度、执法案例分析制度等在内的一批执法工作制度，取得了显著的成绩。今年还抓紧制定了《海洋行政处罚实施办法》和新版、全国统一的海洋执法文书格式。另外还出台了海洋执法证件、执法装备配置的有关规定，制定了统一的海监标志、制服和胸牌，换发了新版的海洋执法监察证。各省区市总队和各海区总队也结合自身实际，加强了制度建设工作。另外，以信息化建设为重点，三个海区总队建设了办公局域网和网站系统，为信息共享提供了网络化手段。国家和地方海监执法船的建造、执法车的配备及监视、取证设备的配置也得到了加强，队伍的现代化水平正在得到提高。

(3) 执法工作在稳步开拓中不断取得突破。一是海域使用执法工作全面展开。为贯彻实施《中华人民共和国海域使用管理法》，中国海监总队于2001年底及时向全国海监机构印发了贯彻实施海域法的若干意见。一年来，通过开展日常监督检查、组织专项执法行动和查处违法案件，海域使用执法工作在各地得以全面启动。特别是今年，南海总队联合海南省渔业监察总队组织了海南省首次海陆空立体联合执法大检查；广东省总队与南海总队组织开展了全省性的“海域使用执法宣传周”活动和海域使用执法行动，并将海域使用执法与渔港、海湾整治、清理非法渔业作业及红树林保护执法相结合，实施了海监与渔政综合执法；东海总队与浙江省总队联合组织了“蓝剑行动”；福建省总队通过组织“镇海行动”，查处了多宗违法用海案件；山东省总队集中优势力量，采取拔钉子的方式，对典型案件实施重点突破，组织对日照港务局用海、电厂围海等重点项目中的违法案件进行了查处，实现了该省海监队伍组建以来在海域使用执法方面的突破；辽宁省总队也开展了总队组建以来的第一次海、陆联合执法行动；广西的海域整治也全面展开。

二是海洋环境保护执法工作逐步深入。北海总队会同河北、辽宁省总队在黄渤海地区开展了海洋石油勘探开发环境保护、海洋倾废监督检查行动，对9个海上石油开采区进行了巡视检查；东海总队采取海上随航、登检和陆上检查、定点监视等方式，加强对上海、浙江、福建近岸海域海洋倾废的监督检查，安排海监飞机对东海平湖油气田进行空中监视；南海总队在珠江口琪澳岛附近海域查处了广州航道局“穗浚133”等船违法倾倒行为；河北省总队以秦皇岛“暑期办公”为重点，加大了海洋环境保护力度，有效控制了重大污染事故的发生；天津市投入大量人力、物力，重点加强了天津港十万吨级航道疏浚倾倒的监督检查。

三是国家海洋维权执法工作成效显著。今年以来，针对日本海上保安厅在我国东海专属经济区内将一艘不明国籍船只击沉事件，根据外交部和局党组的统一部署，中国海监总队先后调动三个海区总队的中国海监船舶和飞机，对日方在沉船海域的活动实施了近 9 个月的全方位、全天候的执法监管，出色完成了任务，得到了外交部、财政部等部门的高度赞扬。此次维权执法行动，充分显示了中国海监的海上执法力量，有力地配合了我国政府对日的外交谈判，迫使日方承认沉船海域毫无争议是在中国专属经济区内并接受我方管辖，有效地维护了我国对专属经济区的主权权利和管辖权利，开创了中国海监大规模立体综合编队维权执法的成功先例，成为今年中国海监维权执法的亮点。此外，北海和东海总队还对美国海军测量船“鲍迪奇”号、“萨姆娜”号进行了跟踪监视，较好地维护了我国的海洋权益。

(二) 队伍建设和执法工作取得的主要经验

近几年我们在海监队伍建设和海洋执法方面的探索是积极的，方向是正确的，成效是显著的。总的来讲，主要积累了以下几条基本经验：

(1) 政府和主管部门的重视和支持是海监工作稳步拓展的重要保证。海监工作之所以能在比较短的时间内，取得比较明显的成绩，这与各海洋厅局特别是各级政府的重视和支持是分不开的，这些重视与支持为海监工作营造了一个良好的大环境，提供了各方面的有利条件，构筑了一个高起点的平台。从各地的情况看，哪个地区的政府和主管部门对海监工作认识充分，重视程度高，支持力度大，哪个地区海监队伍建议的步伐就快，海洋执法工作的力度就大，成绩也就更显著。

(2) 建设一支素质高、能战斗的执法队伍是搞好海监工作的前提和基础。只有一流的队伍素质，才能创造一流的工作业绩。海监执法工作是一项全新的事业，能否做到高点进位，快速起步，队伍素质起了决定性的作用。三个海区总队和广东、山东、辽宁、福建等省的海监执法工作之所以取得了比较突出的成绩，重要的一点就是他们始终把队伍的素质建设放在首要位置，坚持日常学习与集中培训相结合，短期集训与长期指导相结合，干中学与学中干相结合，矢志不移，常抓不懈。广东、山东的军事训练，辽宁的“抓基层，练一线”，都是被实践证明了的成功经验。

(3) 健全、完善的规章制度是推动工作开展的重要保障。以制度引导管理，以制度促进发展，是我们努力的方向和目标。中国海监总队和各地都十分重视建章立制工作，事实证明这是完全正确的。有关队伍建设、人员管理、执法监察和安全保障等方面的规章制度，规范了工作秩序，严肃了内部纪律，提高了工作效率，使海监队伍在建立之初就在组织上确保上下一致，管理上有章可循，行动上步调统一，指挥上令行禁止。

(4) 搞好协调、形成合力是海监事业发展进步的重要动力。一方面是海监系统内部搞好协调、形成合力。在当前情况下，正确处理国家、省、市、县四级海监队伍的关系，加强沟通，优势互补，开展一体化建设十分必要。近年来各海区总队与有关省区市总队进行的协同执法、执法共建工作，均取得了很好的效果，极大地促进了海监一体化的进程和执法力度的提高。另一方面是海监机构与其他执法机构以及与海洋厅（局）内部职能部门搞好协调、形成合力。如浙江省海洋与渔业局六处室共建执法总队。广东省总队加强与行政审批处室的协调沟通，建立工作制度。辽宁、广西等地跨部门的联合执法，都取得了很好的效果。

二、下一步海监工作的几点意见

(一) 关于县以上海监机构的组建问题

现在 11 个沿海省、自治区、直辖市已经有 8 个组建了海监总队；全国沿海有 52 个市（地）级行政单位，也有近一半组建了海监支队；有 140 余个县级行政单位，也有近五分之二组建了海监大队。我们经过一年多的努力抓这项工作，能够抓到这样的水平已相当不容易了，但毕竟还有这么大的差距。这是一项最基础性的工作，这项工作不到位，其他一切工作都无从谈起。初步设想，明年省一级的海监机构要全部组建完毕，就剩广西、海南和上海了，明年一年搞完应当不成问题；市（地）一级要建到 80%左右，大约在 40 个以上；县一级要建到 50%～60%，大约在七八十以上。

组建市（地）和县两级海监队伍，我想应该注意解决好以下几个问题。一是一体化问题。全国海监队伍一体化，首先表现在体制上的一体化。我们现在要发挥后发优势，借鉴其他队伍组建时的经验教训，从一开始就要把体制问题解决好。今年我们印发了《关于地方海监机构设置的若干意见》，各地要遵照执行。大家有一个统一的遵循，全国才会形成一个大致一体化的格局。二是执法主体资格问题。海监机构的执法主体资格，是行使海洋执法权的重要保障。各级海监机构的组建，必须经过同级政府机构编制部门的批准，包括机构的名称、级格和职能（尤其是职能）。我们一定要注意，不要为了图快，海洋厅（局）自己下一个文，就组建海监队伍了。三是行政处罚权的集中实施问题。各级海洋行政主管部门的行政处罚权应由其所属的本级海监机构来实施。国家海洋局在这方面已做出表率，正式下文把国家海洋局的行政处罚权集中授予中国海监总队并以局的名义来实施。我们省厅、市局、县局也要履行这样的手续。行政处罚权由海监机构集中实施，是实现执法工作统一性的重要保证。如果一个地区除了海监机构有执法权，海洋行政主管部门内部的有关职能部门也有执法权，这样就会形成多头执法，会给管理相对人带来麻烦，给我们的执法工作带来混乱，这是不允许的。各级海监机构要在组建之初，就把这个问题明确下来。总之，要继续推进国家海洋局[2002]3号文件的落实工作，逐步实现各级海洋行政主管部门内部“政策制定、行政审批职能”与“监督检查、行政处罚职能”的相对分开。我们注意到，由于历史的惯性和认识上的原因，各地贯彻海监集中实施海洋行政处罚权的工作至今并没有完全到位，这个问题要在2003年中彻底解决。四是海监机构的领导问题。国家海洋局目前采取的办法是副局长兼任海监总队的总队长，但实际主持工作的是常务副总队长、政委。为什么要采取这种方式呢？目的是通过高配领导的方式来提高我们海监机构的地位。在海监机构建立之初、各方面工作刚刚起步的情况下，高挂一下领导是有利于推进工作的。所以建议市、县两级海洋行政主管部门的分管领导要兼任海监队伍的领导，哪怕只是个名份。当然不要求所有地方都这样办，只是要求能这样办的地方尽量这样办。

（二）关于海监机构的执法能力建设问题

海监机构的执法能力建设应该包括两大方面，一是执法装备建设，一是人员素质建设。它们都是海监队伍履行执法职责的基础保障。我这里主要讲一下执法装备建设问题。

我们海监的执法工作有两个特点：第一个是海陆兼备。海监既有海上执法又有陆上执法，既需要有海上执法的能力，又要有陆上执法的能力。因此在执法装备配置上既要有执法车辆，也要有执法船只，再加上一些必不可少的取证设备等等。第二个是管理对象主要集中在近岸。不管是渔业用海、交通运输用海、旅游用海、盐业用海，还是海洋工程用海等，基本上都集中在近岸，且管理对象的位置比较固定，对这些管理对象的执法检查往往需要和陆地相结合。这些特点就决定了我们的海上执法船只不一定像渔业那样大的功率，那样远的续航能力，那样规模很大的船。我们更多需要的是轻便、快捷、小型，能够和陆地紧密配合的船只。根据这样一个思路，我想国家队将来主要造千吨级以上的大船，重点用于我国专属经济区的维权执法和国家一些重大项目的管理，省级队伍配备一些有一定续航力、1 000马力（1马力=0.735千瓦）左右的一二百吨级的执法船。市县两级暂时不用配这样的大船，从目前管理工作的需要来看，配备2～3条比较大型的，能坐七八个人的快艇就可以了。这样就可以形成一个国家以大船为主，地方以小船和快艇为主的执法能力格局。这种格局既能满足当前执法工作的需要，又可在比较短的时间内达到目标，以后可以根据发展的实际需要不断提高和完善。关于地方海监队伍的装备建设问题，国家海洋局、海监总队有一些初步的设想。一是近期争取支持每省配置一条百吨级以上的执法船，支持全国沿海每个市（地）配置一条大型执法快艇。至于是资金支持还是实物支持，由国家全部承担，还是国家和地方各级共同承担，这些问题要根据实际情况再确定，但这个目标是国家海洋局近期要积极争取达到的目标。各省也要充分发挥自己的优势，多为市县在能力建设方面做一些工作，最好也要有一个工作目标。那么装备建设的资金从哪里来呢？主要应来源于海域使用金。最近海洋局在和财政部共同研究制定海域使用金的征收管理办法。财政部的意见是海域使用金近期主要用于海洋管理和执法工作。国家财政是这样考虑的，省、市、县财政也应该这样考虑，现在的关键在于我们能不能把海域使用金征上来，在于我们有没有合适的项目把资金从财政部门那里再争取回来。

近期国家和地方的海域使用金，其主要使用方向都要放在海监队伍的能力建设上。要达到上述装备配置的目标，各地区都要在每个年度财政预算之前，把海监队伍能力建设的计划做好，同时要积极做工作，争取把海域使用金尽可能多的从财政拿回来，以加快海监队伍的能力建设。

（三）关于加大海域使用执法力度的问题

海洋监督检查和行政处罚工作是中国海监各级机构的两项基本职能。围绕海域使用、海洋环境保护和海洋维权三项执法，各地要在抓好日常性、常规性执法上下大功夫。我们海监队伍承担的执法任务很多。在海域法实施之前，国家队和省队的执法重点主要放在国家维权和环境保护执法上，在这方面我们积累了很丰富的经验。但是对海域使用执法工作，我们过去涉及不多，是一个薄弱环节。我想下一步海监执法工作的重点应该转移到海域使用执法上来，这是关系到海域法能不能得到贯彻落实的一个非常重要的问题。海域法的贯彻落实一方面要靠宣传教育，另一方面要靠执法，这是推动法律贯彻实施的两个轮子，缺一不可。我们在海域法的贯彻实施工作中，必须两手都要抓，两手都要硬。

第一个问题，我想谈谈执法方式的问题。海域使用执法到底怎么执，这是我们下一步需要探讨的问题。在环保执法中，我们过去经常使用的方法是海陆空联合大检查。这个方法好，整个环境一目了然，整个区域大检查无一漏网，同时也有巨大的社会效益和宣传效益。但是海域使用执法检查和环保执法检查不一样，光靠外观往往看不出来，必须一个项目一个项目地深入检查，必须个案处理，还要陆上和海上配合检查，既要看外观又要查资料。海域使用执法检查和渔业执法检查也不一样。渔业执法检查是跟着渔船跑，管理对象随时都有可能违法。海域使用执法的对象是比较固定和近岸的，也不需要跟着跑。所以我们完全沿用过去环保执法方式不行，沿用渔业执法方式也不行。今年海监总队下过一个关于海域使用执法检查方式问题的文件。这里面有经验总结的东西，也有理论上的东西，是否实用，还要靠实践来检验，靠各级海监机构在执法过程中去进一步丰富和完善。如何科学地开展海域使用执法，我们现在的思路并不是十分清晰，所以要加大探索力度，研究总结经验，及时推广好的做法。只有方式、方法对头了，切合实际了，海域使用执法工作才能有效果。

第二个问题，我想谈谈处罚的问题。从以往的情况看，我们执法活动开展的并不少，规模也不小，但实际处罚力度明显不够。今后我们的执法检查工作要紧紧抓住处罚这个核心。不仅该处罚的都要坚决处罚，而且每个案件都要严肃处罚。要按法律规定处罚到底、处罚到位，绝不手软；要顶住说情风，要坚持原则，谁说情也不行。案件查处既要有数量要求，也要有质量要求，这就是我们说的加大执法力度的标准。如果明年、后年我们在案件查处的数量上翻上几番，处罚程度进一步严厉，我们海监队伍的权威性和地位就会上升，海域法的贯彻实施速度就会不断加快。关于规范案件查处的问题，海监总队制定了《海洋行政处罚实施办法》，有望不久由国土资源部以部门规章的形式颁布。该办法不仅进一步明确了中国海监机构的执法主体地位，还就行政处罚的管辖、程序等内容作了系统规定。新版的海洋执法法律文书格式也已由海监总队制定完成，拟紧随该办法的颁布而印发。两文件的出台，将会极大地推动中国海监案件查处程序和查处文书的双统一，对规范和统一全国的海洋行政处罚工作具有重要意义，希望海监总队安排好这两个文件的宣传贯彻工作。关于提高案件查处水平的问题，今年海监总队作了许多开局性、开拓性的工作，如进一步完善了案例分析和执法统计这两项制度，印发了《中国海监执法案例分析操作指南》和《海洋监督检查和行政处罚统计报表》（修订）；在福建召开了首次全国典型案例分析研讨会，并希望作为年度例会制度固定下来；启动了海监典型案例库建库的前期研究工作。明年海监总队还计划编辑出版《海监执法人员办案必读》，以此书指导全国海监执法办案工作；还计划组织开展案件调查取证技术、海上行政强制措施和海陆空立体执法模式等几项实用性研究，为我们的海监执法办案工作提供坚实的理论后盾和储备。我想无论是今年所做的工作还是明年计划开展的工作，最终的目的只有一个，那就是要尽快提高我们海监的案件查处水平。

（四）其他几项工作

除了重点抓好上述三项工作外，就其他几个方面的工作，我再谈些意见。

（1）继续抓好海洋环保和海洋维权执法工作。

各级海监机构在努力强化海域使用执法工作的同时，也要将海洋环保执法和海洋维权执法放在十分重要的地位来抓。在海洋环保执法方面，要继续加强海洋工程建设项目环境保护、倾倒海洋废弃物等方面的日常性执法工作；海监总队要与局机关有关职能司（室）共同研究协商，提出加强海洋生态保护执法工作的有关措施；各级海监机构要积极主动履行《中华人民共和国海洋环境保护法》赋予的海洋环境监督管理职能，在职能部门的指导和协调下，开展对陆源污染、船舶排污、海岸工程污染的监视工作，并逐步建立违法案件的移交和跟踪机制，必要时采取与有关部门联合执法，逐步确立中国海监的综合执法地位。在海洋维权执法方面，要做好对经审批的涉外海洋科学研究活动、涉外海底电缆管道作业活动等的监督检查，特别要组织好对突发性涉外事件的执法工作；要加强对《中华人民共和国领海和毗连区法》、《中华人民共和国专属经济区与大陆架法》等海洋权益法律、法规和相关制度的适用性研究，探索海上维权执法工作的模式，组织编写维权执法指南；明年可考虑在北部湾海域组织开展一次海、空联合海洋维权专项执法巡航行动，目的是启动我国管辖海域特别是重点海域，如领海基点和基线、专属经济区以及岛礁等的经常性执法巡航，以体现我国的存在和管辖。

(2) 继续加强执法人员的素质建设。执法人员的素质建设是海监执法能力建设的另一重要组成部分。素质是海监队伍的生命。中国海监作为一支海上综合执法队伍，海洋执法任务复杂艰巨，要求每一位执法人员都必须能够全面掌握并熟练运用多部海洋法律、法规，具备海洋专业知识和执法基本技能，同时还要有吃苦奉献的精神和过硬的工作作风。因此要继续抓好海监人员的培训工作。有几点必须注意，一要注意严把人员入口关，严格上岗资格培训工作，不盲目扩充队伍规模；二要注意培训业务骨干和尖子执法人员，强化对现有持证人员的执法技能培训，做到培养执法综合性人才和专才相结合；三要注意建立一套科学的教育培训体系。今后中国海监总队将只负责教育培训工作的宏观指导、政策制定及监督检查，组织对支队长级以上的海监领导干部和特殊执法岗位人员的培训，组织编制全国统一的培训教材。基层执法人员的培训工作应由各省总队和各海区总队分别负责组织实施。另外，进一步加强和规范执法证件和执法服装的管理，进一步完善海监执法人员的考核制度，加强队伍思想作风建设，也是不容忽视的问题。

(3) 继续强化海监的宣传工作。宣传是开展海监执法工作，树立海监形象的先导。海监队伍建立的时间不长，各项工作都刚刚起步，社会各界对海监执法工作的认识也还不充分。在这种情况下，宣传工作就显得十分重要。在近几年的海洋执法实践中，有许多地方很好地把握了宣传这一有力武器，通过宣传这个窗口，提高了执法效果和显示度，扩大了海监执法的影响。如福建省总队在执法过程中邀请新闻媒体全程参与，做到“广播有声，报纸有字，电视有影”，发挥了很好的示范效应。广西的“宣传双月”、广东的“执法宣传周”、山东的“海域使用管理宣传周”等活动也很有特色，均起到了很好的作用。宣传工作既包括普法宣传，也包括执法宣传。普法宣传也应是各级海监机构份内的一项重要工作。各级海监机构除了积极配合各海洋厅（局）有关职能部门的宣传工作外，更重要的是要结合具体执法过程，有针对性地将普法宣传深入到城镇、乡村和管理相对人之中。各地要有所侧重地选择宣传方式和方法，如制作公益广告、利用新闻媒体对执法过程进行跟踪报道、对重大违法案件进行公开曝光等。关于执法工作的宣传，重点是要做好对政府的宣传。一是要加强向政府领导和有关部门的汇报，使他们及时了解海监执法工作的基本情况和主要问题，以取得他们的理解和支持，二是要充分发挥海洋执法公报和通报的作用，及时展示海监的工作内容和工作成绩，展示海监的良好风貌，体现海监执法工作对国民经济发展、对人民、对社会的重要性和贡献力。

同志们，中国海监队伍在执法实践中，在各级政府和海洋行政主管部门的关心和支持下正茁壮成长，海洋执法工作也正在逐步走向深入。会议之后，各海洋厅（局）和各分局要从本地区实际出发，遵照国家海洋局和各级政府的要求和工作安排，制定好明年的工作计划，积极、主动抓紧海监队伍建设和海洋执法工作。我相信，在大家的共同努力下，全国的海监工作必定会再创新业绩、再上新台阶。

（本文略有删节）

2002 年大事记

Chronicle of Events

1 月 1 日 《中华人民共和国海域使用管理法》正式施行。为了加强海域使用管理，维护国家海域所有权和海域使用权人的合法权益，促进海域的合理开发和可持续利用，该法于 2001 年 10 月 27 日第九届全国人大常委会第二十四次会议上通过。海域法规定，海域属于国家所有，国务院代表国家行使海域所有权。国家实行海洋功能区划制度。海域使用必须符合海洋功能区划，国家实行海域有偿使用制度，单位和个人使用海域，应当按照国务院的规定缴纳海域使用金。法律还就监督检查及有关的法律责任做出了明确规定。2002 年 7 月，《国务院办公厅关于沿海省、自治区、直辖市审批项目用海有关问题的通知》印发后，沿海省、自治区、直辖市人民政府对地方各级政府审批权限进行了调整，并加快了海域使用确权发证与换证工作。部分海域开发利用程度较高的地区有计划地开展海域使用权招标拍卖工作，确保了海域使用权出让公开、公平和公正。2002 年，我国新增建了 13 个海域使用管理示范区，这样加上已有的 17 个海域使用管理示范区，现在我国国家级海域使用管理示范区数量已经达到 30 个。《中华人民共和国海域使用管理法》的施行是我国政府强化海洋综合管理的又一重大举措，它必将对促进我国海洋经济持续、快速、健康发展，保障海洋资源的可持续利用，产生巨大而深远的影响。

1 月 1 日 《中华人民共和国国际海运条例》施行。该条例共七章六十一条，主要内容包括总则、国际海上运输及其辅助性业务的经营者、国际海上运输及其辅助性业务经营活动、外商投资经营国际海上运输及其辅助性业务的特别规定、调查与处理、法律责任及附则等。

1 月 11 日 李岚清副总理收到中国第 18 次南极考察队寄来的纪念封。对此，他表示感谢，并向全体考察队员寄予新春问候和诚挚慰问，希望在新的一年里，考察队在科技探险和考察研究中取得更大的成就。

1 月 18 日 由中国海洋石油总公司控股的上市公司中国海洋石油有限公司在香港宣布，收购西班牙瑞普索（Repsol-YPE）公司在印度尼西亚资产的五大油田的部分权益。在该项收购合同中，有限公司斥资 5.85 亿美元，并将会带来每年 4 000 万桶的份额原油。此项兼并是目前中国公司最大的并购国外资产项目之一。

1 月 18 日 中国海洋石油总公司与中国船舶工业集团公司在北京举行了番禺油田 FPSO（浮式生产储油轮）项目合同签字仪式，将由中船集团下属的上海外高桥造船有限公司承建该艘目前国内最先进的海上浮式生产储油轮。

1 月 18 日 大连海事大学交通信息工程及控制、轮机工程两个学科被评为高等学校国家级重点学科，实现交通部国家级重点学科零的突破。

1 月 22 日 国家海洋局发布的《海洋赤潮信息管理暂行规定》施行。

1 月 23 日 随同挪威首相谢尔·马格纳·邦德维克访问中国的挪威环境大臣博尔格·布伦德先生一行 6 人应中国极地研究所所长潘增弟研究员邀请，专程访问了中国极地研究所。这标志着在 21 世纪中挪两国在极地领域合作研究与交流拉开了新的序幕。

1 月 21～22 日 由中国石化上海海洋油气分公司和中国海洋石油总公司研究中心联合完成的《东海春晓气田群总体开发方案》，在北京通过中国石化、中海石油专家组的联合评审。

1 月 24 日 在中国科协六届二次全国委员会会议上，中国科协对包括中国海洋学会在内的 24 个全国性学会进行了表彰，并授予中国科协先进学会光荣称号。

中国海洋学会是中国科协业务主管的 187 个全国性学会之一。学会自 1999 年换届以来，在第五届理事会的领导下，加强了学会的组织建设，同时带动了学会的学术交流和科学普及等方方面面的工作。在学会活动中发挥了社会团体跨学科、跨地区、跨部门的优势，为我国海洋事业的发展做出了积极的贡献。这是中国海洋学会自 1979 年成立以来首次获此荣誉。

1 月 28 日 中国第一条横跨海峡的粤海铁路通道湛海线正式开通运营。

1 月 31 日 由中国国际工程咨询公司主持的“渤海综合整治‘十五’能力建设”项目专家评估会议在天津召开，历时 3 天。国家海洋局北海分局副局长刘宇中代表国家海洋局在会上汇报了项目建设内容。

1 月 交通部海事局建设的沿海无线电——差分全球定位系统(RBN-DGPS)全部建成并正式开通，我国沿海离岸 300 千米以内的导航定位精度将达到 5～10 米。该系统的建成和开通，标志着我国拥有了现代化的海上高精度导航定位系统，更有效保障船舶航行安全，实现了对传统无线电导航技术的重大突破和改革。

1 月 经国家科技部批准，“台湾海峡及毗邻海域海洋环境实时立体监测系统”项目正式列入国家“863”计划资源与环境领域重点项目。项目计划投入 1 亿元，首期启动 22 个研究专题。台湾海峡及其毗邻海域是我国发展海洋经济的重点海域。同时，也是我国海洋自然灾害的重灾区，据统计，每年有一半以上的台风在此海域的沿岸登陆，造成的经济损失达数亿元之巨。此外，该海域近年来赤潮频发，船舶碰撞、溢油及其他海难事件时有发生，给海峡两岸发展海洋经济带来负面影响。

1 月 “基础研究重大项目前期研究专项大型科学试验”项目“我国新一代海洋实时观测系统（ARGO）大洋观测网试验”在杭州通过了由科技部组织的我国海洋大气科学领域专家的可行性论证。

1 月 国家发展计划委员会和科学技术部发布《当前优先发展的高技术产业化重点领域指南》，海洋活性物质产品，海水养殖多倍体育苗技术及应用，海水、苦咸水及中水利用 3 项海洋高技术入选。

1 月 由中国海洋石油有限公司投资开发的海南东方 1-1 海上气田陆上工程开工。东方 1-1 气田总投资额为 32.7 亿元人民币。该气田位于南海北部湾莺歌海海域，距海南东方市约 110 千米，天然气储量丰厚。东方 1-1 气田总体开发分两期进行。

1 月 我国首次引进的海上救助专用直升机运抵上海，交通部上海高东海上救助机场已通过初验，从而填补了我国海上救助采用空中救生手段的空白。

我国这次引进的两架海上救助专用直升机是美国西科斯基飞机公司生产的最新机型。机上装有救援绞车、红外线前视探测系统、强光探照灯、4 通道自动悬停系统等海上搜救专用设备。救助机最大巡航速度为 155 海里/小时，续航时间为 2.5 小时，搜救半径达 100 海里，最高载客量为 12 人。

2 月 5 日 中国海洋石油劳模先进表彰暨成立 20 周年庆典大会隆重举行。国务院副总理吴邦国对海洋石油总公司取得的成绩表示祝贺，并向海洋石油劳模致意。中央大型工业企业委员会副书记郑斯林、中华全国总工会书记处书记纪明波出席大会并作重要讲话。

2 月 8 日 中共中央政治局委员、书记处书记、国务院副总理温家宝来到国家海洋局，亲切接见了中国第 16、17 次南极考察队部分队员，代表党中央、国务院和全国人民，通过卫星通信，向远离祖国、不畏艰险、日夜奋斗在南极第一线的中国第 18 次南极考察的全体队员和“雪龙”号船员祝贺新春。慰问活动由国家海洋局局长王曙光主持。国务院有关部门负责同志马凯、宋瑞祥、王光亚、赵沁平、李学勇、娄勤俭、马晓伟、胡占凡、陈宜瑜、秦大河、陈邦柱、陈佳洱等及国家海洋局领导出席了慰问活动。

2 月 27 日 厦门轮船总公司的“中洲”号货船载运 1 900 吨砂石到金门，使停止了 50 余年的金厦之间的货运直航重新开始，此举也是金厦之间继 2001 年 2 月初客轮直航后的又一次具有重大意义的交流。福建沿海与金马地区直航，使海峡两岸试点直航在操作模式上取得了新突破，打破了两岸直航船通货不通的局面，人、货均以直航方式直接从福建进入台湾金马地区。

2 月 28 日 上海外高桥造船公司首次承建的 15 万吨级海上浮式生产储油轮（FPSO）开工。该浮式生产储油轮将用于中海油与美国 Devon 公司合作开发的番禺油气田，年处理能力 450 万吨，该船为单底双舷侧结构，总长 262.2 米，型宽 46 米，型深 24.6 米，将于 2003 年年中交付使用。

2 月 上海船厂崇明基地一期工程初步设计调整方案通过专家评审。调整后的方案是：在原批准的53.5公顷占地面积、1 500米岸线基地范围内，将修船浮船坞由两座改成三座，即10万吨级、4万吨级、2.5万吨级浮船坞各一座；浮船码头由一座两泊位，改成两座三泊位；修船码头岸线由730米改成760米，修船能力从年修船80艘增加到162艘；同时增建一座7万吨级船台。

3月6日 九届全国人大五次会议在人民大会堂举行记者招待会。唐家璇外长说，中国政府将继续采取必要的措施，依法维护本国专属经济区海域内相关的主权权利和管辖权。

3月8日 大连造船厂为香港雅兰莎航运有限公司建造的4.5万吨化学品船下水。该船是大连造船厂按照美国ABS船级社的国际标准，自行开发研制的新一代化学品船。

3月7～11日 全国国土资源厅局长会议在京召开。

3月9日 国家海洋局、国际海洋学院中国业务中心和中国大洋矿产资源开发协会，在天津联合举行隆重悼念活动，悼念“海洋之母”鲍基斯教授。

国际海洋学院创始人、名誉主席伊丽莎白·曼·鲍基斯教授，因病于2002年2月8日在瑞士逝世，享年84岁。

3月11日 经国务院批准，国家计委、国家经贸委和外经贸部发布第二十一号令，全文公布新的《外商投资产业指导目录》及附件，自2002年4月1日起施行。

3月20日 国家计委在上海召开东海天然气工作会议，宣布中国石化和中海石油携手合作，东海天然气联合开发工作正式启动，从而拉开了东海西湖凹陷油气田全面勘探开发的帷幕。

3月21日 正返航回国的“雪龙”号极地考察船成功完成一项搭载试验，在南纬14°12′，东经114°42′的东印度洋上，向大洋中投放了一颗ARGO浮标。

3月22日 中国海洋石油有限公司宣布东海西湖天然气联合开发项目已正式启动，合作双方中国海洋石油有限公司和中石化成立了西湖项目中方联管会和东海西湖石油天然气作业公司。中国海洋石油有限公司任该项目作业者。

3月22日 凌晨2时15分，浙江宁波市慈溪县慈平航务有限公司所属工程船“浙慈工2”号轮（总吨76吨），在嘉兴市东南离岸2海里水域锚泊时，因遇大风沉没。船上共23人全部落水，8人获救，6人死亡，9人失踪。

3月22日 中国援建巴基斯坦瓜德尔港口项目一期工程开工，吴邦国副总理、黄镇东部长出席开工仪式。

3月26日 国家海洋局在京组织召开了全国海域勘界工作会议。此次会议为即将在全国范围内展开的省县两级海域勘界工作做了总体部署。国家海洋局局长、全国海域勘界部际联席会议组长王曙光，国家海洋局副局长、全国海域勘界部际联席会议副组长张宏声出席了会议并发表了重要讲话。11个沿海省、自治区、直辖市的政府副秘书长、海洋与渔业厅（局）的领导和参加勘界技术承担单位的有关领导共53人出席了会议。

3月23～28日 中共中央政治局委员、全国人大常委会副委员长姜春云先后在浙江省人大、省委、省政府主要领导及浙江省海洋与渔业局相关负责人的陪同下，到温州、宁波、舟山等地，了解新的《中华人民共和国渔业法》贯彻落实情况，考察渔港和水产品加工厂、养殖场，走访渔民家庭，并听取了有关部门的工作汇报，同渔区干部群众进行了广泛深入的交流。

3月28日 由中国极地研究所承担的科技部基础性科研项目——我国第一个国家级极地科学数据库系统“中国极地科学数据库系统”首期建设任务在上海通过了国家验收。

3月31日 原中央直属和双重领导港口下放工作全部完成，标志着港口管理体制改革取得突破性进展。

3月 由中国石化集团公司和中国海洋石油总公司联合组成的东海西湖石油天然气作业公司在上海成立，该公司是东海西湖凹陷对外合作勘探开发石油天然气作业的非法人机构。

3月 国务院办公厅下发《国务院办公厅关于开展勘定省、县两级海域行政区域界线工作有关问题的通知》，通知明确指出了海域勘界的范围、原则和任务，同时确定了具体的实施步骤、经费保障及组织领导。

4月2日 我国第18次南极科学考察队暨“雪龙”号考察船，在圆满完成各项科学考察项目计划任务后抵达上海港。国家海洋局极地考察办公室、中国极地研究所在码头上举行了隆重的欢迎仪式。国家海洋局党组书记、局长王曙光，上海市委常委、副市长韩正出席欢迎仪式并分别讲了话。王曙光局长和韩正副市长在讲话中高度赞扬了本次南极考察所取得的可喜成绩。他们对考察队员们拼搏奉献的南极精神和科学、果敢、顽强的表现，都给予了高度评价。

4 月 3 日 首批无船承运业务经营者资格颁证仪式暨新闻发布会在京举行，中国外轮代理总公司等 29 家企业成为中国首批无船承运业务经营者。

4 月 4 日 由上海市、浙江省共同出资组建的洋山同盛港口建设有限公司在浙江省嵊泗县挂牌成立，这标志着沪浙双方优势互补，跨区域联合建设的国家“十五”重大建设项目——上海国际航运中心洋山深水港建设正式启动。

4 月 5 日 国家海洋局发布《海域使用申请审批暂行办法》，该办法自 5 月 1 日起施行。

4 月 5 日 有集装箱“航母”美誉的国内最大集装箱“中远鹿特丹”轮驶进大连港大窑湾集装箱码头，标志着中远集装箱运输有限公司的远东至西北欧航线正式开通。

4 月 6 日 我国第一艘自行设计建造的玻璃钢冷海水保鲜金枪鱼延绳钓渔船——“华远渔 11”号，在山东威海正式交付使用。该玻璃钢远洋渔船由广东省远洋渔业总公司投资，上海鸿洋船舶有限公司、上海玻璃钢研究所联合设计，山东西港水产集团船舶修建厂建造。该船总长 28.6 米，型宽 5.8 米，型深 2.5 米，功率 441 千瓦，定员 13 人，自持力 30 天。

4 月 8 日 巴拿马籍豪华邮轮“东方公主”号被广州海事法院扣押。从 1997 年开始，该船以各种借口拖欠中国船员的工资，历时 5 年之久，拖欠港币 300 余万元。为了维护自身权益，51 名被拖欠工资的中国船员走上了法庭。

4 月 12 日 国家经贸委、铁道部、交通部、外经贸部、海关总署和国家质量监督检验检疫总局联合发布《关于加快发展我国集装箱运输的若干意见》。

4 月 15 日 国家重点科技攻关项目——70 千瓦潮流实验发电站，在浙江省岱山县官山岛附近海域建成，并顺利通过专家的验收和鉴定。该电站是目前亚洲第一座潮流实验发电站，达到世界先进水平。

4 月 16 日 我国首艘浅海管线电缆检修水下工作艇在武汉建成下水。这艘工作艇长 28.5 米、宽 8.5 米，可在 2.6～20 米深的海底作业。在下沉至海底后，它能从“母船”中伸出一个特制工作舱，将海底受损的油管或电缆紧紧包围，将管缆周围的水和泥沙抽吸干净，并保持舱内的气压。维修人员通过艇上装备的特殊管道进入海底进行检测和维修，从而实现“海底作业陆地化”。

这艘工作艇于 1997 年列入国家“863”计划重点研究课题，由胜利油田钻井工艺研究院、上海交通大学、哈尔滨工程大学、国家海洋局第一海洋研究所、武昌造船厂建造而成。它的建成和使用结束了我国海底管线、电缆检测、维修依靠国外技术、装备的历史。

4 月 16 日 外交部杨文昌副部长代表中国政府在突尼斯与突尼斯政府签署《中国一突尼斯海运协定》。

4 月 19 日 曾担任过中国外交部条法司司长、现任联合国国际海洋法法庭法官的许光建在纽约联合国总部再次当选为国际海洋法法庭法官。他将于 9 月 30 日本届任期期满后继续担任该职务。

4 月 20 日 交通部黄镇东部长代表中国政府在德黑兰与伊朗政府签署《中国一伊朗海运协定》。

4 月 22 日 为纪念《中华人民共和国海洋环境保护法》修订实施两周年，迎接“六·五”世界环境日，上海市海事局会同 UKP&ICLUB 在上海召开了“2002 年船舶污染海洋环境风险控制国际研讨会”。中国交通运输协会会长钱永昌、中华人民共和国海事局副局长刘德洪及上海市人大、政协、市政府有关委、办、局领导以及各国驻总领事等专家、学者近 200 人出席了会议。

4 月 22 日 亚太经合组织会议在汉城举行，来自亚太经合组织的 21 个成员代表以及非政府组织代表共 400 余人参加了会议。会议发表了《汉城海洋宣言》。

4 月 24 日 现任联合国大陆架界限委员会委员的国家海洋局第二海洋研究所研究员吕文正，再次作为中国推荐的专家在纽约联合国总部召开的联合国海洋法公约缔约国第 12 次大会上当选。他将于今年 6 月 20 日本届任期满后继续担任该职务。

4 月 24 日 以“世界水产养殖之乡——中国”为主题的 2002 年世界水产养殖大会暨展览会在北京国际会议中心开幕。来自世界数十个国家的

3 000余名水产养殖专家、学者及企业代表参加了本次大会。开幕式上全国政协副主席、中国工程院院长宋健作了发言，中国科协副主席张玉台致开幕词，农业部副部长齐景发作了《中国水产养殖业的发展与展望》主题报告，国家自然科学基金委副主任、中国科学院院士朱作言，中国水产学会名誉理事长张延喜、涂逢俊，中国水产学会理事长、中国工程院院士唐启升等领导以及世界水产学会接任主席Craig Browdy先生、世界水产养殖学会前主席James H. Tidwell先生、副主席Kevan Main先生、世界水产养殖学会前主席Patrick Sorgeloos先生等贵宾出席了开幕式。本次大会共收到学术论文1 050余篇，其中国外600余篇，中国450余篇，超过了以往任何一次大会。会议期间，专家、学者将围绕资源利用与投资、生物技术与转基因生物、市场贸易与WTO等7个专题41个子专题进行广泛交流与研讨。大会附设的展览会还吸引了包括世界最大动物及水产饲料生产企业——正大公司和比利时英伟集团等在内的100余家苗种、饲料、药物、机械设备等水产养殖方面的企业参展。本次大会于4月27日结束。

4月25～28日 农业部副部长齐景发一行赴西沙群岛考察慰问。问候守岛官兵并对西、南、中沙群岛渔业基地的建设进行了实地考察。

4月26日 浙江省机构编制委员会印发《关于建立省海洋与渔业执法总队等问题的批复》(浙编〔2002〕44号)，批准成立浙江省海洋与渔业执法总队（下辖船队），核定事业编制55人，人员依照公务员管理。6月19日，浙江省海洋与渔业任命严寅央为执法总队总队长，唐孟龙、蒋立民（兼）、罗允宝、祝航、陈永祥为执法总队副总队长。7月18日举行执法总队成立授牌仪式。

4月27日 大连老虎滩极地海洋动物馆开门纳客。该馆占地面积2万余平方米，建筑面积3.6万平方米，共有来自南北极海洋动物11类、153头(只)，海洋鱼3 000余条，其中极地白鲸、海象、海獭是第一次登陆中国内地。老虎滩极地海洋动物馆已被认定为世界吉尼斯纪录中建筑规模最大、展示极地动物品种最全、数量最多的海洋动物馆。

4月28日 农业部副部长韩长赋会见印度尼西亚海洋与渔业部部长罗郝敏·达胡里，并就双方渔业合作的有关问题进行了会谈。

4月28日 农业部首次发布《中国海洋渔业水域图》。

4月28日 由西瑞克石油（新加坡）有限公司、大连海昌集团和大连虎滩乐园三方投资4亿元人民币兴建的超大型海洋旅游项目—大连老虎滩极地海洋动物馆，在大连建成并正式接待游客。大连老虎滩极地海洋动物馆已被国家海洋局极地考察办公室批准为极地科普教育基地。同时，被上海大世界吉尼斯总部列为大世界吉尼斯之最“规模最大的极地海洋动物馆”。

5月3日 大连造船重工有限责任公司滚装船的首制船“斯坦纳·先觉”号签字交工，这也是中国建造的第一条第四代大型高速滚装船。

5月6日 大连造船重工有限责任公司为瑞典博尔公司建造的4 800吨海上多用途工作船“博尔巨人”号签字交工。该船是具有当代世界一流水平的特殊船型。

5月6～13日 在中韩建交10周年之际，由“嘉兴”号、“连云港”号导弹护卫舰组成的舰艇编队，在海军副参谋长周伯荣少将率领下，作为祖国的特别外交使者首次访问了韩国，谱写了中韩两国海军交往史上的新篇章。

5月7日 晚21时24分，一架中国北方航空公司客机在大连市香炉礁海域上空发生重大海上空难。机上103名乘客和9名机组人员全部遇难。当晚，江泽民等中央领导同志指示有关部门和部队全力抢救失事飞机、乘客及机组人员。

5月8日 交通部黄镇东部长与国务院副秘书长尤权及有关部委（局）人员赶赴大连，研究“五·七”空难海上搜救有关工作。

5月10日 国务院副总理吴邦国视察“五·七”空难海域，慰问参与海上搜寻打捞和扫测工作人员。

5月10日 新北良港通过在大连的各口岸查验机关的验收，正式对外开放。新北良港是迄今世界上最先进、规模最大、功能最全的粮食港口，是我国现代化散粮运输系统的龙头，也是东北粮食调出调入流通体系的重要组成部分。

5月14～17日 21世纪中国油气勘探国际研讨会（含第二届海相碳酸盐岩研讨会）在杭州召开。会议由中国工程院、环太平洋能源与矿业资源理事会和中国石油学会共同主办，中国石油学会承办。大会开幕式由中国工程院王淀佐副院长主持，中国工程院院长宋健到会致辞，到会致辞的还有浙江省卢文可副省长，环太平洋能源与矿产资源理事会主席 Nahum Schneidermann 先生，中国石油学会理事长邱中建院士，中国石油天然气集团公司副总经理阎三忠先生，中国石油化工集团公司副总经理牟书令先生，中国海洋石油股份公司副总裁茹克先生。

此次大会的召开，受到了国内外石油界专家的广泛关注和热烈的响应，中国工程院和中国科学院的院士，中国石油界的领导、管理和科技人员，大学和研究机构的研究人员，经济和金融专家共 220 余人，外方代表美国、英国、加拿大、俄罗斯、日本、法国、澳大利亚、荷兰和外国石油公司的专家学者共 60 余人参加了会议。提交的论文汇编到论文集中的共 113 篇。

5 月 15 日 由我国科学家自行研制的第一颗海洋卫星“海洋一号”和气象卫星“风云一号 D”，在太原卫星发射中心搭载“长征四号”火箭成功发射升空。中共中央委员、国土资源部副部长孙文盛，全国人大农委副主任伍精华，国家自然科学基金委副主任李主其，国家海洋局局长王曙光，国家海洋局副局长陈连增、张宏声、倪岳峰，国家海洋局党组成员吕子耀、周茂平，以及国家海洋局原局长张登义、严宏谟等领导同志，与百余名来自海洋界和有关单位的同志一起观看了我国首颗海洋卫星的发射。这颗被命名为“HY-1”的卫星是我国第一颗海洋水色试验型业务卫星，运行工作寿命两年。卫星发回的数据由国家卫星海洋应用中心设在北京、三亚的地面接收站接收，经过处理后的数据将在海洋生物资源开发利用、河口海湾及航道监测与治理、海洋污染监测与防治、海岸带监测及全球环境变化研究与资源开发服务中起到重要作用。

5 月 17 日 为了加强海洋石油开发工程的环境影响评价管理工作，明确环境影响评价报批程序，国家海洋局制定下发了《海洋石油开发工程环境影响评价管理程序》。通知规定，凡在中华人民共和国内水、领海、毗邻区、专属经济区、大陆架以及中华人民共和国管辖的其他海域从事海洋石油开发的企业或作业者(以下简称“企业或作业者”)必须遵守本程序。

5 月 19 日 大连市渔业现代化重点项目——大连海参原种场在金州区大李家镇大李家湾建成投产，由此结束本市靠人工下水选捞海参苗的历史。

5 月 22 日 由胜利油田投资建设的龙口胜利码头通过龙口市口岸办公室、龙口海关、龙口边防检查站、龙口海事处和龙口出入境检验检疫局的联合查验，取得国家一类开放口岸资质，可以停靠外轮进行装卸作业，成为胜利油田一个重要的对外展示窗口。

5 月 23～25 日 交通部洪善祥副部长赴威海、烟台检查渤海湾客滚船安全工作。

5 月 25 日 下午 4 时 05 分，中国海上搜救中心接到台湾 CI611 航班飞机失事信息并迅速向国务院值班室及国家安全生产监督管理局报告。上海救捞局所属“华意”和“沪救 12”两艘救助船奉命紧急赶往出事海域参加搜救工作，共捞起飞机残骸 25 块、遇难者遗体 11 具，并将其移交台湾有关部门。

5 月 27 日 交通部洪善祥副部长赴意大利、希腊进行访问并出席希腊国际海事展和中希海事合作研讨会，期间会见希腊海运部长。

5 月 27 日 朱镕基总理出席中斐渔业合作谅解备忘录签字仪式，农业部部长杜青林代表中国政府签字。

5 月 27～29 日 第一届中美北极科学国际研讨会在青岛国家海洋局第一海洋研究所召开。来自国家海洋局、中国科学院、中国气象局和教育部的科学家以及美国、日本、韩国的政府官员及科学家参加了会议。

5 月 29 日 国家卫星海洋应用中心北京、三亚地面接收站成功接收到我国自行研制发射的第一颗海洋卫星的第一轨遥感图像数据。

5 月 30 日 交通部发布《海上滚装船舶安全监督管理规定》(交通部令 2002 年第 1 号)。

5 月 为了进一步贯彻实施《中华人民共和国海域使用管理法》，加强海域使用管理，国务院办公厅发出了《关于沿海省、自治区、直辖市审批项目用海有关问题的通知》(以下简称《通知》)。《通知》依照《中华人民共和国海域使用管理法》的有关规定，明确了沿海省、自治区、直辖市人民政府项目用海的审批权限，并对项目用海的审批管理、登记发证和执法检查工作提出了具体要求。

6 月 3 日 交通部洪善祥副部长代表中国政府在罗马与意大利政府签署《中国-意大利海运协定修改议定书》。

6月8日 由国家计委批准的中国海洋环境监测系统——海洋站和志愿船观测系统建设项目在北京通过验收。国家海洋局副局长陈连增出席并主持了会议。该系统已投入正常使用，工作状态良好。该系统由海洋站观测系统、志愿船观测系统和数据通信网络组成，能够对我国近岸海域的潮汐、波浪、海水温度、盐度和海洋气象要素进行自动监测和数据自动传输。

6月10日 农业部和国家环保总局联合发布2001年度《中国渔业生态环境状况公报》。农业部发出《关于密切监测赤潮发生 积极预防 减少渔业损失的紧急通知》。

6月11～17日 中国海监南海总队与海南省渔业检查总队进行海陆空联合执法大检查。执法检查的重点为海口市和三亚市。

6月14日 交通部胡希捷副部长代表中国政府在平壤与朝鲜政府签署《中国一朝鲜海运协定》。

6月15～20日 新组建的浙江省海洋与渔业执法总队在中国海监东海总队的支持下，组织6艘执法检查船、1架中国海监飞机，1条信息船，实施了代号为“蓝剑行动”的海陆空联合执法大检查。在对宁波北仑港、温州七里、黄华等重点海域的海域使用持证和海砂开采情况检查中，共查获违规采砂船31艘。

6月18日 中国外交部发言人刘建超在召开的例行新闻发布会上透露，中方已批准日方打捞东海沉船，并将对打捞作业监管。

6月19日 国家科技部与中国海洋石油总公司、中国石化集团在京签订合作协议，这标志着国家“十五”“863”计划重大项目——“渤海大油田勘探开发关键技术”研究正式启动。国家科技部副部长李学勇、中国海油副总经理罗汉等出席。

6月19～25日 国务院对沿海渔民转产转业政策做出重要决定。这些政策包括：从2002年起3年内，中央财政每年安排专用资金用于渔民转产转业，主要用于减船补助和渔民转产转业项目补助等；增加专属经济区渔政执法经费；与渔民转产转业相关的建设资金除农业部要倾斜外，国家计委将从中央财政新增预算中予以适当安排，地方安排配套投入；捕捞渔民转产从事水产养殖免征农业特产税问题，由各地结合农村税费改革试点自主确定。

6月24日 为规范海洋石油平台的弃置行为，加强对海洋石油平台弃置活动的管理，根据《中华人民共和国海洋环境保护法》及有关法律法规的规定，国家海洋局发布《海洋石油平台弃置管理暂行办法》。

6月24日 国家海事局与国际海事组织和“东亚海环境管理伙伴行动计划”在烟台海事局联合举行了监督员暨现场指挥官油污防备与反应培训班。

6月26日 大连圣亚海洋世界股份有限公司向社会公开发行A股股票3 200万股，7月11日在上海证券交易所上市交易。这是东北第一家上市旅游企业，东北第一家股票上市的中外合资企业，也是大连市第一家在核准制下上市的企业。圣亚海洋世界项目开业6年多，已接待中外游客700万人次，实现销售收入3.4亿元。

6月26～29日 中国大连国际海事展览会在大连举办。来自17个国家和地区的200余参展商以及国内外船舶航运界3万多人参加。

6月28日 为了有效地贯彻落实《中华人民共和国海域使用管理法》，规范海域使用权界址测量工作，国家海洋局出台了《海域使用测量管理办法》。

6月28日 “中国大洋生物基因研究开发基地”在厦门国家海洋局第三海洋研究所（以下简称海洋三所）成立并正式挂牌。“基地”由中国大洋矿产资源研究开发协会（以下简称中国大洋协会）和海洋三所在国家海洋局海洋生物工程重点实验室基础上建立。国家海洋局副局长倪岳峰、中国大洋协会理事长陈炳鑫和海洋三所所长郑连福等在揭牌仪式上讲了话。成立大会由中国大洋协会秘书长毛彬主持，厦门市政府、科技部、财政部有关部门领导和福建省科技厅、海洋与渔业局及有关科教单位的领导30余人出席了会议，并参观了国家海洋局海洋生物工程重点实验室。“中国大洋生物基因研究基地”是推动大洋科学研究，加强大洋生物资源研究开发，促进海洋高技术产业化的一种尝试。

6月28日 上海市“九五”十大重点项目之一的东海平湖油气田一期开发工程，通过经营者上海石油天然气总公司组织的竣工验收。平湖油气田是东海海域第一个投入开发的复合型油气田，一期工程包括1座海上综合平台、1条海底输气管线、1 条海底输油管线、1 座陆上天然气处理厂和 1 座原油中转站，以及 7 口油井和 8 口气井。

6 月 29 日 香港流动渔民远洋渔业培训班在中国海洋大学举行结业典礼。

7 月 4 日 中华人民共和国渔政渔港监督管理局发出《关于做好清理整顿“三无渔船”和“三证不齐”渔船后续有关工作的通知》。

7 月 5 日 浙江省象山县在北京钓鱼台大酒店举行第五届中国开渔节新闻发布会。2002 年的开渔节，于 9 月 14～16 日在象山举办。以“蓝色开渔、经贸开渔、文化开渔”为主题的本届开渔节，除了继续锁定祭海、开船仪式及中国渔民蓝色保护志愿行动外，经贸活动将是 2002 年开渔节的“东方投资论坛”、“象山特色农业推介会”等，并有数十个项目签约，投资总额达数亿元。旅游方面将着重组织全国旅游商品展销会、旅游商品开发研讨会及设计大奖赛、黄金海岸观光游等。

7 月 9 日 全国人大副委员长、九三学社中央主席吴阶平一行 20 余人，在国家海洋局第一海洋研究所进行了关于经济可持续发展方面的调研活动。

7 月 10 日 全国政协常委、九三学社中央副主席黄其兴一行 20 人到国家海洋局北海分局调研。调研期间，黄其兴一行观看了国家海洋局北海分局海上维权执法录像片，并乘“向阳红 09”号船对青岛近海海洋环境进行考察。

7 月 11 日 由全国政协办公厅和国家海洋局联合组织，由全国政协副主席周铁农任团长的全国政协委员海岛工作视察团，结束了对浙江、广东两省海岛工作为期 10 天的视察。该视察团由全国政协委员 33 人组成，其中全国政协副主席 1 人，常委 3 人。国家海洋局副局长张宏声和海域管理司司长孙书贤陪同全国政协委员视察团一起视察。

7 月 12 日 国家海洋局出台了《海域使用权登记办法》，对海域使用权登记的原则、登记的机关、登记的类型、登记的程序、资料等作了具体规定。

7 月 13 日 第四届青岛海洋节在青岛五四广场和浮山湾海域拉开了帷幕。

7 月 14 日 全国海域管理工作座谈会在青岛召开。来自全国沿海 11 个省、市及大连、青岛市的厅（局）长参加了座谈会。国家海洋局副局长张宏声到会并作了重要讲话。

7 月15 日 由中国贸促会、交通部、国家海洋局、国家体育总局水上运动管理中心、中国船舶重工集团公司、中国船舶工业集团公司、青岛市政府共同主办的首届中国国际航海博览会，在青岛开幕。中国国际海洋科技展览会和中国国际水上运动及水上娱乐休闲设施展览会也同期举行。

7 月 15 日 由全国政协副主席王文元率队的“九三”学社中央考察团在国家海洋局副局长倪岳峰、天津市政协副主席梁肃的陪同下，对国家海洋局海水淡化与综合利用研究所进行了视察。

7 月 15 日 为了促进分子科学领域的国际合作与交流，由青岛海洋大学、山东省科协主办、瑞士国际分子多样性保护组织协办的 2002 年分子科学前沿国际研讨会在青岛隆重召开。全国人大常委会副委员长、中国科协主席周光召，国家自然科学基金名誉主席张存浩，国家海洋局副局长张宏声出席开幕式。国家海洋局副局长张宏声代表中央有关部门领导致辞。

7 月15～19 日 由国家海洋局与上海市人民政府主办的“国际南极科学考察与后勤技术展”在上海举行。来自国内外的 20 余家企业和科研单位集中展示了中国南、北极科学考察的成就与高新科技产品。国家海洋局局长王曙光、上海市副市长韩正等为展览会剪彩。这次会展表明上海已经成为我国极地科考察的重要后勤保障基地。

7 月 15 日 第 27 届南极研究科学委员会(SCAR)会议和第 14 届国家南极局局长理事会（COMNAP）会议在上海召开。国务院副总理温家宝为这个规模盛大的南极领域科学考察会议发来了贺信，国家海洋局局长王曙光、副局长陈连增，会议东道主城市上海市副市长韩正、副秘书长吴念祖出席了会议。这是南极研究科学委员会会议和国家南极局局长理事会会议首次在中国召开。会期 2 周，共有 37 个分组会议和国家代表会议举行。主要议题有：在南极提供医疗保障、空中保障、先进的能源资源、在南极水域的航行、垃圾处理技术等。会议期间还举行了国际南极考察活动展览、南极考察后勤技术展览、国际南极考察活动和南极研究科学动态主题报告会等活动。

7 月 16 日 根据中央军委主席江泽民签署的命令，海军在海军工程大学隆重举行中央军委给电气工程系电力电子技术应用研究室教授马伟明记一等功庆功大会，海军政治部副主任张双虎少将宣读了中央军委的命令，海军政治委员杨怀庆上将为马伟明颁发了军功章。据悉，马伟明是海军院校第一位被中央军委记一等功的教授。

7月22～26日 国际海事组织（IMO）稳性、载重线与渔船安全分委会第45次会议（SLF45）在英国伦敦举行。此次会议的主要议题是关于大型散货船的安全问题。

由中国海事局、中国船级社、农业部渔船检验局有关专家组成的中国代表向大会提出了4项提案，有3项被会议采纳，尤其在船艏高度公式的确定上虽然几经波折，但最终获得一致通过并纳入修正案。这是中国首次在国际海事界参与制订技术标准上取得的重大突破。

7月25日 26万吨的超级油轮“俄耳甫斯亚洲”号，在航经巴士海峡北口时主机突然失灵，一个月后交通部救捞系统顺利完成救助任务。这是中国救助大型满载船舶吨位最大的一次。

7月 在第四届青岛海洋节开幕的前夕，5位诺贝尔化学奖得主接受青岛海洋大学的聘请担任名誉教授。5位诺贝尔化学奖得主分别是德国科学家罗伯特·哈伯(RobertHaber)教授、瑞士科学家恩斯特(R·Ernst)教授、加拿大裔美国科学家鲁道夫·马库斯(RudolphA·Marcus)教授、英国科学家理查德·罗伯茨(RichardJ·Roberts)教授和英国科学家瓦尔特·科恩(WalterKohn)教授，他们分别是1988年、1991年、1992年、1993年和1998年诺贝尔化学奖得主。

7月 国家海洋局召开了全国海域使用管理示范区表彰会，对在海域使用管理示范区建设工作中成绩突出的单位和个人进行了表彰，共有大连市海洋与渔业局、烟台市海洋与渔业局、宁波市海洋与渔业局、惠州市海洋与渔业局、海口市国土海洋资源局、唐山市海洋局、青岛市海洋与渔业局、宁德市海洋与渔业局、防城港市海洋局、三亚市海洋与渔业局等10个先进单位和董艳涛、唐兴等22个先进个人获此殊荣。

8月1日 针对上海港船舶残油、污油跨省转移，油污水去向不明，不法之徒印制、买卖、使用伪造国家海事行政主管机关文书等严重违法案件，上海海事局与上海市环保局制定、颁布的《上海港船舶残油(油泥)、油污水接收和清舱作业监督管理办法》开始实行。

8月1日 国家财政部办公厅、农业部办公厅联合颁发《海洋捕捞渔民转产转业转向资金使用管理暂行规定》。

8月1日 亚太地区最大的邮轮公司丽星邮轮有限公司的“双子星”号邮轮首航大连港，标志大连至韩国平泽港的邮轮航线正式开通。这也是我国东北地区首条邮轮航线。

8月6日 农业部、财政部和国家计委联合在广东省湛江市召开沿海捕捞渔民转产转业工作会议，重点贯彻落实国务院领导对沿海渔民转产转业工作的有关批示精神，交流各地减船转产的经验措施和有效做法，研究探讨专项资金的使用管理和具体实施办法。

8月6日 国家海洋局海洋-大气化学与全球变化重点实验室成立大会暨第一届学术委员会会议在国家海洋局第三海洋研究所举行。

8月12日 朱镕基总理，李岚清、吴邦国、温家宝副总理及王忠禹国务委员分别就“救捞体制改革方案”做出重要批示。

8月15日 天津港15万吨级航道一期工程正式开工建设，全部工程预计2005年前后建成，届时15万吨级船舶可自由进出港。

8月16日 东海平湖油气田扩建工程开工典礼暨海上工程委托协议签字仪式在上海举行。该项工程是国家计委4月5日正式批准的，总投资约17亿元，计划于2003年10月部分投产，2005年全部建成。中国海油总经理卫留成、副总经理罗汉，以及上海市委副书记、副市长韩正，中国石油化工集团公司副总经理张耀仓等出席了开工典礼。

平湖油气田扩建工程将分两期进行，前期对综合平台进行改造，开发周边油气区块，新增4口天然气生产井，使原有14英寸海底输气管道增输扩容，进一步提高油气田的产能；后期开发距综合平台约7千米的八角亭构造，在八角亭构造新建1座综合平台，建4口天然气生产井，使该区成为平湖油气田的后备接替产能区。两期工程将先后于2003年及2006年1月投产。油气田扩建后，日供气量由现在的120万立方米提高到200万立方米。

8月20日 交通部洪善祥副部长会见泰国交通部副部长布拉差，就帮助泰国组建泰国国家船队等问题交换了意见。

8月21日 浙江省省长柴松岳主持召开浙江省政府第74次常务会议，研究杭州湾跨海大桥工程建设问题。杭州湾跨海大桥工程项目已经国务院总理办公会议批准。杭州湾跨海大桥将是世界上最长的跨海大桥，南起宁波，北至嘉兴，桥长36千米，双向六车道高速公路，设计时速100千米，使用寿命100年以上，总投资约107亿元。

8月23日 农业部以第19号部令发布《渔业捕捞许可管理规定》，自2002年12月1日起施行。

8月24日 由胜利油建有限公司承建的重达3 200吨的EDC埕岛西DPA上部平台装船成功，9月8日国内首次采取“浮装法”顺利就位，投产一次成功。

8月24日 为支持山东省日照市人民政府申办2005年欧洲级帆船赛，应日照市人民政府的邀请，国家海洋局北海预报中心为日照市组织编写了《2005年欧洲级世界帆船锦标赛海洋环境评估报告》，并派专业技术人员赴加拿大协助日照市开展申办工作，使申办获得成功。

8月26日 交通部发布《水上交通事故统计办法》(交通部令2002年第5号)。

8月27日 我国首次建造的30万吨超大型油轮（VLCC）在大连新船重工有限责任公司签字交工。该船体总长333.5米，型宽58米，型深37米，适于载运闪点低于60℃的原油产品，可航行于无限航区。

8月31日 “远大”号30万吨级超大型油轮在江苏南通中远川崎船舶工程有限公司建成下水。“远大”号油轮为国际最新标准的双壳船体，总长333米，型宽60米，型深29.3米，船体自重40 651吨，其自动化航海系统可以实现一人驾驶操作和无人机舱。这标志我国造船工业在超大型油轮的设计建造上实现了“零”的突破，进入了世界少数几个能设计建造超大型油轮国家的行列。

9月4日 根据国务院8月22日的批复要求，国家海洋局在北京发布了《全国海洋功能区划》。这是依据《中华人民共和国海域使用管理法》和《中华人民共和国海洋环境保护法》的规定出台的第一部全国性海洋功能区划，是国家海洋局会同国家计委、国家经贸委、国土资源部、建设部、交通部、水利部、农业部、环保总局、林业局、旅游局、总参谋部等部门及沿海11个省、自治区、直辖市人民政府共同制定的。《全国海洋功能区划》明确了海洋功能区划的目的、依据、定义和范围，客观分析了我国的海洋资源状况、开发利用与保护现状及存在的主要问题，提出了全国海洋功能区划的指导思想、原则和目标。在我国管辖海域划定了10种主要海洋功能区，确定了渤海、黄海、东海、南海四大海区中30个重点海域的主要功能，并提出了主要的实施措施。《全国海洋功能区划》是规范我国全部管辖海域开发利用与保护活动的重要科学依据，是海域使用管理和海洋环境保护必须遵循的行为准则。9月10日，国家海洋局为此在北京召开新闻发布会。

9月7日 2002年第16号台风（森拉克）在浙江省苍南县沿海登陆。这次台风影响期正值天文大潮汛，给浙江省温州、台州、宁波、舟山等东南沿海地区带来严重影响。据统计，直接经济损失30亿元，其中农林牧渔业16.75亿元，工交运输业9.41亿元，水利设施4.08亿元。受灾人口733万人，死亡30人。

9月11～12日 广东水域受2002年第18号强热带风暴影响，13艘船相继遇险待救（总遇险人数150人）。经各方全力救助，共有11艘船及123名船员获救，另有1艘船沉没，1艘船失踪，23人遇难。

9月11～13日 由中国工程院、山东省政府、国家农业部、国家海洋局、国家外国专家局、联合国亚太经社会、亚太农业工程与机械网络中心、亚太技术转让中心共同主办的中国·荣成-2002年大洋渔业国际研讨会在山东省荣成市隆重举行。此次会议是以“加强大洋渔业环境养护、合理开发世界海洋资源”为主题的国际性研讨会。来自联合国亚太经社会等国际组织的官员、13个国家的17名国外驻华使节、国内外大洋渔业及相关领域的专家和企业家200余人参加了会议。

9月16～19日 国土资源部中国地质调查局与中国海洋石油有限公司勘探部在青岛共同主办“黄海海域油气地质研讨会”。国土资源部副部长寿嘉华出席研讨会。

9月18日 海洋一号A星交付暨海洋一号B星研制启动协议签字仪式在人民大会堂举行。国家海洋局局长王曙光、中国航天科技集团公司总经理张庆伟、总装备部副部长胡世祥在海洋一号A星交付使用合同上签字，王曙光和张庆伟还在海洋一号B星研制启动协议书上签了字。这两份协议的签订，符合我国政府发布的《中国的航天》白皮书要求，标志着我国海洋卫星建设正在朝系列化发展方向迈进。此次签署预研合同的海洋一号B星，主要作用是进行海洋动力环境监测，包括海面风场、海面高度、海浪、海流和温度监测，保证海洋一号卫星系列的连续业务运行。我国将通过发展系列化的海洋卫星，以海洋卫星遥感技术作为重要技术手段，加快我国海洋环境立体监测系统能力建设，提高灾害性海洋变异预测预报能力，扩大预报服务领域，推进海洋信息化过程，为实现海洋可持续发展服务。国防科工委主任刘积斌、副主任于宗林、国家航天局局长栾恩杰、中国气象局局长秦大河、国家海洋局副局长倪岳峰及相关部门的领导专家也出席了会议。

9月18日 在日本海洋科技中心成立30周年之际，来自世界14所主要海洋研究机构的代表相聚横须贺，就21世纪的海洋科学进行为期2天的学术讨论，并签署了21世纪发展海洋科学的纲领性文件——横须贺宣言。宣言指出：有关全球环境变化的严重问题，诸如全球变暖和海洋资源尤其是生物资源的耗损，现在对地球构成了威胁。我们必须采取有效措施来缓解上述问题的恶化并使之可持续发展。而占地球表面71%的海洋，将在维持全球环境平衡中起到关键的作用。为了深化对海洋未知领域的理解、预测全球环境的变化，宣言还提出了6条重要的措施。签署这一宣言的世界14所主要海洋研究机构，其中有著名的美国伍兹霍尔研究所、美国斯克里普斯海洋研究所、法国海洋开发研究院以及英国、德国、加拿大、澳大利亚、韩国等国的研究所。东道主日本海洋科技中心已具备21世纪的深海勘探船和全球第一个超大型地球模拟计算机系统。国家海洋局第二海洋研究所是我国惟一参加宣言签署的单位。

9月19～21日 第二次全国海防管理工作会议在福建厦门召开。中共中央政治局委员、国务委员、国家边防委员会主任罗干出席会议并讲话。他强调，各有关地区和部门要全面贯彻“三个代表”重要思想，按照巩固海防、稳定海疆、保障开放、促进发展的总体要求，认真做好新时期海防管理工作，以新的优异成绩迎接党的十六大胜利召开。

9月22～24日 农业部副部长齐景发在部渔业局副局长李健华的陪同下，在厦门参加全国海防工作会议，并在泉州等地对大型深水抗风浪网箱养殖基地、水产品加工基地及渔港建设情况进行调研。

9月23日 由“青岛”舰和“太仓”舰组成的中国海军舰艇编队顺利完成首次环球航行，并对新加坡樟宜、埃及亚历山大、土耳其阿克萨斯、乌克兰塞瓦斯托波尔、希腊比雷埃夫斯、葡萄牙里斯本、巴西福塔莱萨、厄瓜多尔亚基尔、秘鲁卡亚俄和法属波利尼西亚帕皮提等10国10港成功进行了友好访问，历时132天，航行33 000余海里，于9月23日上午9日顺利返抵青岛港。

9月24日 中国海军舰艇编队圆满完成了首次环球航行访问，回到青岛港。这支由“青岛”号导弹驱逐舰和“太仓”号综合补给船组成的编队，于5月15日从青岛港起航，横跨太平洋、印度洋、大西洋，远涉亚洲、非洲、欧洲、南美洲和大洋洲，先后对新加坡、埃及、土耳其、乌克兰、希腊、葡萄牙、巴西、厄瓜多尔、秘鲁、法属波利帕皮提港等5大洲10国大港进行了友好访问，途经14个主要海峡和苏伊士、巴拿马运河，横跨69个纬度，6次穿越赤道，7次经受大风浪和强低压气旋的考验，历时132天，航程33 000余海里，创造了人民海军舰艇编队出访时间最长、航程最远、经过海域最广、访问国家最多等纪录，同时展示了我国战舰的良好性能。这是中国海军编队的第21次重要出访。出访的两艘舰均是中国自行设计制造的。其中“青岛”号导弹驱逐舰由中船集团公司江南造船（集团）公司建造，“太仓”号综合补给船由中船集团公司708研究所设计。

9月24～25日 由国家海洋局办公室组织召开的海洋新闻宣传工作会议在北京召开。这次会议是国家海洋局建局以来规模和规格最高的一次海洋新闻宣传工作专题会议。国家海洋局副局长孙志辉到会并作重要讲话。

9月24～29日 全球环境基金第二届国际水域大会在大连召开。国家海洋局局长王曙光、辽宁省副省长杨新华、大连市副市长刘俊文等有关领导以及来自世界80余个国家的260余名代表参加了大会。王曙光局长在开幕式上作了重要讲话，会议围绕全球水资源的建设和开发利用及海洋水域环境污染的防治等问题展开了研讨，各国代表就水域资源的建设进行了经验交流。该基金在中国重点资助了四大领域的项目。

9月27日 代表美国西部海岸港口船运公司和码头业主的太平洋海洋运输协会与代表西海岸

港口 10 500 余名码头工人的国际码头和仓库装卸工人联盟劳资谈判破裂，工人联盟发动罢工，对美国西海岸所有的 29 个港口实行“封港”。占世界经济 1/4 的美国经济体顿时半身瘫痪，其影响波及全球，出口导向型的亚洲经济深受拖累。中国最大的 3 家运输公司中远集运、中海运和中外运的损失高达数亿美元，货物滞港严重，直接影响了我国港口吞吐量的增长，香港也有价值约 100 亿港元的出口货物受到影响。

9 月 28 日 由中国海上搜救中心主办、上海海上搜救中心承办的“2002 中国海上搜救综合演习”在上海长江口海域成功举行。这是我国在上海长江口海域有史以来规模最大、参演科目最多、参与队伍最广、救助力量最强的海陆空联合搜救演习。交通部副部长、中国海上搜救中心主任洪善祥，上海市副市长、上海海上救搜中心主任韩正以及香港特别行政区、澳门特别行政区和台湾省的有关专家、上海市各有关方面等近 300 名军地领导和驻沪各有关新闻媒体的记者，应邀观摩了此次搜救演习。

9 月 28 日 中国水产科学研究院举行首批重点学科首席科学家聘任仪式，农业部副部长张宝文作重要讲话，并为首批聘任的 12 名首席科学家颁发聘书。在首席科学家中，学科首席科学家 5 名，研究领域首席科学家 7 名。这 12 人中，中国工程院院士 3 名，博士生导师 7 人；50 岁以下的 8 人。

9 月 28 日 2002 年海上搜救综合演习在上海举行，洪善祥副部长、上海市韩正副市长任总指挥。

9 月 江南重工中标国家大剧院钢结构工程。这是江南重工继承接浦东国际机场、上海大剧院、上海体育场等经典标志性建筑及三峡工程后承接的又一国家级标志性建筑。国家大剧院由法国巴黎机场公司设计，由北京城建、香港建设、上海建工组成总承包联合体。江南重工承担的钢结构工程部分合同标的 5 909 万元、投钢量 6 750 吨，预计 2003 年第二季度完工。本月江南重工还中标了重庆江北国际机场钢结构工程，合同金额为 7 300 万元。

9 月 中国目前最大的 5618-TEU 集装箱船“新大连”号从大连新船重工有限公司 15 万吨船台下水。这条为中国海运集团公司建造的新型船，是大连新船重工继今年 8 月末将国内建造的首条 30 万吨 VLCC 超大型油轮成功交给伊朗船东后，在开发大型化、高附加值船舶方面的又一重大突破。

9 月 经国家海洋局批准，海洋沉积与环境地质国家海洋局重点实验室成立并举行揭牌仪式，国家海洋局副局长倪岳峰、青岛市市长助理徐宝站一起为海洋沉积与环境地质国家海洋局重点实验室的成立揭牌。该实验室是国家海洋局的部门开放实验室。

10 月 1 日 中国海监执法人员将使用新的《海洋执法监察证》，原《海洋监察证》同时废止。

10 月 3 日 大连老虎滩海洋公园珊瑚馆正式开放。建筑面积 4 000 平方米，分 10 个展区，展出南太平洋海域的珊瑚、海葵及珊瑚礁鱼 200 余个品种、5 000 余个(尾)。

10 月 4 日 由大连新船重工有限责任公司为中国海运集团公司建造的国内最大的 5618TEU 集装箱船“新大连”号下水。该船船长 279.6 米，型宽 40.3 米，航速 26 节，是具有当代国际水平的第六代超巴拿马型集装箱货船。

10 月 6 日 大连长海远洋渔业有限公司新建的 4 艘具有国际先进水平的大型超低温金枪鱼延绳钓船在大连辽南船厂顺利下水。加上先期已投入南太平洋金枪鱼钓生产的该公司已具有 6 艘同类钓船。

10 月 7 日 由中船集团公司控股，总投资 22.5 亿元的上海卢浦大桥主桥拱合龙仪式在上海举行。中央政治局委员、上海市委书记黄菊，市委副书记、市长陈良宇、中国船舶工业集团公司总经理陈小津等领导同志出席了大桥合龙仪式。卢浦大桥主桥巨型钢拱长 550 米，是世界上跨度最大的钢结构拱桥，也是黄浦江上海市区内第四座越江大桥。大桥全长 3 900 米，主桥长 750 米，主桥面宽 28.7 米，桥下净高 46 米，桥面为双向 6 车道。

10 月 9 日 由胜利油建有限公司承建的中石油集团与阿帕契（中国）有限公司共同投资的 ODA（钻井平台）正式装船出海，完成海上就位与安装，该平台重 6 280 吨，是我国浅海海域最大最重的石油平台。

10 月 10 日 由中船集团公司为中海(集团)总公司批量建造的我国最大集装箱船——5668-TEU 集装箱船首制船“新浦东”号在上海沪东中华造船（集团）公司新建的大型造船坞出坞。标志着我国造船工业在高新技术船舶领域取得又一项重大突破，造船技术水平迈上了新台阶。该船长279.6米，型宽40.3米，型深24.1米，载重量68 000吨，可装载5 668个标准集装箱，船速26节。是迄今国内装箱量最大、航速最快、技术性能最先进的大型集装箱船。

该型集装箱船系中国海运集团总公司于2年前斥巨资，在国内定造8艘5 618标准箱的第6代集装箱船，由中船集团所属的大连重工和沪东中华分别承造4艘。在建造过程中，沪东中华优化设计，将原定集装箱船改进为5 668标准箱，使之成为国内最大的集装箱船。

10月11日 亚太二号国际海底光缆网络在上海开通。全长1.7万千米的亚太2号国际海底光缆，连接中国、日本、韩国、新加坡、马来西亚等国家和地区。初期投资为14亿美元的这项工程，是由中国电信、日本KDDI、NTT、日本电信、新加坡电信、马来西亚电信、澳大利亚电信、中国联通等26家亚洲、欧洲和美洲的国际通信公司发起投资建设的。参加方有45家电信公司。亚太2号光缆系统，采用4对光纤，每对光纤的传输速率为640吉比特/秒，这一系统还采用密集波分复用技术，初期开通容量为每秒160吉比特/秒。

10月11～14日 由中国水产学会水产动物营养与饲料研究会主办的第三届中国水产动物营养与饲料学术大会在北京召开。来自科研院校（所）、企事业单位的领导和专家等400余人参加了会议。

10月15日 国家海洋局东海分局在上海召开东海维权执法总结表彰大会。中国海监总队、上海市建委、海军上海基地、总参三部二局、上海海事局、东海区渔政局等单位领导应邀出席了会议。

10月15日 新中国地质工作50周年暨中国地质学会成立80周年纪念大会在人民大会堂举行。中共中央政治局委员、国务院副总理温家宝出席了大会，并强调地质工作要实现新的战略性转变。全国人大常委会副委员长邹家华、全国政协副主席朱光亚出席会议。

10月15～18日 全球海洋生态系统动力学（GLOBEC）第二届科学开放国际大会在青岛召开。第二届GLOBEC开放科学大会是由IGBP/GLOBEC国际科学指导委员会主办，联合国教科文组织海委会(IOC)、海洋研究科学委员会(SCOR)和中国科技部、中国工程院等为支持单位。中国水产科学研究院黄海水产研究所所长唐启升院士为大会指导委员会委员。来自美国、日本、加拿大、英国、挪威等30余个国家和地区及国际组织的近250名代表参加了会议，国外代表180余人，会议共收到论文216篇。唐启升院士在大会上做了“中国GLOBEC进展”主题报告。

10月16日 “ARGO大型科学观测试验实施汇报暨学术研讨会”在杭州举行，苏纪兰院士和黄荣辉院士以及来自科技部、国家海洋局、中国气象局等系统的官员和学者50余人出席了研讨会。我国已正式成为国际ARGO计划的成员国，并成立了“中国ARGO计划协调小组”；建立了中国“ARGO资料中心”，除了接收和处理我国布放的浮标数据外，还及时收集了国际ARGO计划成员国在全球海洋中已经布放的约500个浮标的资料；创建了“中国ARGO网页”，成为人们了解“中国ARGO计划”的窗口；我国还将于2003年3月在杭州承办第五次国际ARGO科学组会议。

10月21日 中国（江苏）海洋渔业和水产加工国际博览会、第二届新亚欧大陆桥经贸合作恳谈会在江苏省连云港国际展览中心隆重开幕。

这次博览会，为国内外海洋渔业加工企业和科研单位，提供了展示科技成果、开展经济技术交流与合作的平台，对加快江苏省海洋经济发展起到了有力的促进作用。同时，新亚欧大陆桥的开通，使沉寂了几个世纪的丝绸之路获得了生机，为国内沿线11个省区的扩大开放和发展提供了新的契机，对于推动亚欧经济合作和发展有着重要作用。

参加本次会议的客商来自日本、韩国、德国及我国香港特别行政区、台湾省等21个国家和地区以及16个省市的代表，参展企业200余家，参展人数1 000余人，当日观展人数达1万余人。共签订了海洋渔业及水产加工项目16个合作协议，项目总投资达25 840万元，合同利用外资达950万美元。会议取得了圆满成功。

10月21～23日 第12次全国海岛市县（区）长联席会议在浙江岱山县举行。以“海洋文化”为中心议题的本次联席会议，突出了海洋文化特色，多层面地诠释着海岛文化与经济的关系，就如何挖掘海岛文化底蕴、促进海岛社会经济发展进行了有益的探索。国家海洋局局长王曙光出席会议并作了重要讲话。

10月22日 中华鲟黄海放流活动在江苏省东台市隆重举行。本次活动共放流中华鲟 300 尾，系全国首次中华鲟海域放流。全国人大环资委主任委员曲格平专程前往参加了此次放流活动。

10月22日 “北京朝阳口岸与天津海港口岸直通暨北京朝阳口岸集装箱中转站启动仪式”在北京朝阳口岸集装箱中转站举行，从此京津两地口岸率先在全国实现跨关区直通。

京津口岸实现直通，是加强京津合作的又一成功范例。京津口岸实现直通将使天津口岸的功能延伸到北京，使北京拥有自己的国际出海航道。同时也为天津口岸提供了更大、更稳定的腹地货源市场。

10月23日 主题为“大气、海洋、环境遥感与空间”的 2002 国际亚太环境遥感学术大会在杭州召开。国家海洋局局长王曙光、副局长倪岳峰、中国科协书记处书记冯长根、中国气象局副局长郑国光、国家航天局副局长郭宝柱、杭州市副市长沈坚、中国海洋学会理事长杨文鹤，以及美国国家航天航空局副局长阿斯拉博士、美国国家海洋大气局副局长威西先生等出席了大会。本次大会由中、美、日三方著名科学家共同担任总主席，会议共分 10 个专题委员会。大会共收到来自包括我国在内近 30 个国家和地区的遥感界专家学者论文 810 篇。大会向 5 位科学家颁发了“国际遥感科技成就奖”，中国的潘德炉院士、童庆禧院士、孙照渤教授以及美国的艾德温·爱罗伦塔教授、澳大利亚的约翰李·马歇尔教授获奖。

10月23日 第八届国际城市与港口大会在辽宁省大连召开。来自 40 余个国家的 500 余位代表参加了大会。

成立于 1988 年的国际城市与港口协会，总部设在法国的勒阿弗尔市。协会的宗旨是促进世界各国港口城市在城市规划和经济合作方面的发展。如今，国际城市与港口协会的会员遍及世界 35 个国家，会员单位达 180 个。此次在大连召开的国际城市与港口大会是该协会首次在亚洲举办的国际会议。

辽宁省省长薄熙来在开幕式上说：这次会议，对促进世界航运的发展和港口的进步将起到非常重要的作用。大连作为一个重要的港口城市，热切地期待同世界港口城市携手并进。大连有中国最大的石油、粮食、客运码头。大连港吞吐量已超过了亿吨。

10 月 28 日 我国自行研制的新型深水机器人，成功地进行了水下应用试验。这台由中国科学院沈阳自动化研究所研制的深水机器人，集当今世界最新人工智能技术于一身，装备有先进的液压动力设备，海底观测、照明、摄像、探测设备及压力、航向传感器等高技术设备，能根据水下作业的实际需要，安装机械手、夹持器、液压剪、清洗刷、海水冲洗枪等救生作业，可在 300 米深海完成钢管、钢缆切割，水下目标探测打捞，输送食品和工具等大难度的水下救援作业。

10 月 31 日 山东省海洋与渔业厅在烟台开发区召开了自建厅以来首次海洋与渔业环保工作会议。来自国家海洋局、农业部渔业局以及山东省沿海地市海洋与渔业行政主管部门的领导出席了会议。

10月31日 为期 3 天的“2002 中国国际渔业博览会”和“中国国际水产养殖展览会”在青岛落下帷幕。在本届博览会上，来自世界 29 个国家和地区的 415 家中外企业参展和来自世界 50 个国家和地区的众多专业人士参观展会并进行贸易洽谈，无论从数量和规模上都超过了往届。

10月 中国建设规模最大、技术设施最先进、现代化程度最高的上海外高桥造船厂一期工程建设，经过 3 年的昼夜施工，比原计划提前 1 年基本建成并开始批量生产。这一现代化的造船基地规划占地总面积 210 万平方米，一期用地 144 万平方米，一期工程总投资约 32 亿元人民币，于 1999 年 10 月 18 日开工兴建。

10月 全球环境基金（GEF）“中国南部沿海生物多样性管理”项目正式获得 GEF 理事会批准执行，资助总额为 319.5 万美元，执行期限为 8 年。项目国内执行机构是国家海洋局。在项目执行阶段，国家海洋局将在国际资金的支持下，通过在各示范区进行能力建设，开展消除生物多样性所受威胁的示范活动，以及示范区之间的相互学习和经验推广，使我国南部沿海实现海洋生物多样性的长期保护和资源的可持续利用。

11月1日 上海水产大学迎来 90 岁的生日。90 年华育英才，桃李满园结硕果。全国人大常委会委员长李鹏欣然为该校题词：“办好上海水产大学、培养高素质人才”。全国人大原副委员长彭冲、中央有关部门和上海市领导特别是青少年时期曾在该校求学的我党早期领导人张闻天的夫人刘英同志等老校友及亲属等，都分别给上海水产大学题词或发来贺电、贺信表示祝贺。庆典仪式上，越南水产部副部长阮玉红特代表越南国家主席陈德良向上海水产大学授予了特别友谊勋章，以表彰该校在培养越南留学生方面所做出的贡献。另外，美国、日本和我国台湾海洋大学等也应邀派出代表参加了该校的校庆典礼。

11 月 4 日 中国与东盟各国在柬埔寨首都金边签署了《南海各方行为宣言》。中国国务院总理朱镕基和东盟各国领导人出席了签字仪式。宣言规定，在南海问题争议解决之前，各方承诺保持克制，不采取使争议复杂化和扩大化的行动，并本着合作与谅解的精神，寻求建立相互信任的途径，包括开展海洋环保、搜寻与救助、打击跨国犯罪等合作。这一宣言是中国与东盟签署的第一份有关南海问题的政治文件，对维护我国主权权益，保持南海地区的和平与稳定，增进中国与东盟的互信有着重要的积极意义。

11 月 6 日 中国海洋大学揭牌庆典在青岛隆重举行。教育部副部长张保庆、山东省副省长邵桂芳、国家海洋局副局长倪岳峰、中共青岛市委副书记张旭升及山东省人大、政协，海军北海舰队，中国气象局，财政部，山东省海洋与渔业厅、教育厅，驻青两院院士，山东省内各大专院校，驻青海洋科研单位领导出席了庆典仪式。中共中央政治局委员、山东省委书记吴官正，山东省委副书记、省长张高丽向揭牌庆典发来贺信。

11月18日 国家计委副主任张国宝在听取东海西湖项目中方联管会汇报时明确指示，由中国石化牵头成立中国石化、中海石油、优尼科和壳牌四方联合的油气销售公司，负责销售东海西湖项目的油气。天然气大用户由中外联合销售公司负责直供，城市燃气销售则由地方负责。

11月20日 中国第 19 次南极科学考察队启程。

11月23日 凌晨 4 时 50 分，满载油品的马耳他籍油轮“塔斯曼海”号(TASMANSEA)与 7 000 余吨中国沿海船舶“顺凯 1”号轮在天津大沽口东部海域 23 海里处发生碰撞。两轮船均无人员伤亡。

11 月 24 日 凌晨 3 时 35 分，巴拿马籍“GAZ POEM”液化气船在深圳东部大鹏湾海域机舱起火，34 名外籍船员弃船逃生后获救。

11 月 26 日 交通部发布《关于加强台湾海峡两岸不定期船舶运输管理的通知》。

11月27日 国务院总理朱镕基主持召开国务院第 65 次常务会议，讨论并原则通过了《中华人民共和国港口法（草案）》等法律草案。会议决定，《中华人民共和国港口法（草案）》等法律草案经进一步修改后，由国务院提请全国人大常委会审议。

11 月 27 日 厦门市政府公布了经 2002 年 11 月 1 日厦门市人民政府常务会议审议通过的《厦门市无居民海岛保护与利用管理办法》，该“办法”从 2003 年 1 月 1 日起施行。厦门市海域内的岛屿将告别无序管理、进入全面保护、严格限制利用的时代。

11 月 28 日 上海外高桥造船公司与中海油总公司渤海公司在上海签订 1 艘 17 万吨海上浮式生产储油船（FPSO 船）建造合同。这艘船将用于我国渤海油（气）田开采。船长 287.4 米，型宽 51 米，型深 20.6 米，为双底双壳结构，有 10 个货油舱，总储油量为 100 万桶，使用寿命 25 年，入级挪威船级社。

11 月 29 日 上海船厂铸锻分厂机修车间实施爆破，标志着上海船厂浦东区域开发项目进入实质性启动阶段。上海船厂浦东区域开发规划占地约 69 公顷，其中厂区占地约 43 公顷，投资近 100 亿元，将用 8 年左右时间实施滚动开发。

11 月 深圳市政府提交的《深港西部通道工程可行性研究报告》获国务院正式审批通过。深港西部通道工程包括大桥、口岸和接线三部分。西部通道工程将于 2003 年正式开工，总投资 15.7 亿元，将成为我国目前设施最完善、通行能力最大的公路口岸，车辆的日通过能力为 7 万～8 万辆。

12 月 1 日 《渔业捕捞许可管理规定》经 2002 年 5 月 9 日农业部第 9 次常务会议审议通过，自 2002 年 12 月 1 日起施行。

12 月 1 日 新修订的《中华人民共和国测绘法》开始实施。

12 月 1 日 福建省人大常委会制定的《福建省海洋环境保护条例》生效，它明确规定福建沿海有关县级以上地方政府应当采取措施，加强对 8

大近海区域的保护。这八大近海区域是：长乐海蚌资源增殖保护区、官井洋大黄鱼繁殖保护区、深沪湾海底古森林遗址自然保护区、九龙江口红树林自然保护区、漳江口红树林自然保护区、东山珊瑚自然保护区、厦门珍稀海洋物种自然保护区、漳州滨海火山地质地貌遗址。该条例共 7 章 46 条，是福建省立法机构制定的第一部系统的关于保护海洋环境和资源的地方法规，也是中国首部保护海洋环境的地方性法规。

12 月 2 日 中央机构编制委员会办公室下达交通部救助打捞局及所属 7 个单位机构编制。

12 月 3 日 中国海监工作交流会在山东济南召开。国家海洋局副局长张宏声出席会议并讲话，各省、自治区、直辖市海洋厅（局）和国家海洋局各分局以及中国海监各省、自治区、直辖市总队和各海区总队的主要领导参加了会议。各单位的代表就几年来特别是 2002 年的海监工作作了总结汇报，交流了经验。此次会议的召开将极大促进海洋执法监察工作的发展和中国海监队伍的建设，并将对 2003 年各地海监工作具有重要的指导意义。

12 月 4 日 农业部副部长刘坚在部渔业局副局长李健华的陪同下，出席《联合国海洋法公约》签署 20 周年纪念会，并作了题为《新的海洋制度对我国海洋渔业经济发展和渔业管理方式产生了深远的影响》的专题发言。

12 月 4 日 交通部张春贤部长代表中国政府在布鲁塞尔与欧盟及其成员国代表签署《中国－欧盟海运协定》。

12 月 6 日 由江南造船（集团）公司建造的我国第一艘跨海峡火车渡船——琼州海峡火车渡船“粤海铁 1”号在海南海口签字交船。“粤海铁 1”号是粤海铁路通道的重要组成部分，来往于琼州海峡南北两岸，可装载节长 14 米的货列 40 节或 26.5 米的客列 18 节。该船不仅填补了我国造船史上建造跨海火车渡船的空白，也将为海南经济腾飞起到积极的促进作用。

12 月 2～9 日 根据中朝海洋科技合作议定书中朝海洋科技合作第十次会议纪要，应国家海洋局邀请，以朝鲜民主主义人民共和国气象水文局许昌淑副局长为团长的朝鲜代表团一行 5 人访问了我国，与以国家海洋局孙志辉副局长为团长的中国代表团于 12 月 5～6 日在国家海洋局举行了中朝海洋科技合作第十一次会议。会议期间，孙志辉副局长向朝方代表团介绍了国家海洋局在海洋立法、海岸带管理、海洋科技、国际合作等方面的海洋工作近况。许昌淑副局长向中方代表团介绍了朝鲜气象水文局近期在海洋观测、减灾防灾等方面的工作情况。双方回顾和总结了中朝海洋科技合作第十次会议以来交流项目的执行情况，认为合作交流项目进展顺利，富有成效，并商定了新的合作交流计划。

12 月 10 日 海南省人民政府审核通过了《海南省海洋功能区划》，并已按有关程序报国务院审批。这标志着历时 4 年的海南省海洋功能区划的编制和申报工作已经告一段落，并取得了圆满的阶段性成果。

12 月 11 日 上海港集装箱年吞吐量突破 800 万标准箱。

12 月 12 日 中国第一艘跨海火车轮渡“粤海铁一号”装载着两个火车头和两列货车从广东省徐闻县粤海铁路北港码头起航，并成功抵达海南南港码头，3 分钟时间于铁路线栈桥成功对接，火车第一次从大陆开上海南岛，实现了海南人民百年梦想。

12 月 12 日 《海洋行政处罚实施办法》经国土资源部第 6 次部务会议审议通过，自 2003 年 3 月 1 日起施行。《海洋行政处罚实施办法》由国家海洋局负责监督执行。

12 月 17 日 福建省九届人大常委会第 36 次会议通过决议，批准《厦门市海上交通安全管理条例》，立法保障厦门海域海上交通安全。

12 月 17 日 国内首次建造的海洋工程大型特种船舶——18 000 吨半潜船首制船“泰安口”号交船。该船是广船国际为中远（集团）总公司建造的两艘同类型船中的首制船。该船总长 156 米，型宽 32.2 米，航速 14 节，续航力 13 000 海里，无限航区，采用了世界上最先进的 SSP 电力推进系统，即 360 度全回转螺旋桨。入 DNV 船级社。该船集潜艇与货船的特性于一身，通过下潜方式装载大型货物，被业内称为“海上叉车”。

12 月 18 日 “大洋一号”增改装工程峻工交接船仪式在上海举行。沪东中华造船集团副总经理王衡元和中国大洋矿产资源研究开发协会秘书长毛彬，分别代表双方在交接船仪式上签了字。国家海洋局副局长倪岳峰、中国大洋协会理事长陈炳鑫和中国船舶工业集团公司副总经理金才宽，应邀出席了签字仪式并讲了话。这次沪东中华造船集团增改装的重点内容有：动力定位系统和关键调查设施；更新甲板作业设施；改善生活区和加强安全设施；对实验室统一合理布局与强化建设；构建船舶计算机网络系统；提高通信、导航和驾驶的现代化能力等。

12月19日 沪东中华造船（集团）公司为希腊莱姆斯航运公司批量建造的72 000吨成品油船首制船下水。该船是沪东中华造船（集团）公司首次推出的，被誉为中国第一艘大型“绿色环保船舶”。该船在原71 000吨原油船的基础上进一步改进，增加了长度和容积，船舶艏艉加装了环保装置，形成了环保型结构，具有明显的防污染能力，同时提高了船舶的货物载重量和航运效益。

12月19日 强大的龙卷风挟带冰雹、暴雨大面积袭击粤西的湛江市麻章、遂溪、雷州等地。据初步统计，受灾村庄344个，受灾人数达22万余人，沉没渔船22艘。其中，湛江市麻章区太平镇陈肖渔村伤亡最大，8艘出海渔船遭遇龙卷风沉没，落水的20人中，只有2人被过往渔船救起，2人被证实死亡，16人失踪。

12月20日 我国第一艘30万吨超级油轮“远大湖”在南通交付大连远洋运输公司使用。“远大湖”号是我国目前运力最大、现代化程度最高的船舶。“远大湖”号由南通中远川崎船舶工程有限公司建造。中国远洋运输（集团）总公司拥有各类大型运输船舶近600艘，是我国主力船队。

12月21日 由上海宝钢集团投资13亿元建设的宝钢马迹山港航道、码头设施顺利通过竣工验收，标志着这一国内最大的矿石中转码头、同时也是首座在海岛上建立的深水港已经胜利建成。建成后的马迹山港将成为宝钢等国内钢铁企业进口铁矿石的中转枢纽站，设计年吞吐量可达2 000万吨。

马迹山港位于舟山嵊泗，港址距吴淞口60海里，距北仑港74海里。建成后，25～30万吨级的超大型船舶将直接与国际深水航道衔接，可开通至巴西、秘鲁、加拿大、委内瑞拉、澳大利亚等国家和地区的航线，成为国内钢铁企业进口铁矿石输送线上的最大中转站。

12月25日 由国家海洋局组织起草的《海洋行政处罚实施办法》（以下简称《办法》）正式发布，并将于2003年3月1日起施行。《办法》共分7章42条，分别从总则、管辖、简易程序、一般程序、听政程序、送达和附则等方面，结合海洋执法工作自身特点和实际需要，对《行政处罚法》的相关规定进行了具体和细化，明确实施海洋行政处罚的主体、职责和管辖，具有较强的可操作性。

12月27日 中日双方就东海沉船渔业补偿问题达成了协议，根据协议，日方将向中方支付1.5亿日元，用于补偿中方的渔业损失。

12月31日 中国海洋石油有限公司宣布，中国最大的海上油田蓬莱19-3已经投产。

2002年 埕岛油田生产原油212.2万吨，天然气9 097万立方米；平湖油气田井口生产原油（井口）48.03万吨，完成全年计划的120%；生产天然气（井口）4.78万立方米，完成全年计划的125.8%。平湖油气田终端全年生产轻质原油产品47.32万吨，为年计划的114%；全年生产干气4.327万立方米，为全年计划的118%；全年生产LPG4.89万吨，为全年计划的122%；全年生产戊烷6 329吨，为全年计划的138%；全年生产稳定轻烃9 999吨，为全年计划的120%。

2002年 胜利油田埕北采油修井一体化平台荣获中国施工企业管理协会“全国用户满意工程”称号。该平台是胜利浅海石油开发过程中建造的第一座集采油、修井功能于一体的固定平台，包括CB1A、CB1C两座采修一体化平台，设计规模为日原油处理量660吨，自动化程度较高。平台不仅保证了原油生产的需要，而且有效缓解了油田浅海作业能力不足的矛盾，是滩海石油开发的一种新型平台模式。

12月 中国人民解放军海军郑重宣布：经过海测部队官兵53年艰苦征战，我国300万平方千米海洋国土的调查测量工作已经胜利完成。

12月 中国海监山东省总队在山东济南正式揭牌，山东省副省长陈延明、国家海洋局副局长张宏声、山东省海洋与渔业厅厅长宋修武和中国海监总队常务副总队长张惠荣共同为中国海监山东省总队揭牌。这标志着山东省海洋管理将步入健康有序的发展轨道。山东省编办2002年10月正式批复，将山东省海洋监察总队更名为中国海

海洋法规选编

Selected Marine Laws and Regulations

中华人民共和国环境影响评价法

（2002年10月28日第九届全国人民代表大会常务委员会第三十次会议通过，自2003年9月1日起施行）

第一章 总 则

第一条 为了实施可持续发展战略，预防因规划和建设项目实施后对环境造成不良影响，促进经济、社会和环境的协调发展，制定本法。

第二条 本法所称环境影响评价，是指对规划和建设项目实施后可能造成的环境影响进行分析、预测和评估，提出预防或者减轻不良环境影响的对策和措施，进行跟踪监测的方法与制度。

第三条 编制本法第九条所规定的范围内的规划，在中华人民共和国领域和中华人民共和国管辖的其他海域内建设对环境有影响的项目，应当依照本法进行环境影响评价。

第四条 环境影响评价必须客观、公开、公正，综合考虑规划或者建设项目实施后对各种环境因素及其所构成的生态系统可能造成的影响，为决策提供科学依据。

第五条 国家鼓励有关单位、专家和公众以适当方式参与环境影响评价。

第六条 国家加强环境影响评价的基础数据库和评价指标体系建设，鼓励和支持对环境影响评价的方法、技术规范进行科学研究，建立必要的环境影响评价信息共享制度，提高环境影响评价的科学性。

国务院环境保护行政主管部门应当会同国务院有关部门，组织建立和完善环境影响评价的基础数据库和评价指标体系。

第二章 规划的环境影响评价

第七条 国务院有关部门、设区的市级以上地方人民政府及其有关部门，对其组织编制的土地利用的有关规划，区域、流域、海域的建设、开发利用规划，应当在规划编制过程中组织进行环境影响评价，编写该规划有关环境影响的篇章或者说明。

规划有关环境影响的篇章或者说明，应当对规划实施后可能造成的环境影响作出分析、预测和评估，提出预防或者减轻不良环境影响的对策和措施，作为规划草案的组成部分一并报送规划审批机关。

未编写有关环境影响的篇章或者说明的规划草案，审批机关不予审批。

第八条 国务院有关部门、设区的市级以上地方人民政府及其有关部门，对其组织编制的工业、农业、畜牧业、林业、能源、水利、交通、城市建设、旅游、自然资源开发的有关专项规划（以下简称专项规划），应当在该专项规划草案上报审批前，组织进行环境影响评价，并向审批

监山东省总队，隶属山东省海洋与渔业厅，下属羊口、长岛、烟台、海阳、黄岛、直属6个支队。

12月31日 上海港集装箱吞吐量突破860万标箱。随着交通部确定的“建设以上海港为中心，以江苏和浙江为两翼的上海国际航运中心”计划的步步推进，长江口深水航道治理二期工程完工，使上海港的货物吞吐量和集装箱吞吐量节节上升，月月刷新记录，引起了世界港航界的关注。同时，该港也成为中国内陆第一个箱量突破 860万标箱的港口。

该专项规划的机关提出环境影响报告书。

前款所列专项规划中的指导性规划，按照本法第七条的规定进行环境影响评价。

第九条 依照本法第七条、第八条的规定进行环境影响评价的规划的具体范围，由国务院环境保护行政主管部门会同国务院有关部门规定，报国务院批准。

第十条 专项规划的环境影响报告书应当包括下列内容：

（一）实施该规划对环境可能造成影响的分析、预测和评估；

（二）预防或者减轻不良环境影响的对策和措施；

（三）环境影响评价的结论。

第十一条 专项规划的编制机关对可能造成不良环境影响并直接涉及公众环境权益的规划，应当在该规划草案报送审批前，举行论证会、听证会，或者采取其他形式，征求有关单位、专家和公众对环境影响报告书草案的意见。但是，国家规定需要保密的情形除外。

编制机关应当认真考虑有关单位、专家和公众对环境影响报告书草案的意见，并应当在报送审查的环境影响报告书中附具对意见采纳或者不采纳的说明。

第十二条 专项规划的编制机关在报批规划草案时，应当将环境影响报告书一并附送审批机关审查；未附送环境影响报告书的，审批机关不予审批。

第十三条 设区的市级以上人民政府在审批专项规划草案，作出决策前，应当先由人民政府指定的环境保护行政主管部门或者其他部门召集有关部门代表和专家组成审查小组，对环境影响报告书进行审查。审查小组应当提出书面审查意见。

参加前款规定的审查小组的专家，应当从按照国务院环境保护行政主管部门的规定设立的专家库内的相关专业的专家名单中，以随机抽取的方式确定。

由省级以上人民政府有关部门负责审批的专项规划，其环境影响报告书的审查办法，由国务院环境保护行政主管部门会同国务院有关部门制定。

第十四条 设区的市级以上人民政府或者省级以上人民政府有关部门在审批专项规划草案时，应当将环境影响报告书结论以及审查意见作为决策的重要依据。

在审批中未采纳环境影响报告书结论以及审查意见的，应当作出说明，并存档备查。

第十五条 对环境有重大影响的规划实施后，编制机关应当及时组织环境影响的跟踪评价，并将评价结果报告审批机关；发现有明显不良环境影响的，应当及时提出改进措施。

第三章　建设项目的环境影响评价

第十六条 国家根据建设项目对环境的影响程度，对建设项目的环境影响评价实行分类管理。

建设单位应当按照下列规定组织编制环境影响报告书、环境影响报告表或者填报环境影响登记表（以下统称环境影响评价文件）：

（一）可能造成重大环境影响的，应当编制环境影响报告书，对产生的环境影响进行全面评价；

（二）可能造成轻度环境影响的，应当编制环境影响报告表，对产生的环境影响进行分析或者专项评价；

（三）对环境影响很小、不需要进行环境影响评价的，应当填报环境影响登记表。

建设项目的环境影响评价分类管理名录，由国务院环境保护行政主管部门制定并公布。

第十七条 建设项目的环境影响报告书应当包括下列内容：

（一）建设项目概况；

（二）建设项目周围环境现状；

（三）建设项目对环境可能造成影响的分析、预测和评估；

（四）建设项目环境保护措施及其技术、经济论证；

（五）建设项目对环境影响的经济损益分析；

（六）对建设项目实施环境监测的建议；

（七）环境影响评价的结论。

涉及水土保持的建设项目，还必须有经水行政主管部门审查同意的水土保持方案。

环境影响报告表和环境影响登记表的内容和格式，由国务院环境保护行政主管部门制定。

第十八条 建设项目的环境影响评价，应当避免与规划的环境影响评价相重复。

作为一项整体建设项目的规划，按照建设项目进行环境影响评价，不进行规划的环境影响评价。

已经进行了环境影响评价的规划所包含的具体建设项目，其环境影响评价内容建设单位可以简化。

第十九条 接受委托为建设项目环境影响评价提供技术服务的机构，应当经国务院环境保护行政主管部门考核审查合格后，颁发资质证书，按照资质证书规定的等级和评价范围，从事环境影响评价服务，并对评价结论负责。为建设项目环境影响评价提供技术服务的机构的资质条件和管理办法，由国务院环境保护行政主管部门制定。

国务院环境保护行政主管部门对已取得资质证书的为建设项目环境影响评价提供技术服务的机构的名单，应当予以公布。

为建设项目环境影响评价提供技术服务的机构，不得与负责审批建设项目环境影响评价文件的环境保护行政主管部门或者其他有关审批部门存在任何利益关系。

第二十条 环境影响评价文件中的环境影响报告书或者环境影响报告表，应当由具有相应环境影响评价资质的机构编制。

任何单位和个人不得为建设单位指定对其建设项目进行环境影响评价的机构。

第二十一条 除国家规定需要保密的情形外，对环境可能造成重大影响、应当编制环境影响报告书的建设项目，建设单位应当在报批建设项目环境影响报告书前，举行论证会、听证会，或者采取其他形式，征求有关单位、专家和公众的意见。

建设单位报批的环境影响报告书应当附具对有关单位、专家和公众的意见采纳或者不采纳的说明。

第二十二条 建设项目的环境影响评价文件，由建设单位按照国务院的规定报有审批权的环境保护行政主管部门审批；建设项目有行业主管部门的，其环境影响报告书或者环境影响报告表应当经行业主管部门预审后，报有审批权的环境保护行政主管部门审批。

建设项目的海洋环境影响报告书的审批，依照《中华人民共和国海洋环境保护法》的规定办理。

审批部门应当自收到环境影响报告书之日起六十日内，收到环境影响报告表之日起三十日内，收到环境影响登记表之日起十五日内，分别作出审批决定并书面通知建设单位。

预审、审核、审批建设项目环境影响评价文件，不得收取任何费用。

第二十三条 国务院环境保护行政主管部门负责审批下列建设项目的环境影响评价文件：

（一）核设施、绝密工程等特殊性质的建设项目；

（二）跨省、自治区、直辖市行政区域的建设项目；

（三）由国务院审批的或者由国务院授权有关部门审批的建设项目。

前款规定以外的建设项目的环境影响评价文件的审批权限，由省、自治区、直辖市人民政府规定。

建设项目可能造成跨行政区域的不良环境影响，有关环境保护行政主管部门对该项目的环境影响评价结论有争议的，其环境影响评价文件由共同的上一级环境保护行政主管部门审批。

第二十四条 建设项目的环境影响评价文件经批准后，建设项目的性质、规模、地点、采用的生产工艺或者防治污染、防止生态破坏的措施发生重大变动的，建设单位应当重新报批建设项目的环境影响评价文件。

建设项目的环境影响评价文件自批准之日起超过五年，方决定该项目开工建设的，其环境影响评价文件应当报原审批部门重新审核；原审批部门应当自收到建设项目环境影响评价文件之日起十日内，将审核意见书面通知建设单位。

第二十五条 建设项目的环境影响评价文件未经法律规定的审批部门审查或者审查后未予批准的，该项目审批部门不得批准其建设，建设单位不得开工建设。

第二十六条 建设项目建设过程中，建设单位应当同时实施环境影响报告书、环境影响报告表以及环境影响评价文件审批部门审批意见中提出的环境保护对策措施。

第二十七条 在项目建设、运行过程中产生不符合经审批的环境影响评价文件的情形的，建设单位应当组织环境影响的后评价，采取改进措施，并报原环境影响评价文件审批部门和建设项目审批部门备案；原环境影响评价文件审批部门也可以责成建设单位进行环境影响的后评价，采取改进措施。

第二十八条 环境保护行政主管部门应当对建设项目投入生产或者使用后所产生的环境影响

进行跟踪检查，对造成严重环境污染或者生态破坏的，应当查清原因、查明责任。对属于为建设项目环境影响评价提供技术服务的机构编制不实的环境影响评价文件的，依照本法第三十三条的规定追究其法律责任；属于审批部门工作人员失职、渎职，对依法不应批准的建设项目环境影响评价文件予以批准的，依照本法第三十五条的规定追究其法律责任。

第四章　法律责任

第二十九条　规划编制机关违反本法规定，组织环境影响评价时弄虚作假或者有失职行为，造成环境影响评价严重失实的，对直接负责的主管人员和其他直接责任人员，由上级机关或者监察机关依法给予行政处分。

第三十条　规划审批机关对依法应当编写有关环境影响的篇章或者说明而未编写的规划草案，依法应当附送环境影响报告书而未附送的专项规划草案，违法予以批准的，对直接负责的主管人员和其他直接责任人员，由上级机关或者监察机关依法给予行政处分。

第三十一条　建设单位未依法报批建设项目环境影响评价文件，或者未依照本法第二十四条的规定重新报批或者报请重新审核环境影响评价文件，擅自开工建设的，由有权审批该项目环境影响评价文件的环境保护行政主管部门责令停止建设，限期补办手续；逾期不补办手续的，可以处五万元以上二十万元以下的罚款，对建设单位直接负责的主管人员和其他直接责任人员，依法给予行政处分。

建设项目环境影响评价文件未经批准或者未经原审批部门重新审核同意，建设单位擅自开工建设的，由有权审批该项目环境影响评价文件的环境保护行政主管部门责令停止建设，可以处五万元以上二十万元以下的罚款，对建设单位直接负责的主管人员和其他直接责任人员，依法给予行政处分。

建设项目的建设单位有前两款所列违法行为的，依照《中华人民共和国海洋环境保护法》的规定处罚。

第三十二条　建设项目依法应当进行环境影响评价而未评价，或者环境影响评价文件未经依法批准，审批部门擅自批准该项目建设的，对直接负责的主管人员和其他直接责任人员，由上级机关或者监察机关依法给予行政处分；构成犯罪的，依法追究刑事责任。

第三十三条　接受委托为建设项目环境影响评价提供技术服务的机构在环境影响评价工作中不负责任或者弄虚作假，致使环境影响评价文件失实的，由授予环境影响评价资质的环境保护行政主管部门降低其资质等级或者吊销其资质证书，并处所收费用一倍以上三倍以下的罚款；构成犯罪的，依法追究刑事责任。

第三十四条　负责预审、审核、审批建设项目环境影响评价文件的部门在审批中收取费用的，由其上级机关或者监察机关责令退还；情节严重的，对直接负责的主管人员和其他直接责任人员依法给予行政处分。

第三十五条　环境保护行政主管部门或者其他部门的工作人员徇私舞弊，滥用职权，玩忽职守，违法批准建设项目环境影响评价文件的，依法给予行政处分；构成犯罪的，依法追究刑事责任。

第五章　附　则

第三十六条　省、自治区、直辖市人民政府可以根据本地的实际情况，要求对本辖区的县级人民政府编制的规划进行环境影响评价。具体办法由省、自治区、直辖市参照本法第二章的规定制定。

第三十七条　军事设施建设项目的环境影响评价办法，由中央军事委员会依照本法的原则制定。

第三十八条　本法自2003年9月1日起施行。

全国海洋功能区划

（2002 年 8 月 22 日经国务院批准国家海洋局根据《国务院关于全国海洋功能区划的批复》发布实施）

为了合理使用海域、保护海洋环境、促进海洋经济的可持续发展，依据《中华人民共和国海域使用管理法》《中华人民共和国海洋环境保护法》及国家有关法律法规和方针、政策，制定《全国海洋功能区划》（以下简称《区划》）。

海洋功能区划是根据海域区位、自然资源、环境条件和开发利用的要求，按照海洋功能标准，将海域划分为不同类型的功能区，目的是为海域使用管理和海洋环境保护工作提供科学依据，为国民经济和社会发展提供用海保障。《区划》的范围包括我国管辖的内水、领海、毗邻区、专属经济区、大陆架及其他海域（香港、澳门特别行政区和台湾省毗邻海域除外）。

一、我国海域开发利用与保护状况分析

（一）开发利用与保护现状

截至 2000 年，我国海域使用面积 200 多万公顷（不含捕捞区面积）。其中，海水养殖面积 120 多万公顷，盐田面积 40 多万公顷，港口用海面积 20 多万公顷，油气开采矿区 20 多万公顷，旅游娱乐用海面积近 1 万公顷，海洋倾废区面积 0.2 万公顷，铺设海底电缆管道 13 500 多公里。另外，我国已经建立以海洋和海岸生态系统及海洋珍稀动植物为主要保护对象的自然保护区 69 个，总面积 130 多万公顷。

改革开放以来，我国的海域使用管理与海洋环境保护工作逐步加强，社会各界合理开发与保护海洋的意识不断增强，海洋事业不断取得新进展。目前，已经建立了比较完善的海洋法律法规体系和管理机构，不合理用海和海域污染严重恶化的趋势得到缓解，局部海区的环境质量得到改善，并使大面积海域水质基本保持在良好的状态。

（二）存在的主要问题

海域使用缺乏统筹规划和权属管理，资源过度利用与开发不足并存，近岸海域污染和生态恶化未得到有效控制。主要表现在：涉海部门根据各自发展需要编制和实施规划，相互之间缺乏协调的机制和依据，造成海域开发秩序混乱、局部海域用海矛盾突出及人力、财力的浪费；近岸海域污染严重；海洋环境灾害频发，每年仅赤潮就发生二三十起，直接经济损失数亿至数十亿元；主要经济鱼类资源衰退，海岸生态系统遭到破坏，20 世纪 50 年代以来，我国的滨海湿地减少了 50%，红树林丧失了 70%，近岸珊瑚礁损毁了 80%，许多深水港口不得不重新选址或依靠清淤维持发展。

因此，亟需加快海洋功能区划工作，为海洋管理提供科学依据，促进海洋经济与资源、环境的协调发展。

二、《区划》的指导思想、原则和目标

（一）指导思想

以邓小平理论和”三个代表”重要思想为指导，以实施可持续发展战略、促进国民经济和社会发展为中心，以保护和合理利用海洋资源、提高海域使用效率、遏制海洋生态恶化、改善海洋环境质量为目标，从我国海洋开发利用现实与未来发展需要出发，协调好与其他涉海规划、区划的关系，科学合理划定海洋功能区。

（二）原则

1. 按照海域的区位、自然资源和自然环境等自然属性，科学确定海域功能；

2. 根据经济和社会发展的需要，统筹安排各有关行业用海；

3. 保护和改善生态环境，保障海域可持续利用，促进海洋经济的发展；

4. 保障海上交通安全；

5. 保障国防安全，保证军事用海需要。

（三）目标

建立起符合海洋功能区划的海洋开发利用秩序，实现海域的合理开发和可持续利用，满足国民经济和社会发展对海洋的需求。

2001 年至 2005 年，加强海洋功能区划的实施管理，逐步调整不符合海洋功能区划的用海项目，

实现重点海域开发利用基本符合海洋功能区划，控制住近岸海域环境质量恶化的趋势。

2006年至2010年，严格实行海洋功能区划制度，实现海域开发利用符合海洋功能区划，生态环境质量得到改善，海洋经济稳步发展。

三、全国海洋功能分区

我国管辖海域划定十种主要海洋功能区。每种海洋功能区的开发保护重点和管理要求如下：

（一）港口航运区

是指为满足船舶安全航行、停靠，进行装卸作业或避风所划定的海域，包括港口、航道和锚地。港口的划定要坚持深水深用、浅水浅用、远近结合、各得其所和充分发挥港口设施作用的原则，合理使用有限的海域。要保证国家和地区重要港口的用海需要，重点保证有权机关批准的新建深水泊位和航道项目的用海要求。港口航运区内的海域主要用于港口建设、运行和船舶航行及其他直接为海上交通运输服务的活动。禁止在港区、锚地、航道、通航密集区以及公布的航路内进行与港口作业和航运无关、有碍航行安全的活动，已经在这些海域从事上述活动的应限期调整；严禁在规划港口航运区内建设其他永久性设施。港口水域执行不低于四类的海水水质标准。

（二）渔业资源利用和养护区

是指为开发利用和养护渔业资源、发展渔业生产需要划定的海域，包括渔港和渔业设施基地建设区、养殖区、增殖区、捕捞区和重要渔业品种保护区。为实现海洋渔业经济可持续发展、维护沿海地区社会稳定，国家将保证重点大型渔港及渔业物资供给和重要苗种繁殖场所等重要渔业设施基地建设用海需要，保证渤海区、北黄海区、南黄海区、长江口区、东海西岸区、南海北岸区等重要养殖区的养殖用海需要，保证局部近岸海域和海岛周围海域生物物种放流及人工鱼礁建设的用海需要，确保重点渔场不受破坏。其他用海活动要处理好与养殖、增殖、捕捞之间的关系，避免相互影响，禁止在规定的养殖区、增殖区和捕捞区内进行有碍渔业生产或污染水域环境的活动。养殖区、增殖区执行不低于二类的海水水质标准，捕捞区执行一类海水水质标准。国家将通过控制近海和外海捕捞强度，鼓励和扶持远洋捕捞，以及设置禁渔区、禁渔期和重要渔业品种保护区等，加强我国海域渔业资源养护。国家设立重要渔业品种保护区，保护具有重要经济价值和遗传育种价值的渔业品种及其产卵场、越冬场、索饵场和洄游路线等栖息繁衍生境。近期，将加强对渤黄海对虾保护区、东海和黄海的产卵带鱼保护区、大黄鱼幼鱼保护区、带鱼幼鱼保护区、大黄鱼越冬群体保护区及其他重要渔业品种保护区的建设和管理。未经批准，任何单位或个人不得在保护区内从事捕捞活动；禁止捕捞重要渔业品种的苗种和亲体；禁止在鱼类洄游通道建闸、筑坝和有损鱼类洄游的活动。进行水下爆破、勘探、施工作业等涉海活动应采取有效补救措施，防止或减少对渔业资源的损害。

（三）矿产资源利用区

是指为勘探、开采矿产资源需要划定的海域，包括油气区和固体矿产区等。“十五”期间，重点保证正在生产、计划开发和在建油田的用海需要。矿产资源勘探开采应选取有利于生态环境保护的工期和方式，把开发活动对生态环境的破坏减少到最低限度；严格控制在油气勘探开发作业海域进行可能产生相互影响的活动；新建采油工程应加大防污措施，抓好现有生产设施和作业现场的“三废”治理；禁止在海洋保护区、侵蚀岸段、防护林带毗邻海域及重要经济鱼类的产卵场、越冬场和索饵场开采海砂等固体矿产资源；严格控制近岸海域海砂开采的数量、范围和强度，防止海岸侵蚀等海洋灾害的发生；加强对海岛采石及其他矿产资源开发活动的管理，防止对海岛及周围海域生态环境的破坏。

（四）旅游区

是指为开发利用滨海和海上旅游资源，发展旅游业需要划定的海域，包括风景旅游区和度假旅游区等。旅游区要坚持旅游资源严格保护、合理开发和永续利用的原则，立足国内市场、面向国际市场，实施旅游精品战略，大力发展海滨度假旅游、海上观光旅游和涉海专项旅游。“十五”期间，重点保证鸭绿江、大连金石滩、大连海滨-旅顺口、兴城海滨、秦皇岛北戴河、青岛崂山、胶东半岛海滨、云台山和海滨、普陀山、嵊泗列岛、福建湄州岛和东山岛、海坛岛、鼓浪屿-万石山、清源山、太姥山、阳江海陵岛、三亚热带海滨等国家重点风景名胜区和国家级旅游度假区的用海需要。科学确定旅游区的游客容量，使旅游基础设施建设与生态环境的承载能力相适应；加强自然景观、滨海城市景观和旅游景点的保护，严格控制占用海岸线、沙滩和沿海防护林的建设；旅游区的污水和生活垃圾处理，必须实现达标排放和科学处置，禁止直接排海。度假旅游区（包括海水浴场、海上娱乐区）执行不低于二类的海水水质标准，海滨风景旅游区执行不低于三类的海水水质标准。

（五）海水资源利用区

是指为开发利用海水资源或直接利用地下卤水需要划定的海域，包括盐田区、特殊工业用水区和一般工业用水区等。盐田区应鼓励盐、碱、盐化工合理布局，协调发展，相互促进；重点保证渤海、黄海、东海、南海大型盐场建设用海需要。限制盐田面积的发展，以改进工艺、更新设备、革新技术、提高质量、降低成本、提高单产、增加效益等项措施解决盐业发展用海；严格控制盐田区的海洋污染，原料海水质量执行不低于二类的海水水质标准。特殊工业用水区是指从事食品加工、海水淡化或从海水中提取供人食用的其他化学元素等的海域，执行不低于二类的海水水质标准。一般工业用水区是指利用海水做冷却水、冲刷库场等的海域，执行不低于三类的海水水质标准。

（六）海洋能利用区

是指为开发利用海洋再生能源需要划定的海域。海洋能是可再生的清洁能源，开发不会造成环境污染，也不占用大量的陆地，在海岛和某些大陆海岸很有发展前景。我国海洋能资源蕴藏量丰富，开发潜力大，应大力提倡和鼓励。海洋能的开发应以潮汐发电为主，适当发展波浪、潮流和温差发电。潮汐发电以浙江、福建沿岸为主，近期重点开发建设浙江三门湾、福鼎八尺门等三个潮汐发电站；波浪发电以福建、广东、海南和山东沿岸为主；潮流发电以舟山群岛海域为主；温差发电以西沙群岛附近海域为主。加快海洋能开发的科学试验，提高电站综合利用水平。

（七）工程用海区

是指为满足工程建设项目用海需要划定的海域，包括占用水面、水体、海床或底土的工程建设项目。海底管线区指在大潮高潮线以下已铺设或规划铺设的海底通信光（电）缆和电力电缆以及输水、输油、输气等管状设施的区域；在区域内从事的各种海上活动，必须保护好经批准、已铺设的海底管线；严禁在规划的海底管线区域内兴建其他永久性建筑物。海上石油平台周围及相互间管道连接区一定范围内禁止其他用海活动；要采取有效措施，保护石油平台周围海域环境。围海、填海项目要进行充分的论证，可能导致地形、岸滩及海洋环境破坏的要提出整治对策和措施；严禁在城区和城镇郊区随意开山填海；对于港口附近的围填海项目，要合理利用港口疏浚物。

（八）海洋保护区

是指为保护珍稀、濒危海洋生物物种、经济生物物种及其栖息地，以及有重大科学、文化和景观价值的海洋自然景观、自然生态系统和历史遗迹需要划定的海域，包括海洋和海岸自然生态系统自然保护区、海洋生物物种自然保护区、海洋自然遗迹和非生物资源自然保护区、海洋特别保护区。要在海洋生物物种丰富、具有海洋生态系统代表性、典型性、未受破坏的地区，抓紧抢建一批新的海洋自然保护区。海洋特别保护区是指具有特殊地理条件、生态系统、生物与非生物资源及海洋开发利用特殊需要划定的海域，应当采取有效的保护措施和科学的开发方式进行特殊管理。海洋保护区应当严格按照国家关于海洋环境保护以及自然保护区管理的法律法规和标准，由各相关职能部门依法进行管理。

（九）特殊利用区

是指为满足科研、倾倒疏浚物和废弃物等特定用途需要划定的海域。包括科学研究试验区和倾倒区等。科学研究实验区禁止从事与研究目的无关的活动，以及任何破坏海洋环境本底、生态环境和生物多样性的活动；倾倒区要依据科学、合理、经济、安全的原则选划，合理利用海洋环境的净化能力；加强倾倒活动的管理，把倾倒活动对环境的影响及对其他海洋利用功能的干扰减少到最低程度。加强海洋倾倒区环境状况的监测、监视和检查工作，根据倾倒区环境质量的变化，及时做出继续倾倒或关闭的决定。近期重点保证国家大中型港口和河口航道建设与正常维护的疏浚物倾倒需要。

（十）保留区

是指目前尚未开发利用，且在区划期限内也无计划开发利用的海域。保留区应加强管理，暂缓开发，严禁随意开发；对临时性开发利用，必须实行严格的申请、论证和审批制度。

四、重点海域的主要功能

本次海洋功能区划涉及的重点海域包括：近岸海域、群岛海域及重要资源开发利用区。

（一）渤海

渤海是我国的内水，大陆海岸线从辽东半岛南端的老铁山角至山东半岛北部的蓬莱角，长约2 700公里。沿海省市包括辽宁省（部分）、河北省、天津市和山东省（部分）。重点海域包括：

1. 辽东半岛西部海域　包括辽宁省大连市老铁山角至营口市大清河口的毗邻海域。主要功能为港口航运、海水资源利用、渔业资源利用和养护、旅游。重点功能区有营口、旅顺、八岔沟等港口区及相关航道，复州湾、金州盐田区，盖州、长兴岛等养殖区，仙浴湾、长兴岛旅游区，大连斑海豹、蛇岛-老铁山、营口海蚀地貌景观、浮渡河口沙堤自然保护区。本区应发展港口及海上交通运输业、渔业资源利用和养护，保护和保全沙质海岸和岛屿生态环境。

2. 辽河口邻近海域　包括辽宁省营口市大清河口至锦州市后三角山的毗邻海域。主要功能为矿产资源利用、海水资源利用、渔业资源利用和养护、海洋保护。重点功能区有笔架岭、太阳岛等油气区，营口、锦州盐田区，盖州滩、二界沟等养殖区，双台子河口、大凌河口自然保护区。本区应加强滩海油气资源的勘探与开发，合理利用、增殖和恢复渔业资源，保护湿地生态环境，强化盐区的挖潜和技术改造，加强对营口老港区、辽东湾及毗邻河口海域的环境综合治理。

3. 辽西-冀东海域　包括辽宁省锦州市后三角山至河北省唐山市涧河口的毗邻海域。主要功能为港口航运、旅游、渔业资源利用和养护、矿产资源利用。重点功能区有秦皇岛、京唐、锦州等港口区及相关航道，北戴河、南戴河、山海关、兴城海滨、锦州大小笔架山等旅游区，昌黎、菊花岛海域、滦河口等养殖区，昌黎、北戴河等自然保护区，绥中、锦州、冀东等油气区，滦南、大清河等盐田区。本区应重点保证秦皇岛港和锦州港码头的用海需要，保证油气资源勘探开发和渔业资源利用的用海需要，发展滨海旅游，保护和保全海岸生态环境。

4. 天津-黄骅海域　包括河北省涧河口至冀鲁交界的毗邻海域。主要功能为港口航运、海水资源利用、矿产资源利用、渔业资源利用和养护、海洋保护。重点功能区有天津、黄骅等港口区及相关航道，长芦、汉沽、沧州盐田区，新港、马东东等大港油田油气区，天津古海岸与湿地自然保护区的上古林、青坨子贝壳堤核心区，塘沽、汉沽等增殖和养殖区，汉沽、大港、北塘河口特别保护区。本区应重点保证天津港、黄骅港专业化码头建设、滩海油气开发和渔业资源利用的用海需要，保护盐田取水水质环境，保护渔业资源利用区生态环境，建立汉沽浅海生态系、驴驹河潮间带生态系、大港古潟湖湿地、大港滨海湿地和黄骅贝壳堤自然保护区，大力发展海水综合利用。

5. 莱州湾及黄河口毗邻海域　包括冀鲁交界至烟台市的龙口市的毗邻海域。主要功能为渔业资源利用和养护、矿产资源利用、海水资源利用、海洋保护和港口航运。重点功能区有黄河口、虎头崖等养殖区，黄河口西部、蓬莱19-3油气区，淄脉河—虎头崖盐田区，无棣贝壳堤与湿地、黄河口湿地自然保护区，龙口港口区。本区应重点保证油气勘探开发与养殖业的用海需要，保护湿地生态系统。

6. 庙岛群岛海域　包括山东省烟台市的长岛县和蓬莱市毗邻海域。主要功能为渔业资源利用、旅游和海洋保护。重点功能区有南五岛、北四岛等养殖区，蓬莱、长岛旅游区，群岛周围海域生态和海珍品自然保护区，蓬莱港口区。本区应重点建设长岛水产养殖基地，发展海岛特色旅游，加强生态环境保护，完善岛陆交通运输。

7. 渤海中部海域　主要功能为矿产资源利用和渔业资源利用。重点功能区有渤中34-2、渤中34-4、渤中13-1、渤中42-7、渤中28-1、渤中26-2、渤中25-1等油气区，渤海中部渔业资源利用和养护区。本区应重点保证油气资源开发用海需要，加强海域污染整治，合理利用、增殖和恢复渔业资源。

（二）黄海

海岸线北起辽宁鸭绿江口，南至江苏启东角，大陆海岸线长约4 000公里。沿海地区包括辽宁省（部分）、山东省（部分）和江苏省。重点海域包括：

8. 辽东半岛东部海域　包括辽宁省丹东市鸭绿江口至大连市老铁山角的毗邻海域。主要功能为港口航运、旅游、渔业资源利用和养护、海洋保护。重点功能区有大连、大东、庄河等港口区及相关航道，金石滩旅游度假区、大连南部风景区、旅顺南路风景区、丹东大鹿岛风景名胜等旅游区，大孤山半岛南端、凌水河口西部等养殖区及鸭绿江口湿地自然保护区。本区应重点保证大连港集装箱码头和大型专业化码头建设用海需要，积极发展滨海旅游，建设海珍品增殖基地，保护沿海湿地生态环境。

9. 长山群岛海域　包括大连市长海县的毗邻海域。主要功能为渔业资源利用和养护、旅游和港口航运。重点功能区有獐子岛、小长山岛等养殖区，四块石、庙底等港口区，大长山岛、王家岛等旅游区。本区应大力发展养殖、增殖和放流，建设海洋农牧化基地，加快陆-岛交通基础设施建设，积极开展海岛旅游，发展海水综合利用，加强海岛生态环境与海洋生物多样性的保护。

10. 烟台-威海海域　包括山东省烟台市区至海阳市的毗邻海域。主要功能为港口航运、旅游、渔业资源利用和养护。重点功能区有烟台、牟平、威海港口区及相关航道，金沙滩、芝罘岛、天鹅湖、刘公岛等旅游区，套子湾、四十里湾、威海湾等养殖区。本区应保证港口建设和渔业资源利用的用海需要，大力发展滨海旅游和养殖，积极开发海洋药物，发展海水综合利用。

11. 胶州湾及其毗邻海域　包括山东省青岛、日照两市的毗邻海域。主要功能为港口航运、旅游、渔业资源利用和养护。重点功能区有青岛、日照、岚山等港口区及相关航道，崂山、山海天等旅游区，胶州湾北部等养殖区。本区应重点保证青岛港集装箱码头建设和渔业资源利用和养护的用海需要，积极发展滨海旅游，开展人工放流和贝类护养，加快建设海洋产业和科学实验基地。

12. 苏北海域　包括江苏省连云港、盐城和南通三市的毗邻海域。主要功能为港口航运、旅游、海水资源利用、渔业资源利用和养护、海洋保护。重点功能区有连云港、射阳、南通等港口区及相关航道，连云港等地的养殖区和增殖区，云台山旅游区，淮北盐田区，盐城丹顶鹤、大丰麋鹿等自然保护区。本区应保证连云港港区及其他深水码头建设、渔业资源利用的用海需要，积极发展养殖和滨海旅游，建设盐化工和海洋高新技术产业基地，合理、适度围垦，严格保护沿海自然保护区，进一步提高海岸防灾、抗灾能力。

13. 黄海重要资源开发利用区　主要功能为渔业资源利用和养护、矿产资源利用。重点功能区包括海东、烟威、石岛、连青石、大沙和吕四等捕捞区，南黄海南部盆地、南黄海北部盆地、北黄海盆地油气勘探区。

（三）东海

海岸线北起江苏省启东角，南至福建省诏安铁炉港，大陆海岸线长约 5 700 公里。沿海地区包括江苏省部分地区、上海市、浙江省和福建省。重点海域包括：

14. 长江口-杭州湾海域　包括江苏省启东角至浙江省宁波市区的毗邻海域。主要功能为港口航运、海洋工程、旅游、渔业资源利用和养护、海洋保护。重点功能区有长江口南岸及毗邻海域、杭州湾两岸及毗邻海域、崇明岛及周围海域、太仓、外高桥、金山嘴、北仑、乍浦等港口区及相关航道，南汇汇角、崇明东滩、长江口、镇海、慈溪、平湖海底管线区，钱塘江、平湖九龙山、海盐南北湖等旅游区，长江口捕捞、养殖和水产种质资源保护区，崇明东滩、金山三岛、九段沙湿地、长江口中华鲟、海宁黄湾等自然保护区。本区应重点保证上海国际航运中心和杭州湾大桥建设用海需要，发展滨海旅游，强化对海底管线及其登陆区的规划和保护，增殖、恢复渔业资源，逐步遏制海域环境污染加剧的趋势，保护河口、湿地、海湾和海岛生态环境，挽救保护长江口中华鲟等濒危生物物种，合理、适度围涂造地，提高海岸防灾、抗灾能力。

15. 舟山群岛海域　包括浙江省舟山市毗邻海域。主要功能为渔业资源利用和养护、旅游、港口航运和海水资源利用。重点功能区有舟山渔场捕捞区，舟山群岛养殖区，普陀、嵊泗列岛、岱山等旅游区，包括洋山、定海、岱山、岙山、嵊泗等在内的舟山港口区及相关航道，舟山、岱山盐田区。本区应重点保证洋山集装箱深水港区、航道、芦洋跨海大桥及其他大型专业化中转码头建设用海需要，发展养殖业，增殖渔业资源，限制近海捕捞强度，建立我国最大的渔业生产基地，进一步发挥海岛旅游资源优势，保护海底管线，保全海岛生态系统，加快舟山连岛工程建设。

16. 浙中南海域　包括浙江省宁波市的鄞县至闽浙交界的毗邻海域。主要功能为渔业资源利用和养护、港口航运、旅游和海洋保护。重点功能区有象山港、三门湾、乐清湾等养殖区，温州、台州等港口区及相关航道，南麂列岛海洋自然保护区，洞头列岛旅游区，乐清湾、三门湾潮汐能区。本区应重点保证增养殖业用海需要，建立贝类等水产资源种质库，推进以温州港和台州港为重点的浙中南沿海港口群建设，合理规划和开发浙南沿海和海岛地区旅游资源，形成区域旅游网络，严格控制港湾区域的围垦，加快沿海标准海塘和防护林的建设和维护，提高海岸防灾抗灾能力，加快温州（洞头）半岛工程建设。

17. 闽东海域　包括闽浙交界至福建省宁德市三沙湾南岸的毗邻海域。主要功能为渔业资源利用和养护、海洋保护、港口航运和旅游。重点功能区有：沙埕港和三沙湾等养殖区，闽东渔场捕捞区，官井洋大黄鱼繁殖保护区，台山列岛及福瑶列岛等海洋特别保护区，三沙湾红树林生态系统自然保护区，沙埕、三沙等港口区，太姥山滨海旅游区，福鼎八尺门潮汐能区。本区应建立渔业资源增养殖基地，增殖和恢复渔业资源，合理布局商港、渔港，积极发展水产加工业。

18. 闽中海域　包括三都湾南岸至泉州市湄州湾南岸的毗邻海域。主要功能为港口航运、旅游、海洋保护、渔业资源利用和养护。重点功能区包括：闽江口、罗源湾、福清湾、兴化湾、湄州湾等港口区及相关航道，湄州岛、平潭岛旅游区，兴化湾、湄州湾等养殖区，长乐海蚌资源增殖保护区，平潭中国鲎、闽江口鳝鱼滩湿地自然保护区，闽中渔场捕捞区。本区应重点保证福州港及毗邻港区码头泊位建设和湄州湾的港口建设及渔业资源利用和养护的用海需要，加强闽江口航道整治，进一步开发湄州岛、海坛岛旅游资源，建立海水增养殖基地，增殖和恢复渔业资源。

19. 闽南海域　包括湄州湾南岸至闽粤分界的毗邻海域。主要功能为港口航运、旅游、海洋保护、渔业资源利用和养护。重点功能区有厦门、漳州、泉州等港口区及相关航道，东山等地的养殖区，厦门鼓浪屿-万石岩、泉州海上丝绸之路、漳州滨海火山国家地质公园、东山岛等旅游区，晋江深沪湾海底古森林自然遗迹保护区，厦门珍稀海洋物种自然保护区、东山珊瑚礁自然保护区、九龙江口及漳江口红树林生态系统自然保护区，闽南-台湾浅滩上升流渔场。本区应重点保证厦门港、漳州港、泉州港海上交通运输网络建设和渔业资源利用的用海需要，发展滨海旅游，防止海岸侵蚀，保护珍稀濒危生物物种及海洋生物多样性，发展现代渔业。

20. 东海重要资源开发利用区　主要功能为矿产资源利用和渔业资源利用。本区应加快油气资源的勘探开发，建设东海油气资源开采基地，合理开发、利用和养护渔业资源，确保各重要渔场和重要渔业品种保护区不受破坏。

（四）南海

海岸线北起福建省铁炉港，南至广西壮族自治区的北仑河口，大陆海岸线长 5 800 多公里。沿海地区包括广东、广西和海南三省。重点海域包括：

21. 粤东海域　包括闽粤分界至广东省汕尾市的毗邻海域。主要功能为港口航运、旅游、渔业资源利用和养护、海洋保护。重点功能区有潮州、汕头、广澳、汕尾等港口区及相关航道，青澳湾、龟龄岛等旅游区，粤东捕捞区，高沙、东澳等养殖区，南澳岛屿候鸟、饶平海山海滩岩自然保护区及南澎列岛-勒门列岛海洋特别保护区，汕尾遮浪外海上升流生态区，南澳风能区。本区应重点保证汕头港和广澳港建设及渔业资源利用的用海需要，严格控制围海造地，发展海水增养殖，保护上升流生态系，建设黄岗河口、韩江口防洪排涝工程。

22. 珠江口及毗邻海域　包括广东省惠州市至江门市的毗邻海域。主要功能为港口航运、矿产资源利用、旅游、渔业资源利用和养护、海洋保护。重点功能区有马鞭洲、惠州、秤头角、盐田、深圳西部、太平、南沙、黄埔、珠海、江门、新会、桂山等港口区及相关航道，珠江口油气区，巽寮、大梅沙、小梅沙、莲花山、珠海飞沙滩、大万山岛、东澳岛、川山群岛等旅游区，珠江口等地的养殖区、珠江口中华白海豚自然保护区、广东惠东港海龟自然保护区。福田、淇澳岛、内伶仃岛和担杆列岛、万山群岛等海洋自然保护区。本区应重点加强珠江口海域环境综合整治和珠江三角洲港口体系建设，加大石油天然气的勘探与开发，大力发展滨海旅游，强化自然保护区管理，发展海水增养殖，加强保护岛屿海域生态环境。

23. 粤西海域　包括广东省阳江市至湛江市的毗邻海域。主要功能为港口航运、旅游、渔业资源利用和养护、海洋保护。重点功能区有阳江、茂名、湛江、海安等港口区及相关航道，十里银滩、马尾岛-大角湾、水东湾、南三岛、东海岛等滨海旅游区，鸡打港、博贺港、龙王湾、硇洲等养殖区，湛江红树林、硇洲自然景观等海洋自然保护区及乌猪洲海洋特别保护区。本区应重点保证湛江港和茂名水东港建设和渔业资源利用的用海需要，保护和保全红树林资源。

24. 铁山港-廉州湾海域　包括铁山港湾和廉州湾两个海湾，均为广西壮族自治区北海市的毗邻海域。主要功能为港口航运、旅游、渔业资源利用和养护、海洋保护。重点功能区有北海、铁山港等港口区，营盘珍珠和廉州湾等养殖区，山口红树林生态、沙田儒艮等海洋自然保护区，北海银滩国家级旅游度假区、北海市北部旅游区。本区应加强岸线保护，加快港口建设，发展以北海银滩旅游度假区为主的旅游业，建设珍珠贝养殖基地，严格限制围填海工程，保护红树林生态和珍珠贝母本。

25. 钦州湾-珍珠港海域　包括钦州湾、防城港湾、珍珠港湾等三个海湾，为广西壮族自治区钦州市和防城港市的毗邻海域。主要功能为港口航运、渔业资源利用及保护、旅游和海洋保护。重点功能区有防城港、钦州港口区，金滩、七十二泾、月亮湾等旅游区，茅尾海、珍珠港、钦州港、光坡等养殖区，北仑河口、钦州湾近江牡蛎等海洋自然保护区。本区应重点建设防城港和钦州港，发展海水养殖和滨海旅游业，严格控制围填海工程，保护岸线，保护和保全红树林生态系统。

26. 海南岛东北部海域　包括海南省的海口市、临高县、澄迈县、琼山市、文昌市、琼海市和万宁市的毗邻海域。主要功能为港口航运、旅游、渔业资源利用和养护、矿产资源利用和海洋保护。重点功能区有海口湾、清澜湾、龙湾等港口区，海口湾、木栏头、铜鼓岭、万泉河口、春园湾等旅游区，东营、铺前湾、琼海浅海、琼海沙老等养殖区，文昌油气区，东寨港、清澜港红树林湿地及大洲岛等自然保护区。本区应重点保证海口港集装箱运输码头建设和渔业资源利用的用海需要，强化自然保护区管理，大力发展滨海旅游及生态渔业，加快油气资源的勘探和开发。

27. 海南岛西南部毗邻海域　包括海南省的三亚市、陵水县、乐东县、东方市、昌江县、儋州市的毗邻海域。主要功能为旅游、矿产资源利用、港口航运、海洋保护、渔业资源利用和养护、海水资源利用。重点功能区有香水湾、南湾、亚龙湾、大东海、三亚湾、天涯海角、南山等旅游区，莺歌海、亚东、崖城13-1油气区，洋浦港、八所港港口区及相关航道，三亚珊瑚礁保护区，铁炉港、陵水湾、黎安港、新村港等养殖区，莺歌海盐田区。本区应加强滨海旅游设施建设，积极勘探开发油气资源，加强港口建设，保护和保全珊瑚礁资源，大力发展生态养殖，稳步发展盐和盐化工以及天然气化肥等海洋产业。

28. 西沙群岛海域　包括宣德群岛、永乐群岛及中建岛、东岛、浪花礁的毗邻海域。主要功能为渔业资源利用、旅游和海洋保护。重点功能区有西沙群岛海洋捕捞区，宣德群岛等旅游区，西沙群岛珊瑚礁、东岛鲣鸟自然保护区。本区应大力发展海岛生态旅游，合理开发利用和养护渔业资源，加强珊瑚礁等自然保护区管理，保护海龟等珍稀物种及海洋生物多样性。

29. 南沙群岛海域　包括南沙群岛毗邻海域。本区应重点发展海洋捕捞业，加速油气资源的勘探和开发。

30. 南海重要资源开发利用区　主要功能为渔业资源利用和养护、矿产资源利用。

五、实施《区划》的主要措施

（一）加强领导，完善海洋功能区划体系

沿海县级以上地方人民政府要依据有关法律法规的规定，认真做好省（自治区、直辖市）、市（地）和县（市）海洋功能区划的编制或修订工作。省级海洋功能区划经省级人民政府审核同意后，报国务院批准。市（地）、县（市）海洋功能区划经本级人民政府审核同意后，报所在省、自治区、直辖市人民政府批准，并报国家海洋局备案。国家海洋局要会同有关部门加强对地方各级海洋功能区划编制或修订工作的指导和监督，各级财政部门要将海洋功能区划工作经费纳入预算，涉海各部门要依法协调或衔接好海洋功能区划与相关区划、规划的关系。

（二）依法行政，认真组织实施海洋功能区划

各级海洋功能区划经批准后，应当向社会公布。各级人民政府要根据《中华人民共和国海域使用管理法》、《中华人民共和国海洋环境保护法》及其他涉海法律法规的规定，依据海洋功能

区划管理海域、保护海洋环境。审批项目用海，必须以海洋功能区划为依据，以促进经济和社会协调发展、保护和改善生态环境、严格控制填海和围海项目、保障国防安全和海上交通安全为原则。涉海工程建设项目可行性研究阶段，应征求海洋行政主管部门意见。海洋行政主管部门要对项目用海是否符合海洋功能区划进行预审，对于全部或部分不符合海洋功能区划的项目用海，应提出项目重新选址意见。经国务院批准，因公共利益、国防安全或者进行大型能源、交通等基础设施建设，需要改变海洋功能区划的，由编制该区划的政府海洋行政主管部门根据国务院文件提出修改方案，报法定批准机关批准。开发海岛周围海域的资源，应当制定海岛生态保护方案，并采取严格的生态保护措施，不得造成海岛地形、岸滩、植被以及海岛周围海域生态环境的破坏。

（三）监督检查，确保《区划》目标的实现

要建立和完善行之有效的海域使用管理和海洋环境保护执法监督检查机制，保证海洋功能区划的顺利实施。沿海省、自治区、直辖市人民政府要根据《区划》确定的目标，制定重点海域使用调整计划，明确不符合海洋功能区划的海域使用项目停工、拆除、迁址或关闭的时间表，并提出恢复项目所在海域环境的整治措施。沿海县级以上人民政府海洋行政主管部门及其所属的中国海监机构要加大执法力度，整顿和规范海域使用管理秩序，对于不按海洋功能区划批准使用海域的，批准文件无效，收回海域使用权，对海洋生态环境造成破坏的，要采取补救措施，限期进行整治和恢复。通过调整计划和监督检查，切实做到以海洋功能区划引导和制约用海需要，促进海上基础设施共享、降低开发利用成本，实现海洋开发利用从粗放型向集约型转变，促进海洋经济有序、协调发展。

（四）依靠科技，完善海洋功能区划的技术支撑体系

依靠科技进步和创新，加强海洋功能区划理论与实践研究，促进海洋功能区划工作的科学性、超前性与可操作性。利用现代科技手段，对海域的资源与环境、使用状况进行调查与评价，为海洋功能区划的编制提供基础依据。建立结构完整、功能齐全、技术先进的海洋功能区划管理信息系统，为建立海域使用与环境保护动态监视监测网络体系、全方位动态跟踪和监测海域使用状况与环境质量状况、强化政府对海域使用和海洋环境保护的实时监督管理提供基础依据，实现与政府电子信息平台相联结，促进海洋行政管理和社会服务信息化，提高各级海洋管理部门和其他涉海部门的综合决策能力和办事效率。

（五）搞好宣传教育，科学管海用海

深入进行海洋科学知识、海洋发展战略及有关方针、政策的宣传教育，增强全民海洋国土和海洋可持续发展观念，为实施海洋功能区划营造良好的社会氛围。多层次、多渠道、有针对性地做好海洋功能区划的宣传和培训工作，提高各级管理部门科学管理海洋的水平，以及各类用海者合理开发利用海洋的自觉性。进一步加强舆论监督，完善信访、举报和听证制度，充分调动广大人民群众和民间团体参与海洋开发、保护、监督工作的积极性。

渔业捕捞许可管理规定

（2002年5月9日农业部第9次常务会议审议通过，2002年12月1日起施行）

第一章 总 则

第一条 为了保护、合理利用渔业资源，控制捕捞强度，维护渔业生产秩序，保障渔业生产者的合法权益，根据《中华人民共和国渔业法》(以下称《渔业法》)，制定本规定。

第二条 中华人民共和国的公民、法人和其他组织从事渔业捕捞活动，以及外国人在中华人民共和国管辖水域从事渔业捕捞活动，应当遵守本规定。中华人民共和国缔结的条约、协定另有规定的，按条约、协定执行。

第三条 国家对捕捞业实行船网工具控制指标管理，实行捕捞许可证制度和捕捞限额制度。

第四条 渔业捕捞许可证、船网工具控制指

标等证书的审批和签发实行签发人制度。

第五条 农业部主管全国渔业捕捞许可管理工作。

农业部各海区渔政渔港监督管理局分别负责本海区的捕捞许可管理的组织和实施工作。县级以上地方人民政府渔业行政主管部门及其所属的渔政监督管理机构负责本行政区域内的捕捞许可管理的组织和实施工作。

第二章 捕捞渔船和作业场所的分类

第六条 海洋捕捞渔船按下列标准分类：

（一）海洋大型捕捞渔船：主机功率大于等于441千瓦(600马力)。

（二）海洋小型捕捞渔船：主机功率不满44.1千瓦(60马力)且船长不满12米。

（三）海洋中型捕捞渔船：海洋大型和小型捕捞渔船以外的海洋捕捞渔船。内陆水域捕捞渔船的分类标准由各省、自治区、直辖市渔业行政主管部门制定。

第七条 海洋捕捞作业场所分为以下四类：

（一）A类渔区：黄海、渤海、东海和南海及北部湾等海域机动渔船底拖网禁渔区线向陆地一侧海域。

（二）B类渔区：我国与有关国家缔结的协定确定的共同管理渔区、南沙海域、黄岩岛海域及其他特定渔业资源渔场和水产种质资源保护区。

（三）C类渔区：渤海、黄海、东海、南海及其他我国管辖海域中除A类、B类渔区之外的海域。其中，黄渤海区为C1、东海区为C2、南海区为C3。

（四）D类渔区：公海。

第三章 船网工具指标管理

第八条 农业部报国务院批准后，向有关省、自治区、直辖市下达海洋捕捞业船网工具控制指标。地方各级渔业行政主管部门控制本行政区域内捕捞渔船的数量、功率，不得超过国家下达的船网工具控制指标，具体办法由省、自治区、直辖市人民政府规定，送农业部备案。内陆水域捕捞业的船网工具控制指标和管理办法，由省、自治区、直辖市人民政府规定。

第九条 制造、更新改造、购置、进口海洋捕捞渔船，必须经本规定第十一条和第十二条规定的审批权主管机关批准，由主管机关在国家下达的船网工具控制指标内核定船网工具指标。

第十条 制造、更新改造、购置、进口海洋捕捞渔船，由申请人填写《渔业船网工具指标申请书》，持户籍证明或工商营业执照向其户籍或企业所在地县级以上渔业行政主管部门提出申请（以下称指标申请），逐级上报至有审批权的主管机关审批。淘汰旧捕捞渔船后申请船网工具指标的，应当提供县级以上渔业行政主管部门开具的《渔业船舶报废证明》。因海损事故造成捕捞渔船灭失后申请船网工具指标的，应当提供按本规定第三十三条规定办理的捕捞许可证注销手续证明。申请专业远洋渔船船网工具指标的，还应同时提供远洋渔业项目可行性研究报告等材料。

第十一条 下列海洋捕捞渔船的船网工具控制指标，由农业部负责审批：

（一）专业远洋渔船；

（二）海洋大型拖网、围网渔船；

（三）省、自治区、直辖市之间跨海区买卖渔船；

（四）因特殊需要，超过国家下达的省、自治区、直辖市船网工具控制指标的渔船；

（五）其他依法应由农业部审批的渔船。

同一海区内省、自治区、直辖市之间买卖捕捞渔船的船网工具控制指标，由所在海区渔政渔港监督管理局负责审批，报农业部备案。

第十二条 除本办法第十一条规定的情况外，其它海洋捕捞渔船的船网工具控制指标，由省级渔业行政主管部门在国家下达的船网工具控制指标内审批。

第十三条 制造、更新改造、进口海洋捕捞渔船的船网工具控制指标应在本省、自治区、直辖市范围内通过淘汰旧捕捞渔船解决，船数和功率应分别不超过淘汰渔船的船数和功率。购置海洋捕捞渔船的船网工具控制指标，省、自治区、直辖市之间买卖渔船的，船网工具控制指标随船转移。购入方须填报《渔业船网工具指标申请书》，并同时附送卖出方省级渔业行政主管部门出具的同意转移船网工具控制指标的证明，按本办法第十一条、第十二条的规定报批。农业部根据审批同意的买卖渔船《渔业船网工具指标申请书》，核增买入省、自治区、直辖市的船网工具控制指标，核减卖出省、自治区、直辖市的船网工具控制指标，并定期通报。本省、自治区、直辖市内买卖海洋捕捞渔船的，船网工具控制指标由各省、自治区、直辖市自行调节。国内现有捕捞渔船从事远洋作业期间，其船网工具控制指标予以保留。专业远洋渔船不计入省、自治区、直辖市的船网工具控制指标，由农业部统一管理，不得在我国管辖海域作业。

第十四条 指标申请获得批准后，由批准机关发给《渔业船网工具指标批准书》（附件 2）。申请人凭《渔业船网工具指标批准书》办理渔船制造、更新改造、购置或进口手续，并申请渔船船名、办理船舶检验、登记和渔业捕捞许可证。《渔业船网工具指标批准书》的有效期不超过 18 个月。

第十五条 除国家另有规定外，有下列情况之一的指标申请，不予批准：

（一）渔船数量或功率超过船网工具控制指标；

（二）从国外或香港、澳门特别行政区和台湾省进口或以合作、合资等方式引进渔船在我国管辖水域作业；

（三）不符合产业发展政策和有关法律、法规、规章的规定。

第四章 渔业捕捞许可证管理

第十六条 在中华人民共和国管辖水域和公海从事渔业捕捞活动，应当经主管机关批准并领取渔业捕捞许可证，根据规定的作业类型、场所、时限、渔具数量和捕捞限额作业。渔业捕捞许可证必须随船携带（徒手作业的必须随身携带），妥善保管，并接受渔业行政执法人员的检查。

第十七条 渔业捕捞许可证分为下列七类：

（一）海洋渔业捕捞许可证，适用于许可在我国管辖海域的捕捞作业。

（二）公海渔业捕捞许可证，适用于许可我国渔船在公海的捕捞作业。国际或区域渔业管理组织有特别规定的，须同时遵守有关规定。

（三）内陆渔业捕捞许可证，适用于许可在内陆水域的捕捞作业。

（四）专项（特许）渔业捕捞许可证，适用于许可在特定水域、特定时间或对特定品种的捕捞作业，包括在 B 类渔区的捕捞作业，与海洋渔业捕捞许可证或内陆渔业捕捞许可证同时使用。

（五）临时渔业捕捞许可证，适用于许可临时从事捕捞作业和非专业渔船从事捕捞作业。

（六）外国渔船捕捞许可证，适用于许可外国船舶、外国人在我国管辖水域的捕捞作业。

（七）捕捞辅助船许可证，适用于许可为渔业捕捞生产提供服务的渔业捕捞辅助船，从事捕捞辅助活动。

第十八条 县级以上渔业行政主管部门及其所属的渔政渔港监督管理机构按规定的权限审批发放捕捞许可证，应明确核定许可的作业类型、场所、时限、渔具数量及规格、捕捞品种等。已实行捕捞限额管理的品种或水域要明确核定捕捞限额的数量。作业类型分为刺网、围网、拖网、张网、钓具、耙刺、陷井、笼壶、和杂渔具（含地拉网、敷网、抄网、掩罩及其他杂渔具）共 9 种。渔业捕捞许可证核定的作业类型最多不得超过其中的二种，并应明确每种作业类型中的具体作业方式。拖网、张网不得与其他作业类型兼作，其他作业类型不得改为拖网、张网作业。非渔业生产单位的专业旅游观光船舶除垂钓之外，不得使用其他捕捞作业方式。捕捞辅助船不得直接从事捕捞作业，其携带的渔具应捆绑、覆盖。海洋捕捞作业场所要明确核定渔区的类别和范围，其中 B 类渔区要明确核定渔区、渔场或保护区的具体名称。公海要明确海域的名称。内陆水域作业场所要明确具体的水域名称。

第十九条 到公海作业的远洋渔船的渔业捕捞许可证，由农业部审批发放。

第二十条 下列作业渔船的渔业捕捞许可证，由农业部审批，委托农业部各海区渔政渔港监督管理局发放：

（一）海洋大型拖网、围网渔船；

（二）到我国与有关国家缔结的协定确定的共同管理渔区、南沙海域、黄岩岛海域作业的渔船；

（三）到特定渔业资源渔场、水产种质资源保护区作业的渔船。外国人、外国船舶在我国管辖水域作业的渔业捕捞许可证，由中华人民共和国渔政渔港监督管理局审批发放。申请程序及其他有关规定按照双边协议和国家有关规定执行。

第二十一条 下列作业的渔业捕捞许可证，由农业部审批，委托农业部各海区渔政渔港监督管理局或省级渔业行政主管部门及其所属的渔政渔港监督管理机构发放：

（一）因养殖或者其他特殊需要，捕捞农业部颁布的有重要经济价值的苗种或者禁捕的怀卵亲体；

（二）因教学、科研等特殊需要，在农业部颁布的禁渔区、禁渔期从事捕捞作业。

第二十二条 作业场所核定在B类、C类渔区的渔船，不得跨海区界限作业。作业场所核定在A类渔区或内陆水域的渔船，不得跨省、自治区、直辖市管辖水域界限作业。因传统作业习惯或资源调查及其他特殊情况，需要跨界捕捞作业的，由申请人所在地县级以上渔业行政主管部门出具证明，按审批权限报主管机关批准后，由拟作业水域的主管机关核发临时渔业捕捞许可证。跨海区作业的，由农业部审批。在相邻交界水域作业的渔业捕捞许可证，由交界水域有关的县级以上地方人民政府渔业行政主管部门协商发放，或由其共同的上级渔业行政主管部门审批发放。

第二十三条 除本规定第十九条至第二十二条规定的情况外，其他作业的渔业捕捞许可证由县级以上地方人民政府渔业行政主管部门及其渔政渔港监督管理机构审批发放，具体办法由省、自治区、直辖市人民政府规定，送农业部备案。

第二十四条 作业场所的核定权限如下：

（一）农业部：A类、B类、C类、D类渔区和内陆水域。

（二）农业部各海区渔政渔港监督管理局：本海区范围内的C类渔区，农业部授权的B类渔区。

（三）省级渔业行政主管部门：在海洋为本省、自治区、直辖市范围内的A类渔区，农业部授权的C类渔区。在内陆水域为本省、自治区、直辖市行政管辖水域。特殊情况需要地（市）级、县级渔业行政主管部门核定作业场所的，由省级渔业行政主管部门规定并授权。

第二十五条 从事钓具、灯光围网作业渔船的子船与其主船（母船）使用同一本渔业捕捞许可证，主船与子船功率同时纳入船网工具控制指标。

第二十六条 拟从事捕捞作业的单位或个人（以下称申请人），须填写《渔业捕捞许可证申请书》（附件3），并附有关材料，持户籍证明或工商营业执照向其户籍或企业所在地的县级以上渔业行政主管部门提出申请，逐级上报至有审批权的主管机关审批。属农业部审批的申请，经省级渔业行政主管部门审核同意后，由所在海区渔政渔港监督管理局复核汇总（内陆捕捞渔船除外），报农业部审批。属省级渔业行政主管部门或其所属的渔政渔港监督管理机构审批的申请，由县、市渔业行政主管部门审核同意后，报省级渔业行政主管部门或其所属的渔政渔港监督管理机构审批。

第二十七条 发放捕捞许可证应具备下列材料和条件：

（一）《渔业捕捞许可证申请书》；

（二）《渔业船网工具指标批准书》原件（海洋捕捞渔船）；

（三）有效的《渔业船舶检验证书》原件和复印件；

（四）有效的《渔业船舶登记（国籍）证书》原件和复印件；

（五）渔具和捕捞方法符合国家规定标准；

（六）《渔捞日志》（海洋大型、中型渔船再次申请捕捞许可证）；

（七）业部远洋渔业项目批准文件（公海作业的远洋渔船）；

（八）农业部规定的其他条件。

发放专项（特许）渔业捕捞许可证应具备海洋或内陆渔业捕捞许可证。发放非专业远洋渔船公海捕捞许可证，须将海洋捕捞许可证交回原发证机关。交回的捕捞许可证由原发证机关暂存，回国后可继续使用。

第二十八条 发放海洋渔业捕捞许可证时，应当同时贴附与渔船主机总功率相等的渔船主机功率凭证。

第二十九条 海洋大型、中型渔船应填写《渔捞日志》，并在渔业捕捞许可证年审或再次申请渔业捕捞许可证时，提交渔业捕捞许可证年审或发证机关。

第三十条 在渔业捕捞许可证有效期内发生下列情况的，须持《渔业船舶所有权证书》和《渔业船舶国籍（登记）证书》向原发证机关申请换发捕捞许可证：

（一）船名变更；

（二）船籍港变更；

（三）渔船所有权共有人之间变更；

（四）渔业捕捞许可证使用期满。

第三十一条 在渔业捕捞许可证有效期内发生下列情况的，须按本规定第二十六条规定向原发证机关重新申请渔业捕捞许可证：

（一）渔船作业方式变更；

（二）渔船主机、主尺度、总吨位变更；

（三）因渔船买卖发生渔船所有人变更。

海洋捕捞渔船买卖，以及主机功率和主尺度变更的，须事先按本规定第十条规定重新申请船网工具指标。批准换发和重新发放渔业捕捞许可证的，应将原渔业捕捞许可证交回原发证机关。

第三十二条 在渔业捕捞许可证有效期内发生以下情况的，须向渔业捕捞许可证原发证机关申请补发渔业捕捞许可证：

（一）渔业捕捞许可证损毁无法使用；

（二）渔业捕捞许可证丢失。

渔业捕捞许可证丢失的，持证人须在一个月内向原发证机关报告遗失的时间、地点和原因，由发证机关在有关媒体公告原渔业捕捞许可证作废后，方可补发新证。媒体公告费由持证人承担。

第三十三条 发生下列情况的，持证人应将渔业捕捞许可证交回发证机关，并办理渔业捕捞许可证注销手续：

（一）渔船报废或损毁不再继续从事许可的捕捞作业；

（二）自行终止许可的捕捞作业。

第三十四条 渔业捕捞许可证和渔船主机功率凭证不得涂改、伪造、变造、买卖、出租或以其他形式转让。

第三十五条 海洋渔业捕捞许可证和内陆渔业捕捞许可证的使用期限为 5 年。其他种类渔业捕捞许可证的使用期限根据实际需要确定，但最高不超过 3 年。

第三十六条 使用期一年以上的渔业捕捞许可证实行年度审验（以下称年审）制度，每年审验一次。公海渔业捕捞许可证的年审期为二年。渔业捕捞许可证的年审工作由发证机关负责，也可由发证机关委托申请人户籍或企业所在地的县级以上渔业行政主管部门负责。

第三十七条 同时符合下列条件的，为年审合格，由审验人签字，注明日期，加盖公章：

（一）具有有效的《渔业船舶检验证书》和《渔业船舶登记（国籍）证书》，持证人和渔船主尺度、主机功率、吨位未发生变更；

（二）渔船作业类型、场所、时限、渔具数量与许可内容一致；

（三）按规定填报《渔捞日志》，未超出捕捞限额指标（对实行捕捞限额管理的渔船）；

（四）违规案件已经结案；

（五）按规定缴纳渔业资源增殖保护费；

（六）其他条件符合有关规定。

年审不合格的，年审机关可责令持证人限期改正后，再审验一次。再次审验合格的，其渔业捕捞许可证有效。

第三十八条 逾期未年审或年审不合格的、证书载明的渔船主机功率与实际功率不符的、应贴附而未贴附功率凭证或功率凭证贴附不足或贴附无效功率凭证的、以欺骗或其他方法非法取得的，以及涂改、伪造、变造、买卖、出租或以其他形式转让的渔业捕捞许可证，为无效渔业捕捞许可证。涂改、伪造、变造、买卖、出租或以其他形式转让的渔船主机功率凭证为无效渔船主机功率凭证。使用无效的渔业捕捞许可证，或未携带渔业捕捞许可证从事渔业捕捞活动的为无证捕捞。

第三十九条 捕捞许可证的申请人应是渔船所有人，申请人在其申请获得批准后成为持证人。持证人对其申请从事的渔业捕捞活动负责，并承担相应的法律责任。

第五章　签发人制度

第四十条 《渔业船网工具指标申请书》、《渔业船网工具指标批准书》、《渔业捕捞许可证申请书》和《渔业捕捞许可证》的审核、审批和签发实行签发人制度，签发人签字并加盖公章后方为有效。签发人负责对前款文件和证书的内容进行审核，并对其真实性及合法性负责。

第四十一条 签发人实行农业部和省级渔业行政主管部门两级审批制度。县级以上地方人民政府渔业行政主管部门应推荐一至两人为签发人，并按本条第二款的规定，逐级审核上报有审批权的机关审批并公布。

农业部负责审批农业部各海区渔政渔港监督管理局和省级渔业行政主管部门的签发人。省级渔业行政主管部门负责审批本省、自治区、直辖市县级以上地方人民政府渔业行政主管部门的签发人。

第四十二条 签发人越权、违规签发，或擅自更改《渔业船网工具指标申请书》、《渔业船网工具指标批准书》、《渔业捕捞许可证申请书》、《渔业捕捞许可证》，或有其他玩忽职守、徇私舞弊等行为的，视情节对有关签发人给予警告、通报批评、暂停或取消签发人资格等处分；签发人及其所在单位应依法承担相应责任。越权、违规签发、或擅自更改的证书由其上级机关收回。

第六章 附 则

第四十三条 本规定有关专门用语的定义如下：

渔业捕捞活动：捕捞或准备捕捞水生生物资源的行为，以及为这种行为提供支持和服务的各种活动。娱乐性游钓或在尚未养殖、管理的滩涂手工采集水产品的除外。渔船：《中华人民共和国渔港水域交通安全管理条例》规定的渔业船舶。

船长：渔业船舶登记(国籍)证书中的船舶登记长度。

捕捞渔船：从事捕捞活动的生产船。

捕捞辅助船：渔获物运销船、冷藏加工船、渔用物资和燃料补给船等为渔业捕捞生产提供服务的渔业船舶。

非专业渔船：从事捕捞活动的教学、科研、资源调查船，特殊用途渔船，专业旅游观光船等船舶。

远洋渔船：在公海或他国管辖海域作业的渔船。专业远洋渔船，指专门用于在公海或他国管辖海域作业的渔船；非专业远洋渔船，指具有国内有效的渔业捕捞许可证，转产到公海或他国管辖海域作业的渔船。

船网工具控制指标：渔船的数量及其主机功率数值、网具或其他渔具的数量的最高限额。

制造渔船：新建造，包括旧船淘汰后再建造渔船。

更新改造渔船：通过更新主机或对船体和结构进行改造改变渔船主机功率、作业方式、主尺度或总吨位。

购置渔船：从国内买入渔船。

进口渔船：从国外和港、澳、台地区买入渔船，包括以各种方式引进渔船。

第四十四条 《渔业捕捞许可证》和渔船主机功率凭证由农业部规定样式并统一印制。《渔业船网工具指标申请书》、《渔业船网工具指标批准书》、《渔业捕捞许可证申请书》、《渔捞日志》由省级渔业行政主管部门根据规定的格式印制。《渔捞日志》中填写的品种名称，分海区由农业部各海区渔政渔港监督管理局商本海区所辖省、自治区、直辖市渔业行政主管部门统一规定。

第四十五条 省、自治区、直辖市渔业行政主管部门可根据本规定制定具体实施办法。

第四十六条 香港、澳门特别行政区持有广东省户籍的流动渔船的捕捞许可管理办法由农业部另行规定。

第四十七条 我国渔船到他国管辖水域作业，须经农业部批准。非专业远洋渔船须将海洋渔业捕捞许可证交回原发证机关暂存，回国后可继续使用。

第四十八条 本规定颁布之前的有关规定与本规定不符的，以本规定为准。

第四十九条 本规定自 2002 年 12 月 1 日起施行。1983 年原农牧渔业部发布的《海洋捕捞渔船管理暂行办法》和 1989 年农业部发布、1997 年修订的《渔业捕捞许可证管理办法》同时废止。

第五十条 本规定由农业部负责解释。

海洋行政处罚实施办法

（2002 年 12 月 12 日国土资源部第 6 次部务会议审议通过，2003 年 3 月 1 日起施行）

第一章 总 则

第一条 为规范海洋行政处罚行为，保护单位和个人的合法权益，根据《中华人民共和国行政处罚法》及有关法律、法规的规定，制定本办法。

第二条 单位和个人违反海域使用、海洋环境保护、铺设海底电缆管道、涉外海洋科学研究管理等海洋法律、法规或者规章，海洋行政处罚实施机关依法给予海洋行政处罚的，适用本办法。

第三条 县级以上各级人民政府海洋行政主管部门是海洋行政处罚实施机关（以下简称实施机关）。

实施机关设中国海监机构的，海洋行政处罚工作由所属的中国海监机构具体承担；未设中国海监机构的，由本级海洋行政主管部门实施。

中国海监机构以同级海洋行政主管部门的名义实施海洋行政处罚。

第四条 上级实施机关有权监督、纠正下级实施机关的海洋行政处罚。

上级中国海监机构经同级实施机关同意，可以以同级实施机关的名义对下级实施机关实施的海洋行政处罚进行监督，并协助行政监察部门依法追究行政责任。

第二章 管 辖

第五条 除法律、法规另有规定外，海洋行政处罚由违法行为发生地的实施机关管辖。

第六条 违法行为发生地不明确或者无法查明的，法律、法规有明确规定的，按照规定确定管辖；法律、法规没有明确规定的，按照规章规定和职责权限确定管辖。

第七条 对管辖发生争议的，报请共同的上一级实施机关指定管辖。

第八条 下级实施机关对其所实施的海洋行政处罚，认为需要由上一级实施机关管辖的，可以报请上一级实施机关决定。

第九条 对不属于其管辖范围内的海洋行政处罚，应当制作移交案件通知书（函），移送有权管辖的实施机关或者其他行政机关。

第十条 违法行为构成犯罪的，依法移送司法机关。

第三章 简易程序

第十一条 违法行为同时具备下列情形的，可以适用简易程序当场作出海洋行政处罚决定：

（一）违法事实清楚、证据确凿，情节轻微；

（二）依据海洋法律、法规或者规章，对个人处以五十元以下、对单位处以一千元以下罚款或者警告的。

第十二条 适用简易程序当场予以海洋行政处罚时，海洋监察人员应当遵守下列程序：

（一）向当事人出示执法证件；

（二）当场查清违法事实，收集和保存必要的证据，作出笔录并交由当事人核对后签名或者盖章；

（三）告知当事人违法事实、处罚理由和依据，有权进行陈述和申辩；

（四）听取当事人的陈述与申辩，对当事人提出的事实、理由和证据进行复核，当事人放弃陈述或者申辩权利的除外；

（五）填写有预定格式、统一编号的当场海洋行政处罚决定书，由海洋监察人员签名或者盖章，并当场交付当事人签收。

第四章 一般程序

第十三条 除依照本办法第十一条可以当场作出的海洋行政处罚外，对其他海洋违法行为实施海洋行政处罚的，应当立案查处。

海洋监察人员应当填写海洋违法案件立案呈批表，经批准后立案。

第十四条 海洋监察人员与案件有直接利害关系的，应当回避。

第十五条 海洋监察人员调查案件或者进行检查时，不得少于两人，并应当向当事人出示执法证件，可以采取以下方式：

（一）进入现场进行勘验、检查，查阅或者复制有关资料，对现场进行摄像、照相等。有关勘验、检查情况应当制作笔录，并由被勘验者被检查者或者见证人签名或者盖章。

（二）测量、监测、检验或者鉴定等专业性、技术性事项，可以委托有资质的机构出具报告，所出具的报告可以作为证据。

第十六条 海洋监察人员在收集证据时，可以采取抽样取证的方法。

第十七条 海洋监察人员在收集证据时，在证据可能灭失或者以后难以取得的情况下，经批准可以先行登记保存。先行登记保存证据的，应当制作先行登记保存证据通知书，并送达当事人。

对先行登记保存的证据，应当自登记保存之日起七日内作出处理。

在登记保存期间，当事人或者有关人员不得销毁或者转移证据。

第十八条 对证据进行抽样取证或者登记保存，应当有当事人在场。当事人不在场或者拒绝到场的，海洋监察人员可以邀请有关人员到场作证。

第十九条 海洋监察人员应当在调查终结后五日内提交海洋违法案件调查报告，针对调查结果提出处罚建议。

第二十条 实施机关负责人应当对调查结果和处罚建议进行审查，根据不同情况，分别作出如下决定：

（一）违法事实成立的，根据情节轻重及具体情况，给予海洋行政处罚；

（二）违法行为轻微，依法可以不予海洋行政处罚的，不予海洋行政处罚；

（三）违法事实不能成立的，不得给予海洋行政处罚；

（四）违法行为构成犯罪的，移送司法机关。

第二十一条 决定给予海洋行政处罚的案件，属于情节复杂或者本办法第四十一条规定的重大海洋违法案件的，实施机关应当实行会审。

第二十二条 在作出海洋行政处罚决定之前，应当告知当事人给予处罚的事实、理由、依据和拟作出的海洋行政处罚决定，并告知当事人享有陈述、申辩的权利。

第二十三条 实施海洋行政处罚，应当按照《中华人民共和国行政处罚法》第三十九条的规定制作海洋行政处罚决定书。

第二十四条 适用一般程序在海上查处海洋违法案件时，不现场处罚事后难以执行或者经当事人提出的，海洋监察人员可以现场作出海洋行政处罚决定并执行。但抵岸后五日内应当补办相关书面手续。

在作出海洋行政处罚决定之前，海洋监察人员应当当场告知当事人享有陈述和申辩的权利。

本条不适用于重大海洋违法案件的查处。

第五章 听证程序

第二十五条 实施机关在对本办法第四十一条规定的重大海洋违法案件作出海洋行政处罚之前，应当告知当事人有要求举行听证的权利；当事人要求听证的，应当组织听证。

当事人应当在被告知后三日内提出听证申请。当事人逾期未提出的，视为放弃。

第二十六条 海洋行政处罚听证通知书应当在听证举行七日前送达当事人。

第二十七条 听证由实施机关指定人员主持。

承办案件的海洋监察人员（以下简称案件承办人员）以及与本案有直接利害关系的人员，不得主持听证。

第二十八条 当事人认为听证主持人与案件有直接利害关系时，有权申请回避。是否回避由实施机关负责人决定。

第二十九条 听证由当事人、案件承办人员以及与案件处理结果可能有利害关系的第三人参加。

当事人可以委托一至二人代理参加听证，委托代理人应当在举行听证前提交委托书。

第三十条 除涉及国家秘密、商业秘密或者个人隐私外，听证应当公开举行。

第三十一条 听证按以下顺序进行：

（一）主持人宣布听证案由和听证纪律，核对听证参加人的身份，告知当事人的权利和义务，宣布听证开始；

（二）案件承办人员提出当事人违法的事实、证据、处罚依据和拟处罚意见；

（三）当事人或者其委托代理人就案件事实进行陈述和申辩，提出有关证据并质证；

（四）听证主持人就案件的事实、证据和法律依据等问题向案件承办人员、当事人、证人询问；

（五）案件承办人员、当事人或者其委托代理人作最后陈述；

（六）听证主持人宣布听证结束。

第三十二条 听证应当制作听证笔录。听证笔录应当交由案件承办人员、当事人或者其委托代理人核对后签名或者盖章。

听证笔录中的证人证言部分，应当交由证人核对后签名或者盖章。

听证笔录应当经听证主持人审核，并由听证主持人和笔录人员签名或者盖章。

第三十三条 听证结束后，听证主持人应当根据听证的情况，对案件的事实、证据、处罚依据和处罚建议，提出书面意见。

第六章 送 达

第三十四条 海洋行政处罚决定书应当在作出决定后七日内送达当事人。

第三十五条 海洋行政处罚决定书应当直接送交当事人。当事人是个人的，本人不在送交其同住成年家属签收；当事人已指定代收人的，送交代收人签收。当事人是单位的，送交单位的法定代表人或者主要负责人或者该单位负责收件的人签收。

当事人、当事人的同住成年家属、代收人、单位的法定代表人、主要负责人或者单位负责收件的人在送达回证上签收的日期为送达日期。

第三十六条 当事人拒绝接收海洋行政处罚决定书的，送达人应当邀请有关人员到场，说明情况，在送达回证上记明拒收事由和日期，由送达人和见证人签名或者盖章，把海洋行政处罚决定书留在负责收件的人或者被处罚人的住所，即视为送达。

第三十七条 直接送达有困难的，可以邮寄送达海洋行政处罚决定书。

邮寄送达，以当事人在送达回证上注明的收件日期为送达日期；送达回证上注明的日期与挂号信回执上注明的收件日期不一致，或者送达回证没有寄回的，以挂号信回执上的收件日期为送达日期。

第三十八条 根据本办法第三十五条、第三十六条和第三十七条的规定仍无法送达的，可以公告送达。自发出公告之日起经过六十日，即视为送达。

公告送达，应当记明原因和经过。

第七章 附 则

第三十九条 本办法未作规定的，依照《中华人民共和国行政处罚法》、《中华人民共和国行政复议法》、《中华人民共和国行政诉讼法》等法律的有关规定执行。

第四十条 海洋行政处罚基本文书格式由国务院海洋行政主管部门统一制定。

第四十一条 重大海洋违法案件，是指拟作出下列海洋行政处罚的案件：

（一）责令停止经批准的海底电缆管道海上作业、责令停止经批准的涉外海洋科学研究活动、责令停止经批准的海洋工程建设项目施工或者生产、使用的以及其他责令停止经批准的作业活动的；

（二）吊销废弃物海洋倾倒许可证的；

（三）注销海域使用权证书，收回海域使用权的；

（四）对个人处以超过五千元罚款、对单位处以超过五万元罚款等海洋行政处罚的。

第四十二条 本办法自 2003 年 3 月 1 日起施行。

海洋赤潮信息管理暂行规定

（国家海洋局 2002 年 1 月 22 日施行）

第一章 总 则

第一条 为了加强对海洋赤潮信息的管理，充分发挥赤潮信息在赤潮防治工作中的作用，规范赤潮信息发布行为，有效预防和减轻赤潮灾害，依据《中华人民共和国海洋环境保护法》的有关规定，制定本规定。

第二条 本规定适用于我国管辖海域内赤潮信息的汇集、处理、发布等活动。

本规定所指赤潮信息是在赤潮监测监视、预测预报和灾害评估活动中获取或形成的有关赤潮环境条件、状态与性质、发生发展趋势、危害及影响等方面的数据、文字、图表、图像资料。

第三条 国家海洋局负责全国赤潮信息的归口管理。国家海洋局北海、东海、南海分局（以下简称分局），沿海省、自治区、直辖市及计划单列市海洋厅（局）（以下简称省市海洋局）分别负责本海区和本地区赤潮信息的管理。

第四条 鼓励单位和个人向国家海洋局、分局和省市海洋局提供赤潮信息。

第二章 赤潮信息的汇集及处理

第五条 分局、省市海洋局负责组织赤潮监测监视、灾害评估信息的获取和汇集工作，建立有效的信息汇集渠道，保证赤潮信息汇集的畅通。

省市海洋局获取的赤潮信息应按时向所在海区分局汇交。

分局获取及汇集的赤潮信息应按时向国家海洋环境预报中心（以下简称预报中心）、国家海洋环境监测中心（以下简称监测中心）和国家海洋信息中心（以下简称信息中心）汇交。有赤潮发生时，每月 2 日前将上月本海区赤潮发生情况汇总报国家海洋局。

第六条 局属其他有关单位获取的赤潮信息应及时向预报中心、监测中心和信息中心汇交，同时提交有关分局。

第七条 预报中心、监测中心直接获取的赤潮信息应相互提交，并及时提交信息中心和有关分局。

第八条 赤潮监测监视信息应在现场工作结束后及早汇交。其中，海上赤潮监测信息应在 48 小时内汇交；航空遥感监视监测信息应在飞机着陆后 4 小时内汇交；卫星遥感监测资料应在卫星过境后 8 小时内汇交。

第九条 各级海洋监测预报机构负责对获取和汇集的赤潮信息进行分析处理，建立会商制度，经过会商后形成赤潮预测预报、监测监视和灾害评估等信息产品。

第十条 各单位应对获取和汇集的赤潮信息进行整编，建立本单位赤潮信息数据库。

信息中心负责指导各单位建立和维护赤潮信息数据库，并对接收到的赤潮信息进行处理、保管、分析、整编，建立全国赤潮信息数据库，为预防减轻赤潮灾害和科学研究提供信息服务。

第十一条 省市海洋局负责组织建立本地区群众性赤潮监视网络，扩大赤潮信息来源；负责收集整理本地与赤潮防治相关的环境信息。

分局、省市海洋局建立赤潮信息专门报告渠道和报告程序，为其它单位和个人及时报告赤潮信息创造条件。

第三章 赤潮信息的发布

第十二条 赤潮信息实行统一发布制度。国家海洋局、分局和省市海洋局负责赤潮信息发布工作的管理。

通过广播、电视、报纸、电信等媒体向社会发布赤潮信息须经国家海洋局、分局或省市海洋局的许可。任何单位和个人，未经许可不得向社会散布赤潮信息。

第十三条 赤潮信息的发布内容包括：赤潮发生的时间、地点、范围、生物种类、生物毒性、生物密度、漂移路径、发展趋势、发生条件等监测监视、预测预报信息，以及赤潮造成的直接经济损失、间接经济损失、对海洋生态环境影响及对人类健康危害等赤潮灾害评估信息。

第十四条 省市海洋局负责组织向当地人民政府及有关部门发送赤潮预测预报信息。

分局负责组织向有关的省市海洋局和国家海洋局发送赤潮预测预报信息。

预报中心向有关的省市海洋局、分局、监测中心和国家海洋局发送赤潮预测预报信息。

如遇有毒赤潮或重大赤潮的预测预报信息，由国家海洋局发送沿海省、自治区、直辖市和计划单列市人民政府，并报国务院及有关部门。

第十五条 省市海洋局负责组织向当地人民政府、有关部门和所在海区分局发送本地区赤潮监测监视和灾害评估信息，每年年底前向国家海洋局报告全年赤潮灾害评估信息。

分局负责组织随时向有关的省市海洋局和国家海洋局发送赤潮监测监视信息。

监测中心、预报中心及局属有关单位随时向有关的省市海洋局、分局和国家海洋局发送赤潮卫星遥感等监测监视信息。

国家海洋局向国务院及有关部门随时发布有毒赤潮和重大赤潮的监测监视信息，并定期发布全国赤潮监视监测信息和赤潮灾害评估信息。

第十六条 省市海洋局负责每年在本省市海洋环境公报中发布本省市上一年度赤潮发生情况、灾害评估和本年度赤潮发生趋势预测等信息；

各分局负责每年发布所辖海区本年度赤潮发生趋势预测信息；

国家海洋局负责每年在国家海洋环境公报中发布全国上一年度赤潮发生情况、灾害评估和本年度赤潮发生趋势预测等信息。

第四章 罚 则

第十七条 从事赤潮信息汇集、处理和发布等活动的工作人员，违反本暂行规定，造成严重损失的，由其所在单位酌情给予行政处分。

第十八条 违反本暂行规定，未经批准，擅自向社会发布或传播赤潮信息的，由国家海洋局、省市海洋局责令其立即停止违规行为，纠正错误；造成不良影响的，予以通报批评、警告。

第五章 附 则

第十九条 对外提供未公开的赤潮信息，应按海洋工作中有关国家秘密的具体规定办理。

第二十条　省市海洋局可根据本地实际情况制定相应的管理规定。

第二十一条　本暂行规定由国家海洋局负责解释。

第二十二条　本暂行规定自印发之日起施行。

海域使用申请审批暂行办法

（国家海洋局　2002 年 4 月 5 日）

第一条　为加强海域使用管理，规范海域使用申请审批工作，根据《中华人民共和国海域使用管理法》，制定本办法。

第二条　县级以上人民政府海洋行政主管部门按照审批权限和本办法的规定，负责海域使用申请的受理、审查、审核和报批工作。

第三条　受理海域使用申请的海洋行政主管部门为受理机关；有审批权政府的海洋行政主管部门为审核机关；受理机关和审核机关之间的各级海洋行政主管部门为审查机关。

第四条　下列项目的海域使用申请，由国家海洋局直接受理：

（一）国家重大建设项目；

（二）国家级保护区内的项目；

（三）倾倒区项目；

（四）国家直接管理的电缆管道项目；

（五）油气及其他海洋矿产资源勘查开采项目；

（六）跨省、自治区、直辖市行政区域的项目；

（七）其他由国务院或国务院有关部门依法审批的项目。

国家海洋局直接受理项目以外的海域使用申请，由县级海洋行政主管部门受理。未设海洋行政主管部门的，由上一级海洋行政主管部门受理。跨行政区域的海域使用申请，由共同的上一级海洋行政主管部门受理。

第五条　申请使用海域的单位和个人，应当向受理机关提交下列材料：

（一）海域使用申请书；

（二）申请海域的坐标图；

（三）资信证明材料。

第六条　受理机关在收到海域使用申请后，应当对项目进行初审，申请的项目用海必须符合下列条件：

（一）符合海洋功能区划和海域使用规划；

（二）申请海域没有设置海域使用权；

（三）申请海域的界址、面积清楚。

第七条　受理机关应当在收到海域使用申请之日起十五个工作日之内，签署初审意见。凡符合初审条件的项目用海，受理机关必须及时上报。

第八条　审查机关在收到受理机关报送的申请材料后，应当对下列事项进行审查：

（一）是否符合海洋功能区划和海域使用规划；

（二）该海域是否计划设置更重要的海域使用权。

审查机关应当在收到受理机关报送的申请材料之日起十五个工作日之内，完成项目用海审查、签署审查意见和上报工作。不论是否同意批准该项目用海，审查机关均须按时上报。

第九条　审核机关收到审查机关报送的申请材料后，应当进行下列工作：

（一）书面通知申请者按时提交海域使用论证报告（报告书或报告表）；

（二）组织评审《海域使用论证报告书》或审核《海域使用论证报告表》；

（三）必要时征求同级有关部门的意见。

国家海洋局直接受理的海域使用申请，还应当征求有关地方海洋行政主管部门的意见。

第十条　审核机关应当在收到审查机关报送的申请材料之日起三十个工作日之内（不含海域使用论证工作时间），提出建议批准或者不予批准的审核意见。对建议批准的，报同级人民政府批准；对不予批准的，由审核机关书面通知海域使用申请者，并说明原因。

第十一条　审核机关呈报同级人民政府审批项目用海时，应当报送以下材料：

（一）《海域使用审批呈报表》；

（二）海域使用论证报告及其评审结论；

（三）其他有关的材料。

第十二条　海域使用申请经政府批准后，由审核机关向海域使用申请者送达《海域使用权批准通知书》，并按规定为海域使用申请者办理用海手续。《海域使用权批准通知书》应当抄送受理机关和审查机关。国家海洋局直接受理的海域使用申请经国务院批准后，《海域使用权批准通知书》抄送有关地方海洋行政主管部门。

第十三条 《海域使用权批准通知书》应当包括下列内容：

(一) 批准使用海域的面积、位置、用途和期限；

(二) 海域使用金征收额度、缴纳方式、地点和期限；

(三) 办理海域使用权登记和领取《海域使用权证书》的地点和期限；

(四) 其他有关的内容。

第十四条 申请使用海域的单位和个人在收到《海域使用权批准通知书》后，应当按要求办理各项手续。不能按期办理的，批准通知书无效，由审核机关提请同级人民政府撤销批准行为。

第十五条 国务院批准用海的，由国家海洋局办理海域使用权登记，颁发《海域使用权证书》；地方人民政府批准用海的，由批准用海的人民政府（或授权本级海洋行政主管部门）办理海域使用权登记，颁发《海域使用权证书》。

负责办理海域使用权登记的机关，应当在海域使用权登记后一个月内以适当方式进行公告。

第十六条 《海域使用权登记册》是海域使用权及其他相关权利的法律依据。《海域使用权证书》是海域使用者持有的法律凭证。

第十七条 经审批的用海工程项目竣工后，审核机关应当在投入使用前，对工程建设情况进行核查。对不按规定使用海域的，按照《海域使用管理法》第四十六条进行查处。

第十八条 已批准使用的项目用海，应当接受审核机关的审查，并按规定办理手续。

逐年缴纳海域使用金的，应当在审核机关规定的期限内，接受年度审查。

一次性缴纳或者分次缴纳海域使用金的，应当在审核机关指定的期限内接受审查。

第十九条 县级以上人民政府海洋行政主管部门应当对所辖海域内审批的用海项目进行统计，并建立公开查询机制。

国家海洋局负责全国海域使用统计工作，并于每年三月发布海域使用统计公报。

第二十条 同一项目用海含不同用海类型的，应当将各种类型用海整体逐级上报，按各级人民政府审批权限自上而下分别审批。

第二十一条 海域使用权期限届满，需要申请续期的海域使用权人应当在法律规定的期限内，向原批准用海的人民政府海洋行政主管部门提出申请。经审核，不存在需要收回海域使用权事由的，由审核机关报同级人民政府批准续期。

第二十二条 各级人民政府及海洋行政主管部门应当严格照按本级的审批权限行使审批权。

对超越审批权限非法批准使用海域的，或者化整为零、分散审批的，应当按照《海域使用管理法》第四十三条规定进行查处；给当事人造成损失的，审批机关应承担赔偿责任。

第二十三条 《海域使用权证书》由国家海洋局统一印制和编号。

《海域使用申请书》、《海域使用审批呈报表》、《海域使用权批准通知书》、《海域使用权登记册》的格式由国家海洋局制定。

第二十四条 拟以招标、拍卖方式取得海域使用权的，应参照本办法的规定上报审批。招标、拍卖工作应由有审批权人民政府的海洋行政主管部门（或委托有关部门）主持。

第二十五条 临时项目用海申请可以参照本办法办理。

第二十六条 本办法自2002年5月1日起施行。1998年10月29日国家海洋局发布的《海域使用申报审批办法》同时废止。

海洋石油开发工程环境影响评价管理程序

（国家海洋局　2002年5月17日）

第一条　为加强海洋石油开发工程环境影响评价管理工作，根据《中华人民共和国海洋环境保护法》和《中华人民共和国海洋石油勘探开发环境保护管理条例》，制定本程序。

第二条　凡在中华人民共和国内水、领海、毗邻区、专属经济区、大陆架以及中华人民共和国管辖的其它海域从事海洋石油开发的企业或作业者(以下简称“企业或作业者”)，必须遵守本程序。

第三条　企业或作业者在编制油气田总体开发方案的同时，应当以委托或公开招标方式选择从事环境影响评价工作的单位(以下简称“环评单位”)，对海洋石油开发工程进行环境影响评价。

第四条　从事海洋石油开发工程环境影响评价工作的单位，必须取得国家颁布的环评资格证书，同时具备海洋环境调查能力，并对环评结论负责。

第五条　用于环境影响评价的历史、现状等调查监测数据资料，应当由国家海洋局认可的监测机构提供。

第六条　企业或作业者在编制环境影响报告书(以下简称“报告书”)前，应当编制环境影响评价大纲(以下简称“大纲”)。

第七条　大纲送审稿由企业或作业者向国家海洋局提出审查申请。

第八条　国家海洋局自收到大纲审查申请之日起20个工作日内组织对大纲送审稿的审查工作。大纲的审查以专家评审会或征求相关政府部门及专家意见方式进行。

第九条　企业或作业者应当根据主管部门的要求和审查意见，组织环评单位对大纲进行修改，并将修改后的大纲报批稿一式3份报国家海洋局。

第十条　国家海洋局自收到大纲报批稿20个工作日内，提出审查意见并书面通知企业或作业者。审查批准后的大纲作为开展环境影响评价工作的依据。

第十一条　企业或作业者应当根据国家海洋局对大纲的审查意见和要求，组织环评单位开展环评工作，编制报告书。

第十二条　环评单位应当按照《海洋工程环境影响评价技术规程》及有关标准编制大纲和报告书。

第十三条　企业或作业者应当将报告书送审稿报送工程所属的中国海洋石油总公司或中国石油天然气集团公司、中国石油化工集团公司，并同时抄报国家海洋局及海事、渔业行政主管部门和军队环境保护部门。

中国海洋石油总公司、中国石油天然气集团公司、中国石油化工集团公司可对报告书组织预审。预审应当以专家评审会的形式进行，并邀请国家海洋局及工程所在海区分局和海事、渔业行政主管部门、军队环境保护部门、沿海有关省(自治区、直辖市)海洋行政主管部门的代表参加。

非中国海洋石油总公司、中国石油天然气集团公司、中国石油化工集团公司直属的海洋石油开发工程，企业或作业者应当将报告书送审稿报送工程所在海区分局，由海区分局组织预审。

第十四条　组织预审的单位应当将预审意见和根据预审意见修改后的报告书报批稿一式3份报国家海洋局审批，并同时抄送海事、渔业行政主管部门、军队环境保护部门。

第十五条　国家海洋局收到预审意见和报告书报批稿后40个工作日内做出审批决定并书面通知企业或作业者，同时抄送国家发展计划委员会等有关部门。

第十六条　国家海洋局对报告书做出审批意见后20个工作日内，将有关材料按规定报国家环境保护总局备案。

第十七条　本程序所称“海洋石油开发工程的企业或作业者”按以下解释：“企业”是指国内从事自营海洋石油开发活动的、并具有法人资格的公司；“作业者”是指在合作开采海洋石油活动中，按照石油合同的规定负责实施作业的实体。

第十八条　本程序自发布之日起施行。

海洋石油平台弃置管理暂行办法

（国家海洋局　2002年6月24日）

第一条　为加强对海洋石油平台弃置活动的管理，根据《中华人民共和国海洋环境保护法》及有关法律法规的规定，制定本办法。

第二条　中华人民共和国内水、领海、毗连区、专属经济区、大陆架以及中华人民共和国管辖的其他海域进行海洋石油平台弃置活动的，适用本办法。

第三条　本法所指的海洋石油平台(以下简称平台)包括海洋石油勘探开发活动中所使用的固定式平台、移动式平台、单点系泊等配套设施和其他浮动工具。

第四条　海洋石油平台弃置活动，应当按照国家海洋行政主管部门的要求采取有效措施，保护海洋环境，防止对海洋环境造成有害影响。

平台所有者在海上石油平台弃置活动中，应拆除可能造成海洋环境污染的设备和设施。

第五条　石油平台弃置可分为原地弃置、异地弃置和将平台改做他用三种方式。

第六条　海洋油气开发作业的平台所有者应当在平台停止生产作业90日之前，向国家海洋行政主管部门提出平台弃置的书面申请。

书面申请应当包括以下内容：

1. 弃置平台的概况，包括其名称、地理位置、所有者及使用时间；
2. 终止作业的原因；
3. 预计停产日期及进行弃置的起止时间；
4. 平台的主要结构及其功能；
5. 平台的弃置方式及与其他弃置方式的比较；
6. 原地弃置平台保留设施的基本情况。

第七条　平台在原地弃置的，平台的所有者向国家海洋行政主管部门提交申请书，应当同时报送平台弃置对周围海域的环境影响评估论证报告。

环境影响评估论证报告应当包括以下内容：

1. 平台周围海域的自然状况及环境状况；
2. 平台弃置作业期间对海洋环境可能造成的影响分析；
3. 平台弃置采取的海洋环境保护措施和环保应急计划；
4. 平台弃置后漂离原地的风险分析；
5. 平台弃置后腐蚀的速率可能对海洋环境造成的影响分析；
6. 平台弃置后对水面或水下航行等其他海洋功能使用和海洋资源开发的影响分析以及解决的措施；
7. 平台弃置后的监测计划及监控措施。

第八条　平台在海上异地弃置的，平台的所有者向国家海洋行政主管部门提交申请时，应同时报送临时性海洋倾倒区选划论证报告。

第九条　停止海洋油气开发作业的平台需要改做他用的，平台所有者向国家海洋行政主管部门提交申请时，应同时报送海洋工程建设项目环境影响报告书。

第十条　国家海洋行政主管部门自受理平台弃置申请之日起60日内，经征求有关部门意见后做出审批决定，并将审批结果书面通知申请者。

国家海洋行政主管部门在做出审批决定后，应将审批决定通报有关部门。

第十一条　平台所有者必须按照国家海洋行政主管部门批准的要求进行平台弃置，并应在停止油气开发作业之日起的一年内进行平台弃置。

第十二条　废弃的平台妨碍海洋主导功能使用的必须全部拆除。

在领海以内海域进行全部拆除的平台，其残留海底的桩腿等应当切割至海底表面4米以下。在领海以外残留的桩腿等设施，不得妨碍其他海洋主导功能的使用。

第十三条　平台在海上弃置的，应当封住采油井口，防止地层内的流体流出海底对海洋环境造成污染损害，并拆除一切可能对海洋环境和资源造成损害的设施。

第十四条　弃置平台的海上留置部分，应当进行清洗或防腐蚀处理。

海上清洗或者防腐蚀作业，应当采取有效措施防止油类、油性混合物或其他有害物质污染海洋环境，清洗产生的废水必须经过处理达标后方可排放。

第十五条 弃置平台的海上留置部分，其所有者应当负责日常维护与管理，设立助航标志。

第十六条 国家海洋行政主管部门所属的中国海监机构负责海洋石油平台弃置活动的现场监督检查。

第十七条 违反本办法第六条、第七条、第八条，擅自进行平台弃置的，由国家海洋行政主管部门根据《中华人民共和国海洋环境保护法》第七十三条第一款第(三)项、第二款的规定予以处罚。

第十八条 违反本办法第九条的，由国家海洋行政主管部门根据《中华人民共和国海洋环境保护法》第八十三条的规定予以处罚。

第十九条 违反本办法第十一条、第十二条、第十三条的，由国家海洋行政主管部门根据《中华人民共和国海洋环境保护法》第八十六条的规定予以处罚。

第二十条 违反本办法的第十四条，依照《中华人民共和国海洋倾废管理条例》第十七条、第二十一条的规定予以处罚。

第二十一条 海上石油平台进行异地弃置的，除了应遵守本办法外，还应当遵守海洋倾废管理的有关规定。

停止海洋油气开发作业的平台需改做他用的，除了应遵守本办法外，还应当遵守海洋工程建设项目环境保护管理的有关规定。

第二十二条 弃置其他海上人工构物的，参照本办法执行。

第二十三条 本暂行办法自颁布之日起施行。

海域使用测量管理办法

（国家海洋局 2002年6月28日）

第一章 总 则

第一条 为了加强海域使用测量管理，促进海域使用管理工作的科学化、规范化和法制化，根据《中华人民共和国海域使用管理法》、《中华人民共和国测绘法》，制定本办法。

第二条 在海域使用活动中，单位和个人对海域(包括我国内水、领海的水面、水体、海床和底土)的位置、界线、面积等开展的测量活动，必须遵守本办法。

第三条 海域使用测量应当使用国家规定的测量基准和坐标系统，遵循国家有关海域使用测量的技术、标准和规范。

第四条 国家海洋局负责全国海域使用测量的监督管理。

沿海县级以上地方海洋行政主管部门负责毗邻海域使用测量的监督管理。

第五条 国家海洋局对在海域使用测量工作和有关的科学技术研究等方面做出显著成绩的单位和个人，给予奖励。

第二章 测量资质管理

第六条 单位和个人申请海域使用权，海洋行政主管部门招标或者拍卖海域使用权，应当委托海域使用测量单位进行海域使用测量。

海域使用权管理需要的海域使用测量，由海洋行政主管部门委托海域使用测量单位进行。

第七条 国家实行海域使用测量资质认证制度。

承担海域使用测量任务的单位，必须取得由国家海洋局统一印制和发放的《海域使用测量资质证书》。

第八条 海域使用测量资质分甲、乙两个等级。等级标准及承担任务范围由国家海洋局制定和发布。

第九条 资质申请单位应当向所在沿海省、自治区、直辖市海洋行政主管部门提交以下材料：

（一）海域使用测量资质申请表；

（二）法人资格证明和法定代表人简历及任命（聘作）文件；

（三）符合资质等级标准的有关证明材料；

（四）其他需要提供的证明或者材料。

第十条 资质申请材料由省、自治区、直辖市海洋行政主管部门审核后，报国家海洋局审批。

第十一条 国家海洋局组织成立海域使用测量资质审定委员会，定期召开资质审定会议。

资质申请材料经海域使用测量资质审定委员会评审后，由国家海洋局审批，颁发《海域使用测量资质证书》。

《海域使用测量资质证书》分为正本和副本，由海域使用测量资质单位持有。

第十二条 从事海域使用测量的测量人，应当参加海域使用测量业务培训，取得培训证书。海域使用测量业务培训由国家海洋局统一组织和安排。

第十三条 海域使用测量资质实行年审制度。

第十四条 资质单位应当在每年3月份向所在沿海省、自治区、直辖市海洋行政主管部门提交以下年审材料：

（一）海域使用测量资质证书正、副本；

（二）海域使用测量业务培训证书复印件；

（三）上一年度测量成果目录及有关材料；

（四）涉及资质等级标准的变动情况及有关证明材料。

第十五条 沿海省、自治区、直辖市海洋行政主管部门应当按照国家有关规定和技术标准，审查资质单位是否符合资质等级标准，是否存在测量质量问题，是否有违法违规行为等。

第十六条 沿海省、自治区、直辖市海洋行政主管部门应当在20个工作日内作出合格或者不合格的年审结论。

年审结论合格的，由省、自治区、直辖市海洋行政主管部门报送国家海洋局备案。

年审结论不合格的，由省、自治区、直辖市海洋行政主管部门提出处理意见，报送国家海洋局，由国家海洋局给予警告、暂停执业、降低资质等级或者吊销资质证书的处理。

第十七条 在规定的时限内没有参加年审的资质单位，不得承担海域使用测量任务；连续2年没有参加年审的资质单位，由国家海洋局给予吊销资质证书的处理。

第三章 测量成果管理

第十八条 海域使用测量成果包括海域位置和平面图、测量数据、测量成果说明等内容。

第十九条 海域使用测量成果经测量单位盖章和测量人签字后有效。

第二十条 海域使用测量成果涉及国家秘密的，依照国家保密法律、法规的规定执行。

第二十一条 海域使用测量费用由委托人承担。

测量收费应当遵守国家有关规定和标准。

第二十二条 县级以上海洋行政主管部门应当加强对毗邻海域使用测量成果的检查和管理，发现有明显测量质量问题时，应当要求测量单位重新测量。重新测量费用由测量单位承担。

第四章 法律责任

第二十三条 没有取得海域使用测量资质，违法承担海域使用测量任务的，测量成果无效。

第二十四条 擅自涂改或者转借、转让、出租《海域使用测量资质证书》，或者采取欺骗手段取得测量资质，或者超越资质等级承担测量任务的，或者测量人未持有海域使用测量业务培训证书的，测量成果无效，由国家海洋局给予警告；情节严重的，吊销《海域使用测量资质证书》。

第二十五条 海域使用测量成果质量不合格，给国家和有关当事人造成损失的，测量单位和测量人应当依法给予赔偿。

第二十六条 海洋行政主管部门工作人员在海域使用测量管理工作中玩忽职守，滥用职权，徇私舞弊，构成犯罪的，依法追究刑事责任；尚不构成犯罪的，依法给予行政处分。

第五章 附 则

第二十七条 本办法由国家海洋局负责解释。

第二十八条 本办法自2002年10月1日起施行。

海域使用权登记办法

（国家海洋局　2002年7月12日）

第一章　总　则

第一条　为加强海域使用管理，建立与完善海域使用权登记制度，保障国家海域所有权和海域使用权人的合法权益，根据《中华人民共和国海域使用管理法》制定本办法。

第二条　海域使用权登记是指依法对项目用海的权属、位置、面积、用途、使用期限等基本情况所作的登记，包括海域使用权初始登记、变更与注销登记。

第三条　海域使用权的取得、变更、终止应当依照本办法进行登记。依法登记的海域使用权受法律保护，任何单位和个人不得侵犯。

第四条　海域使用权登记以宗海为基本单位。凡被权属界址线所封闭的用海单元称宗海。

同一权属不同用海类型的用海单元应独立分宗；取得两宗以上海域的单位和个人，应当按宗分别办理登记。

第五条　海域使用权实行分级登记。

国务院批准的项目用海，由国家海洋局登记造册；县级以上地方人民政府批准的项目用海，由批准用海的地方人民政府登记造册，海洋行政主管部门负责登记的具体工作。

第二章　海域使用权初始登记

第六条　海域使用权初始登记是指对项目用海基本情况进行的第一次登记。

第七条　经国务院或地方人民政府批准使用海域的，海域使用申请人持《海域使用权批准通知书》和海域使用金缴付凭证，在规定的时间内，到批准用海人民政府的海洋行政主管部门办理初始登记手续。

第八条　通过招标或者拍卖方式取得海域使用权的，中标人或买受人持《海域使用权出让合同》和海域使用金缴付凭证，在规定的时间内，到批准海域使用权招标拍卖方案的人民政府的海洋行政主管部门办理初始登记手续。

第九条　海洋行政主管部门应当在收到有关材料之日起五个工作日内，依据《海域使用审批呈报表》或《海域使用权出让合同》，以宗海为单位填写《海域使用权登记表》，并向海域使用申请人、中标人或买受人颁发《海域使用权证书》。

第三章　海域使用权变更与注销登记

第十条　海域使用权初始登记后，项目用海的权属、用途、使用期限等情况发生变化时，应当办理海域使用权变更登记。

第十一条　按照《中华人民共和国海域使用管理法》第二十六、二十七、二十八规定，海域使用权变更应当报原批准用海的人民政府批准，海域使用权人在批准之日起十个工作日内，持批准文件到原批准用海人民政府的海洋行政主管部门办理变更登记手续。

第十二条　抵押海域使用权的，抵押人和抵押权人应当在抵押合同签订之日起十五个工作日内，持抵押合同到原批准用海人民政府的海洋行政主管部门办理海域使用权抵押登记。海洋行政主管部门应当在被抵押海域的《海域使用权登记表》上注明抵押事项。

第十三条　下列情形之一，发生海域使用权变更的，当事人应当在变更发生之日起十五个工作日内，持下列有效证明文件，向原批准用海人民政府的海洋行政主管部门申请变更登记，经审核属实的，海洋行政主管部门在《海域使用权登记表》上填写变更事项。必要时，海洋行政主管部门根据《海籍调查规程》开展权属核查和海籍测量。

（一）依法转让海域使用权的，转让人和受让人持转让合同；

（二）依法继承海域使用权的，继承人持继承的有关证明文件；

（三）为实现抵押权而处分抵押海域使用权的，抵押人、抵押权人持抵押合同和处分海域使用权的有关证明文件；

（四）因行政机关调解而引起海域使用权转移

的，新的海域使用权人持调解书；

（五）因人民法院判决、裁定、调解而引起海域使用权转移的，新的海域使用权人持判决书、裁定书或调解书；

（六）海域使用权人改变名称或地址的，持更名、更址的有关证明文件；

（七）其他形式的海域使用权变更，海域使用权人持其他有关证明文件。

第十四条 申请变更登记的单位或个人可以由法定代表人或本人亲自申请，也可以委托他人代理申请。由他人代理申请登记的，申请人应当出具委托书。

第十五条 申请变更登记时，当事人除按以上规定提交材料外，还须提交下列材料：

（一）海域使用权登记申请表；

（二）相关的资信证明材料，包括单位及法定代表人证明、个人身份证明；

（三）原《海域使用权证书》；

（四）海域使用金缴付凭证。

第十六条 海洋行政主管部门应当在收到海域使用权变更登记材料之日起十个工作日内办结海域使用权变更登记，换发、变更或注销《海域使用权证书》，并将结果通知当事人。需要开展海籍调查的，一般不得超过三十个工作日。

第十七条 有下列情形之一，致使海域使用权终止的，海洋行政主管部门可直接办理海域使用权注销登记，并将注销登记结果通知当事人和有关部门：

（一）县级以上人民政府依法收回海域使用权的；

（二）海域使用权期限届满，未申请续期或者续期申请未获批准的；

（三）竣工的填海项目已办理土地登记的。

第四章　登记资料管理

第十八条 海域使用权登记资料实行属地管理。

直辖市、设区的市海洋行政主管部门负责市辖区内海域使用权登记资料管理工作，县（市）海洋行政主管部门负责管辖海域内海域使用权登记资料管理工作。

国家海洋局负责将海域使用权登记表副本按月移交省级海洋行政主管部门；省、自治区海洋行政主管部门应当将本级的和国家海洋局移交的海域使用权登记表副本按月移交设区的市或县（市）海洋行政主管部门备存。

第十九条 海域使用权登记资料包括：

（一）海域使用权登记申请表；

（二）海域使用权登记收件单；

（三）海籍调查表；

（四）海籍调查图件；

（五）海域使用权登记册(表)。

第二十条 海域使用权登记册由海域使用权登记表组成，按海域使用权登记编号顺序排列，设正、副本，每年度形成一册。海域使用权登记表是确认海域使用权及其他相关权利的法律依据；《海域使用权证书》应当根据海域使用权登记表的内容进行填写，是海域使用权人持有的法律凭证。

海域使用权登记表不得涂改，填写有误的可以划改，划改处必须加盖登记人员名章，并注明日期。

第二十一条 海域使用权登记资料应当永久保存，并及时输入海域使用管理信息系统。除涉及国家秘密的资料外，海域使用权登记资料可以公开查询；需复制有关登记资料的，复制件应当经海洋行政主管部门鉴证。

海域使用权登记资料部分损坏的，海洋行政主管部门应根据原有记载予以恢复；海域使用权登记资料灭失的，海洋行政主管部门应按海域使用权登记程序重建。

第五章　附　则

第二十二条 海域使用权人发现海域使用权登记结果有误或有遗漏时，可以向原登记机关申请更正。经审核属实的，由原登记机关予以更正。海洋行政主管部门因审查疏忽导致错漏登记或表证不符的，应当及时更正，并将更正结果书面通知海域使用权人；给海域使用权人造成损失的，应当承担相应的赔偿责任。

第二十三条 有下列情形之一的，海洋行政主管部门不予受理海域使用权变更登记，并在收到登记申请之日起十个工作日内通知申请人：

（一）申请登记的海域不在本辖区的；

（二）提供的文件资料不齐全的；

（三）不能提供合法证明的；

（四）其他依法不予受理的。

第二十四条 有下列情形之一的，海洋行政主管部门可以作出暂缓登记的决定，并在收到登记申请之日起十个工作日内通知申请人：

（一）海域权属争议尚未解决的；

（二）海域违法行为尚未处理或正在处理的；

（三）依法限制海域使用权或者依法查封用海设施、构筑物而限制海域使用权的；

（四）其他依法暂缓登记的。

第二十五条 登记申请人及其代理人隐瞒事实或伪造证件、文件，采取欺骗手段获准海域使用权登记的，海洋行政主管部门可以按程序撤销全部或部分登记内容，并根据情节追究其责任。

第二十六条 未按规定办理海域使用权登记的，由海洋行政主管部门责令其限期办理，逾期不办理的，按照《中华人民共和国海域使用管理法》第四十五条、四十六条等有关规定处理。

第二十七条 海洋行政主管部门及其工作人员违反本规定办理海域使用权登记的，按照《中华人民共和国海域使用管理法》第五十一条的规定处理。

第二十八条 海域使用权登记的有关文书格式由国家海洋局制定。

第二十九条 沿海省、自治区、直辖市海洋行政主管部门可以依据本办法制定实施细则。

第三十条 本办法自2002年8月1日起施行。

国际航行船舶出入境检验检疫管理办法

（国家质量监督检验检疫总局2002年12月31发布，2003年3月1日起施行）

第一章 总 则

第一条 为加强国际航行船舶出入境检验检疫管理，便利国际航行船舶进出我国口岸，根据《中华人民共和国国境卫生检疫法》及其实施细则、《中华人民共和国进出境动植物检疫法》及其实施条例、《中华人民共和国进出口商品检验法》及其实施条例以及《国际航行船舶进出中华人民共和国口岸检查办法》的规定，制定本办法。

第二条 本办法所称国际航行船舶（以下简称船舶）是指进出中华人民共和国国境口岸的外国籍船舶和航行国际航线的中华人民共和国国籍船舶。

第三条 国家质量监督检验检疫总局（以下简称国家质检总局）主管船舶进出中华人民共和国国境口岸（以下简称口岸）的检验检疫工作。国家质检总局设在各地的出入境检验检疫机构（以下简称检验检疫机构）负责所辖地区的船舶进出口岸的检验检疫和监督管理工作。

第四条 国际航行船舶进出口岸应当按照本办法规定实施检验检疫。

第二章 入境检验检疫

第五条 入境的船舶必须在最先抵达口岸的指定地点接受检疫，办理入境检验检疫手续。

第六条 船方或者其代理人应当在船舶预计抵达口岸24小时前（航程不足24小时的，在驶离上一口岸时）向检验检疫机构申报，填报入境检疫申报书。如船舶动态或者申报内容有变化，船方或者其代理人应当及时向检验检疫机构更正。

第七条 受入境检疫的船舶，在航行中发现检疫传染病、疑似检疫传染病，或者有人非因意外伤害而死亡并死因不明的，船方必须立即向入境口岸检验检疫机构报告。

第八条 检验检疫机构对申报内容进行审核，确定以下检疫方式，并及时通知船方或者其代理人。

（一）锚地检疫；

（二）电讯检疫；

（三）靠泊检疫；

（四）随船检疫。

第九条 检验检疫机构对存在下列情况之一的船舶应当实施锚地检疫：

（一）来自检疫传染病疫区的；

（二）来自动植物疫区，国家有明确要求的；

（三）有检疫传染病病人、疑似检疫传染病病人，或者有人非因意外伤害而死亡并死因不明的；

（四）装载的货物为活动物的；

（五）发现有啮齿动物异常死亡的；

（六）废旧船舶；

（七）未持有有效的《除鼠/免予除鼠证书》的；

（八）船方申请锚地检疫的；

（九）检验检疫机构工作需要的。

第十条 持有我国检验检疫机构签发的有效《交通工具卫生证书》，并且没有第九条所列情况的船舶，经船方或者其代理人申请，检验检疫机构应当实施电讯检疫。

船舶在收到检验检疫机构同意电讯检疫的批复后，即视为已实施电讯检疫。船方或者其代理人必须在船舶抵达口岸24小时内办理入境检验检疫手续。

第十一条 对未持有有效《交通工具卫生证书》，且没有第九条所列情况或者因天气、潮水等原因无法实施锚地检疫的船舶，经船方或者其代理人申请，检验检疫机构可以实施靠泊检疫。

第十二条 检验检疫机构对旅游船、军事船、要人访问所乘船舶等特殊船舶以及遇有特殊情况的船舶，如船上有病人需要救治、特殊物资急需装卸、船舶急需抢修等，经船方或者其代理人申请，可以实施随船检疫。

第十三条 接受入境检疫的船舶，必须按照规定悬挂检疫信号，在检验检疫机构签发入境检疫证书或者通知检疫完毕以前，不得解除检疫信号。除引航员和经检验检疫机构许可的人员外，其他人员不准上船；不准装卸货物、行李、邮包等物品；其他船舶不准靠近；船上人员，除因船舶遇险外，未经检验检疫机构许可，不得离船；检疫完毕之前，未经检验检疫机构许可，引航员不得擅自将船舶引离检疫锚地。

第十四条 办理入境检验检疫手续时，船方或者其代理人应当向检验检疫机构提交《航海健康申报书》、《总申报单》、《货物申报单》、《船员名单》、《旅客名单》、《船用物品申报单》、《压舱水报告单》及载货清单，并应检验检疫人员的要求提交《除鼠/免予除鼠证书》、《交通工具卫生证书》、《预防接种证书》、《健康证书》以及《航海日志》等有关资料。

第十五条 检验检疫机构实施登轮检疫时，应当在船方人员的陪同下，根据检验检疫工作规程实施检疫查验。

第十六条 检验检疫机构对经检疫判定没有染疫的入境船舶，签发《船舶入境卫生检疫证》；对经检疫判定染疫、染疫嫌疑或者来自传染病疫区应当实施卫生除害处理的或者有其他限制事项的入境船舶，在实施相应的卫生除害处理或者注明应当接受的卫生除害处理事项后，签发《船舶入境检疫证》；对来自动植物疫区经检疫判定合格的船舶，应船舶负责人或者其代理人要求签发《运输工具检疫证书》；对须实施卫生除害处理的，应当向船方出具《检验检疫处理通知书》，并在处理合格后，应船方要求签发《运输工具检疫处理证书》。

第三章 出境检验检疫

第十七条 出境的船舶在离境口岸接受检验检疫，办理出境检验检疫手续。

第十八条 出境的船舶，船方或者其代理人应当在船舶离境前4小时内向检验检疫机构申报，办理出境检验检疫手续。已办理手续但出现人员、货物的变化或者因其他特殊情况24小时内不能离境的，须重新办理手续。

船舶在口岸停留时间不足24小时的，经检验检疫机构同意，船方或者其代理人在办理入境手续时，可以同时办理出境手续。

第十九条 对装运出口易腐烂变质食品、冷冻品的船舱，必须在装货前申请适载检验，取得检验证书。未经检验合格的，不准装运。

装载植物、动植物产品和其他检疫物出境的船舶，应当符合国家有关动植物防疫和检疫的规定，取得《运输工具检疫证书》。对需实施除害处理的，作除害处理并取得《运输工具检疫处理证书》后，方可装运。

第二十条 办理出境检验检疫手续时，船方或者其代理人应当向检验检疫机构提交《航海健康申报书》、《总申报单》、《货物申报单》、《船员名单》、《旅客名单》及载货清单等有关资料（入境时已提交且无变动的可免于提供）。有第十九条所列情况的，应当提交相关检验检疫证书。

第二十一条 经审核船方提交的出境检验检疫资料或者经登轮检验检疫，符合有关规定的，检验检疫机构签发《交通工具出境卫生检疫证书》，并在船舶出口岸手续联系单上签注。

第四章 检疫处理

第二十二条 对有下列情况之一的船舶，应当实施卫生除害处理：

（一）来自检疫传染病疫区；

（二）被检疫传染病或者监测传染病污染的；

（三）发现有与人类健康有关的医学媒介生物，超过国家卫生标准的；

（四）发现有动物一类、二类传染病、寄生虫病或者植物危险性病、虫、杂草的或者一般性病虫害超过规定标准的；

（五）装载散装废旧物品或者腐败变质有碍公共卫生物品的；

（六）装载活动物入境和拟装运活动物出境的；

（七）携带尸体、棺柩、骸骨入境的；

（八）废旧船舶；

（九）国家质检总局要求实施卫生除害处理的其他船舶。

第二十三条 对船上的检疫传染病染疫人应当实施隔离，对染疫嫌疑人实施不超过该检疫传染病潜伏期的留验或者就地诊验。

第二十四条 对船上的染疫动物实施退回或者扑杀、销毁，对可能被传染的动物实施隔离。发现禁止进境的动植物、动植物产品和其他检疫物的，必须作封存或者销毁处理。

第二十五条 对来自疫区且国家明确规定应当实施卫生除害处理的压舱水需要排放的，应当在排放前实施相应的卫生除害处理。对船上的生活垃圾、泔水、动植物性废弃物，应当放置于密封有盖的容器中，在移下前应当实施必要的卫生除害处理。

第二十六条 对船上的伴侣动物，船方应当在指定区域隔离。确实需要带离船舶的伴侣动物、船用动植物及其产品，按照有关检疫规定办理。

第五章 监督管理

第二十七条 检验检疫机构对航行或者停留于口岸的船舶实施监督管理，对卫生状况不良和可能导致传染病传播或者病虫害传播扩散的因素提出改进意见，并监督指导采取必要的检疫处理措施。

第二十八条 检验检疫机构接受船方或者其代理人的申请，办理《除鼠/免予除鼠证书》（或者延期证书）、《交通工具卫生证书》等有关证书。

第二十九条 船舶在口岸停留期间，未经检验检疫机构许可，不得擅自排放压舱水、移下垃圾和污物等，任何单位和个人不得擅自将船上自用的动植物、动植物产品及其他检疫物带离船舶。船舶在国内停留及航行期间，未经许可不得擅自启封动用检验检疫机构在船上封存的物品。

第三十条 检验检疫机构对船舶上的动植物性铺垫材料进行监督管理，未经检验检疫机构许可不得装卸。

第三十一条 船舶应当具备并按照规定使用消毒、除虫、除鼠药械及装置。

第三十二条 来自国内疫区的船舶，或者在国内航行中发现检疫传染病、疑似检疫传染病，或者有人非因意外伤害而死亡并死因不明的，船舶负责人应当向到达口岸检验检疫机构报告，接受临时检疫。

第三十三条 检验检疫机构对从事船舶食品、饮用水供应的单位以及从事船舶卫生除害处理、船舶生活垃圾、泔水、动植物废弃物等收集处理的单位实行卫生注册登记管理；对从事船舶代理、船舶物料服务的单位实行登记备案管理。其从业人员应当按照检验检疫机构的要求接受培训和考核。

第六章 附 则

第三十四条 航行港澳小型船舶的检验检疫按照国家质检总局的有关规定执行。

第三十五条 往来边境地区的小型船舶、停靠非对外开放口岸的船舶以及国际海运过鲜船舶的检验检疫参照本办法执行。

第三十六条 违反本办法规定的，按照国家有关法律法规的规定处罚。

第三十七条 本办法由国家质检总局负责解释。

第三十八条 本办法自2003年3月1日起施行。原国家动植物检疫局1995年5月8日发布的《国际航行船舶进出中华人民共和国口岸动植物检疫实施办法》（试行）和原国家商品检验局1994年12月29日发布的《装运出口商品船舱检验管理办法》同时废止。其他有关规定与本办法不一致的，以本办法为准。

《外商投资产业指导目录》中的涉海及相关产业

经国务院批准，国家计委、国家经贸委和外经贸部2002年3月11日发布第二十一号令，全文公布新的《外商投资产业指导目录》及附件，自2002年4月1日起施行。新《目录》分为鼓励、允许、限制和禁止四类。其中的涉海产业如下（原序号不变）：

鼓励外商投资产业目录

一、农、林、牧、渔业

9. 优良种畜种禽、水产苗种繁育（不含我国特有的珍贵优良品种）

10. 名特优水产品养殖、深水网箱养殖

二、采掘业

1. 石油、天然气的风险勘探、开发

2. 低渗透油气藏（田）的开发

3. 提高原油采收率的新技术开发与应用

4. 物探、钻井、测井、井下作业等石油勘探开发新技术的开发与应用

三、制造业

（一）食品加工业

2. 水产品加工、贝类净化及加工、海藻功能食品开发

6. 生物饲料、蛋白饲料的开发、生产

（八）化学原料及化学品制造业

21. 生物肥料、高浓度化肥（钾肥、磷肥）、复合肥料生产

22. 高效、低毒和低残留的化学农药原药新品种开发与生产

23. 生物农药开发与生产

24. 环保用无机、有机和生物膜开发与生产

25. 废气、废液、废渣综合利用和处理、处置

（九）医药制造业

9. 海洋药物开发与生产

（十七）专用设备制造业

9. 水生生态系统的环境保护技术、设备制造

19. 公路、港口新型机械设备设计与制造

27.8万吨/日及以上城市污水处理设备，工业废水膜处理设备，上流式厌氧流化床设备和其他生物处理废水设备

33. 石油勘探开发新型仪器设备设计与制造

42. 新型药品包装材料、容器及先进的制药设备制造

（十八）交通运输设备制造业

15. 船舶低速柴油机的曲轴设计与制造

16. 特种船、高性能船舶的修理、设计与制造（中方相对控股）

17. 船舶中高速柴油机、辅机、无线通讯、导航设备及配件设计与制造（中方相对控股）

18. 玻璃钢渔船、游艇制造

（二十一）仪器仪表及文化、办公用机械制造业

3. 安全生产及环保检测仪器新技术设备制造

4. 水质及烟气在线监测仪器的新技术设备制造

5. 水文数据采集、处理与传输和防洪预警仪器及设备制造

六、交通运输、仓储及邮电通信业

4. 港口公用码头设施的建设、经营

7. 农、林、渔业通用航空公司（限于合资、合作）

8. 定期、不定期国际海上运输业务

9. 国际集装箱多式联运业务

13. 运输业务相关的仓储设施建设、经营

十二、科学研究和综合技术服务业

1. 生物工程与生物医学工程技术

2. 同位素、辐射及激光技术

3. 海洋开发及海洋能开发技术

4. 海水淡化及利用技术

5. 海洋监测技术

6. 节约能源开发技术

7. 资源再生及综合利用技术

8. 环境污染治理及监测技术

限制外商投资产业目录

三、制造业

（十一）、普通机械制造业

1. 集装箱生产

五、交通运输、仓储及邮电通信业

3. 水上运输公司

六、批发和零售贸易业

6. 代理公司（船舶、货运、外轮理货、广告等）

8. 对外贸易公司

禁止外商投资产业目录

一、农、林、牧、渔业

1. 我国稀有的珍贵优良品种的养殖、种植（包括种植业、畜牧业、水产业的优良基因）

2. 转基因植物种子生产、开发

3. 我国管辖海域及内陆水域水产品捕捞

七、社会服务业

1. 国家保护的野生动植物资源开发

2. 动植物自然保护区的建设、经营

十、国家和我国缔结或者参加的国际条约规定禁止的其他产业

注：标的条目与我国加入世界贸易组织的承诺有关，具体内容见附件。

《外商投资产业指导目录》附件

一、鼓励类

1. 石油、天然气的风险勘探、开发：限于合作

3. 提高原油采收率的新技术开发与应用：限于合作

4. 物探、钻井、测井、井下作业等石油勘探开发新技术的开发与应用：限于合作

6. 定期、不定期国际海上运输业务：外资比例不超过49%

7. 国际集装箱多式联运：外资比例不超过50%；不迟于2002年12月11日允许外方控股；不迟于2005年12月11日允许外方独资

（二）水上运输公司：外资比例不超过49%

（七）货物租赁公司：不迟于2002年12月11日允许外方控股，不迟于2004年12月11日允许外方独资

（八）代理公司

1. 船舶：外资比例不超过49%

2. 货运（不包括邮政部门专营服务的业务）：外资比例不超过50%（速递服务不超过49%）；不迟于2002年12月11日允许外方控股；不迟于2005年12月11日允许外方独资

3. 外轮理货：限于合资、合作

（九）保险公司

1. 非寿险保险公司：外资比例不超过51%；不迟于2003年12月11日允许外方独资

（十一）保险经纪公司：外资比例不超过50%；不迟于2004年12月11日允许外资比例达51%；不迟于2006年12月11日允许外方独资

（十二）进出口商品检验、鉴定、认证公司：不迟于2003年12月11日允许外方控股；不迟于2005年12月11日允许外方独资

国际海事组织10项规则在我国生效

交通部正式确认国际海事组织有关海上安全与防污的共10项修正案7月1日在我国生效。它们分别是：

《经修正的〈1974年国际海上人命安全公约〉1988年议定书》修正案

《国际消防安全系统规则》

《经修正的〈1974年国际海上人命安全公约〉》2000年修正案

《国际安全管理（ISM）规则》2000年修正案

《国际散装运输危险化学品船舶构造和设备规则》2000年修正案

《散货船和油船检验期间的加强检查计划导则》2000年修正案

《散装运输危险化学品船舶构造和设备规则》1999年和2000年修正案

《国际散装运输液化气体船舶构造和设备规则》2000年修正案

《国际耐火试验程序应用规则》2000年修正案

《经修正的〈1974年国际海上人命安全公约〉》1998年修正案

按照国际海事组织有关公约规定的默认接受程序，以上10项修正案均于2002年7月1日生效。我国是国际海事安全公约和防污公约的缔约国，在以上10项修正案分别通过之后没有对任何修正案的内容提出反对意见，因此这10项修正案对我国具有约束力。交通部已通知有关单位遵照执行并印发了10项修正案。

2003

中国海洋年鉴

海洋经济

Marine Economy

CHINA

OCEAN YEARBOOK

沿海海洋经济概况

Survey of Coastal Economy

综　述

Summary

【概况】　沿海地区是以有海岸线的沿海县（区、县级市）、沿海大中城市及沿海省区的行政区划来界定的。按2002年沿海地区行政区划分，中国沿海省区包括辽宁、河北、山东、江苏、浙江、福建、广东、海南8个省，广西一个自治区和上海、天津两个直辖市。由于香港、澳门2个特别行政区和台湾省需特殊区划，暂未统计在内。东部沿海地区是中国城市化程度较高的地区。一大批沿海城市正以崭新的面目呈现于世人的面前。现有沿海城市53个，其中包括两个直辖市和51个沿海地级市；沿海县级市有61个；沿海（区）县有76个。与2001年相比，略有变化。浙江省减少了一个沿海县级市（萧山），广东省减少了一个沿海县（斗门）。就总体而言，沿海市辖区、县级市和县较多的是广东省、山东省、浙江省和福建省，其次是辽宁省、江苏省和海南省，其余省、自治区、直辖市较少。

沿海地区是中国经济最发达的地区。它的陆地面积约占全国总面积的13%，人口约占全国总人口的40%，但经济总量却超过60%，海洋产业的发展功不可没。沿海地区依靠其特有的海洋资源优势，并将之转化为经济发展的优势，促进了地区经济的大发展。2002年，沿海经济继续沿着快速健康发展的轨道前进。沿海省、自治区、直辖市的国内生产总值达67 531.71亿元，占全国国内生产总值的64.4%。与2001年相比，有较大提高。沿海省、自治区、直辖市的国内生产总值同比增长了12%，高于同期全国经济的增长速度。同时，占全国国内生产总值的比重也提高了1.6个百分点。沿海地区的产业结构继续优化，其中，第一产业7 444.78亿元，占沿海省市总GDP的11.0%；第二产业33 149.82亿元，占沿海省市总GDP的49.1%；第三产业26 937.11亿元，占沿海省市总GDP的39.9%；第一、第二、第三产业结构的比例为11.0∶49.1∶39.9，而全国第一、第二、第三产业结构的比例为15.4∶59.1∶33.5，由此可见，沿海地区第三产业发展较快，产业结构优于全国。

2002年沿海市县的国内生产总值合计为38 221.59亿元，占沿海省（自治区、直辖市）国内生产总值的56.6%。其中，沿海城市的国内生产总值为26 132.23亿元，占沿海市、县合计的68.4%；沿海县（直辖市区）的国内生产总值为12 089.36亿元，占沿海市、县合计的31.6%。沿海市、县的第一、第二、第三产业结构比例为8.4∶49.4∶42.2，其产业结构优于沿海省（自治区、直辖市）的产业结构。这种优化的产业结构应归功于沿海城市，沿海城市第一、第二、第三产业结构比例为4.4∶49.3∶46.3。与2001年相比，其产业结构更加优化，已接近高级水平；而沿海县的第一、第二、第三产业结构比例为17.0∶49.5∶33.5，说明沿海县的产业结构尚低于全国平均水平，今后应突出发展第三产业。

2002年全国主要海洋产业年末职工总数为419.4万人。2002年又新增了海洋化工、海洋生物制药和保健品、海洋电力和海水利用、海洋工程建筑、海洋信息服务及其他海洋产业的职工人数，但全国主要海洋产业职工总数却比2001年减少了2.9%。按地区分，海洋产业职工人数较多的是广东省78.9万人，占全国海洋产业职工总数的18.8%；福建省73.3万人，占17.5%；山东省62.5万人，占14.9%；其他沿海省市依次为：浙江55.7万人，占13.3%；辽宁36.5万人，占8.7%；江苏24.1万人，占5.7%；上海22.3万人，占5.3%；广西20.5万人，占4.9%；海南20.2万人，占4.8%；河北14.6万人，占3.5%；天津10.7万人，占2.6%。与2001年相比，天津、河北、辽宁、浙江、福建及广西的海洋产业职工人数有所增长；其余省市的海洋产业职工人数有所减少。按行业分，从业于海洋水产业的最多，达284.8万人，占全国海洋产业职工总数的67.9%；其他海洋产业依次为：滨海旅游业57.5万人，占13.7%；海洋交通运输业29.5万人，占7.0%；海盐业16.4万人，占3.9%；沿海造船业13.5万人，占3.2%；海洋油气、海洋科研服务、海洋环保和海滨砂矿等海洋产业职工人数较少。与2001年相比，海洋水产、海滨砂矿、沿海造船、海洋交通运输、沿海旅游等海洋产业职工人数有所减少；海洋油气业、海洋盐业、海洋科研服务、海洋环保等海洋产业职工人数为增加；主要行业海洋职工人数比较突出的地区是福建省和广东省的海洋水产业，广东省的滨海旅游业，上海的海洋交通运输业，天津市的海洋油气业、山东省的海盐业，上海市和浙江省的造船业等。

2002年全国主要海上活动船舶有28.9万艘，总吨位为3 049.68万吨位，总功率为26 423 244万千瓦。与2001年相比，主要海上活动船舶减少了0.5万艘，总吨位增加了1.25万吨位，总功率增加了387 973万千瓦。就海上活动船舶的数量而言，海洋渔业拥有的船舶最多，达27.9万艘，约占全国海上活动船舶总数的96.5%；其次是海洋运输业，拥有1.01万艘，约占全国海上活动船舶总数的3.49%；其余所占比例甚少。目前，中国开始实施建国以来最大规模的渔业减船转产工程，海洋渔船比2001年减少了3 821艘。同时，海洋运输业船舶也比上年减少了581艘。海洋运输业的船舶数量虽然不多，但其总吨位却最多，达2 441.43万吨，占全国海上活动船舶总吨位的80.1%。海洋油气船、海洋地质勘探船与海洋管理科研船舶很少，所占比例不足0.1%。

2002年海洋科研机构继续深化改革。全国海洋科研机构共有109个，从业人员有14 049人。与2001年相比，海洋科研机构总数增加了5个。海洋渔业的科研机构增加较多，由2001年的31个机构增加到2002年的37个，增加了6个机构；交通运输业增加1个；气象业和海洋事业各减少1个。虽然海洋科研机构有所增加，但从业人员却减少了157人。从业人员中，专业技术人员有10 253人，占海洋科研机构从业人员总数的73.0%。其中，具有高级职称的有3 582人，占专业技术人员的34.9%，具有中级职称的有3 222人，占专业技术人员的31.4%，具有初级职称的有2 101人，占专业技术人员的20.5%，其他人员有1 348人，占专业技术人员的13.2%。专业技术人员高级、中级、初级、其他的技术职称结构比例为34.9∶31.4∶20.5∶13.2。其职称结构与2001年的33.6∶34.2∶21.3∶10.9相比，职称结构略有变化。

按行业分，从事海洋渔业的科研机构最多，达37个，占全国海洋科研机构总数的33.9%；其次是环境保护业，达18个；以下行业依次为：海洋科学研究13个、气象业12个、海洋交通运输业10个、海洋事业6个、海盐业4个，其余行业的科研机构较少。就海洋科研机构的从业人员数量而言，海洋科学研究的从业人员最多，达4 007人，占全国海洋机构从业人员总数的28.5%；其次是海洋渔业3 003人，占21.4%、海洋交通运输业2 194人；其他行业依次为：海洋事业1 572人、环境保护业1 219人、水利业862人、海盐业285人、气象业258人、农业186人、化学化工164人、其他行业155人、仪器仪表业144人。就海洋科研机构的人才结构而言，气象业的人才比例最高，专业技术人员占从业人员的比例达92.2%，其专业技术人员高级、中级、初级、其他的职称结构比例为45.8∶38.2∶12.6∶3.4；其次是化学化工业，专业技术人员占从业人员的比例为86.0%，其职称结构比例为31.9∶27.7∶17∶23.4；其他行业依次为：仪器仪表业，专业技术人员占从业人员的比例为82.6%，其职称结构比例为16∶10.9∶36.1∶37.0；环境保护业，专业技术人员占从业人员的比例为82.3%，其职称结构比例为25.3∶36.7∶30.4∶7.6；海洋交通运输业，专业技术人员占从业人员的比例为78.2%，其职称结构比例为34.2∶22.4∶18.8∶26.6；海洋事业，专业技术人员占从业人员的比例为72.1%，其职称结构比例为32.1∶41.3∶19.8∶6.8；海洋科学研究，专业人员占从业人员的比例为72.0%，职称结构比例为40.8∶32.6∶17.6∶9.0；专业技术人员占从业人员的比例最小的是农业，为61.4%，其职称结构比例为32.8∶25.0∶19.0∶23.2。就专业技术人员的职称结构而言，职级较高的行业是水利业、气象业、科学研究，高级职称的比例都在40%以上；高级职称的比例在30%以上的行业是交通运输、海洋事业、农业、化学化工；高级职称的比例在25%以上的行业是渔业和环境保护业；高级职称的比例在16%以上的行业是海盐业和仪器仪表业。

按地区分，拥有海洋科研机构较多的地区是，广东省和山东省各有17个；其后依次为：浙江省14个、辽宁省13个、上海市、天津市和福建省各10个、江苏省7个，其余地区较少。与2001年相比，海洋科研机构总数增加5个。其中，山东增加3个、广东、浙江、河北、海南各增加1个；上海和江苏各减少1个。就海洋科研机构的从业人员数量而言，山东省的从业人员数量最多，达2 772人，占全国海洋科研机构从业人员总数的19.7%。其次是天津2 459人，占全国海洋科研机构从业人员总数的17.5%。其他沿海省市依次为：上海市1 984人，占14.1%、广东省1 381人，占9.8%、北京市1 270人，占9.0%、江苏1 253人，占8.9%，其余地区的从业人员较少。就海洋科研机构的人才结构而言，海南省海洋科研机构的人才比例最高，专业技术人员占从业人员的比例为91.7%，但专业技术人员的职称结构职级最低，其高级、中级、初级、其他的比例为9.4∶15.6∶59.4∶15.6；其次是福建省，专业技术人员占从业人员的比例为89.7%，其职称结构比例为30.9∶30.6∶25.2∶13.3；其他沿海省市依次为，河北省，专业技术人员的比例为85.0%，其职称结构为36.8∶50.0∶8.8∶4.4；浙江省，专业技术人员的比例为79.9%，其职称结构为44.3∶35.5∶14.6∶5.6；上海市，专业技术人员的比例为78.8%，其职称结构为30.4∶23.6∶20.5∶25.5；北京市，专业技术人员的比例为78.2%，其职称结构为37.4∶32.7∶19.9∶10.0；辽宁省，专业技术人员的比例为77.3%，其职称结构为34.3∶36.5∶18.3∶10.9；广东省，专业技术人员的比例为73.6%，其职称结构为27.9∶35.7∶24.4∶12.0，其余地区专业技术人员的比比例也都低于全国平均数73.0%。就专业技术人员的职称结构而言，职级较高的地区是江苏和浙江，高级职称的比例都在40%以上；高级职称的比例在30%以上的地区是北京、天津、河北、辽宁、山东、上海、福建、湖北。

【沿海海洋经济概况】 2002年是中国加入世界贸易组织的第一年。全国上下在邓小平理论和“三个代表”重要思想指导下，继续坚持以经济建设为中心，以优异成绩迎接党的“十六大”召开。朝气蓬勃的中国经济在更大范围和更深程度上参与经济全球化，取得了令人瞩目的成就。海洋经济作为国民经济的一个新的增长点，也以更加开放的状态和骄人的成绩向前迈进。2002年，全国主要海洋产业总产值9 050.29亿元，与2001年的7 233.8亿元相比，同比增长25.1%。主要海洋产业增加值4 041.53亿元，比上年的3 297.28亿元，同比增长22.6%。占全国国内生产总值的3.9%，比上年的3.4%增加0.5个百分点。主要海洋产业增加值占沿海地区国内生产总值的比重已高达6.0%。统计分析表明，沿海海洋经济以20%以上的速度增长，远远高于同期国民经济的增长速度，海洋经济对全国经济乃至沿海地区经济的贡献也越来越大。

2002年沿海主要海洋产业总产值行业构成比重为：沿海旅游业总产值2 874.86亿元，占沿海主要海洋产业总产值的31.77%，沿海旅游业增加值1 523.68亿元，连续两年成为第一大海洋产业。海洋水产业总值2 541.03亿元，占沿海主要海洋总产值的28.08%，比上年增长12.6%，仍然为第二位；海洋水产业增加值1 173.23亿元。排序第三位的是海洋交通运输业，总产值达1 342.00亿元，占14.83%，海洋交通运输业增加值429.76亿元。以上3个产业占沿海主要海洋产业总产值的74.68%，成为我国海洋经济三大支柱产业。其余10个产业占沿海主要海洋产业总产值的25.32%，依次为：其他海洋产业总产值676.56亿元，占7.48%，增加值184.77亿元；海洋电力和海水利用业总产值507.54亿元，占5.61%，增加值282.81亿元；沿海造船业总产值395.91亿元，占4.37%，增加值79.5亿元；海洋油气业总产值360.53亿元，占3.98%，增加值261.20亿元；海洋工程建筑总产值106.0亿元，占1.17%，增加值25.16亿元；海洋化工总产值103.75亿元，占1.15%，增加值30.05亿元；海洋盐业总产值90.04亿元，占0.99%，增加值35.42亿元；海洋生物制药和保健品总产值47.43亿元，占0.52%，增加值14.03亿元；海滨砂矿业总产值4.64亿元，占0.05%，增加值1.92亿元。

在区域海洋经济方面，2002年沿海省、自治区、直辖市主要海洋产业产值都呈上升趋势。沿海地区海洋产业总产值达7 014.29亿元(不含国内旅游收入)。广东省的海洋经济仍居沿海地区榜首，其海洋产业总产值达1 693.71亿元，占沿海地区海洋产业总产值的24.2%。其次是浙江省，其海洋产业总产值1 082.72亿元，占沿海地区海洋总产值的15.4%，由2001年的第五位一跃为第二位，比上年增长79.5%。排序第三位的是福建省，其海洋产业总产值1 037.08亿元，占沿海地区海洋总产值的14.8%，比上年增长51.6%；山东省的海洋产业总产值为994.61亿元，占沿海地区海洋产业总产值的14.2%，比上年增长18.3%，排序由2001年的第二位降至第四位；其他沿海省市依次排序为：上海市海洋产业总产值721.96亿元，占10.3%，比上年增长15.5%；辽宁省海洋产业总产值459.33亿元，占6.5%，比上年增长26.8%；天津市海洋产业总值416.08亿元，占5.9%，比上年增长54.9%；江苏省海洋产业总产值221.54亿元，占3.2%，比上年增长28.8%；广西省海洋产业总产值150.5亿元，占2.1%，比上年增长24.2%；河北省海洋产业总产值127.32亿元，占1.8%，比上年增长10.0%；海南省海洋产业总产值109.44亿元，占1.6%，比上年增长7.0%。分析表明，沿海各省市海洋经济均在快速增长，但发展不平衡，海洋经济较发达的省份主要在长江口以南地区，3个海洋经济大省广东、浙江、福建都在东南沿海。而北方沿海地区除了山东省之外，一般海洋经济都相对较弱。海洋区域经济南强北弱的基本格局仍没有改变。

2002年，沿海各地依据各自的资源优势和开发基础，因地制宜地实施"科技兴海"战略，进一步推进海洋经济发展，形成了各具特色的区域海洋经济格局。例如，广东省具有近海石油、沿海旅游、海洋电力、海运和海洋渔业资源优势，2002年其海洋石油产值216.28亿元，占全国海洋石油总产值的60.0%；沿海国际旅游收入394.09亿元，占全国沿海国际旅游总产值的47.0%；海洋电力总产值425.46亿元，占全国海洋电力总产值的83.8%；3项海洋产业的产值均居沿海省、自治区、直辖市之冠。海洋水产业居第二位，可谓海洋大省。山东省的海洋渔业、海盐业和近海油气资源比较丰富，2002年山东省海洋水产创产值628.81亿元，占全国海洋水产业总产值的24.7%；海盐业产值61.24亿元，占全国海盐总产值的68.0%，而两者位居沿海省、自治区、直辖市榜首，海洋油气产值达30亿元，位居第三位。上海市是中国经济最发达的地区，其海洋产业特别是海洋交通运输、沿海造船业、沿海旅游等产业也很发达，海洋交通运输业产值421.5亿元，占全国海洋交通运输业总产值的31.4%；沿海造船业产值99.4亿元，占全国沿海造船业总产值的25.1%，两者位居沿海地区首位。浙江省发挥其渔业资源、沿海旅游资源、海岛资源优势，加快海洋产业发展，培育新的经济增长点，已成为中国海洋经济第二大省份。

在海洋产业结构方面，随着全球经济结构由以生产活动为基础的体系向以服务业活动为基础的体系过渡，海洋经济领域已经出现了由"海洋资源开发"型向"海洋服务业"的转变。2002年以沿海旅游业、海洋交通运输、海洋信息服务为代表的第三产业发展迅速，海洋第三产业总产值已达4 216.86亿元，所占比重已达47%，连续两年超过海洋第一产业。海洋第一产业总产值为2 541.03亿元，主要是由于海水养殖业快速发展而继续增长，但在整个海洋产业结构调整中比重下降了3.1个百分点。海洋第二产业经济效益继续改善，其总产值达到2 292.4亿元，其所占比重也平稳增加了2.2个百分点。我国海洋三次产业结构呈现为28.1：25.3：46.6，表明海洋产业结构调整取得积极进展。特别是随着人民生活水平的不断提高，沿海国内旅游业异军突起，其产值居诸多海洋产业之首，已成为海洋服务业的主体。

表1 沿海地区行政区划（2002年）

单位：个

地区	沿海城市	沿海县级市	沿海（区）县
合计	53	61	76
天津	1		3
河北	3	2	6
辽宁	6	7	4
上海	1		6
江苏	3	5	9
浙江	6	10	12
福建	6	7	12
山东	7	14	6
广东	14	9	12
广西	3	1	1
海南	3	6	5

表2 沿海地区国内生产总值

单位：亿元

地区		年份	国内生产总值(GDP)	第一产业	第二产业	第三产业
全国总计		2001	95 933.30	14 609.90	49 069.10	32 254.30
		2002	104 790.60	16 117.30	53 540.70	35 132.60
沿海省市总计		2001	60 208.67	7 095.99	29 407.55	23 705.13
		2002	67 531.71	7 444.78	33 149.82	26 937.11
沿海市县合计		2001	37 153.84	3 651.31	18 227.62	15 274.91
		2002	38 221.59	3 201.49	18 865.53	16 154.57
沿海城市合计		2001	25 872.90	1 596.14	12 718.56	11 558.20
		2002	26 132.23	1 142.54	12 886.06	12 103.63
沿海县合计		2001	11 280.94	2 055.17	5 509.06	3 716.71
		2002	12 089.36	2 058.95	5 979.47	4 050.94
天津		2001	1 826.67	78.56	891.51	856.60
		2002	2 051.16	84.00	1 001.90	965.26
	沿海区	2001	633.70	5.08	435.58	193.04
		2002	772.61	5.55	536.31	230.75
河北		2001	5 088.96	824.55	2 559.96	1 704.45
		2002	6 122.53	957.01	3 046.00	2 119.52
	沿海城市	2001	1 800.84	304.50	866.50	629.84
		2002	824.63	62.19	423.93	338.51
	沿海县	2001	400.46	109.12	170.71	120.63
		2002	310.25	85.56	129.17	95.52
辽宁		2001	5 033.08	544.44	2 440.55	2 048.09
		2002	5 458.22	590.20	2 609.85	2 258.17
	沿海城市	2001	1 556.26	68.68	788.48	699.10
		2002	1 631.50	73.74	770.81	786.95
	沿海县	2001	565.34	157.59	251.34	156.41
		2002	637.48	166.54	296.13	174.81
上海		2001	4 950.84	85.50	2 355.53	2 509.81
		2002	5 408.76	88.24	2 564.69	2 755.83
	沿海区县	2001	851.73	51.19	421.23	379.31
		2002	1 008.94	53.81	504.38	450.75
江苏		2001	9 514.60	1 088.35	4 913.69	3 512.56
		2002	10 631.75	1 119.12	5 550.98	3 961.65
	沿海城市	2001	380.25	16.18	213.76	150.31
		2002	420.79	16.97	239.50	164.32
	沿海县	2001	1 091.07	297.78	429.47	363.82
		2002	1 198.32	312.54	481.95	403.83

续 表

地 区		年 份	国内生产总值（GDP）	第一产业	第二产业	第三产业
浙 江		2001	6 748.15	695.15	3 459.75	2 593.25
		2002	7 796.00	694.00	3 982.00	3 120.00
	沿海城市	2001	2 386.88	99.30	1 201.14	1 086.44
		2002	3 067.46	123.37	1 570.97	1 373.12
	沿 海 县	2001	2 578.41	290.77	1 478.91	808.73
		2002	2 616.47	267.41	1 510.74	838.32
福 建		2001	4 253.68	651.11	1 904.21	1 698.30
		2002	4 682.01	664.78	2 159.94	1 857.29
	沿海城市	2001	3 737.90	459.83	1 799.93	1 478.14
		2002	2 247.32	191.73	1 075.15	980.44
	沿 海 县	2001	1 685.30	278.37	821.82	585.11
		2002	1 709.24	262.85	827.21	619.18
山 东		2001	9 438.31	1 359.49	4 654.51	3424.31
		2002	10 552.06	1 390.00	5 309.54	3 852.52
	沿海城市	2001	1 966.39	125.34	1 158.20	682.85
		2002	2 156.26	127.06	1 263.18	766.02
	沿 海 县	2001	1 776.05	322.83	887.03	566.19
		2002	2 020.61	330.26	1 041.89	648.46
广 东		2001	10 556.47	1 004.53	5 303.98	4 247.96
		2002	11 769.73	1 032.80	5 935.63	4 801.30
	沿海城市	2001	6 819.47	235.00	3 331.74	3 252.73
		2002	7 827.15	246.03	3 842.72	3 738.40
	沿 海 县	2001	1 311.08	358.08	521.18	431.82
		2002	1 399.88	371.06	560.61	468.21
广 西		2001	2 231.19	562.52	791.85	876.82
		2002	2 455.36	595.68	863.96	995.72
	沿海城市	2001	266.65	105.69	63.50	97.46
		2002	293.09	109.09	73.72	110.28
	沿 海 县	2001	62.64	24.43	15.83	22.38
		2002	67.60	25.71	17.33	24.56
海 南		2001	566.72	201.79	132.01	232.92
		2002	604.13	228.95	125.33	249.85
	沿海城市	2001	180.75	17.56	48.27	114.92
		2002	204.11	20.12	59.49	124.50
	沿 海 县	2001	325.16	159.93	75.96	89.27
		2002	347.96	177.66	73.75	96.55

表 3　主要海洋产业年末职工人数

单位：人

地区	年份	合计	海洋水产	海洋油气	海滨砂矿	海洋盐业	海洋化工	海洋生物制药和保健品	海洋电力和海水利用	沿海造船	海洋工程建筑	海洋交通运输	沿海旅游	海洋信息服务	海洋环保	海洋科研*	其他产业
合计	2001	4 319 430	2 949 840	19 297	4 488	135 265				153 810		340 772	642 595		60 092	13 271	
	2002	4 194 298	2 848 111	19 920	4 094	163 704	27 002	10 970	23 928	134 993	853	294 995	575 261	79	64 389	14 049	11 950
天津	2001	75 418	6 610	8 062		12 312				4 677		22 022	17 661		1 672	2 402	
	2002	107 152	6 834	8 473		12 628	21 382			4 661		21 456	18 000		1 679	2 459	9 580
河北	2001	114 002	59 968			19 843				2 838		20 641			10 391	321	
	2002	146 229	82 594			19 216			1 594	4 212		20 907	4 878		12 748	80	
辽宁	2001	345 645	252 387	282		12 083				20 645		25 918	26 548		6 937	845	
	2002	364 472	267 040	325		11 701				18 743		28 438	29 343		8 060	822	
上海	2001	227 240	8 218	101						38 481		94 900	81 162		2 009	2 369	
	2002	223 117	5 525	100						37 046		93 375	83 076		2 011	1 984	
江苏	2001	261 996	171 193			23 178				37 782		12 404	8 486		7 770	1 183	
	2002	240 790	176 277			26 901		8 201		4 389		1 364	14 269		8 136	1 253	
浙江	2001	500 142	446 066			7 944							41 022		4 199	911	
	2002	557 143	448 270			6 343				20 704		23 700	52 853		4 398	875	
福建	2001	723 129	626 255		2 262	14 667				11 483		17 068	47 386		3 336	672	
	2002	733 275	632 849		2 124	15 833				9 353		17 346	52 100		2 959	711	
山东	2001	722 224	555 284	4 854	50	34 885				17 365		49 600	46 622		10 873	2 691	
	2002	624 671	416 934	5 143		59 362	5 620	2 769	8 711	18 789	853	46 057	43 589	79	11 623	2 772	2 370
广东	2001	958 520	492 569	5 998	891	4 420				20 338		87 759	336 269		8 843	1 433	
	2002	789 166	492 942	5 879	529	5 572			13 623	16 696		23 763	219 755		9 026	1 381	
广西	2001	180 148	159 969		205	2 898						6 331	7 509		3 136	100	
	2002	204 802	177 033		54	3 038				121		14 718	6 833		2 891	114	
海南	2001	210 966	171 321		1 080	3 035				201		4 129	29 930		926	344	
	2002	201 918	141 813		1 387	3 110				279		3 871	50 565		858	35	

* 海洋科研年末职工人数中含北京市和湖北省人数。

表 4　主要海上活动船舶

类　别	年　份	艘数（艘）	总吨（万吨位）	载客量（客位）	总功率（万千瓦）
合　计	2001	293 683	3 048.43	141 207	26 035 271
	2002	289 282	3 049.68	142 958	26 423 244
海洋运输	2001	10 718	2 450.22	141 207	13 035 428
	2002	10 137	2 441.43	142 958	12 998 380
海洋油气	2001	98			
	2002	98			
海洋地质勘探	2001	13			
	2002	14			
海洋渔业	2001	282 824	597.24		12 976 508
	2002	279 003	607.28		13 401 529
海洋管理科研	2001	30	0.97		23 335
	2002	30	0.97		23 335

表 5　分行业海洋科研机构、人员情况

行　业	年　份	机构数（个）	从业人员（人）	专业技术人员（人）				
					高级	中级	初级	其他
合　计	2001	104	14 206	103 96	3 498	3 567	2 199	1 132
	2002	109	14 049	10 253	3 582	3 222	2 101	1 348
农　业	2001	2	190	154	41	25	52	36
	2002	2	186	116	38	29	22	27
渔　业	2001	31	2 753	1 816	492	701	459	164
	2002	37	3 003	1 980	550	685	489	256
水利业	2001	1	865	721	372	156	101	92
	2002	1	862	614	350	129	66	69
海盐业	2001	4	294	165	31	27	28	79
	2002	4	285	169	31	27	35	76
化学化工	2001	1	171	90	41	34	15	0
	2002	1	164	141	45	39	24	33
仪器仪表	2001	1	230	110	26	35	41	8
	2002	1	144	119	19	13	43	44
地质勘察	2001	1	200	106	56	30	17	3
	2002							
交通运输	2001	9	1 857	1 543	478	382	260	423
	2002	10	2 194	1 715	586	384	322	423
科学研究	2001	13	3 998	2 933	1 108	1 085	577	163
	2002	13	4 007	2 887	1 178	942	509	258
气 象 业	2001	13	337	302	107	135	50	10
	2002	12	258	238	109	91	30	8

续 表

行 业	年 份	机构数（个）	从业人员（人）	专业技术人员（人）	高 级	中 级	初 级	其 他
海洋事业	2001	7	1 666	1 192	408	513	209	62
	2002	6	1 572	1 134	364	468	225	77
环境保护	2001	18	1 202	988	242	377	325	44
	2002	18	1 219	1 003	254	368	305	76
其 他	2001	3	443	276	96	67	65	48
	2002	4	155	137	58	47	31	1

表6 分地区海洋科研机构、人员情况

地 区	年 份	机构数（个）	从业人员（人）	专业技术人员（人）	高级	中级	初级	其他
合 计	2001	104	14 206	10 396	3 498	3 567	2 199	1 132
	2002	109	14 049	10 253	3 582	3 222	2 101	1 348
北 京	2001	5	1 317	1 029	354	404	218	53
	2002	5	1 270	993	371	325	198	99
天 津	2001	10	2 450	1 528	468	512	313	235
	2002	10	2 459	1 540	508	484	334	214
河 北	2001	1	26	26	11	7	5	3
	2002	2	80	68	25	34	6	3
辽 宁	2001	13	837	666	241	256	145	24
	2002	13	822	635	218	232	116	69
上 海	2001	11	2 222	1 680	480	437	339	424
	2002	10	1 984	1 564	475	369	320	400
江 苏	2001	8	1 282	1 024	447	239	178	160
	2002	7	1 253	871	426	200	125	120
浙 江	2001	13	927	727	298	268	126	35
	2002	14	875	699	310	248	102	39
福 建	2001	10	692	615	173	236	153	53
	2002	10	711	638	197	195	161	85
山 东	2001	14	2 688	1 839	662	693	401	83
	2002	17	2 772	1 964	690	653	435	186
广 东	2001	16	1 356	969	272	372	269	56
	2002	17	1 381	1 017	284	363	248	122
广 西	2001	2	85	58	14	40	2	2
	2002	2	114	76	15	49	8	4
海 南	2001							
	2002	1	35	32	3	5	19	5
湖 北	2001	1	324	235	78	103	50	4
	2002	1	293	156	60	65	29	2

表 7　沿海地区主要海洋产业总产值

单位：亿元

地　区	年 份	合　计	海洋水产	海上油气	海滨砂矿	海洋盐业	海洋化工	海洋生物制药和保健品	海洋电力和海水利用	沿海造船	海洋工程建筑	海洋交通运输	沿海旅游	海洋信息服务	其他产业
全国总计	2001	7 233.80	2 256.56	320.68	3.17	90.99	76.27	20.87	421.32	292.72	17.81	788.93	2 502.87	13.10	428.51
	2002	9 050.29①	2 541.03	360.53	4.64	90.04	103.75	47.43	507.54	395.91	106.00	1 342.0	2 874.86②		676.56
天　津	2001	268.65	7.03	77.62		4.89	38.33			3.95		44.27	23.17		69.39
	2002	416.08	8.27	112.01		5.13	53.61			7.12		52.31	28.31		149.32
河　北	2001	115.75	41.69			6.64	18.10		15.03	4.00		24.10	6.19		
	2002	127.32	45.48			7.28	20.10		14.65	5.06		27.89	6.86		
辽　宁	2001	362.37	254.80	2.42		4.51				60.34		21.95	27.35		
	2002	459.33	299.95	2.26		4.24				73.45		48.85	30.58		
上　海	2001	624.93	14.44							77.01		383.98	149.50		
	2002	721.96	12.88							99.40		421.5	188.18		
江　苏	2001	171.98	125.15			5.70	15.06	4.30		13.11		2.95	5.71		
	2002	221.54	147.70			6.20	15.31	10.77		23.14		11.33	7.09		
浙　江	2001	603.32	303.25			1.37		8.16	0.34	37.14	1.44	18.30	45.83	8.10	179.39
	2002	1 082.72	382.39			2.75		23.70	0.03	71.41	68.96	140.47	60.04		333.01
福　建	2001	684.08	377.06		0.95	1.14		6.20		23.47	14.30	20.69	73.14	5.00	162.13
	2002	1 037.08	390.34		1.08	1.56		6.18		26.93	17.02	320.10	84.96		188.91
山　东	2001	840.58	554.52	30.97	0.02	65.63	4.78	0.98	45.08	35.39	2.07	75.20	25.30		0.64
	2002	994.61	628.81	29.98		61.24	14.73	5.58	67.40	42.24	20.06	87.14	32.11	…	5.32
广　东	2001	1 542.69	402.11	209.67	0.23	0.52		1.23	360.87	38.25		186.76	343.05		
	2002	1 693.71	441.89	216.28	0.24	0.67		1.20	425.46	46.95		166.93	394.09		
广　西	2001	121.14	104.68		0.03	0.17						4.23	1.17		10.86
	2002	150.50	95.59		0.01	0.17				0.11		53.52	1.13		
海　南	2001	102.31	80.83		1.94	0.42				0.06		6.50	6.46		6.10
	2002	109.44	87.76		3.31	0.80				0.10		11.96	5.51		

注：①由于国内旅游收入只有全国总计数据，缺少沿海地区的数据，故分项值之和不等于总计。

②含国内旅游收入 2 036 亿元。

资料来源于《2003 中国海洋统计年鉴》。

表8　2002年沿海各地海洋产业总产值

沿海地区	海洋产业总产值(亿元)	占全国海洋总产值比重(%)
广　东	1 693.71	24.2
浙　江	1 082.72	15.4
福　建	1 037.08	14.8
山　东	994.61	14.2
上　海	721.96	10.3
辽　宁	459.33	6.5
天　津	416.08	5.9
江　苏	221.54	3.2
广　西	150.50	2.1
河　北	127.32	1.8
海　南	109.44	1.6
合　计	7 014.29	100

注：沿海各地海洋产业总产值中均不含国内旅游产值。

表9　2002年海洋产业结构

海洋三次产业	产业比重(%)	
	2001年	2002年
海洋第一产业	31.2	28.1
海洋第二产业	23.1	25.3
海洋第三产业	45.7	46.6

（国家海洋信息中心　刘秀芳）

海洋渔业

Marine Fishery

综　述

Summary

【2002 年海洋渔业经济发展与管理概况】　2002 年是我国加入世贸组织第一年，面对加入 WTO 和新海洋制度实施后我国渔业出现的新情况和新问题，各级政府和渔业主管部门坚持以发展为主题，以结构调整为主线，以资源和环境保护为基础，以科技创新为动力，以渔(农)民增收为目标，组织实施渔业发展行动计划，努力开拓国内国际两个市场，完善渔业管理制度，促进渔业经济发展从“数量型”向“质量型”转变，海洋渔业经济保持了较好的发展势头。2002 年我国水产品总产量达 4 565.2 万吨，比上年增加 183.1 万吨，增长 4.2%。其中，海洋捕捞产量 1 433.5 万吨，扣除远洋捕捞产量，比上年减少 28.2 万吨，负增长 2.09%；海水养殖产量为 1 212.84 万吨，比 2001 年增加 81.31 万吨，增长 7.19%。2002 年海水产品产量为 2 646.34 万吨，占总产量的 57.97%。

2002 年全国海洋渔业经济总体发展平稳，主要特点如下。

(1) 国家继续大力控制捕捞强度和严查“三无渔船”，较有效地遏制了违规渔船的发展，渔船捕捞船舶数和功率数的增长得到相应的控制。

(2) 坚持实施伏季休渔，进一步促进捕捞生产的有序化，养护渔业资源和保护生态环境的力度加大。

(3) 建国以来最大规模的减船转产转业工程开始实施，为妥善处理新的海洋制度实施后我国海洋渔业及渔区经济发展面临的突出问题，国家三部委召开了全国沿海捕捞渔民转产转业工作会议，全面部署沿海捕捞渔民转产转业工作。沿海各省（区、市）渔业主管部门积极争取财政、计划等部门的支持，研究提出了渔民转产转业的实施方案。一些省对转产转业工作非常重视，动手较早，组织得力，取得了初步成效。如浙江省已先后召开了两次全省的沿海渔民转产转业工作会议，制定了转产专项资金管理、渔船报废拆解操作规程等具体规定。江苏省建立了省海洋捕捞渔民转产转业联席会议制度，设立了海洋捕捞渔民转产转业办公室。广东、山东、广西、福建等省也先后出台了扶持政策帮助渔民转产转业。截止 2002 年底，共批复了各地减船 4 748 艘、转产捕捞渔民近 3 万人的计划。先后有浙江、广东、河北、山东、江苏开展了报废渔船拆解。在各级政府与渔业主管部门的共同努力下，海洋渔业机动渔船由 2001 年的 28.28 万艘减为 2002 年的 27.9 万艘，同比减少 3 821 艘。随着减船工作的进一步实施，海洋捕捞产量“零增长和负增长”的目标得以实现。

(4) 养殖与捕捞产量在总产量中的比例得到进一步的调整，养殖产量占总产量比例由 2001 年的 43.99%增加到 2002 年 45.83%。其主要原因在于海水养殖产量继续高增长，增速近 7.2%。

(5) 海水养殖方式开始向集约化方向转移。海上养殖注重网箱养殖，陆基养殖则以工厂化养殖发展最快。海水养殖注重以发展名特优新产品为突破口，调整产业结构。2002 年海水虾蟹养殖产量达到 56.23 万吨，同比增加 23.03%。

(6) 远洋渔业重新崛起，产量显著增加，对调整海洋渔业产业结构起到重要的促进作用。2002 年国家加大了对海洋渔业的政策支持和投入力度并倡导发展大洋性渔业。大洋性远洋渔业投产渔船和产值分别占远洋渔业船数和产值的 50.4%和 49%。各级政府和有关部门高度重视远洋渔业结构调整，把发展远洋渔业作为贯彻实施“走出去”的发展战略和渔业结构调整的重要组成部分，以及渔民转产转业的一个重要途径。公海渔业资源的探捕和超低温冷藏设备研制与开发力度及投入逐步加大，加强了对远洋渔业企业的宏观管理和引导，远洋渔业产量显著提高，2002 年全国远洋渔业共派出渔船 2 000 余艘，涉及太平洋、印度洋、大西洋及 30 余个国家和地区的管辖水域。远洋渔业产量达到 109.64 万吨，比 2001 年增加 23.9%，远洋渔业国外经营总收入达到 6.87 亿美元，比 2002 年增加 1.73 亿美元，增长 33.6%。

(7) 对渔业资源保护和养殖业管理力度加大。为保护渔业资源，除继续坚持海洋伏季休渔制度外，沿海各级渔业部门全面清理“三无”和“三证不齐”渔船工作，为下一步全面查处非法捕捞活动奠定了基础。同期又发布了《渔业船舶报废暂行规定》和《渔业捕捞许可管理规定》，进一步完善了渔船管理和捕捞许可制度。在农业部的统一部署下，按照《渔业法》的要求，实施养殖证制度工作全面展开。各地对沿海养殖水域滩涂确权情况进行了全面摸底，拟定了具体工作方案，开展了养殖水域滩涂规划工作，实质性地推动了养殖证核发工作。我国渔业科学家联名向温家宝副总理写信，呼吁防止和治理海洋荒漠化，全面保护渔业资源，受到党中央、国务院的高度重视，有关渔业资源和海洋环境保护的国家行动正式启动。

(8) 海洋渔业方面的国际渔业合作与交流进一步扩大，维护了国家海洋权益。(参见“国际合作”部分)

(9) 海水养殖发展势头良好。沿海地区发展海水养殖的积极性仍不断提高。海水养殖面积由 2001 年的 128.65 万公顷增加到 2002 年的 134.48 万公顷，增长率为 4.53%。产量增幅在 10 万吨以上的省市有辽宁、福建、山东、广东，其中山东增加量为 21.1 万吨。

(10) 国际、国内发展要求对渔业资源与保护要求的力度加大。党的十六大把实现可持续发展放到了基本国策的高度，这对渔业资源和生态环境保护工作提出了新的更高的要求。2002 年 9 月召开的世界可持续发展首脑会议通过的《可持续发展高峰会实施计划》，明确提出 2004 年前要实施预防、制止和消除非法、不报告和不管制捕捞的国际行动计划，2005 年前要实施捕捞能力管理的国际行动计划，并提出 2015 年前要恢复渔业资源种群，实现渔业可持续发展。国内和国际形势迫切要求对渔业资源和水域生态环境的保护力度进一步加大。

2002 年全国海洋渔业发展中存在的问题仍是不容忽视的。

一是新海洋制度实施后我国海洋渔业面临的严峻形势依然存在，沿海部分渔民生产生活困难，渔民转产转业难度大，各级渔业部门为此做了大量卓有成效的工作，但目前的问题和矛盾仍非常突出，2002 年伏季休渔期间，黄渤海区首次出现渔民大规模集体违规事件。另外渔业涉外事件增加。二是渔业资源、生态环境与经济社会发展的矛盾日益突出，主要经济鱼类资源衰退的状况尚未改变，渔政管理任务相当艰巨，实现渔业可持续发展任重道远。三是海水养殖水产品在加工过程中的质量问题仍不容忽视，2002 年出口海水养殖产品中药物含量超标问题对水产品出口贸易带来的负面影响仍未消除。　　(刘大安)

海洋捕捞
Marine Fishing

【海洋捕捞业管理工作概况】 2002 年我国海洋捕捞总体保持了稳定发展的态势，产量大致为 1 433.5 万吨，扣除远洋捕捞产量，负增长 2.1%。我国近海捕捞受资源严重衰退、捕捞强度是资源可捕量的数倍、生产成本逐年提高、从业人员逐年增加、三个渔业协定实施后实际渔场面积大幅度减少等十分不利近海捕捞业发展因素的蔓延，可持续发展受到严重影响，渔民生产生活受到严重影响。捕捞业全面压缩、渔业生产能力大幅度削减也全面扩大为社会行为和政府行为，搞好这一工作势在必行。为了控制不利因素的蔓延，国家主管部门联手行动，拉开了政府主导的沿海渔民转产转业大行动。因此 2002 年近海捕捞管理的总体措施是多部门联手，行政推动，加大保护渔业资源和控制捕捞能力的力度，切实做好渔民转产转业工作，严格实施各项渔业协定，继续实施全面清理整顿“三无和三证不齐”渔船的工作，继续实施伏季休渔制度等工作。

抓好沿海捕捞渔民转产转业工作 近海捕捞业发展不利的现象在现有渔区普遍存在，要扭转现有局面，必须从全局的观念出发，实行整体综合治理，其中的重要工作之一就是抓好渔区渔民的转产转业工作。为实现我国海洋渔业的可持续发展，进一步加强对海洋渔业资源的保护，同时妥善解决中日、中韩、中越北部湾渔业协定给我国渔业和渔区经济发展所带来的不利影响，根据党中央和国务院领导的指示精神，农业部、财政部等有关部门多次组织人员深入渔区了解实际情况，进行专题调研。在广泛征求各方面意见的基础上，逐步形成了沿海捕捞渔民转产转业的总体思路和指导思想。那就是以“三个代表”重要思想为指导，认真贯彻党和国家领导同志对转产转业工作的指示精神，紧密围绕渔业结构战略性调整，积极主动地应对挑战。通过政府引导扶持，依靠群众自力更生，广开就业门路，进一步拓宽融资渠道，走市场化运作的道路。强化渔政执法，努力实现渔业增效、渔民增收、渔区稳定和渔业经济的持续发展。

在沿海渔区转产转业指导思想的基础上国家主管部门提出了切实可行的具体措施。总体规划是，我国从2002年开始对海洋渔业进行重大战略性结构调整，在沿海各地全面启动和实施了海洋捕捞渔民转产转业工程。工程第一阶段的目标是在5年内实现转产捕捞渔船近3万艘，实现转产捕捞渔民约25万人。总体的作法和和途径一是积极引导部分捕捞渔民退出捕捞生产领域，或实施渔船报废，或转产从事其他生产；二是在有自然资源条件的地方，扩大发展海水养殖业规模，以拓宽养殖空间，或扩大围塘养殖；三是对远洋渔业发展的支持力度相应提高，鼓励和支持有条件的大企业发展远洋渔业生产，扩大远洋渔业的规模，促进近海捕捞能力的转移；四是通过发展水产品精深加工和综合利用，进一步延长产业链，提高渔业综合经济效益和渔民就业；五是扩大、发展休闲渔业和渔业二、三产业，扩大转产渔民的就业门路和收入保障。

为全面落实转产转业工作的各项措施，2002年8月，农业部、财政部和国家计委在广东省湛江市联合召开了全国沿海捕捞渔民转产转业工作会议，国务院主管单位领导作了重要讲话，对转产转业工作作了全面的动员和部署。在中央财政的大力支持下，2002年共安排转产转业专项资金2.7亿元，其中渔船报废补助资金2亿元，转产转业项目补助资金7 000万元。沿海各省财政落实配套专项资金1.3亿元。为相应转产转业工作的部署，江苏、山东、广西等地先后召开了由政府主要领导主持，农业、水产、财政、计委等各有关部门共同参加的转产转业工作会议，对本地转产转业工作进行了认真研究和全面部署。广东省人大通过了扶持本省沿海捕捞渔民转产转业的议案，明确政府在今后几年将对此项工作给予大力支持。浙江舟山、广东湛江等重点市(县)成立了由主管领导牵头的“双转”领导小组，对各项工作进行统一协调和指导。湛江市政府出台《湛江市扶持北部湾渔民转产转业的规定(试行)》，制定了划给转产从事养殖的渔民“保命海”、转产渔民自有收入起3年内免征农业特产税等优惠政策。江苏省南通市政府出台了《南通市海洋捕捞专业渔民最低生活保障办法》，确定了近期专业渔民每人每年1 000～1 200元之间的低保标准。除此之外，其他省市也出台了一批相关扶持政策。

由于各级政府和社会各界努力和广大农渔民的配合理解，各地转产转业工作开局良好，各项工作都取得了实质性的进展。2002年，农业部共批复全国14省市、自治区、直辖市和计划单列市的近期近海捕捞渔船报废计划4 748艘，减船功率数38 900千瓦，转产渔民29 978人；安排各地转产转业项目40个。沿海各地克服了转产转业计划下达时间晚、任务重等诸多困难，耐心做广大渔民群众的思想工作，抓紧年度任务的落实。浙江。广东、山东、江苏等地的渔船报废拆解工作开始全面启动和步入正轨。福建、辽宁等地的准备工作已基本就绪，大规模的拆船工作将全面展开。在转产转业项目安排方面，各项的中央补助资金已全部下达到地方，各地正积极组织开展项目的前期工作。

继续开展“三无和三证不齐”渔船的清理整顿工作 清理整顿“三无和三证不齐”渔船工作启动于2000年，2000年起全国沿海省市、自治区、直辖市在农业部渔船检验局、渔业局的指导下，积极开展了海洋机动渔船普查工作，到2001年已取得初步成效。从2001年2月至2002年9月底，沿海各地按照“纳入管理、区别对待”的原则，对2000年渔船普查登记的“三无”(指无有效渔业船舶检验证书、渔船船舶登记证书、渔业捕捞许可证)和“三证不齐”渔船、证书与实际功率不符的渔船以及辅助船进行了大规模的清理整顿。截止2002年9月底，全国共清理整顿了“三无和三证不齐”渔船共计10.85万艘，完成了应清理数的91%，其中“三无”渔船5.83万艘，“三证不齐”渔船5.02万艘。分别应清理总数的87%和95%。清理了功率不符的渔船3.85万艘、渔业辅助船1.28万艘，分别占应清理整顿总数的87%和95%。此次清理整顿工作中，全国共签发渔船检验证书5.04万本，渔船登记证4.66万本，捕捞许可证 1.59 万本，临时捕捞许可证 2.65 万本。据管理部门的相关报导，清理、整顿“三无和三证不齐”渔船工作取得了相应的成效：一是“三无和三证不齐”渔船大幅度减少，捕捞渔船持证率大幅度提高。到 2002 年 9 月底，全国海洋“三无和三证不齐”渔船数量从 2001 年初的 6.7 万艘下降到 0.85 万艘，占海洋捕捞机动渔船总数的比重由原来的 27%下降到 3.5%；“三证不齐”渔船由 5.26 万艘下降到 0.24 万艘，占海洋捕捞机动渔船总数的比重由原来的 21%下降到 1%。二是渔船检验、渔港监督和渔政管理的发证程序逐渐规范，渔船管理相互脱节的问题有所改善。三是对渔船普查数据库进行了修正补充，对 16.48 万艘“三无”和“三证不齐”渔船、功率不符渔船、辅助船的档案资料进行核实、修改，对部分普查漏登渔船进行补登等工作，使我国海洋捕捞渔船档案资料进一步准确和全面。四是各级渔船检验机构对 5 万余艘渔船进行了检验，大批渔船经过检验后增添了安全设施，提高了安全性能。通过抓清理整顿工作，减少了海洋渔船存在的安全隐患。

继续抓好沿海渔区的伏季休渔制度 我国伏季休渔制度实施已有 8 年的历史，当年在黄海、东海和南海相继实施的大规模的全面伏季休渔制度总体得到了全社会的广泛理解和支持，取得了良好的生态效益、经济效益和社会效益。2002 年是中国沿海实施伏季休渔制度的第八年，沿海渔区实行伏季休渔制度继续得到较为全面、有效的贯彻执行，伏季休渔的管理力度也进一步加强。根据各地的建议和主管部门的批准，2002 年渔区伏季休渔时间及伏季休渔范围变动为：①黄海、东海海域：北纬 35° 以北黄海海域，休渔时间为 7 月 1 日 12 时至 9 月 16 日 12 时。休渔作业类型为拖网和帆张网作业。北纬 35° ～26° 30′ 海域，休渔时间为 6 月 16 日 12 时至 9 月 16 日 12 时，休渔作业类型为拖网和帆张网作业。北纬 26° 30′ 以南的东海海域，休渔时间为 6 月 1 日 12 时至 8 月 1 日 12 时。休渔作业类型为拖网和帆张网作业。②南海海域：北纬 12° 以北的南海海域(含北部湾)，休渔时间为 6 月 1 日 12 时至 8 月 1 日 12 时。休渔作业类型为除刺网、钓业和笼捕外的其他所有作业类型。③闽粤交界海域：按农业部《关于调整闽粤交界海域伏季休渔规定的通知》要求，北纬 22° 30′～23° 30′、东经 117° ～120° 的闽粤交界海域，每年 6 月 1 日 12 时至 8 月 1 日 12 时。除执行东海、南海有关休渔规定外，所有灯光围网作业同时实行休渔。

通过有关部门对休渔区域制度利弊的调查，广大渔民认为实施 2、3 个月的休渔，为主要经济鱼类的产卵和幼鱼生长提供时间和空间，促进了渔业资源的休养生息和恢复。主要经济鱼类如鲅鱼、带鱼的资源量有所增加，种群结构得到改善，产量有所回升，对提高经济效益有相应的益处，渔民得到了实惠。一些地方由“要我休渔转变为我要休渔”。通过 8 年来实施伏季休渔制度，大大提高了各级干部和广大渔民群众保护渔业资源、保护渔业生态环境的意识。广大渔民从伏季休渔中得到实惠，极大地提高了休渔的自觉性，并要求延长休渔期以更有效地保护渔业资源。

贯彻实施好《中日渔业协定》和《中韩渔业协定》 在贯彻实施《中日渔业协定》方面：2002 年是新《中日渔业协定》实施的第三年。在中日双方渔业主管部门的共同努力下，2002 年《中日渔业协定》得到了较好的实施，双方入渔井然有序，海上作业秩序也基本正常。双方渔船按达成 2002 年渔期作业条件，相互办理了入渔许可证，并到对方专属经济区人渔，没有发生大的违规案件。较好地实施了《中日渔业协定暂定措施水域资源管理措施》，交换了暂定措施水域的船名册，启动了中日海洋生物资源专家小组的活动，继续开展了民间安全议定书的磋商。

为实施《中日渔业协定》，我国各级渔业管理部门作了大量工作。其一是加强了协定有关内容的渔民宣传和指导工作，建立健全了有关相互入渔的日常通报机制。其二是加强暂定措施水域的管理，严格要求 2 万余艘在暂定措施水域的作业渔船要填写捕捞日志，派出渔政船开展了暂定措施水域的监督管理，维持该水域正常渔业生产秩序。

在贯彻实施《中韩渔业协定》方面：《中韩渔业协定》是 2001 年 6 月 30 日正式生效。生效后两国渔业主管部门和渔民为实施这一协定做出了积极的努力与合作，在入渔与遵守协议方面取得了初步的成果，尽管在具体实施中还存在不令人满意的地方，但发展趋势是积极的。一年多来，绝大多数的双方渔船能按协定规定作业，海上生产秩序基本正常。

我国各级政府及渔业行政主管部门对执行好《中韩渔业协定》十分重视，并作了大量工作。一是组织大范围和多次层的宣传教育和培训。据统计，共组织和举办各类培训班 140 期，培训渔民 7 000 余人(次)，编印《中韩渔业协定作业须知》3.5 万册并发送到有关管理机关和渔民手中。二是做好几千艘入渔和过渡水域作业渔船的申请、标志牌、捕捞日志发放以及进出水域通报等相关工作。三是加强了海上渔政监督管理，组织了一大批渔政船进行协定水域检查，指导渔民生产。四是启动了海洋捕捞渔船的减船转产的相关工作，计划在今后 5 年内，全国减少 3 万艘渔船。这些工作的开展，有力地促进了《中韩渔业协定》的顺利实施。

搞好专属经济区渔政巡航工作 据渔政管理部门报导，2002 年专属经济区渔政巡航工作在各海区渔政渔港监督管理局 和各有关省、自治区、直辖市渔业行政主管部门的精心组织和大力支持下，特别是经过广大渔政船员的艰苦努力，取得显著成效，基本完成了农业部渔业局下达的年度巡航任务，有效维护了我国海洋权益，树立了中国渔政部门在专属经济区管理中的良好形象。

据报道，2002 年巡航年度，3 个海区渔政局共组织了 36 艘渔政船参加专属经济区渔政巡航，共出航 86 个航次，巡航 1 408 天(次)，航时 13 405.4 小时，航程 137 887.6 海里，总体上达到了“每个海区每天保持两艘渔政船巡航，每年安排巡航 200 天”的巡航天(艘次)的任务要求。共观察记录渔船 9 604 艘(次)，其中，检查国内渔船 1 468 艘，处罚违规渔船 445 艘；登临检查外国渔船 15 艘，处罚违规渔船 12 艘。巡航中救助遇险渔船 12 艘。另外，加强了重点水域的渔政巡航，巡航质量有所提高，针对性有所增强。2002 年，农业部渔政指挥中心在东海区、南海区分别组织了重点针对渔政船职务船员的专属经济区法律法规知识和渔政船卫星 C 站操作、进出港报告等业务技能的培训，参加培训的渔政管理人员和职务船员共 183 人。黄渤海区渔政局也自行组织了有关培训。各海区渔政局的专属经济区渔政巡航计划有所细化，巡航任务的目的性有所加强，航次任务通知书的下达、上报逐步规范，渔政船卫星C站的运行情况有所好转，进出港报告制度执行情况有所改善。

2002 年渔业捕捞管理工作是全年渔业管理工作的重头戏，政府主导和介入的程度不断增强，因此管理成本显著提高，每年仅是转产转业扶持资金就达10亿元以上，国家财政的支出不断增加，随着捕捞能力压缩工作的全面展开，该项工作的难度也将进一步提升。 （刘大安）

海水养殖
Marine Mariculture

【海水养殖业经济发展与管理工作概况】 2002 年，海水养殖经济呈现持续稳定的发展态势，海水养殖产量达到 1 213 万吨，同比增长 7.19%，是渔业第一产业中增长速度最高的产业。海水养殖面积 2002 年达到 134 万公顷，同比增长 5.13%。由此可以看出发展资金中投向海水养殖的部分有明显的增加，广大农渔民通过发展海水养殖致富的积极性仍持旺盛势头。

2002 年海水养殖业的主要发展特点:

(1) 海水养殖发展势头不减，生产积极性进一步提升。从 2002 年全国海水养殖产量、养殖面积增长较上年相比有较大增长幅度的事实不难看出，沿海渔区发展海水养殖的势头依然不减。如 2002 年广西海水养殖面积 6.14 万公顷，产量 80.12 万吨，增长 6.66%。养殖品种结构更趋合理，贝类养殖继续成为热点，其中，近江牡蛎浮筏养殖 1 866.67 公顷，增加 566.67 公顷，增长 44%；象鼻螺养殖 2 266.67 公顷，增加 1 818.67 公顷，增长 389%；牛耳螺养殖 221.33 公顷，增加 133.33 公顷，增长 51%。全区网箱养殖已发展至 7 740 箱，已初步形成规模化生产。2002 年，海南省海水养殖面积为 1.65 万公顷，海水养殖产量 12.95 万吨，分别比上年增长 23.9%，全省海水养殖产值 26.1 亿元。海水养殖对全省水产养殖的贡献和对农渔民的增收作用不断增加。青岛市面向国内、国外两个市场，按照“品质调好，结构调优，规模调大，外向度调高，竞争力调强”的思路，加大水产养殖结构调整力度，推动渔业优化升级。

(2) 产业结构调整发挥作用，全面推动名特优新品种养殖产业化。全国 2002 年海水养殖品种结构调整取得明显成效，内在质量显著提高，名优养殖品种产值在渔业产值中的比重明显增强。

如南方各省充分利用区域优势，发展名优产品取得成效。海南省积极推进以对虾、鲍鱼为主导产品的水产养殖业发展，仅此2个品种就创产值10余亿元。2002年全国对虾养殖产量达38.4万吨，比上年增加8万吨。其中，南美白对虾养殖发展较快，成为沿海和内陆地区品种结构调整的重要品种，养殖面积及养殖产量稳步增长。一些名优水产品的养殖正在向规模化、集约化、产业化方向发展。广西海水网箱养殖在原有养殖鲈鱼、美国红鱼、真鲷、石斑鱼等品种基础上，新引进和发展了暗纹东方豚、紫焰笛鲷、星斑裸颊鲷等名优品种。大连市名优新品种养殖迅速崛起，其中，鲍鱼、海参养殖面积约2 700公顷，产量2 500吨，比上年增长了46.8%；菲律宾蛤仔养殖面积2万余公顷，产量40万吨，比上年增长了约10%；大菱鲆、牙鲆、三文鱼、河豚等名贵鱼类养殖稳步发展，带动了海水鱼养殖快速发展。

(3) 对发展海水养殖投资进一步加大，投资主体呈现多元化的趋势。股份制私营企业已成为海水养殖开发、生产的主体。在福建、海南、江苏、山东、辽宁等沿海地带，外商和我国台商投资养殖十分踊跃，农业以外的资金也大量涌入，同时，也带来了先进的养殖技术和管理经验，促进了我国水产养殖技术的提高。

(4) 水产科技推动力度增加，农渔民实施健康养殖意识逐步增强，无公害水产养殖迅速发展。各地以提高水产品质量为核心，以保护生态环境为基础，加快渔业由数量型向效益型的转变，促进了水产养殖业的可持续发展。各地普遍开展了无公害水产品标准化示范基地建设，启动了无公害水产品行动计划。如江苏省率先出台了《无公害水产品生产基肌定实施办法》，积极做好水产品安全质量标准制随和标准化示范区建设工作。广西全区工厂化养殖对虾面积达634.5万平方米，增加10.7万平方米，增长78%。

(5) 养殖方式的集约化步伐加快，工厂化养殖成为沿海渔区发展的热点。随着管理对养殖业发展要求越来越高的趋势和便于管理，在沿海发达地区对养殖基础设施进行改造，兴建高科技的工厂化养殖设施成普遍共识。工厂化养殖鲍鱼、大菱鲆、牙鲆、河豚、对虾等高档品种养殖规模不断扩大。如天津市2002年新增工厂化养殖面积6万平方米，比2001增加一番多，全市工厂化养殖面积达到11万平方米，成为沿海渔业经济新的增长点。河北省工厂化养殖面积从2001年的11万平方米增加到2002年的25万平方米，增加113%。辽宁省全省以海珍品为主的底播增殖规模达8.6万余公顷，产量20万吨，分别比上年增长19.6%和11%。大连市长海县猿子岛渔业公司底播增殖虾夷扇贝一项创产值1.4亿元，利润7 000万元，成为全镇第一致富产业。黄海北部增殖对虾产量454吨，产值2 270万元，分别比上年增长71.2%和51.3%。葫芦岛兴城市渔民集资开展日本对虾生产性放流，放苗280万尾，回捕2 530千克，投入产出比达1∶10，为发展增殖放流渔业闯出一条新路。辽宁大连市工厂化养虾27.5万平方米，工厂化养鱼10万平方米，水产苗种场育苗水体13万立方米，年产成品鱼23 704吨，比上年增长了68.8%，其中，大菱鲆养殖突破100万尾；对虾养殖从1993年大规模暴发虾病以来首次突破万吨大关并创造历史最高产量，养殖面积8 500余公顷，产量10 686吨，比上年增长了46.26%；梭子蟹养殖1 300余公顷，产量3 291吨，比上年增长了53.9%。条斑紫菜、海带等藻类养殖面积1 100余公顷，年产鲜菜1.4万吨，比上年增长了8.2%。

(6) 积极推行养殖证制度。依据《渔业法》和农业部统一部署，各地开始按照国家主管部门关于全面推行养殖证制度的要求，制定了相应的实施养殖证制度工作方案，明确工作思路与原则，规定了实施步骤、基本程序与权限和完成时限，提出工作要求。通过业务培训、检查指导，推行养殖证制度工作全面展开。到2002年底，沿海一些地区如威海、湛江等地在完成养殖滩涂规划的基础上换发和核发了部分新证。广东将实施养殖证制度与沿海渔民转产转业相结合，在养殖滩涂中划出养殖水域给捕捞渔民作为“保命海”。

（刘大安）

统计资料
Statistical Data

表 1 2002 年全国海水产品产量增减情况表

单位：吨

品　种	2002 年	2001 年	2002 年比 2001 年增(+)减(-)产量	增减幅度(%)
水产品总产量	45 651 790	43 820 987	1 830 803	4.18
海水产品	26 463 371	25 721 467	741 904	2.88
海洋捕捞	14 334 934	14 406 144	-71 210	-0.49
海水养殖	12 128 437	11 315 323	813 114	7.19
海水产品中：鱼类	10 205 250	10 127 081	78 169	0.77
虾蟹类	3 098 010	3 022 022	75 988	2.51
贝　类	11 324 345	10 822 374	501 971	4.64
藻　类	1 331 395	1 241 497	89 898	7.24
其　他	504 371	508 493	-4 122	-0.81

表 2 2002 年全国远洋渔业产量增减情况表

单位：产量：吨，船只：艘

地　区	2002 年			2001 年			2002 年比 2001 年增(+)减(-)		
	远洋渔业产量	运回国内量	投入船只	远洋渔业产量	运回国内量	投入船只	远洋渔业产量	运回国内量	投入船只
全国总计	1 096 445	705 476	2 041	884 878	485 614	1 897	211 567	219 862	146
天　津	19 427	16 754	23	12 003	9 852	20	7 424	6 902	3
河　北	2 058	2 058	12	500		6	1 558	2 058	6
辽　宁	186 358	102 882	345	148 062	73 516	302	38 296	29 366	43
上　海	66 547		81	41 334		68	25 213		13
江　苏	19 414	13 553	47	14 500	14 186	53	4 914	-633	-6
浙　江	217 423	212 066	491	183 363	175 774	454	34 060	36 292	37
福　建	133 015	122 000	229	81 618	66 718	170	51 397	55 282	59
山　东	154 502	82 371	212	142 440	49 362	183	12 062	33 009	29
广　东	115 447	33 536	170	77 465	18 686	123	37 982	14 850	47
广　西									
海　南	77			616	534	4	-539	-534	-2
中水总公司	182 177	120 256	431	182 977	76 986	514	-800	43 270	-83

表3　2002年沿海各省、市、自治区海水养殖产量（按产品类别分）

单位：吨

地 区	海水养殖产量合计	1. 鱼 类	2. 虾 蟹 类			3. 贝 类			
			小 计	对 虾	其 他	小 计	贻 贝	扇 贝	蛏
全国总计	12 128 437	560 404	562 326	384 141	178 185	9 651 727	663 866	935 585	635 486
天 津	7 958	1 760	6 039	5 415	624				
河 北	201 191	11 003	14 779	14 779		175 142	6 489	106 014	
辽 宁	1 782 422	54 330	33 756	17 598	16 158	1 330 799	173 806	202 752	1 368
上 海	2 433		2 433	2 394	39				
江 苏	364 201	11 430	23 827	6 831	16 996	309 163			36 815
浙 江	851 533	40 338	80 613	27 617	52 996	700 032	39 101	1 348	301 715
福 建	2 829 565	117 597	52 614	24 963	27 651	2 270 981	71 864	8 039	189 161
山 东	3 262 069	70 862	51 697	33 977	17 720	2 655 234	271 622	602 415	96 288
广 东	1 896 366	222 575	151 582	118 730	32 852	1 480 988	96 723	4 628	134
广 西	801 200	19 627	72 022	63 927	8 095	709 082	4 176	10 299	10 005
海 南	129 499	10 882	72 964	67 910	5 054	20 306	85	90	

地 区	3. 贝 类（续）				4. 藻 类				5. 其他海水养殖产品
	蛤	蚶	牡 蛎	其 他	小 计	海 带	紫 菜	其 他	
全国总计	2 300 941	237 534	3 625 548	1 252 767	1 301 679	841 540	67 062	393 077	52 301
天 津									159
河 北	56 052	6 217		370					267
辽 宁	407 258	5 558	233 448	306 609	348 902	193 633		155 269	14 635
上 海									
江 苏	192 815	6 886	2 229	70 418	9 696	390	9 306		10 085
浙 江	89 522	118 825	124 039	25 482	30 259	8 473	19 453	2 333	291
福 建	226 901	34 881	1 633 975	106 160	385 258	328 828	31 543	24 887	3 115
山 东	983 797	21 554	576 727	102 831	474 955	310 127	5 343	159 485	9 321
广 东	125 910	27 609	589 882	636 102	27 173		1 417	25 756	14 048
广 西	210 876	15 280	456 446	2 000	89	89			380
海 南	7 810	724	8 802	2 795	25 347			25 347	

表4　2002年沿海各省、市、自治区海水养殖产量（按水面类型分）

单位：吨

地　　区	海水养殖产量合计	浅海养殖	港湾养殖	滩涂养殖
全国合计	12 128 437	5 372 775	1 091 135	5 664 527
天　　津	7 958			7 958
河　　北	201 191	113 976	930	86 285
辽　　宁	1 782 422	1 134 831	98 562	549 029
上　　海	2 433			2 433
江　　苏	364 201			364 201

续 表

浙 江	851 533	197 993	236 849	416 691
福 建	2 829 565	1 823 051	91 171	915 343
山 东	3 262 069	1 918 765	183 367	1 159 937
广 东	1 896 366	27 173	388 205	1 480 988
广 西	801 200	151 249	56 684	593 267
海 南	129 499	5 737	35 367	88 395

表5 2002年沿海各省、市、自治区海水养殖产量（按海域分）

单位：吨

地 区	海洋捕捞产量合计	按捕捞海域分					按内外海分	
		渤 海	黄 海	东 海	南 海	其他海域	内 海	外 海
全国总计	14 334 934	1 329 807	3 154 883	5 144 434	3 587 517	1 118 293	9 244 261	5 090 673
天 津	44 820	22 398	2 722			19 700	22 398	22 422
河 北	317 249	256 891	58 215		85	2 058	302 721	14 528
辽 宁	1 488 365	594 931	701 518	23 840		168 076	1 187 975	300 390
上 海	115 802			44 140		71 662	44 140	71 662
江 苏	606 572	1 510	429 914	154 453		20 69	359 547	247 025
浙 江	3 241 799			3 024 376		217 423	785 625	2 456 174
福 建	2 118 278		1 126	1 774 293	205 996	136 863	1 304 699	813 579
山 东	2 720 554	454 077	1 961 388	123 332		181 757	2 282 984	437 570
广 东	1 847 227				1 731 780	115 447	1 440 837	406 390
广 西	862 969				860 781	2 188	859 674	3 295
海 南	789 122				788 875	247	471 484	317 638
中水总公司	182 177					182 177	181 177	

表6 2002年沿海各省、市、自治区海洋捕捞产量（按捕捞渔具分）

单位：吨

地 区	按捕捞渔具分						按捕捞产品栖息水层分	
	拖 网	围 网	小型流刺网	定置网	钓 业	其 他	中上层	中下层
全国总计	7 182 625	724 217	2 353 894	2 096 121	569 506	1 408 571	5 623 076	8 711 858
天 津		80	15 112	2 629	19 427	7 572	33 690	11 130
河 北	59 649	1 783	142 387	71 042	2 133	40 255	184 313	132 936
辽 宁	528 871	71 969	394 283	242 744	43 590	206 908	815 872	672 493
上 海	101 151	6 011		3 220	5 115	305	49 254	66 548
江 苏	116 926	1 354	93 068	180 500	660	214 064	214 917	391 655
浙 江	2 056 858	90 155	184 939	606 650	153 805	149 392	648 360	2 593 439
福 建	816 576	157 807	242 465	512 389	29 758	359 283	1 002 277	1 116 001
山 东	1 597 149	60 278	376 609	364 799	119 460	202 259	1 248 174	1 472 380
广 东	1 012 505	196 552	434 270	39 152	102 116	62 632	554 168	1 293 059
广 西	613 063	55 608	68 515	24 253	6 074	95 456	378 481	484 488
海 南	97 700	82 620	402 246	48 743	87 368	70 445	311 393	477 729
中水总公司	182 177						182 177	

表 7 2002 年沿海各省、市、自治区海水养殖面积（按产品类别分）

单位：公顷

地 区	海水养殖面积合计	1. 鱼类	2. 虾蟹类			3. 贝 类			
			小 计	对 虾	其 他	小 计	贻 贝	扇 贝	蛏
全国总计	1 344 754	83 368	312 687	246 275	66 412	833 461	19 214	61 215	66 499
天 津	5 816	1 005	3 917	2 960	957				
河 北	75 296	4 966	20 755	20 755		49 335	790	16 560	
辽 宁	278 588	2 401	41 540	39 8	2 282	207 839	3 274	25 130	887
上 海	696		696	678	18				
江 苏	150 313	3 613	20 653	14 833	5 820	115 247			10 527
浙 江	116 909	5 648	38 659	17 736	20 923	66 050	2 068	315	24 773
福 建	137 987	11 243	22 408	16 980	5 428	84 563	2 305	380	14 485
山 东	292 768	8 877	76 925	60 428	16 497	164 053	4 849	17 094	12 388
广 东	208 174	42 333	57 452	45 500	11 952	103 486	4 216	933	63
广 西	61 774	2 222	18 470	17 221	1 249	40 966	1 705	797	3 376
海 南	16 433	1 060	11 212	9 926	1 286	1 922	7	6	

地 区	3. 贝 类（续）				4. 藻 类				5. 其他海水养殖产品
	蛤	蚶	牡 蛎	其 他	小 计	海 带	紫 菜	其 他	
全国总计	363 151	39 089	111 658	172 635	61 676	25 316	25 344	11 016	53 562
天 津									894
河 北	22 987	8 932		66					240
辽 宁	99 864	3 527	8 136	67 021	8 525	4 774		3 751	18 283
上 海									
江 苏	89 993	2 040	387	12 300	8 920	67	8 647	206	1 880
浙 江	7 062	13 702	5 601	12 529	6 373	735	4 973	665	179
福 建	13 043	3 617	46 616	4 117	19 201	7 217	10 703	1 281	572
山 东	104 292	2 936	9 166	13 328	14 621	12 473	722	1 426	28 292
广 东	12 113	2 616	20 883	62 662	1 747		299	1 448	3 156
广 西	13 232	1 428	20 202	226	50	50			66
海 南	565	291	667	386	2 239			2 239	

表 8 2002 年沿海各省、市、自治区海水养殖面积（按水面类型分）

单位：公顷

地 区	海水养殖面积合计	浅海养殖	港湾养殖	滩涂养殖
全国总计	1 344 754	345 731	256 109	742 914
天 津	5 816			5 816
河 北	75 296	18 316	1 715	55 265
辽 宁	278 588	144 568	43 815	90 205
上 海	696			696
江 苏	150 313			150 313
浙 江	116 909	14 928	38 523	63 458
福 建	137 987	53 912	22 814	61 261
山 东	292 768	98 254	35 410	159 104
广 东	208 174	1 747	102 941	103 486
广 西	61 774	13 048	7 793	40 933
海 南	16 433	958	3 098	12 377

表 9　2002 年沿海各省、市、自治区海水养殖单产水平（按产品类别分）

单位：千克 / 公顷

地　区	总水平	1. 鱼类平均水平	2. 虾蟹类			3. 贝类			
			虾蟹类平均	对　虾	其　他	贝类平均	贻　贝	扇　贝	蛏
全国总计	9 019	6 722	1 798	1 560	2 683	11 580	34 551	15 284	9 556
天　津	1 368	1 751	1 542	1 829	652				
河　北	2 672	2 216	712	712		3 550	8 214	6 402	
辽　宁	6 398	22 628	813	448	7 081	6 403	53 087	8 068	1 542
上　海	3 496		3 496	3 531	2 167				
江　苏	2 423	3 164	1 154	461	2 920	2 683			3 497
浙　江	7 284	7 142	2 085	1 557	2 533	10 599	10 000	1 070	12 170
福　建	20 506	10 460	2 348	1 470	5 094	26 855	31 177	21 155	13 059
山　东	11 142	7 983	672	562	1 074	16 185	36 016	35 241	7 773
广　东	9 110	5 258	2 638	2 609	2 749	14 311	22 942	4 960	2 127
广　西	12 970	8 833	3 899	3 712	6 481	17 309	2 449	12 922	2 964
海　南	7 880	10 266	6 508	6 842	3 930	10 565	12 143	15 000	

地　区	3. 贝类（续）				4. 藻　类				5. 其他海水养殖产品
	蛤	蚶	牡　蛎	其　他	小　计	海　带	紫　菜	其　他	
全国总计	6 336	6 077	32 470	7 257	21 105	33 241	2 646	35 682	976
天　津									178
河　北	2 438	696		5 606					1 113
辽　宁	4 078	1 576	28 693	4 575	40 927	40 560		41 394	800
上　海									
江　苏	2 143	3 375	5 760	5 725	1 087	5 821	1 076		5 364
浙　江	12 677	8 672	22 146	2 034	4 748	11 528	3 912	3 508	1 626
福　建	17 396	9 644	35 052	25 786	20 064	45 563	2 947	19 428	5 446
山　东	9 433	7 341	62 920	7 715	32 484	24 864	7 400	111 841	329
广　东	10 395	10 554	28 247	10 151	15 554		4 739	17 787	4 451
广　西	15 937	10 700	22 594	8 850	1 780	1 780			5 758
海　南	13 823	2 488	13 196	7 241	11 321			11 321	

表 10　2002 年沿海各省、市、自治区海水养殖单产水平（按水面类别分）

单位：千克 / 公顷

地　区	海水养殖面积合计	1. 浅海养殖	2. 港湾养殖	3. 滩涂养殖
全国总计	9 019	15 540	4 260	7 625
天　津	1 368			1 368
河　北	2 672	6 223	542	1 561
辽　宁	6 398	7 850	2 250	6 086
上　海	3 496			3 496
江　苏	2 423			2 423
浙　江	7 284	13 263	6 148	6 566
福　建	20 506	33 815	3 996	14 942
山　东	11 142	19 529	5 178	7 290
广　东	9 110	15 554	3 771	14 311
广　西	12 970	11 592	7 274	14 494
海　南	7 880	5 989	11 416	7 142

表11　2002年全社会渔业总产值及海水产品产值

单位：万元

指　　标	按1990年不变价计算	按现行价计算
全社会渔业总产值	21 260 025.41	31 099 340.98
海水产品产值	10 392 645.20	14 637 127.82

表12　2002年沿海各省、市、自治区海洋渔业灾害情况

地　区	沉船(艘)	冲毁养殖池(公顷)	损失水产品数量(吨)	直接经济损失(万元)	死亡人数(人)	失踪人数(人)	重伤人数(人)
全国总计	452	21 143	67 809	66 361	367	190	145
天　津		1 615	137	473			
河　北	13		2 214	5 376	23	19	21
辽　宁	48		28 150	4 729	40	45	16
上　海	1			155	2		2
江　苏	11	34	7 701	1 383	18	12	5
浙　江	103	8 570	7 851	20 671	194	37	64
福　建	83	6	10	9	10	14	3
山　东	27	166	4 486	3 119	37	17	6
广　东	129	9 494	11 135	19 755	35	42	19
广　西		1 032	3 044	2 363			
海　南	37	226	3 081	8 328	8	4	9

表13　2002年沿海各省、市、自治区海洋渔业乡、村及群众（非国有）渔业人口、劳动力情况

地　区	1. 渔业乡(个)	2. 渔业村(个)	3. 渔业户(户)	4. 渔业人口(人)	5. 渔业劳动力(人)
全国总计	383	4 110	1 428 559	5 443 159	2 873 012
天　　津	4	28	5 555	13 962	6 834
河　　北	11	104	32 515	134 806	60 400
辽　　宁	99	511	114 593	292 351	267 040
上　　海	—	9	1 997	8 299	5 525
江　　苏	10	123	53 968	190 668	178 889
浙　　江	82	710	280 772	954 519	448 270
福　　建	37	459	334 367	1 430 096	626 255
山　　东	54	828	302 305	991 172	518 468
广　　东	66	963	208 852	963 140	513 645
广　　西	1	83	23 564	106 859	78 793
海　　南	19	292	70 071	357 287	168 893

表14 2002年沿海各省、市、自治区国有海洋捕捞企业基本情况

地区	企业数(个)	亏损企业		盈利企业		年末职工人数(人)
		亏损企业数(个)	亏损总额(万元)	盈利企业数(个)	利润总额(万元)	
全国总计	40	28	11 982.09	10	4 936.53	27 473
天津	1			1	216.29	768
河北	2	2	863.19			545
辽宁	3	3	360.00			7 526
上海	3	1	1 814.93	2	3 133.44	5 622
江苏	3	2	248.30	1	13.00	347
浙江	3	2	1 728.00	1	840.00	3 590
福建	3	1	3.50			362
山东	9	7	6 039.00	2	180.00	6 525
广东	9	6	641.67	3	553.80	1 469
广西	2	2	200.00			222
海南	2	2	83.50			497

表15 2002年沿海各省、市、自治区国有海水养殖企业基本情况表

地区	企业数(个)	亏损企业		盈利企业		年末职工人数(人)
		亏损企业数(个)	亏损总额(万元)	盈利企业数(个)	利润总额(万元)	
全国总计	121	57	1 849.23	61	2 288.30	8 266
天津	2	2	3.50			35
河北	12	5	378.00	7	391.00	1 690
辽宁	4	4	108.00			1 138
上海						
江苏	3	1	184.00	2	21.00	202
浙江	5	2	589.60	3	142.00	175
福建	12	5	28.00	4	3.30	310
山东	57	18	351.00	39	1 618.00	3 888
广东	16	11	197.13	5	112.50	395
广西	6	6				360
海南	4	3	10.00	1	0.50	73

（中国水产科学研究院渔业综合信息中心　刘大安）

海洋交通运输业

Marine Communications and Transportation

综　述
Summary

【概况】　2002 年，中国国民经济持续快速健康发展，全年国内生产总值跃上 10 万亿元新台阶，比上年增长 8%；进出口总额达 6 208 亿美元，比上年增长 21.8%；国内需求进一步扩大，全年固定资产投资比上年增长 16.1%。较快的经济增长和有利的政策环境为水路交通事业发展创造了有利条件。全年水路交通业坚持以发展为主题，以结构调整为主线，抓住机遇，开拓创新，各项事业取得积极成效，水运生产总体保持稳中有升态势，为“十五”水路交通全面推进奠定了扎实基础。主要情况和特点如下：

(1) 基础设施和运输装备进一步改善。2002 年全国水路基础设施建设完成投资 169.8 亿元。其中沿海港口建设完成 129.85 亿元，比上年增长 4.8%。建设资金的投入使港航基础设施总量进一步增加。全国港口拥有生产用码头泊位 33 600 个，比上年净增 159 个，其中万吨级以上泊位 835 个，比上年净增 25 个。

大型化和专业化码头泊位继续增加，港口吞吐能力进一步增强。全国港口万吨级以上泊位中，1 万～3 万吨级泊位比上年末增加 6 个，5 万～10 万吨级泊位增加 14 个，10 万吨级以上泊位增加 5 个。万吨级及以上专业化泊位 441 个，其中原油泊位 57 个、成品油及液化气泊位 63 个、煤炭泊位 102 个、粮食泊位 32 个、集装箱泊位 98 个，均比上年有所增加。

水上运输装备结构调整力度加大，船舶向大型化和专业化发展。全年水上运输船比上年末减少 0.8 万艘，但净载重量同比增加了 256 万吨位；平均净载重量比上年末提高了 22.5 吨。

(2) 水路客货运输量。2002 年，全社会完成水路货运量 14.2 亿吨，货物周转量 27 510.6 亿吨千米，分别比上年增长 6.8%和 5.9%；全社会完成水路客运量 1.9 亿人，比上年增长 0.5%，旅客周转量 81.8 亿人千米，比上年下降 9.0%。水路客运量、旅客周转量在综合运输体系中所占比重分别为 1.2%和 0.6%；水路货运量、货物周转量在综合运输体系中所占比重分别为 9.6%和 54.5%。

(3) 客货平均运距均有下降，水路集装箱运输量增长显著。2002 年全国水路客运平均运距为 43.7 千米，比上年减少 4.5 千米；货运平均运距为 1 937.4 千米，比上年减少 21.4 千米。全社会水路运输集装箱 1 231.7 万标准箱，重量 12 385.5 万吨，分别比上年增长 16.5%和 13.5%；其中远洋运输集装箱 934.8 万标准箱，重量 9 129.1 万吨，分别比上年增长 10.9%和 12.4%。

(4) 港口货物吞吐量增长强劲。2002 年全国港口完成货物吞吐量 28.0 亿吨，比上年增长 16.6%。其中，沿海港口完成 17.2 亿吨，增长 18.1%。全国港口完成外贸货物吞吐量 7.8 亿吨，比上年增长 18.4%。其中沿海港口完成 7.1 亿吨，增长 18.5%。

(5) 多功能、综合性大型枢纽港发展加快。沿海港口中吞吐量名列前 10 位的港口的年货物吞吐量都在 3 900 万吨以上，完成的货物吞吐量占沿海主要港口的 72.5%。其中上海港吞吐量连续 3 年超过 2 亿吨，2002 年达 2.64 亿吨，比上年增长 19.4%。其他 6 个亿吨港年货物吞吐量分别为：宁波港 1.54 亿吨、广州港 1.53 亿吨、天津港 1.29 亿吨、青岛港 1.22 亿吨、秦皇岛港 1.12 亿吨、大连港 1.09 亿吨。

(6) 集装箱吞吐量继续攀升。2002 年全国港口完成集装箱吞吐量 3 721 万标准箱，比上年增长 35.4%。其中沿海港口完成 3 376 万标准箱，增长 36.7%。

2002 年全国集装箱吞吐量超过 100 万标准箱的 8 个港口中，上海港完成 861 万标准箱，已超过高雄港，居世界第 4 位；深圳港完成 762 万标准箱，由 2001 年的世界第 8 位上升到 2002 年的世界第 6 位。其他超过 100 万标准箱的港口分别是青岛港 341 万标准箱、天津港 241 万标准箱、广州港 217 万标准箱、宁波港 186 万标准箱、厦门港 175 万标准箱、大连港 135 万标准箱。

(7) 干散货仍占港口吞吐量半数以上。2002 年全国港口完成干散货吞吐量 15.30 亿吨，比上年增长 17.5%；液体散货 3.85 亿吨，比上年增长 10.2%；件杂货 4.16 亿吨，比上年增长 6.1%；集装箱吞吐量（重量）3.40 亿吨，比上年增长 33.7%；滚装车 1.28 亿吨，比上年增长 24.3%。干散货、液体散货、件杂货、集装箱和滚装车在港口货物吞吐量中所占比重分别为 54.6%、13.8%、14.9%、12.1%和 4.6%。

(8) 煤炭及制品、石油天然气及制品等仍占港口吞吐量的较大比重。全国主要港口完成煤炭及制品吞吐量 5.0 亿吨、石油天然气及制品 3.3 亿吨、金属矿石 2.4 亿吨、矿建材料 2.4 亿吨、钢铁 1.0 亿吨，分别占全国主要港口货物吞吐量的 22.3%、14.6%、10.7%、10.8%和 4.4%。

海洋运输
Marine Transport

【煤炭运输】 2002 年，国民经济保持良好的发展势头，国内煤炭市场需求旺盛，煤炭产量和销量大幅度增长，价格上扬，部分地区出现煤炭供应紧张的局面。全国主要港口发运煤炭 2.6 亿吨，同比增长 12%；其中，完成外贸出口煤炭 8 635 万吨，同比增长 1.1%，外贸进口煤炭完成 680 万吨，同比增长 112.0%。

【铁矿石运输】 2002 年，随着国民经济的稳步快速发展，金属矿石需求量继续大幅度增长，在连续几年高增长率的基础上，2002 年外贸进口铁矿石继续保持迅猛增长势头，首次突破亿吨大关。全年进口铁矿石 11 580 万吨，比上年增长 25%。

由于连续几年进口铁矿石以较大幅度增长，铁路运输能力明显不足，给港口生产带来了较大压力。2002 年港口待疏运外贸进口铁矿石一直保持在 1 500 万吨左右，严重制约了港口堆场的周转；尽管铁路货运量年增长 8%以上，其中铁矿石疏运增长量保持在 15%以上，但仍不能满足港口物资疏运的需要。为保证正常生产，港口不得不通过汽车疏港，严重增加了企业的生产成本。

【国际集装箱班轮运输】 2002 年全国港口货物吞吐量完成 26.8 亿吨，比上年增长 11.6%。港口集装箱吞吐量完成 3 700 万标准箱，比上年增长 34.6%。有 6 个港口与上海港一起跻身世界亿吨大港行列，港口集装箱吞吐量增长 3.76 倍。

全国各港国际航班总计 3 782 班/月，增长 23.9%；远洋干线航班 702 班/月，近洋航班 2 911 班/月；外资班轮航班 1 710 班/月，占 40%多，其中远洋航班 491 班/月，占全部远洋航班数的 70%以上。

【旅游“黄金周”及春运水路旅客运输情况】 2002 年“春节”、“五一”以及“十一”三个旅游“黄金周”期间，全国主要省市水路客运量分别为 390 万人、580 万人、420 万人，比上年分别下降 7%、增长 4.3%、增长 5%；春运 40 天水路客运量 2 440 万人，比上年下降 7.6%。

2002 年，随着人们出行需求由常规运输向高速化、旅游化、客滚化、舒适化运输发展，水路旅游运输、高速运输、客滚运输悄然兴起，发展十分迅速，如渤海湾、舟山群岛、川江、珠江三角洲、琼州海峡及部分湖区、库区等，这些水路客运热点地区的形成和发展，正日益引人瞩目，尤其是旅游成分的迅速增长。其主要原因：一是在一定时期内，水路客运在海峡、海湾、陆岛、岛岛等地区运输中具有不可替代作用，并在向客滚、高速运输方向发展。二是中国拥有众多的河、湖、库区，水路航线又大多与著名的自然、人文景观、旅游城市相连，水路客运向旅游运输方向发展。

沿海港口生产
Coastal Ports Production

【综述】 2002 年全国港口完成货物吞吐量 28.0 亿吨，其中沿海港口完成货物吞吐量 17.2 亿吨；与上年相比分别增长 16.6%、18.1%；全国港口完成国际集装箱吞吐量 3 721 万标准箱，与上年相比增长 35.4%。主要有以下特点：

(1) 全国主要港口生产得到进一步快速发展，港口吞吐量增长迅速。2002 年，全国主要港口完成货物吞吐量 22.4 亿吨，比上年增长 18.5%，其中，沿海主要港口完成货物吞吐量 16.7 亿吨，比上年增长 17.6%。2002 年，上海、宁波、广州、天津、秦皇岛、青岛、大连港务局吞吐量均达到亿吨以上，尤其是上海港吞吐量已达到2.6亿吨。

(2) 外贸货物吞吐量继续稳步增长。2002年，国家继续采取了一系列的鼓励出口政策，降低了出口成本，使我国对外贸易保持快速的增长态势，港口外贸运输增长迅速。全国主要港口外贸货物吞吐量完成7.7亿吨，比上年增长20.3%，其中沿海主要港口完成外贸货物吞吐量7.1亿吨，比上年增长20.3%。

(3) 全国主要港口集装箱吞吐量快速增长。在国际经济持续低迷的情况下，2002年全国主要港口集装箱吞吐量完成3 618万标准箱，比上年增长了36.4%，其中，沿海主要港口完成3 382万标准箱，比上年增长37.7%，吞吐量超百万标准箱的港口达到8个，其中上海港的集装箱吞吐量达到861万标准箱。

【大连港】 2002年大连港完成货物吞吐量10 851万吨，比上年增长8%。其中，外贸吞吐量3 845.4万吨，比上年增长25%，外贸吞吐量占总吞吐量的比重为35.4%，比上年增长4.8%。主要货种完成情况为：滚装3 457.5万吨，比上年增长4.1%；油品3 295.1万吨，比上年增长2.6%；粮食1 264.2万吨，比上年增长30.6%。完成集装箱吞吐量135.2万标准箱，比上年增长11.1%。完成旅客吞吐量584.4万人次，下降0.7%。实现利税10 850万元。

生产稳定增长。一是通过为客户设计一体化运输方案、加强与铁路部门的合作、拓展服务范围等方式，货源开发工作向更深层次推进；二是挖掘内部潜力，合理规划生产布局和分配生产要素，港口能力和作业效率进一步提高；三是在集装箱运输方面，优化航线结构，加强内陆集疏运网络建设，大力拓展中转业务，完成海铁联运集装箱8.16万标准箱，完成中转集装箱11万标准箱；四是安全生产形势稳定，工亡率为零，实现了25年无重大火灾事故。

深化企业内部经济核算，有效控制成本，装卸成本每千吨降低了390元；加快由生产经营型向资本运营型的转变，投资效益保持稳定增长，全年入账投资收益8 000万元；年末应收账款余额控制在1.14亿元，完成了预定目标；根据港口体制改革的原则和建立现代企业制度的要求，基本完成了港口集团组建的准备工作；进一步完善工程技术系统、物资系统、审计系统的改革，实行了主辅分离，对部分具备条件的单位实行了公司制改造和经营者任期目标责任制，收到了较好的效果；积极推进法人单位劳动关系分立工作；进行工资制度改革，由岗位组合工资制向岗位效益工资制过渡。

重点工程建设全面启动。全年完成固定资产投资8.8亿元，超过以往任何一年。25万吨级矿石码头、30万吨级原油码头、大窑湾二期2个集装箱泊位、新港总体改扩建、新港6×10万立方米油罐等重点工程均在年内相继开工。所有项目均按规定进行招投标，投标价比投资概算节省近1/4。信息化建设也取得新进展，生产经营、外理、物资等计算机管理系统投入运行，内部信息网站基本建成。控股的口岸物流网公司被确立为大连口岸公共信息平台，在海关物流监控和航运单证电子化方面，处于国内领先地位。

【营口港】 2002年全港完成货物吞吐量3 127万吨，比上年增长24.1%。其中矿粉完成414.5万吨，比上年增长13.1%；钢铁完成520.9万吨，比上年增长35.8%；粮食完成352.3万吨，比上年增长32.4%；集装箱完成30.15万标准箱，增长42.89%；石油天然气制品完成304.1万吨，非金属矿石完成246.7万吨。

进一步强化了货源组织与市场开发，科学合理组织港口生产，不断改进装卸工艺，提高装卸效率和服务质量。新增国际集装箱航线2条，开辟了营口港区直通福州、温州的集装箱班轮航线。成功接卸15万吨级以上散货船舶13艘次。

港口基本建设成绩显著，基本完成了鲅鱼圈港区三期工程3个5万吨级泊位水工主体工程以及散粮中转设施工程设备安装；完成了成品油及液体化工品码头工程根部3万吨级水工主体及其他两个泊位的接岸栈桥部分；防波堤外侧、防浪护岸及港内护岸工程+4.5米以下工程；航道改造工程年底浚深至-12.5米；物流存储配送中心工程完成场地动迁，完成场坪10万平方米，临时堆场6万平方米，铁路线通车。

港口信息化建设取得新成果，开发应用了集装箱EDI二期报文系统和营口港物资管理系统。进一步提高企业管理水平，完成了ISO9001：2000

质量管理体系认证工作。

2002年1月31日营口港A股股票在上交所挂牌交易。

精神文明建设得到进一步加强，营口港荣获2002年全国思想政治工作优秀企业和全国文明单位称号。

【天津港】 天津港位于华北平原海河入海口，处于京津城市带和环渤海经济圈的交汇点上，是环渤海中与华北、西北等内陆地区距离最短的港口，是首都北京和天津市的海上门户，也是亚欧大陆桥的起点之一，背靠三北，面向东亚。

天津港是中国最大的人工港，由海港和河港两部分组成，港区现有陆域面积37平方千米，港口陆域规划面积80平方千米，航道为10万吨级，15万吨级航道正在建设中。天津港本港拥有各类泊位76个，其中万吨级以上深水泊位53个。2002年完成货物吞吐量达1.29亿吨，其中集装箱吞吐量240.8万标准箱，位居世界港口20强之列。天津港客运服务质量体系于1997年12月正式通过英国BSI公司和中国船级社进行的ISO9002—GB/T19002标准认证，成为国内首家通过国际、国内双重认证的港口，具有较高的国际知名度和良好的对外服务信誉。

在2002年全国500强企业评选中，天津港居第347位，为全国港口行业第二位。目前天津港已同世界上的160余个国家和地区的300余个港口有贸易往来，集装箱班轮航线近70条，每月集装箱航班近300班，与日本、韩国、美国等国家的12个港口建立了友好港关系。

从2003至2010年，天津港将围绕扩大规模、提升等级、调整结构、改善环境，投资154亿元，建设东突堤北侧集装箱化改造工程、北大防波堤工程、20万吨级矿石码头工程、北港池集装箱码头工程、外海25万～30万吨级原油码头工程、集装箱物流中心、散货物流中心完善工程等十大发展项目。到2010年，天津港将成为设施先进、功能完善、管理科学、效益显著、环境优美、现代化、国际化深水大港。货物总吞吐量将达到2.3亿吨并力争突破2.6亿吨，其中集装箱吞吐量达到1 000万标准箱，成为中国北方最大的散货主干港、东北亚地区的国际集装箱枢纽港、国际物流和资源配置的枢纽港。

【烟台港】 2002年全港货物吞吐量完成2 689.4万吨，比上年增长22.8%；其中外贸吞吐量1 352.8万吨，比上年增长22.4%。集装箱完成16万标准箱，比上年增长33.4%。旅客客运量420.1万人，比上年增长4.7%；其中旅客发送量完成204.6万人，较上年增长2.8%。本港完成货物吞吐量2 288.8万吨，其中外贸吞吐量1 325.9万吨，分别较上年增长19.0%和21.8%；完成集装箱16.0万标准箱，较上年增长33.4%；旅客运量301.3万人，其中旅客发送量149.2万人次，分别较上年增长4.8%和4.7%；实现营运收入4.86亿元，比上年增长10%。

2002年，散杂货运输有较大增长，其中金属矿石大幅度增长，吞吐量达到736.6万吨，比上年增长76.3%；化肥、煤炭吞吐量分别达到192.8万吨和76.3万吨，比上年分别增长29.6%和35.5%。集装箱运输在稳固现有航线、合理调整班期的基础上，积极与大船公司、大货主合作，努力增线增班，全年共完成集装箱船舶作业1 007艘次，比上年增加24.3%。客运滚装运输重点加大了市场营销力度，寻求运力和运量的动态平衡，抓好运量市场的拓展与营销，巩固和扩大了市场占有份额。全年共完成旅客售票149.2万人，滚装车出口16.3万辆，分别比上年增长4.7%和24.4%。

港口建设，以西港池顺岸码头扩建工程和西港池航道扩建工程为重点。建设规模为3万吨级内贸集装箱泊位和2万吨级多用途泊位各1个，设计年通过能力96万吨，其中内贸集装箱10万标准箱，总投资1.9亿元，总工期2年。至2002年底，疏浚工程累计挖泥108万立方米，完成总挖泥量54%，年内累计完成投资6 160余万元，为总投资的31%。西港池航道扩建工程规模为加深航道6.5千米，其中-15米航道4.5千米，-13米航道2千米，航道宽度由130米加宽至180米。工程概算总额为1.7亿元，预计于2003年底完工。年内完成挖泥约100万立方米，完成投资1 700万元。

【舟山港】 2002年货物吞吐量完成4 067.75万吨，比上年增长23.98%；外贸货物吞吐量完成907.03万吨，比上年增长51.44%；集装箱吞吐量完成2.66万标箱，比上年增长11.14 %。旅客吞吐量完成 738.33 万人，比上年增长 10.15%。全市水上运力保有量达 71.04 万载重吨，比上年增长 18.3%。

港口生产得到持续稳定发展，油品、煤炭、矿砂等大宗散货水水中转初具规模。矿砂中转实现了新的增量，宝钢马迹山矿砂中转正式运营，完成矿砂吞吐量 503.95 万吨。油品中转取得了新的突破，做好以岙山为龙头的油品中转，积极探索虾峙门外原油减载项目，完成油品吞吐量 1 524.96 万吨，比上年增长 18.23%。同时煤炭、矿建、木材、钢铁等吞吐量也取得了新的增长。

2002 年舟山港充分发挥地缘及资源优势，加大港口产业和临港产业的发展力度。总投资 14 亿元的甬沪宁进口管网工程册子岛—白沙湾原油接卸工程前期工作正加快进行。为舟山临港工业园区配套的老塘山港区三期 5 万吨级码头工程进展顺利。日产 3 000 吨植物油的中海油脂加工基地、投资近亿元的舟山省级中转储备粮库、两家木材加工企业都已落户园区。舟山远东洁净煤配送中心项目工程各项前期工作基本完成。

【广州港】 2002 年全港货物吞吐量完成 15 324 万吨，比上年增长 19.5%，稳居世界十大港口行列。全港国际集装箱吞吐量完成 217.3 万标准箱，比上年增长 25%。旅客发送量为 4.5 万人次，比上年减少 23.7%。外贸吞吐量完成 4 241.7 万吨，占全港吞吐量的 27.7%，比上年增长 21.3%，其中外贸进口吞吐量完成 3 063.6 万吨，比上年增长 13.2%；外贸出口吞吐量完成 1 178.1 万吨，比上年增长 49.3%。外贸吞吐量中增加的货类主要是煤炭、成品油、铁矿石、化肥、钢铁、粮食、矿建材料、机电设备、集装箱等。全港内贸吞吐量完成 11 082.2 万吨，占全港吞吐量的 72.3%，比上年增长 18.8%，其中内贸进口吞吐量完成 7 405.9 万吨，增长 24.7%；内贸出口吞吐量完成 3 676.3 万吨，增长 8.4%。内贸吞吐量中增加的货类主要是煤炭、原油、矿建材料、机电设备、非金属矿、集装箱等。

2002 年，广州港抓住散货（含液体货物）和集装箱两个重点，主动参与市场竞争，推行业务管理和经营系统化，拓展提升港口能力，创造了全港、本港货物吞吐量的历史新高。

针对散货，重点抓住大宗货类，发挥集团和锚地过驳及码头的优势。煤炭、石油、散粮、矿石、钢铁等五大货类的全港吞吐量达到 9 137 万吨，比上年增加 742 万吨，占全港新增吞吐量的 29.7%。对于集装箱运输，面对竞争，采取积极的应对措施，力促集装箱吞吐量继续保持高速增长。一是加大投资，改造和调整集装箱码头，提高通过能力，全年集装箱改造投入 9 314 万元，新增能力 60 万标准箱。二是努力为集装箱运输创造良好的发展环境。三是主动配合船公司开辟新班轮航线工作。在 PIL 开辟新的北日本航线之后，6 月 28 日与中外运合作开辟美西班轮航线，结束了广州港近年没有远洋班轮航线的历史。

至 2002 年底，广州港已有外贸班轮航线 6 条，内贸班轮航线 20 余条，内贸集装箱运输第一大港的地位更加巩固。2002 年广州港单船效率和船舶作业计划兑现率明显提高，平均每次在港停时 1.9 天，比上年延长 11.8%；平均每装卸千吨货在港停时 0.17 天，比上年缩短 5.6%；平均舱时量为 193.8 吨，比上年增加 8.2%；平均船时量为 165.7 吨，比上年增加 7%。

加快港口建设步伐，加大重点技术改造项目的力度。全年完成固定资产投资 18 666 万元，其中更新改造项目投资完成 12 572 万元。新沙 8～10 号集装箱泊位改造达到 40 万标准箱能力的过渡方案所有项目已实施完毕并投入使用，该码头已成为广州港集装箱运输主要增长点。

【海口港】 2002 年海口港货物吞吐量首次突破千万吨大关，完成货物吞吐量 1 072.9 万吨，比上年增长 20.8%。在货类方面，反季节瓜果菜增幅较大，钢铁、粮食也有所增长。外贸货物全年共完成 5.4 万吨，比上年增长 14.5%。集装箱吞吐量为 12.4 万标准箱，比上年增长 63.2。旅客进出口人数为 225.7 万人次，比上年增长 9.9%。

以发展集装箱和轮渡运输为重点，加大对集装箱生产设备和改造轮渡船的投入，增加了集装箱门机、拖车和堆场，新造滚装船 1 艘，改造滚装船 2 艘。

2002 年，全港营业总收入 31 058.67 万元，比上年增长 3.6%；实现税后利润 617.71 万元，比上年增长 336.7%。

沿海港口建设
Coastal Ports Construction

【综述】 2002 年，沿海港口完成投资 130 多亿元，建成中级以上泊位 24 个，其中深水泊位 19 个，新增码头通过能力 6 650 万吨，其中新增集装箱吞吐能力 196 万标准箱。

(1) 继续整顿和规范市场秩序。2002 年，水运工程建设行业继续加强整顿和规范市场秩序的力度，开展水运工程执法监察，严格执行项目法人制、工程招标投标制、工程监理制和合同管理制，完善监督措施，规范经营行为。进一步规范市场主体行为，净化市场环境，使得水运工程建设质量又上了一个新的台阶。

(2) 加快港口工程建设步伐。2002 年，为缓解集装箱快速发展对基础设施需求的压力，重点加强了沿海主要港口集装箱码头的建设，尤其是加快上海国际航运中心的建设。建设完成了上海港外高桥港区三期工程和长江口深水航道治理一期工程；开工建设了洋山深水港区一期工程和长江口深水航道治理二期工程。

洋山深水港区工程。洋山深水港区工程规划建设集装箱专用泊位50个左右，年吞吐能力1 500万标准箱以上，其中一期工程建设 5 个能停靠第五、第六代集装箱船舶的专用泊位，设计年吞吐能力 220 万标准箱。一期工程由洋山深水港区、跨海大桥和芦潮后方配套工程三部分组成，总投资约 140 亿元，其中港区部分投资约 70 亿元。一期工程于 2002 年正式开工建设，计划到 2005 年底建成投产。

此外，大连大窑湾、天津港、青岛前湾、上海外高桥、宁波北仑、深圳盐田、南京龙潭等都在兴建大型深水集装箱专用泊位。

【大连港大窑湾港区后 6 个泊位工程】 2002 年 12 月 30 日，大连港大窑湾港区一期工程后 6 个泊位通过了由交通部组织的竣工验收，工程质量总评为优良，具备投产条件。

大连港大窑湾港区后 6 个泊位工程是国家“八五”跨“九五”的重点建设项目。该工程新建深水泊位 6 个，其中 2.5 万吨级集装箱泊位 1 个、5 万吨级集装箱泊位 2 个、万吨级杂货泊位 2 个、简易万吨级泊位 1 个，年设计吞吐能力为 720 万吨，其中集装箱吞吐能力 85 万标准箱。工程完成投资人民币 11.53 亿元，外币 38.63 亿日元。

该工程建设深水泊位岸线长 1 462 米，码头结构型式为沉箱重力式结构；建设工作船码头 421 米、护岸 450 米、梳式沉箱结构岛堤 643.37 米；建设堆场面积 47.33 万平方米，其中集装箱堆场 39.13 万平方米、多用途堆场 8.2 万平方米。

该工程由中交水运规划设计院设计、大连港务局建设，主要施工单位为中港一航局三公司、天津航道局等，由大连港口建设监理公司实施工程监理。

【日照港木片码头工程】 2002 年 10 月 22 日，日照港木片码头工程通过了由交通部组织的竣工验收，具备投产条件。

日照港木片码头工程是为日照森博浆纸有限责任公司配套建设的木皮接卸专用码头，也是日照港西港区开发建设的起步工程。该工程新建 4 万吨级深水泊位 1 个，码头长 261 米，为沉箱重力式结构，设计年吞吐能力 74 万吨。建设抛石斜坡堤护岸总长 1 592 米，建成堆场面积 5 449 平方米、道路面积 6 581 平方米。购置 16 吨门座式起重机 2 台、清仓挖掘机 2 台、鼓风机 3 台。安装码头皮带机、接卸皮带机和出港皮带机各 1 条，总长 923 米。木皮专用船装卸采用自卸船—接卸皮带机—出港高架皮带机工艺方案，散货船装卸采用门机抓斗—固定接卸漏斗—接卸皮带机—出港高架皮带机工艺方案。工程完成投资 1.83 亿元。

该工程建设单位为日照港务局，由中交第一航务工程勘察设计院承担总体设计，主要施工单位为日照港湾工程有限公司、天津航道局等，由日照港建设监理有限公司实施工程监理。

【上海港外高桥港区三期工程】 2002 年 11 月 4 日，上海港外高桥港区三期工程通过了交通部组织的竣工验收，工程质量总评为优良，具备投产条件。

为进一步加快上海国际航运中心的建设，缓解上海港集装箱吞吐能力不足的矛盾，上海港港务局于 1999 年 10 月 28 日开工建设外高桥港区三期工程。该工程新建 2 个可靠泊第四代集装箱船作业的集装箱专用泊位，水工结构和装卸设备兼顾第五代集装箱船靠泊作业，设计年通过能力 65

万标准箱，工程总投资11.35亿元。

外高桥港区三期工程码头平面采用桥栈式布置，码头岸线长665.8米，码头面宽50米。建设港区陆域总面积65.86万平方米，陆域平均纵深1 055米，堆场总面积38.5万平方米，其中集装箱堆场面积33.65万平方米。码头前沿配置大型集装箱装卸桥6台，后方堆场配备轮胎式龙门起重机18台。

该工程设计科学先进，总体布局合理。港区陆域采用吹填砂造陆，地基加固采用振动碾压方式；码头面层采用抗裂性能较好的丙纶纤维混凝土，港区道路采用改性沥青混凝土等新技术；装卸工艺设计合理，装卸设备性能先进，能够满足工程设计和生产的要求。该工程的建成投产，将对促进长江三角洲地区经济发展、加快上海国际航运中心的建设发挥重要的作用。

该工程建设单位为上海港务局，主要设计单位为中交水运工程设计研究院，主要施工单位有中港第三航务工程局、上海港务工程公司、上海航道局、上海港口机械制造厂，由上海远东水运工程建设监理咨询公司、南华建设监理所、东华建设监理所实施工程监理。

支持保障系统建设
Construction of the Support and Guarantee System

【支持保障系统建设概述】 2002年，交通部加大了支持保障系统建设力度，主要建设了公路、水运科研试验室，大连海事大学及“211工程”，交通规划信息系统，卫星地面站；完善了沿海重要水域的水上安全监督保障体系，建设了一批水上安全监督、水上通信系统、水上助航、海上救助与打捞等交通支持保障系统的基础设施。

1. 科研、教育设施建设

2002年，完成了大连海事大学东山校区锅炉房改扩建工程、建设了交通部党校综合用房和食堂扩建工程、交通部水运科学研究所港口物流与控制工程实验室集装箱港口智能运输试验系统扩建工程、公路所交通智能系统工程、道路结构与路用材料实验室设备改造工程、交通部科学研究院交通公路工程检测设备计量检定站二期工程、交通部天津水运工程科学研究科所工程泥沙实验室港池蛇形不规则造波机系统升级改造工程、水运工程综合实验室工程、大连海事大学凌水校区教学港池航道改造工程、综合楼改造、水上求生训练馆、轮机技能培训中心和电航楼改造工程。购置了济南交通高等专科学校重点实验室设备、南通医学院教学实验室设备以及重庆交通科研设计院客车实验室设备等。同时继续加大对大连海事大学“211工程”的建设力度。

2. 信息、通信设施建设

(1) 信息。交通信息化不断推进，信息网络技术得到推广应用。2002年主要建设了部机关信息化系统改造一期工程、部救捞信息系统工程、交通规划研究院的交通规划信息系统工程、交通报社综合信息系统扩展系统。

(2) 通信。2002年主要建设了部救捞系统通信设施改造工程，北京海事卫星地面站安全防范网络工程、F标准站新建工程、C标准岸站接入控制和信令设备购置及备用天线新建工程，预计2003年工程建成投入使用。

3. 海事系统基本建设

2002年，交通部安排直属海事系统基建投资2.64亿，新开工及跨年度建设项目共68个；造船投资1.93亿，新开工及跨年度建造船舶45条。

(1) 业务用房项目、航标维修保养基地和灯塔工基地建设。2002年建设了辽宁海事局、福建海事局、山东济南海事局、江苏常州、泰州海事局、浙江舟山、温州、台州海事局、福建宁德海事局、海南洋浦海事局和黑龙江黑河海事局等11个局的业务用房以及监督站房30个。同时建设了广东仑头航标保养基地、汕头航标保养基地，青岛、三灶、宁波、海南灯塔工基地。

(2) 船舶交通管理系统（VTS）建设。2002年新建、改造和完善了大连、厦门、宁波、上海、南通、广州及深圳的船舶交通管理系统（VTS），其中大连VTS、厦门VTS工程完成了安装；宁波VTS完成了工程验收；上海VTS一期改扩建、南通VTS改造、广州交管一期完善工程完成了工程招标；深圳VTS已完成初步设计的审查审批工作。

(3) 工作船码头及趸船。2002年主要建设了天津南疆、厦门海沧工作船码头，江苏、广西、广东、浙江、黑龙江海事局下属二、三级机构配套建设的12条趸船。

(4) 通信信息及其他建设。2002年建设了交通部海事信息系统一期工程、福建辖区 VHF 通信工程、秦皇岛海上溢油应急反应中心、汕头遮浪灯塔，以及部分业务用房的装修改造工程等。

(5) 船舶建造。2002 年建造了广东海事局的南海海区千吨级巡视船、浙江海事局的 60 米级巡逻船和广东、深圳、福建、广西海事局的 45 米级巡逻船共 5 条，以及广东海事局中型测量船一条；建造了 30 米以下（含 30 米）的巡逻船舶共 24 条。海事管理救助手段明显加强。

4. 救助打捞系统建设

2002 年主要建设了烟台救捞局的基地基础设施改造、浮筒停放基地、大连救助站和荣成救助站改扩建工程、上海救捞局的海上搜救直升机机场工程、外高桥防汛墙、外高桥救助基地（陆域）、福州救助站、宁波救助站和温州救助站危改工程、广州救捞局的小洲基地护岸、湛江救助站、三亚救助站改造和石楼浮筒基地工程。其中上海救捞局的海上搜救直升机机场工程、广州救捞局的湛江救助站通过国家验收；交通部救捞系统通信设施改造工程、上海救捞局的外高桥救助基地（陆域）、广州救捞局的小洲基地护岸基本完工。2002 年建成的上海救捞局“华腾”轮下水投入使用，“九五”期间投资建造的一批救助拖轮除广州救捞局“德穗”轮外，其他已全部建成并投入使用。“十五”拟建造的 6 000 千瓦的海洋救助船舶已完成船厂的选定工作，8 000 千瓦的海洋救助船舶已完成了方案设计的审查。

【广州救捞局湛江救助站码头工程通过验收】 广州救捞局湛江救助站码头工程是交通部“九五”期间建设项目之一。该工程 1999 年 9 月开工建设，2002 年 12 月通过了交通部组织的竣工验收。

广州救捞局湛江救助站码头工程建设码头长度 190 米；陆域形成 20 000 平方米；道路堆场 5 743 平方米；生产生活建筑物 3 500 平方米及相应的附属设备。投资 4 741 万元。

该工程的建设单位为交通部广州救捞局，设计单位为广东省航运规划设计院，主要施工单位为中港第三航务工程局五公司和广州救捞局建工处，监理单位为广州海建工程监理公司。工程质量总评为优良。

该工程的建成解决了湛江救助站无固定工作船停靠码头的困难，并提高了整个广州救捞局的码头停靠能力，进一步增强中国在南方海域的救助能力。

水上交通安全
Marine Traffic Safety

【综述】 2002年，水上交通安全管理工作继续以“水上运输安全管理年”活动为主线，针对突出问题，有重点地开展专项整治工作，强化对“四区一线”等重点水域的安全生产检查，狠抓隐患整改，水上交通安全形势总体基本平稳，重特大恶性责任事故基本得到有效遏止。全国发生水上交通事故734件，死亡463人，沉船384艘，直接经济损失16 135.1万元，分别比上年上升14.1%、下降1.5%、上升31.1%、下降15.5%。

(1) 继续认真开展“水上运输安全管理年”活动，并认真做好活动自查总结工作，基本实现“四个明显、一个确保”的活动目标。2002年，交通系统各单位按照“巩固整顿成果、立足长效管理”的指导思想，深化安全管理责任制，夯实水上交通安全管理基础，巩固水上交通安全专项整顿成果，强化市场管理，重点整改安全隐患，水上交通安全管理的基础工作得到了进一步加强。

(2) 继续加大水上交通安全宣传教育工作力度，努力营造良好的水上交通安全管理氛围。各地区、各单位坚持以人为本，充分利用广播、电视、报刊等各种舆论宣传工具，宣传“安全生产月”、“反三违月”、“水上运输安全管理年”活动，努力提高广大干部职工、从业人员和旅客的安全意识，营造安全生产和安全管理的社会氛围。

(3) 积极开展水上交通安全大检查，狠抓安全隐患的整改。交通部分别于 1 月、5 月和 10 月对渤海湾水域、舟山水域、琼州海峡、西南山区河流及长江水域等“四区一线”重点水域进行了 3 次安全生产专项检查。针对检查中发现的问题，及时向地方政府进行反馈，并督促、跟踪隐患整改。

(4) 针对突出问题，开展各类专项整治工作，坚持长效管理与专项整治相结合。为加强液货船监督管理，开展了液货船专项检查活动，确保危险品水上运输安全。为把好船舶检验质量关，对国内沿海、内河航行的油船、化学品船和货船改建油船的检验质量以及各船检机构执行有关规章制度情况进行了集中检查活动。为加强冬季安全生产，稳定水上交通安全形势，自2002年12月开始，在全国交通系统开展“百日安全无事故”活动。针对长江下游超载船、“三无”船违章航行，严重影响水上交通安全的问题，交通部于2002年12月中下旬组织开展打击超载、“三无”船舶联动执法行动，遏制了长江下游小型船舶事故频发的势头。

(5) 进一步加大对重点水域通航秩序的整治力度，确保通航环境持续好转。重点对珠江口水域通航环境进行了整治，建立、培养了一支空中海巡队伍，利用直升飞机开展空中巡航，探索实施以VTS为中心、与直升飞机、监督船艇相配合的立体监管模式，实现了50海里内的有效监管。经过充分研究，在长江口实施了船舶定线制，并对长江江苏段进行航路改革、实施分道通航进行了积极研究，取得了重要进展。

(6) 进一步加强乡镇船舶安全管理工作。各地区、各单位积极督促县乡政府落实乡镇船舶安全管理责任，进一步明确职责，理顺安全管理关系和责任，并千方百计建立乡镇船舶管理机构或配备专兼职管理人员。

(7) 继续实施ISM规则审核，积极开展ISM规则国内化工作。2002年7～9月，在世界上三个主要港口国监督组织开展的针对ISM规则实施情况的港口国监督集中检查会战中，中国籍船舶接受检查200余艘次，没有一艘船舶被滞留。同时，交通部积极开展ISM规则的国内化工作，南京长江油运公司等110家第一批国内航运企业建立了安全管理体系，并通过了主管机关的审核。

【保护通航环境　确保航行安全】 2002年，全国沿海和部分内河通航水域共开展水上水下施工作业4 482件，比上年增长11.75%；全年开展水上水下施工作业170 618天，比上年增长9.36%；平均每件的施工作业天数为38.1天。全年在沿海和部分内河通航流域开展的水上水下施工作业活动的规模有所增加，工程效率有所提高。

2002年，在全国沿海和部分内河通航水域开展的水上水下施工作业项目中，按申请的件数排序，排在前10位的依此为“碍航类地质调查”(1 891件)、“挖砂、淘金”(985件)、“疏浚作业”(918件)、“修建码头”(388件)、“架设桥梁”(188件)、“打捞沉船”(136件)、“救助船舶”(121件)、“架设索道、电缆”(103件)、“修建堤岸或人工岛”(74件)、“碍航类水文气象观测”(58件)。表明2002年在全国沿海和部分内河通航水域开展的水上水下施工作业以基础性、基建型工程为多。

2002年，在全国沿海和部分内河通航水域开展的水上水下施工作业项目件数，按审批机关排序，排在前5位的依此为“广东海事局”(1 174件)、“上海海事局”(840件)、“江苏海事局”(675件)、“浙江海事局”(497件)、“广西海事局”(387件)，全国沿海和部分内河通航水域最少的是“海南海事局”(33件)。从审批机关的排序来看，中国目前的水上水下施工作业主要集中在江、浙、沪、粤和长江沿线中下游地区，在这些地区的发生的施工作业活动占全部活动的79%，比上年增长了近七个百分点，而辽、冀、津、鲁、琼五省市的施工作业活动仅占全部活动的8.1%，比上年减少了近一个百分点，这表明中国北方和南方在经济活动方面还存在较大的差异。

2002年，在全国沿海和部分内河通航水域开展的4 482件水上水下施工作业项目中，有1 655件发生在港内，占全部作业的36.9%；有1 414件发生在航道内，占全部作业的31.6%；有105件发生在锚地，占全部作业的2.3%；有1 308件发生在其他水域，占全部作业的29.2%。这表明中国沿海和部分内河通航水域的水上水下施工作业项目主要集中在中国各港口港内和航道内。

2002年，全国海事系统依照《中华人民共和国海上交通安全法》、《中华人民共和国内河交通安全管理条例》、《中华人民共和国水上水下施工作业通航管理规定》等法律法规，加强了对水上碍航活动的管理和治理，总的情况是好的。但是从实地考察和各地反映的情况及对统计数据的分析来看，中国沿海和内河通航水域不同程度地存在着以下主要问题：一是由于管理不严，沿海和部分内河通航水域出现了蚕食锚地、航道的情况。二是各地海事管理机关对施工作业的现场监督管理力度不够。三是船员安全意识不强，安全管理部门对船舶离港初和临到港前的安全管理环节重视不够。四是有些业主出于对效益的追求，常疏忽或有意回避配套安全设施，致使安全管理手段和配套设施不能完全到位。五是通航水域非法设置捕捞或养殖网具以及非法采砂的治理问题涉及到渔业、矿产、水利等多个部门，这些部门与海事部门的协调配合尚需加强。

【港口航道测绘工作】

(1) 沿海港口航道图测绘工作。2002 年共完成了沿海 12 个港口水道 89 幅港口航道图的测绘任务，测绘工作量 8 252.08 换算平方千米，印制海图 59 820 张，发行港口航道图 66 002 张，《改正通告》24 期 17 600 份。海图优良率达到 100%，航海图书印刷合格率达到 100%。编绘完成《大连港引航图集》、《2002 上海港、杭州湾潮汐表》、《珠江口水域船舶交通航路图》等一批航海图书资料和海事管理专题用图。建成中国海事电子海图中心，制作中国沿海电子海图 120 多幅。修订《中国海区港口航道图目录》，覆盖 64 个港口，290 幅海图。完成山东半岛北部、上海港、湛江至海口的 GPS 控制网改造工程。

(2) 应急扫测成效显著，海事测绘的社会影响日益增强。天津海测大队在大连“5.7”空难搜救打捞中，及时扫测确定飞机残骸和“黑匣子”位置，引起社会各界的广泛关注，受到了交通部和地方政府的嘉奖；上海、广东海测大队在长江口深水航道监测、珠江口通航水域扫测、以及洋山港建设等国家重点工程中及时提供测绘保障。广东海事局与香港特区政府海事处签署了《海图资料交换合作安排》协议，提高了珠江口海域航海图书的完整性；举办了“2002 中国海事测绘论坛”活动，扩大了海事测绘的社会影响。

(3) 基础管理进一步完善，保证海事测绘的可持续发展。2002 年共完成了《沿海通航水域应急扫海测量管理办法》、《沿海港口航道测量技术规定》和《海事测绘产品质量检查验收办法及质量评定标准》；完成《海事测绘工艺流程及软硬件配置规范》、《电子海图管理办法》和《电子海图技术政策》报批稿；完成《通航水域测绘管理规定》征求意见稿等技术标准和管理制度的起草修订工作。继续完善 ISO 9000 质量管理体系，开展测绘质量检查活动。天津、上海海测大队各有 QC 小组荣获“2002 年度全国交通行业优秀质量管理小组”，2 项工程获得交通部优秀勘察三等奖。广东海事局 400 吨测量船“海测 1504”建成下水。新引进多波束测深、侧扫声呐、卫星定位等一批测绘设备。积极开展科研活动，上海海事局《国际标准电子海图的研究开发》科研项目获得上海市科学技术进步二等奖，天津海事局开发的“船舶电子海图引航系统”在天津、黄骅等港口得到成功应用。

(4) 积极参加海道测量国际事务。率团参加了第 16 届国际海道测量大会；在上海承办了 IHO 第 14 次 CHRIS 会议；派员参加了国际海事学院海图制图培训；开通了中国海道测绘官方网站，实现了与 IHO 的链接；组织翻译整理了一批 IHO 的基础文件；对 IHO 特别出版物《海洋的名称与界线》涉及中国东海、南海的界线提出了修改意见，维护了国家海洋权益。

海上救助与打捞
Salvage at Sea

【2002 年救助打捞工作概况】 2002 年，交通部救捞系统认真履行海上救助工作职责，发扬“把生的希望送给别人，把死的危险留给自己”的救捞精神，出色地完成了“瓦良格”航空母舰拖航和“5.7”空难、“5.25”空难、陕南抗洪、抢救危险品船、液化气船等抢险、救助打捞任务。全年执行海上救助任务 153 次，出动救助船舶 181 艘次，救助遇险人员 1 603 名（其中外籍人员 401 名），救助遇险船舶 96 艘（其中外籍船 31 艘），救助遇险财产价值 32 亿元，打捞沉船 13 艘，打捞沉物等 11 起。

1. 加强了救助值班待命工作。2002 年，交通部救捞局突出抓了一级值班待命力量的部署。重点加强了渤海湾、成山头、舟山海域、台湾海峡、珠江口和琼州海峡等 6 个事故多发海域，冬季、春运季节和“五一”、“十一”、春节等重点海域、重大节日及重要时期的救助值班工作，进一步贯彻落实了交通部《海上救助打捞船舶调度指挥管理办法》，印发了《关于加强救助值班待命工作的通知》，确保了重要区域和重要时期的值班和救助工作。

2. 强化了安全管理。2002 年，交通部救捞系统认真贯彻全国交通安全工作会议精神，积极开展第三个“水上运输安全管理年”活动，坚持“安全第一、预防为主”的方针，结合救捞系统的实际，强化安全管理工作，加强安全意识的教育，落实安全责任制，认真实施 ISM 国际安全管理规则。交通部救捞局建立了安全工作周例会、月例会和季度例会的制度，安全管理工作取得了明显成绩。

(3) 做好救捞体制改革工作。2002 年，交通部救捞局有组织、有步骤地推进救捞体制改革工作。一是认真贯彻落实国务院领导对救捞体制改革的重要批示，建立救捞体制改革领导机构。交通部成立了救捞体制改革领导小组，设立了以交通部救捞局为主的救捞体制改革办公室。二是制订了《救捞体制改革实施方案》；三是向中编办申报救助和打捞单位的机构设置及人员编制，并已经中编办批准；四是在调查研究的基础上，制定了救捞体制改革方案的实施细则。

(4) 救捞“九五”计划建设和“十五”计划开局工作。2002 年 7 月上海救捞局“华腾”轮出厂交付使用，“九五”计划全面完成。“九五”期间，完成基本建设土建投资 45 000 万元，造船投资 85 000 万元，建造 3 200 千瓦救助拖轮 6 艘，4 500 千瓦救助拖轮 3 艘，10 000 千瓦救助拖轮 3 艘，2 500 千瓦全回转拖轮 1 艘，在一定程度上缓解了救助船舶严重老化的状况；完成了海上救助直升机项目投资 25 000 万元，上海高东海上救助机场投入使用，购置的两架 S-76C+直升机已投入飞行训练。

为适应海上救助的需要和中国海上救助新体制的建立，编制完成了救捞建设“十五”计划，对“十五”更新的救助船型进行了科学论证和选型，对海上救助直升机建设进行了规划。2002 年土建投资 10 175 万元，造船投资 6 998 万元；烟台救助机场前期工作已开始进行。

【2002 年救助打捞案例】 2002 年交通部救捞系统以“保证救助”为己任，按照“两个统一、四个确保”的救捞工作方针总体要求，发扬救捞精神，尽职尽责，忠于职守，克服困难，圆满完成了各项救助、打捞任务。交通部救捞系统全年执行海上救助任务 153 次，出动救助船舶 181 艘次，救助遇险人员 1 603 名（其中外籍人员 401 名），救助遇险船舶 96 艘（其中外籍船 31 艘），救助遇险财产价值 32 亿，打捞沉船 13 艘，打捞沉物等 11 起。

2002 年完成的典型救助案例有：

(1) 交通部救捞系统全力以赴完成“五・七”空难救助打捞工作。2002 年 5 月 7 日 21 时 24 分，中国民航北方航空公司所属的一架 MD-82 型客机执行 CJ6136 航班从北京飞往大连，不幸在大连湾上空着火失事，坠落在大连市大港以北海岸，机上 103 名乘客和 9 名机组人员共 112 人全部遇难。

空难发生后，党中央国务院高度重视空难的救援工作，成立了“五・七”空难处理领导小组。交通部救捞系统与海事系统、驻大连海军部队和大连地区各单位密切配合，全力投入搜寻打捞行动。

交通部救捞局组织交通部烟台救捞局 5 艘各类救助打捞船舶，160 名救捞船员、潜水员和打捞工程技术人员，同时抽调上海救捞局部分人员及声纳设备，紧急奔赴大连空难现场，参加搜寻打捞遇难者遗体、遗物和失事飞机残骸、“黑匣子”的行动，展开了中国救捞史上空前的大会战。

此次“五・七”空难的救助打捞工作从 5 月 7 日晚至 5 月 25 日 20 时，历时 19 天。救捞系统船舶和潜水员除在 26.7 平方千米的飞机失事海域进行了搜寻外，还对飞机残骸散落的水域反复搜寻，水上拉网式搜寻面积达 16 平方千米，水下搜寻面积达 50 万平方米，先后打捞出飞机的主体部分、部分遇难者遗体、遗物和绝大部分飞机残骸碎片，并成功打捞起飞机的两只“黑匣子”，圆满完成“5.7”空难失事飞机的救助打捞任务。

(2) 交通部上海救捞局组织 2 艘救助船参加台湾华航“五・二五”空难搜寻打捞工程。台湾华航公司发生了“五・二五”飞机坠海事件，交通部救捞局立即调遣交通部上海救捞局“华意”轮、“沪救 12”轮迅速参加遇难者和失事飞机残骸搜寻打捞工作。从 5 月 26 日至 6 月 20 日 1705 时搜寻救捞工作结束，2 艘救助船在指定的 3 600 平方千米海域内展开了反复的搜寻，连续搜寻打捞 26 天，搜寻里程达 7 380 海里，共捞获 25 块飞机残骸，全部移交台湾有关方面，并现场办理了交接手续。

(3) 交通部救捞局组织 10 艘船舶救助失火的液化气船“GAZ POEM”轮。2002 年 11 月 24 日，装有 20 000 余吨液化气的巴拿马籍液化气船 GAZ POEM 在深圳东部海域机舱起火，船上 34 名船员弃船逃生。交通部救捞系统临危受命，先后投入 10 艘救捞船，赶赴深圳大鹏湾海域执行救助任务。以广州救捞局为主的现场救助人员冒着船上液化气随时可能爆炸的危险，克服冬季恶劣海况和气象条件造成的困难，夜以继日，连续奋战，精心设计，大胆施工，顺利完成了降温灭火、调整扶正、潜水封堵等工作，为难船恢复了制冷设备，并成功地将20 000余吨液化气全部卸载。并完成了难船液体舱剩余气体的置换等后续工作，12月20日难船转危为安。

(4) 交通部广州救捞局“德中”轮成功救助“梧桐山”号客滚船271名遇险旅客。2002年12月23日深夜，深圳船务公司所属“梧桐山”号客滚船（船员45人，载有351名旅客和汽车等货物）由海口开往深圳，航行途中在广东省阳江外海域汽车舱突然着火，船员与旅客的生命受到严重威胁，情况万分危急。

获知险情后，交通部救捞局立即组织、协调、指挥各方面力量实施紧急救助。24日凌晨01时左右，“德跃”、“德中”轮2艘救助船全速启航，赶往现场。07时13分，旅客全部撤离“梧桐山”号，遇险旅客全部脱险，其中，“德中”轮共接下旅客271人，其他船舶接走80人。

(5) 交通部上海救捞局成功救助触礁搁浅的“ACCORD”号危险品船。2002年10月19日凌晨，装载有一级危险品（甲基丙稀酸甲脂）的韩国船“ACCORD”轮从日本驶往上海途中不幸在绿华山附近触礁搁浅，船上有外籍船员12人，情况十分危急。在舟山海域救助值班船“德强”接到命令很快抵达现场。此时难船搁在礁石上，左倾达50度，船尾没入水中。“德强”冒险试图强行靠上难船接人，均因风浪太大，并且难船附近为礁石群，无法接近难船。此后，12名遇险船员趁退潮时弃船爬上岸获救。

遵照交通部领导批示精神，上海救捞局积极想方设法防止危险品泄漏污染海洋环境，先后派遣4艘救捞船和百名工程技术人员，携带救捞设备器材及防毒面具现场勘测，制订了完备的施救方案。经过近一个月的施救，确保了船货安全，避免了危险品对环境的污染。

(6) 交通部上海救捞局“沪救捞3号”救助“繁富9”号弃船的10名船员。2002年3月8日凌晨0002时，浙江省某公司所属“繁富9号”轮在舟山海域触礁搁浅，在大风浪作用下船体有随时被掀翻的危险，10名船员分乘2个救生筏弃船求生。上海救捞局救助值班船“沪救捞3号”获讯后立即从绿华山赶往现场。0250时，两个救生艇上的遇险船员被全部救上“沪救捞3号”船，两只救生筏也被吊上救助船，救助作业获得圆满成功。

(7) 交通部上海救捞局“沪救1”号救助“PRESIDENT PIK”号23名遇险的俄罗斯船员。2002年12月28日，美籍远洋渔业加工船“PRESIDENT PIK”（主尺度94米×15.2米×9.7米），航经台湾海峡时船舶失电，船上有俄罗斯船员23名。当日台湾海峡西北风7～8级，难船处境十分危险。上海救捞局“沪救1”号船获息后紧急出动，29日0400时抵达出事地点。16时40分难船突然向左倾斜，且逐渐加大倾斜到30度，情况十分危急。上海救捞局指示“沪救1”号船全力救人，同时通知厦门待命船“华意”轮前往接应。“沪救1”轮果断砍断拖缆，冒着横风横浪强行掉头强靠难船救人，18时38分难船所有23名俄罗斯船员被安全救到“沪救1”轮上。21时10分难船沉没在台湾海峡中。

(8) 交通部上海救捞局“沪救1”救助“富神”号23名弃船船员。2002年8月10日，柬埔寨籍“富神”号货轮载13 200吨黄沙，从福州驶往台湾基隆。出港时在闽江口3号浮附近搁浅。随后船体发生变形，23名遇险船员被迫弃船，乘救生艇求生。获息后“沪救1”号救助船全速赶往现场实施救助。1800时“沪救1”号抵达现场后，发现难船明显中拱，遇险船员乘坐的救生艇已经顺流漂向闽江口附近并搁浅。随后，“沪救1”号放出救助工作艇施救，将遇险船员逐个救上“沪救1”号船上，使遇险船员转危为安。

(9) 救助“俄耳浦斯·亚洲”号。2002年7月25日，日本某公司所属26万载重吨的超级油轮“俄耳甫斯·亚洲”号，从中东地区装载24万吨原油驶往日本，船员28名，在航经巴士海峡北口时主机突然失灵，请求救助。当时正台湾外海有2个台风在活动，难船以3节的速度快速向兰屿岛方向，极有可能触礁搁浅。险情不仅直接影响着船员及船舶财产安全，而且所载原油对中国沿海海洋环境也构成了极其严重的威胁。交通部广州救捞局获知险情后，立即派出国内功率最大的救助拖船“德跃”轮在台风到来之前抵达现场，控制住难船船位，缓解了险情，避免了中国南部沿海的灾难性污染。经过一个月的拖航，于 8 月 24 日将难船拖抵新加坡锚地。

海洋交通科技
Science and Technology in Marine Traffic

【大型煤炭海运船舶及港口装卸成套设备】 该项目为国家重大技术装备研制计划项目，由交通部牵头，中国船舶工业集团公司、水利部、建设部等部门共同承担。项目针对煤炭海运的装、运、卸各环节，通过消化吸收、自主开发，研制大型先进设备。项目实施过程中，共研制重大技术装备 40 台套，新产品、新工艺、新技术 77 项，各研制成果分别达到了国内领先、国际先进和国际领先水平。投入实际应用和已商品化的攻关成果 66 项，获得国家和省部级科技奖励 9 项，获得专利 4 项，这些成果，极大地促进了行业的技术进步，提高了企业的技术水平和市场竞争能力，经济效益和社会效益显著。

【深水防波堤新型结构形式研究和斜向波与直立式防波堤相互作用研究】 该项目获 2002 年度国家科技进步二等奖，由中交水运规划设计院、大连理工大学、交通部天津水运工程科学研究所、大连港务局、中港第一航务工程局三公司共同完成。该项目中的“深水防波堤新型结构形式的研究”以中梳式结构集消浪、透空、清型的优点为一体，在大连港大窑湾岛堤示范工程中应用，节省工程投资 24.5%，缩短工期 16.7%(6 个月)。同时解决了大窑湾港区防波堤口门流速过大的问题。这种结构形式为国内外首创。该项目中的“斜向波与直立式防波堤相互作用研究”为大窑湾岛堤新型结构及总平面布置的优化调整提供了确切的依据，解决岛堤建设中关键的技术问题。该成果主要解决斜向波作用下直立式防波堤设计中的问题，也适用于直立式码头、护岸等建筑物。

【港口装卸机械针对性维修制与维修决策支持系统】 该项目为交通部科技成果推广项目，由大连海事大学等单位承担，2002 年 11 月 10 日在大连市通过验收。该项目具有以下特点：

(1) 所推行的针对性维修制充分体现了设备综合管理的原则，改革相应的组织管理、技术管理和经济管理制度，在推广企业中可逐步形成一个新的维修管理制，有利于建立企业自我约束、自我激励的机制。

(2) 针对性维修制按设备特点和状态，有针对性地采用不同的维修方式，即状态维修、定时维修和事后维修等方式，充分发挥各种维修方式的不同适用性和有效性，以获得最佳的维修效果。

(3) 针对性维修制把状态维修方式作为主要推广应用的维修方式，并具体实施“三检两修”制，把被动式维修转变为主动式维修，防止了过剩维修和维修不足现象。

(4) 充分利用故障诊断、信息管理和预测决策等技术，实行设备动态管理，使维修活动建立在先进的科学基础上，将管理由经验方式向系统化和规范化的科学方式转变。在推广企业中建立与针对性维修制相配的机械维修决策支持系统，该系统将设备管理理论、决策理论和计算机技术融为一体。通过对监测数据的处理、分析与判断，决策系统可以辅助设备管理人员快速、准确地进行维修决策工作。 （交通部科教司　李　奇）

海洋油气业

Offshore Oil and Gas Industry

综 述
Summary

【中国海洋石油总公司综述】 中国海洋石油总公司是中国三大国家石油公司之一，于1982年2月在原石油工业部所属海洋石油勘探局和南海石油勘探指挥部基础上成立，是国务院直属特大型企业之一。

中国海洋石油总公司享有在中国海域对外合作开采海洋石油、天然气资源的专营权，也是中国海上石油和天然气的最大生产者。其主要业务是组织海上石油和天然气的勘探、开发、生产及炼油、石油化工和天然气的加工利用；石油、天然气、油气加工产品、石油化工产品及本系统所属企业生产、加工产品的销售；为用户提供石油、天然气的勘探、开发、生产和销售的服务及通用行业服务、金融服务等。

经过20余年的发展，中国海洋石油总公司目前已成长为全球最大的石油和天然气勘探与生产企业（E&P）之一。2002年，公司国内外油气总产量达到3 207万吨油当量，实现销售收入343.3亿元，利润总额116.6亿元，纳税总额52亿元；资产总额达971亿元，净资产达591亿元。

在持续快速发展的同时，中国海油成功登陆国内外资本市场。继其负责海上油气勘探、开发、生产和销售业务的控股企业中国海洋石油有限公司2001年在香港和纽约成功上市后，2002年，其下属专业技术公司海洋石油工程股份公司和中国海油田服务股份公司分别在上海和香港上市，并在资本市场有良好表现。

在中国资产逾百亿元的大型国有企业中，中国海油连续两年位居国家财政部经营绩效评价的榜首。中国海洋石油总公司和有限公司分别被国际权威资信评定机构标准普尔和穆迪公司授予BBB和Baa1(正面)的评级，这是迄今为止中国企业获得的最高国际信用等级。

（中国海洋石油总公司 崔 忻）

【中国石油化工集团公司综述】 **胜利浅海油气概况** 胜利浅海油气勘探开发区西起四女寺河口，东至淮河口，海岸线长414千米，有利勘探面积约4 870平方千米，水深0～18米，区域构造位于渤海湾盆地埕宁隆起、渤中坳陷、济阳坳陷交汇处。

埕岛油田于1993年投入正式开发，截至2002年底，油田共有油井221口，注水井37口，凝析气井1口，建成产能210万吨，是我国第一个二百万吨级的浅海大油田。

东海油气概况 东海陆架盆地位于上海市、江苏省、浙江省和福建省以东的东海大陆架，面积约27万平方千米，与我国经济最发达的华东地区紧密相连。

2001年，中国石化上海海洋油气分公司与中国海洋石油上海分公司共同组建了东海西湖项目中方联管会，并成立了东海西湖石油天然气作业公司。2002年，东海西湖作业公司在东海西湖凹陷联合勘探开发区完成了断桥二井、天外天四井2口评价井和残雪三井1口探井的钻探，其中断桥二井和天外天四井发现了多层油气显示，残雪三井获得了工业油气流。

东海西湖凹陷联合勘探开发之后，中国石化上海海洋油气分公司又在东海陆架盆地钱塘凹陷获得了2个自营油气勘查区块，中国石化在东海的自营油气勘查区块面积达到1万余平方千米。

2002年中国石化上海海洋油气分公司在东海海礁-钱塘工区完成二维地震勘探4 000余千米，重、磁勘探18 700千米。

2002年平湖油气田年产天然气4.327亿立方米，原油47.32万吨。油气生产井15口。2002年8月16日，平湖油气田扩建工程开工典礼在上海举行，扩建工程计划于2005年完成，届时平湖油气田的供气量将达到200万立方米/日。

（中国石油化工股份有限公司
贾文昌 郑 军等）

海洋石油天然气资源
Offshore Oil and Gas Resources

【概况】 我国拥有约300万平方千米的可管辖海域，包括渤海、黄海、东海、南海以及台湾以东太平洋5大海区。近海大陆架面积达130余万平方千米，发育10个大型的沉积盆地，总面积约89.6万平方千米，有效勘探面积约60万平方千米。我国南沙、中沙海区面积约60万平方千米，发育16个沉积盆地，总面积约51万平方千米。勘探实践证明，在中国海域众多的沉积盆地中蕴涵着丰富的油气资源。

中国近海沉积盆地以第三纪盆地为主。随着勘探工作量的投入和对近海油气资源的认识在不断加深，国家对近海主要原油、天然气区的资源潜力有了更深的认识和较明确的估价。

资源评价的结果表明，中国近海盆地石油总资源量225亿吨，经济资源量78.8亿吨；天然气总资源量15.8万亿立方米，经济资源量5.53万亿立方米。至2002年，中国近海累计发现三级石油地质储量39.48亿吨，其中探明石油地质储量18.10亿吨(原油17.92亿吨、凝析油0.18亿吨)，勘探潜力巨大。中国近海的第三纪盆地，是目前、也是未来相当长一段时间内油气勘探的主战场。

（中国海洋石油总公司　崔　忻）

胜利浅海油气资源　胜利油田浅海埕岛油田，截至2002年底共上报探明含油面积143.9平方千米，探明石油地质储量38 642万吨(包括EDC合作区20.7平方千米,5 440万吨储量)；控制含油面积48.9平方千米，控制石油地质储量5 779万吨。垦东浅海地区，上报探明含油面积9.6平方千米,探明石油地质储量1 759万吨，控制含油面积8.9平方千米，控制石油地质储量2 831万吨。自1993年投入正式开发，截至2002年底，共动用石油地质储量17 537万吨。

东海油气资源　东海大陆架是大陆向海区的自然延伸，面积约51万平方千米，占东海总面积的67%，是世界上最宽广的大陆架之一。根据盆地形成的机制及其演化特点、新生代地层的发育和展布以及古地理的差异，地质学家将东海大陆架划分为三隆二盆5个一级构造单元，自西而东分别为浙闽隆起区、东海陆架盆地、钓鱼岛隆褶带、冲绳海槽盆地和琉球隆褶区。东海陆架盆地和冲绳海槽盆地又可进一步划分为若干次一级构造单元。

东海陆架盆地是一个以新生代沉积为主的大型沉积盆地，面积约27万平方千米，新生代最大沉积厚度可达15 000米。盆地呈北北东-北东走向，主要形成于晚白垩世至上新世，地层发育齐全。盆地的形成经历了古新世-始新世的断陷、渐新世-中新世的坳陷和上新世以来的区域沉降三个时期。随着地质历史的发展，在盆地内不同基底的背景下，形成了不同地质结构的次级构造单元（凹陷和凸起），这些次级构造单元因地层沉积环境、沉积相和构造演化史等等的差异，其油气地质条件和油气丰度存在显著的差别，据目前的认识，西湖凹陷油气地质条件最好，瓯江凹陷次之。目前的油气勘探开发工作主要集中在西湖凹陷和瓯江凹陷。

(1) 西湖凹陷：位于东海陆架盆地东北部，即27°40′N～31°30′N,124°30′E～127°30′E，面积5.6万平方千米，是陆架盆地中一个最主要的含油气凹陷。

西湖凹陷是一个新生代沉积凹陷，经历了裂谷期—反转期—沉降期三个发展阶段，在前第三系基底之上沉积了巨厚的下第三系古新统-第四系碎屑岩地层。古新世初期，由于基隆运动拉张应力的作用，产生了一系列北北东-北东向大断裂，同时形成多个地堑、地垒构造格局，以冲积扇-河流-洪泛沉积体系为主的古新统地层充填在这些地堑之中，最大厚度可达9 000米；至始新世，拉张应力减弱，盆地稳定沉降，始新统地层在西湖凹陷广泛分布，厚度可达5 000米，同时海水从凹陷南部频繁侵入，因而在凹陷中南部形成海湾沉积环境，沉积了一套潮坪-三角洲沉积体系；始新世末的玉泉运动结束了西湖凹陷的裂谷阶段，进入反转期，沉积了渐新统-中新统陆相滨湖-河流相体系。中新世末的龙井运动，西湖凹陷被准平原化，从上新世开始进入区域沉降阶段，沉积了一套上新统的海陆过渡相和第四系的海相地层。

西湖凹陷的地质结构具有明显的“东西分带、南北分块”的特点。自西向东可分为保俶斜坡、三潭深凹、浙东中央背斜带、白堤深凹和天屏断裂带5个构造单元，这些构造单元呈北北东向展布。迄今为止，在西湖凹陷发现130余个局部构造，大部分分布在12个构造带内。构造类型有背斜、半背斜、断块、断鼻，主要圈闭层为渐新统和始新统。

根据20多年的勘探实践和“六五”至“九五”计划国家重点科技攻关成果，认为西湖凹陷是东海陆架盆地的主力生油气凹陷，始新统的暗色泥岩和煤是主力烃源岩系，生成烃类以气为主，而且资源量巨大。始新统平湖组和渐新统花港组是主要勘探目的层，油气藏类型有构造型、岩性型和构造-岩性复合型等多种类型，产出流体以天然气和凝析油为主。目前在西湖凹陷已经发现8个油气田，主要分布在凹陷西部保俶斜坡平湖构造带和浙东中央背斜带南部的苏堤构造带，已发现油气探明储量为原油3 356万吨，天然气1 055亿立方米。据预测，西湖凹陷潜在油气资源量达2.63万亿立方米天然气当量，其中石油资源量为2.5亿吨，天然气资源量为2.38万亿立方米。

(2) 瓯江凹陷：位于东海陆架盆地西南部，即26° 30′ N～28° 13′ N，121° 25′ E～123° 05′ E，面积约1.8万平方千米。中海石油东海公司将瓯江凹陷划分为椒江凹陷和丽水凹陷。

上海海洋石油局“六五”、“七五”计划期间在瓯江凹陷完成了大量地球物理勘探工作，使全区二维地震测网基本达到2千米×2千米，个别局部构造达到1千米×1千米，并钻3口油气探井。1992年，经国务院批准，瓯江凹陷实行对外招标，东海石油公司与16家外国石油公司合作，在瓯江凹陷开展了大规模的石油勘探活动，共完成地震勘探4万千米测线，钻井15口，在第15口钻井（丽水36-1-1井）中获得了商业发现，该井试获凝析油18.7米^3/天，天然气28万米^3/天，在瓯江凹陷发现了第一个油气田——丽水36-1气田。

瓯江凹陷是以下第三系海相沉积为主的凹陷。凹陷内新生界最大厚度可达14 000米，其中古新统厚度超过10 000米，缺失始新统上部至中新统地层。据地震和钻井资料分析，瓯江凹陷古新统大部分为充填型沉积，中下部主要为陆相，中上部主要为海相，其中灵峰组上段近陆侧部分地区为三角洲沉积；古新统上部和始新统主要为坳陷型沉积，属浅海、滨海至沼泽相，近陆侧局部地区为三角洲沉积；上中新统和上新统为披覆沉积，属海陆交互相；第四系为海相披覆沉积。

瓯江凹陷从西至东可分为雁湖斜坡、瓯西深凹、温东构造带和瓯东深凹四个次级构造单元。目前已发现41个局部构造，分布在雁湖斜坡、温东构造带以及深凹等不同部位。构造类型以潜山披覆型为主，其次为断块、断鼻构造。潜山披覆构造核部由前新生界组成，钻井揭示为元古界片麻岩、燕山期花岗岩，其上为古新统和中下始新统披覆沉积。

瓯江凹陷具有两套含油气组合，一套为古新统自生自储式含油气组合，古新统既是主要烃源岩系，也是主要的勘探目的层。另一套为新生古储式含油气组合，古新统生成的油气聚集在潜山之中。

瓯江凹陷的油气资源条件不如西湖凹陷，预测资源量仅1.8亿吨油当量。主要原因是凹陷内缺少充足的烃源和泥岩盖层，致使不能形成大的油气藏。

(3) 钱塘凹陷：位于东海陆架盆地西部坳陷带中部，面积约15 000平方千米。为中生代、新生代沉积凹陷，最大沉积厚度约6 000米，其中中生界沉积厚度达4 000米以上，新生界古新统、始新统地层约1 700米。凹陷内勘探目的层为中生界，初步估算钱塘凹陷油气资源量约2.6亿吨油当量。

（中国石油化工股份有限公司
杨荣才　郑　军等）

海洋油气勘探
Offshore Oil and Gas Exploration

【中国海洋石油总公司油气勘探】 中国海上的油气勘探、开发、生产和销售业务由中国海油控股的上市公司——中国海洋石油有限公司负责。

2002年，中国海洋石油有限公司共完成二维地震采集24 538千米，其中自营22 578千米，合作1 960千米；三维地震采集5 112平方千米，其中自营2 721平方千米，合作2 391平方千米。共完成探井59口，其中自营40口，合作19口；钻井进尺136 486.2米，其中自营93 084.1米，合作43 402.1米。

2002年，中国海油在全海域共获得13个油气发现。其中自营发现10个，包括渤海海域的旅大4-2、旅大5-2、旅大10-1、锦州25-1S、秦皇岛34-3、蓬莱2-2；珠江口盆地的番禺30-1、番禺34-1；琼东南盆地的崖城13-4、崖城13-6。合作发现 3 个，包括渤海海域的旅大 27-2（雪佛龙/德士古 02/31 区块）；曹妃店 11-3 和曹妃店 16-1（科麦奇 05/36 区块）。

全海域 9 个含油气构造评价获得成功。其中自营评价 5 个，包括旅大 4-2、旅大 5-2、旅大 10-1、崖 13-4 和西江 23-1。合作评价 4 个，包括雪佛龙/德士古公司 02/31 区块的旅大 27-2、科麦奇公司 05/36 区块的曹妃店 11-3、曹妃店 12-1S 和菲利普斯公司 11/05 区块的蓬莱 19-3 地堑区。这些含油气构造的评价成功大大加快了油气田开发建设进程。

（中国海洋石油总公司　崔　忻）

【中国石油化工集团公司海洋油气勘探】　胜利浅海地区勘探　胜利浅海探区的勘探始于 20 世纪 60 年代，当时在部分滩海地区（主要集中于埕中、垦东、青东及长堤地区）进行了地质调查以及重力、磁力概查。自 1975 年完成第一口探井（桩参 1 井）和 1988 年发现埕岛油田以来，到 2002 年底，海上共完成了 1∶20 万、1∶10 万、1∶5 万重力测量和航磁测量；二维地震测线 6 633.2 千米，三维地震 1 588.58 平方千米，精细重力 3 984.5 平方千米；完钻探井 141 口，其中埕岛油田完钻探井 92 口。发现了明化镇组、馆陶组、东营组、沙河街组、中生界、上古生界、下古生界、太古界八套含油层系，发现了垦东新滩油田、垦东 4、垦东 34 等含油构造和埕岛油田。

2002 年按照“深化埕岛、解剖垦东、甩开外围”的勘探方针，油气勘探取得“两个重大突破、两个整体探明”的重大成果。新增探明储量 2 284 万吨，控制储量 2 500 万吨。全年完钻探井 12 口，试油 8 口，7 口井获工业油流。埕岛地区古潜山勘探获得重大突破，桩海 10 古生界获日产油 252 吨高产油气流；垦东北部浅海地区获得重大突破，垦东 4 区块探明含油面积 5.2 平方千米、储量 386 万吨，垦东 34 区块控制含油面积 2.1 平方千米、储量 631 万吨；整体探明埕北 32 和 246-247 两个区块。

西湖凹陷的钻探　东海西湖石油天然气作业公司在东海西湖凹陷完成断桥二井、天外天四井 2 口评价井和残雪三井 1 口探井的钻探，总进尺 10 929 米。

断桥二井：位于东海西湖凹陷苏堤构造带中部的断桥气田。钻探目的是落实断桥构造渐新统花港组气藏的储量，整体评价断桥气田，为春晓气田群开发方案提供依据。该井于 2002 年 7 月 7 日开钻，8 月 26 日完井，井深 3 821 米，由中国石化集团公司上海海洋石油局“勘探三号”钻井平台施工。

断桥二井自中新统龙井组下部开始发现油气显示，全井共发现油气显示层 37 层，测井解释油层 1 层，气层 10 层，差气层 2 层。没有进行测试。

天外天四井：位于东海西湖凹陷苏堤构造带天外天气田。钻探的主要目的是落实天外天构造东断块的探明储量。该井于 2002 年 9 月 13 日开钻，10 月 2 日完井，井深 3 508 米。由中国石化集团公司上海海洋石油局“勘探三号”钻井平台施工。

天外天四井自 2 500 米深度开始发现油气显示，显示较频繁，但显示级别低。现场测井解释 1 层气层，没有进行测试。

残雪三井：位于东海西湖凹陷苏堤构造带残北构造西高点。钻探目的是探索残北构造的含油气性和扩大春晓气田群的后备储量。该井于 11 月 3 日开钻，11 月 22 日完井，由中国石化集团公司上海海洋石油局“勘探三号”钻井平台施工。

残雪三井在渐新统花港组发现 13 层油气显示层，测井解释 3 层气层，1 层差气层。完钻后对 H6 砂层组（3 309.8～3 326.0 米）进行了 DST 测试，日产天然气 30 万立方米，凝析油 4.56 立方米。

西湖凹陷的物探　中石化上海海洋油气分公司在东海海礁-钱塘自营油气勘查区完成 4 000 余平方千米二维地震和 18 700 千米重、磁勘探，地震资料由中国石化集团公司上海海洋石油局“发现号”物探船采集，重、磁资料由上海渔政 203 轮采集。

东海海礁-钱塘油气勘查区是中石化在东海的自营油气勘查区，面积 1 万多平方千米。“六五”至“七五”计划期间，中国石化上海海洋油气分公司在该区进行了区域地震调查和油气化探，发现了较明显的化探异常；1999 年，中国石化上海海洋油气分公司又在海礁凸起南块部署 1 700 余千米二维地震和油气化探，发现了数个局部构造，并再次证实油气化探异常的存在。2002 年，中国石化上海海洋油气分公司通过二维地震和重、磁勘探，进一步明确了工区地质构造特征，细划了地质构造单元，重新落实和发现了一批局部构造，对工区的油气资源前景有了较客观的认识，并提供了油气探井井位建议。

（中国石油化工股份有限公司 郑 军 宋占魁等）

【中国石油天然气集团公司滩海地区油气勘探】 中国石油天然气集团公司（简称中国石油集团）的滩海油气勘探，主要集中在渤海湾滩海。该地区北起辽东湾东北端的辽宁省鲅鱼圈，南至山东省维河口地区，西侧为秦皇岛-塘沽海岸线所限，海岸线全长 1 138 千米，有效石油勘探面积 1.7 万平方千米，共已登记石油探矿权面积 1.19 万平方千米。目前，由中国石油集团控股的中国石油天然气股份有限公司所辖辽河、大港、冀东油田分公司和中国石化股份有限公司所辖胜利油田公司等 4 个油田公司进行渤海湾滩海地区的勘探和开发生产。其中，由中国石油所登记的石油探矿权面积为 7 105 平方千米，占整个地区登记石油探矿权面积的 60%。

截至 2002 年底，中国石油在渤海湾滩海地区累计完成二维地震 13 928 千米、三维地震 3 961 平方米，累计完成钻探井 142 口、钻井进尺 46 万米。其中：辽河油田分公司完成二维地震 5 008 千米、三维地震 1 817 平方米，完成钻探井 68 口、钻井进尺 25 万米；冀东油田分公司完成二维地震 2 700 千米、三维地震 524 平方米，完成钻探井 5 口、钻井进尺 2 万米。

通过勘探，中国石油集团在该滩海地区已发现并探明 7 个油气田，累计探明石油地质储量 23 944 万吨、天然气地质储量 43.77 亿立方米，控制石油地质储量 4 223 万吨，预测石油地质储量 9 595 万吨。其中：辽河油田分公司发现 4 个油气田，探明石油地质储量 12 679 万吨、天然气地质储量 16.27 亿立方米，控制石油地质储量 1 702 万吨，预测石油地质储量 2 015 万吨。大港油田分公司发现 3 个油气田，探明石油地质储量 11 265 万吨、天然气地质储量 27.5 亿立方米，控制石油地质储量 2 521 万吨，预测石油地质储量 7 580 万吨。

中国石油集团加大渤海湾滩海地区油气勘探工作的力度，已优选 10 个区带作为近期预探评价的重点勘探目标，并确定了辽河、大港、冀东三个油田分公司在滩海工作区的勘探部署，力争取得新的发现和突破。

(1) 辽河滩海。优选 4 个重点区带，区带石油资源量 4.1 亿吨。拓展海南—月东潜山披覆构造带，预探笔架岭—葫芦岛潜山披覆断裂构造带和太阳岛—葵花岛断裂构造带，准备海南东坡超覆带。

(2) 大港滩海。优选 3 个重点区带，区带石油资源量 3.4 亿吨。加快预探埕北断阶带，扩大钻探成果；甩开预探涧南构造带，力争有所突破；积极准备白东构造带，优选预探目标。

(3) 冀东滩海。优选 3 个重点区带，区带石油资源量 2 亿吨。战略甩开勘探马头营、蛤坨构造带和北堡西构造带，特别是加强马头营地区预探，力争早日突破；积极准备南堡构造带和北堡西构造带，落实后备目标，分层次地展开勘探工作。

（中国石油天然气集团公司 金泰华）

海洋油气开发工程
Offshore Oil and Gas Development Engineering

【中国海洋石油总公司油气开发工程概况】 2002 年，中国海洋石油有限公司的工程建设各项目按计划运行，费用、质量控制良好，安全、环保成绩显著。秦皇岛 32-6 油田二/三期工程、文昌 13-1/2 油田以及蓬莱 19-3 油田一期工程相继投产，16 个项目在建。全年完成了 8 座平台组块及 6 座导管架陆地预制，完成 6 座导管架及 8 座组块的海上安装，完成了 55 千米海底管道铺设。

【2002 年投产的油气田】 **文昌 13-1/13-2 油田** 文昌 13-1 油田位于海南省文昌市以东 136 千米海域，文昌 13-2 油田位于海南省文昌市以东 132 千米海域，距文昌 13-1 油田约 7 千米。该海域水深 117 米，区域季风特点明显、风大浪高、易受台风影响。

文昌 13-1/13-2 油田设施包括：WC13-1、WC13-2 两座无人井口平台，1 艘 15 万吨浮式生产储油装置（南海奋进号），1 座内转塔式单点系统及相配套的海底管线和海底电缆。全油田联合开发建成年产原油 250 万吨的生产规模。工程项目于 1999 年 6 月正式启动，2002 年 7 月 7 日一次投产成功。

秦皇岛 32-6 油田 秦皇岛 32-6 油田位于渤海湾的中西部，在京唐港东南约 20 千米处，距塘沽约 130 千米，平均水深为 19.6 米。该油田发现于 1 995 年，油田面积 39.7 平方千米，油藏埋深

1 000～1 500 米，生产期为 20 年。

工程设施包括：A、B、C、D、E、F 共 6 座 4 腿无人驻守井口平台，1 艘 15 万吨级浮式生产储油装置（渤海世纪号），1 座单点系泊系统(SPM)，6 条平台间输往 FPSO 的海底管道，6 条平台间海底电缆，6 条平台间的海底注水管道，全油田共有 163 口井，其中 133 口生产井，24 口注水井，6 口水源井。

C/D 平台于 2002 年 5 月 28 日投产，E/F 平台于 8 月 10 日投产，分别比计划提前 34 天和 52 天，至此整个油田全面投产。

蓬莱 19-3 油田一期工程　蓬莱 19-3 油田是中国海洋石油总公司与美国菲利普斯石油公司合作，于 1999 年 5 月在渤海海域 11/05 区块发现的海上油田。油田开发的作业者为菲利普斯中国有限公司（PCI），中国海洋石油总公司参股 51%，菲利普斯中国有限公司参股 29.40%，菲利普斯渤海分公司参股 19.60%。

蓬莱 19-3 油田位于渤海湾中部，蓬莱西北方向约 70 千米，距天津塘沽约 250 千米，水深 28 米左右。原油密度 0.91～0.98 克/厘米^3，属常规稠油，酸值偏高。

油田初步计划分两期开发，一期开发区探明地质储量 1.5 亿立方米，动用地质储量 0.55 亿立方米。主要设施包括，四桩六立柱 24 井槽的无人驻守井口平台一座，浮式生产储油轮一艘，1.6 千米海底管线、海底电缆和一座单点，一期工程年生产能力 150 万吨，最大设计生产能力为 40 000 桶油/天(230 万米^3/年)。

该油田于 2002 年 12 月 31 日投产。2002 年主要工程量包括：井口平台导管架、组块海上安装、单点导管架、单点头海上安装；FPSO 改造；系统联调及投产。

【2002 年在建工程项目】　渤南油气田

(1) 工程概况：渤南油气田群位于渤海海域，东北距辽宁大连 175 千米，东南距山东龙口 100 千米，西北距天津塘沽 200 千米，平均水深 22～25 米，全油气田生产期 20 年。

油气田群包括渤中 28-1（已建，南北两座平台）、渤中 26-2、曹妃甸 18-2 和渤中 13-1 四个油气田。四个油气田的开发统一考虑、统一规划、油气同采、分步实施。一期投产 BZ28-1 和 BZ26-2 油田；BZ13-1 和 CFD18-2 油气田作为接替，二期投产。

新建设施：CFD18-2 井口平台、BZ26-2 和 BZ13-1 平台、100 千米上岸气管线及平台间管线、电缆，及一座位于山东龙口的陆上终端。

改造、维修设施：BZ28-1 南、北 2 座井口平台和友谊号 FPSO 及单点。

(2) 工程进展：2002 年进行的主要工作包括完成海上设施的基本设计；完成陆上终端的基本设计；完成渤中 28-1 南北平台的检测评估工作；完成友谊号 FPSO 的检测工作；完成单点上部从曹妃甸油田的拆除工作；进行陆上终端的场地平整工作；设备及工程服务合同的招评标及签约工作。

目前渤南油田群开发建设的各项工作运转正常。

渤中 25-1 油田

(1) 工程概况：渤中 25-1 油田包括 BZ25-1 及 BZ25-1 南两个油田，BZ25-1/25-1 南油田位于渤海东南部海域。按照中国海洋石油总公司与雪佛龙一德士古的协议，该油田又分为自营区和合作区。

渤中 25-1 油田位于塘沽东南 150 千米，距岸最近距离 25 千米，东距渤中 2 602 油气田 15 千米，距已投产秦皇岛 32-6 油田约 110 千米，平均水深 19 米，油田生产期 20 年，累积产油约 2 亿桶（3 145 万立方米）。共有生产井 140 口，注水井 45 口，水源井 7 口，总计 192 口。

油田分计划三期投产：一期投产时间为 2004 年 8 月底，即 WHPB/D/E 平台；二期投产时间为 2005 年 8 月 31 日，即 WHPC/F 平台；三期投产时间为 2006 年 6 月 1 日，即 WHPA 平台。

(2) 工程进展：2002 年进行的主要工作是 ODP 报告的编制、报审工作；项目组的组建，项目启动的各项准备工作；工程设施基本设计工作；工程服务合同准备及 WHPB/D/E 导管架建造的委托工作。进行 WHPB/D/E 导管架设计、建造工作。项目运行总计划正在编制过程中。

歧口 18-2 油田

(1) 工程概况：歧口 18-2 油田位于歧口 18-1 油田西南，距歧口 18-1 平台约 6.3 千米，距歧口 17-3 平台约 10.5 千米，西北距塘沽约 43 千米。水深 8.6～10.9 米。

主要工程设施：1 座综合平台、1 条海底管道(6.3 千米)、歧口 18-1 平台改造。平台设有 12

个井槽，其中生产井5口，水源井1口，注水井4口，预留2个井槽。

计划2004年4月30日投产。

(2) 工程进展：2002年进行的主要工作包括完成平台的基本设计及审查工作；完成陆地终端系统校核、污水COD处理增容初步设计工作；完成导管架的主结构的预制工作；开始上部组块的设计及预制工作；开始长线设备、材料的采办工作；进行工程服务合同的签约工作。

锦州9-3天然气综合利用项目

(1) 工程概况：锦州9-3油田于1999年10月投产，最大油产量100万吨/年。为合理利用锦州9-3油田的天然气资源，消除安全隐患，综合考虑锦州20-2及周边油气田增加供气的可行性，确定向锦州20-2供气并分段实施的方案：

第一阶段：从2003年起，锦州9-3油田连续3年向锦州20-2提供每年1亿米^{3}的天然气，使锦州20-2总体气量从3.5亿米^3/年增加到4.5亿米^3/年。

第二阶段：从2006年起，再用锦州20-2北高点作为替补，保证锦州20-2气田稳产10年，到2012年。

第一阶段工程设施包括从锦州9-3铺设一条长20千米的海底管线到锦州20-2MNW平台；安装立管平台；对锦州9-3平台进行改造并增加压缩机和分离器等设备；对锦州20-2 MNW平台进行改造并增加段塞流捕集器等；对锦州20-2陆上终端进行部分改造。

投产日期：2003年3月31日。

(2) 工程进展：2002年进行的主要工作包括完成导管架预制和海上安装工作；完成组块的预制和海上安装工作；完成海底管线的平管铺设工作和立管安装工作；进行平台的改造工作。目前，项目的各项工作进展正常。

绥中36-1二期CEP主电站恢复和原油稳定项目

(1) 工程概况：该项目为绥中36-1油田开发二期工程的后续完善项目，主要工作包括中心平台主电站恢复工作，绥中陆上终端原油稳定装置的施工建设工作、污水扩建及防雷系统安装。

(2) 工程进展：2002年进行的主要工作包括完成CEP平台电站恢复进行方案论证和设计工作；完成CEP平台电站恢复项目的主电站采办合同签订工作；对CEP平台遗留污水处理设备进行采办、安装。完成CEP平台电站恢复工程的海缆进行铺设工作；完成陆上终端原油稳定装置方案的施工图设计和招标工作等。

曹妃甸11-1油田

(1) 工程概况：曹妃甸11-1/2油田位于渤海湾西部海域，西距塘沽90千米，曹妃甸11-2油田位于曹妃甸11-1油田南部，相距7.8千米。水深21～26米。

主要工程设施包括2座井口平台、1座集输平台、平台间海管(14.6千米)及海缆，并租用一艘15万吨FPSO及单点。开发方案包括两期，一期开发钻51口生产井，建两座平台，预计2004年三季度投产；二期开发钻15口生产井，建一座平台，预计2006年初投产。

曹妃甸11-1/11-2两油田联合开发高峰年产量265万立方米，生产年限20年。

(2) 工程进展：2002年进行的主要工作包括科麦奇与工程公司签订曹妃甸11-1/11-2油田一期开发的EPCI合同意向，在工程公司举行海上工程EPCI的开工会。目前曹妃甸11-1/2油田的各项工作开始启动。

东方1-1气田

(1) 工程概况：东方1-1气田位于南海西部海域，距海南省东方市约110千米，平均水深69.2米。

该项目一期工程方案为：1座8腿的CEP综合平台，1座4腿的E井口平台，1条110千米的22英寸的上岸海底输气管线，两平台间分别铺设1条12英寸的3.6千米的海底管线和1条海底电缆，在陆上建1座终端处理厂。该气田计划2003年9月15日与化肥厂同步投产。

(2) 工程进展：2002年完成陆上终端的施工图设计工作；完成1座井口平台导管架、1座中心平台导管架的陆地预制及海上安装；完成海底管道涂敷工作；完成井口平台组块和中心平台组块的主结构预制；开始陆上终端建造和海底管道铺设施工。目前东方1-1项目的各分项目均在按计划运行。

涠12-1北油田

(1) 工程概况：涠12-1北油田是涠西南油田群的一部分，位于南海北部湾海区，在已投产涠12-1 A平台北偏东2.27千米处，广西北海市西南方向78千米，距涠洲岛31千米，水深33米左右。

该油田的开发原则是充分利用涠西南油田群已有的生产设施，特别是涠 12-1A 平台的工艺及公用设施，涠 12-1 B 井口平台不设工艺处理设施，平台主电源及注水水源来自涠 12-1A 平台。

主要工程设施：1 座井口平台（W12-1 B）、2.5 千米双层混输管线(10 英寸×14 英寸)、注水管线（8 英寸)、动力-光纤复合海底电缆各一条。平台设有 14 口生产井，8 口注水井。高峰年产原油 84 万米^3/年，高峰产气 41 万米^3/天，生产年限 12 年。

(2) 工程进展：该项目主要工作包括新建设施及涠 12-1A 平台的局部改造。2002 年进行的主要工作有：ODP 报告的编制；完成项目基本设计及审查工作；完成导管架的预制和海上安装工作。开始进行组块的详细设计、设备采办，准备进行结构预制；开始进行钻井作业。目前涠 12-1 北项目的各项工作均按计划运行，工程进度略有超前。

崖 13-1 气田 RDPP1

(1) 工程概况：崖 13-1 一期工程于 1995 年底投产，作业者是 BP 公司，该气田距海南岛 100 千米，水深 100 米。为了降低崖 13-1 生产后产量短缺的风险，同时满足向香港供气合同的要求，根据目前气田生产情况，开展崖 13-1 后续工程。后续工程主要包括在原有井口平台上续钻 2 口井、安装湿气压缩机及原有平台的改造，并新建生活平台。

(2) 工程进展：2002 年进行的主要工作包括完成基本设计；完成生活平台导管架详细设计；进行生活平台上部组块设计；进行现有平台改造设计；进行火气探测系统设计；完成临时建造生活模块设计等。

番禺 4-2/5-1 油田

(1) 工程概况：番禺油田包括番禺 4-2 和番禺 5-1 油田。油田位于香港以南 200 千米海域 15/34 合同区内。番禺 4-2、番禺 5-1 油田水深分别为 97 米和 110 米。番禺油田联合开发计划建成年产原油 330 万吨，番禺 5-1 油田计划投产时间为 2003 年 9 月 1 日，番禺 4-2 油田计划投产时间为 2003 年 9 月 30 日，工程主要设施包括两座 8 腿井口平台(番禺 4-2 平台 14 口生产井，番禺 5-1 平台 12 口生产井)，一艘 15 万吨的浮式生产储卸油装置(FPSO)，两条共计 18 千米的平台间海底管线及电缆。

(2) 工程进展：2002 年进行的主要工作包括进行导管架设计及建造工作；进行组块的设计及建造工作；进行生活楼的设计及建造工作。完成导管架、组块海上安装及海底管线铺设的签约工作。

目前项目的各项工作运转正常。

惠州 19-3/2/1 油田

(1) 工程概况：惠州 19-3/2/1 油田位于中国南海珠江口盆地 16/19 合同区块北部，距惠州 32-2 油田约 25 千米左右，距 16/08 区块惠州 32-5 油田 34 千米。水深约 100 米。作业者为 CACT 作业者集团，油田生产期 9 年。

工程方案主要设施：两座带钻机井口平台，两条海底管线和海底电缆。油田共设 14 口电潜泵开发井，其中惠州 19-3 油田 7 口，惠州 19-2 油田 6 口，惠州 19-1 为 1 口。平台电力由惠州 32-2 平台输送，产液通过海底管线输送至南海发现号（FPSO）。

(2) 工程进展：2002 年进行了 ODP 报告的编制；完成平台 EPIC、钻机模块 EPC 及生活模块的授标工作；启动工程详细设计；目前惠州 19-3/2/1 项目的各项工作均按计划运行。项目总计划正在编制过程中。

春晓气田群

(1) 工程概况：春晓气田群的作业者是中国海洋石油有限公司，该气田群位于上海东南方向 450 千米的东海大陆架上，包括春晓、天外天、断桥和残雪四个气田，天外天气田距已投入开发的平湖油气田约 60 千米，距浙江宁波三山约 350 千米，该区域水深 90～110 米。天然气探明储量 652 亿立方米，凝析油探明储量 1 125 万立方米。含气面积共计 77.8 平方千米。

春晓气田群总体开发的原则是 4 个气田统一规划，分年实施。主要工程设施包括：4 座钻采井口平台、1 座综合平台、3 条气田内部集输管道及动力-光纤复合海底电缆、1 条直径 8 英寸（1 英寸=2.54 厘米)、长 60 千米到平湖气田的输油管道、1 条直径 28 英寸、长 350 千米输送到终端的干气管道、1 座陆上终端处理厂、1 条直径 24 英寸、长 139 千米陆上终端至上海漕泾门站的干气分输管道。

最大天然气生产能力为 25 亿米^3/年，凝析油 47 万米^3/年。生产年限 25 年。

(2) 工程进展：2002 年完成海上工程基本设

计及陆上终端初步设计及审查工作；完成陆上终端一揽子协议的签订工作；开始终端的场地平整工作；开始长线设备、材料的采办工作；开始工程服务合同的招评标及签约工作。

平湖气田改扩建工程

(1) 工程概况：平湖油气田是我国东海发现的第一个以天然气为主的复合型油气田，位于上海市南汇嘴东南方向约 365 千米，西距舟山群岛定海 260 千米；平湖油气田一期开发工程于 1998 年 11 月 18 日正式投产，生产规模为年产天然气 5 亿立方米，年产油 100 万立方米。一条平湖油气田至岱山岛 306 千米的 10 英寸海底输油管线，一座岱山岛原油中转站；一条平湖油气田至南汇天然气处理厂的 14 英寸输气管线(海上长度 365 千米、陆上长度 21 千米)，一座南汇天然气处理厂。

平湖二期扩建工程开发方案为：改造平湖综合平台，使平湖综合平台的产能由 160 万米^3/天增加到 220 万米^3/天，2003 年 9 月投产。新建八角亭平台、1 条 7 千米的 8 英寸单层原油管线和 1 条 7 千米的 8 英寸天然气管线，产气能力为 80 万米^3/天，2006 年 1 月投产。

(2) 工程进展：2002 年进行的主要工作包括进行改造设计及设备、材料的采办工作；签订改造工作 EPIC 合同；压缩机模块的建造工作；改造施工的准备工作；启动八角亭平台建设的准备工作。 （中国海洋石油总公司 崔 忻）

【中国石油化工集团公司油气开发工程】 2002 年中国石油化工股份有限公司胜利浅海新建产能区块 4 个，全年完成钻井进尺 28 355 米，交井资料全准率、工程质量合格率均达 100%。共建成井组 5 座平台、2 座单井平台、5 条海底输油管线、4 条海底注水管线、6 条海底电缆；改造平台 8 座、治理海底悬空管线 7 条；完成了 5 000HP 破冰型多用工作船的建造、胜利 151 浮吊的技术改造。

平湖油气田扩建工程已于 2002 年 8 月正式开工，工程开发区域包括放鹤亭构造的放二、放四断块以及八角亭构造。动用储量为 73.99 亿立方米，动用原油储量为 196.7 万吨。计划钻开发井 9 口，新建生产平台一座，铺设生产平台至放鹤亭间油气输气管线各一条，在放鹤亭平台上增设压缩机以提高输气压力，扩建天然气处理厂以提高处理能力。

春晓气田群开发工程包括春晓、天外天、残雪、断桥等 4 个油气田的开发，动用储量 702.8 亿立方米，2005 年建成年产天然气 25 亿立方米，稳产 13 年。计划中的开发工程包括 1 座中心平台、4 座井口平台、1 条天然气长输管线，1 条输油管线、1 座天然气处理厂以及平台间内部管道 3 条。2002 年春晓工程完成了管线路由调查、平台场址调查、部分完成了陆上终端、平台及海管的设计工作。 （中国石油化工股份有限公司 贯文昌 杨荣才 杨鼎源等）

海洋油气开发与生产
Offshore Oil and Gas Development and Production

【中国海洋石油总公司油气开发与生产概况】 2002 年，中国海洋石油有限公司中国海域在生产油气田 26 个，其中：

自营油气田 10 个：SZ36-1 油田、JZ9-3 油田、JZ20-2 凝析气田、QK18-1 油田、QK17-2 油田、QK17-3 油田、BZ34-2/4 油田、埕北油田、WZ11-4 油田、WZ12-1 油田。

中方当作业者的合作油田 3 个：QHD32-6 油田、Wen13-1 油田、Wen13-2 油田。

外方当作业者的合作油田 12 个：PL19-3 油田、YC13-1 气田、HZ21-1 油田、HZ26-1 油田、HZ32-2 油田、HZ32-3 油田、HZ32-5 油田、XJ24-3 油田、XJ30-2 油田、LH11-1 油田、LF13-1 油田、LF22-1 油田。

国内合作油气田 1 个：平湖油气田。

2002 年中国海洋石油有限公司国内生产原油 2 433 万立方米，生产天然气 42 亿立方米，折算公司净产量 10 873 万桶油当量。

【渤海油气田开发与生产】 截至 2002 年 12 月 31 日，渤海海域净探明可采储量 1 092.33 百万桶油当量，其中未开发储量 680.84 百万桶油当量。

绥中 36-1 油田 2002 年油田平均日净产量约为 7.2 万桶，居各油田之首。全油田总井数 251 口。油田以机采方式为主，除四口螺杆泵井，一口自喷井外，其余均为电潜泵井。

锦州区块 2002 年全油田总井数 48 口，原油日均产量 1.4 万桶。

渤西油田群 目前渤西区块拥有三个在生产油田（歧口 17-3，歧口 18-1，歧口 17-2）以及两个在开发油田（歧口 18-2、歧口 18-9)。2002 年总生产井数 44 口，日产原油 13 958 桶，日产天然气 10 955 千立方英尺（1 千立方英尺=28.317 立方米)。天然气全部输往天津，用于下游发电厂和民用。

根据歧口 18-1 油气田的调整方案，2002 年新钻 2 口调整井，实际钻遇油层比预测情况好，此两口井计划 2003 年投产。

歧口 18-2 油田于 2000 年发现，距天津塘沽 43 千米，水深 8-11 米。该油田将利用渤西油田群现有设施，再建 1 座综合井口平台，1 条至歧口 18-1 平台的海底管线。油田计划于 2004 年 5 月投产。预计高峰期年产原油 188 万桶，年产天然气 0.78 亿立方米。

埕北油田 2002 年总开发井数 52 口，日产油 4 158 桶。

渤中 34-2/4 油田 2002 年油田总井数 25 口，日均产量 2 594 桶。

秦皇岛 32-6 油田 秦皇岛 32-6 油田是第一个由中方担任作业者的合作油田，中国海油有限公司（51%权益）与美国德士古中国公司(24.5%权益)、BP 中国有限公司（24.5%权益）联合开发建设。QHD32-6 油田平面上被划分为北区、南区、西区，共建井口平台 6 座。2001 年 10 月北区 A、B 平台投产，2002 年 5 月南区 C、D 平台投产，2002 年 8 月西区 E、F 平台投产。

截至 2002 年 12 月 31 日，中国海油在该油田净份额原油可采储量 85.6 百万桶，其中未开发储量 24.89 百万桶。2002 年油田总井数 157 口，中国海油日均净产量 16 762 桶。

蓬莱 19-3 油田 PL19-3 油田是合作油田(中国海油股份 51%），作业者菲利普斯（Phillips）公司。截至 2002 年 12 月 31 日，中国海油原油净份额可采储量为 122.95 百万桶。该油田分Ⅰ、Ⅱ期开发，Ⅰ期于 2002 年 12 月 31 日投产。Ⅰ期油田总井数 20 口。

蓬莱 19-3Ⅱ期 ODP 方案预计于 2004 年初完成。Ⅱ期计划与临近油田蓬莱 25-6 油田联合开发。

渤南油气田群 此油气田群位于渤海西南部海域，由四个油气田组成：渤中 28-1、渤中 26-2、渤中 13-1 和曹妃甸 18-2 油田。

渤中 28-1 油气田为再启动油气田，曾于 1989 年投入生产，由于气油比太高，为保护气资源，于 1994 年关井。目前油气田群的开发原则为：4 个油气田开发统一考虑、统一规划、油气同采、分步实施。一期投产渤中 28-1 和渤中 26-2 油气田，分别于 2004 年和 2005 年投产，二期投产渤中 13-1 和曹妃甸 18-2 油气田，分别计划 2011 年和 2019 年投产。供气规模 3 亿～4 亿米^3/年，供山东龙口电厂及烟台民用。

南堡 35-2 油田 南堡 35-2 油田位于渤海中部海域，西南距天津塘沽约 110 千米，西北距京唐港 20 千米，离岸最近距离约 13 千米，平均水深 12 米。该油田于 1996 年 5 月发现，属稠油油田。该油田计划 2005 年投产。计划建 2 座井口平台，钻井 61 口。预计油田高峰年产量 97 万立方米左右。

曹妃甸 11-1/11-2 油田 曹妃甸 11-1/11-2 油田位于渤海西部海域 04/36 合同区内，距天津塘沽 90 千米，两油田相距 7.8 千米，水深 20～24.5 米。油田作业者为科麦奇中国石油有限公司（科麦奇份额 49%，中国海油份额 51%）。两油田由科麦奇公司分别于 1999 和 2001 年发现。油田计划分两期开发，一期 2004 年底投产，二期 2006 年投产。预计高峰年产油 1 667 万桶，生产 20 年。

渤中 25-1/25-1 南油田 渤中 25-1/25-1 南油田位于渤海湾东南部海域，距天津塘沽东南 150 千米，距岸最近距离 25 千米，平均水深 19 米。该油田分为自营区和合作区（11/19 合同区，合同者为雪佛龙/德士古公司)，是中国海油的第一个跨界油田。自营区包括沙河街和明化镇北块区域，合作区位于明化镇南块区域。油田计划由中国海油（参股比例 83.8%）与雪佛龙/德士古公司（参股比例 16.2%）合作开发，中国海油为油田作业者。预计高峰年产量 2132 万桶。

旅大 4-2/5-2/10-1 油田 旅大 4-2/5-2/10-1 油田位于渤海辽东湾中部海域，旅大 4-2 油田距绥中 36-1 油田 2.4 千米。油田海域平均水深 32 米。旅大 4-2/5-2/10-1 油田分别于 2002、1998 和 2002 年发现，为中国海油自营油田。此油田计划于 2004 年底投产，生产的原油将进入绥中 36-1 油田陆上终端（需扩建改造）单独储存、外输。预计高峰年产量 1 308 万桶。

【东海油气田开发与生产】 该地区目前仅平湖油气田在生产，春晓油气田群正在进行开发评价。

平湖油气田 该油田属上海石油天然气有限公司所有，中国海油为此油田作业者。截至2002年12月31日，中国海油份额原油可采储量3.56百万桶，其中未开发0.72百万桶；天然气可采储量52.3亿立方英尺（1亿立方英尺=2 831.7万立方米），其中未开发10.23亿立方英尺。2002年油田有7口油井，6口气井。2002年公司日均产气12 359千立方英尺。2002年向上海供气4.47亿立方米。

平湖扩建第一阶段工程预计2003年投产，届时年供气能力将提高到7.5亿立方米左右。

春晓气田群 春晓气田群位于上海东南方向450千米的东海大陆架上。气田群包括春晓气田、天外天气田、残雪油气田、断桥气田等4个油气田。天外天气田距已投产的平湖油气田约60千米，距浙江宁波三山约350千米。该区水深90～110米。天外天、残雪、断桥、春晓油气田分别于1986、1989、1990、1995年发现。气田群天然气探明储量652亿立方米，凝析油探明储量1 125万立方米。气田群将由中石化、中国海油、壳牌公司、美国优尼科公司合作开发，作业者为中国海油。气田群计划2005年投产，最大天然气年生产能力25亿立方米。

【南海西部油田开发与生产】 截至2002年12月31日，中国海油在南海西部海域净探明原油可采储量约160.37百万桶油当量，其中未开发61.36百万桶；净探明天然气可采储量2 511.20亿立方英尺，其中未开发2 011.64亿立方英尺。该海域2002年中国海油净日产油56 910桶，日产气142 243千立方英尺。

涠洲区块 2002年油田总开发井数62口。2002年日均产油35 724桶。

崖城13-1气田 该气田为与外方合作生产的气田，作业者为BP集团。2002年气田开发井数11口，中国海油份额日产气量137 852千立方英尺，日产凝析油1 391桶。

东方1-1气田 东方1-1气田位于南海西部海域，距海南省莺歌海镇100千米。该气田平均水深69.2米。该气田于1992年发现，为中国海油目前最大的天然气田。该项目预计2003年投产，年产气16亿～24亿立方米。天然气主要供海南省洋埔电厂和海口民用。

文昌区块 文昌13-1/2油田位于海南省文昌市以东136千米的海域上，两油田相距7千米。文昌13-1/2油田是中国海油担任作业者的合作油田，中国海油拥有60%的权益，哈斯基拥有40%的权益。油田于2002年7月7日成功投产，共有21口生产井，2002年中国海油净份额日均产量19 794桶。

乐东区块 该区块包括乐东15-1、乐东22-1两个气田。目前正在进行天然气市场机会研究。

【南海东部油田开发与生产】 该地区目前所有油田均为与外国公司联合作业或评价。2002年中国海油在此海域净日产原油73 792桶。该地区为中国海油第二大石油生产区。

惠州油田 惠州区块作业者为CACT联合作业公司。该区块包括五个在生产油田：惠州21-1、惠州26-1、惠州32-2、惠州32-3、惠州32-5油田，共有开发井60口；四个在评价油气田：惠州19-3/2/1油田、惠州21-1气藏。2002年中国海油日均原油产量31 365桶。

西江区块 菲律普斯和中国海油是该区块的联合作业者。该区块包括两个在生产油田：西江24-3、西江30-2油田。2002年油田总井数46口，中国海油日均产量为30 934桶。

流花11-1油田 BP公司和中国海油（权益占51%）为该油田的联合作业者。2002年油田总井数25口，中国海油净日均产油7 139桶。

陆丰13-1油田 由3家日本公司组成的集团JHN为该油田作业者。2002年油田总井数19口，中国海油净日均产量2 697桶。

陆丰22-1油田 中国海油和挪威国家石油（东方）公司为该油田的联合作业者。2002年油田总井数5口，中国海油净日产油1 657桶。

番禺4-2/5-1油田 番禺4-2/5-1油田位于南海珠江口盆地，香港以南200千米处。两油田相距18.4千米。水深97-110米。两油田由圣太菲能源（中国）有限公司分别于1998年和1999年发现。中国海油将与美国丹文能源公司和柏灵顿资源有限公司合作开发，作业者为丹文公司，中国海油权益为51%，其他两公司分别为24.5%。该油田计划于2003年9月投产。两油田共钻井26

口，预计高峰期年产油分别为160万立方米、174万立方米。（中国海洋石油总公司 崔 忻）

【中国石油化工集团公司海洋油气开发生产】 胜利浅海油气开发生产 2002年海上生产原油212.2万吨，天然气9 097万立方米，注水103万立方米，新建产能23万吨。全年措施作业40井次，累计增油17.6万吨；转注13口，注采对应率提高到63.3%；年自然递减率为12.6%，综合递减率为5.7%，含水上升率为2.2%。船舶拉油生产施行专业化管理，全年拉油达20.6万吨，开发平台生产时率达92.1%。原油外输综合含水控制在0.44%以内，原油输差小于0.27%。

东海平湖油气田开发生产 中国石油化工集团公司以参股方式参与了东海平湖油气田的开发。平湖油气田2002年生产原油（凝析油）48.03万吨，完成计划的120%；生产天然气（溶解气）4.78亿立方米，完成计划的125.8%。截至2002年底平湖油气田累计采出原油（凝析油）224.79万吨，已采出原油（凝析油）地质储量的23%。2002年底，油田综合含水达70%，油田开发已进入中晚期，产量开始递减。截至2002年底平湖油气田，累计产出天然气（溶解气）13.79亿立方米，已采出天然气（溶解气）地质储量的11.98%。2002年上海石油天然气总公司销售原油43.89万吨，干气4.327亿立方米，液化石油气4.91万吨，戊烷0.63万吨，稳定轻烃1.04万吨，截至2002年底，平湖油气田有油井7口，气井8口。

（中国石油化工股份有限公司 杨荣才 杨鼎源等）

【中国石油天然气集团公司滩海地区油气开发生产成果】 截至2002年底，中国石油集团公司控股的中国石油股份公司在渤海湾滩海地区已投入开发3个油田，包括辽河滩海的月海油田、笔架岭油田和大港滩海的张巨河油田，共动用石油地质储量1 807万吨，年产原油25万吨，已累计生产原油158万吨。

辽河滩海的笔架岭和月海两个油田投入试采，共动用石油地质储量1 647万吨，年产原油23万吨。其中，月海油田动用地质储量1 135万吨（可采石油储量295万吨），单井日产油7.7吨，采油速度1.53%，油田含水24.09%。大港滩海张巨河油田投入开发，动用石油地质储量160万吨，年产原油0.2万吨。此外，与外国石油公司合作勘探开发的大港滩海赵东油田整体开发方案设计已通过审查，正在进行产能建设准备，可望在2003年投入开发。

（中国石油天然气集团公司 金泰华）

海洋油气科技工作
Scientific & Technological Work for Offshore Oil and Gas

【中国海洋石油总公司科技工作】 近20年来，随着改革开放的深入，中国海洋石油总公司在国家对外合作政策的支持下，通过引进、消化、吸收国外的先进技术与经验，使我国海上油气勘探开发技术有了长足的发展，并形成了在我国海上进行油气勘探开发的基本能力。“八五”期间大力推动科技进步，建立了海上油气勘探开发的十大配套技术，使得我国海上油气勘探开发由合作为主进展到自营与合作并举。从“九五”开始，在承担的国家“863”高新技术项目带动下，自行开发了“海上高分辨率地震勘探技术”、海上中深层高分辨率地震勘探技术、海洋多波地球物理勘探技术、海洋多波地球物理勘探技术、海洋优快钻井技术、海洋大位移钻井技术、海上高温超压地层钻井技术、开发边际油田的海上新型平台设计制造技术等一批生产上急需的高新技术。为满足中国海洋石油总公司增强国际竞争力和可持续发展的需要发挥了非常大的作用。

2002年，中国海洋石油总公司科技工作的重点是全面落实总公司“十五”计划和“十五”科技发展计划，为总公司全面协调发展，努力增强国际竞争力提供技术保证。2002年中国海油“我国海上边际油田开发新型平台技术”获国家科技进步二等奖。

国家“863”计划项目 经过精心组织和科研人员的积极技术准备，在国家“863”计划的资源环境技术领域“渤海大油田勘探开发关键技术”重大项目中，中国海油申请成功并牵头承担了海洋资源开发技术主题的9个课题：海上时移地震油藏监测技术；可控三维轨迹钻井技术；渤海油田深部调驱提高采收率技术；渤海平台抗冰振技术；钻井中途油气层测试技术；海底管道的外探测装置及其检测技术；浅水超大型浮式生产储油系统关键技术；海底管道修复技术；东海陆架盆地复杂天然气藏地震勘探判别技术。

以上课题已经全部通过可行性论证并进入课题的研究阶段。预计通过以上各项技术的研究，可为渤海大油田在2005年建成2 000万吨产能提供有力的技术支持。为保证渤海大油田勘探开发关键技术重大专项的顺利完成，国家科技部与中国海洋石油总公司签署协议，共同支持该重大项目的研究并力争实现产业化。

目前部分课题已产生阶段性成果，其中创新研制的光纤检波器正在申请发明专利。

其他国家科技计划项目 中国海油在国家社会公益专项“南沙群岛及其临近海区综合调查”中承担了南沙西部海含油气盆地分析，及其油气资源勘探基地的初步规划研究专题；在国家科技攻关计划“我国石油天然气上游工业发展战略研究”课题中承担了海洋石油上游工业战略研究子课题；与国家自然基金委联合资助国家自然科学基金重点项目“渤海中部新构造运动及深部动力过程对大型油气系统形成的控制”和“南海深水扇系统与油气资源”。中国海洋石油总公司与中国科学院共同签署了“十五”科技合作协议。

技术标准管理 在国家质量技术监督局的指导下，由石油天然气行业标准化委员会和海洋石油标准化委员会组织，中国海油在2002年完成64项新的技术标准制修订，开始着手建立以加强科学管理、提高工作效率、体现知识经济的知识管理体系。 （中国海洋石油总公司 崔 忻）

【中国石油化工集团公司海洋油气科技工作】

中国石化集团胜利油田承担的“浅滩海地区高精度地震勘探技术研究”、“海底管道内爬行器及检测技术”、“正压冲固平台技术”、“海洋平台结构的实时监测和检测成像技术”、“调制式旋转导向钻井系统整体方案设计及关键技术研究”等“十五”“863”课题2002年取得较大进展。中石化科技攻关项目“胜利滩海地区油气富集规律及勘探目标研究”2002年完成了滩海地区油气分布规律静态描述，设计了36个油气藏模型，进行油藏物理模拟。布署探井10口，探明石油地质储量2 298万吨，控制储量5 763万吨，预测储量4 428万吨。

2002年中石化上海海洋油气分公司完成了中国石化科技项目——“东海陆架盆地油气资源选区评价”。项目研究了东海陆架盆地的含油气系统，指出了东海陆架盆地的油气分布特征，证实东海陆架盆地是一个油气层位丰富（从中生界至新生界均有分布）并具有良好前景的含油气盆地。

（中国石油化工股份有限公司
贾文昌 杨荣才 姜海平等）

滨海旅游业

Coastal Tourism Industry

综 述
Summary

【概况】 沿海地区是我国经济发达地区，与内陆省区相比，在接待旅游人数、旅游收入以及旅游设施建设等方面都普遍具有优势。同其他产业相比，滨海旅游资源开发的投资相对较少，但见效快、利润高。因此，在蓬勃发展的旅游业中，滨海旅游区成为发展最快和潜力最大的区域之一。随着我国沿海地区改革开放的不断深入和经济的发展，沿海诸省市相继提出发展滨海旅游业的战略，使滨海旅游业得以迅速发展，在拉动内需，刺激消费，促进经济结构调整和扩大对外开放中发挥着重要的作用。

根据国家旅游局和中国科学院地理研究所制定的《中国旅游资源普查规范》，所谓滨海旅游资源是指在滨海地带，凡能对旅游者有吸引力、能激发旅游者的旅游动机，具备一定旅游功能和价值，可以为旅游业开发利用，并能产生经济效益、社会效益和环境效益的事物和因素。可以说，海岸带、海岛、近海的自然与人文景观资源，都属于滨海旅游资源。滨海旅游资源具有多样性、资源品位高、区位条件好等特点，对游客具有很强的吸引力，因此，滨海区域已成为现代旅游业发展的主要区域之一。

中国大陆和岛屿海岸线曲折漫长，所管辖海域面积辽阔，达 300 万平方千米，从北到南风情各异的滨海城镇、风景秀丽的海岸旅游景观以及各具特色的大小岛屿等构成了丰富的滨海旅游资源。沿海地区对外开放程度高，经济充满活力，使得滨海旅游业成为中国旅游业最为活跃的部分之一。

2002 年，我国入境旅游、国内旅游、出境旅游三大市场全面快速增长，国际国内旅游业总收入达 5 566 亿元，比上年增长 11.43%，高出国民经济总体增长速度 3 个多百分点。旅游业的快速发展给各地区的经济建设与社会发展注入了新的活力，滨海省份的旅游发展势头迅猛。

2002 年，各地入境旅游接待量稳步增长，接待入境旅游者 4 045.59 万人次，接待总人天为 10 328.35 万人天。接待人数最多的前 11 位省份分别是广东、北京、上海、江苏、浙江、福建、广西、云南、湖北、山东、辽宁，滨海沿海省份占据大多数。整体上，接待入境旅游者的地区主要集中在沿海的省份，滨海省份的旅游优势相当突出。滨海 11 省市接待入境旅游总人数达到 2 873.82 万人次，占全国的 71.0%，接待总人天数为 7 230.87 万人天，占全国的 70.0%。全国旅游外汇收入达到 1 853 309 万美元，其中，滨海 11 省市为 1 238 998 万美元，占全国的 66.9%。

【2002 年度中国优秀旅游城市复核工作】 2002 年初，我国开始以优秀旅游城市复核工作为依托开展旅游市场整治工作。全国 138 个优秀旅游城市在复核工作的推动下，充分发扬创优的精神，成为旅游市场打假打非专项整治工作的主战场。国家旅游局在 3 月份下发了《关于开展 2002 年度中国优秀旅游城市复核工作的通知》，将复核的要点细化为 14 个大项、100 余个小项，同时请各省对复核要点提出切实的修改意见以便更好的推动治理整顿工作。为了推动优秀旅游城市政府治理整顿旅游市场工作的开展，通知中明确规定《整改通知书》制度的运行。

各优秀旅游城市按照复核要点开展了旅游市场整治工作，2002 年度通过复核的中国优秀旅游城市共 137 个，其中，直接滨海的优秀旅游城市有天津、上海、秦皇岛、大连、锦州、丹东、杭州、宁波、绍兴、温州、厦门、泉州、福州、青岛、威海、烟台、蓬莱、文登、荣城、胶南、珠海、深圳、广州、江门、中山、阳江、汕头、惠州、南宁、北海、海口、琼山、儋州共 33 个，占总数的 24.1%。

滨海旅游
Coastal Tourism

【上海世博会与杭州世界休闲博览大会】 2002年12月3日，在摩纳哥举行的国际展览局第132次大会经过4轮投票，上海胜出，成为2010年世界博览会主办地。世博会是一项由主办国政府组织或政府委托有关部门举办的有较大影响和悠久历史的国际性博览活动，自1851年在英国伦敦举办“万国工业博览会”开始，至今已整整走过了150年的历程。150年来，世博会经久不衰，方兴未艾，举办规模不断扩大，已同“奥林匹克运动会”一起成为当今世界的两大盛会。上海成功申请获得2010年世博会主办权，为世界了解中国、中国进一步走向世界开辟了新的窗口，为促进上海和中国旅游业的发展增加了新的动力。同时，这也是长江三角洲地区乃至中国滨海旅游发展的一大盛事。

此前，世界休闲组织理事会于2002年8月10日决定,2006年世界休闲博览大会在杭州举办。这是全球范围内的旅游景区、度假区、主题公园、旅游装备、旅游房产和休闲商品参与交易的国际展示会，每两年一届，被誉为世界旅游休闲领域的“奥运会”。杭州申请成功，不仅是杭州与浙江省的经济发展与对外交流的契机，也是长江三角洲地区滨海旅游的难得的发展机遇。

【上海圈定五大滨海旅游区】 上海市旅游委和国家海洋局联合起草的滨海旅游规划显示，崇明东平国家森林公园和东滩林湿地、奉贤海湾、宝山横沙岛、南汇滨海、浦东华夏文化旅游区等五大滨海旅游区已规划成形，滨海旅游业将成为未来上海旅游经济和海洋经济的新亮点。

为了做大滨海旅游业，上海的五大滨海旅游区体现错位竞争、联动发展。崇明东平国家森林公园和东滩林湿地规划56.5平方千米，重点建设以“绿色”文化和“长江”文化为题材的设施和景点。奉贤海湾旅游度假区规划面积69平方千米，以海湾风光为特色，突出“赏海景、观日出、吹海风、踏海浪、尝海鲜、拾海趣”回归自然的主题，重点建设生态观赏林、水上体育健身、游艇会所和居住疗养等休闲度假设施。横沙海岛旅游度假区规划50平方千米，拟建成集滨海岛屿度假与森林生态于一体的自然生态园林区，体现野趣特色。南汇滨海旅游度假区规划32.5平方千米，发挥海岸线较长优势，重点建设滨海森林公园、滨海桃源、疗养康复、体育娱乐、度假旅游等生态型旅游设施。浦东华夏文化旅游区则依托空港建设，重点发展海上体育运动、会议休闲、特色餐饮等旅游产品，重点建设三甲港温泉保健疗养基地、水上旅游基地、旅游度假村等项目。

【浙江省乐清市滨海旅游发展规划】 2002年下半年，浙江省乐清市与北京大学合作，正式启动以乐清滨海旅游为主旨的旅游发展规划。规划的工作范围大致包括乐清市沿海各镇陆域及其所辖的海岛。乐清市境内有著名的国家级风景名胜区——雁荡山景区。乐清市东临浩瀚的乐清湾，海岸曲折，岛屿众多。该滨海旅游规划提出整合这些旅游资源，真正体现乐清的“海上名山”、“海上乐清”的旅游特色。

规划在系统分析乐清市区域特点、发展背景、优弱机威（SWOT分析）以及资源与市场特点的基础上，提出应提高乐清市滨海旅游产品的市场竞争力，实施旅游精品工程，促进旅游产品的结构转型与升级，培育和发展海洋观光、海洋休闲娱乐、海洋度假、海洋科普教育、海洋民俗文化等五类滨海旅游产品。规划认为，乐清市滨海旅游重点开发项目包括：中国乐清海洋主题公园、东海大道旅游景观工程、芙蓉池接待与会展中心、西门岛海洋度假区、乐清海上桃园、乐清海防教育基地。落实到空间上，形成了“一轴两带，山海呼应；一带两区，南北共荣”的空间格局，划定乐清市滨海旅游2个功能区以及5个重点开发的功能亚区。

该规划对滨海旅游的重点景区进行了概念性规划，以指导进一步的规划建设与滨海旅游发展。这些重点景区包括芙蓉池景区、西门岛景区、桃花岛景区以及海洋主题公园区，涉及滨海旅游发展中针对滨海河流与湖泊、不同特点的滨海岛屿、以及特色海洋主题公园等多样的滨海地区的规划工作，在滨海旅游规划领域做出了创造性的尝试。

【青岛市全力打造滨海“奥运大交通”】 2008年奥运会帆船比赛的承办，给青岛的交通基础设施建设带来发展机遇。山东省交通厅消息显示，青岛2002年后5年内将倾力打造“奥运大交通”。据《生活日报》报道，到2007年，青岛市将建成全市连接的高速公路网络，沿海建设滨海大道。青岛市计划在2007年前整合“四路一桥”(环胶州湾高速、青银高速、308国道、重庆路和流亭立交桥)，并完成“一高三路一线”工程。所谓“一高”是指建成全市相互连接、相互贯通的高速公路网络；“三路”是指为完成市区三条主要出口公路的整治，按城市道路标准进行绿化、美化；“一线”是对青岛海岸一线进行规划，建设滨海大道，完成沿青岛海岸线的旅游世纪大道系统，形成主干通畅、贯通，干支相连，畅、洁、美、绿的滨海公路网络，促进滨海区域经济和旅游业的发展。

【天津滨海旅游发展策略】 2002年11月，在南京举办的天津市旅游推介会上，天津市旅游局推出的“一线五区”重点旅游工程和配套的八大精品游线引起了旅游界的广泛关注。天津市集中力量重点开发建设“一线五区”和十大重点旅游工程，而滨海旅游作为核心内容之一纳入重点发展。该市“一线”指海河观光游览线，“五区”包括市中心综合旅游区、蓟县山野名胜旅游区、滨海观光度假娱乐旅游区、东丽湖温泉度假旅游区和杨柳青民俗生态旅游区。十大重点旅游工程是：海河观光游览线、海河意式风情区、鼓楼民俗旅游步行街、杨柳青古镇风情街、航母舰船游乐港、北塘渔人码头、东丽飞瀑温泉、国际游艇俱乐部、武清主题公园、盘山野生动植物生态园。特别要突出建设好海河风景线，把沿河与滨海的20余处主要景点连成一线，使其真正成为全市的风景轴线和全国的旅游王牌产品。在天津市旅游发展策略中，滨海旅游占据了重要的位置。

素有“盐化基地”和“鱼米之乡”美誉的汉沽区于2002年10月正式启动“基辅”航母旅游项目。该项目所在的天津滨海旅游区拥有2千米海岸线、7平方千米陆域和2平方千米海域，将逐步建成互动式军事文化主题公园，并逐步建设成一个生态化、人性化、智能化的国际综合性商业旅游园区，为旅游者和京津市民提供人与大海和谐共处的滨海旅游休闲场所。而在塘沽区，到北塘品海鲜、当一日渔民已成为塘沽旅游业的知名品牌。为使滨海旅游更具“海一渔”特色，该区规划滨海用地9.2公顷，建设体现海文化、海情、海趣的北塘渔人码头，将于2003年与游人见面。

【河北秦皇岛滨海旅游经济增势强劲】 河北省秦皇岛市采取多种措施不断加大旅游项目建设力度，优化旅游环境，强化旅游宣传，全市旅游经济增势强劲。2002年，秦皇岛市共接待国内外游客810万人次，接待游客首次突破800万人次，其中海外游客13.3万人次，旅游社会收入45.5亿美元，旅游创汇6 372万美元，各项旅游经济指标均创历史新高。

秦皇岛市是中国首批优秀旅游城市，旅游资源十分丰富，以天下第一关、长城之首老龙头、北戴河鸽子窝公园、昌黎黄金海岸、秦始皇求仙入海处、祖山风景区等为代表的40多个景区对海内外广大游客颇具吸引力。在不断挖掘老景点内涵的同时，该市又斥资3亿余元新建了南戴河中华荷花园、集发观光农业生态园、董家口长城、“秦皇号海上豪华游船”等16个旅游项目，推出了长城文化旅游、滨海度假旅游、名人别墅旅游、生态旅游等10条精品线路，使旅游产品向多元化、特色化转型，吸引了游人的目光，满足了游客的多层次需求，成为京津唐地区重要的滨海旅游发展地区。

海岛旅游
Island Tourism

【海峡两岸旅行业联谊会】 2002年2月25～26日，第五届海峡两岸旅行业联谊会活动在大连市举行。此次联谊会是历届规模最大的一次，吸引了数百家台湾省旅行社、酒店和内地多个省市的旅游协会、旅游社和酒店参加。

海峡两岸的旅游业已有多年的交流与合作。台湾同胞来祖国大陆旅游的人数已从1988年的43.77万人次增长到2002年的366.06万人次，比上年增长6.35%，是1998年的8.36倍。截至2002年底，来祖国大陆的台湾同胞累计已达2 746万人次，形成了多层次的旅游客源市场。台湾同胞来访的目的，由当初的单一探亲发展到观光、交流、商贸等多个方面。

两岸旅游业的发展，促进了两岸旅游业者之间的交流。近些年来，每届有近10个省、市的旅游协会应邀组团前往台湾进行交流活动，台湾各地旅行公会、协会也组织会员来内地考察交流。自1998年开始的每年一届的海峡两岸旅游行业联谊会活动，为两岸旅游业同仁提供了难得的交流机会，加深了两岸旅游同业间的相互了解，促进了彼此间的业务合作。该联谊会与中国国内旅游交易会、中国国际旅游交易会并列为中国旅游业每年举行的三大盛会。

海峡两岸旅行业联谊会的召开，也是中国滨海旅游业发展的重大事件，海峡两岸的交流与互动，对于促进台湾与大陆的旅游业，特别是台湾海岛旅游与大陆滨海旅游业具有重要意义。

【海口打造海南岛旅游品牌】 2002年之后的新海口将依托海南热带海岛风光、独特的民俗风情、一流的生态环境及配套的基础设施等旅游资源优势，树立“大旅游”观念，多拳出击，把海口发展成为集观光游览、度假休闲、温泉疗养、体育健身、商务会展、购物娱乐为一体的全国热带滨海旅游胜地，全国理想的第二居住地。

海口重点建设精品景点和百千米度假长廊。突出特色景点建设，将是新海口旅游格局的最大亮点。以“琼州海峡旅游度假区”为核心，沿海岸线开发滨海温泉、高尔夫、高级海景酒店、热带主题公园、水上运动和海上观光为主的旅游产品，建成110千米长的景观别致的热带风光滨海观光度假长廊。建设好火山口主题公园、红树林生态旅游区、好莱坞国际影视城、府城人文景观旅游区、热带森林公园等旅游项目，形成独具特色的精品景点。

2002年10月，位于海口市的海南热带森林博览园已投入4 000余万元，预订2004年初完成第一期工程并对外开放。届时，热带森林博览园将成为海南省主要的生态旅游景点之一。2002年海南热带森林博览园第一期项目工程已完成了生态科研培训中心、生态博物馆、温室工程（3 450平方米）、观光百果园、海南特有树种种植园等工程，占第一期工程量的40%，园内汇集了热带特色树种600余种，而且大部分是珍稀树种。

2002年11月22日，第三届中国海南岛欢乐节在海口热带海洋世界主会场拉开帷幕，全岛居民和游客以不同方式一同欢乐的壮观场面出现在海南岛的各个旅游景点。海口西海岸9个开幕式分会场将同时迎接各界群众，全岛各地欢乐活动内容也将相继展开。欢乐节期间，将贯穿开放式“欢乐万泉河”系列活动、“欢乐五指山”系列活动、万宁文灯节和陵水“欢乐猴岛”系列活动、欢乐节闭幕式系列活动等5个活动热潮。

【第四届中国舟山国际沙雕节】 被列为2002年“中国民间艺术游”主要旅游活动项目的第四届中国舟山国际沙雕节，于9月20日至10月31日在浙江省舟山市普陀区朱家尖举行。有“碧海金沙”之称的全国重点风景名胜区——朱家尖南沙海滩，用金色的海沙塑起“世界古代八大奇观”主题沙雕。

1999年以来，舟山市在全国率先提出了“以沙办节、以节促旅、以旅活市”的口号，与世界沙雕协会和荷兰INAXI公司合作，先后成功举办了三届分别以“和平与友谊”、“世界奇观”、“欧洲文明起源”为主题的国际沙雕节，使沙雕这门当今世界十分时尚的大地艺术走进中国，开创了我国沙雕艺术的先河，带动了全国沙雕艺术的兴起。舟山也因之成为全国沙雕的开拓者。舟山市“点沙成金”，不但丰富了中国旅游产品的种类，而且已经成为我国海洋旅游的精品产品。

【山东长岛推出旅游品牌“渔家乐”】 2002年8月份以来，仅5万多人口的岛屿县——山东省长岛县每天接待游客数量均突破1万人，日最高接待游客数量达1.6万人以上。一直默默无闻的长岛旅游业何以见热，这主要得益于该县创出特色品牌“渔家乐”旅游项目抢占了市场先机。据了解，该县仅南长山岛和北长山岛就有200余户渔民从事“渔家乐”旅游项目，共有接待床位2 500多个，占全县旅游接待能力的1/3以上。

国家级风景名胜区长岛历来把养殖业作为第一主导产业，曾以栉孔扇贝产量占全国75%而名声大振，过去岛上渔民年人均收入近万元。1996年后，长岛扇贝生产连年遭灾，经济收入锐减。开发海岛风光旅游资源成了长岛人拓展经济新空间的新招式，但苦于缺乏特色旅游项目，一直难成“大器”。1999年，该县王沟村渔民率先尝试了“渔家乐”旅游项目，把游客请到了普通渔民家里，吃渔家饭，睡渔家炕，体验渔家生活。独特的风俗及淳朴的民风中所包含的旅游价值，产生了强大的吸引力，仅3个多月就接待游客3 000

余人，直接收入近30万元。

据《经济日报》报道，长岛县的决策者认识到，不仅山水风光是旅游资源，就连渔风渔俗、渔家生活都是吸引游客的“卖点”。旅游产业如同商品经济一样，没有特色难有大的作为。于是他们抓住休闲度假式旅游渐受青睐的时机，启动民间资本扩大旅游经济规模和领域，鼓励渔民在休渔期投资或从事具有海岛民俗特色的“渔家乐”家庭旅游业经营，做起了特色旅游的文章。他们把游客请进渔家，与渔民同吃、同住、同出海，白天边捕鱼网虾，边欣赏山海胜景；夜晚围着篝火唱渔歌看舞龙，渔家风味小吃更是风味十足，游客可以真真切切地过上一把当渔民的瘾。

旅游资源保护与开发
Protection and Development of Tourist Resources

【概述】 目前，滨海旅游业在我国方兴未艾。沿海各省、市竞相开发滨海旅游资源，发展滨海旅游业。滨海旅游业的发展不仅为沿海地区带来了可观的经济收入，也带动了当地的经济发展。但由于在开发中缺少国家或海区的统一政策、区划和规划，没有统一的原则和规范，致使许多地方不经论证和严格的审批程序就自行选划、圈占海洋旅游景点，粗放建设、管理、经营。工作中不注意资源利用的总体效能，只顾眼前、局部的利益，不关心全局、长远的发展，更不考虑目前的开发、经营对海洋资源的影响等，从而造成滨海旅游资源的使用不当和大量的破坏与浪费，而且对今后的继续深化开发和充分完整利用造成了许多障碍与困难，其中不少是难以克服的或恢复代价是非常高的。因此，必须加强滨海地区旅游资源的开发与保护工作，建设有地方特色的滨海旅游项目，推动这些地区的滨海旅游资源的可持续利用，促进区域经济发展。

【广西滨海旅游环境综合整治】 广西立足海洋特色，大力开展海域使用管理的清理整顿，较好地保护了海洋旅游资源，使滨海旅游走上了可持续发展之路。

钦州“七十二泾”是由100余个大小岛屿星罗棋布在长约10千米的钦州湾海面上形成的天然奇景。曾有一段时间景区内存在无证用海、违法用海现象，影响了景区的自然景观和旅游业的发展。为提高群众依法用海意识，海洋部门大力开展《中华人民共和国海域使用管理法》宣传月活动，并以形式多样、内容新颖的活动来广泛宣传海洋法规。同时开展了大规模的海域使用清理整顿工作。全区共摸底调查2 276户用海户，面积9 738.2公顷，实施海域权属管理和有偿使用制度，发放海域使用证、征收海域使用金。制定法律法规和各项制度作为海域管理的有效保障。通过整顿，“七十二泾”景区内乱霸、乱占用海得以控制，有力地保护了景区的自然景观和生态环境，促进了旅游业的发展。通过科学、合理、有效的海域管理，广西的红树林、珊瑚礁等大批海洋特色旅游资源均得到不同程度的保护，为大规模发展滨海旅游打下了良好的基础。

素有“天下第一滩”美誉的北海银滩公园内33幢建筑物2002年底前全部被拆除，还滩于海。一个生态的银滩从2003年5月1日起将永久对公众免费开放。北海银滩位于该滨海旅游城市的南部海岸线，距市中心约10千米。整个沙滩东西绵延约24千米，平均坡度仅为5×10^{-3}，银滩砂质均为高品位的石英砂，含量在98%以上，为国内外所罕见。20世纪90年代初，在砍伐了防风林和人工填海的空地上，建起了数十幢由不同业主经营的疗养院、招待所。不科学的建设让银滩付出了沉重的代价。公园内33幢楼堂馆所，让公园的防浪堤紧贴潮线，改变了这一海域的海洋动力环境，严重干扰了海岸沙滩的自然发育过程，影响了海浪对沙滩的作用，造成沙滩萎缩和变黑。北海市决定投入3亿元作为启动资金，全面实施由国际招标的银滩旅游度假区规划方案，2002年底前将33幢楼堂馆所全部从银滩迁出。在拆除建筑物和海堤后，将对面积7.8平方千米、海岸线6.3千米的中区进行环境综合整治，完善旅游配套，建成国际一流的滨海旅游度假区。

【营造生态型的滨海广州】 广州市最新的城市规划定位为“山、城、田、海”，要建设现代化海滨城市。2002年11月26日通过专家评审的《广州市海洋功能区划》，对如何建设滨海广州做出了初步的回答。

根据《中华人民共和国海域使用管理法》、《广东省大比例尺海洋功能区划》和《广州市城市建设总体战略概念规划纲要》，广州海洋功能区北起黄埔港南至伶仃洋涉及海岸和岛屿岸线 298.7 千米，区划用海面积近 3 万公顷。

依照区划，未来广州海滨将分为 4 个综合功能区。区内再细分为 145 个子功能区，其中一级类区 7 个，二级类区 15 个。总体上，港口、临海工业、生态保护及旅游用海被摆在突出位置。其中，化龙至石楼功能区的主导功能为生态旅游、临海工业专用港。此区与莲花山风景区相连，区划利用沿岸陆地及滩涂种植红树林等保持原生湿地植物，使之成为滨海景观的重要内容。而小虎至南沙功能区。位于狮子洋南部至虎门口凫洲水道，属于深水岸线区，主导功能定位为港口、临海工业及滨海旅游。在位于万顷沙 20 涌以南建一个广州海洋生态示范区，保护珠江口经济鱼类繁育。

广州市包括滨海旅游等的涉海活动将坚持生态优先的原则，走开发与保护双赢的道路。凡是严重污染环境的涉海项目坚决不能搞，轻微污染的要落实治理措施，能够治理了才能搞。

【东营建设中国首家滨海湿地自然博物馆】 山东省东营市建设的旨在保护黄河三角洲自然湿地生态系统是中国首家滨海湿地自然博物馆。该博物馆于 2002 年 7 月初动工，总投资 1 000 万元。2002 年末，全馆主体工程施工已完成近半，预计 2003 年下半年建成。

黄河入海口附近及黄河故道的国家级黄河三角洲自然保护区，总面积达 15.3 万公顷，是地球暖温带最广阔、最完整、最年轻的湿地生态系统，为国际重点保护的全球 13 处湿地之一。保护区内草木葱茏，狐兔出没，保留着原生代的特色。据统计，区内现有各种野生动植物 1 921 种，其中包括我国重点保护的斑海豹、松江鲈鱼、丹顶鹤、白头鹤、金雕等。保护区内现有植物 393 种，国家二类重点保护植物野大豆面积达 0.8 万公顷，天然草场 5.1 万公顷，天然柽柳灌木林 8 100 公顷。

该自然博物馆集收藏、研究、教育等多种社会功能于一体，分为展示功能区、收藏研究功能区、服务管理功能区和游览观赏功能区四部分。其中，展示功能区是主要部分，包括序厅、生态展示厅、动植物展示厅和宣传教育厅。该馆的建成对于黄河三角洲滨海湿地保护与滨海生态旅游发展将起到十分积极的作用。

（国家旅游局规划发展与财务司）

统计资料
Statistical Data

表 1　2002 年各地区接待入境旅游者情况

地　区	按接待人次排序	接待人数（万人次）	外国人	接待人天数（万人天）	外国人
广　东	1	1 525.88	298.06	3 162.91	721.61
北　京	2	310.38	266.45	1 305.17	1 173.91
上　海	3	272.53	215.94	984.52	783.78
江　苏	4	222.63	138.97	817.33	521.89
浙　江	5	204.1	121.08	506.87	302.86
福　建	6	184.82	52.8	635.39	238.67
广　西	7	136.34	65.93	194.44	103.38
云　南	8	130.36	78.13	202.98	122.81
湖　北	9	102.43	75.57	171.22	123.28
山　东	10	97.68	74.14	262.97	206.64

续 表

地　区	按接待人次排序	接待人数（万人次）	外国人	接待人天数（万人天）	外国人
辽　宁	11	92.94	79.42	299.78	262.34
陕　西	12	85.01	71.81	198.94	162.68
黑龙江	13	71.74	66.95	168.58	159.09
四　川	14	66.72	41.15	122.44	83.23
湖　南	15	56.62	22.38	184.74	73.86
天　津	16	50.6	45.32	183.63	159.2
河　北	17	47.36	42.7	124.08	113.41
重　庆	18	46.15	31.09	126.5	84.35
安　徽	19	45.91	23.88	71.15	40.4
内蒙古	20	43.94	43.45	84.92	84.34
河　南	21	41.01	25.45	109.23	64.61
海　南	22	38.94	16.52	58.95	28.53
吉　林	23	29.4	25.94	53.97	47.5
新　疆	24	27.54	23.37	68.35	61.68
山　西	25	24.8	16.15	48.13	31.47
江　西	26	24.09	6.57	53.67	15.89
甘　肃	27	23.68	16.27	34.99	25.59
贵　州	28	22.81	8.45	49.53	19.79
西　藏	29	14.23	12.96	35.2	32.4
青　海	30	4.35	1.91	6.5	2.95
宁　夏	31	0.6	0.41	1.27	0.92
全　国		4 045.59	2 009.22	10 328.35	5 853.06
滨海11省市		2 873.82	1 150.88	7 230.87	3 442.31
滨海比例		71.0%	57.3%	70.0%	58.8%

表2　2002年各地区国际旅游(外汇)收入

地　区	按收入高低排列名次	外汇收入(万美元)	比上年增长（%）
广　东	1	509 089	13.5
北　京	2	311 454	5.7
上　海	3	227 545	25.9
福　建	4	110 022	16.8
江　苏	5	105 025	27.8
浙　江	6	92 763	32.7
辽　宁	7	55 021	18.8
山　东	8	47 249	23.6
云　南	9	41 930	14.2

续　表

地　　区	按收入高低排列名次	外汇收入(万美元)	比上年增长（%）
陕　　西	10	35 097	13.7
天　　津	11	34 238	22.2
广　　西	12	32 144	6.9
湖　　南	13	31 108	14.9
黑 龙 江	14	29 717	18.9
湖　　北	15	28 391	41.4
重　　庆	16	21 802	33.4
四　　川	17	20 021	20.8
河　　北	18	16 703	6.7
内 蒙 古	19	14 935	8.7
河　　南	20	14 549	9.1
安　　徽	21	12 382	17.2
新　　疆	22	9 942	0.9
海　　南	23	9 199	-13.2
吉　　林	24	8 629	13.9
贵　　州	25	7 951	15.7
山　　西	26	7 484	25.8
江　　西	27	7 162	1.9
甘　　肃	28	5 431	21.2
西　　藏	29	5 166	11.4
青　　海	30	999	10.7
宁　　夏	31	161	-41

注：全国旅游外汇收入 1 853 309 万美元，其中，滨海 11 省市为 1 238 998 万美元，占全国比例为 66.9%。

（国家旅游局规划发展与财务司）

海洋船舶工业

Marine Shipbuilding Industry

综 述
Summary

【中国船舶工业集团公司发展概况】 2002年，是实现“十五”计划目标十分关键的一年。过去的一年里，中国船舶工业集团公司广大干部职工深入学习贯彻“三个代表”重要思想，围绕增强国际竞争力，建设世界一流跨国造船集团的发展思路和奋斗目标，锐意进取，奋发努力，各项工作继续取得新的成绩。

工业产值完成情况 2002年中国船舶工业集团公司工业企业实现工业总产值158.8亿元(1990年不变价，下同)，同比增长19%；其中造船产值106.5亿元，同比增长17.1%；船舶配套产品产值16.9亿元，同比增长10.7%；修船产值10.6亿元，同比增长14.7%，其中外轮修理9.9亿元；非船产值24.8亿元，同比增长37.4%。出口产值79.1亿元，同比增长4.6%。实现工业增加值28.7亿元，与上年持平。

重点企业产值完成情况：沪东中华造船（集团）公司完成产值43.3亿元，同比增长6.3%；江南造船（集团）公司完成产值28.2亿元，同比增长13.3%；广船国际股份有限公司完成产值27亿元，同比增长38.7%。

从产值完成情况看，全年任务完成较好，增长幅度较大。各分项指标中的造船产值、船舶配套产值、修船产值、非船产值都取得好成绩。

主要产品产量完成情况：全年造船完工166艘、122.5万吨，其中出口船完工31艘、77.9万吨。2002年造船完工的特点是，一是首制船特别是高技术高附加值船，如客滚船、半潜船，建造难度很大，生产进度难以控制；二是部分企业流动资金周转困难，也影响了生产进度；三是产品结构发生了较大变化，完工船舶中散货船、多用途船所占比重明显减少。

船用柴油机累计完成178台、63.3万千瓦。其中低速机完成42台、48万千瓦，中速机完成136台、15.3万千瓦。特别突出的是，通过技术改造项目的实施，中国船舶工业集团公司所属中船设备有限公司中速柴油机年产量突破100台大关，生产能力上了一个新台阶。船用仪器仪表全年累计完成317台（套）。

非船产品中，医用B超完成1 827台，同比增长11.2%；集装箱制造完成59 825只，同比增长85.1%；分离机完成297台，同比增长60.5%；大型钢结构产量增长较快，全年共完成产值6.4亿元。江南重工在钢结构生产方面业绩突出，在国内的影响日益扩大。由中国船舶工业集团公司投资建设的上海卢浦大桥工程进展顺利，年内实现了主桥拱合龙。

经营工作 2002年，在世界船市不景气的情况下，中国船舶工业集团公司坚持“走出去”方针，积极开拓国际市场，船舶经营工作再次取得可喜成绩。全年承接各类合同金额161.3亿元。承接新船订单246.8万吨，同比增长18%，其中出口船189.6万吨、7.5亿美元。截至2002年底，中国船舶工业集团公司手持船舶订单507万吨，手持合同金额324.6亿元。

上海外高桥造船公司在基本建设尚未全部完成，新设备、新体制、新人员、新机制刚刚开始运行的情况下，积极开拓市场，生产经营呈现好势头。全年完成工业总产值为年计划的110%。年内先后有4艘船按期开工，5艘船进坞总装，首批船按计划节点向前推进。全年承接新船订单6艘、102万吨，累计手持船舶订单9艘、154.5万吨，形成了批量生产的良好局面。

企业改革工作 中国船舶工业集团公司明确管理模式、目标方向，推进“四集中”改革。经过3年研究和实践，明确了中国船舶工业集团公司未来管理模式是按照造修船、配套、房地产等业务群进行分类管理。围绕改革目标，一方面积极推进结构调整，努力尽快形成五大造修船基地格局，做大做强造修船业务群，力争率先取得突破。另一方面大力推进“四集中”

改革。通过发挥中船贸易、中船国贸、中船财务等功能性公司的作用，积极推进重大产品经营适度集中、主要材料设备采购集中、产品开发管理集中和重大资金管理集中这“四集中”改革。通过“四集中”为今后全面实施业务群管理奠定基础。

配套企业重组也提上了重要日程。对正茂集团的资产关系进行清理，撤销镇江船用柴油机厂、镇江船用辅机厂、镇江船用螺旋桨厂三厂法人资格，组建了镇江中船设备公司，并完成债转股工作。债转股后，中集团公司对该公司所拥有的股权委托镇江中船设备公司行使权力。

推进科技力量整合，加快科技创新。为推进科研院所与企业的合作，中国船舶工业集团公司对科研力量整合进行了有益探索。由上海708所与上海外高桥造船公司共同持股的上海欣业船舶海洋工程设计有限公司正式成立。该公司以上海外高桥造船公司经营目标为方向，开展船舶的研究、设计、开发，既解决了企业自身科技力量不足，研究开发周期长等问题，又发挥了科研院所的优势，推进了厂所结合工作。

企业脱困改革工作 为了加强对改革脱困工作的领导，中国船舶工业集团公司成立了改革脱困工作领导小组，在中国船舶工业集团公司、地区公司和企业建立了改革脱困工作的三级组织机构。在集团公司改革脱困领导小组领导下，中国船舶工业集团公司企业脱困办公室负责脱困、破产工作的调研、组织和协调工作。各地区公司分别成立脱困工作小组，对本地区破产工作协调管理。相关企业内部建立的工作小组，具体负责本企业的财务、法律、资产、人事等方面的工作。截至2002年底，集团公司共申报整体破产8户，分立破产企业3户，整体破产子公司2户。除一家企业破产案完成法律程序外，其他仍在审批办理之中。

经济效益情况及特点 2002年，中国船舶工业集团公司经济效益有所提高，销售收入继续保持稳定增长，主营业务总量不断提高，抗风险能力和偿债能力进一步增强。全年实现销售收入177亿元，实现利润总额2.3亿元。其中，骨干企业的销售收入和经济效益逐年提高，是带动集团公司整体效益提升的主要因素。2002年，盈利企业的盈利额3.3亿元，亏损企业的亏损额和亏损面有所减少，亏损面21.6%。由于历史原因，部分困难企业难于摆脱困境，生产经营仍处于极度困难的境地，影响了集团公司的整体效益。

（中国船舶工业集团公司办公厅 王 红）

【中国船舶重工集团公司发展概况】 2002年，中国船舶重工集团公司努力实践“三个代表”重要思想，积极推动集团公司改革与发展，经济总量首次突破200亿元，达到226亿元，比上年增长20%，总体上继续保持了快速发展的良好势头。

工业生产 全年共完成工业总产值176亿元（1990年不变价，下同），比上年增长20%。其中，造船产值118亿元，比上年增长24%；修船产值10亿元，基本与上年持平；非船产品产值48亿元，增长17%。出口产值51.8亿元，同比增长33.9%。完成工业增加值43亿元，增长20%。实现销售收入115亿元，增长12%。

主要产品产量完成情况：船舶完工69艘、138万吨，吨位数比上年增长48%，创历史新高。其中出口船41艘、119万吨，吨位数比上年增长141%。主要船用配套产品船用柴油机全年完成341台，42万千瓦，功率数增长13%。除个别产品外，主要非船产品均比上年有较大幅度增长。

2002年中国船舶重工集团公司工业生产总体上大幅增长，工业总产值、工业增加值以及集团公司主业造船的产值均比上年增长20%或以上，出口船吨位数比上年增长1倍多。重点船舶产品，30万吨超大型油轮（VLCC）、1.23万吨重载滚装船等一批首制船实现交船，5 668箱大型集装箱船、21万吨浮式生产储油轮（FPSO）、15.9万吨油船、7 000吨余用途船等一批重点船型均按计划节点顺利建造，11万吨成品油船、3万吨余用途船、3.25万吨散货船、4.5万吨化学品船等一批成熟船型形成了批量建造。尤其是大连新船重工有限责任公司建造的首艘VLCC于8月31日正式交付伊朗船东，实现了我国建造超大型油轮“零”的突破，打破了日、韩等国的垄断，在我国造船史上具有里程碑的意义。修船企业效益大幅增长，青岛北海船舶重工有限责任公司盈利达5 000余万元。

经营工作 在船舶市场持续低迷的情况下，积极开拓国内外市场，努力承接订单。通过参加汉堡海事会、出访等途径拜访国外船东，加强与国内外重要客户的联系与沟通，获得了17万吨FPSO、11万吨成品油船、5.73万吨散货船、4.5

万吨化学品船、3.5万吨成品油船等一批新订单，进一步扩大了中船重工的知名度。全年承接合同金额176亿元，比上年增长20%。其中，承接船舶订单81艘，122万吨，合同金额88亿元。截至2002年底，集团公司手持船舶订单379万吨，手持合同总金额超过300亿元。

改革与脱困 按照国务院领导批示和国防科工委文件精神，积极稳妥地推进了集团公司总部与七院院部管理职能的整合工作，新组建了科技部、资产部、审计部和科技委，进一步理顺了工作关系，减少了管理层次。认真贯彻落实国发[2002]7号等文件精神，在分立破产、子公司破产、整体破产、债转股、挂账停息等方面，有了进一步的思路和规划，相关的改革、调整、脱困工作正在积极稳妥地向前推进。2002年，中国船舶重工集团公司预算内工业企业补贴后整体扭亏为盈，亏损企业由12户减少到8户，亏损面下降至15%。

管理工作 加强成本控制和财务基础管理，积极推进全面预算管理。加强审计工作，促进审计制度化、规范化建设。深化人事、劳动、分配三项制度改革，年薪制试点扩大到29户企业、17家科研院所。加大了内部分配制度改革力度，普遍实施了竞争上岗和聘用制度。专业人员队伍建设取得明显成效，1人获全国杰出专业技术人才荣誉称号，1人获中华技能大奖。

精神文明建设 召开了学习贯彻十六大精神大会，掀起了宣传和学习贯彻十六大精神的高潮。成立了思想政治工作研究会，加强了党建、思想政治工作经验交流，积极推进企业文化建设。进行了“三讲”整改方案落实情况的回查工作，进一步巩固和扩大了“三讲”成果。严格执行党风廉政建设责任制和责任追究实施办法，重点开展物资采购管理效能监察，节约资金1亿余元。按照中央统一部署，深入开展了与“法轮功”邪教组织的斗争，确保了集团公司的稳定发展。

（中国船舶重工集团公司办公厅　朱雪松）

船舶工程建设
Ship Engineering Construction

【中国船舶工业集团公司重点工程建设】 2002年，中国船舶工业集团公司完成固定资产投资19.8亿元。全年建设工作较为顺利，一批重大项目于年内完工。上海外高桥建设项目已经基本完成，提前实现了4年建成目标，初步形成年产105万吨造船生产能力，两座30万吨大坞已开始造船。沪东中华造船（集团）公司的30万吨船坞工程也于年内完工，造船能力达到了150万吨，并已顺利实现5 668箱大型集装箱船首制船出坞。为该船坞工程配套的首台600吨龙门吊车投入使用后运转情况良好，第二台600吨龙门吊也已开始施工。江南造船集团公司的船坞改造工程已经完工。上海船厂崇明造修船基建设已初具规模，一座10万吨级浮船坞已完工投产。

（中国船舶工业集团公司办公厅　王　红）

【中国船舶重工集团公司重点建设和技术改造】 2002年，中船重工集团公司下达固定资产投资计划42亿元，完成投资23亿元；新增军、民建设项目38个，新增投资规模21.5亿元。重点编制了大连船舶重工有限责任公司总体规划发展建设方案、海西湾造修船基地总体发展建设项目建议书等。大连造船重工新建大坞、大连新船重工大坞接长及配套工程一批重点建设项目全面展开；按照《公司法》规范组建了财务公司、科技投资公司。（中国船舶重工集团公司办公厅　朱雪松）

船舶科技
Shipbuilding Science and Technology

【中国船舶工业集团公司科研开发及信息化建设】 2002年中国船舶工业集团公司共对2家船舶设计院所和7家骨干船厂下达了25个船型开发和优化项目，出台了《船型开发优化管理办法》，建立了船型开发优化信息通报制度。经过一年的努力，船型开发优化计划执行情况总体良好，一批研制成果在工程设计建造中得到运用，为今后扩大研究开发范围打下了基础。

2002年中国船舶工业集团公司向国家有关部门申报了高技术船舶科研计划、技术创新计划、重大技术装备研制计划、技术基础计划等研究开发项目，其中约25项列入国家各种科研计划，有的项目还拓展了研究任务，取得了很好的成果。例如LNG船、60万桶浮式生产储油轮等项目的进度都比计划提前完成，15万吨FPSO优化项目，研究成果已应用于文昌、番禺两油田的FPSO设计建造船舶中。琼州海峡火车渡船——“粤海铁1”号已实现交船，填补了我国造船史上建造跨海火车渡船的空白，引起了国内外的极大关注。沪东中华造船（集团）公司将大型集装箱船设计建造技术的阶段成果，同步应用于 5 668 箱大型集装箱船建造，使首制船建造就在船坞周期、出坞完整性等方面接近当今国际先进水平。1 600 米滚装客船实现了依托工程的交船，175 000 吨散货船依托工程进展顺利，大型低速柴油机项目国产化研制已经启动。组织制定了国家标准、国家军用标准和船舶行业标准 116 项，舰船设计、试验、工艺规范 522 项，进一步完善了船舶标准体系和企业技术标准体系。组织开展了系列软课题研究和船舶建造技术研究，开展了 2002 年度集团公司科技成果奖的评审。一批科技成果得到了推广和应用。

2002 年中国船舶工业集团公司主要以上海外高桥造船公司 CIMS 和集团骨干网升级为重点，全面推进集团信息化建设。上海外高桥造船公司 CIMS 工程项目被列入了国家高技术船舶科研计划。各成员单位根据自身情况，也开展了相应工作。这些工作的开展，为中国船舶工业集团公司进一步开展信息化建设创造了条件。

（中国船舶工业集团公司办公厅　王　红）

【中国船舶重工集团公司重点项目介绍】 2002 年科技工作取得了新进步。中国船舶重工集团公司召开了第一次技术创新工作会议，确立了技术创新工作的总体思路。在已有 4 家国家级企业技术中心的基础上，渤海船舶重工有限责任公司被批准建立国家级企业技术中心。继昆船公司之后，风帆股份公司被国家批准建立企业博士后流动站。技术创新工作取得重大进展，海洋风车安装船、烟大线火车渡轮设计与建造技术开发、新型系列废气涡轮增压器开发研究等一批重大项目列入国家科研计划；“大型、高附加值液货船”一条龙项目的验收，解决了 VLCC、化学品船、FPSO、11 万吨成品油船 4 个代表船型设计建造中的关键技术和配套设备研发、制造关键技术，实现了工程化和批产化。信息化建设工作取得较好成效，部分厂所通过计算机软硬件一体化建设，成功地实现了产品的全三维设计和异地协同设计，取得良好成效。

30 万吨超大型原油轮（VLCC） 2002 年 8 月 31 日，由大连新船重工有限责任公司为伊朗国家油轮公司建造的我国首艘 30 万吨超大型油轮（VLCC）“伊朗·德尔瓦”号签字交工。这标志着我国造船工业在 VLCC 的设计、建造上实现了“零”的突破，从而进入了世界上少数几个能设计、建造超大型船舶国家的行列，是中国造船史上的一个里程碑。

“伊朗·德尔瓦”号总长 333.5 米，型宽 58 米，型深 31 米，适用于运载闪点低于 60℃的原油产品，可航行于无限航区。该船货舱区为双壳结构，由两道纵舱壁和横舱壁将其分为 15 个货油舱、两个污油舱；机舱及甲板室设在艉部，燃油深舱亦有双壳保护，配球艏、悬挂舵和单螺旋桨。船体结构疲劳寿命为 40 年，货油-压载控制为超级货油系统，桥楼驾驶满足一人桥楼驾驶技术。

12 300 吨高速滚装船 2002 年 5 月 3 日，由大连造船重工有限责任公司为瑞典斯坦纳航运集团建造、代表世界当代领先水平的 12 300 吨滚装船首制船“斯坦纳·先觉”号签字交工。

新一代 12 300 吨高速滚装船集世界先进技术于一身。其显著特点是高速化、高自动化、高重型化、高舱容量、高抗沉性、高安全性、高灵便性、高操纵性、高稳性、高防化学辐射污染性、低噪声、低震动及冰区加强等。该船采用 4 台中速柴油主机，各系统均采用自动控制。其 3 000 米长的车道不仅可装载集装箱和各种类型的车辆及重型坦克等，还可装载 1～9 类易燃、易爆危险品。全船敷设电缆近 30 万米，有监控报警点 3 400 余个。其独特新颖的线型设计，从艏部到桥楼两翼采用封闭式流线型的上层建筑，可减少风阻和艏部积水，尤为重要的是可有效防止化学、放射物质飞溅侵入室内。

4 800 吨余用途工作船 2002 年 5 月 6 日，由大连造船重工有限责任公司为挪威博尔公司建造的 4 800 吨余用途工作船“博尔巨人”号签字交工。这种高科技含量、高附加值船舶仅有几家世界著名船厂能够建造。

该船为航行于无限航区的双柴油机驱动的双桨双舵多用途工作船。主要用于拖曳钻井平台和为钻井平台起、抛锚以及为其提供补给（如燃油、甲醇、盐水、淡水）和输送钻具等，另外还具备消防和救助伤员等功能，特别适合于为钻井平台或海上结构物服务。该型船装备两套推进系统及可调桨、襟翼舵，并配有艏艉侧推、方位推力器、大型拖缆绞车等先进设备，使其能应对复杂的海况，承担起海上救生救助、物资运输、消防灭火等紧急任务。

5 668 箱大型集装箱船 2002 年 10 月 4 日，由大连新船重工有限责任公司为中国海运（集团）总公司建造的我国第一艘 5 668 箱超巴拿马型集装箱船“新大连”号顺利下水。

“新大连”号 5 668 箱大型集装箱船是具有当代国际先进水平的第六代超巴拿马型集装箱船，总长 279.6 米，型宽 40.3 米，航速可达 26 节，入级中国船级社。5 668 箱大型集装箱船是迄今国内装箱量最大、航速最快、技术性能最先进的大型集装箱船，也是国内航运界的急需船型。

23 万吨浮式生产储油轮（FPSO） 2002 年 3 月 15 日，由大连新船重工有限责任公司为美国科诺克·菲利普斯石油总公司建造的 23 万吨 FPSO 正式开工。该船不仅是我国目前建造的最大吨位 FPSO 船，也是我国建造的第一艘出口 FPSO 船。

该船是美国科诺克·菲利普斯公司开发印尼巴拉耐克油田项目的关键装备之一。该项目的装备总承包商为美国哈里博顿公司。大连新船重工有限责任公司作为分包商，通过国际招标获得了这艘 FPSO 船体及其上层建筑的建造合同。该船长 285 米，型宽 58 米，型深 26 米，按美国船级社规范设计建造。该船可在百年一遇的强台风条件下，连续 30 年固定在水深 90 米的巴拉耐克油田进行采油作业，设计能力为每天处理原油 10 万桶。该船在尺度和技术性能上均代表当今世界最先进水平，属于高技术含量、高附加值船舶。

（中国船舶重工集团公司办公厅　朱雪松）

海盐及海洋化工业

Marine Salt Industry and Marine Chemical Industry

【综述】 2002年，全国共产盐3 958.6万吨，其中海盐2 598.3万吨（见表1），海盐产量仍居世界第一位。海盐产量在连续9年高产情况下，因北方沿海气象条件有利产盐，再创历史最高水平，继续形成产大于销的局面。南方海盐由于贯彻执行产业结构调整的指导方针，产量继续萎缩，仅产116.7万吨。2002年中国盐业为全国提供质量合格的加碘盐683万吨；海盐盐化工产品产量达53万吨；盐田生物产业有所发展。

据统计，2002年全国海盐区工业增加值为19.93亿元，职工人数为13.86万人。

【海盐生产】 随着海盐生产技术水平的提高，抗御降雨损失能力的增强，加上2002年北方沿海气象条件极为有利于海盐生产，北方海盐产量创历史地超过生产能力，产盐2 481.6万吨（见表2），属于特大丰收年。其中山东省海盐产量1 230万吨，占北方海盐产量的50%。由于市场需求比2001年增加近300万吨，产大于销的局面有所缓解。北方海盐区受多年产大于销的影响，用盐企业习惯性压价的做法未变，造成多数海盐生产企业经营仍十分困难，部分企业严重亏损，滩田严重失修，企业发展后劲严重不足。从近10年全国盐的产、销、存情况来分析（见表3），可以看出：①全国实际盐产量已接近生产能力，现有的能力已获得充分的释放，可挖掘的生产潜力已经不多。②2002年盐产大于销600余万吨，但年终存盐与十年平均值接近，说明实际销量可能还多。③近5年盐的销量在稳步增长，但盐的生产能力增长相对滞后。据了解，近几年盐的生产能力增长主要在山东省，多为民营企业投资建场，发展有失控趋势。

【海盐盐化工】 2002年海盐盐化工产品总产量为53.15万吨（见表4）。目前海盐盐化工的主导产品仍然是溴素，山东省沿海地区利用丰富的浅层地下卤水资源，采用“空气吹出法”提取溴素。山东省盐区是我国产溴大省，产量在6万吨/年以上。此工艺在其他海盐区得到推广，近几年河北省盐区溴素生产能力发展较快，产量已跃居全国第二。我国溴产量已达7万～8万吨/年，约占世界溴产量的15%，居第三位，仅次于美国和以色列。溴素主要应用于医药，染料、阻燃剂，化学试剂等化学工业领域。中国溴系列产品有200余个品种，在制盐工业中已有60余个品种生产，占市场份额较大的品种有十溴联苯醚、四溴双酚A、二溴醛、氢溴酸、八溴醚、三溴苯酚和二溴磷等系列产品。

海盐区盐化工的大吨位产品仍是无水氯化镁，年产量是在38万吨左右。

【全国盐业科技交流会】 2002年8月21日中国盐业协会在北京京西宾馆召开了“全国盐业科技交流会”，该会是继1992年山东烟台“全国盐业科技大会”之后又一次盐业科技盛会，会议总结了盐业科技工作10年成绩，提出了今后10年盐业科技工作任务和目标，交流了科技工作经验，介绍了世界科技动态。会上中国盐业协会提出了海盐技术发展的方向，主要是：①海盐（重点是北方海盐）要继续优化盐田结构，改进生产工艺，提高收盐的机械化水平。使综合产盐能力达到100～250吨/时，劳动生产率达到1 000～3 000吨/（年·人）。要研制或引进海湖盐大规模、高效率的洗盐装置，提高海湖盐的质量，接近或达到国际先进质量水平，努力扩大出口份额。②加强对扩大单池塑苫面积或增加塑苫池结晶深度的研究，以利大幅度提高综合产盐能力。③有效地运用盐田生物技术净化卤水，提高结晶卤水质量，保护盐田生态平衡。④南方海盐应充分利用其海水资源好的优势，大力开发“新、特、精”盐产品。

【首届全国盐业科技展览会】 为了总结盐行业科技工作经验，展示盐业科技成果，交流国内外盐业先进技术，推进盐业科技进步，2002年8月23日中国盐业协会在北京建筑展览文化中心成功举办了“首届全国盐业科技展览会”。参展的科技成果、新产品近千种，参展单位120家，参观人数近万人，有关部委领导及代表出席了开幕式，参观了展览会。展览会期间还举办了盐业科技讲座。

“两会”的成功召开，将对加快盐业科技进步，促进盐业现代化建设产生深远影响。

表1　2002年全国海盐产量及盐田生产面积

	海 盐 产 量（万吨）	其中加碘盐产量（万吨）	盐田生产面积（公顷）
全国海盐	**2 598.30**	**285.10**	**333 032**
北方盐区	2 481.61	201.16	305 488
辽　宁	283.96	57.52	53 039
山　东	1 230.00	62.96	95 888
河　北	497.41	31.43	78 505
天　津	252.77	9.32	34 784
江　苏	217.47	39.93	43 272
南方盐区	116.69	83.94	27 544
浙　江	33.62	21.43	7 980
福　建	40.35	14.20	7 256
广　东	18.46	27.20	7 046
广　西	13.72	12.00	2 659
海　南	10.54	9.11	2 603

表2　2002年全国海盐产能、产量、销量及存量

单位：万吨

	产　能	产　量	销　量	存　量
全国海盐	**2 652.98**	**2 598.30**	**2 350.92**	**1 329.98**
北方盐区	2 472.96	2 481.61	2 240.72	1 275.40
辽　宁	337.02	283.96	218.09	190.75
山　东	1 195.00	1 230.00	1 097.24	497.36
河　北	525.51	497.41	383.90	363.68
天　津	213.13	252.77	255.34	113.53
江　苏	202.30	217.47	286.15	110.08
南方盐区	180.02	116.69	110.20	54.58
浙　江	41.89	33.62	38.17	23.66
福　建	75.31	40.35	31.80	19.68
广　东	23.63	18.46	17.17	5.59
广　西	14.20	13.72	13.84	0.13
海　南	24.99	10.54	9.22	5.52

注：产能为2001年底的数据。

表 3　近 10 年全国盐的产能、产量、销量及存量情况

单位：万吨

	产　能	产　量	销　量	存　量
2002 年	4 069.2	3 958.6	3 310.5	1 620.2
2001 年	3 992.3	3 454.8	3 000.8	1 270.6
2000 年	3 895.2	3 518.1	2 999.7	1 555.4
1999 年	3 973.5	3 116.6	2 579.9	1 387.1
1998 年	3 998.8	2 552.9	2 564.9	1 067.8
1997 年	3 887.7	3 162.3	2 479.1	1 776.1
1996 年	3 795.7	2 932.4	2 576.1	1 502.0
1995 年	3 805.3	2 579.5	2 195.9	1 996.2
1994 年	3 756.2	2 843.6	2 144.1	2 314.8
1993 年	3 287.0	2 879.3	2 440.2	1 727.9
平　均	3 846.1	3 099.8	2 629.1	1 621.8

注：产能均为前一年底的数据。

表 4　2002 年海盐区主要盐化工产品产量

单位：吨

地　区	氯化钾	工业溴	氯化镁	无水硫酸钠	硫酸钾
辽　宁	5 500	450	30 000	25 000	
山　东		67 519	70 500		15 000
河　北	7 000	4 300	70 000		
天　津	16 500	3 120	160 000		
江　苏	6 200	415	50 000		
合　计	**35 200**	**75 804**	**380 500**	**25 000**	**15 000**

（中国盐业总公司　胡　宁）

海洋生物制药和保健品开发

Development of Marine Biological Pharmaceutical and Health Products

【概述】 海洋药物是当代开发的一种海洋资源，即对海洋生物活性物质的贮量、分布、作用以及作为药物系统的研究与开发。海洋药物的内容包括海洋现代药、海洋中药和中成药、海洋卫生材料、海洋保健食品及海洋药用添加剂等。中国古代学者很早就认识某些海洋生物的药物功效，在中国现存最早的中药经典著作《神农本草经》中，对“海藻”的药用价值有过明确记载：“海藻味苦寒，主瘿瘤，气颈下核，破撒结气痈肿，症瘕坚气，腹中上下鸣，下十二水肿。”可见，在不晚于汉朝的先辈们已知海洋生物的药用价值了。在唐代，一些海珍品，如海贻贝、海蚶已列入保健贡品。

在中国，海洋药物作为一种海洋资源进行研究与开发始于20世纪60年代。进入到20世纪80年代以来，人们已越来越感到海洋药物的重要性。1980年中国药学会成立了“海洋药物学术组”，1988年建立了以海洋资源药物研究开发为主的青岛药物研究开发中心。此后有较快发展，在沿海各大城市、甚至一些内地城市也相继成立了一些研究机构和生产单位，在山东省主要有：中国海洋大学“海洋药物与食品研究所”、“海洋生物材料研究所”，1995年中国海洋大学又将校内多个海洋药物研究机构集成在一起，成立了“海洋药物研究院”，并创办了合资的“华海制药厂”。嗣后，经国家科委证论批准，以中国海洋大学为技术依托，1996年组建了“国家海洋药物工程技术研究中心”，1997年7月建成了在山东无棣的富施特螺旋藻养殖基地，并开始投入多种产品的生产；青岛第三制药厂也建立了“国家海洋药物工业中试基地”；中国科学院海洋研究所还成立了中国第一个“藻类基因工程实验室”，青岛金城集团与中国科学院海洋研究所组建了华仁集团，联手实施“蓝色工程”，开展海洋药物与海洋保健品的研制与开发；山东长岛县成立了“长岛海洋药物研究所”；20世纪90年代中期烟台绿叶制药有限公司、莱州海墨特生物制品有限公司、烟台海特生物药业有限公司等新兴企业又先后成立。跨入21世纪后又有新的研究机构成立，2000年1月8日，以烟台市水产技术推广中心为依托，与中国海洋大学海洋生命学院紧密结合为基础，成立了山东省海藻工程技术研究中心。

除山东省的研究和生产单位外，在高等院校从事海洋药物研究的机构还有：中国药科大学中药学院的“海洋药物研究室”；中山大学“海洋科学与工程研究中心”从事南海海洋药用生物研究；1997年清华大学成立了“海洋生物技术研究发展中心”；1997年建成了“江苏省海洋药物工程研究中心”，附设于南京中医药大学。此外，以海洋药物生产为主的企业也不断涌现，在北京、上海、辽宁、黑龙江、湖北、广东、深圳、珠海、海南岛、河北、四川、江苏、福建等省市均有一批生产单位从事海洋保健品生产。

在培养海洋药物人才方面，1993年中国海洋大学成立了海洋药物化学专业，1995年开始招本科生，1996年1月设药学(海洋药物)硕士点。中山大学也建立了海洋药物化学系。随着海洋药物研究的发展，海洋保健食品、海洋保健药物、海洋卫生材料也不断问世，且都取得了显著的社会效益与经济效益。

中国已先后召开了多次全国性的中国海洋湖沼药物学术、开发研讨会。发表了相当多的论文与报告。此外，有关海洋药物的专著也相继问世，如窦波主编的《海洋药物学》、龙康侯编著的《海洋天然产物化学》等。一门新兴的海洋药学已经诞生。这是一门研究海洋药物的资源、海洋生物活性物质的贮量、分布、作用以及作为药物系统的研究与开发，同时也包括药物工艺化研究的学科。

1996～1997年，中国海洋药物与保健食品的研究与开发得到较大的发展，尤其是对甲壳质资源的研究、开发与应用已形成了热点。这期间，运用海洋生物技术研究开发海洋生物活性物质引起了国家及各研究机构的高度重视，设立了一些重大研究课题，并已列入“海洋863”计划中的“海洋生物技术领域”、“九五”攻关重大项目。

在学术团体上，又涌现出一批充满研究活力的相关学术团体。如“中国生物工程学会海洋生物工程专业委员会”、“中华航海医学会海洋生物工程专业委员会”等。

进入20世纪90年代以来，中国海洋药物开发呈现出新的动向：

(1) 国际前沿的海洋湖沼生物工程技术，在海洋湖沼医药开发研究中得到应用，并取得一批国际领先水平的研究成果。

(2) 资源利用不断拓宽领域，如螺旋藻及杜氏盐藻；甲壳质及其衍生物；贝类及牛磺酸等营养活性物质；棘皮动物的粘多糖及生殖腺的开发；鱼油中EPA、DHA及角鲨烯等，均已逐渐形成系列产品。

(3) 海洋天然产物及海洋生物活性物质的基础研究受到前所未有的重视，尤其对海洋无脊椎动物及其共生微生物(细菌、真菌、微菌)的次级代谢产物研究将是此后研究重点。

(4) 海洋生物技术的运用将给海洋生物活性物质及海洋药物的研究开发带来突破性进展，尤其对转基因海洋生物、药用微藻大规模培养等方面将有重大成果出现。

(5) 从事海洋天然产物、海洋生物活性物质及海洋药物研究、开发的研究人员日益增多，且青年人才的人数、素质、水平大幅提高，显示了国内该领域强劲的发展势头和广阔的发展前景。

【已开发生产的主要的海洋药物与保健食品】

1. 20世纪90年代前开发的海洋药物与保健食品

80年代中期前已获准生产的主要的海洋药物有：①河豚毒素(1982年鉴定，系神经生理及药理学重要试剂)；②鲎试剂(1982年鉴定，临床检验，制药工业检测用)；③珍珠精母注射液(1983年鉴定，治疗子宫出血)；④刺参多糖钾注射液(1984年鉴定，抑制肿瘤生长、增强机体免疫功能)；⑤藻酸双酯钠(即PSS，1985年鉴定，对缺血性心脑血管疾病及高血粘度综合症有显著疗效)；⑥海量胶代血浆(1985年鉴定，新型血浆代用品)；⑦褐藻淀粉硫酸脂(1985年，治疗高血脂及冠心病)；⑧藻酸丙二酯(1985年鉴定，良好的乳化剂)；⑨甘露醇烟酸酯(1985年鉴定，冠心病、脑血栓防治药)。

80年代末至90年代初，又有一批海洋药物和卫生材料获准投入生产。

(1) 奇美好(CHIMEHERB)人工皮肤，中国海洋大学海洋药物研究院开发。1988年鉴定，对烧伤有显著疗效。

(2) 东海三豪口服液，由中国海洋大学研制，1988年通过鉴定，1989年由青岛永海药物食品有限公司投产。为中老年人理想的滋补强壮剂。

(3) 龙牡壮骨冲剂，由武汉健民制药厂生产，为儿童、老年人的钙补充药物。

(4) 金牡蛎，由深圳海王药业公司生产，为一滋补强壮药物，几年来效益显著。

(5) 海珍健身宝口服液，由中国海洋大学研制，1989年由青岛永海药物食品有限公司投入生产，是适于儿童生长发育的有效制剂。

(6) 海康益多，海军411医院杨奇琳对该种药物进行了临床观察，证明其可显著增强儿童食欲，使体重增加，血清锌、血色素上升。

(7) 创伤愈合海绵，由中国海洋大学研制，于1990年通过技术鉴定，1993年投入生产，是对创伤促愈作用的海洋卫生材料。主要原料为海洋生物多糖-甲壳质。

(8) 深海龙，为一海洋中成药制剂，由青岛市中药厂于1992年研制并投入生产。是有效的扶正固本海洋成药。

(9) 甘糖酯，于1992年通过国家级技术鉴定。系中国海洋大学继藻酸双酯钠(PSS)之后新发明的一种高效降脂抗栓药。由青岛第三制药厂与青岛华海制药厂投入生产。

(10) 海力特，于1993年通过山东省科委组织的鉴定。由中国海洋大学创制，是一种新型海洋免疫增强药物，对乙型肝炎及肿瘤有很好的疗效。由青岛华海制药厂投入生产。

(11) 止血海绵，由中国海洋大学研制，1993年通过国家技术鉴定，是一种有效的创伤、手术创伤、战伤的止血材料，并有很好的促愈作用。

2. 20世纪90年代初研制开发的海洋药物与保健食品

(1) 华仁集团生产的微藻硒多糖系列产品。

(2) 珠海海洋滋补食品有限公司生产的海滋牌牡蛎全营养片是纯天然海洋药物，该药可明显改善中晚期肿瘤患者的全身症状，并有升高血象、清肺化痰的作用。

(3) 广西北海市珍珠公司海洋生物制药厂生产的珍珠系列药物从片剂、散剂、丸剂、膜剂、滴眼剂、口服剂至注射液30多种。

(4) 山东省海洋药物科学研究所药厂生产的海洋新药“海康”。

(5) 中国科学院海洋研究所范晓研制成海藻碘片。该药能增进儿童健康，改善婴幼儿因缺碘而造成智力低下的状况。

(6) 海墨止血片，为乌鱼墨制成，主治对妇女功能性子宫出血、月经过多，总有效率超过90%，舟山制药厂生产，已出口海外。

(7) 多烯康胶丸为鱼油中提取的含 EPA 和 DHA 的乙酯，降血清甘油三酯效果明显。

(8) 上海中药制药二厂生产的冰糖哈土膜油已远销东南亚，它有补虚、益精功效，常用于产后体虚症状。

(9) 山西运城市新民中医院使用鱼鳔生精丸，治疗不育症，有良好效果。

(10) 沈阳光大制药厂从蛇岛的腹蛇中分离的蛇毒，制成抗栓酶制剂，已用于镇痛及抗癌方面的临床研究。

(11) 由青岛药物研究所研制的东方兰宝、中华海宝，系由海洋生物和名贵中药组方而成。

(12) 烟台中策药业有限公司生产的“佳钙宝”对人体安全可靠，无任何毒副作用，1993年荣获“首届中华人口奖”。

(13) 青岛华海生物保鲜技术开发有限公司开发的“麦姬”系列产品，是从海洋生产物中提取生物活性成分加工精制而成，它对真菌所带来的皮肤损害，有较好疗效。

(14) 广西北部湾药厂生产的海赐宝口服液具有增强有机体 SOD 活性、抗衰老、抗疲劳的作用。

(15) 上海莱福股份有限公司生产的生命口服液、贝尔婷胶囊内含β-胡萝卜素、维生素、微量元素等成分。它有益于儿童生长和中老年保健，该产品荣获1994年第五届亚太国际贸易博览会金奖。

(16) 以贻贝为主要原料制成的海贻口服液，具有治疗与滋养双重功能。

(17) 浙江舟山东朗海洋保健品公司生产的金贻贝胶囊具有调阴阳、补肝肾、填精血的功效。

(18) 厦门海洋科技开发有限公司研制生产的“海洋宝”天然医药系列产品，对中老年人的延年益寿、青少年的生长发育等具有辅助食疗营养保健功能。

(19) 由山东禹王制药有限公司生产的“忘不了”DHA胶丸能健脑增智，并具有较强的防治心脏血管疾病等作用。

(20) 螺旋藻粉是以螺旋藻为原料而制得的产品。其蛋白含量高达60%～70%，并含有多种维生素和微量元素，对增强人体健康和提高身体素质具有良好的作用。

(21) 北京可瑞生物工程开发公司以天然螺旋藻为主要原料开发出可瑞藻福康(SP-92)临床保健佳品，具有提高机体免疫力、增强化疗效果的作用。

(22) 广西北海珍珠公司以珍珠水解物，配以黄精、枸杞子等中草药而制成的复方珍珠口服液具有健脾益气、益智养颜、延缓衰老的功效，产品被消费者评为’93受欢迎推荐新产品。

(23) 浙江乐清海洋生物保健品公司开发的鲸鲨保健饮料，能健脑益智、生精明目、养血调经、延缓衰老。

(24) 厦门立洲食品有限公司开发的三和营养保健胶囊，系海洋生物与陆生生物相融合的低热保健食品，具有保健与医疗的功用。

(25) 无锡维思达保健品有限公司开发的维思达DHA鱼油精健脑胶丸，能调节人体多种机能，提高大脑智商，适合各个年龄段的人服用。

(26) 广东汕尾市金海宝有限公司以鲍鱼、冬虫夏草为原料精制而成的天然健康食品，具有改善免疫功能、延缓衰老的作用。

(27) 金海马养生液是用海马和枸杞等为原料生产的滋补营养液。

(28) 浙江省玉环县保健品实业公司开发的东方鳖精营养液，含有多种人体必需的氨基酸、微量元素、维生素等，营养成分十分丰富。

(29) 山东招远生物工程公司以海藻、牡蛎等多种海洋生物为主要原料，采用科学方法加工精制而成的天然保健食品“海力康”兼有营养保健双重功效，是婴幼儿、老年人理想的保健食品。

(30) 上海药物研究所以海藻为主要原料研制的“海尔滋”是一种理想海洋天然保健饮料。

(31) 珠海巨人高科技集团推出的“巨人健脑”、“巨人β-胡萝卜素”等系列产品取得了良好的社会效益和经济效益。

(32) 宁波金鹰生物制品公司从海藻中提取碘等元素，制成“海露”饮品，是缺碘地区人们急需的饮品。

(33) 天津市海洋保健食品公司出品的壮骨粉是中老年人补钙营养佳品。

(34) 上海中药二厂在食用蛋白水解液中添加滋补中药，制成水产保健滋补品，促进人体对蛋白质的生物利用度，填补了中药水产保健产品的空白。

(35) 山东省长岛县以海藻为主要原料开发出海藻系列产品：减肥宝、海藻茶、海带可乐、海带脯、海带饼干，深受广大消费者欢迎。

(36) 深圳海王药业有限公司以海胆为原料加工制成的纯天然海洋保健滋补品，具有显著的补肾壮阳、滋阴补血等作用。

3. 20世纪90年代中期开发与生产的海洋药物与保健食品

(1) 青岛第六制药厂与海军青岛制剂中心、青岛四方区医院无菌制剂室联合推出抗癌新制剂“海洋素”，“海洋素”是从海洋生物中提取的糖肽类物质。

(2) 青岛药物研究所研制开发出“喜多安”(几丁聚糖)，1997年获国家卫生部健字号证书。

(3) 上海中洋海洋生物保健品有限公司生产的海豹油胶丸(或剂)具有调节血脂作用。

(4) 上海百嘉营养保健品有限公司生产的鲨力精粉具有免疫调节、抑制肿瘤作用。

(5) 辽宁成大制药有限公司生产的“兴京牌雪蛤胶囊”具有调节血脂作用。

(6) 青岛华仁生物技术有限公司生产的“海福康之侣口服液”，具有免疫调节、抑制肿瘤作用。

(7) 山东海星特生物食品有限责任公司生产的海星特，具有免疫调节、延缓衰老作用。

(8) 广东昂泰企业集团生物工程有限公司生产的海之鳗，具有调节血脂作用。

(9) 武汉海藻营养保健品有限责任公司生产的海桑加能素，具有促进生长发育、延缓衰老作用。

(10) 广东省汕尾市金海宝有限公司生产的“海马滋养液”，具有免疫调节作用。

(11) 广东省汕尾市金第宝有限公司生产的虫草鲍鱼精，具有免疫调节、耐缺氧、抗氧化作用。

(12) 山东海蓝宝生物食品有限公司生产的海蓝宝螺旋藻片(胶囊、营养液)，具有免疫调节作用。

(13) 深圳海王同受制药有限公司生产的金碘口服液，具有补碘功效。

(14) 黑龙江中健天然保健品有限公司生产的鲑鱼籽营养液，具有补碘功效。

(15) 海南海脉冲海洋生物有限公司生产的海脉冲营养素胶囊，具有调节细胞免疫功能。

(16) 福州南海岩生物有限公司生产的鳗钙，具有补钙作用。

(17) 河北省故城县康宁微藻生物工程有限公司生产的“日惠螺旋藻片”，具有调节细胞免疫、调节血脂作用。

(18) 中外合资成都通联药业有限公司生产的维格尔海洋牡蛎钙维生素D片，具有补钙及维生素D作用。

(19) 南京三济医药研究所生产的海富康胶囊，具有调节血脂作用。

(20) 北京美天康生物保健品有限公司生产的美天康鱼油胶丸，具有调节血脂、改善记忆作用。

(21) 上海强生微藻发展中心生产的爱绿宝螺旋藻胶囊，具有免疫调节、抑制肿瘤、抗辐射、调节血脂作用。

(22) 清华大学生命科学与工程研究院研制成功增效鲨鱼软骨制剂，具有较好的抗癌功能和免疫功能。

(23) 烟台长岛经济开发有限公司生产的“一点碘”褐藻口服液具有补碘作用。

(24) 福建岱江集团东方螺旋藻有限公司生产的施瑞安螺旋藻片剂，具有抗辐射、调节血脂、抑制肿瘤、免疫调节作用。

(25) 山东天地保健生物工程有限公司生产的“四世同堂”海狗鞭特补酒，具有抗疲劳、延缓衰老作用。

(26) 珠海经济特区海泰滋补品有限公司生产的海胆王片，具有抗疲劳作用；牡蛎皇片，对化学性肝损伤有一定保护作用。

【海洋生物活性物质研究】

1. 20世纪90年代前的研究成果

研究海洋药物的学者们十分注意从海洋生物

资源中提取具有生理活性的生物化学物质的研究，80年代中期前后，中山大学、中国科学院南海海洋研究所发现了一批海洋生物活性物质：

(1) 从软珊瑚、珊瑚和海藻中发现并获得前腺素及其衍生物。

(2) 从南海珊瑚中分离出显著抗癌活性物质，如二萜内酯等。

(3) 从鳞灯心柳珊瑚中提出抗心律失常和抗心肌缺血的三丙酮胺。

(4) 从短指多型软珊瑚中分离出防治心肌缺血的7-羟基-8-甲氧基-4(1H)-喹啉酮。

(5) 从西沙群岛岩沙海葵中提取有强抑瘤活性和强血管收缩作用的海生毒素Palytoxin。

(6) 从海蛤和无齿蚌中提取分离出抗动物移植肿瘤的活性物质。

(7) 从玉足海参中分离出海参素 I 可抑制黄癣菌、新型隐球菌生长。

(8) 羊栖菜的多糖水提液有抗小鼠内毒素中毒作用。

80 年代末至 90 年代中期新发现的海洋生物活性物质有：

(1) 谈燮峰等1988年以南海柳珊瑚为材料，经95%乙醇浸提、丙酮萃取、硅胶桂吸附层析而分离出的柳珊瑚酸，具有强烈的神经毒性。

(2) 颜忠愈、曾陇梅等1984年以中国南海第氏肉芝软珊瑚为材料，经乙醇浸提而分离得到的西松烷内酯类化合物，具有明显的细胞毒性和抗肿瘤活性。

(3) 龙康侯等从南海海鞘中提取的海洋环肽具有较好的抗肿瘤作用。

(4) 刘兆乾等以青岛侧花海葵为材料，逐级提取和分离得到的海葵粗毒，能引起肌肉的单发自收缩和节律性挛缩。

(5) 刘兆乾等1986年以青岛前沿的柄海蛸为材料，经酒精匀浆浸提、离心、透析和离子交换吸附等处理，再用阴离子交换柱分离得到的提取物(II)，具有明显的强心和消除自由基活性的作用。

(6) 孙世锡等利用海带生产褐藻胶、甘露醇、碘后的废液中分离的褐藻氨酸，或是从微生物发酵生产 5-氨基-5-羟基戊二氨，然后制备褐藻氨酸，实验证明具有降压作用。

(7) 吴照华 1987 年以冈村凹顶藻为实验材料，其甲醇提取物对金葡萄球菌有明显的抗菌作用。

(8) 张尔贤等1986年将鼠尾藻用水煮沸，减压浓缩，离心，上清液经透析，乙醇醇析，浓缩，乙醇乙醚洗涤，冷冻干燥得到产品(ST_2)，为鼠尾藻多糖，对粒细胞有激活作用。

(9) 方振生等1988年利用南海小棒短指柳珊瑚的丙酮-石油醚提取物柳珊瑚甾醇作活性研究，发现具有降低血压、舒张血管、减慢心律等作用。

(10) 郑淑贞等 1990 年以南海细长裂江鳐的内脏为材料，经乙醇浸提，乙醚脱脂后的水溶性组分，再经多孔树脂吸附及乙醇洗脱，HPLC 分离纯化得到的江鳐毒素具有强烈的生理功能，增加细胞膜对钙离子的通透性，是一种钙离子通道的激活剂。

(11) 缪辉南等 1985 年从姥鲛肝中提取分离得到的角鲨烯，具有抗感染和抗癌能力。

(12) 李瑞声等 1988 年以复瓦葡球软珊瑚为材料，经戊烷提取后层析得到的三环倍半萜化物C-II，生物活性试验表明对回肠平滑肌有舒张作用，同时对艾氏腹水癌细胞有抑制作用。

(13) 黄维真等 1989 年将福建沿海海泥中的鲁特格斯链霉菌鼓浪屿亚种产生的物质经发酵、提取和分离得到的活性组分 8510-I，是一种含有Minobiosamin 的糖苷和由三个氨基酸组成的小肽结构部分，属于春日霉素类的新的抗生素品种，抗菌谱广，特别对绿脓杆菌和一些耐药革兰氏阴性细菌有强的活性。

(14) 于力等 1991 年以海葵触手为材料，用水匀浆、离心，上清液用丙酮沉淀而得到的触手蛋白粉，初步研究显示出对小鼠有抗凝血作用并能降低其血液中胆碱酯酶的活性。

(15) 禹志领等 1991 年将文蛤肉融化、盐酸水解、胰蛋白酶酶解而得酶解液。对小鼠免疫系统功能研究发现：使小鼠胸腺重量增加，血清溶备素抗体显著增加，明显抑制网状内皮系统的吞噬功能和绵羊细胞 SRBC 所致的迟发型超敏反应，对免疫系统有不同调节作用。

(16) 苏镜娱等 1989 年将南海的耳壳藻用酒精浸提，乙酸、乙酯萃取，硅胶柱层析而得到的一种高单萜内酯。生理实验发现具有强烈的细胞毒性。

(17) 谭锐等 1987 年用 CH_2Cl_2浸提大叶团藻而得到的 CH_2Cl_2 提取物，对人体早幼粒白血病细胞(HL-60)具有明显的分化诱导活性。经光谱分析测定为72-羟基岩甾醇。

(18) 宋丽芬等以青环海蛇和玉足海参为材料，经过酶解得到酶解物(HYB)可显著地增强小鼠巨噬细胞的吞噬功能。

(19) 何森耀、叶和钰等1992年以柳珊瑚为材料，用醇、石油醚进行提取，得到一种烯酯类化合物，对Soman急性中毒有较好的抗毒作用，并对全血胆碱酯酶有保护作用。

(20) 付德华等从姥鲨软骨中提取的酸性粘多糖(CMAMP)，可显著地抑制鼠兔体内、外血栓的形成。

(21) 方金瑞等用福建海底底栖放线菌ZB经接种、发酵、吹附层析后得到的碱性水溶液广谱抗菌物质2B-B，经光谱鉴定为同质于由环状芽孢杆菌产生的丁酰苷菌素。

(22) 胡水根等1986年从无齿蚌中提取的HB有效成分，对小鼠S_{180}、EAC两种移植性肿瘤有抑制作用；进一步研究表明，在体内实验中表现出对各具特点的动物肿瘤模型有抑制作用，而体外无细菌毒性作用。

(23) 禹志领等报告将文蛤肉加水煎煮，制成1:1水煎液(1克/毫升)能明显地降低正常小鼠及四氧嘧啶诱发的高血糖小鼠的血糖及显著降低小鼠血液中甘油三酯的作用。

(24) 郭义明等将水蛭用95%乙醇提取，并调节PH而分离得到的蛋白质有效成分，经体外抗血小板凝集实验验证对ADP诱导的人血小板凝集有显著作用。

(25) 王长云等1993年以扇贝为原料，经蛋白酶水解和乙醇沉淀得到的酸性粘多糖，具有抗凝血、降血脂、抗病毒、抗肿瘤作用。

(26) 杜罗喜等报道了无齿蚌中得到的HB有效成分对鼠S_{180}、EAC_2种移植性肿瘤模型的抑制作用，抑制率分别为81.8%和79.3%。

(27) 方金瑞报道了海洋耐碱、嗜碱放线菌的分离探索和筛选抗菌物的初步研究，发现嗜碱放线菌2B能产生丁酰苷毒类物质。

(28) 谭锐等完成了7α和7β-羟基β谷甾醇的半合成，这两种海藻甾醇类物质对人早幼粒白血病细胞(HL-60)具有分化诱导活性。

(29) 施锐等研究发现拟海龙水提取物具有促进正常人外周淋巴细胞转化作用和抑制人瘤细胞(Hela,ECA-109)、肺癌细胞的作用。

(30) 曹远等对牡蛎的生物活性进行了研究，发现它有明显的强化γ-射线杀灭癌细胞反应。放射增敏率为34.5%～52.6%（$P<0.01$）。

(31) 臧东莲对褐藻氨酸生理活性进行了研究，发现它对大鼠无胚胎毒性致畸作用。

(32) 许实波从软珊瑚分离到5种不饱和酯环的二萜化合物，药理试验显示它们均具有体外对抗肿瘤的作用。

(33) 姜国辉等研究发现硫酸甘糖酯可通过抑制凝血系统和激活纤维蛋白的溶酶系统而发挥其抗血栓作用。

(34) 许益民报道海马和海龙中脂类物质的研究分析结果，提出海马和海龙中磷脂类化合物含量丰富，脂肪酸中尤以不饱和脂肪酸为主。

(35) 蒋苏洪等报道了甲壳胺和卡拉胺在溶液中反应生成不溶于水的复合物，此复全物具有一定的抗凝血性。

(36) 陈菊娣等报道花刺参酸性粘多糖的分离、纯化，并对其理化性质和组成结构进行了研究。

(37) 杨小双等对细枝竹节柳珊瑚的乙醇浸膏用硅胶快速层析分离，共得到4个化合物。波谱鉴定为柳珊瑚甾醇，22-epihippuristanel，神经酰胺和鲨肝醇。

(38) 俞振良首次报道了中国对虾水提液对大鼠平滑肌的收缩作用，并证实其作用机理是兴奋5-HT受体。

(39) 季宇彬等报道羊栖菜多糖对L615小鼠多种酶活性的影响，羊栖菜多糖的这些作用可能是其抗白血病的机理之一。

(40) 黄亦武等报道甲壳胺及N-乙酰葡萄胺对体外培养的人成纤细胞的抑制作用，以及甲壳胺在动物体内的生物降解。

(41) 张尔贤等报道鼠尾藻醇提取物的生理活性和生物化学研究，发现它能抑制体外食管癌细胞株，同时对粒细胞有激活作用。

(42) 俞振良等研究表明紫胎贝水提液对大鼠离体子宫收缩作用，而这种作用是由于兴奋了CL一体的结果。

(43) 季宇彬等报道了复合海藻合剂的抗癌作用。

(44) 于力等报道用氯化钙做激活剂，控制好温度、酸度，可用25%乙醇从鲍鱼消化道中提出蛋白水解酶。

(45) 张尔贤等报道用发光分析法对鼠尾藻多糖消除氧自由基作用观察结果，实验结果证实，鼠尾藻对氧自由基有较强的消除活性。

(46) 蔡心涵等试验证实了藻蓝蛋白的确具有光敏作用，且无毒副作用，是一种理想的光敏剂。

(47) 万新祥等从日本小球藻中分离提取EPA，结果表明这种小球藻脂质中EPA含量高达28%。

(48) 毛文君等分析12种海藻硒含量及其分布特点，发现褐藻中硒含量比绿藻和红藻的低，硒主要存在于蛋白质和氨基酸中。

(49) 林永成等报道了Juncellin A水解产物的制备及其对肺癌A-549细胞的活性。初步药理试验显示：水解产物JA_1-JA_2浓度在30～50微克/毫升，具有抑制肺癌A-549细胞生长的活性，而对正常人细胞的生长无影响。

(50) 季宇彬等报道羊栖菜多糖SEPS对S_{180}荷瘤小鼠的红细胞的免疫功能有促进作用。

(51) 杨晓林等研究发现，从海带中提取的褐藻糖胶在体外可诱导白细胞介素-1(LL-1)和丙型干扰素(IFN-r)产生；体内给药可增强各类淋巴细胞功能，促进对绵羊红细胞的初次抗体应答。

(52) 何雅军等报道文蛤提取物对小鼠迟发型超敏反应具有双向免疫调节作用。

(53) 尚雪原报告了二十碳五烯酸在体内、体外均有明显抗栓作用，并能增强纤溶活力。缩短优球蛋白溶解时间，抑制花生四烯酸诱导的大鼠血小板聚集。

(54) 张贞丽等研究小海石化学成分与镇咳作用，发现小海石除含碳酸钙(约80%)外，还含有一定量的镁盐及少量的钠硅、铁盐。其镇咳作用明显，效果与蛇胆川贝的作用相似。

(55)杨尚军对铁钉菜化学成分进行研究，在索氏提取器中用石油醚浸泡，然后再用醋酸乙酯提取，经波谱分析共鉴定出8种化合物。

(56) 项辉等报道了从南海海绵中提取多氯二肽系列化合物DN_5，DN_{1653}具有显著降低血压作用。

(57) 彭文铎等报道柳珊瑚酸对胆碱酯酶的抑制作用，柳珊瑚是从南海柳珊瑚(*Suberogorgia* sp.)中分离的三环十一烷倍半萜类新结构物。

(58) 许实波等报道海蛾甲醇提物有抗血栓作用，对甲醇提取物进一步分析，共分离出9种化合物，进一步药理研究认为抗血体的主要有效成分是其中的牛磺酸。

(59) 窦昌贵等报道文蛤提取物使小鼠S_{180}实体瘤的重量减轻，使EAC腹水瘤小鼠生命延长。

(60) 中国药科大学海洋药物研究室报道毛蚶水解液对环磷酰胺所致骨髓损伤小鼠能促进骨髓有核细胞的增殖，增强血细胞再生功能，显著增加外周血中网织红细胞的比例。升高白细胞，促进网织细胞向成熟红细胞转化。

(61) 于志洁等报道鲨鱼骨用盐水浸泡提取，乙醇分级沉淀、超滤、冷冻干燥，不同组分的提取物均有一定的抑瘤作用。

(62) 沈先荣等将鲨鱼软骨用盐酸胍抽提48小时，丙酮分级沉淀、超滤、Sephades G-75柱层析等步骤取得鲨鱼软骨多糖，该多糖能抑制Hela细胞和QGY7703细胞，对肿瘤起抑制作用。

(63) 孙靖等报道海带活性物质A具有降压、降血指、抑制血小板聚集作用。

(64) 于力等报道采用离子交换层析和凝胶过滤等方法从金环蛇毒分离出一抗癌组分，对S_{180}、ARS抑瘤率达54%、56.9%。

(65) 孙谧等研究了扇贝水解液中胶原蛋白生物活性，发现其胶原蛋白中羟脯氨酸含量高，对皮肤衰老有延缓作用。

(66) 张朝晖等研究中药海龙乙醇提物的生物活性，药理研究表明，其乙醇提取物有激素样作用。

(67) 李华等对海星进行研究，发现海星生殖腺中含有丰富的蛋白质、不饱和脂肪酸，脱毒后可食用；海星多糖有抗癌活性。

(68) 刘兆乾等报道螺旋藻提取物抗癌、抗辐射作用，发现螺旋藻的抗辐射和提高机体免疫功能的物质是蛋白多糖。

(69) 薛长湖等报道由鳕鱼排制备活性钙。

(70) 马晓英研究盐藻提取物对小鼠肿瘤免疫的影响，证明盐藻中的胡萝卜素有抗肿瘤转移和刺激免疫系统功能的作用。

2. 20世纪90年代后期的研究成果

1996～1997年，中国在海洋生物活性物质研究上又有较大进展，最值得注意的是中山大学苏镜娱等从软珊瑚分离到的扭曲肉芝甲酯和异扭曲肉芝甲酯。这是一种结构新颖的大环四萜化合物，该类结构在国际上也是首次发现，并提出了其合成途径，目前正在进行生物活性方面的研究。同时从海绵中分离得到一种具强细胞毒素的三萜色素 Stelletin。在海绵中还发现 15 个新的具有双高碳架的新的二倍半萜，从软珊瑚中发现各种类型的二萜，生物活性测试表明，一些二倍半萜对 KB 细胞或 P-338 细胞有中等抑制活性。第二军医大学林厚文、易杨华等从中国产总合草苔虫中分离出一种新的草苔虫素，命名为 Bryotatin 19，是一种新型大环内酯类化合物，其对单核细胞白血病细胞株 μ973 具极强的杀灭作用，同时对早幼粒细胞白血病 HL60 和红白细胞 K562 等细胞株均有显著的抑制活性。广州化学所邓松文等从南海海绵中得到两种新化合物，其中一种甾醇衍生物具较强的心血管活性；另一种(13E，15E，17E，22E，24E)-3，12-二氧-13，15，17，22，24 五烯-26 异臭椿酸具有强的抗肿瘤活性。北京医科大学付宏征等从青岛产黄海葵中分离得到 11 种成分，其中 3 种甘油酯为新成分，正在进行药理活性的研究。

关于海洋毒素的研究，这两年也取得显著成果，上海复旦大学黄伟达等经多次研究和实践，最终选择出华氏酵母作为表达青岛黄海葵强心多肽的宿主，为基因工程生产奠定基础。北京防化科学技术研究院陈冀胜等从中国桶形芋螺中分离纯化得到两个全新芋螺毒素 Conotoxin Be ⅢA 和 Conotoxin Be ⅢB，经初步生物活性研究表明，两者均可引起小鼠后肢麻痹。北京医科大学林文翰等从中国虫纹东方河豚肝脏中又发现两种新的次级代谢产物，其作用特点正在研究中。

海洋大分子活性成分的研究仍然是国内海洋药物研究的热点之一，其中有关海洋多糖的研究报道最多。中国海洋大学管华诗、耿美玉等研制的新型海洋硫酸多糖 989 对大鼠能明显缩小 MCAO 24 小时造成的脑梗塞范围，减少脑水含量，有望成为一种新型抗脑血栓药物。中山大学许实波等发现鲍鱼多糖在小鼠体内有显著的抑瘤作用及抗氧化作用，并对环磷酰胺有较明显的增效作用。中国科学院海洋研究所李智恩、徐祖洪等研究表明褐藻多糖硫酸酯对静脉血栓形成有明显的抑制作用。中国海洋大学林华英等从海洋生物中提取了一种活性组分“KEMH”对人体各种癌细胞有杀伤作用。广州药物所周清凯等研究发现海参多糖能提高机体免疫功能并具有抗病毒作用。山东大学宋剑秋等发现海带硫酸多糖对小鼠免疫细胞有增强作用。福建师范大学郑怡等报道纯顶螺旋藻多糖对枯杆菌和青霉菌均有很强的抑制作用。中国海洋大学薛长湖等报道低分子岩藻聚糖硫酸酯具有显著降低高血脂症大鼠的血脂作用。沈阳药科大学刘玉兰发现螺旋藻多糖具抗衰老作用。广州华南师范大学技术研究所徐明芳等报道马尾藻中褐藻胶具有肿瘤抑制作用。

关于大分子蛋白肽类活性成分的报道也比较多。第二军医大学王路等对中国姥鲨软骨中抗癌活性新生血管抑制因子进行了研究，发现其具极强溶菌酶活性，体外可抑制血管内皮的增殖，并能有效地抑制小鼠 S_{180} 肉瘤生长。海军医学研究所沈先荣等对鲨鱼软骨中肿瘤抑制生长因子在细胞水平上对肿瘤抑制作用进行了研究，证明合适浓度时对正常细胞无抑制作用，且有促进作用。中国海洋大学顾谦群等从栉孔扇贝中分离出一种具肿瘤抑制作用的糖蛋白成分，并对其化学组成和抗肿瘤作用关系进行研究。国家海洋局一所孙虎山、李光友等对栉孔扇贝血淋巴中超氧化物酶和过氧化氢酶的活性及其性质进行了研究。浙江大学王勇等采用了 MTT 法和流式细胞技术对藻蓝蛋白的抗癌活性进行研究，结果发现体外对 Hela 细胞有较好的抑制生长作用。海南华康生物制品研究所梁国栋等从墨鱼墨囊中得到几种水溶性大分子组分并进行体外抑瘤实验，发现其中分子量 28 000 的抑瘤率最高。锦州医学院贾玉海报道鱼骨素不但具有肿瘤抑制作用，还有免疫调节作用。

此外还有一些海洋生物的粗提物显示出强的药理活性，中国科学院沈阳生态研究所胡江春以海洋放线菌MB-97 发现具有广谱抗菌作用的成分。厦门大学苏文金等从台湾海峡海区潮间带分离的 401 株放线菌中筛选出 6 株具强的抑瘤作用的放线菌，北京 302 医院蔡光明等从被囊动物中提取分离到一种有显著抑瘤作用的有效组份。中国科学院海洋研究所刘志强从海洋生物中得到一种活性物质NDH，具有降血脂作用。青岛大学医学院王春波等从栉孔扇贝提取的多肽有抗皮肤老化作用。大连医学院研究所陈珊等发现鼠尾藻提取液对肾上腺素及四氧嘧啶所造成的高血糖大鼠均有降糖作用。

【甲壳质研究与开发】 中国甲壳聚糖研究始于

20世纪50年代初，但是在80年代后才受到重视，90年代中期发展迅速。迄今，在沿海地区已建起了30多家甲壳素生产厂家，1997年甲壳质产量已经突破2 500吨，但产品品种仅限于生产甲壳质和甲壳胺。1995～1997年的3年间，国内甲壳质研究开发得到迅速发展，取得了众多成果。

中国海洋大学李八方等报道了甲壳质及其衍生物降低香烟焦油及烟碱含量，将甲壳质或其衍生物添加到烟丝中或制成过滤嘴，具有明显降低香烟中焦油含量作用，且不影响香烟的尝味；中国科学院兰州化学物理研究所王爱勤等报道了水溶性甲壳质的制备及其在人工泪液中的应用，临床应用结果表明，改性甲壳质人工泪液对无泪液、干燥性角膜炎和结膜炎患者疗效优于以羧甲基素为原米制备的人口泪液；中国海洋大学刘万顺等报道了羧甲基壳多糖的毒理研究，小鼠皮肤毒性试验的LD50大于5 001毫克/千克，经大鼠长期口服表明，对鼠肝肾功能及其组织学检查均无异常；于广利等报道了水溶性甲壳胺的制备及其对铅离子的螯合作用，表明不同羧甲基甲壳胺对铅离子的螯合作用不同，若添加到食品中，可预防重金属对人体的伤害；高怀生等利用核磁共振、质谱等方法测定了壳聚糖结构，利用氚标记研究了壳聚糖在大鼠体内的组织分布，结果表明，经背部皮下注射后7天左右，壳聚糖浓度达到峰值，且在肾脏中含量最高。

孟祥英等报道了甲壳胺纺丝纤维原液的制备及其流变性研究。孙秀珍等、路振生等分别报道了甲壳素可吸收缝合线的研究情况，曾名勇等研究了壳聚糖在草莓保鲜中的应用；孙多先等研究了壳聚糖对血指和胆固醇的吸附作用；于广利等报道了水溶性羧甲壳胺，羟丙基甲壳胺以及脂溶性已酰化甲壳胺和N-苄基已酰化甲壳胺对卵磷脂和亚油酸甲脂的抗氧化作用，为进一步拓宽甲壳质在食品、医药及化妆品中的应用提供了理论依据。

中国科学院大连化学物理研究所张虎等采用球孢白僵菌降解壳聚糖；浙江大学生物化工系郑连英等研究了壳聚糖酶、纤维素酶及混合蛋白酶对壳聚糖的酶解作用；烟台师范学院化学系曲荣君等以甘油环氧树脂(B-63)为交联剂合成了交联壳聚糖树脂并研究了它们对铜、钴、镍和锌离子的吸附作用；北京医科大学付朝宏等报道了壳聚糖医用生物药膜在临床中的应用，该膜以甲壳质、壳聚糖和明胶为基质，配伍蒲黄及抗生素等制成；中国海洋大学陈西广等以壳聚糖为原料，研制成了CX-1型微载体，研究了鱼BB细胞在微载体上贴壁生长的试验，结果表明细胞可很好地转移至CX-1型微载体上并很好地在微载体上附着贴壁生长、繁殖，利用微载体进行动物细胞规模化培养，以提取制备生化药物和细胞活性因子，具有易于放大规模、可高密度培养细胞、自动化程度高等显著的优点；魏涛等研究了壳聚糖降血脂、降血糖及增强免疫作用，结果表明壳聚糖具有显著的降低甘油三酯和血清高密度脂蛋白胆固醇作用，对四氧嘧啶所致的高血糖小鼠具有显著的降血糖作用，并具有增强体液免疫功能、细胞免疫功能、巨噬细胞吞噬功能和NK细胞活性的作用；何德庆等研究了甲壳质、甲壳质延缓衰老抗疲劳作用，实验结果表明能明显降低大鼠血清中LPO的含量，减少LPO对生物体组织细胞与干扰细胞的功能，呈现出抗氧化作用；有明显抑制小鼠心肌细胞中脂褐质(LF)的形成，降低过氧化物聚积在细胞内，起到延缓细胞衰老的作用，可以对抗或阻缓自由基对细胞攻击并可加强消除自由基的能力；李运曼等研究了D-氨基葡萄糖抗肿瘤作用，结果表明，D-氨基葡萄糖对小鼠移植肉瘤 S_{180} 瘤重有显著的抑制作用，赵朝晨等利用甲壳质甲壳胺，联合放化疗治疗癌症，丁华等研究了甲壳质衍生物(916)对家兔实验性动脉硬化的预防作用，结果显示，“916”有明显的降低血清甘油三酯(TG)、总胆固醇(TC)以及低密度脂蛋白胆固醇(LDL-C)及血清丙二醛(MDA)含量，显著升高血清高密度脂蛋白胆固醇(HDL-C)含量，显示“916”有较好的调整血脂作用，可有效地减轻家兔实验性高脂血症，从而有效防止动脉粥样硬化形成。

【海洋中药及中成药研究开发】 20世纪80年代末以来，海洋药物中药及中成药的研究与开发取得重要进展，主要成果有如下所述。

1. 植物类海洋中药

(1) 昆布：宋剑秋等人从海带中提取海带硫酸多糖，并对小鼠腹腔巨噬细胞的激活作用进行了初步研究。林华英等报道从海带中提取活性碘成分制成口服液，并进行药物学、毒理学研究。黄兆胜等探讨了昆布抗动脉硬化的作用机制，研究表明，昆布改善脂质代谢、抗动脉粥样硬化的作用除可能与降血指有关外，还可能与提高 LCAT 活性，升高 HDL2-C 及降低血清中 LPO 含量等作用密切相关。

(2) 海藻：季宇彬等对羊栖菜多糖(SFPS)抗肿瘤作用机理进行了研究，认为 SFPS 提高 RBC 膜唾液酸含量作用可能是提高淋巴细胞白血病 P388 小鼠红细胞免疫功能的又一机制。胡永明等研究发现海蒿子的脂肪酸含量大大高于饱和脂肪酸含量。陈珊等实验发现鼠尾藻是一种理想的降糖海产药物。徐明芳等从亨氏马尾藻中制取褐藻胶，其对 S_{180} 肉瘤和艾氏腹水癌的抑制率分别为 30.45%及 31.26%。卢睿春等首次采用酶法从亨氏马尾藻中提取马尾藻多糖，提取率高达 5.84%。崔征等对马尾藻科 7 种海藻进行了毒性、抗血小板聚集、抗肿瘤、免疫药理实验，并采用 UV-可见分光光谱法测定了碘含量，采用原子吸收分光光谱法测定了铁、钙、锌、铜、铅、镉等含量。

2. 动物类海洋中药

王顺年等以海鞘为原料制成肝健口服液及注射剂，应用于临床治疗病毒性肝炎，疗效明显。张尔贤等试验结果表明牡蛎有较强的抗氧化能力。王颖等报道牡蛎提取物抗肿瘤作用可能通过增强宿主免疫功能，特别是天然杀伤细胞活性而抑制肿瘤生长。窦德昌等研究表明毛蚶水解液具有降血糖、降血脂作用，对小鼠实验性肝损伤具有显著保护作用。张广钦等报道文蛤肉水解液具有明显降血脂、降低血液粘度及抑制血小板聚集作用。罗运满等也对文蛤肉等低温浸提物进行了药效学研究。贻贝多活素(MSM)是从紫贻贝中提取的活性物质，刘赛等发现 MSM 可通过降低血小板的聚集功能从而抑制动脉血栓的形成，并研究了 MSM 对实验性心肌缺血保护作用及其机制，邵伯芹等报道 MSM 在治疗量范围内毒性极微。周清凯等从黑海参中分得海参多糖制成胶囊剂，用于治疗乙型肝炎。李海棠等也以海参多糖为主要原料制成海康胶囊制剂，用于治疗慢性乙型肝炎，并探索了用琼脂电泳扫描法测定海参多糖含量。佟丽等报道海蛇提取物对溶血性贫血模型小鼠的红细胞有较好的保护作用。张朝晖等从尖海龙中分到四个甾并观察其对小鼠病体心肌细胞的作用，另还对粗吻海龙的抗肿瘤有效部位进行筛选。许东晖等对斑海马甲醇提取物抗血栓作用进行研究，并发现其有效成分为多种不饱和脂肪酸。李亚伟报道海马水煎物有明显的抗炎作用。

3. 矿物类海洋中药

陆宏祺等证实珍珠粉具有镇静安定、部分免疫功能作用，并对抗肿瘤作用作了一些探讨。巫炳元等应用珍珠层粉制成肌肉注射液及静脉注射剂，治疗病毒性肝炎。

4. 海洋中成药

(1) 双海止咳膏由汤剂经剂型改革而得。原为闽南沿海民间渔民常用于治疗慢性支气管炎的经验偏方，以海带根、羊栖菜为主，配以紫菀、半夏、麻黄等，黄哲元等将该方制成药膏，穴位敷贴，进行初步疗效探索。

(2) 牡石胶囊以牡蛎、石决明等为主要组成。刘凤美等报道该药可以降低高血压患者血压，改善紊乱和血压昼夜节律。

(3) 复方褐藻胶囊由褐藻酸、木香、黄芪、白术、三七、大黄、甘草组成。钟慧闽等用于治疗幽门螺杆菌相关性胃病，疗效较好。

(4) 金蓝宝以海湾扇贝为主，配以部分中药。关宁等证实其为免疫增强剂，并进行毒理和病理试验。

(5) 复方海龙口服液由刁海龙、海燕、海胆和蜂蜜加工制成。赵鲁青等对其进行药效学研究表明，该药具有提高机体免疫功能、降低血脂、延长凝血时间、延长机体耐缺氧时间和改善阳虚的作用。

(6) 海珍玉液是由鲜刺参、黄芪、枸杞、栀子、甘草组成的复方口服液。刘伟等进行的血液流变学试验表明，该药能降低总胆固醇及甘油三酯水平，同时降低全血比黏度及红细胞压积。

(7) 珍珠精母口服液以马氏珍珠贝的生殖液为原料制成。胡德荣等研究表明，该药具有明显的止血作用，并推断其治疗子宫出血的作用机制。

（管华诗　耿美玉　刘安国等）

海洋管理

Marine Management

CHINA
OCEAN YEARBOOK

海域管理
Sea Area Management

海域使用管理
Management of Sea Area Use

【概况】 2002年是《中华人民共和国海域使用管理法》（以下称《海域使用管理法》）实施的第一年，也是国家海洋局的"海洋行政管理年"。一年来，国家海洋局及地方各级海洋行政主管部门，在有关部门的大力支持下，以全面贯彻实施《海域使用管理法》为中心，努力推进海洋行政管理工作由事业型向管理型、微观型向宏观型、单一型向符合型的转变，全面推进了海域法配套制度建设、海域使用管理示范区建设、海洋功能区划、海域权属管理、海域使用金征管等各项海域使用管理工作：

(1)《海域使用管理法》的贯彻实施得到了党和国家领导人的高度重视。党中央、国务院、全国人大、政协的领导同志对海域使用管理工作发表了专门讲话，作出了重要批示。

(2) 国务院批准《全国海洋功能区划》，并授权国家海洋局发布实施。沿海十一个省、自治区、直辖市及其三分之二以上市、县的海洋功能区划已经编制完成。

(3)《国务院办公厅关于沿海省、自治区、直辖市审批项目用海有关问题的通知》发布实施。

(4)《国务院办公厅关于开展勘定省县两级海域行政区域界线工作有关问题的通知》下发执行，省界和县界勘定工作全面启动。

(5) 国家海洋局出台了15个贯彻实施《海域使用管理法》的规范性文件。

(6)《国家海洋局、财政部关于进一步做好海域使用管理示范区建设工作的若干意见》发布实施，新建海域使用管理示范区13个，示范区总数达到30个。

(7) 全年共发放海域使用权证书5 295本，确权海域面积22万公顷，累计确权面积达到62万公顷。征收海域使用金1.2亿元，比2001年增长了34.7%。

(8)《海域使用管理法》宣传教育、海域管理信息系统建设、海洋资质管理、海岛海岸带管理、海底电缆管道管理等各项工作稳步推进。

截至2002年末，我国已查明海域使用面积2 239 756公顷，占我国领海和内水面积的5.9%。主要用海类型及面积分别为：渔业用海1 448 542公顷，交通运输用海226 425公顷，工矿用海105 604公顷，旅游娱乐用海9 722公顷，海底工程用海3 234公顷，排污倾倒用海16 181公顷，围海造地用海51 342公顷，特殊用海320 251公顷，其他用海18 455公顷。

2002年全年共发放海域使用权证书5 295本，确权海域面积22万公顷，累计确权面积达到62万公顷；征收海域使用金1.2亿元，比2001年增长了34.7%。

【海域使用管理方面的海洋政策和法规】

(1)《中华人民共和国海域使用管理法》。经2001年10月27日第九届全国人大常委会第24次会议审议通过，并于2002年1月1日起正式实施。该法共8章54条，确立了海域权属管理、海洋功能区划以及海域有偿使用三项基本制度。这三项制度相互关联、相互依托、相互制约，构成了整部法律的核心框架。《海域使用管理法》的颁布实施是我国海洋事业发展历程中的一件大事，也是我国实行依法治海、促进海洋管理法制化、规范化的关键举措，对合理开发利用海洋资源，保证海洋经济的可持续发展，使海洋更好地为我国的现代化建设服务，具有重大深远的意义。

(2)《国务院办公厅关于沿海省、自治区、直辖市人民政府审批项目用海有关问题的通知》。2002年7月6日，国务院办公厅下发了《国务院办公厅关于沿海省、自治区、直辖市人民政府审批项目用海有关问题的通知》，授权沿海省、自治区、直辖市人民政府规定地方项目用海的审批权限，提出项目用海审批的依据和原则，规定海域使用权证书的发放与管理办法，明确县级以上海洋行政主管部门及其所属的中国海监机构为执法检查部门，同时，要求沿海省、自治区、直辖市人民政府要根据本通知规定的权限和程序制（修）订有关海域使用管理的地方性法规和地方政府规章。

(3)《全国海洋功能区划》。根据2002年8月22日《国务院关于海洋功能区划的批复》要求，国家海洋局于2002年9月4日发布了《全国海洋功能区划》。《全国海洋功能区划》和国务院的批复是国务院贯彻中央关于人口资源环境基本国策的重要举措，是为贯彻实施海域管理和海洋环境保护等法律法规而制定的政策性、规范性和技术性文件，是促进海域的合理开发和可持续利用的重要手段。海洋功能区划是根据海域区位、自然资源、环境条件和开发利用的要求，按照海洋功能标准，将海域划分为不同类型的功能区。目的是为海域使用管理和海洋环境保护工作提供科学依据，为国民经济和社会发展提供用海保障。通过海洋功能区划的实施，可以控制、引导海域的使用方向，保护、改善海洋生态环境，促进海洋资源的可持续利用。国务院在批复中强调：“海洋功能区划是海域使用管理和海洋环境保护的依据，具有法定效力，必须严格执行。”

(4) 海域使用管理的各项配套制度。2002年是正式实施《海域使用管理法》的第一年，在着重抓好具体监督管理工作的同时，国家海洋局也积极组织该法有关配套制度的建设。

为进一步健全完善《海域使用管理法》的各项配套制度，国家海洋局对海域使用申请审批、海籍调查、测量管理、海域使用权登记、证书管理、争议调处、资质论证海洋功能区划等各个环节进行了规范，下发了《海域使用申请审批暂行办法》及有关文书格式、《关于地方海域使用管理审批权限划分的意见》、《海域使用权争议调解处理办法》、《海域使用权登记办法》、《海域使用论证资质管理规定》、《海域使用资质等级标准》、《海域使用权证书有关配套制度》、《关于加强国家海洋局直接受理海域使用项目管理的若干意见》、《海域使用测量管理办法》、《海域使用测量资质等级标准》、《海籍调查规程》等规范性文件，初步实现了海域使用管理工作有法可依，有章可循。

【海域使用管理配套制度建设】 2002年国家海洋局会同国务院法制办、国土资源部拟定了《国务院办公厅关于沿海省、自治区、直辖市审批项目用海有关问题的通知》，并报国务院，国务院于2002年7月出台（国办发[2002]12号）。该通知明确了《海域使用管理法》中两个需要由国务院另行规定的条款：一是海域法第十八条规定“前款规定以外的项目用海的审批权限，由国务院授权省、自治区、直辖市人民政府规定”；二是《海域法》第二十一条规定“海域使用权证书的发放与管理办法，由国务院规定”。另外，该通知还明确了县级以上海洋行政主管部门及其所属的中国海监机构为执法监督检查部门。该通知是近年来国务院第一个关于海域使用管理工作的文件，有力地促进了海域使用管理法工作的开展，同时在涉海部门都有很大的影响。

2002年，国家海洋局还相继制定并出台了《海域使用申请审批暂行办法》以及有关文书格式、《关于地方海域使用管理审批权限划分的意见》、《海域使用权争议调解处理办法》、《海域使用权登记办法》、《海域使用论证资质管理规定》、《海域使用权证书有关配套制度》、《关于加强国家海洋局直接受理海域使用项目管理的若干意见》、《海域使用测量管理办法》、《海籍调查规程》等共计15个规范性文件，对海域使用管理的申请审批、权属管理、登记、有偿使用等各个环节进行了规范，使《海域使用管理法》规定的各项制度更加具有可操作性。此外，还拟定了《报国务院审批项目用海审查报批办法》，拟于年底前上报国务院。

与此同时，各省及部分市、县依据《海域法》及国家海洋局发布的规范性文件，共制定或修订了海域使用申请、论证、审批、年审、使用金征收等海域使用管理方面的地方配套规章或规范性文件近40余项。辽宁、山东、广西、海南等地政府出台了海域使用审批权限划分的若干意见，福建、江苏两省政府为本级海洋行政主管部门设置了“海域使用管理专用章”，简化了项目用海审批程序。海域使用管理正逐步进入法制化、规范化、科学化管理的轨道。

【海洋功能区划工作】 全国海洋功能区划经过多年的编制和协调工作，于2002年8月22日由国务院正式批准，并授权国家海洋局发布实施。这是海洋功能区划工作自1988年提出以来，第一次得到国务院批准。《全国海洋功能区划》的发布实施，是我国海洋事业发展史上的一件大事，它对于进一步加强海域使用管理和海洋环境保护，更好地为国家经济建设、国防建设和生态建设提供用海保障，都具有重大意义。《国务院关于全国海洋功能区划的批复》（国函[2002]77 号）不仅再次明确了海洋功能区划在海域使用管理和海洋环境保护工作中的法律地位和作用，而且对国家海洋局、国务院各涉海部门、沿海省（自治区、直辖市）人民政府、各级海洋行政主管部门提出了明确的工作任务，同时，在许多方面（如海洋环保、海监队伍等）强化了国家海洋局的海洋综合管理职能。

沿海 11 个省级海洋功能区划已全部编制完成。辽宁、山东、海南、广西四省海洋功能区划依法启动了报国务院批准的程序。辽宁、河北、山东、江苏、浙江、福建、广西 7 个地区的市、县级海洋功能区划已编制完成，部分地区已报省政府批准实施。各地区在海洋功能区划编制过程中，注重了区划的质量，注意了与有关部门协调，增强了区划的可操作性。浙江省计划委员会和海洋与渔业局还联合发文规定："凡不符合海洋功能区划的项目用海，计划部门不能立项"，基本形成了按区划用海的管理方式。

【海域权属管理】 沿海各省市按照国家海洋局的统一部署，对辖区内的海域使用情况进行了摸底排查和更深入的清理整顿。辽宁葫芦岛、福建厦门、广西北海市等地全面清理不合理用海。通过清理整顿，摸清了家底、清理了无证用海现象，整顿了海域开发秩序，对于推进海域管理工作起到了重要作用。据初步统计，2002 年全国共发放海域使用权证书 5 295 本，确权海域面积 222 473 公顷。其中，国家海洋局直接受理用海项目申请 137 个，批准用海项目 83 个，确权面积 4 929 公顷。2002 年度确权海域面积最多的省份是江苏省 70 610 公顷，以下依次为山东省 51 610 公顷，辽宁省 29 148 公顷，浙江省 25 912 公顷，广东省 16 502 公顷，福建省 15 107 公顷，广西壮族自治区 4 003 公顷，河北省 3 250 公顷，海南省 967 公顷，上海市 362 公顷，天津市 74 公顷；发放海域使用权证书最多的省份是山东省 1 178 本，以下依次为浙江省 1 165 本，福建省 1 134 本，广西壮族自治区 714 本，辽宁省 327 本，广东省 294 本，江苏省 244 本，河北省 82 本，海南省 68 本，上海市 4 本，天津市 2 本。

2002 年，各用海类型的确权面积分别为：渔业用海 199 975 公顷，交通运输用海 5 798 公顷，工矿用海 9 560 公顷，旅游娱乐用海 2 103 公顷，海底工程用海 2 110 公顷，排污倾倒用海 25 公顷，围海造地用海 2 033 公顷，特殊用海 588 公顷，其他用海 281 公顷。截至 2002 年末，我国累计发放海域使用权证书 21 174 本，确权海域面积 624 740 公顷。其中，确权海域面积最多的省份是山东省 210 166 公顷，以下依次为辽宁省 174 146 公顷，江苏省 70 610 公顷，广东省 58 343 公顷，福建省 45 235 公顷，浙江省 34 584 公顷，河北省 10 150 公顷，广西壮族自治区 8 777 公顷，海南省 6 664 公顷，天津市 774 公顷，上海市 362 公顷；累计发放海域使用权证书最多的省份是山东省 5 620 本，以下依次为辽宁省 3 524 本，广西壮族自治区 3 199 本，福建省 3 177 本，浙江省 2 448 本，广东省 2 001 本，海南省 537 本，河北省 321 本，江苏省 244 本，天津市 16 本，上海市 4 本。

截至 2002 年末，各用海类型的已确权面积分别为：渔业用海 559 646 公顷，交通运输用海 14 311 公顷，工矿用海 14 922 公顷，旅游娱乐用海 3 776 公顷，海底工程用海 3 087 公顷，排污倾倒用海 754 公顷，围海造地用海 15 493 公顷，特殊用海 1 666 公顷，其他用海 11 085 公顷。

国家海洋局还发布施行了《海域使用权证书管理办法》，完成了海域使用权证书的设计工作，并根据需要印制海域使用权证书 8 万套，全部下发各级海洋管理部门使用。

【国家直接受理项目海域使用管理】 为贯彻实施《海域使用管理法》，组织制定并颁布了"关于加强国家海洋局直接受理海域使用项目管理的若干意见"，规范了国家直接受理项目海域使用管理程序。

2002 年 9 月局举办了一期面向油气开发和电信企业的海域使用管理培训班。培训班安排了《海域使用管理法》基本制度、海域使用申请审批制度和国家直接受理项目海域使用管理程序、海域使用申请材料准备和案例讲解、海域使用登记制度和海籍调查、海洋执法监察等 5 个专题讲座，使企业熟悉并掌握了申请用海的程序等知识。

2002 年度，共受理了中海石油（中国）有限公司、中国电信、中国网通、香港电信等企业项目用海 140 余个。其中海上油气资源开发用海 71 个；海底电缆管道用海 37 个；海砂开采项目用海 14 个。发放海域使用证共 83 本，收取海域使用金约 765 万元。除倾倒区用海外，发证率达到 90%以上，超过了局确定的 80%的目标。

本着支持国家经济发展，为国家建设服务的原则，2002 年完成了上海洋山深水港、广西北海电厂海域使用论证专家评审工作，正在跟踪受理上海港外高桥、青岛、深圳盐田港、湛江港等 6 个用海项目。

【海域使用金征缴管理】 海域有偿使用制度是《海域使用管理法》确定的基本制度之一。2002 年，沿海各级财政部门和海洋行政主管部门密切配合，加大了海域使用金征收力度，保证了海域国有资源性资产的保值增值。

财政部、国家海洋局提出海域有偿使用工作的基本要求 为了贯彻落实江泽民同志在 2002 年中央人口资源环境工作座谈会上提出的“依法推进海域有偿使用管理”的要求，财政部、国家海洋局在《关于进一步做好海域使用管理示范区建设工作的若干意见》中指出“要依据各地制定的海域使用金征收标准，确保海域使用金应收尽收”，“减免海域使用金要严格履行审批程序”，“切实将海域使用金纳入财政预算管理”。

沿海各地相继制(修)订了海域使用金征收办法和标准辽宁、福建、广西、海南等地依照《海域使用管理法》的规定和本地区的实际情况，出台了新的海域使用金征收标准和管理政策法规。其他地区则依据《海域使用管理法》出台前制定的征收标准和征收管理规定，加强了海域使用金征收管理工作。大连市开展了海域使用分类定级与评估试点工作。

海域使用金征收突破亿元大关，2002 年全国共征收海域使用金 1.2 亿元，比 2001 年增长了 34.7%，占《海域使用管理法》实施前 8 年征收海域使用金总量的 57.1%。其中，征收金额最多的省份是辽宁省 3 411.8 万元，以下依次为山东省 2 815.1 万元，浙江省 1 371.8 万元，河北省 1 118.0 万元，福建省 955.6 万元，广东省 866.0 万元，广西壮族自治区 599.0 万元，江苏省 479.2 万元，海南省 153.7 万元，天津市 51.6 万元。截至 2002 年末，全国累计征收海域使用金已达 3.3 亿元。其中，累计征收金额最多的省份是辽宁省 9 071.8 万元，以下依次为山东省 6 589.5 万元，广东省 6 307.0 万元，河北省 3 661.0 万元，海南省 2 861.5 万元，福建省 1 733.1 万元，浙江省 1 586.9 万元，广西壮族自治区 1 086.3 万元，江苏省 479.2 万元，天津市 111.2 万元。

【海域使用管理示范区建设】 根据《海域使用管理示范区阶段性验收评比方案》的工作安排，2002 年 3 月份完成了 17 个示范区的检查验收工作，并组织进行了示范区建设先进单位和先进个人的评比，评选出辽宁大连市等 10 个先进单位以及 22 个先进个人。评比活动在地方海洋系统引起很大反响，调动了他们工作热情和积极性，很大程度上促进了地方海域工作的开展。

根据局 2002 年确定的十大重点任务和全国海域管理工作的需要，在原有 17 个示范区基础上，增建了辽宁营口、丹东等 13 个示范区，并在 2002 年 6 月份同财政部联合下发了《关于进一步做好海域使用管理示范区建设工作的若干意见》。该通知从海域使用管理管理工作的海域管理工作的组织领导、海洋功能区划、申请审批、登记发证、有偿使用管理、市场体系建设、海域管理信息系统、宣传教育培训等 8 个方面提出了 16 项具体要求。

全国 30 个海域使用管理示范区所在地党委和政府都高度重视示范区建设工作。每个示范区都成立了市政府领导任组长的领导小组，制定了详细的工作方案，多次召开现场会。部分地区市、县政府还把示范区建设工作列入沿海乡镇长年度考核内容，市与县、县与乡、乡与村层层签订了责任状，示范区建设成为沿海乡镇、村的“一把手工程”。从整体上看，各示范区都基本完成了各项工作指标，并积极探索了招标、拍卖等新的管理方式，取得了一批成功的经验，带动了省内其他地区的海域使用管理工作。

【海洋资质管理】 针对目前我国海洋资质管理

现状和实施海域法工作的需要，国家海洋局全面开展了各类海洋资质的建章立制与管理工作。

一是进一步完善海域使用论证资质管理制度，发布施行《海域使用论证资质管理规定》、《海域使用论证资质等级标准》，组织成立了由国家计委、财政部、交通部、总参作战部等有关部门参加的资质审定委员会，经审定委员会审议，确定甲、乙级“海域使用论证资质证书”单位25家。

二是建立海域使用测量资质管理制度，发布施行《海域使用测量管理办法》、《海域使用测量资质等级标准》，经专家评审，批准甲级、乙级和乙级（临时）“海域使用测量资质证书”单位153家。

三是启动海域评估资质制度建设，基本完成海域评估理论的研究，制定了《海域评估资质管理规定》和《海域评估资质等级标准》。

四是积极协助建设部开展海洋工程勘察设计资质管理工作，完成第二批和第三批勘察设计资质单位换证初审工作，对来自电力、交通、国土、科学院及海洋系统等41家单位换证申请进行了评审，根据建设部关于对资质增项和升级从严把关的原则及海洋工程勘察设计工作的具体情况，国家海洋局核定勘察设计资质申请27家。

五是根据我国个人执业资质发展需要，积极开展了注册海域评估师和注册海洋工程师的筹建工作。编写完成了注册海洋工程师考试大纲，拟订修改了《注册海洋工程师执业资格管理规定》等配套制度，筹建了注册工程师海洋专业管理委员会和执业资格考试专家组；经过与人事部多次沟通与协商，人事部原则同意建立注册海域评估师制度，使我国注册海域评估师制度筹建工作正式启动。

六是根据“入世”的要求和我国资质管理的发展趋势，我国海洋资质管理工作将逐步确立“轻准入、重监管”的原则，由社会及中介机构承担具体管理工作，政府工作重点将转移到规则制定和监管方面。积极开展了“海洋工程技术协会”的筹建工作，拟定了《海洋工程技术协会章程》等配套制度。

【海域管理信息系统建设】 为贯彻实施海域法，有效提高海域管理办公自动化和科学决策水平，根据“统一标准、统一规划、统一设计、统一推广”的要求，国家海洋局组织专家制定了《海域管理信息系统设计规程》，设计完成了海域管理信息系统，该系统将广泛应用于全国各级海洋管理部门的海域管理工作，彻底解决多个海域管理系统并存、重复建设、信息交流不畅等问题，并按照“版本升级”的开发模式，逐步扩展和完善，不断满足海域管理工作发展的需要。

目前，国家海洋局下发了《关于推进海域管理信息系统建设工作的通知》，先后在天津、沈阳、北海、济南举办了4期海域管理信息系统培训班，培训沿海各级海域管理工作人员近200人；为新建13个示范区和辽宁、山东、广西省级海域处、广西钦州市海洋局配置了系统硬件设备，在30个示范区进行了系统安装或者升级，其中在广西自治区开展了局部网络化建设试点工作。

【海域使用管理普法宣传工作】 国家海洋局在中央电视台、《人民日报》、《经济日报》、《法制日报》、《中国海洋报》等新闻媒体播发新闻、发表文章200余篇，全面宣传了《海域使用管理法》和海域管理的各项工作。沿海各地抓住《海域使用管理法》颁布实施的良好契机，按照国家局的统一部署，加大宣传力度，采取邀请当地政府领导讲话、在报纸上开辟专栏、发表评论文章、播出公益广告、举办法律咨询、展开座谈会、分发宣传小册子、张贴标语、制作流动宣传车船等多种形式，对《海域使用管理法》颁布实施的重要意义和主要条款进行了深入的学习和宣传，有的地区搞了宣传周、有的地区搞了宣传月、有的地区甚至搞了宣传双月，提高了社会各界特别是各级领导的认识，不少地区的政府领导还亲自宣传动员、协调矛盾、组织重大活动，提高了社会各界特别是各级领导对海域管理工作重要意义的认识，对于推进海域管理工作起到了重要作用。

【军事用海管理】 军事用海是海域使用的重要类型之一，但在海域使用管理工作中存在着军事用海项目与非军事用海活动矛盾突出、军事用海规划不合理导致海域资源浪费以及部队与地方人民政府之间缺乏有效的协调沟通机制等问题。为了尽快将军事用海纳入海洋行政管理，加快立法进程，国家海洋局联合总参于2002年10月至11月先后到达青岛、宁波、福州、广州等地开展军事用海调研，较深入地了解了我国军事用海的现状、存在的问题以及军队和地方政府对有关军事用海的意见。在调研的基础上，起草了《中华人民共和国军事用海管理条例》，并征求了有关部门的意见。（国家海洋局海域司）

【北海区海域使用管理】 2002年是《海域使用管理法》颁布实施的第一年，国家海洋局北海分局以此为契机，认真抓好法律的宣传、普及和落实工作，规范了海域使用秩序，有效遏制了海域使用存在的"无序、无度、无偿"的"三无"状态，推动北海区海域使用管理工作步入法制化轨道。累计发放海域使用权证书8 500余本，确权海域使用面积36.58万公顷。一是采取多种形式，全方位开展海域法及配套法规的宣传，提高了用海单位和个人依法用海意识，二是配合国家海洋局对海域法相关配套制度提出具体修改意见，开展了北海区国家直管项目的调研，推动地方海洋管理部门结合实际，出台16个与海域法相配套的规章制度，加快了海域使用三项制度的落实。三是加强海域使用管理基础工作，北海区省级海洋功能区划已基本完成，建立了海域使用管理信息系统，实现了海域使用权证书的统一管理，发放证书12 100套。四是海域使用管理示范区建设取得显著成果，北海区11个示范区海域使用登记率达100%，确权发证率达90%以上，起到了示范和带动作用。五是开展了海域使用项目确权登记和清查整顿，彻底摸清了海域使用现状，有效遏制了"三无"用海现象的发生。六是以海洋工程建设项目为重点，加强监督，加大力度，拓宽管理领域，在大型港口、电厂及石油勘探开发海域使用管理方面有较大突破。七是海域勘界工作进展顺利，津冀南线勘界任务基本完成，划界方案初步确定，各省市县际线勘界试点工作正在紧锣密鼓进行。八是北海区海底电缆管道基本实现制度化、规范化、科学化管理。开展了海底电缆管道路由复查和普查登记，批准铺设海底电缆管道管理申请5份，发布施工、竣工公告20期。

（国家海洋局北海分局信息处）

海洋资源开发管理
Management of Marine Resources Development

【海砂开采管理】 加大管理力度，打击非法采砂，确保海砂开采秩序，同时坚决执行《海砂开采使用海域论证管理暂行规定》，对海砂开采项目的初审（包括与有关部门的协调和会商）、论证、专家评审、审批等各个环节，严格把关。2002年完成了14家单位的海砂开采海域使用的论证、审批、发证及海域使用金收缴工作，上交国家海域使用金160万元。

【海底电缆管道管理】 国家海洋局组织开展了全国海底电缆管道普查登记工作。对普查工作进行了全面部署，就组织形式、普查内容、工作目标提出了明确要求，由各分局开展了资料整编工作；组织制定了《海底电缆管道保护规定》，完成了讨论、修改和报送工作，已报国土资源部待批；审批了春晓油气田海底管道、惠州211油田输油输气管道的路由勘察。完成了香港中华煤气公司、电灯公司海底管道路由勘察、铺设施工的审批。

海岸带和海岛资源管理
Coastal Zone and Sea Island Management

由于海岛海岸带工作涉及部门众多，阻力巨大，海岛和海岸带管理一直处于探索和研究阶段，国家海洋局确定了"先易后难，分步突破"的原则，在充分掌握海岛海岸带基本情况的基础上，争取在海岛立法和管理方面找到切入点，并在海域管理司资质管理处加挂了国家海洋局"海岛海岸带管理办公室"的牌子，为更加有力地推动这项工作创造了条件。

【全国海岛海岸带调查资料整理及数据库系统建设】 国家海洋局多次召开研讨会议，先后提出了"海岛海岸带调查资料整理工作计划"、"海岛海岸带调查资料整理及数据库系统建设工作方案"、"浙江省舟山市海岛调查资料整理及数据库系统建设试点工作方案"，并下发了"关于开展海岛海岸带调查档案资料整编及数据库系统建设试点工作的通知"。目前，在浙江舟山的试点工作已经结束，圆满达成预期成果。

【全国政协海岛视察活动】 为促进海岛建设和管理，2002年7月，国家海洋局邀请全国政协委员组成视察团，视察了浙江、广东两省的海岛工作，在当地掀起了海岛工作的高潮，对全国海岛立法和管理工作也起到积极促进作用。政协视察报告明确指出，海岛是我国经济发展中的一个很特殊的区域，国家应该把海岛作为一个单独的区域和问题从战略的高度进行对待；加快海岛管理立法进程，实现海岛的依法管理；尽快理顺海岛的管理体制，建立全国统一有效的综合管理体制；加大对海岛开发、保护和管理工作的投入等。视察结束后，全国政协周铁农副主席专门就海岛建设和立法问题写信给温家宝副总理，并得到温家宝副总理和马凯副秘书长关于“请国家海洋局会同国家计委、法制办等部门研究”的批示，这是10余年来国务院就海岛工作的第一次明确批示，这些批示成为今后国家海洋局开展海岛工作的重要依据。

【海岛试点工作】 根据“以点带面，全面发展”的原则，国家海洋局制定和下发“海岛管理试点工作方案”，在辽宁、山东、浙江、福建、广东、海南等地建立了7个海岛试点，各试点区域基本上都成立了以主管政府领导牵头的领导小组，发布了海岛规划和政府规章，为海岛立法提供了大量的实践依据。

【全国海岛联席会议】 根据发展海岛工作需要，国家海洋局积极主导了海岛联席会议的改革工作，修订并发布了《全国海岛联席会议工作规程》，确定由国家海洋局海域司主管副司长任联席会议秘书长，海域司海岛海岸带管理办公室负责联席会议秘书处工作，并设置了联席会议承办单位申办制度，初步确定下届联席会议主题为海岛旅游。王曙光局长到会并就联席会议制度改革、海岛建设、立法和管理作了重要指示。

【海岛立法工作】 国家海洋局组织起草了《海岛管理规定》，并征求了沿海省、自治区、直辖市海洋厅（局）和试点海岛市县意见，走访了国土资源部、外交部、民政部、总参作战部等部门，取得了支持和理解。规定草稿明确提出建立海岛开发保护规划制度、无居民海岛开发利用许可制度、海岛命名制度、领海基点等特殊岛屿保护和整治制度等。

海域勘界工作
Boundary Settlement of Sea Area

2002年2月，国务院办公厅下发了《国务院办公厅关于开展勘定省县两级海域行政区域界线工作有关问题的通知》，根据《通知》精神，国家海洋局于3月14日召开了由外交部、公安部、民政部、财政部、国土资源部、交通部、农业部、国家测绘局、国家档案局、海军司令部和国家海洋局等有关部门参加的全国海域勘界工作部际联席会议；3月26日，组织召开了由沿海省、区、市有关政府领导和海洋部门的同志参加的全国海域勘界工作会议，全面部署了今后几年的省界勘定工作和2002年的县际勘界试点工作。

【省际勘界工作】 在试点工作的基础上，确定了2002年开展勘界的省际界线，即冀津北线、冀津南线、鲁苏线、浙闽线、粤桂线5条省际界线。由于鲁苏线、浙闽线争议较多，工作量较大，因此安排两个年度完成界线勘定工作，现已完成了背景资料的收集、外业调查和内业资料整理工作。

开展了大规模的外业调查工作。粤桂线、津冀北线、津冀南线3条界线于2002年4月开始，先后调访了涉界地区的社会、经济发展等情况，同时，先后出动科技人员400余人次，汽车18辆，船舶27艘，在近3 000平方千米的测区内，使用了大量先进的仪器设备，分别对海底地形、地貌、底质、生物资源、海岸线以及岸滩动态等与勘界关系密切的自然要素进行了专门调查。在完成大量内业资料整理工作之后，8月底，各技术承担单位提交了粤桂线、冀津南北线初拟的界线草案。

进一步修改完善界线草案，并征求涉界省的意见。9月中旬，分别组织四省涉界市、县领导，召开外业调查成果汇报会，并进一步征求了涉界省区的意见，进一步修订界线草案。10月上旬，国家海洋局局长办公会审定了粤桂线、冀津南北线的界线草案。12月初，分别赴广东和广西，河北和天津汇报界线方案并进行协调。

【县际勘界试点工作】 确立了在全国勘界工作部际联席会议和国家海洋局的统一指导下，由沿海省级人民政府组织领导，海洋行政主管部门具体实施，参照省际间海域勘界的原则和方法，结合各地实际情况，适当简化，先易后难、分批实施、稳妥推进的县际间海域勘界工作思路。印发了《关于县际间海域勘界工作的指导意见》和《全国县际间海域勘界工作规程》，在行政管理、组织领导、工作安排、技术方法、成果要求等方面对县际海域勘界工作提出了明确的要求，并专门组织近百人参加了培训。

各省先后召开了全省海域勘界工作会议，传达了国务院办公厅关于开展海域勘界工作的《通知》精神和全国海域勘界工作会议的要求，部署了省内县际间海域勘界试点工作。根据各地的实际情况，选择了不同的勘界方法，全面启动了县际间海域勘界的试点工作。如辽宁省、河北省、山东省、福建省、广西壮族自治区以及海南省先由技术承担单位通过对涉界县市的历史沿革、人文地理、水深地形、地质地貌等方面的综合勘测和调查研究，以《全国县际间海域勘界工作规程》为基础，提出界线方案，后由涉界市县勘界办进行协商。还有一部分省份，采取协商的办法确定界线方案。如江苏省、浙江省、广东省，直接由涉界县市共同协商界线方案，在省勘界办的指导下，涉界双方勘界办共同协商确定县际间海域行政管理界线。

各省成立了高规格的海域勘界领导机构。如广东省、上海市建立联席会议制度；浙江省建立了由分管副秘书长任组长，海洋局局长、民政厅厅长任副组长，有关部门负责同志为成员的省海域勘界领导小组；其余各省均组建了由分管副省长任组长，省政府副秘书长、海洋厅（局）主管领导任副组长，有关部门负责同志为成员的省海域勘界领导小组。

设立了专职海域勘界办公室，并从各相关部门抽调了一批高素质的干部充实到勘界办公室。像福建、江苏等省，建立了省、市、县 3 级勘界办公室，形成了勘界工作一整套完备的组织和工作体系。

落实了部分海域勘界专项经费。经过努力，各省勘界经费大都得到了省领导支持和财政部门的批复，像广东、河北、江苏、海南等省，试点经费都已基本到位。有的省也都把勘界经费纳入到了年度财政预算。

福建省和江苏省已经率先完成了试点工作任务，今年将全面铺开县际间海域勘界。福建省莆田市和泉州市所辖的县际海域界线已全部签订了协议书。江苏省盐城市滨海县和射阳县之间的海域界线也已签订了协议书。辽宁省、河北省、山东省、浙江省、广东省、广西壮族自治区、海南省的试点线外业调查工作已完成，界线的协调工作也已进入了尾声。 （海域管理司）

海洋环境保护

Marine Environmental Protection

综　述
Summary

【概况】 2002年，海洋环境保护工作紧密围绕“海洋行政管理年”的指导方针，努力开拓新的工作领域，狠抓监督检查，确保任务落实，各项工作有了新的发展。

强化规章制度制定工作 为规范海洋石油开发工程环境影响评价管理，颁布了《海洋石油开发工程环境影响评价管理程序》，并组织编制了《海洋工程环评技术规程》，以确定环境影响评价的原则、主要内容和方法要求。同时，组织制定了《海洋石油平台弃置管理暂行办法》，打破了我国海洋石油平台弃置无法可依、无规可循的局面。《全国海洋石油勘探开发重大海上溢油应急计划》已完成初稿，今后将与国务院各有关部门进一步协商建立应急合作机制。该计划的制定实施，将对防治海洋石油勘探开发重大溢油事故对海洋环境的污染损害，合理有效的调配使用现有设备资源，最大限度减少溢油事故造成的损失发挥重要作用。已将《海洋倾倒区管理暂行规定》的规定草案征求了国务院各有关部门和沿海各地的意见，完成送审稿。重新组织编制了《海洋特别保护区工作方案》及管理办法。

(1)《海洋赤潮信息管理暂行规定》。为加强赤潮信息获取、汇集、处理和发布实现规范化、标准化管理，2002年1月22日国家海洋局发布了《海洋赤潮信息管理暂行规定》。该规定的发布为准确、及时的发布赤潮信息，扩大赤潮防灾减灾成效、促进经济建设和社会稳定起到了重要的作用。

(2)《海洋石油平台弃置管理暂行办法》(简称《办法》)。为规范海洋石油平台的弃置行为，加强对海洋石油平台弃置活动的管理，根据《中华人民共和国海洋环境保护法》(简称《海洋环境保护法》)及有关法律法规的规定，2002年6月24日国家海洋局出台了《海洋石油平台弃置管理暂行办法》。海洋石油平台的废弃处置管理在国际上，如亚太经合组织(APEC)、国际海事组织(IMO)以及西欧也都很受重视，IMO在“关于大陆架和专属经济区内海上设施和结构拆除的原则和标准”中提出了对海上设施（包括石油平台）拆除的原则要求。《1972伦敦倾废公约/1996议定书》也对海洋石油平台的海上弃置处理作了明确规定，在1999年的21次缔约国协商会议上也讨论了石油平台海上处置的技术指南，以指导各缔约国对其实施管理。《办法》主要对弃置管理的对象、主管机关、弃置的基本原则、申请程序、管理程序和法律责任等作了明确的规定。

(3)《海洋石油开发工程环境影响评价管理程序》。为了加强海洋石油开发工程的环境影响评价管理工作，明确环境影响评价报批程序，国家海洋局于2002年5月17日制定下发了《海洋石油开发工程环境影响评价管理程序》。规定，凡在中华人民共和国内水、领海、毗连区、专属经济区、大陆架以及中华人民共和国管辖的其他海域从事海洋石油开发的企业或作业者，必须遵守该程序。

推行政务公开工作 加强海洋工程和海洋倾废环境保护管理工作的指导，及时掌握管理工作动态，为国家制定海洋环境保护政策、方针提供科学的决策依据和基础资料，推行政务信息公开，2002年在全国建立和实施海洋工程和海洋倾废环境保护管理月报制度，要求国家海洋局各分局和沿海各地按时上报有关行政管理和审批信息，并经汇总后向公众发布。

具体相关工作进展 海洋生态环境保护与管理。2002年组织进行了“典型海洋生态环境状况专项调查”，调查结果表明，我国近岸海域生态形势严峻，破坏海洋生态的违法行为仍未得到遏制，因此，今后我国海洋生态环境保护工作必须进一步加强，要以海洋生态系统健康为目标，创建以海洋生态系统管理模式为基础的海洋生态环境保护与管理体系，遏制海洋生态恶化趋势，恢复海洋生态服务功能。

(1) 海洋自然保护区建设与管理。对已建海洋自然保护区深入开展机构、法规、基础设施三方面的建设和规划、管理工作。利用多种方式加强宣传教育,提高公众自觉保护和参与意识。监督指导沿海省市海洋部门选划新建地方级海洋自然保护区。2002 年指导建立了河北石臼坨诸岛省级自然保护区、山东无棣古贝壳堤与湿地省级自然保护区、山东成山头海洋生态省级自然保护区。指导福建宁德建立了我国第一个海洋特别保护区。积极组织对外交流与合作，参与“南部沿海生物多样性保护示范区”和“中美海岸带合作”项目等有关工作。

(2) 海洋工程环境保护管理。开展了海洋工程建设项目环境影响评价报告书的审查审批工作。指导地方海洋管理部门开展海洋工程环评报告书的审批工作。今年组织审批了一批海洋工程建设项目的环评报告书，在社会上引起强烈反响。

海洋倾废环境保护管理。随着近年来沿海地区经济的发展，对海洋倾倒区的需求有所增加，为此，加强了对倾倒区选划工作的管理，在近海海域组织选划和审批了一批港口工程使用的海洋倾倒区，并强化其日常的监督管理，以确保对海洋环境不产生显著影响。组织研制海洋倾倒许可证签发管理信息系统，统一全国海洋倾倒许可证格式，规范许可证的签发行为，有效地提高发证效率和监督管理效力。同时，积极与港澳方面合作，共同为港澳废弃物跨区倾倒寻求对策方案。

【我国第一个《海洋赤潮信息管理暂行规定》开始实行】 《海洋赤潮信息管理暂行规定》（以下简称《规定》），于 2002 年 1 月 22 日开始执行。这是我国首次对海洋赤潮信息实行标准化、规范化管理。《规定》明确了由国家海洋局归口管理海洋赤潮信息，并对其获取与形成、分布进行规范管理，标志着我国海洋赤潮信息管理步入了一个新的统一有序的管理阶段。

近年来，我国海域赤潮频发，危害加剧，严重威胁我国海洋生态系统，危害渔业资源，威胁人类的健康和生命安全，并影响到社会的安定，赤潮灾害已成为沿海地区主要海洋灾害之一。

由于缺少规章制度，赤潮信息的管理存在着诸多问题。为了避免多头发布和不及时、不真实的赤潮信息给社会造成混乱和不良后果，甚至加重赤潮灾害的损失，保证赤潮信息的可靠性和时效性，《规定》明确了由国家海洋局、国家海洋局各分局、沿海省（自治区、直辖市和计划单列市）海洋厅(局)归口管理赤潮信息的管理机制，明确了各自在赤潮信息获取、使用和发布中所负的责任。同时还明确了赤潮信息统一发布制度、形成赤潮预测预报和灾害评估信息制度、赤潮信息交流机制、赤潮信息获取渠道等。

【国家四项海洋标准发布实施】 《海洋石油勘探开发污染物生物毒性分级》、《海洋石油勘探开发污染物生物毒性检验方法》、《海洋生物质量》和《海洋沉积物质量》四项海洋国家标准经国家技术监督局、国家动植物检验检疫总局批准，2002 年已予以发布、实施。

四项海洋国家标准作为我国海洋环境保护与监督管理的重要技术法规，它们的发布、实施对我国海洋生态环境建设和海洋资源、环境的可持续开发利用具有重要意义。它们将有利于深入贯彻执行《中华人民共和国环境保护法》和《中华人民共和国海洋环境保护法》，并为防止和控制海洋污染，保护海洋资源和海洋生态环境，维护海洋生态平衡和保障人体健康提供充分、科学的技术依据。

四项海洋国家标准的制定，均以大量实验研究和科学调查资料为基础，广泛收集参考了国内外相关环境质量标准、基准和实验研究成果，结合我国海域的实际状况和现有的监测技术条件，确定出科学、合理的技术指标。经有关专家评审，认为四项海洋国家标准科学依据充分，具有较强的科学性、可操作性和实用性，填补了国内空白，达到国际先进水平。 （国家海洋局环保司）

海洋环境保护与管理
Marine Environmental Protection and Management

【概况】 为落实党中央“人口资源环境座谈会”精神，全面了解掌握近年来我国海洋生态环境的基本状况，强化《海洋环保法》和国务院赋予国家海洋局的海洋生态保护职能，2002 年，国家海洋局海洋环境保护司组织实施了一次“典型海洋生态环境状况专项调查”。本次海洋生态调查针对我国近岸海域有代表性的典型生态类型，以及各类海洋开发活动产生的生态问题，提出了有针对性的海洋生态保护措施。调查研究的结果表明，我国海洋生态面临的形势十分严峻，海洋生态服务功能急剧衰退，生态系统健康损害严重。与此同时，不合理的海洋开发利用活动尚未得到有效控制，各类破坏海洋生态的违法行为仍未得到及时遏制，致使海洋生态破坏的范围扩大、程度加剧、危害加重。因此，今后我国海洋生态环境保护工作必须加强，要以海洋生态系统健康为目标，创建以海洋生态系统管理模式为基础的海洋生态环境保护与管理体系，遏制海洋生态恶化趋势，恢复海洋生态服务功能。本次海洋生态调查报告上报国务院领导以后，国务院领导同志极为重视，并做出了明确的批示。此次调查对强化国家海洋局海洋生态保护和管理职能工作具有十分重要的意义。

【全球环境基金国际水域大会】 全球环境基金国际水域大会历时4天于9月29日在大连闭幕，来自世界各地80余个国家的250余名代表参加了会议。

会议围绕全球水资源的建设和开发利用及海洋水域环境污染的防治等问题展开了研讨，各国代表就水域资源的建设进行了经验交流。我国交通部海事局副局长郑和平介绍了我国正在实施的全球船舶压载水管理项目的进展情况。

全球环境基金是由世界银行暨国际货币基金组织发展委员会提出并于1991年5月成立的全球性增款基金，10余年来为发展中国家在监测全球气候变化、保护生物多样性、保护水域和保护臭氧层四个领域开展环境保护工作提供了资助，发挥了重要的促进和协调作用。

该基金负责人阿尔弗莱德·杜达先生在接受采访时说，基金在中国重点资助了四大领域的项目，如全球船舶压载水管理项目和渤海环境管理项目等，其中中国的全球船舶压载水管理项目的惟一演示地设在大连，大连市的西海岸污染防治是渤海环境管理项目的子项目。

【2002国际亚太环境遥感学术大会在杭州召开】 10月23日，主题为“大气、海洋、环境遥感与空间”的2002国际亚太环境遥感学术大会，在杭州召开。大会由中、美、日三方著名科学家共同担任总主席，会议共分10个专题委员会。大会共收到来自近30个国家和地区，包括我国在内的遥感界专家学者论文810篇。

本次大会旨在推进亚太地区在陆地、海洋与大气环境方面遥感科学技术与应用的发展，更好地为各国国民经济和社会发展服务。尤其在我国，要求利用遥感技术为中国西部大开发建设、为干旱地区的农业发展，以及海洋生态环境保护、东部沿海海洋资源开发和综合利用、海洋生态环境监控和污染动态预报、城市规划与空气烟尘污染监控等难点与热点问题提供有力的科技支撑。同时，我国也要为国际环境遥感科技人员的学术交流与合作，特别是进一步拓宽国际合作的渠道创造良好的条件。本次会议对推动我国和亚太地区在21世纪环境遥感科学技术与应用研究具有重要的现实意义。 （国家海洋局环保司）

【北海区海洋环保工作】 北海分局在北海区重点加强对海洋石油勘探开发的环境保护管理，强化对海洋倾废的监督检查，加大海洋环境监测和赤潮监测预测、防灾减灾工作力度，海洋环保工作取得新进展，改善了海洋生态环境，促进了海洋经济的可持续发展。

认真抓好《海洋环境保护法》及配套法规的监督实施，强化对新扩建项目的海洋环境的影响评价工作的监督管理，开展了海洋工程建设项目的回顾评价，认真做好海洋工程项目环保设施“三同时”检查核准，严格审批溢油应急计划31份。开展了海洋石油平台污染物处置调研工作，推广海洋石油勘探开发防污统计软件的应用，加大对海洋溢油事故的现场监督管理，协调成立渤海溢油应急响应组织，强化对海洋倾废的监督管理，完善《北海区海洋倾废管理工作规程》，使北海区海洋倾废管理工作走上规范化、系统化、科学化轨道。办理倾倒许可证 71 份；批准倾倒疏浚物3 077.94万平方米。

2002年北海区海洋环境监测工作量加大，增加监测项目14项，并首次开展了海洋生态调查。在做好承担任务的同时，加强对地方承担的监测任务的指导和服务，圆满完成了天津市海域生态调查，山东省莱州湾西部及黄河口南部海域海洋生态调查和各项监测任务，完成了北海区6个海水浴场的监测预报工作，并通过媒体发布，提高了海洋环境监测工作的显示度，促进了当地旅游经济的发展。完成与天津市海洋局、滨州市、日照市人民政府共建海洋环境监测预报中心和监测站工作。通过共建、新建及渔业监测机构转制等形式，推进海洋环境监测预报体系建设，建立起多个海洋环境监测站，纳入全国海洋环境监测网络；加大对重点海域监测力度，全面开展海洋环境监测质量管理，实施了近岸海域海洋环境监测工作，完成承担的渤海专项监测、北海区海水质量、生物质量趋势性监测、增养殖区监测、自然保护区监测及陆源排污监督监测等多项监测任务；发布了省、市海洋环境质量公报；加大海洋生态保护管理，拓展了海洋生态保护领域，推动了海洋保护区建设；开展了国际海洋环保项目的合作，取得较大成绩；加大了海洋污染查处力度，开创了海洋环境保护新局面。

赤潮监测预测工作继续向业务化目标迈进。积极指导、协调各省市海洋管理部门做好5个赤潮监控区的监测预测工作，开展了技术培训，建立了信息网络服务系统，实现信息资料共享，通过对赤潮监控区高频率、高密度的监测，及早做出预测预警，发布《赤潮动力环境条件分析及概率预测》33份，发现赤潮9起，赤潮应急监视监测18次，发布赤潮通报12期，及时启动赤潮应急响应体系，最大限度的减少赤潮灾害损失，使地方水产养殖业经济效益得到明显提升，对青岛近岸、锦州湾、京塘湾等赤潮影响区进行赤潮灾害损失评估和调查，赤潮防灾减灾效果明显。

（北海分局信息处）

海洋环境监测、观测
Marine Environment Monitoring and Observation

【海洋环境监测体系建设】 为期三年的“中国海洋环境监测系统建设项目”全面完成，并于2002年通过国家计委验收。通过该项目的实施，国家海洋局直属的海洋环境监测系统建设取得了突破性进展，海洋环境监测能力得到前所未有的提高，进一步拓展了国家海洋局海洋环境监测站的工作领域和业务能力。同时，沿海7个（天津、山东、江苏、浙江、福建、广东和海南）省级海洋环境监测机构通过共建、自建等形式已组建完成，浙江已全面完成了地市级海洋环境监测机构建设，山东、福建、广东、江苏等省已基本完成了地市级海洋环境监测机构的建设工作，部分县级海洋环境监测机构已开始建立，地方海洋环境监测机构建设已得到当地政府及海洋行政主管部门的高度重视，国家和地方的海洋环境监测能力建设得到了全面加强。

为确立海洋环境监测机构的法律地位，适应我国加入WTO的需要，全面组织了国家海洋局15个海洋环境监测中心站（包括70个海洋环境监测站及深圳市海洋监测站）开展计量认证工作，进一步提高了海洋环境监测中心站的管理水平和业务能力，确保海洋环境监测数据的准确可靠，全面提升海洋环境监测机构的社会地位。同时，为完成《海洋环境保护法》赋予国家海洋局组织海洋环境监测网络的职责，组织完成了“全国海洋环境监测网”组建的各项准备工作。

【海洋站和志愿船观测系统建设项目圆满完成】 由国家计委批准的中国海洋环境监测系统——海洋站和志愿船观测系统建设项目，2002年6月8日在北京通过验收。

该系统由海洋站观测系统、志愿船观测系统和数据通信网络组成。它的建成，能够对我国近岸海域的潮汐、波浪、海水温度、盐度和海洋气象要素进行自动监测和数据自动传输，改变了以往以人工操作为主的观测手段，从而实现了海洋环境监测站监测工作自动化，监测数据大幅度增加，实现了监测数据的及时、安全、自动传输；建立起我国新一代志愿船自动监测系统，实现了志愿船自动监测和数据自动传输，填补了我国志愿船自动监测的空白。项目建设还带动了地方海洋环境监测体系的建设，初步形成了国家与地方相结合的海洋环境监测网络。

该系统的建设由国家海洋局于1999年9月开始组织实施。几年来，经过国家海洋局所属各分局、各业务中心以及中国科学院海洋研究所、山东省科学院海洋仪器仪表研究所等参加项目建设单位的共同努力，已经圆满完成了预期的各项任务。在运行阶段，各海区按照有关技术规程对自动监测仪器设备的监测数据进行了现场比对，对仪器设备和通信网络的运行状况进行了性能跟踪检验。专家认为，该系统的总体技术水平达到20世纪90年代中期国际水平。

海洋站和志愿船观测系统建设项目的完成，

使我国近岸海域海洋环境监测工作上了一个新台阶，也为继续完善和发展我国海洋环境立体监测系统奠定了基础，为沿海地区经济发展、海洋行政管理、防灾减灾、国防建设等提供更好地服务。

【海洋赤潮监控区工作情况】 2002 实行的海洋赤潮监控区工作取得了明显的效果，监控区的组织保障机制、监测预警工作、应急响应体系已经建立并付诸实施。2002 年在监控区内赤潮的发现率达到 100%，由于发现及时并启动应急响应系统，采取措施得力，没有造成人员中毒和大面积的养殖水产品死亡现象，赤潮监测预报所带来的经济效益十分明显。

近年来，由于沿海海域的赤潮频繁发生，已严重威胁我国的海洋生态环境和海洋资源的可持续利用，同时也危及人民的身体健康和生存环境，特别是给海水养殖业带来灾难性的影响。为了更好地使海洋环保工作为海洋经济建设服务、为社会需求服务、为群众生活服务，国家海洋局 2002 年在沿海辽宁、河北、山东、浙江、福建、广东、海南 7 省设立了 10 个、总面积达 5 500 平方千米赤潮监控区，开展对赤潮的监测预报工作。

监控区组织保障机制的一个特点是充分体现了国家与地方相结合，行政与技术相结合，优势互补、信息共享的原则。赤潮应急响应体系的建立和运行是关系到赤潮防灾减灾落到实处和取得成效的重要保障，得到了各监控区组织单位的重视。大部分省市建立了赤潮应急响应体系，制定应急响应计划，确定应急响应程序，形成反应快速、措施得力的运行机制。根据赤潮监测预警信息，迅速做出应急决策，及时采取规避、禁捕、控制海产品上市、关闭海水浴场等一系列切实可行的措施，减轻赤潮灾害损失。

【海洋赤潮的监测和监视】 2002 年，国家海洋局在我国沿海重要增养殖区设立了 10 个赤潮监控区，实施了高密度、高频率的监测，提高了赤潮的发现率。各级海洋行政主管部门加大了赤潮预防、控制和治理工作力度，加强了海洋环境监测站的赤潮监测能力建设。同时利用船舶、海监飞机和卫星遥感等技术手段在近海海域开展了赤潮的监测和监视。

全海域共发现赤潮 79 次，累计面积超过 10 000 平方千米。其中，在赤潮监控区内发现赤潮 21 次，累计面积 2 700 平方千米，监控区内赤潮的发现率为 100%。

东海海域共发现赤潮 51 次，累计面积超过 9 000 平方千米；黄海、渤海海域共发现赤潮 17 次，累计面积近 600 平方千米；南海海域发现赤潮 11 次，累计面积约为 540 平方千米。

在我国部分海域多次检测出亚历山大藻（*Alexandrium*）和裸甲藻（*Gymnodrium*）等有毒赤潮藻类，并在小范围内监测到有毒赤潮。

2002 年赤潮发生的特点：发生时间早、跨度长，区域集中，有毒赤潮次数增多。赤潮高发期集中在 5～7 月份；大面积赤潮集中发生在长江口及浙江、福建近岸和近海海域；赤潮生物种类多为硅藻类的中肋骨条藻（*Skeletonema costatum*）与甲藻类的夜光藻（*Noctiluca scintillans*）和具齿原甲藻（*Prorocentrum triestinum*）；渤海和东海形成小面积的红色中缢虫（*Mesodinium rubrum*）赤潮。

2002 年，我国赤潮监测和预警系统发挥了重要作用，经济和社会效益显著，沿海赤潮造成的损失明显减少，其中福建省减少经济损失 9 000 万元，浙江省的经济损失与前两年相比明显下降。辽宁省东港市和河北省黄骅市的海洋行政主管部门及时向养殖业户及企业通报赤潮预警监测结果，指导养殖业户和企业适当延长养殖时间，水产养殖业经济效益增加显著，养殖产品产量分别增加约 30% 和 9%。

【2002 年我国海洋环境质量状况】 2002 年，我国已经形成了由海洋卫星、飞机、调查船、岸基监测站、浮标和志愿观测船等组成的海洋环境立体监测系统，建立了全国海洋环境监测网。在继续进行全国海洋环境质量趋势性监测的基础上，加强了海水浴场、海水增养殖区、海洋自然保护区、海洋倾倒区和海洋油气区等功能区监测，并在渤海开展了专项监测。在赤潮监控区内实施了高密度、高频率监测。针对典型海洋生态问题，开展了全国海洋生态调查。

监测结果表明，2002 年，全海域未达到清洁海域水质标准的面积约 17.4 万平方千米，与 2001 年基本持平。其中，轻度污染和严重污染海域面积分别约为 2.0 万平方千米和 2.6 万平方千米。近岸海域海水污染范围略有扩大，长江口、珠江口、辽河口等局部海域污染依然严重。渤海未达到清洁海域水质标准的面积已占渤海总面积的 41.3%，较上年增加了 16.7 个百分点。海洋贝类受重金属污染程度加重。滨海湿地、珊瑚礁、红树林等典型海洋生态系统受损情况没有明显好转。海洋赤潮发生仍较频繁，主要集中在东海海域，有毒赤潮增加。海水浴场环境状况总体良好。海洋倾倒区和海洋油气区环境质量基本符合功能要求。海洋自然保护区内部分珍稀濒危物种和生态环境得到初步恢复。

【主要河流的入海污染物监测】 2002 年，国家海洋局组织开展了鸭绿江、辽河、双台子河、长江、闽江、九龙江、珠江等重点河流的主要入海污染物通量调查和河口海域环境质量监测。结果表明，经长江、珠江和辽河入海的污染物总量仍然较大，河口海域环境污染难以有效遏制。监测河口海域普遍受到无机氮、磷酸盐、铅、汞、化学需氧量、石油类等的污染，其中长江口、珠江口、双台子河口、闽江口、辽河口和鸭绿江口海域污染严重，给海洋生态环境造成巨大压力。

【国家海洋局选建 10 个海洋赤潮监控区】 为进一步贯彻落实国务院领导关于赤潮预防控制治理工作的批示精神，国家海洋局在 2001 年赤潮防灾减灾工作取得显著成效的基础上，决定 2002 年在全国沿海选建一批赤潮监控区，以加大对赤潮的监控力度。

按照在赤潮多发、对海洋经济影响较大、赤潮减灾效益显著的重要功能海域选建的原则，确定了以下 10 个赤潮监控区：①辽宁省东港养殖区；②辽宁省葫芦岛水产养殖区；③河北省岐口附近海域；④山东省莱州湾小清河附近海域；⑤浙江省象山港；⑥浙江省岱山深水网箱养殖区；⑦福建省三都湾；⑧福建省厦门近岸海域；⑨广东省饶平柘林湾；⑩海南省陵水新村湾。

在国家海洋局统一组织下，沿海有关省海洋行政主管部门将具体落实赤潮监控区工作任务，以赤潮监测预警和防灾减灾为工作重点，专群结合，防控共举。通过高频率、高密度的定点定时监测，及早发现赤潮并及时做出预测预警，采取应急响应措施，最大限度减轻赤潮灾害损失。

国家海洋局通过建立赤潮监控区，将形成有效的防灾减灾工作机制，提高赤潮监测预警及减灾能力，促进海洋经济和社会的健康发展。

【赤潮预测预警方法通过评审】 2002 年，由国家海洋局科技司主持的“赤潮预测预警及灾害损失评估方法”专家评审会在青岛召开。评审专家组对“赤潮灾害损失评估方法研究”和“基于神经网络的赤潮综合集成预测方法应用研究”两个项目进行了评审。“基于神经网络的赤潮综合集成预测方法应用研究”项目是国家海洋局北海分局和国家海洋局海洋生态环境科学与工程重点实验室，根据系统分析的原理，针对特定海区赤潮发生的特点，从方法论的角度提出了赤潮预报应由定性到定量的综合集成预报，并在深入分析北海分局 2001 年赤潮预测试点监测资料的基础上，在国内首先提出了神经网络的综合集成预测方法。

国家海洋局北海监测中心针对我国沿海赤潮灾害频繁发生，如何科学评估其所造成的经济损失为研究对象，作了“赤潮灾害损失评估方法研究”的项目报告。该项目的研究以渤海赤潮灾害损失为研究对象，科学合理地提出了损失评估内容、参数选择、灾害划分、损失计量的方法等，并结合实际工作，提出了赤潮灾害经济损失的调查评估方法，具有较好的操作性。

【《中国近海赤潮生物图谱》编制完成】 由国家海洋局海洋环境保护司提出，国家海洋环境监测中心编制的《中国近海赤潮生物图谱——简本》2002 年编制完成。该图谱共收集各类赤潮生物图片 132 幅并配以文字说明，包括光学显微镜（LM）和扫描电镜（SEM）照片及标本示意图或模式图。共涉及 6 类 8 纲 12 目 23 科 38 属 45 种（包括 1 个变种），包括蓝藻门 1 纲 1 科 1 属 1 种，硅藻门 1 纲 2 目 10 科 18 属 19 种（包括 1 个变种），甲藻门 2 纲 5 目 8 科 14 属 20 种，金藻门 2 纲 2 目 2 科 2 属 2 种，黄藻门 1 纲 1 目 1 科 2 属 2 种，原生动物门 1 纲 1 目 1 科 1 属 1 种。图中短线标记除特殊指出外均代表 10 微米。本图谱可供海洋环境监测人员和现场监测监视人员使用，也可供实验室分析人员阅读参考。 （国家海洋局环保司等）

陆源污染控制与管理
Land-based Pollution Control and Management

【渤海碧海行动计划实施情况】 根据国务院《关于渤海碧海行动计划的批复》（国函[2001]124号），一年多来，国家环保总局组织协调国务院有关部门和天津、河北、辽宁、山东四省市人民政府，按照国务院批复中的要求，推进《渤海碧海行动计划》（以下简称《计划》）的实施，取得了初步成效。

(1) 一年来城市环保设施建设步伐明显加快。现已建成污水处理厂13座，新增污水处理能力96.12万吨/天，还有25座在建。2002年各地污水处理设施建设共投入资金23.8亿元，其中地方自筹19.2亿元，国家投入4.6亿元建成城市垃圾处理厂2座，新增处理能力8 500吨/天，在建9座。

(2) 非点源控制等各类生态工程建设进展顺利。现已完成了非点源控制的生态建设项目26个，59个在建。其中已完成的项目有：生态农业类4个，建成生态农田2.59万公顷；防护林带和海岸生态隔离带类3个，新增防护林带、生态隔离带216.98平方千米和8千米；城市生态类及绿化类2个；水土保持类7个，治理水土流失面积383.69平方千米；生态养殖类6个，新增生态养殖面积4.13万公顷；自然保护区类5个（其中国家级2个，市级3个）。

(3) 港口油污和海上溢油事故应急处理系统开始启动。部分港口建成了含油污水或港区生活污水处理设施，完成东营市海上溢油应急反应中心建设和盘锦港区污水污油回收处理设施建设，秦皇岛市应急反应中心和天津辖区海域船舶、港口、码头污染防治工程等3项正在建设之中。同时，在大连、营口两市建立了海上应急队伍，配备了较先进的海上应急设备。

(4) 沿海企业工业污染源控制和结构调整初见成效。天津市实施了天津碱厂碱渣山进行公园绿化式综合治理；河北省关停2万吨以下的不能稳定达标的化学制浆企业，停止对沿海三市内不经污水处理厂集中处理的造纸、印染、酿造、制革、矿业等新、改、扩建项目的审批；辽宁省通过对11家污水直排渤海的企业实施清洁生产，减排COD 1 500吨/年，同时，开展循环经济试点工作，以解决结构性污染问题；山东省关停或限产了41家2万吨以下的草浆纸生产线和5 000吨以下的小酒精厂，同时通过对鲁北化工企业集团的生态产业链的试点建设，建立了发展循环经济的典范。

(5) 环渤海“禁磷”工作取得阶段性成果。四省市实现了2002年环渤海13市要全面禁止销售和使用含磷洗涤用品目标，有效地削减了含磷污染物的排放总量。据统计，仅辽宁一省“禁磷”每年便可减少洗涤用品中的4 300吨磷进入水环境。监测表明，“禁磷”的实施，明显降低了城市生活污水中磷的含量，同时，对沧浪渠入海河口的监测表明，入海污水总磷含量也明显由下降。

(6) 海域水质得到一定改善，《计划》落实取得初步成效。有关监测数据显示，2002年渤海海域四类和超四类海水面积较2001年下降1.9%，减少610平方千米。2002年黄海和渤海赤潮面积为600平方千米，较2001年的4 000平方千米减少3 400平方千米，渤海未发生大规模赤潮。渤海海域环境质量出现初步好转的趋势。

【碧海行动计划编制指南】 根据《国家环境保护“十五”计划》中“以实施碧海行动计划为载体，加强对近岸海域水质和生态环境的保护”的主要任务和国家环保总局有关工作计划安排，为了进一步推动沿海省市(上海市、江苏省、浙江省、福建省、广东省、海南省、广西壮族自治区)的海洋环境保护工作，参考国务院业已批复的《渤海碧海行动计划》，2002年12月，国家环保总局下发编制了《碧海行动计划编制指南》（以下简称《指南》），要求七省、市、区以《指南》为基础，结合本地实际情况，抓紧制定出适合本地区海洋及海岸带生态环境特征的碧海行动计划，并尽快实施。《指南》分为碧海行动计划编制大纲、碧海行动计划环境管理控制区划总体框架、碧海行动计划入海污染物总量控制规划技术纲要、碧海行动计划编制要求说明4个部分。《指南》明确了碧海行动计划应包含的主要内容、范围、控制指标和分阶段的行动目标。同时，《指南》要求各地应结合本地的实际情况进一步制定本地的编制大纲，其工作重点、工程措施和表述结构等均可变化，具有本地的特色，并可提出创新的思路和更高的要求，但基本内容和主要目标不能降低，以满足统一的要求。

【设立近岸海域环境监测分站】 为进一步发挥全国近岸海域环境监测网的作用，提高我国近岸海域环境监测能力和水平，适应我国海洋环境管理发展的需要。2002年5月，国家环保总局决定分别在天津、大连、青岛、舟山、福建、深圳、北海设立七个中国环境监测总站近岸海域环境监测分站（中心站），并分别对各个分站的主要职责和运行机制进行了明确。各分站的主要职责是负责组织开展海域环境质量监测、事故应急监测和入海污染源调查；负责海域环境质量报告书、污染源状况报告及监测工作简报、快报的编报；参与海洋环境标准、技术规范、监测方法的研究、制订和验证；负责近岸海域环境例行监测及海水浴场水质监测等。各分站的运行机制为，业务工作接受中国环境监测总站的指导；人、财、物由委托单位管理，原行政隶属关系不变；原有经费渠道不变，国家环保总局将根据下达的工作任务适当给予经费补助。

【暑期海水浴场水质监测】 为保护公众的身体健康，为政府环境管理提供科学依据，按照国家环保总局的要求，2002 年夏季，大连、青岛、烟台、秦皇岛、舟山、厦门、深圳、北海、海口、三亚等部分沿海城市的环保部门，以粪大肠菌群、漂浮物质、石油类为主要监测指标，对主要的海水浴场，开展了定期的海水浴场水质状况监测，并统一人民日报等主要新闻媒体上发布《十个沿海城市海水浴场水质周报》。主要的监测浴场为大连棒槌岛浴场和付家庄浴场、天津海滨浴场、青岛第一海水浴场、金沙滩海水浴场和仰口海水浴场，烟台市第一海水浴场、秦皇岛中直四号浴场和老虎石浴场、舟山朱家尖浴场、厦门鼓浪屿美华浴场、曾厝垵浴场和黄厝浴场、深圳市小梅沙海滨浴场和大梅沙海滨浴场、北海市银滩公园浴场和海滩公园浴场、海口市假日海滩浴场、三亚市大东海浴场和亚龙湾浴场。从 2002 年 6 月 29 日至 9 月 30 日，11 个沿海城市对 20 个海水浴场开展了水质监测工作，共监测 240 个次，发布海水浴场水质周报 13 期。监测结果表明：海水浴场水质为“优”的次占 50.8%，“良”占 37.1%，“一般”占 10.8%，“差”只占 1.3%。影响海水浴场水质的主要污染因子为粪大肠菌群。

【近岸海域环境质量公报】 2002 年 6 月 5 日国家环保总局首次发布了《中国近岸海域环境质量公报》。该公报对全国近岸海域水质状况进行的发布表明，2001 年全国近岸海域水质以二类和超四类为主，分别占 28.0% 和 34.5%；东海近岸海域污染较重，黄海相对较轻。渤海的营口、盘锦和锦州、东海的长江口、杭州湾、象山港和三门湾、南海的乐清湾、泉州湾、九龙江河口和珠海等重点区域污染较严重，全部为超四类水质；葫芦岛、长岛、湄州湾、南通、三亚、海口、丹东和长海近岸海域水质较好。2001 年，影响我国近岸海域水质的主要污染因子是无机氮和活性磷酸盐；部分海域石油类、铅和化学需氧量超标；个别海域铜、汞和镉超标。与 2000 年比较，全国近岸海域一、二类水质所占比例减少 9.0 个百分比，四类、超四类水质比例上升 10.8 个百分比，近岸海域水质污染有所加重。我国四大海域的水质状况各不相同。①渤海：一、二类海水比例为 38.5%，四类和超四类海水占 44.9%。近岸海域水质主要受活性磷酸盐、无机氮、化学需氧量、石油类和铅污染；②黄海：一、二类海水比例为 58.1%，四类和超四类海水为 31.4%。无机氮和活性磷酸盐是影响黄海近岸海域水质的主要污染因子；铅超标较普遍；局部海域化学需氧量、石油类和铜超标；③东海：一、二类海水比例为 19.0%，四类和超四类海水占 72.0%。无机氮和活性磷酸盐超标率高，污染面光；铅普遍超标；局部海域受到铜、化学需氧量和石油类污染；④南海：一、二类海水比例为 54.7%，四类和超四类海水占 30.2%。主要污染因子为无机氮和活性磷酸盐；部分海域化学需氧量、石油类和铅超标。同时在该公报发布了全国近岸海域海水主要污染物（营养盐污染、有机物污染、重金属污染、其他污染）和全国近岸海域纳污状况及沿海省、自治区、直辖市近岸海域水质状况。

（国家环保总局 李 义）

【中韩黄海环境联合调查】 **【西北太平洋行动计划】** **【东亚海协作体 COBSEA】** **【南中国海项目】**（见国际合作部分） （佟 羽）

海洋工程环境保护管理
Marine Engineering Environment Protection and Management

【概况】 严格执行海洋工程环境影响评价和“三同时”制度，完善管理规章制度和技术标准，加大了海洋石油勘探开发污染物排放控制力度，全面实现海洋石油开发企业的达标排放，加强海洋溢油事故的防范，认真贯彻海洋溢油应急计划编制和审批制度，有效防止了海洋工程建设产生的海洋污染。

(1) 建立和实施海洋工程环境保护管理月报制度，并定期在局政府网站上发布。组织各分局和沿海各地上报有关数据，积极推行政务信息公开。

(2) 组织编制《海洋石油开发工程环境影响评价管理程序》。2002年5月份颁发实施了该程序。该程序的制定解决了海洋石油开发环评审批工作中存在的诸多问题。

(3) 组织编制《海洋工程环评技术规程》。在2001年监测中心编制工作的基础上，进一步征求有关方面意见，对《海洋工程环评技术规程》进行完善。

(4) 制定《海洋石油平台弃置管理暂行办法》。2002年3月上报国土资源部，6月份以规范性文件形式首先印发执行。打破了我国海洋石油平台弃置无法可依、无规可循的局面。同时，组织国家海洋信息中心联合海洋石油开发企业研究制定海洋石油平台废弃拆除技术标准，已完成初稿。

(5) 组织编制《全国海洋石油勘探开发重大海上溢油应急计划》。组织国家海洋信息中心和中海油公司开展全国海上重大溢油应急计划的编制工作，已完成初稿。下一步将与国务院各有关部门进一步协商，建立应急合作机制。

(6) 2002年组织开展了海洋工程建设项目环境影响报告书的审查审批工作。全年共组织审查审批了平湖油气田扩建工程、涠洲12-1油田扩建、惠州21-1油田、春晓气田群总体开发、渤南油气田、深圳秤头角至香港大埔工业村海底输气管线（深圳段）、深圳秤头角至香港南丫岛发电厂海底输气管线（深圳段）、岐口18-2油田、南堡35-2油田、渤中25-1油田、锦州20-2油田等12项海洋工程建设项目的环评大纲或环评报告书。研究处理了杭州湾跨海大桥、镇海-漕泾石脑油管线工程等建设项目环评报告书审批问题。

(7) 指导地方海洋管理部门开展海洋工程环评报告书的审批工作。山东、河北、浙江、江苏、辽宁、天津、广西、青岛等都积极争取，组织审批了一批海洋工程建设项目的环评报告书，在社会上引起了强烈反响。

(8) 制定海洋工程排污收费制度和标准。海洋工程排污收费制度的建立工作取得了重要进展，2002年上半年与财政部和国家计委进行沟通协商，财政部已拟定了批复文稿，并征求了有关部门的意见，同意年底下达正式文件。

【《海洋石油开发工程环境评价管理程序》出台】 为了加强海洋石油开发工程的环境影响评价管理工作，明确环境影响评价报 批程序，国家海洋局2002年制定下发了《海洋石油开发工程环境影响评价管理程序》。

该程序规定，凡在中华人民共和国内水、领海、毗邻区、专属经济区、大陆架以及中华人民共和国管辖的其他海域从事海洋石油开发的企业或作业者必须遵守本程序。

【《海洋石油平台弃置管理暂行办法》出台】 为规范海洋石油平台的弃置行为，加强对海洋石油平台弃置活动的管理，根据《中华人民共和国海洋环境保护法》及有关法律法规的规定，国家海洋局2002年出台了《海洋石油平台弃置管理暂行办法》。

海洋石油平台的废弃处置管理在国际上，如亚太经合组织(APEC)、国际海事组织(IMO)以及西欧也都很受重视，IMO在“关于大陆架和专属经济区内海上设施和结构拆除的原则和标准”中提出了对海上设施(包括石油平台)拆除的原则要求。我国是IMO成员国，对上述提到的原则和标准是确认并要遵守的。《1972伦敦倾废公约/1996议定书》也对海洋石油平台的海上弃置处理作了明确规定，在1999年的21次缔约国协商会议上也讨论了石油平台海上处置的技术指南，以指导各缔约国对其实施管理。

我国从事海洋石油勘探开发已有30余年的时间。目前，我国南海有几处海上油田将要结束开采，其海上作业平台将要进行废弃处理；在今后的一段时间内，海洋石油平台的废弃处置也会逐渐增加。加强对废弃石油平台的管理、出台有关管理法规，将有效地保证废弃平台周围海域的海洋环境以及其他海洋资源的开发利用。以前，我国尚未制定有关海洋石油平台废弃处置的管理规定，只是在《海洋环境保护法》、《海洋倾废管理条例》关于“倾倒”的定义中确定海洋石油平台的海上弃置属于倾倒行为，在《海洋石油勘探开发环境保护管理条例实施办法》中规定海洋石油平台的海上弃置按倾废管理。

为保护海洋环境和其他海洋资源开发利用，此次出台的《海洋石油平台弃置管理暂行办法》主要对弃置管理的对象、主管机关、弃置的基本原则、申请程序、管理程序和法律责任等作了规定。

（国家海洋局环保司等）

海洋倾废管理
Ocean Wastes Disposal Management

【概况】 (1) 建立和实施海洋倾废管理月报制度，并定期在国家海洋局政府网站上发布。组织国家海洋局各分局和沿海各地上报有关数据，积极推行政务信息公开。

(2) 组织研制海洋倾倒许可证签发管理信息系统。2002 年 12 月在天津举办系统操作使用培训班，以推进系统的使用效率，保证倾废工作的正常开展。预计自 2003 年 1 月 1 日起启用。这一系统的启用，统一了全国海洋倾倒许可证格式，规范了许可证的签发行为，有效地提高发证效率和监督管理效力。

(3) 完善《海洋倾倒区管理暂行规定》的起草工作。1 月份将规定草案征求了国务院各有关部门和沿海各地的意见，根据征求的意见进行了认真修改和补充，完成送审稿。

(4) 组织修订倾废技术标准。组织监测中心对疏浚物分类标准和评价程序进行进一步的修订，完成送审稿，已报国家海洋局审批。

(5) 组织倾倒区的选划和审批工作。2002 年组织审批了黄骅港疏浚物倾倒区选划大纲、荷包岛南疏浚泥临时海洋倾倒区选划大纲、长江口深水航道治理二期工程疏浚物海洋倾倒区选划大纲、茂名水东港区航道疏浚泥临时海洋倾倒区选划大纲、上海外环隧道工程疏浚物临时海洋倾倒区选划报告、葫芦岛军港疏浚物临时海洋倾倒区选划大纲及报告书、小平岛军港疏浚物临时海洋倾倒区选划报告、马鞭洲原油码头港池、航道疏浚泥临时海洋倾倒区选划报告、北海舰队青岛古镇口港工程疏浚物临时海洋倾倒区选划报告、台山电厂煤码头工程疏浚泥临时海洋倾倒区选划报告、锦州港航道工程疏浚物临时海洋倾倒区选划报告、湛江 25 万吨级航道工程疏浚泥临时海洋倾倒区选划报告。

(6) 香港废弃物跨区倾倒管理。2002 年 4 月组织研究香港环保署关于《香港废弃物跨区倾倒管理工作合作安排（草案）》的反馈意见，并于 6 月中旬在广州举行第二轮会谈，双方对合作安排草案进行了进一步的磋商，取得基本一致意见。

研究香港惰性拆建物料在内地海域用于填海工程事宜的对策和方案，于 11 月初与香港环境运输及工务局举行首次会谈，双方沟通情况，为下一步的合作奠定基础。

(7) 澳门废弃物跨区倾倒管理。1997 年南海分局与澳门港务局签署的谅解备忘录及 2000 年签署的补充条文于去年底到期。2002 年研究提出了与澳门特别行政区举行跨区倾倒会谈的方案，并于 6 月下旬在珠海与澳门港务局进行了首轮会谈，双方在跨区倾倒的管理程序和办法方面基本取得了一致意见，并草拟了合作协议草案。

(8) 人大政协建议和提案的答复工作。2002 年上半年，对九届人大五次会议第 4897 号建议关于珠江口海域倾倒疏浚泥问题、政协九届五次会议第 3261 号提案关于保护海洋环境合理利用海洋资源的建议、第 1139 号提案确保对渤海生态环境治理工程列入国家重点工程案的建议等两会的建议和提案进行了处理和答复。

【海洋倾倒许可证签发系统启用】 国家海洋局 2002 年 12 月发出通知，自 2003 年 1 月 1 日起在全国启用“海洋倾倒许可证签发管理信息系统”，各海洋倾倒许可证签证机关必须将倾废申请资料和数据输入该系统，并通过该系统印制和发放许可证。该系统的运行，规范了海洋倾倒许可证的签发行为，提高了签发工作的效率和质量，并为今后实施电子政务工作迈出了坚实的一步。

同时，国家海洋局启用新的海洋倾倒许可证格式。许可证采用专门的纸张，正本和副本的正面由国家海洋局统一印制。许可证的背面则由签证机关印制许可证的有关内容和要求。许可证按照统一的编码规则进行编号。

【**海洋倾倒区的环境监测**】 2002 年，国家海洋局对 10 个海洋倾倒区进行了全面监测。监测内容包括倾倒区及其周边环境的水动力状况、水体物理化学状况和生物状况等。

监测与评价结果显示：与倾倒区选划时的环境质量状况比较，90%以上倾倒区的环境状况未发生显著的变化，部分倾倒区及周边底栖环境的总生物量略有减少。所倾倒的废弃物基本控制在预期的海域范围内，海洋倾倒区的基本功能得以继续维持。倾倒活动未对倾倒区附近的环境敏感区或其他海洋功能区产生影响。

我国目前批准使用的倾倒区为 67 个，2002 年全国实际使用的海洋倾倒区为 60 个，倾倒的废弃物主要为疏浚物，共签发倾倒许可证 526 份。疏浚物的年倾倒量约为 10 721 万立方米，惰性无机地质废料 51.8 万吨，人体骨灰 750 具。

【**海洋工程和倾废的环境保护管理**】 2002 年从建立和实施海洋工程和海洋倾废管理月报制度入手，全面推行政务公开制度，使行政管理工作置于社会的监督之下，提高各级海洋行政主管部门依法行政水平。为规范海洋倾倒许可证的管理，研制开发了海洋倾倒许可证签发管理信息系统，统一了全国海洋倾倒许可证格式，规范了许可证的签发行为，有效地提高发证效率和监督管理效力。

在海洋工程环境管理工作中，严格执行海洋工程环境影响评价和“三同时”制度，完善管理规章制度和技术标准，全面实现海洋石油开发企业的达标排放，认真贯彻海洋溢油应急计划编制和审批制度，有效防止了海洋工程建设产生的海洋污染。组织编制了《海洋石油开发工程环境影响评价管理程序》和《海洋工程环评技术规程》，组织制定了《海洋石油平台弃置管理暂行办法》。组织编制了全国重大海上溢油应急计划和“海洋倾倒区规划编制方案”等。对于港澳废弃物跨区倾倒的管理程序和办法各方面基本取得一致意见。

针对地方海洋工程日益增多的趋势，指导地方海洋管理部门开展海洋工程环境评价报告书的审批工作，山东、河北、浙江、江苏、辽宁、天津、广西、青岛等地方海洋厅局组织审批了 15 项海洋工程建设项目的环境评价报告书。

海洋自然保护区建设与管理
Construction and Management of Marine Nature Reserves

【**概况**】 (1) 强化对现有国家级和地方级海洋自然保护区的监督管理。组织协调、监督指导已建国家级自然保护区所在地海洋部门和保护区管理机构，利用多种方式加强宣传教育，提高公众自觉保护和参与意识，开展法规制度建设、科研监测、人员培训，修改完善科考报告和总体规划，加强执法管理，各项工作均正常进行。针对发现的问题及时向领导汇报，与地方海洋部门沟通，提出处理意见和建议，并检查督促落实。

对已建地方级自然保护区，主要抓机构、法规、基础设施三方面的建设和规划、管理工作。指导建立了河北石臼坨诸岛省级自然保护区、山东无棣古贝壳堤与湿地省级自然保护区、山东成山头海洋生态省级自然保护区，落实了管理机构，有专职人员负责保护区具体工作，并经当地政府批准出台了“保护区管理规定”和有关管理制度，组织有关专家编写了保护区规划，依照法规和规划开展了保护区建设和日常巡护管理工作。无棣贝壳堤保护区管理机构与中国海洋大学签订了共同保护与开发的技术合作协议，保护区设置了 170 余块(根)界碑(桩)，并修建了工作、生活设施。烟台千里岩岛保护区完成保护区划界标志、区碑和驻岛管理站的基础设施建设。2001 年建立的浙江五峙山鸟岛省级自然保护区成立了由舟山定海区政府办公室、海洋与渔业局等有关部门组成的管理委员会，建造了管理房和山间通道，设置宣传牌数块，购置了基本设备，开展了日常巡护管理。其他已建保护区的机构、法规、设施建设和管理工作也在督促落实中。

(2) 积极推进选划新建地方级海洋自然保护区工作。加强了对沿海省市海洋部门选划新建地方级海洋自然保护区的监督指导和督促检查。指导建立了河北石臼坨诸岛省级自然保护区、山东无棣古贝壳堤与湿地省级自然保护区、山东成山头海洋生态省级自然保护区，落实了管理机构，有专职人员负责保护区具体工作，并经当地政府批准出台了“保护区管理规定”和有关管理制度，组织有关专家编写了保护区规划，依照法规和规划开展了保护区建设和日常巡护管理工作。新选划的宁波韭山列岛海洋生态、广东徐闻珊瑚礁、南澎列岛3个省级自然保护区的申报材料已通过所在省的保护区评审委员会评审，报省政府待批；辽宁团山海蚀地貌、凌河口滨海湿地、大连长山列岛海洋生态、广西涠洲岛珊瑚礁4个拟建保护区已经完成外业调查，正在进行内业资料整理、分析研究和科考报告、总体规划的编写；海南西沙珊瑚礁保护区的选划工作也在积极进行之中。

(3) 海洋特别保护区工作。为落实国家海洋局“监督管理海洋特别保护区”的职能到位，组织召开了有关专家和地方海洋部门参加的讨论会，研究调整、充实和修改原海洋特别保护区管理工作方案，重新组织编制了《海洋特别保护区工作方案》及管理办法。指导福建宁德建立了我国第一个海洋特别保护区，成立了管理机构，开展了多种形式的宣传教育，设置了多处警示牌、公告牌，提高公众保护意识，通过调查测定绘制平面图，明确保护区范围、面积，开展了巡护管理。

(4) 建立了涠洲海洋生态站，按计划完成了当年海洋生态监测任务，拓展了海洋生态保护工作领域，同时为建立广西涠州岛珊瑚礁自然保护区提供了大量基础资料。

(5) 配合国际司双边与多边合作，及时提供海洋生态环境保护、海洋生物多样性保护合作等有关信息和建议，参与“南部沿海生物多样性保护示范区”和“中美海岸带合作”项目等有关工作。

(6) 组织收集海洋环境保护有关信息、资料，编印《海洋环境保护工作通讯》，并发国务院有关部委和沿海省市县海洋部门及涉海科研、院校等单位，广泛宣传我局海洋环保工作，产生了良好效果。组织拍摄和编印图文并茂的《海洋自然保护区简介》，初步完成文字编写和画面设计小样，修改完善后，将印发社会各界进行宣传。

【海洋保护区工作会议】 2002年1月31日至2月1日，国家海洋局海洋环境保护司在北京召开了海洋环境保护工作会议。沿海各省、自治区、直辖市及计划单列市海洋厅（局）海洋环境保护部门主要负责人、国家海洋局各分局环境保护部门主要负责人，以及国家海洋环境监测中心主管领导出席了会议。会议全面总结了2001年全国海洋环境保护工作，并部署了2002年重点工作任务。沿海各地方厅（局）环保处负责同志分别介绍了本地区2001年海洋环保工作情况及2002年工作设想。会议着重讨论了2002年全国海洋环境监测和赤潮监测预警及减灾工作方案。

会议决定，2002年海洋环境保护工作将紧密围绕《海洋环境保护法》赋予海洋行政主管部门的各项职责，推动各项管理职责到位。要本着“为地方经济发展服务、为海洋行政管理服务、为沿海群众生活服务、为国防建设服务”的基本方针，不断深化海洋环境保护工作，重点做好以下几方面的海洋环境保护工作：①继续加强海洋环境监测预报体系建设；②建立赤潮监控区和赤潮监测监视及预警网络；③切实做好重点海域海洋环境监测工作；④按时发布海洋环境质量公报；⑤拓展海洋生态保护工作；⑥广泛宣传海洋环境保护工作。

会议强调，海洋环境保护工作是各级海洋行政主管部门的基本职能，特别是在当前海洋事业大发展的重要时刻，做好海洋环境保护工作对于履行海洋行政管理职能、海洋事业的生存与发展具有重要意义。各级海洋行政主管部门要积极进取，团结奋进，在新的一年里努力推进海洋环境保护整体工作，争取新的重大突破，为实现“海洋行政管理年”的总体目标做出贡献。

（国家海洋局环保司）

海洋执法监察工作

Ocean Supervision and Law-Enforcement Work

【综述】 大力推进全国海监机构建设，进一步明确海监机构的主要职责，不断加强海监队伍的建设和管理 总队2002年年初通过深入沿海省、自治区、直辖市海洋厅（局）和海监总队开展调研，抓住了主要环节，以国家海洋局名义印发了《关于地方各级海监机构设置若干意见的通知》。文件印发以后，起到了很重要的推动作用。时值地方市、县机构改革的重要时期，依据该文件，各地纷纷积极推进本地区的海监机构设立。至2002年底，沿海省、自治区、直辖市共成立了8个总队，34个支队，99个大队。

为规范中国海监标志和称谓的使用，总队对各地海监队伍建设提出规范使用名称和标志的要求，根据沿海各省区市上报申请的情况，至2002年底总队已批复6个总队、16个支队、29个大队使用“中国海监”标志和称谓。

加强执法证件的规范化管理，2002年开展换证工作。从10月1日开始正式启用新版《海洋执法监察证》，年内总队组织全国海监机构共换发新版《海洋执法监察证》1 569本。为严格控制持证人员的范围，总队在《关于换发〈海洋执法监察证〉及胸牌的通知》中，还对《海洋执法监察证》的换发范围作了明确规定，促进了执法证件的规范化管理。

法制和制度建设工作取得重大进展，执法能力建设得到加强 (1)法制和制度建设。一是拟定并以国家海洋局名义向国土资源部报送了《海洋行政处罚实施办法（送审稿）》，并于2002年12月30日以国土资源部部长令形式颁布。该办法是自1998年机构改革以来以部长令发布的第一个有关海洋管理的部门规章，也是近年来继《海洋环境保护法（修订）》、《海域使用管理法》出台之后发布的又一部重要的法规性文件。《海洋行政处罚实施办法》中有关中国海监机构行使海洋行政处罚权的规定，进一步明确了中国海监机构实施行政处罚的职责。它的发布实施，对加强海洋管理，推进海监队伍建设，进一步强化海洋执法监察工作，具有重大的意义。

二是制定了全国统一的新版《海洋执法文书格式》。该文书格式与实施办法一样，将极大地促进和规范案件查处程序和查处文书的统一。

三是修订完善了案例分析制度和执法统计制度。总队进一步完善了两项制度，印发了《中国海监执法案例分析操作指南》和《海洋监督检查和行政处罚统计报表》（修订）；在福建召开了首次全国典型案例分析研讨会，并将作为年度例会制度固定下来；启动了海洋行政处罚典型案例库建库的前期工作。

四是组织编制了《2001年海洋执法监察公报》，并已于4月向社会公布。

(2)执法能力建设。一是根据海监执法工作需要，为14个省、自治区、直辖市和各海区总队统一配置了海监执法专用车，并制定了《中国海监执法专用车辆管理暂行办法》。此举，在海监执法能力建设上迈了一大步。

二是海监船舶、飞机建设项目（一期工程）取得阶段性成果。目前两架海监飞机购销合同已签订，并进入总装阶段；四型6艘海监船招标工作基本完成。

执法工作在稳步推进中取得突破 总队组织各省（区、市）总队和各海区总队，加大执法力度。

(1)海域使用和海洋环境保护执法工作全面展开。2002年，总队批复了沿海11省（区、市）总队会同海区总队制定的联合检查行动实施方案，根据总队的批复，各省（区、市）总队和海区总队对11个联合检查行动方案全部按计划实施。年底，总队与国家海洋局职能部门一起组织了北海、南海两个海区的海域使用执法大检查。2002年1月至11月，中国海监队伍共检查各类项目2 917个，其中海域使用项目2 358个，维护权益和涉外科研项目5个，海底电缆管道60个，海洋工程建设项目28个，海洋倾废项目446个，海洋生态保护20个；进行各类检查次数总计6 330次；发现各类违法行为1 100起；做出行政处罚决定771件。

(2) 国家海洋维权执法工作成效显著。2002年底，针对日本海上保安厅在我国东海专属经济区击沉一艘不明国籍船只事件，国家海洋局成立了指挥部，经共同努力，圆满完成了“东海沉船海域维权执法行动”任务。此次维权执法是我局一次重大海上执法行动，其规模之大，涉及面之广，政策性之高，组织协调之难，在国家海洋局尚数首次。整个行动长达90天，共计派遣海监船34艘次，航时6 084.1小时，航程46 550.4海里；派遣海监飞机72架次，飞行250小时；行动期间，向外交部、总参、海军编报“东海维权情况速报”55期，详细记录日打捞沉船全过程；任务完成后，总队及时提交了总结报告，并以国家海洋局名义报送国家有关部门。根据实际工作需要和有关部门的要求，总队组织编制了多媒体“纪实片”及“图集”，供国家海洋局和相关职能部门使用。这些都在高层引起了强烈的反映，得到了很好的效果。此外，根据海军的要求，并在外交部的指导下，2002年8～9月期间组织北海和东海总队对美国海军测量船“鲍迪奇”号、“萨姆娜”号进行了跟踪监视，在跟踪监视过程中，严格按照海上处置预案对美“鲍迪奇”、“萨姆娜”船进行了一般性询问，并严正表明我方立场，申明美船已进入中华人民共和国管辖海域，劝告美船停止非法作业，并及时向国家有关部门报送了阶段性报告，得到了国务院的重视。

2002年船舶安全航行635航次，总航程221 328海里；中国海监飞机安全飞行158架次，飞行535小时。根据财政部对海监总队明年实施“二级预算”的要求，总队积极协助局财务司就有关工作进行部署，按时完成了2003年部门预算的编制工作。总队在船舶飞机安全、油料、保险和船舶维修等保障工作，以及信息机要、内部行政管理等方面，也取得了很好的成绩。

【北海区执法监察】 **执法监察情况** (1) 综述。北海分局围绕权益、资源、环保3个领域的涉外海洋科研、海域使用、海底电缆管道铺设、海砂勘查开采、海洋石油勘探开发、海洋倾废以及赤潮应急监视7个方面内容，积极组织车辆、船舶、飞机巡航监视，提高对管辖海域的时空覆盖率和对海洋违法违规行为和污染损害事件的查获率。全年共实施车辆岸边巡视29 169余千米；船舶巡航63航次，航行77 171.5海里，航行13 960小时53分；飞机航空监察飞行52架次，航行197小时08分。共检查各类项目130个，实施各类检查次数累计647次，共发现各类违章事件50次，全年共结办案件9起，处罚总金额11.4万元；立案案件5起；移送案件2起。2002年共编发《北海海洋执法监察通报》6期、《北海海洋专报》1期。对各阶段执法监察工作、专项执法检查行动、案件查处情况等重要事项及时发布通报、暴光违法违规行为，宣传执法监察工作。

(2) 涉外执法检查。根据国家海洋局和中国海监总队的指示，2002年北海分局共承担了3次涉外执法任务。分别是：对日本在东海沉船海域的调查打捞活动进行了维权执法；对擅自闯入黄海的美国“鲍迪奇”号测量船实施了跟踪监视，以及对雪佛龙德士古海外石油公司租用的“南海一号”平台试油作业进行了现场监督检查。累计海上工作98天，海上航程11 501余海里，空中飞行10架次，作业36小时19分，获取大量的监视取证资料。在执行对日本在东海沉船海域的调查打捞活动进行的维权执法任务期间，海监18船两次单船突破日方警戒圈，摸清了日方船舶、飞机的布局和活动规律；海监22船遭遇到五号台风，排除险情，坚守岗位，保证了对日监管的连续性；灵活处置海上紧急情况，及时发布航行通告，显示了中国海监对我国专属经济区的管辖；高质量的取证资料为国家有关部门的决策提供了准确的依据；良好的船容船貌展示了中国海监的良好形象。在对美国鲍迪奇船的跟踪监视中，全体海监人员严格执行上级命令、海上行动预案和现场处置原则，以高度的政治责任心和大局意识，安全、圆满地完成了此次维权执法任务。3月13～23日，执法人员对雪佛龙德士古海外石油公司租用的“南海一号”平台在渤海湾02/31区块LD27-2-3井试油作业进行了现场监督检查，历时11天。试油作业之前，执法人员首先认真听取了外方钻井监督和中方平台经理对试油前的各项准备工作及试油计划的汇报，并就试油期间的环保工作提出了具体要求。然后，对平台的各种环保文件证书、各类环保设备、设施进行了严格检查。

(3) 海域使用监督检查。2002年北海分局对大面积的用海、围海、填海单位进行了重点检查，共检查项目 52 个，实施检查 59 次，发现未办理海域使用证的单位有 18 家。属于国家管理项目未按国家海洋局要求申办海域使用手续的情况 22 起，其中 14 起已由地方政府或海洋局颁发海域使用证，7 起未办理海域使用证，由国家海洋局颁发海域使用证的仅 1 起。根据海监总队建设专题会议纪要精神，在 4 月、5 月份联合执法检查的基础上，10 月份，北海总队组织进行了北海区专项执法检查，重点检查了国务院审批用海项目的海域使用情况，基本查清了北海区属于国家管理项目的海域使用情况。在 4～5 月航空执法监察中，分别对辽宁、河北、山东省、天津市的海域使用现状进行了航空监视，为进一步做好海域使用管理工作奠定了基础。

(4) 海底电缆管道路执法监察。2002 年北海分局共检查海底电缆管道路由和铺设项目 6 个，未发现铺设海底电力电缆违章事件。重点对日照森博浆纸有限公司铺设的海底排污管道工程进行了巡视检查，目前该工程已具备海底电缆管道铺设使用手续，目前正处于铺设前期施工中。

(5) 海洋石油勘探开发环境保护执法监察。2002 年北海分局积极组织海洋石油勘探开发环境保护执法巡航监视，共出动执法人员 9 次，检查项目 93 项次，检查从事海洋石油勘探开发单位 32 个，登检石油平台 60 座次，累计陆地行程 11 800 千米，海上航程 3 282.6 海里；采集各类样品 74 个；发现违章事件 45 起。4 月份，对胜利石油管理局海洋钻井公司的 4 座平台进行了登检和蹲点跟踪监视，重点对平台周围海域、各类文件、证书、环保设备、防污软件、化学制剂及各类排海物质等进行了执法检查。为进一步提高海洋石油勘探开发作业者的法律意识和环保水平，执法人员采取送法上门、现场普法的方式，进行了现场法律、法规的教育培训工作，收到良好的成效。5～6 月初组织开展了渤海海洋石油勘探开发环保专项检查。为巩固专项执法检查成果，8～9 月，对部分海上平台进行了重点检查。9～10 月，执法人员分别对绥中 36-1 油田输油管线维修工程施工作业现场进行监督检查，对绥中 36-1 油矿 CEP 平台溢油事故进行应急监视。10 月份，对秦皇岛 32-6 油田进行检查，发现该油田二、三期工程未经主管部门批准擅自投入试运行；同时发现渤海世纪轮生产污水方式与环境影响评价和海洋局的批复严重不符，执法人员立即展开调查取证，目前案件正在处理之中。

(6) 海洋倾废执法监察。根据《关于对倾废航行数据记录仪实行年度定检的通知》，会同海洋技术研究所，北海分局组织完成了 2001 年倾废仪年度定检工作。执法监察人员先后到达青岛港、日照港、岚山港、烟台港、大连旅顺港、秦皇岛港、京唐港、黄骅港、天津港、塘沽港等进行了海洋倾废执法检查，共检查海洋倾废项目 199 个，实施检查 485 项次，其中登船检查 406 次，随船检查 79 次，监视倾废区 97 次。10 月份，组织开展了北海区海洋倾废专项执法检查。随着海洋经济的迅猛发展，北海区管辖海域呈现海洋倾倒量大、倾倒单位多、倾倒地点分散的特点，执法人员不断提高倾倒船登检频率和随航次数，加强对倾废仪的监督管理和倾倒船的陆岸监视，对发现的违规违章行为及时进行处理，保障了海洋倾倒行为的合法、规范进行。

(7) 应急监视。①黄骅市附近海域发生原油污染事件。根据河北省总队关于黄骅市附近海域发生原油污染事件的报告，北海总队于 3 月 18 日、6 月 7 日分两次派出执法人员前往河北省沧州市，对该市黄骅附近海域污染事件进行了调查取证，登检黄骅附近海域海上平台 8 座次、岸边采油井 2 座，采集原油样 10 个，并调访了天津海事局、南排河镇政府及有关村庄和部分渔船的渔民。检查工作结束后，北海分局委托有关技术单位，依据中华人民共和国行业标准《海面溢油鉴别系统规范》(HY043-1997)，对所采集的 10 个原油样品进行了分析鉴定；采用溢油飘移全动力模式，对溢油飘移轨迹进行了数值模拟。②绥中 36-1 油矿 CEP 平台溢油事故。10 月 26 日中国海监 B-3807 飞机对渤海进行空中监视过程中发现绥中 36-1 油矿 CEP 平台周围海域有大面积油带，10 月 27 日执法队按照北海总队指示奔赴出事地点进行应急监视、调查、取证，历时 11 天，登检平台 2 座，填写现场检查登记表 1 份、调查询问笔录 7 份、获取资料照片 90 张、录像 40 分钟，航程 274 海里，行程 2 000 千米。

北海区协同执法 北海分局积极贯彻“一家人”、“一盘棋”、“融为一体”的建队方针，充分发挥国家队伍的装备和技术优势，积极搭建海区执法平台，支持配合三省一市有重点地开展执法监察工作，进一步密切了与地方总队的关系，取得明显的执法监察成效。①青岛市海洋联合执法行动。5月10～16日，北海总队与青岛海洋与渔业局联合开展了青岛市海洋联合执法行动，为期7天，行程600余千米，共检查了青岛地区7个市区13个用海项目，并对3起非法用海事件进行了处理。②河北省海洋联合执法行动。河北省海洋联合执法行动分两个阶段进行。第一阶段4月21日至4月27日，以河北省总队为主进行了海域使用的执法检查。重点检查了黄骅港、京唐港、秦皇岛港、抚宁县南戴河旅游度假区人工购筑的仙螺岛、山海关老龙头景区等用海大户。第二阶段5月28日至6月4日，以北海总队为主进行了海洋环境保护的执法检查，重点检查了毗邻河北省海域的中海石油天津分公司秦皇岛32-6油田、渤西油田，秦皇岛港、京唐港、黄骅港倾废区及倾倒作业以及黄骅市南排河大港油田赵东区块倾倒作业情况。整个行动前后历时14天，检查大型用海项目6个，巡视海上油矿2个，登检海上石油平台6座，检查倾废作业活动4个，登检倾倒船1个。③辽宁省海洋联合执法行动。辽宁省海洋联合执法行动自5月22至5月30日，历时8天，海陆配合进行。陆地分南线和西线两个检查组，行程2 000余千米，先后检查了大连市的金州区、普兰店市、庄河市、东港市、营口市、盖州市、鲅鱼圈市、盘锦市、大洼县、盘山县、锦州市、葫芦岛市的龙港区、兴城市、绥中县，海上由中国海监22船和辽宁省总队大连、锦州直属队的海监渔政船巡航配合，航程300余海里，先后巡视检查了中海石油天津分公司的锦州9-3油田、锦州20-2气田，大连港及倾废区、营口港及倾废区。本次行动共检查沿海6个市、13个县（市、区）、21个用海项目和单位，巡视海上油、气田3个，港口及倾废区4个，登检海上平台11座。④山东省海洋联合执法行动。山东省联合执法行动自4月11～18日，历时8天，重点检查了日照市的用海大户：日照港务局和日照电厂。

北海区海洋监察员培训　根据《中国海监总队2001～2005年教育培训工作纲要》要求，按照海监队伍“人员素质好、装备精良、运转高效、准军事化”的建队方针，增强海洋执法监察人员的整体素质，提高海洋执法监察人员依法行政的能力和依法办案的效率，切实履行中国海监队伍的行政检查和行政处罚职能，先后在青岛、威海举办了两期海洋监察员上岗资格培训班，共培训海洋监察人员128人，其中北海总队49名，山东省总队79名，全部通过了考试，极大地提高了北海区海监队伍的整体水平。

行政处罚情况　2002年共结办案件9起，处罚总金额11.4万元；立案案件5起；移送案件2起。4月份，针对2001年年底查获的中海石油天津分公司5起违规案件，举行了3起案件的听政会，研究确定并实施了行政处罚，处罚总金额11万元。对2002年上半年发现并立案的4起违规事件，实施了行政处罚，处罚总金额0.4万元。以上9起案件已结案。

(1) 2001年4月28日，中海石油（中国）有限公司天津分公司“渤海明珠号”储油轮，超标排放污水。给予警告并罚款人民币5万元。

(2) 2001年5月23日至7月2日，中海石油（中国）有限公司天津分公司绥中36-1油田A平台发生原油污染海洋事件。给予警告并罚款人民币2万元。

(3) 2001年10月5日、6日，中海石油（中国）有限公司天津分公司“渤海四号”平台未向海洋行政主管部门报告擅自向海排放水基泥浆。给予警告并罚款人民币1万元。

(4) 2001年10月12日，中海石油（中国）有限公司天津分公司“渤海四号”平台未向海洋行政主管部门报告擅自向海中排放残酸液。给予警告并罚款人民币1万元。

(5) 2001年11月18日，中石化胜利油田有限公司井下作业公司埕北11H-1井试油期间发生原油泄漏事件。给予警告并罚款人民币2万元。

(6) 2002年5月26日，中海石油（中国）有限公司天津分公司锦州20-2中北平台化学消油剂储量与记录不相符，与规定要求也不相符。罚款人民币壹仟元。

(7) 2002年5月26日，中海石油（中国）有限公司天津分公司渤海十号钻井平台使用消油剂80千克未记录在防污记录内。罚款人民币1 000元。

(8) 2002年5月30日，中海石油（中国）有限公司天津分公司埕北A平台在平台吊车维修时液压油泄漏滴入海中约1千克，未记录防污记录簿内。罚款人民币1 000元。

(9) 2002年5月31日，中海石油（中国）有限公司天津分公司渤西18-1平台防污记录簿（电子版）填写与实际不相符。罚款人民币1 000元。

（国家海洋局北海分局）

【东海区海洋执法监察管理】 **概述** 2002年是“海洋行政管理年”。随着《中华人民共和国海洋环境保护法》、《中华人民共和国领海及毗连区法》及《中华人民共和国专属经济区和大陆架法》的深入贯彻实施和《中华人民共和国海域使用管理法》的开始施行，国家海洋局东海分局履行行政执法职能，进一步加大对东海我国管辖海域的行政执法力度。

一年中，贯彻落实国家与地方行政执法“一体化”工作机制，开展对海域使用监督、海洋环境保护和海洋权益维护等领域的行政执法工作，同时组织、协调并开展综合行政执法与海洋应急监视等工作，实施行政检查793次，其中对13起违法违规案件做出行政处罚，罚款27.4万元，保障了海洋行政管理措施的落实与到位。发布《东海海洋执法监察通报》4期计360份。

海域使用监督检查 （1）上海海域使用监督检查。组织开展上海市海域使用专项执法行动，重点普查海域使用情况。3月下旬至4月中旬，先后会同有关部门在金山、奉贤和南汇区召开了贯彻实施海域法座谈会，然后通过采取全方位、多层次、小规模、针对性的方式，对金山区、奉贤区、南汇区南奉边界至芦潮港区域内的22家涉海单位，进行了上门宣传教育和现场检查，查明18家用海单位，发出《关于限期办理海域使用时期手续的通知》18份。同时加大宣传力度，多次组织执法人员上门对个别态度消极或者拒绝办理海域使用手续的单位，反复进行宣传教育，督促其办理海域使用申请手续。

（2）海底电缆管道巡航执法。为确保东海区国际海底光缆的安全和畅通，加大了对海底光缆路由的巡航执法力度，组织开展了多次专项执法行动。其中，4月发现并依法劝告或强制驱赶违规作业渔船3艘，查获可能危及海底光缆安全的渔船1艘；9月，根据中国海底电缆建设公司的举报，紧急出动海监船，对某施工船只在芦洋大桥施工过程中造成中日光缆阻断事件进行调查核实。

海洋环境保护巡航执法 （1）海洋倾废执法。继续抓紧例行性巡航监视，全年每月组织出航7～10天，加强对长江口、杭州湾和宁波、厦门等重点海域海洋倾废活动的巡航监视工作；因地制宜、有针对性地开展工作，采取多种特殊有效方法加强对海洋倾废船只的实际监管；严肃查处违法违规行为，对7起无证、不按规定倾倒等违法违规案件，做出行政处罚决定，处罚金额18万元。此外，对2001年做出处罚决定的2起案件执行了8万元的罚款；加强海洋倾倒物样品的取样监督、海上随航监视、倾废仪年检和海上突发事件的应急监视等工作。

（2）海洋石油勘探开发环境保护执法。对“勘探3”号石油钻探平台进行检查，安排海监飞机对平湖油气田生产平台进行多架次的空中监视，未发现异常情况。

（3）海洋环境监督检查。加强对东海区海洋环境污染事件的巡航监视，其中中国海监飞机发现“德国”号集装箱轮涉嫌违法排污并完整取证，依法移送上海海事局处理，并跟踪处理情况。目前该案已被立案，并正在作进一步的调查处理。

（4）海洋生态保护监督检查。会同上海市金山区政府有关部门，编制了《上海市金山三岛海洋生态自然保护区监督检查实施方案》，组织开展了上海市金山三岛海洋生态自然保护区监督检查。

海洋权益维护 （1）组织东海沉船海域维权执法行动。针对日本在我国专属经济区击沉一艘不明国籍船只的严重事件，遵照我国政府的对外政策，依据《中华人民共和国专属经济区和大陆架法》等法律法规和《联合国海洋法公约》等国际公约，于2002年1月至9月14日，组织、部署并指挥全国海监队伍，先后派出448名海洋执法人员，34次跟随海监船出海，历时391天，航行6 084.1小时、46 550.4海里；72次跟随海监飞机巡航250小时；在监管现场与日方通话237次计2 411分钟，对日海上保安厅出动的10个管区、四种类型的51艘次巡视舰船、上百架次船载直升机以及日本海上自卫队数十架次反潜巡逻机及水下沉船调查和打捞沉船等活动进行了全部过程的监视和监管。此次维权执法任务的圆满完成，有力地配合了我国政府的外交谈判，迫使日方承认我对其沉船水下调查和打捞活动的管辖权并主动接受我方监管，有效地维护了我国专属经济区的主权权利和管辖权，开创了我局大规模立体综合编队维权执法的成功先例。

(2) 跟踪监视美国海军测量船。2002 年 8 月至 9 月期间，美国海军“鲍迪奇”、“萨姆娜”号测量船，在我专属经济区内进行非法测量活动。根据外交部的要求，在局领导下，中国海监总队派出中国海监船舶、飞机分别对美国“鲍迪奇”、“萨姆娜”号测量船进行跟踪监视。

2002 年 8 月，美国海军“鲍迪奇”号测量船继 2001 年后再次进入我专属经济区进行非法测量活动。中国海监总队根据国家海洋局指示及任务性质，制定了海上处置预案，8 月 15 日派出“中国海监 22”船及“中国海监 B-3807”飞机赴指定海域对美“鲍迪奇”船实施跟踪监视。

在跟踪监视过程中，“中国海监 22”船严格按照海上处置预案对美“鲍迪奇”船进行了一般性询问，并严正表明我方立场，申明美船已进入中华人民共和国管辖海域，劝告美船停止非法作业。“中国海监 22”船 4 次出航，历时 23 天，海上航行 3 491 海里，拍摄照片 210 张，获取现场录像资料 120 分钟；“中国海监 B-3807”飞机维权飞行 9 架次，作业 36.32 小时。获取胶片照片 257 张，录像资料 30 分钟，数码照片 48 张，全面掌握美船动向，直至 9 月 23 日美“鲍迪奇”船离开我国管辖海域。

8 月 21 日，0800 时，“中国海监 52”船在东海执行任务时，在距我国领海基线约 85 海里处，发现外型与“鲍迪奇”号相类似的美国海军“萨姆娜”号测量船（英文名“SUMNER”，舷号“US NAVYSHIP 61”），在我东海专属经济区内进行非法调查作业。“中国海监 52”船立即采取相应的措施对其进行观察，拍照取证，并将情况向上级部门进行汇报。在得到国家海洋局领导指示后，“中国海监 52”船继续对其进行跟踪监视，并根据海上情况处置方案对美国测量船进行一般询问和申明立场。同时，派出“中国海监 3808”飞机协助“中国海监 52”船对美“萨姆娜”(SUMNER) 号测量船进行监视取证。27 日 0000 时，美“萨姆娜”船驶离我国管辖海域。

在对美国军事测量船的跟踪监视中，国家海洋局精心组织、严密部署，海上、空中海监执法人员对美船的调查作业进行了认真的执法取证工作，并按照预案，每天向美船喊话，申明我国政府对管辖海域的管辖立场，要求美船停止非法作业，立即离开我管辖海域。执行任务的全体同志以高度的政治责任感和大局意识，团结协作、相互配合，克服各种困难。为确保此次任务的安全、顺利完成做出了重要贡献。

(3) 加大应急维权执法力度。2002 年在加强我国管辖海域例行性巡航执法监视的基础上，进一步加大了对突发性侵权事件的应急维权执法力度。5 月，对进入东海我专属经济区擅自进行侦察活动的俄罗斯“CS-7”号和“CCB-208”号电子侦察船，申明我国政府的一贯立场，并对其进行了跟踪监视和驱赶；8 月 24～26 日，派出中国海监船舶和飞机，对在我专属经济区内非法进行测量活动的美国海军测量船“萨姆娜”进行全程跟踪监视和取证，申明我国政府立场，责令其停止作业并离开我管辖海域。

(4) 加强随航监视。8 月 19 日至 9 月 19 日，派出海洋执法人员，对经我国政府批准在我国黄海大陆架进行“黄海中部构造研究项目”调查的韩国“探海Ⅱ”海洋调查船海上作业过程，实施了全程随航监督检查。

(5) 继续做好对外籍调查施工作业船舶的监管。2002 年，加强了对外籍调查、施工作业船舶的船位跟踪，对经我国政府批准在我管辖海域进行的 19 个航次涉外海洋调查、海底光缆铺设及维修等作业的英国、巴哈马、巴拿马、韩国等 5 国 8 艘船舶实行严格的船位和活动情况报告制度，接收并处理船位和活动情况报告 310 份。

综合执法行动 分别会同江苏、浙江、福建三省以及宁波、厦门市海洋执法机构，4 次组织开展了东海区海洋综合执法行动。6 月 15～20 日，会同浙江省海监总队联合开展了“蓝剑行动”，登检采砂船 31 艘，其中查获无证采砂船 28 艘；7 月 28～29 日，会同宁波市海洋与渔业局，开展了以海砂开采、围海、填海为主的海域使用联合执法行动，登检了 14 艘采砂船，查获超出海域使用期限的采砂船 6 艘；根据群众举报，会同浙江省海监总队，对温州瓯江口海域海砂开采活动进行了专项监督检查，登检了温州国岩砂石开采有限公司、温州浙瓯砂石开采有限公司所属的“瓯挖 33 号”等 19 艘采砂船，查明上述船只均未持有《海域使用权证书》，当即依法发出《国家海洋局责令改正违法行为通知书》，并责令当事人在规定的期限内办理海域使用申请手续；8 月，组织中国海监第六支队配合福建省总队开展对平潭非法围海案件的查处和厦门市开展的厦门西海域整治。

执法基础建设 (1) 海洋执法人员培训。组织海洋行政执法人员进行《听政制度》、《行政处罚法律文书》、《证据学》及《行政诉讼证据规则》等基本法的岗位培训，为19名执法人员核发《上海市行政执法证》。协调、配合浙江省举办了第二、三期海洋执法人员上岗资格培训班。

(2) 海洋执法人员管理。开展海洋执法监察员的年度考评工作，全面考评东海总队119名在岗海洋执法监察员，评出优秀海洋监察员14人、称职海洋监察员105人。加强海洋执法监察证的管理工作，收缴14本海洋监察证，换发138本《海洋执法监察证》。

(3) 案件分析。会同福建省、浙江省海监总队组织开展了东海区典型案例分析，对福清非法围海、温州非法采砂等十多起案件进行了案例分析，向中国海监执法典型研讨会提供典型案例12个。 （国家海洋局东海分局执法处 刘绍生）

【南海区执法监察】 **海域使用执法监察** 监察内容包括对渔业、交通运输、工矿、旅游娱乐、海底工程用海和围垦、城镇建设围海造地的用海项目的执法监察。

(1) 做好海域使用管理的基础性工作，与广东省海洋与渔业局共同开展海域使用调研、普查。2月底至3月初，南海总队会同中国海监总队执法处、中国海监广东省总队、广东省海洋与渔业局工作人员赴珠江口、粤东一带开展海域使用情况摸底调查。3月下旬，南海分局与广东省海洋与渔业局研究制定广东海域使用普查方案、组织专家编写海域使用普查规程，在广东全省范围内开展海域使用普查工作。

(2) 加强执法力量薄弱地区的海域使用执法监察工作，与广西沿海三市海洋行政主管部门组织开展大范围多项目的海域使用清理整顿工作。

2002年，中国海监第九支队与广西沿海三市海洋行政主管部门在当地政府有关部门的配合支持下，多次采取行动，清理整顿非法用海养殖、违法抽砂淘矿等行为。共清理无证养殖水面200公顷，拆除非法吊养棚架40余个，拆除非法设置的渔箔15个，拆除非法筑造虾塘多个，面积24公顷，查扣非法开采海砂、海矿船38艘，没收非法矿砂90余吨。广西沿岸海域的用海秩序明显好转。

(3) 组织开展对典型个案的执法监察，以点带面，促进海域使用管理工作的深入开展。3月3日，查获中国南山开发（集团）股份有限公司在赤湾码头未经许可填海造地，执法人员责令其停止施工，听候处理。现该工程已进入办证申请程序。2002年4月28日，珠海海洋管理处和广东省海监渔政检查总队香洲大队查获珠海市横旭建材有限公司从今年3月份开始，未经有关部门批准在珠海市三灶岛附近非法占用海域从事海砂开采活动，已立案做进一步的调查和处理。8月中旬，对深圳盐田港、深圳深港西部通道工程用海项目进行了检查。对检查发现的问题已提出处理建议并请示国家海洋局，2002年11月18日，国家海洋局以国海管字〔2002〕346号文，要求深圳盐田港集团有限公司按法律法规的规定办理海域使用手续。通过海域使用执法监查，海域使用两项核心制度深入人心；初步掌握沿海地区目前海域使用状况；有针对性的开展了执法检查行动，查处了一批违法用海行为，用海秩序逐步建立。

海洋环境保护执法监察 监察内容包括海洋工程、海洋倾废、海洋生态环境等方面监督检查以及陆源排污监视。

(1) 送法上门，到海洋工程公司宣传倾废管理法律法规；加强沟通与交流，多次与石油公司座谈，宣传法规制度、研讨海洋石油开发中的环境保护问题；派出人员到中国水产广州建港工程公司，讲解海洋法律法规和有关管理规定，现场解答与会人员提出的问题。该公司领导和各作业船负责人近40人参加了学习。就珠江口外海洋石油勘探开发作业平台附近海域多次出现漂油一事，与石油公司代表进行了接触，研究在目前海域排污总量控制制度尚未健全的情况下，如何加强海洋石油勘探开发中的环保工作；与丹文能源中国有限公司代表进行座谈，向该公司代表介绍了南海分局的机构设置、主要职能和海洋石油勘探开发中的环保管理工作。

(2) 加强了珠江口、北部湾沿岸海域等重点海区海洋倾废的监督检查；对香港、澳门倾废作业船的执法检查，已列入南海总队的日常工作；查处了一批违法违规倾倒案件。海洋倾废监督检查主要采用专项海上巡航和结合其他任务随船巡航的方式进行，查处的主要案件有：2002年2月，查获广州航道局所属“湛江”船违规使用淇澳岛东南倾废区进行倾倒作业，对该船的违规行为处以广州航道局罚款12 000元。4月8日，对广州航道局所属“穗浚133”、“斗井运218”、“粤番禺货6401”船无证倾倒案召开行政处罚听政会，做出处以广州航道局罚款180 000元的行政处罚。4月17日，查获钦州港务局在钦州港二期工程施工码头调头水域疏浚工程施工中，违法倾倒疏浚泥，举行听证后处以钦州港务局罚款60 000元。5月27日，中国海监第九支队在北海港查获广东盛航工程有限公司所属“粤中山货6126”船不到位倾倒，已立案查处。

(3) 海洋工程建设项目环境保护执法监察，主要是海洋石油勘探开发环境保护执法监察。海上油田的执法监察以海监飞机巡航监视为主，结合现场登检和海监船舶巡航监视。本年度南海总队对珠江口外海域、北部湾海域和海南东南海域海洋石油勘探开发作业平台进行了全面的检查。4月16～18日对北部湾海域中海石油（中国）有限公司湛江分公司所属的涠洲11-4A平台和涠洲12-1平台进行登临检查。5月20日，航空执法中发现，南海北部海域的AMOCO公司“南海胜利”号储油轮附近海域有大面积漂油带。5月23日对其进行现场登检，发现该平台调试污水处理设备排放的含油污水有超标的情况发生，对排放污水含油量的监测存在操作不规范的情况。6月11日，现场登检海南三亚莺歌海阿科公司崖13-1油气生产平台，该平台的海洋环境保护工作做得较好。

海洋权益维护 按照国家海洋局《关于对东海沉船海域执行维权执法紧急任务的通知》要求，2003年先后两次派出中国海监74船，参与对东海沉船调查、打捞活动的监督管理工作，体现了我国政府对海洋专属经济区的有效管辖。两次合计71天，航程5 512海里。

获取照片资料270张，录像资料一批。6月中旬，派出海监飞机对西沙群岛海域进行巡航监视。

联合执法检查 2002年6月11～17日，南海总队与海南省海洋与渔业厅开展首次海、陆、空立体联合执法检查行动。出动中国海监B-3807飞机、中国海监211船、中国渔政46011船，执法人员30余人、车辆多部。

行动中分别对海口市滨海西路某部队码头用海、海南省石油公司秀英工业5 000吨级石油码头护岸、假日海滩浴场、海口白沙门污水处理厂、粤海铁路南港码头、美丽滩海砂资源保护区、三亚市蜈支洲岛渡假村、西岛海洋乐园和三亚国际货运港等项目进行了现场检查；登检了莺歌海海域的崖城13-1油气田；使用中国海监飞机对沿岸海域使用项目和红树林、防护林进行了巡航监视；对海口部分重点陆源排污口进行了现场检查；配合渔业执法部门开展伏季休渔渔业执法等。这是首次在海南进行的国家与地方海监队伍相结合的海、陆、空立体联合执法大检查，达到预期目的；联合执法期间，海南电视台、海南日报新闻记者进行了跟踪采访报道。向海南省政府、人大、政协等有关部门提交了检查情况报告。

2002年8月27日至9月2日，中国海监南海总队、广东省总队、广东省海洋与渔业局海域处、渔业处，阳江市海洋与渔业局、湛江市海洋与渔业局、江门市海洋与渔业局、台山市海洋与渔业局及以上各地海监支队、大队共80余人。粤西海域使用联合执法检查行动。检查项目有：阳江市海陵岛旅游用海和养殖用海项目；湛江市东海岛旅游用海、霞山区水产码头填海工程；廉江市营仔养殖用海；及江门市台山铜鼓发电厂；台山市南湾非法围填海工程；沿途其他非法用海项目。通过检查，查处了一批非法用海项目，部分用海项目进入办证程序。

11月25～29日，有中国海监南海总队、广西国土资源厅、广西海洋局、广西沿海各市（区）海洋局等有关单位参加的2002年广西沿海海洋联合执法检查行动。邀请广西日报、中国海洋报、广西电视台等新闻媒体随行采访报道。

这次联合执法行动成立了领导小组，组建了执法组、宣传组和后勤组3个工作组。执法行动得到了沿海3市政府的支持和积极的配合。行动中对多个典型用海项目进行了现场检查并初步进行了调查取证。检查组分别向3市政府通报了检查情况并交换了意见。联合执法达到了预期的效果，取得了良好的社会影响。

应广东省总队的要求，5月26日至8月5日，中国海监B-3807飞机配合广东省总队开展广东沿岸海域伏季休渔期的渔业执法工作，共飞行10个架次，飞行小时31小时46分。

其他应急监视 南海总队积极利用有限的人力物力资源，加强对赤潮灾害监视监测，及时

海洋交通管理

Management of Marine Communications and Transportation

国内航运行业管理
Management of Internal Shipping Industry

【概况】 2002年，全国交通系统加强水路运输业结构调整，整顿市场秩序，不断完善行业标准，使行业管理工作更加规范、有序。主要做了以下几方面的工作：

1. 法规建设

2002年，重点组织了《水路运输管理条例》的修订工作。一是确定了《水路运输管理条例》修订的思路、原则和具体章节要点。二是形成了《水路运输管理条例》（修订稿草稿），并先后组织召开了三次由航运管理部门、航运企业及有关专家参加的研讨会议，充分听取各有关方面的意见，进行修改、完善。

2. 市场清理整顿

2002年，清理整顿市场工作一是开展国内水路旅客运输专项整顿工作。组织召开了国内水路旅客运输市场专项整顿工作会议，确定了国内水路旅客运输整顿的重点和具体要求，并形成会议纪要下发各有关单位加以贯彻实施；二是落实了琼州海峡取消对等运输工作；三是对液化气船运输市场专项整顿。加强对液化气运输企业的资质管理，并结合各省液化气船企业专项整顿和评估情况，确定并公布了首批符合资质条件的液化气船运输企业名单，并在有关媒体上公布了评估结果；四是进一步开展了长江涉外旅游船、川江汽车滚装船市场整顿抽查工作，对抽查中发现的问题及时处理。五是组织开展了市场清理整顿验收工作，重点检查经营“四客一危”船舶企业资质的落实情况，对达不到资质标准的取消经营资格。

3. 航运业结构调整和管理工作

2002年，有关海运航运业管理工作一是组织召开了全国水运行业管理工作座谈会，落实开展市场清理整顿和结构调整工作工作。二是组织换发新版“船舶营业运输证”。三是进一步转变政府职能，规范国内水路运输登记管理工作，明确了国内水路运输登记的内容、程序以及管理部门。四是对从事渤海湾客滚运输的企业进行了调整。通过重组、兼并等方式，企业数量已由原来的17家减少到7家，没有经营资格的企业退出渤海湾运输市场。五是组织开展了运力调控基金管理办法的研究工作。

【国内航运市场规范整顿工作】 为实施航运业结构调整，保障水上运输安全，促进中国水运行业的持续、健康、稳定、快速发展，根据中央经济工作会议和全国整顿和规范市场经济秩序工作会议的精神，交通部于2001～2002年在全国范围内开展了全国航运市场规范整顿工作。

全国航运市场规范整顿工作的主要目标是，以法律、法规为依据，以经营人是否取得合法资格、经营行为是否规范为重点，集中治理业内反映强烈、严重侵害承、托运人利益，扰乱市场秩序，严重影响运输安全的行为；创造统一、开放、竞争、有序的市场环境，使中国水路运输市场秩序和安全状况明显好转。航运市场规范整顿的重点区域是长江川江航段、渤海湾、舟山群岛水域和琼州海峡；重点船舶是客运和液货危险品运输船舶，即“四客一危”船舶。

为使航运市场规范整顿工作扎实有效开展，交通部2001年颁布了1、2、3号部令。并根据全

发布信息，使有关部门和养殖单位能及时采取措施，减少或避免了损失。6月22日，航空执法巡航中发现北部湾涠洲岛附近海域发生赤潮，迅速通知有关部门进行跟踪监视；6月初，珠江口海域发现大面积赤潮，南海总队派出海洋监察员进行跟踪监视。 （国家海洋局南海分局）

面推进、突出重点的原则，组织开展了长江涉外旅游船运输市场、长江载货汽车滚装船运输市场、渤海湾客（滚）船运输市场和琼州海峡运输市场、国内液化气运输市场、清理个体运输船舶“挂靠”经营等专项整顿工作。各级交通主管部门，按照《国内船舶运输经营资质管理规定》(2001 年交通部 1 号令）的要求，对所有从事国内水路运输的经营人进行了资质审查。截止到2002年底，客运和液货危险品运输经营人的资质审查工作已经完成。经过经营人所在地交通主管部门的初评和省级交通主管部门的复评，1 号令颁布前从事省际沿海客运的企业 44 家，合格的 24 家，合格率为 54.5%；从事省际沿海液货危险品运输的企业231家，合格 154 家，合格率为 66.7%。不合格的企业已全部清理出航运市场。1号令颁布后按新标准批准的从事省际沿海客运的企业有 2 家，从事省际沿海液货危险品运输的企业有38家。原有个体经营的客船和液货危险品船按交通部规定的 5 种方式实现了企业化经营。普通货船运输企业和沿海个体经营的普通货船的整顿工作正在收尾，2002 年底前仍达不到经营资质条件的普货运输企业和沿海个体普货船将取消其经营资格。

按照《老旧运输船舶管理规定》(交通部 2001 年 2 号令），实施了运输船舶强制报废制度。2001 年全国强制报废客运船舶480艘，3.6万客位，报废货运船舶约80万载重吨。2002年报废客运船舶 381 艘，2.8 万客位，报废货运船舶 2 928 艘，72 万载重吨。

【船舶检验行业管理】 2002 年，交通部海事局召开全国船检业务工作会议，总结了经验，提出了加强船检管理的措施和要求。举行了首批验船人员适任考试发证仪式，向中国船级社和部分地方船检机构的代表发放了第一批中华人民共和国验船人员适任证书。至此全国共有 3 721 人参加考试，3 407 人取得不同类别和级别的验船人员适任证书。集中组织了以油船和化学品船为重点的船舶检验质量大检查，共检查船舶 132 艘，查出缺陷 2 140 项，并在全国船检系统进行了通报。

制定和下发了《船舶检验机构及验船人员工作过错追究办法》，明确了船舶检验工作的具体内容，追究方式和程序。加强了对小型油船、化学品船及滩涂造船安全技术状况调研工作。2002 年 4 月 12～18 日交通部海事局先后赴南京、高淳、江阴、台州、舟山等地，重点对小型油船、化学品船和滩涂造船情况进行暗访，对存在的突出问题通过新闻媒体进行了暴光。

【口岸管理】 2002 年，全国海事系统严格把关，予服务于监督中，加强船舶进出口岸管理工作，提高口岸工作效率，全年累计进港船舶 896 220 艘次，出港船舶 893 579 艘次。

2002 年，国际航行船舶临时进入非开放区域审批工作进行得非常顺利，交通部共审批国际航行船舶临时进靠中国非开放区域46批件次，主要涉及天津、辽宁、山东、江苏、浙江、福建、广东、海南等地。全年国际航行船舶进出中国非开放区域 1 550 艘次，进出口货物 1 594 万吨。其中国际航行船舶进港 816 艘次，出港 734 艘次。有力地促进了地方经济的发展。

【引航管理】 2002 年，中国主要引航机构全年引领船舶总数达 16 万艘，其中外籍船舶 13.4 万艘、集装箱船 5.5 万艘、特种和超大型船舶 2.3 万艘。

(1) 进一步推进引航体制改革。一是对引航机构资质重新认证，各地引航机构主管部门严格按照交通部的要求上报引航机构资质认证材料；二是开展制定引航管理体制改革方案研究。

(2) 引航机构加大科技投入，为安全引航保驾护航。天津港引航站加大科技投入，引航设施、设备不断更新，引航生产调度已使用电脑派船，引进了 D-GPS 导航系统、靠泊监控系统；连云港引航站与国家海洋局连云港海洋监测站合作，于 2002 年 2 月在公司设置并使用了“连云港潮位自动观测系统”，使引航员可以方便、快捷地查询到实时潮位变化情况及整时潮位数据，为保障大型船舶进出港提供了科学依据；大连港引航站与大连海事大学合作，开发了 DGPPCS（差分卫星定位引航监控系统)；湛江港引航公司采用美国 DGPS+电子导航系统；营口港引航站和交通部天津海测大队共同开发了鲅鱼圈港区引航 DGPS 系统；日照港引航公司采用了差分 GPS 导航系统——海豚船舶定位系统等；广州港引航公司于 2002 年 9 月通过中国船级社质量认证公司安全、质量体系认证。

(3) 各引航站（公司）都把安全生产作为第一管理重点，制定并严格执行安全管理和操作制度、安全生产监督考核制度，天津港、大连港、福州港、汕头港、湛江港、连云港等引航站（公司）实现了全年安全引航无事故。

(4) 加强引航员培训工作。到2002年底，中国有引航员1 041人，其中高级引航员146人、一级引航员280人、二级引航员251人、三级引航员249人、其他助理和实习引航员115人。

【海区航标管理】

1. 提高航标维护管理水平

2002年是交通部“水上运输安全管理年”活动的第3年，交通部海事局以注重长效管理，提高整体反应能力为宗旨，加强海区航标日常维护管理，推进系统的标准化、制度化和科学化建设。

2002年，交通部海事局直接管理维护各类航标2 445座，全年完成航标维护工作量849 673座天，航标正常率达到99.95%，航标维护正常率达到99.99%。RBN-DGPS信号可利用率达到99.63%。

全年共完成《海区航标管理办法》、《海区航标应急反应管理办法》、《海区浮动助航标志配布规范》、《海区雷达应答器配布指南》、《信息系统运行管理规则》、《海区航标业务审批程序》、《浮标锚链标准》等法规文件的编写、修改、制定工作。

2. 加强基本建设

2002年，为提高重点水域的航标助航效能，改善航标基础设施，完成了广东竹洲灯塔、海南抱虎角灯塔等29座灯塔、灯桩的改建、重建，以及海南灯塔工基地、连云港航标处业务用房等基础设施的建设。为加强建设项目管理，修订和完善了项目的技术审核和业务审批程序，制定出台了相应的管理规定。

3. 提高科技含量

继续推动“科技兴业”，引进了一批先进的航标设备，继续推进航标新能源、新光源的应用研究。在车牛山、七里等大型灯塔安装风力发电装置，港口浮标推广LED光源及太阳能，实施海区航标遥测遥控一期工程，继续AIS技术研究，跟踪相关国际公约，完成AIS指南的翻译出版，召开中国AIS技术研讨会。各海区积极开展科研工作，自主开发了灯器互闪遥控器，PRB-21进口灯器电路板国产化设计等。

加快航测信息系统建设步伐，实施构建系统硬件平台，为全面提高航标管理和航海保障水平提供技术支持。

4. 航海保障服务

2002年，在深入调研，合理规划的基础上，各海区对地方移交航标进行了较大规模的技术改造；完成了海河航道立标布设、高栏港水标改造、尖嘴礁等灯桩的重建、改建工程，改善了接收地方标的助航效能。根据航海用户及通航安全管理的需求，各海区对长江口、闽江口、珠江口等重点水域的航标配布进行了调整，确保了船舶航行安全。积极支持国家建设，先后参与东海大桥、连云港7万吨级航道建设、杭州湾大桥等一系列重点工程，及时设置、调整航标，确保施工安全，提供航海保障。建立完善应急反应机制，增强快速反应能力。在突发事件的应急抢险工作中，各海区充分发挥了专业优势，最大限度保障水上交通安全。

5. 国际交流

2002年，组团赴澳大利亚参加了IALA第十五届大会，中国当选为新一届IALA理事国；完成了2006年IALA大会主办地上海及中国航标建设与发展的宣传工作。远东无线电导航服务网（FRENS）理事会第11次会议于2002年10月14～18日在西安召开，中国、日本、韩国、俄罗斯4个理事会成员国及理事会观察员IALA和美国海岸警卫队的共20位代表出席了会议。各海区参加了IALA工程/环境/历史灯塔保护委员会、航标管理委员会的技术会议及AIS研讨会等国际会议，加大了对外交流合作，及时跟踪和参与国际航标技术发展。

【水路危险货物运输管理】 2002年，水路危险货物运输管理又有了新的进展。

1. 加强立法，明确港口危险货物管理责任

(1) 将《水路散装液体危险化学品运输安全管理规定》修订为运输技术规范，加强对水路危险货物运输的技术管理力度。

(2) 组织专家会议，完成了《水路散装液体危险化学品品名表》的审核，品名表的确定可以实现国内水运与国际水运在散装液体危险化学品管理的全面接轨。

(3) 组织召开《危险化学品品名表》和《剧毒化学品目录》专家研讨会，根据水运业实际，将水资源和旅客的安全作为重点，提出了在内河以及其他封闭水域禁止运输的剧毒化学品清单，较好地维护了交通行业的利益。

(4) 为认真贯彻国务院颁布的《危险化学品安全管理条例》，交通部组织了内河及其他封闭水域禁止运输的其他危险化学品的调查研究，广泛听取了各省交通主管部门意见，颁布了《禁止运输的其他危险化学品目录》。

2. 积极开展国际海上危险货物运输法规的研究

国际水路危险货物运输是我国国际水路运输的一个重要组成部分，直接影响我国国际贸易和运输的安全，必须按照国际法的要求实施管理。因此，研究国际海上危险货物运输法规成为实施管理的重要基础工作。

3. 对水路危险货物运输岸上从业人员进行资格培训

组织各省交通主管部门和中国港口协会，共同研究了交通行业水路危险货物运输从业人员的培训事宜，确定了培训组织分工，培训基本原则，为有关人员的学习和教学提供了基础考核标准。

4. 大力推动运输技术标准的研究

危险货物的理化特性，决定了其管理的要求不同。危险货物在运输上必须满足特殊的技术要求，才能达到安全运输的目的。因此，水路危险货物运输的技术标准是衡量运输是否安全的核心。

开展了《危险货物品名表》和《危险货物分类与品名编号》等国家标准申报、修订工作，规范生产中新的危险货物品种，并根据运输实践确定新品种的运输技术条件，满足经济发展对运输的要求。

【船舶载运危险货物管理】

1. 海事系统加强危险货物现场安全监督管理

2002 年，海事系统共申报监管危险货物船舶 4 388 142 艘次，其中国内航行船舶 94 651 艘次，国际航行船舶 4 293 491 艘次；危险货物数量 4.45 亿吨，其中进港 2.71 亿吨，出港 1.56 亿吨，过境 0.18 亿吨。海事系统加强了危险品船舶靠离泊和装卸作业的现场安全监督管理，全年纠正违章 3 990 次。

2. 加强《国际海运危险货物规则》培训工作，积极推进履约工作

为配合 2004 年 1 月 1 日强制性执行国际海事组织的《国际危规》改版规则，2002 年，交通部海事局在全系统开展了全面培训和宣贯工作。举办了“《国际危规》第 30 套修正案宣贯师资培训班”，下发《关于执行 2000 年新版“国际海运危险货物规则”的通知》和《关于开展“新国际危规”宣贯培训活动的通知》，在全系统范围内组织开展了一系列“新国际危规”宣贯培训活动，使广大水路危险货物运输相关单位和人员对《国际危规》的变化和主管机关的要求有了比较全面、深入的了解，使海事执法人员的知识得到了更新；对危险货物申报员、集装箱装箱检查员进行了全面的知识更新培训，提高了从业人员的业务素质。

3. 明晰危险货物管理职权分工

根据浙江海事局和江苏海事局业务开展情况，交通部海事局授权浙江海事局开展危险货物申报员和集装箱装箱检查员培训发证工作，授权江苏海事局开展危险货物申报员培训发证工作。

4. 统一危防文书，规范日常管理

交通部海事局下发了《关于启用新的船舶监督和危防管理业务印章和文书的通知》，对现行的危防文书和业务用章进行了统一。

国际航运行业管理
Management of International Shipping Industry

【概况】 2002 年，全国各级交通主管部门、各个国际航运企业和有关单位认真贯彻落实新颁布的《中华人民共和国国际海运条例》，不断促进国际海运持续、健康发展，取得了明显成绩。

1. 宣传贯彻和实施《国际海运条例》

组织召开了《国际海运条例》全国宣贯会议和全国首批 29 家无船承运人资格登记证书颁发新闻发布会。交通部与美国、日本、韩国、欧盟等政府海运主管部门以及部分外国航运企业就《国际海运条例》的实施交换了意见。山东、辽宁、天津、北京、江苏、安徽、上海、广东等地方交通部门，以及中国船代协会、中国国际货运代理协会、中国航务周刊、航运交易公报、上海航交所、国际航运企业举办了一系列《国际海运条例》宣贯会议。上海航运交易所组织专家制定了无船承运人提单推荐样本，并在上海召开了无船承运人提单推荐样本新闻发布会。新闻媒体单位对《国际海运条例》进行了广泛的宣传报道。经与国家税务总局研究协商，确定了无船承运业务专用发票的使用办法，并与国家外汇局研究明确了无船承运业务的外汇账户管理问题。交通部发布了6个公告，对实施《国际海运条例》的具体工作作出了布置。为便于《国际海运条例》贯彻实施，增加政府行政管理工作的公开透明度，交通部在政府网站上公布了《国际海运条例》公告和《国际船舶运输经营许可证》、《无船承运业务经营资格登记证》、《国际船舶代理经营资格登记证》、《国际班轮运输经营资格登记证》、《国际海上运输船舶备案证明》5种新证书的式样，出版发行了《国际海运条例》的中、英文对照的单行本。

按照《国际海运条例》的规定，2002年中国已有162家国际船舶运输企业、270家国际船舶代理企业、115家国际班轮运输企业、560余家无船承运企业，重新办理了许可、登记手续。

2. 国际海运法规建设

为完善国际海运法规建设工作，以《国际海运条例》为国际海运管理的基本法规，交通部起草了相关配套部门规章，完成了《国际海运条例实施细则》（送审稿）、《国际海运从业人员资质管理规定》（送审稿）的拟订工作；与外经贸部协商，起草了外商投资国际海运业的相关规定草案；完成了国际船舶代理费收规定的修改方案。

3. 国际海运市场整顿

根据交通部市场整顿工作的整体布置，结合《国际海运条例》贯彻实施工作，开展了国际海运市场整顿工作。按照《国际海运条例》的有关规定，对经营国际海运业务、国际海运辅助业务资格条件的企业、外商办事机构重新进行审查，为符合规定条件的企业、外商办事机构、国际运输船舶和班轮航线办理了许可、登记和备案手续，对不符合规定条件的进行了清理。交通部在青岛、大连、厦门、北京、上海、深圳召开了国际海运市场整顿工作会议，到部分口岸地区进行了现场检查，对国际船舶运输企业、无船承运企业、台湾海峡两岸特殊航线运输企业、国际船舶代理企业和外国航商驻华办事处等进行了市场整顿工作，对违规企业按规定做出了处理。开展了对国际客运公司及其客运船舶的专项安全检查和整顿工作；对国际班轮运输公司在中国收取码头作业费（THC）的争议问题进行了协调，并依照《国际海运条例》的有关规定，会同国家计委和国家工商总局，在2002年底启动了调查程序，并将根据调查结果依法进行处理。

4. 国际航运政策研究

为适应中国国际航运管理进一步改革开放的需要，推动中国国际航运事业的健康、稳定和持续发展，交通部组织有关院校、科研单位和企业完成了《国际航运组织对我国国际海运行业管理的影响与对策研究》、《国际航运管理体制政策研究》、《国际班轮内支线管理政策研究》、《国际航运企业竞争力》等国际航运政策研究。提出了支持中远集团、中海集团等特大型国家骨干国际海运企业的政策建议。向国务院办公厅提交了国际海运政策报告。

5. 改善国际航运口岸通关环境

在2002年召开的第三次、第四次中国口岸协调机制会议上，交通部与国务院有关部委共同研究了国际航运口岸通关环境方面存在的问题，提出解决措施建议。在国务院八部委上海“大通关”调研活动中，交通部提出了交通运输部门在“大通关”工作方面的意见，并牵头组织海关、边防、检验检疫等部门，对重点口岸广东、深圳港口进行了“大通关”调研，分析了广东、深圳港口口岸存在的问题，提出了解决问题的建议，形成了调研报告。

【贯彻实施《国际海运条例》】 《中华人民共和国国际海运条例》（以下简称《条例》）已由国务院第335号令颁布，自2002年1月1日起施行。这是我国海运业和交通法制建设的一件大事，对促进我国国际海运业的健康发展具有重要意义。《条例》的颁布实施，为规范国际海上运输活动，履行我国加入WTO的承诺，维护国际海运市场秩序，保障国际海上运输各方当事人的合法权益，提供了重要的法律保障。

1. 开展宣传、培训工作

交通部十分重视《条例》的实施工作，组织开展了一系列的宣传、培训和实施工作，交通部要求各级交通主管部门要依照《条例》的规定，认真履行国务院赋予的管理职责，依法行政，整顿和规范国际海运市场秩序，保障国际海运市场健康发展，为我国国民经济和对外贸易的发展提供安全、高效的运输服务。

《条例》是一项专业性、国际性很强的行政法规，有许多新的管理内容，如无船承运、对不正当竞争行为的调查处理制度，涉及较为复杂的法律关系，交通部组织了多种形式的宣传、培训活动，指导相关管理部门、企业学习、理解《条例》的具体内容。2002年1月交通部在上海组织了全国性的宣传贯彻会议，洪善祥副部长出席并作讲话。交通部还组织出版了《条例》中英文单行本。

2. 做好《条例》的实施和相关配套工作

《条例》对现有的国际海运管理模式有较大的调整，对符合《条例》规定条件的企业，颁发了相应的经营资格证书，使其正常开展业务，尽快适应新的管理制度；对不符合经营资质的企业，严格依照《条例》的规定进行清理。到2002年底，共有162家中国船公司获得了交通部颁发的《国际船舶运输经营许可证》，120家中外班轮公司取得国际班轮运输经营资格(其中境外公司100家)，780家中外企业取得了无船承运业务经营资格(其中境外企业150家)，270家中国企业取得国际船舶代理资格。

无船承运业务管理制度是《条例》创设的一项新制度，是《条例》实施的重点，也是难点，交通部做了一系列的实施工作，一是在招商银行设立保证金专门账户；二是确定上海、深圳为重点，启动实施工作，逐步在沿海和内地展开；三是召开首批无船承运人的发证仪式并组织宣传报道；四是配合国家税务总局和国家外汇局明确无船承运人使用专用发票和开设外汇账户的问题；五是在交通部网站公布无船承运人名单。到2002年底，国内外主要的无船承运业务经营者(NVOCC)都已向交通部办理了资格登记，这项制度的实施进展顺利、平稳，得到了业界的普遍认可和遵守。

3. 检查落实《条例》实施情况，纠正违规行为

2002年下半年，交通部水运司开展了《条例》实施工作检查，到上海、深圳、厦门、青岛、大连等地进行实地检查，纠正部分班轮公司、外商代表处的违规行为，并抽查无船承运人提单。9月交通部发布第6号公告，公布了43家违规NVOCC业务的公司名单，要求立即停止违规行为，同时，交通部水运司向8家国际班轮公司发出《纠正违规行为通知书》，要求限期改正委托未取得国际船舶代理资格的公司代签提单的做法。通过对违规行为的处罚，树立管理部门的威信，维护市场秩序。

4. 启动码头作业费（THC）调查程序

2002年年初以来，承运我国进出口集装箱货物的各国际班轮运输公司开始普遍向中国托运人收取码头作业费。据有关货主协会反映，有些国际班轮运输公司在向托运人收取THC的经营活动中存在采取强制手段和其他违法行为的嫌疑。交通部对此高度重视，发布公告提醒各有关班轮公司在中国境内的经营行为应遵守《条例》以及中国的法律、行政法规和有关国际公约。2002年底，交通部根据《条例》第35条的规定，应中国对外贸易经济合作企业协会的请求，会同国家发展与改革委员会和国家工商总局组成调查组，对班轮公司在收取THC是否存在违法问题开展调查，调查期限为半年。这是《条例》实施以来的首次调查案例，引起业界广泛关注。

【祖国内地与香港、澳门特别行政区及台湾省航运管理】

1. 台湾海峡两岸航运

根据交通部发布的《台湾海峡两岸间航运管理办法》，自1997年4月开辟了福州、厦门和高雄之间的海上试点直航，目前，交通部批准了6家内地船公司和4家台湾省船公司共投入10条船参加了试点直航运输，截止到2002年底，共运输集装箱200余万标准箱。但是，由于两岸试点直航船舶不能运送两岸贸易货物，两岸贸易货物须经第三地中转，目前共有11家两岸航运公司经营了18条两岸三地航线，两岸贸易货物可以通过两岸船公司经营的方便旗船经由第三地运输。

根据国务院发布的《中华人民共和国国际海运条例》的有关规定，未经国务院交通主管部门批准，外国船公司不得经营中国内地与台湾省之间的双向直航和经第三地的船舶运输业务。几年来，交通部依法对两岸班轮运输业务进行了有效管理，两岸班轮运输秩序井然，为两岸贸易提供了高效、可靠的运输服务。但是，一些从事两岸不定期运输业务的船公司并未执行上述规定，特别是有少数外国船公司擅自经营了两岸运输业务，严重违反了有关两岸运输政策和规定。为严格执行法规，促进两岸尽快实现海上全面、直接通航，交通部于2002年11月发布《关于加强台湾海峡两岸不定期船舶运输管理的通知》，强调所有从事两岸运输业务的船公司应按照规定向交通部办理审批手续。对申请从事2003年1月1日以后两岸不定期船舶运输的，申请人应为在内地登记注册的具有外贸运输资格的船公司；在香港、澳门登记注册，且为香港或澳门永久居民或内地、台湾居民资本的船公司以及在台湾登记注册的船公司。上述船公司应使用《台湾海峡两岸间航运管理办法》规定的船舶从事两岸不定期运输业务，除非特别需要，不允许使用外国公司的船舶。

经交通部批准同意经营两岸不定期船舶运输的船公司和船舶，由交通部核发《台湾海峡两岸间水路运输许可证》和《台湾海峡两岸间船舶营运证》，证书有效期为3年。交通部要求各口岸有关部门应严格进行查验，对没有“两证”擅自从事两岸运输的公司依法严肃处理。

2. 内地与港澳航运管理

香港、澳门回归祖国后，香港特别行政区、澳门特别行政区保持原有的航运经营和管理制度，自行制定航运政策，并根据中央人民政府的授权继续进行船舶登记，以“中国香港”、“中国澳门”的名义颁发有关证件，除外国军用船只进入特区须经中央人民政府特别许可外，其他船舶可根据特区法律进出其港口。

内地与港澳之间的海上运输是特殊管理的国内航线，在香港和澳门两个特别行政区登记注册的航运公司和船舶可经营此两特别行政区与内地对外轮开放港口之间的海上运输。根据2002年1月1日生效的《中华人民共和国国际海运条例》的规定，外国航运公司未经交通部批准，不得经营中国内地与香港、澳门之间的船舶运输业务。依据《条例》的规定，交通部组织力量，正在制定港澳航线的具体管理办法。

香港是重要的国际航运中心，2002年的集装箱吞吐量达到1 900万标准箱，比上年增长6.6%，居世界第一位。为进一步促进香港的港口、航运和物流业的发展，香港分别设立了港口及航运局和物流发展局，为政府提供决策咨询。在香港的集装箱处理量中，70%的集装箱来自内地，两地的航运关系非常密切，为加强两地的航运交流与合作，交通部与香港经济发展与劳工局建立了交流磋商机制，定期交流航运政策和处理相关航运事务。2002年，两地还开展了“内地与香港更紧密经贸关系安排”活动，其中包括航运事务，以支持和促进香港的繁荣与稳定。

（交通部科教司　李　奇）

2003

中国海洋年鉴

沿海海洋管理与海洋经济

Local Marine Management and Economy

CHINA

OCEAN YEARBOOK

海 南 省

Hainan Province

综　述
Summary

【自然概况】　海南省是我国最南端的省份。区域范围包括海南岛、西沙群岛、中沙群岛、南沙群岛等岛礁及周围的海域。陆地面积3.39万平方千米，海域面积约200万平方千米。

海南省地处北回归线以南，最南端的曾母暗沙已接近赤道。全省气候属热带季风气候和热带气候。高温多雨、干湿分明，常年风大，年平均气温为22～25℃；年平均表层海水温度为26.7℃；近岸海区平均潮高为10厘米(榆林76基面)，较2001年略有下降，年最高潮位171厘米，年平均潮差为118厘米。海浪实测年平均波高海南岛近岸海域为0.8米。实测最大波高海南岛近岸海域为3.0米。海水水质在省辖海域中，远海和近海海域水质均达到国家一类海水水质标准（CB3097-1997），近岸绝大多数海域水质符合一类海水水质标准，局部海域水质有超二类标准的现象。

海南岛地势为一穹形山地，中间高，四周低，地形由山地、丘陵、台地、阶地、平原、滩涂逐级递降。海南岛岸线总长1 528千米，有红树林海岸和珊瑚礁海岸分布。

海南岛的河流共有154条。河流落差较大，具有以中部地区山地为中心，向四周放射状奔流入海的特点。较大的河流有南渡江、昌化江、万泉河等。湖泊主要是人工湖（水库），有大小水库2 000余座，较大的人工湖有松涛水库、大广坝水库、牛路岭水库等。不少水库已成为旅游胜地。

【行政区划】　海南省的陆域主体是海南岛。2002年，全省辖海口、琼山、文昌、琼海、万宁、儋州、三亚、东方、五指山等9市4县（澄迈、屯昌、定安、临高）6个自治县（陵水黎族自治县、乐东黎族自治县、昌江黎族自治县、白沙黎族自治县，保亭黎族自治县、琼中黎族自治县）以及洋浦经济开发区（地级）和西沙、中沙、南沙办事处（县级）。全省人口778.8万，其中少数民族120万，沿海市县人口656.29万人（详见表1）。

表1　2002年海南省沿海市县人口及从业人员一览表

单位：万人

单位名称	年末总人口			从业人员	
	合　计	农业人口	非农业人口	合　计	职工人数
合　计	656.29	742.51	183.78	287.71	47.15
海口市	64.10	8.70	55.40	44.93	17.99
三亚市	49.57	30.92	18.65	23.13	4.07
琼山市	70.30	53.99	16.32	32.38	4.26
文昌市	53.86	44.48	9.38	20.94	2.44
琼海市	45.21	36.00	9.22	17.70	1.76
万宁市	55.45	47.58	7.87	19.88	2.34
陵水黎族自治县	32.77	26.96	5.81	14.26	1.20
乐东黎族自治县	46.18	39.37	6.81	21.00	1.69
东方市	37.77	28.81	8.96	17.27	2.02

续 表

单位名称	年末总人口			从业人员	
	合 计	农业人口	非农业人口	合 计	职工人数
江黎族自治县	22.77	15.85	6.92	9.13	2.10
儋州市	88.64	66.16	22.48	32.20	3.17
临高县	41.18	34.01	7.17	17.08	1.25
澄迈县	48.49	39.68	8.81	17.59	2.95
洋浦区				0.22	0.21
海南全省	778.89	570.43	208.46	349.89	73.11

【海洋机构】 海南省重视海洋管理机构的建设，除省政府设立正厅级海洋管理机构外，沿海各市县和洋浦经济开发区均设有海洋管理机构。依据行政机构的级别，设有处级和科级海洋管理行政机构。设立处级管理机构的有海口市、三亚市和洋浦经济开发区。设科级海洋管理机构有琼山市、文昌市、琼海市、万宁市、陵水黎族自治县、乐东黎族自治县、东方市、昌江黎族自治县、儋州市、临高县、澄迈县（详见表2、表3）。

表2 2002年海南省沿海市县一览表

沿海地级市（区）	沿海县级市	沿海县（办事处）	沿海自治县
海口市、三亚市、洋浦经济开发区	琼山市、万宁市、文昌市、东方市、琼海市、儋州市	澄迈县、临高县、西沙、南沙、中沙办事处	陵水黎族自治县 乐东黎族自治县 昌江黎族自治县

表3 2002年海南省各级海洋管理机构一览表

正厅级	正处级	正科级
海南省海洋与渔业厅	海口市国土海洋资源局 三亚市海洋与渔业局 洋浦经济开发区海洋与渔业局	琼山市海洋与渔业局 文昌市海洋与渔业局 琼海市海洋与渔业局 万宁市海洋与渔业局 东方市海洋与渔业局 儋州市海洋与渔业局 陵水黎族自治县海洋与渔业局 乐东黎族自治县海洋与渔业局 昌江黎族自治县海洋与渔业局 临高县海洋与渔业局 澄迈县海洋与渔业局

【海洋立法】 海洋立法是搞好海洋管理的基础。为促进全省海域使用管理的规范化、制度化，2002年在立法方面做了4项工作。其一是海南省人大、省法制办与省海洋与渔业厅联合开展“海域法实施办法”的立法调研和准备工作，并初步拟定实施办法初稿。其二是完成了《海南省海域使用金征收管理办法》和《海南省海域使用金征收项目和标准》的制定和颁布。其三是规范海域使用金的征收程序，制定海域使用权出让合同。其四是按照国务院和国家海洋行政主管部门颁发的海域使用管理的有关法规，对“海南省海域使用申报审批程序”进行修改完善。

海域使用管理
Management of Sea Area Use

【概况】 海域使用管理是政府海洋行政管理部门的一项重要工作。2002年，海南省各级海洋行政管理部门有效开展了海域使用普查确权和发证等工作。

【海域使用管理示范区建设】 海南省有3个国家海域管理示范区。2002年海口、三亚两市海域管理示范区被国家海洋局评为全国海域使用管理示范区先进单位，并受到奖励。海南省海洋管理部门在完成了文昌市国家海域管理示范区的申报工作的同时，积极组织示范区之间的相互交流并及时推广示范区的经验。

【海域使用普查、确权】 2002年，在开展海域使用普查、建立海域使用项目数据库的同时，按程序做好发放海域使用权证的工作。全省共换发海域使用权证282本。发放海域使用权证68本，批准使用海域面积966.7公顷，实际收缴海域使用金 153 万元。其中养殖项目 52 宗，面积 134.9 公顷，收缴海域使用金 23.8 万元；旅游项目 5 宗，245.6 公顷，收缴海域使用金 52.6 万元；港口码头 4 宗，面积 547.9 公顷，收缴海域使用金 73.2 万元；公益项目 4 宗，面积 38 公顷，收缴海域使用金 3.9 万元。

【海岛管理】 根据国家海洋局的部署，海南省 2002 年开展了规范海岛开发管理的试点工作。三亚市作为全国海岛开发管理试点单位之一已经国家海洋局批准。2002 年底初步完成了海岛开发规划、开发管理程序，将海岛管理纳入国家对海洋综合管理的框架。

【海域使用管理宣传】 《中华人民共和国海域使用管理法》于 2002 年 1 月 1 日起正式实施，为促进该法在全省准确地贯彻实施，2002 年，海南省有计划、有组织地做了大量的海域使用管理的宣传工作。首先是组织各市县海洋部门的干部认真学习，领会精神实质。其次是印制《中华人民共和国海域使用管理法》和相关法规发到沿海市县企业、渔村。各沿海市县利用宣传车、广播、电视、专刊、专栏等媒体广泛进行宣传。再次是第三季度按照群众和企业在海域使用中关心和需要明确的问题编制《海南省海域使用及管理知识问答》普及本，印制 2 000 册发至海南省沿海各地。

【县际海域勘界试点】 根据国家海洋局的部署，2002 年，在海南省各级政府和海洋管理部门及有关部门的努力下海南省完成 3 项县际海域勘界试点工作。第一，制订了“海南省海域勘界工作方案”，成立了相关组织机构，并积极组织开展工作。第二，组织有关人员考察论证，确定全省 2002 年的县际海域勘界工作，以及两条试点线：文昌市一琼海市间海域勘界线和琼海市一万宁市间海域勘界线。第三，2002 年 12 月按计划实施完成文昌市一琼海市、琼海市一万宁市间海域勘界试点的各项工作。

海洋环境保护
Marine Environmental Protection

【概况】 2002 年，海南省海洋环境保护工作重点是加强重点海域海洋环境的控制性监测，加大海洋工程项目海洋环境保护的监管力度及水域环境监测、赤潮监测和专项监测等。

重点海域海洋环境监控 重点海域海洋环境控制性监测在 13 个沿海市县海域进行，实施两个航次，监测海域面积 473 平方千米，航程 300 海里，采样 1 284 份，其中水质样 1 272 份，沉积样 12 份；获取现场调查数据 1 620 个（组），实验分析数据 2 876 个（组）；编制报告 25 份，编写发布监测通报 27 份。

渔业水域环境监测 一方面是开展休渔期间渔业资源监测，共安排了 5 艘拖网和围网渔船对本岛东部、南部和北部湾渔场开展休渔期的资源监测。编制了《海南省渔业资源年常规性监测方案》。另一方面是实施包括海淡水养殖区，重点渔场、水库、河口和渔业资源保护区等多项监测。全年共完成 13 个重点海域 2 个航次的监测，监测海域面积 145 平方千米，航程 70 海里，采取水样 790 份；获取现场调查数据 294 个（组），实验分析数据 1 568 个，编制报表 21 份，编写颁发监测通报 23 份。

趋势与应急监测 2002 年，根据计划安排，海南省组织对近岸海域进行海洋环境趋势性监测，共完成 24 个国家统一站位水质监测和浮游生物调查任务。为更好地为经济发展服务，海南省海洋主管部门还组织有关单位进行海洋环境应急监测。2002 年，进行应急监测 3 次，分别为白马井海域赤潮事件监测、文昌市高隆湾水色异常环境应急监测和海口市海甸溪大量死鱼事件应急监测。

专项监测 2002 年，开展的海洋环境专项监测有：海口市假日海滩公共海水浴场水质监测、龙昆沟排污口水质专项监测、海口市污水处理厂深海排放水质监测和秀英工业排污口水质专项监测。

海岸海洋工程建设项目环境管理 2002 年，海南各级海洋部门加大对海岸、海洋工程建设项目环境保护监管的力度，加强对海洋生物的保护。首先是实施涉海工程项目海洋环境保护情况登记表制度，按照分级管理的原则了解掌握全省涉海工程项目单位制定和落实海洋环境保护措施。先后完成了万宁市港北加油站等 10 余项涉海工程项目海洋环境保护措施的审查，完成海洋环境影响报告书的核准、审查 14 件。再次是开展海洋生态调查，重点对珊瑚礁和海草床生态进行了调查，基本上摸清了全省近岸重点海域典型海洋生态现状。第四是严格海洋倾废管理。全年共审核批准发放三类海洋倾倒普通许可证5件，倾倒量30万立方米。

海洋灾害与防御
Marine Disasters and Prevention

【概况】 2002年，全省发生的海洋灾害主要有赤潮、灾害性海浪和风暴潮等。对于这些海洋灾害，海南省各级政府和有关部门都进行了积极的防御和救灾工作。

赤潮 2002年，海南省海域发生影响面大的赤潮一次。2月19日前后，儋州市白马井镇沿海一带海域发生赤潮。赤潮生物为球状棕囊藻。赤潮发生的海域海水局部呈茶褐色并有腥味。由于当地政府及时采取积极措施，相关作业（渔排等）转移及时，没有造成较大的损失。

灾害性海浪 2002年，南海巨浪日共有47天，其中因热带气旋影响产生的巨浪日数为16天，因冷空气影响产生的巨浪日数为31天。

夏秋季产生巨浪的因素主要为热带气旋，春冬季产生巨浪的因素主要为冷空气。

风暴潮 2002年，引发海南岛沿岸明显风暴潮过程的热带气旋有0214号黄蜂和0220号米克拉。

0214号黄蜂从海南岛东部沿海擦过，引发风暴潮，海口秀英海洋站8月19日实测最大增水58厘米，最高潮位145厘米（榆林76基面），达到海府地区的警戒水位，但由于黄蜂影响海南岛的时间较短，风暴潮造成的损失较轻微。

0220号米克拉9月18日在三亚市登陆，三亚海洋站实测最大增水53厘米，由于未遇天文大潮高潮位，实测最高潮位未超当地警戒水位。

海洋灾害的防御 （1）组织实施赤潮监控区工作。陵水黎族自治县的新村湾由于养殖密度过大，时间长，过去是赤潮濒发的港湾。2002年，陵水黎族自治县的新村湾被国家海洋局确定为国家级赤潮监控区。省、县两级海洋主管部门组织人员按计划方案实施了赤潮监控。通过定时监控掌握了监控区水文、气象、水质和生物变化的规律，及时发现并采取措施规避异常灾害，减少了损失。共执行巡航监视239航次，监测46次，发布通报8期、布告12次。2002年，在三亚市红沙港、万宁市老爷海多次突发大面积死鱼现象的情况下，位于三亚市和万宁市之间的新村湾却没有发生一起死鱼事件。

（2）加强海洋环境监测能力建设。在省、市、县政府的支持和海洋行政管理部门的努力下，2002年，沿海市县积极筹备建设本市县的海洋与渔业环境监测站。万宁、琼山、陵水等3市、县已先后成立了海洋与渔业环境监测站，组织力量积极开展监测工作。

（3）做好海洋灾害的预报。为防御海洋灾害，把海洋灾害的损失减少到最低程度。海南省海洋监测中心与海洋预报台努力做好海洋灾害的预报工作。上半年第一季度，冷空气频繁影响南海，在南海造成4米以上巨浪10余次，均能较准确预报。在台风季节来临之前，他们就为预报风暴潮做准备，详细计算铺前、博鳌、港北、新村、新盈等9港2002年5～11月逐时潮高，累计达4万余个数据，并根据《海南省海洋渔业防风预案》汇同海口中心海洋站提供约定预报风暴潮预约报方式。从5月份开始，影响海南省热带气旋频繁，共有0208号娜基莉、0212号北冕、0214号黄蜂、0218号黑格比和0220号米克拉等5个热带气旋影响南海，其中直接影响海南岛的有3个，他们克服各种困难，坚守岗位，共发布巨浪警报30余次，与其他单位共同完成风暴潮通报300余份，预报及时准确，受到省三防、海军等部门的表扬与好评。除此之外，海南省海洋预报台还完成了2002年海洋灾害影响海南省的预测通报。

海洋行政执法
Marine Administrative Law-Enforcement Work

【概况】 为全面贯彻实施海洋环境保护法规，增强人们保护海洋生态环境的观念和意识，促进生态省的建设，2002年，全省各级海洋与渔业部门进一步加大海上行政执法力度。

【环岛海上巡航执法】 2002年8～10月，海南省海洋与渔业厅组织了环岛海上巡航执法行动。监督、检查海南岛沿海、近岸海洋生态环境状况，查处破坏海洋环境和生态的各类违法事件。参加人员达100人次、10艘航次，航程800余海里。沿海各市县也根据各自的情况开展海上巡航执法活动。海南省海洋与渔业厅执法部门会同海口、儋州市海洋部门发现并查处了海口港偷运珊瑚事件及儋州市峨蔓镇破坏珊瑚礁事件。全省查处炸、电、毒鱼案件110宗，没收一批海上违法作业的工具。

【打击非法经营水生野生动物行为的专项活动】 2002年5～7月，在全省范围内开展打击非法经营水生野生动物行为的专项活动，全省各市县海洋与渔业、工商、边防等部门抽调力量联合行动。执法活动达500人次，出海船10艘次，车约200辆次。全省共查获违法经营国家重点保护水生野生动物及制品有28家，没收一批国家一级和二级保护水生野生动物活体和制品。

海洋公益服务
Marine Public Welfare Service

【概况】 2002年，全省的海洋公益服务主要是搞好基础建设，做好海洋环境预报，为发展海南经济服务。

【海南区海洋环境监测系统分项目投入运行】 海南区海洋环境监测系统建设分项目历时两年多的建设，于2002年1月27日顺利通过中国海洋监察系统建设项目领导小组的验收。本项目的建成，极大地改善了海南区海洋监测基础设施和工作环境，提高了监测的质量。海洋自动监测系统从2002年2月1日零时起正式投入运行。

【完成海南区海洋环境监测系统后续建设】 在中国科学院海洋所技术人员的指导下，2002年上半年顺利地完成东方、莺歌海、乌场、西沙等海区4个站点浮标的投放、系统集成，同时通过海事、渔政渔监等海上执法部门就保护浮标发布“航行通告”和“保护遥测波浪浮标通告”。下半年西沙海洋监测站自动监测系统完成安装、集成、调试运行工作，同时还完成防雷设备的安装。

【海水浴场环境监测】 2002年4月，遵照国家海洋局和海南省海洋部门先后下达的海口假日海滩和三亚市亚龙湾海水浴场监测结果“五一”按时在中央电视台试播的紧急通知，接受任务的海口中心海洋站和省海洋监测中心分工明确，相互配合，组织得力，按时完成了监测结果上报任务。海口中心海洋站在负责完成三亚市亚龙湾应急监测后还在三亚市海洋监测站建设44平方米的粪大肠菌群检测实验室，购置了相应的检测设备，为确保三亚市亚龙湾和其他海水浴场粪大肠菌群检测项目稳定进行提供了保证。

【南海区海洋环境预报】 2002年，海南省海洋预报台顺利开展并完成了南海区海洋环境预报任务。每天按时接收分析各类海洋气象资料、图表30余份，全年共11 000份；分析绘制天气图4份，全年共3 650份；制作、发布旬报36份。每天及时地将海浪预报结果传输到省电台、省电视台和有关网页，为海南省的经济建设提供服务。

【投放人工鱼礁】 为加强海洋渔业资源的增殖，从3月份开始，积极组织技术力量探索海洋人工鱼礁增殖，并在三亚市西岛附近海域成功投放第一批水泥预制人工鱼礁20个，礁体空方达420立方米，为全面开展人工鱼礁建设和投放积累了经验。此外，投入资金35万元，进行人工增殖放流，投放“黑鲷”等鲷科类鱼苗5万尾。

【海洋自然保护区的建设管理】 2002年，在组织力量完成了三亚国家级珊瑚礁自然保护区10年调查和大洲岛陆域生态调查及海草床生态调查的同时，根据九届全国人大海南代表团关于建立西沙群岛国家级自然保护区的议案和国家海洋局的指示精神，编制了选划西沙群岛国家级海洋自然保护区工作方案。

海洋资源开发与海洋经济
Development of Marine Resources and Marine Economy

【概况】 海南省海洋资源丰富，特别是海洋渔业、海洋旅游、海洋油气及港口交通资源尤为突出。随着海南省科技、经济实力的增强和我国加入WTO的契机，海洋资源逐步被开发并显示出强劲的优势，有力地促进国民经济的发展（详见表4）。2002年，全省海洋产业总产值达210.3亿元，增加值29.47亿元，海洋油气业工业总产值6.01亿元，增加值0.36亿元，滨海砂矿业工业总产值为1.75亿元，增加值0.4亿元，海洋盐业工业总产值0.80亿元，工业增加值0.08亿元，海洋交通运输业营运收入12.92亿元，增加值3.90亿元，滨海旅游收入95.38亿元，旅游人数达1 033万人次，沿海修造船工业总产值0.09亿元，工业增加值0.03亿元（详见表5）。

【海洋渔业】 2002年，海南省的海洋水产业继续保持强劲发展的势头，经济总量不断增大。全省海洋水产总产量达到91万吨，较上年增长13%，总产值（当年价）93亿元。其中海洋捕捞产量78万吨，产值53亿元；海水养殖面积达16 434公顷，水产养殖总量达13万吨，产值26亿元；海洋水产加工及其他产业产值14亿元。渔民人均收入5 283元，劳均收入11 423元，分别比上年增加329元和700元，增幅达7%。

海洋捕捞 2002年，海南省海洋捕捞作业结构进一步调整和优化，着力发展刺、钓作业，并引进液压起网机，开展传统围网具结构与材料改革及四指高目流刺网改革，扩大作业渔区，鼓励渔民造大船出远海，开展远洋捕捞等取得显著的成效，有力地推动海洋捕捞业的发展。2002年，全省海洋捕捞产量达79万吨，产值53亿元，分别比上年同期增长14.2%和16.7%。

海水养殖 2002年，海南省的海水养殖面积1.65万公顷，养殖产量达13万吨，比上年增长23.9%，产值26.1亿元。全省拥有各类水产种苗场638家，其中对虾育苗场444家。当年育苗水体15.8万立方米，年育对虾苗126.3亿尾，鲍鱼育苗场52家，育苗量8 933万粒。2002年，全省海水养殖业发展迅速，特点突出。其一是海水养殖品种结构不断调整和优化，形成了以对虾、鲍鱼（贝）和优质海水鱼苗类为主的精品结构。其二是新的养殖模式和养殖新技术得到开发和应用。对虾养殖已从高位池精养发展到工厂化高密度流水养殖，养殖单产成倍增长。其三是行业主管部门的宏观管理不断加强，海水养殖主攻方向明确。其四是逐步推广和实施养殖证管理制度，促进了海水养殖业的规范化和海洋生态环境的保护。其五是加强了海水养殖安全用药的管理。

水产品加工 2002年，全省水产品加工企业212家，年加工能力63.7万吨。其中水产品冷库169座，日制冰能力4 688吨，冷藏能力26 306吨/次。2002年，全省有15家企业获得国内外各类认证。其中10家企业获HACCP认证，3家获欧盟注册，2家获ISO9000认证，5家获得韩国认证。2002年全省海水水产品加工总量为26万吨。加工品种达100余种，其中速冻加工产品328件，小包装干制品60种，藻类加工和保健药品20余种。2002年，全省水产品出岛量占水产品产量的73%。

【海洋交通运输业】 2002年，海南省投入营运的主要港口有海口港、海口新港、三亚港、文昌清澜港、东方八所港、儋州白马井港、临高新盈港、澄迈马村港和洋浦港。码头总长度6 475米，泊位68个，其中万吨泊位14个。2002年，海南省海洋运输船舶409艘（沿海），总吨位7 607吨位，总载重量43万吨，净载重量10 792吨位，沿海运输载客量4 876客位。2002年海洋货物运输量达1 779万吨，客运量386万人次，营运收入119 592万元，增加值34 816万元，利税总额21万元。2002年，沿海主要港口集装箱吞吐量为国际集装箱16.58标准箱，重量210.50万吨，旅客吞吐量为577.50万人。营运收入9 196.50万元，增加值6 133万元。

【海洋油气业】 海南省的石油和天然气产业主要是利用崖13-1气田生产的天然气加工生产化肥。2002年从事天然气加工生产化肥的企业1个，528名职工，生产化肥58万吨，工业总产值6亿元（当年价），工业增加值35 841.8万元。

【滨海旅游业】 海南省海洋旅游资源丰富而独特，是海南省经济发展的重要支柱。随着我国的入世，给海南海洋旅游业增加新的活力。2002年，海南省沿海城市旅游接待能力逐步加强，接待饭店281个，客房36 297间，床位69 257张，从事旅游接待的职工5万人，接待人数达1 033万人次，其中境内游客999万人次，境外游客34万人次，接待人天数达1 430万人天。旅游接待收入达95亿元。其中国内旅游收入87亿元，国际旅游外汇收入9 198.03万美元，折合人民币约7.6万元。

【海洋船舶工业】 近年来，海南省海洋开发热潮逐步掀起，给沿海修船造船业带来了生机。2002年，全省修船造船业的职工人数达 279 人，造船 14 艘，修造 166 艘。造船综合吨位达 20 203 吨，工业总产值 955.3 万元（现行价），工业增加值 312.6 万元，利税总额 34.4 万元。

【海洋盐业】 海南省西南部海水盐度高，滩涂宽阔，具备生产海盐的自然优势。盐田总面积有 3 983.12 公顷，生产面积 3 562.72 公顷，生产能力每年可达 29 588 吨。2002 年，全省从事海洋盐业生产的企业有 4 个，职工 3 110 人，生产原盐 100 318 吨，工业总产值按当年价为 8 032 万元，工业增加值 770.9 万元，利税总额 190.7 万元。

【滨海砂矿业】 海南省滨海砂矿不仅资源丰富，而且品质高，为海南省发展滨海砂矿业提供了资源条件。2002 年，海南省从事滨海砂矿开采业的职工达 1 387 人，金属砂矿产量 23 万吨，非金属砂矿产量 17 万吨，其中稀有金属砂矿为独居石 600 吨、锆英石 21 715 吨、金红石 3 268 吨、钛铁矿 19 万吨。工业总产值按当年价为 17 534 万元，工业增加值 3 887 万元。

海洋国际合作与交流
Marine International Cooperation and Interflow

【概况】 为充分利用国际资源，支持生态省的建设，促进海南省海洋生态的保护和发展，海南省各级海洋与渔业部门积极开展海洋国际交流与合作。2002 年，获得联合国环境计划署资助一项，获得美国海洋大气局无偿援助的水下钻探设备一套；在国家海洋局的组织下，申报了全球环境基金项目“南中国海生物多样性管理项目”并于 11 月份获全球环境基金批准，该项目年底正式启动；配合中国科学院南海海洋研究所开展实施 UNEP 援助项目并联合举办了珊瑚礁监测培训班；应美国海洋大气局的邀请派出两位技术专家赴越南协助，开展珊瑚礁区锚系浮标的布设工作。2002 年 3 月邀请澳大利亚南十字星大学的 LeonZamn 教授前来海南省讲学，100 余人参加听课。

重大海洋工程项目
Key Marine Engineering Projects

【概况】 随着海南省海洋经济的发展，全省的海洋工程项目也愈来愈多，主要是海洋旅游和港口码头建设项目。

【进行环评审查的项目】 2002 年，完成海洋环境影响报告书的涉海工程项目有：万宁市港北加油站、陵水黎族自治县分界洲的旅游放养、三亚市亚龙湾东游艇码头、三亚市中港栈桥旅游码头、东方市东方渔港扩建工程、海口市省海洋公益服务基地、海口市海口世纪大桥配套围填工程、西沙渔业补给基地及海口市万绿园游艇码头等 14 项。这些海洋工程项目的环评已通过专家评审，并得到海洋行政主管部门的审查、核准。

【办理海域使用手续的海洋工程项目】 2002 年，按照国家和海南省的海域使用管理法规的要求和有关规定程序批准了海南省海洋公益服务基地、三亚亚龙湾东游艇码头、三亚旅游码头、琼海市龙湾港首期工程项目、三亚国际客运港项目、三亚西岛海底电缆的铺设及海口湾东部亮丽工程、三亚六道湾渔港、万宁“碧海情深”旅游项目等。

【正在建设中的海洋工程项目】 2002 年，海南省海洋工程项目逐步投入进行建设。完成前期性工作并进行建设的海洋项目有三亚国际客运港项目、南山文化旅游区海上“南海观音”铜像项目、三亚亚龙湾东游艇码头、三亚旅游码头及东方渔港扩建工程等。南海观音铜像项目由人工岛、基座和观音像三部分组成。使用海域 54 600 平方米，人工岛 120 米×120 米，离岸最近约 260 米，离岸最远处约 360 米，南海观音铜像项目建设主要是先造人工岛，在岛上建 108 米高的观音铜像及莲花宝座。其中三面观音像高 72 米，莲花宝座及万佛堂高 36 米，总投资 3.5 亿元。2002 年，已完成人工岛基座的施工。东方渔港扩建工程项目新建长 400 米顺岸码头及 150 米长的 T 字码头一座，新建防浪堤约长 800 米及交易市场、渔民住宅、冰厂等配套设施，总投资 4 800 万元。2002 年 5 月批准，当年下半年开始施工。

（海南省海洋与渔业厅　陈家博）

表4　2002年海南省沿海国内生产总值及工农业总产值一览表

单位：亿元

项目/地区	工业			农业			国内生产总值			
	总产值		增加值	总产值		增加值	合计	第一产业	第二产业	第三产业
	当年价	不变价	当年价	当年价	不变价	当年价				
合　计	232.123	190.607	66.298	279.112	155.021	177.752	552.09	197.80	133.25	221.05
海口市	125.547	110.722	31.605	6.064	2.656	3.961	162.70	3.96	49.17	109.57
三亚市	8.893	6.348	2.559	19.216	10.592	12.453	35.88	14.94	7.33	13.61
琼山市	15.502	14.623	5.972	28.281	17.817	18.352	48.16	20.56	14.20	13.40
文昌市	7.753	5.123	1.754	26.549	13.639	17.050	36.76	17.90	7.64	11.22
琼海市	7.409	7.378	1.495	33.627	19.657	20.176	45.07	21.85	7.72	15.50
万宁市	3.223	2.721	0.654	17.199	9.886	10.964	31.90	12.69	80.5	11.15
陵水县	0.963	1.212	0.303	13.018	5.725	8.403	13.64	8.82	1.21	3.61
乐东县	1.222	0.828	0.473	17.695	10.390	10.971	19.73	12.79	1.14	5.80
东方市	9.259	6.142	5.332	14.344	7.449	9.436	25.13	10.31	80.4	6.78
昌江县	7.002	5.054	2.607	9.286	5.971	5.610	13.83	6.16	3.92	3.76
儋州市	9.130	6.839	2.047	45.368	27.222	30.200	61.46	34.34	9.01	18.12
临高县	1.882	1.423	0.531	30.184	13.848	18.219	24.13	19.30	2.15	2.68
澄迈县	27.095	15.172	8.850	16.243	9.282	10.717	28.17	12.95	10.69	4.53
洋浦区	7.245	7.021	2.117	2.040	0.889	1.242	5.52	1.22	2.99	1.31
全省合计	264.576	229.760	72.248	360.231	207.054	228.947	624.89	228.95	146.09	249.85

表5　2002年海南省海洋开发资料统计

统计项目		2002年
海洋捕捞产量(吨)	鱼　类	648 239
	贝　类	61 752
	虾蟹类	43 607
	其他(含藻类)	124
	合　计	789 122
海洋养殖产量(吨)	鱼　类	10 882
	贝　类	20 306
	虾蟹类	70 964
	藻　类	25 347
	合　计	129 499
海洋货物运输量(万吨)	总　量	1 779
	远洋运输量	0

续 表

统计项目		2002年
海洋旅客运输量（万人次）	总　量	386
沿海主要港口吞吐量（万吨）	洋　浦	91.07
	海口新港	676.00
	海　口	1 073.00
	八　所	343.00
	三　亚	49.00
海盐生产	面　积（公顷）	3 562.72
	产　量（万吨）	10.031 8
沿海砂矿产量	总　量（吨）	405 408
海洋油气	加工品产量（化肥、万吨）	58
	加工品产值（万元）	60 069.9
滨海旅游	接待境外旅客（万人次）	34.847 8
	接待境外旅客收入（亿美元）	0.919 8
滨海旅游接待能力	酒　店（个）	281
	客　房（间）	36 297
	床位	69 257
海洋滩涂开发	可利用面积（万公顷）	3.169 6
	已利用面积（万公顷）	0.798

（海南省海洋与渔业厅　陈家博）

广西壮族自治区

Guangxi Zhuang Autonomous Region

综 述
Summary

【自然概况】 广西壮族自治区，是祖国西部大开发12个省份中惟一的沿海省区，地理位置处于20° 54′ ～26° 23′ N，104° 29′ ～112° 04′ E，在北部湾的北部。与广东、湖南、贵州、云南4省相邻，与海南省隔海相望。西南与越南接壤，陆地疆界线长1 020千米。

广西南临海域面积为12.9万平方千米的北部湾，海岸线东起粤桂交界处的英罗港，西至中越边境的北仑河口，长1 595千米。岛屿岸线长531千米，岛屿面积84平方千米。

广西地处沿海、沿边、沿江，背靠大西南，与华南、华中广阔的经济腹地相通；面向太平洋，与东南亚多国家山水相连，是中国通往东南亚地区最便捷的通道，也是中国惟一集沿海、沿边、沿江的少数民族自治区。广西海岸线曲折，港口众多，是中国大西南和大陆最南端的最佳出海处。已建成防城、北海、钦州等沿海港口，2002年沿海主要港口货物吞吐量1 630万吨。

2002年末，广西总人口4 822万人，总人口在全国居第10位，人口密度为204人/平方千米。2002年末，广西沿海地区总人口525.3万人，占广西总人口的11.2%。

【行政区划】 广西全区行政区划分为14个地级市，7个县级市，57个自治区县，12个民族自治县。其中沿海地区有3个地级市：北海市、防城港市、钦州市；1个县级市：东兴市；1个县：合浦县。这临海三市二县构成广西壮族自治区的沿海地区，陆地总面积为20 299千米^2，占全区土地面积8.5%。

【经济概况】 2002年末，广西各地认真贯彻落实中央关于进一步扩大内需和加快发展的方针政策，全面实施富民兴桂新跨越战略，扎实推进西部大开发和经济结构调整，国民经济快速健康发展，人民生活水平明显改善，经济整体形势好于上年，是“九五”以来最好的年份。2002年全自治区实现国内生产总值2 455.36亿元，比上年增长10.5%，比预期经济增长8%的目标高2.5个百分点，为1996年以来最快增速。其中第一产业

表1 广西壮族自治区行政区划一览表

单位：个

市	县(市)	城(郊)区	乡	镇
全自治区	76	32	576	751
南宁市	7	5	36	94
柳州市	6	4	53	45
桂林市	12	5	81	64
梧州市	4	3	6	59
*北海市	1	3	3	24
*防城港市	2	2	16	14
*钦州市	2	2	1	60
贵港市	2	2	28	57
玉林市	5	1	14	104
百色市	11	1	122	61
贺州市	3	1	17	50
河池市	10	1	113	51
来宾市	5	1	44	30
崇左市	6	1	42	38

注：1. 根据2002年国务院批准的行政区划整理。
2. 带“*”号的为沿海城市。

增加值 595.68 亿元，增长 7.3%；第二产业增加 863.96 亿元，增长 11.3%；第三产业增加值 995.72 亿元，增长 11.9%。人均国内生产总值 5 099 元，比上年增长 9.7%。

【海洋资源】 广西海域濒临的北部湾天然港湾众多，是中国著名的渔场。广西海洋资源丰富，有鱼类 500 余种、虾类 200 余种、头足类近 50 种、蟹类 190 余种。广西海域 20 米水深以内的浅海面积 6 488.31 平方千米，滩涂面积 1 005 平方千米。广西有红树林 0.27 万公顷，广西拥有岛屿 679 个，500 平方米以上的岛屿 651 个，其中有中外闻名的涠洲岛和斜阳岛。

这里栖息着其中有儒艮、中国鲎、文昌鱼、海马、海蛇等珍稀或重要药用生物。举世闻名的合浦珍珠也产自这一海域。面积占全国 40%左右的红树林分布于广西沿海滩涂。分布于涠洲岛周围浅海、处于中国成礁珊瑚分布带北部边缘的珊瑚礁，作为重要的热带海洋生态系，具有极大的科研和生态价值。

北部湾油气资源蕴藏量丰富，初步预测其油气资源量为 12.59 亿吨。目前，已经开发的油气田有涠 10-3、涠 6-1、涠 11-4。在涠洲岛建成了石油分离终端站。广西滨海地区矿产资源丰富，已知的有 28 种，主要有石英砂矿远景储量 10 亿吨以上，陶瓷矿有储量约为 300 万吨、石膏矿保有储量 3 亿余吨、石灰石矿保有储量 1.5 亿吨，此外，钛铁矿比较丰富，沿岸已知产地 8 处，其中的 3 处初步勘查估算地质储量近 2 500 万吨。

广西沿海地区是广西重要的旅游资源分布区，对外国人开发的旅游景点有 17 处。北海有列入国家级旅游度假区的“银滩”，全长 24 千米；东兴万尾岛有的风景诱人的“金滩”；还有以独特的火山岩地质、地貌、景色千姿百态，而赢得有大、小蓬莱美誉的涠洲岛、斜阳岛和山口国家级红树林生态自然保护区的海上森林胜境；钦州“龙径环珠”的“七十二径”和龙门诸岛等景观都是国内少见的旅游资源。

海洋立法与管理
Marine Legislation and Management

【海洋管理机构】 2000 年，广西机构改革，广西海洋综合管理体制和机构进一步改变，海洋行政管理部门与国土、矿产合并，但海洋保留牌子和公章，对外行使海洋行政管理的职责。

经自治区人民政府政府和国家海洋局多次协商，国家海洋局和自治区人民政府就共建中国海监广西壮族自治区总队问题取得共识，签订了共建中国海监广西壮族自治区总队的协议，并批复同意共建中国海监广西区总队。2002 年 12 月 5 日，自治区编制委员会桂编[2002]86 号批复成立中国海监广西壮族自治区总队。之后，经当地市编制管理部门批准，中国海监广西区总队北海市支队、防城港市支队和钦州市支队相继成立；中国海监广西区总队北海市支队合浦县大队、东兴市大队、钦州港经济开发区大队也相继成立。

表 2 广西壮族自治区海洋机构一览表

机构名称	单位地址	领导名单
广西壮族自治区海洋局	南宁市民族大道 74 号	局　长：黄日富　副局长：韦　忠　农作烈
中国海监广西壮族自治区总队	南宁市民族大道 74 号	总队长：黄日富　副总队长：韦　忠　何时都　总队政委：成纯发
中国海监广西区总队直属支队	北海市四川路 1 号	支队长：翁美钦　副支队长：唐凤珍　支队政委：鲁昌海
广西海洋监测预报中心	北海市四川路 1 号	主任：李武全
北海市海洋局	北海市深圳路 88 号	局长：罗星烈
中国海监广西区总队北海市支队	北海市深圳路 88 号	支队长：王世岗　副支队长：何斌　政委：何斌
合浦县海洋局	合浦县廉州镇金鸡路	局长：徐忠
中国海监广西区总队北海市支队合浦县大队	合浦县廉州镇金鸡路	

续表

机构名称	单位地址	领导名单
防城港市海洋局	防城港市港口区内环路	局长：刘镜法　副局长：刘翔　李舒南
中国海监广西区总队防城港市支队	防城港市港口区内环路	支队长：刘镜法　副支队长：刘翔　政委：杨宗智
东兴市海洋局	东兴市	局长：廖　副局长：
防城区海洋局	防城港市防城区	局长：唐　北
防城港口区海洋局	防城港市港口区	
钦州市海洋局	钦州市永福大街1号	局长：洪家明　副局长：周毅兴
中国海监广西区总队钦州市支队	钦州市永福大街1号	支队长：洪家明　副支队长：吴彩军　政委：洪振万
钦南区海洋分局	钦州市钦南区	
钦州港经济开发区海洋局	钦州市钦州港经济开发区	
中国海监广西区总队钦州市支队钦州港经济开发区大队	钦州市钦州港经济开发区	
国家级山口红树林生态自然保护区管理处	合浦县廉州镇	处长：陈光华
国家级北仑河口海洋自然保护区		
广西红树林研究中心	北海市长青路	主任：范航清

【海洋功能区划】 在2001年底上报自治区人民政府审批的基础上，2002年，广西继续努力完善《广西大比例尺海洋功能区划》和推进其审核报批工作。

2002年9月30日，自治区人民政府第77次主席办公会议审议了《广西大比例尺海洋功能区划》。根据本次主席办公会的审查意见和自治区主席办公会议纪要(九届第84期)，以及国函[2002]77号文件、《全国海洋功能区划》和国家海洋局关于海洋功能区划编制、审批工作的新要求，广西海洋局组织广西大比例尺海洋功能区划编写组、技术组有关专家、人员，于2002年10月和11月，进一步研究了原送审的《广西壮族自治区大比例尺海洋功能区划》，增编了区划文本，调整了功能区划图件，完善了功能区登记表和区划报告。2002年12月6日，国内的海洋功能区划权威和区内一些涉海专业的专家组成的评审委员会对《广西海洋功能区划》进行评审并获通过。会后，编写级参照评审委员会的意见进一步修改完善区划成果，形成了《广西壮族自治区大比例尺海洋功能区划》(送审稿)，12月中旬再次上报自治区人民政府审核并获通过。

【海域使用管理】 全区全年共审批发放海域使用申请约651宗，批准使用海域面积约4 020公顷，征收海域使用金约595万元并全部上缴当地财政。已发放海域使用权证书涉及海水养殖、旅游、填海、海上工程、港池等用海类型。

【海域使用权拍卖试点】 为探索海域使用权转让的市场化道路，提高海域资源的经济价值，增加海域使用管理透明度，我区在防城港市和钦州市分别开展了海域使用权拍卖试点。两次拍卖活动均严格按照《海域使用管理法》的有关规定及“公开、公平、公正”的原则进行，由当地市海洋局制定拍卖方案，上报市政府批准后举行。4月29日，防城港市举行了全区首例海域使用权拍卖会，拍卖海域面积66.6公顷，用途是开放式养殖，使用期为3年，最终成交达18万余元，比标准出让价格多出了4万余元；5月17日，钦州市又组织了一次海域使用权拍卖会，共拍卖5块海域，面积共20余公顷，使用期2年，最终成交价达每亩600余元，成交总金额达20余万元。

【海域使用清理整顿】 2002年，全区沿海在2001年工作的基础上，继续大张旗鼓地开展海域使用清理整顿。北海市人民政府专门成立了清理整顿海域使用管理工作领导小组，全面铺开海域使用清理整顿工作；其中合浦县海洋局新领导班子一改2001年清理整顿进展较慢的现象，按照市里的统一要求再次研究布置和全面开展清理整顿工作。通过清理整顿，北海市共摸底调查用海 2 276 户，面积 9 871.9 公顷，其中养殖用海 2 263 户，面积 9 738.2 公顷；海洋工程用海 30 宗，包括港池水域面积 367.8 公顷；旅游用海 6 宗，面积 237.2 公顷。钦州市组织对“七十二泾”内乱霸、乱占用海进行整顿，以恢复“七十二泾”泾泾相通的“真面目”，保护滨海旅游资源。防城港市重点对东西湾的海域使用进行了清理整顿，成立了防城港市东西湾海域清理整治工作领导小组，通过整治逐步规范东西湾的海域使用活动。

广西壮族自治区海洋部门在海域使用清理整顿工作中，取缔了一批无证用海、不符合功能区划的违法用海行为。如北海市和合浦县各有关部门联合组织了 5 次拆除行动，共出动了大小船只 75 艘，其中大型抓斗船 15 艘次，出动人员 1 575 人次，拆除违法养殖场 1 126 个，渔箔 18 所，定置网 16 个，违法用海木桩 5 万余根，霸海标志物 36 个，共清理了海域 40 余平方千米，范围包括市区北岸富丽华大酒店附近海域、24 千米银滩附近海域、合浦县山口红树林生态自然保护区海域、沙田儒艮国家级自然保护区海域，以及西场镇船舶进出口航道附近海域等。钦州市注销不合理用海 5 宗，整顿非法用海 3 宗；防城港市也组织对违法用海行为进行了清除，拆除了非法养殖设施 50 宗，面积 40 余公顷。

【海域使用金专项审计】 为了解决市、县财政收到海域使用金没有按规定比例上缴的问题，广西海洋局将我区实施海域使用管理制度以来海域使用金征收情况进行了汇总，形成专题报告，并由自治区审计厅审查后上报自治区人民政府，引起自治区人民政府的高度重视，自治区李兆焯主席及王汉民副主席、袁凤兰副主席作了批示，要求对海域使用金征缴情况进行专项审计。自治区海洋局于 7 月上旬与自治区财政厅一起，配合自治区审计厅联合开展海域使用金专项审计工作。审计结果表明，1997～2001 年，全区共征收海域使用金 1 180.07 万元，应上缴自治区财政而未上缴的有 220.73 万元。根据审计结果，自治区审计厅已下文沿海三市，要求于 60 日内上缴应上缴自治区的海域使用金。

【海域使用管理配套政策建设】 为加强海域使用的监督管理，规范海域使用申请报批工作，2002 年广西重点进行了海域使用管理配套制度制定工作。根据《海域使用管理法》的规定和我区的实际，广西海洋局起草了《广西壮族自治区海域使用申请审批管理办法》、《广西壮族自治区海域使用论证评审管理办法》、《广西壮族自治区海域使用权招标拍卖暂行规定》、《广西壮族自治区海域使用证年审暂行规定》、《海域使用审查报批会审制度》、《广西壮族自治区海域使用金使用管理办法》等一系列配套制度，其中《广西壮族自治区海域使用申请审批管理办法》上报自治区人民政府审查，《广西壮族自治区海域使用论证评审管理办法》、《广西壮族自治区海域使用权招标拍卖挂牌暂行规定》、《广西壮族自治区海域使用证年审暂行规定》已印发执行。

国务院办公厅《关于沿海省、自治区、直辖市审批项目用海有关问题的通知》(国办发[2002]36 号)印发后，广西海洋局非常重视，立即向自治区人民政府报告了我区贯彻执行海域使用管理制度有关情况，提出了贯彻执行国办发[2002]36 号文件的有关建议。此后，广西海洋局根据国办发[2002]36 号文件，提出了我区沿海市县人民政府海域使用审批权限划分意见，并在《广西壮族自治区海域使用申请审批管理办法》的基础上，编制了《广西壮族自治区海域使用申请审批工作程序》，形成《关于以自治区人民政府名义印发〈关于贯彻国务院办公厅审批项目用海有关问题通知的通知〉的请示》，并上报自治区人民政府，请求以自治区人民政府名义印发执行。

【海域使用管理可行性论证】 为了给海域使用审批提供可靠依据，广西认真做好海域使用论证工作，对于较大规模的用海申请，要求其编制和提交海域使用可行论证报告，并把好论证大纲审查关，组织专家做好论证报告的审查工作。2002 年共完成了 7 宗海域使用论证审批工作，为科学用海、依法审批海域使用申请提供了依据。

【海域使用管理示范区建设】 防城港市是 2001 年设立的国家级海域使用管理示范区之一。今年，我区按照国家海洋局的要求，协助组织验收了示范区 2001 年工作。经努力，示范区被评为优秀奖，得到国家海洋局 5 万元奖励。《海域使用管理法》

颁布生效后，示范区的工作重点和主要目标转为探索管理经验、推进《海域使用管理法》两项制度的实施。我区在协助做好防城港市示范区今年工作安排的同时，还组织北海市、钦州市申报国家级海域使用管理示范区，最终北海市被批准为国家级海域使用管理示范区。广西按照示范区建设标准和国家海洋局的要求，对示范区建设任务进行逐项落实，并结合示范区建设对海域法实施中的有关问题进行探索，在健全海洋管理机构、海域使用确权发证、海域使用招标拍卖试点、海域使用清理整顿、海籍管理试点、海域管理信息系统建设等方面做了大量工作，取得了显著成效，使示范区真正起到示范作用。

【海籍管理试点】 为配合《海域使用管理法》的实施，根据国家海洋局印发的《海籍调查规程》，钦州市海洋局开展海籍管理试点工作，力争在全区、全国起示范作用。为此，钦州市海洋局组织了专人负责海籍管理试点工作，制订了海籍管理试点工作方案，购置图件及仪器设备，开展了海域使用普查登记、海籍建档等工作。目前，初步绘制完成1∶50 000海籍图，着手制作详细的1∶5 000海籍图，为建立海籍管理系统奠定了基础。

【广西近岸海域联合执法】 根据中国海监总队的要求和自治区人民政府的部署，11月25～28日，由广西国土资源厅、国家海洋局南海分局、中国海监南海总队、中国海监第九支队、广西海洋局联合组织实施了海洋监察联合执法大检查行动，并邀请广西电视台、广西日报、中国海洋报跟踪采访报道。本次行动的主要目的一是在去年联合执法大检查的基础上，对所检查涉海违法事件是否得到了处理和纠正；二是检查是否有新的违法事件发生；三是通过本次活动，对违法事件进行剖析，进一步提高用海者依法用海的意识，同时，也是对公众海洋法律法规意识的提高。本次行动对北海银滩海水浴场、侨港海水浴场及钦州市、防城港市港口和市政建设等的用海项目进行了检查，并就检查情况与三市政府进行了交流。

【茅尾海非法用海抽砂采矿整治专项活动】 近两年来，茅尾海非法抽砂采矿活动较为猖獗，对海洋资源、海洋环境及海水养殖业、港口运输业造成了严重影响，自治区人大代表还专门提出了意见。为彻底整治茅尾海非法用海抽砂采矿，钦州市政府成立了领导小组，以市国土资源局、海洋局牵头，从环保、水产、公安、边防、海事、钦南区政府及相关镇抽调23人组成专项整治工作组，4月25～28日分成6小组，分别从沙井港和茅岭港出发，对抽砂船主进行宣传教育、调查取证、发停工通知。在4天时间里，工作组到了茅尾海四方沙、马鞍沙、紫沙、莲塘等海域，几乎走遍了整个茅尾海，行程近千海里，共发宣传材料1 000余份，做调查笔录82份，发停工通知书82份，并对海水水质进行了采样检测工作。6月和8月份，钦州市和防城港市又联合进行了两次整治活动，有力震慑了非法采矿船主，整治工作取得很大成效。

【海洋开发规划试点工作】 钦州市继续按国家要求开展海洋规划试点工作，组织编制《钦州市海洋开发规划》，协调好海洋产业的发展。市政府成立了苏爱群副市长为组长的领导小组，领导编制工作。海洋开发规划以广西海洋研究所为技术支撑，已进入实质性工作阶段，计划年内完成该规划编制工作。（黄飞波）

海洋公益服务
Marine Public Welfare Service

【海洋监测机构建设】 2002年初，在国家海洋局南海分局的支持下，防城港市建立了海洋环境监测站(同时持国家海洋局防城港海洋环境监测站牌子)，引进了专业人员，配备了相应设备。目前，该监测站已具备了一定的监测能力。

2002年底，钦州市也成立了钦州市海洋环境监测预报中心。（梁 群）

【海洋水文监测】 2002年内，中心站提供广西沿海各监测站的每天海洋水文、气象实时资料服务。完成了海洋环境监测的表层海水温度月报告资料36份、潮汐月报告资料36份、海浪月报告资料12份、风的月报告资料24份和各专项海洋环境监测报告。全年测报错情率为0.01%，没有发生监测业务事故。

按“中国海洋环境监测系统”的设计要求，完成了中心站、各监测站与国家海洋局系统的监测资料传输网络系统的安装。完成了涠洲、防城港监测站全自动观测仪器的安装和试运行工作，从海洋水文、气象资料的采集、处理、传输实现自动化，以代替原始、落后的常规监测手段。有效地实现了海洋自然环境监测和海洋污染监测的有机结合，海洋环境监测、海洋污染监测能力大幅度提高，整体提高了海洋环境监测能力，并为海洋灾害预报服务提供数量更多、准确性更高、及时快速的监测数据。

【海洋生态监测】 2002 年内，完成了涠洲岛周边海域珊瑚礁的水下普查。初步摸清其分布面积、种类识别，并用 Reefcheck 的方法对珊瑚礁进行监测。完成涠洲海洋生态站水环境要素调查，共采集样品 396 个（组）。并请海南省海洋与渔业厅的专家会同广西海洋局环保处专家对涠洲—斜阳的珊瑚礁自然保护区选建进行了总体规划、多媒体制作，编写了综合考察报告。

4 月份，联合涠洲镇政府及有关单位对滴水村发生的珊瑚礁人为破坏开展调查。

5 月份，组织人员对涠洲一斜阳珊瑚自然保护区的选建进行了公众调查，以预测珊瑚自然保护区选建的前景及公众参与的程度。

【北海银滩海水浴场环境监测】 根据国家海洋局于 2002 年 4 月 24 日下发的《关于北海银滩海水浴场监测》的通知，中心站于 4 月 28 日至 10 月 8 日组织实施对北海银滩海水浴场的监测工作，每日向国家海洋预报中心提供海水浴场环境监测各项目数据。

监测结果说明，北海银滩海水浴场环境的水质项目中，盐度、粪大肠菌群有时变化较大，其余各项目与常规监测变化不大。海水浴场在监测期间，pH、盐度、溶解氧、漂浮物全部属于一类水质标准；水色、透明度共有 4 次超 1 类，属 2 类水质标准，据当时的天气状况分析，是由于台风带来的影响；粪大肠菌群有 4 次超 1 类，属 2 类水质标准，这与水色、透明度的变化是在相同的时间内；浪高一般在 0.0～1.0 米，监测期间大于 1.0 米共有 20 天，其余一般都有较小的涌浪，海面能见度较好，对游泳者不会有影响，这也为游泳爱好者提供了冲浪的天然条件。总起来说，北海银滩海水浴场环境优美、气候宜人、水质状况良好，水温适宜，风小浪低、海水清洁，是优良、健康的海水浴场。

【赤潮监控区监测】 在总结和吸取往年广西海洋赤潮监测的经验和教训的基础上，2003 年广西海洋赤潮监控区经国家海洋局审批，监控区选定在涠洲岛。2003 年 4 月至 11 月，广西海洋监测预报中心对监控区进行了每月 2 次的常规监测，全年出动监测人员 112 人次；监测船 28 艘次；总航程 615 海里；取得有效数据 1 358 组（个）；向各有关部门发水质监测通报 16 份。

通过 1 年连续的监测，初步掌握了涠洲赤潮监控区的水文气象条件、海洋污染物的时空变化和海洋生物的环境质量的本底情况，为日后海洋赤潮的预警预报服务工作提供了决策依据。

【排污口监测】 2003 年 8 月和 10 月，广西海洋监测预报中心对北海市金鹰银鹰纸业有限公司排污口及其邻近海域进行了 2 航次的监测；出动监测人员 20 人次；监测面积 12 平方千米；获得有效监测数据 212 组（个）；向上级有关部门发监测通报 6 份。

【赤潮监测】 2003 年 7 月 6 日，广西海洋环境监测预报中心对涠洲岛发生的海洋赤潮进行了 8 天的连续跟踪监测，出动监测人员 48 人次；监测船 12 艘次；总航程 200 海里；获得监测数据 600 组（个）。

本次海洋赤潮的指示生物为蓝藻纲颤藻目颤藻科束毛藻属，赤潮发生面积约 10 平方千米；持续时间为 3 天；对涠洲岛周边海洋生物造成了一定的影响。

【海洋环境预报】 2002 年，广西海洋环境预报中心预报台重点围绕海洋防灾减灾，做好容易产生海洋灾害的台风、大浪、风暴潮的预警报服务工作。全年通过广西区卫星电视台、北海市电视台、防城港市电视台等宣传媒体，每天发布广西沿海和北部湾及周边海区的海浪、潮汐、海表水温度等预报共 2 617 份次。

3 月份，完成了“2002 年度影响广西沿海海洋灾害预测报告”的数据计算和编写，参加全国海洋灾害预测会商。4 月份向广西区防汛指挥部、广西区海洋局、北海市防汛办公室、钦州市防汛办公室、防城港市防汛办公室、合浦县防汛办公室等分发“2002 年度影响广西沿海海洋灾害预测意见”共 6 份。

5～9 月份，提供北海市附近海水养殖海区潮汐预报（152 份次），协助北海市电台做好为海水养殖户举办的“潮汐与养殖”专题节目。

（广西海洋监测预报中心）

【保护区建设】 山口保护区利用财政部的自然保护区专项经费，规划、设计和完成了保护区英罗港缃树林观景平台的建设、保护区客访中心展厅的改造以及英罗管理站其他有关设施的改造和修缮，并购置了执法车。

北仑河口保护区开展了较全面的调查和研究，发现了银叶树野生群和矮大叶藻草场。组织开展了珍珠湾管理站小区的建设，管理站小区大门已竣工，场地绿化、道路铺筑等基本完成。

2001 年已组织开展了涠洲岛珊瑚礁生态自然保护区的选划调查等工作的基础上，2002 年组织有关专家，完成了对涠洲岛保护区划和设施布局的补充性调查，继续完善了保护区选建综合考察报告、总体规划报告的编写和修改。

【编制海洋环境质量公报】 自治区海洋局组织有关人员，编制了《2001 年广西壮族自治区海洋环境质量公报》。经请示自治区人民政府同意，该公报于 2002 年 9 月对外正式发布。

【海洋生态调查】 按照国家海洋局的布置，广西海洋局完成了广西海洋生态调查相关的统计工作。国家海洋局第三海洋研究所和广西红树林研究中心完成了全国海洋生态调查之北仑河口红树林自然保护区海洋生态调查的工作。初步掌握了广西海洋生态环境现状。 （梁 群）

海洋灾害与防御
Marine Disasters and Prevention

【概况】 2002 年，广西沿海海区容易产生海洋灾害的有“黄蜂”台风风暴潮和“米克拉”台风风暴潮，出现 3 米以上大浪 57 天、小面积赤潮 1 次。广西海洋预报台对全年的海洋灾害进行监视跟踪预报，及时向有关单位发送海洋 灾害预警预报，有效配合各级政府和有关单位做好海洋灾害地防御及减灾工作。

（1）3 米以上浪预报 2002 年度，广西沿海海区出现 3 米及以上大浪 57 天，其中冷空气影响形成大浪 38 天、西南大风影响形成大浪 13 天、台风影响形成大浪 6 天。广西海洋预报台对全年大浪进行了预报，实况与预报对照如下表：

成 因	预报(天)	实况(天)
冷空气大风	64	38
西南大风	8	13
台风大风	5	6
年 合 计	77	57

（2）风暴潮预报 2002 年，广西沿海海区主要受“黄蜂”台风风暴潮和“米克拉”台风风暴潮影响，其中“黄蜂”风暴潮最大增水 52 厘米、“米克拉”风暴潮最大增水 58 厘米。风暴潮最大增水值为常年平均值左右。

广西海洋预报台分别于 8 月 18～20 日和 9 月 25～28 日对“黄蜂”风暴潮及“米克拉”风暴潮密切监视和跟踪预报，及时向各级防汛部门和有关单位发布风暴潮和大浪预报及警报共 13 份次，有效配合各级政府对防御风暴潮灾害防御提供决策，把海洋灾害损失减轻到最低程度。

（3）赤潮预报 2002 年，广西沿海涠州岛附近海区出现 1 次小面积赤潮影响，广西海洋预报台进行了预测预报，小面积赤潮未造成大的灾害。

（广西海洋监测预报中心）

海洋资源开发与海洋经济
Development of Marine Resources and Marine Economy

【概况】 2002 年广西全区海洋产业总产值为 146 亿元，与上年相比增长 28%。但广西海洋产业结构变化不大，海洋水产（含捕捞、养殖、加工）产值占 94.99%左右，海洋交通运输占 3.49%，滨海旅游占 1.06%左右，海洋盐业占 0.43%，滨海砂矿占 0.03%，广西沿海 3 市的海洋经济发展不平衡，从西向东，逐渐发达。2002年北海市为85.53亿元，钦州市为29.63亿元，防城港市为19.48亿元。

【海洋水产业】 2002年全区海洋捕捞和海水养殖总产量为1 664 169吨；海洋捕捞和海水养殖总产值为96.34亿元，比1999年海洋水产总产值92.75亿元有所提高，但海洋捕捞产量和产值有所下降。2002年全区海水养殖面积61 756公顷，产量801 200吨，产值476 505万元。 （杨 菲）

【港口与运输业】 2002年，沿海港口建设完成投资19 469万元。主要的建设项目有防城港11、12号泊位工程、钦州港二期工程、钦州港3万吨级进港航道、钦州港中山码头二期工程。

沿海港口完成货物吞吐量2 049.81万吨，比上年增长13.07%。其中，防城港完成货物吞吐量1 116.25万吨，再创历史新高，比上年增长11.27%；钦州港完成货物吞吐量202.65万吨，比上年增长11.75%；北海港完成货物吞吐量311.41万吨，比上年增长23.64%；

沿海（外贸）运输船舶282艘、5.41万载重吨、3 241客位，分别为2001年的109.73%、119.43%、115.79%，完成客运量49.5万人、旅客周转量4 939万人千米、货运量133.8万吨、货物周转量38 419万吨千米，分别为2001年的123.75%、103.11%、101.36%、81.99%。沿海客运以我区沿海港口城市与海南海口间陆岛运输为主。

远洋运输船舶144艘、7.55万载重吨、150客位。完成客运量3.1万人次、旅客周转量897万人千米，完成货运量128万吨、货物周转量70 921万吨千米，分别为2001年的51.57%、48.67%、117.43%、115.11%。 （赵 瑛）

【海洋盐业】 2002年广西盐业总0.17亿元。现有7个国有盐场，盐田面积4 729公顷，2002年生产面积2 659公顷，年产原盐12万吨。经过对盐场进行结构调整，目前已有44%有低产盐田改造为多种海水养殖用地，取得了良好的经济效益。 （李文菲）

【滨海旅游业】 2002年广西北海、防城港、钦州3个滨海城市共接待海外旅游者7.95万人次，比上年增长7.9%；旅游外汇收入1 364.61万美元，比上年下降3.8%；国内旅游人数666.23万人次，同比增长9.4%；国内旅游收入27.43亿元人民币，比上年增长10.5%；旅游总收入28.54亿元人民币，比上年增长9.8%。

旅游规划方面 2002年6月，广西壮族自治区人大批准了《北海银滩旅游区规划》北海市政府通过了《银滩旅游区(中区)改造一期工程工作方案》完成涠洲岛旅游资源开发与生态环境保护规划和项目可研评估及环境影响评价报告的编制。6月，防城港市编制完成竹山景区、峒中温泉列入广西边境公路旅游规划中，目前这两处景区规划。8月，钦州市人民政府组织专家对《钦州市旅游形象设计与推广策略》进行评审。12月。组织专家对《欢乐岛可行性研究报告》进行评估。

旅游景区(点)开发建设方面 北海市颁布了对北海银滩旅游区(中区)改造一期工程工作方案。北海银滩旅游区全长24千米，分为东区、中区、西区3个区域。2002年8月，自治区、北海党委和政府做出重大决定，对银滩中区进行改造，计划用3年完成。防城港市投资50万元，装修管委会大楼作为旅游培训基地，修建了公共厕所、了望塔、景区步行道等旅游基础设施。钦州市组织修建了麻兰岛、大环旅游码头，铺设了大环旅游区公路。钦州港七十二泾旅游码头、景区道路、松飞岭旅游渡假区前期工程正在建设中。

旅游线路宣传促销方面 6月份由自治区人民政府组织的广西旅游经贸大篷车赴东北地区的促销活动，北海市、防城港市和钦州市旅游部门均派出代表团参加。钦州坭陶“高鼓花樽”花瓶作为这次广西旅游活动经贸大篷车活动的主要纪念品赠送沿途各省(区、市)人民政府。

旅游线路方面 新推出旅游线路：北海市星岛湖一日游、涠洲岛探险游、红树林生态科考游、北海康复疗养游、“农家乐”旅游、北海越南海上跨国游等精品线路。防城港市兴边富民游：防城—竹山—里接大桥—里火口岸—高林瑶寨—峒中口岸—东兴；上思十万大山休闲度假游、江山半岛休闲健身游、万尾金滩京族风情游、防城港码头风光游。钦州市滨海休闲旅游线：大环关岛—

麻兰岛一七十二泾一龙门渔港一钦州港仙岛公园；文化、名胜古迹旅游线：刘永福故居“三宣堂”一冯子材故居“冯宫保”一灵山大芦村古宅群一灵山六峰古寺庙群。（廖燕玲）

海洋国际合作与交流
Marine International Cooperation and Interflow

【广西入选全球环境基金中国南部沿海生物多样性管理国别项目的示范区】 根据国家海洋局国际合作司的要求，我们积极参加申报全球环境基金(GEF)中国南部沿海生物多样性管理国别项目之生物多样性保护示范区子项目。继2001年两次接待GEF委托或组织进行的项目立项考察与评估，并组织有关专家拟定有关项目建议书(广西部分)之后，广西壮族自治区海洋局于2002年5月底6月初又派人参加国家海洋局国际合作司在三亚召开的“中国南部沿海生物多样性管理国别项目国家研讨会”会上及会后大幅修改了广西壮族自治区的项目申报材料，协助项目专家，补充完成了“项目公众参与”部分的重要内容，分工绘制了总项目的示范区布局示意图。在10月中旬GEF理事会北京会议上，该项目已经得到GEF批准，广西的山口红树林生态自然保护区至涠洲岛一斜阳岛珊瑚礁区一带海域被列为项目的示范区，将按照GEF的要求开展有关工作。

【联合国教科文人与生物圈山口保护区生态旅游规划及公众教育和社区参与项目已经完成】 “山口红树林生态自然保护区生态旅游规划及公众教育和社区参与”是2001年由联合国教科文组织人与生物圈委员会批准下达，由ASPACO基金资助的，由广西壮族自治区海洋局牵头协调，分别由广西红树林研究中心和山口保护区管理处承担的两个小项目。至2002年底，已按照项目计划和要求完成全部研究工作，并向联合国教科文组织提交了项目成果报告。

【继续追踪中-美北部湾海洋生态环境管理合作项目】 根据2000年6月在中国广西壮族自治区南宁市召开的中国和美国海洋与海岸带综合管理协调组研讨会的意见确定的中-美北部湾海洋生态环境管理合作项目，2002年由中美双方继续联系落实。在美方帮助联系落实援助人和援助资金的同时，广西壮族自治区海洋局根据美国国家海洋大气局的项目联络人的要求，继续修改、补充和提供相关资料，并与国家海洋局一起提供了有关项目资金匹配的书面担保。（刘　斌）

表3　2002年广西沿海滩涂开发利用情况

单位：公顷

地区名称	滩涂总面积	可利用总面积	已利用总面积			
				养殖用面积	种植用面积	其他用面积
合　计	89 959.6	62 129	49 862	40 903.3	2 319	1 306.7
北海市 #合浦县	48 667	33 334	29 683	29 596.3		86.7
防城港市	24 110	20 795	14 846	11 307	2 319	1 220
#东兴市	3 500	2 000	1 033	1 023		10
钦州市	17 182.6	8 000	5 333			

说明：1. 统计范围：沿海县和县级市。

2. 有“#”者为其中数（下同）。

表4 2002年广西海洋开发与管理情况

地区名称	海域使用证发放（本）	海域使用金（元）	海域使用面积（公顷）		
			养殖	水利	其他
全区(沿海)合计	663	5 128 895.8	3 364		85
北海市	243	3 268 755	2 744	—	85
#合浦县	70	707 890	463.4	—	
防城港市	172	320 199.80	243.8		
#东兴市	116	115 320	128		
钦州市	248	1 539 941	376.5		

表5 2002年广西沿海地区国内生产总值

单位：亿元

地区名称	国内生产总值	第一产业	第二产业	第三产业
全区合计	2 455.4	595.7	864.0	995.7
北海市	135.477 3	39.443 6	37.628 3	58.405 5
#合浦县	53.543 7	22.120 2	15.007 7	16.415 7
防城港市	70.662 2	20.974 9	21.951 6	27.735 7
#东兴市	14.050 0	3.589 1	2.318 0	8.142 9
钦州市	154.550 5	74.392 9	31.466 4	48.691 2
沿海合计	360.69	134.811 4	91.046 3	134.832 4

表6 2002年广西沿海地区工农业总产值

单位：万元

地区名称	工业				农业			
	总产值		增加值		总产值		增加值	
	当年价	比上年增长（%）	当年价	比上年增长（%）	当年价	比上年增长（%）	当年价	比上年增长（%）
全区合计	1 180.6	17.3	699.2	10.9	916.5	7.8	595.7	7.3
北海市	1 028 743	4.2	330 326	18.9	713 012	5.1	394 336	4.6
#合浦县	451 709.3	11.79	131 482	15.7	379 836	2.7	213 616	-3
防城港市	610 286	42.9	183 019	38.6	327 612	2.5	203 514	2.7
#东兴市	56 956	22.6	14 959	20.1	59 581	7.3	36 376	9.2
钦州市	80 192	10.2	232 616	9.8	1 211 465	10.0	752 925	9.8
沿海合计	1 719 221	49.3	745 961	52	2 252 089	52.6	1 350 775	54.5

表7 2002年广西沿海地区年末总人口及从业人员情况

单位：万人

地区名称	年末总人口			从业人员	
		农业人口	非农业人口		职工人数
沿海合计	557.24	459.03	98.22	315.17	23.84
北海市	145.49	103.13	42.37	83.03	8.82
#合浦县	92.589 7	74.285 3	18.304 4	45.12	3.31
防城港市	78.31	58.80	19.51	41.60	5.10
#东兴市	10.24	7.49	2.75	6.15	0.64
钦州市	333.44	297.10	36.34	190.54	9.92
全区合计	4 822			2 589	260

说明：1. 年末总人口数为自治区统计局抽样调查数，农业与非农业人口数为公安的数，故此处年末总人口数不等于农业与非农业人口数相加。

2. 北海市、防城港市的数据含县的数。

表8 2002年广西海洋产业总产值（当年价）

单位：万元

地区名称	海洋产业总产值						交通运输		旅游	
		水产	油气	砂矿	盐业	修造船		港口		国际旅游
合计	1 460 153.55	955 579	169 456	142.5	1 675	1 057.25	46 754		285 489.80	11 189.80
北海市	855 325.74	568 382	169 456	142.5	1 304	705.25	11 754	11 754	181 983.74	6 483.74
#合浦县	33 513	233 386		—	127					
防城港市	194 813	139 943	—		282	352	35 000	35 000	54 588.84	4 488.84
#东兴市	42 972	42 972								
钦州市	296 250	247 254	—		89				48 917.22	217.22

注：此表统计范围与分产业统计范围一致。

广东省
Guangdong Province

综述
Summary

【概况】 2002年，广东省海洋与渔业工作围绕建设海洋与渔业经济强省的总目标，以发展为主题，以结构调整为主线，大力推进从“数量型”向“质量型”转变，各项工作有了新起色。2002年广东省海洋产业总产值1 950亿元，比上年增长12%；海洋产业增加值910亿元，比上年增长9.8%，占广东省GDP总量的7.8%；水产品总产值416亿元，比2002年增长6.7%，占农业总产值的23.4%；水产品总产量628.06万吨，比2002年增长3.0%，渔民人均纯收入6 200元，劳均收入13 400元。

海域使用管理
Management of Sea Area Use

【海域示范区建设】 2002年国家海洋局和财政部正式批准湛江和台山为国家级海域使用管理示范区，加上原有的惠州与饶平海域使用管理示范区，广东共有4个示范区。各示范区认真按照国家海洋局《关于进一步做好示范区工作的若干意见》的精神，高起点，高标准，严格要求，大胆实践。湛江市自2002年7月被国家海洋局批准为全国海域管理示范区以来，针对该市的实际情况，为把全国最大的海域管理示范区各项工作搞好，多次研究工作方案，制定工作目标，各项工作均有良好开端。台山市被批准为全国海域和海岛管理示范区以来，为完成各项任务，调整了领导班子，加强对海域工作的领导，充实海域管理工作人员，配备各种办公设施，给海域管理提供好的工作环境和条件，激发了海域管理人员的工作干劲。在短短几个月内，展开了全市围填海调查，大范围对镇海湾进行整治，使两个制度大大向前推进。除此之外，各示范区与时俱进，不断探索，在体制方面，大胆创新。如惠州市在辖区管理范围调整过程中，把原属惠阳市管辖的大亚湾海域收回来，专门成立广东省海洋与渔业局管辖的大亚湾海洋与渔业局，加强了对大亚湾海域的管理。饶平县在整治柘林湾的基础上，为巩固整治成果，拟成立柘林湾海域管理办公室，现在筹备之中。台山市为加大用海管理，采取了与渔政海监大队联合办公、联合查处和联合办证方式，取得良好的效果，为海域管理提供良好的经验。在确权登记发证上，示范区较好地完成各项指标。同时广东省各地都加大了对海域管理的力度，加强领导，增加投入，把海域管理工作落到实处，使示范区整体的海域管理工作走上一个新台阶。

【海域勘界】 根据国务院办公厅下发的《关于开展勘定省县两级海域行政区域界线工作有关问题的通知》[国办发（2002）12号]，广东省对此十分重视，为加强对勘界工作的领导，建立了广东省海域勘界工作联席会议制度，由各相关涉海单位领导参加，负责协调海域勘界工作中重大问题。按照广东省政府的统一部署，广东省海洋与渔业局积极开展省内海域勘界工作，完成了湛江与茂名、汕头与揭阳两条线的试点工作，为全面展开省内海域勘界工作积累了经验。同时认真抓好省际间的海域勘界工作，与广西海域勘界调查工作已告结束，现进入制定方案、征求意见阶段。为把这条界划好，廉江市对勘界工作很重视，多次召开乡镇有关部门的会议，广泛征求意见，研究对策，较好完成国家海洋局交给的各项任务。

【无人海岛管理】 按照国家海洋局的统一部署，广东省加强了无人海岛的管理工作。汕头、惠州和台山等市走在了广东省的前列。作为国家海岛试点的汕头市在做好调查规划的基础上，对全市的海岛进行立碑命名。惠州市人民政府根据国家海洋局的要求，把海岛管理交给惠州市海洋与渔业局负责。广东省海洋与渔业局在深入调研的基础上，掌握了大量无人海岛的第一手资料，现正编制无人海岛信息库。2002年7月中旬，全国政协副主席周铁农率领全国政协委员视察团一行47人来粤，实地视察了广东海岛管理保护和开发建设工作。视察团从三个方面对广东省海岛开发、保护和海洋开发给予充分肯定：①广东省委、省政府高度重视，海洋部门管理有力，海岛开发与管理工作走在全国的前面，成效显著；②海岛开发与管理工作意识对头、思路正确，开发管理有特色、有创新；③如何更好地开发与管理海岛，在广东找到了启示、找到了方向或找到了答案，广东再次为全国提供了新鲜经验。

【专属经济区管理】 广东省政府赋予了广东省海洋与渔业局200海里专属经济区渔业管理职能。为维护我国海洋渔业权益，切实履行职责，2002年3月份起，广东省先后派出中国渔政44061、44261船参加农业部渔政指挥中心组织的7次代号为“飞鱼行动”的北部湾巡航管理任务。参加行动的全体执法人员克服了航程远、风浪大、海况恶劣、渔政船吨位小等种种困难，出色完成了巡航任务。在4月份的一次行动中，中国渔政44261船全体同志听从指挥，不顾个人安危，前往指定海域，行动中驱赶3艘越南炮艇，成功解救2艘被越南武装船押扣的中国渔船，出色完成了巡航任务，受到南海区渔政渔港监督管理局领导的表扬。

海洋环境保护
Marine Environmental Protection

【海洋环境监测】 根据国家海洋局《2002年海洋环境监测工作方案》和《2002年全国海洋赤潮防灾减灾工作方案》环境监测工作，结合广东省的实际情况，广东省海洋与渔业局制订了《2002年广东省海洋与渔业环境监测工作方案》、《2002年广东省渔业资源监测工作方案》、《2002年广东省赤潮防灾减灾工作方案》和《2002年广东省赤潮监控区监测工作方案》，并以粤海渔函[2002]163号文下达省内各市的海洋与渔业环境监测站。2002年3月30～31日，广东省召开了全省海洋与渔业环境管理监测工作会议，对落实各项工作方案等进行了布置，按要求8月份对广东省近岸海域69个监测站位进行了采样监测，监测项目包括水文气象、海况、海水质量、浮游生物等26项。目前已完成近岸海域16个海洋生物监测站位的贝类采样检测工作，现正在数据分析整理中。按计划对湛江港、茂名30万吨乙烯排污口邻近海域进行了监测。海洋污染事故应急监测。9月11日，汕头市南澳岛云澳近岸海域发生了一起油轮触礁起火爆炸泄油事故。广东省海洋与渔业环境监测中心对该泄油事故进行了调查监测。人工鱼礁建设试点效果的跟踪监测工作，完成了《阳江人工鱼礁效果跟踪监测评估初步报告》。为了掌握广东省人工鱼礁的投放效果，4月，对阳江人工鱼礁效果展开了跟踪监测，并编写了《阳江人工鱼礁效果跟踪监测评估初步报告》。

【海洋功能区监测】 广东省重点海水增养殖区环境监测对南澳深澳湾、柘林湾、大鹏湾、珠海桂山湾、茂名水东湾、雷州湾、流沙湾等7个重点海水增养殖区的环境质量进行了2次监测。重点海水浴场监测，5～10月份，每周一次对深圳大、小梅沙海水浴场和阳江闸坡海水浴场进行了监测。海洋自然保护区监测，对大亚湾省级水产资源保护区进行了2次监测。

【赤潮监测】 国家海洋局在广东选定了柘林湾为赤潮监控区，进行高频率监测监视。由于柘林湾发生赤潮主要为球型棕囊藻引发的赤潮，根据棕囊藻生活周期长和全年都可以引发赤潮的特点，调整了柘林湾的赤潮监控去野外采样的频率，其中生物和水文气象要素每周监测一次，化学要素每月监测两次，并进行周年监控。至今，广东共发生8起赤潮，其中5起发生在珠江口海域，2起发生在大鹏湾海域，1起发生在湛江硇洲岛附近海域。除6月4～14日发生在珠江口海域的赤潮规模较大外，2002年发生的赤潮规模都较小，未造成人员中毒事件，对养殖业未造成明显影响。广东省海洋与渔业环境监测中心、深圳市海洋与渔业环境监测站等对发生的赤潮进行了跟踪监测监视，并适时发布赤潮监测信息，为减灾防灾提供信息和建议。

【首次发布了广东省海洋环境质量公报】 广东为使各级政府、社会各界和广大公众能及时清楚地了解本省海洋环境质量状况以及环境破坏给沿海经济与社会发展带来的不利影响，进一步提高全社会的海洋意识，引导公众积极参与海洋环境保护事业，促进海洋经济的可持续发展，2002 年广东省海洋与渔业局首次对外发布了《2001 年广东省海洋环境质量公报》。该公报的发布对各级政府制定海洋环境政策和环境整治措施，确定海洋环境管理目标，减轻海洋灾害，调整沿海地区经济结构等都有着重要的参考价值。为政府部门及海洋企业单位发展海洋与渔业经济提供环境信息，为有关方面的决策和海洋开发利用提供了服务。

【海洋自然保护区建设】 ①广东省全面开展了对惠东港口海龟自然保护区扩改建工程并完成了现阶段建设计划，使该保护区的基础设施初步完善，向样板式自然保护区发展，受到有关部门和国内外专家的好评。②以特事特办为指导思想，积极推进珠江口中华白海豚自然保护区向国家级发展，完成了国家级自然保护区的申报工作，并得到考察专家的认可。③组织完成了南澎—勒门列岛海洋生态自然保护区及徐闻珊瑚礁自保护区两个省级自然保护区的科学考察、建设规划及申报工作，推进广东省海洋自然保护区的快速发展。④组织完成了河源桂山娃娃鱼自然保护区等 3 个市级自然保护区的建设。

另外，GEF（全球环境基金）中国南部沿海生物多样性保护项目东山－南澳示范区已通过国家海洋局的初步评审，与福建省初步达成共识携手共建，力争将其建成为一个区域间合作和生态保护的典范。

海洋行政执法
Marine Administrative Law-Enforcement Work

【港湾整治】 对海湾进行整治是一项民心工程，也是树立海洋管理部门形象的工程，广东省各地在以往的基础上加大了整治力度，有力推进两个制度建设。台山市针对镇海湾乱围乱填，抢占航道违法设置定置作业比较严重的现象，8 月，对镇海湾进行了为期 15 天的大规模综合整治行动，出动舰艇 45 艘/次，动用人力 208 人/次，疏理航道 20 余千米，清理搬迁蚝排 1 124 个，拆除水下乱桩 9 棕，定量网 16 宗，查处无证新围海 4 宗，涉海面积 150 公顷，查处毁坏红树林 2 宗。通过综合整治，目前镇海湾航道畅通，乱围乱填现象已经刹住，整治工作取得阶段性成果。其他地方如湛江市的湛江港，阳江市的洋边海，茂名市的水东湾等都经过了一定的整治，收到了经济与社会双重效益，建立了井然有序的生产、生态环境。

【执法检查】 根据工作计划，2002 年广东省渔政总队在广东省沿海组织 4 次较大规模的联合执法行动，重点开展海域使用执法和海砂开采管理，全面贯彻实施《中华人民共和国海域使用管理法》。一是珠江口海域使用和海砂开采执法行动。2002 年 3～4 月，由广东省渔政总队组织，广州、深圳、珠海、东莞、中山等市支队及所属大队参加，在珠江口海域，检查珠江口沙角附近、内伶仃海域的海砂开采情况，广州南沙、深圳宝安沿岸和珠海市沿岸的海域使用情况，监督检查珠江口倾废情况。二是台山沿海海域使用执法行动。2002 年 4～5 月，在台山镇海湾至崖门口沿岸海域，由广东省渔政总队组织，江门支队、台山、新会大队参加，中国海监南海总队陆航队乘中国海监飞机从空中给予支持。重点检查养殖用海，查处非法围填海养殖工程。三是粤东海域使用联合执法。2002 年 6～10 月，由广东省渔政总队组织，潮州、汕头、揭阳、汕尾、惠州支队及所属大队参加。结合整顿渔港和清理违禁作业，查处违法用海行为，监督检查倾废和采砂行为，潮州、汕头、揭阳、汕尾沿岸和大亚湾海域。四是雷州半岛海域使用海空执法行动。2002 年 3 月、9 月、10 月，对雷州半岛沿海，重点湛江港和徐闻、遂溪沿海，检查雷州半岛沿海各类用海行动，重点湛江港、徐闻沿岸海砂开采和遂溪海域使用情况进行执法检查。广东省渔政总队组织，湛江支队及所属大队参加，中国海监南海总队派出海监飞机配合行动。

海洋资源开发和海洋经济
Development of Marine Resources and Marine Economy

【渔业资源增殖】 ①2002 年广东省增殖放流淡

水鱼苗1.26亿尾、淡水虾苗100万尾、中华绒毛蟹苗200千克、贝类543.5吨、海水鱼苗424万尾、海水虾苗1.22亿尾、海胆苗45万粒。渔业资源增殖工作受到渔民群众和社会各界的广泛赞赏和支持。②为科学评估增殖效果，广东省组织开展了梅江河鱼类资源增殖、吴川鉴江罗氏沼虾增殖和台山广海湾贝类增殖效果检验工作，总结增殖放流工作经验和效果，为今后开展渔业资源增殖提供科学依据。③广东加强了珍稀水生野生动物人工放流工作，开展大规模的中华鲟放流，在江河和海域共放流中华鲟30 880尾，并首次在汕尾海域进行驯化中华鲟放流试验，在国内属首次取得成功，标志着广东省中华鲟驯养繁殖研究取得了重大突破，对中华鲟的保护有重大意义。此外，2002年还孵化放流海龟500余只，海龟保护工作受到国内外有关专家的高度评价。

【野生动物保护管理】 ①2002年继省重点保护水生野生动物名录的公布，广东出台了经营利用重点保护水生野生动物资源保护费的收费办法，使省重点保护物种纳入管理，并运用行政手段与经济杠杆相结合的措施，有效地控制水生野生动物的利用，对保护水生野生动物资源将发挥重要作用。②根据国家农业部渔业局的要求，广东省海洋与渔业局组织编制了《广东省水生动植物保护名录》，并通过了有关专家的评审，为进一步加强广东省水生野动植物保护管理工作打下了良好的基础，是物种保护和生物多样性保护的新举措。③广东省海洋与渔业局编印了《水生野生动物保护手册》和《水生野生动物保护挂图》，并在广东电视卫星台和珠江台播放保护水生野生动物的公益广告，野生动物保护宣传工作收到了显著的效果。④严格水生野生动物许可证管理。至2002年10月底，共发放野生动物驯养繁殖证81个，经营利用证205个，运输证56个，为200余家企业办理鱼翅、贝类、龟鳖等进出口证明书和物种鉴定证明书312批/次。

【人工鱼礁建设】 ①广东省海洋与渔业局在组织大量调研工作的基础上，编写了《建设人工鱼礁保护海洋资源环境议案办理方案报告》。该报告得到省政府批准，并获得省人大的通过，受到高度评价，被评为“精品议案”。此外，完成了《议案办理实施方案》的编写工作，报经省政府批准实施，使广东省人工鱼礁建设具有明确、具体的指导依据。②完成了《广东省沿海人工鱼礁建设总体规划》和各市《人工鱼礁建设规划》编写及评审工作，为广东省人工鱼礁建设制定了蓝图。③制定了2002年度人工鱼礁建设计划及各礁区实施方案，落实了人工鱼礁建设及相关的种苗增殖基地、资源环境监测船建设资金6 968万元，其中省财政5 000万元，市、县1 968万元。使人工鱼礁建设工作进入全面启动状态。④广东省结合渔民转产转业，利用淘汰渔船作为人工鱼礁礁体，在雷州乌石礁区沉放15条经改造的淘汰渔船，为人工鱼礁建设与渔民转产转业工作探索了经验。

（广东省海洋与渔业局　罗蒲清）

福 建 省

Fujian Province

综 述

Summary

【概况】 福建省是我国东南沿海重要海洋省份之一，拥有200米等深线海域面积13.6万平方千米，比全省陆地面积大约12%左右，大陆海岸线北起福鼎沙埕港，南至诏安宫口港，总长3 324千米，居全国第二，直线长度535千米，曲折率达1∶6.21。沿海有大小港湾125处，深水港湾22处，其中沙埕港、三沙湾、罗源湾、兴化湾、湄洲湾、厦门港、东山湾等7处为福建省天然深水良港，能直接满足5万吨级以上船舶自由进出港，约占全国深水港湾的1/6。全省有大潮高潮时面积大于500米的岛屿1 546个，居全国第二，岛屿岸线总长度2 804.40千米，岛屿总面积1 400.13平方千米，有人居住的岛屿101个，人口约136余万人。全省滩涂面积为2 068平方千米。沿海从北至南主要有赛江、闽江、晋江、九龙江等河流入海。

海洋是福建国土的“半壁江山”，拥有“渔、港、景、油、能、”五大优势资源。福建省近海有海洋生物3 312余种，其中鱼类752种，发展海洋水产业具有得天独厚的条件。海岸带和近海海域蕴藏着大量矿产资源。已发现的矿产有60余种，有工业利用价值的20余种，矿产地300余处。海峡油气资源丰富，据调查油气资源总量2.9亿吨。全省沿海风能资源丰富，并有利用潮汐、波浪、海流、温差发电的广阔前景。沿海风光秀丽，气候宜人，拥有丰富多彩的自然和人文旅游资源，是天然的渡假和旅游胜地，海洋开发的前景十分广阔。

行政区划 福建沿海共有6个涉海地级市，其中包括：福州市、厦门市、莆田市、泉州市、漳州市、宁德市。36个涉海县（市、区），其中8个县级市：长乐市、福清市、石狮市、晋江市、南安市、龙海市、福安市、福鼎市；11个县：霞浦县、连江县、罗源县、平潭县、仙游县、惠安县、金门县、漳浦县、云霄县、诏安县、东山县；17个区：马尾区、思明区、开元区、鼓浪屿区、杏林区、集美区、同安区、湖里区、龙文区、丰泽区、洛江区、泉港区、城厢区、荔城区、涵江区、秀屿区、蕉城区。

人口状况 福建沿海地区2002年末人口2 652万人，占福建省总人口3 466万人的76.51%。

经济综合实力 2002年，全省上下以邓小平理论和“三个代表”重要思想为指导，认真贯彻党的十六大精神和党中央、国务院的各项决策，按照省第七次党代会的决策部署，着力构建三条战略通道，按三个层面推进发展，国民经济和社会发展呈现良好势头。2002年沿海地区的国内生产总值为4 042.79亿元，占全省国内生产总值4 682.01亿元的86.35%。

海洋综合经济实力 在福建省委、省政府“建设海洋经济强省”一系列重大决策的推动下，2002年福建省海洋经济获得快速发展，海洋综合经济实力迅速提升。海洋产业总产值达1 325亿元，其中，增加值579亿元，占全省国内生产总值的比重上升到12.36%，海洋经济成为福建省经济发展的一个重要产业。

【海洋科技水平不断提高】 福建省海洋科技力量较强，全省拥有7家海洋科研、教学、设计单位，有中高级职称的海洋科技人员数量居全国前列，在厦门的海洋科技人才规模仅次于青岛居全国第二。海洋生物工程技术、海洋药物、海洋功能食品技术，先进捕捞技术、集约养殖技术、水产品精深加工技术广泛应用于生产，科技进步对海洋经济增长的贡献率超过50%。海洋产业外向型经济进一步拓展，2002年，海洋水产业出口创汇5.71亿美元，滨海旅游业外汇收入达11亿美元。

海洋环境保护

Marine Environmental Protection

【全面开展海洋环境监测】 按照《2002年海洋环境监测工作方案》和《2002年福建省海洋环境

监测实施方案》的规定，开展全省海洋环境监测，监测区域重点布设在近岸海域、重点增养殖区、陆源排污口邻近海域和重点海水浴场等。监测和观测的内容有水文气象要素观测、水质监测、沉积物监测、生物质量监测等。监测结果表明：2002年河口、港湾等近岸海域水体环境质量依然没有根本改善。主要污染物是无机氮和无机磷等；海洋生物（贝类）质量符合国家水产品卫生标准，个别河口港湾养殖贝类体内的粪大肠菌群超标；闽江口和九龙江口海域水质污染较严重，主要污染物是化学需氧物质、无机磷、无机氮和重金属等；滩涂湿地面积继续减少，红树林和珊瑚生态系统萎缩，海洋生物多样性减少。

【海洋赤潮监视监测工作全面展开】 在全省近岸海域开展赤潮监视监测，建立了三都湾、闽江口和厦门近岸海域赤潮监控区，面积2 270平方千米，进行高频率、高密度的定时定点监测，及时发现，有效防灾，监控区内赤潮发现率达100%。

海洋灾害与防御
Marine Disasters and Prevention

【海洋赤潮】 2002年福建省海域共发现赤潮17起，累计面积2 159平方千米，其中6起影响海洋生态和水产养殖，共造成1 380万元的直接经济损失。6起主要赤潮事件集中在福州和宁德海域，引起赤潮的生物主要是原甲藻、夜光藻、裸甲藻和中肋骨条藻。由于海洋行政主管部门及时组织跟踪监测和通报，减少了赤潮造成的损失，防止了人畜中毒事故的发生。

【强台风暴潮】 福建省是风暴潮灾害最严重的省份之一，2002年9月7日强风暴“森拉克”在浙江省苍南县登陆，中心风力达12级，带来狂风、巨浪和暴雨，造成福建省沿海21个县（市、区）受灾，受灾人口达221万，死亡1人；损毁房屋3.5万间、损坏小型水库39座、损坏堤防358处，长123.6千米、堤防决口127处，长11.5千米、损坏护岸200处、损坏水闸84座、冲毁塘坝9座、损坏灌溉设施60处、损坏水文测站33个、损毁船只1 666艘；风暴潮水淹没农田125.1万公顷；海洋水产养殖受灾面积16.8万公顷，损失产量19.6万吨，直接经济损失32.6亿元。

海洋公益服务
Marine Public Welfare Service

【建设海洋监测网络】 加强海洋监测能力建设。与国家海洋局东海分局共建海洋环境监测站和两个监测中心，在全省沿海及闽江流域建立108个监测站位，对重点海域、陆源排污口的邻近海域、海水浴场和重点渔业资源区域进行海水水质、海洋污染事故、赤潮等监测。建立宁德三都湾、厦门近岸海域两个国家级赤潮监控区和闽江口省级赤潮监控区，制定赤潮监控区工作方案，认真组织实施赤潮监视、监测，及时向沿海各部门通知或预报，促使渔民及早转移或收获水产品，提高了防范赤潮灾害的能力，仅去年海水养殖业就减少损失9 000余万元。

【海洋自然保护区】 加强厦门中华白海豚等11个国家和省、设区市海洋自然保护区建设。积极筹建平潭中国鲎、湄洲岛海洋生态保护区等8个海洋自然保护区。通过认真细致的工作，促使联合国环境保护基金援助60余万美元的“东山一南澳”海洋生物多样性保护项目获得批准。为云霄漳江口红树林自然保护区升格为国家级海洋自然保护区做了大量的基础工作。成立了全国第一家经地方人民政府批准的海洋特别保护区——宁德海洋生态特别保护区。

海洋科技与教育
Marine Science & Technology and Marine Education

【海洋科技】 首先加大了对海洋科技人才的培养力度，通过科技项目的扶持引导，进一步激励了海洋科技人员的工作积极性和主动性，涌现了一批海洋优势学科带头人。其次，加大了海洋科技普及工作力度，在各涉海产业和沿海群众中提高了海洋科技意识。此外开展了海洋各职业技术教育，提高了海洋各产业中劳动者素质。省政府加大海洋科技专项投入，集中力量解决海洋资源开发中的技术难点，促进海洋开发产业化和海洋产业升级。通过海洋科技攻关，福建省海洋渔业、海洋港口及交通运输、海洋化工、滨海旅游、海洋矿业及海洋药物、海洋功能食品开发、海洋能利用等各方面都取得了较大的发展，科技对海洋经济增长的贡献率进一步提高。

【海洋教育】 福建省是中国海洋教育力量较强的省份之一，尤其是厦门大学海洋学院是中国海洋教育的“摇篮”。各海洋教育单位致力于经济与教育的紧密结合，通过深化教育体制改革，全面提高了教学质量，使得海洋教育事业得到了较快的发展。全省主要海洋教学单位有厦门大学海洋学院、厦门大学亚热带海洋研究所、集美大学水产学院和集美大学航海学院等。

海洋立法与管理
Marine Legislation and Management

【概况】 在海洋规划方面，完成了省级及 6 个沿海设区市大比例尺海洋功能区划工作，县级海洋功能区划除莆田市所辖县（区）因行政区划调整未完成外，其余均已完成。《福建省海洋生态保护规划》已通过专家论证并将出台。全省共投入 600 余万元，开展“福建省浅海滩涂水产养殖容量和养殖规划研究”，为海水养殖规划与海洋功能区划的相互协调奠定了坚实基础。各地在海域使用论证、海域使用审批、海域使用登记等工作中严格执行海洋功能区划。厦门市海洋与渔业局根据海域功能区划的要求，2001 年开展了西海域水产养殖专项整治，实施大规模的用海结构调整工作，取得了突破性进展。

在海洋立法方面，《福建省海洋环境保护条例》经省人大常委会批准于 2002 年 12 月 1 日正式颁布实施。积极推进《福建省海域使用管理办法》、《福建省海域使用金征收管理办法》等海域使用法规实施工作，开展《福建省实施〈海域法〉办法》、《福建省无居民岛管理办法》的立法调研，逐步完善海洋管理法规体系。

在海洋执法方面，重点抓队伍建设。目前部分沿海地级市和县（市、区）已建立海监队伍，并在省海监总队的指导下开展海洋监察执法工作，共依法查处 3 起违法围海案件，并依法开展一系列打击非法采砂活动。泉州市、莆田市通过市政府部署，由市海洋与渔业局牵头，公安、边防、海事、国土资源、水利、港务等涉海部门参加，对违法开采海砂行为进行查处，在全省产生很大的震动。

海洋管理示范区建设成效明显，两项制度实施进展顺利。全省 4 个海洋管理示范区的海域使用确权发证面积共达 2.37 万公顷（35.6 万亩），征收海域使用金 566 万元，此外还减免海域使用金 555 万元，分别占全省的 52.4%、55.9%、43.9%。在总结推广示范区经验的基础上，进一步建立和完善全省海域使用权属和海域有偿使用两项制度。制定了《海域使用申请审批程序》、《海岸海洋工程建设项目环境影响评价审核核准程序规定》、《海域使用论证管理办法》、《海底电缆管理办法》等一系列规范性文件。对埃克森美孚石油公司等一批世界知名企业在福建省的用海项目进行评估，得到企业的充分理解和好评，促进了海域使用金征收工作的顺利开展。2002 年全省确权海域面积 4.5 公顷，共收取海域使用金 1 013 万元，并依照程序减免了海水养殖受灾户的海域使用金 1 264 万元。

海域勘界工作局面初步打开。认真贯彻落实全国海域勘界工作会议部署，省及沿海设区市、县均成立海域勘界领导小组和办公室，配备勘界工作人员 100 余人。积极争取省财政勘界专项经费 845 余万元，各沿海地级市和县（市、区）也相应安排了海域勘界专项经费，使海域勘界工作有了人力、物力保证。完善配套海域勘界制度，制定了《福建省海域勘界工作实施方案》、《福建省海域勘界技术规程》、《福建省实施〈海域勘界档案管理规定〉细则》。全年完成了 6 条县际间海域界线的勘定工作。与此同时，积极配合国家海洋局开展闽浙省际海域勘界工作。

海洋资源开发与海洋经济
Development of Marine Resources and Marine Economy

【海洋渔业】 福建省海域辽阔，海岸线漫长曲折，港湾滩涂面积大，海洋生物资源丰富。2002 年，福建省各级渔业行政管理部门立足于加强管理、调整结构、开拓市场和增强后劲，努力战胜旱灾、洪灾造成的困难，推动了全省渔业各项工作有序开展。全省水产品总产值、主导产品的数量等经济指标继续位居全国前茅，人均水产品占有量稳居全国首位，渔业经济保持稳定、快速、健康发展的好势头。全省水产品产量达558.7万吨，比上年增长2.9%；水产业总产值720亿元，比上年增长10.2%；水产业增加值406亿元，比上年增长10.3%；水产品出口创汇5.71亿美元；渔民人均纯收入4 941元，比上年增长4.77%。

水产养殖结构进一步优化。海水养殖结构调整的主攻方向是把养殖从10米等深线内向10～30米等深线浅海推进，其首选模式是发展大型抗风浪深水网箱养殖。2002年新发展大型抗风浪深水网箱46组184口，全省大型抗风浪网箱总数达到57组228口，实现养殖领域的重要拓展和养殖方式的重大突破。生态渔业发展态势良好。放流增殖各类鱼虾近亿尾，底播雏贝5 000余吨，开展生态养虾6 660公顷。积极优化养殖品种结构，南美白对虾、鲍鱼、牙鲆、石斑鱼、鱼师鱼等一批市场行情看好、经济效益高的水产养殖品种得到快速发展。全年新增南美白对虾养殖面积3 330余公顷。

海洋捕捞方面，按照国家实施海洋捕捞产量“零增长”的要求，积极组织渔民减船转产。同时，把沿海减船转产工作同实施海洋捕捞结构调整结合起来，调整压缩对资源破坏严重的拖网及定置网作业方式，鼓励发展灯围、鱿鱼敷网、笼捕、延绳钓、底层流刺网等轻型、节能的作业方式。积极拓展远洋渔业，重点发展印尼海域拖网、大洋性鱿鱼钓、大洋性超低温金枪鱼钓等项目。全年外派远洋渔船212艘，远洋渔业产量达13.1万吨，比上年增长50.6%，产值5.66亿元，效益良好。大力拓展水产加工业，水产品加工能力有所增强。全年水产品加工量130万吨，加工产值达120亿元，分别比上年增长14%和5.3%。全省共有43家加工企业，65个产品获省(部)级名牌产品，4个商标获得省著名商标，32家加工企业通过了HACCP等国际质量体系认证，4家通过欧盟认证。122家企业通过日、韩出口注册。全省首批41家水产龙头企业经营业绩稳中有升，全年实现产值50亿元，水产批发市场交易额45亿元。在缅甸兴建一家水产加工厂，实现了在国外加工水产品零的突破。

【海洋交通运输业】 2002年，在经济景气逐步回升的拉动下，海洋运输业承接上年的发展势头，继续稳步增长。全年完成海洋货物运输量3 960万吨、458.94亿吨千米，分别比上年增长10.0%和8.2%，其中沿海货运完成3 189万吨、352.45亿吨千米，分别比上年增长12.9%和14.1%。海洋运输在大宗物资、集装箱大重件物资的长距离运输中占具明显优势。海洋旅客运输进一步呈结构性调整，全年完成海洋旅客运输量275万人、3 554万人千米，分别比上年下降3.8%和10.5%；平均运距12.9千米，下降7.2%，水路客运趋向短途。

2002年全省港口基础设施建设步伐加大，累计投资6亿元，新增泊位9个、吞吐能力581万吨，其中新增万吨级泊位4个、吞吐能力523万吨。截至年底，全省沿海港口拥有生产性泊位359个，港口吞吐能力8 037万吨，其中：万吨级以上泊位46个，港口吞吐能力5 587万吨。全年沿海港口完成吞吐量10 200.62万吨，比上年增长23.2%，首次突破亿吨大关，提前3年实现“十五”计划目标，其中外贸吞吐量完成3 979.98万吨，比上年增长20.7%。沿海港口集装箱运输快速增长，完成国际标准集装箱吞吐量255.49万标准箱，比上年增长29.9%；其中：外贸集装箱吞吐量完成215.55万标准箱，比上年增长26.1%；内贸集装箱吞吐量完成39.93万标准箱，比上年增长54.4%。为了合理配置资源，使港口建设更好地适应外向型经济发展的需要，进一步加强了港口规划工作，《福州港总体布局规划》已通过交通部和省政府联合审查；《厦门湾港口布局规划》也已报交通部和省政府待审；《福建省沿海港口发展规划》初稿已完成。

【滨海旅游业】 全年接待海外旅游者184.82万人次，比上年增长13.1%；其中：外国人52.8万人次，比上年增长13.5%；香港特别行政区同胞68.57万人次，增长14.7%；澳门特别行政区同胞6.28万人次，比上年下降18.9%；台湾省同胞57.17万人次，比上年增长15.7%。接待国内游客3 931万人次，增长18.3%。全年实现旅游总收入424.38亿元，比上年增长23%，相当于国内生产总值的 9.1%，其中：国内旅游收入333.33亿元，比上年增长24.5%；国际旅游（外汇）收入11亿美元，比上年增长16.8

%。安排旅游重点项目建设资金 1 000 万元，争取旅游国债资金 1 300 万元，国债配套资金 3 900 万元。在第六届厦门“九八”投资贸易洽谈会上，共签订旅游项目 37 个，总投资 3.55 亿美元，利用外资 3.36 亿美元。在香港福建节上，泉州、福州、龙岩、武夷山等地与外商共签订招商引资项目 8 项，总投资 1.9 亿美元，其中武夷山国家旅游度假区综合娱乐城投资额 1.1 亿美元。泰宁县拓展投资渠道，完成旅游固定资产投资 3 627 万元，建起金阳明星山庄、金湖国际大酒店、明禾山庄、金湖民俗风情演艺馆等，区内批办基础设施项目 32 个，其中外资项目 6 个，合同利用外资 1 450 万美元，实际到资 1 200 万美元；内联项目 26 个，总投资 1.92 亿元，实际到资 1.63 亿元。为转换景区的经营管理机制，引进资金加快景区深度开发，永安桃源洞、石林、葛里风景区进行合作经营公开招标，福州华盈集团有限公司获得合作经营权。

【海洋船舶工业】　全省拥有大小修造船工业企业 108 家，拥有大小船坞和船台 38 座，其中：万吨级至 3.5 万吨级船台 5 座，万吨级至 3 万吨船坞 8 座；形成了以福州、厦门建造万吨级出口船为中心，宁德、漳州、泉州建造万吨级以下船舶，修理 3 万吨级以下船舶的修造船产业格局。全年船舶工业完成工业总产值 22 亿元，比上年增长 7%；完成造船 74 艘/18 万吨，比上年增长 17% 和 58%；工业商品产值完成 23 亿元，比上年增长 43%；出口创汇 1.2 亿美元，比上年增长 2.8 倍。与全国其他地方船舶工业相比，福建省船舶工业仅次于江苏省，居全国船舶工业第二位。

【盐业资源开发】　福建是我国南方海盐生产基地，尤以生产的食盐质量优异、产品富含矿物质、晶体颗粒洁白、细腻、均匀、杂质少，产品素以“细、白、干”闻名省内外，生产方式采用手工操作，纯自然生产条件。远销日本、新加坡、韩国、菲律宾、马来西亚等国家和香港特别行政区。福建省盐产品主要分为食用盐（含农、牧、渔用盐）和工业用盐，其中食用盐为主导产品。盐品种有日晒盐、精制盐、加碘盐、强钙精盐、低钠盐、调味盐、大颗粒工业盐等。近年来，福建的盐业由于福建省村办小盐场点多面广、生产规模极小、技术设备落后，劳动生产率低及工业盐品质差和价格等原因，造成产品市场竞争能力较差，面临转产改制的困境。但是，随着福建省盐业产业和产品结构调整力度的加大，以及先进工艺技术的应用，必将促进盐业整体素质和经济运行质量与效益的提高。

【矿产资源开发】　福建省沿海滨海石英砂、花岗石材、叶蜡石及高岭土等是滨海具有优势的矿产。地热、矿泉水分布点多，具有良好的开发前景，具有一定的发展潜力，改革开放以来，石材生产逐步从手工为主转变为以机械生产为主，板材加工业从无到有，从小到大，遍布沿海各地，年产量居全国第一位。石雕业发展迅速，传统工艺配上现代技术，增加了品种，提高了产品档次。高岭土和叶蜡石是福建省陶瓷工业的主要原料，近十年来，福建省陶瓷工业就是依托高岭土和叶蜡石而得到迅速发展。滨海砂产品有 10 余种，主要分布在平潭、惠安、晋江、漳浦、东山和诏安等沿海地区，已在玻璃、水泥、冶金、机械、石化等工业得到广泛应用。精选玻璃砂、水泥标准砂、铸造型砂、各类海砂产量基本满足本省的需要并外销省外或出口。在福州、漳州等地地热资源陆续被发现和探明，为大规模开采提供了条件。地热资源也得到较好的开发，每年地热和矿泉水两项产值超亿元。

【沿海防护林建设】　全省沿海县（市、区、管委会）全部达到原国家林业部颁发的县级沿海防护林体系工程建设标准。现在沿海地区初步建成带网片、多林种、乔灌草、林果竹结合，生态、社会、经济三大效益兼顾的防灾减灾生物防御体系，沿海防护林体系为改善生态环境、防灾减灾发挥了重要的作用，沿海地区大面积荒山已不复存在，与昔日荒山秃岭相比，生态环境大为改善，为吸引外资、加快改革开放步伐和社会经济发展起到了促进作用。2002 年，沿海防护林工程建设继续扎实推进，抓住中央国债项目实施的良好机遇，突出抓好老林带更新、基干林带断带补齐、风口治理、红树林营造等重点骨干工程项目建设，取得了显著成效，9 个国债项目县共完成国债造林 0.59 万公顷。

【海洋能资源开发】 福建省是全国利用潮汐能最早的省份之一，20世纪80年代，福建省在平潭兴建幸福洋试验潮汐电站，1989年4台机组投产发电，由于发电与养殖未协调好和其他方面的原因，未能正常发电和发挥应有的经济效益。但潮汐电站工程的设计是可行的，并积累了经验。90年代，在平潭幸福洋试验潮汐电站设计研建的基础上，又完成了连江大官坂"万千瓦级潮汐电站"的可行性研究成果。同时，省计委委托省工程咨询总公司完成了《福鼎市八尺门潮汐电站预可行性研究报告》的评估工作，并正式报告了省计委立项。根据福建省现有工作基础，已具备研建万千瓦级潮汐电站的条件。

福建省风能资源开发利用目前还处于试验阶段，虽然没有形成较大规模和较好的社会效益，但为下阶段风能开发工作积累了一定的经验。福建省目前具有一定规模的风电场工程仅有平潭莲花、东山岛风力发电试验站。风能开发因技术的原因和国产设备不过关因素，近十几年没有大的发展。虽然如此，平潭莲花山和东山岛风力发电试验站的投运为福建省今后开发风力资源，培训建设和管理人才积累了一定经验，随着沿海突出部和岛屿开发的深入和经济的发展，福建省风能资源的利用将再次提到议事日程上来。

海洋国际合作与交流
Marine International Cooperation and Interflow

【概况】 2002年福建省充分利用对外开放前沿的有利条件，采取有力措施，积极推进海洋国际合作与技术交流。全省共组织海洋与渔业系统内28批83人次分赴欧美、日本考察、交流、培训，与日本长崎县签定了新一轮渔业合作交流协议，与外商达成贸易合作意向50余项。全年新办海洋与渔业三资企业34家，合同利用外资6 190万美元，项目规模和档次有所提高。至2002年底，全省共兴办海洋与渔业三资企业829家，合同利用外资10.94亿美元。

统计资料
Statistical Data

表1 福建省沿海市县一览表（2002年底）

地级市名称	县级行政单位名称
福州市	马尾区 福清市 长乐市 连江县 罗源县 平潭县
厦门市	思明区 开元区 鼓浪屿区 杏林区 湖里区 集美区 同安区
莆田市	涵江区 城厢区 荔城区 秀屿区 仙游县
泉州市	丰泽区 洛江区 泉港区 石狮市 晋江市 南安市 惠安县 金门县
漳州市	龙文区 龙海市 云霄县 诏安县 漳浦县 东山县
宁德市	蕉城区 福安市 福鼎市 霞浦县

表2 2002年福建省沿海人口及农业人口

单位：人

地区	年末总人口	其中：农业人口	占总人口%
厦门市	1 371 588	408 569	29.8
莆田市	3 011 451	2 381 373	79.1
泉州市	6 590 264	4 610 224	70.0
漳州市	4 532 499	3 125 922	69.0
宁德市	3 254 357	2 249 344	69.1

表3 2002年福建省沿海地区国内生产总值

单位：亿元

地 区	国内生产总值			
		第一产业	第二产业	第三产业
福 州	1160.09	136.02	556.33	467.74
厦 门	648.34	22.51	361.62	264.21
莆 田	232.07	38.08	109.92	84.07
泉 州	1 223.06	83.01	646.01	494.04
漳 州	534.80	119.24	199.59	215.97
宁 德	244.62	68.50	81.59	94.53

表4 2002年福建省沿海地区工农业总产值

单位：万元

地 区	“规模以上”工业总产值	农业总产值
福州市	9 700 027	2 210 770
厦门市	10 254 868	360 725
莆田市	1 805 355	624 663
泉州市	7 281 945	1 414 035
漳州市	2 336 942	2 050 153
宁德市	693 929	1 137 185

表5 福建省海洋开发资料统计

项 目		2002年
水产品产量		558.71
海水产品产量(万吨)	鱼 类	175.43
	贝 类	240.84
	虾蟹类	35.33
	藻 类	38.67
	其 他	4.51
	合 计	494.79
海洋捕捞产量(万吨)		211.83
海水养殖产量(万吨)		282.96
海水养殖面积(万公顷)		13.80
渔区年人均收入(元)		4 941
渔业总产值(亿元，当年价)		337.55

续 表

项目			2002年
沿海主要港口货物吞吐量（万吨）		福州港务局	3 894
		厦门港务局	2 742
		泉州港务局	2 120
		湄州港务局	480
		宁德港务局	
		漳州港务局	
		合计	10 201
海洋旅客运输量(万人)			275
造船产量(万吨)			18
船舶工业总产值(亿元)			22
原盐生产产量(万吨)			
滨海旅游（万人次）	境外	外国人	52.8
		香港特别行政区同胞	68.57
		澳门特别行政区同胞	6.28
		台湾省同胞	57.17
		合计	184.82
	国内（万人次）		3 931
全省旅游接待能力	旅游星级涉外饭店		290
	客房（间）		
	床位（张）		

表6 2002年福建省沿海省市（含市、县级）海洋机构

1	福建省海洋与渔业局	20	惠安县海洋与渔业局
2	厦门市海洋与渔业局	21	漳州市海洋与渔业局
3	厦门市同安区水产局	22	诏安县海洋与渔业局
4	厦门市湖里区农林水利局	23	漳浦县海洋与渔业局
5	厦门市杏林区农业局	24	龙海市海洋与渔业局
6	福州市海洋与渔业局	25	云霄县海洋与渔业局
7	福州市马尾区农村发展局	26	东山县海洋与渔业局
8	长乐市海洋与渔业局	27	莆田市海洋与渔业局
9	福清市海洋与渔业局	28	莆田市涵江区海洋与渔业办公室
10	连江县海洋与渔业局	29	仙游县农业局
11	平潭县海洋与渔业局	30	莆田市荔城区海洋与渔业工作领导小组办公室
12	罗源县海洋与渔业局	31	莆田市城厢区海洋与渔业工作领导小组办公室
13	泉州市海洋与渔业局	32	莆田市秀屿区海洋与渔业局
14	晋江市海洋与渔业局	33	宁德市海洋与渔业局
15	石狮市渔业办公室	34	宁德市蕉城区海洋与渔业局
16	泉州市洛江区农业水务局	35	福安市海洋与渔业局
17	泉州市泉港区农林水局	36	福鼎市海洋与渔业局
18	南安市农业与海洋局	37	霞浦县海洋与渔业局
19	泉州市丰泽区海洋与渔业中心		

（福建省海洋与渔业局 林旭东 廖信宁）

厦门市

Xiamen City

综　述

Summary

【概况】 厦门市位于台湾海峡西侧、福建省南部、九龙江入海口，24°24′～24°55′N，117°53′～118°25′E，南北长57千米，东西宽68千米，陆地面积1 565平方千米，海域面积约390平方千米，海岸线长度约234千米，有大小岛屿31个，人口131万。厦门市下辖鼓浪屿、思明、开元、湖里、集美、杏林、同安7个区。厦门海岸地貌具有海岸曲折、湾中有湾、湾中有岛的特征。厦门气候属南亚热带海洋性季风气候类型，湿热同季，日照充足，年平均气温20～22℃，年平均降水量900～2 000毫米，年平均风速3.4米/秒，年平均水温21.3℃，每年平均有5～6次台风影响该区。厦门海域潮汐类型属于正规半日潮，平均高潮位5.68米，平均潮差3.98米。

厦门自然条件优越，海洋资源丰富，各类海洋生物近2 000种，其中有经济价值的常见鱼类157种，软体动物89种，甲壳类动物127种，藻类139种，拥有国家一类保护动物中华白海豚和文昌鱼。厦门港口资源丰富，拥有深水岸线约27千米，可建40个万吨级以上的深水泊位。厦门滨海旅游资源丰富，拥有鼓浪屿—万石山国家级风景名胜区等一批自然景观和人文景观。厦门市海洋科技力量雄厚，海洋科技实力较强，为厦门发展海洋经济创造了良好的条件。厦门海域地处东海至南海、东北亚至东南亚的海上交通要冲，区位优势十分重要。2002年，厦门市充分发挥对外开放优势，大力发展海洋经济，取得了良好的经济效益。以港口为依托大力发展外向型经济，实施“科技兴市”、“以海兴城”战略。2002年厦门国内生产总值648.36亿元，比上年增长15.6%，其中海洋产业产值占国内生产总值比重约为22%；港口货物吞吐量为2 734.51万吨，其中集装箱吞吐量达175.44万标准箱，跃居全国第7位；全市接待国内游客952.86万人次，接待境外游客67.16万人次，创汇3.65亿美元。（许金练）

海洋资源开发与海洋经济

Development of Marine Resources and Marine Economy

改革开放以来，厦门市充分发挥对外开放优势，以港口为依托，大力开发海洋资源，海洋经济得到了长足的发展。目前，厦门市已经形成以临海型城市经济为主体，包括海洋交通运输业、滨海旅游业、海洋渔业和海洋高新技术产业4大体系的海洋经济，成为全市国民经济的重要组成部分。2002年全市海洋产业增加值为142.64亿元，海洋产业产值占国内生产总值比重约为22%，有关统计资料参见表1。

表1　2002年厦门市海洋开发资料统计

项　目	年　份	2002年
海洋捕捞产量（吨）	鱼　类	26 633
	贝　类	1 098
	虾　类	2 951
	其　他	3
	合　计	30 685
海水养殖产量（吨）	鱼　类	5745
	贝　类	148 106
	藻　类	1 538
	虾蟹类	3 993
	其　他	
	合　计	159 382
海水养殖面积（公顷）	贝　类	8 850
	藻　类	909
	鱼　类	401
	虾蟹类	2 602
	其他海产品养殖	285

【海洋交通运输业】 厦门港口丰富，拥有深水岸线约27千米，可建40个1万～10万吨级的深水泊位。2002年的港航建设日臻完善，海上高速公路建设步伐加快，厦门湾10万吨级航道一期工程已全部竣工交付使用。扩大锚地面积28平方千米，厦门港船舶提供补给、避风、维修等良好条件。2002年厦门港口货物吞吐量2 734.51万吨，其中，进口量762.17 万吨，出口量1 019.66万吨，比2001年增长35.7%。2002年港口建设投资共完成4.13亿元，为厦门海港创造了良好的环境。居全省第1位、全国沿海港口第14位，比上年增长30.3%。集装箱吞吐量完成174.44万标准箱，居全省第1位、全国第7位，比上年增长35.7%。对台试点直航完成34.69万标准箱。2002年港口建设也为航运带来生机。厦门港目前共有中外航运企业248家，船舶622艘，总运力64.5万吨，全港各航线航班315班/月。

【滨海旅游业】 厦门气候宜人，海洋水文气象条件良好，海水清洁，山海风光秀丽，海岛清幽，有众多优美迷人的岛屿和礁石等自然景观，沙滩连绵，林木葱茏，景色优美，使厦门成为以海岛风光为特色的中国东南沿海重要的旅游城市和旅游口岸。厦门市滨海旅游以深入开展创建中国优秀旅游城市活动为中心，进一步实施“政府 主导型”战略，强化旅游行业管理，多渠道增加旅游投入，加强旅游设施建设，提高旅游服务质量，进一步开拓国际国内旅游市场，努力克服东南亚金融危机所带来的负面影响，使创建“中国优秀旅游城市”活动取得显著的成绩。旅游客源市场保持了稳中有升的态势。国家旅游局正式授予厦门市首批“中国优秀旅游城市”称号。同时，全市旅游经济工作也取得较好成绩。2002年在入境旅游方面，全年接待海外旅游 1 020 万人次，比上年增长12.2%，其中住宿海外旅游者46.98 万人次，比上年增长6.2%；创汇3.65亿美元，比上年上升 17.4%。在国内旅游方面全年接待国内旅游者952.86万人次，增长11.9%，其中，过夜国内旅游合计628.45万人次，下降13.9%；“一日旅”国内游客324.41万人次，增长168.0%。

【海洋渔业】 2002年，厦门水产业积极配合西海域综合整治的同时，调整产业结构，狠抓“科技兴渔”和基础设施工程建设，培育新的经济增长点，促进了水产业生产发展。2002年，全市水产品总量为21.40万吨，比上年增长5.5%，其中，海洋捕捞3.07万吨，同比增长23.9%，海水养殖15.94万吨，同比增长3.7%。淡水养殖产量2.39万吨，下降1.5%。

【海洋新技术产业】 经过改革开放20余年以来的迅速发展，厦门的临海工业逐步向海洋新技术产业靠拢，已形成了以海洋资源为原料的工矿企业、依托海运的加工工业以及为海洋开发服务的加工工业三大类型。拥有海洋医药、生物工程、石油化工、港口火力发电、修造船、港口机械、港口钢铁、海洋精细化工、建材、渔业机械、通信导航设备、盐化工等门类较为齐全产业，形成了一批在全国同行业、同类产品中具有重要地位的大中型骨干企业和龙头产品，如聚酯切片及化纤、叉车、鲎试剂、鱼肝油、平板玻璃等，成为与海洋相关联的城市经济的重要支柱产业。 （许金练）

海洋行政执法
Marine Administrative Law-Enforcement Work

【概述】 2002年，厦门市海洋与渔业局以实施《厦门市无居民海岛保护与利用管理办法》为契机，把加强立法、普法和强化执法、规范执法行为作为海洋与渔业行政管理的重要组成部分，不断强化海洋与渔业法制建设。全年海上巡航1 521天次，岸线巡查481次，出动执法人员7 000余人次，检查各类船舶 4 589 艘次。配合海事法院开展6个行政处罚案件的强制执行工作，办理“海江案”的应诉事宜。海监大队查处非法填海和非法采砂等违法违章行为32起。渔政部门查处电炸渔船等违规渔船52艘，罚没金额近5万元，没收16艘，没收电鱼工具、设备等62台件。渔监部门办结行政案件347起，处罚金额125 850元。

【海洋与渔业政策法规】 2002年1月1日颁布实施《厦门市无居民海岛保护与利用管理办法》，确立了厦门市以海岛权属管理制度、海岛保护与利用规划制度和海岛利用许可制度为核心的海岛管理体系。组织申报2003年的《厦门市海域使用管理规定》和《厦门市海域环境保护规定》修订建议和《厦门市海洋与海岸工程建设项目环境影响评价核准审核管理办法》立法项目准备，积极参与《厦门市港口岸线管理规定》、《厦门海上交通安全管理条例》、《渔业捕捞许可管理规定》等涉海涉渔法规规章的起草和修订，进一步丰富了国家法律体系下的厦门市海洋与渔业管理内容。根据厦门市海湾型区域性中心城市发展战略，抓紧修订调整《厦门市海域功能区划》。目前，厦门市已初步形成以海域使用管理和海洋环境保护等法规为基础，以海上交通、渔业、自然保护、规划管理等规章相配套的地方性海洋法律框架，为依法管理监察厦门海域提供了有力的法律保障。

【海上联合执法机制】 根据《厦门市海域使用管理规定》的法规授权，厦门市海洋与渔业局成立了厦门海事局、福建省航道管理局厦门分局、市港务管理局、市公安局水上派出所等涉海部门和下属执法队伍组成的海上联合执法小组，按照“海上问题一起抓、违章处理再分家”的运作模式，开展海上联合执法。实行海上行政执法的统计报表制度，每月定期汇总各涉海部门的行政执法情况，并及时向上级有关部门通报。牵头组织厦门市旅游局等涉海部门开展元旦、春节“海上游”联合执法行动，保证节日的海上旅游安全。按照市人大和市政府的要求，组织厦门海事局、港务局和水上公安分局联合整治西海域定置网渔船作业，为重点工程服务。开展鳗鱼苗采捕管理联合整治活动，使鳗苗捕捞规范有序，保障金厦航线航道畅通。

【海洋渔船伏休、双控】 严格执行海洋渔船伏休、“双控”政策，加强渔港和渔船管理，开展安全生产培训，保障海洋渔业生产安全有序进行。全市 473 艘定置网，64 艘拖网渔船从 5 月 1 日和 6 月 1 日开始分别全面休渔 2 个月，于 8 月 1 日圆满结束。继续对全市海域的“三无”和“三证不齐”渔船进行全面清理，在福建省率先完成了扫尾工作。对国家农业部公布的厦门 5 个渔港和 8 个未公布的渔港进行普查，完成建档立案工作。办理渔船进出港签证 6 585 艘次，办理渔船所有权登记 661 艘，检验各类渔船 3 942 艘。发放职务船员证书等各类证书近 700 本，职务船员签证 473 人次，进行船员安全培训 492 人。收取渔港费 463 819 元，渔船登记费 53 050 元，渔船检验费 11.77 万元，船员考试发证费 14 581 元。调查处理海事 5 起，涉及金额 9.77 万元。审核检查各种渔业通讯导航设备 4 941 台（件）。建设“海陆通讯无线—有线转接系统”安全通信网项目。

【厦门“海江案”】 1998 年 10 月起，厦门市政府海洋管理办公室（以下简称“市海管办”）依法对厦门海江浮动餐饮有限公司（以下简称“海江公司”）在厦门港监码头对面礁石边（海关码头南侧）海域内非法占用海域从事网箱养殖和餐饮经营的行为进行调查。2001 年 11 月 12 日，依据《厦门市海域使用管理规定》做出厦海管[2001]罚字第 025 号《行政处罚决定书》，要求其拆除非法占用海域内的设施。“海江公司”收到《行政处罚决定书》后于 2001 年 11 月 28 日提出按照 2001 年 6 月 1 日福建省政府公布的《福建省海域使用管理办法》申请使用该海域，市海管办依据《厦门市海域使用管理规定》做出不予批准的书面说明理由的函复。2001 年 11 月 21 日“海江公司”向福建省海洋与渔业局提起行政复议申请。一是撤销厦海管[2001]罚字第 025 号行政处罚决定；二是准许“海江公司”依法申办《海域使用证》。福建省海洋与渔业局于 2002 年 1 月 20 日做出决定，维持厦海管[2001]罚字第 025 号行政处罚决定。2002 年 3 月 15 日“海江公司”向厦门海事法院提起行政诉讼，请求一是撤销厦海管[2001]罚字第 025 号行政处罚决定；二是撤销市海管办《关于厦门海江浮动餐饮有限公司海域使用申请的复函》，准许办理海域使用证。厦门海事法院于 2002 年 6 月 4 日作出维持厦海管[2001]罚字第 025 号行政处罚决定的判决，并驳回“海江公司”的诉讼请求。2002 年 5 月 14 日，市海管办向厦门海事法院申请强制执行。“海江公司”于 2002 年 6 月 16 日向福建省高级人民法院提起上诉请求：一是判决取销厦门海事法院[2002]厦海法行初字第 001 号行政判决；二是判决撤销厦海管[2001]罚字第 025 号行政处罚决定；三是判决市海管办履行法定职责，批准“海江公司”使用海域的申请。福建省高级人民法院于 2002 年 9 月 20 日做出“驳回上述，维持原判”的终审判决。 （钟向前）

海域使用管理
Management of Sea Area Use

【概述】 2002年，全面落实国家、省、市政府提出的海域管理工作任务，以实施《中华人民共和国海域使用管理法》、《厦门市海域使用管理规定》和《厦门市海域功能区划》等法律、法规为中心，狠抓海域使用管理和海域有偿使用制度，加大厦门海洋管理国际合作力度，取得了较好的成效。2002年，厦门市海洋与渔业局被国家海洋局评为全国海域使用管理工作先进单位。

【海域使用权证制度和海域有偿使用制度】 在办理用海手续过程中，按照初审、实地调研、论证、审核、政府审批等一整套海域使用审批程序，严格依据《厦门市海域功能区划》进行海域使用管理。同时，依据《厦门市海域使用费征收办法》，实行海域有偿使用制度，海域使用费收入纳入市财政专户，专项用于海洋综合管理、海洋生态环境保护，保证了海洋综合管理的需要。2002年共办理各类海域使用申请和用海咨询项目77项。其中，已由市政府批准的项目39项，用海面积158.13万平方米；审批临时用海2项；评审海域使用论证报告书（表）11份；依法建议不予批准用海项目2项。

【海域使用登记制度】 一是码头类用海确权登记工作，已办理登记的码头泊位50余个，用海面积70万平方米。二是养殖项目的海域使用登记工作正在进行，但仍处于登记申报阶段，工作还面临不少困难。三是厦门市海洋与渔业局会同国家海洋局厦门管区全面开展海底电缆管线的登记工作，已申报7家单位8条管线，初审工作基本完成。上述工作的开展使厦门市的原有各类用海项目正逐步纳入管理。同时，登记过程中，通过对原有用海项目的确权登记或整治清理，使海域功能区划逐步得到落实。

【海域使用可行性论证制度】 依据国家和厦门市有关海洋管理法规、规章，结合海域管理的实际，厦门市海洋与渔业局研究制定《厦门市海域可行性论证暂行管理办法》并印发执行，积极建立海域使用可行性论证制度，提高科学管海水平。建立了海域使用论证初审确定论证工作等级与内容、论证报告编写大纲报备、论证报告书（表）评审批复等工作程序和工作内容，使厦门市的海域使用论证工作走上了科学化、规范化的轨道。近年来，厦门市海洋与渔业局先后完成了40个项目论证工作，对海洋生态环境产生危害及违背《厦门市海域功能区划》的用海项目坚决予以否决，保障海域资源的合理利用和海域功能的充分发挥，并探索出大型围填海项目结合滩涂整治清淤基本保持纳潮量平衡等实际管理经验，使海洋开发建设与海洋环境保护相兼顾，使厦门市的海域使用管理水平迈上一个新的台阶。

【海岸带和海岛管理】 加强无居民海岛管理工作。在认真研究国家、地方有关海岛管理的法律、法规的同时，厦门市海洋与渔业局根据《中华人民共和国海洋环境保护法》、《厦门市海域使用管理规定》等法律、法规精神，会同市法制局等单位拟定了《厦门市无居民海岛保护与利用管理办法》，2002年11月已由市政府常务会审议通过，2003年1月1日起实施。同时正委托国家海洋局第三海洋研究所编制《厦门海域无居民海岛保护与利用规划》，为厦门海域无居民海岛的管理走上科学化、法制化打下基础。与此同时，及时查处破坏海岛资源和生态环境的活动，采取措施恢复海岛生态环境。

【海洋开发管理】 海洋是厦门生存和发展的生命线，发展海洋经济决不能以牺牲海洋环境为代价，而必须与海洋环境保护相统一，实现经济发展与海洋环境保护的良性循环。厦门市海洋与渔业局确立了“加强海洋资源调查，开发海洋产业，保护海洋环境”的发展目标，努力建立起海洋资源集约化开发、可持续利用的机制。以厦门市海域功能区划、厦门市海洋经济发展规划、海域使用规划和海域使用论证作为海域使用管理的依据，协调规范用海秩序，使海洋经济的发展立足于科技进步和资源综合利用，实现经济效益、社会效益和环境效益的共同提高。

在海域使用管理过程中，各涉海部门紧密配合，严格把关，涉海工程立项时，征求海洋综合管理部门意见，办理“二证一书”和航行通告前须先办理用海手续，形成了“立项”介入、“工可”参与、“环评”核准（或参审）、“开工”用海许可的部门协调机制，2002年，厦门市海洋与渔业局先后参加涉海项目“立项”、“工可”、“环评”、“初设”等审查和论证，使海域使用管理的有关法律法规得到较好的落实。海洋综合管理部门逐步摸索建立了初查、实地调研论证、初审、政府审批等一整套海域使用审批程序，严格依据《厦门市海域使用管理规定》和《厦门市海域功能区划》进行海域使用管理，着眼于整个海洋生态经济系统，在海洋产业（及其他用途）之间合理分配海洋资源，坚持海域使用可行性论证制度，对海洋生态环境产生危害及违背《厦门市海域功能区划》的用海项目坚决予以否决，保障海域资源的合理利用和海域功能的充分发挥。

【海域勘界】　厦门市人民政府办公厅2002年先后发出关于成立厦门市海域勘界领导小组的通知和关于开展全市海域勘界工作的通知，根据上述两个通知要求，我们积极做好海域勘界的前期准备工作，完成厦门市区际间海域勘界技术方案的准备，开始制定《厦门市海域勘界工作实施方案》，配合省局进行市际间勘界工作。

【西海域禁止水产养殖综合整治】　根据厦门市政府的要求，在2002年的西海域整治中，作为整治领导小组办公室，充分发挥了作用。

(1) 集思广益，制订方案。从2001年9月起，厦门市海洋与渔业局根据市政府常务会关于开展西海域水产养殖综合整治的决定，通过现场勘察，深入调研，反复研究，征求区和部门意见，四易其稿，形成了《西海域水产养殖综合整治方案（草案）》报市政府，又先后征求了市人大、政协的意见，并陪同张昌平市长、潘世建副市长多次深入渔排，与区、镇、村干部和养殖户座谈、讨论，经过7次重大修改后。同时牵头组织制定了《西海域水产养殖设施拆除补助资金市区包干方案》和《西海域禁止水产养殖本市居民培训转移工作的实施方案》等整治配套方案，形成《西海域禁止水产养殖整治方案》，该方案经市里同意后下发执行，在整治中发挥了重要作用。

(2) 加大宣传，统一认识。在制定方案的同时，厦门市海洋与渔业局本着“加强策划、正面引导、适当超前、把握分寸”的原则，制定“西海域整治的宣传工作意见”，与市宣传部密切配合，组织报纸、电视台等新闻媒体开展宣传。在发动阶段，重点是凝聚共识。除了报道市领导的调研活动外，还组织人大代表、专家学者及社会各界人士等30余人发表谈话，先后组织专题文章、信息60余篇，播放专访30余条，着重宣传西海域禁止水产养殖综合整治的目的意义、指导思想、规划目标和市委、市政府一年禁养水产的决心。通过宣传，使全市人民全面了解西海域的现状和整治的必要性。在实施阶段，主要是向养殖户宣传整治的政策。除了播放市领导重要讲话和制作的《关注西海域》电视专题片等，市区通过召开多种会议，进村入户个别访谈和印发宣传材料等形式，宣传法律、法规和整治的方法步骤、时限要求、补偿标准、劳力转业措施等，使广大村民做到“四个心中有数”，主动支持整治。高度透明的宣传，为整治工作开展提供了重要的思想保证。

(3) 做好服务，保障实施。一是及时调整海域功能区划。将高集海堤以东，机场跑道顶端—集美鳌园北门连线以西海域，经市海洋专家组论证，市政府批准调为非养殖区，为依法整治提供依据。二是应用卫星遥感资料和开展现场调查，统计、核定整治范围海域内的水产养殖类型和数量，为制定水产养殖设施拆除补助方案提供基础资料。

在整治过程中，作为整治办，充分履行了职能，保证了工作的开展。

(1) 加强协调督促。深入各区和海上现场，不断了解整治进展情况和存在问题，提出相应的措施建议，为市整治领导小组提供决策参考。先后4次接待省、市人大、政协视察活动，协调处理10余起各区之间、区与部门之间、外地养殖户与本地村民之间整治工作的疑难问题，推动了整治工作进展。

(2) 推动整治工作。协调4区制定水产养殖设施拆除补助标准和提前自行拆除的奖励办法，经4区领导联席会议审定后，统一实施。成立市鱼货促销小组，收集鱼货购销动态，网上发布信息。建立西海域鱼货销售点，实行税费优惠政策。积极拓展国内外市场，开展对台活鱼出口小额贸易，引进外商来厦建立生产线加工生鱼片出口等。协调市有关部门先后两批按期下达补助资金11 380万元和转产转业专项资金1 500万元，兑现政府的承诺。

(3) 强化海上联合执法。厦门市海洋与渔业局制定西海域禁止水产养殖综合整治联合执法方案，组织海监、渔政、渔监、海事和东海分局六支队等执法队伍63人，实行划片包干，分工负责，及时发现15起抢养抢围的违法行为，先后责令自行拆除新增网箱72箱，强制拆除抢养吊养设施73余公顷，统一拆除了10户834箱从西海域转移到同安湾的网箱养殖设施。

(4) 加强信访工作。厦门市海洋与渔业局与信访局、公安局等有关部门密切配合，妥善地接待和处理4起到市以上政府群体上访事件。同时，还单独接待和处理了80余人次的养殖户上访和大量的来电、来信，较好地化解了各种矛盾。

【海域使用金】 厦门市海域使用金征收标准是根据厦门海域综合功能区、海域水深及项目类别来确定的。其中厦门海域综合功能区分为西部海域、东部海域、同安湾海域、大嶝海域4种；海域水深分为平均大潮线至0米等深线的海域、0米等深线至-5米等深线的海域、深于-5米等深线的海域；海域使用项目分为围填海工程、码头港池、海底管线、造船（修船、拆船）、采矿、海上运动（游乐场）、娱乐餐宿和水产养殖等类。在海域使用金的具体标准中，该办法本着海域使用项目对海域资源和海域环境影响大小、海域资源开发的难易程度来具体设立。特别是对永久性改变海域自然属性的填海项目制定了较高的海域使用金的标准，以严格控制填海行为的发生。水产养殖项目收取海域使用金的问题从减轻农民负担的角度尚未执行。

《厦门市海域使用费征收管理办法》实施以来，厦门市海域使用金的收取采用"收支两条线"办法，海域使用金征收票据由厦门市财政局统一印制发放，海洋行政管理部门使用开具，海域使用人到银行缴纳海域使用金。2002年厦门市对各类新建用海项目均依照有关规定办理了用海和海域使用费缴（免）交手续，海域使用金征收数额为286.08万元，依法减免海域使用金313.98万元。

【公布厦门海域岛礁名录】 2003年1月1日，厦门市海洋与渔业局根据《厦门市无居民海岛保护与利用管理办法》第二条的有关规定，在厦门日报公布了厦门市海域无居民岛屿名录和厦门市海域重点岩礁名录，厦门市海域无居民岛屿共17个，厦门市海域重点岩礁共27个。

【厦门海岸带综合管理国际示范项目】 开展国际合作，提高海岸带综合管理能力。厦门市履行第二轮海岸带综合管理国际示范项目合作协议。2002年5月，厦门海岸带可持续发展国际培训中心对参与"渤海环境管理项目"的三省两市的海洋与渔业局分管领导进行海岸带综合管理培训。成功主办第二届东亚海域环境管理地方政府区域性网络年会、东亚海域环境管理领导人研讨会、厦门海岸带综合管理参观考察等系列国际会议。会议准备充分，效果良好，受到市领导和与会者较高的评价，国际海事组织为此致函感谢。国际示范项目进展顺利，两个子项目已基本完成，其它子项目正在落实。

【厦门海洋综合管理职能】 厦门市通过近年海岸带综合管理的实践，探索出一套"立法先行、集中协调、科学支撑、综合执法、公众参与"的海洋综合管理模式。建立了国家法律体系下的地方性海洋法律框架，明确了海岸带和海洋可持续发展的行为规范和为综合管理体制提供了必要的法律保障；建立和发展了海洋综合管理体制和决策协调机制，将各种海洋用途之间可能的纠纷，化解在开发过程之前，并对已出现的纠纷，经过跨部门、跨行业磋商的途径，寻找有利于可持续发展的解决方案；建立了海洋综合管理的科学支撑体系及参与决策的机制，形成了科学为管理服务的机制，保障决策的科学性和前瞻性，减少失误，提高工作效益和效率；建立了现有行政执法体系下的综合执法模式，初步实现统一和效率的较好结合；开展了海洋的宣传教育活动，促进了厦门市民的海洋意识提高、营造出公众参与海洋综合管理的良好氛围。厦门市海洋综合管理的模式已经成为国际上海岸带综合管理三种成功模式之一，受到有关国际组织的高度评价。主要做法：一是建立了国家法律体系下的地方性海洋法律框架，为依法管理厦门海域提供了法律保障；二是建立和发展海洋综合管理体制，强化政府对海洋活动的宏观管理和引导；三是建立海洋综合管理的科学支撑体系，加强海洋综合管理的基础性工作；四是加强厦门海域综合执法，完善海洋综合执法队伍；五是坚持可持续发展战略，正确处理经济发展与海洋环境保护关系；六是开展国际合作，提高海岸带综合管理能力；七是加强宣传教育力度，增强全民海洋意识。

【海洋管理科研与技术】 2002年，厦门市充分利用海洋科技教育力量雄厚，拥有一批国家、省、市级海洋科研、教育机构的优势，不断加强管理与科学的有效结合，建立了海洋综合管理的科学支撑体系，为厦门海洋经济和海洋综合管理提供持续有力的支持。加强与海洋管理有效结合的科学调研。一是组织完成《厦门市沿海滩涂整治与防护林建设规划》、《厦门大桥周边海域环境综合整治规划》、《厦门大桥周边海域环境综合整治工程予可》和《厦门海域勘界政策建议研究报告》等课题编制评审工作；二是修订《厦门市海域功能区划》的各个子课题的调研工作已基本完成；三是委托编制《厦门海域无居民海岛保护与利用规划》。

充分发挥海洋专家的作用。加强与市海洋专家组的沟通与配合，就海域使用中的重大问题，积极发挥专家作用，进行专题论证，提高厦门市海域管理的科学水平。通过海域使用论证的专家评审，重大疑难问题的专家咨询与调研和各部门的沟通协调，提高了厦门市海域使用审批管理的科学合理性，初步建立起一套较为规范的、专家参与的海域使用可行性论证机制和工作程序。这对厦门市在海洋管理工作中把握一些重大或有争议用海项目的海域使用审批，特别是对部分用海项目的否定或其方案进行较大调整，提供了重要的技术支撑。

为强化海洋综合管理中应用先进技术手段。在完成《厦门市海域功能区划地理信息系统（GIS）》各类海域管理信息录入和建库工作的基础上，完成GIS、GPS结合工作；利用卫星遥感技术（RS）建立厦门市海域使用管理影像数据库，建库工作基本完成，并实现与GIS结合应用和影像数据库的更新和调整。GIS、GPS、RS的应用和完善，使海域使用管理手段得到极大的增强，继续保持在国内先进水平行列。（*黄超群*）

海洋环境保护
Marine Environmental Protection

【概况】 厦门市紧紧围绕建设海湾型城市这个中心，在抓好海洋资源开发和利用的同时，加强海洋环境和生态资源的保护，加大了执法力度，取得了明显成效。2002年城市工业废水排放达标率为97.57%；城市生活垃圾处理率为93.27%；共审核和核准海岸、海洋工程建设项目38个，批准使用海域面积158.13万平方米；查处违法电渔船50艘；查处违法经营利用水生野生动物行为6起128只；清除违章定置作业网具40余件；共批准海洋倾废许可证27份，倾倒疏浚物272立方米，向海中播撒骨灰10起。2002年，厦门市在中央电视台发布了鼓浪屿海水浴场水质预报，并在厦门电视台一、二套和厦门日报、厦门广播电台上发布了其他海水浴场水质预报。发布了《2002年厦门市海洋环境质量公报》。监测结果表明，2002年厦门海域环境质量总体上较2001年有所改善。

【海洋生态保护管理】 制订《厦门市海洋环境保护规划》编写大纲，开展该规划编制的前期调研；开展西海域综合整治工程环境影响监测与评估、西海域整治工程环境影响与生态恢复治理研究工作，为合理开发保护厦门市海洋资源和环境提供科学依据。《厦门市无居民海岛保护利用管理办法》经厦门市政府常务会通过，于2003年1月1日起施行。该办法明确了海洋行政主管部门是无居民海岛管理的主体，并具体规定了保护利用的要求，使无居民海岛的生态环境保护真正做到了有章可循。

【海洋自然保护区建设与管理】 为加强海洋珍稀物种的保护，厦门市在市海洋与渔业局内设立了厦门市珍稀海洋物种国家级自然保护区管理委员会办公室，负责制定国家级自然保护区总体进度规划，监督检查各海洋类型自然保护区管理机构履行各自职责，制定和组织实施开发、利用保护资源优势的措施等工作。

【举办中华白海豚保育研讨会】 2002年5月，厦门市成功举办了闽、粤、港、台中华白海豚保育暨保护区管理工作研讨会。来自4地、中国科学院水生所、国际环保组织的专家学者以及保护区管理官员讨论通过了《闽粤港台携手保护中华白海豚行动计划》，建立了闽、粤、港、台中华白海豚保护管理的区域间合作机制。

【消除外来物种大米草】 厦门加大了对海域外来物种的监督管理力度，积极参与引进外来物种的论证和管理工作。根据厦门海域有害外来物种互花米草的分布状况以及该物种的生长特性，2002年下半年，厦门组织力量完成了对互花米草的人工清除工作，共清除米草4 200平方米，有效保护了海洋生态环境。

【协调赤潮应急监测行动】 建立和完善厦门市赤潮防治办公室，做好赤潮预防治理工作，具体制定赤潮预防治理及防灾减灾实施方案，落实责任；组织协调赤潮应急监测行动，做好赤潮信息的报告和反馈工作；及时提供赤潮发生和处理信息，编制《厦门海洋环境保护通报》5期。2002年，厦门共发生4次赤潮，其中西海域3次，同安湾1次。

【水生野生动物的保护与管理】 完成厦门18家水生野生动物驯养繁殖、经营利用单位的年审和换发证；组织开展了对水生野生动物驯养繁殖、经营利用的项目评估和初审工作；核准3家养殖场进口苗种。 （张煦荣 张荔锋）

厦门市渔业生产和科技推广
Fishery Production and Science & Technology Popularization

【概况】 2002年，厦门市渔业工作以增加渔村发展和渔民收入为目的，突出抓好渔业经济结构调整工作，有力地促进了渔（农）村的经济发展。2002年全市完成水产品产量21.39万吨，比去年增加5.52%，完成年度计划的101.89%。其中海水养殖15.94万吨，同比增加3.67%，淡水养殖2.39万吨，同比减少1.75%，海洋捕捞3.07万吨，同比增长23.91%。养殖捕捞比值为83∶17，产业结构合理。按现价计算，水产业全社会总产值完成27.15亿元，其中：渔业产值16.48亿元。现有渔业劳力5.8万人（不包括国有企业），渔业人口9.8万余人，渔业户2.3万户。渔民人均纯收入5 159元，劳均收入10 016元。

【无公害水产品】 一是牵头组织厦门市水产品药物残留专项整治领导小组，大力宣传无公害养殖规范，对厦门市渔药、饲料和养殖过程进行全面查处。二是建立厦门市渔业质量监测队伍，配合市质量监督局对厦门市主要养殖基地进行了药物残留专项抽查。三是在东渡水产批发市场进行水产品甲醛日常监测．四是加强对养殖区的水质和病害监测，厦门市水产研究所和水产技术推广站每年5～10月份每月2次（其余月份每季度监测）对全市主要养殖区布设11个站点进行水质监测，并将监测情况进行分析后及时通报各区水技站和养殖户，对指导养殖起到了很大的作用。同时市水技站组织各区对病情进行预报。五是按照上级指示，对出口水产品生产基地实行登记制度，保证出口水产品符合质量安全的标准。五是在各区进行了无公害水产品养殖技术培训，培训养殖户400余人。

【水产苗种产业】 厦门市发展水产苗种产业具有诸多优势。2002年水产育苗场已经发展到300余家，仅对虾苗种一项产量就有300余亿尾，厦门海沧吴冠村的虾苗销往全国，形成了全国性的对虾苗种集散地，同时有力地促进了水产苗种运输业，苗种饲料以及中介服务业等的发展。海水鱼类育苗也展现出良好的发展势头。

【南美白对虾】 南美白对虾是新近引入我国的优良对虾养殖品种。2002年通过举办几场全市性的对虾养殖现状研讨会和现场推广会，组织广大养殖户到现场参观，以典型示范引路，及时对养殖技术、经验进行交流总结。充分利用厦门市水产学会编制的《厦门市海洋渔业信息》和《南美白对虾养殖技术》丛书，使广大养殖者尽快掌握养殖技术，普及养殖技术。南美白对虾养殖面积达到0.13万公顷，成为厦门市对虾养殖的当家品种。

【海洋捕捞】 2002年全市共有在册海洋捕捞渔船3 109艘，总吨位18 008吨，总功率47 472千瓦。海洋捕捞由于渔业资源的衰退，加上油价上涨，造成成本增加，生产效益不好，年产量维持在3万吨。海洋捕捞已经处于举步维艰的阶段。2002年共有13艘远洋渔船出海作业。其中1～10月份9艘金枪鱼延绳钓船赴贝劳海域生产金枪鱼161吨，平均每船月产1 788千克，同比减少52.2%；净产值71.2万美元，平均每船每月7 907美元，同比减少44.3%；亏损80万元人民币。影响2002年金枪鱼生产的主要因素是风浪大，气候恶劣，鱼船避风停产时间长，每航次捕捞量低。另4艘北太鱿钓船，产量760吨，同比增加252%，产值547万元，同比增加295%。该北太鱿钓船作业2002年采用合作经营方式，聘请有实际生产经验的技术人员任船长，保证了生产的指挥调度。加上2002年北太气候和渔汛都比上年好，因此取得了较好经济效益。

【水产加工业】 全市拥有水产加工企业21家，具有从日本引进的国际先进水平烤鳗生产线6条，冷冻调理食品生产线若干条以及IQF速冻生产线。此外还有各类蒸煮、油炸、烘烤、罐装等食品生产设备，可生产各类水产加工品。水产冷库22座，冻结能力：1 105吨/天，冷藏：13 311吨/次，制冰：419吨/天。在21家企业中，有15家企业分别获得HACCP和ISO 9000质量体系认证，其中有二家获得欧盟注册认证。拥有中型水产饲料企业9家，年生产能力达20万吨。

2002年全市水产品加工产量195 101吨，水产加工产值125 956万元。主要品种包括：烤鳗制品（9 941吨）、冷冻调理食品、罐制品、调味品及冷冻出口水产品等，产品除销往香港和澳门两特别行政区外，主要出口美国、日本、韩国、东南亚等国家。年出口创汇1.5亿美元。

【同安湾和大嶝海域规范水产养殖】 厦门市西海域进行禁止水产养殖的综合整治后，部分养殖户在同安湾内未经任何申请手续在同安湾内新增水产养殖设施。厦门市海洋与渔业局在有关各区的配合下，对从西海域转移到同安湾的养殖网箱进行了强制拆除；对同安湾进行了养殖容量的调查研究并对同安湾浅海网箱养殖进行清点和登记。

【水产品质量监督管理】 重点抓东渡水产品批发市场的整治和规范养殖生产行为。一是整顿市场经营秩序，完善各项规章制度，规范经营者行为，打击和取缔欺行霸市、整治市容卫生，营造良好的交易环境；二是试行市场检测准入制度，对进场交易的水产品进行甲醛检测，2002年检测39个品种约3 000批次，堵截或销毁约6吨含甲醛的“龙头鱼”；三是推行无公害水产标准，从生产源头上把好质量关。举办培训班指导科学养殖，督导建立生产日志制度，正确合理使用渔药。

【渔业环境监测和渔业病虫害的预测】 2002年厦门市水产研究所和厦门市水产技术推广站共同进行厦门市养殖海域的环境监测，共监测11个站点，出航12航次，监测项目15项。监测结果及时反馈到各养殖区，为水产养殖生产提高科学的指导。厦门市水产技术推广站每月对厦门市的渔业病害进行测报预报，汇总到农业部的水产技术总站。对厦门市的渔业病虫害防治提供长期的趋势性预测。建设水产品质量监督机构。为了完成厦门市水产品的质量安全监测，厦门市水产研究所2002年着手进行渔业质量监测站的建设，共投入资金269万元，建设化学监测、仪器监测和生物监测实验室。

【渔业安全生产工作】 一是做好厦港避风坞的安全及平稳过渡工作；二是认真落实《厦门市海洋与渔业局防台风抢险救灾预案》，做好行业的防台风工作；三是搞好行业安全生产，预防行政责任事故的发生；四是做好渔港、渔船安全监督和检验工作。2002年渔港监督部门监督艇出海147天，检查渔船2 551艘次，检验渔船89艘次，处罚违规渔船318艘；完成对60马力（1马力=0.735千瓦）以上渔船换证、年度临时检验67艘次，受海事法院委托进行公证检验3艘次，受福建省海洋与渔业局委托对1艘玻璃钢延绳钓渔船进行图纸审核和建造检验，完成产品检验无线电通讯设备85台。

【渔业科技培训和推广】 根据农业部的职业培训体系要求，以考核鉴定和资格证书为手段来管理鉴定站及其运行。2002年4月10日至19日，该站在湖里区五通村首次举办初级对虾育苗工的培训。考试内容包括理论鉴定和实际操作两部分，35名渔农民接受培训，33名获得国家劳动部门颁发的职业技能鉴定证书。结合病害测报，进行健康养殖技术宣传。不定期到测报点进行调查，举办健康养殖培训班，开展现场技术咨询、水质检测、生物检查等科普宣传活动。倡导科学养殖，普及科学用药知识，指导从业者增强科学意识，环保意识，质量意识。特编印《新时期鱼病防治特点》、《水产养殖病害防治基本知识》、《渔药安全使用常识》、《对虾养殖常见水色与藻相》、《水产养殖配合饵料与鲜活饵料营养比较》、《常见鱼病、虾病防治技术》等水产养殖科普资料，下乡和培训时分发给养殖户，很受从业者欢迎。举办“无公害水产品生产培训班”，培训虾农500人次，“水产病害的调查与测报培训班”培训各区水技站科技人员20人次。水产学会主办的《厦门渔业信息》月刊，自2002年发行12期，每期发布16～25条信息、2.4万字左右、发行量600本，发至中央、省、市渔业领导部门、科研院校、渔村，深受科技人员和水产业者欢迎。发行《南美白对虾养殖技术和病害防治资料汇编》。为养殖户提供最新的模式、养殖技术、防治病害的经验。协会从省内外刊物收集了2001年3～12月发表的有关资料，从中筛选出25篇约13万字的材料编辑成资料汇编，共计出版500本。（池信才）

国际海洋合作与交流
Marine International Cooperation and Interflow

【概述】 2002年，积极开展对我国台湾省科技、经贸等交流活动，开展招商引资工作，主动与市贸促会、市经发局和市招商中心等有关单位联系，接待加拿大驻华广州总领事馆商务主任，洽谈招商引资、合作等事宜。与菲律宾水产品加工企业洽谈来厦门市投资意向，并积极进行联系，参加市贸促会组织的与台湾省文经协会对内地考察团的经贸洽谈、科技交流会。召开南美白对虾养殖工作研讨会，推动南美白对虾养殖工作的持续健康发展，促进虾农增收，与会者来自政府部门、高校、科研和技术推广部门以及民营企业、养殖专业户共70余人，研讨对虾养殖的成功经验，专家讲授有关对虾养殖的专题。派员到宁德市水产技术推广站举办“无公害水产品生产研讨会”，全省3个地市60余人参加会议。赴美考察水产养殖业，参观考察美洲水产学会、美国国家水产研究所、工厂化养鱼、渔业市场、水产品市场等，与美国科技人员、水产界人士座谈交流。做好厦门市海岸带可持续发展国际培训中心的对外培训工作和第二轮海岸带综合管理国际合作子项目研究工作。与福建省海洋与渔业局共同举办“闽粤港台中华白海豚保育暨保护区管理工作研讨会”，参加研讨会的有来自国内4省及国际环保组织的有关专家和保护区管理人员等代表。

【海洋与渔业科技成果】 由厦门市水产研究所与厦门大学合作，开展龙胆石斑鱼引进及苗种培育的研究，引进受精卵进行苗种培育多批次，育苗成活率、出苗规格与出苗量指标已完成；由厦门市水产研究所组织科研人员，利用考鳗加工的下脚料——鳗鱼头，研制生产食用调味品，项目已完成实验室阶段，目前正进行生产前的试验；由厦门市水产研究所组织科研人员，进行花尾胡椒鲷人工育苗技术研究工作。项目已按厦门市科技局下达的计划任务要求完成，并通过市科技局组织专家进行现场验收；由厦门市水产研究所与厦门大学合作，开展东风螺集约化高密度养殖技术的研究，项目已完成计划任务，并通过验收。由厦门市水产研究所组织实施的淡水养殖鱼类加工技术开发研究项目，已完成计划任务，并通过验收；由厦门市水产研究所组织实施的斜带髭鲷种苗培育研究项目，已育出少量鱼苗，且越冬鱼苗经8个月海上网箱养殖达到商品规格；由厦门市水产研究所组织实施的星虫人工育苗技术研究项目，目前项目正处于实验阶段。由厦门市水产研究所组织，开展水产育苗池活菌型水质改良剂的开发研究，项目已组织验收；由厦门市水产研究所与厦门大学共同组织实施养殖大黄鱼细菌性疾病诊断试剂盒的研制项目，已按要求完成计划任务；由厦门市水产研究所组织实施的纳米抗菌材料在水产育苗生产中的应用研究项目，目前正进行实验阶段；由厦门市水产研究所组织实施的三疣梭子蟹人工育苗技术研究已通过市科技局组织有关专家的验收；由厦门市水产研究所组织实施的波部东风螺人工育苗和养殖技术研究，目前正在进行实验阶段；由市水产技术推广站组织的南美白对虾健康育苗技术试验项目，已邀请厦门大学、福建省水产研究所和厦门市水产研究所专家组成的验收组进行了现场验收，并总结出一套健康育苗的工艺方法，育出了不带特异病源的南美白对虾苗种3 000 余万尾；由厦门市水产技术推广站组织实施的底拖网渔船改灯围作业试验项目，经过专家的论证和建议，现已完成船体改造的设计、网具的设计并投入织造等各项工作；为使灯光围网作业能够走向更大的海区渔场，由厦门市水产技术推广站组织实施的灯光围网网具及光源改革项目，已完成网具及灯源改革的设计、改造和安装，并投入使用，在海上进行了近两个月的实际捕捞试验，效果良好，捕获量在同类作业方式中最高。

【厦门海洋与渔业信息管理系统】 建立《厦门市海域功能区划信息系统》和海域使用证、收费单电脑化等管理手段，加快 GIS、RS、GPS 的结合，形成厦门市海域使用管理和海洋环境及渔业资源综合监测和渔业科技网络信息系统，全面提升厦门海洋管理水平。为适应厦门市水产业的发展特点，充分利用现有的技术信息资源和人才资源，更好地为广大渔业生产者适时提供全面、专业的技术指导，以促进水产新品种、新技术的进一步推广，厦门市水产技术推广站利用厦门市农村经济信息中心提供的技术平台，与市水产学会及区属水产技术推广站共同在“厦门农网”开辟《水产专栏》，利用互联网手段，及时传播厦门市海洋与渔业的发展动态、技术专题、技术推广和政策法规等资讯。 （林荣盛）

浙江省

Zhejiang Province

综述

Summary

【自然概况】 浙江省地处长江下游东南沿海地区，以境内钱塘江古称浙江而得名。浙江东濒东海，陆地面积10.18万平方千米，东西、南北距离均约为450千米，其中山地丘陵占70.4%，平原盆地占23.2%，江河湖泊占6.4%。地形地貌特征其一为西南高、东北低，以丘陵山地为主，山脉自西北向东南大致有相互平等的三支。其二是海岸曲折，多港湾和岛屿。大陆海岸线长1 840千米，岛屿3 061个，是全国海岛最多的省份。有建港条件的港址60余处。其三是江河、湖泊众多。主要水系有钱塘江、瓯江、灵江、苕溪、甬江、飞云江、鳌江、曹娥江，源短流急，暴涨暴降，除苕溪外，均受潮汐影响。湖泊面积在1平方千米以上的有32个。全省可分为六大地形区，即浙北平原、浙西中山丘陵、浙东盆地低山、浙中丘陵盆地、浙南中山、沿海丘陵平原及滨海岛屿。自然景观呈千岩竞秀、万壑争流、山海兼优、田园水乡的多姿风貌。

浙江省位于27°12′～31°31′N之间，地处亚热带中部，属季风性湿润气候。气候特点是冬夏季风交替显著，年温适中，四季分明，雨量充沛，雨热基本同步，空气湿润，光照充足。年平均气温16～18℃之间。7～8月气温最高，月平均气温26～29.5℃；1月最冷，月平均气温3～8℃；无霜期225～280天。年平均雨日140～180天，年平均雨量980～2 000毫米之间，3～7月初雨水最丰。 （纪志康）

【行政区划】 至2002年底，浙江省行政区划分设为杭州、宁波、温州、嘉兴、湖州、绍兴、金华、衢州、舟山、台州、丽水11个地级市或副省级城市，下辖36个县、22个县级市和30个市辖区。与海相接的副省级市或地级市有杭州、宁波、温州、嘉兴、绍兴、舟山、台州等7个；沿海县及县级市、区有37个。舟山市为全国惟一海岛市，舟山市及所辖的嵊泗县、岱山县、定海区、普陀区以及温州市的洞头县均由海岛组成，台州市的玉环县大部分为海岛。 （纪志康）

【人口与经济】 2002年，浙江省年末总人数4 535.98万人，其中沿海地区年末总人数2 417.45万人，占全省总人数的53.29%。全省国内生产总值7 796亿元，比上年增长15.53%，居全国省市第4位，其中沿海地区国内生产总值5 683.93亿元，比上年增长5.9%，占全省的72.91%。2002年浙江省沿海市、县人口、从业人员及国内生产总值情况如表1所示。 （应 晓）

表1 2002年浙江省沿海市、县人口、从业人员及国内生产总值一览表

单位：万人、亿元

市、县名称	年末总人口	农业人口	非农业人口	全社会从业人员	国内生产总值	第一产业	第二产业	第三产业
全省合计	4 535.98	3 438.76	1 097.22	2 858.56	7 796.00	694.00	3 982.00	3 120.00
沿海合计	2 417.45	1 719.21	698.24	1 597.81	5 683.93	390.78	3 081.71	2 211.44
杭州市区	387.01	181.03	205.98	296.18	1 366.82	60.54	665.97	640.31
宁波市区	203.41	98.90	104.51	143.92	858.72	26.43	466.98	365.31
余姚市	82.60	66.33	16.27	53.26	185.57	19.08	107.56	58.93

续 表

慈溪市	100.58	85.76	14.82	78.7	206.93	16.84	120.66	69.43
奉化市	48.44	38.54	9.90	33.90	74.02	9.55	39.79	24.68
象山县	52.86	42.90	9.96	32.52	92.02	20.73	46.05	25.24
宁海县	58.30	51.34	6.96	32.60	83.08	13.09	47.85	22.14
温州市区	132.06	74.72	57.34	115.24	459.60	5.71	262.88	191.01
瑞安市	111.86	94.15	17.71	54.49	168.33	9.73	95.35	63.25
乐清市	115.33	104.29	11.04	74.89	186.50	10.93	110.07	65.50
洞头县	12.45	11.04	1.41	6.84	11.60	2.80	2.86	5.94
平阳县	84.19	70.20	13.99	45.65	86.84	5.82	49.97	31.05
苍南县	122.43	99.78	22.65	59.07	98.08	10.20	52.11	35.77
平湖市	48.32	37.20	11.12	27.87	103.53	8.78	63.55	31.20
海宁市	64.03	50.63	13.40	38.27	155.28	10.97	94.29	50.02
海盐县	36.50	27.96	8.54	22.41	80.34	8.04	49.88	22.42
绍兴市区	61.15	26.43	34.72	42.00	148.88	6.86	66.59	75.43
上虞市	77.35	63.19	14.16	49.00	157.45	17.42	92.74	47.29
绍兴县	72.00	61.16	10.84	39.00	235.08	13.75	151.51	69.82
舟山市区	69.10	43.77	25.33	42.61	101.15	17.47	40.89	42.79
岱山县	20.32	15.54	4.78	12.83	27.01	9.77	7.73	9.51
嵊泗县	8.34	5.89	2.45	4.68	17.87	5.67	4.71	7.49
台州市区	144.93	116.82	28.11	99.90	325.36	19.36	200.31	105.69
温岭市	114.28	97.28	17.00	75.34	217.48	25.71	113.29	78.48
临海市	110.37	96.49	13.88	65.64	106.39	14.19	56.89	35.31
玉环县	39.13	21.73	17.40	29.28	100.32	13.14	58.51	28.67
三门县	40.11	36.14	3.97	21.72	29.68	8.20	12.72	8.76

海域使用管理
Management of Sea Area Use

【概况】 2002 年 1 月 1 日《中华人民共和国海域使用管理法》正式实施，浙江省全面加强了海洋综合管理工作，海域使用开始走向规范、有序的管理轨道。全省沿海如期全面完成了海洋功能区划的编制工作。以海洋功能区划为依据，根据《海域使用管理法》的要求，制订了《关于用海基本建设项目审批和海域使用管理的通知》，将海域使用审批纳入到基本建设立项管理程序中，规范了用海项目的审批程序，并按《省海域使用金征收管理暂行办法》，征收了海域使用金。全省新登记海域使用项目 2 071 个，面积 20 余万公顷，新发证 764 本，确权海域面积 1.17 万公顷，征收海域使用金 1 327 万元，海域使用管理范围已覆盖到《海域使用管理法》规定的全部用海项目。

依据国务院《铺设海底电缆管道管理规定》、国家海洋局《铺设海底电缆管道管理规定实施办法》及《浙江省铺设海底电缆管道管理工作规则（试行）》，浙江省的海底管线管理工作已基本实现规范化管理，2002 年共受理了中国石化管道储运分公司宁波—上海、南京进口原油管道工程杭州湾穿越段海底管道、普陀广电、联通、移动光缆干线联岛工程海底管线、舟山市电信分公司普陀 6 岛海底光缆工程等项目的协调、路由勘测报告的审查、铺设的许可；参与春晓气田群海底输气管道路由协调及上海航道局海砂开采项目、宁波市经济技术开发区宁波港物资公司海砂开采项目、舟山向往石桥采砂装运工程有限公司海砂开

采项目、温州健能建材有限公司采砂项目的协调、初审等申请13件。（庄　曙）

【海域勘界】　2002年4月9日，浙江省政府发文成立浙江省海域勘界工作领导小组，领导小组下设办公室，负责海域勘界的日常工作。全省有海域勘界任务的宁波、舟山、台州、温州和嘉兴5个设区市及其所辖的26个县（市、区）也先后全部建立了海域勘界工作领导机构。5月15日，省政府组织召开全省海域行政区域勘界工作会议，对全省海域勘界工作作了总体部署。会议决定，全省海域勘界工作采取统一领导、分级负责、试点先行、逐步推开的方式进行；省级主要负责市际间海域界线的勘定工作，并配合国家海洋局做好省际间海域界线的勘定工作；市级主要负责本市内县际间海域界线的勘定工作；县级主要配合做好涉及本县海域行政区域界线的勘界工作。会后由省政府下发了《关于开展勘定海域行政区域界线工作有关问题的通知》（浙政函〔2002〕94号），对海域勘界工作有关问题作了进一步明确。省海域勘界办据此印发了《浙江省海域行政区域勘界工作实施方案》和《浙江省海域勘界技术规定》等技术文件，并举办有58名技术骨干参加的培训班，系统学习了《浙江省海域勘界技术规定》、《海域勘界档案管理实施办法》、《浙江省海域行政区域勘界原则和方法步骤》等内容，为试点工作和全面铺开海域勘界工作做好技术准备。

为摸索工作方法，积累经验，2002年组织开展了温州市与台州市1条市际线、定海区与普陀区、宁海县与奉化市2条县际线的勘界试点。同时，积极配合全国海域勘界办公室做好浙闽线的海域勘界工作。（朱华潭）

海洋环境保护
Marine Environmental Protection

【海洋（海岸）工程管理】　2002年，浙江省编制完成了《浙江省海洋生态环境保护与建设规划》和《浙江省海洋工程建设项目环境影响评价报告核准管理办法》，并付诸实施。在规范管理制度的同时，开展了海洋环境工程环境管理的辅助和配套工作，组建了全省海洋（海岸）工程建设项目环境影响评价专家数据库，印发了《海洋工程建设项目环境影响报告编制技术规程》。一年来，省、市、县三级海洋行政管理部门共完成包括海底管道工程、跨海大桥建设、人工鱼礁与海珍品养殖、围垦促淤工程、防波堤工程、滨海沥青厂工程等十几项建设项目的环评报告书或大纲审查工作，并对工程施工过程中进行严格的监督管理。

【海洋环境监测体系建设基本完成】　浙江省海洋监测预报中心于2001年底正式挂牌成立，2002年浙江省海洋环境监测中心实验室也基本建成，并获得由国家海洋局授予的甲级专项海洋环境预报服务资格和乙级海域使用测量资质。2002年，全面完成了宁波、温州、舟山、台州等沿海4市的市级海洋环境监测中心组建，象山港、玉环县、嵊泗县、岱山县、南麂岛等重点县或区域性海洋环境监测站也相继成立并开展业务工作。至此，全省海洋环境监测体系已基本构成，这将为切实履行海洋环境保护管理职能，促进浙江省海洋经济发展提供了强有力的技术保障和支撑。

【继续开展全省海域环境质量趋势性监测】　2002年，浙江省海洋环境监测网络继续进行全省海域环境质量趋势性监测，加强了海水增养殖区、海水浴场和海洋自然保护区等功能区监测，在赤潮多发区域和多发期实施了高密度、高频率监测，对象山港增养殖区和台州椒江口滩涂养殖区等典型生态环境进行了专项调查，并编制发布了《2002年浙江省海洋环境质量公报》。监测结果表明，2002年度浙江省近岸海域环境污染仍较严重，与上年相比，中度污染和严重污染海域范围有所缩少，营养盐污染程度略有加重，总汞和油类污染有所减轻。海洋赤潮发生仍无减缓迹象，大部分赤潮集中在舟山海域、象山港和台州近岸海域，并首次发现了有毒和变异的赤潮藻种。海洋自然保护区生态系统稳定，海洋珍稀动植物资源得到有效保护，生物多样性保持良好。

【海洋生态和生物多样性保护工作得到加强】　2002年，开展了区域海洋生态调查试点，对台州市椒江口海域及滩涂养殖区和象山港典型增养殖区进行海洋生态状况专题调查，编制完成了《工业污染对海洋生态系统的影响》和《海水养殖对海洋生态系统的影响》。南麂列岛自然保护区被列入联合国全球环境基金会“中国南部海域生物多样性管理项目”4 个示范区之一，获得了近 80 万美元的资金和技术资助。省级海洋自然保护区——舟山五峙山海洋鸟岛自然保护区管理工作得到加强，成立了保护区管委会。宁波韭山列岛海洋生态自然保护区省级建区工作也已基本完成。

【长江口、杭州湾海洋环境整治及生态修复工程行动计划启动】 长江三角洲地区是全国经济最发达的区域之一，随着本地区经济建设的迅速发展，东海、杭州湾近海海域环境污染日趋严重，海洋资源衰减，海洋生态系统逐渐恶化，引起了党和国家领导人的高度重视。为控制环境污染，修复生态环境，合理开发利用海洋资源，优化区域产业结构和布局，浙江省提出了综合整治修复长江口、杭州湾海域生态环境有关项目建议。2002 年 10 月底，国家海洋局及东海分局、浙江、江苏、上海市海洋（与渔业）局、国家海洋局第二海洋研究所等单位联合召开专题研讨会，就长江口近岸海域海洋环境现状及原因进行了深刻分析，对开展环境综合整治与生态修复的必要性和紧迫性，江浙沪联合整治修复工程项目立项的可行性和操作性、保护与建设的目标、组织形式以及分工协作等问题进行了广泛深入的研讨，提出了具体工作思路，并成立了以上述相关单位为成员的领导小组及其办公室。

【海洋与渔业环境污损事件应急监测和调处工作得到加强】 制定出台了《浙江省海洋与渔业环境应急监测工作管理办法》，建立了环境污损事件应急监测工作管理网络和调处机制。据不完全统计，仅台州、宁波、湖州、衢州等 4 市就为渔民群众挽回直接经济损失近千万元，监测调处效果明显。

【公众海洋环境保护意识不断增强】 2002 年 8 月，宁波象山石浦镇的数千名渔民和志愿者自发成立了“中国渔民蓝色保护志愿者行动”组织；9 月 20 日，“中国渔民蓝色保护志愿者行动指导委员会”在象山石浦挂牌成立，把海洋环境保护工作落实在具体行动上。舟山市有关县海洋与渔业行政管理部门为减轻海洋渔业用废旧电池对海洋的污染，在嵊泗渔区设点回收废旧电池，共收回废旧电池 15 000 余节，同时在普陀、嵊泗和岱山等地渔船上大力推广高能可充电池，得到了渔民的响应。回收活动的开展不仅有利于保护海洋生态环境，也提高了广大渔民群众的海洋环保意识。

（张元和　纪志康）

海洋灾害与防御
Marine Disasters and Prevention

【概况】 浙江省海洋行政管理部门对年度海洋灾害趋势进行了预测，提出了“2002 年度浙江省主要海洋灾害预测”，对影响我国的台风年生成个数、极值潮位、巨浪天数等都做出了准确度较高的预测。尤其是对登陆或严重影响浙江省的“威马逊”和“森拉克”台风风暴潮、海浪等都做出了准确、及时的预报。

赤潮减灾防灾工作初见成效 2002 年，浙江省及早制定赤潮防灾减灾工作预案、赤潮应急监测响应计划、赤潮监视监测信息传递网络等预警机制，落实了象山港、岱山网箱养殖赤潮业务化监控区，组织捕捞渔民和其他志愿者参与赤潮监视，达到了预测预警准确率 70%、在监控区内赤潮发现率 100%的预期目标。由于监测预警及时、防范得力，虽然赤潮发生情况比往年严重，但没有造成大面积的养殖水产品死亡或人员中毒事件。全年全省共发现 29 次赤潮，污损面积 5 000 平方千米，造成直接经济损失 200 万元，远低于 2001 年的赤潮损失 3 000 万元，防灾减灾效果十分明显。

【赤潮】 **赤潮信息发布程度得到规范** 为规范赤潮信息发布工作，避免因赤潮报导不全面，甚至内容失实而造成的社会负面影响和重大经济损失，7 月 12 日，浙江省委宣传部以“浙宣〔2002〕27 号”文转发了浙江省海洋与渔业局制定的《关于加强赤潮信息发布管理工作的意见》，使赤潮信息的发布工作得到了进一步规范。（张元和）

【台风暴潮】 2002 年有两个台风对浙江省造成严重影响。2002 年第 16 号台风（森拉克）于 9 月 7 日 18 时 30 分在浙江省苍南县沿海登陆。这次台风影响期正值天文大潮汛，给浙江省东南沿海地区带来严重影响。

森拉克台风 第 16 号台风森拉克于 8 月 29 日 14 时在太平洋中部洋面（18.3° N，155.3° E）

生成，后向西北方向移动，强度逐渐增强，于30日8时加强为强热带风暴，31日8时发展成台风，并转向西北偏西方向移动。在9月2日2时出现最大强度，中心气压940百帕，近中心最大风速50米/秒。9月7日18时30分在苍南登陆，21时左右台风移出浙江省，进入福建省。

随着台风的移进，浙江省从9月5日起沿海受大风影响，并逐渐深入内陆。台风登陆时7级风圈半径250千米，10级风圈半径80千米，至8日5时，实测过程最大阵风风速为57米/秒，最大阵风8级以上面积约占全省总面积的1/3。

据浙江省水文局水情科分析，本次台风过程最大增水在台州、温州市沿海有1.62～2.90米，鳌江站达2.90米，为历史最大值。

受森拉克台风影响，玉环坎门港外海面出现16～20米的台风浪，坎门渔港防波堤现场观测，大浪冲击堤岸波浪壅高达30余米，苍南东塘波浪壅高达10余米；钱塘江九溪珊瑚沙水库出水闸，受涌潮的冲击，波浪壅高近10米。

据统计，本次台风受灾较严重的是温州、台州两市，其次是宁波、舟山两市，嘉兴、绍兴、丽水等市也有部分受灾，涉及37个县，417乡镇，733万人，死亡30人，倒房0.81万间；受灾农田面积186.67千公顷，成灾88.33千公顷，估计减收粮食68.7万吨，水产养殖损失516.5千公顷，20.86万吨；33 403个工矿企业一度停产，公路中断443条次，损坏公路路基540.7千米、输电线路483.7千米、通信线路401.2千米；损坏堤塘244千米、护岸1 382处、水闸89座、水电站111座。直接经济损失30余亿元，其中农林牧渔业16.75亿元，工交运输业9.41亿元，水利设施4.08亿元。

威马逊台风 第5号台风威马逊于6月29日14时在菲律宾以东洋面上生成，7月1日凌晨加强为强热带风暴，2日凌晨2时加强为台风，并稳定地向西北方向移动，逐渐向浙江省东部沿海靠近。7月3日凌晨，5号台风开始影响浙江省，这次台风强度强、影响范围大、大风持续时间长，近中心最大风力达50米/秒、中心气压940百帕，浙中、浙北沿海地区出现了10～12级大风。台风从4日上午11时起（东经124.1度，北纬27.2度）稳定地向北移动，20时起强度开始减弱，并紧擦浙江省北部沿海北上，于7月5日凌晨3时离开浙江。

由于这次台风范围较大、风力强，浙江省舟山、宁波等地受到了比较大的损失，主要是水产养殖业。台风还使一些房屋倒塌，一些地方的电力、交通中断，带来了较大损失。据统计，浙江省有6个县、市、区160个乡镇160.05万人受灾（主要是舟山、宁波、台州市）。农作物受灾9.272千公顷、成灾4.593千公顷。倒塌房屋7 500间；460家企业停产；毁坏公路路基56.7千米；损坏输电线路533.3千米；损坏通信线路139千米；损坏各类堤防36千米、决口4处计0.3千米，其中舟山非标准海塘受损109条，计12.3千米，决口和挡浪墙被冲垮的有2条；宁波非标准海塘和江堤受损23.7千米，堤防决口2处计0.1千米。损坏水闸133座；冲毁塘坝22座。直接经济损失12.75亿元。（沈水土）

【标准海塘建设】 2002年浙江省标准海塘建设进入了续建配套的扫尾阶段，并开展了建后的管理工作。特别是在1998～2002年度中舟山、宁波、温州和台州建成的标准海塘，分别在2000年的12、14号台风和2002年16、5号台风袭击中经受了考验，发挥了显著的防台减灾效益。但未加固达标的非标准海塘损毁严重，形成鲜明对比。为此，千里标准海塘基本建成后，为进一步提高防御能力，省政府决定对部分较重要的非标准海塘进行达标续建，下达了标准海塘续建计划54条共130.338千米，其中：舟山60.31千米，台州24.97千米，温州0.47千米，杭州8.2千米，嘉兴7.908千米，省钱塘江管理局28.19千米。同时，继续对沿塘水闸进行配套加固，以形成塘闸整体防御能力。至年底，浙江省已建成标准海塘1 280千米（含宁波市325千米）。

浙江标准海塘建成后，相继经受了2000年12、14号等台风的考验，2002年又经受了16号（森拉克）、5号（威马逊）台风的袭击，特别是16号台风风力强，持续时间长，范围广，温州沿海局部地段发生了超历史的高潮位，对标准海塘是一次严峻考验。台风过后，经各地实地检查，建成的标准海塘无一缺口，整体完好，海塘减灾效益估算为25亿元，减灾效益显著，同时也大大增加了沿海人民抗台风的信心和决心。浙江省千里标准海塘建设，提高了沿海海塘的防台御潮能力，保护了沿海地区生产力发展，推动和促进了

沿海经济社会全面发展。（沈水土）

海洋行政执法
Marine Administrative Law-Enforcement Work

【海洋与渔业综合执法队伍改革取得新进展】 以统一行使海洋与渔业行政执法职能、实现行政管理与行政处罚职能分离、人员依照公务员管理为基本目标，浙江省积极稳妥地开展了海洋与渔业执法队伍的改革工作。4月26日，省机构编制委员会以“浙编〔2002〕44号”文印发《关于建立省海洋与渔业执法总队等问题的批复》，批准成立浙江省海洋与渔业执法总队（下辖船队），核定事业编制55人（加挂中国海监浙江省总队、浙江省渔业行政执法总队两块牌子）。根据《国家公务员管理条例》及其他有关文件规定，从6月中旬开始到7月下旬，分准备、实施、人员分流、检查验收4个阶段完成了总队机构设置、公务员考录、人员定岗过渡工作。7月18日，浙江省副省长章猛进等领导为省海洋与渔业执法总队授牌。

浙江省总队批复成立后，全省沿海地区海洋与渔业执法机构方案也随之下达。宁波市海洋与渔业执法支队于6月上旬挂牌成立，成为全省第一个市级海洋与渔业执法机构；7月中旬，嵊泗县海洋与渔业执法大队（加挂中国海监嵊泗县大队、嵊泗县渔业行政执法大队两块牌子）经当地编委批准成立，成为全省第一个县级海洋与渔业执法机构。为了全面推进全省海洋与渔业综合执法体系建设，8月13～14日，浙江省海洋与渔业局召开全省海洋与渔业行政综合执法体制改革座谈会，随后，象山、平湖、奉化等海洋与渔业执法大队相继经当地编委同意并正式成立，台州等市、县（市、区）也抓紧作好前期准备工作。建立统一的海洋与渔业综合执法队伍，既能充分利用人力、物力等资源，又能有效改善实际执法过程中存在的多头执法、执法效率低下的现状。海洋与渔业执法队伍改革到位以后，不仅有望解决统一执法综合问题，还将明显改善队伍形象，实现执法资源的优化配置，提高队伍的综合执法能力。（谢加洪）

【海洋资源开发利用执法检查】 2002年6月15～20日，新组建的浙江省海洋与渔业执法总队在中国海监东海总队的支持下，组织6艘执法检查船和1架中国海监飞机，实施了代号为“蓝剑行动”的海陆空联合执法大检查。整个行动自北到南，按照预定的计划和巡航路线，对宁波北仑港、温州七里和黄华等重点海域的海域使用持证和海砂开采情况检查中，共查获无海域使用权证的海砂船31艘，并现场责令违法单位及时办理海域使用证。

为了切实贯彻执行《中华人民共和国海域使用管理法》等有关海洋法律法规，全面开展全省的海域使用监督工作，浙江省海洋与渔业执法总队根据群众举报，对自2001年5月开始动工以来，一直没有办理海域使用证的宁波北仑港区四期集装箱码头工程，在作了前期调查摸底后，在《中国海洋报》记者的参与和宁波市支队、北仑区海洋与渔业局的配合下，于11月8日、20日，两次组织开展了对工程的现场查看和调查督促办证工作。在法律面前，当事人已正式提出申请办证。这起典型案件的查处，既宣传贯彻了《海域使用管理法》，又促进了广大用海单位和个人的依法用海，树立了海洋主管部门依法综合海洋的权威。（谢加洪）

海洋公益服务
Marine Public Welfare Service

【海洋科技】 2002年，浙江省共安排省级科技兴海和海洋科技项目50余项，计投入科技经费近千万元。主要进展：

（1）海洋科技创新体系建设得到加强。在宁波大学建立了海洋生物工程重点实验室；在浙江海洋学院建立了深水网箱研究开发中心；在国家海洋局第二海洋研究所建立了遥感中心；与中国科学院兰州化学物理所联合共建了甲壳素研究与开发实验室；在涉海市县建立了水产养殖、船舶修造等一批区域科技创新服务中心。引导和支持涉海企业加强与高校、科研院所的产学研合作，建立了一批涉海高新技术企业研发中心。全省已有涉海高校、科研院所21家，拥有海洋科技人员近2 000名。已建有国家级海洋研发中心4家，省级涉海高新技术企业研发中心3家，省级海洋重点实验室1家，涉海企业研发机构260余家。

(2) 海洋科研开发取得了重要进展。深水网箱设备和养殖技术、贻贝深加工技术、岱衢大黄鱼人工育种技术等项目研究成功，为发展海水养殖业提供了有力的科技支撑。海水淡化技术及大洋多金属结核资源开发、海洋平台结构可靠度及其安全性研究、海洋光学遥感信息应用技术、薄壁筒桩技术在近海工程中的应用等一批科研成果，为加快海洋资源开发利用和国防建设作出了重要贡献。入海污染物排放总量控制、钱塘江水污染防治、象山港养殖容量研究等一批海洋环保项目，为加强海洋环境保护，实施清洁生产提供了科学依据。

(3) 海洋高新技术产业化进程加快。已建立3个海洋科技园区，培育省级涉海高新技术企业28家，海洋民营科技企业400余家，7个省级科技兴海示范区和5个国家级科技兴海基地继续发展壮大，实施了一批海洋高新技术产业化项目。深水网箱设备及高效养殖产业化项目，已投放大型深水网箱1 180只，浮绳式网箱240只，创产值2.4亿元，利税3 200万元。海产甲壳动物废弃物综合利用技术开发项目，生产甲壳素及其衍生物3 000余吨，氨糖系列2 000余吨，创产值3亿余元。 （张建荣）

【海洋预报】 从2002年5月8日起，浙江省海洋预报节目每日在浙江卫视台播出。预报内容为：未来24小时浙江省沿海海浪预报；浙江沿岸7个主要港口每天的潮汐预报和临近海域波高预报；浙江海域表层温度旬预报和风暴潮预警报。节目开播以来，正常播出率为100%。由浙江省海洋监测预报中心提供的常规海洋预报，继续在“浙江农网”上发布。 （孔 梅 谢寿华）

【海水浴场环境质量监测预报】 为进一步拓展海洋环境监测预报为公众服务的领域，有效维护滨海旅游区的环境安全和公众健康，及时向公众提供指导性的海水浴场环境状况信息，从9月16日起，浙江省海洋监测预报中心对宁波松兰山、舟山朱家尖南沙和温州南麂大沙岙3个重点海水浴场进行了为期一个月的环境质量监测预报工作，并通过浙江卫视发布24小时和未来3天的环境预报，预报内容主要包括海水水质、水温、海浪、综合评价指数、游泳适宜度、高潮时、低潮时及最佳游泳时段等。通过监测，上述3个海水浴场环境质量优良，其健康指数均达到合格以上，其中松兰山海水浴场健康指数达到优的天数占76.7%，朱家尖海水浴场为73.3%，南麂大沙岙为70.0%；其适宜度等级评价均为适宜或较适宜。 （孔 梅 谢寿华）

海洋资源开发与海洋经济
Development of Marine Resources and Marine Economy

【概况】 2002年，浙江省继续全面贯彻建设海洋大省战略，加强对海洋经济工作的领导，进一步完善海洋综合开发和综合管理的机制，全省海洋经济又取得新的发展。按照新的统计口径，2002年浙江省海洋产业总产值达到1 793.00亿元，比上年增长16.5%；海洋产业增加值达到582.16亿元，比上年增长18.1%。海洋经济已成为浙江省国民经济的重要组成部分，对全省特别是沿海地区经济增长的贡献率越来越大。全省海洋开发情况示于表2。 （纪志康 应 晓）

【海洋渔业】 2002年全省继续全面停止国内捕捞渔船更新改造审批，严格限制休渔期作业调整，积极鼓励和引导捕捞渔民减船转产，国内捕捞生产规模和捕捞产量有所下降。与此同时，全省海水养殖规模、产量、效益持续增长。2002年全省海洋水产品总产量409.33万吨，比上年增产0.58%；海洋水产业总产值435.16亿元，同口径比增长16.09%。全省海洋渔业人口95.45万人，渔业专业劳动力34.99万人（其中海洋捕捞劳力18.97万人，海水养殖劳力7.10万人），渔业兼业劳动力9.83万人；海洋渔村人均收入6 004元，比上年增收166元。

海洋捕捞 2002年，全省海洋捕捞生产渔船34 101艘，比上年减少1 592艘；实现国内捕捞产量302.44万吨，比上年减产8.53万吨，减幅2.74%。总海洋捕捞产量中，鱼类占66.28%（其中带鱼占总产量的16.97%）、虾蟹类占24.88%、贝类占8.66%。各类型作业中，对围网作业、钓业、流网作业产量有所上升；张网等定置作业和拖网作业有较大幅度减产。其中3～5月，因渔获减少、柴油价格居高不下，捕捞效益下降，海洋渔区部分耗油量大的大功率拖网渔船出现提前回

表 2 浙江省海洋开发资料统计

统计项目		2002 年
海洋捕捞产量（万吨）	鱼 类	214.88
	虾 类	67.02
	蟹 类	13.62
	贝 类	28.09
	藻 类	0.21
	其 他	0.36
	合 计	324.18
海水养殖产量（万吨）	鱼 类	4.03
	虾蟹类	8.06
	贝 类	70.00
	藻 类	3.03
	合 计	85.12
海洋水产业总产值（亿元）	第一产业	232.96
	其中：捕捞业	150.41
	养殖业	82.55
	第二产业	171.63
	其中：水产加工业	149.43
	第三产业（不含市场交易额）	30.57
	合 计	435.16
海洋运输情况	沿海货运（万吨）	7 833
	远洋货运（万吨）	513
	沿海客运（万吨）	1 855
沿海主要港口货物吞吐量（万吨）	宁波港	15 398
	舟山港	4 068
	台州港	1 100
	温州港	1 676
	嘉兴乍浦港	1 130
	合 计	23 372
滨海城市国际旅游情况	涉外饭店个数（个）	349
	客房数（间）	34 182
	床位数（张）	62 227
	接待境外游客人数（人•天）	553 162
	国际旅游外汇收入（万美元）	26 842
海盐生产情况	面积（公顷）	7 972.28
	产量（万吨）	33.6
	工业总产值（不变价，万元）	8 625.55
潮汐、风能发电情况	潮汐电站数量（个）	3
	年发电量（千瓦•时）	7 120 000
	风能电站数量（个）	3
	年发电量（千瓦•时）	1 586 300
沿海滩涂开发利用情况（公顷）	滩涂总面积	235 022
	可利用面积	99 059
	已利用面积（其中养殖用）	87 541（76 955）

港休产现象。远洋渔业继续稳步发展，先后实施了北太鱿钓、西南大西洋鱿钓、太平洋金枪鱼钓、印尼捕捞、缅甸合作等项目，开拓了南太平洋、印度洋等新的渔场，各个项目经营情况良好。全省20家远洋渔业企业外派渔船420艘，产量21.74万吨，比上年增长 18.58%；远洋渔业从业人员1.55 万人。全省拥有农业部远洋渔业企业资格的公司从 6 家升为 11 家。“浙江省远洋渔业协会”于 11 月 15 日顺利组建，为进一步规范远洋渔业行业管理，形成和完善行业自律和自我发展机制奠定了基础。

海水养殖 2002 年海水养殖依然保持了持续发展的势头，全年新增养殖面积 0.42 万公顷，使海水养殖总面积达到 11.69 万公顷，同比增长 3.73%；实现养殖产量 85.15 万吨，同比增长 9.64%；新增养殖劳力 2 670 人，同比增长 3.91%。深水网箱养殖发展迅速并经受了“威马逊”、“森拉克”2 次台风正面袭击考验，至年底已下海 792 只（总水体 153 万立方米），为全国之最。承担的国家“十五”渔业科技攻关项目——“东海区深水抗风浪网箱养殖技术与设施开发”研究课题取得重大进展。先后完成了对适养海区的全面调查和规划，开发了 HDPE 沉浮式、子母式及钢构碟式等多种类型、适养不同海域的深水网箱，取得了网箱锚泊、苗种培育、分级换网等系列技术与经验；完成了对三家企业的深水网箱产品的技术鉴定与国产化制造定点授牌工作；编写了深水网箱养殖技术培训教材，举办培训及讲座 22 次，听课人员达 1 600 余人次；为深水网箱养殖配套的苗种选育和渔用饲料研究开发也有了新的进展。

水产品加工和市场拓展 到 2002 年，全省海洋渔区共有水产加工企业 1 173 家，拥有水产冷库 1 061 座，年水产品加工能力 137.51 万吨。2002 年水产加工品产量 103.53 万吨，加工产值 149.43 亿元。水产品批发市场遍布全省各地，其中专业批发市场 66 个。据浙江省工商局统计，2002 年全省水产品市场交易量 348.46 万吨，交易额 448.97 亿元。由浙江省海洋与渔业局和省质量技术监督局联合主办的 2002 浙江水产精品上海推介（展销）会，于 11 月 21～24 日在上海市农展馆成功举办，推介（展销）会达成签约意向 180 份，意向金额 21 290 万元人民币、210 万美元；上海市有 8 万余人次进场参观和购买，现场销售总额 898.6 万元。推介（展销）会期间，还举行了江浙沪水产市场信息交流会及“浙江水产精品网上交易会”网站开通仪式和台州市水产精品、嵊泗贻贝两个新闻发布会。

休闲渔业 以渔港为依托，象山石浦和玉环坎门各自成功引进数亿元巨资，开始打造“中国渔村”和“休闲渔都”两大渔港经济综合开发和休闲旅游项目。舟山市拥有渔民家庭旅馆 332 家、床位 5 800 余张，占全市旅游接待能力的 11.5%，户均年创旅游收入数万元。嵊泗县这一昔日的纯海岛渔业县正快步向旅游大县迈进，休闲渔业在其中发挥了重要的作用。据初步统计，2002 年全省休闲渔业产值超过 10 亿元，已成为渔业产业一个新的重要增长点。

渔业法制建设 经过 2 年多时间的努力，《浙江省渔港渔业船舶管理条例》在 2002 年 9 月 3 日浙江省九届人大常委会第 36 次会议上获得通过，并从 2003 年 1 月 1 日起生效实施。《条例》共七章五十二条，分别对浙江省渔港规划与建设、渔港管理、渔业船舶管理、渔业船舶安全作业和救助及相应的法律责任等作了明确具体的规定，特别是强化了对渔船修造企业的源头管理，确立了渔港规划的法律地位，将对促进浙江省渔业的规范化管理产生积极的作用。

渔船淘汰报废和捕捞渔民转产转业 在 2002 年 8 月全国减船转产工作及支持政策的激励下，全省海洋捕捞渔民转产转业工作进一步加快。全省压减捕捞渔船 1 050 艘，上缴渔船功率指标 11 万千瓦，引导渔民转产转业 5 200 人，基本完成了年度减船计划。为从根本上解决捕捞渔民及渔民子女的出路问题，舟山市还启动了总规划用地 66 公顷、总投资 2 亿元的“航海职工教育培训园区”建设工程。

渔业资源保护 以新组建的浙江省海洋与渔业执法总队和渔政执法海上特编船队为骨干，先后实施了产卵带保护、张网管理、伏季休渔专项检查、查处北太违法生产等一系列执法管理行动，收到了明显效果。2002 年伏季休渔总体执行情况良好，查处省内违规渔船 7 艘。结合渔船淘汰报废，平阳南麂附近海域人工鱼礁建设工作又有新进展，在上年投礁 2 400 空立方米的基础上，2002 年又投礁 3 万余空立方米，并首次在南麂人工鱼礁海域放流了 60 万尾大黄鱼、黑鲷、赤鲷等鱼苗。同时继续在象山港等海域放流增殖大黄鱼鱼苗 100 万尾、黑鲷 10 万尾。

浙北渔场整治 浙江省综合治理委员会组织成立由省海洋与渔业局牵头的以省海洋与渔业执法总队和武警边防总队为骨干的浙北渔场管理指挥组，在冬汛生产旺季，长期驻守嵊泗渔场，加强海上巡查，严格执法管理，舟山、台州两市及嵊泗、临海、三门等县（市）也积极参与、密切配合，及时调解渔事纠纷，使浙北渔场治安状况有了明显好转。整个冬汛生产旺季，共查处 130 艘违规船舶和 165 名违规人员，成功营救 19 名遇险渔民，浙北渔场刑事、治安案件分别比上年同期下降 50%和 42.7%。

渔港普查 在国家农业部统一领导下，沿海渔港普查工作从 2002 年 1 月初开始，历时 4 个月如期完成。据普查，全省共有沿海渔港 243 处（包括经农业部公布的 179 处渔港和 64 处新增渔港），其中有一级渔港 17 处、二级渔港 25 处，其余均为三级及以下渔港。通过普查，基本摸清了浙江省渔港的分布及现状，为今后浙江省渔港的规划、建设和管理提供了科学依据。 （纪志康）

【海洋交通运输业】 2002 年，浙江省港口海运业进一步加快改革进程，依托区位优势，强化服务，狠抓企业管理，积极开辟新货源，努力发展新产业，港口经济持续稳步增长。2002 年全省港口完成货物吞吐量 4.21 亿吨，比上年增长 23.5%，其中沿海港口完成 2.57 亿吨。全省港口完成旅客吞吐量 2 568.81 万人次，其中沿海港口完成 1 855 万人次。宁波、温州、台州、嘉兴、舟山 5 个沿海主要港口完成货物吞吐量 2.23 亿吨，比上年增长 14.4%。2002 年，全省实现水路货运量 24 564 万吨，比上年增长 23.2%。

港口生产总体持续稳定增长，部分港口增幅显著 宁波、舟山、温州、台州、嘉兴等沿海港口货物吞吐量增幅分别为 19.8%、23.96%、27.55%、7.4%、10.9%。宁波、舟山港吞吐量大幅增长，在浙江省港口中的龙头作用日渐显现，宁波港货物吞吐量首次突破 1.5 亿吨，达到 15 398 万吨，居全国大陆沿海港口第 2 位；舟山港货物吞吐量达到 4 068 万吨，居第 9 位；温州港货物吞吐量比上年增加 27.55%，达到 1 676 万吨，增幅居全省沿海主要港口之首，台州港、嘉兴港分别完成吞吐量1 100万吨和1 130万吨，均有较大增长。

外贸货物运输继续增长，集装箱运输取得长足发展 2002年全省港口外贸吞吐量7 909.68万吨，集装箱吞吐量207.94万标准箱，分别比上年增长22.7%和51%，其中沿海港口集装箱吞吐量207.25万标准箱，居全国第7位。宁波港集装箱吞吐量185.87万标准箱，比上年增长52.8%，占浙江省港口集装箱吞吐量的89.3%，居全国大陆沿海港口第6位；温州港集装箱吞吐量15.03万标准箱，比上年增长50.1%，居全省第2位。宁波港、舟山港、温州港分别完成外贸货物吞吐量6 241万吨、907万吨和191万吨，比上年分别增长14%、51%和23%。

港口基础设施进一步完善 2002年，浙江省加快了港口基础设施建设的步伐，共完成港口基础设施投资26 515万元（不包括货主码头和宁波港），其中沿海港口完成投资16 800万元；陆岛项目完成投资9 715万元，建成陆岛码头8座，其中车渡2座，能力24.2万吨、5.7万车次、109万人次。截至2002年底，全省共有港口码头泊位6 224个，其中沿海867个，万吨级以上泊位58个，10万吨级以上泊位5个；码头总长235 725.9米，其中沿海53 899.4米；年综合通过能力40 808.75万吨，其中沿海21 350.66万吨。

海运外贸吞吐量业绩显著 2002年10月和12月，国务院分别以“国函〔2002〕93号、116号”文批复同意宁波港大榭港区、舟山港马迹山港区对外国籍船舶开放；宁波港北仑三期集装箱码头和温州港七里港区对外开放条件日趋成熟，宁波港北仑三期集装箱码头1、2号泊位已临时对外轮开放。全年全省海运口岸共完成外贸进出口货物吞吐量7 630.04万吨，比上年增长18.33%，其中宁波口岸完成6 241.7万吨，温州口岸200.89万吨，舟山口岸903.86万吨，台州口岸116.2万吨，嘉兴口岸167.397万吨，分别比上年增长13.9%、36.62%、50.9%、9.71%、55.26%；完成国际集装箱吞吐量193.62万标箱（其中宁波口岸185.87万标准箱），比上年增长51.55%；入出境船舶14 981艘次，比上年增长15.78%。全省外贸进出口总额达419.64亿美元，比上年增长28%。

远洋运输取得新发展 浙江远洋运输公司（以下简称“浙远公司”）1980年3月19日由浙江省交通厅与中国远洋运输（集团）公司合资组建，2000年9月28日双方终止合作经营，中远持有的50%股份全部转让浙江省。2001年浙远公司改制为股份制企业，成为省交通投资集团有限公司子公司。

2002年，浙远公司广辟渠道，挖掘货源，调度运力，狠抓管理，较好地完成了年初确定的生产任务和利润目标。2002年，公司拥有4艘巴拿马大型散货船、5艘杂货船和4艘全集装箱船，总载重吨达到33万余吨，初步形成了船队规模。面对经营困难的班轮运输，通过挖潜，仍保持每周2班的宁波至香港集装箱班轮；件杂货船恢复了原木运输，开辟了新的装货点；大型散货船选择最佳航线及货种，并努力降低营运成本，提高周转率和实载率。下属公司通过改制重组，提高了员工的工作积极性，显示了强劲发展势头。2002年，浙远公司完成货运量394万吨、周转量56亿吨海里、集装箱运量1.94万标准箱，实现利润2 150万元。

全国最大矿石中转港——马迹山港在嵊泗建成 全国最大矿石中转港，经上海宝钢集团公司3年半时间的建设，已成了全国最大的25万吨（兼顾30万吨）级矿石中转港区，2002年12月21日顺利通过竣工验收，并正式开港。建成后的马迹山矿石中转港，是宝钢及长江中下游地区钢铁企业进口铁矿石服务的现代化中转港，可开通至巴西、秘鲁、委内瑞拉、澳大利亚等南北美洲、大洋洲等国家和地区的航线。宝钢马迹山矿石中转港总投资13亿元，建有一个码头前沿水深26米，可停靠25万吨级兼靠30万吨超大型船舶的卸船泊位和1个3.5万吨级的装船泊位，料场储矿能力达108万吨。该港区于1998年11月8日动工建设，2002年5月30日首次成功接卸外轮，进行试运行，到2002年11月底共接卸外轮30艘，累计吞吐量为537.9万吨。

浙沪联建国际航运中心挂牌成立 2002年4月4日上午，由上海、浙江共同出资组建的洋山同盛港口建设有限公司在浙江省嵊泗县挂牌成立，这标志着沪浙双方优势互补，跨区域联合建设的国家“十五”重大建设项目——上海国际航运中心洋山深水港建设正式启动。上海市委常委、副市长韩正，浙江省副省长卢文舸出席了成立大会。洋山深水港区位于杭州湾口与长江口外浙江省嵊泗县境内的大、小洋山，距上海南汇嘴仅27.5千米，是距上海市最近的深水港区。其港区境内深水岸线长，水深、避风条件好，全年不冻不淤，年平均作业天数在315天左右。上海国际航运中心洋山深水港一期工程在小洋山南侧动工建设，投资130亿元，将建一座全长约30千米的芦洋跨海大桥，5个能停靠第五、第六代集装箱运输船舶的泊位，码头设计年吞吐能力220万标箱。一期工程将于2005年建成并投入运营。

嘉兴港迎来首批集装箱　2002年7月22日上午，首批计110只标准集装箱抵达嘉兴港区乍浦码头。当天下午，由浙江中基世航公司装卸进场。首批集装箱接卸成功，标志着嘉兴港集装箱作业实现了零的突破。届时开辟乍浦至深圳、广州内贸集装箱航线。

鳌江港首次向韩国出口叶蜡石　2002年9月23日，山东省荣成市东都轮船公司的2 300吨级的"东坡"轮，在二类口岸温州市平阳县鳌江港一号码头，通过口岸海关、边检、海事、国检部门的联检后，装载2 000吨泰顺非矿叶蜡石起航，驶往韩国浦项港。鳌江港首次向韩国出口叶蜡石，担任此次叶蜡石货、船代理的中国温州外轮代理有限公司鳌江办事处和公共代理部向船东、货主推出"人性化服务，专家型代理"的服务新品牌，提供"东坡"轮在鳌江港期间的整体服务方案，保证"世界蜡都"泰顺首批自营出口产品能顺利登陆韩国。　　（陈建光）

【滨海旅游业】　近年来，浙江省沿海地区从事海洋旅游开发的热情高涨，各地纷纷利用自身特色资源优势，大力实施"政府主导型"的旅游发展战略，加大资金投入，使全省海洋旅游的产业规模稳步扩大，产业要素不断完备，产业结构日趋合理，海洋旅游已成为浙江省旅游新的亮点和今后发展的重点。

海洋旅游规划　浙江省沿海各旅游主管部门把制定和修编旅游规划作为重要工作来抓，力争通过高起点规划、高水平开发、高标准建设来提升当地旅游业的品位。舟山市委托上海旅游研究院等单位编制了《舟山市旅游产业发展规划》，充分借用了上海旅游界的智力，谋划舟山旅游发展蓝图，使舟山旅游产业发展的定位更加明确。象山县投入100余万元对全县旅游总体规划进行修编，确定了象山旅游主题形象是"东方不老岛，海山仙子国"，为全县旅游发展指明了方向。定海区旅游局集思广益，征集各部门意见，编制完成了《定海旅游业总体规划》等一系列规划，为定海旅游业的有效开发提供了详细的依据。此外，宁海、洞头等都准备投入几十万甚至上百万元编制海洋旅游发展规划。

海洋旅游产品　浙江省海洋风景旅游产品建设的档次和水平在近年来得以逐步提高，除原有海洋旅游项目如海宁及萧山国际观潮节、舟山国际沙雕节、平湖九龙山旅游度假区、象山松兰山旅游度假区、中国开渔节、普陀山佛教旅游等产品继续保持较强的市场影响力外，全省各滨海旅游区又涌现出一批上规模、有影响力的旅游产品。如温岭石塘的千年曙光节，短短40余天共接待游客16万人次，经济收入1.2亿元，使地处一隅的温岭和石塘在全国乃至全世界都有了知名度；投资5亿元的象山中国渔村，以展示渔文化为核心内容，一期主题园即将对外开放。此外，洞头的海霞军事主题公园、普陀桃花岛影视之旅、平阳南麂列岛的海洋生态旅游等产品，为浙江省海洋旅游发展注入了新的活力。

海洋旅游经济指标　2002年，浙江省海洋旅游共接待国际游客55.32万人次，国际旅游收入2.69亿美元，比"九五"期末的2000年分别增长了82.8%和87.6%；与2001年相比，分别增长了33.5%和39.6%。"十五"前两年，滨海地区共接待国内旅游者8 918万人次，国内旅游收入共计679.8亿元人民币。近年来的经济指标变化表明，海洋旅游正呈现出强劲的发展趋势，在全省旅游业中的地位逐步凸现，对滨海地区相关产业的带动辐射作用日益明显。

海洋旅游综合接待能力　到2002年底，浙江省星级饭店达到了349家，标准床位62 227个，还有大批社会饭店、家庭旅馆等接待设施。仅一个舟山市，各类宾馆饭店就有700余家，近5万张床位，同时配套发展了家庭旅馆385家，5 817张床位；海岛县洞头，全县已拥有2家星级饭店，3家度假村，普通宾馆（饭店）50余家，总床位1 300余个。此外，海洋旅游区内的旅行社、旅游汽车公司、航运游船公司、旅游票务中心等服务体系不断完备，已形成了"吃、住、行、游、购、娱”全方位的服务系统。

海洋旅游环境 浙江省海洋旅游区的旅游主管部门通过创建优秀旅游城市、旅游行风建设、旅游市场整顿等载体，狠抓旅游行业管理工作，使之步入规范化、科学化、法制化的轨道。一是建立监督机制，通过星级饭店评定、旅行社年审、旅游景区点A级评定指导管理等措施提高旅游企业素质。二是加大检查力度，对欺客、宰客、违规经营等行为予以查处，净化旅游市场秩序，保护旅游者合法权益，营造安全、舒适、宽松的旅游氛围。三是加强旅游队伍建设，强化培训，提高旅游从业人员的职业道德和业务技能。（金炳雄）

【海洋盐业】 2002年，浙江省产盐33.57万吨，比上年减少24.5%。全省销售各类盐产品78.28万吨，其中小包装食盐20万吨，销售总量和小包装量达到历史最高水平。省内出场盐产品38.17万吨，比上年减少6.90%；省外调入各类盐产品40.11万吨，比上年增长9.9%；盐业产区库存盐23.65万吨，比上年减少16.8%。全省盐业市场井然有序，结构调整稳步推进，劳动人事制度改革不断深化，盐业管理体制进一步巩固完善，为加快盐行业发展奠定了扎实的基础。

盐业市场整治成效显著 按照浙江省人民政府办公厅《关于印发2002年全省整顿和规范市场经济秩序重点工作计划的通知》要求，浙江省全年累计出动盐政执法检查47 920人次，捣毁私盐窝点24个，缉获私盐3 116吨；检查生产经营单位和零售商店129 311家，查获违规单位和商家2 107个；受理案件740件，涉案金额100余万元，其中重大案件9件。

市场供应保障有力 2002年，浙江省食用碘盐、蔬菜加工用盐及其他各类用盐都按计划平稳调运，较好地保证了市场的有效供应。全省共建立116个非碘盐专供点，把小包装非碘盐作为必备商品，保证了特需人群对非碘盐的需求。加快推广多品种系列盐，经营品种发展到保健、营养、洗浴、调味专用四大系列10余个品种，供应量达到小包装碘盐总量的1%左右。为使广大消费者能进一步了解科学补碘的重要性，省盐务管理局出资20万元于7月份举办了全省“赞成杯”碘盐知识竞赛和“赞成”碘盐文化艺术夏令营，共有100多名儿童参加，社会反响良好。

结构调整稳步推进 根据国家经贸委2002年第32号令要求，一年来，浙江省共取消年加碘能力小于1万吨的国家食盐定点生产企业3家，淘汰落后加碘生产能力3万余吨。以整顿和规范盐业市场秩序为契机，全省加大废转低产劣质盐田的力度，全年共批复废转盐田847.73公顷，核发已废转盐田补助资金及“森拉克”台风救灾补助资金174.133万元、下拨年度盐业海塘维修资金100万元。

加碘盐质量监管进一步强化 为树立质量意识和服务意识，浙江省盐业深入开展“质量服务年”活动，将质量兴企、质量为民意识贯穿在生产经营活动全过程中，全面推行标准化管理，切实保障合格盐产品的生产和供应。产区盐业部门从质量源头抓起，加强技术指导，突出重点环节，层层把关，提高加碘母盐质量。省、市、县三级盐产品质量检测机构充分发挥质量保证体系和质量检测网络功能的作用，坚持食盐质量抽检通报制度，及时公布检测结果，从各个环节上改进质量工作，提高质量水平。（虞 峰）

【海洋矿产开发】 浙江省海洋矿产资源除东海油气田勘探并开采的石油、天然气外，仅有海砂和海底蛎壳资源。另外，在海岛上分布较多的凝灰岩、花岗岩等建筑石料矿产资源，发现或查明的还有舟山市岱山县的铅锌矿、大理石矿和温州市洞头县的矿泉水、玛瑙等。

海砂资源主要分布在舟山、宁波及温州市洞头县等地的海域。开采海砂的合法企业有舟山向往石桥采砂装运工程有限公司、舟山巨能实业有限公司、舟山市瑞昌采砂有限公司和宁波经济技术开发区宁波港物资公司等，但正常生产的仅有舟山瑞昌采砂有限公司，年产海砂200万吨，工业总产值750万元。

海岛矿产资源主要开采建筑石料矿产和矿泉水，铅锌矿和大理石早已停采。舟山市开采砖瓦黏土、花岗石和凝灰岩的企业共180个，年产矿石量500万吨，工业总产值6734万元。温州市洞头县开采花岗石、凝灰岩的企业共14个，年产矿石量30万吨，工业产值547万元；开采矿泉水的企业2个，年产矿泉水0.14万吨，工业总产值33万元。（魏夕生）

海洋国际合作与交流
Marine International Cooperation and Interflow

【概况】 2002年，浙江省的对外经济贸易持续健康发展。据海关统计，浙江省2002年完成外贸进出口总额419.65亿美元，其中出口294.2亿美元，进口125.45亿美元，分别比上年增长27.9%、28.0%和27.7%；新批外商投资企业3 364家，投资总额157.73亿美元，合同外资金额67.89亿美元，实际外资金额31.60亿美元，分别比上年增长45.6%、97.5%、35.4%和42.9%；完成外经合同额、营业额、外派人次和年末在外人数分别达到12.8亿美元、10.5亿美元、8 903人次和2.83万人，其中对外承包劳务合同额、营业额分别比2001年增长133%和57%；批准境外投资项目226个，投资总额6 363.67万美元，其中中方投资5 131.92万美元，分别比2001年增长56%、65%和53%。

【海水产品出口】 海水产品是浙江省外贸出口的大宗商品之一。2002年浙江省累计出口海水产品20 282.3吨，出口金额43 618万美元，分别比上年下降8.11%和10.15%。出口的主要产品有：活鱼2 858万美元，比上年增长9.96%；冻鱼、冻鱼片16 682万美元，比上年减少4.34%；鲜、冻对虾2 053万美元，比上年增长14.59%；冻虾仁5 985万美元，比上年减少46.13%；其他水海产品16 040万美元，比上年增长2.79%。浙江省海水产品出口的主要市场是：韩国19 281万美元、日本17 363万美元、美国3 164万美元、菲律宾926万美元、加拿大643万美元。全省海水产品出口额最大的十家企业分别是：舟山国际经济技术合作公司（1 481万美元）、舟山兴业有限公司（1 470万美元）、慈溪徐龙进出口有限公司（1 264万美元）、宁波象山县对外贸易公司（1 230万美元）、舟山粮油食品进出口有限公司（1 163万美元）、象山富毅华水产食品有限公司（1 004万美元）、舟山金星水产有限公司（994万美元）、舟山加藤佳食品有限公司（991万美元）、普陀海川水产公司（986万美元）、中国水产舟山海洋渔业公司（982万美元）。

【海洋渔业企业利用外资】 2002年，全省共批准涉及海洋渔业企业的利用外资项目5个，投资总额2 882.7万美元，合同外资金额1 702.9万美元。海洋渔业利用外资企业的经营范围包括水产养殖、远洋捕捞、食品储运加工、相关渔业设备的制造、海洋技术开发等。从投资方式来看，有合资项目2个，分别是宁波龙珠水产有限公司和温州华光海藻食品有限公司；独资项目3个，分别是平阳县南麂岛开发有限公司、杭州加西海洋渔业用具有限公司和舟山新明舟水产食品有限公司。

【海洋渔业企业的国际投资与合作】 2002年浙江省批准海洋渔业合作项目2个，分别是浙江奥林特远洋渔业有限责任公司赴印度开展渔业捕捞合作项目和汤加金枪鱼延绳钓渔业开发项目。其中汤加金枪鱼延绳钓渔业开发项目投资总额150万美元，是由台州远洋渔业有限公司以实物出资形式投入的资源开发型项目。截至2002年底，浙江省累计批准海洋渔业企业赴境外渔业合作项目19个（其中有14个项目已经撤销或终止），投资总额5 262万美元，其中中方投资4 240万美元。

2002年全省外派渔工、海员劳务914人次，其中海员（包括邮轮服务员）754人。由于2001年12月国家外经贸部、台办、公安部等6部委联合下发了《关于全面暂停对台渔工劳务合作业务的通知》，浙江省执行该通知精神，除继续执行未完成的合同外，已全面暂停对台远洋、近海渔工劳务合作业务。因此，2002年全省外派渔工人数锐减，仅160人次。全省从事海洋渔业劳务合作的企业主要有：宁波国际公司、宁波工艺品进出口公司、舟山国际公司和舟山国际经贸公司。海洋渔业劳务主要派往香港、新加坡（邮轮服务员和货轮海员）和日本、印度尼西亚、汤加（渔工）等地。 （程世昌）

宁　波　市

Ningbo City

综　述
Summary

【概况】 宁波简称“甬”，位于东海之滨，中国大陆海岸线中段，长江三角洲东南翼，宁绍平原东端，即 28° 51′～30° 33′ N，120° 55′～122° 16′ E。东有舟山群岛为天然屏障，北濒杭州湾，西接绍兴市的嵊县、新昌、上虞，南临三门湾，并与台州的三门、天台相连。全市总面积 9 365 平方千米。全市辖海曙、江东、江北、鄞州、镇海、北仑五区，奉化、慈溪、余姚三市和象山、宁海二县。

宁波境内主要山脉有四明山和天台山两支。四明山又名句余山，是天台山脉的支脉，横跨本市余姚、鄞州、奉化，并与嵊州、新昌、天台三市（县）连接。山峦起伏，蜿蜒连绵，危崖壁立，森林茂密。四明山，据志书载：“四明山周围八百里，二百八十峰，峰峰相次，中顶五峰，状如莲花，疑近星斗，山顶极平正，有方石如窗，中通日月星辰之光，故曰四明。”这就是四明山名称的来历。天台山，主干山脉在天台县，宁波境内为其余脉，有 4 大分支从宁海县西北、西南入境，经象山港延至镇海、鄞州区东部诸山。

宁波有漫长的海岸线，港湾曲折，岛屿星罗棋布。全市海域总面积为 9 758 平方千米，岸线总长为 1 562 千米，其中大陆岸线为 788 千米，岛屿岸线为 774 千米，占全省海岸线的 1/3。全市共有 500 平方米以上的岛屿 531 个，面积 524.07 平方千米。宁波境内有两湾一港，即三门湾、杭州湾、象山港。这些湾港，因有钱塘江、甬江及众多溪河注入，夹带着大量泥沙和营养物质，为滩涂和近海生物繁殖提供了丰富的养料。

宁波沿海潮汐属不正规半日期潮型，一天有两个高潮和两个低潮。平均高潮为吴淞零点以上 3.14 米，最高潮位 4.86 米，平均低潮位 1.47 米，最低潮位为 0.31 米。三门湾、象山港、甬江的潮差自南向北递减，甬江镇海口外的潮流，每逢农历初一、十五朔望日涨于十一时一刻。市区“三江口”的潮汛则朔望日涨于一时。

宁波有余姚江、奉化江、甬江三江。余姚江发源于上虞县梁湖；奉化江发源于奉化市斑竹。余姚江、奉化江在市区“三江口”汇合成甬江，流向东北经招宝山入海。整个甬江流域，因雨量充沛，水资源丰富。

宁波属亚热带季风气候，温和湿润，四季分明，年平均气温 16.2℃，平均气温以 7 月份最高，为 28.8℃，1 月份最低，为-4.2℃。全市无霜期一般为 230～240 天，作物生长期为 300 天，适宜于粮、棉、油料等作物的生长。年平均降水量为 1 300～1 400 毫米，5～9 月，占全年降水量的 60%。

宁波历史悠久，是具有 7 000 年文明史的“河姆渡文化”的发祥地。春秋时期为越国境地，秦时属会稽郡的鄞、句章、鄮三县，唐时称明州；明洪武十四年（公元 1381 年），取“海定则波宁”之义，一直沿用至今。宁波在唐时与扬州、广州并称中国三大对外贸易港口。宋时又与广州、泉州同列为对外贸易的三大港口重镇。鸦片战争后被辟为“五口通商”口岸之一。

2002 年末宁波市总人口 546.19 万人，比上年末增加 2.84 万人，其中市区人口 201.41 万人，增加 75.28 万人。全市人口出生率 7.60‰，死亡率 5.94‰，人口自然增长率 1.66‰。人口继续保持低生育水平。

2002 年度宁波市国内生产总值（当年价、下同）1 500.34 亿元，比上年增长 14.47%。其中第一产业增加值 105.71 亿元、第二产业增加值 828.88 亿元、第三产业增加值 565.75 亿元，同比分别增长 7.2%、15.3%和 14.8%，占宁波市国内生产总值的 7.0%、55.2%和 37.8%。农林牧渔业总产值 163.3 亿元，比上年增长 4.4%。500 万规模以上工业总产值 2 000.16 亿元，比上年增长 22.7%。财政收入 262.18 亿元，比上年增长 34.9%。

（张士锋）

表1　2002年末宁波市行政区划情况

单位：个

县（市）区名称	面积（平方千米）	人口（万人）	乡镇			街道	居民区	行政村
			小计	乡	镇			
市　区	2 560	203.40	38	4	34	24	345	1 142
慈溪市	1 154	100.58	17		17	3	87	310
余姚市	1 346	82.60	19	2	17	4	59	269
奉化市	1 253	48.44	9		9	2	28	508
象山县	1 172	52.86	15	5	10	3	55	713
宁海县	1 880	58.31	17	4	13		28	832
合　计	9 365	546.19	115	15	100	36	602	3 846

市区包括：鄞州区、海曙区、江东区、江北区、镇海区、北仑区

（张士锋）

表2　宁波及各县（市）、区人口及从业人员情况一览表

单位：万人

市区县	年末总人口	农业人口	非农业人口	单位从业人口	职工人数
全　市	546.19	383.76	162.43	77.22	54.71
市　区	203.41	98.91	104.50	39.46	35.3
余姚市	82.60	66.33	16.27	8.80	4.27
慈溪市	100.58	85.76	14.82	14.65	4.63
奉化市	48.44	38.54	9.90	3.87	2.55
象山县	52.86	42.9	9.96	4.14	5.83
宁海县	58.30	51.33	6.97	6.30	2.13

（许利君）

表3　宁波及各县（市）区国内生产总值、工农业总产值（现行价）一览表

单位：亿元

市区县	国内生产总值					工业总产值	农业总产值
	合计	第一产业增加值	第二产业增加值	其中：工业增加值	第三产业增加值		
全　市	1 500.34	105.71	828.88	749.60	565.75	2 000.16	73.65
市　区	822.84	26.43	447.54	390.89	348.87	1234.11	23.35
余姚市	185.57	19.08	107.56	99.66	58.93	202.75	17.58
慈溪市	206.93	16.84	120.66	111.06	69.43	252.71	15.03
奉化市	74.02	9.55	39.79	37.35	24.68	126.72	6.20
象山县	92.03	20.73	46.05	40.48	25.24	88.43	6.53
宁海县	83.08	13.09	47.85	42.21	22.14	96.01	4.96

（许利君）

表4 宁波市海洋开发情况统计一览表

统计项目		数额
海洋捕捞产量（万吨）	鱼类	41.051 3
	贝类	4.526 0
	虾蟹类	11.095 0
	其他	0.208 6
	合计	56.880 9
海水养殖产量（万吨）	鱼类	1.791 7
	贝类	19.815 4
	虾蟹类	3.038 2
	藻类	0.528 5
	合计	25.173 8
沿海港口货物吞吐量	总量（万吨）	15 398
	其中集装箱吞吐量（万标箱）	185.87
海盐生产	产量（万吨）	3.598
	盐及盐加工产值（万元）	1 726
沿海修造船	造船综合吨	29 250
	工业总产值（现价）（万元）	14 786
滨海旅游	涉外旅馆数（个）	122
	接待国外游人次数（万人次）	20.54
水产品加工	总量（万吨）	36.5 598
	产值（万元）	236 581.00
沿海滩涂开发利用	滩涂总面积（公顷）	94 004
	已利用养殖面积（公顷）	25 334

（许利君）

海域使用管理
Management of Sea Area Use

【海域使用管理概况】 2002年1月1日，《海域使用管理法》实施后，宁波市出台了《宁波市海域使用申请审批管理暂行办法》、《宁波市海域使用可行性论证管理办法》和《关于加强和规范海域使用管理工作的通知》等相关文件。并与市计委、财政联合发布了《关于用海基本建设项目审批有关问题的通知》、《关于转发浙江省海域使用金征收管理暂行办法实施细则的通知》，使宁波市海域管理工作步入正规化。

【无人岛开发和管理工作】 继国家海洋局发布《关于加强无人居住海岛管理的若干意见》之后，宁波市对象山、宁海等地开展专题调研，并根据宁波市海岛实际情况，形成了《宁波市无人居住海岛管理暂行办法》（草稿），由宁波市法制办在全市范围内征求意见。

【海域行政区域勘界工作】 在宁波市委、市政府和各有关部门的大力支持下，海域勘界工作开始启动，成立了由市政府分管领导担任组长的海域勘界工作领导小组，组建海域勘界办公室，落实海域勘界办公室人员和海域勘界经费，制定了《宁波市海域勘界工作方案》，全面展开海域行政区域勘界工作。

【海域管理信息化建设】 为解决海域使用管理中的数据管理、图形操作等问题，改善行政管理手段，宁波市积极争取建设海域管理信息系统。2002年10月，召开了宁波市海域管理信息系统建设方案预审查会。海域管理信息化建设也被列入“数字宁波”的调研子课题。（黄 源 许利君）

海洋环境保护
Marine Environmental Protection

【概况】 2002年8月份成立了象山港海洋环境监测站。根据国家有关部门的意见，在全面分析研究宁波海域各项海洋环境监测数据的基础上，按照国家规定的内容和格式要求，编制了2001年度《宁波市海洋环境质量公报》，并经市海洋与水产局修改审定发布。该公报的编制和发布为宁波市各级政府部门制订海洋环境保护政策和环境整治措施，确定海洋环境管理目标，提供了科学依据。

【海洋环境监测】 根据国家海洋局东海分局和宁波市海洋与渔业局的监测要求，从宁波海域的实际情况出发，宁波市海洋环境监测中心制定了《2002年宁波市海洋环境监测方案》，2002年初宁波市海洋环境监测中心根据宁波市具体情况，制定了2002年度宁波市海洋环境监测方案，在2001年监测的基础上，适当调整了监测站位，在宁波近岸海域共布设了33个水质监测站、3个生物质量监测站，并于8月初开始对这36个具有代表性的站位进行了监测，目前外业监测工作已基本完成，本次监测动用了船只一艘，监测人员160人次，并可获得1 500个监测数据，为编制2002年度宁波市海洋环境质量公报提供了基础数据。

根据《2002年宁波市海洋监测中心方案》要求，宁波市海洋环境监测中心在2001年监测的基础上从3月开始继续对象山港海水增养殖区的14个站点进行了监测。共进行了7个航次的水质监测，动用船只7艘次，动用车辆7车次，监测、分析人员150人次，共发出象山港养殖区水质监测通报7期，获得了监测数据6 000余个。

同时，宁波市海洋环境监测中心分别于8月和11月对北仑电厂、镇海炼化排污口进行了监测，动用监测船只2艘次，监测车2车次，监测人员20人次，共获得监测数据近800个。

此外，宁波市海洋环境监测中心从7月底开始还对松兰山海水浴场进行了每周一次的水质监测，并向各相关部门发布了海水浴场水质监测通报，到目前为止共获得监测数据近300个，发布浴场水质通报共11期。

【宁波市赤潮常规监测和应急监测】 2002年，宁波市海洋环境监测中心承担了国家海洋局的赤潮监控区赤潮监视监测项目——象山港赤潮监控区赤潮监视监测工作，对宁波市赤潮多发区象山港连续开展了为期5个多月的赤潮常规监视监测和应急监测。根据国家海洋局和市海洋与渔业局的要求，宁波市海洋环境监测中心制定了《象山港赤潮监控区的赤潮监视监测实施方案》，并按方案要求从4月底开始对象山港的水文气象、水质、生物因子开展监测调查。通过实时监控，做到“第一发现、第一监测、第一通报”三个第一的目标，对象山港赤潮的发现率达到100%，预测率达到70%，通过监测共获得监测数据17 000余个，外业监测和内业分析共约1 220人次，发布赤潮动态报告6期，报送赤潮记录表近50余份，并及时将赤潮信息汇报给上级海洋管理部门——宁波市海洋与渔业局，做好应急跟踪监测和赤潮预警工作，努力减小赤潮灾害可能造成的经济损失。

【开展与象山港生态环境保护有关的专项调查】 2002年，宁波市海洋环境监测中心承担了对象山港进行生态调查的国家项目，于2002年6月17～19日对水质、底质和浮游生物进行了外业调查，7月3日又进行了大型底栖生物拖网，7月25日对象山港潮间带生物和贝类生物质量进行了采样调查，共获得监测数据3 500余个，外业监测及内业分析等100余人次。通过外业调查和将近3个月的内业分析、数据处理和报告编制，整个项目已完成，象山港生态调查报告于11月初通过了国家海洋局有关专家的审查，得到一致好评。目前还承担了国家生态调查总报告中两个部分内容的编写工作。

此外，为了补充和完善象山港环境容量研究的有关资料，2002年初，宁波市海洋环境监测中心组织调查小组对宁海、象山、北仑、奉化、鄞县等有关乡镇的象山港陆源污染物排放和象山港周边县（市）、区社会状况及入港径流进行了更为细致、周全的补充调查，调查人员约80人次。同时，还对该项研究外业调查获得的数据进行了处理，并正在编制相关的研究报告。

【宁波市渔业环境和渔业污染事故监测】 自渔业环境监测站的职能归属宁波市海洋环境监测中心后，宁波市海洋环境监测中心渔业站根据东海区渔政渔港监督局的部署，对象山港重点渔业水域开展了一年两次的水域环境监测，分别于 5 月和 8 月进行。监测的数据及时上报给了东海区渔政渔港监督局，并发布了象山港水质监测通报 2 期，报送至各有关部门。

此外，监测中心和渔业站对一些渔业污染事故和部分养殖池的水质状况进行了监测，其中包括慈溪龙山镇海堤外滩涂养殖区污染生物死亡调查、慈溪龙山海水养殖区监测、宁波南联冷冻食品有限公司姜山龙虾养殖基地水质监测、北仑三山养殖区、宁海越溪对虾养殖池水质监测及慈溪实验养鳖场噪声影响评估等。通过监测使养殖户或养殖单位基本了解了养殖区的水质状况及主要污染因子，有利于养殖单位采取一定的措施改善养殖环境，加强对水产种苗、饲料及药物的管理，逐步做到科学养殖，在为养殖户谋利益的同时优化水域的养殖环境，做到生态养殖。同时，为养殖水产品出口提供科学依据。

【加强重点渔业水域环境的监视监测】 完善渔业水域环境监测体系，对一些渔业污染事故和部分养殖池的水质状况进行了动态监测，基本掌握了养殖区的水质状况及主要污染因子，并建议养殖单位采取措施改善养殖环境，逐步做到科学养殖和生态养殖。开展海洋生态自然保护区建设。根据《渔业法》和《海洋环境保护法》的有关规定，为了更好地维持海岸带与岛屿生物多样性，保护濒危灭绝的物种和海洋生态，在有关专家论证基础上，已完成韭山列岛海洋生态自然资源保护区建设的前期工作。 （张士锋）

海洋公益服务
Marine Public Welfare Service

【海洋环境与灾害预报】 2002 年 10 月份宁波市海洋环境监测中心荣获海域测量甲级资质，12 月宁波市海洋预报台通过了国家级计量认证评审。基础设施的完善，提高了海洋公益服务水平。一是完成了全年汛期汛情和海洋预报。针对 2002 年 9 月影响宁波海域的热带气旋，尤其是“森拉克”台风，进行了及时准确预报，预测和实测基本吻合。预报质量较往年有一定提高，为防台抗灾发挥了积极作用。二是开展赤潮防治监测工作。4 月份象山港被列入全国十个赤潮监控区之一。组织开展了对监控区的赤潮监测、预测预警工作，达到监控区内赤潮发现率 100%，实现赤潮“第一发现、第一监测、第一通报”的目标；建立了赤潮灾害接收、咨询等服务网络系统，最大限度地减轻了赤潮灾害，被国家海洋局评为 2002 年度海洋环境保护先进单位。 （张士锋）

海洋资源开发与海洋经济
Development of Marine Resources and Marine Economy

【概况】 宁波市主要海洋产业总产值 294.6 亿元，比上年增加 21.64 亿元，增长 7.9%。其中一、二、三产业产值分别为 53.50 亿元、151.68 亿元和 89.42 亿元。宁波市主要海洋产业增加值为 159.87 亿元，比上年增加 22.19 亿元，增长 16.1%；其中一、二、三次产业增加值分别为 30.2 亿元、62.0 亿元和 67.7 亿元，同比分别增长 10.6%、26.8%、10.14%。占国内生产总值 10.7%，比上年上升 0.2 个百分点。海洋旅游业产值 75.80 亿元（按旅游收入的 50%计），比上年增长 16.0%。其中：国内旅游收入 72.16 亿元，外汇收入 4 417.5 万美元，分别比上年增长 15.6%和 24.0%。滨海旅游业继续保持强劲的发展势头，主要得益于宁波创建全国优秀旅游城市的成功和城市品位的提升。2002 年宁波港完成货物吞吐量 15 398 万吨，比上年增长 19.8%，继续位居我国大陆沿海港口第二位；集装箱吞吐量超过 185 万标箱，达到 185.87 万标箱，同比增长 53.2%，增幅列我国沿海主要港口第一位。海洋渔业增长平稳。根据统计局的统计数据，2002 年海洋渔业产值 52.65 亿元，增加值 29.72 亿元，分别比上年增长 4.25%和 10.4%。增长主要因素是海水养殖业的迅速发展及渔业增长质量的提高。2002 年宁波市海水养殖产量 25.17 万吨，产值 26.7 亿元，分别比上年增长 15.8%和 19.8%。由于宁波市经济建设发展的需要，慈溪四灶浦西涂围垦工程和镇海海涂围垦工程的影响，以至宁波市海水养殖面积直接减少 2 467 公顷，宁波市海水养殖总面积维持在43 878公顷，但产量和产值仍保持了较好的增长，海水养殖正在从单纯量的扩张向稳定面积、讲求质量、提高效益的方向发展。海洋捕捞产量继续保持负增长，2002年宁波市捕捞产量56.88万吨，捕捞产值 25.95 亿元，分别比上年下降 0.4%和0.8%。主要是渔业资源的衰退、中日中韩渔业协定的实施及生产成本的提高等原因造成。

【海洋渔业】 宁波海洋渔业经济发展呈现出新态势。规模化养殖不断拓展，设施渔业发展较快，科技推广成效明显，水产种苗继续优化，饲料研发和病害防治取得成果，深水抗风浪网箱养殖发展势头良好，结构调整和产业化步伐明显加快。2002年宁波市水产品总产量达到88.72万吨，比上年同期增长 4.12%，其中海洋捕捞产量 56.88万吨，比上年同期下降 0.44%；海水养殖产量25.17万吨，比上年同期增长15.79%；远洋捕捞产量1.77万吨，比上年增长14.58%。2002年全年渔业总产值达到 63.38 亿元，比上年同期增长7.88%，占大农业产值的比重为38%；水产品出口创汇达到 1.28 亿美元，比上年增长 1.87%；渔民人均收入8395元，比上年同期增长2.6%。

海水养殖 通过对棉桔地和低洼低产田的调改，宁波市新增海水养殖面积 1 333 公顷。深水网箱呈现较好的发展势头，深水大型养殖网箱已达168只，养殖区域已从象山港扩展到渔山海区。宁海、奉化的内循环工厂化设施渔业继续呈现良好的发展势头。宁波市推广对虾封闭半封闭防病精养模式66.67余公顷，平均11 250千克/公顷，平均产值40.5万元/公顷。

为推进养殖证的发放，制定了《慈溪市水域养殖证发放试点办法》，完成了养殖证发放试点工作，共核发养殖证458本，发证面积6 487.73公顷，发证率达70.35%，为宁波市养殖证管理制度的实施奠定了基础。

海洋捕捞 2002年10月22日宁波市象山县首批24艘大马力渔船的拆解，拉开了宁波市大规模捕捞渔船拆解、渔民转产转业工作的序幕。

根据国家财办农[2002]99号文件精神，结合实际情况，宁波市提出《宁波市海洋捕捞渔民转产转业规划》（2002年至2006年）和《2002年宁波市捕捞渔民转产转业工作计划》。为更好地落实宁波市的海洋捕捞渔船报废工作，10月22日，宁波市海洋与渔业局组织在象山县召开宁波市海洋捕捞渔船拆解试点现场会。各县（市）、区海洋与渔业局、象山县人大、政府、政协、财政、计划局及有关乡镇领导和渔民老大代表等共 100 余人参加了会议，东海区渔政渔港监督管理局、浙江省海洋与渔业局、省渔政渔港监督管理局、省渔船检验局、省海洋与渔业行政执法总队、宁波市政府，市财政局等有关领导以及新闻单位应邀出席了会议。

在政策引导和扶持下，捕捞渔民转产转业已在宁波市各地逐步展开。到2002年底宁波市已调减海洋捕捞渔船90艘，600名捕捞渔民已弃船上岸从事其他产业。

水产品加工 宁波市渔业招商引资取得进展，2002年水产品加工企业共引进外资 1 000 余万美元。在欧盟禁止进口我国水产品的情况下，各地积极疏通出口渠道，加大招商引资力度，发展转口贸易，扭转水产品出口下降的被动局面。通过努力宁波市水产品出口企业已达36家，骨干龙头企业已达27家。

宁波市水产流通与加工协会成立 2002 年 8 月6日，由宁波市86家渔业龙头、骨干企业组成的宁波市水产流通与加工协会在联宜宾馆召开成立大会。宁波市委副书记郑杰民在会上作了重要讲话。

宁波市水产流通与加工协会是在宁波水产商会的基础上更名改建的。宁波水产商会自1991年成立以来，为促进宁波市水产事业的发展做出了很大努力，取得了很大成绩。近年来，随着宁波市水产业的快速发展，宁波市水产行业的内部结构已发生了深刻变化，各县（市）区涌现了一批有一定实力的民营水产加工与流通企业，成为宁波市水产行业的中坚力量。为了扩大宁波市水产行业组织的队伍，使宁波市水产行业组织真正具有行业的代表性、广泛性和权威性，更好地发挥行业组织的管理、协调、服务功能，经市工商联、市海洋与渔业局同意，报市民政局批准，宁波水产商会决定更名改组为宁波市水产流通与加工协会。协会首批会员广泛吸纳了宁波市水产流通与加工业中的骨干企业加盟，均为宁波市农业龙头企业、省级营销大户、大型水产批发交易市场、年产值在 500 万元以上及在当地有影响、有潜力的企业。

大会讨论通过了协会章程，选举产生了协会组织机构。市人大副主任、市工商联合会会长陈豹年发来贺信。中国水产流通与加工协会领导专程来甬出席会议并致贺辞。宁波市海洋与渔业局、市工商联、市民政局、市工商行政管理局、市质量技术监督局、市贸易局、市出入境检验检疫局、市卫生监督所、市农业局等部门的领导或代表，各县（市）区渔业主管部门领导，各民间团体代表应邀出席大会。

市场、进出口 ①2002 年 2 月 1～9 日，宁波市海洋与渔业局会同宁波市水产商会在宁波文化中心举办了首届水产品展销会，历时 9 天，进场观众 6.5 万人次，现场销售 780 万元，共 71 只摊位，1 200 余个品种，成为宁波市春节期间参展观众最多、现场销售额最多、展场管理到位、水产品规模最大的一次成功的展会。②2002 年 10 月 16～17 日首届金枪鱼加工技术研讨与贸易洽谈会在宁海县温泉宾馆成功举办。会议由中国水产流通与加工协会、中国渔业协会远洋渔业分会、浙江省宁波市海洋与渔业局、浙江省宁海县人民政府主办，旨在研讨金枪鱼加工技术和市场开发，发展金枪鱼加工业，拓展国际合作贸易。联合国粮农组织渔业信息与统计处理查德·格雷处长、菲律宾、厄瓜多尔等国驻华官员、台湾省“鲔鱼工会”总干事、东海区渔政局副局长、浙江省海洋与渔业局副局长、宁波市政府、中国渔业协会远洋渔业分会、中国水产学会、浙江省和宁波市水产流通与加工协会、国内外 54 家企业代表、上海水产大学、农业部远洋渔业研究中心等科研机构代表，共 170 余人参加，中央电视台等媒体到会采访。会议期间，还举办了宁波市海洋与渔业项目招商洽谈会，宁波市海洋与渔业局共推出项目 32 个。③2002 年 12 月 12 日首届美味七星鲈鱼、美国红鱼品尝推介会在宁波中信国际大酒店召开。推介会由奉化市海洋与渔业局主办，奉化市海水网箱养殖协会、宁波市水产流通与加工协会承办。宁波市六家高档酒店和宁波市餐饮协会参与，共有 100 余位宁波市水产养殖行业代表、宁波市饮食烹饪届企业代表和政府有关部门人员参加。此次活动向社会各界介绍了宁波市水产养殖的情况，宁波市水产研究所专家介绍了七星鲈鱼和美国红鱼的营养价值，推出了多种烹饪这两条鱼的方式，并现场演示生吃鲈鱼和美国红鱼的方法。通过此次活动，大大加强了宁波市水产行业和饮食业的合作，对今后拓展海水网箱养殖产品的国内市场，促进养殖业健康持续发展起到了积极的作用。

科技、教育、推广 2002 年象山港科技兴海示范园区建设全面启动，园区建设 5 个示范点共投入资金 1 270 万元。从韩国、日本引进了较耐高温的紫菜新品种，开展了紫菜冷藏网培育技术研究和三疣梭子蟹红膏技术研究。在象山港主港敞水区棉花山海区，发展抗风浪网箱 65 只，其中圆柱式网箱 10 只，浮绳式网箱 55 只，超额完成了项目实施计划。随着一批新品种的养殖和新技术的应用，园区的示范效应正在形成，推进了象山港科技兴海示范园区建设。

【象山渔民呼吁延长伏季休渔时间】 2002 年 7 月 18 日，在象山石浦镇政府会议室，来自各渔村几位老大，代表全县万余名渔民在《关于延长东海渔区伏季休渔期的建议书》上庄重地签下了姓名，上报国家有关部门建议东海渔区休渔期由 3 个月延长至 5 个月。该建议引起国家农业部的高度重视，并以文件形式做出答复。农业部认为，渔民所反映的情况非常重要，提出的建议十分中肯，并对此进行了认真调查研究。明确表示将制定《伏季休渔管理规定》，进一步促使伏季休渔工作的法制化、规范化。

象山县为全国渔业大县，拥有大功率钢质渔轮近 500 艘，大多从事渔网作业。目前，海洋渔业资源的衰竭已是不争的事实，再加上受全球气候变暖的影响，东海渔区鱼类产卵期普遍提前，导致休渔期前两个月的捕捞作业对幼鱼资源造成严重的破坏。为此，广大渔民呼吁国家延长东海渔区伏季休渔期，同时建议强化渔监管理，控制捕捞作业，推行大网目渔具。 （张士锋）

海洋行政执法
Marine Administrative Law-Enforcement Work

【概况】 宁波市海洋执法体系已基本形成。2002

年5月16日中国海监宁波支队挂牌成立。之后，奉化、象山都先后成立了执法大队，北仑、宁海等其他县（市）区的执法大队正在积极筹备当中。经过培训，全市已有47名海监执法人员考试合格，成为正式的海洋监察员。7月18日宁波支队与国家海洋局东海分局第四支队举行了海洋联合执法行动，对海砂开采进行了专项检查。8～9月份对镇海泥螺山海域围垦、象山旦义滩涂围垦和象山鹤浦小网巾村围垦事件进行了监督检查。

【海监执法队伍建设有了突破性进展】 2002年1月，经宁波市机构编制委员会批准，原市渔政处更名为“中国海监渔政宁波市支队”，对外同时增挂“中国海监宁波市支队”和“中国渔政宁波支队”两块牌子。各县（市、区）相继成立海监机构，随着县级机构调整的深入，宁波市已逐步形成一个完整的海洋执法体系。

【海监执法活动形式多样】 为规范海洋开发活动，制止违法用海行为，宁波市开展了多种形式的检查活动。2002年7月，市海洋与渔业局与海监第四支队联合组织实施了对宁波市海域北至杭州湾南岸，南至北仑峙头洋的海上联合执法大检查。10月下旬至11月上旬，宁波市海监支队对象山港和三门湾的采砂用海情况进行调查，在摸清该两港湾内采砂用海的基础上，就无证采砂用海情况出现的原因和如何引导业主走依法用海道路作了进一步的调研，提供海域管理的依据。

【成功举行渔船应急综合救助演习】 2002年8月28日上午10时，中国海监渔政宁波支队成功地在象山石浦水产城水域举行了全国第一次“渔船安全救助综合演习”。

本次演习邀请宁波市安全监督局、市海事局、市边防支队、浙江省海警二支队、省渔政渔监局、省海洋与渔业执法总队、省海洋与渔业局、东海区渔政渔港监督管理局及市政府虞云秧副秘书长等领导光临指导。进行救助演习观摩的有各县（市、区）海洋与渔业局、渔政站、渔港监督站负责人。各县（市、区）渔船老大参加演习观摩120名。

参加演习船舶：渔政渔监艇4艘45人，海事、边防艇各1艘25人；模拟遇险、救险船舶：大型钢质渔船3艘35人。演习全程邀请国家海洋局东海区局张嘉秋处长负责演习组织、拍摄工作，对演习全过程进行拍摄。

由于本次行动组织严密，准备充分，使整个演习取得了圆满成功。提高了渔船救助及事故防范意识和有关涉海部门之间的协作抢险救灾能力。受到了部、省、市各级领导的一致好评，东方电视台、浙江电视台、宁波电视台、中国渔业报、宁波日报等新闻媒体都对演习作了专门的报道，完全达到了预定的目标。

【中国海监渔政宁波支队挂牌成立】 根据市编委《关于同意市渔政渔港监督管理处更名的批复》（甬编字[2002]4号），5月16日宁波市海洋与渔业局举行了中国海监渔政宁波支队授牌仪式。市委常委、副市长郭正伟出席并作了重要讲话。中国海监总队、东海区海监与渔政总队、省局及兄弟地区的领导及代表70余人参加了授牌仪式。

中国海监渔政宁波支队设有5个科室：渔政科、渔监科、海监科、通信科和办公室。各科室在岗人员实行了定岗、定责、定员。下设宁波港管理站，旨在建立宁波港的渔业综合执法队伍，加强对进出宁波港渔船的安全监督检查。

（张士锋）

海洋国际合作与交流
Marine International Cooperation and Interflow

【国际合作与交流】 2002年10月14日，国家主席江泽民与乌拉圭东岸共和国总统巴特列在人民大会堂举行会谈。会谈结束后，两国元首出席了中乌两国政府在检疫、教育和渔业等领域的五项合作协议的签字仪式。这标志着宁波市千联公司与乌拉圭合作开展拖网渔业项目获得成功。千联公司成为首家在乌拉圭海域获得捕捞权利的中国公司。此次合作成功为宁波市远洋渔业发展又开辟了一片新空间。（张士锋）

舟 山 市

Zhoushan City

综 述

Summary

【概述】 舟山市是中国惟一的海岛地级城市，2002 年末在册户籍人口 977 557 人，比 2001 年减少 3 457 人，人口自然增长率为-0.31%。在加快基础设施建设同时，经济产业结构不断得到调整，城乡居民收入不断增加，全年城镇居民人均可支配收入达 10 985 元，增长 13.5%，渔农村人均纯收入 4 659 元，增长 5.4%。城乡居民居住条件得到改善，年末城镇居民人均住房面积 20.61 平方米，渔农村人均住房面积 41.68 平方米。社会福利事业不断发展。

2002 年舟山国民经济继续保持快速增长，经济增速创自 1996 年以来的新高，综合实力明显增强。渔农业生产结构调整加快，工业生产增势强劲，财政金融形势稳定。据初步统计，2002 年全市实现国内生产总值 146.02 亿元，比上年增长 15.25%，其中第一产业增加值 32.91 亿元，下降 0.42%；第二产业增加值 53.33 亿元，增长 23.51%；第三产业增加值 59.78 亿元，增长 18.45%。第一、二、三产业占国内生产总值的比重由上年的 26.1∶34.1∶39.8 调整为 22.54∶36.52∶40.94，第二、三产业在全市经济中的重要地位进一步突现。由于捕捞渔业结构调整力度加大，海洋产业发展更趋合理，据统计 2002 年全市海洋产业总产值达 235.72 亿元，增加值达 89.29 亿元，分别比上年增长 13.04%、21.04%，海洋产业增加值占本市国内生产总值比重 61.15%。海洋一、二、三产业增加值比重由上年的 33.86∶28.01∶38.13 调整为 30.76∶24.45∶44.79。

启动捕捞渔民“双转（即转产转业）”工程，开拓了远洋渔业和海水养殖业，使渔业生产能力得到了有效控制。全市水产品总产量 124.61 万吨，比上年下降 3.7%，其中地方渔业产量 121.90 万吨，下降 4.2%；渔业总产值 64.13 亿元，比上年下降 2.3%。而全年远洋渔业产量 13.30 万吨，比上年增长 9.5%；海水养殖面积 9 940 公顷，产量 8.38 万吨，产值 9.41 亿元，分别比上年增长 20.4%、32.2%和 40.8%。年末全市拥有机动渔船 10 333 艘，比上年减少 4.1%，渔船总吨位 88.6 万吨，总功率 150.99 万千瓦，分别比上年减少 0.8 %和 1.3%。渔业生产结构调整促进了工业生产快速增长。全年完成工业总产值 190.13 亿元，比上年增长 22.7%，实现工业增加值 42.24 亿元，增长 21.2%。工业增长拉动全市经济增长 5.8 个百分点，工业在全市经济中主导地位逐渐突出。交通运输邮电业完成增加值 12.47 亿元，比上年增长 15.2%。货物运输量 3 265 万吨，货物周转量 136.56 亿吨千米，分别比上年增长 5.3%和 11.7%；旅客运输量 7 781 万人，旅客周转量 15.57 亿人千米，比上年分别增长 2.7%和 5.6%；港口货物吞吐量完成 4 068 万吨，比上年增长 24.0%，继续保持在沿海港口城市的第 9 位。

2002 年，外贸出口出现回暖。全市地方外贸自营进出口总额 4.97 亿美元，比上年增长 7.2%，其中水产品出口 3.71 亿美元，工业品出口 0.71 亿美元，分别比上年增长 7.2%和 19.9%。于此同时，旅游业发展再上新台阶。全年接待国内外游客 631.98 万人次，实现旅游收入 24.5 亿元，分别比上年增长 14.9%和 14.4%。科技、教育、卫生与文化、体育得到稳定健康发展，城乡居民生活水准不断提高。

贯彻实施《中华人民共和国海域使用管理法》一年来，推进了舟山海洋综合管理的能力。截至 2002 年底，发放国家海域使用权证书 416 本，确权用海面积 3 990.6 公顷，征收海域使用金 844 879.5 元。依法用海、依法管海意识日益强化。

海域使用管理

Management of Sea Area Sse

【海域使用管理】 由第九届全国人民代表大会常务委员会第二十四次会议通过的《中华人民共

和国海域使用管理法》自2002年1月1日起施行。该法对海域使用的申请与审批、海域使用权的确定年限、缴纳海域使用金的方式及减缴或免缴对象作了规定。舟山市海洋与渔业局作为海洋综合管理的行政机构，依据《浙江省人民政府关于印发浙江省海域使用金征收管理暂行办法的通知（浙政发[2001]31号）》中规定的海域使用金征收标准，对经营性用海项目依法征收海域使用金。截至2002年底，全市共发放国家海域使用权证书416本，确权用海面积3 990.5公顷，征收海域使用金844 879.5元。其中公益性用海项目77个，确权用海面积870公顷；免缴或减免海域使用金的用海项目19个，确权用海面积886公顷，征收海域使用金375元；经营性用海项目320个，确权用海面积2 234公顷，征收海域使用金844 504.5元。

按行政区域分：市属发证35本（公益性用海2个，免缴或减免使用金用海4个，经营性用海29个），确权用海面积1 763.7公顷，征收海域使用金630 415元；定海区发证164本（公益性用海13个，免缴或减免使用金用海4个，经营性用海147个），确权用海面积298.1公顷，征收海域使用金144 110元；普陀区发证21本（公益性用海1个，免缴或减免使用金用海1个，经营性用海19个），确权用海面积52.3公顷，征收海域使用金50 837元；岱山县发证86本（公益性用海24个，免缴或减免海域使用金用海8个，经营性用海54个），确权用海面积1 622.1公顷，征收海域使用金10 977.5元；嵊泗县发证110本（公益性37个，暂免缴海域使用金用海2个，经营性用海71个），确权用海面积254.4公顷，征收海域使用金8 540元。

按用海项目类型分：①公益性用海项目：定置张网17本，确权面积770.6公顷；渔用码头41本，确权面积73.4公顷；小渔港12本，确权面积23.7公顷；围筑防浪堤2本，确权面积1.2公顷；其他用海5本，确权面积1.2公顷。②免缴或减免使用金用海项目：养殖用海18本，确权886.2公顷；自然保护区用海1本，确权0.3公顷，征收使用金375元。③经营性用海项目：矿石开采73本，确权34.3公顷，征收使用金16 466元；海底砂开采3本，确权面积633.9公顷，征收使用金93 520元；水产码头40本，确权面积26.2公顷，征收使用金25 462元；货物码头43本，确权面积134.7公顷，征收使用金51 245元；油品码头36本，确权面积97.7公顷，征收使用金36 382.5元；交通客运码头6本，确权面积13.8公顷，征收使用金12 770元；填海造陆12本，确权面积792.2公顷，征收使用金500 000元；海底管线（管道）登陆点25本，确权面积26.8公顷，征收使用金35 300元；修造拆船61本，确权面积66.9公顷，征收使用金50 094元；旅游娱乐10本，确权面积293.1公顷，征收使用金1 875元；倾废用海2本，确权面积96.2公顷；盐运码头6本，确权面积3.2公顷；其他用海3本，确权面积15.0公顷，征收使用金21 390元。 （何仁义）

【海域勘界】 根据国务院办公厅《关于开展勘定省县两级海域行政区域界线工作有关问题的通知》（国发办[2002]12号）和浙江省海域勘界工作会议要求，舟山市政府于2002年5月24日成立了由舟山市副市长虞洁夫为组长、市政府副秘书长沈承宏、市海洋与渔业局蔡宏舟为副组长，各有关部门负责人为成员的舟山市海域行政区域勘界工作领导小组，并由舟山市海洋与渔业局、民政局、城建委等部门抽调6人组成勘界办公室，承担日常工作。相继，各县（区）也成立了领导小组及其办公室。

舟山海域勘界任务重，历史遗留的边界争议多，待勘定的海域行政区域界线有省际线1条，市际线2条，县际线5条，界线总长近1 000千米。为摸索勘界经验，根据浙江省勘界办的统一部署，确定定海—普陀界线（简称定普线）为省、市的试点线。6月初，舟山市海域勘界工作领导小组召开了第一次全体会议，研究部署舟山海域勘界工作，制定并通过了《舟山市海域行政区域勘界工作实施方案》及实施计划。8月上旬，召集定海、普陀两区勘界办专题研究了试点工作，并分别制定了《定普南线海域勘界实施方案》和《定普北线海域勘界实施方案》，组织了对该两线陆域勘界终点界桩即海域勘界起点的联合踏勘，签署了踏勘纪要。定海、普陀两区勘界办分别对涉界区的历史沿革、地型地貌、海洋开发管理现状等进行了现场勘查、调查和资料收集，于9月中旬分别提出了划界主线意见。11月中旬拟定了《定普南线海域勘界划界草案》和《定普北线海域勘界划界草案》，并报市海域行政区域勘界工作领导

小组审议。2002 年底，各县、区已基本完成了涉界区的基础调查工作。（姚万强）

【海洋功能区划】　2002 年，嵊泗县人民政府为使该县的海洋资源得到合理开发和利用，开展了嵊泗县海洋功能区划工作。年初，成立了由分管副县长为组长，县属各有关部门负责人组成的领导小组及其办公室。编写组人员严格按照海洋功能区划的规范，在充分参照浙江省、舟山市海洋功能区划及广泛征求各有关部门、专家意见的基础上，几易其稿，按时完成了任务。

这项工作的主要成果为《嵊泗县海洋功能区划》报告 1 册及全县海洋功能区划图 1 幅，经有关专家评审定稿后，报省政府审批，年底获浙江省人民政府批准实施。《嵊泗县海洋功能区划》分 4 章 12 节 49 个子目录，全篇共 6 万余字。按 5 类 4 级分类，共划分为 5 个类、11 个亚类、22 个型、33 个区、149 个功能区。该海洋功能区划的实施将规范该县对海洋资源和海洋空间的合理使用，为海洋管理部门进行科学管理提供依据。

（翁良才）

【舟山海洋勘测设计院成立】　2002 年 9 月，经舟山市机构编制委员会同意，舟山海洋勘测设计院挂牌成立。10 月，获得国家海洋局颁发的海域使用测量乙级资质。目前，拥有开办资金 465 万元，分设勘测设计室、生化实验室。近期，该院已与国家甲级资质单位“东海海洋工程勘测设计研究院”建立了紧密的合作关系，并在该院设立 1 个派出机构。

舟山海洋勘测设计院作为舟山海洋事务管理和海洋资源开发的技术咨询服务机构，经舟山市海洋与渔业局的授权委托，主要承担舟山市海洋事务管理中涉及的海洋功能区划修编，海域使用项目可行性论证，海域使用测量，海域分级评估，涉海项目海洋环境评估、论证，海底管线路由调查勘测报告的编制，海洋资源开发、保护项目编报及海洋管理信息系统的维护、更新等工作。

（孙廷垣）

海洋环境与海洋灾害
Marine Environment and Marine Disasters

【概况】　根据国家海洋局和浙江省的统一部署，2002 年舟山市对所辖海域的生态和环境状况进行了监测，全市共布设海洋环境趋势性监测点 23 个，生物残毒监测点 1 个。监测结果表明，海水部分因子有不同程度的超标，海洋环境质量不容乐观，在全市 20 776 平方千米的近岸海域中，严重污染海域面积为 10 553 平方千米，中度污染海域面积为 10 126.6 平方千米。海水中主要污染物为无机氮、磷酸盐、油类和重金属铅。

2002 年舟山市部分沿海地区经济贝类的卫生质量状况尚可；抽样检测的经济贝类（蛏子、花蛤等）中重金属铜、铅、锌、镉、汞、砷、多氯联苯的含量均符合一类生物质量评价标准，部分地区有些贝类体内含有石油烃、滴滴涕等有害物质。

值得注意的是，2002 年舟山市赤潮灾害发生频繁，全年共发生赤潮 15 起，累计面积超过 3 000 平方千米，是浙江省乃至全国主要的赤潮频发区。

【海洋功能区监测】　2002 年，为更好地服务于当地蓬勃发展的海水养殖、海洋旅游等海洋产业，舟山市开展了相关海洋功能区的监测工作。全市共监测海水浴场 1 个（朱家尖南沙海水浴场）、重点养殖区 2 个（岱山丁嘴门和普陀佛渡）、赤潮监控区 1 个（岱山丁嘴门）。监测结果表明：朱家尖南沙海水浴场水质优良，pH、溶解氧和漂浮物质等主要环境质量指标均符合一类海水水质标准，适宜游泳和其他水上运动；丁嘴门和佛渡岛 2 个重点海水养殖区水质中主要受营养盐类污染，同时佛渡岛海水养殖区还受到石油类的污染，沉积物环境质量较好。总体来说，2 个养殖区的环境条件基本能满足养殖水域的环境质量要求；赤潮监控区内共发生赤潮 5 起，累计面积 600 余平方千米。由于信息通报及时，并采取了有效的防护措施，未对当地的海水养殖业造成重大的影响。

【人工鱼礁建设】　2002 年初，舟山市组成了由市海洋与渔业局、浙江海洋学院、浙江省海洋水产研究所以及 4 个县（区）海洋与渔业局分管领导和专家、学者参加的“人工鱼礁建设课题小组”，对人工鱼礁投礁海域进行了全面的本底调查，基本摸清了投礁海域的底质、水文及水质状况、浮游生物、底栖生物、渔获物的种类及数量。在充分调查、掌握第一手资料的基础上，7 月底编写完成项目建议书，并报浙江省海洋与渔业局及国家农业部立项，同时完成了项目可行性论证报告。2002年底，在确定投礁的朱家尖海域，用4艘淘汰的废旧渔船，按人工鱼礁要求改造后，拖至指定海域进行了试投，为下一步的大规模建造人工鱼礁奠定了基础。（翁良才）

【围塘建设】 2002年是舟山市实施标准海塘（含城防工程）建设五年计划的最后一年，舟山市各级政府克服建设难度大、阴雨天气多、资金负担重等多种困难，积极筹措建设资金，集中力量、打好攻坚战，全年建设标准海塘35条，长60.31千米。其中50年一遇24条48.21千米，20年一遇11条12.1千米（见表1）。

表1 2002年舟山市标准海塘建设情况表

频率 \ 条数长度 \ 区（县）		定海区	普陀区	岱山县	嵊泗县	市本级	全市合计
50年一遇设计标准	条数	9	5	5	2	3	24
	长度（千米）	17.81	13.65	8.5	3.35	4.9	48.21
20年一遇设计标准	条数	2	6	3	/	/	11
	长度（千米）	2.23	6.8	3.07	/	/	12.1
合计	条数	11	11	8	2	3	35
	长度（千米）	20.40	20.45	11.57	3.35	4.9	60.31

在搞好标准海塘建设的同时，开展了定海钓浪（钓山—浪洗）、普陀小郭巨、岱山仇家门、嵊泗洋山中门堂等围垦工程的勘测设计和可行性分析研究等前期工作。嵊泗大小洋山433.33公顷，普陀小郭巨800公顷等一期围垦促淤工程已全面启动。（周中楠）

【舟山海洋环境监测预报中心建立】 建设舟山海洋环境监测预报中心，是中国海洋环境监测与预报网络的重要组成部分。2002年初，根据国家海洋局和浙江省海洋与渔业局的要求，开始了海洋环境与预报网络的建设，并根据舟山实际，确定了与国家海洋局东海分局共建的方案。2002年底，共建方案得到国家海洋局批准，舟山市机构编制委员会批文（舟编〔2002〕86号）同意成立舟山市海洋环境监测预报中心，主要承担舟山海洋环境监测、渔业环境监测和海洋预报工作。经过努力，与国家海洋局东海分局共建的岱山县海洋环境监测站和海洋预报站已基本建成，嵊泗县海洋环境监测站（海洋预报站）的共建协议框架也基本确定。至此，舟山市“一个中心二个站”的海洋环境监测与海洋预报网络已具雏形。（翁良才）

【建立“渔技110”】 为加快渔业科技信息化进程，舟山市于2001年5月开始组建“渔技110”服务体系。为高速、高效开展渔技服务，2002年市级及两县、两区相继建立和完善了该服务体系，并配置了电脑、自动录音电话、光学显微镜、水质分析仪等硬件设备。服务内容涵盖推广应用渔业新技术、养殖新品种及养殖病害防治、海洋环境保护、水产品质量检测等技术咨询与指导，协调和处理有关渔事纠纷及投诉案件，开通24小时热线电话。2002年，舟山市级“渔技110”承接和办毕热线电话78次，对求救的养殖病害、水产品行情、苗种供求等咨询进行及时解答和现场指导。（徐克钿）

【台风灾害】 2002年影响舟山市台风主要有5号威马逊和16号森拉克。

5号威马逊台风特点是出现时间早、风力大。该台风6月29日下午在菲律宾以东洋面生成，7月3日始舟山受其外围影响，风力逐渐增大，7月5日凌晨沿东经124度线紧擦舟山群岛北上。台风经过时，中心气压960百帕，中心风力12级以上。台风实测风速：定海33.8米/秒，普陀43.3米/秒，岱山34.8米/秒，嵊泗44.6米/秒，7月14日17时出现高潮位1.82米。直接经济损失6.72亿元。其中定海区1.27亿元，普陀区2.25亿元，岱山县1.72亿元，嵊泗县0.88亿元，市本级0.6

亿元。主要损失为：全市受灾人口31.6万人，其中成灾人口6.8万人；渔农业直接经济损失3.34亿元，其中水产养殖受灾面积2 400公顷，经济损失1.2亿元，受损船只1 200艘，沉没164艘（均为12马力以下小船），农作物受灾面积11 467公顷，成灾4 487公顷；海塘不同程度受损104条，长23.7千米，损坏水闸118座，灌溉设施474处，毁坏码头18座，公路82.8千米；全市有256家工厂停产，岛际航线全部中断。

16号森拉克台风，特点是潮位高。该台风8月29日下午在太平洋中部洋面生成，从9月5日开始，全市受外围影响，风力逐渐增大到8～10级，9月7日18时30分森拉克台风在浙江苍南登陆，登陆时风力在12级以上，由于当时正值天文大潮汛，舟山潮位连续3天超过警戒线，定海9月7日22时45分，实测最高潮位2.62米，超过警戒潮位0.32米；普陀9月7日21时50分，最高潮位2.85米，超过警戒潮位0.55米；岱山9月7日22时50分，实测最高潮位2.63米，超警戒潮位0.33米；嵊泗9月7日22时40分，实测最高潮位3.09米，超警戒潮位0.49米。这次台风造成直接经济损失0.78亿元。其中定海0.158亿元，普陀0.225亿元，岱山0.18亿元，嵊泗0.217亿元。主要损失为：非标准海塘、渔船避风塘（港）不同程度受损86条，闸损坏29座，船只受损110艘。

（周中楠）

【舟山盐业受灾】 2002年7月4日，第5号“威马逊”台风侵袭舟山，风力达到12级以上，瞬间风力超过14级，并伴随特大暴雨，其中定海147.3毫米、普陀87毫米、岱山79.2毫米。狂风加强降雨，给舟山盐业造成较大损失，全市3 867公顷盐田受淹3 300公顷，5 000余吨原盐淹损，6万平方米盐用黑膜撕裂，部分输变电设施和盐用码头损毁，据不完全统计，经济损失380万元。7月16日下午，受强对流天气影响，出现强雷暴，尤以岱山为甚，罕见的强雷电造成岱山摇星盐场和双峰盐场各有一盐民在盐滩作业时被雷击身亡。

【舟山养殖受灾】 2002年7月3～5日，受第5号强台风“威马逊”袭击，一些海塘、码头、养殖塘等基础设施被毁坏；养殖防浪堤打断和沉没2处；普通网箱受损1 830只，深水网箱受损8只；由于网箱变形、网衣破损造成养殖鱼擦伤、逃逸80余万尾；受淹养殖塘1 866.7公顷；浅海贻贝损失386余公顷；共计造成经济损失1.24亿元。

2002年舟山海域赤潮发生频率和范围较往年增加，发生的时间往年多始于5月初，2002年提前于4月11日即发生赤潮。由于相关部门领导重视，信息通报及时，养殖单位防范措施有力，尽管赤潮来势凶猛，影响范围广，养殖品种尚未造成大的影响和损失。

（舒云华）

【海上污染事故及防治】 2002年，舟山海域共发生重大海损污染事件二起：

(1) 岱山海域硫酸船沉没事件：2002年5月7日晚22时30分，台州神通海运有限公司“浙黄机712号”船装载380吨98%高浓度硫酸在岱山县大渔山岛西面触礁沉没。沉船中高浓度硫酸随时有可能发生泄漏扩散，严重威胁着该海域海洋生态环境及生物资源，并直接波及到大渔山岛附近海洋捕捞和海水养殖，影响群众人身财产安全。舟山市委、市政府对此事件高度重视，岱山县专门成立了沉船事件应急领导小组，各级海洋与渔业部门积极与海事等有关部门合作，立即展开了搜救和海洋监测工作，并做好防范措施。这次事件对附近海域造成了严重的影响，养殖业和捕捞业首当其冲，在当地渔民中也产生了不安情绪。

(2) 嵊泗海域化学品船触礁泄漏事件：2002年10月19日5时30分左右，韩国籍“条约”轮（英文船名M/V ACCORD）在嵊泗东绿华山附近海域触礁倾斜，船体产生裂缝，船上装载的916吨甲基丙烯酸甲酯、314吨丙二醇甲醚乙酸酯和26吨自用油（其中轻油21吨，重油5吨）发生部分泄漏。省、市、县海洋与渔业部门和国家海洋局东海分局对这一事件高度重视，在海事和环保部门的配合下，污染得到了一定的控制。这一污染事件对绿华及周边海域造成了极大的危害，附近海域的水生生物大量死亡。经多方努力，船上剩余化学品得到安全转移。

（翁良才）

海洋行政执法
Marine Administrative Law-Enforcement Work

【“11.20”专案调查】 2002年，舟山远洋渔船

"舟顺渔2003"、"舟顺渔2008"和"浙岱远渔836"等14艘渔船涉嫌北太平洋违规作业，在国际上造成了较大影响。这起涉案金额达千万元的"11.20"事件，是舟山渔政史上第一大违法捕捞案，引起了国家的重视。舟山市渔政处根据各级领导的指示，抽调精兵强将，积极参与配合农业部"11.20"专案组，开展对舟山市14艘涉嫌2002年在北太平洋进行大型流网违法作业鱿钓渔船的调查取证工作。渔政检查人员紧紧依靠渔民群众，根据举报线索，奔赴山东、福建等地，共查找和询问有关证人200余人次，收集各种证据1 200余份。通过近3个月的调查取证，基本查清了14艘鱿钓船在北太平洋进行流网生产的全部违法事实，为该案的定性及处罚做好了基础工作。（唐卫平）

【渔港监督】 2002年舟山渔监部门加强了对蟹笼渔船、木质渔船和渔业辅助渔船的专项整治。共组织海上、陆上安全检查1 850次，参加检查6 017人次，检查渔船3 413艘次，查获违规渔船1 150艘。

2002年全市共发生渔业船舶水上交通事故129起，沉船59艘，死亡（含失踪）57人，直接经济损失1 723.55万元。舟山渔监部门共受理各种海事、渔事案件304起，结案率90%。这些事故的主要特征是：①死亡（含失踪）事故全部由碰撞、风灾所致。②渔船被大轮船撞沉。2002年被大轮船撞沉渔船5艘，死亡（含失踪）12人，占死亡人数的21%。③蟹笼、帆涨网渔船违章作业，由此发生重特大事故5起。④沉船数比上年度有大幅上升，并且主要集中在木质渔船。59艘沉船中，有43艘是木质渔船，占了72.88%。⑤渔船超风力航行。5起重特大事故中有3起因超风力航行所致，占60%。（吴 海）

【渔政管理】 2002年舟山各级渔政部门实施海上、港口渔政检查1 180次，参加人员7 406人次，渔政船航程47 208海里，检查渔船4 746艘，查处违规渔船808艘，收缴罚没款167万元，有效地打击了非法捕捞行为，保护了渔业资源。

按照"深教、严管、重罚"的工作方针，在休伏期，努力实现"船进港、网入库、人上岸"的管理目标，全市2 500余艘拖网和帆张网渔船在伏休期间无一违规。冬汛浙北渔场管理工作成效显著，各类渔事纠纷下降50%。（唐卫平）

【渔船检验】 舟山渔船检验处按照国家农业部渔船检验局、浙江省渔船检验局对渔船修造企业资质认可的新标准要求，2002年6月1日至10月15日，对舟山174家渔船修造企业（定海50家、普陀60家、岱山45家、嵊泗17家）进行资质认可考核。考核结果，有126家船厂符合资质条件，上报浙江省并经农业部批准取得了渔船修造资质证书。其中建造类13家、修理类113家（45米以上14家、45米以下25家、30米以下84家）；有14家企业因部分软、硬件设备未达标而被督促整改；有34家企业因条件太差被取缔。（李烨虎）

海洋公益服务
Marine Public Welfare Service

【岛际交通】 在努力建设千人以上岛屿交通码头和主要经济大岛滚装（轮渡）码头的同时，于1997年起实施建设连岛跨海大桥。1999年5月竣工通车的长2 706米舟山朱家尖海峡跨海大桥及2001年7月建成通车的长600.4米嵊泗金青跨海大桥，增加了舟山本岛、泗礁岛的陆域面积。在此基础上，2002年7月动工兴建了舟山本岛至长峙岛的新城大桥，该跨海大桥全长1 277米，宽16.1米（双向4车道），按二级公路标准建设，总投资约8 000万元，计划2004年底前建成通车，其将作为舟山市政府新城区的一条跨海通道。至2002年底，舟山市岛际交通逐步形成海上高速客运、客滚（轮渡）与常规客滚轮相结合的运输结构，沟通主要经济大岛并辐射各有关岛屿的海上交通格局。全市共拥有海上客运（客滚）航线106条，其中高速客运航线27条，客滚（轮渡）航线10条。全市共有客运、客滚（轮渡）运船舶154艘，其中高速客船37艘，计3 196客位、客滚（轮渡）船20艘，337车位，5 912客位。（林迪渠）

【海岛供水】 **概况** "捍卤蓄淡"历来是海岛人民生产、生活中的大事，建国以来，在党和政府的领导下，海岛水利设施建设有了质的飞跃，供水条件有了较大改善。但是，由于海岛地理条件的特殊局限，无过境客水，溪短流少，淡水资源全靠大气降水。因此，水资源的短缺依然是海岛经济社会发展的主要瓶颈。1996～1997年，舟山遭遇大旱，海岛居民生活用水靠船舶从大陆装水供应，特别是部分小岛居民饮用水极度困难，受灾群众达20余万人。1997年底，舟山市委、市政府做出了“舟山发展水为先”的战略决策。2001年，政府行政机构改革，成立舟山市水务局，承担起统一管理原水、城市制水、供水及城市污水处理等职能，并通过多元化筹资渠道筹措水利建设资金，推进了水利建设，相继建成一批蓄水工程（见表2、表3、表4）。

表2　舟山水利建设一览表

工程名称	性质	建设年月	投资额（万元）	增加蓄水容积（万立方米）	备注
岑港水库工程	新建	1995.12至1998.12	2 674	627	
城北水库工程	扩建	1995.12至1996.04	203	18	正常库容111万立方米
陈岙水库工程	扩建	1995.11至1998.04	899	69	正常库容195万立方米
大使岙水库工程	扩建	1996.02至1997.08	409	54	正常库容254万立方米
舟山岛东片河道整治工程	整治	1995.12至1998.04	447	30	临城、勾山、展茅三镇共长31.4千米
定海、沈家门铺设输水管道工程	铺管	1995至1997	250	/	铺设D600管道5 000米

表3　舟山城区主要供水水库情况表

水库名称	正常库容（万立方米）	水面面积（公顷）	建设年月	年均可供水量（万立方米）	2001年供水量（万立方米）	2002年供水量（万立方米）
虹桥	1 015.00	98.20	1977.10	700	763	732
岑港	627.00	63.00	1995.12	450	445	323
城北	111.10	16.00	1957.12	253	180	310
芦东	118.50	8.20	1957.06	184	243	248
合兴	20.00	2.00	1990.11	15	21	15
天竺	19.20	2.00	1984.11	14	18	28
三甲塘	5.00	1.00	1983.04	4	6	7
大使岙	254.00	24.68	1971.12	350	/	/
勾山	168.60	17.90	1956.1	250	/	/
应家湾	120.60	23.35	1957.9	200	/	/
沙田岙	116.50	3.0	1972.1	145	/	/

表4　舟山城市年供水量

	总供水量（万吨）	售水量（万吨）	其中居民用水（万吨）	其中工业用水（万吨）	综合合格率	新增输水干线（千米）	定海固定资产投资（万元）
2001年	2 631	2 041	966	963	99.2%	20.55	3 483.7
2002年	2 750	2 083	989	713	99.85%	96.5	2 864.17

舟山大陆引水应急工程　为缓解舟山本岛近期用水的供需矛盾，经浙江省计经委批准立项，建设舟山市大陆引水应急工程。选择宁波姚江为引水水源地，设计引水流量1米^3/秒，多年平均引水天数250天，年均取水量2 160万立方米。输水管线自宁波庄桥李溪渡取水口沿329国道东侧至镇海炼油厂岚山水库附近海岸增压后入海，穿越灰鳖洋海底，至舟山本岛马目黄金湾海岸登

陆，再次增压后沿西南岸线至岑港水库。全长67.338千米，其中海上段36.36千米，宁波陆上段16.615千米，舟山陆上段14.363千米，工程概算总投资3.1668亿元。工程始于1998年5月，至2001年底，跨海段36.36千米的海底输水管道敷设、埋深施工全面结束，2002年10月完成舟山陆上段工程和宁波陆上段的镇海泵站。2002年12月，具备通水条件。工程累计完成投资2.4亿元，完成财务支出2.1亿元。（陈 军）

海洋科技与教育
Marine Science & Technology and Marine Education

【舟山海洋科技】 2002年舟山市组织实施各级各类科技项目302项，其中国家级11项、省级69项、市级101项，向国家科技部、浙江省科技厅争取科技经费1 192万元。28项科技成果通过市级以上科技主管部门组织的鉴定、评审和验收。

3个涉海科技项目列入国家“863”计划 经国家科技部批准，舟山市普陀区科技开发中心等单位承担的“大黄鱼遗传改良技术研究及中试示范”、舟山市水产养殖技术研究开发中心等单位承担的“深水网箱养殖鱼蟹营养需求与高效安全配合饲料研究”、岱山县科技局与哈尔滨工程大学联合承担的“70千瓦潮流实验电站”等3个涉海项目被列入国家高技术研究发展计划（“863”计划）。（孙汉振）

舟山岱衢族大黄鱼人工生产性育苗通过省级鉴定 “舟山岱衢族大黄鱼人工生产性育苗技术研究”是国家科技部和浙江省科技厅下达的科技兴海重点攻关项目，由舟山市水产研究所与普陀区科技兴海办联合承担攻关。2000年9月，通过舟山自然海区采捕、收购野生大黄鱼11尾作为亲鱼，在岙山试验基地200立方米水体中进行野生亲鱼的保活、性腺培育、人工催产、工厂化全人工育苗等各个技术环节的科学研究，育出3厘米以上鱼苗30余万尾，亲鱼的性腺成熟率和产卵率达到100%，孵化率高达90%，平均育成率达83%。并在室内成功越冬后，于2001年4月放养宁波、台州、舟山等海区，经近2年试养生长情况良好。2002年9月3日，在杭州通过省级鉴定。专家认为，该项目在国内首次突破了野生岱衢族大黄鱼在自然海区的采捕、保活和人工育苗、病害防治等技术，创立了一整套行之有效的岱衢族大黄鱼人工育苗技术工艺和操作规范，项目主要技术达到国内领先水平。（孙汉振 夏枫峰）

大型抗风浪深水网箱设备及高效养殖技术研究通过省级鉴定 2002年3月9日，由浙江海洋学院和浙江大海洋科技有限公司承担的浙江省科技兴海项目“大型抗风浪深水网箱设备及高效养殖技术研究”，通过了浙江省科技厅组织的技术鉴定。国家“863”海洋技术等领域的13位著名专家对此鉴定认为：该项目达到了国际先进水平，在结构工艺方面达到国际领先水平。该项目针对海洋渔业战略性结构调整的需要，用高新技术改造和提升传统养殖业，促进网箱养殖向深水海区推进。项目根据深水海区风大、浪高、流急的特点，合理设计结构，对专用HDPE材料、框架配件、加工设备、网箱网具及固定方式等进行系统研究，具有较大的创新，网箱成本比国外同类网箱降低40%～50%。通过该项目实施，舟山市已建成国内最大的集约化养殖基地，形成了国内最大的深水网箱加工、养殖规模，并在浙江、山东、福建等地建立了大型抗风浪深水网箱养殖示范基地12处，放置深水网箱166只，共约20万立方米养殖水体，鱼类养殖成活率为90%左右，深受养殖户欢迎，取得了显著的经济效益和社会效益。

我国首座潮流发电实验站在岱山建成 2002年4月15日，国家重点科技攻关项目——“70千瓦潮流实验电站”，在岱山县龟山门水道建成，并通过专家验收和鉴定。这是我国建成的首座潮流发电实验电站。专家组认为，“70千瓦潮流实验电站”符合开发可再生清洁能源要求，设计上填补了我国在该领域的技术空白，关键技术上有重大突破，在直叶摆线式水轮机的研究、设计和潮流电站系统技术方面达到国际先进水平。这座摆线式水轮机潮流能电站由载体、锚块、锚链、浮桶、水轮等5个部分组成，哈尔滨工程大学研究设计并负责实施。投资165万元，试验时间长达2年余。

省级水产技术创新服务中心建立 2002年5月，舟山水产养殖业省级科技创新服务中心成立。浙江省科技厅下拨科技资金50万元。这是舟山市第一家省级科技创新服务中心。中心围绕饵料、苗种、病虫害防治以及养殖网箱、网具开展服务，建立产、学、研结合的深水网箱养殖配套工程创新服务技术支撑和保障体系，满足海水养殖技术服务要求，进而辐射整个浙江省。11月，该中心在舟山市朱家尖、长峙、马岙设立了梭子蟹养殖服务示范基地、深水网箱养殖服务示范基地、围塘养殖服务示范基地。

舟山建成网上技术市场　2002年6月，中国浙江网上技术市场舟山市场试运行，11月正式运行。2002年，在线企业236家，在线大专院校、科研院所116家，在线专家112人。共发布技术成果1 112项，人才需求600余人次，技术难题招标项目189项，提供配套研发经费1.725亿元。签约项目46项，合同金额4 074万元。其中11个项目得到省科技厅经费支持，资金总额205万元。

普陀海洋高科技园区初具规模　2002年，浙江普陀海洋高科技园区完成3 500平方米综合楼和厂房的改造、装修，4 000平方米新的标准厂房正在建设中。电力、供水、通信等基础设施基本完善。入园孵化企业达到6家。舟山市首家博士后科研工作站也正式落户该园区。（孙汉振）

岱山县试用新型蟹笼　岱山针对现行蟹笼体积大、占位多、使用不便、渔船航行安全隐患多的情况，组织相关部门专家进行技术攻关，试验成功折叠式蟹笼。该折叠式蟹笼呈扇形收缩，收缩后体积占原蟹笼五分之一，大大减少了蟹笼占用空间，减轻了渔船受风力，增强了渔船海上航行安全。经将100只折叠式蟹笼投放试用，效果较好。（邬振元）

【海岛教育】　中小学海洋教育　舟山有30余所学校开设海洋教育课程，开展各种形式的海洋教育实践，对海洋教育的对象、教材、课程设置、师资、教育形式、教育教学评价等方面进行探索，积累了一定的经验。由市教育教学研究中心组织编写的中小学海洋教育读本已向全市推广，2002年在普陀区虾峙岛召开了市海洋教育经验交流会。定海区教育教学研究中心还被中国海洋学会常务理事会确定为“中国海洋学会定海海洋科普教育基地”，同时被吸收为中国海洋学会团体会员。成人教育围绕经济结构调整，进一步实施渔农民培训工程，为渔农民转产转业服务，培训渔农民2 000人次。2002年6月，大型船舶操纵培训在舟山航海学校开班，学员来自香港OOCL公司、舟山引航站和几家航运院校，主要对8万吨以上船舶进行靠离码头、操纵性能测试等培训，此项培训在浙江省尚属首次。

400名渔民子弟就读航海初中　为适应国内外海运业快速发展需要，促进舟山渔业结构战略性调整，帮助渔民子弟寻找新的就业门路，实现一部分渔业劳动力向航海等各类人才转变，2002年8月，经舟山市政府批准，建立舟山航海初级中学。该校为舟山市教育局直属事业单位，学生来源主要为舟山2县、2区渔民子女，设计办学规模为24班，在校生900名。初中部正常运转经费由财政按每生每年3 500元划拨，其中生源所在地县（区）政府承担每生每年2 500元，市政府补贴1 000元。9月29日，舟山航海初级中学挂牌成立，首批招收400名渔民子弟。

浙江海洋学院取得新发展　浙江海洋学院是一所以海洋为特色，多学科相结合的省属本科院校。2002年学院共有在校学生6 260人，毕业生923人，招生2 417人；教职工数679人，其中专任教师432人。3月9日，由浙江海洋学院承办的省“科技兴海”重点项目“大型抗风浪深水网箱设备及高效养殖技术研究”课题，在杭州通过专家鉴定。8月6日，浙江海洋学院与日本东京水产大学签署两校学术交流协议书与备忘录，中国科学院院士、浙江海洋学院院长冯士筰和东京水产大学校长隆岛史夫签署协议书。11月18日，舟山石化学校（舟山商业学校）整体并入浙江海洋学院，成立浙江海洋学院石化学院。新组建的石化分院将继续保持石化特色，面向石化销售企业，发挥原有专业优势，提升办学层次，重点发展与石化销售企业关系密切的油气储运、市场营销专业，开展职工教育培训工作。11月14日、12月17日，浙江海洋学院先后与嵊泗、岱山两县人民政府签署合作协议，由浙江海洋学院向嵊泗县、岱山县提供、转让其所需技术和科研成果，并接受对方委托的有关技术难题，承担技术咨询工作，优先为对方提供技术人才，帮助在职干部和专业技术人员学习业务知识。嵊泗县、岱山县优先为浙江海洋学院提供科学研究试验场所和学生实习基地，为学校人才培养需求信息和适当的办学经费提供支持，为该校人才就业提供机会。12月，该校顺利通过省高校本科教学工作随机性水平评估。

航海教育培训园区奠基　2002年12月19日，舟山航海教育培训园区校建工程奠基仪式在定海临城新区举行。该校由市政府主办，办学规模设计96班，全日制学生4 020人，其中初中18班720人，中职60班2 400人，高职18班720人；全年培训2 400人。园区选址定海临城新区，一期总投资2亿元，总规划用地43公顷，海员综合园区规划用地22.3公顷。学校一期征用地31.6公顷，按初中部、中职部、高职部、培训部4块功能设计，总建筑面积88 443平方米，一期工程计划于2004年秋季投入使用。综合园区主要建设项目为：舟山（国际）海员俱乐部、舟山（国际）航运会议中心，国际航运招商区等期建设项目。

（李浩军）

【提高船检人员素质】 为提高渔船检验人员素质，2002年12月，舟山渔船检验处在浙江海洋学院举办了二期渔业船舶修造企业质检员培训班，来自全市94家船厂的219名质检人员参加了培训，经考核有218名质检人员取得了省渔船检验局颁发的质检证书。2002年11月4日至12月7日，浙江省渔业船舶检验局在浙江海洋学院举办了新增渔船检验人员上岗培训班，全省15个渔船检验处（站）34人参加了培训，其中舟山6人。2002年12月8～15日，浙江省渔业船舶检验局在浙江海洋学院举办了远洋验船师培训班，邀请农业部渔业船舶检验局、山东省渔业船舶检验局等专家授课。全省5个渔船检验处（站）共27人参加了培训，其中舟山19人。（李烨虎）

【涉外法规政策宣传】 为加强对舟山远洋渔业管理，增强涉外船员的法制观念，预防和杜绝涉外事件的发生，2002年先后举行了8次以远洋渔业通报会、座谈会、分析会等形式的渔船船员法规宣传教育活动，参加人数120余人次。在舟山电视台“渔农天地”节目中开辟专栏，介绍《联合国海洋法公约》、远洋渔业项目上报程序及管理、出国渔民如何预防和处理涉外事件等；会同相关部门起草了《舟山市远洋渔船管理暂行规定》并报送市政府批准。（夏献荣）

海洋资源开发与海洋经济
Development of Marine Resources and Marine Economy

【捕捞渔民转产转业】 2002年8月，全国沿海捕捞渔民转产转业工作会议后，舟山市委、市政府把渔业结构调整和渔民转产转业作为重点工作进行部署。市委、市政府主要领导带领有关部门深入开展调查研究，制定实施政策，并建立由市长任组长，分管副市长为副组长，市属有关部门一把手为成员的“双转（渔民转产转业）”领导小组，下设市“双转办公室（简称“双转办”）”。该“双转办”为市政府直属负责全市渔民转产转业工作的日常机构，相继各县（区）也成立了“双转”领导小组及其“双转办”。2002年，“双转办”会同统计部门，组织了强大的统计调查队伍，进村入户，针对渔船数量、功率吨位、作业形式、劳力分布、渔民及子女的年龄构成、受教育程度，渔村经济现状，渔民及渔村财产和债务等情况，进行了一次家底调查。

在深入调研的基础上，舟山市委出台了《关于渔民转产转业、深化渔业结构调整的若干意见》，明确了舟山渔民转产转业目标，要求5年见成效，10年达目标。2002年舟山市级兑现渔民转产转业资金2 000余万元，两县两区按1∶1比例进行了配套扶持。并清理了一些“三无”和“三证不齐”渔船，整顿了渔船修造企业和渔船修造秩序，控制了无计划新造渔船的苗头。2002年，全市共拆解渔船312艘，转产转业渔民达3 018人。（丁建伟）

【海洋捕捞】 2002年，国家设立海洋捕捞渔民转产转业专项资金，每年拿出2.7亿元用于补助海洋捕捞渔船报废和渔民转产转业项目，舟山捕捞渔船报废淘汰势头明显加快。2002年末全市拥有机动渔船10 226艘，836 310总吨，1 969 217马力，分别比2001年下降4.05%、1.37%和1.09%。受渔业资源持续衰退，中日、中韩渔业协定生效及捕捞渔船数量减少等多方面因素影响，全市海洋捕捞继续呈现负增长态势。2002年捕捞产量1 128 381吨，同比下降6.17%，其中国内海洋捕捞产量1 018 301吨，同比下降7.45%。从作业类型看，拖虾、帆张网、对拖、定置张网等几种主要捕捞作业生产全面滑坡，年产量分别为302 951吨、322 504吨、137 206吨和90 155吨，分别比2001年下降5.44%、13.35%、10.55%和23.82%。从鱼类品种看，带鱼、虾类、蟹类、头足类、小黄鱼等几大主要捕捞品种产量起伏较大，2002年产量分别为174 479吨、263 970吨、79 382吨、84 657吨和38 344吨，其中2001年减产的虾类、头足类、小黄鱼分别增产2.12%、20.93%和15.29%，而2001年增产的带鱼、蟹类则减产19.11%和3.04%。

【水产加工】 2002年，全市水产加工量43万吨，占水产品总产量的35.2%，加工产值78亿元，占全市工业总产值的41.03%，出口水产品14.57万吨，货值4.61亿美元，创汇3.71亿美元，占全市出口创汇额的83.3%。从总体上看，舟山水产加工企业规模不断扩大，2002年末拥有水产加工企业500家，日制冰能力7 500吨，次贮冰能力6.3万吨，日冷冻能力7 400吨，次冷藏能力12.5万吨，拥有虾仁、鱼片、鱼糜、鱿鱼丝、烤鳗鱼、模拟蟹肉、湿法鱼粉等加工生产线160条，年加工能力60万吨。水产加工产品结构不断优化，除传统的鲜、活、冻、干产品外，成功开发了模拟蟹肉、蟹肉罐头、烤鳗、精制鳗、鱼肉汉堡等新产品，逐步向多样化、系列化、标准化和超市化方向拓展。水产加工产品质量不断提高，全市有2家企业的3个产品被认定为国家级绿色食品，3家企业的3个产品被认定为省级绿色食品，3家企业的4个产品被认定为无公害农产品。水产加工企业素质不断提高，2002年末全市共有出口资格企业83家，其中获美国注册企业19家，欧盟注册企业16家，韩国注册企业56家。全市有4家企业列入浙江省“五个一批”重点骨干企业，1家列入浙江省农业骨干龙头企业，7家列入浙江省农业出口创汇龙头企业。水产加工园区建设不断推进，以水产加工为特色的普陀沈家门海洋生物工业园区、普陀勾山海岛产业化园区、岱山海洋特色工业园区、定海海洋食品工业园区等已初具规模。（楼加金）

【水产品加工销售】 2002年，全市水产品加工量达43万吨，占全市渔业产量的28.3%，实现产值78亿元，占全市工业产值41.05%。部份企业技术装备和工艺水平，在浙江省及国内处于领先水平，有的接近或达到国际先进水平。在近500家水产品加工企业中，年销售收入5 000万元以上的24家，其中年销售收入超亿元的10家。全市基本形成门类齐全品种繁多的水产品加工系列，并已从传统的冻、活、鲜、干品向熟制品、小包装、具有高附加值的精深加工产品转化。如模拟蟹肉、蟹肉罐头、烤鳗鱼、精制鳗、蝴蝶虾、鱼糜、鱼肉汉堡等精加工产品，产品档次明显提升，质量不断提高。水产食品销售遍及全国20余个省市，远销五大洲37个国家和地区。2002年出口水产品14.57万吨，创汇4.61亿元，出口创汇占全市的83.3%，内销市场进一步看好，2002年仅舟山国际水产城经销水产品30万吨，交易额达32亿元。（程国芳）

【渔民赵行法渔文化收藏馆开馆】 2002年6月18日，舟山首家私人渔文化收藏馆——海曙综艺珍藏馆在该市岱山县高亭闸口一村开馆。该馆是一位岱山渔民赵行法以舟山渔文化为主题，收藏了自清道光至今的渔船模型、渔具、渔民服饰、渔用生活品，以及各类海产标本和名人手迹、书画等共5 000余件珍品。开馆后受到了当地政府和群众的高度赞赏，为考证舟山捕鱼历史起到了积极作用。堪称我国首位渔民收藏家。（邬振元）

【海水养殖】 2002年舟山海水养殖出现了继80年代对虾养殖之后又一轮新的养殖热。养殖基础设施、养殖示范园区建设、养殖标准化的推行、规范养殖业的管理、从业人员的素质教育等方面取得跨越式提高。

2002年全市引进养殖新品种有蓝对虾、短沟对虾、海蜇、日本黄姑鱼、双斑东方鲀、史氏鲟、杂交鲟、鲕鲷、蓝线矶鲇、胡椒鲷、黑鲟、翡翠贻贝10余种。海水养殖面积9 938.2公顷，产量8.38万吨，比2001年8 257公顷和6.34万吨分别增长20.4%和32.2%。其中浅海养殖面积1 366.6公顷，产量3.08万吨，与2001年相比增长28.7%和25.2%；滩涂养殖面积3 433.8公顷，产量1.3万吨，与2001年相比增长17.2%和60.4%；围塘养殖面积5 137.7公顷，产量3.99万吨，与2001年相比增长20.4%和30.0%。

特色品种养殖。南美白对虾是舟山养殖业的特色品种，2002年，养殖面积达到1 277公顷，共产南美白对虾1 867吨。全市6个精养高产试验点，共计养殖面积13.3公顷，产南美白对到虾77.81吨，每公顷产量5 835千克，总净利79.2万元，每公顷净获利5.94万元，取得显著的经济效益。

2002 年全市梭子蟹养殖面积 3 549.4 公顷，产量 12 293 吨。其中蟹笼养殖 63.2 万笼，产量 497 吨。梭子蟹养殖中由小蟹养成的成活率高，利润普遍看好；由成蟹暂养的，成活率偏低，效益偏差。舟山贻贝养殖历史悠久。2002 年养殖面积达 664.5 公顷，产量 2.64 万吨，养殖规模和产量为贻贝养殖有史以来所未有。同时，由于贻贝加工有较大突破，加工产品有半壳单冻、全壳单冻、卤菜、干品、休闲食品等多种品种，且鲜品加工占贻贝总产量的 50%以上，市场促销良好，有力地推进了贻贝养殖的发展。（舒云华）

【远洋捕捞】 2002 年重点工作是引导渔民走出国门，从国内渔场转到远洋渔场，目前舟山远洋捕捞船遍及到西非、北太平洋、西南大西洋、东南太平洋和印度洋等海域。全年远洋企业发展到 14 家，比 2001 年增加 4 家，其中经国家批准的具有远洋渔业资格企业 4 家，比 2001 年增加了 3 家。全市地方远洋渔船总数达到 242 艘，产量 11 万吨，产值 6.8 亿元，产量、产值分别比 2001 年增长了 7.5%和 7.9%。在全市整个远洋渔业结构中，大洋性鱿钓渔船占 72.31%，全市投入北太平洋作业渔船 153 艘，总产量达 4.5 万吨，比 2001 年增长了 11.2%；赴西南大西洋作业船 22 艘，总产量达 1.65 万吨，产值 1.46 亿元。同时，开辟了鱿钓作业新渔场。2002 年西南大西洋鱿钓结束后，全市有 12 艘鱿钓渔船转到东南太平洋渔场（秘鲁公海）进行试捕并取得成功，共捕捞鱿鱼 0.85 万吨，开创了舟山鱿钓渔船连续两年在西南大西洋生产不返回的历史。全市共有 9 批、40 余人次渔民自发组合到俄罗斯、朝鲜、越南、缅甸、马尔代夫、印度尼西亚、马达加斯加等国家去考察，洽谈远洋捕捞合作项目，寻找远洋捕捞的发展空间，这在舟山历史上属首次。（夏献荣）

【网箱养殖】 2002 年度，在相关政策的推动下，舟山浅海网箱养殖发展较快。新增各类深水网箱 175 只，深水网箱总数达到 265 只，各类普通网箱 7 748 只。共投放各种鱼苗 533.3 万尾，收获各种鱼类（大黄鱼、美国红鱼、鲈鱼、真鲷、黑鲷、鲈鱼、石斑鱼等）1 687 吨。逐步形成了岱山叮咀门、佛渡双屿港、定海长峙岛、朱家尖寨峰山、六横台门港、岱山秀山岛、嵊泗洛华及定海册子岛等 8 个浅海网箱养殖基地。其中岱山叮咀门网箱养殖基地、普陀佛渡双屿港网箱养殖基地被浙江省人民政府列入省级优质高效示范基地。

【养殖育苗】 2002 年舟山进行海水育苗生产的育苗厂 18 家，育苗总水体 12 000 立方米，共育虾苗 7.158 亿尾，鱼类苗种 51 万尾，梭子蟹苗 60 万只，海蜇苗（螅状体）1 200 万只。虾类苗种中，中国对虾苗 1.8 亿尾，长毛对虾苗 1.39 亿尾，南美白对虾 3.76 亿尾，斑节对虾苗 300 万尾，刀额新对虾苗 1680 万尾。全市海水养殖育苗总产值 554.83 万元，生产总成本 533.09 万元，净利 21.74 万元。（舒云华）

【港口建设】 2002 年，舟山港口事业充分发挥地缘、资源优势，坚持以港口业深度开发为重点，各项工作取得了新的进展。全市共有各类水运企业 84 家，其中货运企业 57 家，客运企业 27 家；在册营运船舶 1 042 艘，698 361.17 载重吨，25 063 客位，402 319.9 千瓦，客滚船载货定额 2 931.18 吨。运力结构得到了进一步改善，全市海运业逐步向规模化、集约化方向迈进。港口建设全面发展，国家“十五”重大建设项目洋山深水港区建设正式启动；省“十五”交通建设重点项目老塘山三期工程 5 万吨级码头动工兴建；总投资 14 亿元的甬沪宁进口管网工程册子岛——白沙湾原油接卸工程前期工作正加快进行。老塘山临港工业园区基础配套工程建设进展顺利，日产 3 000 吨植物油的中海油脂加工基地、投资近亿元的舟山省级中转储备粮库、两家木材加工企业都已落户园区。舟山远东洁净煤配送中心项目工程各项前期工作基本完成。船用商品交易市场一期工程即将竣工。2002 年，全港完成港口货物吞吐量 4 067.75 万吨，为年计划的 101.69%，同比增长 23.98%，在全国（大陆）沿海港口排名中继续保持第 9 位。完成外贸货物吞吐量 907.03 万吨，同比增加 51.44%；集装箱吞吐量 2.66 万标箱，同比增长 11.14%；完成旅客吞吐量 738.33 万人，为年计划的 125.14%，同比增长 10.15%。全市水上运力保有量达 71.04 万载重吨，同比增长 18.3%。2002 年舟山海运业得到进一步发展。

舟山港货物吞吐量 2001 年完成 3 281.02 万吨，2002 年完成 4 067.75 万吨。全市水路货物运输量 2001 年完成 1 577.7 万吨，2002 年完成 1 697.4 万吨；水路货物周转量 2001 年完成 951 832.6 万吨千米，2002 年完成 1 035 634.9 万吨千米；水路旅客运输量 2001 年完成 1 446.4 万人次，2002 年完成 1 558 万人次；水路客运周转量 2001 年完成 45 398.5 万人千米，2002 年完成 43 878.8 万人千米。　（徐龙舟　任齐俊）

【海上运输】　舟山海上运输主要是客运与货运。2002 年，全市拥有客渡运企业 32 家。共有客、客滚（轮渡）船 154 艘，海上客运向高速、客滚（轮渡）方向发展，以舟山本岛为中心，衔接主要经济大岛及各有关岛屿，连接大陆。全年海上共运送旅客 1 583 万人次，旅客周转量 4.96 亿人千米。全市共有海上货运企业 66 家，拥有各种货运船舶 911 艘，78.54 万载重吨。货船逐步向大吨位发展，其中千吨级以上货船共有 232 艘，万吨级以上货船占 8 艘，最大的货船为 2.6 万吨级，营运于国内沿海及长江中下游各港口，全年海上货运量达 1 941 万吨，货运周转量为 133.38 亿吨千米。

【舟山至宁波大陆连岛工程】　该工程起于舟山市 329 国道鸭蛋山环岛，途经里钓、富翅、册子、金塘 4 岛，终点至宁波镇海炼化厂西侧登陆，中间将兴建 5 座跨海大桥（即岑港大桥、响礁门大桥、桃夭门大桥、西堠门大桥、金塘大桥）与规划中宁波至杭州沿海北线高速公路相接。工程路线总长 50.5 千米，其中跨海大桥总长度约 24.5 千米，桥面宽为 22.5～23.5 米，按高速公路双向四车道标准建设，总投资约 84 亿元。

至 2002 年底，第一座（岑港至里钓岛）792.3 米长的岑港跨海大桥和第二座（里钓岛至富翅岛）951 米长的响礁门大桥已合龙贯通，并完成了这两座跨海大桥中间的接线公路。第三座（富翅岛至册子岛）888 米长的桃夭门跨海大桥也已完成主塔及边跨混凝土箱梁建设，并完成全部工程量的 75%。响礁门大桥至桃夭门大桥中间的接线工程于 2002 年 11 月动工建设。

【舟山船舶工业崛起】　2002 年，舟山市船舶工业总产值达 14.24 亿元，比上年增长 29.8%。其中船舶修造产值为 13.02 亿元，造船产值为 6.22 亿元，修船产值为 6.80 亿元，造修船分别比上年同期增长 23.7%与 15.1%，其他船舶相关工业如船舶交易、拆船等呈发展态势。

(1)造船业。2002 年以浙江扬帆船舶集团有限公司为龙头的造船企业，以建造“出口船为主，兼顾国内市场”的经营方针，先后为德国等国家建造完成 3 艘 4 350 吨多用途与 1 艘 660 标箱的集装箱船，还为国内有关企业建造 7 艘不同型号船舶（如金枪鱼钓船、40 车客渡滚装船等）。创产值 4.7 亿元，成为浙江省主要造船支柱企业。浙江凯灵船厂共承建部队与民用船 11 艘，创产值 5 000 余万元；舟山市通达船务有限公司全年承建并交付使用 4 艘 40 客位与 1 艘 80 客位的高速客轮（其航速均在 20～23 节之上），创产值 1 144.5 万元；定海盘峙船厂承建完成 2 艘目前国内最大的 1 000 立方米水泥搅拌船和 1 艘 5 000 吨级集散货船，其产值达 1 200 余万元。其他修造厂根据自身生产能力，生产出一批适应市场需要的船舶，也取得相应的经济效益。

(2) 修船业。舟山六横龙山船厂于 2002 年 11 月完成了 1 艘 7.5 万吨级的香港散装货轮进坞修理，创下华东地区迄今为止接纳进坞修理最大 1 艘巨轮的历史。该厂全年共修理各类船舶 43 艘，实现产值 4 400 余万元；沥港船舶修造有限公司首次承接完成中国海运（集团）总公司 1.5 万吨级“森海 2 号”散装货轮船体拉开接长焊接改造修理业务，其技术属国内首创。全年创产值 2 480 余万元。还有其他船舶修造厂通过承接各种船舶修理业务，为舟山船修业实现新的增长点。据统计，舟山市全年共承接修理外籍各种船舶计 156 艘，比上年同期增长 40.9%，创产值 7 758 万元。（林迪渠）

【海岛旅游】　2002 年，舟山旅游经济呈现高速发展态势。全年接待国内外游客 631.98 万人次，同比增长 15%，其中国内游客 623.48 万人次，增长 15%，人均逗留时间为 1.8 天；入境游客 8.5 万人次，增长 18%，人均逗留时间为 2.5 天。旅游经济总收入 35.39 亿元，同比增长 20.7%，其中国内旅游 32.11 亿元，增长 21.2%，人均旅游消费 560 元；旅游创汇 3 948 万美元，增长 18%，人均旅游消费 464 美元。在入境游客中，台湾省同胞、香港特别行政区和澳门特别行政区同胞分列前两位，其中台湾省游客达 22 812 人次；旅游商品创汇占全市旅游创汇比重的 29%，同比增长 10.5 个百分点。至 2002 年底，全市共有注册国际、国内旅行社 42 家，其中国际旅行社 1 家，组团社分公司 3 家，各级导游员 484 名。全市共有旅游涉外饭店 55 家，其中，星级饭店达 42 家：四星级饭店 1 家，三星级饭店 7 家，二星级饭店 33 家，一星级饭店 1 家。接待设施总床位 5 万余张，旅游从业人员约 4 万名。2002 年，"春节"、"五一"和"十一"3 个假日黄金周共计接待游客 114.22 万人次，同比增长 25.8%，其中过夜游客 54.59 万人次，比上年下降 6.7 个百分点，一日游游客 59.65 万人次，比上年上升 85.1 个百分点。旅游经济总收入 3.89 亿元，同比增长 11%。假日旅游经济已成为舟山市经济社会运行中一大亮点。

（郭文杰　冯　晓）

2002 年 1～2 月，对全市 37 家国内旅行社实施旅行社业务年检，舟山港客旅行社等 35 家国内旅行社准予通过 2001 年度年检；注销舟山旅行社（许可证号：L-ZJ-GN08001）和舟山市金鹤旅行社（许可证号：L-ZJ-GN08030）2 家国内旅行社的业务经营许可。对旅行社资产情况、营业指标、组接指标等各项指标进行考核，并实行网上填报。全市国内旅游经营呈现私营股份制成为主体，重视加大促销力度，注重企业形象建设，注重企业经营管理的态势，旅游服务质量日趋提高。2002 年，对提出申请者经过审核，同意设立浙江海外旅游公司舟山分公司、杭州海外旅游有限公司舟山分公司和浙江开元海外旅游有限公司舟山分公司 3 家分公司。（董林力）

2002 年 6 月，舟山市旅游局建立"舟山旅游网"（http://www.zstour.gov.cn），委托舟山三合商务有限公司制作并维护管理，于 10 月 1 日正式开通。网站内容按旅游要素分 6 大块，即舟山的吃、住、行、游、购、娱，同时设立舟山旅游论坛、交通指南、局长信箱、旅游动态、创优工作、旅游常识等栏目。（王　容）

【第四届中国舟山国际沙雕节】 2002 年 9 月 20 日至 10 月 31 日，第四届中国舟山国际沙雕节在朱家尖南沙成功举办。本届沙雕节由国家旅游局、中国对外友好协会、中国国际文化交流中心和舟山市人民政府主办，普陀区人民政府承办，以"政府主导、企业运作"的思路，组建舟山国际沙雕有限公司和舟山沙雕协会，具体负责沙雕节的市场化运作和组织策划。首次在北京人民大会堂召开新闻发布会，邀请国家旅游局等主办单位领导参加，副局长张希钦评价中国舟山国际沙雕节填补了国内沙雕旅游文化的空白，是国家旅游局重要旅游节庆活动之一。同时，在中央电视台、人民日报、新华社、经济日报等媒体做了大量新闻报道和形象宣传；在市内成立沙雕节新闻报道队伍，开设沙雕节专栏，编印沙雕节特刊 40 万份，印发沙雕节张贴画 1 万张，文艺海报 4 万份，宣传折页 9 万份，悬挂横幅 350 条，制作沙雕节宣传路牌和候车亭 12 个。本届沙雕节以《世界古代八大奇观》为主题，采用特大型组合沙雕形式，同时举办《岁月如歌》开幕式文艺演出、《飞歌太平洋》大型演唱会、2002 年中联房产全国沙雕邀请赛、凯灵杯沙滩足球邀请赛、潍坊大型风筝展、苗族风情表演、人体彩绘秀等配套活动。沙雕节期间，到南沙参观的游客达 12 万人次，旅游相关收入 1.2 亿元，首次实现沙雕节营运资金平衡。同时，在朱家尖南沙风景区投资 2 600 万元动工建造"舟山朱家尖国际沙雕艺术广场"，该广场占地 2.8 公顷，划分为沙雕展示区、购物餐饮区、演艺观赏区和黑松林休闲活动区 4 个功能区，是目前中国第一座集中体现沙雕艺术的综合性广场。

（郭文杰）

【舟山海盐业】 2002 年，舟山盐业紧紧围绕质量这一中心，以"质量效益年"活动为载体，以质促产、以质促销、以质增效。

(1) 盐业生产由于受台风和频繁的雷暴雨影响，减产幅度较大。全市 53 个盐场，生产总面积 4 013.63 公顷，实有生产面积 3 860.22 公顷，全年产盐 154 036 吨，比 2001 年减产 38.4%；加工生产销售合格碘盐 68 646.26 吨。

(2) 盐业运销突出效益中心，调整盐种结构。按照《浙江省食盐批发企业行为规范》要求，进一步规范放销质量管理，完善售后服务，实施并完善《盐业质量事故责任追究制度》，有效保障省内对应销区的供应，专营计划全面落实。全年销售各类盐产品 18.97 万吨，完成浙江省年度计划 94.92%，其中碘食盐 177 682.38 吨，占总销量的 93.6%。由于盐种结构进一步优化，海盐产品出口增加，全年出口日本精盐 165 吨，同比增长 37.5%。按照国家《食盐批发企业质量技术等级划分要求》标准，舟山盐务局食盐经营批发部按2A级标准进行硬件和软件建设。加强海盐管理，完善售后服务，建立用盐客户档案82户，定期征求意见。对一次批盐量3吨以上的客户实行预约送货，对特种用盐全天候上门供应。全年市本级销售各类用盐2 650吨，同比增长4.36%。

(3) 原盐质量继续名列浙江前茅。舟山原盐平均氯化钠含量达92.08%，白度62.93度，国标一级品率34.55%，名例全省前茅。生产的日晒盐、低钠盐在浙江省2002年农产品博览会上获金奖。由定海银光盐场试制并在定海盐场推广应用4米长、0.03米厚落叶松木板盐坨5 500平方米，减少原盐堆存过程中的污染，加快沥卤，同时，对原有大小石板盐坨采用无结塑料渔网铺垫，防止石板盐坨及嵌缝混凝土（沥青）风化后污染原盐，共计投入5.3吨近4.5万平方米。此外，为防止铁质开坨工具锈渍污染原盐，研制成功不锈钢锻打二齿尖嘴钉耙，大大提高了原盐质量。

(4) 盐政管理进一步加强。2002年，全市盐政管理丰富执法手段，对私盐现象较严重的盐场（村）和加工点实行蹲点管理，开展专项整治。6月28日，岱山县政府牵头专题召开卤水用于养殖供应协调会，正确处理盐政管理与支持地方发展水产养殖业的关系。10月，市盐务局对城区内学校、宾馆、饭店、医院、机关食堂的食用盐情况开展检查，对定海各乡镇（街道）171台锅炉登记入册，掌握用盐动态。2002年，全市共查处盐业违法案件164件，私盐183吨，中高级卤水326吨，罚没款12.25万元。其中岱山县盐业局一次查获私盐18.625吨，查处涉案人员14名，为近年来全市查获的最大一起盐业违法案件。

(5) 盐业生产体制不断完善，盐业结构调整稳步推进。随着城市化进程的加快和海水养殖业的发展，2002年，全市共计有77公顷盐田废盐转产；多品种盐的开发和生产保持良好态势，全年共计生产低钠盐、高级自然精盐等多品种盐170.74吨。2002年，继2000年和2001年定海浦口盐场和海军大成盐场实行盐业部门租赁经营后，又有普陀的双塘盐场、平岐盐场、岐头盐场、红卫盐场、小湖盐场实行盐业部门租赁经营。盐业机制转换逐步呈现活力，盐业生产及质量不断稳定与提高。

（朱新平　陆国良）

统 计 资 料
Statistical Data

表5　舟山市基本情况一览表

县、区	2002年辖区内			年末人口数（万人）						全社会从业人员数(万人)			
				2001年			2002年			2001年		2002年	
	乡镇数(个)	岛屿数(个)	区域面积(平方千米)	合 计	农业人口	非农业人口	合 计	农业人口	非农业人口	合 计	其中职工数	合 计	其中职工数
定海区	16	127.5	1 444	36.45	23.15	13.30	36.73	22.49	14.24	30.73	4.94	14.32	2.04
普陀区	14	454.5	6 728	32.40	22.50	9.90	32.37	21.28	11.09	17.09	4.14	20.20	4.04
岱山县	8	404	5 220	20.81	17.61	4.20	20.33	15.55	4.78	10.40	1.25	14.88	2.45
嵊泗县	7	404	8 824	8.44	6.02	2.42	8.33	5.92	2.41	4.82	0.89	5.44	2.06
合 计	45	1 390	22 216	98.1	68.28	29.82	97.76	65.24	32.52	63.04	11.22	54.84	10.59

表6 舟山市沿海县（区）国内生产总值、工农业总产值一览表

单位：亿元

市区县	年份	国内生产总值				工业总产值		农业总产值	
		合计	第一产业	第二产业	第三产业	总产值	增加值	总产值	增加值
全市合计	2001	126.69	33.05	43.17	50.47	192.47	34.32	73.81	33.05
	2002	146.01	32.90	53.33	59.78	190.14	43.41	72.85	32.62
定海区	2001	47.51	5.24	20.93	21.33	47.25	9.45	10.56	5.13
	2002	53.98	5.06	24.19	24.73	59.60	13.11	10.30	5.02
普陀区	2001	42.02	12.80	14.57	14.65	40.02	12.34	27.11	12.80
	2002	47.09	12.29	17.19	17.61	49.51	14.65	25.60	12.29
岱山县	2001	23.97	9.66	6.40	7.91	27.01	4.40	22.05	10.15
	2002	27.01	9.77	7.73	9.51	27.51	6.67	22.65	9.77
嵊泗县	2001	15.80	5.60	3.50	6.70	10.00	2.40	10.90	5.60
	2002	17.87	5.70	4.70	7.50	12.40	3.00	10.90	5.70

表7 舟山市海洋开发资料统计

统计项目			2001年	2002年
海洋捕捞产量（万吨）		鱼类	80.13	71.77
		贝类	9.47	10.92
		虾蟹类	32.69	32.71
		其他	0.17	0.15
		合计	122.46	115.55
海水养殖	产量（万吨）	鱼类	0.38	0.66
		贝类	4.44	6.0
		藻类	0.19	0.04
		虾蟹类	1.33	1.68
		合计	6.34	8.38
	面积（公顷）		8 257	9 938
沿海港口		货物吞吐量（万吨）	3 281.02	4 067.75
		旅客运输量（万人次）	1 479	7 781
		旅客周转量（万人千米）	52 649	155 691
		货物运输量（万吨）	1 795	3 265
		货物周转量（万吨千米）	1 222 137	1 365 575
海盐生产		面积（公顷）	4 087	3 900
		产量（万吨）	24.96	15.4
盐加工		产量（万吨）	18.43	18.924 4
滨海旅游人数		国内（万人次）	542.8	623.48
		境外（人次）	71 954	84 558
国内外旅游收入		国内（亿元）	26.53	32.11
		境外（亿元）	2.79	3.28
滨海城市旅游接待能力		涉外饭店个数	54	54
		客房数（间）	3 702	3 702
		床位数（张）	7 357	7 357
水产品加工		总量（万吨）	18.63	24.97
滨海矿砂开采量（万吨）		石料	793.05	1 209.68
		砂	735.17	
医药制造业		产量（万吨）	0.79	3.38
海洋能源		风能发电（千瓦·时）	206 560	93 300

表8　舟山海洋产值统计一览表

单位：万元

产　业	2001年			2002年		
	总产值		增加值	总产值		增加值
	产值额	比重（%）		产值额	比重（%）	
捕捞渔业	518 429.26	25.59	241 613.68	622 675.00	26.42	266 833.00
海水养殖	84 660.80	4.18	26 016.77	18 576.00	0.79	7 843.00
渔业机械及渔具制造业	6 946.00	0.34	2 409.40	7 403.00	0.31	2 356.00
砂石开采业	10 829.10	0.53	5 122.00	22 632.00	0.96	9 927.00
盐及盐加工业	10 290.00	0.51	9 625.00	9 400.00	0.40	8 364.00
水产加工业	453 195.00	22.37	131 427.00	704 608.00	29.89	141 313.00
食品饮料加工业	9 594.00	0.47	3 590.00	11 492.00	0.49	1 577.00
医药制造业	13 070.78	0.64	3 564.54	48 932.00	2.08	10 310.00
船舶修造业	132 422.20	6.53	4 768.00	144 314.00	6.12	42 700.00
其他产品制造业	12 412.62	0.61	4 768.00	6 949.38	0.30	1 286.65
海洋能源	12.29		2.46	4.50		0.90
港口运输业	189 598.00	9.36	81 856.00	189 345.00	8.03	83 410.00
海洋产品供销服务业	289 466.00	14.30	43 936.00	173 229.00	7.35	123 187.00
综合技术服务业	80 971.42	4.00	15 893.68	125 275.00	5.31	61 746.00
海洋旅游业	214 160.25	10.57	111 363.32	272 315.80	11.55	131 604.00
合　计	2 026 057.40	100	722 230.62	2 357 150.60	100	892 457.55

表9　2002年渔农业主要产品产量

单位：吨

产品名称	绝对数	比上年增长(%)
1. 水产品产量		
虾　类	260 195	0.7
带　鱼	174 479	-19.1
蟹　类	82 824	1.2
鲐　鱼	32 025	5.1
马面鱼	263	-60.9
鱿　鱼	100 762	18.9
大小黄鱼	38 996	15.5
鲳　鱼	24 515	-6.0
马鲛鱼	2 851	14.2
墨　鱼	675	-18.8
鳗　鱼	14 186	-6.4
2. 水产加工品	43.01	39.1

（何仁义）

海洋国际合作与交流
Marine International Cooperation and Interflow

【对外交往】 2002年，舟山邀请外国人来舟山65批94人次，接待重要外宾、海外侨胞和香港、澳门特别行政区同胞13批214人次，处理涉外事件8起。至2002年底，舟山市与美国里士满市、日本气仙沼市建立友好城市关系，与韩国江华郡、菲律宾伊慕斯市建立友好交流关系。

4月，舟山市外侨办派员到韩国江华郡企划监察室进行为期半年的公务员研修；7月，书记王辉忠率200余人赴香港参加舟山香港经贸旅游文化宣传周；8月，副市长马国华一行5人赴日本进行商务考察；10月，以市长张家盟为团长的市政府代表团一行12人，对澳大利亚、新西兰、斐济进行为期14天的远洋捕捞、水产养殖、加工考察；副市长冯淑仙一行9人赴韩国、日本进行医疗卫生项目考察。

2002年8月，日本气仙沼市日中友好协会小野寺敏一会长一行23人来舟山进行商务考察；10月，不丹外交大臣吉格梅·延里一行12人来舟山访问；日本气仙沼市佐藤亮辅先生夫人佐藤祐子女士携子女一行4人访问了舟山，并专程访问了桃花岛；以埃利博会长为团长的日本静冈县日中友好协会代表团一行58人访问了舟山普陀山；11月，美国里士满市安德生市长一行14人来舟山进行友好城市交流访问。

10月，韩国驻沪总领馆领事朴谠铉先生访问舟山，专程调查了解韩国化学品货轮"条约"号在舟山海域触礁搁浅，导致有害物质泄漏造成污染事故的处理情况。

【因公出国（境）】 2002年舟山先后出台了《因公出国（境）审核审批、护照、签证手续申办工作流程》、《关于舟山市新经济组织临时因公出国（境）人员报批试行办法》和《关于舟山市因公出国（境）直报企业实施办法》等一系列新管理办法。全市因公出国（境）215批786人次，国际海员19批709人次。

【赴日研修生】 赴日本水产加工技术研修是舟山市与日本气仙沼市之间开展的实质性交流项目。2002年5月26日，64名研修生经过一个月的日语基础和基本技能培训，赴气仙沼市进行为期一年的研修任务。这是舟山自1998年与日本气仙沼市商工会议所签定研修项目以来，输送的第5批研修生，累计已达293人。

【对外宣传】 2002年3月，日本《文艺春秋》杂志社编辑平山一郎一行6人访问了舟山，该杂志以连载的方式报道了舟山沈家门渔港、国际水产城等舟山水产业情况，有力地宣传了舟山；5月，以铃木哲编辑为团长的日本静冈电视台采访团一行6人前来舟山普陀山采访，进一步宣传了普陀山的佛教文化和秀丽风光。以舟山籍华侨创办的日本《中国经济新闻》报为窗口向日本企业发送《舟山》画册和项目资料400余份，5月该报还以两个专版刊载了张家盟市长的致词和舟山市情、重点招商项目。9月18～22日利用浙江省举办"国际友城媒体访浙江"的时机，组织韩国10家报社10名记者来舟山采访，许多报社用整版篇幅对舟山市进行了报道，扩大了舟山在韩国的影响和知名度。

（王卫滨）

上海市

Shanghai City

综 述

Summary

【自然状况】 上海市，简称沪，位于31°14′N，121°29′E。它北界长江，东濒东海，南临杭州湾，西接江苏、浙江两省。

上海市地处长江三角洲东缘，位于我国南北海岸的中心，长江由此入海，交通便利，腹地广阔，地理位置优越，是一个良好的江海港口。

上海市全境除西南部有少数残丘外，全为坦荡低平的长江三角洲冲击平原，平均高度海拔4米左右。

上海全市面积6 340.5平方千米，其中陆地面积6 218.65平方千米，水面面积121.85平方千米。南北长约120千米，东西宽约100千米。上海市江海岸线总长度449.66千米。

上海地区天然河港密布，多属太湖流域，主要河流有黄浦江及其支流吴淞江（苏州河）。

崇明岛是我国的第三大岛，由长江挟带下来的泥沙冲击而成。此外，上海市所属的岛屿还有长兴岛、横沙岛等大于500平方米的海岛13个，总面积为1 339平方千米。

上海地区属亚热带轻季风气候，四季分明，气候暖湿，雨量充沛，年平均气温15.0～15.3℃，年平均水温17.0～17.4℃，年平均降雨量1 083毫米。

【行政区划】 上海市共有19个区县，其中沿海有5区1县，分别是：宝山区、浦东新区、金山区、南汇区、奉贤区和崇明县。

2002年，上海市年末总人口为1 334.23万人，其中沿海5区1县年末总人口493.96万人，占上海市年末总人口的37.0%。

2002年，上海市国内生产总值为5 408.76亿元，其中沿海区县增加值1 008.94万元，占上海市国内生产总值的18.7%。 （管永华）

海域使用管理

Management of Sea Area Use

【上海市颁发首批海域使用权证】 2002年3月29日，上海市海洋局在上海市化学工业区发展有限公司主持召开了上海市海域使用权证首发仪式。

上海市海域使用权证首发仪式由上海市海洋局局长张有份主持，上海市财政局、国家海洋局东海分局、中国海监东海总队等单位的有关负责同志出席了会议。上海市政府办公厅副秘书长吴念祖、上海市建委主任熊建平宣布首批获得海域使用权证的单位，并向上海化学工业区发展有限公司、上海石油化工股份有限公司两家用海单位颁发了首批海域使用权证。 （黄海波）

【上海市海域勘界工作正式启动】 根据全国海域勘界工作的总体部署和上海市人民政府办公厅转发的《关于开展上海市海域勘界工作的协调意见》精神，成立了由上海市委副书记、副市长韩正担任联席会议主任，上海市政府副秘书长周太彤和吴念祖为常务副主任，上海市海洋局局长张有份和上海市民政局副局长谢黎明为副主任，上海市建委、上海市政府法制办、上海市财政局、上海市公安局、上海市房地资源局、上海市水务局、上海市交通局、上海市农委、上海市规划局、上海市档案局、海军上海基地等13个单位以及沿海6个区县政府领导参加的上海市海域勘界联席会议。上海市海域勘界工作联席会议下设海域勘界办公室，设于上海市海洋局。

启动了沪苏线海域勘界前期准备工作。重点进行了“长江北支口海域海洋自然环境调查”研究项目、崇明县实地调访和勘界资料收集等工作。“长江北支口海域海洋自然环境调查”项目通过调查长江北支口水下地形地貌、海洋水文和海洋生物等环境现状，研究长江北支口形成过程、预测演化趋势。依据《海域勘界技术规程》，提出并评估沪苏线海域勘界的预可方案。崇明县实地调访和沪苏线海域勘界资料收集，为上海市掌握涉界区最新的自然环境状况、社会经济发展和海域及岛屿保护与开发利用现状等提供了第一手资料，也为沪苏线海域勘界承担单位确定相对合理的调查区，顺利实施调查勘测工作，提供了公正、合理、科学的依据。 （金左文）

海洋环境保护
Marine Environmental Protection

【海洋环境监测】 根据《中华人民共和国海洋环境保护法》和国家海洋局“关于 2002 年海洋环境监测方案”的要求，上海市海洋局结合上海海域的海洋环境特点，制定了《上海市 2002 年海洋环境监测计划》，共设置监测站位 109 个，海洋环境监测项目 51 个，并分别于 5 月份（105 站）、8 月份（109 站）和 11 月份（60 站）三次水期实施海洋环境监测作业，获取水质分析样品 2 864 个（1 205、1 326、333 个）、沉积物样品 34 个、生物样品 394 个。通过监测样品的分析，获取水文气象数据 4 335 组（1 563、1 801、971 组）、船测项目化学数据 6 327 组（2 159、2 592、1 576 组），水质、生物、沉积物分析数据共 18 046 组。

2002 年监测海域为长江口及附近的上海海域，监测介质为水质、沉积物、生物（生态）、水文气象等。监测的项目：水文气象的气温、气压、风向、风速、天气现象、水温、水深、水色、透明度、海况； 海水水质的 pH 、盐度、溶解氧、化学需氧量、活性磷酸盐、亚硝酸盐-氮、硝酸盐-氮、铵-氮、总汞、铜、铅、镉、油类、悬浮物；底质的总汞、铜、铅、镉、六六六、滴滴涕、油类、有机质、硫化物、粒度、锌、铬、砷；有机氯化物和生物的总汞、铜、铅、镉、多氯联苯、油类等 51 个项目的监测，同时，对海洋自然保护区、海洋倾倒区等也加强了监视监测。

上海海域环境监测结果显示：与 2001 年相比，上海海域严重污染区域面积有所减少，但由于受长江入海污染物、沿岸陆源排污以及各类海岸、海洋工程建设等因素的影响，上海市近岸海域水质污染形势仍然比较严峻，近岸海域生态退化状况仍未得到有效控制，海洋环境灾害威胁依然存在。主要表现：一是上海外海海域水质属于清洁、较清洁海域；近海大部分海域属于轻度污染海域；长江口、杭州湾北部近岸海域水质污染严重，主要污染物为无机氮、无机磷、重金属铅和油类等。二是上海近岸海域生态环境逐步退化，生物丰度量下降，生物多样性减少，而耐污种类和数量则有所增加。三是海洋赤潮、风暴潮等海洋环境灾害屡有发生。

【海水环境质量】 上海外海海域各项水质指标处于清洁、较清洁级线以下；近海海域除无机氮、无机磷指标超标外，其他水质指标处于清洁、较清洁级线之下；长江口南支、杭州湾北岸近岸海域无机氮、无机磷指标严重超标，另外还有部分水质指标出现不同程度的超标，污染程度仍然很重，但严重污染海域范围比 2001 年有所减小。海水中的主要污染物是无机氮、无机磷，其次为重金属铅、油类。

【海洋沉积物质量】 上海海域的海洋沉积环境除杭州湾北岸海域受到重金属铅一定程度的污染外，其他海域总体良好。

【海洋生物质量】 2002 年，对上海市的泥螺、近江牡蛎两种经济贝类进行了采样监测，参照《海洋生物贝类质量标准》（GB18421-2001）评价，结果表明：泥螺体内石油烃为超Ⅰ类生物质量标准，铜为超Ⅱ类生物质量标准；近江牡蛎体内重金属锌、铜、镉和石油烃、滴滴涕等指标含量都出现不同程度超标，其中石油烃和滴滴涕为超Ⅱ类生物质量标准，铜和锌为超Ⅲ类生物质量标准。

【海洋自然保护区】 对金山三岛海洋生态自然保护区、崇明东滩湿地鸟类自然保护区和青草沙水资源保护区附近海域的水质环境进行了常规监测，监测与评价结果显示：金山三岛海洋生态自然保护区周围海域营养盐污染程度较重，无机氮、无机磷指标均高于中度污染级线，重金属铅指标高于清洁级线，部分站位的汞、锌指标高于清洁级线，其他水质指标基本符合海洋自然保护区水质标准要求；海洋生物的生物量和个体密度等有一定程度的下降，生物多样性指数偏低，优势种类及小型生物种群数量等有一定变化；近江牡蛎生物体内污染物含量较高。

崇明东滩湿地鸟类自然保护区水质主要污染物为无机氮、无机磷。

青草沙水资源保护区水质指标中无机氮、无机磷为超Ⅳ类地面水水质标准，pH、油类、铅、锌等指标符合Ⅱ类地面水水质标准，其他指标均符合Ⅰ类地面水水质标准。

【海洋生物多样性】 2002年，上海近岸海域生物种类组成和生物量均有所变化，长江河口生物种类的变化趋势是：对环境污染敏感种类明显减少，而耐污种类数却有增加，尤其表现在优势种上。其中底栖动物种类组成和生物量变化较明显。

根据2002年长江河口海洋生态调查结果显示，长江河口底栖生物与1982～1983年和1998年相比，分别减少87.6%和20.8%，优势种为纽虫和沙蚕，出现率分别达32%和24%，其他种均在4%以下；平均密度21.8个/米²，比1998年下降65.9%；平均生物量为5.68克/米²（湿重），比1982～1983年下降76.5%。

【海洋倾倒管理】 2002年上海海域共签发废弃物倾倒普通许可证235份，倾倒三类疏浚物2 440.95万立方米、废弃物47.68万吨和骨灰963盒。使用的倾倒区为：吴淞口北倾倒区、长江口鸭窝沙北疏浚物倾倒区和北槽倾倒区、长江口骨灰倾倒区、长江口深水航道专用倾倒区、金山疏浚物临时倾倒区、外环隧道临时倾倒区7个倾倒区。其中长江口深水航道一期工程的疏浚物倾倒量为2 000万立方米，吴淞口北倾倒区426.91万立方米，鸭窝沙北倾倒区20万立方米，北槽倾倒区2万立方米，金山疏浚物临时倾倒区2.1万立方米，外环隧道临时倾倒区33万立方米。在倾倒作业中查处了2起违章违规行为并进行了处罚，共处罚款8万元。

对长江口鸭窝沙北倾倒区、长江口深水航道整治一期（临时）倾倒区进行了全面监测。监测内容包括倾倒区及其周边海域的水体状况、生物状况及沉积物状况。监测与评价结果显示：倾倒区海域水环境总体状况与2001年相比，并未出现恶化趋势，所倾倒的疏浚物基本控制在预期的海域范围内，海洋倾倒区的基本功能得以继续维持。但是值得一提的是，吴淞口北倾倒区水深条件已对倾倒船舶的航行安全造成一定影响。

【石油平台管理】 2002年度东海共有海洋石油平台两座：平湖天然气生产平台，位于29°04′49″N、124°54′47″E，主要用于为上海市提供天然气的开发利用；“勘探三号”是勘探钻井作业平台，在2002年7～11月底在东海实施“断桥二井”、“天外天四井”、“残雪三井”3口井的钻井作业。2002年东海天然气产量4.676亿立方米，原油产量623 133立方米，天然气开采采出水量1 145 900立方米，采出水含油量24×10^{-6}～$29.1\ 10^{-6}$，采出水折算油量27.74吨；天然气生产平台产生垃圾345立方米，勘探三号产生垃圾22.5吨，均运回陆地处理，有少量（小于1吨）可燃垃圾海上焚烧。在钻井作业期间，产生泥浆1 160立方米，钻屑1 295立方米，机舱含油污水91吨，均运回陆地处理。在管理上，2002年东海区海洋石油勘探开发的海洋环境保护工作依据国家的有关法律法规的规定施行管理，东海区的海洋钻井平台的勘探作业共119天，海洋采油平台的作业共为365天，共计484天。期间，对“断桥二井”、“天外天四井”、“残雪三井”3口井的《溢油应急计划》进行审核。对在东海作业的平湖油气田生产平台的防污记录簿和防污季度报表进行核查。对实施春晓油气田钻探作业的“勘探三号”钻井平台进行登检，详细了解了平台日常的海洋环保管理制度、试油及防污措施、油污染发生等有关情况，查看了国际防油污证书、溢油应急计划、海洋环境保护计划等文书证件以及《防污记录簿》的填写情况等，检查了油水分离器、排油监控装置、泥浆和钻屑及残油处理系统的运行状况等。通过检查表明，上述单位在从事海洋石油的勘探开发中，能够执行《海洋环境保护法》和《海洋石油勘探开发环境保护管理条例》的有关规定。

同时，做好《春晓气田群海洋环境影响评价大纲》评审会的组织协调工作。还履行海区管理部门的职责，组织了对《环评大纲》和《春晓气田群海洋环境影响评价报告书》进行预审等工作。通过东海海洋石油勘探，发现了丰富的油气资源。

【风暴潮】 2002 年，对上海沿海严重影响的风暴潮共有 2 次，分别由“威马逊”、“森拉克”台风引起的，强度大于 2001 年，也略强于常年，造成直接经济损失约 5 975 万元。其中：

受“威马逊”台风严重侵袭，长江口深水航道整治工程两个大型圆柱沉箱因受海浪冲击发生移位，直接经济损失 5 000 万元；金山和奉贤两区农作物、园艺设施、养殖业、行道树等受到不同程度影响，直接经济损失约 600 万元。

受“森拉克”台风的袭击，造成南汇滩涂围垦工程受损，直接经济损失约 270 余万元；引发黄浦江潮水倒灌，造成杨树浦发电厂 100 余万元的经济损失。

【海洋赤潮】 2002 年，在上海市市政府的高度重视下，成立了由上海市政府统一协调指挥的上海市赤潮防治工作领导小组，完善了上海市赤潮防治工作体系，为赤潮预防、控制和治理工作提供切实的组织保障。

2002 年 7 月，由上海市海洋局牵头召开了“上海市赤潮防治工作领导小组第一次会议”。会议讨论并通过了《上海市赤潮防治工作预案》，确定了今后上海市赤潮防治工作的目标和工作内容。根据《上海市赤潮防治工作预案》的要求，2002 年上海市海洋局共发布赤潮信息 9 期，赤潮专报 1 期。

赤潮监控区 根据多年来在赤潮管理工作上的经验，为全面监控上海海域的赤潮，上海市海洋局在长江口外赤潮多发区设立赤潮监控区，实施高密度、高频率的赤潮监视监测，出动海监飞机 8 架次，并分别于 5 月、8 月出动监测船舶进行两个航次 57 天的赤潮专项监视监测，组织海洋站（岸基观测点）进行定时、定点赤潮监视监测。

2002 年上海海域赤潮发生情况

时　间	赤潮发生区域	影响面积(平方千米)	赤潮生物	密度(个/升)
5月16日	122° 50′ E、30° 43′ N 附近海域	10	具齿原甲藻	5.0×10^{6}
5月19日	122° 38′ ～122° 40′ E、30° 30° 38′ ～30° 43′ N 海域	10	红色中缢虫	5.0×10^{6}
8月19日	122° 48′ E、30° 43′ N 附近海域	150	中肋骨条藻	1.92×10^{7}
8月28日	123° 00′ E、31° 00′ N 附近海域	20	中肋骨条藻	1.28×10^{7}
9月4日	长江口外海域	10	中肋骨条藻	1.85×10^{7}

2002 年在上海长江口海域共发现赤潮 5 起，累计面积约 200 平方千米。赤潮发生特点表现为：上海海域赤潮发生次数比 2001 年有所下降，长江口外浙北海域赤潮次数明显增加且发现有毒赤潮；长江口海域赤潮生物类型也有所变化，以中肋骨条藻、夜光藻赤潮为主的趋势正在下降，而微型甲藻，如具齿原甲藻、海洋原甲藻、短裸甲藻、亚历山大藻赤潮逐步上升，有毒赤潮呈现上升趋势。

赤潮毒素检测 针对上海邻近海域发生有毒赤潮及东海海域赤潮的不断增加的现状，结合上海市赤潮成灾途径和海产品流通的特点，上海市海洋局与上海市卫生局、上海市水产办等有关部门联合对上海市水产品市场上的海产品（贝类、螺类）进行赤潮毒素抽检，累计抽检样品 55 份。

（戚建人）

海洋行政执法
Marine Administrative Law-Enforcement Work

【海洋立法】 上海市海洋局组织草拟了《上海市海域使用管理办法》和《上海市海域使用金征收管理办法》，多次组织召开了《上海市海域使用管理办法》和《上海市海域使用金征收管理办法》修改工作座谈会，在进一步修改和完善后上报上海市政府法制办和上海市建委法规处。此外，还拟订了上海市海洋立法框架，上报上海市建委法规处。

在2002年上海市"人大"、"政协"两会期间，根据上海市政协108和139号提案《关于发展海洋经济，促进上海经济与社会可持续发展》和《尽快健全上海海洋管理机构》等的建议，上海市海洋局积极、主动地进行了提案的办理工作。

（管永华）

【近海海洋监察执法】 深入贯彻实施《中华人民共和国海域使用管理法》、《中华人民共和国海洋环境保护法》及有关法规，运用中国海监飞机、船舶和车辆等立体监视手段，进一步加大对海域使用、海洋工程、海洋倾废、海洋生态环境等的执法检查力度。

加强海域使用执法 2002年3～4月，先后在金山、奉贤和南汇区召开贯彻实施《中华人民共和国海域使用管理法》座谈会，组织实施了为期26天的海域使用专项执法检查行动，检查涉海单位22家，其中查明用海单位18家，分别向他们发出了《关于限期办理海域使用申请手续的通知》。

强化海洋倾废执法 继续做好黄浦江沿岸疏浚物采样工作的监督，加强对长江口、大小金山、大小洋山等倾废区的巡航监视，依法查处违法行为。共安排执法人员陆检140次，海上巡航执法11航次45天，登检34艘次，查获违法案件2起（待处）。另外，对2001年立案的2起案件实施了处罚，罚款金额8万元。

开展海洋自然保护区监督检查 增加对金山三岛海洋生态自然保护区和崇明东滩湿地鸟类保护区航空监视的频次。2002年3月底会同金山区有关部门开展了金山三岛海洋生态自然保护区监督检查，将检查情况及时通报有关部门。

开展海洋工程执法检查 安排海监飞机对平湖油气田天然气生产平台进行多架次的空中监视，组织海监人员对"勘探三号"石油钻井平台进行了执法检查。

加强海洋环境监督 发现德国籍"德国"号货轮涉嫌违章排污，依法移送上海海事部门处理；对长江口及杭州湾等赤潮多发区进行了针对性监视，发现赤潮10次，累计面积约4 100平方千米。

加强海底电缆管道执法 组织开展针对保护国际海底光缆专项执法检查行动，劝离、强制驱赶违章作业渔船3艘，登检涉嫌违规渔船1艘；组织对某施工船在芦洋大桥施工过程中涉嫌造成中日光缆阻断的举报事件的调查取证；对中国石化上海石油化工股份有限公司"未经批准擅自进行海底管道路由勘测"违规案件进行调查处理，对其做出罚款1万元的行政处罚。

【涉外海洋监察执法】 **监管涉外海底电缆施工作业** 对经我国政府批准在上海管辖海域进行海底光缆铺设、维修等作业的5国18艘次外国船舶，实行严格的船位和活动情况报告制度，核查船位和活动情况报告310份，未发现违法违规行为。

组织实施"东海维权执法行动" 针对日本在我国专属经济区击沉不明国籍船只的突发事件，根据上级的指示，于2002年1～9月，组织中国海监船舶和中国海监飞机对日本海上保安厅出动的10个管区、4种类型的51艘次巡视舰船、上百架次船载直升机以及日本海上自卫队数十架次反潜巡逻机及水下沉船打捞调查和打捞沉船等活动进行了全过程的监视和监管。行动中，共出动中国海监船舶34艘次，海上工作6 084.1小时、航行46 550.4海里；出动中国海监飞机72架次、250小时；与日方进行海上通话237次计2 411分钟。（刘绍生）

海洋公益服务
Marine Public Welfare Service

【预报情况】 预报要素：海浪、潮汐、风暴潮、海温等；预报时效：24、48、72小时等；预报形式：消息、预报、警报、紧急警报；预报范围：上海市近岸海域和主要港口、东海海域等。

2002年全年通过上海电视台发布预报365份、上海人民电台发布预报730份，发布海温预报36份。通过预报台网站发布全市沿海主要港口潮汐、波浪、海温预报365份。预报准确率90%。2002年初，对影响上海市的海洋灾害进行了预测研究，提出全年影响上海市长江口和杭州湾海域的强风暴潮1～2次、时间在8月中旬到9月中旬，全年灾害性海浪13～18天。经与实际情况比较，基本相符合。

2002年汛期有4个热带气旋影响上海，共发布东海区和上海市沿海风暴潮警报16份、消息9份，预报平均误差11厘米，最大误差20厘米。

完成上海港务局、上海海洋石油局、上海海事局、上海深水港大桥分指挥部、长江口航道建设有限公司、上海市滩涂造地有限公司、上海长江轮船公司、上海海华轮船有限公司、上海复兴船务公司等20余家涉海单位的常年保障预报任务。

【示范区运行情况】 完成了海洋环境立体监测和信息服务上海示范区短程地波雷达的安装调试以及信息集成系统的试运行工作，使包括卫星、短波、专线等多种通讯形式在内的信息能够有效地进行集成。对卫星遥感接收处理系统进行更新改造，建立海温、泥沙、赤潮遥感图片库。同时使各类数据库的建设更加有效、合理。局域网内各站的监测资料可以及时访问和调取。9月开通了上海市政府市长会议室专用信息服务专线，实现为市府领导提供及时的海洋环境信息。

【预报台专业网站服务简介】 开通了上海市海洋预报台专业网站，向社会提供有关海洋环境信息服务（http://www.oceansh.org）。已开通的功能有：网站快讯、邮件服务、台站监测、卫星遥感、地波雷达、上海市和东海区海洋环境预报等。对网络通信线路进行改造，增加通信传输速率，使用户上网查询更加快速、便捷。（戚建人）

海洋资源开发与海洋经济
Development of Marine Resources and Marine Economy

【上海市海洋经济发展联席会议制度】 2002年7月5日，上海市政府召开了上海市海洋经济发展联席会议第一次会议。会议由上海市政府副秘书长杨雄主持，上海市海洋局局长张有份就联席会议形成过程和主要职能等5个方面作了主题发言，上海市计委主任李良园通报了《上海市海洋经济发展规划》的编制情况。上海市委副书记、副市长韩正到会作了重要讲话。

上海市海洋经济发展联席会议是在上海市政府领导下，研究和提出上海海洋经济和海洋事业发展的方针、政策等的议事和协调机构。根据上海市政府第121次常务会议的精神，联席会议主要是沟通信息、加强合作、协调政策、提供服务。其主要职能，包括以下4个方面：

(1) 加强对上海海洋经济和海洋产业发展的重大规划、重大项目、重大政策、重大法规规章等的指导和综合协调；

(2) 加强对上海海洋资源开发利用和保护的指导、信息沟通、项目与政策的综合协调；

(3) 加强对上海海洋环境保护的指导、信息沟通、项目与政策的综合协调；

(4) 加强对海洋事业及其他需要综合决策的涉海事项的沟通和综合协调。

上海市海洋经济发展联席会议由会议主席、执行主席和上海市政府有关委、办、局和中央住沪单位等23家成员单位组成。

上海市海洋经济发展联席会议第一次会议讨论通过了《上海市海洋经济发展联席会议制度》。上海市人民政府办公厅《情况通报（33）》2002年7月19日刊载了《韩正副市长在上海市海洋经济发展联席会议第一次工作会议上的讲话》。

上海市海洋产业主要包括：海洋交通运输业、修造船业、海洋水产业、滨海旅游业等，2002年主要海洋产业总产值为722.6亿元，比2001年增长15.5%。

【海洋渔业】 2002年，上海市海洋水产业总产值为12.88亿元，其中海洋捕捞为10.97亿元，海水养殖为1.58亿元，海洋水产加工为0.33亿元。拥有各类海洋机动渔船817艘，总吨位8.76万吨，海洋捕捞产量为11.58万吨，其中东海为4.41万吨，其他海域为7.17万吨。海水养殖面积695公顷，产量2 433吨。

【海洋交通运输】 2002年，上海港货物吞吐量为26 383.9万吨，比2001年增长19.4%。上海港将逐渐向集装箱大港发展，国际标准箱的集装箱吞吐量2002年为861.19万标准箱，比2001年增长35.8%。

【海洋修造船业】 2002年，全年造船28艘，造船综合吨872 503吨，修船1 336艘。2002年实现工业总产值994 010万元，工业增加值214 284万元。年末职工人数37 046人。

【滨海国际旅游】 2002年，上海市国际旅游外汇收入227 500万美元，按1美元折合8.3元人民币换算，折合人民币1 888 250 万元。接待境外旅游者2 725 263人次，其中外国人2 106 636人次，海外侨胞52 781人次，香港、澳门特别行政区的同胞 230 274 人次，台湾同胞 335 572 人次。此外，2002 年上海市国内旅游总收入为9 938 200万元。

表1 上海市沿海区县一览表

年 份	沿 海 区 县
2002年	宝山区、浦东新区、南汇区、奉贤区、金山区、崇明县

表2 2002年上海市及沿海区县工农业总产值、国内生产总值（现价）

单位：亿元

市区县	工 业		农 业		国内生产总值			
	总产值	增加值	总产值	增加值	合 计	第一产业	第二产业	第三产业
上海市	8 117.20	2 312.77	233.57	88.24	5 408.76	88.24	2 564.69	2 755.63
宝山区	780.99	263.78	12.40	3.36	150.54	3.36	75.35	71.83
浦东新区	2 169.33	502.57	13.71	6.20	435.25	6.38	201.23	227.64
南汇区	273.69	62.03	35.22	13.47	158.18	13.47	89.01	55.70
奉贤区	260.75	58.58	27.88	8.85	110.04	8.92	65.10	36.02
金山区	376.58	100.90	19.75	7.22	92.44	7.22	49.42	35.80
崇明县	70.23	22.36	35.26	14.50	62.49	14.46	24.27	23.76

表3 2002年上海市及沿海区县人口及从业人员情况一览表

单位：万人

市区县	年末总人口			从业人员	
	合 计	农业人口	非农业人口	合 计	职工人数
上海市	1 334.23	315.42	1 018.81	792.04	373.42
宝山区	84.22	17.32	66.90	33.15	5.30
浦东新区	172.82	26.57	146.25	42.85	14.91
南汇区	69.35	48.24	21.11	47.20	4.53
奉贤区	50.69	34.55	16.14	30.35	4.87
金山区	52.87	32.59	20.28	31.69	3.89
崇明县	64.01	48.28	15.73	36.56	3.52

表4 2002年上海市海洋开发资料统计表

统计项目		
海洋捕捞产量（万吨）	鱼类	3.26
	贝类	6.62
	虾蟹类	1.66
	其他类	0.03
	合计	11.58
海水养殖产量（万吨）	虾蟹类	0.24
	其他类	0
	合计	0.24
海洋货物运输量（万吨）	沿海	17 830.0
	远洋	9 039.8
海洋旅客运输量（万人次）		998.9
上海港货物吞吐量（万吨）		26 383.9
境外来沪旅游人数（万人次）		272.52

（管永华）

海洋国际合作与交流
Marine International Cooperation and Interflow

【越南代表团访沪】 2002年8月27日，由越南国家海洋气象中心、外交部、政府办公室、社会与自然管理部等部门官员和科学家组成的越南海洋代表团一行7人抵沪。

访沪期间，代表团实地参观访问了上海市海洋环境预报中心，与上海市海洋局和上海市海洋环境预报中心的领导和专家进行了广泛的交流。上海市海洋局向代表团介绍了上海市海洋局的基本情况和近几年开展的主要工作、上海市海洋预报中心的基本情况和主要工作、SLOSH模式及其在风暴潮预报中的应用、新型混合型海浪数值模式的概况以及在日常预报和预报技术开发研究中的应用。代表团参观了上海市海洋预报中心预报室和海洋环境立体监测和信息服务上海示范区一级数据网络中心的运行情况。双方人员还就海洋预报技术方面感兴趣的问题进行了深入的探讨和交流。

【朝鲜代表团访沪】 2002年8月，以朝鲜气象水文局副局长许昌淑为团长的朝鲜海洋代表团一行5人，应国家海洋局的邀请访问上海市海洋局。代表团在沪期间参观了上海市海洋环境预报中心，并与上海市海洋局的领导、专家进行了座谈交流。上海市海洋局向代表团介绍了上海市海洋工作的有关情况，双方还就海洋环境观测方法和预报方法等进行了交流。（王 培）

地方重大海洋工程项目
Local Key Marine Engineering Projects

【上海国际航运中心洋山深水港区一期工程】 洋山深水港区一期工程是中国“十五”期间的重大工程，也是上海“十五”期间最大的基础设施建设项目，是上海面对中国正式加入世界贸易组织(WTO)的新形势，进一步完善城市功能，提升城市综合竞争力，建成国际大都市的关键性举措之一。

1995年以来，按照国家有关主管部门的要求，上海动员各方力量，围绕大小洋山深水港址，开展了艰苦而卓有成效的科学论证和各项前期工作。

2002年3月，洋山深水港区一期工程可行性研究报告和开工报告经国务院审议通过，国家计委正式下达批复意见；5月，审查通过一期工程初步设计；6月下旬，一期工程开始基础性开工。按照目前的进度，洋山深水港区一期工程2005年底可基本建成并投入试运营。

洋山深水港区位于杭州湾口、长江口外，上海南汇芦潮港东南，距离芦潮港27.5千米，距离国际航线仅68千米，15米水深。根据总体规划，依托大、小洋山岛链，形成南、北港区，港内水域为单一通道。规划至2020年，北港区(小洋山一侧)可形成10余千米深水岸线、可以布置30余个大型集装箱泊位，实际通过能力2 000万标准箱以上。从远景看，洋山港区发展潜力巨大，总体规划可形成陆域面积20余平方千米，深水岸线20余千米，布置50余个大型深水泊位。

洋山深水港区一期工程主要包括港区工程、东海大桥、辅助配套工程等。其中港区工程码头岸线长度按3 000米统筹考虑，先期建设1 600米，在小洋山岛——镬盖塘岛之间建设5个大型集装箱泊位，可停靠第五代、第六代集装箱船，同时兼顾8 000标准箱的集装箱船舶靠泊，设计年吞吐能力220万标准箱，实际通过能力可达300

江 苏 省

Jiangsu Province

综 述
Summary

【自然概况】 江苏省，简称苏，位于我国大陆东部沿海中心、长江下游，东濒黄海，东南与浙江和上海毗邻，西连安徽，北接山东。江苏跨江滨海，平原辽阔，水网密布，湖泊众多。海岸线981千米，长江横穿东西425千米，京杭大运河纵贯南北718千米。有淮、沂、沭、泗、秦淮河、苏北灌溉总渠等大小河流2 900余条。全国5大淡水湖，江苏得其二，太湖2 250平方千米，居第三，洪泽湖2 069平方千米，居第四，此外还有大小湖泊290余个。平原、水域面积分别占69%和17%，比例之高居全国首位。低山丘陵面积占14%，集中分布在西南和北部。连云港云台山玉女峰是全省最高峰，海拔625米。

【海域资源】 江苏毗邻海域北起“前三岛”的平岛，南至长江口北支，面积约3.75万平方千米，占全省土地面积37%；水深15米以内浅海面积2.5万平方千米，占全国浅海总面积的20%；沿海滩涂面积5 100平方千米，占全国海涂总面积的25%。近海分布有“前三岛”等基岩岛屿13个和兴隆沙、永隆沙等沙岛，岛屿面积68平方千米。江苏海域以淤泥质海岸为主，在沿海中部分布有全国首屈一指的辐射沙洲，面积约1 268.4平方千米。江苏海洋资源种类繁多，拥有港航、土地、生物、旅游、盐化工和油气资源，资源的密度指数在全国沿海省市区中居第二位，丰度指数居全国第六位，资源综合指数居全国第四位。

【行政区划】 全省现设13个省辖市，下辖106个县(市、区)，其中27个县级市，27个县，52个市辖区。共有1 330个乡镇，其中建制镇1 194个，行政村20 219个。经国务院批准，江苏对省辖市行政区划进行了较大规模的调整。2001年以来，全省调整了苏州、无锡、常州、南京、镇江、扬州、淮安、连云港8个省辖市的行政区划，共撤销10个县（市）、3个区，解决了大部分地区的市县同城问题。与此同时，全省对布局不合理和规模偏小的乡镇、村进行了撤并。从1999年

万标准箱以上，港区陆域面积约1.53平方千米。东海大桥始于上海市南汇区芦潮港、终于浙江省嵊泗县崎岖列岛的小城子山，总长约31千米，按双向6车道高速公路标准设计，桥面宽31.5米，设计行车速度80千米/时，大桥全线设5 000吨级主通航孔(通航孔净空高40米)和1 000吨级辅通航孔各1处，以及500吨级通航孔两处。辅助配套工程布置于东海大桥登陆点附近，主要包括供水、供电、通信、集装箱拆装箱、堆存、多式联运换装、冲洗和修理、疏港公路以及相应的海关查验场等综合性辅助功能设施，不久的将来形成一个海港新城。

根据初步设计概算，一期工程总投资143.1亿元，其中港区工程72亿元(包括航道工程和辅助配套工程)、东海大桥工程71.1亿元。

【长江口深水航道治理二期工程】 长江口深水航道治理二期工程已于2002年4月开工，计划工期36个月。二期工程的治理工程为北导堤21.31千米和5座总长为7.996千米的丁坝；南导堤18.077千米和4座总长为7.05千米的丁坝；护滩浅堤8.087千米。二期工程的疏浚工程挖槽长度将为59.77千米，挖槽深度10米，平均挖深1.5米。最终将形成全长73.45千米，底宽350～400米的双向航道，航道深度也将从一期工程的8.5米浚深到10.0米，可保证第四代大型集装箱船实载吃水时的乘潮通航率在90%以上。

（金左文）

至2002年底，共撤并乡镇644个，撤并村15 039个，撤并率分别达到32.6%和42.7%。

全省乡镇平均面积由49.14平方千米增加到72.88平方千米，平均人口规模由3.13万人增加到4.64万人。

表1 江苏省沿海市县一览表

沿海地级市	沿海县	县级市	市辖区
连云港市	赣榆县、东海县、灌南县、灌云县		连云区、云台区
盐城市	响水县、滨海县、射阳县	大丰市、东台市	
南通市	如东县、海安县	启东市、通州市、海门市	

海域使用管理
Management of Sea Area Use

【确权发证】 2002年，江苏省根据《海域法》的各项规定，紧紧围绕海洋功能区划、海域权属管理和海域有偿使用"三项制度"，全力推进海域使用管理科学化、法制化、规范化，海洋综合管理得到增强。2002年，全省共受理海域使用申请近500宗，经过审查、审核、公示，省政府审批确权发证244宗，发证面积70 610公顷，征收海域使用金480万元。2002年江苏省新发证海域面积在全国名列第一。

【海域使用权拍卖试点】 全省海域使用类型以渔业用海为主，对同一海域多人申请的现象比较多。为协调此类用海矛盾，江苏省率先在南通市海域使用权确权工作中引进市场机制，进行了拍卖海域使用权的探索。2002年4月初，南通市出台了《海域使用（养殖用海）权出让实施方案》，以保证拍卖工作的顺利实施。此次拍卖的2宗海域，总面积为390公顷，分别由海门市紫菜食品加工厂和私营业主毛善林拍得，省海洋与渔业局以文件形式批复同意该2宗海域使用权，使用期限均为10年。

【海洋功能区划】 江苏省大比例尺海洋功能区划经过省政府常务会议通过后，2002年5月正式出版并向社会公布，成为全国第一家正式出版的省级大比例尺海洋功能区划。在此基础上，2002年3月，根据《江苏省沿海市、县海洋功能区划总体工作方案》，江苏全面启动了沿海市、县（市、区）海洋功能区划工作。经一年多努力，全省沿海3市及15个县完成了区划编制工作，全省海洋功能区划体系基本形成。

【海域使用普查登记】 海域使用普查登记是开展海域使用管理的基础性工作。此项工作2001年由盐城市率先进行，2002年组织南通、连云港两市全面开展。据初步统计，全省参加普查登记的用海单位和个人1 300余家，登记用海面积398 053公顷，其中渔业用海339 396公顷。这是在国家颁布《海域使用管理法》，对海域实行统一管理后，江苏省第一次对海域使用现状进行全面普查登记。这次普查登记，不仅摸清了全省海域使用现状，为全面实施《海域使用管理法》提供了依据，同时也为开展海域使用申请、审批及使用权的登记注册工作奠定了基础。

【海域勘界】 根据《国务院办公厅关于开展勘定省县两级海域行政区域界线工作有关问题的通知》精神，2002年4月，江苏省政府在盐城召开会议部署全省海域勘界工作，副省长姜永荣到会并讲话，省政府办公厅转发了《江苏省海洋与渔业局关于全省海域勘界工作的意见》（苏政办发[2002]72号），全面启动海域勘界工作。为加强组织协调，省政府成立了省海域勘界工作领导小组及其办公室，办公室设在省海洋与渔业局。江苏省海域勘界工作采取涉界方联合勘界、省市分级负责的方式进行，按有关要求确定了"安台线"（海安、东台）为国家级和省级县际勘界试点线。同时南通、盐城、连云港也确定了各自的试点线。

海洋资源开发与海洋经济
Development of Marine Resources and Marine Economy

【海上苏东】 1995年，江苏省委、省政府做出建设"海上苏东"、大力发展海洋经济的重大战略决策。1996年，省委、省政府在扬州召开全省发展海洋经济第一次联席会议，对发展海洋经济作了全面动员和部署。进入新世纪，海洋经济继续保持强劲增势。2002年，江苏省委、省政府召开了全省发展海洋经济工作会议，出台了优惠扶植政策，大力推动海洋经济发展。全省海洋经济总产值达到470亿元，比1997年翻了一番多，成为江苏省新的重要的经济增长点和促进区域共同发展、加快沿海地区经济崛起的重要突破口。

【海洋渔业】 针对200海里专属经济区制度实施后出现的新形势，各地积极采取应对措施，大力调整海洋渔业结构，科学保护和合理利用渔业资源。积极推广围拦养殖、虾贝鱼混养等高效养殖技术，加强养殖管理，突出发展海水养殖业和加工业，增强了渔业产业的竞争力。2002年海水养殖面积达到15.03万公顷，养殖产量达到36.4万吨，比1997年分别增长41.8%和161.6%，海水养殖产量在海洋渔业中的比重已由1997年的16.4%提升到2002年的37.5%。在沿海组织实施了海洋捕捞渔民转产转业工作，减少捕捞强度，保护渔业资源，有力地促进了海洋渔业结构调整。

【沿海滩涂开发】 2002年，江苏省各地认真组织实施新一轮百万亩滩涂开发工程，开发改造已围垦滩涂1.33万余公顷，充分利用沿海滩涂草地资源，大力调整养殖结构，积极发展食草畜禽。人工种草养畜基地已达到1.12万公顷，其中新增面积0.47万余公顷，肉用羊年出栏925万余只，约占全省总出栏量的一半。立足改善沿海生态环境，坚持生态效益与经济效益相结合的原则，大力发展植树造林。现已完成沿海防护林体系建设3.03万公顷，其中建设速生丰产林0.59万公顷。

【海洋工业】 各地充分发挥资源优势和区位优势，大力调整海洋工业布局和内部结构，船舶修造、海洋食品、海洋化工、海洋医药等海洋工业发展明显加快。船舶修造业快速增长，以南通远洋船务工程有限公司、南通中远川崎船舶工程有限公司等企业为代表，大型船舶建造和船舶修理基地正在形成。2002年1～9月，南通远洋船务工程有限公司完成销售收入5亿余元，同比增长39.4%。海产品加工取得较大突破，开发了鱼糜制品、微波食品、冷冻小包装等一批新产品，紫菜一次加工达到17张，同比增长66%，成为出口创汇的一个优势产品。原盐、纯碱、烧碱、氯化钙、溴系列产品等海洋化工产品产量持续增长，海洋化工企业技术改造和技术创新力度加大，水溶性树脂、溴化烷、氯化苄等一批新产品达产达效。扶持了海力克、第六要素、沙蚕素等一批新的海洋药品和保健品，推动了海洋药物产业的发展。

【海洋第三产业】 港口码头基础设施建设加强，物资供给和货物卸载等服务功能不断完善，带动了港口物流业的发展。2002年1～9月份，连云港完成吞吐量2 656万吨，同比增长5.3%；南通港完成吞吐量2 357万吨，同比增长3.4%。总投资1亿元的连云港亚洲集装箱公司年产5万标准箱项目已竣工投产。集装箱运输走出多年徘徊局面，全年可望突破20万标箱。水产品批发市场建设加快，形成了吕四、远大等一批重点水产品专业批发市场，交易量和交易额均有较大幅度增长。滨海旅游业发展迅速，年收入突破了100亿元大关，比1997年增长43.2%。

表2　江苏省沿海主要经济指标一览表

单位：亿元

市县名称	国内生产总值	第一产业	第二产业	第三产业	工　业 增加值	农业总产值	农民人均收入 （元）	职工年平均 工资（元）
南通市	890.08	141.32	438.67	310.09	384.68	267.86	4 133	12 110
如东县	91.60	28.07	32.42	31.11	27.07	52.3	3 605	9 926
启东市	137.94	28.85	57.25	51.84	50.34	58.11	4 574	9 977
海门市	147.12	19.7	71.71	55.73	65.24	36.16	4 945	11 016
海安县	82.28	19.98	32.5	29.8	15.53	36.55	4 007	10 532
通州市	144.01	21.21	69.02	53.78	31.06	40.02	4 547	11 677

续 表

市县名称	国内生产总值	第一产业	第二产业	第三产业	工业增加值	农业总产值	农民人均收入（元）	职工年平均工资（元）
盐城市	672.92	182.64	272.25	218.03	239.51		3 867	8 435
东台市	117.7	37.0	43.6	37.1	37.5	81.13	4 463	9 008
大丰市	94.27	27.35	37.08	29.84	33.65	61.8	4 468	8 981
响水县	27.43	10.64	7.75	9.04	6.2	15.44	3 149	8 339
滨海县	48.5	17.41	15.69	15.4	12.9	35.93	3 315	8 147
射阳县	86.65	27.14	34.61	24.90	32.08	59.7	3 901	9 028
连云港市	350.30	81.95	155.13	113.22	127.11	155.48	2 991	10 045
赣榆县	73.65	22.68	31.04	19.93	27.96	43.13	3 191	8853
灌云县	52.70	17.77	15.15	19.28	13.11	33.70	2 788	6 085
灌南县	27.1	10.9	8.5	7.7	7.0	21.2	2 558	6 959
东海县	68.43	23.81	25.33	19.29	22.09	43.84	3 128	7 661

【沿海基础设施建设】 以建设内河主枢纽港和上海国际航行中心北翼组合港口为目标，切实加强沿海港口码头基础设施建设，连云港港口庙岭三期集装箱泊位工程、7 万吨航道疏浚及 34 号码头扩建工程建设进展顺利，南通狼山港三期建设 5 万吨级的集装箱码头也已经正式立项建设，大丰港 5 000 吨级码头正在积极建设之中，射阳港已建成南北港区、千吨级码头 5 座和 3 000 吨集装箱码头一座。启东吕四、如东洋口、赣榆青口等国家一级群众渔港建设顺利，投入使用。沿海地区高速公路在建里程达到 907 千米，占全省在建里程的 60%，2002 年 1～9 月份完成投资 45.5 亿元，抓紧建设徐宿、淮盐、盐通、通启高速公路。沿海地区干线公路网化工程全面实施，省道 220、304、227、318 和海防公路项目全部开工建设，在建里程 396.8 千米，投资规模 11.8 亿元，2002 年 1～9 月份完成投资 3.2 亿元，占年度计划的 94%。水利建设方面，淮河入海水道、海堤达标工程和入海河港整治等重点工程建设正在按计划实施，提高了防汛、排涝、冲淤保港能力。电力建设方面，2002 年 1～9 月份完成电网投资 13.2 亿元，其中完成二期农网改造投资 10.2 亿元，建成了一批重点工程。田湾核电站建设累计完成投资 111.06 亿元，主要设备安装正在紧张进行。

海洋环境保护
Marine Environmental Protection

【普法宣传】 2002 年 4 月，在《中华人民共和国海洋环境保护法》颁布实施两周年之际，江苏省组织了形式各样的普法宣传教育活动，通过报纸、电视、广播，并走上街头在市民广场等人口集中地区开展现场咨询答疑活动，收到了良好的效果。

【海洋环境质量公报】 根据对 2001 年海洋环境质量监测结果和其他关资料集中分析，编制发布了《2001 年江苏省海洋环境质量公报》，该公报显示 2001 年江苏近岸和近海海域海洋环境质量总体状况良好，大部分为 Ⅰ、Ⅱ类海水水质区。渔场和重点增养殖区水质良好；滩涂贝类重金属含量均未超标；海滨浴场水质良好；由于近岸海域水质富营养化影响，2001 年江苏省近海海域发生赤潮 4 起，影响面积 1 200 平方千米。

【海洋环境监测】 为使海洋环境监测工作更能反映海洋环境质量，2002 年江苏省增加了布设海洋环境监测站点和监测频次，共设置了 80 个站点的野外采样和室内测定工作，获取各类监测资料 5 000 余个，全面了解了全省海洋环境状况。

【环境影响评价】 为消除或削减开发建设可能引起的生态影响制定行之有效的防护、补偿、替代、恢复的管理方案，使“谁开发谁保护，谁破坏谁恢复，谁利用谁补偿的政策”得到全面落实。按照《中华人民共和国海洋环境保护法》的有关规定，2002 年江苏省海洋与渔业局对响水化工园区、盐城市工业园、新联合化工有限公司以及连云港市污水处理厂进行了环境影响评价，并组织开展了田湾核电站周边海域海洋生态环境本底调查工作，提出了维持区域生态环境功能和自然资源可持续发展的相应措施。

海洋国际合作与交流
Marine International Cooperation and Interflow

【外事外经】 为扩大对外交流与合作，2002 年江苏省海洋与渔业局组织了 15 批 63 人次出国考察，出访国家包括日本、韩国、俄罗斯、缅甸、德国、冰岛、荷兰、澳大利亚、新西兰、美国、加拿大等国家。接待了来自美国、智利、印度尼西亚、挪威等国外宾 8 批 33 人次。外经方面，在连云港成功主办了 2002 年中国海洋渔业和水产加工博览会，其间共进行了 30 个渔业招商项目的洽谈，其中签约项目 12 个，总投资 2.58 亿元。

【远洋渔业】 按照国家有关规定，结合江苏省实际，组织编制了《江苏省远洋渔业发展十年规划》，并加强了对远洋渔业的管理，对远洋渔业企业享受国家优惠政策进行严格监控，加强了企业的资格年检和年度渔业项目的审核，保证远洋渔业健康发展。截至 2002 年底，江苏在外作业渔船 65 艘，年产量 1.98 万吨，在外人员 685 人。

【江苏省海洋工作大事记】

(1) 2002 年 1 月 28 日，江苏省海洋与渔业局召开全省海洋与渔业工作会议，会议认真贯彻了全国沿海厅局长会议和省政府全体（扩大）会议精神，对 2002 年工作提出了确保的奋斗目标。省委副书记、常务副省长梁保华、副省长姜永荣给大会写信，提出了希望和要求。

(2) 2002 年 3 月 21 日，江苏省海洋与渔业局在南京召开省海洋功能区划工作总结暨沿海市县海洋功能区划工作动员会议，全面启动沿海市、县海洋功能区划工作。

(3) 2002 年 4 月，江苏省海洋与渔业局首次正式向社会发布了《江苏省海洋环境质量公报》，公报显示 2001 年江苏近岸水域海洋环境质量良好。

(4) 2002 年 4 月 29 日，江苏省政府在盐城召开会议，部署全省海域勘界工作，副省长姜永荣到会并讲话。为加强组织协调，省政府决定成立全省海域勘界工作领导小组及其办公室，办公室设在省海洋与渔业局，由省海洋与渔业局副局长唐庆宁兼任办公室主任。

(5) 2002 年 9 月，江苏省海洋与渔业局与省计委在南通联合举办江苏省海洋经济发展论坛。

(6) 2002 年 10 月 21～22 日，江苏省政府在赣榆县召开全省发展海洋经济工作会议，省长季允石参加会议并作重要讲话，常务副省长梁保华作工作报告。省海洋与渔业局与省计委作为发展海洋经济牵头单位共同承办了会议的筹备工作。

(7) 2002 年 12 月 1～10 日，省海监总队组织了全省首次大规模海域使用监督检查行动。

（钱林峰）

山 东 省

Shandong Province

综 述

Summary

【概况】 2002 年，山东沿海 7 个地级市及所辖的沿海所有县、市、区均设立了海洋管理机构。

表1 山东省沿海市县一览表

沿海市地	沿海县级市	沿 海 县
青 岛 市	胶州、即墨、胶南	
烟 台 市	莱阳、海阳、蓬莱、龙口、招远、莱州	长岛
威 海 市	荣成、文登、乳山	
潍 坊 市	寿光、昌邑	
日 照 市		
东 营 市		垦利、广饶、利津
滨 州 市		无棣、沾化

2002 年，山东省海洋经济持续快速、健康发展。海洋产业总产值达到 1 517.24 亿元，海洋产业增加值 734.60 亿元，分别比上年增长 18.7%和16%，海洋渔业加强管理，依法行政，大力推进科技进步，实施产业结构战略性调整，海水产品产量达到 598 万吨，其中海洋捕捞产量 272 万吨，比上年减少 6 万吨，下降 2.2%；海水养殖产量 326 万吨，增加 39 万吨，增长 13.6%。海洋渔业总产值 796.12 亿元，海洋渔业增加值 379.25 亿元，均比上年有较大提高。滨海旅游业取得较快发展，总产值 346.38 亿元，增加值 189.38 亿元。盐业总产值 79.10 亿元，增加值 38.64 亿元。海洋油气业总产值 44.44 亿元，增加值 26.61 亿元。海洋交通运输、修造船、矿产、海洋药物等产业也取得了持续发展。

表2 山东省沿海市、县（市、区）海洋机构一览表

沿海市海洋机构	沿海县、市、区海洋机构
青岛市海洋与渔业局	城阳区海洋与渔业局
	崂山区海洋与渔业局
	黄岛区海洋与渔业局
	胶州市海洋与渔业局
	即墨市海洋与渔业局
	胶南市海洋与渔业局
烟台市海洋与渔业局	莱山区海洋与渔业局
	蓬莱区海洋与渔业局
	龙口市海洋与渔业局
	长岛县海洋与渔业局
	芝罘区海洋与渔业局
	福山区海洋与渔业局
	莱州市海洋与渔业局
	招远市海洋与渔业局
	牟平区海洋与渔业局
	海阳市海洋与渔业局
	莱阳市海洋与渔业局
威海市海洋与渔业局	环翠区海洋与渔业局
	荣成市海洋与渔业局
	文登市海洋与渔业局
	乳山市海洋与渔业局
潍坊市海洋与渔业局	寒亭区海洋与渔业局
	寿光市海洋与渔业局
	海化区海洋与渔业管理处
	昌邑市海洋与渔业局
东营市海洋与渔业局	东营区海洋与渔业局
	河口区海洋与渔业局
	广饶县海洋与渔业局
	垦利县海洋与渔业局
	利津县海洋与渔业局
日照市海洋与渔业局	东港区海洋与渔业局
滨州市海洋与渔业局	无棣县海洋与渔业局
	沾化县海洋与渔业局

【海洋立法】 2002 年，海洋法制建设得到强化，立法步伐加快。山东省政府下发了《山东省人民政府关于进一步加强海域使用管理有关规定的通知》，重新划分了省、市、县各级海域使用审批管理权限。根据省政府的授权，制定并实施了《山东省海域使用申请审批管理办法》、《山东省海域使用权证书管理办法》和《山东省海域使用权证书换发管理办法》。以省长令发布实施《山东省渔业资源保护办法》，省人大颁布了山东省实施《渔业法》办法，进一步完善了海洋法规体系。

（李明文）

海域使用管理
Management of Sea Area Use

【海域使用权属管理】 2002 年，全省对海域使用权属管理工作进行了严格的规范。全年共发放海域使用权证书 1 178 本，确权面积 51 610 公顷，在以往养殖发证的基础上重点开展了非渔业项目用海管理。

为了提高行政审批效率，山东省在审批管理程序上改变了以往由政府逐级审查上报的做法，由海洋部门直接受理、审查和上报，缩短了审批时间。同时，省政府启用了山东省人民政府海域使用审批专用章，提高了省政府审批发证的效率。

山东省海洋与渔业厅重点对日照港、岚山港、日照电厂和蓬莱中心渔港等围、填海项目进行了规范化审批管理。所有项目均严格按照规定程序进行了海域使用论证用海面积、位置等相关资质单位进行核实。各市县重点对临海工业、旅游、盐业、油气、渔业基础设施、围海等项目进行了规范化管理，确权面积和确权项目均有较大增长。

为了与海域法相衔接，纠正以往发证中的越权审批、无权审批现象，按照国家海洋局的统一部署，山东省海洋与渔业厅组织沿海 7 市开展了海域使用权证书换发试点工作，所有试点县市都根据要求制定了换证工作方案，分期分批进行证书换发。

【海域使用金征收管理】 在新上用海项目的申请审批与原发海域使用证年审工作中，沿海各级海洋部门加大了海域使用金征收管理工作力度，各地累计征缴海域使用金 2 815 万元，海域使用金征缴工作迈上新的台阶。多数市、县在新闻媒体发布了海域使用证年审公告，要求用海业户限期年审，依法缴纳海域使用金。海阳市还采取招投标等方法，对海域使用权出让形式进行了积极的探索，海域招标最高价达到每年每公顷 4 335 元，是规定征收标准的 28.9 倍。

【海域勘界】 山东省政府成立了海域勘界工作领导小组及海域勘界办公室，并以鲁政办发[2002]33 号文下发了《关于贯彻国办发[2002]12 号文件，做好勘定海域行政区域界线工作的通知》，对海域勘界的范围、原则、任务、方法、步骤等问题做了全面部署。7 月 17 日，在日照市召开了全省海域勘界工作会议。会后，山东省海域勘界办公室编制了《山东省海域勘界工作实施方案》，经省政府同意印发全省执行。沿海 7 市政府也相继召开了各辖区的海域勘界工作会议，研究部署了海域勘界工作，成立了相应的海域勘界工作领导机构和办事机构。

山东省海域勘界办公室将烟台市与威海市相邻的两条县际线(牟平—环翠线、海阳—乳山线)列为试点线，确定了试点线海域勘界工作的技术承担单位。两条试点线的勘界工作实施方案经省海域勘界办公室批复后开始实施。与此同时，山东省海域勘界办公室先后赴沿海各地其他涉界市县区开展了海域勘界前期调研工作，初步摸清了涉界海域的历史沿革、开发利用和管理现状、纠纷与争议的缘由等基本情况，现场勘察了陆地向海一侧终点界碑的设置情况，为全省海域勘界工作的全面展开做了必要的前期准备。

为了积极配合国家海洋局做好省际线海域勘界工作，9 月下旬，山东省海域勘界办公室赴日照对苏鲁线海域勘界工作进展情况进行了调研，详细了解了涉界海域历史沿革、社会经济发展状况、海洋资源开发利用状况、海域管理现状等有关资料的收集情况，听取了该市对苏鲁线海域勘界工作的建议和意见，现场踏勘了苏鲁两省陆地向海一侧的最后一个界桩。

【海域使用管理示范区建设】 在继续对烟台、青岛两市进行国家级海域使用管理示范的基础上，国家海洋局、财政部将东营、威海两市也列入国家级示范区，山东省成为国家级海域使用管理示范区最多的省份。4 个示范区发挥了较强的示范作用，确权发证与使用金征收均占全省的 95%

以上。烟台市积极探索了招标拍卖出让海域使用权的路子，实现了国有资源的大幅度增值。

【海底电缆管道管理】 山东省海洋与渔业厅对烟台热电厂取水管道铺设、胜利油田能源开发(中国)有限公司海底输油管道铺设和长岛至蓬莱、南长山至大竹山海底电缆铺设等项目组织开展了路由调查勘测和海域使用论证工作，依法加强了对海底电缆管道铺设的管理。

【海洋功能区划编制与审批】 12月，经过反复修改完善，山东省政府将《山东省海洋功能区划》文本和报告、1∶30万的全省区划图、1∶15万区划图册、海洋功能区划管理信息系统上报国务院审批。沿海6市和大部分县市区海洋功能区划编制工作基本完成。

【海域管理技术支撑体系建设】 按照海域法和国家海洋局的要求，省海洋与渔业厅组织开展了海域使用测量资质申报和海域使用论证资质审查申报工作。全省有41个技术单位获得海域使用测量资质证书，有7个技术单位获得海域使用论证资质证书。

为了实现海域使用申请审批工作的科学化、规范化、自动化管理，按照海域法的要求，在国家海洋局的大力支持下，省和各市县按照国家统一标准建立了海域管理信息系统，实现了海域使用申请审批过程的自动流转和有关表格、文件与海域使用权证书的自动打印和计算机数据库管理。 (徐国强)

海洋环境保护
Marine Environmental Protection

【全省海洋与渔业环境保护工作会议】 2002年10月31日在烟台召开全省海洋与渔业环境保护工作会议，会议总结了近年来山东省海洋与渔业环保工作经验，研究确定了今后一段时期全省海洋与渔业环境保护工作的新思路、新举措。

【海洋环境保护区建设】 2002年山东省批准建立省级海洋自然保护区4个，面积为91 952.2公顷。

无棣贝壳堤岛与湿地系统省级自然保护区

2002年1月25日，山东省人民政府批准建立了无棣贝壳堤岛与湿地系统省级自然保护区。无棣贝壳堤岛是世界罕见的全新世中晚期珍贵的海洋自然遗产，贝壳脊滩——湿地海岸属典型滨海湿地类型，保护区总面积为80 480公顷，生物多样性丰富。该保护区的建立，对海岸线变化、黄河变迁等环境演变研究和湿地生态保护，具有重要意义。

海阳千里岩岛海洋生态系统省级自然保护区

2002年1月25日，山东省人民政府批准建立海阳千里岩岛海洋生态系统省级自然保护区。保护区总面积1 823公顷。该保护区属典型暖温带岛屿与海洋生态系统，岛上分布有我国北界常绿阔叶林，为多种鸟类迁徙的驿站，海洋生态系统完整，生物多样性与类似区域相比具有典型性和代表性，可为相类似地区提供海洋生态环境背景值，保护意义重大。

荣成成山头省级自然保护区 2002年12月30日，山东省人民政府批准建立荣成成山头省级自然保护区。保护区总面积为6 366公顷。成山头是我国北方生物多样性最丰富的区域之一，其邻近海域、海岸、潟湖和岛屿各有特色，形成了典型的海洋综合生态系统。海岸线上还有柳夼红层等地质自然遗迹和众多的人文历史遗迹。

胶南灵山岛省级自然保护区 2002年12月30日，山东省人民政府批准建立了胶南灵山岛省级自然保护区。该保护区是在青岛市级灵山岛海珍品种质保护区的基础上建立的。保护区包括灵山岛本岛、小牙岛及其外缘海域，总面积3 283.2公顷，主要保护对象为海岛生态系统，具体包括海域及海洋生物资源、林木资源、鸟类资源和地质地貌。保护区的建立，维护了灵山岛海岛生态系统的良性循环，保证了海岛资源的可持续利用。

【山东省海洋环境监测中心挂牌成立】 山东省政府非常重视海洋环境保护工作，积极推动海洋与渔业环境监测机构建设，不断提高海洋与渔业环境监测能力。2002年8月29日，经省编委批准(鲁编办[2002]81号)，在“山东省渔业环境监测站”的基础上，加挂“山东省海洋环境监测中心”的牌子，标志着山东省海洋环境监测工作又上了一个新台阶。

【赤潮监测】 建立赤潮监控区，推进全省赤潮监视监测、防治工作。在建立完善全省近岸海域赤潮监视网络，加强赤潮灾害监视的同时，2002年，山东省在莱州湾建立赤潮监控区，开展了赤潮业务化监测和预警报工作，并探索建立赤潮灾害应急响应机制，取得了良好效果。 （魏 玉）

海洋灾害与防御
Marine Disasters and Prevention

【海洋渔业灾害与防御】 2002年，全省各级海洋与渔业行政主管部门及其渔政、渔监船检等安全监督机构和渔业生产单位按照省政府确定的2002年安全生产年目标和任务，深入扎实的做好渔业安全管理的各项工作，全年共发生海损事故57起，经济损失440.9万元，死亡失踪渔民66人，均大大低于上年的海损数，实现了渔业“安全生产年”的预期目标。

明确目标，落实责任，切实加强了安全工作组织领导。为做好全年渔业安全工作，省厅多次召开厅党组和厅长办公会议进行专题研究，2月28日召开了全省渔业安全工作会议，与沿海七市签订渔业安全目标责任书。根据渔业安全形势发展和专项整治要求，又召开了四次全省渔业安全工作会议和专题会议，再研究、再部署。特别是“4·5”黄海中部重大风灾事故后，省厅会同渔政有关部门认真分析了主客观原因，制定了《全省渔业安全防范措施的意见》及《实施方案》，解决了安全管理职能交叉、责任不明确、制度不严、管理不到位、措施落实难等突出问题，迅速稳定了渔业安全形势。

突出重点，多措并举，进一步强化了安全监督检查。一是3月20日至4月20日，省、市、县三级渔业行政主管部门、安全监督机构共同行动，开展了为期一个月的春季渔业安全生产整治检查，5月22日至6月5日，进行了重大事故多发期的安全检查；二是从安全隐患源头抓起，在市、县两级清理整顿海洋捕捞渔船的基础上，从5月30日至6月15日集中对“三无”和“三证不齐”渔船进行清理整顿，清理违规渔船451艘；三是加强渔港码头安全监管，严格渔船进出港签证制度，全年签证渔船102 024艘次，检查渔港和渔船停泊点729处，渔船44 135艘次，配备安全设备13 808台件；四是加强渔船修造厂、水产品冷库安全管理，以市为单位开展了为期3个月的安全检查；五是全面实施渔船报废制度，依法从根本上解决渔船安全质量不高的问题。同时，全面做好了防台风、防风暴潮预防工作，并重点加强全国、全省人大、政协“两会”、重要节日和十六大期间的渔业安全工作。

认真实施安全专项整治，整改事故隐患，防止重大事故发生。认真抓好渔业安全生产的专项整治工作，实施全面排查，集中整治重大隐患。东营市投资1 000万元，清除多年影响渔船航行安全的广利港出海河口拦门沙重大隐患；烟台市海洋与渔业局限期清理了莱州市三山岛渔港8艘重大事故隐患的油船；潍坊市海洋与渔业局整治和清理羊口渔港内28艘存有重大火灾隐患的废旧渔船；日照市现场拆除“沙滩”在建渔船2艘、清理“沙滩”造船点6处，筹资15万元修复了虎山渔港坍塌防浪堤。同时，依法严肃查处发生重大火灾、翻船事故，造成渔民生命财产巨大损失的鲁莱州渔6745、6747、6748号、鲁荣渔2219、2220、1870号渔船和主要责任人，有效遏制了重大海损事故的重复发生，杜绝了10人以上的特大事故，确保了渔业安全生产。

加强宣传教育与培训，积极做好海上抢险救助和安全值班工作。全省各级渔业行政主管部门，通过强化培训抓素质，深入宣传抓教育，用典型事故案例抓警示的有效措施，取得明显效果。成功地组织开展了全国统一部署的首次“安全生产月”活动，进一步提高了渔民的安全生产意识，全年共举办各等级职务船员培训班378个，培训职务船员23 576人，发证21 201人，增强了渔民安全操作技能，提高了持证上岗率。同时，严格执行安全值班和领导带班制度，及时传递风情信息，迅速处理突发险情，快速反应实施抢险救助，2002年共救助遇难渔船和其他行业船舶192艘，救助遇险渔民和人员941人，挽回经济损失2 526万元。 （渔政处）

【海洋油气业灾害与防御】 加大资金投入力度，2002年投资3 000余万元，对中心二号平台生活平台振动超标进行治理、海上采油平台电视监控系统及船舶雷达监控系统的建设。开展安全评估工作，油田投资400余万元，请挪威船级社(DNV)

对部分平台和海底输油管线进行安全评估，针对评估中所提出的问题抓好整改工作。建立安全应急反应体系，成立了专门的应急救援队伍，各海上单位编制了应急预案，定时组织应急演习，油田投资 6 000 余万元，专门购置了专用消防船和溢油回收船舶，不断提高了油田海上抵御风险的能力。实施海上抢险救助，全年共救助 3 艘遇难渔船和 16 名遇难渔民。

（胜利石油管理局暨有限公司）

海洋行政执法
Marine Administrative Law-Enforcement Work

【概况】 2002 年山东省海洋行政执法再上新水平。各级按照准军事化管理的要求，建设海监队伍，海洋管理与执法的职能得到加强。全省系统上下密切配合，调动海洋与渔业执法力量，联合公安部门集中时间开展渔政、海监船检执法行动。认真贯彻落实《海域使用管理法》、《海洋环境保护法》等海洋法律法规，不断推进海监执法工作向法制化、规范化、科学化方向迈进，以法管海、依法用海的新局面基本形成。据统计，全年共办结海洋违法案件 110 件。

【海监队伍建设】 山东省级海监机构全面理顺，三级监察网络初步建立。根据国家海洋局《关于地方各级海监机构设置若干意见的通知》精神，向省政府提出了《关于加强海监队伍建设进一步理顺我省海监机构的报告》，山东省编制委员会办公室作了《关于山东省海洋监察总队更名的批复》，对省级海监机构的设置与称谓作了理顺。全省沿海市县全部成立了海监队伍，初步建成了以省总队及直属队为主干，以市支队为中坚，以市县大队为基础的三级海监机构网络。目前山东省共有海监机构 49 个，人员 1 200 人，并从教育培训入手，提高海监队伍的素质。

【执法宣传】 以宣传为先导，促进海监执法工作的开展。以《海域使用管理法》的颁布实施为契机，结合海洋行政管理年，充分利用报刊、电台、电视台等媒体，加大宣传力度，扩大社会影响，不断提高全民的依法用海意识。据统计，2002 年全省各级海监机构出动宣传车 220 台次，张贴宣传标语、过街横幅 2 300 余幅，电台、电视台播放 60 余次，各种座谈会 80 余次，举办用海单位和个人学习班 40 余次。

【海域使用执法】 2002 年各级海监机构根据“抓点带面，重点突破，全面开花”的部署，以查处违规用海案件为突破口，有重点、分层次、有步骤地加大执法力度，集中精力抓热点、求突破，取得明显成效。3～7 月，山东省总队领导率有关人员在日照召开了联合执法行动联席会议，会同日照市海监支队对日照港务局用海、日照电厂围海等重点项目进行检查，实施重点突破。7 月 25 日，山东省海洋监察总队和日照市海监支队联合对日照港务局违法填海项目进行了查处，实现了海监队伍建立以来在海域使用执法方面的突破。通过该案件的查处，宣传了《海域使用管理法》，增强了用海单位的守法意识，同时扩大了海洋监察执法的影响。

沿海各市的海域使用管理工作也取得明显成效。5 月份，青岛市海洋监察支队争取北海总队的支持，在青岛市所辖海域开展了联合执法检查行动，对单位及个人是否按海域使用证所核定的使用用途和使用面积使用海域，新建、扩建、改建的海洋及海岸工程填海、围海项目，施工海域使用三项制度情况进行了拉网式检查。此次检查有效的遏制了非法用海行为，树立了海监执法的形象。烟台市海监大队发挥海监队伍的整体优势，解决了一批执法难点热点问题，全市共进行海域使用检查 630 次，检查单位 498 家，查处违规用海案件 53 起。潍坊辖区的寿光市开展了 2 次大规模执法活动，检查用海项目 40 余个，查处非法用海单位 3 个。据统计，截止年底，全省共开展海域检查项目 1 659 个，查处违规用海项目 256 个。

加强了对海砂开采的监督管理。根据国家有关文件精神，及时查处违法采挖海砂、任意占用海域行为，有力打击了非法采砂行为。日照市海监支队针对部分外省违法进入山东省海域开采海砂的情况，落实 24 小时值班制度，加大监察管理力度，全市查处违法挖砂船 14 艘，没收海砂 5 500 吨，罚款 30 万余元。5 月 1～10 日，日照市海监支队开展了海砂资源管理集中整治活动。陆地设点布控，海上流动检查，既震慑了偷采者，又加大了海砂资源管理宣传力度。青岛市上半年查获了皖采14号船在青岛胶州湾外浅海海域非法采挖海砂行为，作出罚款10万元的行政处罚，并申请海事法院进行了强制执行。据统计，全省共查处违法采挖行为16起。

根据国家有关法规和规章的规定，为了规范辖区海底电缆管道的管理，7月22日，山东省海监总队领导带队，与东营市海监支队组成检查小组，对胜利石油管理局海洋开发公司海底电缆管道铺设情况进行了执法检查。7月23日，山东省总队根据检查情况，向胜利油田海洋石油开发公司下达了《责令停止海洋违法行为通知书》，要求其提供所铺设电缆管道的铺设许可证。随后，省总队代表山东省海洋与渔业厅向该公司下达了《执法检查结论》，提出了整改意见。这次执法检查，是山东省成立海监队伍以来，在海底电缆管道项目上的第一次。通过执法行动，拓展了执法领域，使被管理部门澄清了模糊认识，明确了审批权限的划分，初步理顺了审批程序。9月份，根据举报，对胜利油田EDC公司违规铺设海底输油管道事件进行了立案调查，现该案已进入程序。

【海洋环境保护执法】 山东省总队直属支队坚持对渤海莱州湾重要渔业水域进行常规监测，积累了详实的水域环境质量资料。2002年先后承担了东营、烟台、潍坊的三起污染海域案件的监测监定工作，为案件的查处提供了技术支持。日照市海监支队在获悉某企业炸礁平台溢油后，主动出击，连续用海监船进行跟踪监察，并根据检查情况给予有关部门2万元的罚款。东营市成立专管小组，加强了对部分企业和胜利油田在浅海滩涂勘探开采过程的检查，查获黄河钻井泥浆排入大海案件一起。烟台市切实加大环境保护力度，对一起倾倒不到位破坏海洋环境行为，做出了罚款15万元的处罚决定。 （海监总队）

海洋科技与教育
Marine Science & Technology and Marine Education

【海洋渔业科技进展】 2002年海洋渔业科技进步步伐加快。星蝶、半滑舌鳎人工繁育技术取得突破。大菱鲆、象拔蚌等育苗技术，南美白对虾养殖技术和生态健康养虾模式，以及新型饲料和渔药等生物技术的研究推广，为水产养殖业向着更高层次的发展提供了有力的科技支撑。沿黄低洼盐碱地以渔改碱综合利用技术示范列入全国农业科技跨越计划项目。中国对虾健康养殖技术推广示范项目在2002年取得突破性进展，选育出健康亲虾5 000尾，培育高健康虾苗2亿尾，辐射推广对虾养殖面积667公顷。对虾全封闭、内循环、健康养殖模式获得成功。试验面积0.57公顷，平均单产2万千克/公顷，每公顷纯利23.55万元。积极推进科教兴渔与可持续发展综合示范县建设工作，提高区域科技水平。2002年，获国家海洋创新成果奖3项，其中一等奖1项，二等奖2项；获省科技进步奖12项，其中二等奖3项，三等奖9项。邀请中国海洋大学、中国水产科学院的专家学者进行专题讲学，并举办水产品加工技术、生物信息技术等高新技术培训，进一步提高科技创新水平。积极做好水产养殖病害的测报预报工作，全省测报品种达到14个，测报范围涉及17个市60余个县（市、区），约200个测报站，测报面积达1.07万公顷。组织内陆盐碱地南美白对虾养殖技术推广和对虾健康养殖技术推广工作，为水产养殖提供技术支持。制定“无公害大菱鲆养殖技术规范”和“无公害对虾配合饲料”两项国家行业标准，对水产养殖无公害生产起到有力的促进作用。 （史志办）

【海洋油气科技项目】 国家“863”项目“浅滩海地区高精度地震勘探技术研究”（起止时间：2001年1月至2003年12月）主要研制适用于滩浅海地区地震勘探的震源和检波器，研究适合滩浅海地区地震采集方法、处理技术、多波多分量地震勘探技术和井地联合勘探的分析解释技术。中石化科技攻关项目“胜利滩海地区油气富集规律及勘探目标研究”（起止时间：2002年1月至2004年1月）项目研究内容及目标为圈闭的成藏机理研究，成藏模型建立，油气富集规律研究。完成成藏模型及油气富集规律的图件，探井10口，上交储量1 500万吨。国家“863”项目“海底管道内爬行器及检测技术”（起止时间：2001年1月至2004年12月）主要研究油气输送管道内层腐蚀、裂缝和泄漏状况的检测及精确定位的技术设备。国家“863”项目“正压冲固平台技术”（起止时间：2001年1月至2005年12月）项目内容为研究一种针对浅海软土地基、采用正压冲固方式且造价比常规平台节省1/3的采油平台安装技术。国家重大装备项目“浅海破冰型三用工作船研制”（起止时间：2001年1月至2005年12月）项目内容为研制具有国内领先水平的浅海破冰三用工作船，解决冬季冰期海上装备物资供应、消防救护和平台拖带等问题。（胜利石油管理局暨有限公司）

海洋资源开发与海洋经济
Development of Marine Resources and Marine Economy

【海洋渔业】 **海水养殖业** 2002年，海水养殖继续以产业结构调整为主线，以优质、高效水产品养殖为重点，努力培植新的经济增长点，积极推进渔业产业化经营。主要表现为：一是调整品种结构和养殖方式，促进渔业优化升级。全省对虾、扇贝“二次创业”取得明显成效，2002年，对虾养殖产量4万余吨，南美白对虾成为对虾养殖的主导品种，养殖面积40万亩，占养虾总面积的40%。更新扇贝养殖品种，变革养殖方式，虾夷扇贝、杂交扇贝养殖区域有了较大拓展，养殖规模、效益持续提高。海水鱼类工厂化和大棚养殖规模进一步扩大，养殖面积达260万平方米。海珍品养殖持续增长，全省海参、鲍鱼产量分别为1 890吨和3 697吨，产值达20余亿元。海水网箱养殖保持较快增长，发展到7万多箱，深海大型网箱养殖有了新的突破。二是进一步加强水产苗种的规范化管理，对全省水产种苗场进行普查登记，较全面地掌握了全省水产种苗场的分布和生产经营状况。加强水产种苗引进的监督管理，有力地维护了种苗生产经营和水产养殖业的正常秩序。三是认真做好水生动物防疫检疫工作。四是水产养殖证制度全面实施。制定养殖证实施方案，编写养殖水域滩涂规划，为全面开展工作创造了条件。

海洋捕捞业 优化近海捕捞作业结构，积极拓展远洋渔业。克服资源衰退影响，不断开辟新渔场，利用新资源，鼓励发展轻型、节能、高效的作业方式。根据中日、中韩渔业协定实施后出现的新情况，积极搞好日、韩水域入渔捕捞生产。大力实施“走出去”战略，金枪鱼钓和鱿鱼钓迅猛发展。2002年，全省大洋性渔船发展到88艘，其中，新增31艘。全省远洋渔业产量达10万吨，经营收入1亿美元。

水产品加工与流通 发展精深加工，培育龙头企业，组织引导企业加大 技术创新和产品开发力度，引进国外先进加工技术和设备，聘请国内外专家，开发出油炸、蒸煮、烧烤等精深加工产品，提高了产品附加值和市场竞争力。全省水产品精深加工能力达到147万吨，精深加工产品占加工产品的比例达到61%。选出日照佳美、青岛三洋等6家企业，命名为渔业出口加工示范园。积极实施水产龙头企业战略，推进渔业产业化进程，提高全行业运行质量。加大对龙头企业的扶持力度，筛选出效益好、产品优、素质高、创汇多、带动力强的水产加工企业，申报省级产业化龙头企业。好当家集团和日照佳美被推为国家级龙头企业。实施多元化市场发展战略，与世界70余个国家和地区建立了贸易伙伴关系，在巩固传统出口市场的同时，重点加大了对泰国、澳大利亚、南美等国家和台湾省的出口力度。2002年全省水产品对外贸易总量达147万吨，对外贸易总额24亿美元。其中，水产品出口创汇额15.7亿美元。组织水产加工企业参加山东海带展览及经贸洽谈会、中国国际农产品深加工食品工业成就展、青岛国际渔业博览会、重庆山东产品经贸洽谈会等活动，积极拓展国内外市场，促进渔业经济的健康发展。（史志办）

【海盐及海洋化工业】 山东省是我国最大的盐业生产基地，制盐工业分布在沿海7市25个县区。山东省盐业资源丰富，可利用滩涂面积3 223.6平方千米，尤其是从莱州市虎头崖往西经昌邑、寒亭、寿光、广饶、垦利的6个县区滨海滩涂有丰富的地下卤水资源。最低浓度7Be，最高19Be，是海水浓度的6～8倍，资源量约82亿立方米；地势平坦，气象条件优越，年平均蒸发量2 200毫米，年平均降水量600毫米以下，雨季集中，特别适合于盐业生产。山东省海盐、盐业化工生产均占全国首位，2002年实现工业总产值33.7亿元，实现利税5.77亿元(不含氯碱和纯碱工业)。

山东盐生产工艺和科学技术达到国内先进水平，大中型企业盐田结构趋于合理，直接生产作业基本实现机械化。盐田总面积11.77万公顷，海盐生产能力1 100万吨，2002年生产海盐1 247万吨，销售1 079万吨。均占全国的1/4以上。海盐平均含纯达到96.2%以上。山东盐业为实现中国消除碘缺乏病目标，先后投资8 000万元，重点改造了寿光菜央子、山东羊口盐场等7个生产企业，并按照合理布局、保证质量的原则，确定了11家食盐定点生产企业，在全省形成了56万吨食盐生产能力。2002年生产食盐74.9万吨，销售74.6万吨。食盐品种齐全，包括精制盐、再制盐、洗涤精制盐、食品工业专用盐、强化营养盐、保健盐、化装盐、洗涤盐、低钠盐和养殖用盐等多种系列产品。

山东省海盐化工业实施大企业集团带动战略，走联合创新、集团化、规模化发展之路，获得迅速发展。盐化工生产能力和实际产量均达到26万吨以上。制溴技术和管理水平居国内领先地位，先后建设了无棣、广饶、卫东、菜央子、岔河、寒亭二场、鲁北、灶户、敖里盐场等30余家以溴及溴的衍生产品为主的盐业化工厂。溴素的生产能力6.7万吨，2002年生产6.78万吨，产量和市场占有率均为全国的85%。相继开发了一批包括“1211”灭火剂、氢溴酸、溴化锂、四溴双酚A、十溴联苯醚、TMP、TMB为代表的制冷剂、灭火剂、阻燃剂、农药医药、染料中间体和无机溴化物等6个系列50余个品种。目前山东已发展为中国最大的海洋化工生产基地。 （赵玉科）

【海洋油气业】 2002年海上累计生产原油212.2万吨，上交原油207.312万吨，生产天然气16945.29万立方米，上交天然气9 097.228万立方米，年累计注水103.8425万立方米。2002年末，埕岛油田共有油水气井259口，其中油井221口，注水井37口，气井1口。2002年共布署4个开发井组12口井，其中利用老井1口(CB32井)，新钻井10口(CB21A井组2口，CB32A井组口4口，CB30A井组2口，CB30B井组2口)，探井转开发井1口(ZH10井)，当年建成产能23万吨。新增探明含油面积14平方千米，新增探明石油地质储量2 284万吨，新增可采储量160万吨。2002年，浅海探区完钻探井12口，其中埕岛地区5口(埕北806、6、247、248、桩海10)，垦东地区7口(垦东403、405、406、34、38、261、42)。正钻井3口(埕北306井、桩海古1、埕北805井)。试油8口/14层，获30T以上油流6口/8层。

2002年共投产新井17口(CBG4A井组3口，CB21A井组2，口，CB11H井组4口，CB1D井组6口，及CBG6及CB32单井)，日增油能力776吨。2002年末投产1座开发平台(开发三号)，3座位井组平台(CB11H、CB1D、CB21A)、2座单井平台(CB32、CBG6)，投产海底管线5条，长度3 640米，铺设海底电缆7条，长度9 176米，投产注水管线2条，长度3 046米。正建设或完成的重大海洋工程项目有：①BG4A井组平台；②B21A井组平台；③CB32A井组平台；④CB30B井组平台；⑤CB30A井组平台；⑥中心一号—海三站复线。

2002年海上生产完成工业产值27.95亿元，实现销售收入27.95亿元，完成工业增加值77 471.3万元，完成基本建设投资77 782.9万元。

（胜利石油管理局暨有限公司）

【滨海旅游业】 大力实施海上旅游战略，不断拓宽投融资渠道，开办海洋旅游大项目，创办大型旅游节会活动，规范旅游市场，全省海洋旅游走上健康、有序发展的快车道。2002年山东沿海四市(青岛、烟台、威海、日照)接待国内游客4 017.92万人次，国内旅游收入272.88亿元，分别占全省的41.97%和47.75%；接待海外旅游者67万人次，旅游创汇3.78亿美元，分别占全省的68.59%和80.16%；接待旅游者总数4 087.89万人次，实现旅游总收入304.54亿元，分别占全省的42.27%和49.92%，各项指标较2001年大幅增长。

主要特点：一是坚持高起点规划、高标准建设，海洋旅游并发和项目建设走上良性发展道路。2002年，在《山东旅游发展总体规划》的基础上，省旅游局组织国内一流专家，积极开展海洋旅游资源普查，策划编撰全省滨海(海洋)旅游发展专项规划，沿海各市也对原有旅游规划进行了调整充实。二是旅游高端节会活动不断，海洋旅游新亮点频出。青岛市承办的20余项会展及文化体育活动对旅游拉动效果明显，国际啤酒节、海洋节、国际电子家电博览会、国际时装服饰博览会等节会活动市场化组织程度和办节水平明显提高，青岛酒吧文化节、金沙滩文化旅游节、崂山登山节、国际风筝放飞月、青岛之夏艺术节、北宅樱桃会、即墨旅游购物节等活动丰富多彩。

烟台APEC贸易投资博览会、国际果蔬博览会，影响宏大。烟台五彩缤纷国际美食节、蓬莱和平颂国际青少年文化节、牟氏庄园民俗旅游节、昆嵛山旅游踏青节暨登山节、长岛妈祖祭拜活动月、长岛渔家乐民俗文化旅游节、养马岛马文化艺术节等特色旅游活动，精彩纷呈。 （尹文斌）

海洋国际合作与交流
Marine International Cooperation and Interflow

【海洋渔业】 2002 年，山东省海洋渔业对外合作迈出新步伐。共派出出访团组 20 批、35 人次；接待境外来访团组和个人共 8 批 30 人次。根据省政府提出的全省工作要突出“三个亮点”的要求，精选出了 50 余个对外招商引资项目，装订成册，并印制了大型宣传画册。利用外资情况出现了良好的发展势头，渔业三资企业已达 1 163 家，利用外资额 9.83 亿美元。5 月份渔业洽谈组赴香港参加了山东省—港澳台经贸洽谈会，签订了 5 个合作项目，合同利用资金额近 2 亿美元，在全省大农业项目洽谈组中名列第一。组织全省 14 家渔业企事业单位在青岛参加了由中国国际贸促会、国家海洋局等 6 家单位主办的海洋科技博览会。在 270 余家参展单位中渔业展位囊括了优秀组织和优秀设计两个奖项，对宣传山东省海洋科技进步与发展起到了积极作用。10 月，接待了泰国正大集团渔业专家组对山东省沿海市拟合作项目地区的实地考察，考察后，正大集团对在山东省投资 8.4 亿元人民币，兴建万亩现代化养鱼基地的渔业合作项目充满了信心。 （张 锋）

【海洋油气】 胜利油田与美国能源开发公司合作的埕岛西海上勘探开发项目在2002年以实施整体开发方案所批准的开发作业为主，投资项目包括生产平台导管架的加长桩管、平台的预制和海上整体安装、海底输油管线和陆上管线的铺设以及平台上各种设备的调试工作。该平台在2002年12 月初步达到了投产的要求。与美国能源开发公司合作的埕子口滩海勘探项目于2002年8月8日开钻 CZK2 井，该井井深2 400 米，为干井，在取得一系列地质资料后弃井。

（胜利石油管理局暨有限公司）

表 3 2002 年山东省沿海地区人口及从业人员情况

单位：万人

地区名称	年末总人口			从业人员	职工人数
		农业人口	非农业人口		
烟台市辖区	169	69	99	43	14
龙口市	63	47	15.7	31.4	6.7
莱阳市	89	70	19	5.2	4.9
莱州市	87	72	15	44	6.5
蓬莱市	50	42	8	3.6	3
招远市	57	47	11	27.7	6.2
海阳市	68	60	8.2	34.8	7.9
长岛县	4.6	2.9	1.7	2.1	6.7
烟台市合计	587	410	177	192	45
垦利县	21.2	14.6	6.6	1.7	1.7
利津县	29	22.9	6.1	1.4	1.3
广饶县	47.6	38.5	9.1	2.4	2.3
东营市辖区	77.5	23.5	54	25.8	25.5
东营市合计	175	99.5	75.8	31.3	30.8
日照市合计	277.6	208	69.6	17.2	16.6

续 表

地区名称	年末总人口			从业人员	职工人数
		农业人口	非农业人口		
威海市辖区	55.2	15.9	39.3	27.2	15.8
文登市	65.5	43.7	21.9	35.4	6.4
荣成市	67.4	41.2	26.2	29.4	6.1
乳山市	59.4	43.5	15.9	33.7	5.6
威海市合计	247.6	144.3	103.3	125.7	33.9
无棣县	43.2	38.4	4.8	21.2	2.4
沾化县	38.3	34.7	3.6	20.7	1.5
滨州市合计	362.9	311.3	51.6	161.3	22.5
青岛市辖区	242	66.4	175.3	14.6	77
胶州市	76	61.5	14.9	46.6	11.6
即墨市	108	93.3	14.2	62.1	8.8
胶南市	84	69.3	14.4	47	7.4
青岛市合计	716	470	245	413	119
潍坊市辖区	136.4	64.5	71.9	21.2	21.1
寿光市	106.4	84.6	21.8	5	4.9
昌邑市	68	55.3	12.7	3.5	3.5
潍坊市合计	847.5	630	217.5	60.2	59.3
沿海合计	3 214.9	2 271.7	943.2	1 002.5	327.9

表4 2002年山东省沿海地区国内生产总值

单位：亿元

地区名称	国内生产总值	工业总产值	农业总产值
烟台市辖区	252	479	34
龙口市	162	365	26
莱阳市	92	152	26
莱州市	141	217	40
蓬莱市	82	158	28
招远市	111	248	14
海阳市	58	81	32
长岛县	12	3	10
烟台市合计	909	1 703	148
垦利县	35.7	40.8	9.2

续 表

地区名称	国内生产总值	工业总产值	农业总产值
利津县	28.6	32.5	13.8
广饶县	62.5	89	20.5
东营市辖区	423.6	423	14.8
东营市合计	540	586	58
日照市合计	261.4	145.3	90.2
威海市辖区	188.45	366.73	23.14
文登市	188.01	379.43	37.91
荣成市	220.66	397.08	61.36
乳山市	106.82	166.08	32.66
威海市合计	703.58	1 270.85	155.07
无棣县	36	44	14
沾化县	29	11	14
滨州市合计	306	267	113
青岛市辖区	791	1 491	40
胶州市	151.29	256	37
即墨市	159.48	228	46
胶南市	158.20	260	46
青岛市合计	1 518	2 579	269
潍坊市辖区	69.8	91	30
寿光市	242	258	27
昌邑市	132	144	53
潍坊市合计	895	910	289
沿海合计	5 068.41	7 527.35	1 184.28

注：区名称系指沿海省、市、区、县名称；沿海城市仅统计市区数据；沿海城市和沿海县除分别统计合计值外，并统计分城市和分县数据。

（山东省海洋与渔业局　史更新）

青 岛 市

Qingdao City

综 述

summary

【概况】 青岛市地处山东半岛南部华北经济区和华东经济区的结合地带，位于 119° 30′ ～121° 00′ E，35° 35′ ～37° 09′ N，三面环海，与朝鲜、韩国、日本隔海相望，是中国重要港口和上海与天津之间最大的经济中心城市以及山东省沿黄流域最大的出海口和信息、金融、货物集散中心之一。截至2002年底，全市总面积为10 654平方千米，其中市区（市南、市北、四方、李沧、崂山、城阳、黄岛等7区）为1 102平方千米，所辖胶州、即墨、平度、胶南、莱西等5市为9 552平方千米。人口715.65万人，比上年增长了0.73%。青岛为海滨丘陵城市，地势东高西低，海岸线总长为862.64千米，其中大陆岸线730.64千米，占山东省岸线的1/4强，沿海分布49处港湾和69个岛屿，管辖海洋面积1.38万平方千米，沿海滩涂3.8万公顷。青岛属正规半日潮港，每个太阳日有2次高潮和2次低潮。

2002年，青岛市海洋经济继续保持较快的发展速度，主要海洋产业总产值达到407.26亿元，比上年增长了13.1%。主要海洋产业增加值达到193.82亿元，比上年增长了21.2%，主要海洋产业增加值已占全市GDP的12.8%。滨海旅游发展迅猛，2002年接待海内外游客1 836.7万人次，实现旅游总收入150.52亿元，旅游业首次超过海洋渔业成为海洋经济第一大产业。海洋渔业的素质和效益明显提高，以苗种培育、工厂化养殖、深海抗风浪网箱养殖和海岛开发为代表的现代渔业发展迅猛，渔业科技水平、出口创汇、利用外资和设施渔业等方面在国内城市中保持领先优势，全市海洋水产品年产量达127.2万吨，总产值136.88亿元，占海洋产业总产值的33.6%，位居各海洋产业第二位。青岛港是全国最大的集装箱中转港、全国最大的进出口油中转港、北方最大的矿石中转港和全国重要的煤炭转运基地，2002年货物年吞吐量达到1.2亿吨，集装箱年吞吐量341万标箱，跨入全国3强和世界前15强。临港工业不断发展壮大，其中修造船厂有10余家，年造船综合吨达7.2万吨，年产值14.1亿余元，海西湾大型船舶修造基地工程正在加紧建设中。盐业及盐化工保持稳步发展，原盐产量43.9万吨，主要盐化工产品产量达到74.5万吨，实现工业总产值20.72亿元。海水利用产业发展较快，全市海水日用量达到210万立方米，全年海水利用产值23亿元。海洋工程建筑业稳步发展，总产值15.2亿元。海洋药物和保健品制造业成为新的经济增长点，目前正在研究开发的海洋药物和保健品50余个，国风药业、海尔、澳珂玛、中鲁远洋、山东海汇、三九集团等企业大规模进军海洋药物产业，2002年实现产值约1.44亿元。

表1 青岛市沿海区（市）及其海洋管理机构

区（市）名称	海洋管理机构
胶南市	胶南市海洋与渔业局
胶州市	胶州市海洋与渔业局
即墨市	即墨市海洋与渔业局
崂山区	崂山区海洋与渔业局
城阳区	城阳区海洋与渔业局
黄岛区	黄岛区海洋与渔业局

海洋资源开发与海洋经济

Development of Marine Resources and Marine Economy

【海洋渔业】 2002年青岛市全面贯彻全国农业工作会渔业专业会议精神，积极应对中国入世所面临的新形势，加大渔业经济结构战略性调整力度，在面对入世和新的海洋制度实施后的新情况、新问题以及欧盟技术壁垒的封锁，渔业仍保持良好发展态势，并在一些重要领域取得了新进展、新突破，经济结构进一步优化，传统渔业向现代渔业转化的步伐加快，渔业科技水平、出口创汇、

表2　青岛市沿海区、市人口及从业人员情况一览表

单位：万人

年　份	2001					2002				
统计项目	年末总人口数	农业人口	非农人口	从业人员	职工人数	年末总人口数	农业人口	非农人口	从业人员	职工人数
青岛市	237.7	67.2	170.5	64.8	75.1	241.7	66.4	175.3	145.7	77.0
胶州市	76.0	61.5	14.5	10.5	11.3	76.4	61.5	14.9	46.6	11.6
即墨市	106.9	93.8	13.1	7.8	8.7	107.5	93.3	14.2	47.0	7.4
胶南市	83.7	70.3	13.4	6.8	7.4	83.7	69.3	14.4	47.0	7.4

利用外资和设施渔业等方面在国内城市中保持领先优势。全市完成水产品总产量130.56万吨，增长1.30%，在全国15个副省级城市中位居第二；实现水产品产值83.88亿元，增长5.75%；实现渔业总产值141.07亿元，增长15.86%，在全国15个副省级城市中位居第二。实现渔业增加值45.6亿元，渔业增加值占全市大农业增加值的31.2%，增幅程度居大农业各业之首；全市水产品出口28.8万吨，与上年基本持平；创汇6.67亿美元，增长5.9%，出口创汇分别占全国和全省的15%和42%，继续保持全国最大的水产品出口创汇基地位置。

水产养殖　全市水产养殖面积达到5.83万公顷，其中海水养殖面积4.1万公顷，淡水养殖面积1.73万公顷。水产养殖产量85.9万吨，比上年增长了3.8%，在15个副省级城市中位居第二；水产养殖产值51.2亿元，比上年增长了8.2%。设施渔业发展较快，全市网箱养殖发展到25 000箱，深水抗风浪大网箱发展到37个，浮绳式抗风浪网箱发展到30组，我国重要的网箱养殖基地和北方最大的抗风浪网箱养殖基地已经形成。工厂化育苗及养殖迅速兴起，总面积突破50万平方米，在15个副省级城市中名列首位。名特优新品种养殖迅速崛起，其中鲍鱼、海参养殖面积约0.27万公顷，产量2 500吨，产量增长了46.8%；菲律宾蛤仔养殖面积2万余公顷，产量40万吨，产量增长了约10%；大菱鲆、牙鲆、三文鱼、河豚等名贵鱼类养殖稳步发展，带动了海水鱼养殖快速发展，全市年产成品鱼23 704吨，比上年增长了68.8%，其中大菱鲆养殖突破100万尾，在全国15个副省级城市中位居首位；对虾养殖在1993年大规模暴发虾病以来首次突破万吨大关并创造历史最高产量，养殖面积0.85万公顷，产量10 686吨，增长46.26%；梭子蟹养殖0.13万余公顷，产量3 291吨，增长53.9%。条斑紫菜、海带等藻类养殖面积0.11万余公顷，年产鲜菜1.4万吨，增长8.2%；淡水养殖稳步发展，产量5.5万吨，其中澳大利亚宝石鲈、银鲈、鲟鱼、鲶鱼、乌鳢等淡水名贵品种发展较快，产量2 000吨。

海洋捕捞　进一步压缩近海捕捞强度，保护近海渔业资源，全年投入捕捞船只11 445艘，总功率26.15万千瓦。捕捞产量降为44.7万吨，减少了3.2%，海洋捕捞实现负增长；其中鱼类22.2万吨，虾蟹类10.4万吨，贝类9.9万吨，其他类2万吨。海洋捕捞实现产值32.7亿元，增长了2.2%。

水产加工及进出口贸易　水产加工业继续发展壮大，全市水产加工企业发展到300余家，年加工能力50万吨，有42家水产加工企业及加工船获得欧盟注册，有85家水产加工企业获得输美水产品HACCP证书，成为国内获此类注册最多的城市之一。全年水产品加工量33万吨，加工产值47.5亿元，分别比上年增长了3.1%和31.9%，继续保持全国最大的水产加工基地和全国最大的海藻化工基地。2002年全市水产品进出口总量达74.5万吨，减少3%，进出口总额11.9亿美元，增长7%；其中出口水产品28.8万吨，与上年基本持平；创汇6.67亿美元，比上年增长5.9%，出口创汇分别占全国和全省的15%和42%，继续保持全国最大的水产品出口创汇基地位置。

基础设施建设　全年共有约5亿元的资金投入渔业基础设施建设，其中争取部级资金1 200万元。建成了国内首家贝类净化与质检中心，积米崖渔港修扩建工程和河套渔港二期工程全面竣工，建成了国家级海湾扇贝良种场、崂东海珍品良种培育基地，建设了国家海洋科学研究中心水产苗种产业化基地、菲律宾蛤仔良种场、连三岛海珍品育苗中心、梭子蟹繁育基地、淡水名特优苗种繁育中心、条斑紫菜育苗基地等一批设施先进的育苗基地，建设了古镇口高新渔业经济开发区、庞裕大菱鲆养殖基地、润勃海洋鱼类养殖中心、亿海良种鱼繁育养成中心、灵山湾深海抗风浪网箱养殖基地、瀛源淡水名特优鱼类养殖基地、宇广条斑紫菜养殖加工基地等一批规模化、现代化的渔业开发基地，经省海洋与渔业厅命名了青岛金贝、罗非鱼良种场、三洋等 3 个省级渔业示范园，渔业开发档次和发展能力明显提升。

表3 青岛市国内生产总值、工农业总产值一览表

单位：亿元

区市名称	年 份	国内生产总值				工 业		农 业	
		合 计	第一产业	第二产业	第三产业	总产值	增加值	总产值	增加值
青岛市	2001	700.75	21.80	357.69	321.26	1 283.80	357.69	41.94	21.80
	2002	790.73	21.49	405.27	363.97	1 491.01	446.11	40.06	21.53
胶州市	2001	124.93	19.10	66.32	39.51	227.54	66.32	35.65	19.10
	2002	151.29	19.53	84.33	47.43	256.36	75.10	36.79	19.53
即墨市	2001	132.95	23.34	60.78	48.83	185.84	60.78	43.56	23.34
	2002	159.48	23.92	78.09	57.47	228.00	68.63	45.88	23.92
胶南市	2001	132.24	24.59	69.70	37.95	220.66	69.70	43.69	24.59
	2002	158.20	25.40	87.30	45.50	260.00	78.10	46.20	25.40

【港口建设与海洋运输】 2002 年，大力实施以港兴市、建设中国北方航运中心战略，成功实现了港口西移，铁路、公路基础设施不断改善，综合运输能力得到进一步加强。3月16日，日本“中远梅子”集装箱轮靠泊前湾新港区，开始了青岛港外贸集装箱作业战略西移。7月，投资额1亿元的青岛港矿石接卸扩大能力改造工程投入试运行，新增矿石吞吐能力 1 000 万吨，基本满足了青岛港 2005 年矿石运量增长的需要；前湾三期的2个集装箱深水泊位建成并投入使用。开工建设了前湾国际物流园、中储、中铁快运、大亚、裕龙等5个物流园区，树立起 10 个“物流样板企业”。至 11 月 4 日，经过4个阶段，原老港区的72条国际航线、310个航班/月、40余家船东、10余家场站、数以千计的代理和货主均实现西移，并新增航线 20 条，实现了航线“全球通”。前湾新港区已拥有两个全国最大的集装箱泊位、国际一流纵深 1.5 千米的广阔堆场和先进设施，集装箱达到日吞吐量 1 万标准箱，跻身国际集装箱大港的行列，西移的成功，使青岛港实现了集装箱生产布局的重大调整，结束了老港区外贸集装箱装卸的历史，带动了本市经济重心西移战略的实施，一批大项目不断涌向西海岸。全年的港口吞吐量达到 1.23 亿吨，增长 17.5%。年内净增2 000万吨，提前3年实现“十五”计划吞吐量目标。其中，外贸吞吐量达到 8 236 万吨，增长 17.4%，继续保持全国第二大外贸口岸地位；集装箱吞吐量达到341万标准箱，为沿海港口第三位，跨入世界集装箱大港15强。增长 29.2%。其中前湾新港区完成近 10 倍；进口矿石、原油吞吐量均位居大陆沿海港口第一位。实现港口总收入 26.25 亿元，增长 15.7%。全年实际利用外资 3 181 万美元。全员劳动生产率达到人均 9 515 吨，为中国大陆沿海港口最高水平。海运企业发展较快，年货运量达 2 530 万吨，货运周转量达 1 600 亿吨千米。海洋交通运输业全年完成产值 45.39 亿元，比上年增长了 3.3%。

【船舶修造业】 青岛市船舶修造业坚持“发挥优势、加大投入、扩大规模、修造并举”的方针，以市场为导向，以修船和制造集装箱船、游艇等为重点，加快新产品的开发，实现了由传统造船模式向现代造船模式的转变。2002 年，青岛市修造船业在加快海西湾大型船舶修造基地建设的同时，依靠技术优势，积极拓展国外市场，增强竞争力，全年共造船 26 艘，修船 311 艘，造船综合吨达 83 315 吨，完成工业总产值 13.2 亿元，工业增加值 4.9 亿元，实现利税总额 0.77 亿元。其中青岛北海船厂全年实现工业总产值 4.3 亿元，增长 13.4%；销售收入 4.5 亿元，增长 25.09%；出口创汇 4 385 万美元，增长 13.6%；超额完成利润计划并创历史最好水平，增长 1.83 倍。加快了船厂搬迁步伐，成立了北海船舶重工有限责任公司海西湾分部，组织编制造船分厂、游艇分厂和船机分厂等单位的搬迁建设方案。年内，660 米长的东侧 30 吨级码头竣工，2 座 D3276K10 型门座式起重机通过质量技术监督部门的验收，西侧码头 2 座 D4576K10 型门座式起重机的制造进展顺利，35 千伏变电站配套设备土建、设备安装工程开工，完成了西侧码头水下工程并开始码头钢结构胸墙的浇筑，一期征用陆域和填海造地 250 公顷，确定了修船区办公楼设计方案，完成了修船机电车间，坞修服务车间、铆铜车间的招标准备工作，满足职工搬迁后居住需要的 1 000 套经济适用房指标已获市有关部门批准，处于定点和统一规划阶段。

【海洋旅游】 坚持经营城市理念和“主体带动、多元发展”的思路，发展特色旅游经济，实现了大项目建设、优化产品结构、社会化发展等三方面的突破，旅游促销、市场整顿取得明显成效。新建并完成崂山巨峰旅游区、麒麟山庄温泉理疗中心、琅琊台风景区二期工程等一批旅游项目，确定了青岛石老人观光园等 9 个“青岛市农业生态旅游示范点”和海尔工业园等到 10 个“青岛市工业旅游示范点”，开展了“奥运之旅——黄河万里行”、“奥运之旅——东北老乡常回家看看”等旅游促销活动和“庆奥运成功一周年北京人自驾车游青岛”、“九二七世界旅游日”暨金秋之旅“十一”黄金周旅游咨询日、“金秋之旅——青岛人游青岛万人行”等活动，加快了海内外旅游市场开发。全年共接待海内外游客 1 836.7 万人次，增长 18.4%；实现旅游总收入 150.52 亿元，增长 27.6%，相当于全市 GDP 的 10%。其中，外汇收入 2.4 亿美元，增长 35.1%；国内旅游收入 130.62 亿元，增长 27%。

【盐业生产】 年内共有盐田 10 630 公顷，海洋盐业企业 10 个，职工 14 275 人。2002 年，青岛市加大了盐业生产结构调整力度，积极推广盐田生物技术，提高原盐单产，并根据市场需求适度调整原盐生产能力，扩大精制碘盐生产规模，研制开发了低钠盐、健康平衡盐、钙强化营养盐、锌强化营养盐、硒强化营养盐、椒盐等食用精盐和蔬菜水果洗涤盐、沐浴盐、足浴盐、速溶复合海水素等日常生活用盐，不断满足人民生活需求。继续加大盐政稽查监管工作力度，严厉打击各种涉盐违法事件，维护人们的切身利益。年内，全年共受理盐业违法举报 103 起，案件查处率 100%；查处盐业违法案件 935 起，没收私盐和伪劣食盐 1 259 吨，罚款 21 万元，查处率 100%。2002 年，全市原盐产量 44 万吨，工业总产值 20.72 亿

表 4 青岛市海洋开发资料统计

统计项目		2001 年	2002 年
海洋捕捞产量（万吨）	鱼类	21.95	22.21
	贝类	11.33	9.92
	藻类	0.02	0.02
	虾蟹类	10.96	10.48
	合计	46.17	44.71
海水养殖产量（万吨）	鱼类	1.95	2.37
	贝类	72.13	74.91
	藻类	1.79	1.43
	虾蟹类	1.43	1.54
	合计	77.37	80.32
海洋货物运输量（万吨）	沿海	662.7	750.7
	远洋	2 801.3	1 780
海洋旅客运输量（万人次）		697.8	783.7
青岛港货物吞吐量（万吨）		10 398.0	12 213
海盐生产面积及产量	面积（公顷）	8115	10 630
	产量（万吨）	43.0	43.9
海盐化工产量（万吨）		69.9	74.5
海水捕捞产量（万吨）		46.17	44.7
滨海城市国际旅游收入（万元）		147 333	199 200
滨海城市旅游接待能力	饭店个数	95	79
	客房数（间）	13 230	9 987
	床位数（张）	24 699	17 965
浅海滩涂开利用情况（公顷）	总面积	37 600	37 600
	已利用面积	24 110	24 905
滨海旅游人数（万人次）	国内	1 519	1 794.9
	境外	32.3	41.8

元，工业增加值6亿元，实现利税总额6.5亿元。盐化工业根据市场需求，进一步扩大了纯碱生产规模，开发低盐重质碱，稳定烧碱年产量，调整开发聚氯乙烯、氯化钾、工业溴、氯化镁、芳烃氯化物等产品，全年主要盐化工产品产量达74.5万吨。

【海洋药物与保健品制造】 海洋药物与活性物质研究开发保持国内领先，由中国海洋大学承担的抗艾滋病新药“911”、抗脑血缺血新药D-聚甘酯已进入二期临床研究，抗动脉粥样硬化新药“916”已进入一期临床研究；抗尿路结石药物HSH-872、抗早老性痴呆新药HSH-971、治闻哮喘病新药OLG819、抗流行性感冒病毒新药DSH951已进入临床前研究。中国科学院海洋所海洋活性先导化合物的研究取得重要进展，已从4种海藻中分离鉴定出61种化合物，确认了7种新结构化合物，其中1种是自然界中首次发现的全新化合物。由农业部黄海水产所主持的“海洋新型酶的产业化研究”课题在高产菌的选育、海洋碱性蛋白酶发酵过程动力学模型的建立和发酵条件的优化研究等方面取得重大进展，已进行100升发酵罐规模放大实验研究。中国海洋大学以两种国家一类新药“新型抗艾滋病海洋药物-911”和“抗心脑血管疾病海洋生物新药D-聚甘酯”作价入股内蒙古吉兰太盐化集团公司，组建了“中国海洋大学兰太药业有限责任公司”。澳柯玛集团与国家海洋局一所签订合作协议，投资1亿余元，建立了我国最大的共轭亚油酸系列产品生产基地——青岛澳海生物有限公司，投产后可实现年产200吨胶囊和100吨微囊的规模。海洋新药肾海康胶囊（FPS）将获得新药证书和生产许可证；“深海龙”、“海富硒”、“养年康保”、“康友”、“海洋雨露”、“降糖乐”、“胃好”等一批海洋保健品，“海洋活性微肥”、“海洋杀菌剂”、“海洋丽姿”等一批海洋活性物制剂的开发，也已初具规模。据不完全统计，2002年海洋药物及保健品制造业实现产值约1.44亿元。

海洋公益服务
Marine Public Welfare Service

【第四届中国青岛海洋节】 由国家海洋局、青岛市人民政府共同举办的第四届中国青岛海洋节于7月13～21日在青岛举行。本届海洋节围绕发展港口、海洋、旅游等三大特色经济，以增强公众的海洋意识和促进开放、服务经济为宗旨，共安排了开幕式、中国国际航海博览会、海洋科技与经济发展国际论坛、体育赛事、文化和旅游、闭幕式等6大板块23项活动。吉祥物为海星“飘飘”。7月13日上午，开幕式在五四广场举行。海洋节期间，举办了2002中国国际航海博览会等一系列活动。体育赛事板块进行了全民健身万人横渡汇泉湾、全国少年儿童足球邀请赛、青岛“海之情”乒乓球公开赛、山东省“元老杯”老年台球邀请赛、银海国际钓鱼大奖赛等体育活动；文化系列活动组织了“钢琴王之友”音乐会、地方戏曲演唱会、综艺舞蹈展示、穿戴艺术展示、岛城书画名家笔会、迎奥运民族艺术展演、“海之情”化装舞会、千名“巾帼”健身舞展示、“海洋丽人”大赛等活动；旅游板块推出了“奥运之旅——2002青岛国际旅游博览会”、“中国奥运之旅——庆申奥成功1周年北京车友驾车自助青岛游”和“游海上都市，看扬帆胜地”等滨海旅游系列活动。闭幕式在青岛日报社阳光大厅举行，举办了在型音乐化妆舞会。中央、省级多家新闻单位及青岛电视台、青岛人民广播电台、《青岛日报》、《招商周刊》等媒体对节日活动进行了系列报道。

【2002海洋科技与经济发展国际论坛】 7月14～18日举行。该论坛是第四届青岛海洋节的主题性活动，由国务院发展研究中心、科技部、国土资源部、农业部、国家环保总局、国家海洋局、中国科协、中国科学院、中国工程院、国家自然科学基金委员会、中国海洋学会和青岛市人民政府主办，市政府调研室承办。全国人大常委会副委员长、中国科协主席周光召担任论坛主席，中国工程院院士、青岛海洋大学校长管华诗为副主席；中国工程院院长徐匡迪等7位国家部委领导，4位诺贝尔化学奖得主和中国科学院、中国工程院32位院士及来自18个国家与地区的450名中外知名专家、学者出席了论坛组织的多种活动。中央电视台“新闻联播”、《人民日报》等媒体对该论坛的相关活动进行了集中报道，其中《人民日报》在7月15日报道中指出“论坛已经成为目前中国海洋科研领域层次最高的国际论坛”。

本届论坛分主体活动和配套活动等两大板块，主体活动包括主题报告会、分子科学前沿国际会议、全球变化与海洋环境院士论坛、海岸带地质环境保护与利用、全国海域管理工作座谈会等 5 个会议，配套活动包括海洋科技成果及项目推介活动、“海洋经济与城市发展”电视特别节目、“科学与社会”诺贝尔奖得主公众演讲和党政领导干部科技报告会等 4 项活动。共收到国务院发展研究中心等单位和国内外代表提交论文382篇；徐匡迪等90余位代表进行了专题演讲。

7月14日上午，在海天大酒店举行开幕式及主题报告会，论坛各主办单位领导，中国科学院、中国工程院 32 位院士及国内外代表共 350 人参加。开幕式由管华诗主持，山东省委常委、青岛市委书记、市长杜世成致欢迎词，国土资源部副部长寿嘉华致开幕词，周光召宣布论坛开幕。中国工程院院长徐匡迪，国务院发展研究中心副主任鲁志强，国土资源部副部长寿嘉华，农业部副部长张宝文，中国科学院副院长陈宜瑜，国家海洋局副局长张宏声，香港航运委员会主席曹文锦，诺贝尔化学奖得主、瑞士联邦研究院教授理查德·恩斯特等9位代表作主题报告。

7月15～18日，举行了分子科学前沿国际研讨会，由中国海洋大学承办。参会的国内外代表3 000人，其中国外代表80人。包括4位诺贝尔奖得主在内的24位国内外专家进行了学术演讲，内容涉及合成化学、物理化学、计算化学、药物化学、分子生物技术等多个学科领域。

7月14～16日，举行了海岸带地质与可持续发展学术研讨会，由海洋地质研究所和中韩海洋科研中心承办。来自中国、美国、荷兰、韩国等国家和地区的110名专家学者出席，有20余位代表演讲，内容涉及海岸带地区资源、环境和综合治理以及地质调查研究的新理论和新方法。

7月14日，举行了全球变化与海洋资源环境院士论坛，由中国科学院海洋研究所和黄海水产研究所承办。中国科学院副院长陈宜瑜等 7 位两院院士就21世纪全球环境变化对海洋领域的影响和对策进行了演讲。来自国内外的 150 余人参加了会议。

7月14～15日，举行了全国海域管理工作座谈会。由国家海洋局主办，青岛海洋与渔业局承办。全国沿海各省（市）及大连、厦门、青岛等3个副省级城市的海洋厅（局）长围绕《海域使用管理法》实施以来的执法情况进行了交流。国家海洋局副局长张宏声出席座谈会。

7月15日上午，在山东青岛国际会展中心举行了海洋科研成果推介、签约活动。由青岛市副市长马论业主持。共收到中国海洋大学、青岛招商局提报的海洋科研成果49项，中国海洋大学、黄海水产研究所、国家海洋局第一海洋研究所、青岛招商局等4个单位在会上推介项目25个，“高效吸水剂生产技术开发”、“青岛海洋科技孵化园”等9个项目正式签约，投资金额超过5亿元。

7月14日晚上，举办了“海洋经济与城市发展”嘉宾访谈电视特别节目，中国工程院院长徐匡迪，国务院发展研究中心副主任鲁志强，香港航运委员会主席曹文锦，诺贝尔化学奖得主、瑞士联帮研究院教授理查德·恩斯特和中国海洋大学校长管华诗作为特邀嘉宾在青岛广播电视中心演播厅就青岛港口、海洋、旅游等三大特色经济和 2008 奥运海上项目的策划与青岛市副市长于冲、臧爱民及有关部门负责同志等 300 余人进行了直接对话。青岛电视台1套节目于7月17日晚上播出后，应各方观众要求，青岛电视台 2 套节目于7月18日重播。

7月16日下午，在府新大厦会议中心举行了“科学与社会”诺贝尔奖得主公众演讲。诺贝尔奖得主理查德·恩斯特、罗伯特·胡博和英国政府首席科技顾问、英国国家科技部部长大卫·金分别就科学、社会、治国，高等学校在社会的作用和蛋白质结晶学等向 400 余听众进行了近 3 个小时的演讲。

7月14日下午，举行了徐匡迪“飞速发展中的现代科学与工程技术”专题报告会，由山东省委常委、青岛市委书记、市长杜世成主持，青岛市主要领导和 400 名机关干部及部分企业负责人参加了报告会。报告深入浅出地讲解了当代高科技发展速度之快、涉及领域之广和社会影响之深，以及计算机与信息技术、生命科学与生物工程技术、新材料科学技术、新能源与环保技术、空间技术和海洋开发的情况。

【第十二届青岛国际啤酒节】 2002年8月17日至9月1日在位于石老人国家旅游度假区内的青岛国际啤酒城及周边区域举行。由中国国际贸易促进委员会、中国国际商会、中国人民对外友好协会、国务院侨务办公室、中国国家轻工联合会和青岛市政府联合主办。主题口号为“青岛与世界干杯”，吉祥物为卡通马——“骏骏”。此次啤酒节共安排了狂欢入城仪式、开幕式暨大型文艺晚会、花车艺术巡游、文艺演出、文娱游乐、经贸活动及闭幕式等 7 大板块内容。此次啤酒节期间，参节人数突破 200 万人次，销售啤酒 520 万吨。

【首届中国国际航海博览会】 7 月 15～18 日，在山东青岛国际会展中心举行。由中国国际贸易促进委员会、交通部、国家海洋局、国家体育总局水上运动管理中心、中国船舶重工集团公司、中国船舶工业集团公司、青岛市人民政府主办，中国国际展览有限公司、中国国际贸易促进委员会青岛市分会承办，中国船东协会、中国海洋学会、中国对外贸易经济合作企业协会、中国外经贸企协货主协会、中国海商法协会、中国国际海事仲裁委员会、中国海洋报社、山东省交通厅、山东省海洋与渔业厅、中国国际贸易促进委员会山东省分会、山东海丰国际航运集团、青岛港务局、青岛船东协会、中国船舶工业行业协会船艇分会、上海船舶工业行业协会、中国帆船板运动协会、中国摩托艇运动协会、中国赛艇运动协会、中国皮划艇运动协会、中国滑水运动协会、中国潜水运动协会、青岛市奥运场馆开发建设指挥部、国家体育总局青岛航海运动学校等单位协办。全国人大常委会副委员长周光召，国土资源部副部长寿嘉华，中国贸促会副会长马跃，中国航海协会理事长、交通部原副部长林祖乙，中国船舶重工集团总经理李长印，香港航运委员会主席曹文锦，山东省人大常委会副主任莫振奎，国家海洋局副局长张宏声，中国海洋学会副理事长王颖，德国威廉港市市长施拉贝尔，英国海洋设备协会会长约翰·索斯顿等参加了开幕式。博览会突出航海主题，设置了港口、航运、造船，水上运动器材，海洋科技等 3 个专题展会。由英国铁行渣华、美国总统轮船、丹麦马士基等在内的 17 个国家和地区以及国内 10 余个省市的 400 余家企业参会，吸引了国内外参观者近 4 万人次。展出摊位 1 000 余个，规模达 2 万余平方米，其中境外参展企业 70 余家、摊位 300 余个。达成成交和意向协议 212 个、金额达 8.86 亿元。期间，举办了中国国际海洋科技展览会、中国国际水上运动器材及水上娱乐休闲设施展、首届中国（青岛）口岸与贸易物流国际研讨会、海洋科研项目和成果推介会、青岛奥林匹克国际水上运动中心建设项目推介会、青岛前湾国际物流工业园奠基仪式、船舶订购签约仪式、物流及供应链管理主体研讨会、日本福冈县敦贺港说明会、少儿海洋主体绘画现场表演及专场文艺晚会等活动，并组织了优秀组织奖和优秀展位设计奖等评选活动。本届博览会受到海内外媒体的广泛关注，共播报消息 230 余条。“德国之声”、“日本朝日新闻”、“美国之音”等 7 家海外媒体分别派出记者进行采访报道。新华社、中央电视台、《中国交通报》、《中国贸易报》、《经济导报》、山东卫视、《大众日报》等国内新闻媒体及时报道了博览会盛况。

【2002 中国国际渔业博览会】 10 月 29～31 日，在山东青岛国际会展中心举行。由农业部和青岛市人民政府支持，中国国际贸促会农业行业分会主办，美国海洋展览公司协办。共设 700 余个摊位，来自 29 个国家和地区的近 500 家公司参加了会展，参会客商 2 万余人。其中仅本市水产加工、养殖企业就达 29 家。国家农业部副部长齐景发、中国国际贸促会农业行业分会会长万宝瑞、青岛市副市长宁经谋及国内外来宾出席了开幕式。期间，举办了专题报告会、技术交流会、海产品研讨会及品尝会、商务考察等活动，内容涉及水产饲料与营养、水产品质量安全和国际贸易、水产养殖等；其中挪威海产外贸局主办了海洋渔业研讨会、大洋性鱼类加工及市场研讨会等。中国国际渔业博览会是亚洲最大并具有世界影响的博览会。2002 中国国际渔业博览会是第七届，前六届分别在青岛、北京、大连、上海、北京、青岛等城市举办，青岛是国内举办中国国际渔业博览会次数最多的城市。

【2002 中国青岛金沙滩文化旅游节】 7 月 31 日至 8 月 10 日举行。是本市继啤酒节、海洋节之后第三大国际性知名节庆品牌，该项活动已举办四届。期间，举办了 5 大活动：一是 7 月 31 日至 8 月 6 日，举办了金沙滩“薛家岛杯”国际沙雕艺术大赛活动，由北京、西安、成都、深圳和长沙

等6支国内代表队和印度、刚果、扎伊尔等3支国外代表队参赛。二是8月3日晚上，在金沙滩演出广场举行大型开幕式暨“风从东方来”时尚晚会，中央电视台著名节目主持人朱军、王小丫担任主持。三是8月4日，举行“青岛经济发展重心西移与开发区未来发展论坛”，邀请了中央财经大学教授钟朋荣、上海经贸大学教授刘光溪等8名全国知名专家学者为青岛经济技术开发区未来发展出谋划策。四是8月8日，在金沙滩举行“伟业杯”全国沙滩排球巡回赛（青岛站），该巡回赛是国家体育总局排球管理中心和中国排球协会组织举办的每年一届的全国最高水平的沙滩排球正式比赛项目，全国20个省、市、自治区及解放军的53支代表队参加了比赛。五是8月10日晚上，在金沙滩演出广场举行了“2002中国·青岛金沙滩文化旅游节”闭幕暨“相约金沙滩”福瀛之夜现代流行音乐会，崔健乐队和萤火虫乐队参加了演出。节日期间，穿插举办了青岛经济技术开发区文化旅游项目洽谈推介会、纪念中日建交30周年“中日绘画交流大展”等10项群众文化活动。20余万人参与节庆活动，观光旅游宾客达30万人次。各大商场的销售额同比增长近30%，旅游收入比上年同期增长20%。青岛经济技术开发区签订文化旅游项目7个，总投资为3亿余元。期间，中央电视台、《人民日报》、香港卫视、《中国青年报》、北京电视台、天津电视台、山东电视台等60余家媒体300余名记者来青岛经济技术开发区参与报道，共发稿100余件。

海洋环境保护
Marine Environmental Protection

【海洋环境监测与城市污水处理】 首次开展了《青岛市海洋环境质量公报》发布工作，以此唤起社会各界的海洋环保意识。清理了奥帆赛区及邻近海域海洋环境，圆满完成了迎接国际帆联的技术专家来青岛市的考察任务。编制了《青岛市奥运赛区海洋环境监测、预报工作计划》，联合多个部门成立了奥帆赛区水文气象及环境保障工作领导小组，启动了奥帆赛区及临近海域海洋环境质量监测工作，布设了41个站位，对海水水质、水文气象、沉积物和污染源等重要项目进行监测，掌握该海区的海洋环境质量的基本情况，为确保奥帆赛顺利在青举办做好了准备。按照《2002年度青岛市海洋环境监测工作计划》的安排，在全市重点海域开展了海洋环境监测工作，在近岸海域布设了15个海洋环境监测站进行了趋势性监测，开展了第一海水浴场暑期海洋环境监测工作，并在重点海水养殖功能区设42个水质监测站开展养殖区环境监测。聘请国内知名专家成立了青岛市海洋环境保护专家咨询委员会，通过新闻媒体公开向社会征求海洋环保方面的意见和建议，提高海洋环保工作的民主化、科学化水平。规范了海洋工程、海岸工程建设项目环境影响评价工作程序，对四方区填海工程、胶州渔港码头工程、竹岔岛陆岛码头工程等8项海岸工程项目进行了环境评价报告审核和施工现场监督检查，有效防止了此类建设项目对海洋生态环境的污染损害。在全市设立了60余个举报点，建立起污染事故举报信息网，完善污染事故快速反应机制，提高对突发事故的应急处理能力。严厉查处了青岛碱厂、麦岛污水处理厂、北海船厂等4个单位污染海域事故，完成了相应的理赔工作，维护了国家利益和广大渔民的合法权益。建立了赤潮监视信息网，积极开展赤潮防灾减灾工作，及时控制和减少赤潮发生所造成的损失。完成了大公岛省级海洋自然保护区的总体规划工作，成果居省内领先水平。积极申报灵山岛省级海珍品种质自然保护区。

海洋科技与教育
Marine Science & Technology and Marine Education

【概况】 青岛是中国主要的海洋科研教育机构集中地和中国进行海洋科研、教学和国际学术交流的基地，海洋科技密集度居全国之首，素有“海洋科技城”之称。截至2002年底，全市拥有国家级、省级各类海洋科研机构9所，分别为中国科学院海洋研究所、中国科学院声学研究所北海研究所、国家海洋局第一海洋研究所、农业部中国水产科学院黄海研究所、山东省科学院海洋仪器仪表研究所、山东省海水养殖研究所、山东省社会科学院海洋经济研究所、山东海洋工程研究院；另有与海洋专业相关的教学单位5家，分别为中国海洋大学、青岛远洋船员学院、海军潜艇学院、海军航空技术学院青岛分院、青岛远洋运输公司船员职业学校。在青的海洋科研与教学单位约占全国同类单位的1/3。在青的海洋科技研究开发机构拥有的海洋科技研究开发与教学方面的高级专家、学者约占全国同类人才的50%以上。其中，中国科学院院士、中国工程院院士共15名，占全市34名院士（含外聘客座院士）的近44%。年内，驻青海洋科研单位承担了国家计划性科研课题，其经费2.44亿元。国家重大基础研究发展规划项目的7个海洋领域项目，有6个项目的首席科学家和主持单位在青岛（新上由中国海洋大学主持的“‘973’项目中国典型河口——近海陆海相互作用及其环境效应”，经费总金额2 800万元），本市有77个项目被列入国家“十五”海洋“863”计划，获得近1.3亿元经费支持。承担国家自然科学基金项目（62项）、国家“十五”攻关计划及“703”专项、天然气水合物专项、渤海综合整治、省际间海域勘界等一批国家重大专项的研究工作。

海洋立法与管理
Marine Legislation and Management

【海洋管理法规体系建设及执法监察】 为深入宣传贯彻《海域使用管理法》，青岛市专门成立了海域法宣传工作领导小组，制定了《海域使用管理法》宣传整体方案，通过举办《海域使用管理法》知识讲座、海域使用管理工作座谈会、涉海单位座谈会、用海单位座谈会、大型广场宣传活动、海洋知识竞赛，印发法律小册子、法律宣传材料，举行声势浩大的海监执法船巡航仪式等形式，在全市掀起了宣传海域法的热潮，社会各界的海洋法制意识明显提高，为顺利实施《海域使用管理法》奠定了良好的基础。深入开展了海洋立法调研，完成了《青岛市海域使用管理条例》修改稿的拟稿。加大海洋执法监察力度，重点查处违法填海、非法圈占海域和破坏海洋环境行为，查处了港务局黄岛液体化工码头等多起非法建造码头和非法养殖行为。联合中国海监北海总队，出动飞机、海监执法船和执法车辆，开展了大规模的海陆空联合执法检查，对市辖海域用海项目进行了拉网式检查，督促有关用海单位依法用海。加强了采砂用海管理，依法查处了“皖采14号”、“立礼203”、“苏云海368”、“青工浚1”、“苏灌南318”、“苏连海机228”等采砂船非法采砂行为，调集了6条执法船只和60余名执法人员，集中1个月的时间，对重点海域进行了24小时不间断巡航监控，有力地打击了非法采砂行为。积极做好前海一线海域综合整治工作，清理前海一线养殖网箱380个、养殖筏架17.33余公顷。组织执法人员认真学习行政执法知识和海洋法律法规，聘请专家讲解行政诉讼法，不断提高执法人员的法学理论素质和依法行政水平，努力建设一支素质高、业务精、纪律严、作风正、效率高的执法队伍。加强了行政执法监督，定期对全市海洋行政执法情况进行检查指导，规范行政执法证件管理，认真搞好行政处罚听证工作，从社会上聘请了15名行政执法监督员，确保执法公开公正。

【海域使用管理工作】 以贯彻落实《海域使用管理法》为主线，以建设国家级海域使用管理示范区为重点，加大依法管海力度，在创新海域管理措施、完善管理体制、加快信息化建设等方面取得了新突破，海洋管理整体水平明显提高。以海岸工程用海的确权发证工作为重点，大力推行海洋功能区划制度、海域使用权属管理制度和有偿使用制度。全市已确权海域面积3.59万余公顷，累计发放海域使用证539本。海域使用发证率达到95.23%，在15个副省级城市中位居第一。其中，全市51个较大海岸工程项目有49个项目办结海域使用手续，办证率达到96%。规范了海域使用证年审工作，全年审验海域使用证528本，审证率达98%。开展了海域使用权招标出让试点工作，对2万余公顷海域进行了公开招标，使国有海域资源增值近1倍，在创新海域管理机制方面取得了有益的经验。在15个副省级城市中率先编制了《青岛市海域使用规划》，成果达到国内领先水平。建立了海域使用管理信息系统，提高了海域科学化管理水平和管理效能。年内，青岛市被评为国家级海域使用管理示范区建设工作先进单位、全国海域使用管理先进单位。

（青岛市海洋与渔业局　孙云潭）

天 津 市

Tianjin City

综 述
Summary

【概述】 **行政区划** 天津市辖18个区县，其中沿海区3个：塘沽区、汉沽区、大港区，总面积约2 200平方千米。天津市地处渤海湾西岸，海河水系与蓟运河水系的尾闾，是海陆交互作用强烈的地区。天津市位于38°34′～40°15′N，116°43′～118°04′E，属于国际时区的东八区。南北长189千米，东西宽117千米，周长900千米，总面积11 919.7平方千米，2002年以前海岸线长约153千米，2002年国务院批准的陆域勘界津冀省际线北界，天津海岸线缩短2.4千米，总长度为150.93千米，滩涂面积370平方千米，天津海域总的地势自北、西、南向渤海湾中部缓倾，高程5米至岸线以下-20米，坡降0.1×10^{-3}～0.6×10^{-3}，海域面积约3 000平方千米。

自然概况 天津市东临渤海湾，北依燕山，西接首都北京，南北与河北省接邻，地处华北平原的东北部，海河流域下游，是海河5大支流南运河、子牙河、大清河、永定河和北运河的汇合处和入海口，素有“九河下梢”、“河海要冲”之称。天津市腹地广阔，是华北、西北广大地区最近的出海口，是欧亚大陆桥中国境内距离最短的东部起点。

表1 2002年沿海地区人口及从业人员统计

单位：万人

地区名称	2001年		2002年	
	年末总人口	从业人员	年末总人口	从业人员
天津市	914.0	488.3	919.0	492.61
塘沽区	46.9	44.6	47.3	44.7
汉沽区	16.8	7.5	16.8	7.1
大港区	33.6	18.3	34.1	17.8

天津海岸带属滨海底平原和洼地类型，地势平坦，土质黏重含盐分较大，形成了独特的自然生态系统，如北大港、黄港、官港和大黄铺等平原水库区均有较好的旅游资源。

天津位于中纬度欧亚大陆东岸。夏季受海洋影响，冬季受内陆作用，四季分明，属于海洋型海陆过渡气候，冬冷少雪，夏热多雨，春秋气候温和，多风少雨。具有明显的暖温带半湿润季风性气候特点。天津海洋资源主要有盐业、天然气、石油和鱼类等。

【海洋机构】 天津市海洋局是主管全市海洋行政事务的市政府职能部门，由天津市规划和国土资源局管理。天津市海洋局内设4个处室即办公室、发展计划处、海域管理处和海洋环境处。

为加强对天津市海岸带、海岛及毗连海域的海洋监察管理权，经天津市委、市政府批准，2002年1月24日天津市编制委员会以津编二字[2002]3号文件批复，同意建立中国海监天津总队，为具有行政执法监察职能的处级机构，隶属于天津市海洋局管理。为加强天津市海洋环境监测预报工作，充分发挥中央和地方优势，达到共建、共用、共管天津市海洋环境监测预报系统的目的，实现资源共享，2002年10月29日经天津市编委津编事字[2002]23号文件批准，同意将原天津市海洋预报台更名为天津市海洋环境监测预报中心。该中心与国家海洋局天津海洋环境监测中心站共建，为一个机构两个牌子。天津市海洋局所属单位有：天津古海岸与湿地国家级自然保护区管理处、中国海监天津总队和天津市海洋环境监测预报中心。

【主要工作】 2002年天津市海洋局以规划为龙头，以超前战略研究为基础，以管理为保证，以保障服务为前提，做足做好海洋文章，圆满完成了全年工作目标。确定了以宣传贯彻《中华人民共和国海域使用管理法》为主线，加强完善相应的法规制度，科学规范海洋行政管理机制，积极探索海域使用管理的新模式，加强海域执法监察，推动海洋信息管理体系建设，逐步建立新的海洋行政管理工作环境，为滨海新区经济发展提供保障和服务的工作思路。

联系海洋工作实际，提出了“深化对海洋的认识，做好海洋这篇大文章”的初步思路。天津市海洋局与天津华北地质勘察局共同组成调研组，历时两个多月，走访30余个单位，搜集了大量资料，深入开展研究，完成了“建造海上公路，增加人工岸线，形成若干功能区，为滨海经济搭建发展平台的建议和设想”的调研报告，得到市有关领导同志的重视。有些思路和设想被采纳并写入市委、市政府有关发展海洋经济的工作要点。市海洋局与市规划院密切配合，共同制定“天津市海岸带综合开发利用保护规划”；与市计委共同编制“天津海洋经济发展规划”并完成了初稿；完成了天津市国土规划海洋部分；根据海洋环境保护工作的需要，着手研究“天津市海洋环境保护规划”和“七里海湿地保护建设规划”的编制工作；与市滨海委共同研究做好海洋文章，加快滨海经济发展的思路。有力地提高了海洋工作在全社会的地位和影响度。

在完成了天津市海域使用管理塘沽示范区建设工作后，又对汉沽区、大港区全面开展了海域使用状况普查。全面启动省际间津冀海域勘界工作。天津市海域勘界领导小组第二次会议审议并原则通过了市海域勘界办提交的津冀北线和津冀南线海域勘界主张方案。

认真搞好天津市海洋局8项行政审批制度改革，加强与海域法相关的配套制度建设。按照市政府的要求，对天津市海洋局涉及海域管理的8项行政审批事项重新核定，对办理时限做了相应的压缩。把工作的重点放在规范内部审批程序、建立相关制度上，从审批的依据、条件、程序、时限、相关服务措施和内部监督约束机制上进一步做了规范，由天津市政府在“天津政务网”向社会公开，达到规范工作，转变作风，提高效率，树立良好形象，提高海洋管理工作科学化、规范化水平的目的。经天津市政府批准，从2002年开始正式启用“天津市人民政府海域使用审批专用章”，代政府进行海域使用审批和发放海域使用权证书。缩短了审批时间，简化了程序，方便了海域使用权人。

开展相关法规研究与制度建设，积极推进出台与《海域使用管理法》配套相关的地方性法规，按照WTO的经济规则和海域资源化特点，参照土地市场化机制，开展了海域使用市场化，如招投标、拍卖、转让办法等运作方式的初步研究。

加强海洋行政执法监察工作，提高执法手段和执法水平。加大查处力度，2002年，出动监察人员105人次，重点检查了56艘海上倾废船只，使天津市海域船只倾废到位率达100%，杜绝违法倾倒事件的发生，确保天津市重点工程项目——天津港10万吨级深水航道工程项目的顺利实施。对违法用海和破坏海洋自然保护区的违法行为进行查处，协调解决用海纠纷，维护沿海地区的稳定。

加强海洋环境管理。拟订并实施了《2002年天津市海洋环境监测工作方案》，编制天津市海洋环境年报，发布天津市海洋环境公报，实时掌握近岸重点、热点海域的环境质量动态，为天津市的海洋经济发展和宏观决策提供直接快速的服务。开展了天津港3个海洋工程项目的海洋环境影响评价工作。

2002年马耳他籍油轮“塔斯曼海”轮与中国大连“顺凯一号”轮在天津大沽锚地东部海域23海里处发生碰撞，造成装载轻质原油溢出，给海洋生态环境造成严重损害，天津市海洋局委托嘉德律师事务所律师向天津海事法院提起诉讼。

加快天津古海岸与湿地国家级自然保护区的建设，多方筹集资金，启动“天津古林古海岸遗迹展示中心”建设项目，使不可再生资源得到保护，12月28日奠基，计划2004年建成。保护区管理工作重心下沉，建立大港监理所，进一步加强了对保护区的管理力度。利用科技周契机，在大港区开展以“历史遗迹不可再生，提倡科学保护生态”海洋自然保护区科普宣传教育活动。加强国际合作，继续与美中环境基金会合作，积极争取合作项目；与美国切斯匹克湾保护区签署了进一步合作意向。

加强思想政治工作和机关自身队伍建设。制定“天津市海洋局国家公务员行为规范和准则”，树立了天津市海洋局“团结、敬业、务实、高效”的局风，规范思想、规范行为，改进工作作风，提高工作效率。加强信息宣传工作，制定海洋局系统信息宣传奖励办法和定期通报制度。

【综合信息】　2002年4月8日天津市市委书记张立昌在市八次党代会上指出：天津地处环渤海中心，要深化对海洋的认识，大力发展海洋经济。

2002年12月25日中共中央政治局委员、天津市市委书记张立昌在市委八届三次全会上提出：大力发展海洋经济。天津市地处环渤海中心，拥有上千平方千米可供开发建设的沿海土地资源，拥有丰富的石油、天然气等海洋资源，前景非常广阔。进一步开发海洋、用好海洋，是天津在新阶段的一项战略性选择。我们要深化对海洋的认识，成立研究开发海洋经济的专门机构，制定海洋经济发展规划，形成具有天津特色的海洋经济体系。要加快大炼油、大乙烯项目的准备工作，并带动塑料、医药、食品、纺织等产品的发展，把产业链做长，使滨海新区成为全国最大的石油化工、海洋化工基地。要充分发挥港口、开发区、保税区的优势，尽快建成现代国际物流中心。要加快发展海水淡化产业、海洋生物制药等新兴产业、海洋旅游业、现代海水养殖和海产品的精深加工，尽快形成规模，使我们的临海天然优势转化为经济优势。（王春荣）

海洋资源开发与海洋经济
Development of Marine Resources and Marine Economy

【综述】 天津市海洋经济2002年继续保持上升趋势。2002年度天津市海洋经济总产值达到415.98亿元，比2001年增长56.01%，增加值达到174.93亿元，比2001年增长31.65%。2002年天津市海洋产业增加值占天津市GDP的8.6%，比2001年提高了1.3个百分点。

从2002年各海洋产业情况看，石油化工、海洋化工和石油天然气开采呈较快的增长态势。石油化工总产值完成149.32亿元，比2001年增长115.2%，其次海洋化工产值完成53.60亿元，比2001年增长39.9%，石油天然气开采产值完成111.80亿元，比2001年增长48%。滨海旅游业和港口交通运输业继续保持平稳的增长态势。海洋水产和海洋盐业产值与增加值基本与2001年度持平。天津修造船业逐步走出低谷，2002年产值和增加值都有较大幅度提高。

【交通港口运输业】 交通港口运输业全年完成产值52.31亿元，同比2001年增长18.2%，增加值26.91亿元，其中天津港完成增加值18.2亿元。天津港全年共完成货物吞吐量12 906.4万吨，国际集装箱吞吐量完成240.8万标箱。

【石油天然气】 2002年天津市原油产量1 215.94万吨，天然气产量6.67亿吨。石油天然气共完成总产值111.80亿元，比2001年增加48%，完成增加值88.08亿元。石油天然气已经成为天津的支柱产业。

【滨海旅游】 2002年天津市接待入境游客50.60万人次，旅游外汇收入达到3.42亿美元，比2001年增长22.2%。

【海洋水产】 2002年天津市海洋捕捞产量达到4.48万吨，海水养殖产量7 958吨。海洋水产完成总产值8.27亿元，较2001年增长17.6%，完成增加值4.01亿元。

【海盐业】 2002年天津市海盐产量238.7万吨，海盐总产值达到5.13亿元，产量、总产值均与2001年持平。

【修造船】 自2001年天津修造船业初步扭亏为盈以来，2002年修造船业保持良好的增长态势，完成总产值7.12亿元，增加值1.38亿元，比2001年有了较大提高。

【海洋化工】 2002年天津市海洋化工企业生产纯碱79.46万吨，烧碱47.87万吨，PVC55.83万吨。海洋化工完成总产值53.61亿元，增加值15.05亿元，分别比2001年增长39.9%和49%。

【石油化工】 石油化工是天津市的特色海洋产业，在天津市海洋经济中占有重要地位。2002年天津市石油化工完成总产值149.3亿元，增加值18.7亿元。由于2002年天津市统计部门又将中石化集团天津石油化工公司划归化学原料和化学制品制造业的数据统计纳入，故2002年石油化工产值有较大幅度增长。石油化工总产值占全市海洋产业总产值的35.9%。（杨　健）

表 2 2002 年天津市沿海地区国内生产总值、工农业总产值一览表

单位：亿元

市 区	年 份	国内生产总值				工 业		农 业	
		合 计	第一产业	第二产业	第三产业	总产值	增加值	总产值	增加值
天津市	2001	1 826.67	78.56	891.51	856.60	2 940.44	728.10	169.51	78.56
	2002	2 022.60	83.85	978.75	960.00	3 323.12	843.38	181.07	83.85
塘沽区	2001	503.67	1.55	335.40	166.72	788.91	271.70	3.06	1.32
	2002	618.37	1.73	416.01	200.63	954.38	318.37	3.65	1.43
汉沽区	2001	23.18	2.60	12.64	7.94	35.99	9.36	6.13	2.60
	2002	26.07	2.76	14.21	9.10	38.14	15.12	6.51	2.76
大港区	2001	106.85	0.93	87.54	18.38	295.98	62.05	2.24	1.12
	2002	128.17	1.06	106.09	21.02	303.07	39.83	2.50	1.22

表 3 2002 年天津市海洋开发资料统计

统 计 项 目		2001 年	2002 年
海洋捕捞产量（万吨）	鱼 类	1.438	1.633
	贝 类	1.567	2.171
	虾蟹类	0.692	0.678
	合 计	3.697	4.482
海洋养殖产量（万吨）	鱼 类	0.186	0.176
	虾蟹类	0.483	0.604
	其他类		0.016
	合 计	0.669	0.796
海洋货物运输量（万吨）	沿 海	0.00	260.4
	远 洋	4 927.8	5 677.6
	合 计	4 927.8	5 938.0
海洋旅客运输量（万人次）		2.6	1.1
天津港货物吞吐量（万吨）		11 369.0	12 906.4
海盐生产	面积（公顷）	36 182.0	32 724.0
	产量（万吨）	251.9	238.7
海盐化工产量（万吨）	氯化镁	19.97	23.15
海洋石油产量（万吨）		970.29	1 215.94
海洋化工产量（万吨）	纯 碱	75.33	79.46
	烧 碱	43.80	47.87
	PVC	29.54	55.83
	合 计	148.67	183.16
石油化工产量（万吨）		704.31	644.58
滨海旅游人数	国 外	42.14	50.60

海洋国际合作与交流
Marine International Cooperation and Interflow

【第二届国际近岸海域富营养化研讨会】 2002年11月21～24日由天津滨海新区管理委员会和天津大学环境科学与工程学院共同主办，天津市海洋局协办的“第二届国际近岸富营养化研讨会”在天津经济技术开发区召开，会议邀请了40余位国内外知名的海洋环境专家进行研讨。市委常委、天津滨海新区主任皮黔生同志出席了会议，市长王德惠还接见了英国皇家院士、市政府高级顾问罗杰先生，就有关海洋环境合作问题与天津市海洋局进行了探讨。

【东亚海渤海环境管理项目】 2002年继续推进由国际海事组织、全球环境基金会和联合国开发计划署联合发起的东亚海渤海环境管理项目正式进入项目实施阶段。12月国际项目办官员于沪明一行到天津考察，与天津市海洋局共同商讨子项目之一的“天津市海河口生态环境跨地区发展管理行动计划”的实施方案，并初步拟定了项目合同书。

【加强国际合作与交流】 天津古海岸与湿地国家级自然保护区深入与美中环境基金会合作，与美国切斯匹克湾保护区签署了进一步合作意向。根据天津市海洋经济开发与环境保护的需要，与市政府高级外籍顾问、英国皇家院士罗杰先生保持合作，由天津市海洋局组团一行4人于2002年5月16～30日对荷兰、英国等欧洲国家进行了出访和交流。（杨　健）

海域使用管理
Management of Sea Area Use

【概况】 2002年，天津市海洋局借助《海域使用管理法》的实施，海域管理工作取得了较大进展。

宣传贯彻《海域使用管理法》 2002年是《中华人民共和国海域使用管理法》(以下简称《海域法》) 实施的第一年，天津市海洋局通过各种渠道和形式进行宣传贯彻，使天津市海域管理工作取得显著进展。针对不同层次的宣贯对象，组织撰写多部讲稿和计算机幻灯片，分别向天津市人大、天津市规划和国土资源局、塘沽区规划和国土资源局、塘沽区海洋局、汉沽区涉海乡镇村领导干部、天津港务局及滨海三区全部涉海单位进行宣讲8次，覆盖了天津市全部涉海政府部门、用海单位和个人，同时在天津市有关涉海工程项目审查会、协调会和论证会上宣传《海域使用管理法》，宣传三项基本制度，宣传海洋功能区划，使《海域使用管理法》及其确立的制度深入人心，效果显著。

塘沽示范区建设 2002年，海域管理塘沽示范区的建设，取得了可喜的成绩。制定、实施了《塘沽示范区工作方案》，组织成立了示范区领导机构（示范区办公室），落实了示范区建设地方配套经费，召开了示范区工作会议，全面启动示范区工作。制定、实施《示范区普查登记工作方案》，完成海域使用普查登记和勘测核定工作，登记、核定率达到100%，全面摸清示范区海域使用底数。普查登记、勘测核定项目总数共计57项，面积159.8平方千米，涉及单位32个。其中：勘测39项、10.7平方千米，核定18项、149.1平方千米。全面查清了用海项目情况，并进行全面勘测核定、绘图，摸清了底数。塘沽示范区建设已进入确权发证阶段，经分类整理，应该纳入管理发证34项（其中已发证纳入管理的10项)。内业整理工作基本完成，正在按照计划，完成审查程序后进行发证。国家海洋局到天津市进行示范区工作阶段性验收，验收组对天津市的工作给予较好评价，尤其是将高新技术手段用于示范区建设是北海片的示范区中做得最好的。

海域使用审批 2002年，天津市共完成海域使用批准、发证和换发证5项，总面积79.44公顷（港油田港深78井、歧东2井、港海2井、歧东3-1井共计3.2公顷，天马拆船厂靠船墩4.67公顷，天津港北大防波堤一期工程71.57公顷)。批准办理临时海域使用2项，面积共计370.33公顷(大沽、北塘渔民协会试养兰蛤临时用海项目)；正在办理的海域使用项目有3项，面积共421.594公顷（国际游乐港有限公司旅游用海88公顷，人工岛82公顷，临时航道用海249.2公顷，通远拆船有限公司拆船用海2.394公顷)。并且在海域使用管理审批工作中，大力普及使用海域管理信息系统，推进海域管理工作电子化、信息化。

启用“天津市人民政府海域使用审批专用章”

在认真执行《海域使用管理法》和相关制度的同时，为贯彻中央简化行政审批程序的精神，本着为企业服务、为海洋经济发展服务的目的，借鉴相关部门的经验，天津市海洋局提出了简化海域使用审批手续的请示，经市政府批准并以天津市人民政府名义发文，天津市从2002年开始正式启用“天津市人民政府海域使用审批专用章”，用于海域使用审批呈报表和海域使用权证书。审批专用章的启用，缩短了审批时间，简化了程序，方便了海域使用权人。

汉沽区、大港区海域使用普查登记 为推广海域管理塘沽示范区的经验，进行汉沽区、大港区海域使用普查登记工作列入了2002年海洋工作重点。汉沽区、大港区于4月份启动此项工作，进展顺利，登记工作已基本完成。其中，大港区共登记海域使用项目222项，农业用海共计809.8公顷，大港油田石油开发用海84.6公顷，需确认海域使用权的用海面积总计894.4公顷；汉沽区共登记海域使用项目44项，涉及盐场取排水口、养殖取排水口、渔港、围海养殖等7大类，总面积约为148公顷。9月25日到10月17日，天津市海洋局组织国家海洋技术中心的专家以及汉沽区海洋局的工作人员，徒步行程200余千米，对汉沽区沿海所有的用海项目进行了详细的外业勘测。初步统计，测量用海项目占用海域共计60余宗，面积340余公顷。在对汉沽区海域勘测资料进行紧张的内业整理工作的同时，将为全面开展大港区的海域勘测核定工作做好准备。这项工作的完成，为天津市海域使用实施有效管理，奠定了重要的基础。

海域使用金征缴 11月12日，天津市海洋局与天津市财政局联合下发了《关于加强海域使用金征缴工作若干问题的通知》（津财综[2002]43号），对天津市海域使用金征缴过程中出现的一些重要问题进行了规定。通知下发后，2002年度海域使用金征缴工作正式启动。截至12月上旬，2002年需缴纳海域使用金的11家用海单位中，已有7家单位办理了海域使用年检手续并缴纳了2002年度海域使用金。

海域勘界 为落实国家海洋局对海域勘界工作的部署，2002年3月7日天津市海域勘界领导小组在第一次会议上审议通过了《天津市海域勘界工作技术方案》。为落实该方案，天津市海域勘界领导小组办公室组织制定了《天津市海域勘界工作实施计划》，正式启动天津市海域勘界工作。海域勘界领导小组办公室、工作组及技术依托单位国家海洋信息中心的有关人员共对津冀北线和津冀南线边界地区实地勘察调研16次，召开勘界情况座谈会8次，参加调研人员达200余人次；外业调查及内业整理工作投入人员40余人，计算机、GPS等设备10余部。同时，勘界办公室在海域勘界领导小组各成员单位的积极配合下，共收集到市民政局、市档案局、市统计局、涉界区政府等15个单位提供的海域勘界相关资料150余份，其中图40余幅。12月4日领导小组第二次工作会议审议并通过了《天津市海域勘界主张方案》。国家海洋局海域勘界办公室于12月10日来津征求国家对省际海域勘界津冀北线、津冀南线划界方案（草案）的意见后，天津市海域勘界领导小组拟出了天津市对国家划界方案的意见，并报市政府同意后上报国家海洋局海域勘界办公室。

地方重大海洋工程项目
Local Key Marine Engineering Projects

【天津港北大防波堤一期工程】 天津港北大防波堤一期工程位于天津港，南起现有北防波堤附近，远期北至蓟运河口。工程包括内堤、外堤两大部分，是掩护天津港池水域的主要屏障，其主要作用：一是规划北港池的防浪、防淤，二是为港口形成新的纳泥区创造条件，为远景规划区形成陆域奠定基础。北大防波堤一期工程内堤长2 000米，外堤长6 420米，其中南外堤长2 020米，东外堤长4 400米。天津港务局于2002年5月20日以海上人工构造物向天津市海洋局提出用海申请，该用海项目已于2002年7月30日得到天津市人民政府批准。

【天津国际游乐港工程】 天津国际游乐港有限公司依托前苏联退役航母“基辅号”，在汉沽区八卦滩兴建大型军事主题公园和国家国防、海权和海洋科普教育基地，此建设项目需填海造陆，形成南北两个形状对称、面积均为41公顷的人工岛，并占用人工岛包围的海域88公顷用于旅游。此外，为拖带“基辅号”落位，还需开挖长14千米，宽62米的航道。天津国际游乐港有限公司已于2002

年11月15日向天津市汉沽区海洋局就临时航道、人工岛（南岛）和旅游等项目提出了用海申请。

（王 磊 于 华）

海洋环境保护
Marine Environmental Protection

【概况】 **完成市科委自然科学研究项目** 编写完成《“十五”期间渤海综合整治天津行动方案研究》课题报告和《“十五”期间天津海域综合整治项目库》。

海洋事故损害 2002年11月23日凌晨4时50分，马耳他籍油轮“塔斯曼海”轮与中国大连“顺凯一号”轮在天津大沽锚地东部海域23海里处发生碰撞，造成装载轻质原油溢出，海上形成大约长2.5海里，宽1.4海里的溢油漂流带。天津市海洋局派监测人员前往上述海域进行跟踪监测，同时，海洋执法监察人员进行现场调查取证。鉴于溢油污染给海洋生态环境造成的严重损害，天津市海洋局要求“塔斯曼海”轮船主赔偿因溢油给海洋生态环境造成的污染损害并委托嘉德律师事务所律师处理相关法律事务，向天津海事法院提起诉讼。本次污染是中国加入1992年国际油污损害民事责任公约后，第一例根据该公约向外国船公司保险人进行索赔的案件。

海洋环境保护行政审批工作 (1) 海洋倾废管理。确保市重点工程项目——天津港10万吨级和15万吨级深水航道工程项目的顺利实施。加强对倾废船只的管理，增加随船监视的频率，每星期派人随船监视一次，确保倾废船只倾倒到位率达到100%，避免违法倾倒事件的发生。

(2) 天津港三个海洋工程项目通过市海洋局组织的专家评审。市海洋局分别主持召开了《天津港北大防波堤工程环境影响报告书》专家评审会、《天津港南疆防波堤南一、二期围埝工程环境影响报告书》专家评审会和《天津港十五万吨级航道一期工程环境影响报告书》专家评审会，并通过了专家评审意见。中交一航院、国家海洋局海洋信息中心、天津大学环境科学研究院、天津海事局和国家海洋局天津海洋环境监测中心站等单位的专家和天津港务局的领导出席了会议。

(3) 渤海碧海行动计划。编写完成《汉沽浅海生态系统海洋特别保护区建设工程项目建议书》和《天津市海洋环境监测预报及管理体系能力建设项目建议书》。

(4) 制定天津市海洋局海洋环境处各项制度。制定《核准海洋工程建设项目环境影响报告书管理制度》、《天津市海洋环境预报与海洋灾害预报警报发布制度》、《天津市海洋石油勘探开发化学消油剂使用管理制度》、《天津市赤潮监测监控工作管理制度》、《天津市海洋石油勘探开发溢油应急计划编报和审批管理制度》、《天津市海洋环境资料管理制度》、《审批倾倒海洋废弃物管理制度》、《审核新建、改建、扩建海岸工程建设项目环境影响报告书管理制度》和《核准海洋石油平台勘探开发建设项目环境影响报告书工作管理制度》等9项制度。

(5) 海洋环境保护宣传。2002年11月15日，由美国菲利普斯中国有限公司赞助，国家海洋局、中美环境基金会和市海洋局在市自然博物馆联合举办了“我爱这蓝色的海洋”——渤海生态环境保护科普教育宣传活动，河西区马场道小学的200余名师生参加了活动。

活动中，特邀海洋环保专家为同学们现场讲授了海洋环境保护知识，每个学生获增一套相关教育资料和由我国卫星遥感拍摄的渤海海洋环境挂图。代表与学生们共同做知识性、趣味性游戏，激发学生们爱护动植物、保护生态环境的积极性。活动后，代表和学生们还参观了自然博物馆。

海洋公益服务
Marine Public Welfare Service

【海洋环境监测预测】 **常规监测工作** 天津市海洋局按照《2002年天津市海洋环境监测工作方案》，组织进行了5、8、10月海洋环境监测工作，进行了19个航次的常规监测工作，共完成水文气象、水质监测93个站次，监测项目共50项，其中水文气象10项，水质20项，底质9项，生物质量监测11项。共获取水质监测数据1 125个，水文气象数据750个，沉积物监测数据16个，生物监测数据18个。发布了《2002年天津市海洋环境质量公报》和《2002年天津市海洋环境质量评价报告》。

建立天津市海洋环境监测预报中心 根据国家海洋局关于充分发挥中央和地方各级海洋行政管理部门的优势，共建、共用、共管海洋环境监测预报系统的指示精神，起草了《天津市海洋环境监测预报中心建设方案》，积极协商市编委、市财政筹建天津市海洋环境监测预报中心。2002年10月29日经市编委批准同意将天津市海洋预报台更名为天津市海洋环境监测预报中心（津编事字[2002]23号），该中心与国家海洋局天津海洋环境监测中心站为一个机构两块牌子。

【海洋灾害与防御】 **赤潮监控区工作** 按照国家海洋局和市领导王德惠、陈质枫的批示要求，拟定了《2002年天津市赤潮监控区工作方案》和《2002年赤潮防灾减灾工作实施方案》并上报市政府，确定大沽锚地附近海域为2002年赤潮监控区。天津大沽锚地附近海域布设监测站位6个。6～9月份期间，共出动监测人员100余人次，车辆30余台次，船舶20余船次，取得有效数据3 000余个。

成立“天津市赤潮监视监测网” 2002年5月23日市海洋局主持召开了“天津市赤潮防灾减灾领导小组会议”。会上成立了“天津市赤潮防灾减灾领导小组”和“天津市赤潮防灾减灾联络小组”，并宣布了成员名单，建立了“天津市赤潮监视监测网”。会议部署了2002年天津市赤潮防灾减灾工作任务，公布了《天津市赤潮监测监视工作管理制度》。市防汛指挥部、环保局、海事局、水产局、滨海委、交委、大港区、塘沽区、汉沽区、港务局、大港油田、中海石油天津分公司、海滨浴场和国家海洋局天津海洋环境监测中心站等部门和单位的领导出席了会议。

赤潮应急监视监测工作 2002年发生赤潮两次，面积为7平方千米。市海洋局进行了赤潮的应急监测，在赤潮发生的区域内、外水域分别设立5个赤潮区测站和对照测站，发布了8份赤潮通报。正式运行了《天津市赤潮监测监视网》，通过网络、传真、电话等信息传输手段，及时传递至市政府、国家海洋局和各成员单位，为各级领导和政府部门及涉海单位，及时准确地了解赤潮灾情及损失情况，组织防灾减灾和加强海洋综合管理提供重要的信息和决策依据。 （薛艳晨）

海洋自然保护区建设与管理
Construction and Management of Marine Nature Reserves

【大港第一监理所成立】 2002年1月29日，天津古海岸与湿地国家级自然保护区管理处（以下简称保护区管理处）从抓组织落实入手，依据有关法律法规和保护区建设方案，与大港区规划和国土资源局协商，达成共建天津古海岸与湿地国家级自然保护区管理处第一监理所的协议。大港区规划国土局提供办公房和执法车辆以及必要的办公经费和设施。保护区管理处在大港区公开招聘管理人员，提供人员经费。5月底，完成组建工作，正常开展工作。

【依法管理保护区】 保护区面积大，重点保护区域分散，没有管辖区域的土地所有权，管理基础薄弱等现状，给保护区的管理工作带来极大的困难。为了进一步加强保护工作，保护区管理处在组建基层监理所的基础上，加强了监察巡视工作力度。全年开展执法监察活动850次，出动执法监察1 997人次，处罚违法行为7次。

【科研工作】 保护区管理处于2002年6月，启动了“七里海湿地动物（鸟类）调查”及“七里海湿地水质监测方法”两项科研项目，发现鸟类60余种，其中国家二级保护鸟类9种，有天鹅（3种）、猛禽（鹞子、大鵟、猛隼）。定出湿地水质监测点，规范了对湿地水质的监测方法和标准。

“天津古海岸与湿地国家级自然保护区零点综合科学考察可行性研究报告”通过国家环境保护局的评审。申请到国家财政部专项基金75万元，项目的前期准备工作进展顺利，动物、地质、植物、自然环境、社会经济5个子课题的实施计划已全部完成，该项目的启动，标志着保护区管理处的科研工作又上了新的台阶，并为保护区的整体工作打下了坚实的基础，同时也为保护区的发展提供了科学依据。

【宣传工作】 5月18日第一监理所在大港区科技周上，以“历史遗迹，不可再生，提倡科学，保护生态”为主题开展宣传活动，散发宣传材料。一年来保护区管理处通过广播、张贴广告、发放宣传品等形式开展宣传活动90次，出动人员300人次。

2002年8月22日，为加大对保护区正面宣传的力度，增进与新闻媒体的了解和沟通，保护区管理处主动出击，在天津市委宣传部和市海洋局的支持下，组织天津日报、今晚报、天津青年报、中国海洋报、北方网等天津市新闻单位的记者参观考察保护区。

【国际交流与合作】 2002年5月2日，天津古海岸与湿地国家级自然保护区与美国切斯比克湾河口研究保护区签署长期合作意向书。双方将在资料、学者交流与合作研究方面开展长期合作。

【“天津古林古海岸遗迹展示中心”规划设计通过审定】 在市政府、市计委、市建委、市海洋局、大港区政府的支持下，投资近千万元，占地6.67公顷（100余亩），集保护、科研、科普、休闲为一体的“天津古林古海岸遗迹展示中心”，规划设计于2002年11月21日通过审定，12月28日举行奠基仪式，预计2003年建设完成。（高晓云）

河 北 省

Hebei Province

综 述
Summary

【概况】 河北省大陆岸线长487千米，海岛132个，海岛岸线长199千米。海岸线主要由基岩质、砂质和淤泥质海岸构成。海岸线平直，浪差小，风浪一般在3级以下，气候属暖温带半湿润大陆性季风气候。河北省海岸带总面积11 379.88平方千米，其中陆地面积3 756.8平方千米，潮间带面积1 167.9平方千米，浅海面积6 455.6平方千米。

河北省海洋管理机构健全，河北省海洋局作为河北省海洋行政主管部门，承担着对毗邻海域海洋资源进行规划、管理、保护与合理利用的职能。沿海市、县两级均设有海洋管理部门。中国海监河北省总队下辖秦皇岛、唐山、沧州3个大队，负责河北省毗邻海域的海洋监察工作。

表1 河北省沿海市县一览表

沿海市	沿海县级市、县及县级单位
秦皇岛市	山海关区、山海关开发区、海港区、北戴河区、抚宁县、昌黎县
唐山市	滦南县、乐亭县、唐海县、丰南区、京唐港经济技术开发区、南堡经济技术开发区
沧州市	黄骅市、海兴县、中捷友谊农场、南大港农场、黄骅港经济技术开发区

河北省委、省政府高度重视海洋经济发展，2002年7月7～8日，河北省政府在唐山召开了“河北省海洋经济可持续发展高级研讨会”，邀请21名省内外专家，对河北省海洋经济的发展献计献策。省政府常务副省长郭庚茂、副省长何少存参加了会议并作了重要讲话，国家海洋局副局长倪岳峰、国家海洋局北海分局局长王志远应邀参加了此次会议并作了重要讲话，省直有关部门及沿海市县领导同志参加了会议。会后，省政府批准同意了“关于加快河北省海洋经济可持续发展建议”和“关于贯彻加快海洋经济发展建议的实施意见”两个报告，并着手组织编制“河北省海洋经济发展实施规划”。

海域使用管理
Management of Sea Area Use

【海域使用清查整顿工作稳步推进】 为掌握河北省海域使用现状，规范海域使用秩序，推进海域使用三项制度建设，在2001年海域普查登记的基础上，2002年开展了海域使用清查整顿工作。年初，聘请有关专家对工作方案进行了反复研究，编写了技术规程，组织了由河北省国土资源利用规划院和河北师范大学技术人员共70余人组成的调查队伍，并对调查人员进行了技术培训。5月31日至6月1日，省市报纸同时发布了公告，县级电视台连续5天利用黄金时间发布公告，并印刷了4 000余张公告张贴到各个沿海村镇。7月份调查队伍进入现场开始了拉网式清查，历时2个月完成了外业工作。实地确定了每宗用海的界址点、线、用海类型、用海面积，并对确权发证、海域使用权来源、经济效益及陆域涉海的养殖业、盐业、旅游等行业情况进行了调查，完成了海域使用现状调查登记表及图。此次清查整顿，涉及区域92.8万公顷，测量站位近6 000个，使用海域的单位和个人2 400宗。据初步统计，河北省岸线利用率达90%以上，各类型用海占用海域14.8万公顷（不含捕捞区、公共航运区），占管辖海域面积的22%。

【海域勘界工作进展顺利】 根据国家海洋局海域勘界办公室的统一部署，河北省2002年开展了冀津南、北两条省际线和乐亭－滦南县际试点线的勘界工作。经省政府批准，6月份成立了河北省海域勘界领导小组及勘界办公室，全面部署了海域勘界工作。

河北省高度重视此次勘界工作，在省际线勘

界工作中，一是加强勘界工作的组织领导，在涉界市县均成立了以政府主要领导参加的海域勘界领导小组，为勘界工作提供了组织保障。二是加强调查工作，查阅收集大量的史料，并深入现场进行调查走访及实地勘测，掌握第一手资料。三是加强与国家海域勘界办和勘界技术承担单位的联系，及时向国家海域勘界办公室和勘界技术承担单位反映情况，提供资料，力求国家对两省市划界的公正。四是结合国家海域勘界的有关规定，对调查情况和资料进行认真整理，认真分析勘界中可能出现的问题、双方的分歧等有关情况，制定相应措施。截至年底，涉界市县针对省际划界草案及协议文本进行分析，草拟对草案及协议的意见。

乐亭一滦南县际间海域勘界试点工作，于2002年10月开展了涉界区域的野外调查，2003年1月中旬提出划界草案。

【海洋功能区划工作力度加大】 2002年，加大省级海洋功能区划的实施力度，并加强了对市县两级大比例尺海洋功能区划工作的督导。唐山市海洋功能区划已上报省政府待批；秦皇岛市海洋功能区划已上报市政府审查；沧州市海洋功能区划报告编写完毕，于2003年1月组织专家评审。秦皇岛山海关区、唐山乐亭、滦南县级海洋功能区划也已启动编制工作。

8月22日，“全国海洋功能区划”经国务院国函2002[77]号文批准实施。9月20日，组织召开了“河北省重点工程用海情况汇报会”，向秦皇岛港等6家大型用海企业传达了文件精神，听取了各用海单位目前用海进展情况、“十五”期间计划用海项目情况的汇报，并就存在的问题和建议交换了意见，向用海单位进一步宣传、讲解了国家、省在海域管理上的法律、法规及工作要求，提高了用海单位对海域使用管理工作的认识。

【海域权属制度和有偿使用制度管理进一步规范】 2002年，从管理制度建设入手，积极配合国家海洋局先后参与制定和修改了海籍调查规程等有关规章制度，河北省政府下发了“省市海域使用管理审批权划分意见”。结合唐山、秦皇岛两个国家级海域使用管理示范区建设，加强新上工程项目的海域使用论证工作和重点工程项目的监督。先后完成了秦皇岛港301码头改造工程、冀东19万吨原盐二期扩建工程、大港油田2×1井及进海路工程、秦皇岛求仙入海处旅游码头、曹妃甸通路工程、沧化集团液体码头堆场、大港油田赵东C/D区块用海项目等海域使用可行性论证的评审和审查。完成了秦皇岛港301码头工程、大港油田2×1井及进海路工程、曹妃甸通路工程等重点项目的组卷报批；协调拆除北戴河中直浴场内栈桥工渔码头。在乐亭县初步探索采取招标拍买的形式确定使用权的海域使用市场机制。2002年省本级征收海域使用金715万元。

海洋环境保护
Marine Environmental Protection

【环境保护概况】 2002年，河北省召开全省海洋环境保护工作会议，分析全省海洋环境保护工作面临的形势和机遇，明确了“十五”海洋环境保护工作目标，部署了2003年重点要做好的几项工作。完成2002年全省近岸海域海洋环境监测工作计划实施方案，经国家海洋局同意，组织秦皇岛海洋监测中心实施。共设立趋势性监测站位130个，基本满足国家趋势性和全省专项监测布局要求。

海域工程监督管理进一步规范。坚持海域工程可行性论证和海洋环境影响评价制度，做到提前介入，加强与用海单位的沟通和指导，提高为经济建设的服务能力。特别是对省政府确定的大的重要项目积极协调和指导，特事特办，加快审批进度，受到了地方政府和企业的好评。先后组织完成了“大港油田庄海进海路及井场钻探工程”、“曹妃甸通路工程”等海洋环境影响报告书的评审和批复工作。配合执法监察处对唐山乐亭石臼坨和打网岗等6宗海洋违规案件进行了现场调查取证。

海洋环境综合整治已经启动。“秦皇岛旅游沙滩保护与治理”、“秦皇岛海岸防护综合整治”项目分别通过国际组织和国家海洋局的立项审查。

海洋自然保护区建设得到加强。目前，全省共建立海洋自然保护区3处，其中国家级自然保护区1处，省级自然保护区2处。

海洋环境保护宣传效果明显。继续以召开新闻发布会的形式向社会发布年度海洋环境质量公报，加大了海洋环境的社会公开监督力度，得到了各级政府和社会的广泛重视。沿海各市也先后建立了市级海洋环境质量公报制度，利用纪念“4.22世界地球日”之机，在全省组织开展海洋环境保护科普宣传，为增强全社会的海洋环境保护意识发挥了重要作用。

【赤潮防治管理】 2002年完成了沧州黄骅歧口赤潮监控区实施方案，在沧州黄骅建立了全省第一个赤潮监控区，启动监控区工作，组织实施了国家下达黄骅赤潮监控区任务，并通过了国家海洋局、北海分局对此项工作的阶段性验收。监控区及时将监测到的赤潮预测预报信息向当地渔民和养殖户发布，不仅有效地防止了赤潮给当地渔业生产造成的损失，而且为地方海洋经济持续健康发展发挥了重要作用。

建立了秦唐沧赤潮群测群防监视网络。经河北省政府同意，由省海洋局牵头，成立了省计委、省财政等17个部门组成的赤潮防治联席会制度；在沿海市、县建立了赤潮防治快速反应体系，明确了132名赤潮监视员，有效地降低了赤潮灾害损失。

举办赤潮灾害防治培训班，邀请了在我国长期从事赤潮灾害防治研究、具有丰富实践经验的专家教授就赤潮灾害防治等进行了技术培训。

海洋行政执法
Marine Administrative Law-Enforcement Work

【概况】 2002年，河北省海洋执法监察主要有以下特点。一是加大执法检查频次。全年共组织各类执法检查52次，其中会同中国海监北海总队联合组织执法检查2次，中国海监201船出海巡航百余小时，安全航行1 000余海里。经中国海监总队批准，河北省海监总队与北海总队分别在4月下旬和5月下旬至6月初组织全省有关市县海洋行政主管部门进行了全省海域使用、海洋环境联合执法大检查。二是加大执法监察力度，严肃查处违法案件。本着“罚教结合”的原则，对10起海域使用违法案件分别进行了查处。海监总队还协助市级海洋管理部门查处了山海关老龙头景区拒办海域使用审批手续等违法案件，收到了查处一批、教育一片的效果。

海洋资源开发与海洋经济
Development of Marine Resources and Marine Economy

2002年，河北省主要海洋产业产值186.47亿元，增加值87.6亿元，同比增长13.06%，占全省GDP的1.43%，高于同期全省GDP增长速度3.46个百分点。海洋经济继续保持良好发展势头。

【海洋渔业】 2002年，河北省海洋渔业总产值45.48亿元，同比增长8%。水产品总产量达到52.53万吨，同比增长3.8%，其中海洋捕捞31.36万吨，海水养殖21.17万吨，捕捞所占比重进一步下降，捕养比例由2001年的61.2∶38.8调整到59.7∶40.3，渔业结构得到进一步优化。为保护近海渔业资源，严格控制近海捕捞强度，大力推进“压船转产”工程，北戴河区率先报废渔船78艘，全省共引导1 000余名捕捞劳力转产到海水养殖、海洋运输、滨海旅游等相关产业。同时，积极发展远、外海生产，渤海以外作业船只达到800余艘。养殖业按照“兴虾、增贝、突破名贵”的路子继续扎实推进，海水养殖面积达到6.45万公顷，其中对虾养殖达到2.6万公顷，产量1.4万余吨；贝类产量18.1万吨；河豚鱼养殖面积扩大到20公顷，产量2 000余吨，占全国总产量的60%以上。工厂化养鱼规模超过25万平方米；梭子蟹、锯缘青蟹、美国红鱼、海参等名贵品种养殖稳步发展，南美白对虾、大鲮鲆等新品种的推广步伐加快。2002年，全省水产品加工产量3.8万吨，产值6.9亿元。秦皇岛贝类加工、海兴鱼粉、鱼油、卤虫卵加工等已形成一定规模；扇贝、河豚、对虾等传统出口产品在国际市场上继续保持良好发展势头。

【海洋盐业】 2002年，全省海盐产量484.4万吨，实现工业总产值7.28亿元，分别同比增长3.5%和9.6%。氯化钾、工业溴、氯化镁产量分别达到7 655.95吨、4 955.48吨、67 591.95吨。盐业产品结构进一步优化，根据市场需求，对食盐品种进行了调整，压缩了粉洗盐数量，扩大了再制盐规模，并相继开发出了雪花盐、洗浴盐、漱口盐、消毒盐巾、颗粒味精盐、美容盐等新品种。在国内销售形势日益严峻的形势下，积极开拓国际市场，促进产品出口，2002 年出口盐 22 万吨。河北省盐业公司与韩国合资组建的通宝特种盐有限责任公司建成投产，产品将全部出口韩国，具有很大的市场潜力。

【海洋交通运输业】 2002 年，全省海洋交通运输业产值 27.89 亿元，同比增长 15.7%。河北省拥有秦皇岛港、秦皇岛市新港、秦山港(秦山液体化工码头)、京唐港、神华港、黄骅港 6 个港口，生产用泊位 55 个(比上年增加 2 个，其中京唐港新建成 1 个吞吐能力 250 万吨的矿石泊位，黄骅港建成 1 个吞吐能力 9 万人的旅游码头)，其中万吨级泊位 41 个，全省港口设计吞吐能力 1.7 亿吨。2002 年全省港口吞吐量 1.44 亿吨，同比增长 15.2%，其中外贸货物吞吐量 5 388 万吨，同比增长 3.1%。煤炭吞吐量 1.2 亿吨，其中内贸 7 401 万吨，外贸 4 519 万吨；外贸进口金属矿石需求增大，全年金属矿石吞吐量 518 万吨，增幅达 44%，其中秦皇岛港和京唐港金属矿石吞吐量分别为 353 万吨和 165 万吨。集装箱吞吐量继续回升，达到 4.72 万标准箱，增幅达 105%。秦皇岛港继续保持全国最大能源输出港的地位，全年货物吞吐量 1.1 亿吨，其中煤炭输出量 9 792 万吨，约占全国沿海煤炭输出量的 70%以上。神华港作为山西、陕西煤炭出海外运基地，2002 年试运营，吞吐量达到 1 653 万吨。

【海洋旅游业】 2002 年，河北省海洋旅游业总收入 68.06 亿元，同比增长 7.7%，其中国内旅游收入 61.2 亿元，同比增长 6.8%，国际旅游创汇 8 292 万美元，同比增长 10.8%。国内旅游 1 382 万人次，同比增长 6.5%，其中秦皇岛 801 万人次，唐山 428 万人次，沧州 153 万人次。国际旅游 18.2 万人次，同比增长 1.6%，其中秦皇岛 14.2 万人次，唐山 3.6 万人次，沧州 0.4 万人次。

【其他海洋产业】 2002 年，修造船业产值 5.06 亿元，同比增长 26.5%；盐化工业产值 18.02 亿元，同比增长 11.9%，其中纯碱产量 117.67 万吨，烧碱 39.09 万吨；海洋电力业产值 14.65 亿元，同比增长 3.4%。

海洋国际合作与交流
Marine International Cooperation and Interflow

2002 年国际海事组织东亚海项目办公室主任俞沪明一行 2 人到河北就东亚海项目计划中的“河北省秦皇岛旅游海滩保护和管理战略规划”课题设计进行了审查，确定了工作实施方案。该课题以制定全面保护、治理河北省秦皇岛市旅游海滩的战略规划和管理条例草案为总体目标。按实施计划就秦皇岛旅游沙滩保护与开发问题在秦皇岛市举行了由国内权威专家、秦皇岛市政府各有关部门负责人及社会公众代表参加的听证会。目前正按项目计划实施，其成果将有助于秦皇岛海滩资源的可持续利用。河北省国土资源厅党组成员孟庆祥同志率河北省东亚海项目办公室主任肖桂珍、崔鹏飞及课题组部分成员参加了课题设计审查、修改和接待工作。为保证成果质量，河北东亚海项目办公室主任肖桂珍、副主任杨黎军分别随国家海洋局团组赴德国、菲律宾参加业务培训和考察。

表 2 河北省沿海市县海洋机构一览表

省及沿海市	沿海县（市）区	海洋管理机构
河 北 省		河北省国土资源厅（海洋局）
秦皇岛市		秦皇岛市海洋与水产局
唐 山 市		唐山市海洋局
沧 州 市		沧州市海洋局
	山海关区	山海关区海洋局
	山海关开发区	山海关开发区海洋局
	海 港 区	海港区海洋局
	北戴河区	北戴河区海洋局
	昌 黎 县	昌黎县海洋局
	抚 宁 县	抚宁县海洋局
	乐 亭 县	乐亭县海洋局
	滦 南 县	滦南县海洋局
	唐 海 县	唐海县海洋局
	丰 南 区	丰南区海洋局
	黄 骅 市	黄骅市海洋局
	海 兴 县	海兴县海洋局
	黄骅港开发区	黄骅港开发区海洋局
	中捷友谊农场	中捷友谊农场海洋局
	南大港农场	南大港农场海洋局

表3 沿海市县人口及从业人员情况

单位：万人

地区名称	年末总人口			从业人员	职工人数
		农业人口	非农业人口		
秦皇岛市	72.07	17.16	54.91	20.48	20.47
昌黎县	54.80	41.67	13.13	2.42	2.40
抚宁县	50.99	44.95	6.04	2.93	2.80
唐山市	292.75	142.92	149.83	48.81	48.74
滦南县	57.10	43.48	13.62	2.67	2.65
乐亭县	49.30	38.97	10.33	2.75	2.75
唐海县	13.70	8.80	4.90	4.23	4.00
沧州市	47.52	10.38	37.14	11.20	11.18
黄骅市	40.70	31.28	9.42	2.89	2.81
海兴县	21.30	16.18	5.12	0.98	0.98
沿海合计	700.23	395.79	304.44	99.36	98.78
河北省合计	6 735	5 298	1 437	3 286.56	589.14

表4 河北省沿海市县国内生产总值一览表

单位：亿元

沿海市县	国内生产总值			
	合 计	第一产业	第二产业	第三产业
秦皇岛市	211.99	4.32	76.17	131.5
昌黎县	40.55	13.85	13.58	13.12
抚宁县	37.97	9.32	18.08	10.57
唐山市	544.86	56.83	312.2	175.83
滦南县	82.59	21.33	37.85	23.41
乐亭县	70.21	30.28	19.1	20.83
唐海县	17.64	5.56	4.62	7.46
沧州市	67.78	1.04	35.56	31.18
黄骅市	52.72	3.62	31.75	17.34
海兴县	8.58	1.6	4.19	2.79
沿海合计	1 134.89	147.75	553.1	434.03
河北合计	6 122.53	957.01	3 046	2 119.52

表5 河北省海洋开发资料统计

统 计 项 目		2002 年
海洋捕捞产量（万吨）	鱼 类	16.79
	虾蟹类	7.68
	贝 类	4.14
	其 他	2.76
	合 计	31.37
海水养殖产量（万吨）	鱼 类	3.04
	虾蟹类	2.04
	贝 类	18.1
	其 他	0.03
	合 计	23.21
海 盐 生 产	面积（公顷）	82 497
	产量（万吨）	484.4
沿海主要港口货物吞吐量（万吨）	秦皇岛港	11 168
	新开河港	79.9
	京 唐 港	1 465
	黄骅神华港	1 653
	合 计	14 365.9
滨海城市国际旅游收入（万美元）	秦皇岛市	6 841
	唐 山 市	1 362
	沧 州 市	89
	合 计	8 292
滨海城市国内旅游收入（亿元）	秦皇岛市	35.49
	唐 山 市	18.96
	沧 州 市	6.78
	合 计	61.23

（河北省国土资源厅宣传中心 杨淑梅）

辽 宁 省

Liaoning Province

综 述

Summary

【自然概况】 辽宁省位于中国大陆海岸线最北端，濒临黄海和渤海。西衔河北省，东与朝鲜半岛隔江相望。土地面积 147 500 平方千米，2002 年人口 4 155 万人。全省海岸线长 2 920 千米，其中大陆岸线长 2 292.4 千米，岛屿岸线长 627.6 千米。在黄海和渤海的近岸海域中，面积在 500 平方米以上的海岛有 266 个，其中有人居住的海岛 30 个，岛屿面积 191.5 平方千米，岛上有居民 9.7 万多人。全省管辖的近岸海域面积达 6.8 万平方千米，滩涂面积 2.7 万平方千米。辽东湾和海洋岛两大渔场面积达 600 多万公顷，在全省海洋渔业资源开发中具有重大意义。沿海 6 市土地面积 57 672 平方千米，占全省土地面积 39%。

表 1 辽宁省沿海行政区划表

省辖市	县级市	县	区
大 连	庄河、普兰店、瓦房店	长 海	金州、甘井子、旅顺口、渡假区
丹 东	东 港		
锦 州	凌 海		经济技术开发区
营 口	盖 州		老边、鲅鱼圈
盘 锦		盘山、大洼	
葫芦岛	兴 城	绥 中	龙港、连山

【行政区划】 辽宁省共有 14 个地级市，17 个县级市，27 个县，56 个区。其中沿海地级市有 6 个，即大连、丹东、锦州、营口、盘锦、葫芦岛；沿海县级市有 7 个，即东港、庄河、普兰店、盖州、瓦房店、凌海、兴城；有长海、盘山、大洼、绥中等 4 个沿海县；有金州区、甘井子区、旅顺口区、渡假区、锦州经济技术开发区、老边区、鲅鱼圈区、龙港区、连山区等 9 个沿海区。

表 2 2002 年沿海地区人口及从业人员情况

单位：万人

地区名称	年末总人口	农业人口	非农业人口
辽 宁	4 155.43	2 211.69	1 943.74
大 连	273.23	55.07	218.16
丹 东	76.01	15.81	60.20
锦 州	84..51	14.22	70.29
营 口	68.12	15.23	52.89
盘 锦	56.28	6.76	49.52
葫芦岛	93.32	44.09	49.23
瓦房店	103.05	71.17	31.88
普兰店	82.61	64.46	18.15
庄 河	90.09	72.92	17.17
东 港	64.02	52.51	11.51
凌 海	62.14	52.22	9.92
盖 州	88.50	64.66	23.84
兴 城	55.04	42.42	12.62
沿海市合计	1 196.92	571.54	625.38
长 海	8.95	6.37	2.58
大 洼	39.02	30.33	8.69
盘 山	28.46	24.68	3.78
绥 中	62.03	52.89	9.14
沿海县合计	138.62	114.35	24.27

大连市 位于辽东半岛南端，东临黄海，西滨渤海，全市土地面积 12 574 平方千米，人口 557.9 万人。辖瓦房店市、普兰店市、庄河市、长海县、中山区、西岗区、沙河口区、甘井子区、旅顺口区、金州区、渡假区。大陆海岸线长 1 906 千米。

丹东市 位于辽宁省东南部，濒临黄海，北接吉林省，东隔鸭绿江与朝鲜民主主义共和国相望。全市土地面积 15 222 平方千米，人口 241.3

万人。辖东港市、凤城市、宽甸满族自治县、元宝区、振安区、振兴区。其中东港为沿海县级市，大陆海岸线长93千米。

锦州市 南接渤海的辽东湾。全市土地面积10 301平方千米，人口307.1万人。辖凌海市、北宁市、义县、黑山县、古塔区、凌河区、太河区。其中凌海市为沿海市。大陆海岸线长97.7千米。

营口市 西临渤海的辽东湾。全市土地面积5 402平方千米，人口228万人。辖大石桥市、盖州市、站前区、西市区、老边区、鲅鱼圈区，其中盖州市、老边区、鲅鱼圈区为沿海县（市、区）。大陆海岸线长96千米。

盘锦市 位于辽宁省西南部，全市土地总面积4 071平方千米，人口123.9万人。辖盘山县、大洼县、兴隆台区、双台子区。辽河油田、双台子河口国家级自然保护区座落其中。大陆海岸线长118 千米。

葫芦岛市 位于渤海辽东湾的西岸，西与河北省相接。全市土地面积10 415平方千米，人口270.9万人。辖兴城市、绥中县、建昌县、连山区、南票区、龙港区。其中兴城市、绥中县、连山区、龙港区为沿海县（市、区）。大陆海岸线长237千米。

【海洋管理机构】 辽宁省海洋与渔业厅是主管全省海洋事务和渔业行政的省政府组成部门。内设办公室（政策法规处）、计划财务处、科技教育处、海域管理处、海洋环境保护处、渔政处（渔港监督管理处）、渔业处、机关党委（人事处）等。

表3 辽宁省海洋管理机构表

沿海地市	沿海县（市、区）
大连市海洋与渔业局	长海县海洋与渔业局、瓦房店市海洋与渔业局、普兰店市海洋与渔业局、旅顺口区海洋与渔业局、庄河市海洋与渔业局、甘井子区海洋与渔业局、金州区海洋与渔业局、开发区社会事业管理局
丹东市海洋与渔业局	东港市海洋与渔业局
锦州市海洋与渔业局	锦州市经济技术开发区农业发展局、凌海市海洋与渔业局
营口市海洋与渔业局	盖州市海洋与渔业局、老边区海洋与渔业局、鲅鱼圈区海洋与渔业局
盘锦市海洋与渔业局	大洼县海洋与渔业局、盘山县海洋与渔业局
葫芦岛市海洋与渔业局	兴城市海洋与渔业局、绥中县海洋与渔业局、龙港区科委海洋办公室、连山区科委海洋办公室

2001年，省辖沿海6个市分别成立了海洋与渔业局，负责管理市辖海域的海洋事务。具体设置是：大连市海洋与渔业局内设海域处和环保处；丹东市海洋与渔业局内设海洋科；锦州市海洋与渔业局内设海洋处；营口市海洋与渔业局内设海洋科；盘锦市海洋与渔业局内设海域环保科；葫芦岛市海洋与渔业局内设海域科和环保科。

海域使用管理
Management of Sea Area Use

【综述】 2002年，辽宁省海域管理工作总的情况是：围绕1条主线——学习贯彻《海域使用管理法》；突出2个重点——工程用海管理和养殖用海管理；实施3项制度——海洋功能区划制度、海域权属管理制度和海域有偿使用制度；抓好4项基础性工作——海域权属登记、编制功能区划、海域管理示范区建设和海域勘界。2002年，辽宁省海洋与渔业厅被国家海洋局授予全国海域管理先进单位。

【制定配套制度】 《海域使用管理法》颁布以后，辽宁省及时制定了相关配套制度。一是由省政府办公厅下发了《关于我省海域使用审批权限划分的通知》，明确了辽宁省沿海地区县以上各级政府的海域使用审批权限。二是在调查研究和对原《国家海域使用管理暂行规定》进行总结分析的基础上，辽宁省海洋与渔业厅与辽宁省财政厅联合下发了《辽宁省贯彻施行〈海域使用管理法〉暂行意见》。三是制定了《辽宁省养殖用海管理实施意见》。四是制定了《辽宁省海域使用权证书管理办法》，对海域使用权证书的日常管理和发放程序等做了规定。

【海域使用管理】 2002年，沿海以贯彻实施《海域法》为契机，大力宣传依法用海、依法管海的重要性和必要性。充分利用各种新闻媒体，邀请市领导、海洋部门领导发表署名文章、电视讲话、进行专题采访，以及在街头设立宣传点、发放传单、悬挂标语、张贴宣传画、发送《海域使用管理法》单行本等形式，广泛进行海域使用管理法制宣传，普及海洋管理知识。沿海各地还把宣传《海域使用管理法》与海域确权登记进行有机结合，边宣传边登记。经过半年多的扎实工作，摸清了全省海域使用的基本情况。

辽宁省各种用海项目8 469个，占用海域约37万公顷。其中养殖用海28.8万公顷，占77.84%；港口(含渔港)用海5.1万公顷，占13.81%；盐业用海2.4万公顷，占6.58%；围海填海0.33万公顷，占0.9%；旅游用海0.2万公顷，占0.53%；其他用海0.13万公顷，占0.34%。现辽宁省确权用海面积13.12万公顷，占整个用海面积的35.46%。其中新用海项目已经100%纳入权属管理。

2002年，辽宁省海洋与渔业厅配合国家海洋局对省管以上的用海项目进行逐一检查，重点对大连港、辽河油田、葫芦岛龙港填海等工程用海进行重点摸底调查。葫芦岛市历时3个月，在全市范围内开展了大规模的海域使用清理整顿活动，对每宗用海逐一进行测量登记，为海域使用管理工作闯出了一条新路。锦州、营口市按照《海域使用管理法》的规定，收回了乡（镇）的海域发包权。凌海市加强统一管理，审批滩涂666.67公顷。盖州市结合《海域使用管理法》宣传，重点对养殖用海进行了清理整顿，收回违法占用海域0.53万余公顷。

辽宁省采取各种有效手段，不断加大海域使用金征收力度，有效制止了海洋这一国有资源性资产的流失。有的通过清理整顿，取消乡（镇）收缴，依法由县以上征收；有的采用招标拍卖方式征收；还有的采取分管市长同乡（镇）领导签订责任状的形式征收海域使用金。2002年，沿海各市海域使用金征收额均比上年有较大幅度增长，全省收缴海域使用金3 000万元，比2001年翻一番。

【海洋功能区划】 2002年，辽宁省集中精力进行省级区划报批材料的整理和区划文本的编写和修改工作，根据国家海洋局的要求，对区划登记表的指标进行了重新调整和修改完善。在沿海市、县和省直有关部门的配合下，经技术部门和有关专家的共同努力，完成了省级海洋功能区划的编制工作，通过了国家海洋局的审查。经省政府审定后，正式上报国务院待批。全省沿海市级海洋功能区划的编制工作已经完成，现正准备报批材料。其中，营口市海洋功能区划已上报省政府待批。

2002年，辽宁省有效地实施了海洋功能区划制度，葫芦岛港扩建工程、营口滨海旅游区建设、大连港航道清理等项目都依据海洋功能区划进行审批。另外，辽宁省沿海地区城市总体规划与海洋功能区划实行了较好的衔接，营口、普兰店、瓦房店等城市的总体规划都体现了海洋功能区划，发挥了海洋功能区划的作用。

【海域使用管理示范区】 在总结前两批全国海域使用管理示范区经验的基础上，2002年，大连、丹东、营口、葫芦岛市又成为全国第三批海域使用管理示范区。葫芦岛市以全面推进海域使用管理为目标，切实将工作重点转移到《海域使用管理法》的贯彻实施以及配套制度的实践上来，在现有工作基础上，2002年，该市重点加强了海域审批的规范管理和海域使用项目的执法监察。大连市把实施海洋功能区划和清理非法养殖用海作为示范区的主要内容，规范海域使用秩序。丹东市以建设示范区为契机，着重解决长期以来依法用海观念淡薄、地方保护主义和部门利益严重等诸多问题，取得了重大突破。营口市按照建立示范区的工作要求，积极探索海域出让形式，实行公开拍卖，两次拍卖海域444公顷，收缴海域使用金170余万元。在2002年7月份召开的全国海域管理示范区总结表彰会议上，大连市被评为先进示范区，基层两名同志被评为先进个人。

【海域勘界】 国务院办公厅《关于开展勘定省县两级海域行政区域界线工作有关问题的通知》下发以后，辽宁省认真组织学习，积极做好海域勘界的前期准备工作。根据国家海洋局海域勘界会议精神和省领导的指示，结合全省具体情况，辽宁省政府下发了开展勘界工作的通知，成立了以副省长杨新华为组长的海域勘界工作领导小组。在深入实际调查测算的基础上，编制了海域勘界经费预算。经争取，省财政厅同意将海域勘界经费列入2003年财政预算。经与省编办汇报协商，得到了省编办的支持，基本同意给海洋与渔业厅增加临时编制，专职从事海域勘界工作。2002年，为了勘界试点工作的需要，辽宁省海洋与渔业厅临时抽调了人员，组建了海域勘界工作办公室，开展了海域勘界试点工作。2002年底，编制了天桥一连山线的勘界工作方案，东港一庄河线提交了初步勘界方案。

海洋环境保护
Marine Environmental Protection

【海洋环境管理】　一是加强海洋环境保护监督管理工作。2002年，辽宁省制定了《关于进一步明确海洋倾废管理权限的通知》，明确规定了倾倒区选划与倾废审批、发证、日常监督管理的权限。先后对小平岛、葫芦岛军港、营口、锦州港航道工程疏浚物临时倾倒区进行了选划，组织了专家评审，均获得了国家海洋局的审批，发放了倾倒许可证。还将葫芦岛地区群众性小渔港随意清淤环境问题纳入规范管理。结合污染案件，到辽河油田就如何防止海上石油平台污染海洋环境问题进行了专题调研。参与了国家海洋局组织的对中海油锦州20-2油气田向下游增加供气量项目的环境影响评价及审定工作。对葫芦岛市龙港区新世纪工业园区填海造地项目组织了环境影响评价（简称环评），提出审核意见。

二是加强近岸海域海洋环境质量监测、预报和评价工作。按照国家海洋局的总体部署，组织编制了《2001年辽宁省海洋环境质量公报》，正式向社会公众、政府及有关部门、涉海各业发布。组织开展了2002年度辽宁省近岸海域环境质量监测和评价工作，保证了近岸海域水质、生物、主要入海河口、重要临海企业直排口、重要水产养殖区、海洋自然保护区、海水浴场等监测、分析和评价工作的顺利完成。配合渤海整治开展了渤海专项监测，大连市首次组织开展了本辖区的监测工作。监测期间，根据上海水产品市场反馈的信息及国家海洋局北海分局的要求，组织大连、东港市海洋部门及有关技术单位，对大连、东港的贝类进行了采样、化验分析，进一步掌握了贝毒情况。组织辽宁省海洋预报台继续在辽宁电视台“午间报道”节目播发全省海浪、海温、风暴潮、海冰等海洋预报，为海上作业单位提供服务。特别是在7～9月旅游季节，大连傅家庄海水浴场的环境预报，在中央电视台新闻综合频道“新闻早八点”和“午间新闻”栏目中播发，为滨海旅游提供服务。辽宁省海洋预报台还配合半岛日报、大连晚报等新闻媒体发布预报信息。

三是开展赤潮监测预报工作。国家海洋局提出建立赤潮监控区的要求后，2002年，辽宁省把赤潮监控区作为海洋赤潮监测预报工作的重点来抓，在2001年试点的基础上，确定在黄海北部东港养殖区和辽东湾葫芦岛养殖区建立了赤潮监控区，取得了较好成效。据东港市测算，由于有了赤潮预报，渔民推迟贝类采捕时间，可增收5 000万元。东港监控区在国家海洋局验收后，被作为典型，在全国赤潮监控区总结大会上做了专题发言。

四是拓展海洋生态环境保护工作。2002年，完成了“辽宁省海洋生态调查相关信息统计表”的数据收集、整理、分析、上报工作。根据省政府联席会议及有关文件的要求，配合环保部门，做好辽宁省生态环境现状调查中海洋生态部分的调查，提供了有关资料，审核了有关数据和提法，参与论证审定了4个调查报告。在当地党委、政府的支持下，先后组织开展了营口团山海蚀地貌自然保护区、锦州市大凌河口滨海湿地自然保护区和大连长山列岛海洋生态及景观自然保护区的选划、申报、评审、申报工作。

五是推进海洋环境监测预报体系建设工作。2002年，继续开展海洋环境监测预报体系建设，研究、借鉴兄弟省市的做法，到南方省、市监测站进行了参观考察。在同有关方面进行沟通、协调的基础上，提出了“共建”方案，辽宁省海洋环境监测预报总站即将启动，建设的重点是由虚变实。丹东、葫芦岛、锦州、营口和东港5个市、县经编委批准都已建立了监测机构，其中有的不仅有职能、有牌子，还做到有人员、有设备、有实验室、办公楼。另外，大连市已正式同编委沟通，得到了支持，很快将批准建站，盘锦市也正在积极推进建站工作。

【海洋灾害】　辽宁省是中国海洋灾害较重的省份之一。不仅灾害种类多，而且发生的频率也较高，并具有突发性。全省海洋灾害主要种类有赤潮、海冰、冷水团、风暴潮、海岸侵蚀、海水入侵、海域污染等。沿海6个市每年都不同程度地受到海洋灾害的影响。

赤潮　辽宁省已成为全国赤潮多发区之一，自20世纪80年代以来，沿海几乎每年都有赤潮灾害发生。近年来赤潮灾害呈现的特点，一是发生频繁，持续时间长。每年发生赤潮次数逐年上升，而且赤潮来的时间早，终止时间晚。二是发生范围广、面积大。赤潮发生范围由辽东湾近岸海域的点状出现，向北黄海远离海岸扩散，并有新的赤潮生物出现，面积在100平方千米以上的赤潮已不鲜见。

海岸侵蚀 辽宁滨海地区存在着严重的海岸侵蚀现象。大致为两个方面:一是海岸地质构造及特定的自然地理环境造成的，如泥沙结构的冲涮岸段、风暴潮、海平面上升等；二是不合理开发和人为破坏的结果，如大量挖取海滩沙石及建筑不合理的海岸工程等。营口盖州至太平湾有近100千米海岸发生严重侵蚀现象，海岸线每年后退3～5米。近年对盖州团山镇至归州乡50千米海岸线考察结果，其中有10千米岸线，海水已侵蚀近岸农田，形成3米多高陡坎，海岸线急剧后退，沿岸水土流失严重，海水入侵，水质变坏，严重威胁着沿岸人民生命财产安全。

海冰 辽宁省地处中纬度大陆性季风气候区，加上特定的地形条件，冬季西伯利亚寒冷空气南下，对辽东湾影响很大。沿岸海水结冰宽度由几千米到几十千米。冬季海面封冻及初冬、初春沿岸流冰，直接影响海上交通运输及渔业生产，威胁着人民生命财产安全。因此，海冰是辽宁海洋灾害之一，对海冰的监测预报是防灾减灾的一项重要工作。

海洋行政执法
Marine Administrative Law-Enforcement Work

【综述】 2002年，辽宁省海洋执法监察工作本着以促进海洋经济发展为目的，紧紧围绕海洋经济开发活动中权益、资源、环境和可持续发展为中心，文明执法，规范执法，自觉服从和服务于海洋经济建设和发展，努力为全省海洋与渔业经济的发展保驾护航的指导思想，按照打基础，创条件，摸路子，抓执法，造声势，搞活动的工作思路，认真履行海监行政检查和行政处罚两项基本职责。

【海监机构队伍建设】 根据国家海洋局《关于地方各级海监机构设置若干意见的通知》要求，辽宁省海监总队配合人事部门，积极主动与省编制部门沟通，以期尽早完善总队机关的设置及人员编制的配备。为了加快海监队伍建设，2002年先后制定了《关于市、县级海监机构设置和队伍管理体制等有关问题的通知》、《关于海洋执法监察工作分工等有关问题的通知》、《关于中国海监集中实施行政处罚权的通知》、《关于启用辽宁省海洋与渔业厅行政处罚专用章的通知》、《关于加强海洋倾废监督检查的通知》、《辽宁省海监服饰管理办法》等必要的文件，进一步明确了海监机构性质、职责，理顺了管理体制，并积极为各市、县提供有关机构建设方面文件和有关资料，解释机构建设方面有关问题。在省总队的大力支持下，盘山县、大洼县取得了县委、县政府和有关部门的支持和认可，2002年6月分别成立了海监大队。盘山县大队还积极争取县政府支持，并由财政拨款购买了海监执法船只，经中国海监总队批准，挂中国海监1001号船名船号。辽宁省海监总队将盘山县、大洼县的经验向全省推广后，引起了中国海监总队的重视，准备向全国推广。至2002年底，大连、营口市支队已正式组建；锦州、盘锦市已经编办批复，即将组建市支队；葫芦岛、丹东市也与编制部门沟通，达成一致意见，等待批复。

继续加强海洋监察员队伍建设，健全海洋监察管理体系。在2001年培训了125名海洋监察员基础上，2002年又选派了10名高层管理干部参加了国家总队在沈阳举办的第二期管理干部培训班。至2002年底，辽宁省经过培训持证的海洋监察员已达到227人。其中63名被考核的海洋监察员中，被评为优秀的13名，称职的50名。

【海洋执法监察】 2002年，本着边组建、边完善、边规范、边执法的“四边”工作原则，先后开展了一系列的海洋执法监察活动和海洋巡航监视工作。2002年5月，辽宁省总队组织开展了全省海洋联合执法检查行动。这次联合执法检查是辽宁省总队组建以来第一次大规模、大范围、全方位、海、陆结合的海洋联合执法行动。国家总队、海区总队，省、市、县70余名海洋监察员共同参加了海洋联合执法行动。陆上执法检查人员行程2 000余千米，对沿海6市、13个县（市、区）、21个用海项目、用海单位进行了检查。海上执法人员在沿岸巡航监视300余海里。5月30日，辽宁省海洋联合执法检查结束后，立即在葫芦岛市召开了辽宁省海洋联合执法检查总结暨海监工作会议。中国海监总队副总队长宋义葆、北海总队副总队长吴强参加了会议并做了讲话。辽宁省厅李建新、阎纯和、卢江宁和各市分管海监工作的局长、海监机构负责人参加了会议。会议对过去海洋执法监察工作取得的成绩给予了充分肯定，同时也确定了今后海监工作的指导思想，部署了下一步海洋执法监察工作任务。根据国家总队的安排，9月份国家总队在沈阳连续召开了中国海监执法监察、公报、案例分析工作会议和中国海监第二期管理干部培训班。2002年4月，分两个阶段对辽宁省沿海各市海域使用权登记情况进行了执法检查。2002年8月和11月，组织总队大连、锦州直属队和各市支队对辽宁省旅游用海、海砂开采、海洋倾废、海洋石油勘探开发进行了专项检查，遏制了旅游用海、海砂开采、海洋倾废和海洋石油勘探开发的违法行为。在执法监察工作中，对大洼县海防堤建设项目进行了重点查处，通过检查、立案、调查、取证等，做出罚款3万元处罚决定。对盘山县大队处罚辽河油田一案和举报辽河油田废弃井台一案进行了调解。

【渔业行政执法】 辽宁省各级渔业管理队伍认真贯彻《渔业法》，加大渔船、渔港和渔业资源管理力度，严格执法。2002年，全省共查处违法案件1万多件，结案率达95%，渔业资源管理和渔业环境保护工作取得新进展。全省共清理“三无”渔船3 321艘，“三证不齐”渔船4 480艘，均为应清理渔船数的100%。辽宁省渔政队伍采取综合执法、强化海陆检查、加强执法监督等措施，精心组织以辽东湾海蜇、黄海北部增殖虾管理为重点的伏季休渔工作。集中抽调渔政船只编队检查，对违捕渔船严管重罚，保护了渤海鲈鱼苗、黄海幼鲅鱼等渔业资源。认真实施中日、中韩渔业协定，组建了渔场服务网络，强化了入渔配额及指标的管理，入渔率及配额完成率均居全国前列。积极压缩近海捕捞强度，海洋捕捞产量首次实现负增长。渔民转产转业工作全面展开，经农业部批准安排第一批报废渔船349艘，完成了阶段性任务。

海洋公益服务
Marine Public Welfare Service

【海洋环境观测、监测】 辽宁海洋科技力量比较雄厚，已初步形成一支具有相当规模的海洋观测、监测的科技队伍。开展海洋环境及灾害观测、监测服务业务的主要是国家海洋环境监测部门、气象部门、沿海海洋站、港口和军事等有关部门。沿海气象台（站）、中心海洋站主要承担海洋气象与海区环境观测监测、预报预警业务；各涉海单位和军事部门等依据需要开展相关服务业务。辽宁沿海现有东港、小长山、老虎滩、温坨子、鲅鱼圈、葫芦岛、芷锚湾等7个海洋站，还有分散在各部门的基本站和辅助站。纳入“全国验潮站网”的有丹东、大东港、小长山、海洋岛、芷锚湾等13个验潮站。鲅鱼圈测冰雷达站实施了对辽东湾的冰情监测。

【海洋预报、预警与公益服务】 辽宁省海洋预报台从1998年元月开始，每天向全省发布海洋气象信息，2002年总计发布3 600余项预报产品，深受全省人民及海洋工作者欢迎，收视率达11%。鲅鱼圈测冰雷达站，在冬季及时向国家海洋预报中心及有关部门通报辽东湾冰情。大连海上搜救中心成立以来，担负着全省海域内紧急搜救任务，被称为渔民的保护神。

海洋资源开发与海洋经济
Development of Marine Resources and Marine Economy

【综述】 2002年，辽宁省海洋经济总产值达到670亿元，增加值415亿元，分别比上年增长15%和16%。海洋经济总产值位居全国第六位。海洋经济总产值中，渔业产值365亿元，占54.5%；滨海旅游收入172.7亿元，占25.8%；海洋修造船业产值77.5亿元，占11.6%；海洋交通运输业收入49.4亿元，占7.4%；海洋油气业产值2.5亿元，占0.3%；盐业产值2.9亿元，占0.4%。

【海洋水产】 2002年辽宁省渔业总产值实现365亿元，增加值195亿元，分别比上年增长12%和13%。水产品总产量完成375万吨，比上年增长7.1%，其中：养殖产量226万吨，比上年增长13%；捕捞产量149万吨，比去年减少1%。水产品出口总量突破40万吨，出口创汇6.8亿美元，分别比上年增长12.7%和15.2%。渔民纯收入达到6 500元，比上年增长4.8%。渔业一、二、三产业产值之比由上年的 61∶20∶19 调整到 58∶21∶21，养殖与捕捞产量之比由上年的58∶42调整到59∶41。

精品渔业取得突破性进展 2002 年，辽宁省精品渔业产量达92万吨,占水产品总产量的25.6%；精品渔业产值达 107 亿元，占水产品总产值的 50%以上，分别比上年增长 13.3%和 15.3%。对虾养殖打破徘徊，实现突破。通过调整养殖品种，重点推广南美白对虾，积极实施高盐卤水兑淡水、海水淡化、地下井盐水、淡水等养虾技术和养殖模式，对虾产量超过 2 万吨，比上年增长 31.1%。南美白对虾喜获丰收，养殖面积增加到 0.86 万公顷，产量 6 081 吨，分别比上年增长近 6 倍和 8 倍多。海参养殖面积达 3.3 万公顷，产量 4 350 吨，分别比上年增长 28.6%和 13.4%；海蜇养殖迅速发展，面积达 0.29 万公顷，产量 2 062 吨，分别比上年增长 1 倍和 3 倍。鲍鱼、海参、对虾、海蜇、梭子蟹、扇贝、大菱鲆、牙鲆、河鲀等成为沿海地区水产养殖业的主导品种。

设施渔业实现跨越式发展 辽宁省工厂化养殖面积新增 30 万平方米，总规模达 70 万平方米，比上年增长 75%。其中，海水工厂化养殖面积 60 万平方米，比上年增加 52.5%。全年工厂化养殖精品鱼产量达 2 400 余吨，比上年增长 1 倍多。大连市继续保持快速增长势头，新上工厂化大棚养殖面积 18 万平方米，总规模达 41 万平方米。丹东、锦州、营口市也多点开花，建设了一批规模连片的工厂化大棚，养殖面积分别达到 8.5 万平方米、3.5 万平方米和 6.2 万平方米，均比上年翻了近一番。各地较好地解决了空池率高和商品率较低的问题，存池率达 80%以上。新兴的观赏鱼养殖规模继续扩大，沈阳、鞍山、丹东、锦州等地建设大棚 130 栋，总面积已达 5.7 万平方米，产值 7 500 万元，利润 3 200 万元。集约化网箱养鱼又有新发展，总规模达 1.1 万箱，产量 1 万吨。网箱的设施水平和档次也有新提高，深水抗风浪大网箱已达 44 个，总计 9 万立方米，年产精品鱼 1 000 吨。

远洋渔业稳步扩展 辽宁省远洋渔业企业已达 28 家，其中经国家批准具有远洋渔业企业资格的企业 15 家，作业范围横跨四大洲三大洋，遍及 14 个国家和地区。外派远洋渔船总数达到 340 艘，产量 18 万吨，产值 13.2 亿元，分别比上年增长 12%和 13%，始终是全国排头兵。远洋渔业结构进一步优化，大洋性作业渔船已达 128 艘，比上年增加 11 艘，其中金枪鱼钓船达 37 艘，占全国近 1/3。长海县獐子岛渔业集团投资 1.5 亿元，建造了 6 艘超低温大型金枪鱼钓船，填补了国内空白。丹东市先后外派 12 艘渔船赴国外海域作业，结束了长期没有远洋渔业的历史。

增殖渔业创新开展 辽宁省以海珍品为主的底播增殖规模达 8.67 万公顷，产量 20 万吨，分别比上年增长 19.6%和 11%。长海县獐子岛渔业公司底播增殖虾夷扇贝一项创产值 1.4 亿元，利润 7 000 万元，成为全镇第一致富产业。黄海北部增殖对虾产量 454 吨，产值 2 270 万元，分别比上年增长 71.2%和 51.3%。兴城市渔民集资开展日本车虾生产性放流，放苗280万尾，回捕2 530千克，投入产出比达 1∶10，为发展增殖放流渔业闯出一条新路。人工鱼礁建设迈出新步伐，大连市投放人工鱼礁达 3 500 个，改善了近岸渔业生态环境。

【港口建设与海洋运输】 辽宁宜港岸线资源丰富，适宜建港的大陆岸线有 1 000 余千米，其中深水岸线 400 千米，中水岸线 300 千米，浅水岸线 300 千米。经勘察有优良商港港址 38 处，其中可建设 10～30 万吨级深水泊位的港址 11 处；1～5 万吨级深水泊位的港址 14 处；可建设万吨级以下泊位的港址 13 处，目前全省已建成商港 12 个。有渔港港址资源 77 处，已开发利用的 20 处，可建二级渔港的港址37处。现已形成以大连为中心，营口、锦州、丹东为枢纽，旅顺、葫芦岛、绥中、盘锦、庄河、瓦房店等为网络，中小结合，层次分明，功能齐全，分布合理的海洋交通运输布局。

2002 年，辽宁省水路运输完成货运量 3 071 万吨，货运周转量近 661 亿吨千米，客运量 626 万人次，旅客周转量 8.61 亿人千米，分别比上年增长 13%、9%、4%、2%。船舶运输全社会沿海客运量 619 万人，旅客周转量 8.3 亿人千米，分别比上年增长 5%和 7%。沿海货运量 1 398 万吨，货物周转量 157.2 亿吨千米，分别增长 21%和 56%。远洋运输全年货运量 1 583 万吨，货运周转量 503.7 亿吨千米，分别比上年增长 6%和下降 1%。客运量 7 万人，旅客周转量 3 108 万人千米，分别下降 50%和 55%。

2002 年辽宁省港口经济运行情况良好，全年完成货物吞吐量1.66亿吨，比上年增长12%。其中，沿海港口吞吐量1.65亿吨，滚装汽车75.8万辆；集装箱吞吐量175万标准箱，比上年增长17%；外贸货物吞吐量5 691万吨，比上年增长20%。旅客吞吐量838万人次，比上年增长6%。2002年末，拥有生产性码头泊位273个，码头长度3.68万米，港口综合通过能力1.38亿吨。其中，公用码头泊位219个，码头长度3.16万米，港口综合通过能力1.18亿吨。

大连港 2002年，大连港务局有生产泊位74个，其中万吨级以上泊位40个，另有万吨级浮筒泊位3个；铁路专用线161千米；输油管线93.5千米；码头岸线2.48万米；生产用仓库28.6万平方米；堆场198万平方米；圆筒仓4座，容积33.1万立方米；储油罐157.6万立方米；港作船舶46艘；铁路机车16台（其中内燃机车13台），总功率1.51万千瓦；装卸机械703台，其中生产用装卸机械446台。全局全民在册职工总数1.79万人。

2002年大连港完成货物吞吐量1.09亿吨，比上年增长8％，再创历史最好水平。其中，油品3 295万吨，增长2.58%；滚装3 457.5万吨，增长4.1%；粮食1 264.2万吨，增长30.6%；集装箱1 200.9万吨，增长11.1%；钢铁402.6万吨，增长18.4%。

大连港务局采取与铁路合作推广公共班列经营人模式，大力加强中转运输等方面措施，完成海铁联运集装箱量8.16万立方米标准箱，仍保持全国最大的海铁联运集装箱港口地位。完成中转箱量11万标准箱，成为仅次于上海港的全国第二大集装箱中转港。全年集装箱吞吐量135.2万标准箱，增长11.1%。重点工程建设全面启动，大连港务局进入新一轮的大规模建设发展期。全年完成固定资产8.8亿元，其中基本建设和技术改造投资8.1亿元，超过以往任何一年。25万吨级矿石码头、30万吨级原油码头、大窑湾二期、新港总体改扩建、新港6×10万立方米储油罐工程等重点项目相继开工。对所有项目都按规定进行招投标，投标价比投资概算节省近1/4。信息化建设取得新进展。生产经营计算机管理系统6月正式通过验收，实现全局生产经营系统管理计算机化。处理系统进入全面运行阶段，物资管理系统正在推广，内部网站建设基本完成。大连口岸物流网有限公司被市政府确立为大连口岸公共信息平台，大连口岸航运业EDI已具国内一流水平，在海关物流监控和航运单证电子化方面，处于国内领先地位。

营口港 营口港位于辽宁省南部渤海岸边辽东湾里，北距沈阳216千米，南距大连190千米。对外开埠140多年，是东北地区对外开埠最早的港口，也是东北地区最近的海运口岸。2002年，营口港吞吐量和集装箱运量分别突破3 000万吨和30万标准箱。进口矿粉、化肥的运量为东北之最，非金属矿产品运量位居全国各港之首。与40多个国家和地区的120多个港口通航，并开通日本、韩国、香港特别行政区及东南亚地区等多条国际集装箱班轮航线。

继营口鲅鱼圈港区一期工程、二期工程及滚装汽车、成品油、粮食、集装箱等专业码头相继投产之后，日益发展的腹地经济使港口的吞吐量不断增长。为满足腹地经济建设和港口发展的需要，应对入世挑战，营口港加大了完善港口主体功能、实施资本运营的力度，三期工程正式启动；一港池开发、散粮筒仓、物流中心等工程建设紧锣密鼓；航道和深水泊位改造初见成效。2002年，营口港先后顺利接卸13艘15万吨级矿粉船，填补了东北口岸不能接卸10万吨级以上散货船的历史空白。2002年1月31日，营口港1亿A股在上海证券交易所成功上市，成为我国入世之后第一只港口股票。

锦州港 锦州港位于辽东湾内，是中国纬度最高的海港，是渤海西北部400千米海岸线惟一对外开放的国际商港，是中国东北中部和西部、内蒙东部、华北北部乃至蒙古国、俄罗斯远东地区陆域距离最近的进出海口。经过10余年的建设，锦州港现有码头10个，其中3个为5万吨级，可停靠12万吨油轮和6万吨散杂货轮。具备了油品和化工品装卸、仓储、运输，内外贸集装箱和各类件杂货、大宗散杂货的装卸、仓储、灌装、运输等多种功能。锦州港现有陆域300万平方米，可利用规划用地1 200万平方米，可利用码头岸线12 804米，锦州港是东北港口群中可利用陆域面积最大的港口。

2002年，全年港口吞吐量1 404万吨，比上年增长27.6%，其中集装箱4.71万标箱，增长171%；港口建设投资4 500万元。完成合资组建锦州兴港工程监理有限公司、锦州中理外轮理货有限公司的签约，提高了港口专业化程度及作业效率；成功完成合资组建锦州港综合物流公司项目，推动港口经营向多领域、多样化拓展。

在生产营运方面，油品和粮食两个货种分别比上年增长 18.4%和 50.9%。新增吞吐量 81.4 万吨，新增收入 1 730.6 万元。与客户合资成立煤炭检测中心，改变锦州港自身无煤炭检测能力的历史；吸引投资 15 万元为港口安装智能网络化运输货物的功能；增加原油反输功能，弥补外贸油品货源下滑的不足；合作建设散粮罩棚，完善港口功能，为港口带来 30 万吨/年的货源。扩大服务领域，拓宽增收渠道，对部分货主的火车发运环节进行有偿服务，代办铁路请车发运和结算业务，代办对危险货物申报、南北货物对接以及铁路进港货物等业务。以新技术、新工艺提高作业效率，增加收入，降低成本。修订装卸工艺标准 40 项，制定装卸工艺方案 6 项。整体生产效率提高 16%，平均装卸效率提高 1 663 吨/小时。

在港口建设方面，全年完成投资 4 500 万元。新建联锁块堆场 11 万平方米，港内通道维修 3.2 万平方米；进港航道清淤 34 万立方米；新建一座 1 780 平方米的流动机械库；实施 101B 油品码头输油管线改造；完成联锁块堆场维修 6 000 平方米；完成 2 号生活污水处理场等工程。工程前期工作中，进港航道工程及初步设计工作通过辽宁省计委批复；锦州港进港航道拓宽、浚深工程抛泥区设计及选划工作，通过国家海洋局审查批复；第五港池 3 万吨、5 万吨油品泊位及进港航道工程环境影响评价报告编制工作，通过辽宁省环保局审查批复；锦州港建设对天桥笔架山影响回顾性环评报告的编制工作，通过辽宁省环保局审查；完成锦州港新建围堰及初步设计编制工作，通过锦州市计委审查批复；完成锦州港总体规划修编报告的编制工作。

丹东港 丹东港现辖大东、浪头两个港区。生产泊位 11 个，其中，万吨级泊位 4 个，3～5 万吨级泊位 2 个。港口年吞吐能力 870 万吨，年处理集装箱能力 15 万标箱。全港区拥有库场 70 万平方米，堆场总面积 61.8 万平方米，铁路专用线 9 259 延长米。拥有各类大型现代化装卸机械及车辆 107 台（件），最大起重能力 45 吨。各种港作船舶 11 艘，拖轮最大功率 1 764 千瓦。丹东港现已同日本、韩国、朝鲜、印度及我国香港特别行政区等 20 余个国家或地区的 70 多个港口开辟了散杂货、集装箱和客运航线。

2002 年，全港完成吞吐量 601.4 万吨，比上

表 4 辽宁省海洋开发资料统计

统计项目		2002 年
海洋捕捞产量（万吨）	鱼类	82.2
	贝类	19.8
	藻类	
	虾蟹类	33.2
	其他	13.7
	合计	148.9
海水养殖产量（万吨）	鱼类	5.4
	贝类	133.1
	藻类	34.8
	虾蟹类	3.4
	其他	1.5
	合计	178.2
海洋货物运输量（万吨）	沿海	1 398
	远洋	1 583
	合计	2 981
沿海主要港口货物吞吐量（万吨）	大连港	10 047
	丹东港	542
	锦州港	1 110
	营口港	2 508
	旅顺新港	420
	葫芦岛港	60
	合计	14 687
海盐生产	面积（公顷）	53 039
	产量（万吨）	243
滨海国际旅游人数（万人次）		61.1
滨海城市国际旅游收入（万元）		306 875
滨海城市旅游接待能力	饭店数（座）	182
	客房数（间）	22 759
	床位数（张）	40 472
海盐化工产量（吨）	氯化镁	39 283
	工业溴	557
	氯化钾	4 313
	无水硫酸钠	1 710
浅海滩涂开发利用情况（公顷）	总面积	206 667
	已利用面积	102 792

年增长11%。其中本港吞吐量490.5万吨，增长10.1%。集装箱吞吐量5.12万标箱，增长14.4%。旅客发送量因中韩海关政策调整仅完成5.65万人次，比上年减少33.2%。完成船舶引航1 310艘次，比上年增长12.6%。全局国有企业实现经营收入1.04亿元，比上年增长16.8%。港口吞吐量和经营收入等主要经济指标均创丹东港历史最高记录。

2002年，针对航道浅、泊位少、货场小、铁路短和专用设备缺等制约港口通过能力的瓶颈问题，投资1 950万元完成大东港区7万平方米货场、设备维修库、400延长米铁路线及轨道衡等11个基本建设项目；投资1 650万元完成集装箱岸桥、35吨多用途门机、局域网络工程等22项设备购置计划；投资600万元完成大东港区港池航道疏竣、码头维修改造等10项基建维修计划。2002年，大东港区完成吞吐量389万吨，增长13.2%，创造接纳5万吨级以上大型船舶的港区生产记录；浪头港区也成功接纳5 500吨级“运泰288”号货轮，这是该港区自1988年开港后靠抵的最大船舶。

【盐与盐化工】 辽宁是全国海盐重要产区之一，近年来加大了对盐田基本建设投资力度，加快企业技术改造，使盐的产量和质量有了很大提高。2002年，全省盐田总面积达57 772公顷，生产面积达53 039公顷。全省海盐产量243万吨，为上年97%；加碘食盐产量57万吨，完成年计划123.6%。盐化工产品产量4.6万吨，为上年107%。辽宁省产区总销售盐218.1万吨，为上年的91.3%，其中食盐销售60.7万吨，为上年的95.4%。本省食盐销售27.3万吨(含渔盐)，完成年计划的129.98%。辽宁省销区全年购进食盐24.7万吨，完成国家下达计划113.1%，销售食盐近26万吨，年末商业库存10.2万吨。辽宁省食盐定点生产企业碘盐合格率100%，食盐定点批发企业碘盐合格率95%，

表5 2002年沿海地区国内生产总值

单位：亿元

地区名称	国内生产总值	第一产业	第二产业	第三产业
全省合计	5 458.22	590.20	2 609.85	2 258.17
沿海市县	2 361.18	240.28	1 066.94	961.76
沿海市合计	2 238.38	187.68	1 028.71	929.79
大　连	1 068.94	44.48	428.51	547.18
丹　东	89.90	2.15	31.64	53.83
锦　州	123.60	6.53	44.77	61.29
营　口	87.10	9.84	34.73	34.71
盘　锦	236.08	2.25	173.53	44.61
葫芦岛	117.08	8.49	57.63	45.33
瓦房店	108.01	21.09	60.65	26.27
普兰店	99.89	20.41	62.48	17.00
庄　河	100.03	23.17	52.08	25.05
东　港	86.10	19.23	32.20	33.67
凌　海	39.57	13.33	13.85	12.39
盖　州	50.15	12.35	23.42	14.38
兴　城	31.66	4.36	13.22	14.08
沿海县合计	122.80	52.60	38.23	31.97
长海县	13.57	9.18	0.76	3.63
大洼县	33.88	14.47	9.36	7.05
盘山县	32.05	13.50	10.84	7.71
绥中县	43.30	12.45	17.27	13.58

比上年提高1%，食盐零售市场碘盐合格率97%，比上年提高3%。

2002年末，辽宁省级盐业管理与经营已做到机构分设，职能分开；辽宁省盐政稽查办公室已组建完成并开展工作。市级盐业管理部门已建立起来并行使职能，县级理顺体制工作部分同步完成，部分正在理顺当中。

【海洋矿产开发】 辽宁海洋矿产资源比较丰富，主要有石油、天然气、煤、铁、硫、钾、盐、锰结核、滨海砂矿等。

石油天然气资源主要分布在辽东湾和渤海湾，其特点是油气资源储量丰富，储油构造、特别是盖层条件良好。据初步测算，石油资源量约6～7.5亿吨，天然气1 000亿立方米，开发潜力很大。已探明石油储量1.25亿吨，天然气135亿立方米。较大的油田有辽河油田、绥中36-1油田等。2002年，海洋油气总产值实现22 622万元。其中原油产量21.2万吨，产值19 102万元；天然气产量9 933万立方米，产值3 522万元。

滨海砂矿主要品种有金刚石、沙金、锆英石、独居石、石榴子石、型砂、砂砾等。其中沙金在鸭绿江口发现多处矿点分布，地质条件好，有较好的开发远景。金刚石砂矿主要矿点在长兴岛沿海地段。绥中县滨海砂矿储量约有2亿多立方米。

表6　2002年沿海城市工农业总产值

单位：亿元

地区名称	工业总产值	工业增加值	农业总产值	农业增加值
全省合计		2 331.95		590.20
沿海市县	3 313.46	1 041.30	0.00	244.05
沿海市合计	3 200.46	1 007.02	0.00	189.05
大　连	1 131.49	428.51	0.00	44.48
丹　东	81.43	31.64	0.00	2.15
锦　州	173.19	44.77	0.00	6.53
营　口	130.68	34.73	0.00	9.84
盘　锦	353.68	173.53	0.00	2.25
葫芦岛	201.29	57.63	0.00	8.49
瓦房店	280.98	57.68	37.48	21.09
普兰店	325.88	58.35	36.35	20.41
庄　河	221.09	45.08	41.22	23.17
东　港	131.22	29.30	31.80	19.23
凌　海	43.42	12.52	24.66	13.34
盖　州	101.34	21.70	21.76	12.35
兴　城	24.77	11.58	10.21	5.72
沿海县合计	113.00	34.28	100.35	55.00
长海县	1.98	0.38	18.03	9.65
大洼县	41.40	7.97	32.41	17.57
盘山县	42.62	9.52	27.36	15.32
绥中县	27.00	16.41	22.55	12.46

【滨海旅游】 辽宁海岸类型多样,怪石嶙峋、礁林错落、秀峰异洞、水质清澈,天然海水浴场众多。海蚀景观主要分布在黄海北部的金州、旅顺沿岸,辽东湾东岸的盖州及西岸的兴城、绥中一带。著名的有金州区海滨喀斯特地貌景观,大连市南部的蚀洞,锦州的笔架山,兴城的菊花岛及绥中的姜女坟等。滨海湿地自然景观主要分布在辽东湾顶部、辽河入海口及鸭绿江至大洋河口的平原淤泥海岸地带。这一带地势低洼、河网密布、芦苇丛生、鱼虾繁茂,有丹顶鹤等鸟类 14 目 35 种。辽宁天然海水浴场 72 处,海岸线资源 149.6 千米,占全省海岸线总长的 6%,开发潜力较大的有金州、旅顺、盖州、鲅鱼圈、瓦房店、兴城和绥中等地。近几年来,各级政府十分重视和积极开发旅游资源,不断加强滨海旅游区建设,发展全省滨海旅游业。2002 年,全省滨海城市接待国际游客 611 143 人次。其中外国游客 531 058 人次,香港、澳门特别行政区同胞 33 876 人次,台湾省同胞 46 209 人次。国际旅游收入 36 973 万美元。

海洋国际合作与交流
Marine International Cooperation and Interflow

【外向型渔业】 2002 年,辽宁省水产品加工企业已达 528 家,年加工能力达到 160 万吨。辽宁省大连海洋渔业集团公司出口水产品 5.6 万吨,创汇 6 221 万美元,分别比上年增长 2 倍多。大连善岛食品有限公司积极扩大"善岛"牌产品生产规模,创汇近 3 000 万美元,比上年增长近 2 倍。2002 年,实际利用外资 3 465 万美元,新办"三资"企业 36 家,161 家水产加工企业通过国家商检局出口注册,80 余家企业通过了欧盟和 HACCP 质量体系认证,为辽宁省水产加工品顺利进入国际市场提供了保证。东港与俄罗斯合作共同开发俄罗斯近岸 4 万公顷海域,发展海水增养殖,开辟了成功利用国际渔业资源的新渠道。

地方重大海洋工程项目
Local Key Marine Engineering Projects

【大连港 30 万吨级原油码头工程】 2002 年 9 月 15 日,大连港 30 万吨级原油码头开工建设。该码头位于大孤山沙坨子南侧水域,泊位长 510 米,码头前沿水深 25 米,栈桥长度 600 米,可接卸 30 万吨级超大型油轮,并可兼顾停靠 10 万吨级油轮,设计通过能力 2 286 万吨/年。工程概算总投资 4.3 亿元,计划 2004 年建成投产。届时大连港将成为我国最大的石油及石化产品转运中心。

大连港 25 万吨级矿石码头工程 为满足腹地钢铁工业发展的需求,2002 年 7 月 10 日,大连港 25 万吨级矿石码头正式开工。该码头位于大孤山半岛南端,泊位长 450 米,码头前沿水深 22 米,可接卸 25 万吨级超大型散矿船,并可兼顾停靠 10 万吨散矿船。设计通过能力近期 1 000 万吨/年,远期 1 500 万吨/年。工程概算总投资 16.3 亿元,计划 2004 年建成投产。建成后,将成为我国最大、最先进的矿石专用码头。

【大连港大窑湾二期集装箱码头工程】 2002 年 8 月 10 日,大窑湾 11 号集装箱泊位破土动工,标志着大窑湾二期工程全面开工建设。大窑湾二期工程概算总投资 45 亿元,计划工期 5 年。主要内容为:新建集装箱泊位 6 个,码头岸线总长度 2 097 米,码头前沿水深最大为 16 米,可停靠箱位为 6 000 标准箱的第六代集装箱船;形成陆域面积约 150 万平方米,堆场总面积约 85 万平方米;改扩建大窑湾一期分车场,新建铁路线 8.07 千米。

(辽宁省海洋与渔业局 朱莉丽 付 欣)

大 连 市

Dalian City

综 述

Summary

【概况】 大连是我国北方重要的港口、工业、贸易和旅游城市。全市辖6个区、3个县级市和1个海岛县，总面积12 573.85平方千米，人口557.9万人，其中非农业人口为287.9万人，比重为51.6%。

大连市位于辽东半岛南端，其地域范围为38°43′～40°12′N、120°58′～123°31′E。西隔渤海与华北远邻，东隔黄海与朝鲜半岛相望，南隔渤海海峡与山东半岛对峙，北依东北大陆广阔腹地。

大连市海洋资源丰富，海岸线长1 906千米，占辽宁省海岸线总长的73%，其中陆岸线1 288千米，岛岸线长618千米。岛屿星罗棋布，包括无名礁砣在内共226个，其中70%集中于东南海区。最大的岛屿是瓦房店市的长兴岛，面积223平方千米，是中国第五大岛。有港湾30余处，最大的是大连湾，水域面积186平方千米，岸线长72千米，水深湾阔，不淤不冻。海岸和滩涂类型齐全，比例协调，功能多样。南部海岸和东部海岸有利于建设港口及发展旅游和海水养殖业；西部渤海海岸，不仅宜于晒盐，也是海滨砂砾的集散地，还宜于开拓海滨浴场、发展旅游业。沿海有海洋生物3大类共209科414种，分别占辽宁省海洋生物类和海洋生物资源总量的48%和86%。鱼、虾、贝、藻等种类繁多，资源量大，特别是海珍品在国内外享有盛誉。大连是中国四大产盐基地之一，宜盐滩涂18.8万公顷，占辽宁省宜盐滩涂面积的50.8%，大量的原盐资源潜力，为发展盐化工提供了基础条件。全市共有潮汐电站站址20余处，其中4处属于三类资源。

大连涉海工业的发展在国内外享有一定的知名度。具有90余年历史的大连造船厂的主导产品，如远洋船舶及主机、集装箱起重运输机械等在国际市场上有一定的竞争力。大连港是中国最大的综合国际商港之一，拥有煤炭、原油、木材、集装箱、管道运输等多种码头。

2002年，大连市认真实践“三个代表”重要思想，积极贯彻落实国家的各项方针政策和市第九次党代会精神，以率先基本实现现代化为目标，努力推进经济跨越式发展和社会事业全面进步，圆满完成了市十二届人大五次会议确定的各项任务。全市完成国内生产总值1 406亿元，比2001年增长14.1%。其中，第一产业增加值118.4亿元，增长6.2%；第二产业增加值661.1亿元，增长15.1%；第三产业增加值626.5亿元，增长14.8%。三次产业构成比例为8.4∶47.0∶44.6。人均国内生产总值25 276元，按年末汇率测算，约合3 056美元。完成农林牧渔业现价总产值216.8亿元，比上年增长7.1%；完成工业增加值597.6亿元，比上年增长14.7%。完成外贸自营进出口总额129.86亿美元，比上年增长16.3%，其中出口71.5亿美元，增长21.1%；出口商品供货总值567亿元，增长11.3%；新批外商投资企业832家，比上年增长15.1%；实际使用外商直接投资16.03亿美元，比上年增长10.3%。

【海洋机构】 2001年年底，大连市政府机构改革，原大连市海洋局与大连市水产局合并，组建大连市海洋与渔业局。大连市海洋与渔业局是大连市海洋与渔业行政管理部门，为市政府直属机构，正局级建制，内设11个处室。

表1 大连市沿海区市县及其海洋机构情况

区市县名称	海洋管理机构
长海县	长海县海洋与渔业局
金州区	金州区海洋与渔业局
甘井子区	甘井子区海洋与渔业局
旅顺口区	旅顺口区海洋与渔业局
庄河市	庄河市海洋与渔业局
瓦房店市	瓦房店市海洋与渔业局
普兰店市	普兰店市海洋与渔业局

表2　大连市沿海区市县人口及从业人员情况

单位：万人

区 市 县	年末总人口数	农业人口数	非农业人口数	全社会从业人数	在岗职工人数
大连市	557.9	270.0	287.9	276.3	79.2
长海县	9.0	6.4	2.6	4.0	0.4
金州区	66.7	34.1	32.6	22.6	3.1
甘井子区	56.0	11.0	45.0	15.2	1.2
旅顺口区	20.8	9.9	10.9	10.8	1.9
庄河市	90.1	72.9	17.2	34.1	2.8
瓦房店市	103.0	71.1	31.9	42.1	3.2
普兰店市	82.6	64.4	18.2	38.5	2.4

表3 大连市沿海区市县国内生产总值、工农业总产值(当年价)一览表

单位：亿元

区 市 县	国内生产总值				工业总产值	农业总产值
	合 计	第一产业	第二产业	第三产业		
大连市	1 406.1	118.5	661.1	626.5	250.5*	216.8
长海县	13.6	9.2	0.8	3.6	1.6	18.0
金州区	144.5	11.5	91.5	41.5	323.1	26.5
甘井子区	128.0	6.9	61.1	60.0	107.9	13.2
旅顺口区	53.8	8.3	27.8	17.7	59.8	17.6
庄河市	100.4	23.2	52.1	25.1	196.4	41.2
瓦房店市	108.0	21.1	60.7	26.2	246.1	37.5
普兰店市	100.0	20.5	62.5	17.0	284.3	36.3

* 为规模以上企业完成总产值。

【海洋立法】 2002年，大连市海洋与渔业局根据《中华人民共和国海域使用管理法》，按照《大连市人民政府关于大连市第一批削减及保留的行政审批事项的通告》，结合以前的工作实践，下发了《关于区市县海域使用管理权限的通知》、《关于加强大连市海洋与渔业水域环境保护工作的通知》，明确各区市县的海域使用管理权限和市、县两级海洋与渔业管理部门海洋环境保护的工作职责及开展工作的经费渠道；与财政局一起制定了《大连市海域使用金使用管理暂行办法》，同时《大连市海域使用分等定级与收费标准》也通过了国家海洋局组织的专家评审。为了规范海域使用权证书的管理，简化工作程序、提高办事效率，根据国家海洋局制定的《海域使用权证书填写说明》，大连市政府批准刻制“大连市人民政府海域使用专用章”，今后经市政府审批的用海项目，海域使用权证书上一律使用这一印章。

海域使用管理
Management of Sea Area Use

【广泛开展海洋普法宣传】 2002年是《中华人民共和国海域使用管理法》(以下简称《海域使用管理法》)颁布实施的第一年，也是大连市海洋与渔业部门合并后开展海域使用管理工作的第一年，大连市紧紧围绕宣传贯彻《海域使用管理法》，以振兴海洋产业、繁荣海洋经济为中心，立足服务，打好基础，全面开展工作。组织开展全市范围内的《海域使用管理法》宣传活动。利用宣传日在全市设立宣传点40余个，发放宣传单8万余份，张贴宣传标语3 000余张，发放《海域使用管理法》小册子1 000余份；利用新闻媒体刊登文章、发表电视讲话，深入到沿海乡镇、街道，进行全方位的宣传。组织由海洋管理部门和乡镇海洋管理人员及用海单位参加的海洋管理和海洋环境保护业务培训。通过市委、市政府信息网以及内部信息刊物进行海洋管理活动的信息报道，使各级政府领导和有关部门了解掌握海洋管理工作动态。

【全面进行海域使用项目普查登记】 根据辽宁省海洋与渔业厅“关于开展海域使用项目限期登记的通知”，大连市成立了海域使用项目登记工作领导小组，制定工作方案，对全市所有港口、码头、盐业、旅游、养殖和海岸工程等海域使用项目进行限期登记。在登记工作中采取“请进来”和“走出去”相结合的工作方式，对主动上门进行登记的，热情讲解，认真登记，对海域使用的重点大户和涉海乡、镇、村，主动登门服务。据统计，全市共登记的海域使用业户 7 750 户，登记海域使用面积 24.53 万公顷，普查登记率达到98%以上。其中，海水增养殖用海161 777公顷，占65.95%；港口用海42 506公顷，占17.33%；盐业用海 34 730 公顷，占 14.16%；城镇建设用海 2 212 公顷，占 0.9%；电缆管道用海 1 251 公顷，占0.51%；旅游用海614公顷，占0.25%；其他用海2 217公顷，占0.9%。

【稳步推进海域使用的确权发证】 本着尊重历史、实事求是、区别对待、保持稳定的原则，增强用海项目审批的透明度。2002 年大连市共颁发海域使用证 222 套，征收海域使用金 2 186 万元（其中市直 1 149 万元），确权发证面积10 907公顷。与2001年相比，确权发证套数减少33.5%，确权发证面积减少68.3%，海域使用金征收额增长 15.73%。其中，海水增养殖用海批准项目219个，占总数的98.65%，确权面积 10 880 公顷，占总面积的 99.75%；非养殖用海批准项目 3 个，占总数的 1.35%，确权面积27公顷，占总面积的0.25%。海水增养殖用海项目征收海域使用金 1 076 万元，占总额的49.22%；非养殖用海项目征收海域使用金1 110万元，占总额的50.78%。

【修改完善海洋功能区划】 2001年12月，大连市大比例尺海洋功能区划总成果分别通过了市“两划”领导小组的审查和省区划验收小组的审查验收。2002年，按照国家海洋局《关于加快海洋功能区划编制、审批和实施工作的通知》要求和省、市两级评审验收意见，大连市对海洋功能区划做了进一步的修改和完善，并组织区市县有关管理和技术人员召开专门会议，进一步研究明确区划总成果的内容，规范格式。全市及各区市县的区划报批材料已修改完毕。其中，庄河市、瓦房店市、普兰店市、长海县、旅顺口区的区划文本已获当地政府同意。待经大连市政府审核同意后，报辽宁省政府批准实施。

海洋环境保护
Marine Environmental Protection

【海洋环境概况】 2002 年，大连市废水排放量43 185万吨，比2001年减少4.4%，其中工业废水排放量30 205万吨。废水治理装置372套，达标排放工业废水量28 724万吨，排放达标率95.1%。

2002年，大连市近岸海域发生2次小范围赤潮。海域水质中主要污染物为无机氮和石油类。南部沿海、大窑湾、小窑湾、红土堆子湾、普兰店湾及瓦房店、庄河、长海海域水质良好，各项监测指标年均值符合国家二类海水水质标准。大连湾海域无机氮、石油类年均值超国家二类海水水质标准，其他监测指标年均值符合国家二类海水水质标准。与2001年相比，无机氮年均值有所下降，石油类年均值略有上升。该海域二类、三类功能区无机氮年均值符合相应功能区海水水质标准，四类功能区无机氮年均值超标，其他监测指标年均值符合相应功能区海水水质标准。金州湾和旅顺海域石油类年均值超过国家二类海水水质标准，其他监测指标年均值符合国家二类海水水质标准。长海海域水质最好，其余依次为：大窑湾、小窑湾、南部沿海、庄河海域、旅顺海域、红土堆子湾、瓦房店海域、普兰店湾、金州湾、大连湾。

2002 年，棒棰岛浴场、傅家庄浴场水质良好，各项监测指标符合国家二类海水水质标准。海之韵浴场无机氮年均值超标，凌水湾浴场粪大肠菌群年均值超标，星海公园浴场、星海湾浴场粪大肠菌群和大肠菌群年均值超标。与2001年相比，海之韵浴场、凌水湾浴场无机氮污染有所减轻；星海公园浴场、星海湾浴场大肠菌群污染略有加重。棒棰岛浴场水质最好，其余依次为：傅家庄浴场、海之韵浴场、凌水湾浴场、星海湾浴场、星海公园浴场。

【海洋环境监测】 组织进行了近岸海水趋势性监测、海洋渔业重要经济生物质量监测、海水浴场水质监测、自然保护区海洋生态环境监测和重要渔业养殖区水域环境监测，首次掌握了大连市海洋与渔业水域环境的质量情况。理顺了海洋工程、海岸工程环境影响评价（简称环评）工作关系。组织进行了北良港成品油泊位环评及大连港30万吨原油码头和庄河南尖渔港扩建等对海洋与渔业水域有较大影响环评的审核与核准。认真开展渔业污染事故调查处理工作，对较重大的污染损害如金州区登沙河滩涂菲律宾蛤仔死亡、普兰店市普兰店湾虾池污染案进行现场查看，掌握污染源性质、来源和损失大小，提出解决问题的途径。开展了海洋自然保护区选划和建立工作，确立了长山群岛土著海洋生物物种保护区。

海洋行政执法
Marine Administrative Law-Enforcement Work

【海域执法监测】 为维护涉海行业开发利用资源活动的秩序，2002 年中国海监大连支队依据《海域法》实施海域监察 165 次，检查市管海域涉海单位 200 余家，对 12 起违规用海进行了警告，对 3 起违规案件进行了处罚。同时配合辽宁省海监总队完成 5 月、8 月两次大型联合执法任务。为提高执法人员依法行政水平，7 月份举办了全市海洋监察员业务培训班，大连市海监支队及各区市县的 31 名监察人员参加了培训。针对区市县海洋监察力量相对薄弱的情况，注重协助区市县进行专项检查和违法查处，形成上下配合齐抓共管的局面，并深入区市县就海域使用管理和执法监察分 3 个方面 19 项内容开展了调研。

海洋资源开发与海洋经济
Development of Marine Resources and Marine Economy

【海洋渔业】 2002 年，大连市海洋渔业经济在结构调整中继续保持较好的发展势头。全年完成地方水产品产量 218 万吨，比上年增长 2.4%；水产品产值首次突破 100 亿元大关，达到 105 亿元，比上年增长 10.3%；渔业总产值也首次突破 200 亿元大关，达到 210 亿元，比上年增长 15.8%。渔业结构进一步趋向合理，增养殖产量在水产品总产量中占 60.5%，比上年增加 1.1 个百分点，国内海洋捕捞产量则比上年下降了 1.6 个百分点。

优势增养殖产业规模进一步扩大 陆地工厂化养殖面积由上年的 25 万平方米猛增到 40 万平方米，当年新增面积 15 万平方米，是前 6 年总规模的 60%。以鱼为主，多品种养殖的格局已形成，养殖设施得到综合利用；深水抗风浪大网箱养鱼取得突破，长海、甘井子、金州、旅顺等区县总投资 600 余万元，共引进国内外先进的深水抗风浪大网箱 10 组，经过一年的试养，表现出单产高、生长速度快，投资少、比较效益高，病害少、成活率高，抗风浪、易于管理的优势；海底底播增殖又上新台阶，新增面积 1 万公顷，总规模达到 6 万公顷，当年收获面积 1.7 万公顷，收获产量 5 万吨，产值达 10 亿余元。加大传统产业改造力度。全市新增对虾养殖示范区 200 公顷，总规模达到 260 公顷，对虾总产量达到 5 800 吨，比上年增加 1 000 吨；虾池综合利用取得新成效，混养规模达 1.5 万公顷，增加海参、河豚鱼等优质品种放养规模，全市形成海参养殖热潮，混养海参面积达 3 200 公顷，比上年增加 660 余公顷。首次试养海蜇 1 500 公顷，收获产量 490 吨，产值 700 余万元，为提高虾池综合效益开辟了新的途径。2002 年完成海水增养殖产量 131 万吨，产值 58 亿元，分别比上年增长 4.1%和 16.9%。

大力发展大洋性公海渔业 新增远洋渔船 30 艘，其中大洋性金枪鱼钓船 14 艘、鱿鱼钓船 1 艘，使境外作业的远洋渔船达到 262 艘，比上年增长 13%。2002 年完成海洋捕捞产量 86.2 万吨，产值 46.6 亿元，产量下降 0.1%，产值增长 3.3%。其中，远洋渔业产量 14 万吨，产值 10 亿元，分别增长 12%和 28.2%；占捕捞产量比重由上年的 14.5%提高到 16.2%，增加了 1.7 个百分点。

水产品精深加工能力提高 全年投资 2.9 亿元，新改（扩）建精深水产品加工厂 20 座，其中新建投资额在 2 000 万元以上的大型加工企业 11

座。海参肽、海参营养素、牡蛎肽、海带多糖等海洋生物、海洋药物等加工产品已陆续投入生产。水产加工品种不断增加，贝类、鱼类、藻类、虾蟹类等制成品达 130 余种。全市完成水产品加工成品 63.5 万吨，实现产值 47 亿元，分别比上年增长 2.6%和 18%。

水产品质量安全管理得到加强 2002 年大连市全面开展水产品药物残留专项整治，先后检查了 500 家海水养殖育苗、生产企业，100 家出口水产品加工企业，400 艘 202 千瓦以上大功率渔船及 98 家渔药经营店铺，全面清理氯霉素、呋喃唑酮等 21 种国家禁用的渔药，达标率 99%；初步建立了出口水产品原料登记注册、水产养殖场和捕捞渔船生产日志及渔药生产经营监督检查等制度，为建立水产品药残管理的长效机制打下良好基础。对已取得 HACCP 认证的 80 家水产加工企业进行监督检查，同时又有 10 家企业新推行了 HACCP 标准；海日牌、獐子岛牌等 9 个水产品获得国家绿色食品标识，全市绿色水产品已达 16 个。

【海洋交通运输业】 **大连港** 2002 年，大连港务局有生产泊位 74 个，其中万吨级以上泊位 40 个，另有万吨级浮筒泊位 3 个；铁路专用线 161 千米，输油管线 93.5 千米，码头岸线 2.5 万米；生产用仓库 28.6 万平方米，堆场 198 万平方米，圆筒仓 4 座、容积 33.1 万立方米；储油罐 157.6 万立方米；港作船舶 46 艘；铁路机车 16 台(其中内燃机车 13 台)，总功率 1.5 万千瓦；装卸机械 703 台，其中生产用装卸机械 446 台。职工总数 1.79 万人。

(1) 港口运输生产保持较快增长。全年完成货物吞吐量 1.09 亿吨，比上年增长 8%，再创历史新高。主要运输产品货种有油品、粮食、钢铁，共完成吞吐量 4 961.8 万吨，粮食运输量增幅最大，增长 30.6%；滚装运输完成 3 457.5 万吨，集装箱运输完成 1 200.9 万吨，分别增长 4.1%和 11.1%。集装箱运输因腹地经济结构调整等原因，发展遇到较大困难，为此，大连港务局采取与铁路合作，推广公共班列经营人模式、加强中转运输等措施，使集装箱吞吐量完成 135.16 万标准箱，继续保持 2 位数增长速度，保住全国最大海铁联运集装箱港口地位；完成集装箱中转量 11 万标准箱，成为仅次于上海港的全国第二大集装箱中转港。

(2) 信息化建设取得新进展。生产经营计算机管理系统 6 月正式通过验收，处理系统进入全面试运行阶段，物资管理系统正在推广，内部网站建设基本完成。大连口岸物流网有限公司被市政府确立为大连口岸公共信息平台，大连口岸航运业电子数据交换系统(EDI)已具国内一流水平。

(3) 大连港管理权限下放大连市。2002 年 3 月，根据国务院关于港口全部下放地方管理的决定，大连港正式下放大连市管理。新中国成立后，大连港管理体制几经变革：最早由地方政府代管，1953 年上划交通部领导，1958 年下放辽宁省管理，1961 年划归交通部领导，1967～1968 年间实行全面军管，1986 年与全国其他主要沿海港口一起实行中央和地方政府双重领导、以地方政府管理为主，体制延续至今。此次大连港全部下放大连市管理，将有利于港口企业按照建立现代企业制度的要求自主经营，推动大连港全面振兴。

地方港口和企业码头 2002 年，大连市纳入行业管理的地方港口和企业码头有 38 家，比上年增加 3 家；拥有各类生产泊位 110 个，比上年增加 9 个，其中万吨级以上深水泊位 16 个，与上年相同；年货物吞吐能力 3 423 万吨；亚洲最大的粮食中转港——大连北良港拥有 8 万吨级、3 万吨级和 1 万吨级粮食专用泊位各 1 个，2 万吨级杂货泊位 1 个。地方港口和企业码头全年完成货物吞吐量 3 063 万吨，完成旅客吞吐量 341 万人次，进出港车辆 40 万台次，分别比上年增长 3.1%、11.8%和 11.7%。北良港全年完成港口货物吞吐量 543.1 万吨。

海运 2002 年，全地区海运客运量和货运量均比上年增加，客运量 606 万人次，货运量 2 835 万吨，增幅分别为 3.9%和 9.6%。海上旅游运输业基本保持稳定发展。全市投入旅游船舶 110 艘、2 454 客位，比上年减少 4 艘、增加 38 客位；完成客运量 53 万人次，比上年下降 3%；实现营业额 1 200 万元，比上年增长 5%。

【滨海旅游业】 2002年，大连市共接待国内外游客1 450万人次，其中国内游客1 400万人次，海外游客49.1万人次；实现旅游总收入135亿元，比上年增长 22%：旅游创汇 3.3 亿美元，在全国各大城市中排名第 8 位。旅游总收入占全市国内生产总值的 9.6%，比上年提高 0.6 个百分点。全市接待海外游客和旅游创汇两项指标分别占全省总数的53%和60%，为全省旅游业的龙头。

表4 大连市海洋开发资料统计

项目		数量
海洋捕捞产量（万吨）	鱼类	58.1
	贝类	8.3
	虾蟹类	13.4
	其他	6.4
	合计	86.2
海水增养殖产量（万吨）	鱼类	1.1
	贝类	93.1
	虾蟹类	0.6
	藻类	34.9
	其他	1.3
	合计	131.0
港口旅客吞吐量（万人次）		787.6
港口货物吞吐量（亿吨）		1.12
海洋货物运输量（万吨）		2 835
盐业	产量（万吨）	188
滨海旅游人数（万人次）	国内	1 400
	国外	49.1

旅游项目建设力度加大 2002年是大连市确定的旅游项目招商年，全市实现旅游项目招商引资合同金额49.35亿元，其中外资3.45亿美元，内资21.75亿元。招商引资项目主要有金石滩主题公园、金石谷乡村俱乐部、现代农业科技观光园、甘井子大黑石高尔夫球场、普兰店安波温泉五星级别墅、瓦房店驼山乡穹顶滑雪场等。开工建设项目有星海贝壳博物馆、星期五大道、金石滩温泉国际会馆、庄河天门山景区、长兴岛度假区、旅顺水上人间二期、中华武馆二期、圣亚海洋世界二期、金州大黑山风景区等；竣工开业项目有虎滩极地海洋动物馆、现代博物馆、金石高尔夫二期、奥丽安娜号豪华游船主题公园、大连紫檀阁、冰峪沟二期、庄河城山古城、甘井子红旗镇岔鞍村农家游、金州副督统衙署、关向应纪念馆、旅顺老铁山温泉、塔河湾海滨浴场、大连世界和平公园、新玛特电影城等。

大连旅游"六大浪漫"、"五张牌"推出 2002年，大连市旅游局向国内外游客首次推出大连旅游"六大浪漫"和"五张牌"。"六大浪漫"是：浪漫的广场、绿地、喷泉——城市建在花园里；浪漫的建筑——奏响城市凝固的音乐；浪漫的大海——空气清新、海鲜上乘；浪漫的金石滩、旅顺——休闲度假好去处；浪漫的大型旅游活动——火爆热烈精彩纷呈；浪漫的市民——笑脸喜迎八方客。"五张牌"是：旅游的品牌——浪漫之都；旅游的金牌——北方明珠；旅游的王牌——世界环境500佳；旅游的招牌——比赛在北京、观光在大连；旅游的名牌——金石滩、旅顺、冰峪沟、星海湾、虎滩极地海洋动物馆、珊瑚馆、圣亚海洋世界、圣亚极地探险、森林动物园、滨海路、女骑警、大型节庆活动、大连海鲜、大连紫檀阁、奥丽安娜号游船、星海贝壳博物馆、4D影院、奥纳电影城、现代博物馆、自然博物馆、棒棰岛。

极地馆开业奥丽安娜落户 2002年4月28日大连老虎滩极地海洋动物馆开业。该项目是由大连虎滩乐园、大连海昌集团与新加坡西瑞克石油有限公司共同投资的合作项目，总投资4.7亿元人民币。极地海洋动物馆建筑面积36 000平方米，占地面积20 000平方米。截至2002年年底，极地馆已接待游客百万。奥丽安娜号豪华游轮主题乐园是杭州宋城集团投资近3亿元打造的主题乐园。是大连市政府招商引资的重要成果。2002年7月18日开园纳客。这个以观光、休闲、娱乐、演艺为内涵的大型休闲景点是大连市重要旅游项目之一，被称为"大连旅游新航母"。奥丽安娜号豪华游轮开业后，每晚的"红磨坊"表演场场爆满，成为大连夜生活一道亮丽的风景。

大连中国国际旅行社接待8艘国际游船 2002年，大连中国国际旅行社有限公司接待8艘国际游船，是大连市接待国际游船最多的旅行社。来连国际游船有英国"海运之神"号、"水晶协和"号、"皇家公主"号以及韩国群山海洋大学实习船"海林"号和韩国木浦海洋大学实习船"新育达"号。其中"海运之神"、"水晶协和"、"皇家公主"号为第二次来连。8艘游船共载客4 800余人。

【海洋船舶工业】 **大连造船重工有限责任公司** 2002年4月29日，大连造船重工有限责任公司正式成立。该公司是在国家政策支持下，由大连造船厂通过债转股完成由工厂制向公司制转化后成立的，即由原来的单一投资主体转制为多家共同持股。公司拥有固定资产 11 亿元，总资产 44 亿元，注册资本 5.8 亿元，其中中国船舶重工集团占有股份 72%，中国华融资产管理有限公司和中国信达资产管理有限公司分别持股 21%和 7%。建立公司制对于大连造船厂这个具有百年历史的老厂在现代企业制度下实现跨越式发展具有深远意义。5月3日、5月6日和7月6日大连造船重工有限责任公司首次为世界著名航运公司——瑞典斯坦纳公司建造的1.23吨系列滚装船的首制船“斯坦纳·先觉”号以及为瑞典博尔公司建造的4 800吨余用途工作船“博尔巨人”号和“博尔大力神”号相继签字交工。9 月 18 日，由大连造船重工有限责任公司承担的第三、四代化学品船技术开发项目通过国家验收。该项目 2000 年 1 月立项，2002 年 4 月完成。第三、四代化学品船技术开发项目是大型、高附加值液货船国家重大引进技术消化吸收(一条龙)项目中的一个课题，共分综合技术经济分析、船体结构优化设计和安全评估、特殊化学品船安全运输装卸等系统设计研究、制造技术研究等 4 个专题。该项目的开发研究，工程依托 4.5 万吨化学品船，解决关键技术 36 项，取得科研成果 41 项，其研究成果具有实用性和通用性，部分技术已应用到实船上，经济效果显著。4.5 万吨化学品船实现承接建造 8 条的批量化，产值达 20.8 亿元，创汇 2.5 亿美元。12 月 30 日，大连造船重工有限责任公司在新建的30万吨级船坞内举行 JCI02-1 工程铺底仪式，标志着大船重工新建船坞部分投产使用。新建船坞工程是于2001 年 4 月开工建造的，该工程是国家高新工程“十五”重点建设项目，计划 2003 年 12 月末全部建成。建成后，公司年造船能力将由 36 万吨提高到 80 万～100 万吨。

大连新船重工有限责任公司 2002 年大连新船重工有限责任公司工业总产值、产品销售收入、承接新船订单、出口交货值等主要经济指标继续位居全国同行业前列，其中造船完工 3 艘、71 万载重吨，承接船舶订单 15 艘、222.2 载重吨、总价值 66.65 亿元，均列全国首位。积极开拓国内外船舶市场，承接造船合同 6 艘、71 万吨，占中船重工集团公司承接总量的 55%。技术创新和产品开发成果显著，完成大型、高附加值液货船国家重大引进技术消化吸收(一条龙)项目，完全掌握 20 万～30 万吨超大型油船、11 万吨成品油船、15 万吨生产储卸油船的建造核心技术。基本建设步伐加快，大船坞接长、国债大型油轮技改、H3 船台改造、600 吨吊车制造等重大工程完成投资 3.75 亿元，其中国内最大的涂装工场被评为省优质工程。造船生产效率进一步提高，30 万吨油轮 3 号船合拢周期比 2 号船缩短 34 天，创造出 133 天新纪录；5 618 集装箱轮 1 号船合拢周期仅用 107 天，2 号船更缩短至 80 天；30 万吨油轮 2 号船从下水到航海实验比 1 号船缩短 45 天，创历史最高水平。质量管理体系进一步完善，先后取得中国新时代质量体系认证中心对军品、民品和挪威DNV 船级社对船舶建造全过程的质量体系认证。企业当年先后获国家级荣誉 5 项、省市级荣誉 40 余项，被中华全国总工会评为 2001～2002 年度全国“五一”劳动奖状先进集体。

【海洋盐业】 2002 年，在盐业行业性衰退和盐产品供大于求的形势下，大连市盐业产量相对过剩，产量达到 188 万吨，比上年增长 14%。全市碘盐普及率 97%，比国家规定的碘盐普及率 85%提高 12 个百分点；碘盐合格率 95%，比国家规定的碘盐合格率 90%提高 5 个百分点；直接入口食盐包装计划完成率达 100%，比计划完成率 95%提高 5 个百分点。

海洋国际合作与交流
Marine International Cooperation and Interflow

【全球环境基金第二届国际水域大会】 2002 年 9 月 26～29 日全球环境基金第二届国际水域大会在大连富丽华大酒店举行。来自世界 80 余个国家的 250 余名代表参加会议。会议围绕全球水资源建设及海洋水域环境污染的治理等问题展开探讨，并就水域资源建设进行经验交流。全球环境基金是由世界银行暨国际货币基金组织发展委员会提出并于 1991 年 5 月成立的全球性增款基金，10 多年来为发展中国家在监测全球气候变化、保护生物多样性、保护水域、保护臭氧层 4 个领域开展环境保护工作提供资助。全球环境基金已在中国重点资助 4 个大项目，渤海环境管理项目是其中重要项目之一，大连市西海岸污染防治则是渤海环境管理项目的子项目。

【第八届国际城市与港口大会】 2002年10月23～25日第八届国际城市与港口大会在大连香格里拉大饭店举行。来自40余个国家的500余位代表参加会议，该会也是国际城市与港口协会首次在亚洲举办的国际会议。国际城市与港口协会主席葛朗迪出席大会并对大会给予很高评价。本次会议的主题是“港口城市和世界贸易”。在这次大会上，大连市被国际城市与港口协会吸纳为会员，成为该协会在中国吸纳的惟一会员。

国际城市与港口协会成立于1988年，总部设在法国勒阿弗尔市。协会的宗旨是促进世界各国港口城市，尤其是在城市规划和经济合作方面的发展。协会会员遍及世界35个国家，会员单位180个。协会定期组织由世界港口城市高层人士参加的国际会议，研讨港口城市发展的相关问题，相互交流信息，寻求共同发展。

【第三届大连国际渔业博览会】 6月13～15日，第三届大连国际渔业博览会在星海会展中心举行，来自日本、韩国、南非、挪威、智利、巴基斯坦等国家及我国台湾省、香港特别行政区的客商，国内广东、山东、福建、上海、北京等省市200余个企业的代表，共3 000余人，广泛进行了经贸合作洽谈。共签订合作合同达成意向25项，总投资5.43亿元，其中合同总额4.5亿元。

【继续拓展国际旅游市场】 2002年，大连市先后组织9个旅游宣传促销团组，分赴日本，俄罗斯、美国、朝鲜等国家以及欧洲等地区进行旅游促销，并首次将旅游“大篷车”开赴北欧9国。共举办大型旅游说明会24场，签订旅游团队合同19个；接待包机32架次、游船10艘；招徕游客49.1万人次。其中：日本游客人数仍为最多，达23.3万人次，占海外游客总数的47.6%；俄罗斯、美国来连游客增幅较大，分别比上年增长46.4%和35.9%。

【斐济群岛共和国总理参观大连渔业】 5月28～29日，斐济群岛共和国总理莱塞尼亚·恩加拉塞一行62人来连访问，参观大连市渔轮生产企业、部分海产品加工和养殖企业、科研机构等。这是恩加拉塞就任总理后首次访华。

地方重大海洋工程项目
Local Key Marine Engineering Projects

【25万吨级矿石码头开工建设】 2002年7月10日，大连港25万吨级矿石码头开工建设。该码头位于大孤山半岛南端，泊位长450米，码头前沿水深22米，可接卸25万吨级超大型散矿船，并可兼顾停靠10万吨散矿船。年设计通过能力近期1 000万吨、远期1 500万吨。工程概算总投资16.3亿元，计划2004年建成投产。该码头建成后，将成为我国最大、最先进的矿石专用码头，对促进东北地区钢铁工业及大连区域经济的发展产生重要影响。

【大窑湾二期集装箱码头开工建设】 2002年8月10日，大连港大窑湾码头11号集装箱泊位破土动工，标志着大窑湾二期工程全面开工建设。该工程概算总投资45亿元，计划工期5年。工程包括：新建集装箱泊位6个，码头岸线总长度2 097米，码头前沿水深最深16米，可停靠箱位为6 000标准箱的第六代集装箱船：形成陆域面积约150万平方米，堆场总面积约85万平方米；改扩建大窑湾一期分车场，新建铁路线8.07千米。工程建成后，每年将新增集装箱吞吐能力200万标准箱，极大地提升大连港口的集装箱运输能力。

【30万吨级原油码头开工建设】 2002年9月15日，大连港30万吨级原油码头开工建设。该码头位于大孤山沙坨子南侧水域，泊位长510米，码头前沿水深25米，栈桥长度600米，可接卸30万吨级超大型油轮，并可兼顾停靠10万吨级油轮，年设计通过能力2 286万吨；工程概算总投资4.3亿元，计划2004年建成投产：届时，大连港将成为我国最大的石油及石化产品转运中心，对推动东北地区石化工业的发展和大连区域经济繁荣起到重要作用。 （大连市海洋与渔业局 翟 兵）

2003

中国海洋年鉴

海洋公益服务

Marine Public Welfare Service

CHINA

OCEAN YEARBOOK

海洋灾害与环境预报服务
Marine Disasters and Environmental Forecast Service

综 述
Summary

海洋灾害是指由于自然和人为诱发的对人民生命和财产完全造成危害的海洋现象，如风暴潮、赤潮、巨浪、海冰、海上溢油等。海洋灾害不但影响海上活动的安全，更重要的是影响海岸带地区的社会稳定、经济发展和环境保护。

2002 年我国海洋灾害属常年偏轻年份，全年因海洋灾害造成的直接经济损失约66亿元，死亡、失踪人数共 124 人，受灾人口约 1 000 万。其中风暴潮灾害造成直接经济损失 63.1 亿元，死亡、失踪人数 30 人；海浪灾害造成直接经济损失约 2.5 亿元，死亡、失踪 94 人；赤潮灾害造成直接经济损失约 2 300 万元；海上溢油造成直接经济损失约 460 万元；海冰未造成明显灾害损失。

表1 2002 年主要海洋灾害损失统计

灾 种	发生次数	灾害次数	死亡、失踪（人）	经济损失（亿元）
风暴潮	8	2	30	63.1
赤 潮	79	8	无	0.2
巨 浪	33	6	94	2.5
溢 油	6	2	无	0.05
合 计	—	—	124	65.9

（国家海洋环境预报中心 丛培娟）

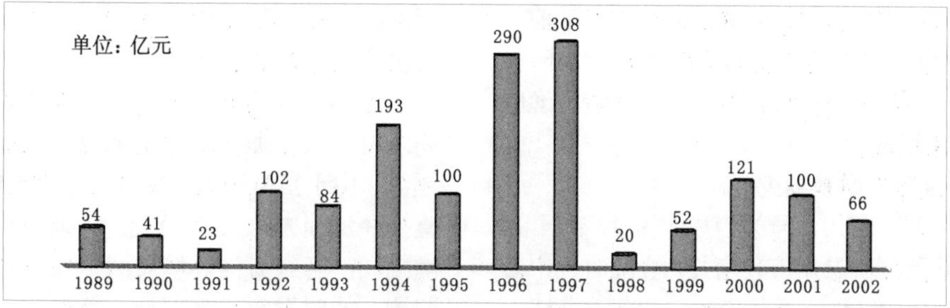

图1 1989～2002 年海洋灾害经济损失

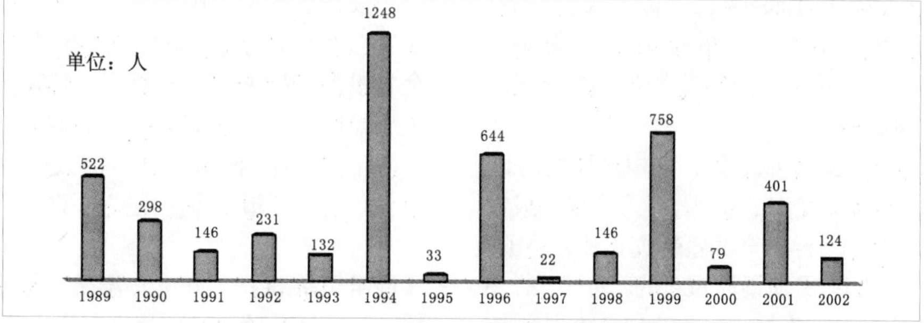

图2 1989～2002 年海洋灾害死亡、失踪人数

风暴潮灾害与预报
Storm Surge Disaster and Forecast

【台风风暴潮灾】 2002 年我国沿海共发生 8 次风暴潮，其中“黄蜂”(0214 号)和“森拉克”(0216 号)风暴潮在我国沿海酿成灾害，直接经济损失 63.1 亿元，死亡、失踪 30 人。

表 2 2002 年风暴潮灾害（含近岸台风浪灾）损失统计

潮灾影响范围(省市)	受灾人口(万人)	潮水淹没农田(万公顷)	海水养殖损失(万公顷)	潮灾损毁房屋(万间)	冲毁崩决海塘堤防及其他海洋工程	损毁船只(艘)	死亡人数(人)	直接经济损失(亿元)
上 海	—	—	—	—	16 处	—	—	0.02
浙 江	792.2	21.1	2.8	0.9	堤防 659 处，长 231.6 千米；护岸 1 397 处，水闸 89 座，塘坝 314 座	320	29	29.6
福 建	221.0	12.5	1.7	3.5	358 处，长 123.6 千米	1 666	1	32.6
海 南	46.3	3.5	0.01	—	—	—	—	0.9
合 计	1 059.5	37.1	4.5	4.4	—	1 986	30	63.1

1.“黄蜂”风暴潮灾

“黄蜂”(0214 号)强热带风暴于 8 月 19 日 20 时 40 分在广东雷州半岛登陆。受其影响，海口秀英站最大增水 56 厘米，最高潮位 290 厘米。潮灾波及海南省 4 个县市，受灾人口 46.3 万人，水产养殖业受灾面积 120 公顷、水产品损失 3 100 万吨，全省直接经济损失 9 400 万元。登陆前，广东省湛江市等沿海市、县政府防汛部门及时做好防灾工作，安全转移 1.7 万人，进港避风渔船 1 274 艘，未造成损失。

2.“森拉克”风暴潮灾

“森拉克”(0216 号)台风于 9 月 7 日 18 时 30 分登陆浙江省温州市苍南县，登陆时近中心最大风速达 40 米/秒。受其影响，福建、浙江、上海沿海普遍出现了 100～300 厘米的风暴增水。从福建东山到上海高桥沿海有近 20 个验潮站超过当地警戒水位，浙江南部的鳌江站最大增水达 321 厘米，最高潮位 690 厘米，超过该站有观测记录以来最高潮位，并超过当地警戒水位 130 厘米，是一次特大风暴潮灾。

浙江省受灾人口 792.2 万，其中转移人口 50 余万，死亡 29 人。受灾面积 21.0 万公顷，成灾 10.5 万公顷，其中海洋水产养殖受灾 2.8 万公顷。房屋倒塌 9 100 间；堤坝损坏 659 处、总长 231.6 千米；护岸损坏 1 397 处；堤防决口 443 处、总长 25.3 千米；水闸损毁 89 座，塘坝损毁 314 座；船只沉损 320 艘（大都为木制小渔船）。直接经济损失总计 29.6 亿元，其中渔业直接经济损失达 7.9 亿元。

福建省受灾人口 221.0 万，死亡 1 人，受伤 39 人。农田受灾 12.5 万公顷；水产养殖受灾 1.7 万公顷、水产品损失 19.6 万吨；房屋倒塌 3.5 万间；船只损坏 1 666 艘；堤防损坏 358 处、总长 123.6 千米，决口 127 处、总长 11.5 千米。直接经济损失总计 32.6 亿元。

上海地区潮位普遍偏高，其中黄浦公园站最高潮位达 533 厘米，是有验潮记录以来的第三高潮位。由于措施得力，仅部分防潮设施受到损坏，直接经济损失约 210 万元。“森拉克”台风风暴潮期间，各级海洋环境监测、预报部门加强跟踪监测，及时发布风暴潮预、警报，为沿海省市政府防潮减灾决策提供了科学依据。浙江省修建的 1 000 余千米达标海堤，在抵御“森拉克”风暴潮灾中发挥了重要作用；浙江省各级政府部署并组织安全转移沿海低洼地区及岛屿群众 50 余万人，全省沿海养殖渔民无一死亡，潮灾的直接经济损失明显降低。福建省领导亲自指挥部署防范措施，加固千里海堤，沿海船只 100%进港，海上养殖人员全部转移，最大限度地减少了灾害损失。

【温带风暴潮】 2002 年温带风暴潮异常平静，据统计，塘沽验潮站年最高潮位 452 厘米，发生在 7 月 27 日 17 时 34 分。全年 50 厘米以上增水出现 45 天，比常年偏少 33 天（常年为 78 天），

100厘米以上增水出现7天，比常年偏少2.3天(常年为9.3天)。

【风暴潮预（警）报】 2002年共发布7个台风（0205、0208、0209、0214、0216、0218、0220）风暴潮预报，其中传真预报12次，网络预报12次，中央电视台午间新闻电视预报6次，中央人民广播电台广播预报6次，内部明传电报2次，中央电视台新闻联播中发布风暴潮紧急警报2次。这7次台风风暴潮中有2次沿岸出现超过当地警戒水位的风暴潮灾。

【风暴潮预报技术研究】 由国家海洋环境预报中心承担，中国海洋大学、中国科学院海洋研究所等6家单位参加的“十五”国家科技攻关计划重点项目“海洋环境预报及减灾技术”中的02课题“业务化风暴潮数值预报模式及减灾技术研究”开始启动。该课题研究内容：建立包含整个中国海的业务化四维同化高分辨率风暴潮-近岸海浪耦合数值预报模式；在浙江温州（瓯江三角洲）和广东汕头（韩江三角洲）两个风暴潮重灾区分别建立业务化高分辨率风暴潮漫滩数值预报模式；在浙江省和福建省两个风暴潮重灾地区建立一套东南沿海风暴潮预报减灾辅助决策示范系统。以上成果将显著提高我国风暴潮预报技术水平和预报精度；能提供高质量的风暴潮预报预警产品。 （国家海洋环境预报中心 叶 琳）

海浪灾害与预报
Sea Waves Disaster and Forecast

【海浪灾害】 2002年我国近海海域共发生35次4米以上的巨浪过程，其中6次巨浪过程造成直接经济损失2.5亿元，死亡、失踪94人。海南省死亡、失踪7人，经济损失3 890万元；广东省死亡、失踪25人，经济损失1 550万元；浙江省死亡、失踪28人，经济损失1.3亿元；上海市经济损失5 000万元；江苏省死亡、失踪10人，经济损失750万元；山东省死亡22人，经济损失1 200万元；河北省死亡2人，经济损失60万元。

“威马逊”台风浪灾害 “威马逊”(0205号)台风7月3日02时在台湾省以东洋面达到最强，近中心最大浪高12米。受其影响，7月3～6日，福建省北部、浙江、上海、江苏、山东近海先后出现4～5米巨浪。期间，浙江省和上海市沉损船只1 200艘，损坏工程设施多处，直接经济损失1.7亿元。其中浙江省沉损船只1 200艘，直接经济损失1.2亿元；长江口深水航道2个大型圆柱沉箱受海浪冲击移位，直接经济损失5 000万元。

“黑格比”台风浪灾害 “黑格比”(0218号)强热带风暴于9月12日在广东省阳江市平冈镇登陆，受巨浪袭击，广东省沉损船舶12艘，死亡、失踪25人，直接经济损失1 550万元。其中广东省阳东县东平镇3艘渔船沉没，2艘损毁，在避风港内的渔船发生碰撞，受损严重，造成直接经济损失1 010万元；大万山岛以南和下川岛西南海域沉没6艘货船，1艘油轮，死亡、失踪25人，直接经济损失540万元。广东省政府组织各方力量在南海进行海上大救助行动，救助遇险船舶13艘、船员161人。

“米克拉”台风浪灾害 “米克拉”(0220号)热带风暴于9月25～27日先后在海南三亚和广西钦州登陆后，又于28日在雷州半岛登陆。受其影响，海南省南部和西部海域及港湾，沉损船舶45艘，死亡、失踪7人，海洋水产养殖受灾面积2 149公顷，水产品损失2.2万吨，直接经济损失3 890万元。

3月18日大风浪过程 3月18日受强冷空气与东海气旋影响，黄海、东海出现4～5米巨浪，浙江省舟山外海沉损船舶5艘，死亡、失踪28人，直接经济损失750万元。

4月5日大风浪过程 4月5日受黄海气旋影响，黄海出现4米巨浪，山东省石岛外海沉损船舶5艘，死亡、失踪22人，直接经济损失100万元。

10月19日大风浪过程 10月18～21日受强冷空气与东海气旋影响，渤海、黄海出现4～5米巨浪，此次过程河北省、山东省、江苏省沉没船舶7艘，失踪12人，水产受灾面积8 200公顷，堤防损毁10.5千米，直接经济损失1 910万元。其中河北省昌黎县外海沉没船舶2艘，失踪2人，直接经济损失60万元；山东省潍坊市寒亭区、滨州市沾化县、无棣县水产受灾面积8 200公顷，堤防损毁10.5千米，直接经济损失1 100万元；江苏省启东沿海沉没船舶5艘，死亡10人，直接经济损失750万元。在这次大风浪过程中，江苏省人民政府协调各方，积极组织搜救，动用10余艘船舶、3架飞机，对8 400余平方千米的海面进行反复搜寻，成功地救助遇险船舶10余艘、船员150余人。（国家海洋环境预报中心 许富祥）

【海浪预报】 2002年,我国的海浪预报除完成原有日常预报工作外，主要任务是增加了全国主要海水浴场海浪的监测和预报工作。在2002年5月1日至10月8日期间，大连、秦皇岛、烟台、威海、青岛、日照、连云港、厦门、阳江、北海、海口和三亚共12个海水浴场，通过中央电视台，人民、新华、新浪等网站以及中国海洋报等全国性媒体发布24小时和未来3天的环境预报。“24小时海水浴场环境预报”的主要内容是水质状况、游泳健康指数、水温、浪高、游泳适宜度、最佳游泳时段等，“未来三天海水浴场环境预报”的主要内容是海水浴场的游泳适宜度和提示。开展海水浴场海洋环境监测和预报是一项全新的业务，涉及水文、气象、生物、化学等多种学科，监测项目包括粪大肠菌群、水色、透明度、溶解氧、盐度、漂浮物质等水质要素和水温、潮时、海浪、气温、风向、风速、总云量、降水量等水文气象要素。由于海水浴场分散在万里海岸线上，除了进行定时监测和及时传输之外，还要汇总、处理，然后才能做出预报进行发布。

海水浴场海浪预报是海水浴场海洋环境预报中一项十分重要的预报，它不仅影响到游泳舒适度，更重要的是有时会直接影响游人生命安全。海水浴场的海浪预报难度较大，影响浴场的海浪主要是受水深和地形影响及风浪和涌浪相互作用形成的浅水浪。预报浴场海浪时，不仅要考虑风浪，更重要的是要计算和预测出外海传到浴场的涌浪。因此，为了提高海水浴场的海浪预报正确率，为每一个海水浴场提供正确的海浪预报服务，必须做好以下几项工作：首先依据每一个海水浴场的地形和水深，确定影响浴场风浪的主要方位和计算出主要方位风区长度；同时还要依据每一个海水浴场的地形和水深，确定影响浴场涌浪的主要方位和计算、绘制浴场涌浪折射图和涌浪绕射图；依据海水浴场的不同的地形和水深，研制适合该浴场的风浪和涌浪预报方法。其次是充分利用浴场附近海洋站长时间观测资料，进行统计分析，求得一种或多种浴场海浪经验统计预报方法。

2002年国家海洋环境预报中心还将制作的每天在中央电视台播放的24小时西北太平洋和我国海域海浪预报、每天08时西北太平洋和我国海域海浪实况图、24小时西北太平洋和我国海域海浪预报和3天海浪预报产品放在国家海洋环境预报中心网站 http://www.nmefc.gov.cn 供更多用户使用。

2002年在完成日常的海浪中长期预报任务的同时参加中国科学技术协会、国家民政部和国家海洋局组织的年度自然灾害和海洋灾害预测会商。同时开展海浪中长期预报的技术研究，通过研究建立统计预报和数值预报相结合的预报模型，尽可能做出客观和定量的海浪预报产品。

（国家海洋环境预报中心 许富祥 周连翔）

【海浪数值预报模式研究】 国家“十五”科技攻关项目“海洋环境预报及减灾技术”01课题“业务化海浪数值预报模式的研制”，由中国海洋大学承担“中国近海及西北太平洋业务化深浅水海浪数值预报模式Ⅰ研制”；由国家海洋环境预报中心承担“中国近海及西北太平洋业务化深浅水海浪数值预报模式Ⅱ研制”；由国家海洋环境预报中心承担“海浪数值预报产品释用研究”；由国家海洋环境预报中心承担“MM5风场研制”；由中国海洋大学承担“MM5同化研制”；由国家海洋环境预报中心承担“台风风场模式研制”等子课题。2002年按国家“十五”科技攻关计划课题任务书规定的内容，主要完成了模式研制和技术开发工作，同时还完成了深浅水海浪数值模式的业务化试运行和模式参数的优化工作；风场模式物理过程的连接、边界层模式的研究及系统的整体连接调试工作；台风风场模式的调试和参数优化、台风初始场变分调整试验，多重套网格试验工作。

（许富祥）

潮汐、潮流预报
Tide and Tidal Current Forecast

潮汐、潮流预报工作是国家海洋信息中心一项重要的业务化工作。2002年完成了2004年中国沿海、太平洋及其临近海域、印度洋沿岸（含地中海）及欧洲水域、大西洋沿岸及非洲东海岸的主要港口及其附属港的潮汐潮流预报表的编制及出版发行。

浅水潮汐准调和预报方法的应用，使中国沿岸位于浅水区域尤其是河口区域的26个主要港口的预报精度得到了不同程度的提高。经对不同类型港口的验证，这种方法也适用普通港口的潮汐预报。

2002年为广东潮洲电厂、渤海海洋石油公司、天津海洋灾害协会等单位提供潮汐、潮流分析预报技术报告及其潮位统计分析状况。

（国家海洋信息中心 储英杰）

海温预报
Sea Surface Temperature Forecast

【海温预报服务】 在完成中国海及外缘海域海温旬预报的同时，为适应海洋经济发展和滨海旅游的需要，使海洋预报全方位地为国民经济建设服务，国家海洋环境预报中心在旅游旺季开展了沿海海滨浴场海温预报业务，并通过各种媒体发布海温预报产品，使海洋预报直接面向群众贴近生活，收到了良好的社会效益。

【SST业务化数值预报模式】

1. 资料来源

(1) 气象场：ncep（1°×1°）分析场；

(2) 海温初值场：预报中心逐旬实况分析场；

(3) 海温检验资料：逐日船舶报和台站报。

2. 模式改进

(1) 改进了原模式在准备温度初值时跨年循环考虑不周的问题；

(2) 在模式中增加了风应力在开边界的定义，避免了流速抽吸项在边界计算的异常；

(3) 对岸边的点和台湾附近的点进行了平流的限制；避免了等温线和流的不协调。

3. 背景数据修正

对日本和台湾沿海急流区的水深和混合层深度适当加深和平滑处理，缓解了这些区域与相邻海区计算结果的过大梯度。

4. 试验结果及分析

从2002年1月1日起，逐日进行3天的预报。对已得到的船舶报和台站报进行质量检验，主要标准是剔除与模式相应格点位置的温度初值相差2℃以上的值，这主要是基于在一般情况下3天之内温度变化的简单判断。但这种判断有两个缺点，一是对剧烈的天气过程不适用，二是船舶报和台站报的系统误差不同，用同一标准进行质量检验不妥。检验标准如何确定还需和具体预报部门进一步研究决定。在本试验中，经过处理，检验资料以船舶报为主，只保留了个别离岸有一定距离的台站报。经过质量检验的SST实测资料被排列分配到每个时间步长，由于资料个数太少，将每个资料和前后5小时的预报值相比较，并由此计算误差。

从全年平均状况看，绝均差0.8左右，均方误差1.0左右，春季误差最大，秋季误差最小；9、10月达到精度的占50%以上。总的来说，无论是对季节变化还是南北热力变化的配置，潜热的作用都相当重要。另外，在长江口附近和渤海由于混合层较浅，增减温的效应比较明显，一般情况下，3天的增温和减温的最大值都出现在这些区域，在这些区域的误差也最大。

【三维海洋数值模式】

1. 渤海三维海洋业务化数值预报模式

通过数值试验的方法，研究了在风应力、温盐强迫和边界潮强迫等单独因子和多因子共同作用下动能、水位等要素随时间变化的情况，初步确定了模式对各因子的适应时间，为三维海洋模式的业务化运行方案提供了基础。

利用2000～2002年的NCEP再分析资料对渤海海洋三维结构进行了3年连续模拟试验，效果良好。该模式经过稳定性测试、适应时间研究、多年连续模拟试验和部分参数的优化改进，于2002年10月开始进行后报试验，2002年12月开始试预报。

2. 西北太平洋三维海洋模式

基于MOM2建立的覆盖全球大洋，西北太平洋（范围：99°～153°E，20°S至52°N，包括南海、渤黄东海和日本海海域）的水平分辨率为1/6°，往外分辨率逐渐变粗至2°，模式考虑实际海底地形（取自DBDB5），模式在Hellerman等(1983)的月平均风应力驱动下，初始温盐场[Levitus等(1994)的7月气候资料]，并考虑海表温度、盐度向Levitus等人(1994)的气候资料松弛进行了10年的积分，基本达到稳定态，对最后一年的西北太平洋边界流量、流场、温度（盐度）场、海面高度（及距平）等进行分析。从初步的结果分析可以看出，模式结果与实测和以前的认识相当一致，再现了西北太平洋赤道流系、黑潮、台湾暖流、对马暖流、中国近海冬季的向南的沿岸流等主要流系。

3. 东中国海环流数值模式

基于MOM2建立了高分辨率的东中国海环流数值模式。模式的分辨率为5′×5′，垂向分18层，最上层层厚为3米。侧边界条件由上述的全球变网格模式结果给出，考虑长江和黄河径流的影响。初始的温度、盐度场采用根据我国的历史观测温度、盐度经过客观分析所得的温、盐度场。海表温度、盐度也向该温度、盐度场松弛（强迫逼近）。海面风应力采用Hellerman(1983)和WOCE以及SOC（南安普顿大学）的资料进行比较（比较研究正在进行），从初步的比较情况看，Hellerman的风应力似乎偏大，倾向于使用SOC的风应力资料。

目前中国海洋大学和国家海洋环境预报中心共同承担的SST数值预报模式、渤海三维海洋业务化数值预报模式已经投入业务化运行，实现了0～72小时的SST的业务化数值预报和渤海三维海洋业务化数值预报，将我国海洋环境预报科学提高到20世纪90年代国际先进水平。

（国家海洋环境预报中心 张建华）

海冰灾害和监测预报
Sea Ice Disaster and Monitoring Forecast

【冰情与灾害】 2001年11月至2002年3月渤海和黄海北部冰情为轻冰年，是有冰情观测记录以来最轻的一年。

2002年1月18日前后，渤海辽东湾和黄海北部浮冰范围最大，辽东湾浮冰离湾底距离约48海里，一般冰厚5～15厘米，最大冰厚30厘米；黄海北部浮冰离岸距离约10海里，一般冰厚5～10厘米，最大冰厚25厘米。2001年12月26日前后，渤海湾浮冰离湾底距离约8海里，一般冰厚10厘米，最大冰厚15厘米；莱州湾除河口浅滩外基本无冰。

2002年1月中、下旬期间，渤海辽东湾的海冰对海上石油平台及船舶航行造成一定的影响。

【海冰预报】 经过“七五”、“八五”和“九五”国家科技项目的攻关研究和国家“863”海冰卫星遥感技术课题研究，逐步建立了海冰统计预报和海冰数值预报相结合的预报模式，预报时效由长、中、短相结合，大大地促进了海冰预报业务工作的开展，对海冰资料的分析处理、规范化起到了重要作用，海冰长期预报也迈出了新的一步，提高了预报精度和服务质量，2001～2002年冬季较准确地做出了冰情偏轻的预报，提高了海上生产的经济效益，受到广大用户的好评。

随着海上交通和海洋资源开发的迅速发展，为适应海上工程作业的需要，在完成日常海冰年度展望、月、旬预报工作同时，与生产单位合作，开展了工程海冰预报的研究，将会大大提高在海冰领域的研究和应用。

（国家海洋环境预报中心 张启文）

台风灾害与预报
Typhoon Disaster and Forecast

【热带气旋概况】 2002年在西北太平洋和中国南海共有26个热带气旋生成，较常年平均数28个偏少2个，其中达到台风强度的15个、强热带风暴5个，热带风暴6个，有7个在中国登陆，它们是0208号（娜基莉）、0209号（风神）、0212号（北冕）、0214号（黄蜂）、0216号（森拉克）、0218号（黑格比）和0220号（米克拉），接近常年平均数7～8个。

登陆时段集中在7～9月热带气旋活动的盛季，其中7月登陆2个，8月登陆2个，9月登陆3个，登陆地段分布为华南沿海4个，华东沿海2个，北部沿海1个。0220号（米克拉）热带风暴中心先后在中国海南省、广西钦州和广东省3次登陆，这种现象是不多见的。

2002年，台风带来的降雨对缓解一些地区的旱情十分有利，但伴随而来的狂风、暴雨及海潮也给部分地区造成了较重损失。据不完全统计，受台风及其外围风雨的影响，全国累计受灾面积170余万公顷，倒塌、损坏房屋40余万间，直接经济损失190余亿元。与历年的情况相比，2002年台风登陆个数略偏少，强度明显偏弱，对中国造成的灾情明显偏轻。

0212号台风（北冕） 8月4日凌晨在南海北部海面上生成，5日6时15分前后在广东省陆丰市沿海登陆，登陆时中心附近最大风力有11级。

受此台风影响，巴士海峡、台湾海峡、台湾以东洋面、广东东部、福建南部有6～8级大风，南海东北部海面以及广东东部沿海和福建南部沿海的风力有 9～11 级。这个台风风力不算很强，但它带来的降水强度很大，影响范围也较大，仅广东、福建、湖南、江西4省就有210个站（次）出现了暴雨和大暴雨。其中，广东省揭阳市普宁县旬雨量达628毫米，北山水库3天降雨量达609毫米；福建省福清市4天降雨量达491毫米，最大日雨量达296毫米；湖南省临武、郴州、资兴、蓝山等地2天降雨量都超过200毫米。

这次台风台风带来的降雨使粤东等地的旱情基本缓解，一大批水利工程的干涸状况得到明显改善，为冬春的生活生产用水确保了水源。但由于台风来势猛，降雨集中且强度大，致使广东、福建、湖南部分地区及江西、广西局部地区不同程度受灾。据不完全统计，共有1 007万人受灾，114人死亡，47人失踪；农作物受灾面积50.5万公顷，成灾面积23.1万公顷，绝收面积5.5万公顷；倒塌房屋6.8万间，损坏房屋6.8万间；毁坏各类水利设施约2.9万处；直接经济损失57亿元。

0216号台风（森拉克） 森拉克台风是2002年登陆中国最强的一个台风。它于8月29日下午在西北太平洋洋面上生成，9月7日18时30分前后在浙江省苍南县一带沿海登陆，登陆时中心附近最大风力超过12级（40米/秒）。受其影响，台湾省及以东洋面、东海、台湾海峡、长江口区、浙江东部沿海、福建中北部沿海先后出现了7～10级大风，台风中心经过的附近海面和地区风力达11～12级以上；浙江大部、福建东北部出现了大到暴雨，局部地区出现了大暴雨或特大暴雨，其中浙江苍南、温州2天的降雨量分别为245和216毫米，福建周宁、柘荣、福鼎、霞浦4县（市）24小时降雨量均超过100毫米。台风登陆时，正逢农历八月初一天文大潮期，闽浙等地沿海多次出现超过警戒水位或危险水位的高潮位，其中9月8日晚浙江鳌江最高潮位6.9米，超过了历史最高潮位0.2米。

由于台风范围广，风力强，雨量大，又恰逢天文大潮期，因此沿海部分地区的损失较为严重。据不完全统计，浙江、福建两省共有1 041万人受灾，成灾441万人，紧急转移安置63万人，29人死亡；农作物受灾面积32.5万公顷，成灾15.9万公顷，绝收3.9万公顷；倒塌房屋5.8万间，损坏房屋13.7万间；死亡大牲畜3 900头；直接经济损失81亿元。

（中国气象局国家气象中心 徐良炎
国家海洋环境预报中心 周连翔）

0208号热带风暴（娜基莉） 7月9日凌晨在南海东北部海面上生成，10日05时在台湾省台中市登陆，登陆时中心附近最大风力有8级（20米/秒）。受其影响，8～10日，福建东部和台湾省大部出现了暴雨和大暴雨，其中台湾中北部的部分地区出现了特大暴雨，台湾海峡、台湾以东洋面、东海南部以及台湾北部沿海、福建北部沿海出现了6～8级大风。

0214号强热带风暴（黄蜂） 8月17日下午在南海中部海面上生成，尔后缓慢向西北偏西方向移动，18日晚开始向偏北方向移动，移速逐渐加快。在加快向北移动中，19日下午加强为强热带风暴，并于当晚20时40分左右在广东省湛江市吴川沿海登陆。登陆时，中心附近最大风力达11级（30米/秒）。登陆后继续向北偏西方向移动，并减弱为热带风暴，20日早晨在广西西北部减弱为热带低气压，20日下午在贵州省境内减弱消失。

该热带风暴有以下三个特点：①路径曲折多变；②登陆前强度迅速加强；③登陆后移速加快，其减弱后的低压深入内陆，波及面广；④降雨强度大，雨势猛，暴雨和大暴雨范围广。

受其影响，18日上午8时至21上午8时，海南的中北部、广东大部、广西中东部、湖南大部、贵州大部、江西南部以及湖北西南部出现了30～90毫米的降雨，其中，海南东北部、广东西南部、广西东部、湖南中南部以及贵州东南部的部分地区降水量有100～190毫米，广东廉江、遂溪、湛江以及海南海口的降水量达210～230毫米，南海中北部以及华南沿海出现了6～9级大风，南海西北部海面和广东西南部沿海地区的风力19日傍晚前后曾达10～11级。

0218号强热带风暴（黑格比） 9月10日夜间在南海东北部海面上生成，中央气象台先于日本和关岛对该强热带风暴进行编号，在此之前进行低压编报；并且对该强热带风暴移向、移速、强度变化、登陆时间和地点做出了准确的预报。受其影响，10～12日，南海北部海面、北部湾以及华南沿海出现了7～9级大风，风暴中心经过的附近海面和地区的风力有10～11级；海南北部、广东南部和西部、广西东南部和西北部出现了大到暴雨，其中广东南部的部分地区和海南东北部的局部地区出现了大暴雨。

0220号热带风暴（米拉克） 9月25日早晨在南海北部海面上生成，于25日下午6点半前后在海南省三亚市登陆，登陆时中心附近最大风力有9级；26日中午前后进入北部湾海面，27日下午2时半前后在广西钦州再次登陆，登陆时中心附近最大风力有8级；28日上午7时50分在广东廉江和遂溪之间一带沿海第3次登陆，登陆时减弱为热带低气压。24～28日，海南省、广东和广西大部出现了大到暴雨，局地大暴雨或特大暴雨；南海中北部、北部湾、海南省、广西南部沿海和广东雷州半岛西部沿海出现了6～8级大风，风暴中心经过的附近海面和地区的风力有9级。

中国气象局中央气象台台风预报服务情况

在2002年的热带气旋预报服务工作中，中央气象台对外发布中国近海热带低压定位预报工作由2001年的每日2次增加到2002年的每日4次，并对台风报的传输流程作了调整，提高了传输时效；对有可能发展的热带低压严密监视，及时起编。在热带气旋业务工作中，中央台主动与有关地方台站联系，共同做好预报服务工作。

通过中央电视台和中央人民广播电台，中央气象台发布了消息、警报和紧急警报。其中，对中国将造成严重影响的热带风暴，还通过重要天气情况汇报和重要天气公报等材料，及时向中共中央、国务院、国家防汛抗旱总指挥部等进行汇报。另外，还通过新闻媒体向广大公众宣传这些热带气旋的可能影响。

（中国气象局国家气象中心 张守峰）

海洋气象预报
Marine Meteorological Forecast

【海洋气象预报】 为监视包括中国沿海在内的海洋气象及其变化，保障海上航运、渔业、资源开发等工作的进行，中国承担了原由日本承担的海上安全情报区（MSI）的第11海区中的印度洋海事卫星覆盖区（XI-IOR）的海洋气象预报、警报的制作和发布任务。同时，香港天文台制作南海区域天气、海洋公报广播。中央气象台从1995年7月10日起依照全球海上遇险安全系统（GMDSS）实施方案，承担起中国责任区（XI-IOR）的海洋气象预报、警报的制作和发布任务，开展对该海区的海洋气象广播。

责任海区范围 按国际规定，中国承担的责任海区范围从42°N，137°E开始，沿印度洋海事卫星覆盖区的东部边界到0°、141°E，10°S、127°E，12°S、95°E，5°N、95°E，10°S，97°E，再向东北方向沿海岸线回到42°N，137°E。

广播方式及覆盖范围 为方便船舶及时收到海上安全有关的气象预报和警报，广播采用国际海事卫星安全网（INMARSATSafeNET），即海事卫星C站的增强群呼（EGC）方式，通过印度洋海事卫星进行广播。该卫星的广播覆盖范围包括了我国承担的全部责任区，能满足用户的接收需要。

广播时次和内容 通过海事卫星安全网定时发布的天气和海洋公报每日4次，发布时间分别为0330UTC（国际协调时，下同）、1015UTC、1530UTC、2215UTC。内容包括：大于或等于7级大风区的范围或地理位置。说明造成大风的热带气旋或温带气旋中心强度（最低气压、风力）、位置、移向、移速，7级以上和10级以上大风区各自的半径以及24小时的预报位置和强度；较强冷锋、暖锋和静止锋的位置。能见度小于10千米的区域（或称低能见度区）。浪高大于或等于2米的区域，在热带风暴、温带气旋活动区中加发最大浪高。海冰区的位置和变化情况。并转发香港天文台编发的南海区域同一时次的预报广播。当责任海区内无小于或等于7级大风出现，或者海区内已经出现有代表性的天气系统和天气现象，则需要选发ITCZ、赤道高压、缓冲带、热带扰动、副热带高压脊线、季风槽等系统的位置。 （中国气象局国家气象中心 张守峰）

【海洋天气监测】 中国气象局的“中国新一代天气雷达网”建设方案计划在我国沿海地区布设24部型号为CINRAD/SA的新一代多普勒天气雷达，用于加强我国沿海台风、暴雨等中小尺度灾害性天气的监测。截止到2002年底，已建成了大连、天津、烟台、青岛、连云港、上海、宁波、温州、舟山、广州、阳江11部新一代多普勒天气雷达，正在建设的有营口、南通、湛江、北海、西沙、三亚、杭州7部新一代多普勒天气雷达。

（中国气象局监测网络司 李 柏）

赤潮灾害与预报
Red Tide Disaster and Forecast

【赤潮预报】 国家海洋环境预报中心于2002年开展了赤潮生成条件预报工作，共发布预报26期。

2002年国家海洋局为加大赤潮预防、控制和治理力度，在近海海域全面开展了赤潮监测、监视工作，并选建了10个赤潮监控区，开展高频率、高密度监测。结合上述的监测工作，在部分沿海地区开展赤潮预报工作，为养殖户及企业提供相关信息指导，明显减少了赤潮造成的经济损失。其中辽宁省发布赤潮预警预报信息39期，河北省编制赤潮监测预测预警报告23期，浙江省发布赤潮预警通报9期，南海海洋预报中心发布赤潮预报15期。浙江省赤潮造成200万元经济损失，与前两年相比明显下降。福建省因监控区工作的开展，减少赤潮灾害造成的经济损失9 000万元。辽宁东港和河北黄骅歧口监控区在赤潮易发季节，及时向养殖户及企业通报赤潮预警监测结果，指导养殖户和企业适当延长养殖时间，养殖产量分别增加30%和9%。

2002年5月，我国成功地发射了第一颗海洋卫星(HY-1)，进一步提高了海洋环境的监测能力，并逐步应用到赤潮监测及预报工作中。

【赤潮灾害】 2002年我国海域共发现赤潮79次，其中渤海13次，黄海4次，东海51次，南海11次，累计面积超过10 000平方千米，直接经济损失2 300万元。

表3 2002年发现的主要赤潮一览表

海 域	发生时间	发生地点	面积（平方千米）	藻类名称
黄渤海	6月3日	团林至新开口一带	0.5	夜光藻
	6月14～15日	辽东湾中部海域	100	夜光藻
	6月16～17日	京塘港附近海域	15	夜光藻
	6月17日	吕四	—	
	6月27日至7月2日	京塘港港池	0.5	夜光藻、裸甲藻sp.
	6月28日至7月2日	青岛前海太平角至沙子口伏龙岛海域	100.20	红色中缢虫
	7月4日	天津海河船闸至南疆大桥海河口附近海域	2	微小原甲藻
	7月4～8日	天津港港池	0.5	裸甲藻
	7月25～26日	秦皇岛亚运村至新澳海底世界附近海域	8	海洋卡盾藻
	8月10日	38°18′30″N,117°52′58″E	20	夜光藻
	8月10日	连云港近岸海域		
	8月15日	38°16′20″N,118°06′00″E	30	中肋骨条藻
东 海	4月11日	朱家尖岛东海域	30	
	4月13～14日	四礵列岛海域	30～80	夜光藻、塔玛亚历山大藻
	5月1～7日	北麂大明浦、小明浦海域	15	
	5月4日	南麂列岛海域	500～550	
	5月4～14日	福鼎市和霞浦县东部海域	500	具齿原甲藻、夜光藻、中肋骨条藻及裸甲藻
	5月6日	岱山赤潮监控区	3.5	具尺原甲藻、链状亚历山大藻
	5月6日	大陈岛附近海域	100	
	5月6～8日	连江黄歧半岛海域	30	具齿原甲藻、中肋骨条藻
	5月6～11日	虾峙门外海域	800	具尺原甲藻、亚历山大藻
	5月7～9日	罗源湾海域	30	夜光藻
	5月8～9日	厦门西海域	40	中肋骨条藻、金藻、角刺藻
	5月10日	平潭海域	0.6	夜光藻
	5月12日	连江北茭-黄歧半岛	30	具齿原甲藻

续 表

海 域	发生时间	发生地点	面积（平方千米）	藻类名称
东 海	5月中旬	乐清湾、隘顽湾	5	
	5月15～26日	嵊泗列岛海域	200	具齿原甲藻、亚历山大藻
	5月16日	普陀山以东海域	10	
	5月16日	26° 35′ N，120° E附近海域	20	
	5月16～17日	嵊山海域	7～10	
	5月16～19日	中街山以北海域	900	
	5月16～19日	福鼎市和霞浦县东部海域	800	具齿原甲藻、裸甲藻
	5月17日	岱山赤潮监控区	2.8	具齿原甲藻
	5月18日	朱家尖海域	大面积	
	5月18～22日	南麂海域	150～180	
	5月19～26日	虾峙门外海域	1 000	
	5月26～29日	南麂海域	几十平方米	
	5月27日	四礵列岛海域	1	
	5月28日	福宁湾长表岛附近海域	2	夜光藻、中肋骨条藻
	6月2～3日	大陈岛海域	—	
	6月3～7日	厦门西海域	30	中肋骨条藻
	6月3～11日	连江近岸海域	200	甲藻、裸甲藻
	6月4日	大鹿岛	小面积	
	6月4日	罗源湾		中肋骨条藻、海链藻
	6月4～7日	厦门同安湾内	50	中肋骨条藻
	6月6日	霞浦县福宁湾海域	10	
	6月7～9日	象山港赤潮监控区白石山附近海域	40	聚生角毛藻、中肋骨条藻
	6月12日	29° 11.8′ N，123° 21.5′ E至29° 55.9′ N，123° 14.0′ E	300	
	6月11～18日	大陈岛附近	1 300	
	6月20日	岱山赤潮监控区	10	夜光藻
	6月21日	篔筜湖以西海域	4～5	中肋骨条藻
	7月15日	嵊山满嘴头以南海域	10～15	
	8月19～20日	嵊山岛北面附近海域	150	
	8月19～21日	象山港海域	0.004～0.005	
	9月3日	象山港赤潮监控区内西沪港港口至白石山附近海域	35	红色中缢虫、聚生角刺藻
	9月9～10日	朱家尖外海域	100	
	9月17～23日	南麂岛大沙岱附近海域	6	红色裸甲藻
	10月15日	桃花岛附近	0.5	
南 海	1月13～16日	南澳岛东南面	20	
	2月6日	硇洲岛东北面海域	1	
	2月中旬	儋州洋浦湾	10	球状棕囊藻
	5月2～4日	涠洲岛附近海域	5	
	6月1～13日	深圳西部的赤湾港至桂山岛海域	最严重一天达500	中肋骨条藻、无纹环沟藻
	6月5日	深圳湾、赤湾至妈湾附近，大屿山西到西北、桂山岛以北海域	350	中肋骨条藻
	6月7～8日	深圳湾、香港新界海域，大屿山以西桂山岛海域	250～280	
	6月17日至7月8日	惠州大亚湾澳头港内	4	棕囊藻
	6月19～22日	涠洲岛东南面	20	汉氏束毛藻
	8月30日	南澳岛青澳湾西北角	—	

造成经济损失和面积较大的赤潮事件如下：

(1) 5月4～14日，福建省福鼎市和霞浦县东部海域发生500平方千米的赤潮。赤潮藻种为具齿原甲藻、夜光藻、中肋骨条藻。海洋水产养殖受灾面积8 700公顷，其中15公顷养殖贻贝死亡，直接经济损失达300万元。

(2) 5月6～16日，福建省连江黄岐半岛海域发生30平方千米赤潮。赤潮藻种为具齿原甲藻、中肋骨条藻。15公顷鲍死亡，直接经济损失40万元。

(3) 5月7～9日，福建省罗源湾海域发生30平方千米赤潮。赤潮藻种为夜光藻。海洋水产养殖受灾面积130公顷，直接经济损失60万元。

(4) 5月16～19日，福建省福鼎市和霞浦县东部海域发生800平方千米赤潮。赤潮藻种为具齿原甲藻。海洋水产养殖受灾面积1.3万公顷，直接经济损失250万元。

(5) 5月中旬，浙江省乐清湾、隘顽湾发生约5平方千米的赤潮，玉环县养殖虾塘受灾面积约133公顷，直接经济损失150万元。

(6) 6月3～11日，福建省连江近岸海域发生200平方千米的赤潮。海洋水产养殖受灾面积3 400公顷，直接经济损失150万元。

(7) 6月4～13日，广东省深圳西部的赤湾港至桂山岛海域出现块状赤潮。赤潮藻种为中肋骨条藻和无纹环沟藻。赤潮最大面积达到500平方千米。

(8) 6月12～16日，浙江省大陈岛附近海域持续发生大面积赤潮，最大面积近1 300平方千米。赤潮藻种为具齿原甲藻、斯克藻和夜光藻。

(9) 8月10日，山东省近海38° 18′ 30″ N，117° 52′ 58″ E海域发生20平方千米赤潮。赤潮藻种为夜光藻。直接经济损失500万元。

(10) 8月15日，山东省近海38° 16′ 20″ N，118° 06′ 00″ E海域发生30平方千米赤潮。赤潮藻种为中肋骨条藻。直接经济损失800万元。

2002年赤潮发现次数与2001年相比，东海增加17次，渤海减少7次，黄海减少4次，南海减少4次。黄渤海的赤潮发生分散在6～8月时段内，东海在5～6月赤潮最为严重，南海从1月中就开始出现赤潮，但相对集中的时间在6月。2002年赤潮造成的灾害损失显著降低，但有毒赤潮的发现次数略有增加。

（国家海洋环境预报中心　王咏亮）

厄尔尼诺监测与预测
El Nino Monitoring and Forecast

2002年发生了21世纪第一次厄尔尼诺现象。这次现象于2002年6月形成，2003年3月结束，历时10个月。赤道东太平洋表面海水最大增暖时间出现在11月份，最大增暖值为1.7℃，这是一次中等强度的厄尔尼诺现象。2001年12月，赤道西太平洋出现较强的西风异常，赤道西太平洋次表层的异常暖中心沿着温跃层不断向赤道中东太平洋移动。随着次表层异常暖中心的东移，赤道中东太平洋表层海水也开始逐渐增暖，到2002年3月Nino3区海温指数转变为正距平。进入3～4月，由于赤道西太平洋的西风异常减弱，导致3～5月表层海水的增暖幅度在0.1～0.5℃摆动。随着5月中下旬开始的赤道中西太平洋西风异常的增强和频率的加快，赤道中东太平洋表层海水出现了持续性异常增暖，Nino3区海温指数超过0.5℃，到11～12月份表层海水温度比常年偏高1.4℃。在赤道太平洋次表层，东部海水温度比常年偏高6℃，而西部海水温度则比常年偏低3℃，出现厄尔尼诺现象成熟期东高西低的分布特征。在热带西太平洋，海平面高度比正常年偏低20～30厘米，赤道中东太平洋海平面比正常年偏高20余厘米，而南美沿岸海平面高度接近常年。

国家海洋环境预报中心一直密切关注这次厄尔尼诺现象的发生与发展，并于2002年1月发布了“本世纪第一次中等强度的厄尔尼诺现象将在2002年4～5月发生”的预测。中国海洋报、科学时报、人民日报、中央电视台、中央人民广播电台等媒体也进行了报道。

（国家海洋环境预报中心　王彰贵）

海洋信息管理与服务

Marine Information Management and Service

综 述

Summary

【概况】 发展海洋信息服务事业，为实施海洋开发提供支撑条件。近年来，海洋信息工作在海洋权益维护、海洋经济发展、海洋资源开发及海洋减灾防灾等海洋综合管理中发挥着越来越重要的作用。

2002 年，国家海洋信息中心在国家重点科技攻关计划、国家重大基础性研究计划项目、国家自然科学基金及海洋“863”国家高技术研究发展计划、海洋勘测专项计划及科技兴海等一批重大的研究和开发项目的推动下，在海洋资料管理与服务、海洋信息系统网络建设与管理、海洋情报服务、海洋文献服务以及海洋档案管理等传统的信息服务领域方面均取得了突破性和跨越式的发展，与此同时，在“数字海洋”建设方面进行了有益的探索，积极开展海洋空间数据基础设施研究，初步建立海洋空间数据协调、管理与分发体系，并开展海洋信息元数据网络服务工程建设。

国家海洋信息中心在抓好国家海洋信息业务体系建设工作的同时，将海洋信息业务服务纳入海洋管理工作中，努力将中心建设成为国家海洋行政管理部门实施海洋管理与宏观决策支持的技术支撑机构，为推进国家海洋信息化进程，特别是海洋管理信息化工作的发展做出了积极贡献。

(1) 加强海洋信息基础能力建设，提高公益服务水平。国家海洋信息中心加强对海洋基础数据的管理，重视海洋信息基础能力建设，为各级政府部门提供决策支持和向社会开展有效的公益服务，充分体现了国家海洋信息中心的职能。2002 年，国家海洋信息中心进一步加强公益和基础业务规划与能力建设，充分发挥国家级海洋信息中心的作用，为海域管理、海洋权益维护、海洋执法监察、海洋科学研究、军事国防和社会公众提供了准确、高效的信息支撑服务。

(2) 建设多级的海洋信息业务体系。在海洋信息业务管理体系的建设方面，国家海洋信息中心着手开展与地方机构的联建、共建工作。随着沿海省市地方政府不断加大对海洋的投入和对开发利用海洋重视程度的加强，地方海洋管理部门越来越迫切地需要相应的信息技术支持与服务，如省际、县际间海域勘界、大比例尺海洋功能区划、海域使用管理、海洋执法监察等等，国家海洋信息中心积极应对，初步建立海洋信息多级管理、服务、运行机制，为地方海洋机构提供有效的海洋信息业务服务。

(3) 开展“数字海洋”预研工作。国家海洋信息中心积极开展“数字海洋”的预研工作，充分利用我国“九五”海洋科研成果、数据积累和技术沉淀，着眼于与国际海洋信息技术接轨和提高我国海洋信息共享水平，加快海洋空间数据基础设施的研究、规划和建设步伐；同时，大力推进我国海洋信息化和海洋信息共享进程，建立我国中、大比例尺海洋基础地理信息系统；为国家和区域海洋综合管理、国防军事建设、海洋产业发展以及海洋科学研究等提供有效的海洋信息与信息产品服务。

(4) 国际海洋信息交流与合作。作为国家级的海洋信息中心，国家海洋信息中心具体负责管理和实施国家海洋资料对外交换业务。2002 年，中心充分利用多年来开展海洋信息领域国际合作交流的基础，进一步扩宽合作范围，开拓合作渠道，加强海洋信息领域的国际合作与交流，履行应尽的国际义务，维护我国在海洋信息领域的国际地位和权益。国际海洋信息交流与合作进一步加强，中心代表国家参加了海洋学和海洋气象学联合技术委员会(JCOMM)、东北亚海洋观测系统(NEAR-GOOS)、国际海洋资料和情报交换委员会(IODE)、ARGO 等一系列国际海洋信息服务领域的合作项目。通过这些海洋信息领域的国际合作与技术交流，为国家获取了大量的海洋基础资料信息，拉近了我们与国际海洋信息技术发展的距离，进一步扩大了我国的国际影响。

（国家海洋信息中心　黄南艳）

海洋基础资料管理与服务
Marine Data Management and Service

【中国ARGO资料中心建设】 ARGO（全球海洋实时观测网）计划是 IOC 组织的一项全球调查计划。中国于 2001 年 10 月正式加入国际 ARGO 计划，2002 年 12 月中国 ARGO 资料中心在国家海洋信息中心成立，负责中国 ARGO 资料的管理与服务，建立快速、有效的 ARGO 浮标资料收集、处理、管理与分发共享服务系统，并开展长期业务化运行。

中国 ARGO 资料中心的主要职责是：作为国家节点，参与全球 ARGO 计划资料的国际合作与交流，履行作为成员国的职责与义务，维护我国参与 ARGO 计划的权益；及时跟踪全球 ARGO 计划实施进展情况，定期发布 ARGO 浮标的布放与运行等相关信息；及时接收、处理和分发我国布放的 ARGO 浮标资料，开展全球实时/非实时 ARGO 浮标资料的收集、处理和分发共享服务；引进、开发和制定 ARGO 浮标资料处理与应用的相关标准和技术规范；开展 ARGO 浮标资料质量控制技术方法研究，开发建立 ARGO 浮标资料实时/延时处理系统；建立与更新维护 ARGO 计划综合管理信息数据库、元数据库和资料数据库系统；收集与全球 ARGO 计划相关的其他国际合作项目所获得的资料，并提供服务；结合海洋历史资料和其他海洋监测资料，开展数据同化方法和相关统计分析方法研究，开发制作 ARGO 资料产品；建立中国 ARGO 资料中心服务网站，及时发布 ARGO 资料及其产品和其他国际合作项目所获得的资料，提供共享服务，并进行长期的业务化运行与维护；负责接收、处理、管理和服务由我国自主研制、布放形成的 ARGO 浮标观测网的资料；加强与国际 ARGO 计划相关组织、全球 ARGO 资料中心、区域 ARGO 资料中心和其他成员国 ARGO 资料中心的合作与交流。

已经建立的业务化运行系统主要内容包括：建立中国 ARGO 资料服务网站；ARGO 浮标资料质量控制；引进、开发和制定 ARGO 资料处理与应用的相关标准和技术规范；建立和维护中国 ARGO 资料中心数据库系统；ARGO 浮标资料数据产品开发；建立与国际 ARGO 计划相关组织、全球 ARGO 资料中心、区域 ARGO 资料中心和其他成员国 ARGO 资料中心的业务联系，加强合作与交流。

【NEAR-GOOS 中国延时数据库的建设】 NEAR-GOOS（东北亚海洋观测系统）是 IOC 组织的 GOOS（Global Ocean Observing System）计划的组成部分。由国家海洋信息中心负责的 NEAR-GOOS 延时数据库已经建成并在网上开通。延时资料经合并处理后，以月资料的形式加载到 NEAR-GOOS 延时数据库中，满足了 NEAR-GOOS 对实时数据上网发布 30 天后转入延时数据库的要求，还为国内外用户访问和调取资料提供了方便。资料内容包括浮标观测资料、船舶观测资料、GTS 观测资料和其他成员国的上网资料。此外，卫星观测的 SST 资料以图形产品的形式上网发布。针对中国沿海海洋观测台站的风浪资料和温盐资料的特点，除进行了标准化处理外，还进行了质量控制，包括一致性检验、合理性检验、范围检验、季节性检验和相关性检验。

（国家海洋信息中心　郭丰义）

海洋信息化与电子政务
Marine Information Technology and Electronic Government Attairs

【海洋管理信息化】 21 世纪是海洋的世纪，是信息技术迅速发展的世纪。要把我国建设成为海洋强国，实现海洋管理信息化是必经之路。它通过建立规范的海洋管理信息系统以及各类数据库，实现相关海洋信息的采集、存贮、检索、分析、交换和集成等过程。

通过实现海洋管理的信息化可以达到海洋信息的资源共享及信息服务的社会化，为海洋生产单位对海洋的开发以及科研活动提供了准确、权威的数据资料。同时通过面向大众的信息服务及科普宣传，使社会公众了解海洋开发利用与管理情况，提高公众的海洋意识。

通过实现海洋管理信息化，建立全面、详细的数据库，为海域使用管理、海洋环境保护和海洋资源管理工作提供有效的决策辅助工具，实现决策的科学化、规范化，提高办事效率。目前，我国各类相关海洋信息数据库种类繁多，如海洋水产数据库、海洋运输数据库、海洋油气业数据库、国内海洋综合经济数据库等。但由于没有总体的平台，均是各自为战，缺乏统一的数据存贮、交换格式，在进行海洋信息的综合查询或统计中非常不方便。因此，迫切地需要建立一个规范的海洋综合信息系统平台，通过制定一系列标准和技术规范来统一各种技术流程和系统的各种数字化信息，以达到信息交互共享、查询方便、资料齐全的目的。例如，在海洋功能区划工作中，通过实现海洋的信息化管理可以对海洋功能区划进行迅速的动态编制和科学管理，以保证海洋功能区划工作的先进性和连续性，也有利于海洋执法监察。同时，在海洋管理的信息化建设过程中，对一些通用的设备、数据库管理软件等进行统一规划建设，避免重复建设而造成不必要的浪费。

【国家海洋局信息化工作进展】 国家海洋局一向重视信息化工作，在队伍建设方面，首先成立了以国家海洋局局长王曙光为组长的信息化工作领导小组，全面领导开展海洋信息化工作。

在海洋数据获取方面，国家海洋局经过多年来的建设，已经初步建成由海洋站、浮标、调查船、海监船、海监飞机、海洋卫星等组成的立体海洋监测体系，具备了一定的信息获取能力和专业技术队伍；在信息处理、数据库建设、网络建设以及应用系统开发方面，通过国家“八五”和“九五”期间相关专项支持，建成了一批海洋专题信息系统，培养与稳定了一支既懂海洋、又熟悉信息技术的海洋信息化专业队伍。

在数据库建设方面，通过多年来的努力，利用海洋勘测、调查以及长期观测获得的数据，初步建成了1∶100万、1∶50万海洋基础地理数据库和海洋学科要素基础数据库系统。

在网络服务平台建设方面，国家海洋局利用国际互联网，先后开通了“中国海洋信息网”、国家海洋局政府网站和各业务中心的网站。在海洋管理和监测数据传输方面，通过国家计委专项等项目的实施，初步建成了海洋站与志愿船观测系统监测数据通信网、海洋卫星数据传输系统，具备了一定的监测数据通信与传输能力。

在业务管理系统建设方面，围绕落实海洋管理职能，海域使用管理、海洋功能区划、海洋划界和海域勘界等管理信息系统相继开发完成，海洋环境管理信息系统和海洋执法监察管理系统也已进入试运行阶段。这些管理系统已得到了推广应用，并有力地推动着我国海洋管理水平的提高。但这些系统尚未形成与我国海洋管理机构相对应的业务管理系统体系，各级海洋管理工作对信息服务的巨大需求尚难以得到满足，需要对其进一步整合，并在此基础上构建海洋综合管理信息系统。

【国家海洋信息化“十五”工作的主要目标】 在国家信息化政府先行、国家启动电子政务工程的大好形势下，国家海洋局积极开展海洋电子政务的建设。以国家海洋电子政务建设为主要目标，加强海洋政府网站和公众服务功能建设，完善海洋信息化基础设施，建成标准统一、功能完善、安全可靠的海洋信息网络平台，建立系列比例尺海洋空间基础地理信息库，开发和整合海域管理、环境保护、执法监察、权益维护等面向管理的重点业务系统。基本完成海洋信息化标准体系、质量管理体系、信息网络与信息安全保障体系的建设，大力推动沿海地方海洋信息化进程，培养、建设一支海洋信息化专业技术队伍，显著提高海洋管理工作效率和监管的有效性，促进海洋经济的持续快速发展，为全面推进国家海洋信息化进程奠定基础。

【电子政务建设的主要目标和任务】 “十五”期间，我国电子政务建设的主要目标是：标准统一、功能完善、安全可靠的政务信息网络平台发挥支持作用；重点业务系统建设取得显著成效；基础性、战略性政务信息库建设取得重大进展，信息资源共享程度明显提高；初步形成电子政务网络与信息安全保障体系，建立规范的培训制度，与电子政务相关的法规和标准逐步完善。这些工作完成后，中央和地方各级党委、政府部门的管理能力、决策能力、应急处理能力、公共服务能力将得到较大改善和加强，电子政务体系框架将初步形成，为下一个五年计划期的电子政务发展奠定坚实的基础。

“十五”期间，电子政务建设的主要任务是：

（1）建设和整合统一的电子政务网络。为适应业务发展和安全保密的要求，有效遏制重复建设，要加快建设和整合统一的网络平台。电子政务网络由政务内网和政务外网构成，两网之间物理隔离，政务外网与互联网之间逻辑隔离。政务内网主要是副省级以上政务部门的办公网，与副省级以下政务部门的办公网物理隔离。政务外网是政府的业务专网，主要运行政务部门面向社会的专业性服务业务和不需在内网上运行的业务。要统一标准，利用统一网络平台，促进各个业务系统的互联互通、资源共享。要用一年左右的时间，基本形成统一的电子政务内外网络平台，在运行中逐步完善。

(2) 建设和完善重点业务系统。为了提高决策、监管和服务水平，逐步规范政府业务流程，维护社会稳定，要加快12个重要业务系统建设：继续完善已取得初步成效的办公业务资源系统、金关、金税和金融监管（含金卡）4个工程，促进业务协同、资源整合；启动和加快建设宏观经济管理、金财、金盾、金审、社会保障、金农、金质、金水等8个业务系统工程建设。业务系统建设要统一规划，分工负责，分阶段推进。党的工作业务系统建设方案由中共中央办公厅研究提出。

(3) 规划和开发重要政务信息资源。为了满足社会对政务信息资源的迫切需求，国家要组织编制政务信息资源建设专项规划，设计电子政务信息资源目录体系与交换体系；启动人口基础信息库、法人单位基础信息库、自然资源和空间地理基础信息库、宏观经济数据库的建设。

(4) 积极推进公共服务。各级政务部门要加快政务信息公开的步伐。在内部业务网络化的基础上，充分发挥部门和地方政府的积极性，推动各级政府开展对企业和公众的服务，逐步增加服务内容、扩大服务范围、提高服务质量。近两年重点建设并整合中央和地方的综合门户网站，促进政务公开、行政审批、社会保障、教育文化、环境保护、"防伪打假"、"扫黄打非"等服务。

(5) 基本建立电子政务网络与信息安全保障体系。要组织建立我国电子政务网络与信息安全保障体系框架，逐步完善安全管理体制，建立电子政务信任体系，加强关键性安全技术产品的研究和开发，建立应急支援中心和数据灾难备份基础设施。

(6) 完善电子政务标准化体系。逐步制定电子政务建设所需的标准和规范。今年要优先制定业务协同、信息共享和网络与信息安全的标准，加快建立健全电子政务标准实施机制。

(7) 加强公务员信息化培训和考核。要发挥各级各类教育培训机构的作用，切实有效地开展公务员的电子政务知识与技能培训，制定考核标准和制度。2002年要制定公务员信息技术知识与技能的培训标准和培训计划，编制培训教材，落实培训机构。

(8) 加快推进电子政务法制建设。适时提出比较成熟的立法建议，推动相关配套法律法规的制定和完善。加快研究和制定电子签章、政府信息公开及网络与信息安全、电子政务项目管理等方面的行政法规和规章。基本形成电子政务建设、运行维护和管理等方面有效的激励约束机制。

【电子政务工程技术指南发布】 为进一步贯彻落实国家信息化领导小组《关于我国电子政务建设指导意见》(中办发［2002 ］17号)精神，指导电子政务工程建设中相关技术管理活动，根据国家有关法律、法规、政策，国务院信息化工作办公室、科学技术部和信息产业部联合印发了电子政务工程技术指南。该指南共17条，从电子政务工程建设中的技术选择、标准化和规范化、采用的体系结构、通讯网络建设、基础系统软件选择、数据共享、网络与信息安全建设、工程建设等多个方面提出了具体指导意见，对规范电子政务建设具有重要意义。

【海洋资源和地理空间基础信息库建设】 中共中央办公厅、国务院办公厅关于转发《国家信息化领导小组关于我国电子政务建设指导意见》的通知（中办发[2002]17 号文件）将自然资源和地理空间基础信息库建设作为电子政务基础建设的一项重要内容，国家海洋局据此提出了海洋自然资源和地理空间基础信息库建设项目建议书，建议书提出了海洋资源和基础地理空间信息库建设的内容，包括海洋基础地理空间信息库建设、海洋基础性自然资源信息库建设、海洋资源与基础地理空间综合政务信息库建设和海洋资源与基础地理空间信息交换体系建设以及基础性工作等，并提出了具体的建设方案。

（国家海洋信息中心　李四海）

海洋网络建设管理与服务
Marine Network Construction & Management and Service

【国家海洋局政府网站建设与维护】 国家海洋

局政府网站建设与运行维护工作，重点放在海洋政务信息网上发布更新。2002 年，建设与维护了“海洋机构”、“政策法规”、“海域管理”、“海洋环保”、“执法监察”、“海洋科技”、“国际合作”、“开发应用”、“极地事业”、“大洋工作”、“海洋战略”、“海洋预报”、“海洋科普”、“海洋工作信息”、“中国海洋报”、“近期要闻”和“新闻导读”等26个信息栏目，将2002年度国家海洋局各司处所需发布的信息即时地反映到网上；并配合《中华人民共和国海域使用管理法》的宣传设立了专栏。

国家海洋局网站充分发挥了网络即时性、大容量的作用，主页信息根据海洋主题新闻和图片的提供，每周更新一次，全年共更新53期，各栏目中的重要信息在主页上也有醒目的体现，追加更新15 000个信息文件。5月1日首次面向全国发布了“海水浴场环境预报”与“地方海洋环境公报”信息。

此外还为国家海洋局网站制作了“海洋世界”杂志、“中国海洋学会”专题栏目。

【中国海洋信息网的管理与运行维护】 国家海洋信息中心重新进行了中国海洋信息网网络配置，升级改造了局域网设置，提升了内网数据传输能力。

在2001年信息更新和信息积累的基础上，按照信息栏目的划分，继续定期更新相关的海洋信息。2002年每月初，发布12个沿海地区的潮汐预报；根据“赤潮”和“台风”的发生情况，及时更新“海洋灾害”栏目信息；每周更新两期“水产养殖”；半月累计追加一期“海洋经济动态”；“主题新闻”每周追加两期；“中国海洋报”全版内容每周追加两期。全年建设维护“海洋文献”、“信息产品”、“数据资料”等27个信息栏目。从2002年 8 月份开辟了“海洋新闻”英文的报道，每周追加更新一期相关内容。

【海洋专题网站建设】 (1)“海上山东”网站建设。国家海洋信息中心积极开展与地方联建信息服务工作，2002 年该中心与山东海洋渔业水产厅联合建设了“海上山东”网站，完成了主页设计，开辟了“海洋战略”、“政务公开”、“海洋管理”、“海洋环保”、“海洋科技”、“渔技推广”、“水产协会”、“对外经贸”、“港监船检”和“渔政海监”等23个栏目，制作了相关栏目网页。同时建“供求信息”等动态数据库9个，搭建了用户信息沟通的桥梁。10 月份已交付山东海洋与渔业厅使用。

(2)“渤海管理”网站建设。渤海环境管理网站是由全球环境基金、联合国开发计划署和国际海事组织共同发起和资助的“渤海环境管理示范项目”的专题之一。自 2001 下半年以www.pemsea-bohai.net.cn域名，依托“中国海洋信息网”建立了专题网站。在主页显要位置登载了“渤海环境保护宣言”。设立了“立项文件”、“项目管理”、“项目进展”、“协作单位”、“成果报告”和“国际合作”等6个介绍项目相关信息的栏目。同时建设发布了“聚焦渤海”、“环境公报”、“环境与资源”、“渤海海洋经济”、“渤海海洋保护区”和“环渤海市县”等栏目信息，并及时搜集、发布了渤海海洋灾害发生情况和国家颁布的海洋法规等8个栏目信息。

(3)“东盟地区论坛”专题网站。建设维护“东盟地区论坛”专题网站，以www.arfmarinfo.org专用域名发布信息。制作发布了“海洋资料”等海洋信息产品并附有信息格式，为东盟地区各成员国海洋用户提供海洋信息的服务。并为东盟地区各成员国海洋网站做了链接点，建立了东盟地区海洋网站的信息交换渠道。

网站维护与信息更新是按栏目分类组织上网，“潮汐预报”、“海洋预报”、“海洋气象”、“波浪”、“海温”和“海平面观测”等海洋资料栏目内容即时搜集，随时追加、发布。各国的用户可以从上述各栏目中获得自己所需的各种资料或产品。

【开展“海洋科技成果统计”】 国家海洋信息中心首次面向全国海洋科研、科教、企事业单位搜集了2001年全国海洋科技成果226项，其中报送国家海洋局科技司审批的130项。130项“海洋科技成果表”（一式3份）经国家海洋局科技司审批后，一份寄回原申报单位存档，另外两份交国家海洋档案馆存档。对其中的129项（1项涉密成果除外）海洋科技成果，每项提取 300 字左右的简介编辑排版，印刷出版了《海洋科学技术研究成果（2001年度)》。

利用“国家科技成果登记系统”，进行了海洋科技成果建库；库文件上报国家科技部成果处，进入全国科技成果查询检索系统，面向全社会进行科技成果信息服务。利用“国家科技成果数据库”网络查询到96项其他部委审批通过的海洋科技成果，进入“海洋科技成果数据库”，生成2001年较为全面的全国海洋统计信息。

在此基础上编写了“全国海洋科技成果统计年度报告”。该报告分别就“成果总量”、“成果评价方式”、“成果来源”、“成果类别”、“成果水平”、“成果完成单位”、“经费投入”、“产业分布”、“应用情况”和“经济效益”等12个部分进行了统计分析。（国家海洋信息中心　姚湜予）

海洋情报跟踪服务
Marine Information Service

【海洋情报研究和服务】 海洋开发利用的成功与否往往取决于建立在全面深入了解海洋状况基础上的科学技术水平；海洋管理决策的科学合理性也取决于对国内外海洋政策、战略、规划的全面了解的程度。随着各种科学技术的进步和发展，全球性的海洋开发利用热潮必然推动我国研究、利用、开发海洋的步伐，由此带来的对高质量海洋情报信息研究和服务的需求也将变得更加广泛和迫切。随着我国海洋管理和研究人员学识水平的全面提高，外语能力的加强，可直接阅读和学习外国海洋管理方面的文献报告，并能提出适合需要的情报类研究专题和研究方向，增强了海洋情报研究和服务的力量。然而就我国目前大范围的海洋情报和战略政策研究和服务状况来看，在研究应用和服务的广度和深度上仍停留在零散、缺乏综合的层次上；研究和服务的人才补充不足、现有技术力量分散、研究服务手段还不完善的现状与海洋发展对信息服务的迫切需求的矛盾显得日益突出；一些传统的优势没有得到加强和壮大，甚至出现了研究力量流失的状态。尽管如此，海洋情报和战略政策的研究和服务密切结合国家的海洋战略、海洋政策、海洋立法和海洋划界工作的需要，为国家宏观调控海洋资源环境的可持续利用和我国海洋经济的发展，为维护我国海洋权益维护等提供了相关的研究成果和产品服务。

【海洋软科学研究和服务】 在《21世纪初海洋科学与技术进展》的专题研究中，广泛收集和分析国内外海洋科学与技术的文献资料，论述了现代海洋开发利用的突出特点是融合了现代高科技成果，成为知识技术密集、资金密集的综合性活动。海洋开发利用的深度与广度取决于海洋科学与技术的突破和进展程度。在联合国和一系列国际宣言的倡导下，世界海洋国家不同程度地把海洋开发与保护问题提到了政府重要工作议程之中，同时也充分认识到海洋科学技术能力是参与世界海洋竞争的关键，将发展海洋科学技术、开发海洋资源、保护海洋生态环境作为国家战略中的重要组成部分，以发展海洋科技促进本国经济的新增长，正成为全球海洋发展战略趋势。专题就当前海洋科学与技术的重点领域及研究热点的发展状况进行阐述，对海洋大科学研究进展中的全球海洋观测系统、海洋科学钻探、热液海洋过程及其生态系统、海洋生物多样性、海岸带综合管理科学等进行了分析；对海洋高新技术进展方面的海洋监测预报技术、海洋生物技术、深海资源勘探与开发技术、海洋环境保护与生态修复技术等进行了论述。在《我国专属经济区和大陆架管理建议》的专题研究中，对世界有关国家对专属经济区和大陆架的管理状况，包括专属经济区和大陆架的管理问题，韩国、日本、越南、印度尼西亚、菲律宾、朝鲜和美国等沿海国对专属经济区和大陆架的立法与管理进行了论述；分析了我国专属经济区和大陆架的管理状况，包括我国专属经济区和大陆架制度建设，我国专属经济区和大陆架管理制度和措施（自然资源的管理、海洋环境的保护、海洋科学技术研究的管理、其他方面的管理）；提出了我国专属经济区和大陆架管理的初步建议和对策。在《世界主要海洋国家海洋经济管理与发展现状及分析》的专题研究中，对美国、英国、法国、加拿大、澳大利亚、韩国、日本、印度等世界主要海洋国家的海洋经济管理政策与措施、海洋产业发展现状，包括近海油气业、海洋渔业、海洋交通运输业、滨海旅游业、海洋造船业和高新技术产业等与海洋经济相关的产业发展现状进行论述与分析。在《中国海洋灾害风险评价与减灾对策》的专题研究中，针对海洋开发利用的深入开展和海洋经济的发展以及全球气候变化，海洋灾害的频发程度呈上升趋势的状况，开展海洋灾害的风险评价及防灾减灾对策研究，目的是保证我国沿海地区的可持续发展战略的实施。该专题研究从分析国内外自然灾害风险评价进展以及中国海洋灾害研究状况及存在的问题着手，分析探讨我国海洋灾害的风险评价及防灾减灾的应对策略与措施。

【海域立法研究和服务】 结合《海域使用管理法》的实施，根据管理部门的工作需要，进行了《海域使用管理法》部分配套制度的研究和文本的起草工作。重点开展了《海域使用评估资质机构管理办法》文本和说明的起草，修改和完善了管理办法的内容，对管理的海域使用评估资质机构的范围、组织管理、评估资质申请和审批、注册登记管理、监督管理等进行了规定，对规范我国海域使用评估资质机构的管理具有重要的意义和作用。开展了在我国建立海域评估师执业资格制度的研究，完成了《关于建立海域评估师执业资格制度的论证报告》的研究和编写，从贯彻落实《海域使用管理法》、我国市场经济建设、海域环境特殊性、海域管理体制改革、与国际接轨的必然要求等方面论述了建立海域评估师执业资格制度的必要性；分析了建立海域评估师制度的政策依据、从全国海域有偿使用管理法规体系、建立海域评估师制度科技人才后备力量、行业评估制度的实施经验、海域评估师制度的基础研究等方面论述了建立海域评估师执业资格制度的可行性；重点对建立海域评估师执业资质制度的基本设想进行了分析，包括海域评估师执业定位、海域评估师的分级管理、海域评估师资质考试的组织管理等；对海域评估师执业资格制度与其他执业资格制度的关系进行了研究。

【海岛立法研究和服务】 为了加强海岛的综合管理，合理开发利用海岛资源，保护海岛生态环境，促进海岛及其周围海域的可持续利用，针对我国海岛开发利用现状及存在的问题，海洋管理部门启动了海岛管理工作的立法研究。海岛立法首先考虑的是对整个岛屿的立法管理，根据目前海岛的实际状况，重点选择了对无居民海岛管理规定的研究和起草工作。无居民海岛往往远离大陆，交通不便，由于国家对其权属没有做出明确规定，致使被视为无主资源，遭到随意开发、占用，浪费和破坏现象普遍存在。无居民海岛管理的立法就是在明确权属的前提下，对无居民海岛的开发利用实行申请审批制度，遏制随意开发利用情况。为了达到对无居民海岛实施管理的目的，在进行无居民海岛管理规定的研究和起草工作过程中，对已在无居民海岛实施的相关政策进行了充分研究，全面分析了无居民海岛管理的现状和存在的主要问题，为管理部门的决策提供参考依据。

【海洋划界研究和服务】 我国邻接黄海、东海和南海，与朝鲜、韩国、日本、菲律宾、马来西亚、文莱、印度尼西亚、越南都存在着划分海域的问题。随着专属经济区和大陆架制度的建立，我国海域划界研究和谈判的任务十分艰巨。海洋划界研究涉及到对划界技术方法的准备，进行划界背景基础资料的全面搜集和分析。根据实际工作需要，海洋划界研究和服务也由过去的大范围研究，转变为对某些特定区域的专门、详细研究，重点是全面收集基础性资料，对具有特殊意义的问题进行专门研究，取得了令人满意的结果。当然，海洋划界问题的研究和服务是一项长期的工作，发掘相关的证据和论点，以维护我国的海洋权益，需要继续完善研究的内容，不断充实新的资料，使研究的结果更加具有代表性，服务的时效性更强。

【海洋划界系统建设和服务】 根据专项研究工作的安排，开展海洋划界系统的建设，实现海域划界手段从传统的研究方式向计算机化方向的转变，为我国海上划界研究和谈判提供一个快速可靠的技术手段，是海洋划界系统建设和服务的最根本的目标。通过多年的实践，在海洋划界系统建设方面取得了长足的进步。将海洋划界系统的建设与海洋划界产品开发相结合，进行各种划界方法，如中间线、等比例线、纬度等分线等在系统中的功能实现。同时，以系统的开发和全文信息管理库的建设应用为基础，应用历史资料和动态信息，开展专题性的产品设计和制作工作。如绘制我国 200 海里外大陆架调查区域图、有关国家 200 海里外大陆架范围图及面积量算等。与海洋划界系统建设和服务相关的专题研究成果通过有关部门组织的验收审查，并在实践应用中发挥了很好的效果，获得了用户的好评，为我国的海洋权益维护、海洋划界理论研究提供了良好的服务。 （国家海洋信息中心　胡恩和）

海洋档案管理与服务

Marine Archives Management and Service

海域勘界档案管理规定

（国家海洋局　国家档案局　2002 年 8 月 6 日印发）

第一章　总　则

第一条　为了加强对我国省际间海域勘界档案（以下简称海域勘界档案）工作的指导和管理，确保海域勘界档案的齐全、完整、准确、系统、规范和有效利用，根据《中华人民共和国档案法》和《国务院办公厅关于开展勘定省、县两级海域行政区域界线工作有关问题的通知》（国办发[2002]12 号）要求，制定本规定。

第二条　海域勘界档案是指勘定我国海域界线工作中直接形成的有保存价值的各种形式的历史记录，本规定特指省际间海域勘界档案。

第三条　海域勘界档案是海域勘界工作的成果，是国家依法对海域界线进行管理的依据，是国家档案的组成部分；海域勘界档案工作是我国海域勘界工作的重要组成部分。

第四条　海域勘界主管部门和项目承担单位应加强对海域勘界档案工作的领导，保证档案工作所需的设备与经费。

第二章　管理体制与职责

第五条　海域勘界档案工作由国家海洋局海域勘界办公室统一领导，由省、自治区、直辖市［以下简称省（区、市)］海域勘界办公室及海域勘界项目承担单位分级负责，在档案业务上接受同级档案行政管理部门的指导、监督和检查。

第六条　国家和省（区、市）海域勘界办公室成立海域勘界档案工作领导小组，下设档案组。

国家海域勘界档案工作领导小组由国家海洋局海域勘界办公室、国家档案局有关部门、国家海洋局档案管理部门组成。负责制定海域勘界档案工作的规章制度和技术标准；组织海域勘界档案的验收。

国家海域勘界档案组由国家海洋局档案管理部门和海洋档案馆组成，负责海域勘界档案工作的指导、监督和检查；参加海域勘界档案的审查、验收工作；负责组织海域勘界档案的移交工作；完成海域勘界档案工作领导小组交办的有关事宜。

省（区、市）档案组由同级海洋行政管理部门和档案管理部门组成，负责本省（区、市）海域勘界文件材料的收集、整理、立卷、归档工作，并按规定向有关档案馆移交海域勘界档案。

海域勘界项目承担单位档案组由本单位海域勘界项目主管部门、承担部门和本单位档案部门组成，负责本单位海域勘界文件材料的收集、整理、立卷、归档工作，并按规定向有关档案馆移交海域勘界档案。

第三章　立卷与归档

第七条　海域勘界档案分为管理类和成果类。归档范围和保管期限见本规定附件 1。

第八条　海域勘界文件材料整理应遵循文件形成规律，保持文件之间的有机联系，区别不同价值，便于保管和利用。

第九条　海域勘界管理类文件材料的立卷应符合《海洋管理机关档案业务规范》（HY/T 057-2001）的要求；海域勘界成果类文件材料的立卷应符合国家标准《科学技术档案案卷构成一般要求》（GB/T 11822-2000）、行业标准《海洋科学技术档案业务规范》（HY/T 056-2001）、《海洋调查观测监测档案业务规范》（HY/T 058-2001）的要求。

（一）海域勘界文件材料立卷工作由各级海域勘界办公室和项目承担单位分别完成。海域勘界档案卷内文件材料和案卷排序方法见本规定附件2。

（二）归档的文件材料必须进行著录，著录工作由各项目承担单位完成。著录参照《档案著录规则》（DA/T 18-1999）执行。

（三）航片、手簿、音像材料及光盘等电子文件应与纸质档案对应编号，并附文字说明。电子文件应以只读光盘形式归档。

第十条 海域勘界档案的密级划分，应根据国家海洋局、国家保密局印发的《海洋工作中国家秘密及其密级具体范围的规定》（国海密字[1996]450号）等有关规定和海域勘界工作实际进行。

第四章 验收与移交

第十一条 在省际间海域勘界成果验收前，由海域勘界档案形成单位向国家海域勘界档案工作领导小组提出海域勘界档案验收申请，《海域勘界档案验收申请表》格式见本规定附件3；海域勘界档案工作领导小组负责组织档案验收。档案验收合格后方可进行成果验收，验收不合格的要限期整改。

第十二条 海域勘界档案检查验收的内容包括：文件材料是否符合归档范围要求，其审查、签字等手续是否完备；案卷质量是否符合标准、规范要求；档案著录质量是否符合著录规则要求。

第十三条 海域勘界档案实行最终成果档案多套异地保存。海洋档案馆保存全套海域勘界档案原件和正本；省（区、市）海域勘界办公室保存相关海域勘界最终成果档案副本。

第十四条 国家、省（区、市）海域勘界办公室及各项目承担单位按本规定第十三条要求，向海洋档案馆移交海域勘界档案。同时移交案卷目录一式二份。

海域勘界档案在海洋档案部门保管一定时间后，由海洋档案部门向同级国家综合档案馆移交。

第十五条 各级海域勘界成果通过验收后即可移交海域勘界档案并办理移交手续。

第五章 管理与利用

第十六条 海域勘界档案应作为独立全宗进行保管，档案保管部门应建立相应的管理和利用制度。

第十七条 海域勘界档案保管部门应采用先进的技术方法对海域勘界档案进行管理和开发利用，并配备必要的设施、设备，保障档案的安全。

第十八条 档案保管部门应加强对海域勘界档案利用的管理，利用海域勘界档案应严格履行审批与借阅登记手续。

第六章 奖励与处罚

第十九条 对违反本规定造成海域勘界档案损坏、丢失、泄密的，按照《中华人民共和国档案法》、《中华人民共和国保守国家秘密法》等有关规定追究当事人和主要负责人的责任。

第二十条 对海域勘界档案验收不合格的项目承担单位，不予评奖，暂停拨付该项目资金，同时记入项目信用档案。

第二十一条 国家海洋局海域勘界办公室建立海域勘界档案奖励基金，对在海域勘界档案工作中取得显著成绩的单位和个人，予以表彰和奖励。该基金由国家海洋局海域勘界办公室统一管理。

第七章 附 则

第二十二条 本规定由国家海洋局和国家档案局负责解释。

第二十三条 县际间海域勘界档案管理，由各省（区、市）参照本规定制定相应的管理办法。

第二十四条 本规定自发布之日起执行。

附件：1．海域勘界档案材料归档范围与保管期限（略）

2．海域勘界档案卷内文件材料和案卷排序方法（略）

3．海域勘界档案验收申请表 （略）

王飞在海洋档案进馆试点工作座谈会上的讲话
认真分析形势　明确工作目标
切实做好海洋档案移交进馆工作

（2002 年 10 月 17 日）

实施海洋档案移交进馆试点工作，不仅对全面推进局属各单位乃至全国海洋专项档案移交进馆具有重要的现实意义，而且会对整个海洋档案工作产生深远影响。

下面，我讲几点意见。

一、提高管理意识，充分认识档案工作的重要性

党和国家领导人历来重视档案和档案工作。江泽民同志指示："各级领导都要充分认识档案和档案工作的重要性，要把档案工作提到很重要议事日程上来。"胡锦涛同志也指出："档案是全党、全国人民各方面活动的真实记录，是各项事业持续发展的重要依据，它不仅对深化改革、发展经济、推动科技进步、提高国民素质有促进作用，而且对维护祖国统一，加强民族团结，保持社会稳定具有重要作用。"

档案工作之所以重要是因档案本身的性质和在社会发展中的重要地位决定的。档案是国家的宝贵资产，是"社会总生产首要财富"，其不可再生性，决定了它是国家特别资产的重要地位。

重视海洋档案和海洋档案工作，关键在领导。"管理海洋综合信息公益服务系统"是国务院"三定方案"赋予国家海洋局的职能之一。我们一定要提高管理意识，充分认识档案工作的重要性。

海洋档案是人类海洋活动的真实记录，是海洋事业发展的历史见证，是真实反映各种海洋项目管理过程的轨迹，贯穿于海洋项目的始终。海洋档案是国家的资产和财富，是国家海洋事业可持续发展的战略资源。所以，海洋档案相对于其他海洋资产，更要管好、用好，不得散失。

做好海洋档案工作是海洋工作发展的需要。"21 世纪是海洋世纪"，我国海洋事业已开始进入大发展的新时期。我国正在实施现代化建设的第三步战略部署，迫切需要把海洋作为国民经济新的增长点和未来发展的新空间，为了适应国际、国内争夺海洋空间和资源的现实需要，必须利用最新技术加速海洋档案的建设与管理，使海洋档案资源更加丰富，海洋档案服务更加快速，以致更为有力地支持海洋管理决策，为"兴海强国"战略的实施提供保证。因此，海洋档案工作作为海洋工作的一个重要组成部分，应引起我们的高度重视。

一般来说，工作干不好，首先就是不被人们重视。而重视不重视，关键在于领导的思想认识。如何提高对档案工作的认识，在局系统还存在一些问题。这些问题如何解决，还靠大家出点子，想办法，并采取有效措施，提高人们的海洋档案意识和对档案工作的认识。

"档案工作说起来很重要，干起来次要，忙起来可以不要"的现象为什么会存在？要反思一下。客观地说，这里有领导重视不重视的问题，也有档案部门本身的问题。要从两方面找原因，只片面强调领导重视，是不能解决所有问题的。因此要找准切入点，从根本上解决对档案工作的认识问题。

二、加强海洋档案的组织管理体系和能力保障体系建设

海洋档案工作与各项工作都有密切的联系，是一项技术性、业务性工作，非常重要。因为只要这个单位存在，这项工作就离不了。海洋档案工作要有个什么样的组织管理体系和能力保障体系？要深入研究解决，要搞好它。

现在时髦讲"系统"。我们的海洋档案管理与服务属于海洋公益服务系统。它需要什么样的组织管理？又怎样才能保障它的正常、高效运行？

第一条就是要建章立制。哪些规章制度需要继续执行，哪些需要补充完善，哪些必须废止，要梳理清楚。

办什么事都要靠规章制度。即所谓"没有规矩，不成方圆"。有了规章制度，还要反复强调，不执行怎么办？我们的许多规章制度，停留在号召号召、发发文件上，文件发了，就没人管了，这样下去怎么行？

所以，第二条，就是监督、检查要跟上。档案工作的监督、检查不仅要跟上去，还要有力度。怎样做才是有力度？大家想办法。我讲话他听，被协调、管理的对象“信服”，这就是有力。你讲半天，他不听，那就是苍白无力。能力保障体系建设中，包括档案基础建设、专项运转经费、档案行政法规和技术法规建设等一系列工作都要做出计划并安排落实。

因此，从总体上说，我们要结合海洋工作实际，在贯彻执行《中华人民共和国档案法》特别是在加强海洋档案的组织管理体系和能力保障体系建设上，多动脑筋，多想办法。

三、加强档案队伍建设，建立激励机制，充分调动档案人员的积极性

档案工作是一项默默无闻的工作，很难轰轰烈烈，但它是一项平凡又显伟大的工作。评论谁是英雄，我认为在平凡的岗位上能作出不平凡事迹的，就是英雄。档案材料平时不被人们特别注意，但它的作用是无法取代的，特别是关键时刻，只有用档案说话才行。近几年，海域划界、海域管理等工作对档案材料的需求越来越迫切，内容越来越广泛，这就要求我们一定要管理好、开发利用好海洋档案。

搞好档案工作，档案人员是关键，这些人员必须具备较高的素质。即热爱档案事业，对档案工作有高度的责任心。从这个角度说，必须加强档案队伍建设，把从事档案工作人员的积极性调动起来，让他们感到从事档案工作很光荣，很自豪。要制定办法，建立机制来激励档案人员，包括职称和待遇方面。现在常常讲事业留人，感情留人，待遇留人，我们就是要营造一个好的氛围。有些单位的档案部门不适应海洋档案工作形势的发展，档案人员不到位，甚至出现让档案人员把事务性工作当作主要工作来做，把档案工作当作次要工作来做。如此下去，档案工作怎么能做好？档案人员的责任感从那里来，积极性怎么能调动起来？各级档案主管部门应引起深思，要采取措施，改变这种状况。

四、加强组织领导和协调，做好海洋档案移交进馆试点工作

档案进馆工作是《全国档案事业发展“十五”计划》的重要内容之一，并且于2001年就在全国开始启动的档案建设与管理工程，要求“各级档案馆要依法将接收范围内的档案接收进馆，实现档案移交接收工作的法制化、规范化。”局档案业务管理部门要充分行使自己的职能，加强统筹规划，搞好组织协调，对局属各单位档案移交进馆工作做出全面安排；海洋档案馆要继续加强馆内相关业务建设，创造良好的档案接收条件，确保进馆档案得到妥善保管和有效利用。

加强组织领导和协调，是做好海洋档案移交进馆工作的组织保证；而深入扎实工作是做好海洋档案移交进馆工作的基础。就全局而言，档案移交进馆的任务量很大，各档案移交单位主管领导一定要高度重视，亲自挂帅，认真组织力量做好海洋档案的进馆工作，并切实把这项工作列入议事日程，确保移交任务按时完成。为保证海洋档案移交进馆工作顺利开展，各单位要准确理解和把握《海洋档案馆档案进馆管理暂行办法》规定的原则和标准，结合本单位的实际，认真贯彻执行，积极开展海洋档案的移交与接收工作，并特别注意避免工作随意性和简单化。

过去，在单位之间、部门之间，对处置档案问题，常常以邻为壑，互有保留。有永久保存和利用价值的档案自己保存、使用，其他的送档案室保存，表现较为突出的是科研档案，档案归档工作很困难。特别是多个单位合作搞的跨学科、跨行业的项目，到档案汇交时，牵头单位就犯难。给钱交档案材料，有时给了钱档案材料也不交。这种现象再也不能继续下去了。各级海洋档案部门都要采取行之有效的措施，遵循档案管理“法制化、规范化、业务化”原则，加强国家海洋档案资源管理。

档案是党和国家的宝贵财富，我们要保障国家的利益不受损害，做好档案移交进馆工作，是实施《中华人民共和国档案法》关于“档案集中统一管理”的具体行动。因此，必须把海洋档案移交进馆工作当作一项政治任务来完成。

先搞试点，目的就是摸索经验，避免全面铺开时走弯路。综合业务处要很好地组织协调海洋档案进馆试点工作，把试点工作搞好，注意积累经验，总结出一套业务化、标准化、规范化，易操作的档案进馆程序、办法。为今后的海洋档案进馆工作奠定基础。

同志们，今天专门举行海洋档案进馆工作座谈会，说明海洋档案移交进馆工作的重要性和迫

切性。我相信，此项工作，在局党组的领导下，通过全局档案工作人员的不懈努力，一定能取得各单位的支持和帮助，克服工作中的困难，实现我们的工作目标。

海洋档案工作
Marine Archives Work

【国家海洋局与国家档案局联合印发《海域勘界档案管理规定》】 中华人民共和国海域勘界档案是指勘定中华人民共和国海域界线工作中直接形成的有保存价值的各种形式的历史记录。这里特指省际间海域勘界档案。

海域勘界档案是海域勘界工作的真实记录，是国家档案的组成部分，是国家依法对海域界线进行管理的依据。为加强海域勘界档案管理，规范海域勘界档案工作，确保海域勘界档案的齐全、完整、准确、系统、规范和有效利用，2002 年 8 月 6 日国家海洋局与国家档案局根据《中华人民共和国档案法》、《国务院办公厅关于开展勘定省、县两级海域行政区域界线工作有关问题的通知》[国办发〔2002〕12 号]和《海域勘界技术规程》要求，联合印发了《海域勘界档案管理规定》。该规定共 7 章 24 条，自发布之日起执行。

该规定有以下特点：

(1) 管理体制规范，职责明确。第五条体现了勘界档案工作统一领导、分级负责的原则；第六条规定了勘界档案工作的组织机构与职责，吸纳了过去海岸带、海岛调查等国家海洋专项档案管理的成功经验。

(2) 立卷归档采用最新标准，更贴近新时期国家档案管理的规定，具体体现在第九条中。

(3) 技术操作更符合海域勘界工作实际。在第一稿至第十稿中，曾引用陆界档案规定中有关毗邻两省、自治区、直辖市交叉部分海域勘界档案的立卷分工内容，要求“管理类文件材料分别立卷”或“成果类文件材料共同立卷”。由于省际间海域勘界任务承担单位均为国家海洋局直属单位完成，而且涉及毗邻两地区的档案无互相交流的义务，不存在“分别立卷”和“共同立卷”的问题，因此，在“报批稿”中予以修正，具体体现在第九条第一款中。

(4) 确保勘界档案的完整与安全。第十三条规定，“海域勘界档案实行最终成果档案多套异地保存。海洋档案馆保存全套海域勘界档案原件和正本；省（区、市）海域勘界办公室保存相关海域勘界最终成果档案副本。”既体现了国家重点项目档案的集中统一管理原则，又保证了海域勘界档案永久保存的安全。

(5) 档案验收程序化和定量化。第十一条、第十二条和第十五条规定了档案验收的程序、内容和要求，特别是附件三，规定各任务承担单位对勘界档案按 20 类并就归档率、完整率、合格率先进行定量化自查。同时，明确规定，“档案验收合格后方可进行成果验收，验收不合格的要限期整改。”“各级海域勘界成果通过验收后即可移交海域勘界档案并办理移交手续。”

(6) 赏罚分明，违规必究。第二十条和第二十一条具体既规定了设立基金奖励在海域勘界档案工作中取得显著成绩的单位和个人，又规定了对海域勘界档案验收不合格的项目承担单位的处罚内容，归纳起来是“三不一记”：档案验收不合格的，成果不验收，不评奖，项目资金暂不拨，同时记入项目信用档案。

【全国海域勘界档案工作全面启动】 海域勘界是为了勘定一条省际、县际间的海域管理线，它是国家委托沿海省、自治区、直辖市政府对毗邻海域实施有效管理的界线。

开展海域勘界是加强国家海域管理，合理开发利用海洋资源，有效解决海域争议，促进沿海地区经济发展和社会稳定的战略措施。海域勘界在我国尚属首次，而且其既不同于陆域勘界，也不同于与邻国的海上划界，缺少具体、成熟的勘界规范和标准，同时还是一项政策性强、涉及面广、工作量大，技术水平要求高、情况复杂的工作。鉴此，国家决定先试点，取得成功经验，再推广，先易后难，分步实施的办法，经征求沿海省（自治区、直辖市）政府意见的基础上，选定辽冀、闽粤两条界线试点，其档案工作同时开始试点。

2000 年 4 月 18 日，经国务院办公厅批准，海域勘界试点工作领导小组成立暨工作会议在北京召开。会议全面贯彻国务院领导关于开展海域勘界试点工作的指示精神，通过了海域勘界试点工作领导小组组成及工作职责，海域勘界的基本原则和总体指导思想，原则通过了闽粤、辽冀两条试点线的勘界实施方案，审议通过了《海域勘界技术规程（试行）》、《海域勘界档案管理规定（试行）》、《资料汇总办法》三个技术文件。这次会议为海域勘界工作的正式启动拉开了帷幕。

2002 年 2 月，国家海洋局在总结试点经验的基础上，根据《国务院办公厅关于开展勘定省、县两级海域行政区域工作有关问题的通知》（国办发[2002]12 号）要求，于 2002 年 3 月开始部署其他省际间海域勘界工作、全国县际间海域勘界试点工作。

针对海域勘界工作的进展状况及其档案工作情况，2002 年 8 月国家海洋局与国家档案局在修改、补充《海域勘界档案管理规定（试行）》的基础上，联合印发了《海域勘界档案管理规定》（国海发[2002]25 号）。沿海各省（自治区、直辖市）政府海域勘界主管部门与本省档案主管部门根据这一规定并结合本省的具体工作实际，制订了相应“实施细则”或“实施办法”。以此为标志，全国海域勘界档案工作全面展开。

为确保海域勘界档案工作顺利开展，实现海域勘界档案工作目标，2002 年 11 月成立了有国家海洋局档案管理部门、国家海洋局海域勘界办公室、国家档案局经济科技业务指导司和海洋档案馆有关人员参加的国家海域勘界档案工作领导小组及档案组。各省（自治区、直辖市）政府海域勘界主管部门也相继成立了档案组并积极开展工作。

各单位基本做到了布置海域勘界任务同时布置海域勘界档案工作，检查海域勘界工作进度同时检查海域勘界档案工作，并对档案质量提出了要求。特别是各单位根据《海域勘界档案管理规定》制定的《海域勘界档案工作细则》等配套措施，将《海域勘界档案管理规定》与海域勘界工作实际紧密结合，赋予其较强的可操作性。

海域勘界任务承担单位在建立档案管理组织、奖惩等机制方面做了较有成效的工作，调动了有关人员的积极性。尤其是有关单位建立的“定细则、预立卷、阶段性检查”机制，不仅促进了海域勘界档案工作的开展，而且为保证海域勘界档案质量奠定了基础。

【国家海域勘界档案工作检查组对海域勘界试点线进行档案工作检查】 2003 年 3 月 4～11 日国家海洋局组织有国家海洋局办公室、国家档案局经济科技司、国家海洋局海域勘界办公室、海洋档案馆参加的国家海域勘界档案工作检查组，对承担闽-粤线、津-冀（南）线海域勘界任务的国家海洋局南海分局、第三海洋研究所、北海分局的海域勘界档案工作分别进行了检查。检查工作按计划完成，取得了预期效果。

这次检查的主要内容是各任务承担单位执行《海域勘界档案管理规定》情况以及海域勘界档案业务工作情况。检查的主要目的是为了发现和解决各单位在执行《海域勘界档案管理规定》和海域勘界档案的收集（汇交）、整理、组卷、编目等档案业务工作中遇到的实际问题，同时为今后海域勘界档案工作积累经验，改进海域勘界档案工作方法，保障海域勘界档案质量。

通过检查来看，两条海域勘界线的档案工作总体情况是好的。但在档案意识、案卷质量、移交手续等方面也存在不可忽视的问题。为此，检查组于 2002 年 3 月 19 日在《关于闽粤线、津冀（南）线海域勘界档案工作检查情况的报告》中提出了加强培训、强化管理、把好验收和交接关以及落实“奖罚”制度等建议。

（国家海洋局办公室档案处　张连秋）

【三项海洋档案业务标准修订出台】 由肖银水、张连秋、侯秀生、葛彦华、邱力、刘巍、黄亚如、赵海燕、崔少萍、张兰华、姚海琴、杜国秀起草完成的《海洋科学技术研究档案业务规范》（HY/T 056-2001）、《海洋管理机关档案业务规范》（HY/T 057-2001）和《海洋调查观测监测档案业务规范》（HY/T 058-2001）等三项海洋行业标准（以下简称三项标准）于 2002 年 1 月 25 日发布，2002 年 3 月 1 日实施。

三项标准的起草，是根据国家海洋事业发展对档案工作的新要求和海洋档案业务自身的需要进行的。任务由国家海洋局环境保护司下达。任务由国家海洋局办公室综合处总负责，分别成立了以国家海洋信息中心、国家海洋局第二海洋研究所、国家海洋局北海分局为牵头单位的海洋科研、海洋管理、海洋调查等三项标准起草小组，根据有关调研意见和资料研究结果，严格按照 GB/T1.1-2000《标准化工作导则》及其标准和程序，具体负责三项标准的起草工作，并召开了四次会议，集中了 20 余名专家和起草小组成员的修改、评审意见和智慧，形成了三项标准征求意见稿、送审稿和报批稿。

三项标准从名称到体系结构，从各个条款到具体内容，都围绕“汇集精华，服务实践，推陈出新，方便使用”的技术路线，在充分考虑海洋科研、海洋管理、海洋调查的工作实际与档案工作发展状况的同时，遵循了与国家档案和海洋档案有关标准相衔接、与我国现行有关法律、法规及相关技术标准相一致的原则，在总体上将国家档案最新研究成果与海洋档案实际相结合，在具体内容上总结吸收了多年来海洋档案实践经验，使本项目具有多处创新点。主要有：

(1) 在归档范围、整理要求、立卷方法、验收标准、归档程序、保管技术、开发利用等海洋档案业务的各个环节进行了规范化和标准化，使该三项标准成为海洋行业档案标准中理论性、操作性较强的适用性业务规范；

(2) 根据海洋档案的形成特点和管理流程，研究提出了针对不同档案责任者群的技术规范，使海洋档案业务操作流程层次分明，方便使用；

(3) 提出了替代卡、件、互见性标引等管理海洋档案及编制检索工具的技术方法；

(4) 研究提出了应用海洋卫星、海洋平台、海洋浮标等新手段调查观测监测海洋的档案技术规范；

(5) 提出了海洋电子文件管理的方法。

为顺利实施这三项海洋行业标准，2002 年 5 月 27～30 日为国家海洋局在厦门市举办了培训班。侯秀生、刘巍负责培训班的授课。参加这次标准宣贯培训的有沿海省、自治区、直辖市及计划单列市海洋厅（局）和国家海洋局所属各单位、机关各司（室）分管档案工作的领导及专（兼）职档案人员 61 人。

【全国海洋档案工作调研任务完成】 由国家海洋局办公室档案处（综合处）肖银水、张连秋负责、海洋档案馆侯秀生、刘巍参加组成的国家海洋档案工作调研小组，分别于 2001 年和 2002 年分 5 次历时 39 天，对国家海洋局直属单位、地方海洋管理部门、地方海洋科研机构以及中国科学院、国土资源部、交通部、农业部、水利部、教育部、中国气象局、中国石油化工集团等系统所属主要海洋单位共计 52 个涉海单位 64 个部门包括沿海 9 省区市海洋管理机构的档案工作调研。调研工作于 2001 年 5 月 20 日启动，2002 年 4 月 4 日走访调研结束。

由侯秀生同志代表海洋历史档案抢救课题组主笔起草的《海洋档案调研工作报告》于 2002 年 8 月完成，共 8 000 字，报告正文分为基本情况、调研准备及过程、调研情况分析和几点建议四个部分，并提供了海洋档案调研提纲、调研路线及单位、调研单位及档案工作情况等三个附件。

通过调研，初步了解了海洋档案工作的现状，收集了各单位的有益经验和主要问题，建立了与各单位的档案管理部门和档案工作人员联系渠道，启动了国家海洋局历史海洋档案抢救课题，基本达到了促进海洋档案馆重组工作以及促进整个海洋档案工作的目的。

【海洋档案馆承担大洋“十五”档案课题】 2002 年 6 月 5 日，国家海洋信息中心（海洋档案馆）与中国大洋协会办公室签订了“十五”《大洋档案建设与管理》（DY105-05-01-02）课题合同。国家海洋信息中心主任林绍花和大洋协会秘书长、办公室主任毛彬代表双方在合同书上签字。该课题主要目标是摸清大洋档案的“家底”，了解其管理、利用和流动现状，制订和完善必要的管理办法和服务规范；实现大洋档案的齐全、完整、准确、系统和专业化管理，建设大洋档案信息服务系统，提高大洋档案利用效率。

【海洋档案进馆试点工作座谈会在北京召开，国家海洋局首次大规模海洋档案进馆工作启动】 2002 年 10 月 17～18 日，国家海洋局在北京召开了海洋档案移交进馆试点工作座谈会。会议由局办公室副主任、财务司副司长吴金友主持。局长助理、局办公室主任、财务司司长王飞代表局领导到会并代表局领导就实施海洋档案移交进馆试点工作提出了要求。北海、东海、南海分局档案工作负责同志，海洋档案馆负责同志，局发展计划处、档案处负责同志共 13 人出席了会议。

会议决定，海洋档案进馆工作分阶段进行，先开展试点，在总结试点经验的基础上全面铺开，确定北海、东海、南海分局为海洋档案进馆工作试点单位。

会议就《海洋档案馆档案进馆管理暂行办法》

（以下简称《暂行办法》）进行了认真的讨论，部署了海洋档案进馆试点工作，会议就此议定了八项纪要。与会人员充分认识到海洋档案馆档案进馆工作的重要性，要从维护国家利益的高度落实海洋档案进馆试点工作。各单位要建立档案工作的组织保障体系，做好条件保障、能力保障工作。在试点工作中要严格标准，保证质量，并注意总结经验。切实加强对海洋档案进馆工作的组织领导，要把这项工作当作一项政治任务来完成，试点单位要将其列入重要议事日程。局将成立海洋档案进馆工作领导小组，组长由局分管领导担任，副组长由局办公室领导担任，成员由各单位分管领导组成；办公室设在局档案处（综合业务处）。各单位要相应成立以分管领导为组长的领导小组。海洋档案进馆工作领导小组对海洋档案进馆工作的进展情况，及时进行组织监督检查，海洋档案馆对海洋档案进馆试点工作进行业务指导，协助各单位做好工作。各试点单位要根据《暂行办法》抓紧制定本单位海洋档案进馆工作的具体实施计划，明确工作进度，整个海洋档案进馆试点工作必须于2003年12月31日前完成。局档案处和海洋档案馆要跟踪海洋档案进馆试点工作的进展，加强督促、检查和业务指导；档案进馆前要把好验收关，档案进馆后要搞好服务，确保海洋档案进馆试点工作的圆满完成。

（海洋档案馆　侯秀生）

表1　国家海洋局系统海洋档案事业基本情况统计

单位名称	机构数		现有全部专职人员		室存全部档案		本年接收案卷	本年利用档案	
	档案处(科)	档案室		女性	全宗	案卷		卷次	件次
局机关	1	1	1	1	1	7 899	259	377	1 087
北海分局	1	2	4	3	1	10 065	100	605	0
东海分局	1	1	4	3	1	10 696	693	300	0
南海分局	1	2	7	4	1	9 187	811	1 473	0
中国海监总队	0	1	0	0	1	65	28	1	90
国家海洋信息中心	0	1	1	1	1	1 596	96	80	0
国家海洋环境监测中心	0	1	2	1	1	5 275	70	208	0
国家海洋环境预报中心	0	1	2	2	1	1 615	35	95	0
国家卫星海洋应用中心	0	1	0	0	1	57	19	23	0
国家海洋标准计量中心	0	1	0	0	1	656	42	182	0
国家海洋技术中心	0	1	2	2	1	4 854	128	373	0
杭州水处理中心	0	1	1	1	1	1 770	48	20	0
第一海洋研究所	0	1	2	2	1	5 839	51	105	0
第二海洋研究所	0	1	2	1	1	8 180	446	849	0
第三海洋研究所	0	1	2	2	1	5 802	178	618	0
海水淡化与综合利用研究所	0	1	1	1	1	1 011	56	35	26
中国极地研究所	0	1	2	2	1	695	90	41	52
极地考察办公室	0	1	0	0	1	1 776	10	143	343
大洋协会办公室	0	1	0	0	1	0	0	0	0
海洋出版社	0	1	0	0	1	0	0	0	0
海口中心站	0	1	1	0	1	30 651	319	183	0
海洋战略研究所	0	1	0	0	1	268	20	0	120
国家海洋局机关服务中心	0	1	0	0	1	20	8	20	0
合　计	4	25	34	26	23	107 977	3 507	5 731	1 718

（国家海洋局办公室档案处　张连秋）

海洋标准计量工作

Marine Standards and Metrological Work

综　述
Summary

【概况】 海洋质量、海洋标准和海洋计量是海洋技术监督工作不可分割的组成部分。2002 年，国家海洋技术监督机构紧紧依靠国家海洋局、国家质检总局的领导，充分履行职能，在管理全国海洋标准化、计量和质量方面取得可喜成绩，为海洋综合管理、海洋经济发展、海洋科技进步和国防建设提供强有力的技术支撑与公益服务。

海洋重大项目质量保障 国家海洋技术监督机构落实质量监督管理职能，将质量管理体系引入海洋重大项目之中，做好海洋重大项目的质量监督保障工作。2002 年主要集中在以下重大项目中。

参加“西北太平洋海洋环境调查与研究”、“海域勘界”、“中国海洋环境监测系统”等重大任务的质量保障工作，针对项目特点，组织进行质量体系文件编制，并负责对项目涉及的仪器设备、人员上岗资质、实验室环境、资料产品等重要质量控制环节进行质量监督检查，促进了项目完成质量的提高。

承担并完成了国家“十五”“863”计划“海洋监测仪器检测与质量评价技术研究”课题，通过对海洋监测仪器检测方法研究，建立了海洋监测仪器检测与质量评价体系框架，建立了对海洋高技术监测仪器质量检测与客观评价方法，拟订了相关的技术标准和检测程序，提出了需研制的检测设备目标及相关研究内容，建立了包括国内外计量检测机构、资源与技术成果等内容的信息库。

积极推进海洋行业计量认证 由国家海洋标准计量中心起草编写的《国家海洋局计量管理暂行规定》，经国家海洋局批准发布实施（国海发[2001]16 号）。同时，国家海洋局决定开展对省级海洋环境监测中心和国家海洋局所属海洋环境监测中心站进行计量认证，确保提供海洋环境监测数据准确。

计量认证是指由政府计量行政部门对第三方产品合格认证机构或其他技术机构的检定、测试能力和可靠性的认证。海洋监测调查是多学科综合、多手段交叉、多单位合作的集成性工作，因此对从事海洋监测调查的机构加强计量监督管理具有重要的意义。2002 年国家计量认证海洋评审组组织培训了全国海洋机构计量认证评审员 24 名，并按照《产品质量检验机构计量认证/审查认可（验收）评审准则》要求，对申请计量认证的机构实施计量认证评审，完成了 21 个海洋环境监测中心站的首次计量认证和计量认证复查。

国家计量认证海洋评审组挂靠在国家海洋计量站，其业务纳入国家海洋计量站的管理。依据《中华人民共和国计量法》和《产品质量检验机构计量认证管理办法》的规定，海洋行业的计量认证工作由国务院计量行政部门会同国家海洋局环保司组织实施，由国家计量认证海洋评审组负责对海洋仪器设备、海水与苦咸水处理设备的质量检验机构和海洋监测技术机构进行计量认证评审工作，并负责对计量认证合格机构实施监督。

强化海洋标准管理 国家海洋标准计量中心负责全国海洋标准技术归口和计划实施，积极配合国家海洋局主管部门，起草标准管理工作有关文件和标准制定程序，进行了大量海洋国家标准、行业标准的立项、制（修）订、审查、报批、出版和宣贯工作，保障了标准制订工作的规范化。同时，开展全国海洋标准化方针、政策和标准体系等有关技术的研究，制订了国家海洋局“海洋环境标准体系表”和“海洋标准物质体系表”，为国家海洋局落实海洋标准和标准物质管理提供技术支撑。此外，承担国家“863”、国家计委和科技部等国家项目有关海洋标准研究课题，指导中国膜协会标准化工作，积极参与国家标准化管理委员会组织的有关活动，进一步深化和拓展了海洋标准化工作。

公益服务取得突破性进展

(1) 计量检定测试。计量工作是支撑全社会发展的重要技术基础，在经济发展、科技进步和社会保障方面起着重要作用。海洋计量检定测试是保证全国海洋行业量值统一和准确可靠的重要措施，也是海洋技术监督工作的重要组成部分。计量检定测试质量好坏将直接影响到所取资料的准确性和可靠性。

21世纪是海洋世纪，改革开放的逐步深入和经济全球化的发展，给海洋计量工作带来了新的发展机遇和挑战。面对世界经济的发展大潮，面对海洋计量工作的新形势、新任务，加强和完善海洋计量保证体系建设，不断提高计量装备水平和计量检测方法，是增强计量工作在检测市场竞争能力的重要手段。国家海洋计量检定机构在狠抓质量管理体系建设，开展质量管理体系内审和管理评审的同时，大力开展计量检定测试工作，2002年计量测试工作量与5年前同比增加了10倍，取得了突破性进展，为海洋军事、科研、海洋监测、减灾防灾等检定、校准、检测了大量在用仪器，确保了相关要素观测数据准确可靠。

(2) 标准海水生产。系列标准海水生产量由过去每年二三百瓶上升到1 000多瓶，供全国海洋部门使用。

(3) 海洋标准、计量、质量信息服务。开展国内外海洋标准、计量和质量信息资料的收集与研究，建立了海洋标准计量信息库，初步建立了与信息发布机构固定的联系机制，以保持经常不断地更新信息和充实信息来源，经过分析和研究加工后，逐步建成相对完善的国内外海洋标准计量信息资料库；不定期发布海洋标准计量信息资料目录；对海洋仪器进行型号命名、注册；为海洋科研与开发提供咨询和服务。

（国家海洋标准计量中心 卫 薇 王德君）

海洋标准化
Marine Standardization

【海洋标准管理】

1. 标准技术归口管理工作

2002年国家海洋标准计量中心对国家海洋局局属各单位申请立项的18项海洋国家标准计划任务书、25项行业标准计划任务书以及3项中国膜工业协会水处理技术行业标准计划任务书进行了审核。对22项国家标准、23项行业标准、2项国家检定规程的征求意见稿、送审稿和报批稿进行了技术审查，共376次数。

完成对GB 18668-2002 海洋沉积物质量国家标准报批稿的审查、报批，经国家质量监督检验检疫总局批准，现已发布、实施。

完成对HY/T 059-2002 海洋站自动化观测通用技术要求行业标准报批稿的审查、报批，经国家海洋局批准，现已发布、实施（见国海环字[2002]281号文）。

三项行业标准已向国家质量监督检验检疫总局备案，其备案号分别为：9861-2002、9862-2002、9863-2002。

2. 水处理技术标准归口管理

完成HY/T 060-2002 中空纤维超滤装置、HY/T 061-2002 中空纤维微滤膜组件、HY/T 062-2002 中空纤维超滤膜组件、HY/T 063-2002 管式陶瓷微孔滤膜元件、HY/T 064-2002 管式陶瓷微孔滤膜测试方法、HY/T 065-2002 聚偏氟乙烯微孔膜滤、HY/T 066-2002 聚偏氟乙烯微孔滤膜折叠式过滤器、HY/T 067-2002 水处理用玻璃钢罐、HY/T 068-2002 饮用纯净水制备系统SRO系列反渗透设备等9项行业标准报批稿的审查、报批，经国家海洋局批准，已发布、实施（见国海环字[2002]399号文）。

3. 经国家标准化委员会批准立项的制修订国家标准

(1)《海滨观测规范》（国标委计划[2002]41号批准立项，海环字[2002]76号，国家海洋局北海分局为负责起草单位，项目负责人崔世洋、周玲、邱力）；

(2)《海洋调查规范》（国标委计划[2002]41号批准立项，海环字[2002]77号，国家海洋局第二海洋研究所和国家海洋标准计量中心为负责起草单位，项目负责人李家彪、康寿岭）；

(3)《海域使用管理技术规范》（国标委计划[2002]41号批准立项，海环字[2002]78号，国家海洋环境监测中心为负责起草单位，项目负责人苗丰民、吕彩霞）；

(4)《海洋功能区划技术导则》（国标委计划[2002]41号批准立项，海环字[2002]79号，国家海洋信息中心为负责起草单位，项目负责人张东奇）。

4. 经国家海洋局批准立项的制修订行业标准

(1)《海域使用监察技术规范》（海环字

[2002]15 号，中国海监总队和国家海洋环境监测中心为负责起草单位，项目负责人李航、王洪源）；

(2)《声学多普勒海流剖面仪》（海环字[2002]16 号，国家海洋技术中心为负责起草单位，项目负责人朱俊民）；

(3)《海洋调查用液压绞车》（海环字[2002]16 号，国家海洋技术中心为负责起草单位，项目负责人李宏）；

(4)《海洋监测技术应用软件基本要求和质量评价》（海环字[2002]16 号，国家海洋技术中心为负责起草单位，项目负责人周智海）；

(5)《海洋监测系统数据接口和通信协议》（海环字[2002]16 号，国家海洋技术中心为负责起草单位，项目负责人韩家新）；

(6)《海洋监测技术的新产品检验规则》（海环字[2002]16 号，国家海洋技术中心为负责起草单位，项目负责人廉双喜）；

(7)《膜法水处理反渗透海水淡化工程设计规范》（海环字[2002]17 号，国家海洋局杭州水处理技术研究开发中心为负责起草单位，项目负责人谭永文）；

(8)《反渗透海水淡化装置》，（海环字[2002]17 号，国家海洋局杭州水处理技术研究开发中心为负责起草单位，项目负责人沈炎章）；

(9)《中空纤维微孔滤膜装置》（海环字[2002]18 号，山东招远膜天集团有限公司为负责起草单位，项目负责人王力国）；

(10)《膜组件及装置型号命名》（海环字[2002]18 号，天津膜天膜工程技术有限公司为负责起草单位，项目负责人刘建立）；

(11)《陶瓷微孔滤膜组件》（海环字[2002]18 号，南京化工大学膜科学技术研究所为负责起草单位，项目负责人邢卫红）；

(12)《疏浚物海洋倾倒生物学检验技术方法》（海环字[2002]19 号，国家海洋环境监测中心为负责起草单位，项目负责人王力俊）；

(13)《海域评估技术规范》（海环字[2002]19 号，国家海洋环境监测中心为负责起草单位，项目负责人苗丰民）；

(14)《海域使用等级与类型划分》（海环字[2002]19 号，国家海洋环境监测中心为负责起草单位，项目负责人苗丽娟）；

(15)《海洋石油勘探开发防污设备配置要求》（海环字[2002]20 号，北海分局北海标准计量中心为负责起草单位，项目负责人姜锡仁）；

(16)《海洋监察管理信息》（海环字[2002]89 号，中国海监总队为负责起草单位，项目负责人李杰）。

【海洋标准制定工作】 2002 年 1 月 14～15 日，国家海洋局科技司在杭州主持召开了《海洋调查规范》修订协调会议。国家海洋局科学技术司司长周庆海和科技部基础研究司叶玉江处长出席会议并讲话。国家海洋局局属有关研究所、业务中心和分局等单位的代表共 26 人出席会议。会议听取了项目负责人国家海洋局第二海洋研究所李家彪研究员和标准计量中心康寿岭研究员所作的关于项目情况介绍，并就任务分工、经费分配和进度安排进行了讨论与协商，最后形成了会议纪要（海科字[2002]2 号）。

2002 年 6 月 17～22 日由国家海洋局杭州水处理技术研究开发中心、天津工业大学膜天膜工程技术有限公司、中国电子工程设计院、天邦膜技术国家工程研究中心有限公司和国家海洋标准计量中心组成的《膜分离技术术语》国家标准编写工作组会议在杭州召开，通过了国标《膜分离技术术语》编写大纲。

2002 年 12 月 21 日《海域使用面积测量规范》通过了由国家海洋局环保司在天津主持召开的行业标准送审稿审查会的审查。12 月 28 日完成报批稿，报国家海洋局环保司批准。

2002 年 11 月 20 日中国海监总队与国家海洋标准计量中心就中国海监制式服装行业系列标准（共 22 项）签订标准编制协议书。

【标准宣贯和培训】 2002 年 3 月 11～14 日国家海洋局《海洋调查规范》修订课题组在天津举办了“GB/T1.1-2000《标准化工作导则第 1 部分：标准的结构和编写规则》”国标宣贯培训班。《海洋调查规范》各标准负责起草人、编写人及国家海洋局局属各有关单位标准化研究人员 30 余人参加了宣贯培训。国家海洋局科技司、环保司的有关领导，国家海洋局第二海洋研究所所长助理，《海洋调查规范》修订第一项目负责人李家彪研究员，国家海洋标准计量中心常务副主任，《海洋调查规范》修订第二项目负责人康寿岭研究员在会上发了言。中国标准研究中心基础标准化研究室主任，“GB/T1.1-2000《标准化工作导则第1部分：标准的结构和编写规则》”第一主要起草人白殿一研究员进行了授课。

李家彪研究员在发言中强调了举办培训班的重要意义，指出《海洋调查规范》的修订应站在国家和行业发展的基础上制定国家标准，保质保量地完成各课题组的计划，使修订后的规范充分体现科学性，先进性，适用性，权威性和可靠性。为提高标准编写人员的标准化意识，康寿岭研究员宣读了国家领导人关于加强科技工作中特别是高新技术领域中标准化工作的有关重要指示，并提出为保证《海洋调查规范》国标修订的顺利进行，各分标准负责人必须以科学的态度，严格按照规定的程序和方法，对标准形成的全过程加以控制，力求管理层次划分清楚，职责分工明确，应建立科学、高效、统一管理、分工协作的管理体制；面向当前国际海洋调查技术的发展，建立反映快速的运行机制；建立早期介入、积极跟踪、及时指导的标准化管理工作模式。

白殿一研究员对GB/T1.1-2000标准化工作导则第1部分——标准的结构和编写规则进行了认真宣讲，为学员正确理解、使用GB/T1.1-2000提供了权威性的指导。

国家海洋标准计量中心的标准化管理人员杨哲玲高级工程师介绍了海洋标准制修订工作中的有关管理规定和海洋标准制修订工作程序中的注意事项，回答了各分标准负责人关于标准修订中的有关问题，为确保标准修订工作按时、保质完成提供了帮助。培训班的学员认真听课，积极参加考试，一致反映此次学习收获较大，培训班的举办对做好标准的修订工作是非常及时和必要的。

该项目负责人为确保修订项目的完成，按照科技部实行课题管理制的要求，会同国家海洋局科技司项目主管领导和国家海洋局标准化工作归口管理部门领导，制定出了职责分工明确、可操作性强的“《海洋调查规范》（国家标准）修订项目管理规定”，为加强项目的监督管理提供了基本依据。

田琼华代表国家海洋局科技司（该项目的业务主管部门），王艳香代表国家海洋局环保司（海洋标准化工作归口管理部门）对此次学习班的举办分别表示了支持和肯定，并自始至终参加了学习和考试。

培训班的成功举办使有关领导和标准起草人员认识到技术交流的必要性，并建议在今后修订项目的相应阶段继续加强管理、指导、培训工作，以使标准修订工作的监督管理更加科学、有序、规范。

【海洋标准化宣传】 2002年10月14日，国家海洋标准计量中心全体人员在天津召开了第33届世界标准日座谈会，会议由国家海洋标准计量中心副主任单毅春同志主持并讲话。单毅春副主任首先传达了朱镕基总理以及国家有关部门领导关于标准化工作的指示，并宣读了第33届世界标准日祝词“一个标准、一次检验、全球接受”。单副主任在讲话中强调：标准和检验之间关系很密切，缺一不可，当前已成为推动全球市场发展的重要力量，在我国加入WTO后，标准的重要性更加显现出来。在对中心近期的工作发展作指示时指出，中心应根据自身的工作特点，结合2002年世界标准日主题，把标准计量工作做好，使中心真正体现出为各相关单位和机构服务的职能，并力争使标准化工作在全局工作中的地位进一步加强。

随后与会人员畅所欲言，发表了各自的看法和体会，一致认为标准、计量和质量是密不可分的，它把国家海洋标准计量中心的3个业务室联系起来，中心应该抓住机遇，加大力度，把未来的标准计量工作规划好。同时对工作过程中存在的问题提出了宝贵意见或建议，主要内容包括：

(1) 进一步加强和重视标准化工作的宣传力度，利用各种场合来宣传标准化工作，增强标准化工作的显示度；

(2) 中心应抓好海洋标准化工作当中的标准技术审查工作，应由单纯的格式审查转向格式和技术内容的复合式审查；

(3) 做好标准的检验工作，进一步完善检验设备，方法及手段；

(4) 重视年轻人的培养，加强专业人员的培训，提高自身的素质；

(5) 增加精通外语的人才，做好海洋国际标准信息资料收集工作。

【海洋行业标准的出版】 2002年已出版的海洋

行业标准如下：

(1) HY/T 045-1999 海洋能源术语；

(2) HY/T 049-1999 中空纤维反渗透膜测试方法；

(3) HY/T 050-1999 中空纤维超滤膜测试方法；

(4) HY/T 051-1999 中空纤维微孔滤膜测试方法；

(5) HY/T 052-1999 海洋经济统计分类与代码；

(6) HY/T 053-2001 微孔滤膜；

(7) HY/T 054.1-2001 中空纤维反渗透技术 中空纤维反渗透组件；

(8) HY/T 054.2-2001 中空纤维反渗透技术 中空纤维反渗透组件测试方法；

(9) HY/T 055-2001 折叠筒式微孔膜过滤芯；

(10) HY/T 059-2002 海洋站自动化观测通用技术条件；

(11) HY/T 069-2003 海洋有害藻华（赤潮）监测技术导则。

【海洋标准获奖】 《海洋生物质量》（负责起草单位国家海洋局第三海洋研究所，主要参加者王初升、黄自强、王明俊）、《海洋沉积物质量》（负责起草单位国家海洋监测中心，主要参加者马德毅、汤烈风、王菊英）两项国标获国家海洋局2002年海洋创新成果二等奖（国海发[2002]38号）。

（国家海洋标准计量中心 杨哲玲）

【重大项目质量控制】 经国家海洋局批准并授权，国家海洋标准计量中心作为国家海洋局重大项目的质量监督机构，承担并完成了西北太平洋环境调查质量控制，负责对海洋环境调查人员、仪器、数据资料进行质量监督检查。

1. 质量管理体系文件编制

制定了与质量管理体系相适应的体系文件：“质量管理手册”、“程序文件”和“作业文件”这些体系文件业经有关专家讨论通过，国家海洋局王曙光局长签发颁布令，于2002年1月1日起实施。

2. 海洋环境调查人员培训

标准计量中心成立了教材及试题题库编写组，编写了海洋水文、海洋气象、海洋地质和地球物理、海洋化学、海洋生物、海洋声学、海洋测绘、计量基础知识等9个专业教材及相关的试卷和题库。2002年3月3～5日在天津召开了培训考核教材审查会，保证了教材和试题的质量。于2002年3月7～10日，分别在青岛、杭州、厦门、广州、天津、北京对承担专项海洋调查人员进行专业理论知识水平和现场操作技能培训考核，参加培训考核的单位10个：国家海洋局北海分局、东海分局、国家海洋局南海分局、国家海洋局第一海洋研究所、国家海洋局第二海洋研究所、国家海洋局第三海洋研究所、国家海洋预报中心、国家海洋监测中心、国家海洋技术中心、中国海洋大学，理论考试人员296人、操作考核人员385人。

3. 质量管理信息库

完成了数据库的构建，其中：基础表15个、触发器和存储过程20个；编写脚本代码20KB。基本完成了应用系统开发，可以实现信息维护、查询和简单统计功能。信息的收集和录入，专项历次出海前调查时登记的质量监督检查表；调查人员培训信息、考核发证信息；有关海洋标准、计量标准、检定项目、标准物质、仪器检定信息。已经录入各类信息共2 000余条。

4. 现场质量监督检查

按照《质量控制与监督管理办法实施细则》的规定，2002年标准计量中心会同北海标准计量中心（青岛分站）、东海标准计量中心（上海分站）、南海标准计量中心（广州分站）先后对向阳红9号、向阳红14号、延平2号、海洋13号、海监62号、海监72号、海监74号4个航次海洋出航前的海洋调查人员、海洋调查仪器、船上实验室等情况进行了质量跟踪检查。

（国家海洋标准计量中心 李希玲）

海洋计量工作
Marine Metrological Work

【海洋计量认证】 2002年，国家海洋局将开展全局海洋环境监测中心站计量认证工作列为年度十件大事之一，国家海洋局环保司将其列为首件大事，各海洋分局将其列为重中之重的首件大事。由于各级领导的高度重视和各单位的积极努力与配合，使得国家计量认证海洋评审组圆满地完成了对17家海洋监测机构的计量认证首次评审、4家海洋监测机构的计量认证复审。评审结果经上报国家认证认可监督管理委员会审核，认为这些机构满足计量检定、测试能力和可靠性的要求，批准通过计量认证，特发《中华人民共和国计量认证合格证书》，证书有效期5年。同时国家计量认证海洋评审组对2001年通过计量认证复审的3家海洋监测机构进行了计量认证监督评审，至此，国家海洋局海洋环境监测机构全部通过国家级计量认证。

(1) 2002年通过国家级计量认证首次评审的17家海洋监测机构如下：

国家海洋局青岛海洋环境监测中心站
国家海洋局烟台海洋环境监测中心站
国家海洋局大连海洋环境监测中心站
国家海洋局秦皇岛海洋环境监测中心站
国家海洋局天津海洋环境监测中心站
国家海洋局上海海洋环境监测中心站
国家海洋局宁波海洋环境监测中心站
国家海洋局温州海洋环境监测中心站
国家海洋局厦门海洋环境监测中心站
宁波市海洋环境监测中心
福建省东海洋环境监测中心站
国家海洋局汕尾海洋环境监测中心站
国家海洋局珠海海洋环境监测中心站
国家海洋局北海海洋环境监测中心站
国家海洋局海口海洋环境监测中心站
国家海洋局南海海洋工程勘测中心
深圳市海洋环境监测中心站

(2) 2002年通过国家级计量认证复审的4家海洋监测机构如下：

国家海洋环境监测中心
国家海洋局北海环境监测中心
国家海洋局东海环境监测中心
国家海洋局南海环境监测中心

(3) 2002年通过国家级计量认证监督评审的3家海洋监测机构如下：

国家海洋局第一海洋研究所测试中心
国家海洋局第二海洋研究所检测中心
国家海洋局第三海洋研究所海洋监测技术中心

（国家海洋标准计量中心 秦嗣仁）

【海洋计量检定】 国家计量认证海洋评审组分别于2002年10月9～30日，2002年11月9～11日、2002年12月5～25日、2003年1月10～12日分别对国家海洋局所属20家海洋环境监测机构和深圳市海洋与渔业环境监测站进行了国家级的计量认证现场评审工作。为配合这次大规模海洋计量认证工作，国家海洋标准计量中心（国家海洋计量站）对这20家海洋环境监测机构的监测仪器进行了检定、校准、检测工作。其中检测遥测波浪仪22台，水位计（验潮仪）56台，XFY3-1风速风向传感器50台，YZY5-1温湿传感器17台，270气压传感器12台，合计157台。通过计量检定，确保了20家海洋环境监测机构出具海洋环境监测数据的准确可靠，为它们通过海洋计量认证，起到了重要的作用。

【海洋环境综合测试】 2002年5月15日至6月10日，国家海洋标准计量中心为天津安琪尔有限公司生产的SSAT6-100P型海洋声阵拖曳电缆做了连续27天近648个小时的海洋环境实验，主要包括高温测试、低温测试、低温储存测试、交变湿热测试、烟雾测试、水压测试等6项综合实验内容。经过按标准严格测试，该型号电缆6项实验的所有技术指标均达到设计要求，并一次性通过合格检测。由于对该项工作的承担，进一步拓展了国家海洋标准计量中心的海洋环境综合测试业务。（国家海洋标准计量中心 隋 军）

【海洋工作计量器具校准装置研制】 2002年，国家海洋标准计量中心主要承担并完成了“西北太平洋环境调查质量控制”课题中确定的6项调查仪器或传感器的现场校准装置的研制任务，具体情况如下：

1. 海洋气温传感器现场校准装置

(1) 海洋气温传感器技术指标

①测量范围：-25℃～+40℃；

②测量精度：±0.2℃。

(2) 校准装置技术指标

①标准器：标准数字铂电阻温度计，测量范围：-60℃～+80℃，测温精度：±0.06℃；

②配套设备：温度检定槽，控温范围：-30℃～+50℃，控温精度：±0.05℃。

温度检定槽和标准数字铂电阻温度计，均经国家海洋法定计量检定机构进行计量检定或测试，确认满足技术指标要求，并出具计量检定或测试证书。

校准装置标准器的测量精度高出气温传感器测量精度3倍，故可作为气温传感器现场校准的计量标准。

2. 海洋风速风向仪现场校准/比测装置

(1)海洋风速风向仪技术指标

①风速测量范围：0~60 米/秒；

②风速测量精度：±1 米/秒（当风速 ≤20 米/秒时），±5%×读数（当风速>20 米/秒时）；

③风向测量范围：0~360°；

④风向测量精度：±10°。

(2) 校准装置技术指标

①标准器：选用美国 A·M 阿米扬公司生产的风速风向传感器，风速测量范围：1~60 米/秒，测量精度：±0.3 米/秒（当风速≤20 米/秒时），±2%×读数（当风速>20 米/秒时）；风向测量范围：0~360°，测量精度：±3°。

②配套设备：笔记本电脑进行数据采集、处理和显示。

标准风速风向传感器经国家气象计量站计量检定，确认满足技术指标要求，并出具计量检定证书。

标准器的技术指标高出现场用海洋风速风向仪的技术指标 3 倍，故可作为海洋风速风向仪现场校准的计量标准。

3. 海洋气压传感器现场校准装置

(1) 海洋气压传感器技术指标

①气压测量范围：850~1 050 百帕；

②气压测量精度：±1 百帕。

(2) 校准装置技术指标

①标准器：高精度数字式气压计，测量范围：800~1 100 百帕，测量精度：±0.02%FS；

②配套设备：精调气源——正负压发生调节器，可产生正负气压变化，并能精密控制调节。主要技术指标为，气源：-0.1 兆帕，压力：+0.35 兆帕；调节范围：-0.1~+0.4 兆帕，调节分辨率：0.01~0.5 百帕。

标准器的技术指标高出现场用海洋气压传感器的技术指标 3 倍，故可作为海洋气压传感器现场校准的计量标准。

4. 海水压力（深度）传感器现场校准/比测装置

(1) 海水压力（深度）传感器技术指标

①测量范围：上限为 105 兆帕（取决于具体配置）；

②测量精度：0.01%FS。

(2) 校准/比测装置技术指标

①标准器：高精度压力传感器，测量范围 0~65 兆帕，测量精度 0.01%FS；

②配套设备：数据采集、处理及显示器，加压装置等。

标准器应经国家海洋计量站计量检定，证明合格，并出具计量检定证书。

标准器的测量精度如比被检压力传感器的测量精度高 3 倍则为校准，否则为比测。

5. 海水电导率（盐度）传感器现场校准/比测装置

(1) 海水电导率（盐度）传感器技术指标

参照 911 plus CTD 综合测量仪，海水电导率（盐度）传感器的：

①测量范围：0~75 毫秒/厘米；

②测量精度：0.003 毫秒/厘米；

③分辨率：0.000 4 毫秒/厘米。

(2) 校准/比测装置技术指标

①标准器：国际标准海水、或国产一级标准海水、或高精度实验室盐度计；

②配套设备：恒温槽，温度变化范围：4~40℃，恒温精度：±0.001℃。

恒温槽应经国家海洋计量站计量检定，证明合格，并出具计量检定证书。

标准器的测量精度如比被检海水电导率（盐度）传感器的测量精度高 3 倍则为校准，否则为比测。

6. 海洋湿度传感器现场比测装置

(1) 海洋湿度传感器技术指标：0~100%RH，±5%RH（相对湿度≤50%RH），±2%RH（相对湿度>50%RH）。

(2) 校准装置技术指标

标准器为标准湿度计，最大精度±1%RH（相对湿度 0~50%），±2%RH（相对湿度 90%~100%）。

标准器经国家气象计量站计量检定，证明合格，并出具计量检定证书。

标准器的测量精度如比被检湿度传感器的测量精度高 3 倍则为校准，否则为比测。

由于湿度传感器的现场校准非常困难，故选用高精度湿度计对现场湿度计进行校准或比测。特别提示：若有必要，在现场进行湿度比测时还应进行温度修正。 （国家海洋标准计量中心 赵维三）

海事服务

Maritime Service

【海事系统基本建设】 2002年，交通部安排直属海事系统基建投资2.64亿，新开工及跨年度建设项目共68个；造船投资1.93亿元，新开工及跨年度建造船舶45条。

1. 直属海事系统水运工程建设项目在建情况

2002年，直属海事系统在建项目共131个，其中基建89个，造船42个，预计完成投资3.53亿元。

2. 主要建设项目及完成情况

业务用房建设项目41个：一级机构2个，二级机构9个，三级和四级机构30个。

VTS项目：大连VTS、厦门VTS工程完成安装，宁波VTS完成工程验收，上海VTS一期改扩建、南通VTS改造、广州交管一期完善工程完成了工程招标，深圳VTS已完成初步设计。

海事工作船码头及囤船项目：天津南疆、厦门海沧工作船码头，江苏、广西、广东、浙江、黑龙江海事局下属二、三级机构配套建设12条囤船。

航标维修保养基地和灯塔工基地项目：广东仑头航标保养基地、汕头航标保养基地，青岛、三灶、宁波、海南灯塔工基地。

通信信息项目：水监信息系统一期工程，福建辖区VHF通信工程。

其他基建项目：秦皇岛海上溢油应急反应中心，汕头遮浪灯塔和部分业务用房装修改造项目等。

船舶建造项目：广东海事局南海海区千吨级巡视船，浙江海事局60米级首制巡逻船，广东、浙江、福建、广西海事局45米级巡逻船共5条，广东海事局中型测量船，30米以下（含30米）的巡逻船舶共24条。

3. 正在实施的科研项目

(1) 船检体制改革的研究；

(2) 基层执法人员绩效考核研究；

(3) 直属海事系统业务工作综合评价指标体系；

(4) 直属海事系统收入分配改革专题研究；

(5) 海事系统领导干部适任能力考核评价标准；

(6) 台湾海峡两岸船舶溢油应急协作计划研究；

(7) 直属海事系统五年人才计划；

(8) 沿海化学品运输事故调查及化学品应急对策和应急计划编制指南。

【海事法制建设】 2002年，交通部海事局组织完成了《海上滚装船舶安全监督管理规定》的制定和《水上交通事故统计办法》的修订。完成并上报交通部的法规、规章有《船员管理条例》、《海区航标管理办法》、《交通建设项目环境保护管理规定》、《海船船员适任考试、评估和发证办法》、《海上海事行政处罚规定》和《长江三峡水利枢纽坝区水上交通管制区域管理办法》；完成并准备上报交通部的法规、规章有《防治船舶污染环境管理条例》、《船舶载运危险货物安全监督管理规则》。

组织制定并发布了《非国际航行海船法定检验技术规则》、《内河船舶法定检验技术规则》和《国际航行海船法定检验技术规则》的修改通报；组织制定了《海船法定建造检验规程》、《海船营运检验规程》和《内河船舶法定建造检验规程》、《内河船舶营运检验规程》，并已通过了专家评审；组织完成了海事系统《海事法规汇编》（2001年）的法律、法规、规章和有关文件的汇编、出版、发行。

处理来自全国人大、全国政协、国务院、有关部委等部门的法律、法规、规章和提案的征求意见90多件。受理并认真地处理了举报人投诉案件7件，指导有关直属海事局行政诉讼案件5件，行政复议案件3件。

根据国务院、交通部行政审批领导小组的要求，依据国际公约、中国的法律、法规和规章，对海事系统行政审批项目进行了清理。保留行政审批项目23项，取消2项。

在直属海事系统中，全面贯彻《在全国海事系统推行统一政务公开的实施意见》(《中国海事系统政务公开指南》)和《海事行政执法监督实施办法》，从2002年10月1日起，在实施海事行政管理和行政执法中，统一以交通部海事局（处）名义履行海事行政执法职责，停止使用原中华人民共和国港务监督、中华人民共和国港航监督、交通部海上安全监督局和交通部船舶检验局（处）名称。

组织举办了一期直属海事系统海事法规培训班，邀请了全国人大、国务院法制办和国家标准化委员会的有关领导和专家讲课，讲授了《行政强制法》、《行政许可法》、《标准化法》和《内河交通安全管理条例》等。结合与海事系统有关的法规、规章的颁布实施，分别组织召开了《内河交通安全管理条例》和《海上滚装船舶安全监督管理规定》的宣贯会议。

继续做好全国海事系统在执法岗位人员的海事行政执法资格的审批和海事执法证的颁发工作。组织制定并颁布了《船载航行数据记录仪技术条件和检验程序（国内航行试行)》、《川江滚装船检验补充规定》、《航母型水上设施检验暂行规定》。

【海事信息系统工程建设】

1. 水监信息系统一期工程建设及验收工作

2002年，交通部海事局连通了Internet专线，建立中国海事局新版网站。在全国17个直属海事局安装了船舶、船员、事故应急、法规4个应用软件子系统，在8个海事局安装了通航系统，在1个海事局安装了船载客货系统，在4个海事局安装了行政办公系统，在1个海事局安装了公用信息系统。对广东、辽宁、上海、山东、天津、烟台、连云港等海事局的船员信息系统进行了集中运行测试，收集使用意见。召开了应用软件功能测试会，找出了通航、船载客货、事故应急等系统存在的问题，确定软件功能优化方案。完成了交通部海事局财务管理软件网络版的安装和运行工作。完成了全国20个直属海事局和部分支局、海事处的有关船员管理、船舶管理、通航管理、事故应急、法规管理等子系统软件安装和现场软件操作培训。进行了地方海事局船舶登记软件操作培训，并向已完成授权的全国216个地方海事局船舶登记单位发放地方海事局船舶登记单机版软件。

组织对一期工程硬件系统进行了内部验收，天津海事局对一期工程的软件系统进行了内部验收。

2. 水监信息系统二期工程启动情况

召开了水监信息系统二期工程可行性研究审查会，并报交通部批复同意。水监信息系统二期工程总投资4 900万元，工期为3年，主要建设内容包括建设覆盖直属海事系统分支机构和派出机构的局域网和各局域网之间的广域网，对现有网络链路容量进行扩容、建设交通部海事局和直属海事局之间的IP电话系统及视频会议系统、完善和推广一期工程应用软件、重点开发船舶检验管理系统及电子海图应用平台、建设网络和信息安全系统等。

3. 抓制度、规则建设和人员培训

2002年，组织编制并下发了《直属海事系统计算机网络管理办法》，对网络建设、结构资源、运行维护、安全保密等方面做了具体规定，明确了各直属海事局的责任。组织了一期直属海事局网络管理员技术培训班，对一期工程所形成的各项文档资料进行了汇编。

4. 其他信息系统工程建设

2002年，完成了财务软件联网工作，组织对航测信息系统二期工程进行方案设计和方案审查，协调关系，推进工程实施。

【水上巡航工作】 2002年，交通部直属海事系统认真贯彻落实全国通航与搜救工作会议的精神，以“水上运输安全管理年”为主线，以实现各管辖区水域通航环境和通航秩序明显改善为出发点，以确保海上船员生命和财产安全、防止环境污染为根本目标，依据《中华人民共和国海事局水上巡航管理办法》，结合各辖区实际情况，突出重点，积极、稳妥地开展水域巡航工作，成效显著。全年共完成海区和沿海港港区巡航21 414次，累计巡航时间91 512.4小时，累计巡航里程达493 503.1海里，参加巡航人数达154 827人次，纠正违章19 013次，处理异常情况达1 157次，参与救助达574次。

【船舶安全检查】 2002年，直属海事系统实施船旗国监督共检查中国籍海船13 731艘次，滞留

164艘次；检查河船44 112艘次，滞留145艘次；实施港口国监督检查外国籍船舶2 436艘次，复查1 593艘次，滞留154艘次。

为加强对液货船的监督检查，确保危险品水上运输安全，中国海事局于2002年9月1～30日，在中国沿海、长江干线和珠江水域范围内，针对中国籍和外国籍油船、散装化学品船、液化气船，开展了液货船专项检查。

这次专项检查是一次综合性检查。检查的对象为中国籍船舶和外国籍船舶；检查的内容包括船舶检查、船员实际操作和安全知识的检查。通过对液货船的集中检查，发现并纠正液货船存在的缺陷和其他违章运输的不安全行为，限制不符合国家有关法律、法规、标准的船舶载运危险品货物，提高船公司和船员的安全和防污染意识，消除安全隐患，避免水上运输危险品重、特大责任事故的发生。同时，了解中国港口作业的外国籍液货船的基本情况与特点，对中国籍液货船存在的主要问题进行调查摸底，研究解决办法，促进液货船安全技术状况逐步提高，实现长效管理。

为保证液货船专项检查的顺利开展，中国海事局成立了专项检查领导小组。各直属海事局也相应成立专项检查领导小组，负责辖区内液货船专项检查的组织、指挥和协调。

这次液货船专项检查以船舶安全检查的形式开展。依据《中华人民共和国船舶安全检查规则》（1997），统一参照东京备忘录港口国监督检查单，对液货船实施全面的船舶安全检查。对于在检查中发现的缺陷，按照《中华人民共和国船舶安全检查规则》(1997)、国际海事组织A.787(19)决议《港口国监督程序》及有关缺陷处理指导原则进行处理。对于实际操作和安全知识检查不合格的船员，各海事部门对其复查，复查合格后方可允许其继续履行证书规定的职责。对于中国籍船舶存在的缺陷，各海事部门按照“船舶检验机构对缺陷是否有责任的评估指南”进行分析，及时反馈。

这次专项检查共检查中国籍船舶2 059艘，其中油轮1 673艘，化学品船336艘，液化气船50艘。390艘船舶被认为存在与船舶检验有关的缺陷，为受检船舶的18.94%，被认为存在与船舶检验有关的缺陷数量为1 131项，为总缺陷数的8.76%；26艘船舶因存在严重缺陷被滞留，滞留率为1.26%。检查外国籍船舶74艘，其中油轮23艘，化学品船37艘，液化气船14艘，3艘船舶因存在严重缺陷被滞留。检查中共发现缺陷268项，单船平均缺陷数为3.62项。2 523名船员接受了实际操作和安全知识检查，其中不合格人数为77名，占检查总人数的3.05%。

【港口国监督】 2002年，为做好降低中国籍国际航行船舶滞留率工作，中国海事局采取了“重点检查、企业负责、船级跟踪”的策略，充分发挥海事主管机关的枢纽协调作用，调动各有关部门的主动性和积极性，取得了优异的成绩。全年1 000余艘中国籍国际航行船舶在国外接受海事当局的港口国监督检查，15艘船舶被滞留，比2001年减少10艘次，下降幅度达到40%。

1. 调整了开航前检查的政策

2002年，中国海事局将一部分开航前检查范围的决定权授予了各直属海事局，一方面调动了各直属海事局的主动性，另一方面调整开航前的检查方式，使开航前检查的政策更符合各地的实际情况。将航经日本航线的所有船舶列为必查对象，而航经欧洲（巴黎备忘录成员国）、美国、澳大利亚、韩国航线的船舶则由各海事局根据船舶实际状况自行确定。

2. 加强了对船公司的指导和管理，发挥安全第一责任人的作用

船舶所有人和经营人是船舶安全的第一责任人，为促进船公司发挥安全第一责任人的作用，各地海事局与当地的船公司定期召开安全联席会议，对船公司的安全管理工作进行指导，传达国际、国内在船舶安全方面新的要求以及国外港口国监督检查的新动态，并与船公司交流国外港口国监督的信息。

3. 加强与船检部门的合作，促进船舶检验源头管理

2002年，中国海事局继续加强与中国船级社的合作，发现问题及时沟通，完善船舶检验标准，制定防范措施。2002年3月29日，某中国籍船舶在日本接受PSC检查，由于被认为机舱防火结构、驾驶台布置存在严重缺陷而滞留。中国海事局立即将有关情况通报中国船级社，中国船级社对该船存在的问题进行了分析，并对相应的检验规范进行了进一步充实。

4. 加强与各国海事局的合作与交流

为了给中国籍船舶创造一个良好的外部环境，中国海事局继续加强与各国海事当局在港口国监督方面的合作与交流。2002 年 5 月，中国与韩国在上海举办了第三次海上安全会谈，就港口国监督合作事宜达成了共识。

5. 完善监督工作网络，开展严格检查

2002 年，中国海事局授权丹东、锦州、舟山、温州、北海、防城、钦州等海事局开展对外国籍船舶的港口国监督检查工作，使中国沿海基本形成了完整的港口国监督网络。2002 年共检查外国籍船舶 2 500 艘次，比 2001 年度增加约 1 000 艘次，增加幅度达到 46%，有效地保护了中国水域的航行安全和环境保护。

开展了 ISM 规则港口国监督集中检查会战。对到港的外国籍船舶进行了严格的检查，对存在严重安全隐患的船舶采取了禁止离港措施。在检查期间，共对 835 艘外国籍船舶实施了检查，发现缺陷 3 381 个，并要求进行纠正。其中 63 艘船舶由于存在严重缺陷，违反了有关国际公约的规定，严重危及船舶、船员及中国水域的安全，被中国海事局依法滞留。在被滞留的船舶中，杂货船 32 艘、散货船 12 艘、冷藏船 6 艘。在检查中发现的 3 381 个缺陷中，与 ISM 规则有关的缺陷为 216 个，占缺陷总数的 6.39%。

【2002 年搜救事例】 2002 年，直属海事系统组织搜救行动 263 次，组织协调救助船舶 603 艘次、飞机 9 架次。全年有 7 532 人经救助获救或脱险，救助成功率为 94.5%。

(1) 5 月 7 日，中国海上搜救中心接到 CJ6136 航班飞机失事信息后，迅速向国务院值班室及国家安全生产监督管理局上报，在国务院和交通部的领导下，共组织协调搜救船只 128 艘，进行潜水作业近 700 小时，打捞起遇难者遗体 92 具和大量飞机残骸，并于 5 月 14 日和 5 月 18 日将遇难飞机的数据记录器和语音记录器打捞出水。

(2) 5 月 24 日 0025 时，浙江舟山第一海运公司所属货船“浙海 721”在山东镆鋣岛东南 20 海里（36-36.799N/122-44.279E）处与山东“鲁荣渔 6308”（船上共 10 人）发生碰撞，“鲁荣渔 6308”翻扣。经救助，1 人获救，9 人失踪。由于渔船翻扣在海面，在实施救助过程中，“鲁荣渔 6308”沉没。

(3) 5 月 25 日 1605 时，中国海上搜救中心接到台湾 CI611 航班飞机失事信息后，迅速向国务院值班室及国家安全生产监督管理局作了报告，同时通知厦门海事局发布航行警告，要求过往船舶注意观察搜索，发现任何异常情况后立即报告；派出交通部上海救捞局所属“华意”和“沪救 12”两艘救助船赶往出事海域参加搜救工作。在该次救助行动中，共捞起飞机残骸 25 块，渔船共捞起遇难者遗体 11 具，并将以上残骸及遗体移交台湾省有关部门。

(4) 9 月 11～12 日，广东水域受 2002 年第 18 号强热带风暴影响，13 艘船相继遇险待救（总遇险人数 150 人）。中国海上搜救中心接报后，迅速与香港特别行政区海上搜救部门和广东省搜救中心协调全力救助遇险人员。经各方全力救助，共有 11 艘船及 123 名船员获救，另有 1 艘沉没（船上 9 人）、1 艘失踪（船上 14 人），23 人遇难。

(5) 9 月 28 日，“2002 年海上搜救综合演习”在上海举行，这是上海有史以来规模最大的一次海上搜救综合性演习。

(6) 10 月 18 日下午，江苏省启东市寅阳镇水产养殖公司所属两艘渔业养殖船在外海作业，其中“养殖#1”轮失去联系，船上共 106 人。另 6 条渔船因海面风浪大失踪，具体遇险人数和位置不详。接报后，交通部海事局立即要求江苏、上海海事局等单位核实遇险情况，全力配合当地政府组织搜救。经核实，遇险船舶共 7 艘，遇险总人数为 143 人。经救助，“养殖#1”、3 条渔船以及 133 人已安全获救，另外 3 条渔船沉没，10 人失踪。

(7) 11 月 10 日，中远集团大连远洋运输公司所属“飞云岭”轮载原木 5 839 立方米，在巴布亚新几内亚金贝港驶往张家港途中，沉没在日本硫球群岛东南 160 海里处。经救助，28 名船员全部获救，其中 1 人受伤。

(8) 11 月 24 日 0335 时，巴拿马籍“GAZ POEM”液化气船在深圳东部大鹏湾海域三门岛南面约 10 海里处机舱起火，34 名外籍船员全部弃船逃生后被过往的“东威”货船救起。事故发生后，交通部积极采取救助措施，做好灭火救助工作，防止水域污染及事态进一步扩大。经广东、深圳海事局及广东省搜救中心迅速采取险情应急处理反应程序组织救助，11月30日难船火势熄灭，12月18日难船货物全部过载完毕。12月23日险情解除。

(9) 12月23日2355时，深圳船务公司所属“梧桐山”滚装客船由深圳前往海口途中在珠海上川岛东南4海里（21° 33′ N/112° 52′ E）处汽车舱失火，船上共有旅客及司机351人，船员46人，载汽车35辆（原报307名旅客，45名船员，37辆汽车），情况十分紧急。交通部接报后立即组织力量救助。经救助，船上全体人员安全脱险，成功消灭火情。（交通部科教司 李 奇）

2003

中国海洋年鉴

海洋科技、教育与文化

Marine Science & Technology and Education and Culture

OCEAN YEARBOOK

海洋科学研究

Marine Scientific Research

综　述
Summary

【海洋科技发展综述】　2002 年是执行“十五”科技计划的关键一年，在国家有关部门的高度重视和支持下，我国海洋科技得到了长足的发展。科技体制改革稳妥推进，海洋高新技术研究和应用、重大基础研究、关键技术攻关、科技基础性工作和公益性研究、近海和大洋调查以及海洋科技开发等均取得了可喜的成果，形成了海洋监测技术、资源勘探开发技术、海洋生物技术三大海洋技术体系，整体科技水平实现了新的跨越，有力地推动了海洋科技人才的成长，为海洋资源的可持续利用、海洋经济的快速健康发展提供了坚实的科技保障，为海洋管理，保护海洋生态环境，维护海洋权益，提高海洋公益服务水平提供了科技基础。在缩短与国际海洋科技发展水平差距的同时，高科技成果得到推广和转化，有些成果已应用于海洋开发和海洋管理事务，科技兴海计划提高了海洋经济的科技含量。

我国海洋立体监测技术实现了新的跨越，“863”高技术阶段性成果硕果累累　2002 年是我国海洋高新技术发展的重要一年。2002 年 5 月 15 日，在太原卫星发射中心成功发射海洋 1 号 A 卫星，标志着我国海洋卫星遥感与应用从此进入了一个新的阶段。在国家高技术研究与发展计划（“863”计划）推动下，2001 年资助的海洋卫星遥感、海洋监测、海洋生物、深海资源开发等 100 余项“863”课题进展顺利，取得了丰硕的成果。“渤海大油田勘探开发关键技术”、“海水养殖种子工程”、“台湾海峡及毗邻海域海洋动力环境实时立体监测系统”重大专项全面实施。2002 年共获专利近百项，部分成果获得了产业化应用，大大缩短了我国海洋高新技术与世界先进水平的差距，促进了海洋高新技术产业发展。

（1）海洋监测、海洋卫星遥感技术。我国的海洋动力环境立体监测技术整体上有了较大提高，进一步缩小了与国际先进水平的差距。海洋 1 号卫星（HY-1A）发射升空，经 7 次变轨到达 798 千米太空后，于 2002 年 5 月 29 日上午按预定时间开始工作。国家海洋局北京和三亚卫星地面站先后跟踪到卫星信号，顺利完成海洋一号卫星第一幅图像接收，卫星图像清晰，海洋特征明显，基本达到设计要求。地面应用系统运行稳定，达到业务化运行状态。海洋一号卫星资料已在海冰预报、海洋渔业资源、极区监测等业务化工作中得到初步应用，在海洋渔业资源的开发和保护、海岸带农牧化管理、河口港湾工程环境评价、海洋污染环境的监测和农作物估产以及林业资源等方面具有广阔的应用前景。利用海洋一号卫星，我国首次成功实现了大洋环境信息的分析，通过国家海洋环境监测渠道发布赤潮卫星遥感监测通报 7 期，经海上验证，通报准确率在 57%以上。另外，积极开展了海洋一号 B 卫星立项。921-2-15 分系统配合神舟 3 号飞船发射，进行地面配合试验、数据处理、应用及评价成功，还配合神舟 4 号飞船做好地面配合试验方案论证和评价准备工作。

基于“九五”“863”计划课题的研发基础，在海洋浮标技术、海洋雷达技术、水下监测技术、船舶监测技术、海洋生态环境要素现场测量技术、赤潮监测、海洋遥感技术等关键技术方面取得了进一步突破，特别是在技术的综合应用和集成能力方面有了显著的提高。开发成功“远洋渔场信息应用服务系统”，并在北太平洋鱿鱼场进行了示范实验。经 20 余家用户使用表明，该系统在发现新渔场、增加渔获产量、增强渔业生产的安全性、提供渔业部门的管理决策辅助依据等方面发挥了积极的作用。“台湾海峡及毗邻海域海洋动力环境实时立体监测”“863”重大专项已基本完成了专项技术框架的构建工作，安排课题 28 项，并开始了示范区的建设。其中海洋光学浮标技术、远程高频地波雷达监测技术、海洋专用 CTD 技术、海床基自动监测系统、海洋动力环境立体监测动态信息集成技术等15个专题均取得了重要进展。

(2) 深海资源开发技术（海底探测技术）。围绕渤海大油田勘探开发关键技术、深水海域油气与水合物资源勘探开发关键技术、大洋矿产资源勘探开发技术、海底立体探测成像技术、海洋油气资源开发的安全保障技术等开展研究，开发出了一批技术含量高、具有自主知识产权的海洋资源开发关键技术。

在天然气水合物探测技术方面，已初步建立了不同地质因素控制下的天然气水合物成矿地质模型和相关分析计算方法，完成一批探测系统的设计。大洋矿产资源探测关键技术设备研制方面取得重要进展。初步完成了高频海底地震仪（OBS）、机载激光测深技术、深海彩色数字摄像仪、6 000 米海底有缆观测与采样系统（电视抓斗）、生物与沉积物保真采样技术等一批应用于海洋资源勘探和开发的实验样机系统，并即将进行海试。

(3) 海洋生物技术与生物资源开发。海水养殖新品种培育、海洋新药和海洋生物功能基因等研究开发领域，获得一批具有自主知识产权的原创性成果，全面提升了我国海洋生物资源的综合开发能力，形成我国海洋生物高技术创新体系，缩小了我国在海洋生物技术方面与先进国家的差距。研制的对虾免疫增强剂在临床实验中可使对虾主要免疫指标提高 1 倍以上，已推广使用5 333余公顷。深海网箱和工厂化养殖关键技术取得重要进展。研制成功HDPE(高密度聚乙烯)网箱，申报发明专利3项、实用新型专利4项，制定企业标准3个，其中1项经评审是我国首个深水网箱企业标准，截止2002年底已推广应用400余套。在海洋药物技术方面，一批具有自主知识产权的、分别可以应用于抗衰老性痴呆、心律失常、肿瘤等人类疾病的Ⅰ类海洋药物，已完成了药理、毒理等临床前研究，开始为进入临床试验做准备。共发现60种化合物有明显的生物活性。申请、公开或授权国家发明专利10项，3个候选新药正在进行临床研究，7 个候选新药正在进行临床前研究。Ⅰ类抗艾滋病新药911已完成了产业化研究，建立了一套年产10吨的工业化流水线。Ⅰ类抗脑缺血新药D-聚甘酯提前完成了产业化的研究，形成了年产 100 吨原料药的能力。在海带综合利用技术开发方面，已建立了膜法年产 3 500 吨甘露醇示范工程；海带抗逆植物促生长剂已开始进行大田试验。在海洋生物重要功能基因的研究与开发方面克隆了12个药用或与致病、防治相关的功能基因；完成了对虾白斑杆状病毒（WSBV）基因组 DNA 芯片的制备。在滩涂耐盐植物的研究与开发方面，海水养殖种子工程重大专项截至2002年底已安排了课题24项，在扇贝、对虾、鲍鱼、石斑鱼等主要海水养殖品种的良种繁育以及病害防治技术方面进展显著，一批海水养殖优良新品种开始进入养殖试验阶段。

海洋攻关技术取得突破，成果显著 在海洋环境预报与减灾、海水综合利用、海洋资源环境信息共享领域、水产集约化及健康养殖技术开发与示范等研究领域取得了阶段性成果，为防灾减灾、公益服务和我国海水淡化产业化发展奠定了基础。

“海洋环境预报及减灾技术”在提高海洋预报的精度和我国海洋环境预报业务体系建设方面取得了较大进展。初步建立了浅海高分辨率海浪预报模式和我国及其邻近海域的深水海浪数值预报业务化模式，业务化预报前景良好；建立了中国沿海高分辨率风暴潮数值预报模式，并建立了东南沿海风暴潮减灾辅助决策示范系统，为预防风暴潮灾害打下了基础；建立了西北太平洋高分辨率环流数值模式和高分辨率东中国海环流模式，中国近海海温和海流数值预报水平进一步提高；建立了厄尔尼诺机制研究及预测模式，预测试验结果良好；进行了赤潮业务试验探索，获得大量赤潮监测数据，发布遥感跟踪预报 14 期，赤潮生成条件预报25期，并开展了有毒赤潮预测试验。

“低温多效海水淡化技术示范工程”、“海水循环冷却技术示范工程”、“大生活用海水技术示范工程”三个国家科技攻关计划课题，都取得了重要研究成果和技术突破。“低温多效海水淡化技术示范工程”已完成多项工艺设计和示范工程设计；“海水循环冷却技术示范工程”完成了系列缓蚀剂、阻垢分散剂、菌藻杀生剂和复合型水处理药剂研究，完成2 500 米^3/小时海水循环冷却示范工程初步设计方案及可行性研究；“大生活用海水技术示范工程”完成了大生活用海水生态塘处理技术研究及大生活用海水示范工程选址、规划和设计。这些技术的突破，为海水淡化产业的发展打下了重要基础。

国家科技攻关项目“海水化学资源综合利用关键技术研究”的“气态膜法海水卤水提溴新技术研究”课题进展顺利，已完成膜组件研究与设计、气态膜污染控制技术、提溴工艺优化等方面的技术研究，实现了气态膜组件大型化的突破，申请国家专利1项。此外，“膜法水处理工程技术开发”、“海洋资源环境信息共享”、“水产集约化及健康养殖技术开发与示范”等课题取得阶段性成果。

大型近海和远洋科学调查进展迅速 通过大范围的近海和远洋调查、南北极考察等基础性调查计划的顺利实施，继续获取了一批对我国海洋经济可持续发展、海洋资源开发、海洋环境保护、海洋权益维护、海洋综合管理具有重大意义的海洋基础数据资料和研究成果，进一步完善了“海洋科学数据库”、“极地数据库”的建设、集成、维护与服务，并在海洋资源综合调查中获重大发现。

全面完成2002年大洋多金属结核矿产资源、深海石油、生物资源勘查任务，开展了资源开发研究及对生态环境影响评价研究，一批“十五”课题取得了重要成果，有的成果达国际先进水平，为国际海底富钴结壳资源继续申请、建立区域资源环境影响评价体系、完成多种深海资源综合考察和开发战略以及缩短与国际先进水平差距打下了重要基础。

为促进海洋经济可持续发展，摸清我国近海海域家底，2002年启动了我国近海综合调查与评价重大专项的论证工作。

海洋基础研究取得丰硕成果，成绩喜人 在国家重大基础研究发展规划（“973”计划）支持下，“中国近海环流形成变异机理、数值预测方法及对环境影响的研究”、“东、黄海生态系统动力学与生物资源可持续利用”、“我国近海赤潮发生的生态学、海洋学机制及预测防治”等5项目进展顺利，“中国典型河口—近海陆海相互作用及其环境效应”列为2002年“973”计划。2002年“973”计划项目共发表重要论文300余篇，整体基础研究水平上了新的台阶，大大提高物理海洋学、海洋生物学等学科研究在国际上的地位，为国家安全、海洋资源开发、海洋管理提供了理论指导。

“中国近海环流形成变异机理、数值预测方法及对环境影响的研究”项目实施近三年来取得了可喜的成果，发表论文80余篇。阐述了黑潮多核结构的形成机理，并为长久以来没有解决的南海水团形成机制问题提供了合理解释，太平洋副热带逆流、南海北部环流的时空分布特征和形成机制研究成果发表在《J. Geophysical Research》、《Geophysical Research Letter》和《Deep Sea Research》等国际权威杂志上。新建立的数值模式对近海跃层和大洋上混合层的模拟有了显著提高，首次发现1996年3月前后在台湾岛东南、恒春半岛与兰屿之间有一个大型的气旋型黑潮锋面冷涡。较好模拟出印度贯穿流的年际变化，特别是与赤道太平洋 El Nino 现象关系密切，即 El Nino 年贯穿流减弱，La Nina 年贯穿流增强。观测结果表明，南黄海冷水团上层中心为反气旋涡旋，伴有下降流；在黄海冷水团外测存在一大尺度的气旋式环流。

“东、黄海生态系统动力学与生物资源可持续利用”项目完成了4个航次的多学科海上综合调查和实验室模拟研究，共发表文章98篇，其中在SCI期刊上发表论文11篇，出版专著1册，成功地承办了国际GLOBEC第二届开放科学大会。该项目围绕东、黄海生态系统动力学关键过程和生物资源补充机制等主要研究目标，已在东、黄海关键物理过程对生物生长的影响机理，东、黄海生源要素循环与更新机制，东、黄海基础生产过程与浮游动物的调控作用，东、黄海食物网营养动力学与资源优势种交替机制等4个研究方面取得了突出进展。

“中国边缘海的形成演化及重大资源的关键问题”项目完成的中国边缘海地质地球物理调查航次，为项目5年目标的完成积累了关键数据。在对中国边缘海岩石结构、构造动力学过程、重大资源的分布规律等项目重要理论问题的研究方面获得了新认识。特别是提出冲绳海槽是东海陆架之自然终结，为划界提供了科学依据。研究了中国边缘海演化过程中油气、天然气水合物及热液矿物等重大资源的分布、形成条件，提出了中国边缘海资源形成和分布的规律性认识，在天然气水合物矿层顶界的识别等方面取得了新认识，为我国油气资源开发奠定了理论基础。前两年共发表论文79篇，其中SCI文章13篇，出版了《中国边缘海形成演化系列研究（第一卷）》专集。

“海水重要养殖生物病害发生和抗病力的基础研究”项目在海水养殖生物流行病学及机理、

抗感染反应的免疫机制、抗病力的遗传学基础、环境与生物之间的关系等方面取得了可喜的研究进展，在某些科学问题上取得重要突破。在扇贝、对虾和重要海水鱼类的病原学研究方面进展显著，基本确定了球形病毒是导致栉孔扇贝大规模死亡的直接病原；确定了南北方养殖鱼类的主要病原分别为溶藻弧菌和鳗弧菌；初步建立了虾、贝的免疫学指标和抗病力的综合判定体系；选育出具有抗病性状的第六代对虾群体；较为系统地研究了几个重要环境因子对对虾、扇贝抗病力的影响及其与病害发生的关系，对提出的养殖模式进行了中试和验证，为健康养殖模式的推广和应用提供了科学数据。本年度共发表文章 126 篇，其中被 SCI 和 EI 收录 35 篇；获得专利 1 项；2 项成果获省部级科技进步奖一等奖，1 项成果获省部级自然科学奖二等奖。

“我国近海赤潮发生的生态学、海洋学机制及预测防治”项目在东海赤潮高发区完成了三个主要航次，获得了大量赤潮发生现场数据和环境资料。对主要赤潮生物的生活史、竞争策略及其对营养物质的生理生态响应，赤潮对其他海洋生物的危害开展了系列研究，形成了初步的看法；开展赤潮遥感预测的方法研究，尝试在重点养殖区可应用的赤潮防治方法；项目与北太平洋海洋科学组织于 2002 年 10 月联合举办了有关营养盐与赤潮关系的国际学术讨论会，参加了第十届国际有害赤潮大会，项目成果将在《应用生态学报》2003 年第 7 期以专辑形式出版。

“中国典型河口-近海陆海相互作用及其环境效应”项目研究时间为 2002～2007 年。河口-近海系统位处沿海经济带，是海陆相互作用最为活跃的地带，也是与社会和国民经济发展关系最为密切的地带。三角洲岸滩的蚀退和河口近岸水域环境的恶化是两个最突出的问题。项目针对国家需求，在我国主要河流入海泥沙锐减、营养盐和污染物剧增的背景下，选择入海物质通量大且变异显著、生态环境安全受到严重胁迫的典型河口——长江口和黄河三角洲及其邻近海域为主要研究对象，重点开展河流入海物质（组成）的通量变异机制及输运过程、河口沉积动力过程、三角洲海岸侵蚀堆积机制和趋势预测、河口-近海环境的控制因素及变异机理、河口-近海生物地球化学过程、三角洲海岸侵蚀防护和河口-近海环境恶化的治理对策等六个方面的研究。

另外，海洋科技基础性工作和社会公益项目进展顺利，WDC-海洋基础数据库建设、极地科学数据库、海洋药源生物资源及基因库的构建、南海图集、珊瑚保护区综合管理信息系统等多项课题进展良好。海洋药源生物资源及基因库在国际上率先建立了海洋药源生物信息和资源中心，初步完成了我国海洋药物研究与开发基础平台的建设。2002 年新立项的“海洋调查规范修订”和“南极地区地球环境监测与关键过程研究”等重点项目已全面启动。

科技兴海进一步促进了沿海经济发展 “科技兴海”是国家发展海洋经济的重要战略之一。2002 年，海洋海水增养殖和病害防治技术、海洋生物深加工技术、海水农业技术、海水淡化技术、海洋药物与资源开发技术等实用和高技术成果转化进一步加强，推动了沿海海洋经济发展。国家海洋局第二海洋研究所科研人员独立研究开发的环保型“辣素防污漆”取得重大突破，填补了国内空白，其综合指标达到国际先进水平，已经在浙江建德市建成年产 1 000 吨微毒型船用防污漆中试生产线。另外，利用产量大无食用价值的低值鱼，研制开发出精制鱼油、保健鱼油和可溶性短肽类鱼蛋白等三类高附加值产品，现已在浙江一些企业进行技术转让并已投产。杭州水处理技术开发中心在山东长岛建成了 4 套日产千吨的海水淡化装置，山东荣成日产万吨级的海水淡化工程的技术设计已经完成，天津海水淡化与综合利用研究所与青岛黄岛合作开展的日产 3 000 吨低温多效海水淡化工程也已经启动。

国际科技合作进一步活跃 2002 年国际南极局在上海召开的南北极联合科学考察国会议进一步加强了我国在国际极地事务中的地位。2002 年，我国在西北太平洋和印度洋投放了 4 个 ARGO 浮标，标志中国正式加入国际 ARGO 计划。我国参与的全球海洋观测系统计划（GOOS）、全球海洋生态动力学（GLOBEC）、大洋科学钻探（ODP）、海岸带陆海相互作用（LOICZ）、全球有害赤潮的生态和海洋学（GEOHAB）、黄海大海洋生态系计划、南中国海北部生物多样性保护等一系列国际海洋科技合作计划进展顺利，并取得在国际上有一定影响的科技成果，向世界展示了我国海洋科技发展的实力。 （国家海洋局科技司 辛红梅）

国家重要研究项目
State Key Scientific Research Projects

【渤海大油田勘探开发关键技术】 “渤海大油田勘探开发关键技术”是“十五”国家高技术研究发展计划确立的重大专项之一，主要是针对渤海大型稠油边际油田勘探、开发的技术难点，通过高精度勘探技术、三维轨迹闭环钻井技术、海水基聚合物驱油提高采收率技术和海上工程安全保障技术等关键技术的突破，形成具有我国自主知识产权的近海油气勘探开发成套技术和具有我国特色的海上边际油田开发模式，为渤海油田新增探明储量 5 亿吨、年产能力 2 100 万吨以上和采收率提高 1%～5%、将渤海油田建成我国第三大石油生产基地提供高技术支撑，带动我国近海油气资源的高效开发和相关产业的发展。

主要内容：滩浅海高精度油气勘探技术及多波多分量勘探技术；海上时移地震油藏监测技术；三维轨迹闭环钻井技术；钻井中途油气层测试技术；渤海油田深部调驱提高采收率技术；浅水超大型浮式生产储油系统关键技术；渤海新型抗冰振、软土基平台技术；海底管道的检测与维修技术；海洋平台结构的实时监测与检测成像技术；近海工程地质环境探测技术；数字海底渤海示范工程。

主要进展：截至 2002 年底，共安排 16 个研究课题。

(1) 勘探技术。已试制完成垂向延迟叠加震源、共心聚能震源、对撞横波震源、陆用压电检波器、塑料螺旋尾锥检波器和铁头螺旋尾锥检波器样品；在资料处理技术方面取得了较大进展，完成了 ps127.6 测线多波多分量 16 千米的多波资料试验处理；已完成时移地震油藏监测技术关键设备——拖缆光纤检波器和 VSP 光纤检波器 I 型和 II 型样机研制；完成了钻井中途油气层测试关键技术——封隔器的制造。

(2) 钻井技术。可控(闭环)三维轨迹钻井技术研制工作已经进入核心阶段，开始进行关键元器件的加工，完成了旋转导向钻井工具技术、随钻电阻率、自然伽马测井及正脉冲上传工具技术总体设计方案，目前正全面进入分单元研究与试验阶段。

(3) 开发技术。完成了渤海油田深部调驱提高采收率技术的调剖剂的基本配方确定；设计了适合海上平台深部调剖的配制注入设备方案和小层细分工具样机；在新型复合型聚合物及新型缔合聚合物驱油体系的分子设计、合成、筛选、性能评价等方面取得了很大进展。

(4) 工程技术。完成了新型平台技术的总体方案设计和部分模型试验，在抗冰振技术和正压冲固工艺研究方面已取得阶段性成果；海底管道检测技术在电动爬行器和检测定位技术等关键技术研究方面已取得一定突破，完成了低尖峰效应半导体激光器的研制；海洋平台结构的实时监测与检测成像技术在光纤光栅传感器开发和超声检测成像系统的换能器阵列等方面取得了相应的成果；海底土体原位静动态探测技术完成了土体原位孔压动态监测装置的样机生产工作和工作母船的改造工作；近海工程高分辨率多道浅地层探测技术开展了试用样机的制造工作和软件的总体设计技术方案研究。

（科技部农村与社会发展司　孙　洪）

【海水养殖种子工程】“海水养殖种子工程”是“十五”国家高技术研究发展计划确立的重大专项之一，主要针对当前制约我国海水养殖业可持续发展的重要因素之一的“种子”问题，集合细胞工程、基因工程和传统技术的综合优势，科学合理地开发我国名特优良养殖种类的苗种繁育技术，对主要养殖对象进行遗传改良，实现养殖种类经济性状的定向培育，培育优质、高效、抗逆的海水养殖新品种(系)，研究开发海水养殖动植物种质库建设相关的支撑技术，建立海洋生物核心种质库，筛选和克隆核心种质中的重要功能基因并予以有效利用。通过该重大专项的实施，改善和提升我国海水养殖业的结构，促进其向高效型产业转化，提高产业经济效益，推动我国从海水养殖大国向海水养殖强国转变。

主要内容：海水养殖名特优良种类的种苗繁育；海水养殖品种的遗传改良；重要养殖生物核心种质库的建立和利用；海水养殖动物特殊功能基因的研究与开发；海水养殖种子工程示范基地。

主要进展：到 2002 年底，共安排了 24 个研究课题。

(1) 养殖扇贝的遗传改良。重点开展了不同选育系栉孔扇贝×华贵扇贝杂交组合的研究，已筛选了 2 个增产抗逆综合性状明显的远缘杂交群体。其中，选育5年的栉孔扇贝CDS5选育系（雌）×华贵扇贝（雄）产生的远缘杂交种（蓬莱红）比对照组明显个大壳厚、大小匀称、壳色鲜红、活力强，死亡率低。一年生长的扇贝平均体高在5.72厘米，超过对照组35.2%，壳厚1.95厘米，超过对照组43.4%，贝壳厚高比达0.34，超过对照组12.9%，初步估算增产在40%以上。目前已培育亲贝10万余粒，繁育自交二代种苗1 300万余粒，已具备了向养殖生产推广的能力。2002年培育规格在0.5厘米以上的优良种苗5 370余万粒，提供给北到大连，南至浙江20余家养殖单位进行养殖，试养的单位反映“蓬莱红”高产抗逆，生产性状优异。

(2) 石斑鱼的生殖调控和人工繁殖技术。通过强化培育，已使80%以上的亲鱼达到同步性成熟并实现自然产卵；应用外源雄性激素处理不同发育阶段的鱼，成功诱导2龄左右的斜带石斑鱼早期发生性转变，还克隆了斜带石斑鱼的两种独特的细胞色素P450芳香化酶基因，初步的研究表明P450芳香化酶基因在石斑鱼的卵巢、垂体和鳃中都有高水平的表达。已培育3.0厘米以上斜带石斑鱼苗累计约62万尾。

(3) 中国对虾新品种的选育。围绕定向选择育种、分子标记筛选及辅助育种、基因工程育种以及优良品种培育和养殖技术工艺等方面开展研究工作。利用2001年培育的第四代“抗病”和第五代“生长快”群体，共生产“抗病”家系18个，“生长快”家系13个；完成亲虾的筛选、越冬和亲虾的促熟工作，共筛选用于生产实验的越冬亲虾1 000尾以上，培育苗种4 000万尾。到目前为止，有关该群体的资料已基本符合国家原良种审定标准要求，为今后申报优良养殖品种打下了良好的基础。

(4) 皱纹盘鲍遗传改良。以日本野生型皱纹盘鲍和皱纹盘鲍中国群体的壳色突变体——橘红壳色的皱纹盘鲍为亲本，进行了群体间的选择性双列杂交实验，获得4个交配组合的群体，已经获得具有特殊标记的子代。

(5) 对虾抗病相关基因的克隆与应用。从不同对虾中克隆到了若干抗病相关基因片段乃至某些基因的全序列，其中包括一个全新的抗病相关基因，并对其作了初步的功能鉴定。在斑节对虾上，完成了抗病对虾的cDNA表达文库的构建，从抗病斑节对虾中克隆到一个差异表达的基因片段，并从cDNA文库中克隆出了全基因。生物信息学分析结果表明它是一个未见报道的新基因。在日本对虾中，构建了抗病虾肝胰腺和血细胞全长cDNA文库，并构建了抗病对虾肝胰腺差异表达基因文库，从中分析获得了35个抗病害相关基因，其中有9个基因是在对虾中首次发现的。

【台湾海峡及毗邻海域海洋动力环境实时立体监测系统】 “台湾海峡及毗邻海域海洋动力环境实时立体监测系统”是“十五”国家高技术研究发展计划确立的重大专项之一，主要针对国家和地方对海洋动力环境监测数据的重大需求，研究和发展海洋动力过程长期实时监测、船基海洋动力要素剖面探测、海洋动力环境要素场遥感监测、数据分析与信息服务等核心技术和系统设备，构筑台湾海峡及其毗邻海域海洋动力环境实时立体监测系统，全面提升区域性海洋动力环境长期、立体、实时监测能力，使我国的海洋动力环境实时立体监测技术整体上达到国际现有先进水平，为我国国民经济建设和社会发展以及国家安全提供快速、准确的海洋环境信息服务。

主要内容：海洋动力过程长期实时监测技术；动力要素剖面探测技术；海洋动力环境要素场遥感监测技术；海洋动力环境数据分析与信息服务集成示范系统。

主要进展：到2002年底，共安排了28个研究课题。

(1) 海洋光学浮标。初步解决了光学浮标总体设计技术、浮标用光学仪器防污染技术、水体高光谱测量等关键技术、点对点卫星通信技术和浮标—浮标通信技术等单元技术，并研制出有效的防污染技术装置。

(2) 大型海洋环境多层监测浮标。解决了温盐链在大型浮标的系留方式和温盐链的信号传输问题。

(3) 小型多参数监测浮标。解决了长距离感应传输、水下传感器低功耗、高可靠的技术难点；进行了弹性系留索组件的材料研究，确定了制作橡胶弹性元件的材料。

(4) 实时传输潜标系统。在系统结构的有限元仿真计算，主浮体、水面浮标、释放控制机构（切割器）、传输控制中心电路、释放机构驱动等关键技术设计方面取得较好的进展。

(5) 远程高频地波雷达监测技术。完成了基于软件无线电思想的雷达硬件电路设计；完成了基于高中频采样的多通道数字接收机的设计、制板与调试；在利用海洋一阶回波进行通道自校准的新方法研究方面，取得了初步成果。

(6) 海床基动力要素综合自动监测系统。在声学应答释放器、上浮浮体，以及测量传感器的研制等关键技术方面取得了阶段性成果。

(7) 自定位水下潮流测量仪。解决了水下潮流测量仪系统、水下自航平台的ADCP测量探头自动调整、水下自航平台的沉浮姿态控制、结构设计等多项关键技术。

(8) 相控阵声学海流剖面仪。在“九五”研究的基础上，改进了相控发射机的设计，用一路功率放大电路实现同时发射相控阵 JANUS 结构的4个波束，解决了“九五”所采用的换能器反向技术所带来的匹配困难、干扰大等问题，简化了电路，提高了相控发射机的可靠性。根据海水混响起伏特性，在相控接收机中采用了时间增益控制和自动增益控制，使得输出的信号得到较好的平滑。开发了窄带、宽带信号测流实时处理软件，提出了解决最大速度模糊与测流深度等矛盾的算法。同时增加了原始数据实时存储功能。

(9) 自持式剖面循环探测漂流浮标。完成了浮标的结构和控制电路的设计、加工和调试，浮标工作程序软件的设计和调试；完成了用于浮标检测的可视深度模拟实验槽的设计和部分加工制造；完成了实验样机各部分的组装、联调和各种实验，具备了海上实验的条件。

(10) 拖曳式多参数剖面测量系统。完成了拖体的总体设计、机翼线型设计、传输通讯接口、主要传感器的信号检测技术。解决了拖体机翼控制单元、传感器光源和信号处理器件的高效低耗设计问题。

(11) 海洋专用CTD技术。解决了数据采集系统的传感器低功耗混合信号的采集；单芯电缆的DPSK和FSK数据传输技术；实现了温度探头耐压60MP，同时达到70毫秒的响应时间；在四电极电导率传感器探头和接口电路的研制上取得了阶段性成果。

(12) 海岸带及近海卫星遥感综合应用系统技术。解决了TM影像与水下地形复合分析，包括三维叠合显示、航道形态分析、泥沙信息提取等，以及近岸反演滩涂地形等关键技术。完成了综合应用技术平台框架的总体设计工作和卫星遥感数据库平台框架设计。

(13) 海洋遥感信息提取通用技术平台。制定了本平台内部交换数据格式；针对HY-1卫星、NOAA卫星、MODIS数据等进行了截取、浏览和投影初步处理；初步建立了遥感影像、遥感专题信息与常用地理信息的综合叠加模型；基本实现离散点资料格点化（矢量栅格化）、常用地理投影变换算法及模块实现；初步建立了多源多维动态数据集内部存储结构，并完成了基本操作的实现；开展了输入、输出接口与格式转换类库与控件等构建；开展了可视化用户模型生成器、空间建模语言工具中关键技术研究；完成了集成平台总界面的结构设计与部分代码实现。

(14) 模块化多源海洋遥感信息融合与同化技术。开展了利用中国海洋卫星一号（HY-1）和美国水色卫星（SeaWiFS）资料提取渤海海域的叶绿素、泥沙和海面温度的遥感算法模式的软件研制。发展了HY-1卫星多时相的旬和月的数据融合技术。深入研究了渤黄东海POM（普林斯顿海洋模式）伴随数值动力模式。

(15) 海洋动力环境立体监测动态信息服务集成示范系统。完成了系统组成结构、实现功能、数据流程及运行模式设计；完成了系统监测数据集成技术协议的设计，内容包括数据的表达与定义、标准化处理、存储、传输、交换技术设计；原始、实时、延时、专项、共享等数据库概念、逻辑关系、体系结构规划与设计；完成系统全部应用软件详细设计，包括体系结构、功能设计、技术实现方法。

【海洋资源开发技术主题】 “十五”期间，海洋资源开发技术主题主要针对我国当前维护海洋权益、开发海洋油气资源和深海矿产资源的需求，开发出一批技术含量高、具有自主知识产权的海洋资源开发关键技术，建立一批海洋高技术应用示范基地，造就一支高水平的科技队伍，初步形成我国海洋油气勘探开发高技术创新体系，缩短我国海洋资源勘探开发技术与世界先进水平的差距。

主要研究内容：深水海域油气与天然气水合物资源勘探开发关键技术；大洋矿产资源探测关

键技术；海底立体探测和成像技术；海洋油气资源开发的安全保障技术。

主要进展：

(1) 深水海域油气及天然气水合物资源勘探开发技术。在天然气水合物探测技术方面，进行了含天然气水合物多相介质地震物理模拟和数值模拟，完成了船载地球化学快速探测系统中脱气仪的设计和主体部分样机制作，初步建立不同地质因素控制下的天然气水合物成矿地质模型，并进行相关的软件开发。在深水油气地球物理勘探技术方面，建立了试验海区的地震地质模型，研制出单球一体化微功耗、大动态、三分量高频数字海底地震仪样机，基本完成复杂构造与中深层地震处理关键技术的研制，初步解决了叠前地震波形反演所面临的高度非线性和局部极小值的问题，并对南海深水区地质特征和地震剖面进行了分析，初步完成了选线地质设计。

(2) 海底立体探测和成像技术。在高分辨率测深侧扫声呐系统研究方面，开发出了多子阵海底自动检测技术，进行了发射线性调频信号处理方法、海底自动检测技术和多子阵高分辨率波束形成技术的研究。在超宽频海底剖面仪研制方面，已经研制完成了发射频率为0.5～30千赫的6 000米宽频发射接收换能器，为超宽频海底剖面仪的更广泛应用和产业化打下了基础。在机载激光测深技术方面，已经研制完成了发射和接收光学元部件、半导体激光器研制性试验、定型和制造；完成了飞机姿态对测深位置影响的研究、波浪改正方案设计。在水下DGPS高精度定位系统研究方面，完成了水声定位信号发射换能器、水听器位置偏移校正信号发射换能器和接收水听器基阵的试制，进行了水声定位信号高精度时延估计的计算机仿真；完成了GPS定位浮标结构的技术设计。在海底底质分类多参数识别技术方面，进行了200余千米长测线海上试验，获取了多波束、侧扫声呐、双频测深仪、浅剖仪等多种声呐海底测量信息，同时进行了59个站位、100余个表面沉积物样品的采集和初步对比实验。

(3) 大洋矿产资源探测关键技术。大洋固体矿产资源成矿环境及海底异常条件探测技术方面，完成了系统的方案、技术设计、技术标准的统一，部分设备的研制和调试；集成了高温高压传感器检测校正平台；研制完成了一种Ph值探头。在深海热液保真采样系统研制方面，已完成系统各单元技术设计和基本实验、关键的保压密封和联接结构的原型试验以及“深海小功率无刷直流电机”和“耐高温高压防腐蚀钛合金及其涂层纳米材料”研制。在深海彩色数字摄像技术、6 000米电视抓斗以及悬浮体、生物与沉积物保真采样系统研制方面，主要关键技术已经突破，样机正在加工制作和调试中。

【海洋生物技术主题】 海洋生物技术主题紧密结合我国海洋经济发展的总体目标，重视海洋生物资源的可持续利用，加强源头创新；全面提升我国海洋生物资源的综合开发能力，形成我国海洋生物高技术创新体系；在海水养殖新品种培育、海洋新药和海洋生物功能基因等研究开发领域，获得一批具有自主知识产权的原创性成果；全面缩小我国在海洋生物技术方面与先进国家的差距，在某些领域赶超世界先进水平；为把我国建设成为海洋生物科技强国奠定坚实的基础。

主要研究内容：海水养殖动物病害控制；海水设施养殖与工程化；海洋药物的研究与开发；海洋生物制品的研究与开发；海洋生物重要功能基因的研究与开发；滩涂耐盐植物的研究与开发。

主要进展：

(1) 海水养殖动物病害控制技术。海水养殖动物疫苗和免疫增强剂研究有了新进展，确定出对虾病毒感染与机体免疫密切相关的免疫指标作为多糖类免疫增强剂筛选的敏感指标；优化了β-葡聚糖制剂的生产工艺，使制剂中活性成分的含量由原来的18%上升到25%；进一步改进了A3a肽聚糖制剂的中试工艺，月生产细菌(湿)达到1 500克以上；验证了在对虾养殖上的应用效果，在实验中免疫增强剂可使对虾主要免疫指标提高1倍以上，高位虾池养殖对虾的存活率提高15%～20%；已推广使用5 300余公顷，其中普通虾池3 300余公顷，高位池2 000公顷。牙鲆淋巴囊肿病核酸疫苗、鱼类细菌(副溶血弧菌、溶藻弧菌和梅氏弧菌)性疾病亚单位疫苗和鳗弧菌减毒疫苗都进行了前期的应用基础研究，填补了海洋养殖鱼类疫苗研究的空白，为疫苗研究的实用化迈出了重要的一步。建立了海洋鳗弧菌毒力基因组数据库，发现24个同源性ORF和11个新ORF，为发现新的毒力功能基因创造了条例，初步构建了1

株减毒待选株，减毒感染试验正在进行中。

(2) 海水设施养殖与工程化技术。海水设施养殖与工程化研究主要围绕网箱和工厂化养殖设施的关键技术和成套工艺进行研发，围绕抗风浪深水网箱养殖设备的研制和应用技术，开展了高技术集成研究，取得了重要进展；研制的HDPE(高密度聚乙烯)网箱，在山东经历8～9级大风65次、10级大风2次，在浙江经历12级台风、5米浪高、1米/秒流速，网箱系统及养殖鱼类安全，养殖的大黄鱼、美国红鱼、鲈鱼、黑鲷、六线鱼、杂交鲟、鲰鲷先后投放市场。网箱总体性能达到设计指标，申报发明专利3项、实用新型专利4项，制定企业标准3个，其中1项经评审是我国首个深水网箱企业标准，确定了大型抗风浪HDPE深水网箱加工技术规范。在辽宁、山东、浙江、福建、海南等地推广使用深海抗风浪网箱400余个。封闭式循环水养鱼设施课题在进行关键技术突破的基础上，进行了工艺流程与系统工程的设计，在此基础上完成了施工图纸的设计，养殖车间已于近期开工建设。

(3) 海洋药物的研究与开发技术。海洋生物活性先导化合物的发现和优化为海洋药物创新打下坚实基础，研究工作按照海洋生物样品采集、生物活性筛选及生物活性海洋生物和活性部位的确定、单体化合物的分离和化学结构确定、化合物的生物活性筛选、海洋天然产物样品库及样品信息库的建立等方向协同进行。一年来，采集植物52种，动物62种，微生物6 000余种。分离和鉴定了238个海洋天然化合物，化学结构类型包括萜类、甾体类、生物碱、杂环类化合物、环肽类化合物、含溴类特殊化合物、多酚类化合物等，其中17个为全新结构化合物。对170余种化合物进行了生物活性测定，发现近60种化合物有明确的生物活性。申请、公开或授权国家发明专利10项。正在进行临床或临床前研究的一批海洋候选药物有不同程度的进展。目前，有3个候选新药正在进行临床研究，7个候选新药正在进行临床前研究。

Ⅰ类抗艾滋病新药911：已完成Ⅰ期临床的安全性试验，进入了Ⅱ期临床研究。同时在泰国进行的临床试验表明911能明显降低患者的病毒负载量，显示了其良好的临床使用前景。另外，911已完成了产业化研究，建立了一套年产10吨的工业化流水线。

Ⅰ类抗脑缺血新药D-聚甘酯：已完成Ⅰ期临床，包括D-聚甘酯的安全性和耐受性试验，突破了这一多糖药物的药代动力学问题。提前完成了产业化的研究，形成了年产100吨原料药的能力。D-聚甘酯已进入了II期临床试验阶段。

Ⅰ类抗肿瘤新药K-001：K-001与其他抗肿瘤药物联合使用的试验已完成。Ⅰ期临床试验进展顺利，目前未观察到不良反应，预计在12月底前可完成，并形成正式报告送国家药品监督管理局。Ⅱ期临床试验的人员、材料、技术等准备工作已经开始，为2003年内完成Ⅱ期临床试验奠定了基础。

Ⅰ类抗早老性痴呆新药HSH-971：在药学研究方面，在确定了HSH-971制备工艺路线、化学结构的基础上，本年度进一步完善了原料药的质量标准，进行了原料药的初步稳定性实验，开始了制剂学研究；在生物学研究方面，进行了HSH-971体内外的部分主要药效学试验研究，完成了急性毒性试验和一般药理学研究，并开始了长期毒性试验、特殊毒性试验和药代动力学试验研究，并取得了预期的研究结果。特别重要的是药代研究证明HSH-971在脑脊液中含量较高，解决了该物质能否通过血脑屏障的疑问，为全面完成临床前研究奠定了基础。

Ⅰ类抗心律失常新药A1998：完成了A1998对Beagle狗长期毒理学研究，以及致畸变毒性试验，进一步完善A1998抗心律失常药理药效学实验。药学方面生产出供临床前研究要求所需的纯度为99%的A1998共15千克。A1998的合成方法及医药用途已获得国家专利局授权，并已申请国际发明专利优先权PCT及美国专利。研究成果获得国家卫生部授予"吴阶平医学奖-保罗·杨森药学奖"的药学研究三等奖。

Ⅰ类抗肝炎新药鲨肝刺激物质sHSS：药学方面改进了分离纯化工艺，建立了中试工艺粗制于纯化两个实验室，为药理、毒理学试验提供了足够样品。优化了制剂配方，制订了暂行质控标准。sHSS已完成了全部药效学研究、一般药理学试验和急性毒性试验，现正准备进行长期毒性和药代动力学试验，有望在1～2年内完成全部临床前研究。该项目申请了两项发明专利，在Genebank登录了一个新基因。

I类镇痛新药芋螺毒素S03：完善了S03的制备方案，建立了S03的质量标准和检定规程；开展了样品稳定性及制剂研究；还提前进行了S03的主要药效研究、部分毒理学研究以及芋螺毒素镇痛的分子机理研究，并取得了初步结果。

(4) 海洋生物制品的研究与开发技术。完成眼角膜支架用多种甲壳质衍生物原料产品的制备、膜支架成型加工装置以及角膜内皮细胞培养技术。膜支架植入兔眼角膜生物相容性试验在进行中。在神经损伤修复研究方面，完成了20毫米神经间隙修复的动物实验，开始进行50毫米神经间隙的动物实验。海带综合利用新技术的研究与开发课题建立了膜法年产3 500吨甘露醇示范工程，进行了海带抗逆植物促生长剂抗逆促生长的部分大田试验，确定了海带岩藻聚糖硫酸酯低聚糖的保肝活性。海洋新型酶的产业化研究课题正通过对典型海洋碱性蛋白酶、溶菌酶和脂肪酶的研究，进行海洋低温酶的产业化开发。

(5) 海洋生物重要功能基因的研究与开发技术。海洋生物重要功能基因的研究与开发主要围绕药用功能基因和养殖动物病毒功能基因进行研究。共构建了15个高质量cDNA文库，筛选了95个有研究前景的功能基因，克隆了12个药用或与致病与防治相关的功能基因。完成了对虾白斑杆状病毒(WSBV)基因组DNA芯片的制备，建立了细胞肿大虹彩病毒感染模型，为这一类虹彩病毒功能基因尤其是致病与防治相关功能基因的研究奠定了方法基础。

(6) 滩涂耐盐植物的研究与开发技术。研究获得了盐角草和番杏Na^+/H^+antiporter基因全序列，并在Genebank中注册；获得了转山菠菜BADH基因的番茄“百利春”并获得了转基因“百利春”番茄的T2代；利用体细胞突变体筛选及花粉管通道技术，获得了耐盐番茄植株T4代；江苏大丰规模化滩涂试验基地达到13.3公顷，部分产品已经开始试验性的市场销售。耐盐麦草、耐盐玉米、油葵、鲁梅克斯等试验示范面积173公顷，海南乐东基地建立海水灌溉示范基地45公顷，田菁与广盐性鱼类复合种养试验和其他盐生植物海水灌溉试验面积33公顷。构建海水种植-养殖系统示范区即红树林海水种植-养殖系统示范区36公顷和江蓠海水种植-养殖系统示范区133公顷，两个示范区合计面积169公顷。从细胞工程技术选育的耐盐甜菜品系中精选了4个综合性状好的耐盐品系进行品比试验，其中2个在山东省品种审定委员会备案；在滨海盐碱地区建立制种基地2个，完成了杂交种制种技术的研究；在含盐量不同的土地中，种植22个细胞工程产生的耐盐品系和1 200份耐盐植株的自交后代，示范面积超过13.3公顷；从已有的细胞工程和转基因甜菜中筛选出30个耐盐性超过2%氯化钠的株系，并自交结实；以离体培养的丛生芽为受体，通过农杆菌介导法将3个耐盐基因转入5个基因型的甜菜中，获得转基因植株1 100株。同时开展了转基因甜菜目标基因聚合研究，为下一步工作打下了良好的基础。申请国家发明专利2项。

【海洋监测技术主题】 海洋监测技术主题将针对维护海洋权益、发展海洋经济、保护海洋环境、预警海洋灾害等国家重大需求，发展海洋动力环境和生态环境监测前沿技术，海洋遥感及大洋渔业信息应用技术，以形成海洋生态环境快速现场监测能力和海洋动力环境实时立体监测能力，促进有关产业发展，为国家海洋监测系统提供核心技术与装备，从整体上提高我国海洋监测技术水平。

主要研究内容：海洋生态环境要素现场快速监测系统技术；海洋卫星遥感综合应用技术；海洋航空遥感遥测技术；大洋渔业与环境信息获取与应用技术；船基海洋环境监测技术；海洋监测技术成果标准化工程。

主要进展：

(1) 海洋生态环境要素现场快速监测系统技术。掌握了化学芯片的各种设计和制作方法，开始少量出售玻璃微通道芯片和有机聚合物芯片，根据分析的需要，设计了两种化学反光测试专用芯片；针对海水中重金属元素的富集，合成的改性聚丙烯腈纤维与国际上报道的同类研究相比具有许多优点；化学修饰荷正电微孔滤膜材料和醛基偶联修饰的载玻片均属知识产权保护的产品，对其工艺的研究具有创新性。在COD的测定上，初步得到了适合于流动注射系统的消解工艺，双载流是流动注射法测量COD的新尝试；在臭氧氧化测量COD的机理以及相关的关键技术上实现了突破；对有机磷农药制备出纯度较高且对海水有机磷农药敏感的乙酰胆碱酯酶制剂；利用交联法和共价结合法制备了两种性能优良的酶片。

(2) 海洋遥感技术。初步建立遥感信息处理与分析的通用软件和综合应用系统，建立了大型的海洋遥感数据库和专题信息库，实现了系统技术应用上的突破。在水下目标的监测、赤潮监测、海洋巨浪反演、海雾监测等海洋要素的监测和分析方面，取得了实用技术的突破。

(3) 大洋渔业与环境信息获取与应用技术。在国内首次建立美国的 GOES-8 卫星地面接收系统；成功实现了我国自主发射的海洋卫星获取境外大洋渔场的卫星水色水温资料共 43 轨数据。建立了海洋一号（HY-1A）卫星资料提取大洋渔场海域的叶绿素和海面温度的遥感算法模式；通过现场渔业船只进行了 19 期现场的包括气温、水温、风向、风速、流向、流速、叶绿素样本和渔获量日产等渔场环境信息。（科技部　孙　洪）

【中国边缘海的形成演化及重大资源的关键问题】 国家“973”项目，项目首席科学家为中国科学院海洋研究所高抒研究员和国家海洋局第二海洋研究所李家彪研究员。项目 2002 年度在以下几方面取得了进展：

(1) 对中国边缘海岩石层结构及其深部作用进行了探讨，取得了主要海区的岩石层结构、地壳结构等方面的认识。获得了冲绳海槽达到弧后扩张阶段的证据，提出了中朝与扬子块体在海区分界线的地球物理证据及与边缘海演化关系的新认识。

(2) 对中国边缘海形成演化的地质构造系统及其动力学过程、大陆边缘的张裂、增生作用及其与大洋板块俯冲碰撞的关系进行了探讨。利用多卫星测高数据处理方法，揭示了冲绳海槽岩石圈构造动力的多样性特征；提出了南海东部海盆晚期扩张方式、南海北部张裂边缘等方面的新认识；揭示了东海海礁凸起、南海潮汕凹陷和潮台地区的基底结构和断裂构造，并首次对该区推断了中生界厚度分布。

(3) 研究了中国边缘海演化过程中油气、天然气水合物及热液矿物等重大资源的分布、形成条件。对四种不同类型的盆地进行了深入细致的研究，具体剖析了几个具有代表意义的盆地，提出了中国边缘海资源形成和分布的规律性认识，在构造坡折带控制低位扇发育演化和天然气水合物矿层顶界的识别等方面取得了新认识。

（中国科学院海洋研究所　王利民）

【海水重要养殖生物病害发生和抗病力的基础研究】 国家“973”项目，首席科学家为中国科学院海洋研究所相建海研究员。

在 2002 年度，经过课题组全体成员的努力，圆满完成或超额完成了第三年的研究内容和指标任务，在海水养殖生物流行病学及机理、抗感染反应的免疫机制，抗病力的遗传学基础，环境与生物之间的关系等方面取得了诸多可喜的研究进展，某些科学问题上取得重要突破。在扇贝、对虾和重要海水鱼类的病原学方面进展显著，基本确定了球形病毒是导致栉孔扇贝大规模死亡的直接病原；深入研究了对虾 WSSV 的黏附蛋白和受体之间的作用关系；确定了南北方养殖鱼类的主要病原分别为溶藻弧菌和鳗弧菌，并对其理化性质以及与环境之间的关系作了深入的研究。在鱼虾贝藻防御病原体反应的过程与特征方面，基本弄清了它们的抗病免疫体系以及在抗病免疫过程中作用，初步建立了虾、贝的免疫学指标和抗病力的综合判定体系。在虾、贝抗病力的遗传基础和选育途径方面，筛选了相当数量的和抗病相关的分子标记和基因片段，对一些重要免疫因子如抗菌肽、溶菌酶、热休克蛋白等进行了深入细致的研究，选育出具有抗病性状的第六代对虾群体。在环境对抗病力的影响机制和生态调控上，较为系统地研究了几个重要环境因子对对虾、扇贝抗病力的影响及其与病害发生的关系，对提出的养殖模式进行了中试和验证，为健康养殖模式的推广和应用提供了科学数据。

2002 年度项目组共发表文章 126 篇，其中被 SCI 和 EI 收录 35 篇；在国际和国内重要会议上共有 53 人次做学术报告或特邀报告；获得专利 1 项；培养博士、硕士 68 名，共有 3 人系“长江学者计划”、“国家杰出青年基金获得者”；2 项成果获省部级科技进步奖一等奖，1 项成果获省部级自然科学奖二等奖。

【我国近海赤潮发生的生态学、海洋学机制及预测防治】 国家“973”项目，项目首席科学家为中国科学院海洋研究所研究员周名江和国家海洋局第一海洋研究所研究员朱明远。

项目选择环境复杂多变、富营养化严重、特大规模赤潮频发的东海典型赤潮高发区为主要研究海域，以渤海、广东沿海赤潮高发区为对比研究海域，围绕赤潮生物的多样性、地理分布、生活史及其生态竞争策略，赤潮与营养物质的关系、赤潮生消关键物理海洋学过程，赤潮的数值模拟与预测，赤潮的危害及防治机理展开多学科交叉综合研究，力求在重要赤潮种的遗传特征和生态关系策略，近海大规模赤潮爆发机制、赤潮生物--光学遥感监测原理和数值预测，以及赤潮危害机理和生态调控原理方面有所突破，为我国“预防、控制和治理赤潮”和海洋经济可持续发展提供科学依据。

在2002年着重开展了东海赤潮高发区的大规模赤潮发生过程和海区环境研究。

收集了大量有关赤潮的生物学、化学海洋学、物理海洋学、光学遥感等各方面的历史资料和论文专著，围绕目标藻种和主要研究海域完成了综述和分析；确定了各课题的实施计划和中期实施方案；于2002年4～5月，2002年8月和2002年11月在东海赤潮高发区完成了三个主要航次，获得了大量赤潮发生现场数据和环境资料。针对重要赤潮生物原甲藻和亚历山大藻的生物地理分布、东海赤潮高发区物理环境特别是锋面影响、水、底质和大气化学环境、微藻群落季节性变化、特别是对捕捉到的大规模赤潮的形成过程进行了现场跟踪研究；开展了实验室和现场围隔实验，对主要赤潮生物的生活史、竞争策略、及其对营养物质的生理生态响应，赤潮对其它海洋生物的危害开展了系列研究，形成了初步的看法；开始赤潮遥感预测的方法研究，尝试在重点养殖区可应用的赤潮防治方法；同时开始了比较海域：渤海和南海赤潮的部分研究。2002年6月、9月和12月进行三次项目进展会，三次专题研讨会，三次航次研讨会，并与北太平洋海洋科学组织在10月联合举办了有关营养盐与赤潮关系的国际学术讨论会，项目中8人参加了第十届国际有害赤潮大会，周名江首席应邀对本项目的初步结果进行了报告。项目已取得的有关结果已在《应用生态学报》2003年第7期以专辑形式出版。

【皱纹盘鲍的遗传改良及中试示范】 国家“863”课题。

课题简介：获得有一定遗传距离或遗传背景有明显差异的皱纹盘鲍群体，进行群体间的杂交；在可鉴别优良性状的个体间进行定向杂交；以个体大小、重量等为主要指标进行系统选择；开展主要经济数量性状遗传规律的研究，包括遗传力的估算等；建立皱纹盘鲍cDNA文库，通过EST技术筛选与生长和抗性有关的分子标记，并应用于品种的选育。通过调节环境条件和生殖生理状态提高杂交配子间的适配性，通过近交和雌核发育技术建立具有不同遗传背景的纯系；以选择性杂交技术丰富候选家系的遗传背景，提高选择育种的效率，培育出综合性状表现优良的皱纹盘鲍新品种（系）或养殖群体，产量提高15%～20%，死亡率降低30%，养殖达到中试规模。

2002年度进展：通过选择性杂交技术，在大连和青岛两个实验基地培育皱纹盘鲍杂交苗种887.9万，分选后平均成活率为96.46%。对日本野生群体人工繁育群体进行了F2选育，分选后成活率分别为90.01%。以日本野生型皱纹盘鲍和中国群体的壳色突变体——橘红壳色的皱纹盘鲍为亲本，进行了群体间的选择性双列杂交，获得具有抗性优势的橘红壳色标记的子代——“中国红”14.10万粒，存活率为96.95%。初步揭示了皱纹盘鲍的壳色遗传规律，遗传连锁图谱的构建在年内完成。建立了以中、日、韩三国的皱纹盘鲍为亲本的育种基础群。 （王利民）

【对虾生长、性别决定和抗逆基因的克隆和应用】 国家“863”课题。

课题简介：研究对虾不同组织和不同发育阶段cDNA文库的构建技术，构建高质量的文库；通过对对虾EST数据进行生物信息学处理、分析，发现有功能提示的序列；克隆与对虾生长发育、性别决定和抗逆相关基因，并研究所克隆基因在组织中的表达调控；探讨将对虾的功能基因通过大肠杆菌或酵母等进行表达的体系。本课题的目标是在构建对虾cDNA文库的基础上，筛选出与对虾的生长、性别决定和抗逆相关基因3个，并完成这些基因的测序，填补我国在对虾功能基因研究方面的空白，提高我国在此领域研究方面的水平。

2002年度进展：构建了中国对虾不同组织的6个cDNA文库，这些特异性组织文库的构建为对虾功能基因的克隆提供了资源储备。对已经获得的中国对虾10 044条EST进行了生物信息学处理，获得大量具有功能提示的序列，以此为线索克隆了一些功能基因包括抗菌肽、蜕皮抑制激素、热休克蛋白 70 的全长 cDNA 序列，并进行了这些全长功能基因的体外重组表达系统研究，在抗菌肽基因的原核和真核表达系统的建立方面已经取得重要进展，为对虾功能基因表达产物的利用提供了保障。

【重要海水养殖贝类苗种培育设施的工程优化】 国家“863”课题。

课题简介：本课题主要研究封闭式循环水育苗设备系统，包括高效水处理系统与全年封闭式循环水育苗优化设施；苗种培育设施的自动化控制技术，研制优质饵料生物高效培养、收获系统。建立一整套 100 立方米规模封闭高效循环水育苗系统并实现生产应用，突破贝类苗种封闭循环水培育的 4 项关键设备技术，争取该成果在快速去除水溶性有害物、增氧设备、固液分离设备、蛋白泡沫去除技术等方面达到国际先进水平，开发出海水育苗用主要水质参数检测系统，建立相应的饵料微藻高效生产系统。研究高密度封闭循环水幼虫培育新工艺及提高扇贝幼虫变态率的关键技术。

2002 年度进展：本年度根据海湾扇扇贝苗种的生长特点和工艺要求，对池形、循环水出入口、水流速度和方向、循环水排放等进行了生物工程学优化设计；设计并研制了去除悬浮物和残饵粪便的技术与设备、生物过滤器；设计并研制高效增氧、消毒设备；对贝类苗种培育的新工艺技术、优质饵料生物高效自动化培养、收获系统与设施、低温高效安全菌剂进行了研究。在此基础上，建立了封闭循环水贝类育苗养殖系统，进行了初步贝类育苗实验。

【重要海水养殖鱼类配子低温保存技术及其种子库的建立】 国家“863”课题。

课题简介：本项目通过对真鲷、牙鲆、大菱鲆、大黄鱼、半滑舌鳎和鲈鱼低温生物学特性及冷冻损伤机理的研究，筛选出高效低毒抗冻剂，突破海水鱼类胚胎冷冻保存技术难关，建立海水鱼类精子超低温冷冻保存技术、工艺和胚胎冷冻保存、解冻复活的技术工艺，并在国际上首次建立上述几种鱼类精子和胚胎细胞冷冻库。

2002 年度进展：在真鲷、牙鲆、大黄鱼、大菱鲆和鲈鱼的精子超低温保存技术研究基本完成，并在真鲷、牙鲆、大菱鲆和鲈鱼方面达到实用水平；建立了海水鱼类冷冻精子库，冷冻精子入库量分别是：真鲷：60 毫升；牙鲆：50 毫升；大菱鲆：60 毫升；大黄鱼：20 毫升；鲈鱼：60 毫升。

在真鲷、鲈鱼和牙鲆胚胎冷冻保存方面取得重大进展，超低温冷冻保存获得复活胚胎共 53 粒，其中真鲷 24 粒、牙鲆 23 粒、鲈鱼 6 粒、孵化仔鱼能正常发育。

【海带、紫菜等经济藻类种质库的建立和利用】 国家“863”课题。

课题简介：收集、纯化、保存我国特有、濒危的经济海藻，建立目标种质资源库、基因库。从组织、细胞分子水平，研究经济藻类种质资源，建立目标种质的特异分子标记和 DNA 指纹图谱。为保护藻类种质资源的多样性，为经济海藻的种质鉴定及分子标记辅助选育提供科学依据，为海藻功能基因的研究打下基础。主要建立经济海藻的种质库、基因库，研究海带、紫菜遗传的稳定性，建立分子标记图谱，筛选特异的分子标记，结合重要的分离性状，筛选其连锁标记，用标记探针，对上述所建的文库进行筛选，开展分子标记辅助选种、育种。

研究进展：2002 年度完成了 30 个紫菜目标细胞系，37 个海带目标细胞系；裙带菜 14 个细胞系；江蓠属的材料 6 个的收集，建立了海带、紫菜的标准。

较系统地建立了海带、紫菜 DNA 指纹图谱，筛选并获得了海带、紫菜特异的分子标记；紫菜已找到了 11 个目标细胞系的 16 个特异分子标记，海带已找到了 11 个目标细胞系的 17 个特异分子标记。开始建立裙带菜细胞系指纹图谱的工作。

完成海带两个遗传分离群体的建立。完成了一个紫菜 BAC 库的构建，获得 65 000 克隆，即将完成海带 5 个、紫菜 5 个 λ 文库。

发表论文 6 篇，其中学报级别 4 篇（已经及正在印刷中），SCI 论文 2 篇（审稿中）。有关海带、紫菜共 2 项有关 SCAR 标记序列及有关的计算机软件的专利 1 项正在申请国家发明专利 。 （王利民）

【扇贝抗病重要功能基因的克隆与应用】 国家“863”课题。课题以栉孔扇贝和海湾扇贝为材料，筛选和克隆参与调控抗病的功能基因，并研究这些重要功能基因的表达与调控规律，阐明其作用机理，筛选抗病良种选育的分子标记，同时选取部分抗病功能基因在体外进行重组和表达。为扇贝抗病因子的开发和丰富扇贝等软体动物免疫学理论，进行基础性研究。

主要研究内容：

(1) 栉孔扇贝、海湾扇贝中具有抗微生物活性的多肽或蛋白的分离纯化、活性鉴定及氨基酸序列测定。

(2) 栉孔扇贝和海湾扇贝正常个体和感染个体cDNA文库的构建及EST序列测定。

筛选和克隆参与调控抗病的功能基因。

(3) 重要抗病功能基因在正常个体、感染和发病个体以及环境胁迫条件下的表达，探讨抗病功能基因的表达与调控规律，阐明抗病功能基因的作用机制，为抗病良种选育提供分子标记。

选取1～2种重要抗病功能基因在体外进行重组，转化大肠杆菌，在大肠杆菌中实现表达，并对重组蛋白的生物学活性进行鉴定。

【文蛤大规模人工育苗技术】 国家“863”课题。本课题将针对文蛤人工育苗过程中亲贝促熟、幼虫培育、附着变态、稚贝中间培育等关键技术环节进行深入系统的研究，揭示各发育阶段内在的生物学机理。通过研究环境因子和体内激素对亲贝性原细胞成熟的关系，实现亲贝人工促熟和生殖调控；优化培养条件，实现幼虫高密度培育；研制高效采苗器，采用人工化学诱导剂提高单位水体出苗量；通过稚贝集约化中间培育生态工程设施和培育模式，提高稚贝成活率。通过解决上述关键技术问题并进行有机系统的整合，形成一套高效稳定的文蛤苗种培育技术工艺和流程，完成年产文蛤商品苗种5亿粒的目标，实现文蛤苗种人工培育的产业化。

文蛤规模化苗种生产技术工艺的建立和关键技术的研究和集成，可以提升文蛤苗种企业的技术创新能力和市场竞争力，有效地带动文蛤苗种产业的发展，从而促进我国整个文蛤养殖产业的腾飞。（王利民）

【中国典型河口-近海陆海相互作用及其环境效应】（“973”计划）

该项目为2002年启动的新项目，首席科学家为中国海洋大学的翟世奎教授和华东师范大学的丁平兴教授。

河口-近海系统位处沿海经济带，是海陆相互作用最为活跃的地带，也是与社会和国民经济发展关系最为密切的地带。河口-近海生态环境脆弱，演变机制复杂，科学内涵丰富，其生态环境变化和地貌演变不仅直接关系到人类的生存空间、生存质量和社会的可持续发展，而且涉及许多重大基础科学问题的解决。在我国社会发展和沿海经济建设进程中，以及陆海相互作用研究中，三角洲岸滩的蚀退和河口近岸水域环境的恶化是两个最突出的问题，而河流入海水沙、营养盐和污染物的交互作用及通量变化是问题的起因，加之海洋动力作用和海平面变化的影响使问题更趋复杂。

针对国家的需求，在我国主要河流入海泥沙锐减，营养盐和污染物剧增的背景下，结合河口-近海系统复杂的动力过程及海平面上升机制，本项目拟解决的关键科学问题为：①水沙通量变化及海平面上升条件下三角洲海岸的侵蚀堆积过程与平衡机制；②河流入海污染物和营养盐的通量及组成变异对海岸带环境的影响。

本项目针对我国河口及邻近海域高浑浊度水体和淤泥质海岸广泛发育的特点，选择入海物质通量大且变异显著、生态环境安全受到严重胁迫的典型河口——长江口和黄河三角洲及其邻近海域为主要研究对象，围绕两大关键科学问题，重点开展以下5个方面的研究。

(1) 河流入海物质（组成）的通量变异机制及输运过程；

(2) 河口沉积动力过程、三角洲海岸侵蚀堆积机制和趋势预测；

(3) 河口-近海环境的控制因素及变异机理；

(4) 河口-近海生物地球化学过程；

(5) 三角洲海岸侵蚀防护和河口-近海环境恶化的治理对策。（中国海洋大学）

【海水重要养殖生物病害发生和抗病力的基础研究】（“973”计划）

环境胁迫对对虾抗病力的影响及其人工调控

本课题由中国海洋大学董双林教授主持。

该项目2002年主要研究内容：主要研究微藻在对虾白斑病毒传播和感染中的地位、作用和虾池中微藻的调控。主要包括虾池中的主要微藻种类在WSSV病毒传播方面的地位和作用，及其对养殖对虾抗病力、病原生物的影响；大型海藻（石莼等）和滤食性动物（牡蛎、扇贝等）对微藻密度、群落结构的影响；重要水质指标和对虾病毒感染率的关系。

2002年课题取得的主要学术成就：

（1）证实了几种围栏养殖模式具有较好的防病功效，并对其防病原理进行了初步探讨。

中期评估以来，本课题利用涂塑厚型纤维布、薄型纤维布和网围栏养殖模式进行生态防病养殖，结果显示，这些方式均可显著地防止暴发病的发生。同时初步证明，布围栏养殖产量高，是网围栏的3倍，但其养成规格小。综合成本、产量、规格等因素分析，网围栏养殖模式的经济效益是布围栏模式的2倍。

检测结果初步表明，池塘中的螺、贝类生物传播WSSV的可能性很小，病毒经水传播的可能性也很小。在围栏养殖模式中虾苗、浮游动物和底泥带病毒是主要病源。南美白对虾抗病毒的能力较强和/或相互蚕食较中国对虾轻是其易养殖成功的重要原因。

（2）研究了多种水质的生物调控技术，获得1种微生态制剂和牡蛎调控对虾养殖池塘的水质的优化技术。

本课题研究了2种微生物制剂、牡蛎、缢蛏、海参、江蓠以及“卫抗”等化学方法调控水质的方法。初步结果表明，黄海水产研究所研制的一种微生态制剂和混养牡蛎可有效、定量地调控水质。

（3）在定量研究石莼与海洋微藻营养竞争的基础上，进一步证实了石莼对某些海洋微藻具有非营养性相克作用。

（4）通过中国对虾对不同光色的生理生态学反应研究，证实了养殖池塘水消毒后，池水蓝色光的增加会导致对虾生长减缓、呼吸率增加。

（5）首次比较了虾、贝、藻分级串联养殖和虾、贝、藻同室混养模式的养殖生态学效果，初步证实混养比分养效果好。

（6）通过对多项生理、生化指标变化规律的研究，证实了水温和盐度的急剧变化会导致中国对虾和日本对虾抗病力下降。

（7）建立了套式PCR方法检测对虾体内潜伏性感染的方法。套式PCR的灵敏度约为一步PCR的10^6倍，日本对虾肌肉和附肢的扩增信号最强。

（中国海洋大学）

扇贝大规模死亡的流行病学研究 本课题由中国海洋大学长江学者宋微波教授主持。

本课题旨在围绕养殖扇贝的大规模死亡现象从流行病学、组织病理学和病原学等角度开展研究，查明引起其大规模死亡的主要病因，确定病原体与致病机理以及病害发生、发展和流行成灾的规律，在此基础上，提出和建立控制扇贝大规模死亡疾病的防疫模式、检测方法及可行的防治措施。2002年该课题研究的主要进展：

（1）病原确认。根据开展的流行病学、电镜以及组织病理学检查的结果表明，在濒死个体中普遍存在一种球形病毒以及立克次体，且流行病学调查资料显示，该类病原感染分别与扇贝在死亡时机、死亡率与感染率上表现了一定或显著的（尤其是前者）相关性，而与其他生物因子如寄生性原生动物、细菌以及非生物因子无直接相关关系。

在对栉孔扇贝所开展的感染试验中，为了解病毒和立克次体这两类病原与病害发作之间的关系，感染分别按照不同的组合加以开展，其中除（病毒+立克次体的）混合感染和空白对照外，另行通过微孔滤膜筛选、加抗生素处理感染物等方法以分别获得单一的感染用源生物。

2002年实验结果表明，空白对照组平均存活率为93.8%，病毒注射感染组死亡率为75%，病毒浸浴组为69.7%，单独的类克次氏体感染组为19.7%，病毒与立克次体相混合组致死率为80%。这一结果与2001年感染试验工作结果相一致。

对上一年经人工感染并死亡的个体所做的电镜检查证实，在病毒及混合感染组中死亡个体内均发现了大量病毒，未检到立克次体（混合感染组）。在立克次体感染组仍发现病毒但未见立克次体的存在。

通过2002年度对不同来源受试扇贝所做的可疑病原（病毒、立克次体）的人工感染试验，再次表明，导致栉孔扇贝养殖后期大规模死亡的直接病原为一种球形RNA病毒（AVND-病毒）。

作为重要进展和成果，2002年的感染试验证实了2001年所做的病毒为其致死的直接病原，同时也支持上年的结论，即栉孔扇贝养成期大规模死亡这一现象应当表述为一由特定病原而导致的具体病症：急性病毒性坏死症（AVND）。

(2) AVND-病毒的ELISA诊断技术建立。在定性病毒性坏死症病毒（AVND-病毒）为栉孔扇贝死亡的直接病原的基础上，新近还完成了对上述病原的 ELISA 检测。主要内容包括：①通过对病贝体内病原AVND-病毒的纯化，利用多抗技术制备出抗AVND-病毒抗血清，进而建立起间接ELISA检测AVND-病毒的免疫检测技术；②利用该技术 2002 年完成了对以往 3 年来（2000～2002）的采自各不同疫区“大规模死亡期”的（栉孔扇贝）病贝之ELISA检测，这一检测结果同样表明AVND 病毒与扇贝死亡规律及程度完全相符；③对2002年的一龄贝和二龄贝不同养殖时期的病毒感染情况进行了 ELISA 分析，结果与采用电镜负染色技术检测的结果一致。

(3) 其他工作进展。在病原确定的同时，课题组还初步开展了对 AVND-病毒的纯化和鉴定工作，为下一步病毒单克隆抗体的制备创造条件，主要包括：①建立了病毒提取、纯化的完整技术；②建立了经病毒免疫小鼠细胞和骨髓瘤细胞的杂交细胞系，筛选出12株阳性克隆细胞系，并对其中的 9 个阳性克隆细胞进行了扩增培养；③在分析表明该病毒为一RNA病毒基础上，通过RT-PCR反应，已克隆出该病毒部分核酸片断，建立阳性克隆系。 （中国海洋大学科技处）

【中国陆地生态系统碳循环及其驱动机制研究：黄河河口碳通量及向近海输运过程】 本课题由中国海洋大学张龙军教授主持。

本课题通过黄河河口区碳通量观测和历史水文资料的分析，确定水土流失经由黄河河口输运入海的碳通量，区分黄河输出各类形态碳的数量和比例，阐明以多沙和物理输运为主的黄河河口碳输运主要过程机制；估算过去50年黄河输出碳量的历史变化，预测未来碳输出通量的变化趋势；定量认识河口碳输运过程在陆地碳循环中的作用和影响。

研究内容：

(1) 黄河河口碳输运与碳来源。通过不同季节，丰、枯水期黄河河口流量、输沙量等水文参数和各类形态碳参数的测定，研究黄河淡水入海、颗粒物沉积及水-气界面碳的各形态分量的变化规律，确定由于水土流失经黄河输运迁移的碳通量；利用有机分子示踪等技术，区分黄河入海输出碳通量的自然源和人为源的贡献，探讨人类活动和自然事件对河口碳输出碳通量的影响。

(2) 黄河河口碳输运过程与碳形态转化机制。研究在淡咸水混合过程中的化学要素变化，以及潮汐、河口区环流作用下碳的水平及垂直输运及碳酸盐系统在碳传输和迁移中的作用，定量认识黄河河口碳循环特征，揭示河口区碳的水平及垂直输运过程；研究碳的各类形态在颗粒物-水界面迁移转化规律，以及潮汐、河口区环流作用对碳的水平及垂直输运的影响。

(3) 黄河河口碳输运量动态变化的综合分析。通过黄河流域综合资料分析及河口-近海沉积数据，估算过去50年水土流失作用经黄河输运迁移碳量的变化规律，阐述人类活动和自然事件对黄河入海碳通量和输出形式的影响，预测未来碳输运量的变化趋势，认识河口-近海碳输运过程在陆地碳循环中的作用。

（中国海洋大学　刘安国　吴俊龙）

【东、黄海生态系统动力学与生物资源可持续利用：东、黄海重点海区生态系统动力学模型的数值研究】 本课题由中国海洋大学魏皓教授主持。

课题研究的目标：建立包括总模型和过程模型在内的物理-生物耦合的生态系统动力学数值模型，查明东黄海营养盐收支，探讨中尺度物理过程在生态系统内部对生源要素和浮游生物的输运与再分配，确定物理过程在生态系统平衡和调控中的地位和作用。

建立生物-物理耦合的过程模型，利用所建模型深入研究中尺度过程对不同海域生源要素分布、浮游生物聚集的作用，确定物理过程在生态系统平衡和调控中的地位和作用。5年累计提交科学论文20篇。

2002年度主要工作进展和结果：

(1) 海上观测。组织、参加了 3 个航次的海上观测，完成水文、气象要素调查；6月进行了两次鳀鱼产卵场专题调查，浮标追踪实验也较为令人满意；

9 月 5～25 日结合重点国际合作项目实施了东海陆架水交换及生源要素输运调查。

(2) 分析与模型研究。已完成黄海中部秋季混合特征与溶解氧垂直分布的关系研究，黄海水文气象要素多年际变化分析，黄海营养盐多年际变化分析，东海 PN 断面水团分析和通量分析；正在进行：黄东海生态系统动力学数值模型调试（9 生态变量），东海上升流三维动力模型调试，东海生态系统模型调试，将鱼获量作为强迫，反映舟山渔场区上升流生态系的特征。

（刘安国　吴俊龙）

【中国近海环流形成变异机理、数值预报方法及对环境影响的研究：渤海超浅海环流及其变异机理】 本课题由中国海洋大学吴德星教授主持。

本课题将重点解决渤海环流结构的季节与年际变化机理，并研究渤黄海水交换和渤海水体的更新及变异规律。其主要内容如下：

(1) 渤海环流的分离。渤海是一个潮流占优的海域，而环流主要是风生、热盐与潮致余流组成，它们与潮流之间存在着非线性的耦合，并比潮流小至少一个量级。经过前两年的资料收集和调查，积累了部分资料，如何从这些资料中分离出风生、热盐环流在不同季节的贡献，是研究的内容之一。

(2) 渤黄海水交换和渤海水体的更新及变异规律。渤海的封闭性导致其水体更新周期很长，这与渤海的生态环境休戚相关，同时也是环流问题研究的延伸。本课题将研究确定渤黄海水交换的途径、数量及影响因子，从而确定渤海水体的更新时间尺度，并且由于大气对渤海的动力、热力输入因子的年变化及变异有其特点，可以预期它们将对渤海的水体更新变异起作用，这种变异规律也是进行研究的一项内容。

(3) 建立渤海环流及变异和水更新的数值模式。渤海作为陆架浅海影响环流的因素复杂，用数值模式在较细的网格上进行模拟是经济可行的。环流模式将结合渤海特点综合考虑风生、热盐与潮致因素，直接建立一个非定常的长期平均的环流模式，用来研究环流的变异。在此基础上将模式扩大到北黄海一带，对渤黄海水交换及渤海水体更新做出模拟，由于要模拟计算年际变化必须设计出一个保真、经济而高效的数值模式。

本课题经过两年的工作和研究，收集到大量的历史观测资料，利用垫支的方式完成了渤海夏、冬季海上观测任务，已向项目办公室提供海上观测与分析数据；运行了多种数值模式，并结合渤海特点对相关模式进行了改造，模式运行是成功的，计算结果是可信的。已初步建立起较长期时均的非定常渤海环流模式；对渤海的环流进行了 4 年的模拟，初步揭示了渤海环流结构的季节演替规律和机理。实现了设定的预期目标。

在资料方面收集了大量长期资料，为研究环流变异奠定了信息基础，完成夏冬两个航次的海上调查，特别是有 4 个站位实现了 7 天同步连续观测和顺利完成渤海冬季海上大面观测，是现场观测意义上的历史突破；通过建立的长期时均的非定常渤海环流模式，初步揭示了渤海环流结构的季节演替机理；建立了渤海的悬浮物输运模式，对渤海的悬浮物输运作了初步模拟；利用模式模拟了渤海底层环流，其模拟结果与在渤海观测结果是一致的。这为建立渤海超浅海环流理论和环流变异机理研究奠定了良好的工作基础。

（中国海洋大学）

【我国近海赤潮发生的生态学、海洋学机制及其预测防治：我国典型赤潮高发区重要营养物质的来源、循环过程与赤潮形成关系】 本课题由中国海洋大学王修林教授主持。

主要研究内容：典型赤潮高发区赤潮生物重要营养物质（如无机和有机氮、磷、硅等常量营养物质，铁、B_{12} 等微量营养物质）来源、通量、组成、形态、时空分布及其变化规律，赤潮生消过程中重要营养物质及其他生源要素的变化过程；水体中营养物质变化过程与赤潮生物的种类组成及数量变化过程的关系；沉积地球化学过程对营养物质的迁移和补充机制。

研究目标：查明赤潮高发区赤潮生物重要营养物质来源、通量、组成和形态，掌握重要营养物质的时空分布特征，阐明赤潮生消过程中营养物质的迁移及形态间的转化过程，从细胞分子水平揭示营养物质与赤潮生物相互作用机制，为赤潮发生的生态学和海洋学机制研究提供最基础的资料。

（吴俊龙　刘安国）

【海洋环境预报及减灾技术：业务化海浪数值预报模式的研制】 本课题由中国海洋大学吴德星教授主持。

项目主要研究内容：

本课题根据我国海浪预报的现状，以灾害性海浪预报为重点，解决我国海浪、海面风场的预报技术提高问题，课题的要点是业务化和数值化。其中本课题中的海面风场数值预报模式还为风暴潮数值预报和温、盐、流三维结构数值预报及海冰数值预报提供气象强迫场。本课题的主要内容有：

- 浅水高分辨率海浪业务化数值预报模式研制。
- 深水海浪业务化数值预报模式研制。
- 海浪数值预报产品的应用研究。
- 高分辨率的有限区域海面风场数值预报业务化模式。
- 高分辨率的台风风场数值预报业务化模式。

课题2002年主要进展：

深浅水海浪模式在改进原模式的基础上，与实测资料进行了比较和验证，基本完成业务化前期准备工作，2002年年底或2003年年初开始业务化试运行。风场模式完成了在PC机上的调试以及台风、温带气旋、寒潮大风过程的个例验证，卫星资料的同化不仅完成了13D-Nudging方案，还进行了2DVAR方案的试验。（刘安国　吴俊龙）

【科技部社会公益专项项目：南沙群岛及其邻近海区综合科学调查】 南沙群岛及其邻近海域位于南海南部，是中国南疆的屏障和门户。南沙群岛海区蕴藏着丰富的油气和渔业资源，是中华民族可持续发展的重要疆域。为了有效地维护国家权益，开发利用海洋资源，发展海洋经济，必须拥有海洋国土和海洋资源环境状况的精确资料以及海上长期立足的能力，因此对南沙海区进行深入的科学研究、开发和建设，将是中国21世纪资源开发与利用的重要组成部分。

中国对南沙群岛海域开展大规模实地考察始于20世纪80年代，在国家科委、国家计委的领导和支持下，1984年、1987年、1993年和1997年作为国家科技专项连续四次立项，2001年又作为科技部社会公益研究专项项目立项，在南沙群岛及其邻近海区开展多学科综合科学考察和研究工作。

2002年进行了2个航次海上调查。2002年4～6月间，“实验2”号船实施了南沙海区地质地球物理调查航次，进行了水深、重力、磁力、多道反射地震等项目的测量，完成了综合地球物理调查测线2 100千米。“实验3”号船实施了南沙岛礁及综合科学考察，内容包括海区海流及气象观测、岛礁水文观测、岛礁生物生态和化学采样与观测、岛礁工程地质和珊瑚礁地质演化与环境变化调查、海洋沉积环境特征调查等，共设观测站位59个，连续站1个，登礁考察3座次。考察海区位于南沙群岛及其邻近海区的中国传统疆界线内（5°40′～13°12′N，108°24′～117°58′E）。获取了一批系统的、多学科观测数据、资料及相关信息。结合已有资料的分析，对若干规律性问题的深入研究取得新的认识，发表了52篇论文，其中SCI论文8篇，EI论文1篇。突出的研究进展包括：在海洋环境方面，从海洋观测资料的角度，首次系统地研究南海南部上层海洋环流的季节性结构，观测到冬、夏变向的次海盆尺度流涡、夏季东向离岸流和南海西部涡旋的双极子结构，证实了以前模拟研究的结果并发现了一些新的现象，首次发现了冬季纳土纳北向离陆架流和南沙东南区随季节反转的海流，多尺度涡在春、秋过渡期较活跃，上层环流的结构与同期的风场结构一致；资料和模型证实南海南部主要是风生环流，指出一个反气旋涡在南沙海槽处产生、发展并向西传播乃至衰减，且具有约50天的周期性过程。在海洋地质与古环境方面，系统地圈定了南沙海区中、新生界的分布与岩相变化特征；利用珊瑚的$\delta^{18}O$、$\delta^{13}C$重建了南沙群岛近50年来高分辨率（月-季）的海温、气温、降雨等环境信息，探讨了南沙海区近100万年以来的古生态环境特征及演变规律等。

2002年7月，中国科学院向国务院汇报了南沙考察的情况，李岚清副总理亲笔批示“请向同志们祝贺、致意”。

（中国科学院南海海洋研究所　陈绍勇）

国家自然科学基金重要项目
Key Projects of the National Natural Science Fund

【“黄海环流及营养盐物质长期输运研究”通过结题验收】 项目主持人：国家海洋局第一海洋研究所张庆华研究员、中国海洋大学孙文心教授。该项目系国家自然科学基金“九五”重点项目。该项目以黄海作为研究区域，围绕其主要研究目标，组织实施了3个航次的有关水文、气象和化学要素的大面海上观测，开展了海洋输运动力学模型、营养盐物质生态模式及机制等方面的研究。主要成果有：①组织了3个航次的海上调查，取得了一批重要的水文、气象和化学要素的数据，对黄海环流系统有了整体的认识；②全面系统地研究了黄海生源要素的时空分布及变化，对黄海营养盐来源给出了定量估计并对黄海冷水团区域溶解氧的垂直分布特征给出了合理的解释；③通过黄海冷水团温盐环流的解析研究，取得了下层海水加热滞后上层海水 3 个月的认识。建立了 3 种海水输运动力学模型，得出了质点跟踪步长不超过 10 分钟就可保证跟踪结果可靠性的认识；④创建扩展谱方法，将通常作为反问题的海洋资料同化转为正问题。采用自适应网格，提高了黄海锋区温盐结构的模拟结果；⑤通过生物-物理耦合的三维生态模型的研究，构建了黄海营养盐动力学模型并进行了物质长期输运的计算。

【“南大洋海冰区碳循环的研究”通过结题验收】 项目主持人：中国极地研究所董兆乾研究员。该项目系国家自然科学基金“九五”重点项目。根据研究计划，该项目组织实施了有关南大洋 3 个航次的现场观测和采样，完成了样品分析和数据处理，并在南大洋海冰区夏季海气二氧化碳交换和上层海洋二氧化碳体系及其热力学过程等 4 个方面开展了卓有成效的研究。主要的研究成果有：①论证了日本的津轻海峡、20°N 以南的南海、苏禄海为大气二氧化碳的弱源区，而白令海、西北太平洋、日本海、南大西洋、南印度洋是大气二氧化碳的汇区；②建立了海洋新生产力的 ^{15}N 示踪法、细菌生产力的 ^{3}H 示踪法等方法，开展了南极普里兹湾及邻近海域真光层颗粒动力学特征研究，定量地给出了上层水柱 PP、BP 及 NP 的通量；③在普里兹湾及邻近海域的上层海洋识别出 4 个水团：普里兹湾夏季表层水、普里兹湾冬季水、普里兹湾陆架水和变性南极绕极深层水；在 64°～66.5°S 和 70°～75°E 间海域，上层海洋的大部分区域为海水水平体积输运的辐合区，辐合下沉运动最强的区域发生在 66°～66.5°S 的大陆坡区域；65°S 以南的大洋上层海域有明显的北向输运；④南极调查海域夏季营养盐含量丰富，其不是浮游植物生长的限制因子；普里兹湾及邻近海域 DOC 含量比其他研究海区高；在夏季该区浮游植物大量繁殖，是 POC 的主要来源之一；利用沉积物捕获器对颗粒物质向海底输运通量进行了研究，发现颗粒物通量存在明显的季节性变化，海冰的季节性生长与消退是其变化的主要原因。

【“冲绳海槽及相邻陆架古环境演变的研究”通过结题验收】 项目主持人：中国科学院海洋研究所秦蕴珊研究员。该项目系国家自然科学基金“九五”重点项目。围绕其主要研究目标，该项目全面超额完成了海上调查及各项室内分析任务，获得 9 600 余个分析数据，取得的研究成果主要有：①根据微体古生物、氧碳同位素、火山灰、AMS14C 年龄、沉积特征等资料，建立了冲绳海槽 15 万年以来迄今最详细的地层层序；②发现末次盛冰期海槽北部曾受到黑潮暖流的深刻影响。据此推测盛冰期古黑潮的主流轴在琉球群岛外侧向北流动过程中，可能有一支沿奄美群岛北侧水道进入冲绳海槽；③冲绳海槽表层沉积物研究结果表明，冲绳海槽西坡硅酸盐碎屑源于东海陆架残留沉积物；槽底和东坡硅酸盐是中国大陆物质与火山源物质组成的混合物。④冲绳海槽的近代火山活动以中部最强，北部和南部较弱。在 15 万年以来的沉积记录中共识别出 5 个大的火山层，且均发生在地球轨道参数变化周期控制下的冷气候期初期；⑤通过对南黄海东南部泥质沉积区微体生物群落的分析，认为黄海暖流及其伴生的冷水体形成于距今约 6 400 年前；⑥黄海和东海陆架上晚第四纪的三角洲沉积揭示了冰期陆架环境的多样性。同时也间接地表明晚第四纪的低海面时期，大量中国大陆河流搬运的陆源物质沉积在陆架盆地内形成了三角洲复合体；⑦识别出冲绳海槽末次冰期以来曾发生过一系列的高频气候变冷事件，并将这些事件与格陵兰冰芯的 D-O 旋回和北大西洋的 YD 及 Heinrich 事件进行对比，发现二者在年代上存在相当好的可比性。

（国家自然科学基金委地学部）

2002年度国家自然科学基金资助海洋科学学科项目目录

1　自由申请项目

序号	批准号	负责人	项目名称	所在单位	资助金额(万元)	起止年月
1	40276001	陈立奇	南大洋pCO_2时空变异及其调控因子研究	国家海洋局第三海洋研究所	34	2003.01至2005.12
2	40276002	蔡　怡	全球增暖对海平面和太平洋环流的影响	国家海洋环境预报研究中心	25	2003.01至2005.12
3	40276003	于福江	越洋海啸对我国沿岸影响的研究	国家海洋环境预报研究中心	29	2003.01至2005.12
4	40276004	甘子钧	全球海洋和南海的局域熵及其时-空结构的研究	中国科学院南海海洋研究所	29	2003.01至2005.12
5	40276005	赵栋梁	波浪破碎对大气海洋间二氧化碳交换的影响	中国海洋大学	9	2003.01至2003.12
6	40276006	吕红民	海面微结构的测量和研究	中国海洋大学	31	2003.01至2005.12
7	40276007	冯士筰	强非线性河口和近海中的长期输运过程的研究	中国海洋大学	32	2003.01至2005.12
8	40276008	徐肇廷	陆坡区内潮分裂机制的研究	中国海洋大学	29	2003.01至2005.12
9	40276009	刘秦玉	北太平洋副热带模态水及其形成机制	中国海洋大学	33	2003.01至2005.12
10	40276010	孙　孚	由地转引起的海浪大尺度效应研究	中国海洋大学	32	2003.01至2005.12
11	40276011	詹杰民	海洋环流结构的大涡模拟和数据同化方法研究	中山大学	9	2003.01至2003.12
12	40276012	李保华	晚更新世粉红色G.ruber灭绝于西太平洋表层海水演化研究	中国科学院南京地质古生物研究所	26	2003.01至2005.12
13	40276013	蒋　辉	南海及邻区硅藻-环境变量数据库与定量古环境研究	华东师范大学	28	2003.01至2005.12
14	40276014	周　蒂	台湾盆山系统岩石圈流变和形变的过程模拟	中国科学院南海海洋研究所	28	2003.01至2005.12
15	40276015	丘学林	南海西沙地块及其邻区的地壳结构研究	中国科学院南海海洋研究所	28	2003.01至2005.12
16	40276016	郭志刚	工业革命以来污染物在东海近岸泥质区的地球化学记录	中国海洋大学	34	2003.01至2005.12
17	40276017	赵泉鸿	冲绳海槽南部13万年来黑潮和古海洋学环境演变	同济大学	28	2003.01至2005.12
18	40276018	李从先	冰后期长江三角洲地区下切河谷充填和河口湾演化	同济大学	35	2003.01至2005.12
19	40276019	邵　磊	南海东北深海高沉积速率区的陆源源区分析	同济大学	30	2003.01至2005.12
20	40276020	王汝建	白令海晚第四纪古海洋学记录及其对全球气候变化的响应	同济大学	31	2003.01至2005.12
21	40276021	张玉兰	长江三角洲晚第四纪沉积高分辨率植硅石及古环境研究	同济大学	30	2003.01至2005.12
22	40276022	吴时国	钱洲海岭构造变形特征及俯冲动力学研究	中国科学院海洋研究所	32	2003.01至2005.12
23	40276023	王永吉	黄河三角洲滨海湿地中全新世以来的演变	国家海洋局第一海洋研究所	8	2003.01至2003.12
24	40276024	孟宪伟	东海末次冰期陆源物质通量的古气候意义：Sr、Nd同位素示踪	国家海洋局第一海洋研究所	32	2003.01至2005.12
25	40276025	陈　敏	沿岸海域地下水输入的多核素示踪研究	厦门大学	29	2003.01至2005.12
26	40276026	于志刚	沿海地下卤水的铀系地球化学研究	中国海洋大学	33	2003.01至2005.12
27	40276027	陈沈良	高强度开发背景下长江三角洲南翼岸滩过程和响应	华东师范大学	26	2003.01至2005.12
28	40276028	林　鹏	福建红树林区水鸟与大型底栖动物的季节消长关系	厦门大学	21	2003.01至2005.12
29	40276029	董良峰	河口沉积物中细菌反硝化及N2O与N2之比研究	中国海洋大学	28	2003.01至2005.12
30	40276030	陈子燊	近岸带长重力波运动和碎波带地形演变的耦合过程	中山大学	30	2003.01至2005.12
31	40276031	夏小明	城市化河口的悬浮泥沙现场絮凝沉降特征	国家海洋局第二海洋研究所	30	2003.01至2005.12
32	40276032	黄彦良	动载条件下海洋结构用钢在海泥中氢渗透行为的研究	中国科学院海洋研究所	28	2003.01至2005.12
33	40276033	黄河清	鱼虾蛋白质组技术监测内海流动水域污染程度的研究	厦门大学	24	2003.01至2005.12

续 表

序号	批准号	负责人	项目名称	所在单位	资助金额(万元)	起止年月
34	40276034	吴家鸣	拖曳式多参数剖面测量系统控制性能研究	华南理工大学	25	2003.01至2005.12
35	40276035	李文权	北冰洋及其邻近海域氟里昂水团示踪研究	厦门大学	24	2003.01至2005.12
36	40276036	卢昌义	红树林对区域全球变化中某些胁迫的生理和生态响应	厦门大学	28	2003.01至2005.12
37	40276037	卢冰	应用海鸟粪土分子地层学记录追溯南极环境有机污染踪迹	国家海洋局第二海洋研究所	9	2003.01至2003.12
38	40276038	杨丰	对虾白斑杆状病毒受体基因的克隆	国家海洋局第三海洋研究所	30	2003.01至2005.12
39	40276039	黄邦钦	我国近海光合色素的生物地球化学研究	厦门大学	9	2003.01至2003.12
40	40276040	洪万树	海洋潮间带湿地滩涂洞穴鱼类生殖生态特征研究	厦门大学	9	2003.01至2003.12
41	40276041	柯才焕	海洋防污的化学生态研究	厦门大学	30	2003.01至2005.12
42	40276042	韩洁	小头虫复合体的生态学和遗传分化的研究	北京师范大学	24	2003.01至2005.12
43	40276043	汤晓荣	紫菜性别多样性的发育机理研究	中国海洋大学	30	2003.01至2005.12
44	40276044	李新正	中国海域长额虾总科区系和动物地理学研究	中国科学院海洋研究所	28	2003.01至2005.12
45	40276045	宋林生	栉孔扇贝免疫因子基因的克隆与表达	中国科学院海洋研究所	25	2003.01至2005.12
46	40276046	蔡德陵	海洋食物网营养动力学的分子稳定同位素研究	国家海洋局第一海洋研究所	33	2003.01至2005.12
47	40276047	张玉忠	深海适冷菌分泌的适冷蛋白酶的性质及适冷催化机理	山东大学	25	2003.01至2005.12
48	40276048	吴廷芳	海洋水色与水体色素垂直分布和初级生产力关系的研究	中国科学院南海海洋研究所	9	2003.01至2003.12
49	40276049	陈楚群	水色遥感资料提取II类水体叶绿素浓度的神经网络模型	中国科学院南海海洋研究所	31	2003.01至2005.12
50	40276050	何宜军	干涉雷达海洋定量遥感理论和数值模拟研究	中国科学院海洋研究所	32	2003.01至2005.12

2 青年科学基金项目

序号	批准号	负责人	项目名称	所在单位	资助金额(万元)	起止年月
1	40206001	线薇薇	腐屑食性鱼类在生态系统物质循环中的作用	中国科学院海洋研究所	22	2003.01至2005.12
2	40206002	韩桂军	二阶伴随法在卫星测高数据变分同化中的应用研究	国家海洋信息中心	25	2003.01至2005.12
3	40206003	杨永增	河口、海湾海浪谱反演模型及波谱对颗粒物的搅拌作用	国家海洋局第一海洋研究所	25	2003.01至2005.12
4	40206004	季顺迎	中小尺度海冰动力学的本构模型及数值方法研究	大连理工大学	21	2003.01至2005.12
5	40206005	王张华	东海陆架表层沉积次生铁硫物和油气化探的磁性指标研究	华东师范大学	22	2003.01至2005.12
6	40206006	贾建军	海洋环境中沉积物粒度趋势形成的动力机制	南京大学	23	2003.01至2005.12
7	40206007	向荣	冲绳海槽末次冰期以来古黑潮演化的对比研究	中国海洋大学	26	2003.01至2005.12
8	40206008	杨守业	南黄海东侧沉积物物源的稀土元素-同位素地球化学制约	同济大学	24	2003.01至2005.12
9	40206009	付永涛	冲绳海槽岩石圈动力学强度研究	中国科学院海洋研究所	23	2003.01至2005.12
10	40206010	武光海	海山富钴结壳地球化学新指标及其古海洋学意义	国家海洋局第二海洋研究所	22	2003.01至2005.12
11	40206011	蔡平河	南海真光层有机碳输出通量对季风的响应	厦门大学	26	2003.01至2005.12
12	40206012	倪建宇	水-沉积物界面附近物质迁移作用及其环境效应	国家海洋局第二海洋研究所	23	2003.01至2005.12
13	40206013	孟翊	长江口北支的潮流脊系及其发育模式	华东师范大学	23	2003.01至2005.12

续 表

序号	批准号	负责人	项目名称	所在单位	资助金额(万元)	起止年月
14	40206014	管卫兵	异常事件下河口高浓度悬沙运移和底床快速冲淤过程模拟	国家海洋局第二海洋研究所	25	2003.01至2005.12
15	40206015	胡　忠	海洋环境中高分子量多环芳烃污染的生物修复机制研究	厦门大学	24	2003.01至2005.12
16	40206016	刘　胜	珠江口浮游生态系中磷的动力效应研究	中国科学院南海海洋研究所	24	2003.01至2005.12
17	40206017	刘素美	沉积物-水界面交换对胶州湾富营养化演变过程的影响	中国海洋大学	25	2003.01至2005.12
18	40206018	章　军	有害赤潮藻暴发前后的蛋白质组和基因表达调控研究	厦门大学	23	2003.01至2005.12
19	40206019	沈颂东	紫菜单性生殖的研究	苏州大学	23	2003.01至2005.12
20	40206020	刘东艳	光和大量元素对胶州湾浮游植物铁吸收影响的研究	中国海洋大学	26	2003.01至2005.12
21	40206021	胡晓钟	封闭的海水养殖水体中原生生物的结构与功能研究	中国海洋大学	24	2003.01至2005.12
22	40206022	缪锦来	南极冰藻中抗紫外线辐射活性物质研究	国家海洋局第一海洋研究所	23	2003.01至2005.12
23	40206023	杨劲松	极化合成孔径雷达图像海洋特征分离技术	国家海洋局第二海洋研究所	20	2003.01至2005.12

3　地区科学基金

序号	批准号	负责人	项目名称	所在单位	资助金额(万元)	起止年月
1	40266001	龚文平	海南潮汐汊道的中长期地形演变的数值模拟研究——以陵水新村为例	海南省海洋开发规划设计研究院	18	2003.01至2005.12

4　重点项目

序号	批准号	负责人	项目名称	所在单位	资助金额(万元)	起止年月
1	40231002	孙立广	南海鸟岛生态环境演变对全球变化的响应	中国科学技术大学	150	2003.01至2006.12
2	40231010	高　抒	强潮海湾粉砂物质与海岸系统行为	南京大学	140	2003.01至2006.12
3	40231012	巢纪平	太平洋-印度洋暖池动力学和海气相互作用研究	国家海洋局第一海洋研究所	160	2003.01至2006.12
4	40231013	潘增弟	南极普里兹湾水团和环流特征与冰架相互作用过程研究	中国极地研究中心	160	2003.01至2006.12
5	40231017	沈焕庭	长江河口陆海相互作用的关键界面及其对重大工程的响应	华东师范大学	140	2003.01至2006.12
6	40233032	张占海	北冰洋海冰物理过程和冰-海洋耦合模式研究	国家海洋环境预报研究中心	160	2003.01至2006.12
7	40238060	庞　雄	南海深水扇系统及油气资源	中海石油研究中心南海东部研究院	300	2003.01至2006.12

5　国家杰出青年科学基金、海外及香港、澳门特别行政区青年学者合作研究基金

序号	批准号	负责人	项目名称	所在单位	资助金额(万元)	起止年月
1	40225015	朱　江	物理海洋学	中国科学院大气物理研究所	100	2003.01至2006.12
2	40225014	时　钟	河口海岸学	上海交通大学	100	2003.01至2006.12
3	40228007	蔡卫君	海洋化学	厦门大学	40	2003.01至2005.12
4	40229008	王文雄	生物海洋学（含生物海洋技术）	中国科学院南海海洋研究所	40	2003.01至2005.12

6　专项基金

序号	批准号	负责人	项目名称	所在单位	资助金额（万元）	起止年月
1	40210564	傅　刚	西北太平洋及日本海上极地低压的研究	中国海洋大学	36	2003.03至2005.12
2	40220005	颜其德	创建网上极地科普馆	中国极地研究中心	10	2003.01至2004.12
3	40246002	苏　新	冲绳海槽南部12万年来硅藻群落与黑潮变迁的研究	中国地质大学（北京）	9	2002.01至2002.12
4	40246024	翟世奎	冲绳海槽岩浆作用与热液活动的成因联系	中国海洋大学	9	2003.01至2003.12
5	40246026	韩德亮	胶州湾典型地区环境变迁过程的研究	中国海洋大学	9	2003.01至2003.12
6	40246027	陈伟斌	渤海海冰盐分迁移过程的研究	国家海洋局海洋环境保护研究所	9	2003.01至2003.12
7	40246028	张　经	长江河口上溯主流区段的生源要素	华东师范大学	9.5	2003.01至2003.12

（国家自然科学基金委地学部）

【扇贝、对虾遗传图谱的构建】　国家基金重点项目。构建海产经济生物遗传图谱，定位和克隆一些与生产性状和生物活性相关的功能基因，检测和识别一些重要经济性状如生长速度、发育调节和抗病抗逆等连锁的分子标记，并应用于分子辅助选项是一条培育优质、高产、抗逆的水产养殖品种的有效途径。本项目以我国海水重要养殖动物栉孔扇贝和中国对虾为研究对象，在大量筛选有效的分子标记和功能基因的基础上，运用FLSH、AFLP、微卫星等基因组作图技术分别构建栉孔扇贝的物理图谱和遗传连锁图谱以及中国对虾的物理图谱，为定位和筛选重要的经济数量性状的功能基因以及栉孔扇贝、中国对虾的分子标记辅助选择育种和优良品系筛选培育提供科学依据和有力保障，使我国扇贝和对虾养殖业得以持续高效发展。　（王利民）

【遥感和GIS技术用于海洋观测的新方法研究】

本项目为国家自然科学杰出青年基金项目，由中国海洋大学陈戈教授主持。

卫星海洋遥感是20世纪后期海洋科学取得重大进展的关键技术。目前国际上的卫星海洋遥感观测正处于从实验性向业务化过渡的阶段，并围绕全球变化和可持续发展中的海洋学问题展开更为系统而深入的研究。在地理信息系统方面，国际上已从科学研究、技术开发逐步走向产业化和市场化，并已形成一定规模。近两年来，海洋GIS异军突起，在海洋基础数据库建设、海岸带管理与规划、海洋动力过程仿真以及海洋渔业和油气资源分析等方面显示出巨大的潜力和优势，成为地理信息系统和开发中的一个新的生长点。基于上述背景，陈戈教授领导的研究小组瞄准当代海洋科学的前沿问题和国家地球科学发展目标，以卫星高度计和海洋地理信息系统的紧密结合为特色，开展多层次、高水平的预研性研究、基础性研究以及应用和开发研究。

截止到目前，该项目已取得如下进展：①利用 Monte Carlo 模拟的方法较为系统地研究了卫星高度计海面风速与实测风速印证中的时空配准问题，给出了一套简捷的量化配准方案；②利用TOPEX 高度计所提供的前所未有的高质量数据，对全球海洋主要纬向风带的位置和强度进行了重新分析和准确定位；③在国际上率先建立了利用卫星高度计反演全球海洋降雨的遥感方法，为卫星高度计开辟了一个崭新的应用领域；④成功地利用卫星散射计和高度计联合观测并在国际上首次揭示了位于赤道太平洋、大西洋和印度洋的全球三大“涌浪池”及其东向强化结构；⑤利用卫星遥感观察发现了强厄尔尼诺事件期间太平洋无风带的经向振荡规律，为探索厄尔尼诺的成因和机制提供了新的线索；⑥将遥感（RS）技术和地理信息系统（GIS）技术相结合，建立了一个基于TOPEX 卫星的全球海面风速分析的海洋地理信息系统。　（刘安国　吴俊龙）

【渤海典型环境负荷物的迁移、转化过程及环境容量研究】　该项目为中国海洋大学王修林教授2001 年度获准的国家自然科学重点基金项目。

随着环渤海沿海经济的高速发展和人口增加，环境负荷物（主要包括油类、重金属和需氧有机化学污染物，以及无机氮和无机磷等富营养化物质）入海总量不断增加，由此导致渤海海域水质恶化，海洋生态系失衡，海洋灾害频发等海洋生态环境问题，严重制约了环渤海沿海经济和社会的可持续发展。因此，对渤海典型入海环境负荷物的水文生物地球化学循环规律的系统研究，可促使环境容量概念、理论和方法研究的深入发展，对准确确定渤海海域环境容量并合理地配置和利用具有极为重要的科学意义和实用价值。

本课题的研究目标：探索环境负荷物在渤海中的水文地球化学过程，研究环境负荷物在多介质海洋环境中的分布规律，建立渤海多介质环境负荷物动力学模型，模拟环境负荷物在渤海中迁移、转化过程，计算渤海环境容量，为实行污染物总量控制和沿海经济的可持续发展提供基础技术依据。

该项研究涉及到人类的生存环境。从学科的研究来看，涉及到环境科学的各个方面。如果把视野开阔一点，此类问题的研究乃是中国现代社会经济和科学发展过程中形成的、且又必需予以重视与逐步解决的问题。从本质上看，该项研究是环境保护的范畴，既是当今世界各国人民共同关心的重大的社会经济问题，也是海洋科学领域中的重大研究内容，同时，还是具有区域性特点的环境保护的具体应用与技术措施。

该研究有关渤海沿岸人类的活动、生存与发展。从环境生物学的角度看，是研究渤海海域生物与受人类干预的环境之间相互作用的规律与机理。当前的生物学界是按英国生物学家 A.G.坦斯利(Arthur George Tansley，1871～1955)提出的生态系统概念作为理论基础进行研究的。因而，也将环境生物学称为生态学。从环境地球化学的角度看，它研究环境中天然的和人为释放的化学物质的迁移转化规律及其与环境质量、人体健康的关系。从环境海洋学的角度来看，该研究是探讨污染物进入海洋的途径，污染物在海洋中的分布、迁移、转化规律和对海洋生物以及对人体的影响，并在此基础上提出保护和改造海洋环境的措施。

当前，该项研究已成为海洋科学中优先发展的领域，所研究的问题是物理海洋学、海洋生物学、海洋化学和海洋地质学等基础学科以及河口海岸学等应用学科的主要研究内容，同时也涉及环境科学和生态学等研究领域。该项目应用海上调查、现场和实验室实验以及数值模型的方法研究渤海典型环境负荷物迁移、转化过程，在建立多介质海洋环境分布动力学模型基础上，揭示在特定水质标准条件下物理、化学、生物和地球化学等自净强度的时空分布和控制机理，以及环境容量的变化规律。该研究不仅可促使相关海洋科学二级学科研究的纵深发展、系统和完整，而且可促进边缘学科和交叉学科的形成，充分反映了当前海洋科学和环境科学发展的趋势和前沿。这对于保护和合理利用渤海海洋生态环境资源，支撑社会和经济的可持续发展等都具有重要意义。

【西北太平洋海气相互作用及其对东亚气候的影响】 该项目系国家自然科学基金委员会资助留学人员短期回国工作讲学专项基金（简称“两个基地”项目）。由中国海洋大学傅刚教授与美国夏威夷大学国际太平洋研究中心的谢尚平博士共同主持。

西北太平洋对于东亚的气候而言是一个重要的区域。冬季，黑潮向北输送大量的热量到中纬度并在中纬度大气中释放。同时，寒潮把寒冷干燥的空气携带到洋面上，强烈地影响和改变海表面温度和混合层。西北太平洋暖池(SST＞28℃)是世界大洋上范围最广的暖池，在夏季可以向北延伸到 30°N。暖池为什么会向北延伸到如此程度以及它是怎样与副热带高压相互作用的人们知之甚少。因此加深对西北太平洋海气相互作用的认识和理解，改进该区域的气候模拟及预报是摆在气候研究工作者面前的一项十分紧迫的任务。它具有十分重要的科学价值、深远的社会意义和巨大的经济效益。本研究课题在揭示新现象、发现新机制方面有望取得突破。这些发现和突破对于气候动力学、气候观测和业务预报等诸多领域的研究活动将会起巨大的促进作用。譬如，本研究的结果可以直接用于改进气候模式，完善对西北太平洋气候系统的模拟和预报。改进后的模式及其数值模拟会对我国社会和经济的各个方面产生许多积极的影响。 （刘安国 吴俊龙）

地方重要项目和基金项目
Local Research Projects and Fund Projects

【海水养殖病害病原检测及防治的开发研究】 本项目属于福建省重大科技项目，课题从2001年获得资助，主要是开展海水养殖病害病原研究，建立快速灵敏的海水养殖致病病原检测技术及研制安全有效的防治技术。针对近年来由虹彩病毒所引起的海水养殖鱼类疾病呈日趋严重的态势，本项目组在查询与分析已报道虹彩病毒核酸序列的基础上，结合生物信息学手段，确定了以虹彩病毒ATPase基因保守区序列作为扩增靶序列，设计合成了一对特异性引物，通过改进PCR模板的制备方法和优化扩增条件，建立了鱼类虹彩病毒PCR快速检测技术，该技术已申请了国家发明专利（申请号：02109983.9）；此外还开展了对虾托拉病毒（TSV）的RT-PCR检测技术研究，根据国际基因数据库中已有的TSV病毒核酸序列，设计5条病毒核酸序列拼接引物并进行了PCR扩增，得到220bp的TSV基因组DNA片段，利用DNA重组技术，将此片段克隆到带有PolyA尾的体外转录载体pSP64中。然后提取含有TSV片段的重组质粒，利用体外转录系统在试管内转录出带有PolyA的病毒RNA片段，通过磁珠法分离、纯化了该RNA片段，并将其作为阳性对照模板；同时，建立了有效、简便的从对虾组织中制备RT—PCR模板的方法，进行了样品检测；采用福尔马林灭活疫苗的方法，首次制备了溶藻弧菌、河弧菌、副溶血性弧菌三联疫苗，完成了该疫苗在鲫鱼、大黄鱼等的免保护试验，其免疫保护率在70%以上；完成了嗜水气单胞菌的扩大培养及核酸提取，并进行了免疫接种及免疫保护实验。目前课题还在进行中。 （国家海洋局第三海洋研究所）

【福建惠安核电厂附近海域海洋生物及其生态环境调查和观测】 该项目是福建省核电办公室于2001年10月举行全国招标，国家海洋局第三海洋研究所中标承担的项目。该项目从2001年11月开始，2003年7月底通过了业主组织的专家组的验收。

福建惠安核电厂拟建于台湾海峡西侧的泉州湾北岸的惠安县张坂镇玉前村，其地理坐标为118°46′～118°47′E，24°51′～24°52′N。开展福建惠安核电厂附近海域海洋生物及其生态环境调查与观测的目的是为了全面了解和掌握核电厂附近海域海洋生物及其生态环境的背景状况；将来正确评估核电厂建设和运行期间的温排水、低放废水排放和核电厂取水设施的卷吸效应和机械损伤等对海洋生物及其生态环境的影响。项目的成果不仅积累了核电厂附近海域生态环境的资料，而且还将为核电厂工程设计和环境影响报告书的编写提供可靠的依据。

依据项目任务书的要求和工作大纲的设计，本项目进行了四个季度（2001年11月、2002年2月、5月和8月）大潮和春、夏两个季度小潮共6个航次的调查。海上大潮期大面站调查与观测范围是以核电厂排水口为中心半径约15千米的海域，调查面积约350平方千米，共布设15个海洋生物、化学和水文大面调查站；大潮期定点连续观测站和小潮期调查站调查与观测范围以核电厂排水口为中心半径3千米的海域，分别布设3和5个站；在厂址进水口附近水域建立污损生物定点周年观测站1个；大潮期潮间带生物调查断面8条。海洋水产资源和渔业生产调查范围为核电厂址半径80千米，包括了莆田市、泉州市和厦门市沿海地区的18个区、县和（县级）市。

该项目的调查与观测内容分为三部分：①海洋物理特性和环境化学调查和观测；②海洋生物调查和观测；③海洋水产资源和渔业生产调查。其中海上现场调查包括了海洋生物、海洋化学和海洋水文三个专业14个测项共71个要素。

海洋水产资源和渔业生产调查主要内容是1999～2001年核电厂址半径20千米和80千米范围内沿海渔业生产和滩涂海水养殖场养殖与分布情况；主要经济种类的海洋生物的生活习性、栖息地、产卵场、越冬场、洄游路线、适温和适盐范围等。

通过调查，共采集海洋生物和化学样品4 856个，获得海上调查原始数据和室内样品的分析数据13.3万余个，鉴定海洋生物种类1 200余种。该项目提供的最终成果有：①工作报告；②综合报告（包括海洋化学与水文调查与观测报告、海洋生物调查报告和海洋水产资源与渔业生产调查报告）；③数据报告（包括了化学、水文调查和观测数据报告和生物调查数据报告）；④质保监察报告等成果。项目严格按照国家有关法规、国标《海洋调查规范》和《海洋监测规范》等的要求实施，同时结合研究所的IOS 2000标准的质量管理体系跟踪调查过程和结果，保证了调查产品的质量。该项调查是泉州湾近年来涉及专业最多、时间最长、成果最丰富的一次海洋生态调查，是近年来继大亚湾核电站大型生态调查后实施的同类型最大规模的综合性海洋调查，也是国家海洋局第三海洋研究所为国家核电建设的又一贡献。

该项目调查成果在福建省核电办公室于2003年7月30～31日在福州举行的项目成果验收会上，被专家组评为"居国内领先水平"。

（国家海洋局第三海洋研究所）

【新型海洋天然糖AB-M3抗菌活性及其作用机制探讨】 该项目为山东省自然科学基金重点项目，由中国海洋大学管华诗教授主持。

本课题所研究的化合物AB-M3是1996年从海洋生物经酶解手段分离提取的纯天然活性物质，属糖类化合物。药理学初步研究发现，AB-M3体内对革兰氏阳性菌、革兰氏阴性菌均有明显的抑制作用，属广谱抗菌化合物，同时对机体的免疫功能具有明显的调节作用。急性毒性试验结果表明AB-M3毒性极低：同时由于AB-M3结构新颖，区别于目前现有抗菌药物的化学结构，推测可能具有抗酶(β-内酰胺酶及AmpC酶等)水解的能力，因此有望将其开发成一类新型的广谱抗菌海洋药物。本课题拟采用生物芯片技术(SPR)，在细胞与分子水平上评价AB-M3与细菌细胞壁、细胞膜、细胞质、细菌粗提液、细菌培养上清液中等生物大分子的相互作用，确定AB-M3的作用靶点，进而阐明结合靶点与抗菌作用的相关性；结合流式细胞技术探讨AB-M3对细菌毒力的影响，同时观察其调节机体免疫功能的能力；在此基础上，发现AB-M3新的作用靶点，阐明AB-M3广谱抗菌作用的分子机制，为新一类广谱抗菌药物的开发奠定理论基础。 （中国海洋大学药物所）

【山东近海氮、磷循环过程及机制研究】 该项目为山东省自然科学基金重点项目，由中国海洋大学吴德星教授主持。

本研究主要探讨非保守物质氮和磷对海洋的输入，水体和水底的物质交换过程，生物(光合作用，呼吸作用，排泄，再矿化)和非生物过程(流、潮等对物质输运、不同水体之间的物质交换等过程)在氮和磷等非保守物质循环过程中的作用和机制，初步建立包括水体、河口和大气三部分的渤海典型污染海域非保守物质的水质预测模型。项目作为"渤海碧海行动计划"的预研究，旨在为"渤海碧海行动计划"关键问题的研究和计划实施打下基础，并推动我国海洋环境保护事业的进一步发展。项目从污染源的分析入手，主要研究氮和磷的入海量及其在海洋中的循环过程和机制，进而建立描述氮和磷循环过程的模式，耦合各过程模式，最后，初步建立山东近海典型污染海区氮和磷水质预测模型。 （刘安国　吴俊龙）

【青岛沿海浅滩泥沙中抗癌药用微生物资源的系统调查与抗癌活性物质的研究】 该项目为山东省自然科学基金重点项目，由中国海洋大学崔承彬教授主持。

海洋微生物中蕴含丰富的代谢产物，特别是放线菌和真菌，其代谢途径复杂，产物结构新颖、种类繁多，因此受到国内外药物学家的高度重视，海洋微生物必将成为21世纪创新药物的新药源。该项目综合利用生物及化学高新技术来研究青岛地区海洋微生物的优势资源，并开拓新的研究领域，积累基础数据，并从这一资源中寻找活性化合物，阐明化学结构与生物学特性，为创新药物研究提供先导活性化合物。项目拟采用抗癌药物筛选新模型，对青岛地域海洋微生物进行系统分离和筛选，积累和建立该区域微生物抗癌药用资源的基础数据和资源库，选择若干活性菌株阐明其代谢产物中活性成分的化学结构及生物学特性，为创新药物提供有效新化合物实体（NEC）和新药源。截止到目前，课题组已从青岛海域海洋天然微生物中分离纯化了2 000余株菌株，经活性筛选获得100余株活性菌株，为后续活性化合物分离及青岛海域微生物药用奠定了资源基础。

（中国海洋大学药物所）

【浅海网箱养殖容量及其退化环境生物修复技术研究】 由中国科学院南海海洋研究所承担的广东省"十五"重大科技专项项目"浅海网箱养殖容量及其退化环境生物修复技术研究"，经过近两年的研究，取得了重要的阶段性成果。本项目研究主要大型藻类对养殖区内氮、磷的吸收效率，确定需移植培育的藻类；分离、筛选、纯化细菌，以分解养殖区底质中的有机物；建立浅海网箱养殖容量模型。本项目的特色与创新之处是充分利用海洋自然生态系统物质循环的特性，营造一个半人工化的网箱养殖生态系统，通过生态系统的优化和调节，使其退化环境得以恢复，并形成良性循环。

广东浅海网箱养殖的数量多，分布范围广，是海水养殖业的主要支柱。但目前广东浅海网箱养殖多数集中在内海湾，水交换较缓慢，养殖年限也较长，海域养殖环境退化问题日益严重，已成为限制该产业发展的瓶颈之一。而浅海网箱养殖退化环境的生物修复技术就是为探索该问题的解决途径而设立的专项课题。

经过课题组的努力，该项目已取得了明显的进展，尤其在网箱养殖海域各主要特征指标的幅度范围和时空变化特点，网箱养殖容量模型的建立与参数的初步确定，大型藻类吸收无机氮和无机磷方案优选，以及鱼、藻混养模式的优化等方面都取得阶段性的成果。已取得的重要进展包括：

(1) 通过在大亚湾大鹏澳养殖海域为期一年的连续监测，基本掌握了典型网箱养殖海域主要污染物（指标）的迁移、转化规律，初步建立了网箱养殖海域环境特征的指标体系；

(2) 选择马尾藻、江蓠、石莼、龙须菜、蜈蚣藻等大型藻类进行吸收无机氮和无机磷的模拟实验；并进行了鱼、藻混养实验。实验结果表明，马尾藻、江蓠和龙须菜等对无机氮和无机磷有明显吸收效果，目前实验仍在继续进行；

(3) 利用室内筛选后的大型藻类，在汕头南澳岛、深圳大鹏澳和珠江口桂山岛等养殖海域进行了现场养殖试验，并对水质变化状况进行跟踪监测；

(4) 通过实验研究，选择养殖海区水环境动力、营养盐、基础生物等参数，初步建立了网箱养殖容量的数学模型。

该项目的研究成果在广东部分养殖海域的初步应用，已取得良好效果。该技术具有推广应用价值，市场前景广阔，对保护海洋环境，维护生态平衡，促进海水养殖业的可持续发展将具有重要的科学意义。

（中国科学院南海海洋研究所 黄小平）

【珠江口海沙资源勘探研究】 “珠江口海沙资源勘探研究”为中国科学院南海海洋研究所承担的广东省海洋与渔业局 2000 年重大科技兴海项目。起始时间为 2000 年 1 月至 2002 年 12 月。该项目在收集珠江河口区现有资料并分析地貌演变和海沙资源蕴藏规律的基础上，对珠江口 20 米等深线以内约 2 000 平方千米浅海水域进行了 GeoPulse 中浅地层剖面仪探测为主的 518 千米地球物理普查勘探，对推测存在的沙体进行了 5 个钻孔总进尺 176.7 米的海上钻探验证，提交了珠江口海沙资源勘探研究报告和珠江口海沙分布和储量预测图。中浅地层剖面探测地震反射记录有完全穿透、部分屏蔽和完全屏蔽 3 种类型。后两种受到富含有机质的细颗粒淤泥沉积物快速堆积形成的全新世海相淤泥层因细菌分解形成生物沼气的影响，地震反射记录完全空白或部分空白。依据中浅地层剖面探测资料判释出全新世海相淤泥层覆盖下的埋藏沙体包括古河道型、风化面残积沙型和冲积夹层型三种地貌类型，其中古河道型是主要勘探目标。在伶仃洋外部海区实施的平均进尺 35 米的 5 个验证钻孔中有 2 个孔钻遇沙层。依据上述调查研究和综合分析，划分出 20 个预测海沙分布区，预测总储量 12.5 亿立方米，为香港 1 800 平方千米水域海沙资源探明储量的 1.7 倍。参考香港海域海沙资源勘探开发和管理的经验，按照不同的限制因素，划分 20 个海沙分布区为 4 种开发利用类型，其中 3 种类型的 10 个海沙区因盖层底质严重污染（深圳湾海沙区），生态环境敏感（白海豚保护区和岛屿近岸养殖区）和覆盖层厚度大等限制因素而暂不宜开采。第四类型的 10 个海沙区储量 5.38 亿立方米无明显限制因素，通过进一步勘探和评估后可安排开采。其中的交椅沙、川鼻深槽至拦江沙头、内伶仃岛西北水域、妈湾以南暗士顿水道、外伶仃岛东南水域等 5 个海沙区，预测储量约 3.71 亿立方米，目前正在开采或正在申请开采，适宜作为近期主要开采区，可基本满足近期需求。根据香港特别行政区海沙勘探开发管理和长江河沙开采管理的经验，提出珠江口海沙开采管理要加强法制建设、制定科学规划、加强环境影响研究和加大执法力度等 4 项建议。本次调查初步摸清珠江口海沙资源的总体分布，可作为加强珠江口海沙资源宏观管理的科学依据。广东省海洋与渔业局组织的科技成果鉴定委员会将于 2003 年对该项目进行成果鉴定。

（中国科学院南海海洋研究所 张乔民）

学科研究进展
Progress in Disciplinary Research

【北极楚科奇海沉积物中古环境地球化学代用指标研究】 对沉积物中碘的分析表明，碘作为一种易吸附、易挥发，又具有化学活性的生命元素，具有亲海洋、亲气象、亲生物的特点，其分布受到物质来源、各种物理、化学、生命过程的影响与制约。国家海洋局第一海洋研究所高爱国研究发现，楚科奇海及白令海沉积物中碘的含量分别为 98.1×10^{-6}，73.8×10^{-6}，高于中国近海和西南大洋，显示出由低纬度向高纬度碘含量呈增加的趋势。在探讨楚科奇海与白令海沉积物中碘分布特征及其机理的基础上，提出了碘的纬度分布模式。两极地区有可能成为碘的汇，气候因素对碘分布影响的研究，可使碘成为古海洋研究中的一个地球化学指标；柱状沉积物中碘的含量范围为 48.0×10^{-6}～113.0×10^{-6}，呈现出碘表层富集的垂直分布格局；楚科奇海26个表层沉积物样品中稀土元素在细粒沉积物中较为富集。稀土元素的页岩标准化配分模式以平坦型为主，少数样品为轻稀土弱富集型或重稀土弱富集型。说明楚科奇海表层沉积物以陆源碎屑物质为主，主要来源于周边大陆，且陆源碎屑物质的化学风化作用较弱。从稀土元素地球化学特征的区域变化来看，海区东西两侧沉积物分别来源于阿拉斯加和西伯利亚地区，中南部沉积物与育空河物质的向北扩散有关。海区中部赫雷德浅滩为残留沉积，沉积物轻重稀土比值大，铈的负异常不明显；在楚科奇海和白令海地区34个沉积物样品中的硫酸盐还原菌含量状况、沉积物中地球化学要素的含量以及两者之间的相关关系进行分析研究的基础上，发现沉积物中的硫酸盐还原菌与硅、砂及底层水温为正相关，与碳酸盐、铁、钛、磷、铅、汞、粉砂、黏土为负相关，与硫、镉的相关性因海区不同而不同，既有负相关，也有正相关。对这些相关状况及其原因进行了分析，指出元素的地球化学性质对硫酸盐还原菌的生存状态有着重要的制约作用。

【黄海环流及营养盐物质长期输运研究】 利用1998年5月4日至6月10日（春季航次）7个断面69个测站，1998年7月24日至8月19日（夏季航次）6个断面51个测站，1999年8月24日至9月1日（夏季航次）4个断面28个测站的海水温、盐、深度、海流、浪、水色、透明度、风速、风向、气温、气压、湿度、云、海况、能见度、溶解氧、pH值、营养盐、悬浮物、重金属、总磷、总有机碳和石油观测资料，深入分析了黄海环流的形态、起源、路径和变异规律；系统全面研究了黄海生源要素的时空分布变化规律；探讨并定量估计了各界面上的营养盐通量；提出了黄渤海无机氮的稳态收支模式，为营养盐物质长期输运模型提供了可靠的初始条件和校验资料。

研究发现河流的输送中 NO_3^- 向黄海的输送以鸭绿江和长江为主，NH_4^+ 和 PO_4^{3-} 以韩国汉江为主；而沉积物-水界面的交换通量与河流输入及大气沉降相比 NO_3^- 和 SiO_3^{2-} 的贡献占83%以上，对 NH_4^+ 和 PO_4^{3-} 的贡献小于5%；大气沉降与河流相比，NO_3^- 和 SiO^{2-} 以河流输入为主，而 NH_4^+ 和 PO_4^{3-} 以大气沉降为主；降水可在短时间内促进初级生产力的快速增加，对营养盐相对匮乏的黄海中部尤为显著；进一步完善了拉格朗日型近海环流模型，它包含风生、热盐和潮致三部分作用。可较好地模拟出黄海锋区温盐结构；以POM海流模式为基础建立了欧拉型物质输运模式。发现在东中国海均匀分布的示踪物质经潮流长期输运后形成条带型结构；建立了一种潮流二阶闭合的海洋长期物质输运动力学方程。

依据现有资料对黄海营养盐分布与输运进行了分析；建立了营养盐（PO_4、NO_3、NH_4）的动力学输运模型。此模型除考虑了物质的吸收和释放，还考虑了大气沉降、海底生成和河口的输入。

通过建立生态动力学模型对黄海冷水域浮游植物季节变化进行了理论和数值研究，进一步阐明（风搅拌和潮混合产生的）垂直湍流混合和光照变化是主要控制因子。海面风搅拌直接决定了表层营养盐的分布状况和浮游植物的生长水平。潮混合尤其是大潮混合具有使底层营养盐输送至表层的能力。光照是浮游植物生长的重要决定条件。数值模式成功模拟出浮游植物的每年两个大量繁殖期（春花期4月和秋初10月）。

建立了一个简化的海洋热盐环流理论模型，并解析地研究了黄海冷水团的形成机制，给出了合理的垂向温度分布。再一次表明温度急剧变化的跃层对应着垂直热混合系数的极小值，跃层起到一个屏障作用。它使下层海水的加热滞后海面约三个月（与观测结果惊人地一致），使得盆状海域底层中心区的海水能更长时间地保持冬季被冷却的状态。

创造了一种适用于求解不规则区域上微分方程边值问题的扩展谱方法，可大大推动海洋资料（或模式）的同化工作。

（国家海洋局一所　路应贤）

【南海西北部与红河地区的深部结构及其动力学机制研究】　中国科学院创新项目“南海西北部与红河地区的深部结构及其动力学机制研究”2000年经论证和评审予以立项，由丘学林研究员为首席科学家，中国科学院南海海洋研究所为负责单位，地质地球物理研究所和广州地球化学研究所为合作单位。该项目重点研究红河断裂带两侧及南海西北部的岩石圈速度结构、物质成分、温压状态、热流变特性等深部结构特征和时空变化规律，分析各种深部结构特征的内在成因联系，探讨深部构造与浅部构造、老构造与新构造的关系，推测本区的深部动力过程及其对南海形成演化的作用和影响，为中国边缘海岩石圈动力学研究做出创新性成果。2002年，项目研究取得多方面的进展，对南海西北部的海底地震仪资料的研究发现，西沙海槽的下地壳缺少高速层，下地壳的岩浆岩底侵不发育，因而推测南海西北部为非火山型大陆边缘，西沙海槽两侧的地壳/上地幔结构相似，南北呈对称分布，明显反映出新生代拉张裂谷的特征，西沙地块在裂谷拉张形成之前与华南大陆应属同一地块。结合重力资料和海底热流资料，通过对速度结构、密度结构、温度结构和流变结构的综合分析和计算模拟，得到莫霍面温度大约在400～680℃之间，“热”岩石圈底界在北部陆坡为70千米，南部西沙地块区为78千米，海槽中部埋深仅为59千米，海槽两侧岩石圈具脆性、韧性、脆性、韧性四层流变结构，但海槽中部下地壳韧性层减薄至消失，上地幔顶部脆性层增厚变浅而与上地壳脆性层合并，形成两层流变结构，进一步说明西沙海槽的裂谷成因。有关成果已发表或将发表在《Tectonophysics》上。

对红河断裂北段两侧新生代高钾岩浆的微量元素和锶-钕同位素的研究显示，新生代扬子西缘岩石圈地幔可能是外来的，可能与印度-欧亚大陆碰撞引起的岩石圈向东南挤出有关。对南海北缘新生代玄武岩中的深源包体的研究发现，该地区的地幔物质经历了快速上升的变压熔融过程，具有大陆裂谷型地幔的特征。有关成果已发表在《J Asian Earth Sci》上。

2002年，该项目在SCI发表论文3篇，国内核心刊物发表论文14篇，较好地完成了项目的阶段研究目标。

（中国科学院南海海洋研究所　丘学林）

【珠江河口及近海生态环境演化规律与调控机制研究】“珠江河口及近海生态环境演化规律与调控机制研究”是中国科学院知识创新工程重要方向项目之一。于2001年11月启动。负责单位为中国科学院南海海洋研究所，中国科学院广州地球化学研究所为合作单位。项目为首席科学家负责制。首席科学家为南海海洋研究所殷克东研究员。项目下设5个子课题，包括：①物理环境变化对生态环境的影响；②富营养化状态、程度和过程对沿海环境的影响；③沿海生物地球化学循环与环境地球化学指标的时空分布规律；④近海有机污染物（POPs）来源、时空分布规律和归宿及降解机制；⑤建立GIS数据库和建立环境动态动力学数学模型。

生态环境系统包括物理环境、地球化学环境和生态环境。营养盐富集化一方面加入生态环境系统的运转，另一方面又对生态环境系统的运转施加压力。当这些压力超过环境容量时，生态环境系统的正常功能便会出现偏差。世界各地的多年研究表明，有些河口和近海环境系统比其他系统有抵抗能力，而有些环境系统则比其他系统脆弱，说明环境系统有其自身的自然调控机制。而对环境系统的自然调控机制的深入了解正是利用环境容量和维持资源可持续性的关键所在，因此也成为当今环境科学研究的前沿。珠江河口及近海与其他沿海环境比，是一个有其独特性的环境系统。这一区域已有了环境恶化的现象，但又有其抵抗力的一面，两者在不同时空尺度上有不同表现。本项目旨在了解混浊水光限制和冲淡水稀释对水华形成的作用；辨认富营养化的限制因子；阐明水舌外流引起的河口环流对富营养化的调控机理；解释季风对地球化学环境和循环的调控机制；揭示底泥有机物和污染物与水柱之间源或汇的季节变化；初步建立环境GIS和环境动态模型；揭示沿岸环境变化和人类活动对它们的影响趋势，从而为国家提供控制输入沿海营养盐的管理方案，辨认有机污染物的环境敏感区域。

2002年3月至2003年6月研究发现珠江口氮盐浓度很高，但磷浓度相对较低。2002年7月26～31日航次调查表明，浮游植物量在珠江口内较低，于50～100千米河口处达到最大值。这些浮游植物耗尽了营养盐，沉降到底层开始消耗溶解氧。但底层溶解氧没有大面积的低氧窒息区，底层溶解氧在珠江口达到的最小值为3毫克/升。现场加营养盐的实验结果发现只有将磷和葡萄糖一起加入水样后才会使溶解氧消耗殆尽，表明磷是一个最终氧浓度的限制因子。这一结果初步说明磷在水体中的含量并不足以使溶解氧消耗完毕。初步证明了磷盐低浓度对珠江口的溶解氧的消耗有限制作用。（中国科学院南海海洋研究所 殷克东）

【重要国际科学研究计划简介：上层海洋-低层大气科学研究计划】 海洋和大气是地球系统的重要组成部分，两者之间的相互作用，包括影响、响应和反馈在很大程度上决定了全球气候和环境变化。前期对海洋与大气相互作用的研究重点是二者之间的热量和动量交换过程，海洋现象与大气现象之间的相关和耦合关系。工业革命以来，人类活动对自然系统的影响之一就是使大气中的物质（如温室气体、沙尘等颗粒物、氮等营养物质）不断增多，这不仅对全球气候产生了极大的影响，而且使愈来愈多的大气物质沉降到海洋中，由此通过海洋生态环境的变化对海洋-大气之间的相互作用产生影响，并进一步影响气候和环境。当前全球和区域气候模式尚不能准确描述控制海洋-大气界面之间物质和能量交换的生物地球化学和物理过程，这是导致气候模式计算结果不确定性的主要原因之一。因此，在气候变化和环境问题的研究中，人们越来越清楚地认识到海洋-大气之间相互作用的重要性。

为了定量认识人类活动对地球系统的影响，15年前国际地圈生物圈计划（IGBP）设立了几个核心计划以了解海洋、大气和陆地生物圈过程。而目前进一步了解地球大气、海洋和陆地之间关系的需求已变得十分迫切。因此，IGBP Ⅱ 除了将海岸带陆海相互作用研究（LOICZ）延续外，又新设立了上层海洋一低层大气研究（SOLAS），这是IGBP Ⅱ中第一个新的核心计划。

针对这一国际崭新的研究计划，我国科学家积极响应，自2001年9月开始讨论我国的SOLAS科学研究计划。针对我国的具体情况，我国的上层海洋与低层大气研究主要集中在中国近海海域，研究海洋-大气界面上的物理过程和重要物质的生物地球化学过程，以及这些过程对全球气候系统与区域环境变化的影响和响应。由来自大气、海洋和化学研究的科学家共同组成的中国SOLAS筹备工作组起草了中国SOLAS科学研究计划，并于2002年11月提交第四届国际地圈生物圈计划中国全国委员会讨论通过。中国的SOLAS工作组也正式成立。

中国SOLAS的科学计划主要关注以下几个主要问题：①海气交换的关键物理过程研究。重点关注：海气界面交换机制及参数化；大气边界层的能量和物质传输过程对海气界面物质交换与转化的影响；海洋上表层中的物理过程对海气界面交换的影响。其研究目标是中国近海的海-气界面的动量、水汽和物质（CO_2，N_2O）交换物理与生物化学转化过程及机制，以及这些过程的时间与空间尺度的变化和对区域气候的影响；②中国近海二氧化碳的研究。包括：中国近海海气二氧化碳通量高精度的观测研究；上层海洋生物化学过程对海气二氧化碳通量的影响；海气二氧化碳通量对气候变化的响应；其研究目标是要通过对中国近海海气二氧化碳通量交换的观测，获得多时空尺度的观测资料，并研究其相关的关键物理和生物化学转化过程，最终提高建立在区域海气耦合模式基础上的对中国海域碳循环的预报水平以及对于区域和全球气候变化的影响及响应；③海洋硫释放及其对云和辐射过程的影响。研究内容包括：大气中硫化物的输送、转化及沉降过程；海洋初级生产过程对二甲基硫（DMS）释放的影响；DMS释放对云和辐射过程的影响。研究主要针对我国近海不同区域DMS通量的变化，尤其是贫营养地区；海盐粒子在DMS转化成硫酸盐中作用；我国近海上空大气中硫化物的传输与沉降过程；以求了解DMS的释放影响云和大气辐射的过程，从而影响气候；④大气沉降对中国近海氮营养物的贡献。包括：大气中氮化合物的输送、转化过程；中国近海大气氮的干湿沉降通量；大气氮沉降对海洋初级生产过程及辐射活性气体释放的影响。氮是海洋生物的关键营养物，对海洋初级生产力有着重要影响。由于我国经济的持续高速发展，氮化物的排放呈逐年增加趋势。研究主要揭示大气氮沉降对中国近海尤其是氮为限制性营养物质海区的影响以及在这种影响下海洋上层二氧化碳，甲烷等辐射活性气体（温室气体）的释放，进而研究对中国近海地区环境与气候变化的影响。⑤亚洲沙尘对中国近海海洋初级生产力的影响。亚洲沙尘输送过程中物质转化的研究；亚洲沙尘入海通量的研究；沙尘营养物的生物可利用性与初级生产力。沙尘也可通过干湿沉降进入中国近海，影响海洋环境。进行沙尘的化学组成、传输过程以及入海通量的研究，以期了解对海洋生态环境的影响。⑥海洋系统中的辐射传输过程研究。海洋表面物理（例如波浪）过程对海洋表层辐射传输的影响；影响海洋表层辐射传输的主要因子；海洋表层辐射传输对海洋初级生产力的影响。辐射是大气海洋系统重要物理过程，又是海洋初级生产过程的能量来源。研究海洋辐射传输尤其表层与浅表层的辐射过程，对于海洋生物的生态环境、物质的化学转化有极其重要的作用。

（中国海洋大学　阎　菊）

海洋重点实验室
Key Marine Laboratories

【中国科学院海洋研究所实验海洋生物学重点实验室】 实验室的重点研究方向：

(1) 生理生化和分子发育生物学及人工调控途径。研究藻类生长发育的生理生化基础以及重要代谢过程的分子调控机理，探索经济海藻栽培中优质高产的人工调控措施；研究海洋动物胚胎发育及幼体生长过程中调控基因的结构与功能，探索胚层诱导的分子基础及细胞分化过程中核-质相互作用的机制。

(2) 蓝色农业的种子工程和健康养殖。研究藻类种质和种苗的生长发育规律和健康栽培的措施与途径，实现藻类育种的良种化和育苗的工程化；开展海洋鱼虾贝细胞工程育种和分子生物学研究，探索繁殖与遗传规律，发展生殖与遗传操作的高新技术，提高养殖对象的产量和品质；研究产生海洋生物病害的主要病原微生物的遗传基础和感染机制，揭示海水养殖生物病害与海洋环境之间的关系。

(3) 海洋活性物质的高效筛选、构效确定及制品研究。研究海洋生物活性物质的筛选模型、产生生物活性的物质基础以及代谢累积途径；研究与生物活性有关的基因高效表达的模型、机制和系统，进行基因工程品种或产品的功能验证以及安全性评价。

承担研究课题和取得的成果：

2001 年度由实验海洋生物学重点实验室人员承担的研究课题有：国家“863”计划课题 2 项，国家重大基础研究项目“973”计划课题 5 项，国家科学基金 6 项，省部委重大（点）计划 3 项，2002 年取得了很好的研究进展。

2001 年度实验海洋生物学重点实验室获得 3 项大奖：美国藻类学会藻类学杰出贡献奖，中国科学院一等奖一项和国家海洋局创新二等奖一项，2001 年度获得发明专利授权两项，申请专利 2 项。实验室在 2001 年度在各类刊物发表科技论文 71 篇。　（中国科学院海洋研究所　王利民）

【中国科学院海洋研究所海洋生态与环境科学重点实验室】 海洋生态与环境科学是中国科学院海洋研究所的一个主要优势学科，具有 50 余年的发展历史。科研人员参与了我国历次的海洋生态与环境调查工作，为中国海洋生态与环保事业的发展做出了奠基性的贡献。海洋生态与环境科学重点实验室成立于 2001 年，主要研究方向为：海洋生态系统动力学和海洋生物资源可持续利用的生态学原理；与全球变化有关的生源要素海洋生物地球化学循环；海洋环境质量退化机理，效应及环境灾害控制理论与方法。

主要研究内容包括海洋生态系统动力学、浮游动物学、微型生物生态学、资源生态学、有害赤潮与环境生态学、海洋生态毒理学、养殖生态学、海洋生物地球化学、海洋环境化学等。海洋生物标本馆和胶州湾生态站是海洋生态与环境科学研究室的支撑单位。实验室目前共有固定和流动人员 50 人左右，其中中国科学院和中国工程院院士各 1 人，博士生导师 10 人。实验室有 6 个硕士点，4 个博士点，是海洋博士后流动站之一。

目前，实验室共承担国家、中国科学院及其他省部级各种课题近 80 项。其中，“973”项目（首席科学家）1 项，国家杰出青年基金 3 项。参与了许多相关的国际性重大研究计划，如 GLOBEC、GEOHAB、LOICZ、JGOFS、GLOCHANT 等，在国际相关研究领域有一定的实力和影响。

近3年来在国内外重要学术刊物上共发展论文约200篇、SCI核心期刊近30篇。出版专著14部，获国家、科学院发明奖、科技进步奖、自然科学奖等各种奖项12项。

（中国科学院海洋研究所　王利民）

【中国科学院南海海洋研究所热带海洋环境动力学重点实验室】　中国科学院热带海洋环境动力学重点实验室成立于1998年，在2001年11月通过了由中国科学院组织的院重点实验室评估，成为中国科学院第一批海洋环境科学类重点实验室。

实验室主任：王东晓博士

实验室学术委员会主任：洪华生教授

实验室目前设立了海洋环流动力学、海洋环境生态学、海洋化学环境、海洋数值模拟和海洋环境遥感等5个研究方向。现有研究员15名，其中4人为中国科学院国家知识创新工程“引进国外杰出人才计划”入选者。实验室具有物理海洋学和海洋生物学两个博士点，并有海洋化学和环境科学硕士学位授予权。

实验室坚持“开放、流动、联合、竞争”的管理模式，采用公开、公平、竞争、择优、流动的用人机制。到2002年止，实验室科技人员在南海环流时空结构、热带海洋大气相互作用、南沙群岛海域环境生态过程、华南近海环境过程演变及其生态效应、海洋遥感应用和海洋数值模拟等方面取得了一系列重要成果，发表论文100余篇（其中被国际SCI收录16篇），获国家科技进步奖3项，省部级成果奖9项，承担国家、省部级重点项目（课题）20余项（包括国家重大专项、973项目课题、“863”课题、国家重点基金与杰出青年基金、广东省重大科技专项、广东省科技兴海等项目），总经费3 000余万元。

2002年，在院所领导的关怀下，实验室领导班子进行了换届，并在11月召开了新一届学术委员会成立暨2002年的学术年会。同时，学术委员会还对实验室的研究方向提出了建设性意见。2002年12月，实验室受邀参加厦门大学海洋环境科学教育部重点实验室（MEL）学术年会，并与MEL签署了合作备忘录。

2002年，实验室多名成员获得年度中国科学院院长奖、地奥奖以及其他学术会议最佳论文奖和省、市科技进步奖等。实验室主任王东晓研究员获得广东省劳动模范称号。

近年来，以实验室为平台的学术交流和研究办得有声有色，通过“走出去”——参加国际、国内学术会议，访问交流；“请进来”——邀请国内外学者的来访、讲学、客座研究等，不仅加强了与国内外同行的交流合作，开拓了研究视野，展示重点实验室的学术成果，更形成了一支团结进取、具有创新能力的研究团队，为中国发展海洋经济、保护海洋环境和维护海洋权益做出了基础性、前瞻性和战略性的贡献。

（中国科学院南海海洋研究所　王东晓）

【中国科学院南海海洋研究所边缘海地质与古环境开放实验室】　边缘海地质与古环境开放实验室于1998年10月经中国科学院南海海洋研究所批准成立，是国内惟一以边缘海为主要研究对象的研究机构。本着“推进有关边缘海形成演化的地球动力学及其环境效应的重大、关键、基础性问题，推动海洋科学的发展和应用，为培养、造就高质量、高层次海洋科技人才服务”的宗旨，重点开展边缘海形成演化动力学及资源环境效应，边缘海矿产资源形成和分布规律及勘探新技术，边缘海古环境演变及其对过去全球变化的影响和响应等方面研究。实验室从事南海地质地球物理调查研究30余年，积累了重、磁、多道地震综合剖面8万余千米、广角地震剖面650千米、大量海洋沉积和珊瑚礁资料。目前固定人员26人（具有博士学位17人），其中研究员10人，副研究员10人；流动人员12人。实验室拥有重、磁、震等相关大型仪器设备齐全的海洋地球物理科学考察船一艘以及国内惟一的海底地震仪。2002年在研项目中主要是国家重大及重点项目，包括国家重大基础规划项目课题1项，“863”课题1项，国家社会公益计划课题2项，国家自然科学基金重大项目课题2项、面上项目7项，科学院创新项目2项，广东省自然科学基金等7项。在南海北部岩石圈深部结构的探测和研究，南沙海区构造动力学和油气资源研究，南沙海区第四纪微体古生物、沉积与古海洋学，南海珊瑚记录的高分辨率（月、季、年）环境信息分析与过去环境重建，边缘海形成演化动力学等方面取得一批重要研究成果。2002年度，获得广东省科技进步二等奖2项，发表文章30余篇，其中SCI论文8篇。近年来，实验室的国际影响也在增长，实验室与日本东京大学、德国基尔大学海洋研究中心（GEOMAR）、德国波罗地海海洋研究所、英国剑桥大学地球科学系等有良好的合作关系。同时，实验室研究人员在国际重要学术组织任职，如丘学林任 ODP 井位委员会委员，陈木宏任 ODP 中国委员会委员，周蒂任国际数学地质学会理事、国际定量地层委员会秘书。开放实验室本着“开放、合作、交流、竞争”的原则常年设立科学研究基金、访问学者和学术沙龙制度。拥有海洋地质学硕士、博士授予点。 （中国科学院南海海洋研究所 吴世敏）

【中国科学院南海海洋研究所广东省海洋药物重点实验室（广州）】 广东省海洋药物重点实验室成立于 2000 年 11 月，以研究和开发海洋天然药物为主，海洋合成药物和海洋基因工程药物为辅，基础研究与应用研究并重，面向南海海域，主要开展海洋药用生物特异生理活性先导化合物筛选、海洋药物有效成分研究、海洋药物创新新药研制与开发、海洋药物资源调查和名贵海洋药用生物养殖等一系列研究工作，并取得一批科研成果。目前正着重于加强产学研相结合，积极开展海洋药物研究、开发和培养海洋药物高层次人才，强化新药成果转化和产业化。

广东省海洋药物重点实验室设有 5 个实验室：海洋药物活性筛选实验室；海洋药物制剂实验室；海洋药物天然药化实验室；GLP 药理毒理研究室；海洋药物资源实验室等。

目前从事海洋药物研究与开发人员共 25 人，其中：博士生导师 4 名，研究员 4 名，副研究员 6 名，具有博士学位 6 名。

近 2 年来共发表论文 60 余篇，其中 SCI 收录论文约 20 篇。申请发明专利 36 项，获授权 5 项。完成了 2 个国家新药的研制、3 个国家新药临床前的研究，20 余个海洋功能健康食品的研制。

仪器设备主要有 500 兆赫核磁共振波谱仪、Waters 600E 型高效液相色谱仪、Lanconco12 升落地式冻干机、DU640 核酸蛋白仪、紫外光谱、红外光谱、离心机、旋转蒸发仪、VH1-200 高效混合机、CGN-208 半自动胶囊充填机、P2-19 压片机、DPT-130 包装机、BY4600 糖衣机。

（中国科学院南海海洋研究所 张 偲）

【南海海洋生物标本馆】 南海海洋生物标本馆创建于 1970 年，1999 年列入“中国科学院生物标本馆网络建设项目”，改造后建筑面积达 1 800 平方米，其中标本库 1 200 平方米，展出大厅 600 平方米，是目前国内收藏标本种类和数量繁多并富有热带海洋特色的大型海洋生物标本馆。南海海洋生物标本收藏了中国科学院南海海洋研究所 1959 年建立以来历年采集以及馆际交流和国际友人赠送的标本，数量达 46.5 万号 5 000 余种，其中包括海藻：87420 号 150 种，浮游生物：221340 号 600 种，游泳生物：13560 号 810 种，甲壳动物：46790 号 560 种，软体动物：45000 号 520 种，底栖生物：35000 号 1 100 种，哺乳动物：5 号 3 种，珊瑚：14430 号 150 种，爬行类：50 号 20 种，棘皮动物：680 号 210 种，其他：1050 号 200 种等。标本馆既展示浸制、干制、剥制标本实物，也陈列标本彩色图片，并且建立了一个大型模拟生态标本橱窗。收藏的标本以南海海洋生物为主，反映中国热带高多样性的物种，包括西沙、中沙和南沙群岛珊瑚礁海洋生物；华南沿岸（包括广东、广西、海南岛沿岸）红树林特有生物；南海海盆（深达 4 000 余米）的海洋生物；华南亚热带河口海洋生物；近年在南海调查中发现的新种与新记录。

南海海洋研究所海洋生物标本馆是中国海洋科学研究的重要基地，长期作为研究海洋生物查对种类的重要资料库，又是研究热带海洋、生物分布、物种变化和迁移以及相关环境变化和水产养殖驯化引种的重要依据。南海海洋研究所标本馆采用国际现代技术手段对大量科研资料进行系统分析和标准化处理，使中国海洋生物成果实现共享。现正在建立海洋生物标本库、编目数据库系统和海洋生物标本多样性数据库。输入红树林、珊瑚礁、各类海洋生物以及南海赤潮生物的图像和信息库，建立标本检索系统，供网络查询研究使用，使海洋生物数据编目形成网络化，标准化。

海洋生物标本馆工作人员 32 人，其中分类区系、系统进化研究员 15 人，博士、博士后 6 人，博士生导师 3 人。

南海海洋生物标本馆接待了日本、美国、法国、德国、泰国、挪威、瑞典、越南、马来西亚、新加坡、罗马尼亚、澳大利亚、俄罗斯等国家和中国台湾省、香港特别行政区来宾或访问参观团，其中包括生物学家查看核对种类，每年接待的国内外专家学者达 300 人次左右。接待的大、中、小学生参观访问，人数达每年千余人次。2001 年，中国科学院南海海洋所被命名为“全国青少年走进科学世界科技活动示范基地”，海洋生物标本馆为其中的重要组成部分。

（中国科学院南海海洋研究所　黄　晖）

【中国科学院南海海洋研究所大亚湾海洋生物综合实验站】　中国科学院大亚湾海洋生物综合实验站建于1984年，隶属于中国科学院南海海洋研究所；1991年定为中国科学院开放站，1993年定为中国生态系统研究网络重点站。大亚湾位于广东省珠江口左侧，介于113°29′42″～114°49′42″E，23°31′12″～24°50′00″N之间，西属深圳市，北居惠州市，东属惠阳县，面积约600平方千米，平均水深11米，最深处21米，是南海北部一个较大的半封闭性深水海湾。湾内生物资源丰富，生物类型众多，属亚热带海湾并兼有热带特色，而红树林和珊瑚群落则使该亚热带海湾显示出热带生境的特色，是中国亚热带海域的重要海湾之一。

大亚湾1983年被广东省人民政府批准为水产资源繁殖保护区，1984年又被列为重点经济开发区。

大亚湾实验站现有固定人员16人（研究员4人，副研究员6人，其中博士生导师3人），每年接待一定数量的客座研究人员。建有鱼类实验楼、贝类实验楼、生态实验楼和实验水池，装备有离子色谱、气相色谱、元素分析仪、流动分析仪、水下辐谱仪等一批具有20世纪90年代先进水平的仪器。

1990年以来，大亚湾实验站开展了“大亚湾及附近海域生态系统结构与功能及人类活动的影响”、“核电站运转前后大亚湾生态环境和生产力的变化及其生态学效应”、“大亚湾环境、水载生产力及资源增殖”、“大亚湾生态系统结构、功能及优化示范模式”以及“人类活动影响下的中国典型海湾生态系统变化研究”等研究项目，获中国科学院科技进步二等奖和自然科学三等奖各1项。“九五”期间承担国家、中国科学院和省部级重大、重点课题23项。实验站设开放站基金，已资助课题43项；培养博士生6人、硕士生8人；与中国香港特别行政区以及英、美、日、俄等国建立了学术交流与合作关系。

大亚湾实验站还积极为地方经济建设服务，如承担广东核电站、深圳农业局委托的海洋环境评价、赤潮预警监测、鲍鱼养殖水质分析等任务，均获得良好的社会信誉。

近期主要研究方向是：大亚湾及附近海域生态系统的结构、功能及人类活动的影响，同时开展经济海洋生物的实验物理学生物学（包括遗传育种）等方面的研究。

实验站站长：王友绍教授。

副站长：严岩副研究员，陈浩如高级工程师。

（中国科学院南海海洋研究所）

【中国海洋大学物理海洋教育部重点实验室】

1987年中国海洋大学利用世界银行贷款110万美元和自筹资金384万元建成了我国惟一的物理海洋实验室，填补了我国物理海洋学室内实验的空白。国家教委于1990年1月正式批准该室为教委开放实验室。1996年2月批准为“211工程”重点建设实验室。1999年被首批批准为国家教育部重点实验室。实验室主任：管长龙教授，学术委员会主任：黄瑞新教授（美国Woods Hole海洋研究所）。

实验室研究方向和内容为：①上层海洋动力过程研究，包括海-气界面过程及参数化，风、浪、流耦合机制及数值模拟，风浪与内波的生成机制及传播；②浅海动力过程及环境效应研究，包括近海环流及物质输运，近海动力过程及生态系统响应机制，海洋环境灾害形成机制及预报；③海洋环流、海洋-大气相互作用与气候变化研究，包括海洋环流的年际及年代际变化，热带与副热带海洋-大气相互作用、阻塞现象与气候变化；④海洋物理环境探测机理与仿真研究，包括海面与水下目标的遥感机理，海洋中尺度现象探测机理及中尺度现象对声波的影响，海洋物理环境多元遥感信息获取、仿真与数值同化。

实验室拥有独立的研究大楼，面积约4 000平方米。中国海洋大学3 500吨的“东方红2号”海洋科学考察船为本实验室重要的海上流动实验室。实验室拥有计算服务器和海洋调查、分析等各类仪器设备价值3 000余万元。实验室有固定研究人员近40名，其中科学院院士2名，博士生导师19名，教授28名，45岁以下的研究人员24名，其中80%以上具有博士学位并且具有国外研究工作经历。

实验室目前拥有5个硕士点（物理海洋、气象学、环境科学、流体力学、大气物理与大气环境），3个博士点（物理海洋、气象学、环境科学），3个博士后流动站（海洋科学、大气科学、环境科学与工程)。在“九五”期间授予博士学位37人，硕士学位43人，有1人次的博士论文获全国百篇优秀博士论文，2人次的博士论文获山东省百篇优秀博士论文，1人次的硕士论文获山东省百篇优秀硕士论文。目前在校的研究生和本科生比例已达1∶1。

实验室主持和参加了国家973项目、国家863计划项目和国家自然科学基金重大、重点项目20余项，人均科研经费近40万元。海浪理论及应用、浅海动力学、海平面变化、海洋遥感、军事海洋学等主要研究成果处于国际先进水平，被SCI收录的论文逐年增加，已达到年平均20余篇，获国家级二等奖2项、三等奖1项，省部级科技进步一等奖3项。

实验室学术委员会批准共接待并完成开放研究课题30余项。参加开放研究的单位有：俄罗斯远东水文气象研究所、乌克兰科学院海洋研究所、台湾大学海洋研究所、中国科学院海洋研究所、国家海洋局第一海洋研究所、海洋工程设计单位、北京大学、天津大学、上海交通大学、西安交通大学、厦门大学、武汉大学等。

实验室自2000年初开始启动访问学者基金，至今已有四批。获得资助的访问学者包括美国Wisconsin-Madison大学，北卡罗莱纳州立大学，美国伍兹霍尔海洋研究所，University of New South Welsh，法国Universite de Toulon et du Var以及国内中国科学院海洋研究所、南海海洋研究所，国家海洋局第一海洋研究所等全国各研究单位的专家。

实验室与国内外研究机构有广泛的学术交流与合作研究。主持召开了多次国际学术研讨会及双边研讨会。邀请国内外专家学者讲学及专题报告50余次。参加各种国际学术会议80人次。进行合作研究12项。

本实验室发表了许多高水平的学术研究论文。实验室在本学科国际上最高水平的学术刊物《物理海洋杂志》(Journal of Physical Oceanography)上发表的论文占我国大陆学者在该刊发表的论文数一半以上。实验室在我国最高水平的学术刊物《中国科学》上发表的论文占我国物理海洋学者在该刊发表的论文数一半以上。2001年实验室的刘秦玉教授与美国学者合作在《Science》上发表学术论文，这是我国大陆物理海洋学者首次在该刊发表论文。“九五”期间实验室共发表学术论文345篇，其中SCI收录85篇。实验室还撰写了我国物理海洋方面大多数著作与教材，为培养我国物理海洋高层次人才做出了特殊的贡献。（中国海洋大学科技处）

【中国海洋大学海洋遥感教育部重点实验室】 中国海洋大学海洋遥感教育部重点实验室是1993年12月原国家教委批准设立的开放研究实验室。1995年3月实验室正式对外开放，1999年9月被教育部批准为第一批教育部重点实验室，实验室更名为海洋遥感教育部重点实验室。实验室主任：贺明霞教授，实验室学术委员会主任：徐冠华院士。

实验室主要研究方向为：卫星海洋遥感、海洋激光探测；新兴研究方向为：海洋GIS、海洋探测仿真技术。卫星海洋遥感主要研究内容包括：海洋表层与电磁波（可见光、红外、微波）相互作用机理和海洋/大气辐射传递理论；卫星数据反演海洋环境参数新方法；卫星遥感图像处理和特征识别；海洋观测卫星传感器新方案及其仿真技术；多传感器卫星数据融合及在海洋动力学模式中的数据同化；多传感器卫星数据进行海洋多学科交叉研究。海洋激光探测主要研究内容包括：激光在海洋/大气中的传输特性；上层海洋环境剖面参数遥测；海洋激光高光谱探测；水下目标探测；浅海地形测绘；潜海激光探测；海/气边界层探测；气溶胶剖面参数遥测；三维海面风场探测。

实验室涵盖学科包括光学、电磁场与微波技术、大气物理与大气环境、物理海洋学、海洋生物学、摄影测量与遥感、地图学与地理信息系统、信号与信息处理、模式识别与智能系统、计算机应用技术。拥有物理海洋（海洋信息科学）博士点（原全国惟一的海洋物理博士点）；地图学与地理信息系统博士点；物理海洋国家重点学科。1999年，教育部“长江学者奖励计划”设置了海洋遥感学科特聘教授岗位。2002年在读博士生13人，在读硕士生32人，已培养博士(博士后)15人，硕士44人。

实验室主要承担国家攻关项目、国家“863”项目、国家“973”专项、国家自然科学基金重点项目、教育部重点基金项目以及政府间国际合作项目和国际卫星计划PI项目。年科研经费500余万元，人均年科研经费30余万元。实验室在国内外著名学术刊物、系列国际学术会议上发表337篇，其中被SCI收录61篇，被EI收录23篇，ISTP 19篇。参与编写专、译著16部。省部级以上科技奖15项。

实验室重视发展国际合作，提高国际知名度。1993年，实验室学术委员会副主任刘智深教授被选为国际海洋激光雷达专家组（七国）成员；1998年，实验室成功举办第四届太平洋海洋遥感会议，被国际同行誉称为“在规模和质量上最成功的一次PORSEC会议”；2000年，实验室主任贺明霞教授被选为全球海洋遥感学会（PORSEC）副主席，2000年，美国总统奖获得者、美国Delaware大学遥感中心主任严晓海教授/博士应聘“长江学者”海洋遥感学科特聘讲座教授。1993～2002年，国际知名科学家应聘本实验室客座教授共14人，一次性访问的知名科学家，每年5～10人。通过教育部访问学者计划推动的在本实验室作短期访问研究的国际同行15人。1993～2002年实验室与美国NASA、欧洲ESA以及日本、德国、法国、英国、意大利、加拿大的著名遥感单位和著名科学家建立了广泛、深入、有效的国际合作。其中，国际海洋卫星计划PI（Principal Investigator）项目5项，政府间国际合作项目9项，单位间双边国际合作项目8项。获得对方资助700万元人民币，用于实验室人员派出和培养。国际合作项目配套于承担的国家科研项目以及国际前沿课题。2001年中德政府间海洋科技合作项目中，本实验室有5项。

在优良的国际合作学术研究环境下，年轻教师和博士研究生出国进行半年至两年合作研究25人次，全部回国。组建了一支以博士和留学生为主体的年轻学术队伍，平均年龄37岁。其中，博士生导师4人，占28%，博士12人，占86%。陈戈教授（38岁）是本实验室人才培养的典型例子。他是实验室主任贺明霞教授指导的博士生，法国博士后，实验室学术委员会主任徐冠华院士指导的二期博士后。2001年受聘“长江学者”海洋遥感学科特聘教授。 （中国海洋大学科技处）

【中国海洋大学海水养殖教育部重点实验室】 中国海洋大学海水养殖教育部重点实验室于1994年2月由原国家教委批准建立，1996年建成开放。实验室是中国海洋大学水产养殖国家重点学科点的重要组成部分。该实验室以水产养殖学科应用基础研究为主要研究内容，其主要功能是吸收和承担代表本学科发展水平的各项重大和探索性前沿课题，对外开放，培养高层次专业人才，促进和推动学科发展。实验室主任：宋微波教授，实验室学术委员会主任：赵法箴院士。

实验室的主要研究领域：①海水养殖病害学：研究海水养殖生物的病原、病理、流行病学、疾病控制、诊断和防治技术以及免疫等。②海水养殖生态学：研究海水养殖生物个体生态学、养殖生态系统结构与功能、养殖动植物与环境相互作用关系、养殖水环境管理的原理与技术。③营养生理学：研究海水养殖动物消化酶的分泌、功能及调节，营养物质的转运，营养需求的生理机制以及海水经济动物的人工全价配合饲料的配方和加工工艺等。④遗传育种学：研究海水养殖经济动物的遗传学基础理论与繁殖、培育技术以及优良抗逆品种的选育和人工繁衍技术。

实验室由12个研究功能实验室、4个辅助实验室和1个海滨实验室组成。共有实验室41间，总面积1 800平方米。实验室设备总值1 800余万元，10万元以上的仪器设备价值970万元，拥有ICP、库尔特颗粒记数仪、液相色谱、气相色谱仪、冰冻切片机、碳分析仪、万能生物显微镜、磷光、荧光分光光度计、超速离心机、流式细胞仪等特色仪器。

实验室固定研究人员39人（包括专职管理人员2人），其中45岁以下34人，占87%；博士学位获得者23人（包括日本、德国、爱尔兰、美国、加拿大归来的留学博士或博士后9人），比例为59%；教授19人，副教授14人，博士生导师15人，年龄在40岁以下、具有中级以上专业技术职务的研究人员比例为69%。近年来本室成员先后有3位获得国家杰出青年基金资助，2人获教育部重点基金资助，7人为国务院特殊津贴获得者或山东省科技拔尖人才，有9人分别担任各自所属相关国家级学会理事职务。

实验室先后主持各类研究课题100余项，其中包括主持国家科委“九五”攻关项目专题3项，海洋生物技术“863”课题9项，攀登计划B项目专题6项，“973”项目8项，自然科学基金重点项目2项、杰出青年科学基金项目3项、自然科学基金面上项目22项、教育部重点科研基金2项及其他省部级课题30余项；获国家科技进步二等奖1项，获教育部科技进步一等奖2项、二等奖1项，国家海洋局科技进步奖一等奖2项、二等奖2项；共完成和发表研究论文390余篇；主编和参编出版教材/著作16部。

实验室目前依托水产养殖国家重点学科，分别涵盖1个博士后流动站（水产学）、3个博士点（水产养殖、水生生物、生态学）和2个“长江学者特聘教授”岗位。作为水产学科高级人才培养的摇篮，近4年来自培养博士生44人，硕士生86人；目前在读研究生共127人，其中博士生42人，硕士生85人。先后招收、培养来自5个国家留学生6人。

1996年以来，实验室每年均有10～20余人次出国讲学、合作研究或参加国际会议。先后与日本、美国、加拿大、以色列、韩国、澳大利亚、德国、英国、沙特阿拉伯等国家及中国台湾省和香港特别行政区开展了多种形式的合作研究。主办了中日水产养殖与水产品加工研讨会、对虾养殖生态学国际研讨会、第二届中日韩东黄海国际研讨会三次国际学术研讨会。

（中国海洋大学科技处）

【国家海洋局海洋环境科学与数值模拟重点实验室】 实验室现任主任为袁业立院士，学术委员会主任为吴国雄院士。有院士2名，博士研究生导师8人，硕士研究生导师11人，形成了资深科学家带领下的中青年科研骨干主体。

实验室的优先发展领域包括对国民经济具有重要意义的中国近海环境过程以及与全球气候变化相关的大洋环流变异和海—气相互作用研究，与相关的生物、化学和沉积过程的相互作用研究。在研究手段上特别强调利用在现场观测和遥感资料同化技术支持下的数值方法对海洋现象的模拟和预测，旨在获得对海洋中各种现象的清晰认识，并在此基础上提高评价人类社会活动和自然环境相互作用的能力。实验室共设5个研究方向，即：大洋环流和气候变化、区域海洋学、动力海洋学、海洋数值模拟关键技术和海洋动态信息系统。

该实验室在我国海洋科研领域占有重要地位，突出表现在主持了我国第一个海洋“973”项目，实验室专家任“863”计划海洋领域专家组组长和大型国家专项“西北太平洋环境调查”项目首席科学家。目前在研的“973”项目8项，“863”项目14项，自然科学基金课题10个，其中含大型国家专项项目1项，自然科学重点基金2项，科技部国际合作重点项目1项。

该实验室拥有先进的海上调查装备（包括911CTD、LADCP等）、卫星（NOAA系列、风云系列、GMS）遥感地面站和高速计算机（GS80 8CPU工作站、1T磁盘阵列和4T磁带库）设备，为研究工作的开展提供了硬件平台支撑。

该实验室积极推进与国内、外研究机构的广泛合作和交流，已建立了与美国、澳大利亚、法国、日本等多家大学和研究所的研究合作关系。

【海洋沉积与环境地质国家海洋局重点实验室】

海洋沉积与环境地质国家海洋局重点实验室成立于2002年（国家海洋局7月批准，9月28日正式挂牌）。该实验室以国家海洋局第一海洋研究所为依托单位，以国家海洋局第一海洋研究所海洋地质研究室、海岸带开发与管理研究中心和海洋测绘与工程勘察设计研究中心为基础组建。现任实验室主任为石学法博士，学术委员会主任为秦蕴珊院士。

实验室现有固定科研人员32人，以中青年科学家为主体，其中博士生导师10人，具有博士学位的12人，硕士学位的15人，研究员（含教授级高工）17人。实验室拥有重力仪、磁力仪、地震仪、多波束测深系统、旁扫声呐、激光粒度分析仪、全谱直读等离子体光谱仪、气体比值质谱仪、X射线衍射仪等大型调查设备和实验室分析仪器及面向全国开放的海洋地质样品库。

该实验室目前确立5个研究方向：海洋沉积与古环境演化、海岸带环境与工程、海洋地球物理与海底构造、海洋地球化学与沉积成矿作用、海底探测与信息技术。在海洋环境地质方面，将致力于海洋沉积作用、全球变化的海洋记录和响应、海岸带演变过程及工程地质与灾害地质以及大陆边缘岩石圈组成、演化及其资源环境效应研究；在海洋矿产方面，将侧重于多金属矿床成矿作用和天然气水合物的环境效应研究；在海底探测技术方面，着力发展海洋沉积取样技术、高分辨率地震探测技术、沉积物现场测试技术、海底样品保存技术和海洋地质地球物理综合信息解译技术。实验室以流动、开放、合作、创新、进取为宗旨，积极开展国内国际合作研究，大力支持开放研究，力争在较短的时间内建成高水平的海洋沉积地质与海洋环境地质研究中心。目前已与美国、德国、法国、韩国、日本、丹麦、加拿大等国家以及我国台湾省、香港特别行政区建立了良好的合作调查研究与学术交流关系。

在研项目主要有“西北太平洋海底海洋环境调查”等国家专项项目3项；“近海工程高分变率多道浅地层探测技术”、“数字海底技术渤海油田示范区建设”等国家“863”项目4项；“深海铁锰矿床成矿系统及矿集区研究”、“西、中太平洋富钴结壳品位变化规律研究”等大洋矿产资源研究开发项目5项；“北极楚科奇海沉积物中古环境地球化学代用指标研究”、“冲绳海槽构造地貌特征和发育模式研究”等国家自然科学基金项目6项；“中韩黄海沉积动力学与古环境演变研究”、“中丹东海晚第四纪高分辨率古环境和古气候演变序列研究”等国际合作项目3项；其他项目11项。

发表学术论文35篇，举行学术报告会6次，其中3次有国外科学家参加。购置的主要设备有：重力仪、磁力仪、高性能光学显微镜、工作站等。

【海洋生态环境科学与工程国家海洋局重点实验室】 实验室对原海洋生物研究室和海洋化学研究室进行了科学整合，使实验室科技人员的学科、智力和年龄结构更加合理；对重点实验室的研究方向进行了进一步论证，结合重点实验室的基本职能、国家需求和本学科国际上的发展趋势，形成了河口－近海系统陆海相互作用规律及生态环境效应、海洋环境污染与生态退化机制及调控与修复技术、赤潮生态学及其灾害机理、浮游生态系统动力学和海洋生态系统健康与服务功能5个新的研究方向；通过科技创新岗位竞争上岗形成了一支7名责任研究员、9名责任副研究员、6名岗位助理研究员的科研创新队伍。

在研课题有“我国近海有害赤潮发生的生态学、海洋学机制及预测防治”（“973”项目）、“渤海典型负荷物的迁移、转化过程及环境容量研究”（国家自然科学基金重点项目）、“有毒赤潮诊断技术研究”、“赤潮毒素标准的制备”、“奥运青岛帆船赛场海域环境综合调查”。

完成了“渤海生态综合整治技术示范研究”、“渤海生态系统综合整治技术示范研究”、“中国近海生物-光学特性及其与初级生产力关系的研究”、“海洋浮游幼虫变态实验在环境保护中的应用”、“赤潮形成机制预研及胶州湾赤潮监测预测技术研究”等课题。

通过论证申请已获得立项的有：“海岸带陆海相互作用”（“973”项目）、“青岛奥运帆船赛场及周边海域环境保护与治理技术研究”（国家科技部“十五”攻关项目）、“我国近海浮游植物多样性演变机理及其对生态系统功能的影响”（国家重大基础研究前期研究专项）、“莱州湾入海污染物总量控制”（GEF/UNDP项目）、“赤潮预报”（国家科技部“十五”攻关项目）、“渤海准时空监测业务示范系统”（“863”项目）第二子课题等。

发表研究论文15篇，其中发表于SCI期刊1篇，发表于国内核心期刊10篇。

毕业博士研究生1名、硕士研究生3名，招收硕士研究生5名。

出国参加国际学术会议5人次，接待来访国外科学家10人次，参加国内学术会议多次。

新购买仪器设备120万元，包括高效液相色谱仪、营养盐自动分析仪、原子吸收光谱仪、液闪仪、纯水仪、工作站等。

【海洋生物活性物质国家海洋局重点实验室】 实验室加强学科调整，设立基因工程、应用生物化学、应用微生物和脂类化学四个研究方向。配合创新体制的运行，进行了责任研究员，责任副研究员和辅助人员的岗位申请和竞争上岗，建立和落实了竞争机制。现在拥有3名博士生导师，14位高级研究人员，16位在读的博士研究与硕士研究生。

在研课题为“牙鲆重大疾病早期诊断试剂盒与新型疫苗研制”（“863”项目）、“鱼虾贝类免疫反应特征与免疫调节研究”（“973”项目）、“海洋鳗弧菌减毒活菌疫苗的研制”（“863”项目）、“盐碱土壤修复材料的研制与开发——海洋油脂化学品的研制”（“863”项目）、“海洋微生物中抗癌等活性先导化合物的发现与优化”（“863”项目）、“深海细菌多不饱和脂肪酸脱氢酶和脂肪酶基因克隆和高效表达研究”（大洋“十五”项目）、“利用海洋微生物代谢产物研制植物无公害杀菌剂”、“共轭亚油酸系列产品的中试”、“产色素S-9801菌株的扩大发酵及色素提取的研究”、“富含EPA

和 DHA 融合微藻的发酵培养技术”，已完成 100 升发酵罐的采购、试验调试。

完成了“海带膳食纤维的研制”、“甘氨酸镁的研制”、“莫诺苯宗的研制”课题。“海带植物纤维食品的研制”、“绿色农业丰产剂-氨基酸镁肥的研制与应用”、“强效祛斑剂-莫诺苯宗的研制”。

新上项目为“促生、抗逆、防治病虫害的多功能生化-生物制剂的研制”、“重要海洋经济鱼类 SNARE 基因的克隆和表达”、“养殖扇贝诱导性热休克蛋白的基因克隆”、“南极冰藻中抗紫外辐射活性物质研究”、“共轭亚油酸及其微囊制备技术”、“耐盐植物牛蒡的综合加工利用”、“高活性海带膳食纤维的中试”、“富含 EPA 和 DHA 融合微藻的发酵培养技术”、“引进海归派人才配套条件建设”、“共轭亚油酸 c9-t11 和 t10-c12 异构体分离方法”、“牙鲆淋巴囊肿病毒核酸疫苗和基因组研究”和“茵陈蒿的综合利用”12 个课题，课题经费 427 万元。

共发表研究论文 34 篇，其中被 SCI 收录 4 篇、被 EI 收录 9 篇，被其他国内核心刊物收录论文 16 篇，国际会议论文 5 篇；获得发明专利 2 项。

建立了实验室内定期开展学术活动的制度，已有 21 人次做了学术报告；积极开展国际合作与交流，分别聘请日本应用微生物研究所掘内动博士、加拿大多伦多大学王庆华博士担任客座研究员，并与这些单位建立了合作关系。

认真落实人才引进与人才培养，从国内外引进两位博士分别担任基因工程和应用生物化学方面的学科带头人；将原生物研究室部分主要研究人员与设备并入本实验室；毕业硕士研究生 3 人，招收博士研究生 3 人。

获国家海洋局第一海洋研究所科技进步一等、二等奖各一项。

【海洋地质样品库与属性库建设】 国家海洋第一海洋研究所于 1997～2002 年完成海洋地质样品库建设。主要包括常温库、恒温保鲜库、低温库和样品分析处理实验室。常温库设在地下室内并采取了良好的保温和防潮措施，库容为 218.4 立方米(长 8 米，宽 7.8 米，高 3.5 米)。库内温度年平均值在 15℃左右，湿度在 60%以下。安放了按海区分组的特制钢质样品架 8 组，每组分 13 层，每层可放置样品箱 5 个，每个样品箱可保存 4～5 个样品。已收存包括黄海、东海、南海、太平洋海域的海洋沉积物样品 1 196 站（个），太平洋富钴结壳、多金属结核和岩石样品 335 站（个）；恒温保鲜库有效库容为 95 立方米，库内温度为 0~-4℃，湿度为 65%±5%。内设按海区分组的特制钢质样品架 10 组，每组分成 16 层。现储藏采自黄海、东海、南海、西北太平洋和北冰洋海域的样品 2 000 余站（个），其中包括我国目前最长的重力活塞柱状样品 17.11 米，黄海和东海浅钻岩芯长度分别为 70 米和 72 米各 1 个。样品总重量约 13.3 吨；低温库有效库容为 18.9 立方米，库内温度为-25℃±2℃。保存西北太平洋悬浮体样品 550 个，DY105-11 航次沉积物样品 14 个，DY105-11 航次沉积物样品 40 个，东海短柱样 38 个；样品分析处理实验室主要用于样品的预处理，进行样品分割、物性分析和照相等。参照先进海洋国家样品分析处理流程（主要是 ODP 的流程)，针对沉积物柱状岩芯，开发了磁化率自动测试系统、岩芯剖分系统、数码照相系统、可见光光性测量系统。在建库过程中，对本所和其他海洋单位过去采集的样品进行了抢救性收集、整理；制定了“海洋地质样品库管理规定”，规范地质样品的收集、管理和使用行为；完善了管理机构；建立了样品共享使用机制，除涉密项目的样品外，均面向全国开放。2001～2002 年期间，为 15 个单位的有关边缘海古环境古气候演变、生物地球化学、沉积动力学、天然气水合物和海底成矿作用等 31 个研究课题（包括 12 个国家自然科学基金项目）提供了样品，也促成了中韩、中日和中加等国际合作项目以及与我国台湾省合作研究。

样品属性数据库建设，制定了样品属性数据库系统的数据标准、系统的集成与服务方式；利用 ORACLE8 平台开发了样品属性数据库和数据分析处理软件模块；开发了互相兼容的“微机”和“浏览器/服务器”版数据库可视化查询系统；收集整理了样品属性数据，建立了数据共享机制；建成了样品属性数据服务系统。

（国家海洋局一所　路应贤）

【胜利石油管理局滩海工程模拟实验室】 主实验水池内池主尺度为 52 米×24 米×1.0 米，最大工作水深 0.70 米，配有造波、造流、造潮、测控及辅助系统，可实现海上浪、流、潮联合模拟。造波系统可模拟规则波和各种波谱的长峰不规则波；造流系统流量、流向、过流段可调，且流向可在短时间内逆转；造潮系统用变频调速器精确控制进/排水量，与造流系统相配合，可实现水位、流速、流向协同变化；测控系统自动化程度较高，可在计算机控制下自动采集各种参数；辅助系统由工作桥、测试桥、吊车等组成，其中测试桥可作平面扫描测试，快速采集预定测点地形高程等有关参数。实验水池内设大型台阶式沉井，用于完成有关泥沙方面的试验任务。多功能试验水槽主尺度62米×1.5米×2.0米，有效工作水深0.70米，适于开展浪、流、潮、风、沙等理论和工程断面试验。水池与水槽配合使用可完成从整体到局部、从平面到断面的比较全面的滩海试验能力。

滩海工程模拟实验室完成了“可移动桶形基础采油系统技术研究”、“浅海重载装备坐落智能控制技术”、“平台冲淘机理试验研究”、“混凝土平台应用先导试验研究”、“地基液化试验研究”等重大科研目的试验任务。

（中国石化集团公司　徐松森　李孟杰）

海洋技术
Ocean Technology

海洋观测和监测技术
Ocean Observing and Monitoring Technology

【综述】 2002 年处于我国第十个五年计划的初期，海洋观测和监测技术主要围绕着国家“十五”“863”计划开展工作。“863”资源环境领域设立了 4 个主题：海洋资源开发技术、海洋生物技术、海洋监测技术、环境污染防治技术。作为“十五”期间国家高技术研究发展计划（“863”计划）资源环境领域的 4 个主题之一，“十五”期间，本主题将围绕维护海洋权益、发展海洋经济、保护海洋环境、预警海洋灾害等重大需求，重点研究和发展海洋监测的前沿高技术，力争在海洋监测关键技术取得重要突破，提高我国海洋生态环境快速现场监测能力和海洋动力环境立体监测能力；深入开发实用化的海洋遥感应用、大洋渔业环境监测等方面的技术，研制一批具有国际先进水平的海洋监测技术产品并促成其产业化，为国家海洋监测系统提供核心技术与主要装备；培养一批高水平的海洋监测技术人才，从整体上提高我国海洋监测能力。

海洋监测技术主题于 2001 年和 2002 年围绕着海洋动力环境实时立体监测系统技术、海洋生态环境要素现场快速监测系统技术、海洋卫星遥感综合应用技术、海洋航空遥感遥测技术、大洋渔业与环境信息获取及应用技术、船基海洋环境监测技术、海洋监测技术成果标准化工程 7 个专题方向，分两批安排了几十项不同类别的研究项目（主要项目情况见表 1 和表 2）。

表 1 “十五”“863”海洋监测技术主题第一批项目

序号	项目名称	承担单位	类别
1	海洋光学浮标技术	中国科学院南海海洋研究所	重大项目
2	噪声监测及反演技术研究	中国科学院北海研究站	重大项目
3	相控阵声学海流剖面仪	中船总七院第七一五研究所	重大项目
4	拖曳式多参数剖面测量系统	国家海洋局一所	重大项目
5	坐底式海冰监测技术	国家海洋技术中心	重大项目
6	实时传输潜标系统	中船总七院第七一〇研究所	重大项目
7	海洋动力环境立体监测动力信息服务集成示范系统	国家海洋技术中心	重大项目
8	小型多参数海洋环境监测浮标	国家海洋技术中心	重大项目
9	自定位水下潮流测量仪	国家海洋技术中心	重大项目
10	海洋监测仪器检测与质量评价技术研究	国家海洋标准计量中心	指南项目
11	海床基动力要素综合自动监测系统	国家海洋技术中心	重大项目
12	海洋专用CTD技术	国家海洋技术中心	重大项目
13	大型海洋环境多层监测浮标关键技术	山东科学院海洋仪器仪表研究所	指南项目
14	远程高频地波雷达监测技术	武汉大学	重大项目
15	自持式剖面循环探测漂流浮标	国家海洋技术中心	重大项目
16	基于氧光导检测的BOD传感器的研制	厦门大学	指南项目

续 表

序号	项目名称	承担单位	类 别
17	海水营养盐现场自动分析技术	国家海洋技术中心	指南项目
18	海洋石油污染物现场实时监测光纤近红外传感技术	厦门大学	指南项目
19	海水中有机污染物的现场光学综合分析技术	中国科学院生态环境研究中心	指南项目
20	船载海水重金属元素的现场同时自动分析技术	浙江大学	指南项目
21	海水重金属的现场富集、分离及采样技术	中国科学院生态环境研究中心	指南项目
22	海水化学耗氧量——流动注射法现场分析技术	国家海洋技术中心	指南项目
23	海洋环境主要致病菌监测免疫蛋白芯片船载系统	厦门大学	指南项目
24	海洋遥感信息提取通用技术平台	国家海洋信息中心	重大项目
25	中国海岸带及近海卫星遥感综合应用系统技术	中国科学院地理科学与资源研究所	重大项目
26	船载海洋生态环境现场监测集成示范系统	国家海洋局北海分局	指南项目
27	快速监测海洋有机磷农药的生物传感器研制	中国海洋大学	指南项目
28	海洋环境腐蚀能力现场监测技术	中国科学院海洋研究所	指南项目
29	海洋浮游藻基因芯片自动分析仪的研制	中国海洋大学	指南项目
30	海水化学耗氧量——臭氧法现场分析技术	山东科学院海洋仪器仪表研究所	重大项目
31	模块化全天候、灾害性海雾遥感监测技术	中国海洋大学	重大项目
32	模块化海面气象遥感信息提取技术	中国科学院海洋研究所	重大项目
33	模块化巨浪遥感信息提取与复合分析技术	中国科学院海洋研究所	重大项目
34	大洋渔场环境信息获取和应用技术	国家卫星海洋应用中心	指南项目
35	模块化多源海洋遥感信息融合与同化技术	中国海洋大学	重大项目
36	模块化二类水体相关遥感信息提取技术	国家卫星海洋应用中心	指南项目
37	无人机海洋遥感监测技术	中国海洋大学	重大项目
38	模块化水下目标与岛礁环境遥感监测技术	国家海洋局第一海洋研究所	指南项目
39	航空遥感多传感器集成与应用技术系统	国家海洋局北海分局	重大项目
40	模块化海洋赤潮遥感监测技术	国家海洋环境监测中心	指南项目
41	渤海海冰过程卫星遥感数据动力插补技术	国家海洋局第一海洋研究所	青年基金
42	厄尔尼诺时间的多源资料同化技术研究	国家海洋局第一海洋研究所	青年基金
43	多参数合成孔径雷达海洋要素信息分离技术	国家海洋局第二海洋研究所	青年基金
44	海面水通量卫星资料的反演与提取	中国海洋大学	青年基金
45	强流区星载散射计风场反演技术研究	中国海洋大学	青年基金
46	赤潮有机物的现场识别与监测技术	厦门大学	青年基金
47	基于栅格系统的海洋现象结构特征提取方法与应用	中国科学院地理科学与资源研究所	青年基金
48	自律式剖面观测浮标数字仿真系统	国家海洋局第一海洋研究所	青年基金
49	有毒亚历山大藻种群识别与技术方法研究	中国科学院海洋研究所	青年基金
50	水声通讯中信道自适应分配技术的研究	中国科学院声学研究所	青年基金
51	近岸海洋光谱色素模式研究	国家海洋技术中心	青年基金

表2 “十五”“863”海洋监测技术主题第二批项目

序号	项目名称	承担单位	类别
1	合成孔径成像声呐海试样机	中国科学院声学研究所	指南项目
2	海洋生态环境自动监测技术	国家海洋技术中心	指南项目
3	渤海海洋生态环境海空准实时综合监测示范系统	国家海洋局北海分局	指南项目
4	“九五”海洋监测技术重点成果定型及标准研究	国家海洋技术中心	指南项目
5	多波段、多极化、多视角SAR海洋遥感应用技术	国家海洋局第二海洋研究所	指南项目
6	基于卫星定位系统的潮位探测与分析技术	北京时空港科技有限公司	指南项目
7	海气界面微尺度过程光学监测系统	国家海洋局第一海洋研究所	指南项目
8	高精度快速响应二氧化碳光纤化学传感器	厦门大学	指南项目
9	海洋环境水声监测集成与分析技术	中国科学院声学研究所	指南项目
10	极区卫星跟踪水文气象要素探测技术	国家海洋技术中心	指南项目
11	水下流浪潮综合测量技术	中国海洋大学	指南项目
12	水下仪器水声数据传输技术	中船总第七一五研究所	指南项目
13	海洋水下仪器能源补充技术	东北师范大学	指南项目
14	布里渊散射激光雷达水下目标探测技术	北京师范大学	指南项目
15	海水盐度航空信息反演技术	国家海洋局第一海洋研究所	指南项目
16	模块化实用遥感算法集成技术	国家海洋局第一海洋研究所	指南项目
17	赤潮毒素现场快速检测技术	国家海洋环境监测中心	指南项目
18	海洋监测的技术类数据集成与服务系统	国家海洋信息中心	指南项目
19	海水黄色物质遥感探测及其在环境监测中的应用	中国科学院南海海洋研究所	探索项目
20	基于分子发光的新型多孔塑料光纤传感探头	福州大学	探索项目
21	东海近海动力环境地波雷达信息同化技术	中国海洋大学	探索项目
22	HY-1/CCD海洋信息提取及应用技术研究	国家卫星海洋应用中心	探索项目
23	基于虚拟原理的相控阵天线小型化技术研究	武汉大学	探索项目
24	智能型海洋化学/生物毒物快速检测芯片分析系统研制	复旦大学	探索项目
25	基于卫星定位系统的海面风速与风向探测技术	北京时空港科技有限公司	探索项目
26	带偏振响应的精确Rayleigh散射算法研究	国家卫星海洋应用中心	探索项目
27	便携式海水重金属元素现场测量系统	山东海洋仪器仪表研究所	探索项目
28	高光谱海洋遥感机理和应用研究	国家海洋局第二海洋研究所	探索项目
29	海水中多种有机污染物的现场光学分析技术	山东省海洋仪器仪表研究所	探索项目
30	干涉仪合成孔径声呐	海军工程大学	探索项目
31	面向全球海洋同化计划GODAE的南海区域系统	中国科学院南海海洋研究所	探索项目
32	基于双光谱有毒赤潮优势藻图像分析的研究	天津大学	探索项目
33	海气界面复合介质微波介电特征模拟和计算技术	中国科学院海洋研究所	探索项目
34	卫星重力资料确定海洋重力场及其在海洋监测中的应用	中国科学院测地所	探索项目
35	海水痕量金属元素现场自动分析系统探索研究	四川大学	探索项目

续 表

序号	项 目 名 称	承 担 单 位	类 别
36	海上蒸发波导监测及诊断评估系统	海军大连舰艇学院	探索项目
37	海水中溶解有机氧、磷自动消化技术的研究	中国海洋大学	青年基金
38	基于CBR的海洋涡旋信息提取模型与应用研究	中国科学院地理研究所	青年基金
39	典型海洋污染生物快速检测技术的研究	国家海洋环境监测中心	青年基金
40	高频地波雷达单站反演表层海流的技术研究	中国海洋大学	青年基金
41	海水透明度卫星遥感探测技术研究	国家海洋局第二海洋研究所	青年基金
42	海上能见度的遥感反演技术研究	中国海洋大学	青年基金
43	低频高增益矢量传感器及其信号处理技术研究	中船总第七一五研究所	青年基金
44	海水现场监测浊度传感器研制	国家海洋技术中心	青年基金
45	系缆式剖面测量自动升降平台技术研究	国家海洋技术中心	青年基金
46	近岸纳污海域高光谱现场探测系统	厦门大学	青年基金
47	水色遥感数据质量控制的掩模与标识算法研究	国家卫星海洋应用中心	青年基金
48	麻痹性贝毒（PSP）和腹泻性贝毒（DSP）的生物芯片快速检验技术研究	国家海洋环境监测中心	青年基金
49	测定海水中硒的化学传感器的研制	河北科技大学	青年基金
50	多元并扫技术成像的遥感图像综合校正技术研究	国家卫星海洋应用中心	青年基金
51	LADCP/LADP测量和资料处理技术	国家海洋局第一海洋研究所	青年基金
52	海洋环境大肠杆菌酶荧光快速检测	集美大学	青年基金
53	深水数值仿真实验水池	天津大学	青年基金
54	中国近海赤潮浮游植物种类和数量的荧光分析技术	中国海洋大学	青年基金
55	适用于海水的负二价硫传感器	国家海洋技术中心	青年基金

【海洋动力环境观测和监测技术】

1.海洋动力环境立体监测动态信息服务集成示范系统

在选定的示范区内以本专题研究的海洋动力环境监测成果为基础，利用“十五”“863”本主题取得的有关研究成果及“九五”“863”计划818已取得的技术成果，依托示范区可资利用的监测手段、环境资料和基础设施等条件，重点研究系统集成和信息服务技术，并按照模块化、网络化的原则将以上技术成果在示范区建成一个业务化运行的海洋动力环境实时立体监测应用示范系统。该系统将对示范海域实现从空中、水面和水中的多平台实时监测，实时获取示范区内海洋动力环境要素的监测数据，建立动态管理基础数据库，制作出实报、预报、后报、统计分析和专项服务的信息产品，能有效地向用户提供各种形式的信息产品服务，为示范区发展海洋经济、减灾防灾和加强国防建设等提供多种形式的信息服务。该课题完成后，区域立体监测应用系统的总体功能达到20世纪90年代后期世界先进水平。

提交成果及其主要技术指标和水平：

(1) 示范区数据中心集成平台。该平台设计应配置合理、功能齐全、安全可靠。经室内测试和现场试运行，由专家鉴定证明，所提供的硬件设备和配置的操作软件能满足示范区海洋动力环境监测数据采集监控、数据管理和应用、信息产品制作和规范化信息服务的需要。

(2) 基础数据库。提供不少于10年的示范区域海洋动力环境监测历史资料；提供具有我国自主知识产权的数据标准化处理、质量控制处理、共享服务和数据库监控管理软件包。

(3) 应用技术软件产品。提供具有我国自主知识产权的示范区海洋动力环境监测数据应用技术软件产品。

• 数据采集监控软件包。含遥测遥控双向监

控处理、非硬件故障远程诊断和修复

· 数据融合、同化和客观分析处理软件。

2. 海洋光学浮标技术

研制适合我国海域的锚系光学浮标，测量海洋表面、近表层和真光层水体剖面光学参数，用于海洋水色卫星现场辐射定标和遥感数据真实性检验以及海洋生态、海洋动力等海洋监测的应用。

表 3 观测参数及指标

观 测 量	技 术 指 标
入射光谱辐照度	光谱范围：400～1 300 纳米，光谱分辨率 10 纳米，波长不确定度±2 纳米，波段设置 412、443、490、520、565、620、643、683、670、765、865、936 和 1240 纳米，辐射测量范围：0.05～1 000 微瓦/平方厘米·纳米)，测量不确定度 5%
表层下行光谱辐照度	光谱范围：400～900 纳米，光谱分辨率 2.5 纳米，波长不确定度±0.2 纳米，辐射测量范围：0.001～300 微瓦/平方厘米·纳米)，测量不确定度 5%
表层上行光谱辐亮度	光谱范围：400～900 纳米，光谱分辨率 2.5 纳米，波长不确定度±0.2 纳米，辐射测量范围：0.000 01～5 微瓦/平方厘米·纳米)，测量不确定度 5%
真光层下行光谱辐照度	光谱范围：400～900 纳米，光谱分辨率 10 纳米，波长不确定度±2 纳米，波段设置 412、443、490、520、565、620、643、683、670、765、865 纳米，辐射测量范围：0.000 1～50 微瓦/平方厘米·纳米)，测量不确定度 5%
真光层上行光谱辐亮度	光谱范围：400～900 纳米，光谱分辨率 10 纳米，波长不确定度±2 纳米，波段设置 412、443、490、520、565、620、643、683、670、765、865 纳米，辐射测量范围：0.000 01～3 微瓦/平方厘米·纳米)，测量不确定度 5%
光谱吸收/散射系数	光谱范围 400～700 纳米，光谱分辨率 5 纳米，测量不确定度 2%
水 温	-5～40℃，准确度 0.01℃
风速、风向	风速：量程 2～50 米/秒，当风速≤5 米/秒时准确度为±0.5 米/秒，当风速>5 米/秒时准确度为±10%；风向量程:0～360°，准确度±5°
经 纬 度	定位精度：25 米，启动时间：8 秒，重捕时间：100 毫秒
倾角、方位角	方位角：量程 0°～360°，水平时精度±1.0° RMS，倾斜时精度±1.5° RMS，分辨率 0.1°；倾角：量程±50°，精度±0.4° RMS，分辨率 0.3°
浮体舱内部温度	0～60℃

3. 大型海洋环境多层监测浮标关键技术

对已有大型浮标进行技术改进，重点解决水下温盐链数据感应耦合传输；高可靠、低功耗数据采集控制器；ADCP 在大型海洋环境多层监测浮标上的应用等关键技术。

发展监测气象要素和多层水文要素的大型浮标技术，其总体性能达到 20 世纪末的国际先进水平。

主要技术指标：工作水深：200 米（按换深海锚系后，工作水深可达到 2 000 米）

海上连续工作时间：2 年；浮标直径：10 米；

浮标重量：4 500 千克；

锚系方式：单点系留系统（深海锚系方式为 S 型系留系统）；

数据传输：北京时间 2，5，8，11，14，17，20、23 时采集处理完数据后，通过国际海事卫星或风云-2 号卫星或中卫-1 号卫星或超短波电台实时传输监测数据；

资料接收率：≥95%；测量项目见表 4。

表 4 大型海洋环境多层监测浮标测量项目和技术指标

序号	测量参数	测量范围	测量准确度
1	风 速	0～60 米/秒	V≤20 米/秒:±1 米/秒 V≥20 米/秒:±V5%米/秒
2	风 向	0～360°	±10°
3	气 温	-40～+60℃	±0.5℃
4	气 压	8 50～1 100 百帕	±1 百帕
5	相对湿度	0～100%	±5%
6	表层水温	-4～+40℃	±0.1℃
7	表层盐度	8～36	±0.2
8	温度剖面	-4～+40℃	±0.1℃
9	盐度剖面	8～36	0.2
10	深 度	0～200 米	2%F·S
11	波 高	0.3～30 米	±H×10%米
12	波周期	2～30 秒	±0.5 秒
13	波 向	0～360°	±10°
14	流速剖面	±4 米/秒	±0.2%V±0.5 厘米/秒
15	流向剖面	0°～360°	±5°
16	GPS		20 米

4. 小型多参数海洋环境监测浮标

研制一套能够监测近海海洋气象和多层水文要素，便于布放回收和数据实时传输的小型多参数海洋环境监测浮标的工程样机。其测量项目和技术指标如下，测量参数见表5。

工作水深：不大于500米；

标体和锚系海上连续工作时间：24个月；

水上和水下传感器的维护周期：12个月；

浮标直径：3米左右；

浮标重量：2 200千克左右；

锚系方式：单点绷紧型系留；

温盐剖面测量深度：200米；

数据通信：每天8次，用卫星通信。北京时间2，5，8，11，14，17，20，23时正点发送，选用INMARSAT-C；

全年数据平均有效接收率：≥96%。

表5 小型多参数海洋环境监测浮标测量参数

序号	测量参数	测量范围	测量准确度
1	风速	0～60米/秒	V≤20米/秒：±1米/秒 V≥20米/秒：±5%V米/秒
2	风向	0°～360°	±10°
3	气温	-15～+45℃	±0.5℃
4	气压	850～1 100百帕	±1 百帕
5	相对湿度	0～100%	±5%
6	表层水温	-4～+40℃	±0.1℃
7	表层盐度	8～36	±0.2
8	温度剖面	-4～+40℃	±0.1℃
9	盐度剖面	8～36	±0.2
10	深度	0～200米	±2% F·S
温盐深剖面测层		5层	
11	波高	0.3～20米	±H×10%米
12	波周期	2～30米	±1.0米
13	波向	0～360°	±10°
14	流速剖面	±3米/秒	±0.2%V±0.5厘米/秒
15	流向剖面	0°～360°	±5°

5. 自持式剖面循环探测漂流浮标

研制自持式剖面循环探测漂流浮标工程样机3台，与国际Argo计划产品兼容。浮标下潜和上浮是靠改变浮标整体体积来实现，调整体积是借助标体内的柱塞泵，将油注入浮标下端让皮囊涨大，使得浮力大于重力，浮标上浮。缩小皮囊就可使原来浮在水面的浮标在浮力小于重力时下潜。随着下潜深度的增加，浮力随海水密度的逐渐增大而加大。由于浮标已预先设定好到达深度处的体积，到达预定深度浮力等于重力，故浮标停止在该深度的等密度面随海流漂移。浮标上浮时体积增大，靠剩余浮力直达水面。

表6 自持式剖面循环探测漂流浮标性能与主要技术指标

工作深度	0～2 000米		
剖面测量	≥70个剖面		
通讯与定位	Argo系统		
工作时间	≥2年		
测量参数	T	C	P
测量范围	-2～35℃	0～65毫秒/厘米	0～25兆帕
精确度	±0.005℃	±.005毫米/厘米	±0.2%F·S

6. 实时传输潜标系统

实时传输潜标系统具备将海洋环境测量数据通过水面通讯浮标和卫星实时传输到岸站的功能。潜标系统可搭载ADCP、海流计、温度链等海洋测量设备，最大使用海域水深4 000米，可进行0～200米海流剖面测量和1 000米盐温深流测量，水下服役期210天，在服役期内具备与卫星双向通讯传输能力，具有大于210天原始测量数据的存储能力。

7. 远程高频地波雷达监测技术

研制具有紧凑天线阵、能监测海洋表面动力学参数的岸基中程高频地波雷达系统，进行远程高频地波雷达系统预研究和高频地波雷达探测海上低速移动目标的预研究。中程高频地波雷达的基本技术指标为：

工作频率：7～8兆赫；

接收天线阵占地面积：20米×40米；

发射天线阵占地面积：20米×20米；

最大测距：海流、风向为200千米，浪高、风速为150千米；

测量范围：流速为0～300厘米/秒，流向为0°～360°；风速为0°～60米/秒，风向为0°～360°；浪高为0～10米，浪向为0°～360°；周期为3～15秒。

测量误差：

流速：在中等距离两站覆盖的中间区域为3厘米/秒，其余区域3～6厘米/秒；

流向：±20°；

风速：±(2米/秒+测量值的10%)；

风向：±15°；

浪高：±[0.5米+测量值的10%(指$H1/3$)]；

浪向：±15°；

周期：≤0.6秒。

8．海床基动力要素综合自动监测系统

“海床基动力要素综合自动监测系统”研究目标是，利用海床基作为观测平台，研究海洋动力要素定点长期连续监测和数据实时传输技术，并构成海床基海洋动力要素综合自动监测系统。主要监测对象是波浪、水位、海流剖面、温度、盐度等海洋要素。海床基动力要素综合自动监测系统可在水深100米以内的海底连续工作3个月。系统在水下工作期间由中央控制机控制测量波浪、水位、海流剖面、温/盐等海洋参数并实时传输监测的数据。实时监测数据通过水声通讯传输到水面浮标，再将数据发送到国内通讯卫星并通过卫星传送到陆地基站数据处理中心。系统留有环境噪声测量传感器等接口，可以加装噪声测量传感器用于军事方面的水下舰船噪声的监测。系统设计有电源转换接口，可以将成熟的海流发电设备引入到系统中。系统原始数据用半导体储存器存储，系统回收后下载。系统具有自浮功能，由声学应答释放器遥控上浮，整体回收。

系统主要技术指标为：

最大工作水深：100米；

水下连续工作时间：90天；

工作方式：蓄电池供电，水下定点监测；

数据处理与通讯：原始数据存储，特征数据经水声通讯进入水面浮标，然后由海面卫星通讯系统传输，进入数据接收处理中心；

系统由声学指令应答释放自动上浮回收，释放回收可靠度≥90%；

具有扩展功能，为海洋环境噪声监测等预留接口。

9．自定位水下潮流测量仪

研制具有自航行、自定位、连续测量潮、流功能的低成本、不回收的水下潮流测量仪工程样机。课题具体目标是：

(1) 海流、潮位测量仪器可在100米水深处连续测量3个月的流速剖面和潮位的数据。可根据预先设置的时间间隔，一般设置为：间隔半小时或一小时测量一次，测量5米，10米，20米，30米，40米，50米，60米，70米，80米，100米共10层的1分钟流速剖面的平均值。每间隔6分钟测量一次潮位数据。

(2) 自航行平台可在水下20~50米的深度，以4节航速，±20°航向，潜水航行14小时(约100千米)并能够自动坐到海底，定时浮出海面。其意义在于为了从远距离隐蔽地到达指定海域，提供长期水下坐底观测的平台并能够将通讯设备携带出水面以利于定位和数据卫星通讯。

(3) 仪器能够准确提供测量地点的地理位置，并能够通过通讯卫星将测量的所有数据传送到岸站。其意义在于能够远程获取监测数据和监测的位置，为局部海区潮流模型的真实性检验提供数据。

(4) 利用自定位水下潮位和剖面流测量仪的观测结果，在此基础上进行各分潮的提取算法研究和流场调和分析，建立局部海区潮汐潮流数值同化模式。

10．坐底式海冰监测技术

研究在水下用声学方法探测海冰的技术，研制坐底式海冰监测系统，用于监测海冰的厚度、漂移速度和冰下海流等参数。通过开展研究，重点解决以下4项关键技术：

(1) 用声学方法探测海冰的关键技术；

(2) 研制坐底式海冰监测系统工程样机，实现在水下连续观测冰厚、冰速，以及冰下海流剖面、温度、盐度等参数；

(3) 现场测量数据实时传送到陆地工作站；

(4) 提出适用于薄冰的声呐测冰原始数据高精度提取冰厚的方法，建立冰厚测量校准修正模型。

监测系统的主要技术指标：

工作水深：≤50米；

冰厚测量范围：0.08~0.5米；

冰厚测量精度：$\pm0.022\%H \pm 0.04 \pm 0.05t$($H$为水深测量值，$t$为冰厚，单位为米)；

冰速测量范围：±3米/秒；

冰速测量精度：$\pm0.5\%V \pm 0.5$厘米/秒(5分钟平均测量精度，V为冰速值)；

海流测量范围：±4米/秒；

流速测量精度：$\pm0.5\%V \pm 0.5$厘米/秒(5分

钟平均测量精度，V为流速值)；

海流测层厚度：1～4米。

11．噪声监测及反演技术研究

研究目标是研制噪声监测风速等海洋参数的工程样机，并可集成到海床基动力要素自动监测系统中去，利用实测的环境噪声长期、实时地监测相关海域的风速，并给出海浪参数的估计值。集成后的噪声监测和反演风速系统可在水深100米内的海底连续工作3个月以上，这是国内外首次利用海洋环境噪声监测海面风速系统。

系统功能如下：

最大工作水深：100米；

水下连续工作时间：90天；

工作方式：蓄电池供电，水下定点监测；

技术指标：

反演风速范围：5米/秒以上，准确度：3米/秒±测量值×15%；

估计波高范围：0.7米以上，准确度：0.4米±测量值×30%；

估计降雨量级别：大雨、中雨、小雨、无雨。

12．极区卫星跟踪水文气象要素探测技术

开展研究的目的是发展极区寒冷条件下用于浮冰上的卫星跟踪浮标，探测气象参数、冰温参数和冰下水文的多层参数。浮标可置放在浮冰或水面上，载有气温传感器、气压传感器、冰温传感器，达50米深度的温盐链，采用ARGOS系统通讯。浮标的工作寿命不低于2年。浮标的总体设计及布放作业方式均符合在极区调查研究时对浮标的要求，并在结冰和不结冰的条件下均能正常工作，系统功能达到20世纪90年代末期国际水平，填补国内空白。完成工程样机两套，其中一套已于2003年8月布放在北极。主要技术指标见表7。

表7　极区浮标测量项目和技术指标

序号	测量参数	测量范围	测量准确度
1	气　温	-60～+30℃	±0.2℃
2	气　压	850～1 100百帕	±1 百帕
3	表层冰温	-10～+10℃	±0.5℃
4	温度剖面	-4～+40℃	±0.1℃
5	盐度剖面	8～36	±0.2

浮标体主要参数：

(1) 主尺度：总高约3.6米，最大直径约0.9米；

(2) 浮标体设计排水量：＞250千克；

(3) 浮标体总重量：约150千克；

(4) 浮标体储备浮力：＞50千克。

【海洋生态环境要素监测技术】

1．船载海洋生态环境现场监测集成示范系统

课题的主要目标是通过船载集成系统网络化和模块化设计、监控平台集中控制设计、监测数据收集处理多进程设计、海水样品采集预处理与分配设计、基于GIS的信息产品制作等技术，把本专题所研制的各种海洋生态环境现场监测分析仪器及其他有关成熟技术与设备集成起来，研发一套较为完整的船载海洋生态环境现场监测系统集成技术（见后面框图）。

课题负责集成本专题其他课题研制的各种生态环境现场监测分析仪器，并对分析仪器有关集成的设计提出技术要求。课题完成后，可以提供一套包括无污染采样预处理与分配系统、集中监控平台、监测数据自动收集、处理和传输系统以及地面支持系统的船载海洋生态环境现场监测集成示范系统。该系统可以对近岸海域生态环境及其水文气象等背景参数实施快速、连续跟踪监测，对监测数据实时自动分析、处理、存储和传输，监测数据最终传回地面系统进行信息产品制作，为保护海洋生态环境、实施海洋综合管理等提供科学决策依据。

2．海水营养盐现场自动分析技术

本项目在“九五”863-818-01-01课题硝酸盐、亚硝酸盐和磷酸盐现场自动分析仪的基础上，研制硅酸盐和铵盐水下现场自动分析仪（单要素营养盐分析仪）；并将硝酸盐、亚硝酸盐、磷酸盐、铵盐和硅酸盐的测量装置集成一体，研制适用于船舶和浮标作业平台的营养盐现场自动分析仪器（以下简称五要素集成式营养盐分析仪）；进一步提高硝酸盐、亚硝酸盐和磷酸盐现场分析仪的连续工作时间。

此种分析仪是一种集化学分析、光学测量、机械设计和微机控制等技术于一体的海洋现场测量仪器，测量原理采用吸光光度法，液体输送是泵吸式非连续方式。分析仪可在现场自动采样、添加化学试剂和测量吸光值，并能对测量数据进行处理和存储，它是一套可应用于现场的微型化学分析系统。

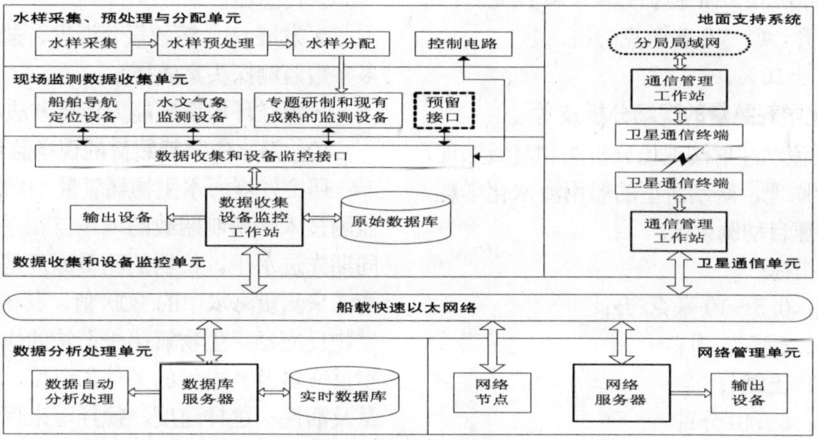

集成示范系统功能单元组成图

五要素集成式营养盐现场自动分析仪是自容式的仪器，可用于船或浮标测量平台上。当用于船上时，可用绞车吊放到海水中，直接测量海水的硝酸盐、亚硝酸盐、铵盐、磷酸盐和硅酸盐的浓度。测量参数见表8。

表8　五要素集成式营养盐现场自动分析仪测量参数

单位：μmol/L

营养盐	测量范围	测量精度
硝酸盐	0.2～100	当浓度≤5.0时±0.75 当浓度>5.0时±15%×读数
亚硝酸盐		
磷酸盐	0.2～4	当浓度≤0.6时±0.09 当浓度>0.6时±15%×读数
硅酸盐	0.2～100	当浓度≤5.0时±0.75 当浓度>5.0时±15%×读数
铵盐	0.3～100	当浓度≤5.0时±0.75 当浓度>5.0时±15%×读数

水下连续工作时间为4～6周，或连续/间断采样分析不少于80次。实际连续工作时间与仪器的作业平台、作业方式和水体的混浊程度有关。一次采样分析时间小于20分钟。

营养盐现场自动分析仪的使用条件：

使用深度：2米；环境温度：4～35℃；

使用海况：4级以下。

3．海水中有机污染物的现场光学综合分析技术

本项研究的目的在于研制一台小型、性能稳定、可应用于海水中多种有机化合物，如叶绿素、挥发酚、藻类和黄色物质的实时连续监测用的多用途全光纤荧光传感器。该仪器对被测定的有机污染物的检测限达0.1毫克/升，检测范围为0.1～100毫克/升，测定准确度在±15%以内，仪器的研制达到工程样机水平，仪器的分析周期控制在30分钟以内。结合芯片制作技术和芯片微隧道分离分析方法，研制一台集海水样品前处理、分离、检测和数据处理一体化的小型、性能稳定、可应用于海水中多种有机物同时测定的化学发光芯片专用仪器。对有机物的测定灵敏度可达0.1毫克/升，检测范围为0.1～100毫克/升，并且测定的准确度高于10%。仪器的分析周期控制在40分钟以内。仪器的研制达到工程样机水平。

4．海水中重金属元素的现场富集、分离及采样技术

研究目标是研究适用于海水中重金属元素分离与富集的改性螯合纤维，有效地分离富集海水中多种重金属元素；开发成固相分离富集技术微柱，实现海水中重金属元素的现场分离与富集。应用2001AA635060芯片技术作为检测技术，实现海水中重金属元素的船载在线监测，检测限达到：Pb<0.05微克/升，Cd<0.03微克/升，Hg<0.005微克/升，As<0.5微克/升，Zn<0.05微克/升，Cu<0.05微克/升，Fe<0.05微克/升，Mn<0.05微克/升，Cr<0.05微克/升。

5．船载海水重金属元素现场同时自动分析技术

研制船载海水重金属元素现场同时自动分析系统。技术指标为：

检出限：Pb<0.05微克/升，Cd<0.03微克/

升，Hg＜0.005 微克/升，As＜0.5 微克/升，Zn＜3 微克/升，Cu＜0.2 微克/升，Fe＜10 微克/升，Mn＜10 微克/升，Cr＜0.5 微克/升；

准确度：±10%。

6. 海水化学耗氧量的现场分析技术

分别采用流动注射法现场分析法和臭氧法现场分析法两种原理，研制新型的船用海水化学耗氧量(COD)快速自动测量仪。

主要技术指标：

测量范围：0.5～10 毫克/升；

检测限：0.5 毫克/升；

测量精度：±2%；

测定周期：5～10 分钟。

7. 快速监测海水有机磷农药的生物传感器研制

发展海水中有机磷的现场分析技术，可用于船载及台站的海洋生态环境现场监测中，达到国际现有技术水平。

研究内容：

·研制海水中有机磷农药现场监测的生物传感器；

·建立海水中有机磷的现场膜萃取及船载分析测试方法。

主要技术指标：

检出限：10^{-8} 摩尔/升；

准确度：±5%。

8. 海洋浮游藻基因芯片自动分析仪的研制

研究近海赤潮生消过程中海洋浮游生物种类分类、识别及总量的测量及分析技术，建立赤潮生消过程中赤潮浮游生物测量系统，使我国的海洋浮游生物综合测量达国际现有水平。

研究内容及主要指标：

·研制海洋环境中与生物资源及人类健康有关的多种病菌同时监测的蛋白芯片，并建立相应的监测系统；

·建立海洋生物细胞随海洋环境变化的基因表达谱模型。研制由于海洋生态环境污染导致生物细胞表达谱变化的基因芯片。建立相应的基因芯片检测器。

9. 海洋环境腐蚀能力现场监测技术

发展海洋环境腐蚀能力现场监测技术，研制海洋环境腐蚀能力自动监测设备，使我国海洋环境腐蚀能力现场监测技术达到国际领先水平。

研究内容及主要指标：

·研制硫酸盐还原菌（SRB）和氧化还原电位（Eh）传感器；

·发展 pH，溶解氧、温度、盐度、SRB、Eh 多参数监测探头集成技术；

·海洋环境腐蚀能力计算方法。

10. 海水生物耗氧量的现场监测技术

研究发展海水生物耗氧量（BOD）的现场快速监测技术，研制船载的现场监测系统，达到国际同期先进水平。仪器的测量原理是用生物氧化平衡法来测量海水中的 BOD 值，其核心部件是一个生物反应器。生物氧化平衡法的快速测量是靠生物反应器及其提供的条件如温度、pH、菌群的总量及活性、进样速度、搅拌等来保证；生物反应器工作在平衡状态，反应器工作在设定的工作点上，因此生物菌群的存活条件稳定，仪器工作稳定可靠。在生物反应器内部放置大量用来固定微生物菌群的生物床，其目的是增大菌群的附着面积，提高菌群的总量，使生物反应器内始终维持生物菌群的高密度，以实现快速测量；微生物菌群的消解作用使有机物被降解，降解过程所消耗的溶解氧由氧电极检测。

主要技术指标：

检测限：1 毫克/升；

量　程：1～10 毫克/升；

重现性：1～3 毫克/升时为±5%，3～10 毫克/升时为±3%；

反应时间：1～3 毫克/升时为 15～30 分钟，3～10 毫克/升时为 3～15 分钟。

11. 海洋石油污染现场实时监测的光纤近红外传感仪器系统

研究目标是建立光纤近红外传感仪器系统，现场实时监测海洋石油污染物；对不同种类、不同来源和不同暴露时间的海水表面溢油进行分析。

【船基海洋环境观测和监测技术】

1. 相控阵声学海流剖面仪

研究 38 千赫船用宽带相控阵声学海流剖面测量技术；研制满足船用的宽带相控阵声学海流剖面仪（PAADCP），完成工程样机，其性能达到 20 世纪 90 年代末期的国际先进水平；研究 PAADCP 数据处理方法。

主要技术指标：

(1) 最大海水剖面深度：800 米；

(2) 测流精度：±1%+0.01 米/秒；

(3) 海流方向测量范围:0°～360°,精度:±5°；

(4) 最大海底跟踪深度：2 000 米；

(5) 海底跟踪精度：±1%＋0.01 米/秒；

(6) 工作频率：37.5 千赫；

(7) 最大剖面层数：128 层；

(8) 装船方式：换能器阵固定安装在船底，干端设备安装在实验舱内；

(9) 工作方式： 定点,漂泊,走航皆可；

(10) 平均故障间隔时间：≥1 000 小时。

2．拖曳式多参数剖面测量系统

完成拖曳式多参数剖面系统的研制，能有效地实现 200 米深度剖面的多参数同步监测；同时该系统具有良好的传感器扩充功能，适应系统现场工作，可根据目的搭载不同组合的传感器，完成海洋动力研究、海洋资源和生态系统调查、海洋工程以及军事海洋学等方面的调查研究，成为新一代的海洋测量平台。

传感器集成包括温度、盐度、深度、溶解氧、pH、叶绿素荧光、浊度和营养盐，能实时采集传输，传输距离大于 1 000 米，传感器采用模块化结构，可组合完成不同目的的调查需要，同时针对其他常用传感器预留空间和接口。

3．专用温盐深剖面测量技术

研究目标为发展几种 CTD 剖面测量应用技术，其中包括：船体固定式 CTD、6 000 米船用电缆传输 CTDC、水下走航投射式温深仪（SXBT）。

(1) 船体固定式 CTD。主要解决抗污染防生物附着的电导率传感器的研制，CTD 长期稳定性、高可靠性研究及 CTD 小型化研究等关键技术。

主要技术指标：

表 9 船体固定式 CTD 测量参数

测量参数	测量范围	准 确 度	响应时间
温 度	-5～+35℃	±0.005℃	0.07 秒
电导率	0～65 毫秒/厘米	±0.007 毫秒/厘米	0.07 秒
压 力	0～6 兆帕	±0.1%F·S	0.02 秒

工作水深：0～600 米；

工作方式：连续测量、存储潜艇所在深度和位置的 CTD 数据，实时显示测量数据及其随深度或时间变化的分布曲线；

取样间隔：1 次/秒；

测量参数：海水电导率、温度和压力；

计算参数：水深、盐度、海水密度和声速；

工作环境温度：-5～+35℃；

供电电源：数据采集处理计算机～220 伏±10%，50 赫兹；

CTD 传感器+12 伏；

信号传输接口：RS-232。

(2) 6 000 米船用电缆传输式 CTDC 剖面仪。主要研究内容为单芯电缆传输技术、深海温盐深传感器研制、深海可靠采水控制器研制、剖面测流技术应用研究。主要技术指标见表 10。

表 10 6 000 米船用电缆传输式 CTDC 剖面仪测量参数

测量参数	测 量 范 围	精 度	响应时间
温 度	-5～+35℃	±0.003℃	0.07 秒
电导率	0～65 毫秒/厘米	±0.003 毫秒/厘米	0.07 秒
压 力	0～60 兆帕	±0.015% F.S	0.02 秒
流 速	1～250 厘米/秒	±0.5 厘米/秒	
流 向	1～360°	±2°	

主要性能：

采水器：5 升×12（瓶）；

采样速率：24 次/秒；

传输速率：9 600 比特/秒；

电源：220 伏/50 赫兹；

用户程序：全中文界面。

(3) 水下走航投射式温深仪（SXBT）。走航实时测量海表面以下 600 米以内的剖面温度值；实时显示测量点的温度和温-深曲线；实时显示潜艇走航时的平面坐标点和下潜深度（由用户提供原始数据）。SXBT 测量浮体通过 SXBT 发射器以一定的速度抛入测量海域，靠自身的浮力上浮至海面，从浮体内释放出测温探头。测温探头以一定的下降速度下沉，从而测量海面至预置深度的剖面温度值。其技术指标如下：

深度测量范围：0～600 米；

深度测量准确度：±2% F·S；

温度测量范围：-2～+35℃；

温度测量准确度：±0.2℃；

温度分辨率：0.05℃；

时间常数：≤100 毫秒；

最小测量间隔：1 米；

水下航速：经济航速（4 节）。

【海洋监测技术成果标准化工程】 为促进技术成果产业化，建立技术实用化、产品标准化、软件商品化的规范化进程，从技术定型、技术检验、标准试验等方面严格操作，创造我国海洋监测技术软硬件产品产业化条件。研究目标是：将“九五”和“十五”在海洋监测技术方面取得的系列技术成果向技术实用化、产品标准化、软件商品化的方向推进，促进技术成果产业化。研究内容及主要指标是：

·对“九五”期间818主题已取得的技术成果和“十五”将形成的技术成果，按功能分类，根据国家和行业技术标准，在技术监督局授权的前提下，对技术成果进行严格检验和技术定型。

·表面的温度、潮汐、海面风场、重力场、海浪方向谱、有效波高、海冰厚度、海面高度、高风速海况（高度计）等参数的海洋遥感信息反演技术模块化改造和标准化。

·大型数据集成系统技术标准化。

（国家海洋局海洋技术中心 王项南）

【海洋环境腐蚀能力监测系统】 国家“863”课题。本项目工作可分为：集成探头（传感器集成），监测系统（虚拟仪器），数据测试和评价系统（相关分析，软测量系统和评价方法）4个主要部分。

2002年度主要研究进展：

(1) 初步完成硫酸盐还原菌传感器的实验样机工作，深入完善工作正在进行中；

(2) 初步完成氧化还原电位，温度，pH值，含氧量和盐度对腐蚀速度的影响的研究工作，硫酸盐还原菌对腐蚀速度影响的工作正在进行之中；

(3) 已经完成了氧化还原电位，温度，pH值，含氧量和盐度集成探头的设计和制作，完善工作正在进行中。

(4) 海洋环境腐蚀因子虚拟仪器监测系统的基本构架已经完成；能够进行氧化还原电位，温度，pH值，含氧量和盐度集成探头信号采集，传输和数据转换。

(5)部分完成海洋环境腐蚀因子和腐蚀速度相关性实验室和文献资料数据采集，测试和初步分析，完成海水环境中腐蚀因子数据随地域、季节和深度的变化；实海腐蚀速度测试和海洋环境水文资料的腐蚀因子收集和计算工作正在进行中。

（王利民）

【深海热液、沉积物保真采样系统研制】 本课题由中国海洋大学周东辉教授主持。

项目主要研究内容：

针对热液、悬浮物、生物与沉积物保真采样要求，研究保真采样技术及相关的保温保压结构材料、保真采样控制技术，研制2套装置：①热液口热液保真采样系统，实现由机械手操作到热液喷口进行采样，最大工作水深4 000米，最高工作温度350℃；②悬浮体、生物与沉积物保真采样系统，实现吊挂方式沉入深海采样.最大工作水深4 000米。上述热液沉积物保真采样系统将为深海资源勘探开发利用提供重要工具。

2002年度进展：

(1) 深海热液保真采样系统研究。在国内首次研制成功了深海小功率直流无刷电机，填补了国内产品空白，可替代进口，具有国际竞争力，可用于大洋探测多种智能设备上。进行了耐高温高压酸性海水的钛合金防腐蚀无污染涂层材料研究，为保真采样系统提供了最新的纳米材料，为深海热液化学生物研究提供了理想的实验条件。采样器主体结构设计为钛合金电子束焊接，为降低重量、简化结构使之适合机械手操作提供了保障。完成了采样器密封与驱动联接部分设计和初步压力实验。提供了两种密封联接结构设计，其中一种通过电机驱动内压密封，适合载人潜器的可重复热液保真采样；一种由温度触发形状记忆合金驱动密封，适合ROV的热液自动化保真采样。在高温高压保真结构和防腐涂层材料创新性研究实验基础上，正在准备申请发明专利。

(2) 深海沉积物保真采样系统研究。完成了采样系统的结构设计与采样及样品衬筒提升过程的仿真研究。采样系统全套图纸已通过技术设计审查，并根据专家意见进行了修正。图纸现已下发到各制造厂家，加工任务全面铺开。大部分备料和热处理工作均已完成，特别是保压筒体所需的特殊高强度不锈钢材料备料工作也已基本完成，等热处理后即可进行精加工。完成了实验室模拟试验平台的设计、加工、安装和调试任务。申请了三项国家发明专利和三项实用新型专利。

（中国海洋大学 吴俊龙 刘安国）

【6 000米海底有缆观测与采样系统——电视抓斗的研制】 本课题由中国海洋大学赵广涛教授主持。

项目主要研究内容：

本项目针对我国的深海矿产资源勘探开发急需新的高技术装备的要求，拟研制开发出一套现代化技术集成度高，适合 6 000 米深海海底矿采样的电视摄像机观察、遥控抓斗采集的智能化采样系统。课题研究内容包括：抓斗采样操作装置及驱动控制系统；能够保证抓斗多次提升、释放的机构设计与分析；海底图像的实时采集、传输系统；采用 2 台水平推进器可水平方向局部小范围移动、定位的推动控制系统（备件）；可实时操作的人机界面软件系统；链接绞车的抓斗实时定位自动调节控制系统。

2002 年度进展：

机械系统加工工作大部分已完成。机械主构架、抓斗斗体以及大部分机械系统部件的加工均已完成。现已完成液压阀、油泵的耐压改装工作，并已做高压动态试验；已完成主要单部件的制造和部分试验工作；已加工完成主体支架、斗体的加工和喷漆等工作。

图像和数据长线传输的实验与系统制作大部分工作已完成。完成图像和数字信号的采集、压缩、变换、放大以及解压缩等部分的硬件设计和制作；目前正在“大洋一号”调查船上进行实地图像传输实验及整个系统的调试与制作。

检测与控制系统的设计和实验已初步完成。具体是：已完成硬件设计、电路板制作；完成部分传感器的实验室试验；完成甲板上位机程序的编制工作；预期 12 月下旬完成全部图像和数据长线传输系统的实验与制作。

【快速监测海水有机磷农药的生物传感器及仪器研制】 本课题由中国海洋大学孟范平教授主持。

项目主要研究内容：

筛选海洋中对有机磷农药具有敏感专一性响应的鱼类胆碱酯酶，在对该敏感酶的固定、稳定技术进行优化的基础上，制成酶传感器识别原件（固定化酶），同时研究固定化酶失活性恢复技术和海水中共存物质干扰及消除技术。将识别原件与不同种类换能器组合为传感器探头，根据换能器制作成本和信号分辨率确定最适合的换能器。通过电磁阀和计算机实现反应池的自动进样和排液。将探头、换能器、反应池和计算机组装为酶传感器监测系统，现场进行海水有机磷农药分析和系统调试，并最终集成在监测船只上。最终仪器可实现样品分析时间小于 30 分钟，复活和冲洗时间小于 20 分钟，检测下限为 0.5 微克/升，准确度±5%，4℃下酶片保质期 2 个月以上。

2002 年度进展：

制备出纯度较高且对海水有机磷农药敏感的乙酰胆碱酯酶制剂。利用交联法和共价结合法制备了两种性能优良的酶片。找到了一种对低浓度有机磷农药抑制后的电极进行复能的方法。对海水中某些共存成分的干扰程度进行了测定，并成功地利用螯合剂消除了两种主要重金属离子的干扰。制作了两种单片机（含信号放大系统和模数转换系统），分别用于显示反应体系的电位和电流。开发了一种能监视反应体系电位变化的计算机程序，该程序具有参数设置灵活、图像叠加和打印等功能。（吴俊龙 刘安国）

【赤潮浮游生物综合测量系统及分析技术】 本课题由中国海洋大学于志刚教授主持。

项目主要研究内容：

本课题通过发展一种基于低密度基因芯片的海洋赤潮藻综合分析技术，并将该技术同 863 海洋监测主题其他课题进行集成，实现海洋生态环境要素监测中赤潮藻和优势藻的实时、快速现场分析。本课题根据不同生物的根本差异是由染色体 DNA 水平的差异所决定的生物学原理，筛选各种常见海洋赤潮藻不同于其他藻的特征 DNA 片段；再利用定量 PCR 技术放大特征 DNA 片段的数量，之后用设计的特异 DNA 分子探针检测相应赤潮藻的种类和数量；最后将各目标藻的特异 DNA 分子探针集成制作成低密度基因芯片（或视具体情况和实际需要集成序列特异性定量 PCR 技术），据此建立同时分析各种常见赤潮藻种类和数量的方法，并研制相应的海洋赤潮藻综合分析仪工程样机。本项目完成后将在国际上首创海洋赤潮藻综合分析仪，我国将拥有一系列核心技术和整机的独立知识产权。该仪器的研制成功，必将极大地推动海洋生态环境的监测（包括赤潮快速预警和监测），此课题具有广阔的应用领域和市场前景。

2002 年度进展：

建立了课题研究所需的藻种库，主要包括赤潮多发种和区域优势种；建立并优化了藻类 DNA 提取的方法，为课题的顺利实施奠定了基础。在大量实验的基础上，确定核糖体 DNA 为本项目目标藻的 DNA 特异性区域；对目标藻设计了扩增引物和特异性探针，通过进一步的实验确定了 7 种赤潮藻和 7 种优势藻（共 9 种，因赤潮藻和优势藻有重复）的特征 DNA 片段，并进行了验证，结果表明：中肋骨条藻、新月菱形藻、膜质舟形藻、甲藻、角毛藻的特征片段交叉反应率低，具有专一性。交叉 PCR 实验表明，在角毛藻属内，纤细角毛藻、柔弱角毛藻、悬链角毛藻的特征片段在属间有着极好的专一性，而在种间无专一性，这是由于其核糖体 DNA 序列具有高度同源性所致。甲藻（塔玛亚历山大藻、米氏裸甲藻）与其他种类也有着良好的区分，但相互之间有着一定的交叉反应。合成了部分赤潮藻的 PCR 引物及荧光探针，开展对中肋骨条藻进行单一藻分子探针分析技术的建立、验证和操作条件优化的工作。对海洋赤潮藻综合分析仪工程样机进行了图纸设计。

（中国海洋大学）

【SZS3-1 型压力式波潮仪】 SZS3-1 型压力式波潮仪是由中国科学院南海海洋研究所研制的用于测量波浪、潮位的新型自容式仪器，是“九五”国家“863”计划 818 主题中“海床基海洋环境自动监测系统”子课题的成果之一。

SZS3-1 型压力式波潮仪采用高精度压力传感器、单片机和新型快闪存储器，使电路简单可靠，自容工作时间长（每小时记录 1 组波浪数据、每分钟记录 1 个潮位数据时可连续工作 108 天）、测量精度高，体积小。仪器使用简便，界面友好，能方便地进行人机对话，可以直接通过端盖上的电缆插座进行参数设置和数据回放，参数和数据具有掉电记忆功能，即使更换电池也无须重新设置参数。仪器设有腔外电源开关和工作状态窥视窗，通过窥视窗内的发光二极管可以了解仪器的工作状态。仪器具有实时数据处理能力，能实时输出波浪特征值和潮位，自动进行波浪加密测量。SZS3-1 型压力式波潮仪在国家海洋计量中心注册并通过了环境试验；在国家海洋计量站进行验潮井检定，最大示值误差 0.6 厘米；在华南国家计量测试中心进行了标准活塞压力计检定，示值误差小于±0.2 千帕，达到国际同类仪器的先进水平。所提供的数据处理软件能满足用户的需要，符合国家标准。

SZS3-1 型压力式波潮仪作为海床基海洋环境监测系统的组合仪器，自 2001 年 8 月装备到国家海洋局上海海洋环境监测中心站，在洋山海域每季度布放一次，为洋山深水港区工程建设提供监测资料。电缆实时传输和自容式双方式的 SZS3-1 型压力式波潮仪自 2001 年 9 月起装备到外资的汕头加德士海洋燃气能源有限公司，为该公司深水码头的船舶作业提供实时的波浪和潮位资料，为较好地解决安全生产与经济效益的矛盾提供了客观依据。2003 年 1 月，SZS3-1 型压力式波潮仪作为组合仪器集成到“十五”国家“863”计划课题“海床基动力要素综合自动监测系统”中。SZS3-1 型压力式波潮仪还在南海海洋研究所、中山大学、华南环境科学研究所等单位承担的深圳 LNG 项目环境评价、中海石化（壳牌）项目水文观测、国家基金课题等项目中使用，已取得一批波浪、潮位观测数据。

SZS3-1 型压力式波潮仪为自容式工作，也可附加电缆传输或无线电通讯方式，能满足不同用户的需要。可用于无井验潮、工程波浪和灾害浪潮观测，同时也是长周期（25～250 秒）波浪观测的理想仪器。

（中国科学院南海海洋研究所 王盛安）

海洋遥感技术
Marine Remote-Sensing Technology

【HY-1A 卫星工作】

1. HY-1A 卫星的成功发射

HY-1A 卫星于 2002 年 5 月15 日 9 时 50 分在太原卫星发射中心由长征四号乙火箭发射升空，经过 808 秒到达 870 千米的轨道后与运载分离，卫星完成 7 次变轨后，于 5 月 27 日到达 798 千米的预定轨道。5 月 29 日 HY-1A 卫星有效载荷开始探测，国家卫星海洋应用中心北京卫星地面站和三亚卫星地面站顺利、及时、准确地接收到第一轨卫星实时图像数据，经分析表明，卫星状态良好，有效载荷工作正常，图像清晰，达到设计要求。

HY-1A 卫星轨道为太阳同步近圆形轨道，高度为 798 千米，设计工作寿命 2 年。HY-1A 卫星有效载荷为：10 波段海洋水色扫描仪、4 波段 CCD 成像仪。10 波段海洋水色扫描仪主要用于探测海洋水色要素（叶绿素浓度、悬浮泥沙浓度和可溶有机物浓度）及海表温度等；4 波段 CCD 成像仪主要用于海岸带动态变化监测。

2. 卫星在轨测试及交付

按照卫星工程研制要求，卫星入轨正常工作后，需全面地对卫星工作状态和技术指标进行在轨测试，以检验是否达到设计要求。HY-1A卫星在轨测试工作于5月30日开始，由国家卫星海洋应用中心牵头，国家海洋技术中心、南海分局、海洋二所、航天科技集团五院所属单位、西安卫星测控中心和国家卫星气象中心等单位参加，分别在北京、西安、三亚、南海（西沙群岛西北部海域）、长江口、敦煌等地进行。经过广大科研人员艰苦努力，克服野外工作环境艰苦，海上作业风浪大，船舶颠簸等困难，本着严谨、求实的科学态度，对HY-1A卫星平台、有效载荷进行全面的在轨测试，确定了工作在轨运行的状态，并与卫星研制部门达成共识，于8月24日圆满完成了工作内容。

2002年9月2日，由国防科工委组织了在轨测试工作评审，评审委员会认为：在各承担单位的精心组织、密切配合下，在轨测试圆满完成了《HY-1卫星在轨测试大纲》所要求各项任务；通过在轨测试，对HY-1卫星主要技术指标进行了检验，测试数据表明，HY-1卫星平台及有效载荷主要技术指标达到了卫星研制任务书要求，评审委员会一致通过HY-1卫星在轨测试评审，星地系统具备转入业务运行的能力。

HY-1A卫星发射入轨后，经在轨测试，表明卫星技术指标达到研制任务书要求，星地系统匹配良好。2002年9月18日，在国防科工委主持下，国家海洋局和中国航天科技集团在人民大会堂举行了HY-1A卫星在轨交付暨海洋一号B星协议签字仪式。

HY-1A卫星是我国的第一颗海洋卫星。它的成功发射和交付运行，结束了我国没有海洋卫星的历史，使我国对地观测体系得到进一步充实和完善。标志着我国由台站、船舶、浮标、飞机、海洋卫星组成的海洋立体监测系统进入了一个崭新的发展阶段，对提高我国海洋监测能力具有重要的里程碑意义。

3. HY-1A卫星数据产品分发

2002年12月14～15日，由国家海洋局科技司主办、国家卫星海洋应用中心承办的HY-1A卫星数据分发应用发布会暨数据应用培训班在北京召开。来自国家海洋局所属单位、沿海各省市、中国科学院、海军、高等院校和从事海洋研究的机构共计45个单位123人参加了为期2天的发布会和应用培训班。至此，HY-1A卫星数据产品正式对社会公众开放。作为我国公益服务的遥感数据产品，HY-1A卫星数据产品对从事科研、生产、管理、教学及相关应用等方面的部门实行免费开放服务。

截至2002年12月31日，HY-1A卫星数据产品已向国内从事海洋管理、科研、教学等71个部门、单位进行了分发，数据量达41 488MB,卫星数据得到了较为广泛的使用，为国民经济建设发挥了积极的促进作用。

由卫星中心承建并运行的HY-1A卫星地面应用系统由接收分系统（包括北京站和三亚站）、资料处理分系统、产品存档与分发分系统、资料应用示范分系统、辐射校正与真实性检验分系统、通信分系统和运行控制分系统等7个分系统组成。

卫星地面应用系统运行稳定，利用设在北京和三亚的卫星地面站接收卫星下传的实时传输和延时传输观测数据，其中三亚卫星地面站接收到的数据通过VSAT系统及时传送至北京，与北京地面站接收到的数据一起由数据处理中心进行处理并生成各级产品，进行存档后，向用户提供数据分发服务。

至2002年12月31日，HY-1A卫星对全球海域连续进行了560次观测，其中我国海域和陆地393次，每天可接收2～3条卫星轨道；境外海域167次，每次可探测18分钟，覆盖渤海、黄海、东海、南海、日本海及北冰洋、大西洋、太平洋等海域，所获得的图像清晰，海洋水色信息丰富。根据应用需求，地面应用系统对所接收的数据分级分类处理，并进行存档。

【HY-1A卫星应用】 国家海洋局对卫星应用工作给予了高度重视，并按照国家海洋管理工作的要求将HY-1A卫星纳入我国海洋立体监测业务体系，卫星资料应用于海洋资源开发与管理、海洋环境监测、海洋灾害监测、海洋科学研究及国际与地区合作等多个领域，已取得了初步成果。

1. 海洋资源开发与管理

国家卫星海洋应用中心利用HY-1A卫星开展海洋渔场环境信息研究工作，取得了一些阶段性成果；2002年，为“863”计划“大洋渔场环境信息获取技术”课题提供了实时的大西洋金枪鱼渔场与太平洋竹荚鱼渔场的海温分布与叶绿素分布数据，为在这两个海区作业的中国渔船提供了及时的渔场环境信息。

2. 海洋环境监测与保护

利用HY-1A卫星资料已能够较准确地提供大洋和远海的叶绿素分布及海面温度等海洋基础信息，并通过对各大河口和重点海域的监测，获取了黄河口、长江口和珠江口等重要河口悬浮泥沙分布、近岸二类水体特征等海洋水色基础信息；利用这些成果HY-1A卫星在海洋环境预报、赤潮监测、渔场环境分析等方面得到了应用。

3. 海洋灾害监测与预报

利用HY-1A卫星资料进行海面污染监测是HY-1A卫星的重要任务之一，国家卫星海洋应用中心与国家海洋局北海分局建立了HY-1A卫星海洋污染监测应用示范系统，现已取得了阶段性成果；通过对2002年6月15日、9月3日发生在渤海、华东沿海和黄海赤潮进行监测，得到赤潮发生的地理位置和区域大小等信息，为海洋环境保护管理提供了科学依据。

HY-1A卫星具有较强的监测海冰能力，利用HY-1A卫星资料，经反演分析得出海冰厚度、海冰外缘线、海冰密集度和海冰温度等信息，国家海洋环境预报中心已将HY-1A卫星资料应用于海冰预报业务中。

【载人飞船航天工程民用遥感器数据处理系统建设】 国家卫星海洋应用中心承担了中国载人航天工程神舟三、四号飞船民用遥感器地面数据处理系统的建设任务，引进计算机硬件设备，研制了中分辨率成像光谱仪和多模态微波遥感器数据专用处理软件。在神舟三号飞船成功发射后，其主要载荷中分辨率成像光谱仪对地观测期间，及时完成了数据处理、影像产品制作工作，累计处理分发272轨数据，提供各应用单位开展海洋、陆地和大气等领域应用研究工作，出色地完成了神舟三号飞船对地观测期间数据处理与分发任务，取得了良好的效果。

【HY-2卫星的工作进展】 卫星中心在积极开展海洋水色系列卫星的同时，也在积极开展海洋动力环境（HY-2）卫星论证工作，在有关部门支持下，经过国家卫星海洋应用中心、中国空间技术研究院、中国科学院空间中心的共同努力，海洋动力环境卫星（HY-2）列入了国防科工委民用航天背景型号关键技术预研项目。在2002年开展了海洋动力环境（HY-2）卫星用户需求论证工作，并启动了微波辐射计、微波散射计、雷达高度计和卫星高精度定轨技术的关键技术预研项目。

海洋动力环境卫星作为海洋立体监测网重要组成部分，它的应用目标是探测海洋动力环境要素，包括海面风场、海面高度场、浪场、海洋重力场、大洋环流和海表温度场等海况的重要参数，为有效地开展海洋环境监测，开展灾害性海况预报，为国民经济建设和国防建设服务，为海洋科学研究、海洋气候变化研究等提供实测数据。

（国家卫星海洋应用中心）

【赤潮灾害预报技术研究】 该课题为国家“十五”科技攻关项目，由国家海洋局第二海洋研究所黄韦艮研究员负责，国家海洋局第一海洋研究所、国家海洋环境监测中心、国家海洋环境预报中心、国家海洋局北海分局、辽宁省海洋水产研究所和浙江省海洋与渔业局等单位承研。该课题以渤海和东海赤潮多发区为试验海区，开发赤潮卫星遥感跟踪预报、统计预报、数值预报和有毒赤潮预报技术，开展赤潮试预报，为防灾减灾和海洋综合管理服务。主要研究内容包括赤潮卫星遥感跟踪预报技术研究、赤潮统计和数值预报模型研究、有毒赤潮诊断技术研究、赤潮灾害信息标准化技术和信息管理技术研究、赤潮预报技术评价和试预报。本研究的创新点在于利用卫星遥感技术探测赤潮发生前兆，进行赤潮预报；使用动力－悬浮泥沙－水度－赤潮藻－营养盐－浮游动物的耦合数值模式预报实际海域赤潮的生消过程；利用有毒藻类种群生长模式，结合区域海洋特征进行有毒赤潮预报。而利用卫星遥感、GIS以及数值模拟技术，开展以业务化应用为目标的赤潮预报技术研究是本课题的主要技术特点。2002年度课题组初步建立了赤潮卫星遥感跟踪预报模型、赤潮统计与数值预报模型、有毒赤潮诊断指标体系和赤潮信息管理系统。在研究海区开展了赤潮试预报，发布赤潮卫星遥感监测预报14次、赤潮生成条件预测26期和赤潮发生动力环境条件预测38期，发表和待发表论文24篇。2003

年将继续进行赤潮生物、化学、水文和气象要素的常规监测和卫星遥感监测，完善赤潮预报技术和赤潮信息管理系统。

【风、浪参数的 SAR 反演研究】 该课题为省部级重大项目的一级子课题（2002～2005），由国家海洋局第二海洋研究所杨劲松博士负责，对合成孔径雷达（SAR）海面风场和浪场的成像机理进行研究，研究和开发海面风场和浪场的反演模型和反演算法，并通过应用示范，实现诸参数的反演。2002 年度课题组完成的工作有：①建立了海面风场仿真模型，对不同海面风速、风向、雷达入射角、极化条件下的海面雷达后向散射截面进行了遥感仿真。②建立了海面风场反演模型，对近岸海面风场、海面阻力系数、风应力以及空气动力学粗糙长度等进行了遥感反演研究，获得了较好的结果，显示了 SAR 在这方面良好的探测能力。③建立了浪场仿真模型，对浪场的 SAR 图像谱进行了仿真研究，进一步对倾斜调制、水动力调制、距离向聚束调制和速度聚束调制等各种调制传递函数在 SAR 浪场遥感中的作用以及由此引起的 SAR 图像谱特征进行了分析，为下一步浪场的反演奠定了基础。

【南麂列岛示范区研究】 该课题是国家高技术发展研究项目课题（2000～2003），由国家海洋局第二海洋研究所周长宝研究员负责，开展国家级海洋自然保护区南麂列岛环境与资源遥感动态监测。2002 年度课题组重点开展了海洋自然保护区高分辨率遥感监测、数据库设计与建设和自然保护区管理信息系统设计与建设等工作，具体如下：①将 IKONOS 等高分辨率卫星遥感信息应用于南麂列岛海洋自然保护区环境与资源遥感监测，并在高分辨率卫星遥感图像几何校正、多谱段图像融合方法与处理技术、信息提取等方面都取得了新的进展。②将分形理论与分形技术应用于海洋自然保护区无级比例尺管理研究中，为构建信息系统和海量数据存储提供了重要的工具。③建立了南麂列岛自然保护区贝藻类等生物种群及其图谱数据库，这是目前国内最为完整的贝藻类图谱库，图谱色彩鲜艳，形象逼真。④设计和建设了具有自主版权的以生物多样性为代表的南麂列岛海洋自然保护区管理信息系统。

【多参数合成孔径雷达海洋要素信息分离技术】 该课题为国家“863”青年基金（2002～2003），由国家海洋局第二海洋研究所杨劲松博士负责执行。多参数（即多波段、多极化、多视角）合成孔径雷达（SAR）是 SAR 系统的发展方向之一。不同波段、极化和视角条件下，海面后向散射特性是不同的，多参数 SAR 有多种波段、极化和视角，因而能比传统的单参数 SAR 提供更大的信息量。但在海洋遥感方面，多参数 SAR 的优势还远未得到充分的利用。本课题开发的多参数 SAR 海洋要素信息分离技术，可以对 SAR 图像中复杂、丰富的海洋要素信息进行有效的分离，为 SAR 图像海洋要素的信息提取提供前提保证，从而更好地发挥多参数 SAR 的优势，为其在海洋科学各领域及其应用中发挥更大的作用。该课题的研究目标是研究开发针对多参数 SAR 的海洋要素信息分离技术，实现海面风场、海浪、锋面、中尺度涡、内波、海冰、海面溢油和水下地形等海洋要素中三种以上典型海洋要素信息的有效分离，为多参数 SAR 图像海洋要素的信息提取提供前提保证。研究内容包括多参数 SAR 海面后向散射特性研究、海洋要素的多参数 SAR 图像几何特征研究、不同波段条件下典型海洋要素的 SAR 图像几何特征研究、海洋要素的信息分离技术研究以及多参数 SAR 图像海洋信息分离技术应用示范。2002 年开展了多参数 SAR 海面后向散射特征和图像几何特征的研究，初步建立了多参数 SAR 海洋信息分离技术的模型。

【北太平洋鱿鱼渔场环境信息获取、传输、处理、分析与海洋环境要素产品制作系统】 该课题为国家“863”计划 818-11-02 课题，由国家海洋局第二海洋研究所毛志华研究员负责完成，2003 年 1 月 26 日通过国家课题验收。该课题完成了我国第一套可业务化运行的大洋渔场海况速报产品制作系统，基本实现了自动进行资料接收、传输、处理、产品制作等功能，完成了全球遥感资料处理软件开发，用于处理 FY-1C、NOAA、GMS 和 SeaWiFS 全球资料。系统在北太鱿鱼渔场作业期间业务试运行二年，完成北太渔场海况速报产品制作共 33 期，叶绿素速报产品 2 年共 60 期。该课题选用适合北太渔区的遥感海表温度（SST）反演模式，海面叶绿素浓度提取模型，海洋初级生产力估算模型，云信息提取和替补模块，海洋锋面、冷暖涡、流场等动力信息交互提取模块，温度误差控制体系等。利用多种实测资料对遥感产品进行精度检验，结果表明卫星资料处理技术达到了合同书规定的各项指标。在海况速报产品自动制作方面，通过研究自动云检测和替补、自动几何配准、自动信息融合、自动数据传输、规范化产品自动制作、自动数据管理等相关技术的研究达到系统操作自动化。在系统可靠性保障方面，实现了远程诊断，基本保证了系统正常运行。该系统可提供大面积实时海洋环境参数，提高渔场海况速报产品的时效性。

【FY-1C海洋水色通道的大气校正研究】 该课题为国家自然科学基金（2001～2003），由国家海洋局第二海洋研究所毛志华研究员负责执行，借助光谱辐射传输理论，利用FY-1C二个近红外通道，研究针对FY-1C三个海洋水色通道逐像元点大气校正的方法，建立FY-1C水色通道大气校正模型和软件实现，为海洋水色因子反演和应用研究提供前端工作基础。主要研究内容包括：①根据可见光的大气和水体辐射传输理论，研究FY-1C各波段辐射模式；②研究FY-1C大气校正模型的建立和软件实现方法；③研究FY-1C大气校正结果验证和大气校正模型参数修正方法。2002年对FY-1C水色通道进行了替代定标研究，完成了FY-1C大气校正软件包的开发，初步建立了FY-1C海洋水色通道大气校正模型。 （国家海洋局第二海洋研究所）

【模块化全天候、灾害性海雾遥感监测技术】 本课题由中国海洋大学鲍献文教授主持。

项目主要研究内容：

基于卫星遥感资源的多通道数据信息，研究我国海域海雾的“对比度特征”和“光谱特征”，并在双谱、多谱海雾信息提取方法基础上，发展一套适合我国沿海海雾特征的云、雾分离方法，实现灾害性海雾分布范围的全天候卫星监测技术。在遥感机理研究的基础上，综合海雾观测资料和卫星遥感资料的对比分析研究，建立整个中国海区灾害性海雾的特征参数（海雾雾顶高度、能见度）的反演算法。以IDL为开发工具，实现系统总控与各功能模块的动态链接，完成具有友好人机界面、全自动化灾害性海雾监测模块系统和产品发布平台。通过该课题的实施与研究，一方面可了解和跟踪卫星遥感监测海雾研究的国际前沿，填补国内此项研究的空白。同时，也将在云雾识别、海雾特征量反演理论和反演方法等关键技术研究方面有所创新和突破，并使我国成为少数拥有卫星监测灾害性海雾系统的国家。

2002年度进展：

实现了在中国近海和沿海地区遥感资料的云、雾分离技术，进行了雾的辐射特性与卫星光谱特征，海雾纹理特征和其运动特征，中国沿海海雾分布及其特征的研究。进行了灾害性海雾范围的确定；充分收集并整理了2000～2002年海雾的历史资料和同期的卫星遥感资料；进行2002年南北海域雾季的海上海雾观测和厦门站的海雾能见度强化观测；系统进行了云雾分离的理论和技术方法研究，设计并开发了具有初步显示功能的海雾特征量的可视化平台。初步完成海雾监测系统的模块化设计，开发了该系统部分可视化图形演示软件；基本完成云、雾分离方法的程式化和模块化及智能化，系统平台具有初步显示功能。

【模块化多源海洋遥感信息融合与同化技术】 本课题由中国海洋大学刘玉光教授主持。

项目主要研究内容：

借鉴目前国际关于生态动力数值模型研究的成果，利用我国渤海、黄海、东海海域的多源卫星遥感资料、现场监测资料及历史数据库资料，通过对模型、资料、物理与生物过程的深入研究，建立适合渤海、黄海、东海海域的生态动力数值同化模型，并提交生态环境数值模拟与多源遥感信息同化模块软件。在发展和集成“九五”期间海洋监测技术主题中海洋动力要素多源遥感信息融合和同化技术研究成果基础上，建立适合渤海、黄海、东海海域的海洋动力环境要素（海面风场、海流场、海温场等）数值模拟与多源遥感信息同化模块软件，并为生态模型提供背景驱动场。利用HY-1/COCTS、TERRA/MODIS和SeaStar/SeaWiFS这三颗星的水色通道数据，采用多星多波段信息融合技术，发展渤海、黄海、东海海域海洋环境要素（叶绿素与海水漫射衰减系数）多源遥感信息融合技术模块软件。消除云覆盖影响，达到时空互补，以提供满足生态数值同化模式网格需要的叶绿素浓度、海水漫射衰减系数和与光照度有关的云覆盖数据。利用在渤海海域外海实验的宝贵数据，发展局部海区环境要素（叶绿素与海水漫射衰减系数）信息提取算法。利用外海实验获取的数据、国家海洋信息中心现有历史资料，卫星遥感水色信息融合资料以及生态动力数值同化模型的产品，建立渤海、黄海、东海海域生态环境要素数据库。

2002年度进展：

已完成海洋数据库设计，历史资料入库和部分分析软件开发。已装载渤黄东海营养盐、浮游植物、浮游动物、温度、盐度、溶解氧、pH等历史单站资料和1度方区累年各月特征值统计。开展了利用中国海洋卫星一号（HY-1）和美国水色卫星（SeaStar/SeaWiFS）资料提取渤海海域的叶绿素、泥沙和海面温度的遥感算法模式，完成了软件研制。发展了HY-1卫星多时相的旬和月的数据融合技术。在美国的NPZ（营养盐、浮游植物和动物）生态模式的基础上作了改进。从一个简单的零维方程出发，不考虑动力场的耦合，给出合适的初始条件和外强迫，模拟了渤海一年间浮游植物的变化。深入研究了渤黄东海POM（普林斯顿海洋模式）伴随数值动力模式。其中外模态的伴随已完成、内模态的伴随正在进行中。基本完成渤海海上实验的调研、设计、设备购置，以及秋季海上调查的准备工作。购买了安徽光机所研制的海陆两用地物高光谱仪和日本电子公司的多参数水下检测仪，准备进行海上调查试验。

（中国海洋大学　吴俊龙　刘安国）

【模块化巨浪遥感信息提取与复合分析技术】　国家“863”课题。课题主要分成“高度计遥感巨浪信息提取技术”，“SAR遥感巨浪信息提取技术”，“散射计风浪计算”以及“遥感巨浪信息复合分析技术”等方面的研究。课题2002年进展情况：

(1) 建立了ERS-SAR产品的处理程序；

(2) 完成了包括去噪滤波和二维傅立叶变换的由SAR图像转换成SAR谱的程序；

(3) 建立了由海浪谱到SAR谱的映射关系，完成了海浪谱到SAR谱的仿真；

(4) 完成了由SAR图像反演海浪谱的MPI方法和SPRA半参数方法的程序设计，并提出了参数化初猜谱方法；

(5) 完成了散射计遥感同化风场产品和QuikSCAT卫星遥感资料与NCEP数据混合风场；

(6) 完成了中国近海海面浪场数值产品；

(7) 建立了新形式的非线性海浪波高分布；

(8) 导出了有限水深两点波面位移非线性统计分布；

(9) 完成了中国近海风浪成长关系；

(10) 开展了多种融合方法的滤波对比分析，确定了多源巨浪遥感信息的融合方案；

(11) 提出了波波非线性相互作用源函数及其共轭源函数的处理方法，进行了波谱能量、作用谱密度及动量等的守恒量分析，设计了源函数半隐格式，进行了梯度检验；

(12) 发展了交叉滑动处理技术，对所研制的变分同化模型进行了改进，建立了针对巨浪过程的同化实用模型，并进行了同化试验；

(13) 利用海浪谱共轭方程进行了敏感性试验，确定了梯度极值分布；

(14) 建立了中国近海海浪要素数据库；

(15) 建立了中国近海海洋环境参数动态信息系统。

【模块化海气界面遥感信息提取技术】　国家“863”课题。该课题主要分为4方面的内容：卫星遥感海面气温、湿度、热通量和降雨。现正按照合同计划要求进行，部分工作已经进入下一年度的研究工作，并取得了一些初步结果。基本完成了NOAA卫星TOVS资料反演大气温度和湿度廓线；针对海上大气温度和湿度廓线的反演实施了最大扫描线数调整实验；分析研究了不同海域海气热交换的计算方法及海气热交换的分布特征；研究了海洋降雨在Ku波段和C波段的吸收与散射特性。

2002年度收集、购买并整理了大量的现场测量和卫星遥感的历史资料；在南海进行了1次海上海气热量、动量和水汽通量垂直输送的观测，现正在进行数据处理，可望2003年底得到南海海区的热交换参数；正在进行海面风速、海面水汽含量和海面温度同SSM/I亮温的关系的研究，使之适合于中国海；基本完成了NOAA卫星TOVS资料反演大气温度和湿度廓线；系统地建立了利用TOPEX/TMR卫星资料反演全球海洋降雨的新方法，并开发了相应的模块化反演软件，其相对误差在25%～30%之间，达到合同规定的要求。在此基础上，开展了一系列海洋降雨应用研究。

（中国科学院海洋所　王利民）

海水淡化与综合利用技术
Technologies for Seawater Desalination and Multipurpose Use

【海水循环冷却技术示范工程研究】　该项目是国家海洋局天津海水淡化与综合利用研究所承担的国家“十五”重大科技攻关计划“水安全保障技术研究”项目课题之一，获得科技部经费 500 万元。

2002 年度圆满完成课题任务书中规定的研究计划任务，各项指标均达到合同考核指标的要求，顺利通过科技部组织的年度检查，并在以下几方面取得进展。

在水处理技术研究方面：

(1) 针对千吨级海水循环冷却技术示范工程要求，形成新一代适用于化工、石化等行业的海水水处理药剂 SW2000-1 系列，吨水处理药剂费用较“九五”成果 SW9800 海水水处理药剂降低约 30%，且性能指标明显提高。

(2) 研发出适用于电厂冷却水工艺条件的 SW2000-2 海水水处理药剂，并开展了模拟电厂冷却水工艺的海水循环冷却水动态试验。研究结果表明：SW2000-2 复合水处理药剂在腐蚀控制、污垢控制、菌藻控制等方面均可达到考核指标要求，为电厂建立示范工程提供可靠的技术依据。

(3) 开展了海水专用水处理药剂合成研究，在咪唑啉海水缓蚀剂、含磷磺酸共聚物、膦基羧酸聚合物、AHPSE 系列聚合物阻垢剂等合成方面取得良好进展，其中几种药剂各项性能良好，通过进一步完善有望投入工程化实际应用。

在海水循环冷却装备技术研究方面：

(1) 为进一步检验药剂的各项性能综合指标，开发研制出一套自动补水、排污、加药集成装置，实现系统浓缩倍数、加药量的自动控制。整套装置在动态模拟试验期间功能正常，运行可靠。该装置的研制成功，不仅真实模拟现场工艺条件，加强了实验室整体装备，也为使药剂更快走向工业化提供了实验场所。

(2) 海水冷却塔技术是海水循环冷却“三剂一塔”关键技术之一，为进一步改进和完善“九五”的研究成果，对国内外的冷却塔研究状况及各厂家具体技术能力进行了调研工作，完成海水冷却塔前期研究工作。

【千吨级海水循环冷却示范工程关键技术研究】

该项目是国家海洋局天津海水淡化与综合利用研究所承担的天津市重大科技攻关计划项目。全面完成实验室研究和有关模拟试验研究，在天津碱厂氨碱循环水系统不停车清洗技术研究、浓海水代替淡水作为制碱工艺化盐用水技术研究、氨碱循环水系统旧设备防腐工艺关键技术研究等方面取得进展，千吨级海水循环冷却示范工程 2003 年建成投运。

通过建立千吨级海水循环冷却示范工程，在实现海水替代淡水作为工业循环冷却水的同时，利用排放的 2 倍海水作制碱工艺化盐用水，实现海水循环冷却零排污，并达到综合利用之目的。

【“十五”《万吨级海水循环冷却示范工程可行性研究报告》论证会】　2002 年 3 月 22 日，项目主要参加人员、专家组成员参加了由天津市经委、国家海洋局科技司、市科委三方联合组织，市经委主持召开的“十五”《万吨级海水循环冷却示范工程可行性研究报告》论证会。会议在天津碱厂召开，项目通过专家论证并获得高度评价，认为项目“具备产业化示范条件”、“可以有效规避各种风险”，建议业主“实施海水循环冷却技术方案，并与 60 兆瓦机组工程同步建设”，同时“将其纳入国债项目，希望各级政府管理部门在资金和政策上予以支持”。天津市市长李盛霖、副市长杨栋梁分别对项目实施做过批示。2002 年底，万吨级海水循环冷却技术示范工程已经作为国家计委、科技部和天津市《关于把天津市建成国家节水型示范城市的请示》8 个重大项目之一，上报国务院并得到批复。

【低温多效海水淡化技术示范工程研究】　是国家海洋局天津海水淡化与综合利用研究所承担的国家“十五”重大科技攻关计划“水安全保障技术研究”项目课题之一，获得科技部经费 410 万元。

黄岛电厂与淡化所于 2002 年 6 月 28 日签订合作协议，合作完成示范工程建设。又于 2002 年 9 月 17 日签订投资协议，双方合作成立青岛华欧海水淡化有限公司，注册资金 4 000 万元，海水淡化所以海水淡化专有技术入股该公司并占有 40%的股份（折合人民币 1 600 万元），10 月 11 日举行示范工程奠基暨公司揭牌仪式，标志着示范工程全面启动。

根据双方的合作协议，淡化所先行投资建设 60 吨/日双效压汽蒸馏工业试验装置，根据实验结果进行 3 000 吨/日示范工程的优化设计。2002 年 9 月完成 60 吨/日双效压汽蒸馏装置的施工图设计，于 10 月份进入制造安装阶段，并取得了一系列的科技创新，包括：①设计并优化了传热管与管板的弹性联接装置，解决了配合尺寸难题；②设计了新型效间汽液分离装置代替传统的捕沫网，把捕沫装置阻力从 343～686 帕（35～70 毫米水柱）降到只有 196～392 帕（20～40 毫米水柱），大大降低了温差损失；③针对碳钢开发了新型防腐涂料，大大降低了设备制造成本，提高了系统安全性；④研制了流体阻力小、喷淋均匀、不易堵塞的液体分布器，提高了系统运行的可靠性和传热效率，降低了能耗；⑤研制了具有自密封性能的密封圈。在负压操作下，利用这种密封圈，可大大降低法兰厚度；⑥与西安交通大学合作研制了新型蒸汽压缩机，效率达 78%。

2002 年 11 月底海水淡化所完成了 3 000 吨/日示范装置的设计工作，共计完成和修改设计图纸 130 余张。2002 年 12 月底进行设备基础的施工和装置的加工备料工作。

【微咸水高效安全利用技术研究】 是国家海洋局天津海水淡化与综合利用研究所承担的国家高新技术研究发展计划“863”计划“微咸水与再生水高效安全利用技术研究”项目子课题之一。本研究提出了采用连续超滤、纳滤的工艺流程处理苦咸水使之用于工厂化农业，吨水成本控制在 2 元以下。本技术可应用在我国西北、华北的广大地区，为在缺乏淡水资源的地区开展高效农业生产提供淡水保障。

【天津开发区海水淡化工程】 国家海洋局天津海水淡化与综合利用研究所和天津泰达新水源科技开发有限公司合作完成了天津开发区海水淡化项目可行性研究报告，该报告综合论述了海水淡化的各种能源技术，比选了多种海水淡化工艺，提出了首期建设 10 000 吨/日反渗透淡化工程，最终达到 20 000 吨/日规模的方案，项目实施年限为 2004 年 2 月至 2005 年 12 月，合同金额 20 万元，报告完成后受到开发区有关方面的好评。

【大生活用海水技术示范工程研究】 是国家海洋局天津海水淡化与综合利用研究所承担的“十五”国家重大科技攻关计划“水安全保障技术研究”课题之一，于 2001 年 11 月启动。水资源危机日益加剧，许多沿海城市开始推行海水淡化与海水直接利用技术。大生活用海水技术是节约沿海城市淡水、控制环境污染的有效途径。

该课题主要研究内容为：①海水净化过程中新型絮凝剂研究；②海水异味去除技术研究；③防生物附着技术研究；④大生活用海水对城市污水管道、设备和构筑物的影响研究；⑤海水取水、贮水、输送水系统的优化设计研究；⑥大生活用海水示范工程研究；⑦采用海水作为大生活用水有关法规、政策研究；⑧大生活用海水生态塘处理技术研究。

本年度的研究工作取得了突破性进展和成果。其中耐盐微生物筛选、驯化及耐盐机理方面的研究，水生植物耐盐培植及耐盐机理的研究，海水中絮凝剂的混凝特征及作用机理的混凝理论体系研究，高效无机高分子海水絮凝剂的制备技术等方面均取得了一批可喜的成果，大生活用海水示范工程也取得了突破性的进展。在学术刊物上发表论文 3 篇，研究报告 2 册。

【气态膜法海水和卤水提溴新技术研究】 是国家海洋局天津海水淡化与综合利用研究所承担的“十五”国家科技攻关项目“卤水资源综合利用技术研究”课题之一。本课题通过 10 吨级中试，提出生产性试验的工程（工艺）设计参数，为生产性试验提供技术依据。技术关键为：气态膜法提溴工艺技术、防止污染气态膜的预处理技术和气态膜清洗技术。创新点为：利用现代高新技术-气态膜分离技术，实现从海水和卤水中提取溴素。高效、节能、高收率、无污染。

本年度完成：①建设了“气态膜评价及其分离富集溴素动态模拟评价平台”，针对海水卤水提溴工艺以及适于提溴的气态膜规格开展了系统研究，为气态膜大型膜组件（ $\phi160\times1\ 500$）的加工制作和课题中的 10 吨/年规模实验奠定了基础。

②突破了若干难题，完成了适于海水卤水提溴的气态膜大型膜组件（ $\phi160\times1\ 500$）的加工制作。③完成了气态膜法海水卤水提溴10吨/年装置中标准设备购置、非标准设备加工以及装置的安装、试车，调试。④完成了溴素提纯技术的研究，该技术具有经济、方便特点。采用该技术可使我国溴素质量达到发达国家溴素质量水平。

（国家海洋局天津海水淡化所）

【高效节能型反渗透海水淡化装置】 本装置是国家海洋局杭州水处理技术研究开发中心“九五”科技攻关项目的科技成果，列入2003年国家重点新产品计划项目。该装置采用“九五”攻关项目的多项成果：高压反渗透膜组合技术，高效能量回收组合设计技术。通过自动真空抽吸取水，杀菌过滤组合预处理，大容量微孔过滤器，变频组合高压给水，反渗透系统脱盐，产品水品质改善，将海水淡化成生活饮用水。

本装置产水水质达到国家GB5749-85生活饮用水标准；脱盐率达到98%以上；能耗小于4千瓦·小时/吨淡化水；水回收率大于35%；系列装置产品产淡化水量从50吨/日到5 000吨/日不等。

随着国内特别是沿海地区及海岛水资源短缺日益严峻，该项目的产品，不论在海岛小型海水淡化、远洋捕捞船用海水淡化还是在市政及工业的反渗透海水淡化等方面都具有广阔的市场前景。 （杭州水处理技术开发中心 李小燕）

【水下仪器设备的防腐蚀与防生物附着技术研究】 本项研究为“十五”“863”计划“海洋生态环境自动检测技术”课题的关键技术之一。

本年度研究工作的进展为：

1. 完成了防腐蚀底漆主体工艺设计

本研究除对涂层进行常规物理机械性能评价外，该工艺设计主要是应用海水介质的防腐与防锈，所以性能评价更注重考察涂层在水、海水介质中的状态变化。试验中尤其以高温（80℃）介质条件下的加速腐蚀试验，评判了不同树脂为漆基的涂层耐介质腐蚀能力，试验结果表明：以环氧树脂为漆基的涂料性能最佳。

2. 防污涂料

(1) 确定了以低表面能树脂为漆基，TCPM和辣椒素为防污剂的防污涂料工艺。

(2) 防污涂料的4组工艺已通过厦门海水试验站的一个年度周期的实海检测试验，无生物附着。

厦门海水站海生物附着期为5～10月，以目前防污漆实海挂片所达到的防污效果，至少可以保证一年以上的有效防污性，实海挂片试验仍将继续。

(3) 防污涂料的研究结果目前正在申请发明专利。

采用低表面能与扩散型防污原理，防污剂以高效、无毒的抗菌剂TCPM为主体，配合以天然无毒杀虫剂辣椒素，达到了对海洋生物附着的抑制和驱避作用的协同防污效果，本项技术可保证相对静态的水下仪器设备至少一年的防污有效期。

【“3 000吨低温多效海水淡化示范工程”防腐蚀涂料研究】 随着我国国民经济的发展及淡水资源的紧缺，海水资源的综合利用已越来越受到广泛的重视。海水淡化和海水利用是21世纪海洋开发的热点，属于新兴的海洋产业。海水淡化装置的腐蚀防护属于重防腐涂装系统，该领域的重防腐涂料在美国、日本和以色列起步较早，领先一畴，国内还未有相关的报道。

本项研究以解决蒸发设备内壁防腐为主，研究内容包括：

1. 树脂结构的改性

淡化器的实际工作环境介质温度高，低温多效的工况温度为70～80℃，属于负压的饱和蒸汽系统，常规防腐效果的树脂在此条件下漆膜的抗渗透性下降，研究中在大分子主链共聚入酚醛结构，即引入硬段树脂，提高树脂的玻璃化温度及抗渗透性，同时保留一定量的环氧集团，达到可常温固化。与普通树脂相比，其对水、海水介质的防腐性能可提高3倍以上。

2. 固化剂和增韧树脂

评价了聚酰胺、脂肪胺、酚醛胺、苯二甲胺及其缩合物、腰果胺等环氧基固化剂。增韧剂为可参与固化反应的活性稀释剂。经过复合涂料在海水介质的浸泡试验，以苯二甲胺其缩合物为固化剂的效果最好。

3. 溶剂体系和颜料体系

海水淡化蒸发器的防腐涂料要求溶剂和颜料无毒，研究中确定了具有较好溶解能力的无毒溶剂系统和具有高性能防锈、抗渗透的无毒颜料、填料体系。

目前本项研究工作已完成，经在60吨设备运转的应用结果的基础上，对涂料工艺作了进一步的完善，将在3 000吨装置上应用。

（国家海洋局天津海水淡化所）

海洋生物技术
Marine Biotechnology

【海洋食物网营养动力学的分子稳定同位素研究】 国家海洋局第一海洋研究所蔡德陵考察了摄食水平、体重、水温三个生态因子对鲈鱼新陈代谢过程的影响。受控实验的同位素分析结果表明，在体重几十克至700克的范围内，随生长速度的加快、体重的增加，鲈鱼体内的 $\delta^{15}N$ 和 $\delta^{13}C$ 值与其增重权重呈正相关，但在不同身体部位间存在差异；从饥饿到最大摄食水平，其碳氮同位素随体重增大的变化斜率由低到高明显增加，说明摄食水平的变化对成鱼的影响要大于小鱼；水温由14～19℃下降至7～10℃时，水温的降低使之对饵料中碳氮元素的吸收有所下降。综合碳氮稳定同位素在鲈鱼体内的分布可以排出如下次序：肠→肝→血→肌肉→皮→鳃盖骨→鳞。

对2000年10～11月黄东海调查航次和2001年5月黄海鳀鱼产卵场调查航次所采集部分浮游植物、浮游动物和鱼类样品进行了稳定碳氮同位素分析。121个鱼类样品的分析结果表明，秋季航次 $\delta^{15}N$ 和 $\delta^{13}C$ 值的变化范围分别为 7.48×10^{-3}～13.48×10^{-3} 和 -15.71×10^{-3}～-21.45×10^{-3}，而春季航次的对应值为 7.13×10^{-3}～12.82×10^{-3} 和 -16.40×10^{-3}～-23.14×10^{-3}，这构成了以同位素值为基础的连续营养谱。由鱼类的 $\delta^{15}N$ 值确定了它们的营养级。作为黄东海生态系统关键种的鳀鱼，它的 $\delta^{15}N$ 值的变化范围为 8.95×10^{-3}～11.08×10^{-3}，这由样品采集的地理位置、所处的生命阶段以及不同的季节等因素所决定，由此证明某一特定生物种类的营养级并不是一个固定值，而是处于动态变化之中的一个范围。浮游植物的碳氮同位素组成也不是固定不变的，它也存在有一定的时空分布规律。

（国家海洋局第一海洋研究所　路应贤）

【海洋药源生物种质和基因库的构建】 该项目为科技部基础研究项目，由国家海洋局第三海洋研究所和中国海洋大学联合承担。1999年立项，2000年1月开始运作。由于本项目是一项重要的基础性课题，具有重要的学术意义和广阔的应用前景，对于利用我国海洋资源，研发有独立知识产权的新药可能有深远的影响，2001年项目再次延续到2003年12月。

项目拟构建成4个库：标本库、种质资源库（包括极端微生物）、基因库（包括药源动物和极端微生物）和信息库。

到2002年10月，构建的“海洋药源生物资源及基因库”已具雏形：标本库已库藏320种药源生物标本，基因库已库藏药源动物11种、近海微生物13种、极端微生物16种的基因文库。微生物种质库近海已经收集微生物88种（397株）具细胞毒、抗肿瘤活性、抗菌和抗病毒的微生物，极端微生物库藏65种（359株）。信息库收集800余种药源生物有关信息，并已经上网。网址：http://210.34.218.170/mmbio/。

【对虾白斑杆状病毒(WSBV)功能基因组研究】 该课题为“863”项目，计划通过5年的研究，获得WSBV功能基因组转录表达图式，并鉴定其中10个左右的与病毒感染和复制相关的重要功能基因，申请国内外专利若干项。

2002年课题组通过对WSBV基因组生物信息学研究，预测了几种与病毒基因组复制有关的早期关键基因，其中两个基因WSV067和WSV112被克隆到pQE30载体中，在大肠杆菌中能可溶性表达，通过对表达产物的纯化和活性测定，分别具有TSase和dUTPase的活性，证实了WSV067是编码病毒TSase的基因，WSV112是编码病毒dUTPase的基因。研究组还克隆了WSV006、WSV100、WSV191、WSV303、WSV514等10多个病毒基因，现正在进行表达和功能鉴定。

为了展示WSBV功能基因的时序转录表达谱，根据已测定的WSBV全基因组序列，以及预测的编码读框(ORF)，设计并合成了260多对引物，扩增片段大小在300～1 200碱基对之间。最后从中选择了其中的190对引物，覆盖了所有预测的编码基因。

通过克隆已确定的病毒囊膜蛋白基因及预测可能的病毒囊膜蛋白基因，发现只有一种命名为PT的囊膜蛋白能特异性地与虾细胞膜结合，推测该蛋白在感染过程中起配体的作用。现正在制备PT蛋白亲和柱，从虾细胞膜上分离纯化与其相互

作用的受体蛋白。(国家海洋局第三海洋研究所)

【海洋微生物降解几丁质的理论和应用基础研究】 该项研究获得了科技部、“863”、福建省重大科技项目、国家海洋局等多项资助。研究主要是利用具有我国自主知识产权的几丁质酶基因及先进的分子生物学技术来深度挖掘几丁质酶的应用潜力。通过蛋白质工程手段改造天然几丁质酶，解决酶降解产物中单糖含量偏高的问题。进行200升规模的发酵，生产高纯度的符合出口标准的几丁质寡聚糖（几丁寡糖混合物纯度大于80%，单一几丁寡糖纯度大于95%）。

2002年该项研究取得了较大的进展。从厦门海域分离到海洋细菌CB101，该菌具有很强的降解虾、蟹壳几丁质能力，从CB101发酵上清液中检测出4种不同分子量的几丁质内、外切酶和3种几丁结合蛋白。克隆了其中的几丁内切酶基因Chi1并进行了DNA序列测定，得知该基因编码865个氨基酸，分子量为91.5ku，包括N-末端信号肽序列，PKD结构域、催化区、C-末端REJ区域和两个几丁结合区，这是目前已知最大的微生物几丁质酶之一。该酶同时具有几丁质外切和内切功能，降解胶体几丁质成几丁二糖、三糖和N-乙酰葡萄糖胺。去除其C末端302个氨基酸后，能产生具有极高药用价值的几丁质降解产物二、三、四糖。通过构建该酶的空间结构模型，发现Chi1酶表面存在线性排列的芳香族氨基酸，它们在酶与底物作用过程中起到重要作用，为了鉴明这些芳香族氨基酸的功能，购建了N-末端芳香族氨基酸的点突变体，蛋白的纯化正在进行中。这些研究成果将彻底解决几丁寡糖生产中单糖的污染问题，确保了产品质量并极大地降低了后期分离纯化工作的成本，可使我国几丁质产品附加值提高10万倍，具有极高的应用价值。

【对虾抗病相关基因的克隆与应用】 该课题属于国家“863”计划项目，课题拟利用先进的分子生物学手段从抗病对虾中克隆出对虾抗病相关基因，并研究其表达调控机制。最终将其用于对虾病害的防治和抗病对虾的良种选育中。

目前已建立了抗病对虾的生理生化监测指标与检测方法，通过人工诱导、自然采集以及利用已选育出的抗病种群获得了多种不同来源的试验用抗病对虾；采集并冻存了一批血液、腺体等组织，分别提取了抗病毒的日本对虾与正常的日本对虾的肝胰腺和血液的 mRNA，然后应用 SMART cDNA合成技术获得其SMART cDNA并进行了抑制性差减杂交；分别构建了抗病毒日本对虾的 SMART cDNA文库及其差异表达文库。现已筛选到了7个可能与抗病毒相关的差异表达片段。此外，还发现了大量的Hemocyanin基因的差异表达片段。分析发现，它与酚氧化酶有较高的同源性，在一定条件的诱发下能够完全转变为酚氧化酶；同时在一定诱发条件下 Hemocyanin 的 C 端能够断裂并具有抗菌肽的活性参与防御反应。其他相关工作目前正在进行之中。

另外还通过mRNA差异显示技术从斑节对虾中筛选到一个与抗病毒活性相关的基因，进行了序列测定与生物信息学分析。在此基础上又做了功能分析，初步确定该基因编码一个抗病毒蛋白，基因表达定位、抗病机制及其表达产物在对虾养殖中的应用还有待于进一步深入的研究。研究所获结果将有助于阐明对虾免疫和抗病的分子机理，并将为对虾病害的防治提供新的途径，为对虾养殖业的健康持续发展保驾护航。

【深海生物圈在物质循环中的作用】 该项目属于国家重点基础研究发展规划（973）项目。已分别在2001年10月8日至11月24日和2002年5月12日至6月5日进行了2个航次海上取样和调查工作，(包括西太暖池区、中太区和东太合同区共15个站点，水深1 900～5 800米)，利用现有的原地质环境采样设备如CTD采水、多管采样、重力柱等获得了太平洋中部近赤道区 10 余个站点水深1 914～5 788米的深海沉积物样品，调查了相关水域生物种类、数量及基因资源分布情况。调查研究表明底质细菌数量处于 10^4～10^7 细胞/克范围内，而可培养微生物的数量则要低3～5个数量级，海洋微生物在深海水柱和底质的垂直分布表现为真光层和底质表层的丰度高，大洋中层和底层水微生物的丰度低。深海“973”研究区A、C、E 3个测站底部大型底栖生物的丰度分别为957、360和608个/米^2，平均丰度为641.7个/米^2。其中多毛类为最优势的类别，占大型底栖生物总丰度的 49%。西太平洋暖池“973”研究区 5 个测站叶绿素 a 含量变化在

0.021～0.290 毫克/米^2，显示出太平洋低纬区叶绿素 a 分布的特点。并证实在太平洋中部北赤道区存在丰富的古细菌资源，包括一些数据库未收录的新种。成功地从深海环境中分离到嗜压、嗜冷、嗜盐、嗜酸、嗜碱等极端微生物和相关的酶（酯酶、β-半乳糖苷酶、淀粉酶、胰蛋白酶、明胶酶、几丁质酶、纤维素酶），可用于工业、医药环保等领域。

【深海极端环境下微生物资源特征及对海洋经济的影响（"973"前期项目）】 深海的极端环境中蕴藏着丰富但又鲜为人知的生物资源。其中，数量巨大、生命起源最早的深海微生物对地球重要矿藏的形成、海底有毒有害物质的降解以及地球物质循环、海洋生态与环境等都有巨大影响。更重要的是，极端环境下的微生物为开发崭新的、适合于特殊环境下作用的高科技生物产品提供了可能。该项目将对深海极端环境下微生物种群结构、资源特征进行研究，分离筛选到一些深海环境中特殊的微生物菌种，研究它们在海洋环保和新型生物活性物质开发中的应用。研究结果将在医学、工业、环保、军事及海洋经济开发中等领域具有巨大应用前景。项目开题一年来，进展顺利，已获得具有应用价值的微生物若干，下一步将重点研究它们在环保中的应用。

（国家海洋局第三海洋研究所）

【养殖扇贝的遗传改良及中试示范】 本课题由中国海洋大学包振民教授主持。

项目主要研究内容：

应用杂交和选择育种培育高产抗病的养殖扇贝新品种；用分子生物学技术对表现高产抗逆优良性状的扇贝进行遗传标记分析，获得高容量、高精度的家系间、品系间和相应育种群体间的特征带谱；寻找与高产抗逆优良性状相连锁的分子标记，构建 QTLs 连锁图谱；对具有高产和抗逆性状的扇贝进行育种研究，将分子标记技术和常规育种相结合，建立海产贝类的分子标记辅助育种技术，培育出抗病抗逆、优质高产的海水养殖新品种。完成杂交种三倍体规模化制种技术，养殖杂交种三倍体扇贝 6.67 公顷。

2002 年度进展：

选育了 7 个不同地理群体的高产群体，培育了 11 个具有明显生产特性（高产、抗逆）的养殖群系或家系，建立了 10 余个单对交配的同胞系或半同胞系，对远缘杂交组合栉孔扇贝×虾夷扇贝、栉孔扇贝×华贵扇贝进行了选育和育成杂交。重点开展了不同选育系（家系）栉孔扇贝×华贵扇贝杂交组合的研究，已筛选了 2 个增产抗逆综合性状明显（增产超过 35%，死亡率下降 30%以上）的远缘杂交群体。获得 3 个生长快速（比对照＞30%以上）、抗逆性强的种内杂交群体。进行了栉孔扇贝和虾夷扇贝异源三倍体的诱导研究，进行了不同药物浓度、不同起始处理时间、不同持续处理时间对三倍体率和成活率的影响试验。筛选出较适宜的三倍体诱导参数，优化了规模化诱导异源三倍体的培育条件。在分子标记技术和遗传图谱构建方面获得重要进展，开发出胚胎早期微量 DNA 分子标记分析技术，大大加快了遗传图谱的构建速度。完成 AFLP 分子标记图谱的 90%以上，微卫星（ISSR）标记图谱的 50%以上的工作任务。与参加课题的企业单位一起切实落实产业化基地建设的任务，建成具有国际先进水平的高密度罐式育苗培育系统 2 个，为良种培育和中试推广提供了有利条件。 （吴俊龙 刘安国）

【海洋微生物中抗癌等活性先导化合物的发现和优化】 本课题由中国海洋大学长江学者崔承彬教授主持。

项目主要研究内容：

采用细胞周期抑制、细胞凋亡诱导等抗癌活性筛选模型，筛选天然海洋微生物抗癌药用资源，同时，利用核糖体工程、基因工程等高新生物工程技术，对筛选无活性的天然海洋微生物以及活的非可培养状态的海洋微生物资源进行二次及首次开发，开拓寻找海洋微生物药用新资源的崭新途径并从中筛选出具有抗癌活性的天然海洋微生物或其工程菌株。选择好的活性菌株，利用现代分离分析技术，结合活性测试，从其代谢产物中跟踪分离活性成分，纯化得到活性单体化合物并阐明其化学结构；利用分子细胞生物学及现代药理学方法，系统测试活性单体的相关活性，探讨构效关系规律及优化结构，为后续的具有自主知识产权的海洋微生物创新药物的开发研究提供活性先导化合物。

2002 年度进展：

从海洋天然微生物中分离纯化了 3 871 株菌

株（包括真菌、细菌、放线菌），经活性筛选获得389株活性菌株，为后续活性化合物分离奠定了资源基础。通过综合应用生物工程、分子生物学以及现代分离分析新技术，从下述2个方面开展了开拓微生物药用基因资源崭新领域的新技术方法学研究：①综合集成核糖体工程技术，对无活性的所谓无用菌开展向活性菌调控转化的新技术方法学研究，从无活性的海洋放线菌中成功地转化获取了2株活性工程菌。这使无活性的菌株转化为活性菌株、从而得到再次开发成为可能。②综合集成基因工程技术，为开拓非可培养微生物药用基因资源的崭新领域开展了新技术方法学研究。通过从环境样品中直接提取总体微生物总基因组DNA，经转基因、表达和活性筛选，获得了2株由外源基因表达生产活性物质的活性工程菌，并从中提取分离得到了活性化合物。分得48个活性化合物，阐明结构40个，其中包括1个新天然产物DD和3个新化合物AA、BB和CC（AA为全新结构化合物）。化合物AA和BB为活性很好的抗癌新化合物，分别申请了中国国家发明专利。化合物YY001对受试6种肿瘤细胞有很强抑杀作用，但对被试正常细胞无毒性，有可能成为研制创新抗癌药物的良好候选化合物。

（中国海洋大学药物所）

【抗早老性痴呆新药HSH-971的临床前研究】 本课题由中国海洋大学耿美玉教授主持。

项目主要研究内容：

老年性痴呆是一种病因不清的神经系统退行性疾病，发病率逐年上升。HSH-971是根据糖类物质与tau蛋白或β淀粉样蛋白相互作用结果为依据，结合褐藻糖类化合物的特性，通过理性设计、借助特定酶解技术，经过大量活性筛选得到的海洋寡糖化合物，可通过多个环节发挥抗老年性痴呆的作用。本课题计划按国家一类新药研究的规范要求基本完成其临床前药学与生物学研究内容，观察HSH-971对前脑胆碱能系统损害模型影响，评价HSH-971对记忆功能的影响；观察HSH-971对自然衰老认知障碍老年性痴呆动物的影响；观察HSH-971对转基因（APP转基因）动物模型的影响；在细胞、分子水平上评价HSH-971抗AD的作用机制。进行HSH-971的两种动物的一种给药途径的长期毒性；进行HSH-971的特殊毒性试验。完成HSH-971的一般药理学研究内容；建立HSH-971药代动力学研究方法；评价HSH-971体内代谢过程，完成其相应药代参数评价。为将其开发为一类抗老年性痴呆的有效药物奠定基础，同时也将开辟国际糖类药物研究的新领域。

2002年度进展：

在药学研究方面，在确定了HSH-971制备工艺路线（包括反应条件、精制方法）、化学结构的基础上，进一步完善了其原料药的质量标准，进行了原料药的初步稳定性实验，开始了制剂学研究；在生物学研究方面，进行了HSH-971体内外的部分主要药效学试验研究、完成了急性毒性试验、一般药理学研究，并开始了长期毒性试验、特殊毒性试验和药代动力学试验研究，并取得了预期的研究结果。需要说明的是，在主要药效学研究中，本课题组根据实际情况，按照课题计划，在完成了HSH-971对脑内注射Aβ所致老年性痴呆动物影响的同时，补做了HSH-971对D-半乳糖所致老年性痴呆模型的影响及971对东莨菪碱所致急性衰老模型大鼠学习记忆功能的影响，而对HSH-971对APP转基因动物模型影响的试验研究仍在进一步尝试中。（中国海洋大学药物所）

【盐碱土壤修复材料的研制与开发】 本课题由中国海洋大学姜国良教授主持。

项目主要研究内容：

利用鱼、贝、藻等加工废弃物，通过酶工程及发酵工程技术，提取制备贝壳特性肽、小分子多糖及蛋白聚合物单体，再利用分子交联技术，制备盐碱土壤修复材料。利用该材料在盐碱土水环境中吸水膨胀，以及特性肽伸展的特性，一方面，改良土壤结构，促使土壤毛细管断裂，使耕作土壤下层水由毛细管上升转为水蒸发，从而抑制返盐；另一方面，释放的小分子多糖、蛋白，使土壤微生物处于激发状态，增加微生物呼吸强度，促进作物根系生长，提高作物产量，抑制土壤蒸腾，抑制耕作层土壤返盐，从而达到对盐碱土壤改良的目的。

2002年度进展：

室内模型实验已初步完成，原理实验中再次验证土壤修复材料具有土壤微生物起爆因子的理论，完成模型原理报告论文2篇；完成贝壳蛋白制备中试，鱼废水蛋白回收中试制备，海藻渣降解试验小试，制备盐碱土壤修复材料两批共计5

吨，已安排东营盐生植物园、莱州盐生植物研究所、淮北农场进行田间小区试验；实验种类包括棉花、高粱、玉米、甜菜、花生、苜蓿等，共计6.67余公顷，实施鱼粉废水蛋白回收的中试试验；建立日处理6吨的生产线。室内降盐碱模型已经完成：进行了土壤微生物生态实验，盐碱土壤修复材料对作物生长、光合作用、H^+-ATP酶动力学研究。申请两个专利："一种盐碱土壤修复材料"和"鱼废水制备功能性蛋白粉的生产工艺"。该蛋白回收中试技术已为加拿大纽芬兰省FGA工程公司初步认可，正在商讨10万头海豹在中国加工合作事宜，尤其是关注环境和废水排放问题，预计投资1～1.5亿人民币。（中国海洋大学科技处）

【抗艾滋病新药911的临床研究】 本课题由中国海洋大学李桂玲教授主持。

项目主要研究内容：

艾滋病是当前严重危害人类健康的疑难重大疾病之一，其发病率在逐年上升，临床治疗药物仅有16个，且作用环节单一、毒副作用大、耐药性出现快、价格昂贵，不能有效控制艾滋病的迅速蔓延。911是从海藻中提取分离并经化学修饰而得到的硫酸多糖类化合物，可通过干扰病毒与细胞吸附、抑制逆转录酶活性、增强机体免疫功能等多个环节发挥抗艾滋病作用。已完成所有临床前研究内容，正在Ⅰ期临床研究阶段。本课题计划系统地完成911的Ⅰ、Ⅱ期临床研究及部分Ⅲ期临床研究和产业化研究，尽快将具有自主知识产权的我国第一个抗艾滋病药物911推向市场，填补我国在该研究领域的空白；为我国海洋制药业的兴起提供基础资料；总体研究水平处于国际前沿。

2002年度进展：

对硫酸多糖类药物911的药代动力学方法研究做了大量的工作，目前与国内药代权威专家形成一致意见：911药代方法尚未建立，可先进入Ⅱ期临床试验，临床试验中继续探讨其药代方法。完成了泰国的部分艾滋病病人口服911的临床试验，初步证明了911疗效独特，作用范围广，无毒副作用。在药代方法尚未建立的情况下，为Ⅰ、Ⅱ期临床用药的剂量提供了可靠参数。临床负责单位药理基地给予大力配合，根据抗艾滋病药物的迫切性，参考了泰国临床试验的有关数据，科学地制定了911Ⅰ、Ⅱ期临床的方案，并顺利完成了Ⅰ期临床中的安全耐受性试验。完成了911的产业工程化实验，确定了可行的工艺路线，制备出符合项目指标要求的原料及制剂，提前完成了911的产业化研究。（中国海洋大学药物所）

【抗脑缺血新药D-聚甘酯的临床研究】 本课题属临床开发研究。涉及已经完成Ⅰ期临床研究的新药，即"九五"期间攻关计划支持的抗脑缺血新药D-聚甘酯（于2000年5月16日获得临床批号：2000XL0195）。计划完成该药的Ⅱ、Ⅲ期临床研究，取得新药证书。主要研究内容：完成D-聚甘酯Ⅱ期（200例病人）及Ⅲ期（300例病人）的临床研究，评价该药的疗效及安全性；取得新药证书；进行产业化技术配套集成研究，为工业化规模生产奠定牢固的技术基础；进行D-聚甘酯作用机理的研究。

2002年度进展：

本年完成了D-聚甘酯Ⅰ期临床的研究，包括D-聚甘酯的安全性和耐受性试验，突破了D-聚甘酯这一多糖药物的药代动力学问题。在尝试了大量的化学方法，并在国内诸多药代专家的指导下，确立了用生物学方法进行D-聚甘酯的药代动力学研究，其后，经过了大量的研究发现D-聚甘酯体外可明显延长血浆部分凝血活酶时间（aPTT），且在0.05～10.0毫克/升浓度范围内呈良好的线性关系（$r=0.9957$）；回收率在91.48%～105.67%之间，日内日间变异小于13%。上述研究结果表明，通过测定aPTT来计算血药浓度的生物学方法精确、灵敏、可靠，可用于D-聚甘酯的药代动力学研究。提出了继续进行Ⅱ期临床研究的申请，确定了Ⅱ期临床研究的方案。D-聚甘酯进入Ⅱ期临床研究的专家讨论会已于2002年11月19日在北京国家药品监督管理局药品评审中心举行，与会的19位专家一致认为用生物学方法aPTT可以间接指示D-聚甘酯在血液中的浓度，该方法灵敏、可行。2002年年底D-聚甘酯可进入Ⅱ期临床的研究。根据实验室工艺的技术参数，设计了中试路线。通过大量的中试条件探讨，得到了中试的最佳工艺参数，将其成功用于了工业化生产，形成了年产10吨原料药的能力，提前完成产业化研究。

（中国海洋大学药物所）

【新型甲壳质衍生物在角膜、骨组织工程中的应用研究】 本课题由中国海洋大学刘万顺教授主持。

项目主要研究内容：

以甲壳质多糖为基本原料，进行化学修饰，制成适合角膜内皮细胞和骨组织细胞贴附生长的材料；经材料组成配比研究、交联反应和定型加工技术制成角膜内皮细胞载体膜支架和骨组织支架；进行支架材料理化性质、组织相容性、生物降解性等试验研究，开展细胞培养贴附支架材料生长最适条件研究、活性支架材料的动物移植试验、低温保存试验研究、支架材料的毒理学试验及功能性评价。本课题研究目标是制备出适合角膜内皮细胞贴附生长、生物降解可控的膜支架材料，培养出活性组织支架，治疗眼角膜内皮盲患者使其复明。制备出适合骨组织细胞贴附生长的骨支架材料，用于骨损伤、骨缺损、骨坏死等患者的治疗。

2002 年度进展：

在眼角膜细胞载体支架材料研制及应用研究方面，完成膜支架用多种甲壳质衍生物原料产品的制备、提取纯化、以及各种多糖原材料的纯化和质量指标的分析。通过大量的多糖组成配方、制膜工艺试验，结合膜理化性质和体外细胞培养试验，筛选出 4 种符合应用试验的细胞贴附生长用膜支架。研制出膜支架成型加工装置，完成了膜支架成型工艺技术，研究了支架理化性质，制定了膜支架质量标准，合成了适用于多糖交联定型的无毒性交联剂。膜支架材料进行大量的角膜上皮细胞、基质细胞、内皮细胞贴附培养试验，证明该膜支架适合角膜细胞贴附生长。建立了角膜内皮细胞培养方法技术。初步筛选出促进角膜内皮细胞增殖的营养物质及细胞因子。膜支架植入兔眼角膜生物相容性试验在进行中。膜支架材料生物相容性评价实验实施方案在编写中。在骨组织支架材料的研制和应用研究方面，支架材料降解速率调节的研究：模仿体内条件在 pH7.4 溶液、37℃条件下，进行了甲壳质接枝共聚物降解时间从 2 周到半年以上的降解试验。动物体内降解试验：利用新合成的材料进行骨组织工程的动物（羊）试验正在进行中。支架材料抗凝血性能的研究：利用微胶囊化技术，对合成的材料进行肝素化复合，以利于血管在骨组织支架中的形成。支架材料组织相容性的研究：利用研制的新型交联剂制成带有交联型聚乙烯吡咯烷酮的骨支架复合材料，初步动物试验结果证明，该材料具有良好的组织相容性，力学性能完全达到骨组织支架材料的要求。申报国家科技发明专利 2 项。骨支架材料生物相容性试验评价，试验方案在编写中。

（中国海洋大学科技处）

【对虾和贝类非特异性免疫增强剂的研制与应用】 该项目由中国海洋大学谭北平教授主持。

其主要研究内容：

重点针对对虾、贝类等主要海水养殖动物的病毒性疾病防治，在充分研究病毒感染与机体免疫相关关系的基础上筛选出 2 种以上作用明显、效果稳定的免疫增强剂（含微生态免疫调节制剂）；研究并掌握中试生产工艺，重点解决发酵产物的提取、浓缩、产物的后处理以及干燥技术等；研究 1 种以上复合免疫增强剂的配制技术，包括多种免疫增强剂的科学配伍、免疫佐剂的优选等；系统阐述免疫增强剂的作用机理；掌握免疫增强剂作为饲料添加剂或药物浸浴剂的应用技术。课题完成后将形成一系列拥有自主知识产权的成果，申报国际发明专利 1 项，国家发明专利 2 项以上。研究成果达到国际先进水平。中试产品在对虾养殖上年推广 566.67 公顷以上，并应用于 5 000 万尾以上的贝类育苗。

2002 年度进展：确定出对虾病毒感染与机体免疫密切相关的免疫指标 5 个——酚氧化酶活性、碱性磷酸酶活性、酸性磷酸酶活性、血细胞密度、淋巴细胞吞噬活性，作为多糖类免疫增强剂筛选的敏感指标。优化了β-葡聚糖制剂的生产工艺，使制剂中活性成分的含量由原来的 18%上升到 25%。进一步改进了 A3a 肽聚糖制剂的中试工艺，月生产细菌(湿)达到 1500g 以上。验证了免疫增强剂在对虾养殖上的应用效果，在临床实验中免疫增强剂可使对虾主要免疫指标提高 1 倍以上；高位虾池养殖对虾的存活率提高 15%～20%。完成了两种多糖类免疫增强剂应用技术研究。完成了产品的产业化推广工作。启动了复合免疫增强剂和微生态免疫调节制剂研制工作，并已取得阶段性成果。

【海带综合利用新技术的研究与开发】 本课题

由中国海洋大学薛长湖教授主持。

项目主要研究内容：

在对我国最丰富的海藻资源——海带中的生物活性成分进行充分研究的基础上，改革海带加工“四十年一贯制”的传统工艺，创新性提出一套以新技术、新工艺、新产品为特征的海带综合利用工程化技术。同时提取海带中的抗逆植物促生长剂、岩藻聚糖硫酸酯及其低聚糖、膳食纤维、褐藻胶低聚糖及膜法甘露醇等产品。使海带加工技术达到国际领先水平，并建立海带化工新技术的示范化工程，从而促进我国海带养殖业的突破性发展。

2002 年度进展：确定了膜法生产甘露醇的工艺，并建立了年产 3 500 吨甘露醇示范工程。该项目至今已累计投入 750 万元，共改建厂房 1 200 平方米，主要膜分离设备从美国引进，已于 2002 年 2 月底前期工程投入试运行。确立了氧化降解法和微生物发酵法生产褐藻胶低聚糖的生产工艺。其中氧化降解法生产低聚糖的工艺已进行了中试生产，褐藻胶低聚糖的得率大于 80%，分子量分布范围为 200～3 000。申请了氧化降解法制备褐藻胶低聚糖的发明专利。建立了海带抗逆植物促生长剂的提取技术及生产工艺。建立了酸降解法制备岩藻聚糖硫酸酯低聚糖的工艺，并与裙带菜来源的藻聚糖硫酸酯的降解条件进行了比较研究。在确定海带膳食纤维提取、漂白和活化工艺的基础上，进行了海带膳食纤维的试制，经检测，制品的得率达 22%以上，膳食纤维的干基含量达 75%以上，膨胀力大于 50 毫升/克、持水力大于 2 500%。并申请了从海带中提取膳食纤维的生产工艺的发明专利。　（吴俊龙　刘安国）

海水养殖技术
Marine Mariculture Technology

【对虾病害控制、全人工繁育和集约化防病养殖模式研究与应用取得重大突破】　中国科学院南海海洋研究所在对虾病害综合控制、全人工繁育和集约化防病养殖模式研究与应用方面取得重大突破，有关研究成果获得中科院科技进步二等奖、院地合作一等奖和广东省科学技术奖，创造了新的对虾全人工繁育和集约化防病养殖模式。系统研究了养殖对虾的白斑综合症病毒（WSSV）、传染性皮下及造血组织坏死病毒（IHHNV）、桃拉病毒（TSV），对水产养殖动物病害检测和免疫技术进行了重要创新，发明并研制了 IHHNV、TSV、溶藻弧菌、海藻施万氏菌等多种病原的快速检测试剂盒及弧菌脂多糖单克隆抗体和疫苗。“水产动物病毒和细菌快速检测试剂盒”获得《广东省重点新产品证书》，建立了对虾病害和水质现场实验室快速检测技术，使对虾病害的试剂盒快速检测技术应用到基层养殖单位，为病害防治、无特定病原（SPF）种苗培育和抗病育种提供了关键技术。找出了对虾白斑综合症病毒（WSSV）等病毒传染的新机制，提出了“过滤海水防病养虾”的新理论。系统研究了和细角对虾整个生活史的规模化全人工繁育和养殖问题，发现了凡纳对虾池养亲虾具有雌雄发育不同步，且雄虾先熟、雌虾后熟的生殖发育规律，找出了人工控制雌雄亲虾的发育速度和成熟度的新方法，建立了人工诱导凡纳对虾自然交配产卵和规模化连续传代繁育新技术，并发明了亲虾颗粒饲料。创造了“过滤海水”和“净化海水”防病养虾系统，该系统在养虾水源处理、虾池建造、池底铺设、废物处理等工程设施和水质调控、病害防御、养殖管理等养殖技术方面进行了系列创新，建立了一套新的对虾集约化防病养殖模式和技术系统。对虾病害控制技术、凡纳对虾全人工繁育技术和集约化防病养殖模式在养殖斑节对虾（*Penaeus monodon*）、凡纳对虾（*Litopenaeus vannamei*，俗称南美白对虾）和细角对虾（*Litopenaeus stylirostris*，俗称蓝对虾）养殖中均获得成功，大幅提高了对虾养殖成功率，单产由原来的 1～2 吨/公顷提高到目前的每茬 15～20 吨/公顷，该技术系统不仅持续保持了高产成功纪录，而且保持了养殖周期短（90～100 天）和收获规格大（45～50 尾/千克）的特点，是最为稳定成功和高产优质的养虾模式。已在华南地区获得了普遍应用，并推广到北方沿海地区，实现了凡纳对虾在中国全人工繁育和养殖的大规模产业化，使对虾养殖业摆脱了对天然野生亲虾和进口亲虾的依赖，使中国养殖对虾产量再创历史新纪录，2002 年对虾养殖产量达到 38 万吨。

（中国科学院南海海洋研究所　胡超群）

【近海网箱养殖设施的工程优化】　本课题由中国海洋大学梁振林教授主持。

项目主要研究内容：本课题主要针对鱼类对网

箱行为反应与耐流、抗风浪特性，网箱防污处理技术，鱼类营养与高效环保饲料开发，网箱养殖环境自动监测与预警技术，近海网箱抗风浪技术等问题开展研究。确定主要网箱养殖鱼类的耐流抗浪特性。开发既适合网衣又适合网箱主体使用的环保防污涂料，防污期效达到6～12个月。开发网箱养殖鱼类高效环保饲料2～3种，饵料系数达到1.5以下。形成防污涂料和环保饲料的产业化生产能力。建立网箱环境自动监测系统工作站，能够在线监测网箱周围温度、盐度、照度、溶解氧等环境指标并具有预警功能。建立近海内湾国产化安全网箱系统，可抵御12级风浪，造价比进口降低50%，养殖产量达到国际同类先进水平。

2002年度进展：各部分研究内容基本上按计划安排了相关试验、测试和技术开发。调研了国内外有关各种鱼类游泳速度的基础资料。以鲈鱼、黑鲷为目标鱼种，对不同体长个体进行了持续游泳能力的测试。确定了自抛光树脂合成的温度（80℃）、反应时间（5小时）和单体组成。基本确定无机钙化合物、N-PMI和TMTD作为防污剂。完成防污涂料的物理性能的测试：柔韧性1毫米；干燥时间（20℃）：表干≤5小时，实干≤20小时；附着力：尼龙网1级，聚乙烯网2级。累计合成自抛光树脂达20余千克。海上网片试验数56个（包括扇贝笼5只）。年底前完成发明专利申请。在网箱环境监测设备方面，重点调研了日本同类产品的技术特点，根据我国近海网箱实际情况，扬其长避其短，进行了网箱环境监测设备系统的总体设计、电路设计并进行了样机制作。在环保高效网箱养鱼饲料方面，以大黄鱼、黑鲷、鲈鱼等为对象，完成了其蛋白质、限制性氨基酸需要量和抗营养因子以降低肝体指数。其中大黄鱼饲料已实现产业化。在抗风浪网箱研制方面，进行了框架材料抗弯、抗冲击等性能测试，新型网衣扎制工艺开发；进行了高密度聚乙烯焊接工艺开发；对网箱结构的选型研究；进行了网箱耐流计算机模拟；进行了网箱模型试验。

【养殖鲽类生殖调控和人工繁育技术研究及中试示范】 本课题由中国海洋大学张全启教授主持。

项目主要研究内容：

建立缓释激素的构建和埋植技术，掌握利用缓释激素和光、温及营养因素结合调控星鲽和石鲽性腺发育和产卵的方法，实现星鲽和石鲽规模化人工繁殖。主要研究内容包括：①星鲽和石鲽亲鱼性腺发育规律；②建立激素缓释系统；③激素缓释系统的埋植技术；④缓释激素和调控光照、温度和营养因素相结合调控星鲽和石鲽性腺发育和产卵；⑤星鲽和石鲽人工苗种生产技术。

2002年度进展：

进行了亲鱼的驯化与培育研究，收购培养亲鱼800余尾，其中，星鲽亲鱼132尾，石鲽亲鱼709余尾，星鲽亲鱼驯化成活率达到90%以上，石鲽亲鱼驯化成活率达到88%以上。在激素缓释系统的构建与埋植技术研究方面，进行了合适激素和多种类似缓释材料的大量筛选，在选定激素和材料的基础上，进行了缓释系统构建方法及相应的埋植系列技术研究。研究了星鲽和石鲽性腺分化和发育的过程及生物学特性，探明了养殖状态（稚幼鱼期）和自然状态（一龄以上幼鱼和成鱼）不同年龄、不同季节鱼的性腺分化与发育状态，基本掌握了星鲽和石鲽的形象发育规律。以亲鱼的性腺发育规律为理论基础，采用缓释激素埋植、控制光照强度和时间、控制温度变化、调节和加强饵料投与等手段模拟亲鱼排卵和自然产卵条件，获得了成熟的亲鱼并成功地诱导了亲鱼的排卵、排精，实现了人工授精，获得了高质量的受精卵和孵化仔鱼，并对星鲽和石鲽的早期胚胎发育过程进行了详细的观察记录，这是国内首次就这两种鱼的胚胎发育过程进行研究。

（吴俊龙 刘安国）

海洋信息技术
Marine Information Technology

【我国地理空间信息技术】 我国地理空间信息技术起步于20世纪70年代末。20多年来，连续4个五年计划都把发展遥感技术列为国家重点科技攻关项目，把遥感技术作为国民经济建设35项关键技术之一。我国遥感事业在党和国家领导的关怀下，坚持为国民经济建设服务的方针，在国家遥感对地观测体系，国家空间信息处理、分析与管理技术能力，国家地理空间数据库，国家空间信息技术标准，国家地理空间信息应用体系，地理空间信息技术的业务运行和产业化发展，空间信息技术组织机构和队伍建设等方面都取得了一系列成就。

遥感对地观测体系 建立长期稳定运行的卫星对地观测体系是我国空间遥感的发展目标。为了更好地推动遥感应用，为国民经济建设服务，我国本着独立自主原则，抓紧进行国家遥感对地观测体系建设。20 多年来，我国已经初步建成了国家遥感对地观测体系，跻身国际先进行列。

除发展卫星遥感对地观测系统外，我国还建立了机动灵活的机载遥感技术系统。机载对地观测系统机动灵活和获取的地面数据分辨率高，已经成为对地观测系统的重要组成部分，是星载对地观测系统的重要补充，发挥着不可替代的作用。

在今后的10年，我国将建立以气象卫星系列、资源卫星系列、海洋卫星系列和环境与灾害监测小卫星群组成的长期稳定运行的卫星对地观测体系，实现对中国和周边地区以及全球的陆地、大气、海洋的立体动态监测。

国家空间信息处理、分析与管理技术 国家空间信息处理、分析与管理技术是地理空间信息技术发展基础的平台和工具，是产业发展的灵魂。该领域的主要技术包括：图形图像处理技术和软件、地理信息系统技术和软件以及全球卫星导航定位技术和软件等。

图像处理技术能力建设和软件开发与计算机技术的发展相对应，国产遥感图像处理软件取得了一定的进展，已研制出基于 Windows 平台的微机图像处理系统，同时开发了以工作站为运行平台、UNIX 为基本操作系统的软件。在“九五”期间结合实际应用先后开发了大数据量遥感信息快速处理系统，高光谱图像处理与分析系统、遥感影像人机交互判读系统、数字正射影像制图软件系统、SAR 图像处理程序包、数字摄影测量系统、全数字摄影测量系统等。但商品化和产业化不够。

GIS 技术能力建设和软件开发经过“九五”科技攻关，国产地理信息系统软件产品和软件产业从无到有，从小到大，取得了长足的进步。在地理信息系统软件平台方面，“九五”期间已经研制开发成功两个成熟的基础软件产品和一个应用开发平台，在市场上占有一定的份额，有相当的知名度。

国家地理空间数据库 空间信息数据库是地理空间信息技术的基础，也是国家信息基础设施建设的重要内容，在国家信息化建设中发挥非常重要的作用。建国以来国家投巨资开展了大规模的国土调查，积累了专业齐全、系统性和标准化程度较高、覆盖全国、多期、不同比例尺的地理信息，绝大部分地理空间信息由国家生产和管理。

初步测算经数字化可以进入网络进行共享的基础性地理空间信息约 1 250GB。同时已积累了丰富的对地观测数据，包括 20 世纪 50 年代以来覆盖全国的多期航空相片约 500 万张以上，20 世纪 70 年代以来多期覆盖全国的国内外卫星影像 50 余万景，约 140TB。在对全国 3S 行业发展现状调查与分析报告中显示，到 2001 年 6 月全国共建设起近 500 个大中型数据库，涉及主要应用领域为：基础及综合应用；土地、房产；市政、规划、道路；林业；土壤、农业；水利、水土保持；地质；遥感；生态、环境；铁路；勘界；灾害和其他。

国家空间信息技术标准 为促进地理空间信息的共享，盘活各部门建立的不同种类的数据库，我国在“九五”期间制定了空间数据格式交换标准，研究制定了空间信息共享元数据标准草案，提出了国家空间信息共享政策。

根据 GIS 发展的新情况国家科技部组织研究了一个适合我国国情的、与国际标准接轨的空间数据格式转换标准，以它作为中间的外部数据交换格式，用于各种 GIS 软件之间的数据交换。空间数据格式转换标准已于 2000 年 10 月 1 日颁布实施。

我国经过几十年的努力，在各个行业或政府职能部门都积累了大量的空间信息资源，如何帮助各类用户有效地查找、获取及使用地理空间信息，解决信息挖掘和信息共享方面所面临的困难，实现地理空间信息服务社会化是我国信息资源基础建设面临的重要内容。我国空间信息共享元数据标准(草案)逐步制定和形成，其目的就是为空间数据集提供一套通用的描述元素及规范，为国家的空间数据共享提供元数据支持。

逐步建立和健全国家空间信息共享体系，为国家信息化建设服务。国家空间数据基础设施首先应能促进数据最大限度、最广范围、以最低价格提供给国家和社会共享使用，发挥其最大作用，同时，又使国家信息安全、商品经济规律和知识产权方面得到保护。针对我国国情，制定国家空间数据基础设施政策，应当首先考虑 4 个原则：鼓励公开，提供数据共享程度的原则；引进市场竞争机制，充分利用利益驱动的原则；运用国家宏观手段的原则以及实行数据分类动作的原则。

制定空间信息共享政策应包括：数据投资政策、数据报偿定价政策、市场竞争和利益驱动政策、数据分类运作政策、数据公开和保密政策、数据安全和防护政策、数据产权保护政策、数据质量监督政策和数据标准化政策等。

（国家海洋信息中心　李四海）

【海洋信息技术“十五”发展目标】　海洋信息技术是海洋科学近年来发展的新兴领域。21 世纪是“海洋世纪”，世界经济的一体化和沿海国家海洋经济和海洋产业的振兴，都需要海洋信息作为基础，以支持政府宏观调控和科学决策。从科技发展角度考虑，地球科学的信息化已从卫星遥感技术、地理信息系统、信息高速公路发展到“数字地球”的时代。面对国际海洋信息技术的挑战和我国海洋开发战略的需要，尽快建立我国的海洋信息系统，发展“数字海洋”，已成为全国海洋信息化的必由之路。

海洋信息技术在“十五”期间的发展目标为：开展海洋空间基础设施建设，大力推进我国海洋信息化和海洋信息共享进程；建立我国中比例尺海洋基础地理信息系统，提高我国海洋基础信息利用程度和应用水平；应用高科技信息技术，开发出一批科技含量高、应用目标明确且极具推广价值的海洋信息可视化服务产品。具体目标如下：

(1) 完成我国海洋信息元数据网络服务工程建设；

(2) 完成“中国海洋空间数据框架”、“中国海洋空间信息数据转换标准”的制定，开发和建立“中国海洋空间数据交换中心原型”；

(3) 建成“1∶25 万中国海洋基础地理信息系统”；

(4)提供可为海洋管理应用的海洋信息可视化产品。

【海域使用管理信息技术】　国家海洋信息中心作为全国海洋信息资源的归口管理单位，毫无疑问，应该为海域使用管理法的实施提供信息业务和信息技术支撑服务。该中心已从以下几个方面开展工作：首先，海洋功能区划是一项长期性的工作。协助各级政府作好海洋功能区划是国家海洋信息中心为海洋管理服务的一个重要方面。多年来，国家海洋信息中心在这一领域已打下了坚实的工作基础，培养了一支高素质的信息专业技术队伍，形成了突出的信息和信息技术优势。海域使用管理法的实施，为中心提供了一个具有相当开拓空间的服务领域，中心将在业务与人才方面有针对性地进行战略上的部署；第二，建立海域使用管理信息系统的核心问题是信息和信息技术，它要求有丰富的海域基础信息和科学管理的理念为依托，达到帮助管理者实现科学、合理、有效管理海域使用的目标。从系统功能建设的要求上分析，海域使用管理信息系统要具有信息管理功能（需要 GIS 技术等）、信息获取功能（需要遥感和 GPS 技术等）、信息分析功能（需要海洋管理理论等）、产品制作功能（需要信息技术和计算机制图技术等）和综合服务功能（需要系统集成技术）等。因此，多技术的综合应用是海域管理信息系统的客观需要，也是信息中心的优势所在；第三，海域使用统计信息，包括海域使用登记和使用信息统计，是各级海洋行政主管部门对海域使用实施科学、合理、有效管理的重要基础资料。面对海域使用管理的新形势和新要求，国家海洋信息中心将依托全国海洋统计信息网，及时收集、汇总和分析海域使用信息，并向海洋管理部门提供丰富、翔实的资源、环境、经济等背景信息。国家海洋信息中心要发挥统计业务优势，在国家海洋局职能部门的指导下，尽快建立和完善海域使用统计制度，满足定期发布海域使用统计信息的需要。

【海洋信息化对遥感技术的需求】　海洋遥感技术对海洋资源管理和环境监测领域的影响日益增强，特别是在实施大范围海面瞬间信息监测、数年至几十年长序列全球海洋数据采集和海面粗糙度等海洋要素测量 3 个方面，发挥了常规调查方法所不能替代的优势，为研究、开发、利用和保护海洋提供了丰富的资料，成为人类认识海洋和实现海洋信息化的一个重要信息源。

今后 10 年，世界上主要使用和研制的海洋遥感卫星有：海洋水色遥感卫星、海洋微波遥感卫星以及使用波段从可见光、红外到微波的序列化海洋卫星，以满足各类研究、观测的需要。我国海洋信息化对遥感信息的需求可分为海岸带、近海、周边海域及全球区域等 4 个层次，我国的海洋遥感技术的发展策略目前主要为：在发展高光谱遥感器和微波遥感器等硬件的同时，加强市场上各种高质量的海洋遥感信息产品的应用开发，形成有中国特色的应用软件和应用技术队伍。

【海洋遥感信息提取通用技术平台】 2002 年，由国家海洋信息中心主持，国家卫星海洋应用中心、国家海洋环境预报中心、北京大学和适普公司共同参加的国家海洋“863”课题“海洋遥感信息提取通用技术平台”的开发工作进展顺利。该课题根据当前主要海洋遥感信息的特点，面向我国海洋系列卫星应用的需要，结合成熟的海洋遥感信息提取方法，利用组件式软件开发技术、多维动态数据科学视算技术和可视化建模技术，研究开发具有中国自主知识产权的多源海洋遥感数据处理与信息提取通用软件平台，并在国内外推广应用。

该课题的主要研究内容是开发基于 Windows 环境下的组件式海洋遥感数据处理与信息提取通用软件平台。该平台具备多种海洋卫星遥感数据接收和快速处理以及专门的海洋信息提取和分析能力，能将海洋遥感数据、矢量数据、气象观测数据、海洋调查数据以及与之相关的数学模型等紧密地结合，并实现信息的多维动态显示。

该课题从 5 个方面开展研究：平台总体设计，组件式海洋遥感数据处理与分析模块开发，海洋遥感信息的多维动态显示，可视化用户通用建模工具开发和海洋遥感信息提取通用技术平台的系统集成。 （国家海洋信息中心 李四海）

海岸与近海工程技术
Coastal and Offshore Engineering Technology

【春晓气田群开发建设环境设计参数研究】 国家海洋局第一海洋研究所开展了东海春晓气田群、宁波三山登陆点及海底管线路由拐点海区环境参数综合研究。在大量统计分析海洋调查资料、气象站资料、数值模拟资料、NOAA 后报和再分析资料、船舶报资料和中国台风年鉴，给出了以 125° 00′ 32″ E，28° 30′ 47.5″ N 为中心，以 50 米、100 米、200 米、250 米、300 米、500 米、700 米为半径的海区内热带气旋、海面风、海浪、海流、潮汐、海温、气温、气压、盐度等环境参数；选取 187 个热带气旋等强天气过程，采用适合 22° ～34° N，118° ～130° E 海区的风、浪、流数值模式，进行同步模拟后报，其中风、浪数值后报计算网格为 25′ ×25′ ，海流计算网格为 7.5′ ×7.5′ 。浅海（水深小于 50 米）风、浪计算网格为 2′ ×2′ ；采用三参数 Weibull 分布计算了各要素的主极值、条件极值和方向极值。极值条件和一般条件参数满足该气田群开发工程的需要。

【埕岛油田 CA32A 井组地形测量及地质勘察】 国家海洋局第一海洋研究所孙永福等在渤海埕岛油田 CA32A 井组周围海区用 E-Sea Sound206C 双频测深仪开展了 1：2000 比例尺的地形测量，深度测量中误差为±0.2 米。编绘了海底地形图，分析了调查海区的地形特征和悬浮淤泥层厚度；用 3050L 型侧扫声呐系统进行了调查海区的全覆盖测量，编绘了海底地貌图，分析了调查海区的微地貌特征，指出海底表层沉积物以松散的粉土和黏土为主，微地貌类型主要为冲刷坑、冲刷沟槽、海底缓坡平地等，未发现明显障碍物；用 Geopuse 浅地层剖面仪进行了 1：2 000 比例尺的浅地层结构探测，发现调查海区有 5 个声学地层，详述了个层物质组成和结构特征，未发现地质灾害因素；打工程地质钻孔 1 个，孔深 90.3 米，0～20 米每 1 米取 1 个样，20～40 米每 2 米取 1 个样，40 米以深每 3 米取 1 个样。对每个样品进行了含水量、密度、液塑限、粒度粘土比重、微型十字板、直剪、不固结－不排水三轴压缩、固结－排水多级三轴压缩、固结等实验分析，在此基础上，分析了海区工程地质特征及其对石油工程的影响；用 RCM4s 海流计，分表层、中层和低层开展了定点、周日、连续测流，实测涨潮流最大流速 115 厘米/秒，落潮流最大流速 101 厘米/秒，潮流最大可能流速表层 160.5 厘米/秒，中层 124.3 厘米/秒，底层 98.8 厘米/秒。余流流速表层 10.5 厘米/秒，中层 3.7 厘米/秒，底层 2.7 厘米/秒。

【辽东湾海南区块海底管道路由与采油平台场址综合调查】 国家海洋局第一海洋研究所亓发庆等于 2002 年 9 月 27 日至 11 月 10 日，在辽河油田“辽东湾海南区块”开展了海底管道路由与采油平台场址调查，调查内容主要有：①现场海流观测；②设立临时验潮站，进行一个月的潮汐观测；③水深测量；④海底地貌调查；⑤浅地层剖面探测；⑥工程地质调查；⑦悬沙与表层沉积物取样；⑧泥温和海水盐度调查；⑨腐蚀环境调查；⑩泥沙冲淤数模等。

完成水深测线280千米（其中，管道路由183千米，固定平台场区97千米）；侧扫声呐与浅地层测线各187千米（其中，管道路由90千米，固定平台场区各97千米）；工程地质钻孔17个（孔深管道路由10米的15个、固定平台场区40米的2个），累计进尺230米；海流观测3站、2～3层、大潮期和小潮期各24小时；采悬浮泥沙水样228个；底质取样34个（管道路由区15个、固定平台区19个）；泥温测站15个；海土腐蚀测试11站，海水测试9站，取地下水6站。

根据本次调查所获取的水文环境资料、工程物探记录、工程地质钻探及土工测试数据以及所搜集的周边地区与该区有关的海洋调查成果、水文气象资料等，对调查区域的水文气象、水深地形、地貌特征、地层结构、工程地质条件、海底土腐蚀环境、管道路由与平台场址的泥沙冲淤及海底稳定性进行了全面系统的分析研究，提供了管道路由与平台设计参数，编写了《辽东湾海南区块海底管线路由综合调查报告》、《辽东湾HN8采油平台场址地球物理与工程地质调查报告》、《辽东湾HN8采油平台场址地球物理与工程地质调查报告》、《辽东湾HN22-15-21采油平台场址地球物理调查报告》；编绘了《辽东湾海南区块海底管道路由调查成果图册》（成果图件有1：2000比例尺的水深图、三维水深地形图、地貌图、浅地层剖面图、地层厚度图、地质特征图等）。

【福建惠安核电厂附近海域冬季水文泥沙观测】

国家海洋局第一海洋研究所胡泽建等于2001年12月至2002年1月，进行了该厂址附近海域水文及泥沙冬季（枯季）观测工作。完成了12个站大、中、小潮期海流、悬浮泥沙含量及粒径、海水温度、盐度，风速、风向的同步观测。分析了观测期间获得的海流、温度、盐度、风速、风向、悬浮泥沙的分布和变化状况、运移规律，提供有关要素特征值。并与1994年夏季该海区观测资料进行了对比分析，在祥芝、山前、安头、围头、文甲设5个站采用自记水位计进行了多站潮位同步观测。其中，祥芝、山前站为一个月连续观测，围头、文甲为15天连续观测；在厂址附近海域采集88个底质表层样和5个浅层柱状样进行粒度分析、矿物分析和沉积速率测定，分析了底质的类型、物质组成、结构特征、物质来源和沉积速率等；在取水口附近进行大风天定点连续悬浮泥沙观测，分析了大风天悬浮泥沙运动规律。

通过12站同步水文观测，取得了泉州湾南北水道迄今最为完整的海流、潮位、泥沙、温度和盐度观测资料，对冬、夏两季观测资料进行了综合对比分析，得到了有关南、北水道潮流、泥沙运移、温盐时空分布特征的丰富信息和重要结论；采用了大风天自动采样、沉积速率测定、矿物测定等多种先进的技术手段，取得了关于淤积速率、悬沙浓度、泥沙来源等方面的宝贵资料和可靠数据；通过海流、盐度、悬沙、沉积物的分析研究，加深了对泉州湾南、北水道沉积动力环境特征和冲淤演化规律的认识，为核电取排水工程建设提供了科学依据。

【中国海岸线典型剖面检测及其冲淤动态研究】

国家海洋局第一海洋研究所夏东兴等将全国海岸带调查地形图采用图上1毫米的步长数字化后输入到GIS平台中，在Mapinfo5.0中文版中处理和海岸线长度的量算，获得我国大陆岸线（包括大陆沿海10个省市）总长为13 626.2千米，其中基岩海岸线长2354.8千米，占17.3%、沙质海岸线长3 485.1千米，占25.6%，粉沙淤泥质海岸线长7 786.3千米，占57.1%。

根据我国海岸侵蚀情况，参考美国得克萨斯州海岸侵蚀分级标准，提出了我国海岸侵蚀强度分级标准，基于岸线后退速率的海岸侵蚀强度分级标准为：沙质海岸和淤泥质海岸的后退速率分别小于1米/年和5米/年为微侵蚀；大于1米/年、小于2米/年和大于5米/年、小于10米/年为侵蚀；大于2米/年、小于3米/年和大于10米/年、小于15米/年为强侵蚀；大于3米/年和大于15米/年为严重侵蚀。

2000～2002年之间，开展了现代黄河三角洲、废黄河三角洲、山东蓬莱西庄、山东日照南部、福建厦门黄厝等典型侵蚀岸段剖面监测。发现目前黄河口地区1999年10月至2000年10月期间，平均冲刷速度为15米/年，处于稳定的严重侵蚀状态之中；废黄河口附近，自1989年以来普遍发生冲刷，年均冲刷厚度为16.4厘米，其中在距岸5～14米的水下岸坡范围内，年均冲刷厚度为23.3厘米。而在距岸4.6～5.6千米处，冲淤幅度年际变化很大，1989～1995年年均冲刷0.5米、1995～1997年年均淤积0.05米、1997～1999年年均冲刷0.1米。冲刷强度及冲刷范围随着时间的推移趋于减小；蓬莱西庄泊子附近1984～2000年间，海岸后退速率为3.1米/年，若不加防护，未来将进一步侵蚀后退；日照南部韩家营子1982年6月至1992年8月，0米等深线后退了43米，平均蚀退速率4.3米/年。1992年8月至1997年8月，0米等深线后退了24米，平均蚀退速率5米/年。1999～2000年，0米等深线后退了4.7米，平均蚀退速率2.35米/年。目前仍保持较大的侵蚀速率；厦门黄厝南部1999年2月至2000年2月，海岸线后退3米，而在平均海平面附近海滩转冲为淤，平均淤积0.1米。2000年2月至2001年2月，海岸线以上平均冲刷厚度为0.3米，而在海岸线以下海滩平均淤积0.3米。综合监测结果和历史资料，我国海岸侵蚀十分普遍，沙质海岸70%都处于侵蚀状态。长江口以北较以南侵蚀严重。水库拦沙、海滩挖沙和河流人工改道加重了海岸侵蚀。

（国家海洋局第一海洋研究所 路应贤）

【春晓气田群开发建设项目海底管道路由预选研究和调查工作胜利结束】 春晓气田群位于东海陆架中部，由春晓、天外天、残雪及断桥等气田构成。它的开发对缓解浙江、上海的能源供需矛盾，促进该地区的社会经济发展具有十分重要的意义。海底管道路由的预选和调查是该气田群开发工程的重要先行工作，由国家海洋局第二海洋研究所等单位承担，于2002年底胜利完成。

至2002年4月底，国家海洋局第二海洋研究所先后受宁波市天然气办公室、上海海洋石油局、舟山市政府、中海石油研究中心和中海油/中石化春晓气田群开发建设项目组等多家单位的委托，开展了春晓气田输油管道、登陆点和处理厂厂址的预选研究工作，通过对自然条件、社会经济发展需求、工程经济核算等多方面的综合分析，最终选定气田群外输管道路由宁波三山为管道登陆点。

2002年，国家海洋局第二海洋研究所联合国内外有关单位，开展了气田群海底管道路由调查工作。调查范围包括气田群天然气外输管道和内部集输管道，路由总长427千米。调查按当前国际上海底管道路由调查最新技术要求，采用了高精度的双频DGPS定位、USBL水下声学定位、多波束测深、数字式侧扫声呐/浅地层剖面探测、CPT海底原位测试及大深度振动取样等一批在国际上处于领先水平的技术装备，获取的路由大比例尺全覆盖水深地形、海底面状况、浅地层结构、沉积物工程特性、气象和海洋动力环境、腐蚀环境要素等资料。对路由区的地质、气象、水文、海洋开发活动等方面进行了广泛的资料收集、整理、分析。从管道登陆点环境，路由区的海底工程地质条件，海洋动力环境、腐蚀环境要素、海洋开发活动等方面对路由条件全面系统地进行了综合评价。为春晓气田群海底管道设计、施工以及维护提供了科学的技术依据。同时，对路由区海洋工程地质、灾害地质、动力环境等方面获得了若干新的认识，在潮滩和潮汐通道的海底冲淤变化特征、东海陆架梳状潮汐沙脊的分布及活动性、海底古河道、古沙坝、浅层气的分布特征，海底浅层土的工程分带特性及基础承载力等方面的研究取得了新进展。该项调查是东海区域最长的海底管道路由调查，也是我国海域内由国内单位承担的最长的海底管道路由调查。

（国家海洋局第二海洋研究所 潘国富）

【国际海底通信光缆建设】 2002年初，APCN2和C2C二个新的国际海底通信光缆系统相继建成并投入运行。这二个系统的建设国内分别由中国电信和中国网通公司为主参加，中国海域的路由预选研究和路由调查由国家海洋局第二海洋研究所等单位完成。

APCN2（亚太光缆2号） 该系统由中国电信与亚太地区的一些主要国际通信公司联合发起建设，使用第四代海缆传输技术，在亚洲和太平洋地区的7个国家和地区建设9个登陆点，是亚太地区新一代的海缆通信网络，使亚太地区的电信通信容量发生了长足的飞跃。该系统在中国的上海崇明、广东汕头、香港特别行政区和台湾省各有一个登陆点，并各有一对海缆进出，形式上实现了海峡两岸直通，并构成了虚拟的大中国网络。

C2C（城市至城市）国际系统 该系统是由新

加坡电信发起，联合中国内地、中国香港特别行政区、中国台湾省及日本、韩国、菲律宾等多个国际电信公司共同建设，沿途登陆日本、韩国、新加坡、菲律宾和中国的上海（南汇）、中国香港特别行政区和中国台湾省。该系统采用密集波分复用技术，设计容量7.68Tbit/s是目前世界上容量最大的通信网络之一，为中国国际海缆之最，可满足现代宽带通信服务的要求。　（潘国富）

【甬宁沪地区进口原油管网工程海底管道路由预可行性研究结束】　为满足长江三角洲地区众多大型石化企业日益增长的原油需求，解决和保障进口原油的接卸与运输问题，中国石化集团公司决定利用宁波-舟山地区的深水港的优势，建设甬宁沪地区进口原油管网工程，计划将舟山的岙山油码头和国家油品储备基地、册子岛拟建油码头和中转油库与宁波大榭岛油码头和中转油库及镇海中转油库等与甬宁沪原油管道连接起来。此工程包括二个大的海底管道工程，分别是岙山—镇海海底管道工程和跨杭州湾管道工程，国家海洋局第二海洋研究所等单位已于2002年完成管道路由的预可行性研究。

岙山—镇海海底管道路由分为岙山—长峙、长峙—临城、岑港—外钓、外钓—册子及册子—镇海5段，总长约42千米，其中岙山—长峙、长峙—临城、岑港—外钓、外钓—册子4段均计划采用水平定向钻工程方案，册子—镇海段计划采用海底浅部敷设的工程方案。

跨杭州湾海底管道路由南起慈溪新埔，北至平湖白沙湾，总长53.5千米，其中穿越杭州湾北岸深槽区段计划采用水平定向钻工程方案，其余采用海底铺设方案。

路由预可行性研究根据对路由区的工程地质条件、海洋气象水文环境、腐蚀环境要素、海洋开发活动状况等各方面进行了综合研究，在此基础上确定了预选路由。　（潘国富）

【海洋工程地质灾害研究】　随着海洋资源的开发和利用，近海工程构筑物也越来越多。构筑物的建设改变了海洋环境（和工程有关的海洋环境和地质环境），往往引起工程地质灾害的发生。海洋工程地质灾害是海洋学、海洋地质学、工程地质学、地基处理等相互交叉渗透，近年来产生的一个学科方向，不仅进行传统的海底沉积物本身的工程性质研究，而且要预测其对浪、潮、流等海洋动力的响应，尤其是人类工程活动作为外部荷载或边界条件，加入到海洋地质环境中时，导致系统平衡失稳引发的地质灾害，正在成为当今地学领域的研究热点。目前进行的研究主要为海洋地质灾害评价和灾害预测防治两个方面，前者包括海洋工程地质环境评价、区划与工程控制、海洋动力-工程构筑物-海底土相互作用以及构筑物与地质环境的相互作用、海底不稳定性地质体形成及活动机理、极端海洋条件下的海底运动（如海底砂土液化、浅地层软弱层形变、海底滑坡、海底塌陷、海底冲刷等）及机理的研究；后者根据前面研究的结果对灾害发生的可能性进行预测，尤其是工程建设后可能产生的地质灾害进行预测，同时研究有效的工程技术措施（如海岸工程防护、地基处理措施）。

近年来，我国开展了多项与本领域相关的“八五”、“九五”、“十五”、“863”、国家自然科学基金等攻关课题，取得许多具有理论意义和实际应用价值的成果，其中黄河口沉积动力学研究成果在国际上具重大影响，形成了自己的研究特色和优势领域。如通过对黄河三角洲上的埕岛浅海油田（我国惟一一个200万吨级极浅海大油田）的工程环境进行研究，发现废弃水下三角洲上存在海底刺穿，同时建立了海底刺穿成因模式，证明了黄河三角洲海底刺穿与三角洲叶瓣废弃后的海洋侵蚀作用有关，成因模式与密西西比河三角洲有很大区别。计算还证明水下三角洲上存在工程软弱层低压异常带。工程软弱层是指三角洲沉积相中的前三角洲沉积层，在工程上是弱持力层，受力下易变形。对这一层所受到的盖层和水体综合压力的平面分布发现，水下三角洲的斜坡底部普遍存在一条低压力带，在这条低压力异常带上，工程软弱层易发生刺穿和蠕变向上运动，形成凸起的地形，是工程灾害易于发生的地带；在黄河三角洲沉积物中，粉土占绝对优势（大于90%），它是处于砂性土和黏性土之间的一种过渡类型，性质既不同于砂性土，又有别于黏性土。通过室内实验结果发现：①粉土的临界水力坡降与一般砂性土有着较大差异，一般砂性土临界水力坡降 $i_{cr}=(\rho-\rho_w)/\rho_w$，变化范围在0.8～1.5之间，而现代黄河水下三角洲粉土的临界水力坡降为 9.5～16.5；②考虑粉土中超孔压随时间的累积和消散效应，评价了其液化可能性，分析了粉土液化模式，并给出了现代黄河三角洲粉土液化的影响深度；③低围压下，粉土也很容易失稳，在静荷载下密实的粉土会发生瞬时液化，在动荷载作用下将会发生液化。目前正在进行的国家自然科学基金“海上平台桶形基础及其作用下粉质土海床失稳机制研究”，与挪威科技大学合作，在负压沉贯过程中粉质土海床失稳机制研究工作上取得较大进展。这些成果可以作为海上桶形基础和其他浅基础的设计施工的重要依据。（中国海洋大学　冯秀丽　林　霖）

【海军大连舰艇学院获得国际 A 级海道测量师培训资格认证】 2002 年 6 月，国际测量师联合会（FIG）、国际海道测量组织（IHO）和国际制图协会（ICA）联合组成的国际咨询委员会第 15 届年会上，海军大连舰艇学院成功通过了 FIG/IHO/ICA 三大国际组织授予的国际 A 级海道测量师培训资格认证，成为世界上为数不多、中国内地惟一一家获得此项认证的单位。

海军大连舰艇学院是中国海洋测绘人才的培养基地，该院经过一年多的认证申报准备，在海司航保部及相关单位的积极协助下，取得了认证申报工作的成功。这标志着中国海道测量专业培训水平已步入国际先进行列。实现了教育标准与国际接轨，具备了培养国际化高素质海道测量专业人才的能力。

【中国管辖 300 万平方千米海域的水深普测任务基本完成】 经过海军广大测绘官兵的不懈努力，至 2002 年 9 月，第一岛链内中国管辖 300 万平方千米海域的水深普测任务基本完成。共完成各种比例尺测图 2 300 余幅，测线里程 290 余万千米，相当于绕地球 70 余圈；测量岛屿 6 000 余个，探测航行障碍物 14 000 余个，建立验潮点 1 000 余处，中国出版该海区海图将全部使用实测资料。这一任务的完成对维护我国海洋权益、促进海洋开发与利用具有极为深远的意义，新华社、中央人民广播电台、《人民日报》、《光明日报》和《解放军》等多家新闻单位进行了专题报道。

【中国测绘学会第六届海洋测绘专业委员会第二次全体会议在昆明召开】 2002 年 9 月 16～19 日，中国测绘学会第六届海洋测绘专业委员会第二次全体会议暨第十四届海洋测绘综合性学术研讨会在昆明举行。来自交通部、农业部、国土资源部、中国科学院、部分大专院校和科研院所以及部队系统的委员、论文作者和相关测绘仪器厂商等 105 位代表出席了会议。

该次会议的主题是：海洋测绘的新理论、新设备、新技术、新方法以及海洋地理信息系统。会议共收到论文 88 篇，其中会上交流 15 篇。会议期间认真总结了专业委员会 2 年来的工作，对下一年工作提出了建议和意见，并探讨了加强和改进专业委员会工作的方法。

（海司航保部）

海洋科技成果统计
Marine Scientific and Technological Achievements

【基本情况】 2002 年全国共登记海洋科技成果 131 项，其中国家海洋局所属单位登记 49 项，占全国海洋科技成果总数的 37.40%。

获得奖励的项目为 23 项，占登记总数的 17.56%。其中，独立科研机构完成了 9 项，大专院校完成了 5 项，企业单位完成了 4 项。授权发明专利的项目为 14 项，占登记总数的 10.69%。其中，独立科研机构完成了 8 项，大专院校完成了 4 项，企业单位完成了 2 项。

随着科技管理体制改革的不断深入，2002 年科技成果的评价方式继续呈多样化的发展趋势。在登记的海洋科技成果中，鉴定项目数为 62 项，占登记总数的 47.33%。验收项目数为 38 项，占登记总数的 29.01%。评审项目数为 21 项，占登记总数的 16.03%。评估项目数为 6 项，占登记总数的 4.58%。结题项目数为 4 项，占登记总数的 3.05%。从 2002 年登记的海洋科技成果统计来看，科技成果鉴定是成果评价的主要方式。

【科技成果的构成】 在登记的 131 项海洋科技成果中，国家计划项目 30 项，占成果总数的 18.40%。其中高技术研究发展计划（“863”计划）项目占国家计划项目总数的 20.00%；科技攻关计划项目占国家计划项目总数的26.67%。部门计划项目占成果总数19.63%；地方计划项目占成果总数的20.86%；国家、部门、地方及民间的基金项目占成果总数的18.40%；国际科学技术合作项目占成果总数的1.23%；横向委托和自选课题项目占成果总数的15.95%；其他来源项目占成果总数的5.52%。

在131项海洋科技成果中，应用技术成果99项，占成果总数的75.57%；基础理论成果22项，占成果总数的16.79%；软科学成果10项，占成果总数的7.63%。

在131项海洋科技成果中，由独立科研机构完成的成果79项，占成果总数的60.31%；大专院校完成的成果15项，占成果总数的11.45%；企业完成的成果15项，占成果总数的11.45%；其中，科研机构转制型企业完成的成果5项，占成果总数的3.82%；其他单位完成的成果22项，占成果总数的16.79%。

据统计，2002年登记的海洋科技成果经费总投入为21 017万元，主要来源于国家计划、部门计划、国家基金、地方计划、地方基金和自有资金的支持。国家、部门投入仍是大多数项目的经费来源，一些企业、地方的投入也相当大，如海水养殖业。

【科技成果完成人员结构情况】 根据上报到国家海洋科技成果库中的科技成果研究人员数据进行统计，2002年从事应用技术类科技成果研究的人员占76.20%，从事基础理论与软科学成果研究的人员分别占18.43%和5.38%。

2002年海洋科技成果完成人员中，独立科研机构的成果完成人员比例最高，为62.70%，企业的成果完成人员比例为11.10%，大专院校的成果完成人员比例为10.92%。其他机构的成果完成人员比例为15.28%。

海洋科技成果完成人员的年龄比例分布为：35岁及以下年龄段的成果完成人员比例为27.18%，36～45岁年龄段的成果完成人员比例为34.81%，46～55岁年龄段的成果完成人员比例为19.72%，56～65岁年龄段的成果完成人员比例为13.41%，65岁以上年龄段的成果完成人员比例为4.89%。35岁及以下和36～45岁两个年龄段的成果完成人员占有6成以上的比例。中青年科技人员已成为海洋科研工作的主体力量。

据上报数据统计，海洋成果完成人员的文化程度呈以下分布：具有博士学位和硕士学历的人员比例分别为9.68%和16.16%。大学本科和大专学历的人员比例分别为57.46%和10.66%。中专及其他学历的人员比例分别为3.55%和2.49%。

2002年海洋科技成果完成人员的技术职称构成为：具有正高级技术职称和副高级技术职称的成果完成人员比例分别为26.47%和37.30%。具有中级技术职称和初级技术职称的成果完成人员比例分别为26.38%和5.60%。

【技术成果及其应用情况】 在99项应用技术成果中，处于大规模、大范围应用阶段的成果41项，占41.41%；处于中试或制备的样机、试样等中期阶段的成果31项，占31.31%；处于实验室、小试等初期阶段的成果27项，占27.27%。

在应用技术成果中，电子信息领域14项，占11.57%；软件领域3项，占2.48%；航空航天领域1项，占0.83%；光机电一体化3项，占2.48%；生物、医药和医疗器械领域7项，占5.79%；新材料领域5项，占4.13%；新能源与高效节能领域3项，占2.48%；环境保护领域13项，占10.74%；地球、空间与海洋领域55项，占45.45%；农业领域17项，占14.05%。

表1 应用技术成果在高新技术领域分布

所属领域	2001年项目数	2002年项目数
电子信息	15	14
软　件	7	3
航天航空	3	1
光机电一体化	2	3
生物、医药和医疗器械	15	7
新材料	12	5
新能源与高效节能	5	3
环境保护	23	13
地球、空间与海洋	127	55
农　业	33	17

注：部分海洋科技成果可跨领域所属。

对2002年登记的海洋科技成果按应用行业进行分析。第一产业即农、林、牧、渔业43项，占32.58%；第二产业包括采掘业，制造业，电力、煤气及水的生产和供应业，建筑业，共13项，占

9.85%；第三产业包括地质勘查业、水利管理业，交通运输、仓储及邮电通信业，批发和零售贸易、餐饮业，金融、保险业，房地产业，社会服务业，卫生、体育和社会福利业，教育、文化艺术和广播电影电视，科学研究和综合技术服务业，国家机关、政党机关和社会团体等，共76项，占57.58%。

表2 海洋成果产业分布（%）

产 业	项目数（项）	比例（%）
合 计	132	100.00
农、林、牧、渔业	43	32.58
采 掘 业	5	3.79
制 造 业	5	3.79
电力、煤气及水的生产和供应业	2	1.52
建 筑 业	1	0.76
地质勘查业、水利管理业	24	18.18
交通运输、仓储及邮电通信业	10	7.58
卫生、体育和社会福利业	3	2.27
科学研究和综合技术服务业	32	24.24
国家机关、政党机关和社会团体	1	0.76
其他行业	6	4.55

注：部分海洋科技成果可跨行业应用。

在99项应用技术成果中，已应用的海洋成果为85项，占85.86%，未应用的成果14项，占14.14%。对成果未应用的原因进行分析，资金问题6项，占42.86%；市场问题1项，占7.14%；管理问题1项，占7.14%；其他原因有6项，占42.86%。

据对部分填报经济效益数据的30项成果的统计，项目投入实际应用后，新增产值191 925万元，新增利税173 665万元，出口创汇4 868万元，节约资金11 704万元。

表3 部分应用技术成果经济效益状况

经济效益项目数	合 计	独立科研机构	大专院校	企 业	其 他
新增产值（万元）	191 925	156 506	2 894	4 960	27 565
新增利税（万元）	173 665	153 809	1 359	1 833	16 664
出口创汇（万元）	4 868	3 608	610	150	500
节约资金（万元）	11 704	802	10 780	72	50

（国家海洋信息中心）

海洋教育

Marine Education

国家海洋局海洋教育
SOA Marine Education

【国家海洋局在职教育情况】 为适应海洋事业发展需要，建设高素质的海洋人才队伍，海洋系统重视海洋人力资源开发，继续教育工作长抓不懈，开展了在职研究生教育、海洋业务专项培训班等多种形式的在职教育培训工作，使广大海洋工作者丰富了知识，拓宽了视野，提高了业务技能，促进和保证了海洋事业的可持续发展。

在研究生教育方面，国家海洋局建立了健全的研究生培养体系，拥有5个硕士学位授予点，5个博士后科研流动站，各培养机构具有高水平的师资队伍，基础设施完善，实验设备精良，科研经费充足，国际合作广泛，成为高层次海洋科技人才的培养基地，为海洋事业输送了一批德才兼备的高层次专业人才，他们必将成为21世纪海洋事业的主力军。 （国家海洋局）

部分涉海院校简介
Marine Education in Part of the Ocean-Related Universities and Colleges

【中国海洋大学】 中国海洋大学是一所以海洋和水产学科为特色，包括理学、工学、农（水产）学、经济学、文学、医（药）学、管理学、法学等学科门类较为齐全的教育部直属重点综合性大学，是国家“211工程”重点建设高校之一。学校依山傍海，坐落在景色秀丽、气候宜人、久负盛名的海滨旅游城市——青岛。

学校的前身是私立青岛大学，始建于1924年。后经国立青岛大学、国立山东大学等几个时期的变迁，于1959年成立山东海洋学院，1960年10月被确定为全国13所重点综合大学之一，1988年更名为青岛海洋大学，校名为邓小平同志题写。2001年2月，国家教育部、山东省人民政府、国家海洋局、青岛市人民政府四家正式签署协议，共同重点建设中国海洋大学，使之成为具有显著的海洋学科特色和优势，并在国内外有影响的高水平大学。自此，中国海洋大学成为全国第一所由中央部门、行业和地方政府重点共建的高水平特色大学，也是惟一一所作为特色大学纳入国家高校体制改革重点建设的高校。

学校分鱼山路本部和麦岛校区两部分，占地1 100余亩。设有海洋环境、信息科学与工程、水产、化学化工、海洋生命、海洋地球科学、环境科学与工程、工程、经济、管理、外国语、文学、法学、数学、公共管理、应用技术、继续教育等17个学院（系），48个本科专业，10个高职专业。学校是国务院学位委员会首批批准的具有博士、硕士、学士学位授予权的单位，具有博士生导师评定权。现有海洋科学等5个博士后流动站、16个博士学位授予点和41个硕士学位授予点，拥有海洋、水产、环境科学与工程3个博士学位授权一级学科点，3个工程硕士点。拥有物理海洋学、海洋化学、海洋生物学、水产品加工及贮藏工程、水产养殖等5个国家级重点学科，1个国家工程技术研究中心——国家海洋药物工程技术研究中心，1个联合国教科文组织中国海洋生物工程中心，还设有物理海洋、海洋遥感、水产养殖等3个教育部重点实验室，9个省级重点学科，6个省级重点实验室。物理海洋、环境海洋、海洋生物、水产养殖、海洋药物和海洋遥感等6个学科设有“长江学者奖励计划”特聘教授岗位，还拥有全国首批确定的国家理科基础科学研究和教学人才培养基地——海洋学、海洋化学专业。

学校现有在册各类学生14 000余人，其中博士、硕士研究生1 500余人，留学生360余人。学校拥有一支实力雄厚的师资队伍，在现有1 100余名教学、科研及实验技术人员中，有教授302人，副教授及其他副高级专业技术职务的技术人员389人。有一批国内外知名的专家、学者，其中中国科学院院士2人、中国工程院院士3人，博士生导师150人，“长江学者奖励计划”讲座教授、特聘教授6人。学校先后有200余名教师和科技人员受到国家及省、市的表彰奖励，有84人享受国务院特殊津贴，11人获国家有突出贡献的中青年专家称号，29人被评为山东省专业技术拔尖人才。学校现有教职工总数1 892人，其中专任教师787人，获得博士学位的195人，占教师总数的24.8%，获得硕士学位的387人，研究生占教师总数的74%。

学校共有68个教学与科研相结合、具有不同专业特色的实验室，拥有供教学、科研使用的3500吨级“东方红2号”海洋综合调查船，有设备先进的电教中心、计算中心和测试中心。学校图书馆被教育部认定为15个查新中心之一，已建成包括1 208种Web版外文期刊、收录全球1861年以来1 000余所著名大学理工科博士、硕士Web版学位论文文摘，文摘总量达200万条的国际上较为全面的海洋、水产学科外文数据库，8 000余种（占全国出版量90%以上）中文科技期刊全文，5万种数字化中文图书以及引进所有国内大型文献数据库（文摘量达1 300万条）的数字图书馆，有藏书近百万册、中外期刊3 000余种的传统图书馆。学校定期出版在国内外发行的《青岛海洋大学学报》自然科学版和社会科学版等学术刊物。青岛海洋大学出版社十几年来出版了大量优秀图书，为学校教学、科研做出了积极的贡献。目前，一个联通Internet与CERNET规模初具的校园网已经建成使用。网络中心已经建设成为国家教育科研网省级节点，校内实现了两个校区所有院系、行政办公机构的联网。图书馆完成了两个校区的联网，实现了业务自动化管理，师生可24小时免费通过校园网进入数字图书馆检索、阅读和下载几乎所有的中文学术期刊的论文原文、上千种外文期刊的论文原文以及上千万条的各学科中英文文摘，初具规模的数字化图书馆已经成为全国海洋科学文献检索和信息资料的中心。

学校认真贯彻国家的教育方针，遵循“以学生为本”的教育理念，不断深化教育、教学改革，主动适应社会发展和经济建设需求，适时调整专业，构建了具有海大特色的人才培养模式和新的课程体系。按照“团结、勤奋、求实、创新”的校训，形成了优良的学风、校风。学校在教学方面的一系列改革举措深得师生赞誉和支持，在社会上引起良好反响。毕业生受到社会和用人单位的欢迎，一次性就业率连续十年达到94%。

学校设有的海洋药物工程研究院、物理海洋研究所、海洋经济与海洋法学研究院、环境科学与工程研究院、信息工程中心、水产养殖研究所等26个研究机构瞄准国家和世界科学与技术发展的前沿，发挥多学科、综合性和海洋科技人才密集的优势。主要从事基础理论和应用研究、高新技术、科技咨询与服务、科技开发及产业化等方面的工作。在海洋动力学、海洋环境及其预测、海洋生态动力学、信息科学与技术、水产养殖及精加工技术、软科学技术、海洋药物研究开发、工程技术、海洋经济、海洋法、海事、海洋资源开发利用等方面都做出了突出的成绩。“九五”以来，学校科技成果达到国际领先和先进水平的42项，国内首创和先进的22项，出版专著100余部，发表论文5 000余篇；被SCI、EI、ISTP等收录论文300余篇，获国家级奖10余项、科技攻关重大成果奖10余项，获省部级、地市级奖数百项，为国家及地方经济建设、社会发展和科技进步做出了重要贡献。2001年获教育部科技进步奖数目居全国高校第8位。

学校十分重视对教师的培养提高和对外科技交流。几年来，派出国外留学、考察和讲学人员及访问学者占全校教师人数的一半以上。学校先后与36个国家和地区的60余所高等学校及科研机构建立了合作交流关系，留学生规模已进入国内高校前30名。

21世纪是海洋世纪，中国海洋大学在新的世纪里将有更大作为。目前，学校正以海纳百川的胸襟，广纳人才；以国际化的标准，苦炼内功；以加入WTO为契机，积极参与国内外竞争。在不久的将来，一所以海洋和水产学科为显著特色、在国内外有较大影响的高水平综合性大学，必将展现于世人，展现于世界。（中国海洋大学供稿）

2002年承担的国家级和省部级重要涉海科研项目（参见海洋科学研究和海洋技术部分）

重点实验室（参见海洋科学研究）

【联合国教科文组织中国海洋生物工程中心】

1995年2月，联合国教科文组织生物工程委员会决定在世界范围内挑选和资助建立5个地区性“植物与水生生物工程中心”，以促进发展中国家的科学发展与进步。“中国海洋生物工程中心”（以下简称“中心”）是该组织资助建立的5个中心中惟一的海洋生物工程中心。“中心”于1995年7月13日正式成立。中国工程院院士、中国海洋大学校长、著名海洋药物学家管华诗教授任“中心”名誉主任，徐怀恕教授（已去世）任“中心”第一任主任，微生物学教授，博士生导师池振明博士为第二任主任，美国国家科学基金会主席、马里兰生物工程研究院院长、著名海洋生物工程学家 Rita R. Colwell 教授以及中国科学院院士、中国科学院海洋研究所名誉所长、著名海洋生物学家曾呈奎教授任“中心”顾问。

联合国教科文组织通过签订工作合同向“中心”提供经费资助。“中心”的主要任务如下：

(3) 为亚洲地区青年科学家开设短期高级培训课程及高级研讨会；

(2) 接受亚洲地区青年科学家在“中心”做研究工作和学习（访问学者）；

(3) 在亚洲地区起科技带头作用。

该“中心”已经或将要进行的研究工作：

(1) 海洋微生物资源的研究。重点研究我国近海海洋细菌和海洋酵母菌的多样性，以便建立我国特有的海洋细菌和海洋酵母菌种库。

海洋微生物发酵产物的研究。获得了利用产淀粉酵母直接发酵淀粉生产海藻糖的新工艺。中国海洋大学生命学院微生物学研究组通过国际合作项目利用遗传学方法构建了产淀粉酶活力高，海藻糖分解酶活力缺失的高产海藻糖扣囊复膜酵母突变株，该突变株在48小时内能快速转化淀粉在细胞中累积达干重22%（W/V）的海藻糖，同时建立了一整套提取和精制海藻糖的工艺。该工艺具有发酵工艺简单、海藻糖产量高、发酵培养基为廉价的农副产品、提取精制的海藻糖纯度高等优点。海藻糖在食品、医药、农业和化妆品工业中具有广泛的用途。在获得大量海洋细菌和海洋酵母菌株的过程中，将主要研究这些海洋微生物发酵的产物(包括海洋微生物产生的各种酶、生物活性物质、肌醇、海藻糖和胞外多糖)，这些发酵产物在食品、医药和其他行业中具有重要的用途，争取在3～5年内有一个新产品在国内市场上得到应用。

(2) 海洋微生物基因资源的研究。在获得有生产价值的微生物之后，将利用这些微生物的基因组 DNA 构建基因库，可以从这些基因库中获得许多新的基因，便于改造其他生物或用于其他目的研究。同时可以在有协议书的条件下给国内外同行提供有关的基因库。

海洋微生物工程的研究。特别是海洋细菌和它们的发酵产物，如海洋细菌酶和生物活性物质在水产养殖和鱼虾病害控制方面的应用。

水产养殖动物细菌病害病原原毒力基因的克隆和 DNA 疫苗的研制。主要研究鱼和虾致病细菌和病毒致病机理、毒性基因的分离、克隆和表达，并利用分子生物学方法生产抗细菌和病毒病的疫苗。

(3) 海洋细菌蛋白质组的研究。海洋微生物研究组对海水养殖致病细菌的多种致病因子（胞外蛋白质）和有益菌抑制性蛋白质（胞外蛋白质）的基因结构、克隆、这些蛋白质的性质和功能、这些微生物在控制海水动物病害方面进行了多年的研究，取得了许多重要进展。编码这些蛋白质的基因如何进行表达调控、这些蛋白质如何进行分泌、分泌的途径是什么，这些问题的研究非常需要蛋白质组技术，目前正在与法国国家科研中心马赛微生物研究所吴龙飞博士讨论如何在这方面进行合作，开展海水养殖致病细菌和有益菌蛋白质分泌机理的研究。（中国海洋大学　池振明）

【湛江海洋大学】 湛江海洋大学是1997年组建的广东省属重点建设大学，是一所以海洋学科为特色，文、理、工、农、经、管、法等学科协调发展；以本科教育为主体，多层次办学；以应用学科见长，兼有理论与基础学科的综合型海洋大学。学校占地面积266.67公顷，校舍建筑面积达45万余平方米。主体校区位于我国惟一的玛尔湖—湖光岩风景区。

学校设有水产学院、农学院、工程学院、经济管理学院、航海学院、信息学院、理学院、人文与法学学院、职业技术学院、寸金学院、海滨学院等13个二级教学机构；海洋生物研究所、农业生物技术研究所、海洋经济研究所、海洋文化研究所、机电工程研究所、珍珠研究室等20个科研机构；还设有广东省海洋开发研究中心、沿海市县干部培训基地和科技兴海示范基地等省级机构。现有22个专科专业，26个本科专业，4个硕士点。2002年面向23个省、市、自治区招生，各类别、各层次全日制在校生人数14 400余人。教职工1 300余人，其中高级职称200余人，具有博士、硕士学位者200人。

学校办学设施日臻完善，万人主体教学楼、网络化图书馆、科技馆、标准游泳池和学生公寓等一批现代化基础设施相继投入使用。拥有计算网络中心、分析测试中心，多媒体电教室、语音室、光电技术实验室等20余个实验室，水生生物博物馆、海水养殖场、实习渔轮、机械厂、农场等校内实习基地；船舶公司、珍珠公司、网厂等校办产业。

学校重视素质教育，教育质量不断提高。2001年本科毕业生一次就业率达91.3%。2002年深圳某局面向全国招聘7名公务员，该校毕业生有3名入选。学校注重科学研究与技术推广。高位池养虾技术、海水名贵鱼类的种苗生产及养殖技术、沉箱养殖鲍鱼以及海洋药物和杂交水稻等技术，经专家鉴定达到国内外领先水平。2001年科研经费比学校成立初年增长了8.4倍。学校先后与欧美、日本、澳大利亚等国家和我国台湾省、香港特别行政区的同行学校建立了学术联系，与中国海洋大学、台湾海洋大学签订了联合办学协议。

2002年的教学改革 2002年按照“一手抓教学基本建设，一手抓教学改革”的方针，更新教育教学观念，深化教学改革，抓紧教学管理和教风、学风建设。重点做了以下工作：

26个本科专业的调整改造、9个新专业申报审批；教学计划修订以及课程体系改革。加强了教学管理和教学质量监控体系的现代化手段建设。教师们在办学规模不断扩大、教学任务繁重、教育教学资源相对紧张的情况下，勤奋工作，教书育人，完成了各项教学任务，保证了教学质量稳步提高。本科毕业生考上研究生的人数继续增加。2002年全校考上研究生共有80名，其中水产学院36名，工程学院18名，信息学院10名，农学院15名。经管学院参加全国英语大赛取得佳绩，获得一等奖2名，二等奖和三等奖7名。

深化学分制改革，加强创新能力的培养。进一步缩减了课内计划学时，本科专业教学计划总学时控制在2 450以内，公共任选课增加“创新类”模块，规定本科生必须修满5学分、专科生修满2学分的“创新学分”。“创新学分”可通过发明创造、参加科研、获取各类奖项、撰写学术论文等多种途径获得。根据新形势下教学管理中出现的新情况、新特点，进一步修订完善教学管理文件；出台并实施了新的全日制学生学籍管理办法，对弹性学制、插班生管理、辅修和双专业管理、学位授予条件、退学警告等方面均作了新的规定；改革学生评教制度，开展了基于IT技术的学生评价教学质量系统的研究，并首先在3个学院进行了利用校园网由学生参与对教学质量进行评价的试点工作，效果良好。

加强英语教学，想方设法提高英语过级率。2002年英语过级率比上年提高4.8个百分点。

积极开展多媒体组合教学，教学的现代化和信息化手段不断加强；注重实践环节教学，加强实践基地建设和实习环节的管理。

组织申报、评审和推荐广东省高等教育教学改革工程项目的工作，同时开展了校内教育教学改革项目的申报、评审活动。召开了教学经验交流会暨颁奖大会，对22位获教学质量优秀奖、14位获省教学成果奖的教师和29位2001届本科优秀论文(设计)的指导教师进行了表彰。

海洋科研获奖成果 2002年湛江海洋大学获得省(部)级以上的奖励5项，分别是：

(1) 项目名称：斜带髭鲷等7种海水鱼类人工繁育技术研究与推广。

获奖类别：广东省科技进步三等奖；

完成单位：湛江海洋大学水产学院；

主要完成人：黎祖福、陈刚、叶富良、刘楚吾、张健东、杜涛。

(2) 项目名称：多种对虾人工育苗和养成的研究。

获奖类别：广东省科技进步三等奖；

完成单位：湛江海洋大学水产学院；

主要完成人：吴琴瑟、林浩、曾伟兵、刘东超、梁华芳、陈明耀、冯玉爱。

(3) 项目名称：中国鲎人工授精育苗研究。

获奖类别：广东省科技进步三等奖；

完成单位：湛江海洋大学水产学院；

主要完成人：廖永岩、叶富良、李晓梅、李锋、董学兴。

(4) 项目名称：海水珍珠养殖技术的研究和推广。

获奖类别：广东省农业技术推广二等奖；

完成单位：湛江海洋大学水产学院；

主要完成人：熊大仁、陈明耀、邓陈茂、张志强、刘志刚、劳赞、许国领、林养、何水养、梁飞龙、符韶、罗杰、杜晓东、梁法竞、周庆堂、梁栋。

(5) 项目名称：虾蟹类增养殖学。

获奖类别：教育部科技进步三等奖；

完成单位：湛江海洋大学水产学院；

主要完成人：吴琴瑟。

（湛江海洋大学经济研究所　徐质斌）

【浙江海洋学院】 浙江海洋学院位于风景秀丽的“千岛新城”舟山市区，毗邻国际大都市上海市、国际港口城市宁波市和“海天佛国”普陀山，是一所以海洋为特色，以海洋科学、水产、海洋工程为重点，理学、农学、工学、文学、管理学、医学和教育学等多学科协调发展的省属本科院校，1998 年由原浙江水产学院和舟山师范专科学校合并成立，实行浙江省和舟山市共建共管，以省为主的办学管理体制。2000 年以来，原舟山卫生学校、浙江水产学校、浙江省海洋水产研究所、舟山商业学校、舟山石油化工学校相继并（进）入。

学校占地面积 100 公顷，校舍建筑面积 24 万平方米；教职工 900 余名，其中高级职称人员 166 名，中科院院士 1 名；全日制在校生 8 000 余名；藏书 80 万余册，实验仪器设备总值 3 000 万余元；下辖海洋科学与技术学院、工程学院、渔业学院、信息学院等 11 个院（系），4 个直属系（所），设有海洋科学、海洋技术、船舶与海洋工程、海洋渔业科学与技术、水产养殖等 19 个本科专业；建有浙江省海洋水产研究所、海洋科学研究所、渔业科学研究所、船舶与机电工程设计研究所、深水网箱养殖工程研究中心、浙江省远洋渔业培训中心、中国石化销售公司舟山职工培训中心等科研和培训机构。目前正着手建设浙江省海洋高技术产学研基地。

学校坚持教学工作中心地位不动摇，深化教学改革，强化实践环节，全面推进素质教育，教学工作取得了显著成绩，先后通过了省高校文明校园评估和本科教学工作随机性水平评估，赢得了良好的社会声誉。

学校注重科学研究和社会服务，坚持产学研相结合，走开放式办学路子，积极为我国的海洋事业和地方社会经济发展服务。 学校先后获国家、省、部、局等颁发的科技成果奖 100 余项，其中“深海抗风浪网箱研制”项目已列入国家“十五”“863”计划，与之相应的高效养殖正在蓬勃兴起，并已取得较大的经济效益和社会效益。

《浙江海洋学院学报》面向国内外公开发行，其“自然科学版”为联合国粮农组织《水生生物科学和渔业文摘》(Aquatic Sciences and Fisheries Abstracts, 简称 ASFA）收录，是我国海洋水产类中文核心期刊。

学校积极开展对外合作与交流，先后与上海交通大学、中国海洋大学、国家海洋局第二海洋研究所、舟山市普陀区人民政府等国内高校、科研机构和企事业单位实行了多形式的联合办学；并与日本东京水产大学、新西兰达尼丁教育学院、挪威农业大学等国外高校和科研机构建立了校际交流关系。

党委书记：解新邦；院长：冯士筰。

2002 年教学改革　2002 年浙江海洋学院以贯彻教育部 4 号、5 号文件关于提高本科教学质量和本科学科专业调整的精神为中心议题，召开了第二次教学工作会议，出台了《关于加强本科教学工作，提高教学质量的决定》，提出了“加快学校发展，实现从以量的扩张为主到以质的提高为主的战略转移”这一重要办学指导思想，并以迎接浙江省本科教学工作随机性水平评估为契机，按照“以评促改、以评促建、评建结合、重在建设”的评估方针，坚持教学工作中心地位，加强日常教学管理，积极开展教学改革，有效地提高了教学质量，推进了合格人才的培养。一年来，学校以本科教学工作评建为重点，统一指挥，明确责任，全员参与，全力以赴，进一步加强教学基本建设。专业建设上，新设 2 个本科专业，申报 6 个新专业（其中 3 个专业获准 2003 年招生），完成了首批 6 个校级重点专业的立项工作，海洋技术、船舶与海洋工程 2 个专业获准为省级重点专业；课程建设上，完成了首批 9 门校级重点课程建设的总结、第二批校级重点课程建设的中期考核和第三批 25 门校、院（系）级重点课程建设立项工作，立项校级第二批 28 个教改课题，《面向 21 世纪海洋科学专业的教学改革与实践》和《普通高等农林院校教学工作评价研究与实践》2 个项目获高等教育国家级教学成果二等奖；教材建设上，初步建立了课程教材库，举办了高教出版社“面向21世纪精品教材”展示会；实验实践教学建设上，完成了实验室布局调整工作，新建实验室6个，投入1 500万元用于实验仪器设备和实验室建设，签订了多份校外实习基地协议书。为改进人才培养模式，制订了修订教学计划的原则意见，完成了各年级专业教学计划的修订工作；通过设立课外8学分等办法，初步构建了各具特色的专业实践教学模式；狠抓日常教学过程建设和教学规范管理，推进教学质量监控与保障体系的建设。启动了远程教育前期建设工作，成教工作有了新拓展。2002年底，浙江海洋学院顺利通过了浙江省高校本科教学工作随机性水平评估，取得了评建工作的阶段性成果，取得了继2000年省高校校园文明建设检查评估之后的又一重大成果。

2002年机构设置一览表

1	党委办公室、院长办公室	16	成人教育学院
2	组织部、统战部、人事处	17	图书馆
3	宣传部	18	海洋科学与技术学院
4	纪委、监察室、审计室	19	渔业学院
5	学生工作部、学生处、招生办公室、就业指导处	20	工程学院
6	保卫部、人民武装部、保卫处	21	管理学院
7	工会	22	信息学院
8	团委	23	中文系(人文学院筹)
9	教务处、中专与中等职业教育部	24	外语系（外语学院筹）
10	科研处	25	公共教育系
11	外事办公室、港澳台办公室	26	石化学院、高等职业技术学院
		27	医学院
12	计划财务处	28	杭州职业技术学校
13	基建规划处	29	东海科学技术学院
14	产业后勤管理处	30	社会科学部
15	海洋与渔业研究所（浙江省海洋水产研究所）	31	后勤服务总公司

2002年党政领导成员

职务	姓名	备注
党委书记（兼）	王辉忠	
党委副书记（主持工作）	解新邦	5月16日起任党委书记
院长	冯士筰	
党委副书记、副院长	应启肇	
党委副书记、纪委书记	宋富军	
副院长、党委委员	苗振清、夏跃平	
副院长	韩平	
党委委员	陶根友、刘定山	
院长助理	黄建钢、吴中平	

2002年国家、省部级科研项目简介

(1) 国家高技术研究（“863”计划）项目：深海抗风浪网箱的研制。网箱养鱼是海水养殖主要方式之一。传统网箱结构简单，框架主要用木板或钢管等加工而成，抗风浪流性能差、规模小、使用寿命短，设置海区有限，集中在内湾和近岸海区，往往造成局部海区养殖容量过大，海区污染、病害等问题日趋严重，影响了海水养殖业的发展。通过本项目的研发，应用高新技术改造传统网箱养殖产业，突破开放海区养殖技术，在已研发HDPE浮式网箱基础上，开发高强度网箱框架材料和网具材料，研制性能好、操作方便、升降容易、价格相对合理的HDPE升降式、飞碟形和气囊形网箱，增强网箱抗风浪流性能，突破网具防污损防附着技术，研发网箱水下监测、自动投饵、鱼类分级及起捕设备。建设深水网箱设备制造基地，年产深水网箱设备500只，价格比引进设备降低50%；组织示范养殖、技术推广，累计推广1 000只；达到调整渔业结构，使网箱养殖由近岸海域走向深水海域，实现网箱养殖的规模化、集约化、产业化。项目整体技术达到国内领先水平、国际先进水平。

(2) 国家教育部科技研究重点项目：抗风浪网箱养殖海区环境问题研究。在抗风浪深水网箱养殖大力发展之时，及时进行海洋环境保护技术的研究，处理好海洋资源利用与环境保护的关系，解决养殖自身污染引发病害问题，达到既保持养殖对象的品质健康又维护养殖环境的生态健康，避免重蹈近岸、内湾养殖灾难之覆辙，已成为当前渔业界必须考虑的首要问题。

抗风浪深水网箱养殖已从近岸拓展到浅海甚至外海，养殖区域具开放性，且规模较大，养殖水体具流动性，因而对环境的影响范围广。若大规模开展养殖业，则对海洋环境的影响将是全局性的。传统的技术措施无法控制和解决养殖环境问题。只有按物理海洋学和化学海洋学的理论，采用海洋新技术，才能解决海水养殖环境问题，确保浅海养殖业的健康发展。

为了解决养殖业的发展对环境带来的新压力。预防污染的发生，避免环境灾难，现国外通常的做法是科学研究先行，实施养殖工作在后。即养殖实施前先对养殖实施可能对环境产生的影响进行模拟评价，根据评价结果来确定养殖区域，养殖模式及养殖数量。

(3) 浙江省省级科研项目：浙江沿海养殖滩涂婆罗囊螺综合防治研究。婆罗囊螺（*Retusa boenensis*）俗称“吐铁”，系潮间带泥沙滩数量优势种，无经济价值。其资源发生量大，种群扩散能力强，是滩涂养殖贝类饵料（表层油泥）、栖息空间的主要竞争者和最大的敌害生物。目前我国许多沿海地区的养殖滩涂受到了其危害，严重影响了当地滩涂养殖贝类的生长速度和成活率，进而导致养殖滩涂的“沙漠化”，给当地水产养殖业带来毁灭性的重创。获取抑制直至完全消除养殖滩涂中的婆罗囊螺且尽可能保证养殖贝类正常生长发育和繁殖的切实可行的办法业已成为当前我省许多养殖专业户呼声十分强烈而又十分迫切的要求。

本项目通过对婆罗囊螺繁殖生物学、生态学和药敏学的系统研究，着重了解并掌握该螺的繁殖生物学特性、生活史型各阶段的生态耐受特性和药敏选择特性，探析婆罗囊螺的繁殖机理及其抑制途径、生态显著差异项和药敏特异性，以区域试验为应用载体，在保证养殖贝类正常生长、繁殖和涂质安全的基础上，获取抑制直至彻底杀灭婆罗囊螺的有效途径和方法。为沿海贝类养殖的全面增产、增效和养殖滩涂的可持续开发与利用提供理论和技术依据。（浙江海洋学院办公室）

【厦门大学海洋与环境学院】 厦门大学海洋与环境学院成立于1996年4月，是福建省政府与厦门大学共建的结晶。厦门大学海洋与环境学院下设海洋学系、亚热带海洋研究所、环境科学与工程系、环境科学研究中心、厦门大学海洋环境科学教育部重点实验室、厦门海岸带可持续发展国际培训中心等 6 个单位。现拥有海洋科学博士后流动站、国家海洋科学一级学科博士学位授权点、环境科学博士点、海洋生物学和海洋化学两个国家重点学科以及相关的硕士学科点。海洋生物学、海洋化学、环境科学获批设置“长江学者奖励计划”特聘教授岗位。

厦门大学海洋与环境学院是我国南方海洋科学与环境科学的人才培养及科学研究基地。厦门大学海洋学科历史悠久，是我国海洋科学研究的发祥地。海洋学系成立于 1946 年，亚热带海洋研究所组建于 1978 年。半个多世纪以来先后培养了数以千计的海洋科学高级人才，其中不少已成为我国海洋科学界的学术带头人和国际海洋科学界的知名学者。厦门大学的环境科学研究起步亦早，20 世纪 50 年代起就陆续开展了海洋环境方面的研究，1982 年成立环境科学研究所，1992 年成立环境科学研究中心，1995 年厦门大学海洋环境科学教育部重点实验室成立，1996 年与厦门市政府共建成立了厦门海岸带可持续发展培训中心，2000 年厦门大学海洋环境科学福建省-教育部联合重点实验室成立，2000 年成立环境科学与工程系。

1996 年厦门大学海洋与环境学院的成立标志着厦门大学海洋科学与环境科学学科进入了一个崭新的腾飞发展时期。学院现有教职工 117 人，专任教师 77 人。其中副教授 29 人，教授 30 人，包括长江学者 1 人，博士生导师 13 人。目前在校生 506 人，其中本科生 345 人、硕士生 104 人、博士生 57 人、留学生 4 人、在站博士后研究人员 10 人。

厦门大学海洋与环境学院座落于厦门岛东南部美丽的环岛路旁，依山傍海，风光旖旎。目前，海洋与环境学院正充分发挥厦门大学多学科的综合优势，积极推动和促进相关的基础研究和应用技术的发展，力争使海洋科学与环境科学的教学与科研水平在国内处于领先水平，并逐渐接近国际先进水平。学院愿与有志于海洋与环境事业的

英才在厦门大学海洋与环境学院这方灵土上携手奋斗，共创辉煌。（白志毅）

厦门大学海洋与环境学院现任领导班子（2002年），党委书记：陈腾福，院长：袁东星，副院长：王桂忠、戴民汉、苏永全，党委副书记：沈小平、吴立武。

（1）本科生教育。厦门大学海洋与环境学院下设海洋系和环境科学与工程系，目前有海洋科学、海洋技术和环境科学3个专业。有物理海洋、海洋探测和遥测、海洋化学、海洋生物、海洋地质、环境科学6个方向及海洋生物学专业与厦大生物学系合办的国家教委生物学（含海洋生物学）理科人才培养基地班。

根据1990年7月国家教委在兰州召开的“全国高等教育工作座谈会”提出的保护理科，培养少量高层次、少而精、基础理论扎实、具有良好的科学素养、对科学研究有深厚功底的基础型人才；同时，又要求把大多数理科学生培养成在基础理论方面有优势，又能适应社会要求的理科应用型人才的精神，增设了环境科学与工程系，创海洋环境科学方面的特色和优势，对原有的海洋物理、海洋化学和海洋生物3个专业进行调整，对课程体系和教学内容进行了一系列的改革，将海洋化学和海洋生物调整为海洋科学专业中的2个方向另增加1个方向海洋地质，将海洋物理调整为海洋技术专业的海洋探测和遥测方向。为推进素质教育、提高教学质量、培养学生的创新能力，设立“环科学生科研奖励计划”，该计划为在校二至三年级本科生寒暑假短期科研课题资助。为了让学生跟踪学科新的发展点，实行了导师制。

这次的调整一是面对国家的发展形势，海洋与环境在社会和国民经济持续发展中的重要地位已确立，国家把建设海洋强国列入议事日程，因此国家和各沿海省份的地方政府都很重视海洋人才的培养，海洋教育的投入和规模也因此不断地增加和扩大。二是考虑到海洋学系作为我国海洋科学教育的发祥地，几十年来为国家培养了许多在国内外有较大影响的科学家和基础科学研究人才，学科在国内具有明显优势，特别是2002年海洋生物和海洋化学学科被评为国家重点学科。

（齐小周）

（2）硕士、博士研究生教育。该院现有在校研究生177人，其中硕士研究生106人（环科51人、海洋55人）、博士生研究生71人（环科46人、海洋25人）。2003年新招收研究生100名，其中：硕士研究生75名、博士研究生25名。

海洋科学1978年开始招收硕士研究生，1983年开始招收博士研究生，2000年被教育部授予博士学位授予一级学科点，2002年海洋生物学与海洋化学被国务院授予全国重点学科。物理海洋学专业从1983年开始招收硕士研究生。研究方向有：水声遥测遥控、河口近岸物理海洋学、环境动力学方向，2002年起开始招收博士研究生。海洋化学专业建于20世纪20年代，1978年开始招收研究生。1981年获硕士学位授予权，1984年获博士学位授予权，是海洋科学一级学科博士点授权单位，现为国家重点学科。研究方向：同位素海洋化学、海洋地球化学、海洋有机化学、极地环境与海洋科学、海洋环境化学。

海洋生物学专业创建于20世纪20年代，1981年获硕士学位、博士学位授予权。现为一级学科博士点授权单位、国家重点学科。主要研究方向：海洋浮游动物学、鱼类及鱼类生态学、鱼类生理学、海洋生态学、海洋底栖无脊椎动物学、海岸带综合管理。

海洋地质学专业从2002年开始招收硕士研究生，设有海洋地质环境和海洋天然气水合物应用研究两个方向海洋。

环境科学专业1993年获硕士学位授予权，1995年获博士学位授予权。研究方向有：海洋生物地球化学、环境资源与管理、环境生物化学与分子生物学、海洋微型生物生态及资源环境效应、分子生态学、环境化学、环境生态学、分子毒理学与分子生物学、近岸海洋环境科学、环境规划与管理、环境毒理学、污染物处理与资源化技术。

环境工程学专业2002年开始招收硕士研究生，2004年开始招收博士研究生。

（3）博士后流动站。1994年国务院批准建立厦门大学海洋科学博士后流动站，先后有19名博士进站工作，目前已有11名博士后出站。海洋科学博士后流动站接受相关专业的毕业的博士进站，开展海洋化学、海洋生物学、环境科学方面的研究工作。

（4）留学生教育。该院海洋学科（海洋生物专业）为国家教委委托接受国外留学生的开放专业。近年来，海洋学系、亚热带海洋研究所培养来自德国、墨西哥、印度、突尼斯、索马里、乌干达、几内亚、摩洛哥、朝鲜、巴基斯坦、澳大利亚、俄罗斯、日本等国家的留学生（包括进修生、本科生、硕士生和博士生）10余人。

（张红疆）

承担的科研项目

1）“锯缘青蟹大规模人工育苗技术”2002AA603013。项目来源：国家高技术研究发展计划（“863”计划）资源环境技术领域海洋生物技术主题；项目负责人：王桂忠教授；负责单位：厦门大学；起始时间：2002年10月至2005年10月。

锯缘青蟹(*Scylla serrata*)作为我国一种重要的海水养殖蟹类，其养殖效益好，养殖规模不断扩大.然而目前锯缘青蟹养殖的苗种主要依靠天然海捕，人工生产的蟹苗很少，苗种供不应求，苗种的缺乏阻碍了养蟹业的进一步发展。为此，国家高技术研究发展计划(863计划)立项“锯缘青蟹大规模人工育苗技术”(2002AA603013)进行研究，以解决锯缘青蟹养殖生产的苗种问题。

课题主要内容：

(1) 锯缘青蟹苗种工程产业化关键技术研究及大规模人工育苗。①完善“锯缘青蟹人工育苗技术路线”,经整合后提出锯缘青蟹苗种工程产业化的完整技术路线，开展规模化人工育苗和示范基地的建设；②研究锯缘青蟹后期蚤状幼体、大眼幼体和第一期仔蟹的营养需求，并研制这一阶段幼体的专用饵料，以提高这一时期幼体的变态存活率；③研究锯缘青蟹后期幼体和第一期仔蟹的行为生态，并研制出这一时期的专用培育设施，以减少同类相残，提高培育水体空间利用率和幼体的变态存活率。

(2) 种质改良研究。拟开展锯缘青蟹种间杂交和分子生物学标记技术的研究，对分布于我国的锯缘青蟹进行遗传改良，以提高其养殖效益，建立青蟹优良种质基地。

课题进展情况：自2002年12月份以来，课题组与福建省诏安县东翰实业有限公司联营,在原有水产育苗场的基础上进行改建和扩建。改建育苗水体1 500平方米，新扩建育苗池(含大眼幼体培育池)4 500平方米。2003年2月18日正式进入生产阶段，培育出大眼幼体和仔蟹多批。与此同时，课题组和福建华龙集团福州饲料总厂合作，进行青蟹后期幼体和仔蟹特殊饲料的研制,生产出了批量的特殊专用饵料，并进行了饲养试验。初步结果表明，研制的人工饵料具有良好的水中稳定性、诱食性，并能促进锯缘青蟹幼体正常蜕皮、生长和发育。

（艾春香）

2）东、黄海浮游动物关键种种群动力学和种群生产力研究（第8子课题）G1999043708。①东黄海浮游动物关键种中华哲水蚤种群地理分化研究；②东黄海中华哲水蚤种群休眠及复苏机制研究）。项目来源：国家重点基础研究发展计划（国家973项目）；项目负责人：林元烧教授；负责单位：农业部黄海水产所、厦门大学；起始时间：1999年10月至2004年9月。

中华哲水蚤是我国沿海重要浮游动物种类之一，其数量变动不仅与渔业的丰歉直接有关，对渔业结构也有间接的影响。中华哲水蚤是暖温带种类，其基本分布区在我国的黄海和南黄海海域。秋冬季，由于东北季风的影响，向南扩布至福建沿海和粤东沿岸。近10年来，台湾海峡调查研究结果表明，夏季台湾海峡底层水域尚匿栖有中华哲水蚤。这一现象提示我们，中华哲水蚤可能存在种群地理分化和休眠期。我国海域南北跨度大，不同海区、不同季节的主要环境要素不尽相同，在确定种群是否存在种群地理分化的基础上，进一步探索诱导产生生物种群地理分化的主要环境要素，探索生物适应环境的生理机制。此外，中华哲水蚤是否存在休眠卵或休眠期一直是没有解决的难题，也是影响其数量变动和种群补充的关键问题。开展浮游动物关键种种群分化和休眠机制的研究，对于了解浮游动物种群数量变动、种群补充机制，了解我国沿海近海渔业资源结构变化具有重大的实践意义。

(1) 东、黄海不同海域浮游动物关键种种群的地理分化研究。从比较形态学、染色体组型分析、同功酶技术、线粒体DNA序列分析技术，确定中华哲水蚤在黄东海的不同海域是否存在不同的地理种群。

(2) 东、黄海浮游动物关键种休眠和复苏的生理机制研究。采用生态学方法、酶活力研究法、呼吸代谢强度测定法和超微结构研究法来确定其是否存在休眠卵或休眠期，查明启动和终止休眠期的条件，或产生休眠卵和萌发的条件。

（林元烧）

3）中国近海有害赤潮发生的生态学、海洋学机制研究（第4子课）2002G0623230。项目来源：国家重点基础研究发展计划（国家973项目）；项目负责人：洪华生教授；负责单位：厦门大学、暨南大学；起始时间：2002年至2005年。

洪华生教授与暨南大学吕颂辉博士共同主持的国家重大基础研究项目“中国近海有害赤潮发生的生态学、海洋学机制研究”第四子课题“我国典型赤潮高发区重要赤潮生物对营养物质的生理生态反应”，2002年度完成了两个航次的现场调查和围隔加富试验，同时开展了大量的实验生态工作，主要结果如下：①收集和整理了项目选定的4个目标赤潮生物的背景资料，特别是它们的营养生理方面的资料，以及东海长江口水域的资料，并进行了初步分析，在此基础上设计和建立了相关实验方案；②对目标赤潮藻种进行了收集和培养，建立了硝酸还原酶和碱性磷酸酶活性及赤潮藻细胞活性的测定方法；③初步研究了中国东海主要赤潮种具齿原甲藻（*Prorocentrum dentatum*）氮吸收的酶动力学。具齿原甲藻硝酸还原酶活力（$\mu MNO_2^{-1}/L$）在培养的第三天达到最大值（$3.1\mu MNO_2^{-1}/L$），而此时培养液中亚硝氮浓度则减至最低值，后浓度迅速增加，表明细胞内氮代谢活跃，大量的硝氮被还原为亚硝氮并分泌至胞外。培养液中硝氮的浓度随培养时间的延长而减少，后维持一相对稳定的低值；④比较研究了赤潮藻和非赤潮藻氮吸收的酶动力学，及现场围隔加富条件下碱性磷酸酶活性的变动。三种微藻，杜氏盐生藻（*Dunaliella salina*）、威氏海链藻（*Thalassiosira* spp）和具齿原甲藻的氮营养盐的吸收和硝酸还原酶活力的变化存在一定的差异：杜氏盐生藻培养中的硝氮浓度在培养前两天急剧降低，后缓慢减少，而威氏海链藻和具齿原甲藻培养液中硝氮浓度随培养时间缓慢减少；杜氏盐生藻和威氏海链藻亚硝氮浓度的变化比较一致，随培养时间而逐渐增加，而具齿原甲藻培养液中亚硝氮浓度在生长前期逐渐减少，至第三天达最低值，后浓度迅速增加，反映了不同的营养盐吸收机制。三种藻类硝酸还原酶活力的变化差异明显，杜氏盐生藻和威氏海链藻的硝酸还原酶活力在培养一天后即达到最大值，后前者的酶活力逐渐降低，后者则表现出波动现象。具齿原甲藻硝酸还原酶活力则随培养时间而增加，至第三天达到最大值，后逐渐减少。本研究结果初步表明，具齿原甲藻氮营养的吸收和同化机制不同于杜氏盐生藻和威氏海链藻，这可能是由其酶的特异性造成的，现正在进一步深入研究中；⑤现场围隔加富实验的结果表明，碱性磷酸酶活性与培养介质中的磷呈负相关，其活力常在最大浮游植物生物量出现后不久达到最大值。初步结果还表明，藻类能够吸收溶解有机磷化合物并用于生长，溶解无机磷和溶解有机磷的营养价值基本相似。

（洪华生）

4）九龙江流域农业非点源污染控制研究。项目来源：福建省科技厅，福建省“十五”重大科技攻关项目（2002H009）；项目负责人：洪华生教授、张珞平教授；负责单位：厦门大学；起始时间：2002年8月至2004年12月。

该项目旨在：①通过遴选多个典型小流域及适宜的非点源计算模型，借助小区试验及水质监测数据验证模型的有效性；通过模型尺度转换，对全流域非点源污染负荷做定量研究，估算九龙江全流域的非点源污染的来源和贡献；②以汇水区为单位收集有关资料和流域的土地利用、土壤等资料，应用3S技术，利用GIS建立流域的资料库、空间数据库以及流域的数字高程模型（DEM），结合全流域非点源污染负荷定量模型，建立具有准实时、动态反映整个九龙江流域非点源污染输出量的空间信息系统；③结合管理措施的小区试验研究，提出整个流域的农业非点源控制规划和最佳管理措施（BMPs）；针对不同地形、植被、耕作状态和不同类型污染源提出相应的最佳控制措施方案。

课题拟完成的研究成果为：提交“九龙江流域农业非点源污染控制”研究报告，包括可为政府管理决策提供科学依据的流域非点源定量输出模型和最佳管理措施方案；提交“九龙江流域农业非点源污染信息系统软件”，为流域的综合管理和非点源污染控制提供技术支撑系统。

该课题创新点体现在以下方面：

（1）流域尺度的非点源污染物来源和贡献的定量化；

（2）同位素示踪法研究流域污染物的迁移转化机理；

(3) 环境经济学和环境工程相结合方法得出最佳控制措施方案；

(4) 构建基于3S的全流域非点源污染信息系统。

2002年已开展九龙江五小川径流小区试验，初步进行了模型验证。2003年重点进行基础资料收集，建立九龙江流域农业非点源污染信息系统；遴选典型小流域，进行采样、样品分析和模型验证；初步进行 BMPs 的前期工作。2004 年计划将2003年的成果转换至支流流域，进一步验证非点源输出模型；完善非点源污染信息系统，建立BMPs方案，并对其进行环境经济学分析；最终建立全流域非点源污染预测模型和最佳管理措施方案。

（张珞平）

5) 东、黄海的初级生产，异养微生物二次生产以及微型生物生态过程研究(G1999043706)。项目来源：国家重点基础研究发展计划（国家“973”项目）；项目负责人：黄邦钦教授；负责单位：中科院海洋所、厦门大学；起始时间：1999～2004年。

黄邦钦教授与中科院海洋所共同主持973计划“东、黄海生态系统动力学及生物资源可持续利用”的第六课题，在2000年和2001年分别完成3个航次的基础上，2002年9月参加了由“东方红2号”执行的专题调查，研究的内容包括叶绿素分粒级、细菌生理状态，微型浮游生物、微微型浮游植物、病毒样品的采集，E2，E6站初级生产力、微食物环碳流和微微型浮游植物生长速率的测定。在P3、E6、E2站应用稀释法测定了浮游动物对浮游植物的摄食压力，并在不同营养类型的海域（E6、P10、E2站）进行了营养盐的加富实验，研究不同营养盐对微型浮游植物的响应。在代表外海、陆架、近海不同海区类型的站点进行了光合色素和遗传多样性样品的采集，现场数据尚在分析整理之中。同时按计划对2000年11月航次和2001年4月航次采集的样品（水样）微微型浮游植物、鞭毛虫、微型硅藻进行分析，现已完成大部分样品的分析工作。探索利用库尔特颗粒计数器和DNA倍性仪等新研究手段结合显微镜分析研究鞭毛虫的快速计数方法；开展鞭毛虫摄食细菌的实验生态学研究。

研究工作的主要进展如下：

研究东、黄海微型和微微型浮游植物生物量的时空分布及其影响因子。结果表明：南黄海和东海浮游植物各粒级生物量（Chla）均呈初春大于秋季；在粒级结构方面，调查海域总体上以微型浮游植物占优势，春秋季平均分别占58%和70%，从两海域的季节变化来看，南黄海的变化较小，而东海则较大，如微型在初春仅占47%，而秋季高达73%。秋季，调查海域浮游植物三个类群生物量分布格局存在较大差异，微微型浮游植物主要分布在调查海域的中部，中心区的生物量高达0.33～0.35毫克/米^3(C5，A5测站)，微型浮游植物的分布则较为均匀，近岸测站的微型浮游植物生物量略高一些，尤其是靠近长江口的X4测站(高达0.63毫克/米^3)；小型浮游植物分布格局与微型相类似，在近岸一侧海域生物量较高，上述分布格局显示微微型的空间分布与小型和微型存在明显的差异。黄海中部黄海冷水团（>38米）和上层(<30米)不论在总生物量、各粒级生物量和粒级结构上均呈显著的差异，这种差异与上下层水团性质(温度、营养盐等)有关。东海陆架区域（E7测站，黑潮边缘）盐跃层上下浮游植物分粒级生物量存在显著的差异，盐跃层之上各粒级和总生物量均明显高于盐跃层之下，在粒级结构方面，虽然上下水层均以微型浮游植物占优势，但盐跃层以下优势度更高（达76%），在微微型和小型方面，上层均大于下层；实测数据表明该测站表、底层理化参数存在较大的差异。

研究东黄海微型硅藻的种类组成、优势种和数量分布特征。结果表明：2000年秋季样品中共鉴定到隶属于16个属的36个种和3个未鉴定种，优势种是乳突弧眼藻（*Arcocellulus mammifer* Hasle）和三眼小盘藻[*Minidiscus trioculatus* (F.J.R.)Hasle]，其中乳突弧眼藻最高密度达到5.4×10^{3}细胞/升；2001年春季样品中共鉴定到隶属于15个属的53个种和新记录种以及10个未鉴定种，优势种是三眼小盘藻[*Minidiscus trioculatus*(F.J.R.) Hasle]、微小小环藻（*Cyclotella caspia* Grunow）、极小海链藻(*Thalassiosira minima* Gaarder)和中肋骨条藻（*Skeletonema costatum* Cleve），其中中肋骨条藻最大密度达到3.0×10^{4}细胞/升。发现微型硅藻（<20μm=细胞密度明显大于小型硅藻（>20μm）细胞密度，占硅藻细胞总数的50%～96.4%。发现了我国首次记录的4种微型硅藻：大洋海链藻

(*Thalassiosira oceanica* Hasle)、英国舟形藻(*Navicula britannica* Hustedt et Aleem)、李氏菱形藻(*Nitzschia leehyi* Fryxell)和印度针杆藻(*Synedra indica* Taylor)。

研究鞭毛虫的数量分布及其与其他微型生物的关系。调查发现初夏黄海中部和北部海洋鞭毛虫的丰度为45～1 278个/毫升，平均为479个/毫升；从水平方向上看，黄海中部高于北部，鞭毛虫的丰度随离岸距离增加而递减，近岸水域的数量最高，与等温线的分布比较吻合；在垂直分布上，鞭毛虫的个体密度高峰大多位于温跃层下部，在黄海冷水团中心区域有一高密度区。分析了影响鞭毛虫分布的主要因素，发现温度(尤其是温跃层的存在)对鞭毛虫的分布影响比盐度明显，异养细菌、蓝细菌、甲藻和纤毛虫等鞭毛虫的食物和捕食者对鞭毛虫的分布也有重要影响，异养细菌:蓝细菌:鞭毛虫:甲藻:纤毛虫为$10^5:10^3:10^2:10^1:10^0$，表明这些微型生物之间存在着比较稳定的食物联系。(黄邦钦)

科研获奖成果

(1) 海洋初级生产力结构、新生产力及微型生物生产过程与机制。获奖类别：2002年国家海洋局海洋科技创新奖二等奖。项目完成人：焦念志、王荣、朱明远、杨燕辉等，完成单位：中国科学院海洋研究所、厦门大学、国家海洋局第一海洋研究所。

生态平衡和气候变化是当今世界上最引人注目的与人类生存发展密切相关的两大主题，而海洋在调节气候和维持生态平衡中起着关键作用。这种调控机制主要在于海洋生物的生命活动与生产过程，其中最关键、最基本的环节是微型生物的生产过程。这是因为微型生物生态过程是生物圈、水圈、大气圈的基本联系，是生物和其环境理化因子相互作用的主要联系，是调节营养要素和其它物质循环的主要因素。并且，近20余年来，由于研究的深入和分析技术条件的改进，人们逐渐认识到海洋生态系统生产过程中的优势类群正是微型生物，而不是大型生物。对于微型生物生产过程的初步了解已使人们对海洋生态系统中能流分配途径、食物网结构有了新认识，进一步的系统知识将是海洋生态系统建模，估计海洋生物资源的合理开发利用，估计海洋对全球气候变化和局部环境变化的作用等的基础参数。

本项目抓住微型生物生产的关键，以生源物质循环作为研究的关键和联系复杂微型生物生态过程的主线，研究涉及微型生物的营养吸收、初级生产力的结构和动态、初级产品的结构和动态、不同类群的微型生物包括以往研究生产过程所常常被忽视的异养细菌在营养元素循环中的不同作用、新生产力的比例和动态等从营养物质吸收到输出的关键生态过程和重要生态问题，深入系统地探讨了微型生物在生态系统中的结构和功能。首创了IMS测定海洋新生产力的方法，提出了海洋初级生产力结构的概念，并在新生产力研究、现场PDOC、现场微生物二次生产力、现场N吸收动力学、吸收再生通量研究等方面取得了一系列系统的研究成果，对于海洋生态系统能流分配、微生物环建模、可再生生物资源估计、环境检测以及海洋对全球气候变化调节能力的估计等均具有重要的参考价值，在技术方法与研究基础上为JGOFS、LOICZ、GLOBEC、LMEs等大型国际研究计划在我国的顺利实施做了准备，对于学科发展也具有推动意义。(杨燕辉)

(2) 南沙海域核素分布规律的研究。获奖类别：2002年福建省科技进步二等奖；项目完成人：黄奕普、陈敏等；完成单位：厦门大学。

(3) 大黄鱼养殖病害防治技术研究。获奖类别：2002年厦门市科技进步二等奖(副省级)；项目完成人：苏永全、王军等；完成单位：厦门大学。

(王桂忠)

【大连理工大学】 大连理工大学成立于1949年4月，时为大连大学工学院；1950年7月大连工学院独立；1960年成为全国重点大学；1986年设立研究生院；1988年更名为大连理工大学；1995年起由教育部与辽宁省、大连市共同建设；1996年1月通过“211工程”部门预审，并获中央专项资金支持；2001年5月通过“九五”“211工程”建设验收；2002年10月通过“十五”“211工程”建设可行性论证，学校现任党委书记是林安西教授，现任校长是中国科学院院士程耿东教授。

学校有9个国家重点海洋学科：港口海岸及近海工程、船舶与海洋结构物设计制造。有1个国家重点实验室：海岸及近海工程国家重点实验室：港口、海岸和近海工程学科点是国家重点学科，并建立了海岸与近海工程国家重点实验室。设有博士后流动站。在非线性波浪对深水海工建筑物作用的研究方面达到国内领先水平，部分达到国际先进水平；在海洋土的工程特性和本构模型、现代海洋地基设计理论等海洋土力学的基础性研究中达到国内领先水平，部分达到国际先进水平；在冰区溢油研究上达到国内领先水平，部分达到国际先进水平；在海洋环境研究上达到国内领先水平，部分达到国际先进水平。解决一批我国港口、海岸和近海工程、交通、能源、环保等领域的重大工程建设项目中的关键技术问题。实验室 1997 年至 2002 年共获得国家级与省部级奖 32 项，其中国家科技进步奖一等奖 1 项；国家科技进步奖二等奖 3 项；国家科技进步奖三等奖 5 项；省部委科技进步奖一等奖 4 项；省部委科技进步奖二等奖 11 项；省部委科技进步奖三等奖 8 项。16 项成果已被我国有关工程规范采用。出版学术专著 17 部；在国际学期刊、国际学术会议上发表论文 188 篇；国内核心期刊论文 503 篇。

涉海重点项目完成及进展情况：

1) 极平缓海滩上波浪浅化。由大连理工大学海岸和近海工程国家重点实验室李玉成教授主持完成的“极平缓海滩上海浪浅化”（国家自然科学基金资助项目 49876026 及交通部规范项目）研究成果于 2002 年 4 月 27～28 日通过了国家教育部科学技术成果鉴定。

该项目通过试验和边界元方法及 Cokelet 高阶理论的数值模拟分析，获得了极缓坡上规则波的和不规则波的破碎指标，提出用缓坡上波峰垂直轴两侧不对称性分析波浪破碎影响，成功地阐明了国际上合田与 Nelson 关于破碎指标的分歧，在机制分析和理论计算上取得明显进展。提出等效摩阻系数新概念，用宾汉模型计算波浪底部损耗，得到等效摩阻系数的变化范围，在工程应用上有很好的发展前景。提出了极平缓岸坡上规则波浅化计算的边界元方法和不规则波浅化分析的时域与频域交替计算的理论及方法，其计算结果通过实验及现场观测资料的验证，符合良好，在理论上有创新，并为工程应用提供了科学依据。本项成果已在大连港大窑湾防波堤等五项工程中得到应用，取得良好的经济与社会效益。

鉴定专家组认为，本项研究思路新颖、理论推导严谨；实验分析细致、有现场资料验证；结论明确、概念清楚、在学术和应用上均有重要意义。研究成果在理论上有所突破，完善了国际常用的波浪破碎指标，在国内外首次提出了极平缓海滩上海浪浅化的理论分析及计算方法，总体上达到了国际先进水平。

2) 非冻结合成模型冰物理模拟海冰对结构物的作用。由大连理工大学海岸和近海工程国家重点实验室王永学教授主持完成的国家杰出青年基金项目“非冻结合成模型冰物理模拟海冰对结构物的作用”于 2002 年 11 月 5 日通过教育部组织的鉴定。经鉴定委员会认真评审通过该成果的鉴定，一致认为该研究成果达到了国际先进水平。

本项目针对有冰海域进行海上工程建设所涉及的海冰问题，研制出一种具有我国自主知识产权的接近目标值的非冻结可破碎合成模型冰 DUT-1 及相应的冰物理模拟实验技术。直立桩柱及正倒锥体结构物静冰力物模试验表明，试验结果与理论结果符合良好，检验了 DUT-1 模型冰整体试验技术的合理性与可靠性。通过物模试验获得了海冰在波浪作用下的断裂过程、海冰在建筑物前的爬升与堆积过程的基本物理特性，得到了海冰断裂、堆积过程的规律及其破坏机理的认识。首次提出了半圆型防波堤冰荷载的计算方法，是一项创新成果；填补了在结冰海区计算半圆型防波堤上冰压力计算方法的空白。

本项研究成果在非冻结合成模型冰制备和试验技术上有突破和创新，试验测试工作充分且细致，试验资料翔实可靠，结果表达清晰。在有冰海域海洋工程中有良好的推广应用价值，对冰力学的理论发展具有较大贡献。

3) 多向不规则波作用下斜坡式建筑物护面块体稳定重量计算方法。由大连理工大学土木水利学院海岸和近海工程国家重点实验室俞聿修教授主持完成的“多向不规则波作用下斜坡式建筑物护面块体稳定重量计算方法”项目近日通过教育部组织的科技成果鉴定。

该项目对国内常用的四种斜坡式防波堤护面块体，即扭工字块体、钩连块体、四脚空心方块和抛填块石等在斜向和多向不规则波作用下的稳定性进行了系统的试验研究，在研究中考虑了频谱形状和波能方向分布的影响，给出了计算护面块体稳定重量的方法。由于多向不规则波浪现象比较复杂，试验费用比较昂贵，因此对于三维不规则波作用下斜坡式建筑物护面块体的稳定重量，迄今仅得到少量的研究，相关文献亦很少。

国外的研究多限于单向波浪的试验研究，而在国内，至今仍未见到有关斜向波和多向不规则波对斜坡堤作用的研究报道，因此开展该课题的研究，填补了国内外相关研究的空白。

鉴定委员会经认真评审后认为，该项目系统地研究了多种护面块体在多向不规则波作用下的稳定性，这在国内外尚属首次，专题研究总体上达到国际先进水平，研究成果具有重要的实用价值，建议在此成果的基础上通过与实际工程对比分析后，使其纳入《防波堤设计与施工规范》。

4）新时期海洋高科技中的水波动力学问题研究。由海岸和近海工程国家重点实验室滕斌教授负责的国家自然科学基金重点项目“新时期海洋高科技中的水波动力学问题研究”于2002年3月16日以综合评价为A的成绩通过了国家基金委数理学部组织的结题验收。

该课题针对有关海洋水波动力学问题开展了深入细致的研究，采用理论分析、数值模拟和实验室物理模拟相结合的方法，在近岸区的波浪折射和绕射、波浪破碎后长周期波浪和沿岸流的形成、结构物基床的冲刷和稳定、波浪与低反射透空结构物的作用、波浪与超大型浮体的相互作用、波浪与深水结构物的非线性相互作用等方面进行了研究，并取得了重要的研究成果，提出了一些创造性的数值计算模型和方法。这些研究成果为工程的实际设计提供了一定的理论依据。在研究过程中，共发表论文70余篇，其中在国际学术杂志上发表论文8篇。课题组成员先后同澳大利亚、日本、比利时、韩国以及香港特别行政区的同行开展了广泛的学术交流和合作研究。培养博士生7名、硕士生6名，形成了一支较高水平的年青研究队伍。

5）河冰和海冰生消、危害及其防护问题研究。由大连理工大学工业装备结构分析国家重点实验室岳前进教授主持的国家自然科学基金重点项目“河冰和海冰生消、危害及其防护问题研究”，经过四年的研究，于2002年5月21日通过了国家自然科学基金委员会组织的验收。

（1）在河冰问题研究中，取得了以下主要成果：①在流冰、封河预报中，对热力学计算方法进行了改进，使计算精度显著提高；首次从理论上提出了不完全封冻时的综合糙率计算公式，并进行了室内验证，根据河曲实测冰塞资料，研究了冰盖底面糙率的变化趋势。②在防凌研究中进行了冬季水库泄放水量的定量计算，研制了水库防凌调度模型。③进行了冰塞和冰坝形成机理的研究，建立了考虑河道非恒定流、气象、水温等综合因素的冰塞数学模型，该模型可以模拟冰塞的形成发展过程，计算结果与实测值有较好的一致性。

（2）在海冰问题研究中，取得了以下主要成果：①建立了全方位的海冰监测和冰力测量系统，为海冰生消规律和冰荷载研究提供了条件。②深入研究了渤海海冰的热力动力学特征，研制了局地海冰数值预测的工程应用系统，并已应用于冰期油气开发的海冰管理项目中，提高了平台冬季生产作业的安全性。③系统地研究了冰与结构相互作用问题。提出了冰致结构自激振动机理并建立了力学模型，建立了导管架锥体平台完善的冰力函数与冰力谱。该项成果已经应用于现役平台结构的抗冰振性能改造和疲劳分析中。

（3）项目完成了研究计划中的各项内容，取得了突出的研究成果。部分研究成果已经在工程中得到了应用，取得了明显的经济效益与社会效益。该项目在国内外期刊上发表学术论文31篇，其中SCI收录1篇、EI收录2篇，通过两项专家鉴定。开展了广泛的国际交流与合作，其中有多位国外学者来华进行学术合作研究。该项目研究促成了欧共体资助的中-欧合作基金项目，并进入了国家“863”重大专项课题。该项目吸收了多名青年学者投入到冰工程研究中，推动了我国冰工程研究的学科发展。专家一致同意验收。对该项目综合评价为A。

6）工程结构生命全过程可靠度研究。由海岸和近海工程国家重点实验室结构实验分室赵国藩院士主持完成的国家自然科学基金项目“工程结构生命全过程可靠度研究”于2002年12月初通过教育部组织的鉴定。鉴定委员会专家经过认真审查，一致通过该项目鉴定，并达成如下鉴定结论：

该课题的提出具有重要的理论应用价值，传统的结构可靠度研究重点在结构的使用阶段（壮年期），而近年的工程调查表明，对于最为常用的钢筋混凝土结构，由于构件拆模时尚未达到设计强度，荷载多而复杂，大部分的结构倒塌事故发生在施工阶段（幼年期）；当结构使用若干年后（老化期），由于外界环境的物理、化学作用，结构承载力不断减小，破坏的风险增大，需要花费较多的维修、加固费用。因此，本课题提出从“工程结构生命全过程”来考虑结构的设计和分析具有十分重要的应用价值。鉴定专家认为该项目的主要创新点在于：①提出了施工期抗力的时变概率模型和施工期可靠度分析方法；②提出了与规范方法协调的老化期时变可靠度分析方法和基于可靠度的结构剩余寿命评估方法；③提出了结构耐久性评估的模糊生存分析方法和随机荷载下老化结构变形和可靠度的分析方法；④相对于使结构使用阶段呈现高风险性的地震作用，提出了结构柱变形能力的可靠度分析方法。三年来，课题组取得了丰硕的研究成果，出版专著1部，公开发表论文30余篇，研究成果在国内其他单位的研究项目和工程实践中得到应用。鉴定委员会一致认为该项目所取得的成果理论上具有创新性，应用上具有普遍性，分析结果可信。

7) 海冰对结构物作用的理论试验研究。由大连理工大学海岸和近海工程国家重点实验室主任王永学教授、李志军教授主持的教育部2002年聘请外国专家项目“海冰对结构物作用的理论试验研究”已经结束。该项目聘请的美国寒区工程实验室研究员Devinder S. Sodhi博士于2002年9月14日至12月25日在海岸和近海工程国家重点实验室进行合作研究工作。Sodhi博士是国际上冰力学领域享有盛誉的学者，在海岸和近海工程国家重点实验室进行合作研究工作期间，同王永学教授、李志军教授等多次研讨了冰力学有关问题、DUT-1非冻结模型冰用于冰与结构动力相互作用研究的试验技术、今后冰力学理论与试验研究的发展趋势与国际前沿研究动态；完成了一部研究报告《Crushing Ice Forces on Structures》；在大连理工大学举行的International Workshop on Ice-Structure Interaction会上作了题为“Crushing failure during ice-structure interaction”的学术报告；同实验室的教师一起考察了丹东大洋河现场，对大洋河桥墩冬季现场的冰观测方法、拟新建大桥桥墩冰荷载研究与抗冰设计进行了讨论；三次给土木水利学院的本科生讲授英语课程，并与学生在课堂及课后讨论了多个专题。开展此项合作研究工作，对我国冰物理模拟技术的发展、平台冰激振动机理的认识、河口地区桥墩冰荷载的计算方法、现场天然冰中尺度冰脆性破碎的冰力分布等有所贡献。从长远看，对推动我国冰力学研究达到国际前沿水平有着重要的意义。

8) 大型液压伺服混凝土静动三轴试验机。由大连理工大学海岸和近海工程国家重点实验室李木国教授负责研制的“大型液压伺服静动三轴试验机”于2002年11月5日通过教育部组织鉴定。鉴定委员会一致认为该项目鉴定资料完整，数据可信，试验机的各项技术性能均达到了预期的目标，研究成果整体上达到国际先进水平。

大型液压伺服静动三轴试验机系统，3个垂直方向都设有独立的液压伺服作动器、承力架和供油管路，并配有相应的液压伺服控制器，由计算机通过D/A接口按试验要求发出控制信号，完成任意组合的二轴或三轴应力状态试验。该大型液压伺服静动三轴试验机系统的研制属国内首次，它的研制成功，结束了我国同类设备只能靠国外引进的历史，使我国的混凝土多轴疲劳的研究水平达到了世界的前列，通过混凝土的二维或三维结构中的压应力或拉应力，动态疲劳试验得到一个准确、合理的混凝土本构关系，研究成果可直接为我国的建筑、桥梁、水工、河港、核电站、高大水坝、海洋平台等各个领域工程建设服务。

海岸与近海工程国家重点实验室 海岸和近海工程国家重点实验室于1986年由国家计委批准筹建，1990年通过国家验收后被批准对国内外开放，1994年与1997年两次通过了国家计委委托国家自然科学基金委组织的评估。现任实验室主任王永学教授，实验室学术委员会主任由中国科学院院士，著名海岸工程专家邱大洪院士担任。

实验室下设有3个分实验室；水动力学实验室，结构实验室及抗震实验室。现有水利工程、土木工程两个一级学科博士点和博士后流动站，其中港口、海岸和近海工程二级学科为国家重点学科和“211工程”建设重点学科。实验室研究与技术人员近40人，其中两院院士3人，长江学者奖励计划特聘教授4人，国家杰出青年基金获得者5人，入选教育部跨世纪人才培养计划3人。

实验室拥有可模拟产生海浪、海流和潮汐等综合作用的多功能水池；大波流水槽；浑水水槽；溢油水槽；海洋环境水槽；电液伺服结构疲劳试验系统；二维水下地震模拟系统；大型高精度静动三轴仪；土工静力-动力液压三轴-扭转多功能剪切仪；基于 PIV&LIF 的流速场、浓度场同步测试系统等。

研究方向：实验室站在学科研究的前沿，面向经济建设的实际，既重视学科本身的发展，也重视面向国家经济建设中重大技术问题的研究。当前为适应我国港口与近海油气工程的大规模发展，海岸带开发与环境保护以及海洋污染治理等的需求，确立了下述五个研究方向：①浪、流、冰、风等动力因素对建筑物及海岸泥沙的作用；②海岸和近海环境（污染和灾害）的动态分析和保护的研究；③海岸和近海工程结构的分析，设计与材料研究；④海岸和近海工程结构的抗震研究；⑤海岸和近海工程数值模拟试验与可视化的研究。

研究成果：实验室在海浪方向谱的观测与分析、波浪谱在缓坡上的变形及破碎、近海结构物上的非线性波浪力、波浪在多孔介质内的渗流运动、近海水域水质污染与控制精确预报系统、海岸工程新型结构型式、海冰对结构物的作用、混凝土静态及动态断裂特性、钢纤维混凝土增强机理及其结构设计理论、混凝土多轴疲劳破坏准则、非连续变形计算力学与非线性海床动力学理论及其应用、海底管线的地震破坏机理和振动控制等应用基础性研究方面取得了许多重要研究成果。

1997～2002 年实验室共承担各类科研项目（不含实验室开放课题）360 项，其中：2 项国家攀登计划 B 课题；2 项“863”计划子课题；7 项国家攻关课题；5 项国家杰出青年基金；37 项国家自然科学基金课题（包括 1 项“九五”第二批重大项目子课题与 5 项重点基金），3 项教育部跨世纪优秀人才培养计划基金；55 项国家教育部及其他省部委基金课题，176 项国家经济建设中的工程技术课题，13 项国际及港台地区合作研究课题。

实验室 1997～2002 年共获得国家级与省部级奖 32 项，其中国家科技进步奖一等奖 1 项；国家科技进步奖二等奖 3 项；国家科技进步奖三等奖 5 项；省部委科技进步奖一等奖 4 项；省部委科技进步奖二等奖 11 项；省部委科技进步奖三等奖 8 项。16 项成果已被我国有关工程规范采用。出版学术专著 17 部；在国际学术期刊、国际学术会议上发表论文 188 篇；国内核心期刊论文 503 篇。

实验室面向国家经济建设的主战场，发挥其人才与设备优势解决了许多国家大型工程中的技术问题。诸如：大连港大窑湾港区整体模型试验，大窑湾港码头前沿铺面裂缝问题研究，大连 30 万吨原油码头工程物理模型实验，黄骅港一期工程整体模型试验，烟大铁路轮渡港口工程可行性研究模型试验，洋山港区一期工程船舶系靠泊模型试验，上海宝钢马迹山港码头系泊船只泊稳模型试验，上海石化海堤工程断面模型试验，广东岭澳核电站海域工程地连墙结构防波堤及取排水交叉口结构抗震试验与分析，连云港核电站隧洞取水方案拦沙防波堤断面模型试验、水工结构抗震试验及边墙工程土工试验，辽河油田浅海抗冰坐底混凝土平台可行性研究等。

对外开放、学术交流与人才培养：

1997～2002 年实验室设立开放基金资助课题 46 项；执行教育部国家重点实验室访问学者计划 7 项；举办与承办国际、国内学术会议 11 次；邀请来室讲学与合作研究的国内外专家 65 人次；实验室累计派到国外及香港特别行政区和台湾省讲学、合作研究及参加国际学术会议 153 人次。实验室现与美国、英国、比利时、日本、澳大利亚等国家在海洋环境、海底管线、激光流场测试技术、结构抗震等方面开展了高层次的合作研究工作。

1997～2002 年出站博士后研究人员 19 人，毕业博士研究生 79 人；毕业硕士研究生 139 人。现有在站博士后 15 人，在读博士研究生 154 人，在读硕士研究生 160 人。

（大连理工大学 韩丽洁）

【大连水产学院】 大连水产学院的前身是创建于 1952 年的东北水产技术学校，学校的办学规模不断扩大，逐步形成了从职业技术专科教育到本科教育、研究生教育和留学生等多层次、多规模、多渠道的人才培养体系。目前设有水产养殖系、海洋渔业系、机械工程系、电子与信息工程系、经济管理系等 6 个专业系和商务信息学院、职业技术学院、成人教育学院等 4 个二级学院，拥有 5 个硕士点，18 个本科专业和 24 个高职专业。现有各类学生 7 000 余人，教职工 840 人，其中专职教师 385 人，教授、副教授等高职人员比例达 48%。

学校的办学实力显著增强。拥有一支治学严谨、积极向上的师资队伍，其年龄结构、学历结构和职称结构有了明显改善，2002 年又有 9 位青年学者晋升为教授，一批年轻的学科带头人、学术带头人和学术骨干组建的学术梯队日趋成熟，正在发挥越来越重要的作用。学校拥有较完善的教学和科研设施，设有农业部海洋水产增养殖生态学重点开放实验室、水产养殖研究所、食品工程研究所、渔业工程技术研究所、渔业经济与社会发展研究所及13个综合实验室，拥有海珍品育苗基地等20余个校内外实习基地；近几年学校基本建设累计投入6 000余万元，增加建筑面积近5万平方米，新建1.3万平方米的现代化图书馆，将是我国东北地区水产科技发展的信息与服务中心；学校拥有现代教育技术与网络中心，建有宽带校园网，校园西山后面开发的大学生公寓今年年底投入使用，可逐年接纳学生至7 000人。学校在扩大规模的同时，注意提高教学质量。采取引进招聘、培养提高等措施加强师资队伍建设；大力推行教学改革，合理配置教学资源；加强教学过程管理，通过推行学分制、奖学金制、主辅修制及基础专业分段强化的模式，培养学生的创新精神，促进学生综合素质的提高和个性发展。1998年，学校以优异成绩顺利通过教育部本科教学合格评价，养殖系刘焕亮教授等完成的“充分发挥多学科协作优势，建设具有自己特色的淡水渔业教学体系”1993年获国家级优秀教学成果一等奖，教改项目“水产养殖专业教学内容课程体系及人才培养模式的研究等实践”2000年获省优秀教学成果一等奖，获国家级优教学成果二等奖。

学校的科技工作取得较大进步。1978年以来，学校共承担市级以上科研项目近200项，有60余项科研成果获国家、部(省)、市级科技成果奖，学校承担的“863”计划海洋生物技术项目——“鲍多倍体育种技术研究”于1997年被列为“863”海洋生物重大项目，2000年经国家863-819主题办验收，其研究达到国际先进水平，具有良好的推广和应用前景。学校坚持把为区域经济和我国渔业发展服务作为义不容辞的责任，作为学校发展和振兴的重要途径。重点沿辽东半岛黄渤两海建立了多个结合点，先后与辽渔集团、锦州市、葫芦岛市、东港市、长海县人民政府等地方政府和企业建立了合作共建关系，通过发挥人才和科技优势，向社会广伸触角，多层面、多方位地加强与社会的联系。主动为区域经济服务，以贡献求共建，以共建促发展，提高了学校的知名度和社会对学校的信任度，增强了学校的办学活力。

学校利用沿海改革开放政策的优势，先后与美国、日本、俄罗斯、澳大利亚等国家的10余所大学建立了姊妹学校关系并签署了学校交流协议。学校每年邀请一批外国专家、教授来校讲学和进行学术交流，并邀请一些国外知名专家为客座或兼职教授，来校进行合作研究。同时学校也分期分批派出教师、学生去国外进修学习。学校每年向澳大利亚海洋学院、日本东京水产大学、加拿大英皇学院、俄罗斯加里宁格勒大学、俄罗斯远东水产大学派遣一定数量的留学生，并享有免收学费待遇。

面对新的世纪，海洋已成为人类社会可持续发展的巨大财富源泉。21世纪是海洋的世纪，谁拥有了海洋开发的科学与技术，谁就拥有了海洋开发的优先权，谁就拥有了希望。我国目前的渔业总产量连续排名世界第一，但人均占有水产品的数量还相当落后。要将我们这样一个渔业大国建设成为渔业强国，尚须作出更大的努力，科教兴渔是关键。我校作为一所以海洋水产学科为特色的高等水产院校，肩有为水产业可持续发展提供重要理论和技术支持，培养大量的各层次专门人才的义不容辞责任。为此学校制定了近期和远景规划，预计到2006年，将使学校的在校生规模发展到1.3万人，其中本科8 000人，研究生400人左右；使学校的本科专业增加到30个左右，硕士点增加到15个左右，并将拥有博士点。目前，学校广大师生员工正以饱满的精神，进一步解放思想，抢抓机遇，乘势而上，立足辽宁，辐射“三北”，在国家、辽宁省、大连市各界的支持下，经过不懈的努力，为把大连水产学院早日建设成为国内一流的水产科技大学而努力拼搏，为国家，尤其是辽宁水产事业的发展做出积极的更大的贡献。

（大连水产学院）

【大连舰艇学院10名本科生就读清华】 海军大连舰艇学院为建设一支高素质的教员队伍，不断拓宽师资力量培养渠道，2002年与清华大学签订合作培养人才协议。今后5年每年选送10名考入舰院本科队的优秀高中生到清华大学学习。第一批学员已进入清华大学相关专业就读。

根据双方签订的协议，在今后5年里，大连舰艇学院将每年选拔10名本科新生，作为后备师资力量，进入清华大学电子信息工程、自动化、电气工程及自动化、数学及应用数学等热门专业学习。（曹金平　郭　义）

【华东师范大学】 华东师范大学从事海洋学教学的主要有河口海岸国家重点实验室。实验室现有固定人员 32 人，其中有中国工程院院士、“长江学者计划”特聘教授、国家杰出青年基金获得者、国家人事部百千万人才工程入选者。60 岁以下科研人员中，90%具有博士学位。实验室属于国家重点学科——自然地理学和生态学，含有 6 个硕士点（自然地理学、生态学、地貌与第四纪地质学、遥感与地图学、海洋化学、港口、海岸与近海工程）；1 个一级学科——地理学博士点和 1 个二级学科——生态学博士点，并设有博士后流动站。实验室现有在读研究生 82 人，博士后研究人员 5 人。

实验室实行“开放、流动、联合、竞争”的运行机制，积极开展国内外学术交流与科技合作，与美国、英国、荷兰、日本、加拿大、韩国等国家及我国台湾省、香港特别行政区高校与科研机构有长期的合作关系。实验室每年均有 20 人次出国参加国际会议或从事合作研究，20 余位境外专家、教授来室讲学、工作访问或合作研究。

实验室自运行以来，分别在河口、海岸、沿海灾害、海岸带资源开发与生态环境保护 4 个方面进行了较高水平的基础性研究，先后承担了国家攻关项目 3 项，“863”课题 2 项，“973”课题 2 项，国家自然科学基金重大项目 1 项、重点项目 4 项、国家杰出青年科学基金 2 项、面上基金项目 25 余项，省部委课题 93 项，横向协作 95 项，国际合作 18 项等。共出版中外文学术专著及专辑 17 册，发表学术论文 413 篇，其中被 SCI 或 EI 收录 89 余篇。获国家及省部级进步奖 23 项。例：“中国海岸带与海涂资源综合调查研究”获国家科学技术进步一等奖；“浦东国际机场东移与九段沙生态工程研究”和“上海市浦东国际机场工程建设与研究”获上海市科技进步一等奖；“海浪统计理论与海浪谱估计”获中国高等学校自然科学一等奖；“中国河口主要沉积动力过程研究及其应用”和“长江口三角洲风暴沉积与环境演变”获国家教育部科技进步二等奖；“长江口深水航道治理与港口建设”和“上海潮滩沉积作用和演变规律研究”获上海市科技进步二等奖。此外，实验室充分发挥该学科的特色，积极为国家一些重大建设项目献计献策，在高层次上为国民经济建设发挥了巨大的效益，例如：陈吉余院士提出的将浦东国际机场向滩地东移的咨询建议，为国家节省 3.6 亿元的投资。

河口海岸动力沉积和动力地貌综合国家重点实验室 该实验室依托于华东师范大学，于 1989 年由国家计委批准筹建，1995 年 12 月通过国家验收并正式向国内外开放。该实验室是在华东师范大学河口海岸学科 30 余年研究工作的基础上创建的，著名的河口海岸学家，中国工程院院士陈吉余教授和中国工程院院士刘济舟教授任实验室学术委员会顾问，中国科学院院士汪品先教授任实验室学术委员会主任，沈焕庭教授和中国科学院院士苏纪兰教授任学术委员会副主任，丁平兴教授为实验室主任。实验室现有固定人员 31 人，其中研究人员 25 人（教授 18 人，副教授 7 人。其中具有博士学位为 19 人），技术人员 5 人，管理人员 1 人。

实验室主要从事河口海岸的应用基础研究，研究方向为：河口演变规律与河口沉积动力学；海岸动力地貌与动力沉积过程；河口海岸生态与环境。拟通过多学科交叉渗透和综合分析，深入研究各种时空尺度的河口海岸动力沉积和动力地貌过程及人类活动对自然环境与过程的影响，揭示河口海岸各地区自然要素和界面的相互作用与变化规律，发展河口海岸学科理论体系，同时为港口航道等工程建设、沿海资源开发、生态环境保护、规划管理等服务。

实验室在 2000 年全国地球科学口 26 个重点实验室评估中名列第五，居教育部系统地球科学口实验室之首位。

以河口海岸研究为特色的自然地理学已列为上海市“重中之重”重点学科建设项目，赋予实验室新的活力和发展机遇，实验室将以“艰苦创业、开拓创新、求实创优”的精神和“求是、求实、求新、求成”的学术风范，迈步新征程，攀登新高峰，为促进世界河口海岸学科的发展和实现国家可持续发展作出新贡献。

部级以上涉海重点项目完成或进展情况

1）淤泥质潮滩冲淤演变动力学研究初探。项目类型：国家杰出青年基金项目，项目批准号：49825110(49825161)；项目负责人：丁平兴。

项目进展：用动力学观点探讨淤泥质潮滩上的水动力环境、泥沙输运及潮滩冲淤演变特性，在以下三方面取得重要进展：

(1) 波浪在近岸的传播、变形与波-流相互作用。利用Himilton变分原理，分别导出二维、三维非均匀流场和复杂地形上的波浪折射-绕射更广义的缓坡方程；提出了随机波辐射应力、随机波波生流的计算方法，并进行数值模拟，揭示了随机波波生流的一些特征；较严密地提出了波浪影响后的三维浅水斜压流场模型；建立了适合于复杂地形、边界的自适应网格流场数值计算模型，并成功应用于长江口等流场的计算。这些成果发表在《Science in China》、《Progress in Natural Science》、《Applied Math. and Mech.》、《China Ocean Eng.》等刊物上，其中关于波浪在近岸的传播与变形研究成果获2002年教育部自然科学二等奖。

(2) 波-流共同作用下的泥沙输运模型及模拟。较严密地导出了适合于河口海岸地区、能合理反映波-流共同作用下泥沙输运的三维模型，为进一步研究波-流共同作用下的悬沙三维输运特性提供了理论框架；建立了波-流共同作用下的二维全沙数学模型及岸滩冲淤演变模型，并通过现场观测及数值分析，合理确定波-流共同作用下全沙模型中的有关参数，成功地模拟了长江口及其邻近区域的泥沙输运特征。以上成果发表在《Chinese Science Bulletin》、《Progress in Natural Science》等刊物。

(3) 长江河口及其邻近区域沉积过程与地貌演变。依据现场观测资料，通过动力、沉积、地貌综合分析，初步揭示长江口淤泥质岸段不同时间尺度的冲淤变化特征规律与控制因子；探讨了潮滩湿地对流、浪、含沙量及冲淤幅度的影响；建立了风暴引起的滩槽冲淤演变数值模型，并成功地模拟了由台风引起的长江河口悬沙与底沙输运特性及航槽冲淤变化。以上成果发表在《J. Coastal Res.》、《Geo-Marine Letters》、《Geomorphology》等刊物。

至2002年底，项目组已发表学术论文31篇，其中在国外SCI检索刊物发表5篇，国内SCI检索刊物发表11篇，国内其他核心刊物发表15篇，获教育部自然科学二等奖1项。

2) 长江河口涨潮形成机理与演化过程的定量研究。项目类型：国家自然科学基金；项目批准号：40071013；项目负责人：沈焕庭。

项目进展：河口涨潮槽是有潮河口重要的地貌单元，也是河口动力地貌学河口沉积动力学研究的重要内容与前沿课题。有潮河口的河槽从成因角度基本上可分为两类：一类是以落潮流作用为主塑造的落潮槽；一类是涨潮流作用为主塑造的涨潮槽。前者一般表现为主槽，后者一般表现为副槽。这两种类型的河槽往往成对出现，是一对矛盾的两个方面。在河口发育过程中这两方面的主次关系往往会相互转化。

河口是河流与海洋相互作用的产物。涨潮槽是在河流与海洋相互作用下形成与演化的，它的动力、形态、沉积特性和演化规律是河海相互作用的具体表现。因此，定量研究涨潮槽的特征、发育过程和演化规律具有重要的理论和实践意义。

长江河口涨潮槽数量多，分布范围广，类型多样，且对通海航道、港口选址、护岸围垦、排灌系统和淡水资源利用等影响大。故本课题以长江河口的涨潮槽作为研究对象。研究采用的技术路线和研究方法：一是现场观测、室内实验分析与数值模拟相结合；二是动力、地貌、沉积研究相结合。研究的进展主要有：

(1) 选择长江口的两个典型的涨潮槽——新桥水道和长兴岛南小泓进行了两次水文、泥沙和沉积物的现场资料，一次在洪季，一次在枯季，每次均进行大、小潮各26小时的连续观测，观测项目有流速、流向，取水样和表层泥样。

(2) 对现场取得的水样、泥样进行室内分析试验，分析的主要项目有：含沙量、粒度、粘土矿物、重矿物、微体古生物和磁性特征等。

(3) 分析计算：①利用1861～2002年的历史测图资料，用GIS方法对两条涨潮槽进行了冲淤变化的定量计算；②用^{210}Pb测年法测定涨潮槽的沉积速率和沉积通量；③用一个三维河口海洋模式ECOM-si模拟长江口南港涨、落潮槽的水动力场。

培养了1名博士生和1名硕士生，完成1篇博士论文“长江河口涨潮槽的形成机理与动力沉积特征”；1篇硕士论文“长江河口涨落潮槽对比研究和数值模拟”。已完成5篇论文。其中二篇“河口涨潮槽的研究进展”，“长江口涨落潮槽输移趋势探讨”已发表在《海洋通报》2003年第3、4期上。

3) 长江口新生湿地资源的环境净化效应与保育技术。项目类型：教育部重点项目；项目编号：00057；项目负责人：陆健健。

项目完成情况：本课题由两部分组成。

(1) 2001年1月至2002年12月，以九段沙、崇明东滩和横沙浅滩等长江口主要新生湿地为研究基地，对河口湿地生态系统的环境净化功能、效益及发生过程；生态系统保育以及湿地重建与功能群优化配置技术等诸方面作了系统的研究。建立了河口新生湿地生态系统基本结构、功能与过程机制等完整的技术参数；确定了河口湿地生态系统在污染物输运和转变过程中产生的环境效应和价值实现机制；并创新性地以生物功能群为生态系统生物组分的基本研究单元，进行环境净化效应的时间和空间特性分析，探讨生态系统结构单元和功能群优化配置技术。研究结果显示，河口新生湿地对于长江口这样的高强度开发区域具有特别重要的生态意义，其环境净化功能是湿地生态服务功能的重要组成部分，在对新生湿地进行保育和利用的同时，需通过生态修复和重建技术，增强湿地生态系统的环境净化功能和生态服务价值。

(2) 2001年5月至2002年5月进行了崇明东滩湿地保育与生态恢复技术的专项研究。选取了崇明东滩近10年围垦的区域（1992年与1998年垦区）作为滨海新生湿地生态修复的研究区域，进行环境空气、水体、土壤以及主要生物类群（植物、底栖动物和鸟类）的综合取样、分析和评价；结合区域历史资料，探讨研究区域生态环境变化的趋势和强度；提出了“复绿、改土、净水、建景”的生态修复关键技术和综合性生态示范园区建设的生态规划理念。确定了结构重建与功能恢复、多样性与系统性等生态工程原则和物质良性循环、生态能流优化以及生物多样性等生态修复技术指标。相应研究成果“崇明东滩生态修复关键技术和规划理念”，于2002年6月通过了上海市科委主持的项目成果鉴定（鉴定专家组组长为张新时院士），并已被有关单位采纳，应用于崇明东滩的修复与建设，以及崇明岛生态规划。

项目执行过程中共发表相关论文20余篇，其中被SCI收录论文3篇。指导完成博士论文3篇。2003年1月，通过了有关部门组织的项目验收。相关的研究成果，为同类生态系统的修复与建设建立了可靠的技术储备。

4) 长江口杭州湾交汇带动力泥沙过程研究。项目类型：教育部科学技术研究重点项目；项目批准号：01079；项目负责人：陈沈良。

项目进展情况：该项目针对长江口与杭州湾交汇带动力泥沙过程的复杂性和特殊性，以南汇咀近岸水域为研究重点，通过收集大量水沙和地形资料，并结合洋山港水域现场观测，采用理论分析和定量计算等手段，深入揭示了研究区域动力(潮流与余流)、泥沙过程(悬沙浓度与沉降速率)，以及沉积特性(沉积特征和沉积环境)和岸滩冲淤演变等。通过该项目的研究，已发表论文9篇，待刊2篇。同时，在该项目的基础上，进一步申请了国家自然科学基金项目：“高强度开发背景下长江三角洲南翼岸滩过程和响应”，已获批准(批准号：40276027)，并于2003年1月开始启动。

（李俊红）

【上海海运学院】 2002年，学校全面实施《学科建设推进计划》、《提高教学质量推进计划》、《素质教育推进计划》、《师资队伍推进计划》。

学校在秋季招收本科新生2 570人，高职生1 206人，统考研究生325人，其中博士生11人。在校本专科生数达12 400人，在校研究生达到788人，各类在校学生数为历年之最。学生数量的扩大，为学校扩大办学规模，增强学校在社会上的竞争力，提高学校的整体办学水平和办学层次奠定了一定基础。

学校科技工作取得新进展。学校共承接国家、交通部、教育部、上海市等科研课题和项目132项，其中纵向73项，横向59项。2002年学校在申报国家自然科学基金、国家社会科学基金和教育部回国人员科研启动基金项目方面均有突破。获得国家级科技项目4项，交通部科技项目8项，教育部回国人员启动项目1项，上海市自然科学基金等市科委科技项目5项，市启明星计划项目1项，市曙光计划项目1项，中波、中丹等中外合作科技项目6项。在科研成果中，由学校承担研制的“船艇综合训练系统”获得2002年全军科技一等奖；“船艇机舱操纵模拟器”获得2002年上海市优秀发明选拔赛一等奖；“集装箱管理优化决策研究”获得中国航海科学技术三等奖。此外，“大型机械结构常用板材的裂纹扩展规律研究”和“粉体料仓电场分布及静电安全技术评价”两个项目已向上海市申报2002年上海市科技进步二等奖。申请专利4项，均被国家知识产权局正式受理。

其中发明专利 1 项，实用新型专利 2 项，外观设计专利 1 项。按 2002 年 10 月的检索，进入 3 大检索的论文达 14 篇次，其中 SIC 检索的论文 2 篇，EI 检索的论文 4 篇，ISTP 检索的论文 8 篇。

在学位建设方面，7 月份，经国务院学位委员会批准，学校成为具有高级管理人员工商管理硕士（EMBA）的高校。此外，经国务院学位委员会批准，又新增了船舶与海洋工程、计算机技术、电气工程等 3 个工程硕士点。为进一步提高研究生培养质量，规范研究生教育管理，8 月份学校召开了由研究生部、导师代表和各二级学院有关负责人参加的改进和提高研究生教育质量研讨会。根据研讨会精神，学校又陆续制订并下发了《上海海运学院硕士研究生课程学习管理办法》、《上海海运学院研究生课程考试管理办法》、《上海海运学院聘任校外硕士生导师试行办法》、《上海海运学院关于硕博连读研究生培养工作试行办法》等文件。

教学改革工作积极稳步推进。围绕培养高质量专业人才，今年组织开展了包括专业设置、课程体系、师资队伍、教材建设、实验条件、质量状况等教学质量全面调研。通过调研，摸清了存在的主要问题。12 月底，学校召开了本科教学工作会议，针对调研中的主要问题，提出了提高教学质量的长期目标和近期措施。学校启动了第三批重点课程建设，海上货物运输、机械原理、电子技术等 19 门课程被列入。9 月份开始，又启动了第四批重点课程建设，制冷原理与设备、交通工程学、电子商务概论等 11 门课程被列入。通过重点课程的持续建设，使各专业的核心课程教学质量有明显提高。为加强专业建设的力度和科学决策，学校成立了本科专业建设委员会和高职专业建设委员会，使学校的本专科专业建设进一步纳入科学、规范的发展轨道。完成了 2003 年增设管理科学、物流管理、机械电子 3 个本科新专业；电气技术和船舶技术 2 个高职新专业的申报工作。9 月份，学校首次开展了 2001 级学生转专业工作。按照有关规定和程序，批准了 38 名学生转入新专业。转专业政策的首次实施，改变了过去高考录取后在校所学专业不可更改的传统做法，体现了以学生为本的思想，受到广大学生的欢迎。

贷款建设基础实验室进展顺利。“电子电工实验中心”、“现代通讯和信息实验室”、“计算机技术基础实验室”、“多功能航海模拟训练实验室”和“网络多媒体阅览室改造”等项目已竣工验收。上半年，物理实验室、港航工程基础实验室已完成建设并开始投入使用。此外，工程训练中心、机械工程实验室正在建设中。这些项目的建设和投入使用，有效地改善了学校基础实验室的条件。全面启用新的教学管理系统，完成了全部数据库的建立、排课、选课、成绩登记等。从而进一步规范了教学管理，提高了工作效率。

通过规范教学管理，狠抓教学质量，广大学生的学习积极性得到充分调动和发挥。在 1 月份国家海事局首次组织的2002年全国海船舶员适任证书考试中，学校考试通过率名列全国航海院校第 1 名；在 6 月份举行的大学英语四级全国统一考试中，学校通过率不但高出全国非重点院校平均通过率约 46 个百分点，而且高出全国重点院校平均通过率 24 个百分点。

继续深入推进《上海海运学院素质教育推进计划》的贯彻实施。在发展大厦学生公寓，建立了社区党建“党员之家”，设立了“党群联系箱”和党员值班制度。同时开辟学生阅读角、谈心角等，与学生开展面对面地交流沟通。暑期组织的赴山东青岛“公民道德”实践服务团获得上海市优秀大学生实践服务团称号，赴江西鹰潭“三个代表”考察实践团等 5 个学生社会实践考察项目获上海市优秀项目奖。参加全国著名高校龙舟比赛，获得第 4 名；10 月份，为配合国际海运教师联合会第 12 次会议在学校的举行，学校举办了航海节。广大学生志愿者积极参与“第四届海商法国际研讨会”等在学校举行的高规格重要国际学术会议，其优秀的综合素质和良好的举止言行，赢得了广大与会中外学者、专家们高度称赞，为学校赢得了荣誉。

积极推进学校内部管理改革。年初学校又开展了以岗位责任制为目标的教职工聘任工作。通过岗位聘任，初步建立起了竞争上岗、能上能下的机制。开展了教师和其他高级专业技术职务（包括工程实验等系列）的聘任工作。共有 50 名教师聘任、转聘高级专业技术职务，其中 17 名被聘为教授，21 名聘为副教授，1 名聘为高级工程师，2 名聘为高级实验师，东校区有 14 名高级讲师转聘为副教授。通过专业技术职务聘任，实现了由“身份管理”向“岗位管理”的转变。5 月份，撤销了原外语系，新成立了外国语学院。

质量管理是提高教学质量和管理水平的一项重要工作。上半年学校对管理体系内的50余个程序文件、岗位职责进行了编制或修订；对第三版文件进行了全面的修订，第四版文件于4月份发布实施。根据质量体系要求，5月份，学校又组织了18个内审组对全院31个部门进行了内部质量审核工作，并完成了内审不符合项的跟踪验证。6月份，学校顺利通过了国家海事局质量体系再有效审核和挪威船级社（DNV）的年度审核。

9月份，学校颁发了《上海海运学院关于进一步加强校务公开工作的若干意见》。规定学校事业发展规划、学科建设、师资队伍建设、专业设置的规划与实施、学校重要改革方案及实施、学校财务年度预决算、教育经费的收入与管理情况、干部和教职工的聘任、考核、晋级、奖惩等，在不同范围内予以公开；对学校招生计划和政策、考试的规程和纪律，新生录取结果、收费的项目和标准、学生奖学金和助学金的发放、学生转学转专业及休学办法、毕业生的就业政策和信息等，规定以不同形式向社会公开。12月3～10日，举行了第六届教代会暨第九届工代会第三次会议，会议审议并通过了院长工作报告。

积极拓展对外合作和国际交流。12月份，学校与外高桥保税区管理委员会联合组建了“现代物流人才培训基地”。充分利用学校的物流专业和学科优势，为保税区企业培养现代物流管理人才。与上海航运交易所继续开展紧密合作。合作的重要成果之一“中国沿海运价指数”正式对外发布，成为继中国集装箱运价指数之后，我国航运界推出的第二大运价指数；还与沪东中华造船集团合作创办了“上海海华高等职业技术学院”。该学院的成立，拓展了学校发展空间。

在国际交流方面，共主办、承办或协办了6次大型或重要的国际学术会议。如与法国海军学院联合举办的“计算机技术和航海安全”研讨会；2002年中、日、韩航海学术交流会；第五届海商法国际研讨会；中韩学术交流会；国际海运教师联合会第12次会议；中国首届劳氏培训与配员会议等。通过主办、承办或协办这些大型或重要国际会议，了解了国外同行以及国际学科前沿最新的学术信息、动态和成果，并使学校与国外航运院校及航运企业的共同合作有了新的良好开端。仅在国际海运教师联合会第12次会议举行期间，就有6个国家的航海院校与学校就有关项目达成了合作意向。8月份，学校与英国切切斯特学院英语专业3+1合作项目正式启动，首批22名英语专业本科生已赴英国留学，为期1年。

后勤保障工作取得新进展。6月份，学校与上海高校后勤发展中心签订协议，正式将学校后勤服务中心并入上海高校后勤发展中心。从而使学校的后勤保障工作更好地融入社会市场，更好地为学校改革、发展和稳定服务。由基建服务中心负责管理和监理的市政府援藏项目“日喀则中专学校教学楼”工程于11月份胜利竣工。该工程成为样板工程，并正在申报西藏自治区工程质量最高奖“雪莲奖”的评选；参与了市政府重大工程青少年素质教育基地“东方绿洲”国防教育园区的建设与管理，该工程已于国庆节正式对市民开放。

召开第四次党代会 学校第四次党代会于12月20～24日隆重举行。大会审议并通过了王宏彪所作的《抓住机遇，与时俱进，为把学校建成与上海国际航运中心相适应的一流海事大学而奋斗》的第三届党委工作报告；审议并通过了张川国所作的《加强党风廉政建设，保证和促进学院各项事业的发展》的纪委工作报告。选举产生了中国共产党上海海运学院第四届委员会和纪律检查委员会，王宏彪任党委书记，张川国、高德毅任党委副书记；张川国兼任纪委书记。

学校成为我国首批EMBA培养高校 经国务院学位办（2002）64号文批准，学校成为我国首批高级管理人员工商管理硕士（EMBA）培养高校。同时也成为上海市属高校中惟一具有EMBA办学权的高校。这是学校自2001年经国务院学位办批准具有正式举办工商管理硕士（MBA）办学资格之后，在拓展研究生学位建设领域获得的又一重要突破。对此，学校将加强领导，组织制定规范的招生考试录取办法、切实可行的学生培养方案；同时组织制定严格的师资选聘标准以及一系列行之有效的管理措施，以保证EMBA的教育质量。

“全国海船船员适任证书”考试通过率列全国航海院校第一 1月份，国家海事局首次组织了“全国海船船员适任证书”考试。学校参加考试的学生一次通过率分别为95.7%和98.6%，名列全国航海院校第一。其中，航海技术专业学生参加考试的航海英语、航海学、船舶值班与避碰等3

门课程通过率分别为96.3%、99.4%和100%(全国平均通过率分别为42.6%、66.9%和84.1%);轮机工程专业学生参加考试的轮机英语、船舶主机、船舶辅机等3门课程通过率分别为99.3%、99.3%和100%(全国平均通过率分别为46.3%、72.8%和61.5%)。

国际海运教师联合会第十二次会议在学校举行 "国际海运教师联合会第十二次会议"10月22日至25日在学校隆重举行。本次会议为新世纪首次召开的国际海运教育界最高层次会议,也是首次在发展中国家召开,其规模超过以往历届。共有世界20余个国家和地区近百位海运院校的校长、著名教授和知名船长参加会议。交通部党组书记、交通部部长张春贤为会议发来贺信,中国交通运输协会会长钱永昌致词,国际海运教师协会秘书长、上海海运学院副院长高德毅致开幕词,世界海事大学校长卡尔·罗伯斯坦发表了演讲。

目前世界海运人才市场的重心已出现东移现象,亚洲已成为国际海员的主要输出地区。此次会议重点围绕世界海运教育如何适应这些趋势和变化展开了深入研讨。此外,代表们还围绕提高海运教育与培训质量;现代科学技术,新型教学方法在教学、评估中的应用;海运教育与培训机构、政府部门以及海运企业界的合作;建立海运院校区域合作和国际合作网等主题和内容展开深入讨论。

"船艇综合训练系统"获全军科技进步一等奖 由学校航海科学研究所航海模拟器课题组承担的"船艇综合训练系统",获得2002年全军科技进步一等奖。

该系统集船艇操纵模拟和机舱操纵为一体,在国内首次实现了船艇驾驶与机舱联网、联动的全功能仿真,满足了陆军船艇驾驶、机舱和全船全天候的综合训练的需求。可进行船艇航行、避让训练;夜航训练;雾航以及恶劣环境下的航行训练。机舱操纵模拟器系统可进行日常值班和操作程序训练、故障分析和故障排除、应急情况处置和事故处理训练等。

该系统功能完备、结构清晰、规模大,研制技术难度高,填补了我军陆军船艇部队训练的全功能仿真系统的空白,具有重大的军事、经济和社会效益。目前,该系统已投入部队的训练。其优良的训练效果和完善的设备功能得到了总装备部领导和专家们的一致肯定。

承办"第五届海商法国际研讨会" 由中国海商法协会主办、学校承办的"第五届海商法国际研讨会"10月11~14日在上海国际会议中心举行。中共上海市委副书记、常务副市长韩正、最高人民法院副院长万鄂湘、交通部和上海市教委有关领导以及来自澳大利亚、新西兰、瑞典、美国、丹麦、新加坡、日本、韩国、中国等国内外法律界、航运界人士和有关学者200余人参加了开幕式。高德毅副院长宣读了交通部副部长翁孟勇的讲话;韩正代表上海市政府致词;万鄂湘代表最高法院讲话。

本次研讨会主要围绕中国加入WTO后海商法所面临的与世界相关法律的统一和协调问题;中国海商法适用过程中的建议和修改的建议;国际海上货物运输法律制度的调整问题以及国际公约如何转化为国内法等主题展开深入研讨。

为了更好地规范海上运输活动,促进海上运输和经济贸易的发展,学校有关专家正与国内一些专家一起对我国现行的海商法进行修改研究。一个由《海商法》、《合同法》、《担保法》、《海上交通安全法》、《仲裁法》、《海事诉讼特别程序法》等有关法律组成,《船舶和海上设施检验条例》、《船舶登记管理条例》、《航标条例》等一系列行政法规相配套的航运法规体系框架已初步形成。

水上专业毕业生均与有关航运企业签约 2003届毕业生与用人单位"双选会"12月7、8日举行。全国共有114家单位前来招聘。在本次"双选会"上,水上专业毕业生就业形势很好。除免试研究生、考研以及非船员标准的学生外,其余学生都已与有关港航企事业单位签约。至此,学校水上专业毕业生签约率已经连续5年保持在95%以上,由于生源质量高,一些港航单位还要求学校增加毕业生名额,以解决企业人才之需。

与日本邮船公司(NYK)合作培养航海专业大学生 针对世界航运人才市场迫切需要大量掌握高新技术高级船员,以及大力开拓我国船员对外劳务输出市场的需要,学校与日本邮船公司(NYK)决定,共同合作培养航海专业大学生,首届学生开学典礼10月9日在学校国际会议厅举行。

本届学生将完全按照我国航海高校的教学大纲实施严格教学,同时对学生实行半军事化管理,并进行航海实习。学生毕业颁发学校文凭。学生则由日本邮船公司负责选聘，这也将是这家世界最大的航运公司首次聘用具有高学历的中国高级船员。

交通运输工程暨学科前沿学术报告会在学校举行 由国务院学位办交通运输学科评议组主办，代表本学科国内最高学术水平、汇集我国“海陆空”学科领域专家的“交通运输工程教学研究班暨学科前沿专题学术报告会”5月11～13日在学校举行。来自西南交通大学、吉林大学、同济大学、东南大学、北京航空航天大学、上海海运学院等国内40余所高校以及铁道部等有关部委、科研院所的中国科学院院士、中国工程院院士、教授、专家近100人，参加了本次会议。

会上，两院院士、西南交通大学沈志云教授作了《高速铁路和磁悬浮列车优势之比较》、工程院院士、吉林大学郭孔辉教授作了《21世纪汽车技术发展趋势》、吉林大学杨兆升教授作了《智能交通系统（ITS）》、铁道部咨询组专家周翊民教授作了《城市轨道交通的发展趋势》等专题报告。与会代表就4位专家的专题报告以及国内外交通运输学科前沿最新发展动态、趋势等进行了深入的讨论。

会后，专家们还参观了设在学校的交通部重点实验室“航运仿真中心”，以及由学校教师和科研人员自行研制的大型航海操纵模拟器等教学和科研设施。

第六届罗煌枫博士奖颁发 由香港著名实业家、佐川急便（香港）有限公司董事长罗煌枫先生资助的“第六届罗煌枫博士奖”颁奖仪式12月4日在学校隆重举行。共有24名教师荣获罗煌枫博士奖和罗煌枫博士（资助）奖。

至今学校已有100名教师获得了罗煌枫博士奖的奖励。这些获奖教师负责或承担了几十项交通部、上海市重大科研项目及其他行业科研项目；有部分教师赴国外大学或科研机构合作搞科研。一些教师分别入选“交通部直属普通高校跨世纪学术带头人”、“交通部直属普通高校部级重点学科带头人”培养对象、“交通部直属普通高校优秀青年骨干教师”培养对象；还有部分教师被评为“交通青年科技英才”。

本科教学工作会议举行 12月27～31日，学校举行“2002年本科教学工作会议”。副院长蔡存强在开幕式上作了题为“提高本科教学质量，迎接教育部本科教学评估”的报告。在报告中提出了提高学校本科教学质量的措施，主要为：①成立“迎接教育部本科教学质量评估领导小组”与“迎评办公室”，从下学期开始，全面进入“迎评”状态；②进一步调整和优化学科专业结构，加强特色专业、紧缺专业的建设，重新制定课程体系，调整课程结构与课程内容；③实施助教制度，下学期开始试行大班课助教制。为青年教师配备导师；④制定相应的政策，积极鼓励教师开新课、编教材、带实验、开发教学应用软件、编制多媒体课件、进行双语教学；⑤完善教学督导机构，组建二级学院督导小组，强化教学质量的检查，组织大面积的课程评估；⑥加强实验教学环节，下学期召开的实践教学工作会议，提出解决问题的办法；⑦花大力气抓试题库的建设，以保证自2001级学生起全部考试课程采用试题库，做到教考分离。

学校负责人：党委书记：王宏彪，副书记：金永兴（12月离任）、张川国、高德毅（12月到任），院长：於世成，副院长：金永兴、高德毅、黄有方、肖宝家、蔡存强。 （胡荣山）

【上海水产大学】 上海水产大学是一所以海洋水产、食品、渔业经济与法规等特色学科为主，农、理、工、经、文、管等学科协调发展的多学科性大学。1985年农牧渔业部定名为上海水产大学。

近年来，国家为高等教育创造了良好的稳定环境，学校进入迅速发展期：1993年水产养殖生态生理实验室被评为农业部重点开放实验室，水产养殖学科被评为农业部重点学科；1997年“海洋渔业专业的教学改革和实践”荣获国家级教学成果一等奖；1998年水产养殖获博士学位授予权；2000年获得水产一级学科博士学位授予权，涵盖水产养殖、捕捞学、渔业资源3个二级学科博士点，并在原有7个硕士点基础上新增6个硕士点和农业推广硕士专业学位授予权。同年，由著名鱼类学家朱元鼎创建的鱼类标本室，成为上海市水生生物科普教育基地。学校从1978年以来取得数百项研究成果和多项专利技术，其中有100余项获国家和省部级奖，30余项达国际国内领先水平，并创造了显著的经济和社会效益。2001年水产养殖、捕捞学成为上海市第四期重点建设学科；人均R&D经费位居全市高校第三；“海洋渔业科学与技术人才培养模式研究及教学改革实践”获国家级教学成果二等奖。2002 年水产养殖学科被评为国家级重点学科。1996 年到 1999 年连续 4 年被中宣部、教育部、团中央联合授予大学生暑期社会实践先进单位。1995 年到 2000 年，三次被评为上海市教育系统文明单位。2001 年学校在上海南汇新设学海路校区，增加教学用地 15 公顷。2002 年本专科生达 10 000 人，博士、硕士研究生达 450 余人，成人教育学生 3 700 余人。

学校在鱼类学、水产增养殖、水产动物种质资源、水产动植物病害防治、水产动植物苗种、水产动物生物技术、海洋生态、水生生物、水域环境、海洋渔业科学与技术、渔业工程、渔业资源、渔业管理、渔业经济、水产品加工与贮藏工程、食品科学与工程、制冷与低温工程、机械工程、渔业法规与政策、渔业经济等领域取得明显优势。

在全国率先设立了水产品加工、罐头制造、水产品综合利用、工业捕鱼、海洋渔业、渔业资源、渔具力学、渔业机械、渔业电子，淡水渔业与管理、海水养殖、鱼类学，渔业经济等专业；最先在全国推出的课程、教材有：渔具理论与计算一般原理、渔具力学、声光电渔法，渔业资源生物学、渔业资源评估，鱼类学、鱼病学、水产增养殖学、鱼类生理学、藻类学，国际渔业、渔业经济学、冷藏工艺学、助渔导航仪器等。

上海水产大学在海洋学科领域多年来积累了一定优势。20 世纪五六十年代作为主要单位参加东、南海渔业区系调查，为中国渔业积累了宝贵的第一手资料。1985 年与中国水产总公司联手拉开了中国远洋渔业的序幕。近年来在水产养殖、水产动物种质资源、水产动植物病害防治、海洋渔业科学与技术、海洋生态、渔业法规与政策等领域取得了丰硕成果，为社会创造了显著的经济和社会效益。上海水产大学作为与海洋息息相关的高校，在全球“蓝色革命”中，在建设一流水产学科、培养优秀海洋科技人才方面责无旁贷。同时，有责任为上海和全国海洋与水产业的发展及社会进步做出更大贡献。

为适应中国“入世”后的全球化竞争，促进中国渔业经济从数量向效益转变，培养复合型高级水产人才，上海水产大学提出，要建设成一所国内外知名、特色学科优势明显、多学科协调发展、教学科研并重的一流特色大学，用实际行动谱写中国高等水产教育的崭新前景，促进中国海洋与渔业经济的繁荣。

【浙江大学：海洋科学与工程研究中心】 浙江大学经过 2002 年的筹备，于 2003 年 3 月成立了“浙江大学海洋科学与工程研究中心”。该中心跨越了学校近 10 个学院，涉及近 30 余个学科。据不完全统计，开展涉海科学研究的教授，在浙江大学中有 60 余人之多，而每个教授的背后，都有一个强有力的课题组支撑着。在科学研究方面，“十五”期间以来仅在海洋资源勘探领域，就从国家“973”计划、国家“863”计划、中国大洋矿产资源研究与开发协会和国家自然科学基金会等单位获得 1 500 万元经费。

中心拥有构造地质学、港口航道及近海工程、海洋地质、防灾减灾工程及防护工程、水产品加工及贮藏工程、海洋生物、地球探测与信息技术、船舶与海洋工程、水文学及水资源等博士、硕士授予学科，同时正在积极争取新的学科点。还拥有相关的学科，如机械电子工程、地球化学、环境科学、环境工程、控制工程、生物医学工程、生物化工（制药工程）、水生生物学、动物学、流体力学、仪器科学与技术、制冷及低温工程、计算机应用技术、岩土工程、结构工程、地图学与地理信息系统、气象学、微生物与生化药学、药物分析、药物化学等博士硕士授予学科，其中不乏国家重点学科。

中心由海洋地球物理学家徐世浙院士为中心的学术带头人，邀请海洋界的院士、国家海洋科学领域的大型国家项目的首席科学家、校内外该领域著名专家等组成学术委员会，参加并指导中心的工作。

浙江大学已在海洋领域引进了一批高水平的学术带头人和研究骨干，如徐世浙院士（海洋地球物理）、长江特聘教授赵昱（生物制药）、国家自然科学基金杰出人才基金获得者杨卫军教授（生命科学）、原国家“973”项目主持人中国科学院南海海洋研究所的资深科学家吴信忠教授（海洋病害学）等。这些人才的引进，在浙江大学的各个学科建立了相应的研究机构，大大提高了浙江大学在海洋领域的研究实力。

浙江大学新增硕士点 2 个：

(1) 一级学科"船舶与海洋工程"(工学)下的"船舶与海洋结构物的设计制造"专业，本学科主要研究方向有：①深海资源勘探装备技术；②海洋资源开发技术；③船舶设备机电控制技术；④海洋工程环境。

(2) 一级学科"海洋科学"(理学)下的"海洋地质学"专业，本学科主要研究方向有：①边缘海的形成与演化；②地球物理与深部构造；③海底矿产资源。

本中心承担国务院专项——国际海底区域研究开发"十五"课题两项。

主持部级以上涉海重点项目完成或进展情况

(1) 模拟深海极端环境的船载微生物培养装置。深海生物基因资源的采集、培养、扩增包括深海取样设备，船载运输、培养设备和实验室深海模拟设备三部分。三部分之间可保留接口或独立成单元(目前只有日本实现了三者间全封闭连接，全程保温保压。美、法两国在样品转移过程中都经过了样品减压、重新升压的步骤)。

本项目的主要内容是研制一套船载微生物培养装置，要求该装置能够实现培养液流动，装置的压力和温度可数字设置和闭环控制，模拟深海的超高压、高温环境，对取得的微生物进行培养，为我国深海及热液口微生物研究提供急需的研究平台。

在模拟反应培养罐与循环培养系统设计时考虑与采样器的接口，并考虑通过不同的组合实现不同的模拟功能。我国现有的技术条件加上关键器件的引进，能够满足设计制造要求。

主要技术指标：反应器的净总容积不小于1.2升；最高工作压力可达60兆帕，最高工作温度400℃；具有保压联接功能，保证保压样本输送到反应器时，不产生压力突变(压力变化量不大于15%)；装置备有营养成份的添加接口，以及对培养液进行定期采样的接口。

目前已完成方案设计、自行开发元件的设计和元器件选型，正在订购和加工。计划年内完成制造工作，2003年5月份搭载"大洋一号"海试。

(2) 深海悬浮颗粒物和浮游生物浓缩保真取样技术。本项目的目的是研制供潜器使用、可以在深海指定水深处无污染、无压力突变地采集、浓缩海水中悬浮颗粒物和浮游生物的采样器，样品容器可在较长时间内保持样本的原始温度和压力，为海洋生物基因、海洋环境和基础地质研究提供一种通用性较强的新型取样方法与技术，并获得自主知识产权。

本项目采用大流量海水过流的方式实现样本的高度浓缩，其作业过程如下：首先在船上对整个采样装置进行净化，将其随潜器一起下放。整个采样过程在潜器上浮过程中进行，到达指定位置后由潜器发出触发信号，采样器控制器打开其中一个采样筒的进口与出口阀组，并开启海水泵进行取样。在采样筒中设置滤网和采样活塞，在海水过流时，用滤网将海水中的悬浮颗粒物和浮游生物截留浓缩，流量传感器对流过的海水进行精确计量，当达到预定流量或由潜器发出信号时，将海水泵停止，关闭进出口阀组，则样本及部分海水被保温保压地留在采样筒中。若潜器再次发出触发信号时，就对另一个采样筒进行采样，当所有采样筒均采样完毕后，采样器随潜器提取上船，此时可将采样筒保压地拆下并放入船载保温装置中，以供后续科学研究使用。在装上新的采样筒后，采样器又可再次使用。

其主要技术指标：工作水深6 000米；样品保温保压，6小时内压力变动量不超过10%；单个采样筒取样时间不超过30分钟；样品浓缩比最高可达500倍。总重量：不大于70千克；保真采样筒数量：2个；单个采样筒采样容积：不少于0.3升。

目前已完成总体设计，并进行小样的制造。

(浙江大学　李世伦)

【集美大学水产学院】　原为上海水产学院、厦门水产学院，1994年隶属于厦门集美大学。现有在校生956人，专任教师60人，其中教授7人，副教授19人，具博士学位的教师11人，在读博士学位的教师10人，回国留学人员10人。此外还聘请了国家海洋局第三海洋研究所、日本东京大学、香港城市大学、台湾大学、香港中文大学、台湾海洋大学多位国内外院士、教授作为学院的兼职教授和客座教授。拥有多个实验室和实习基地，1个校属水产生物技术研究所，1个占地6 000余平方米的水产实验场，1个拥有1 000余种水生生物标本的省、市级科普教育基地海洋动物馆。

学院内设水产养殖、海洋渔业科学与技术、动物科学、农业经济管理4个本科专业和水产养殖、渔政管理2个专科专业。

1999年以来，承担国家、省部级科研项目50项，多项成果居国际、国内领先水平，获省、市科技进步奖多项；学校积极开展与国内外的学术交流以及与周边市、县的产学研合作项目；在国内外各种学术刊物发表研究论文300余篇。

【福建省集美水产学校】 隶属于福建省海洋与渔业局，是我国最早培养水产航海人才的学校之一。具有履行《STCW78/95国际公约》资质，也是农业部远洋渔业二级培训网点、省水产系统继续教育培训基地、省人事厅工人技术等级考核点、国家职业技能鉴定站、国家特有工种职业技能鉴定站、加拿大国家英语考试厦门中心。现有专任教师112人，其中副高级职称25人，中级职称63人，“双师型”教师40人，研究生11人。拥有较为完善的教学和生活设施，建筑面积5.4万平方米，实验室和电化教室等41个，计算机182台（套），仪器设备总值1 000余万元。

校内设水产养殖、轮机管理、船舶驾驶、海洋环保、电子技术应用、机电一体化、汽车应用工程、制冷与空调、食品工艺与检测、计算机及应用、通信技术、经济贸易、市场营销、电子商务、商务英语等15个专业，其中船舶驾驶和轮机管理两个专业通过了国家海事局的评估论证。

在深化教育教学改革的同时，积极开展科研和学术活动，“鮸状黄姑鱼人工育苗与养成技术研究”获省科技进步三等奖、“紫鱼狮人工育苗与养成及病害防治技术研究”获厦门市科技进步二等奖。

【淮海工学院】 淮海工学院是江苏省委、省政府1985年为加快发展苏北经济而创办的一所省属普通本科院校，以培养应用性人才为主，面向全国招生。学校位于中国首批沿海对外开放城市、新亚欧大陆桥东桥头堡——连云港市，主校区座落在著名的国家AAAA级名胜风景区花果山西麓。学校1993年6月经国务院学位委员会和原国家教委批准为学士学位授予单位，1996年8月通过原国家教委普通本科院校教学工作合格评价，1997年1月成为江苏省普通高校校风建设合格单位，1998年2月通过全省高校党委工作合格评估，1999年9月被中国教育工会评为全国教育系统“民主管理先进单位”，2002年，学校成为教育部海洋科学教学指导委员会成员单位。经过18年的建设和发展，淮海工学院已经成为在国内有一定的知名度、在省内有较大影响、在苏北地区有较高水平和较强实力的普通本科院校。

学校目前占地123.47公顷，固定资产总值4亿元，教学科研仪器设备总值6 600余万元，校舍42万余平方米，图书馆藏书66万册，在校学生15 100余人，教职工1 380余人。学校现有机械工程、土木工程、电子工程、计算机科学与技术、化学工程、食品工程、经济管理、中国语言文学、外国语言文学、数理科学、空间信息科学、社会科学部（法学系）、体育部、大学外语教研部等14个系部和海洋学院、东港学院、继续教育学院3个二级学院，设置了机械设计制造及其自动化、计算机科学与技术、测绘工程、化学工程与工艺、电子信息工程、土木工程、食品科学与工程、材料化学、生物工程、工商管理、会计学、汉语言文学、日语、英语、艺术设计、数学与应用数学、海洋技术、生物技术、水产养殖学、新闻学、法学、信息与计算科学、工业设计、通信工程、制药工程、财务管理、自动化、工程管理、环境工程、过程装备与控制工程、海洋管理、国际经济贸易32个本科专业，专业门类覆盖了工学、管理学、文学、理学、农学、法学、经济学七大学科。

学校拥有一支业务素质较高、具有奉献精神的教师队伍。在近700名专任教师中，225位教师具有教授、副教授职称，159位教师具有硕士研究生以上学历（位），另有160余位教师在职攻读博士和硕士学位；有9人享受政府特殊津贴，4人被列入江苏省教育厅“青蓝工程”跨世纪学术带头人培养人选，11人被列为江苏省“333工程”跨世纪学术技术带头人培养对象，18人被评为江苏省高校优秀青年骨干教师，一位教师荣获全国高校“百名‘两课’优秀教师”称号。一位博士以一年13篇科技论文入选SCI的骄人成绩位居江苏个人排名第一、全国个人排名第五。2000年，江苏省苏北地区仅有3所省属院校5位教师获得教育部高等学校优秀骨干教师基金资助，该院1所学校就有2位教师获得资助。

多年来学校一直把提高教学质量视为学校的生命线，切实加强教学管理，全面推进素质教育，不断提高教学质量。“应用化学”学科被评为全省普通高校重点建设学科，“高等数学”和“邓小平理论”被评为全省普通高校一类优秀课程。2001年，“邓小平理论‘三进’工作的探索与实践”获得教育部普通高校优秀教学成果二等奖、江苏省优秀教学成果一等奖，《会计制度设计教改研究》获江苏省普通高校优秀教学成果二等奖。该院学生在1999～2002连续四届全国大学生英语竞赛中，共获得6个一等奖；在2000年全国“网易”杯大学生数学建模竞赛中荣获一等奖。2002年本科专业毕业生初次就业率达到了94.35%，在全省40余所本科院校排名第15位，在省内同类高校中居于领先位置。另外，毕业生中考取重点大学攻读硕士研究生的人数逐年增多。建校18年来，淮海工学院坚持“立足连云港，服务江苏，辐射全国”的办学宗旨，共向社会输送了20 000余名合格的本专科毕业生。他们中有相当一部分人已经成为单位的业务骨干，有的已经走上了领导岗位。

全院教师在认真完成教学任务的同时，积极开展科学研究，取得了丰硕的研究成果。1998年至今，全院教师通过各种渠道争取科研经费5年累计853.9万元，其中纵向科研经费511.9万元，横向科研经费342万元；共承担国家级和省级项目82项，鉴定科技成果43项，12项为国内首创，31项达到国内领先水平，2项获省部级科技进步奖，3项获连云港市科技进步奖。出版专著、编著、教材63部，发表学术论文2 640篇，有51篇被SCI收录，有102篇被EI收录，收录量位居苏北同类高校前列；申请专利26项，转让科技成果21项，合同金额400万元。另外，和江苏康缘药业股份有限公司共建了康淮海洋药物研究所，和赣榆县签订了技术合作协议。由该院一位教师担任技术负责人的“河蟹秋冬季工厂化人工育苗技术研究”成果在江苏沿海大面积推广，取得了显著的社会效益和经济效益，据初步估计，仅江苏省“九五”期间应用这一成果产生的直接经济效益就超过了10亿元。《淮海工学院学报》办刊水平较高，2002年被评为江苏省一级期刊、华东地区优秀期刊。

学院重视对外交流与合作，坚持每年选派中青年教师出国深造，参加国际学术交流活动，并邀请美、加、英、新、日等国文教专家来校讲学任教。学院目前已与澳大利亚佛林德大学、科亭理工大学、新西兰东方理工大学、韩国大佛大学、俄罗斯陶里亚蒂综合技术学院等国外大学建立了友好合作关系，正在进一步拓宽合作办学的领域。

为适应社会主义现代化建设和新世纪的人才需要，全院师生正抓住高等教育大众化的历史机遇，主动迎接知识经济的挑战，加快改革和发展的步伐，充分发挥地处滨海城市的区位优势，全力打造海洋品牌，为尽快获得硕士学位授予权、把学校建成江苏海洋大学而努力奋斗。

（淮海工学院办公室）

【盐城工学院】 晋级为本科院校才5年多的盐城工学院，在专业设置上，注重人无我有、人有我特。建设“海上苏东”、“海上盐城”是当地政府提出的发展海洋经济的一项重要战略任务。根据盐城市东部有556千米海岸线，占江苏省海岸线总长度60%的实际情况，学院组织有关人员调查全省海洋经济建设现状及人才需求情况，了解海洋专业人才培养和海洋经济科研情况。在实地考察掌握第一手资料的基础上，学院抓住机遇，1996年就组建了海洋工程系，设立海洋技术专业，成为江苏省当时惟一设立此专业的高校。

为了保证新设专业人才培养的质量，学院加强了师资力量的引进和培养，从1997年开始，学院陆续引进8名硕士生，今年又招聘了一名水产专家、教授级高工来校任教。现在海洋系有博士2人、硕士15人，教师中的博士、硕士达75%。较高的师资整体素质促进了教学和科研水平的提高。学院还建立了海洋食品分析实验室和海洋动植物实验室，成立了海洋滩涂科学研究所，专门从事海洋食品、药品的开发研究，并与中国海洋大学化工学院、生命学院签订了院系合作协议。现盐城工学院海洋系已承揽27个省、市、院级研究课题，其中有2个科研课题得到了国家水利部、国家外国专家局、省海洋局的立项资助，有3项科研成果已转化为生产力，直接服务于地方经济，收到了较好的经济效益。

特色专业培养了特色人才。经过5年多的艰苦努力，该院的海洋工程系已由当初的一个专业发展到具有海洋技术、海洋农学、海洋食品科学与工程3个本科专业，学生数也逐年上升。学院鼓励学生在掌握广泛专业知识的基础上，将理论知识与实践相结合。2002年7月，学院组织“海洋知识普及、海洋环保宣传、海洋资源开发实践团”到省盐业银宝集团射阳盐场开展社会实践活动，为该场80余位技术人员进行了海洋知识培训，并创造性地提出了在滩涂散养泥螺的构想。目前，学院与银宝集团已达成合作协议，共同进行开发这一项目。（袁俊夫　刘必清）

【海军潜艇学院】 海军潜艇学院肩负着部队从军官到士兵几乎所有层次的培训与训练，历史重任迫使他们转变观念、放眼世界、立足现代海战，以提高战斗力为标准，展开了一场深刻而巨大的变革——院校、部队教育训练一体化。

潜艇部队是未来海上战争的“杀手锏”，是国家战略反击力量的重要支柱，是远海防卫和外线作战的巨大力量。然而，教学思想陈旧、内容滞后，以及“填鸭式”的教学方法严重影响了学员专业知识全面消化吸收和深入思考；潜艇专业“壁垒”林立，“一人一把号，各吹各的调”，到部队后运作不起来；学员理论基础尚可，但动手能力不强，在校期间实操课太少，直接影响部队战斗力生成；学员到部队后，主要是训练工作，继续教育远远不够，长远看，后劲不足，到部队后需要“恶补”大部分内容。

综观未来海战，审视历史格局，严峻的挑战，引发了学院大讨论，一场全新的战斗力观念催发出军人的紧迫感。自1999年，海军潜艇学院教育训练一体化第一轮改革开始，3年时间，已全面展开。整个教育突出部队战斗力需要，以提高部队训练起点、水平和效益为目的，按照部队军事训练新大纲总体要求，把教学纳入到部队军事训练的统一体系中，使院校教育与部队训练接轨融合，为巩固和生成部队战斗力提供人才保障和智力支持。由此翻开了该院“教为战，学为战，研为战，一切为打赢”教改的新一页。

回溯“一体化”进程，多年的孕育与产生，摸索与实践，始终伴随着思想的碰撞，观念的更新。如何摆正院校教育规律和部队训练需要的关系，最大限度地满足潜艇部队战斗力建设是“一体化”的焦点。

未来海战的需要，对传统的教学思想提出尖锐的挑战。随着“一体化”的深入发展，教学力度和难度也越来越大。每一堂课有课程设计，设计内容详细、具体、实用。在航行训练组织课程中，以往只是对航行训练的条条框框一带而过，没有具体内容，而航行组织训练却是艇员上艇后的必修课。

“一体化”教改使教员的讲稿变化更大，其中有理论部分、实践部分、案例部分、课堂导引部分，有板有眼，层次分明。同时，配合多媒体教学，有声有色，形象逼真，教员讲得起劲，学员学得扎实。

潜艇操纵案例是根据潜艇在实际作战和训练中曾经发生的事件，运用多媒体手段，客观真实地再现事件发生的情景。学员在教员的引导下，对一则故障案例进行阅读分析、理解体会，很快每个学员都作为潜艇指挥员角色进入到特定的实操情景中，建立逼真的空间和氛围，寻求按照作战要求解决实际操纵控制方案，“台上一刻钟，台下十年功”。课堂的主角虽然成了学员，但是，教员必须在课前进行主体设计，编排重点内容，写好导语，课堂上要全面“指挥”、“调动”，并适时向学员提出质疑和挑战，推动其作出更为严密的分析和决断。

传统的“填鸭式”教学模式被打破，新的“案例引导”式教学生机勃勃展开。

建立面向未来海上作战的教学体系，是培养高素质潜艇指挥人才的关键。院校、部队教育训练一体化，从培养学员现代化指挥能力出发，在强化专业主干课程的基础上，增强了作战指挥理论、海军兵种战术和协同技术、外军反潜作战、自动化指挥系统，从拓展学员打赢未来海战的需求出发，集中教学力量，开设海战场心理学，真正做到从心理上不怕，凭借自身实力控制海战场上的局面，挥洒自如，游刃有余。

新装备形成战斗力过程，是指战员能动地组织和改造世界的过程，掌握的信息越多，知识越丰富，运用新装备创造的奇迹就越大。为此，教育训练一体化始终把提高潜艇作战能力放在首位，加大潜艇突击战斗舰艇编队、航母编队和中小型护航运输队作战内容。授课中，教员还根据现代海战对潜艇战法所产生的影响，突破过去战术思想束缚，逐渐形成“潜艇打击敌航母编队”、“潜艇打击敌水面艇艇机动编队”、“潜艇反潜”和全军“九五”重点学术课题“高技术条件下潜艇基本战法研究”体系。因此，学员不出教室，就可以学到在未来海战场上拼杀技能和对付强敌的战斗行动方法。

改革需要胆识，更需要创新。部队战备训练随时拉动着院校的教改，牵引着教育训练一体化的进程，岸港训练，独辟蹊径，以其丰富而深刻的内涵，成为院校、部队教育训练一体化的“亮点”。岸港教学，是把院校教育与部队训练直接融合在一起，以继续教育、终身教育为主，其意义在于不断更新艇员知识、提高艇员素质，使其跟上科技的发展，不断提高“杀手锏”的战斗力。岸港训练教学的培训对象是经过相应院校培训过，并且具有丰富实践经验的艇员，最关键的是每个艇成建制统一培训，合格后持证上岗。

院校与部队接轨，教育与训练相连，“一体化”在整合中深入发展。潜艇学院以其独特的视角，关注着未来海战，探索着发展规律，寻找着克敌制胜的法宝。然而，这是一张尚未写完的答卷，它还需要不懈的努力与反复实践，才能日趋完善。海战场呼唤“一体化”，“一体化”瞄准海战场，更大的困难在后面，更大的成功也在后面。

（刘　萍　张继国　王永生　樊　平）

海洋文化

Marine Culture

海洋新闻工作
Marine Journalism

【概况】 2002 年，海洋新闻宣传工作围绕国家海洋局确定的十项重点工作任务，对外抓住主要媒体，突出重点，加强海洋宣传的力度；对内加强同业务部门的联系，及时了解海洋重点工作的进展情况，从中掌握新闻报道的线索，及时报道有显示度的海洋工作。

2002 年，国家海洋局先后组织了厄尔尼诺预测新闻发布会，2001 年中国海洋环境质量公报新闻发布会和全国海洋功能区划颁布新闻发布会，对中国海洋一号卫星发射的意义、作用及整个卫星发射过程进行了详实的报道，并完成了对国际海洋博览会，全国海洋生态调查，大洋、极地科考等工作的新闻宣传活动。

2002 年仅在中央电视台《新闻联播》中就播出国家海洋局 7 条新闻，《晚间新闻》、《新闻 30 分》、《现在播报》等栏目播出新闻 30 多条，还在中央电视台《极地跨越》（中国南极长城站）、《科学探索》（长城站的生态环境、厄尔尼诺现象）、《科技博览》（挑战南极、监测海洋）、《中国报道》（世纪的盛会——南极科学研究）、《科技之光》（立体监测海洋）、《走近科学》（辣椒漆）、《走向辉煌》（中国海洋、气象防灾——日益现代化安全屏障）、《东方时空•时空连线》（中国“海洋一号”卫星发射成功）、《金土地》（海洋功能区划）等节目和栏目中播出海洋方面的专题片共 11 部，多层面地展示了我国海洋事业的成就，为海洋事业的发展，创造了良好的外部氛围。

2002 年还组织新华社、人民日报、经济日报、法制日报、光明日报、科技日报、中国日报、中央人民广播电台等中央媒体刊载反映海洋工作的新闻报道百余篇。

2002 年的海洋新闻宣传工作，一是宣传形式多样化，如电视报道，除保证及时的消息播出外，还积极争取在一些有影响的栏目开展深度道。二是突出重点，全力做好宣传。如海洋一号卫星发射，除进行常规的新闻报道外，还专门申请经费在中央电视台《晚间新闻》制作了新闻系列专题，全面介绍海洋卫星的研制、开发、应用等方面的工作。再如 SCAR 会议，专门制作了 30 分钟的专题片，并邀请 11 名记者赴上海全面报道。对海洋功能区划的宣传，首先选择中央电视台《新闻联播》，然后再召开新闻发布会，在各大报刊全面展开宣传并配合专题。第三是制定周密计划，做好筹划、准备工作，确保计划落实。如全国海洋功能区划经国务院批准后，立即与央视联系，筹划播出栏目、时间，先在 9 月 6 日午间整点新闻播出预告，接着在《新闻联播》播出国务院批准的全国海洋功能区划，在《晚间新闻》又播出两条介绍区划背景情况及区划重要意义的新闻，一天当中共播出 4 条新闻。而且都是事先制定计划，协调好各方面关系，取得新闻单位领导的支持，使计划不落空。

为落实国家海洋局领导关于进一步加强海洋新闻宣传工作的指示精神，建立健全新闻联络员队伍，使海洋新闻宣传工作做到“要闻必录”，“大事不漏”，遇事有人管，工作有人做，国家海洋局组织召开了建局以来海洋系统的第二次新闻宣传工作会议。此次会议无论从规模到规格都是空前的，出席的人数也是最多的。会议分析了海洋工作的发展形势，就海洋新闻宣传工作如何适应海洋事业发展新形势的需要，为海洋中心工作服务，如何加强新闻队伍的建设，如何做好 2003 年的新闻宣传工作，及提高公众、社会各界对海洋工作的认知度，树立海洋事业整体形象等问题进行了认真的研究和探讨，并提出了明确而具体的要求，会议要求各单位建立分层次的海洋新闻宣传工作网络体系，健全海洋新闻宣传联络员制度。通过会议，与会的新闻宣传负责领导和新闻宣传联络员统一了思想，提高了认识。

海洋信息工作方面，随着用数字化形式报送信息的单位不断增加，《海洋工作信息》的时效性不断增强。每月两期定期编发的《海洋工作信息》全面反映了国家海洋行政管理系统的工作成果和经验，有效地促进了国家海洋行政管理系统的工作交流，从质量到数量都有较大的提高。

在按国办秘书局要求，认真做好电子简报报送工作的同时，国家海洋局努力加强上报信息工作的力度，海洋环境领域的重点和热点问题及时通过专报形式向上反映。其中通过上报国办电子简报途径使国家海洋局报送的简报首次得到中央政治局常委级领导李岚清同志的批示，起到了供中央领导决策参考的作用，从一定程度提高了国家海洋局在国家事务中的显示度，并促进了国家海洋局主体业务职能的加强。

（国家海洋局新闻办公室）

【中国海洋报社工作】 2002年中国海洋报社以“三个代表”重要思想为指导，坚持“宣传国家海洋政策、交流管海用海经验、传递沿海经济信息、传播海洋科技知识、促进海洋经济发展、弘扬海洋文化、增强全民海洋意识”的办报宗旨，继续实践“立足主体、拓展两翼”的办报思路，以改革为动力源泉，在创新中求生存发展。

在办报方向上，中国海洋报社坚持正确的新闻舆论导向，认真贯彻落实国家海洋局的工作部署，积极配合海洋工作重点；同时也在不断努力拓展新的发展空间，使得中国海洋报能够逐步发展为汇集“海洋管理、海洋产业、沿海区域经济、海上军事、海洋文化休闲”于一体的，不断丰富内涵、拓展外延的综合性报纸，它既体现了专业特色，又展示了综合特点，既服务于管理部门，又服务于行业企业，从而使海洋报赢得更多的读者群，获得更大的发展空间。

1. 围绕海洋工作大事，加强主体宣传力度

（1）两会报道栏目新颖，报道生动。3月份人大、政协会议召开期间，围绕当前海洋工作的重点、难点、热点，采编部推出了“两会之声”、“两会访谈”、“两会传真”、“两会剪影”、“两会花絮”、“记者随感”等新栏目。记者就海洋管理、机构、环保、立法等重点、热点问题对人大代表、政协委员进行了专访，收到了较好的社会效果。

（2）重点宣传海域管理和海监执法活动。2002年1月1日《海域使用管理法》正式实施，采编部前后两个月组织刊发了几十篇相关文章，大力宣传海域法实施的重大意义及贯彻措施，特别是采编部下大力组织记者调研后撰写了“谁来保护我们的权益”、“重点工程用海要不要办海域证”等针对性很强的文章，纠正了一些地方的错误做法，对《海域使用管理法》实施起到了及时的引导和推进作用。2002年，配合各地海域治理整顿、海监执法监察活动，陆续报道了各地的执法情况。配合国家海洋局海域管理司的示范区工作，组织了“海域管理示范区系列报道”，大力宣传了示范区的工作成绩及今后的目标。这些报道不仅受到了有关部门的肯定和好评，而且在一定范围内产生了较大的影响，对基层的海洋管理工作有一定的指导作用。

（3）精心组织海洋卫星发射报道。5月份“海洋一号”卫星发射是国家海洋局的一件大事，为了保证报道任务圆满完成，编辑部专门派出两名记者采访报道，两位记者充分发挥了积极性和主动性，精心设计了报道方案，采用专访、消息、现场特写、言论等多种体裁进行了全方位报道，前后共发稿几十篇，占用4个整版。由于这组报道及时、充分、到位，受到了有关部门和领导的充分肯定。

（4）南极报道在广度深度上做文章。南极工作作为海洋事业的重要组成部分，中国海洋报近3年加大了报道力度。2002年从“南极手记”专栏，到长篇通讯“南极冰海创奇迹”，从南极国际会议报道，到十六大代表、雪龙船船长袁绍宏的事迹宣传，再到“北京－南极大营救”的生动特写，在报道深度上有了突破，产生了较好的社会影响。

（5）加强对基层海洋工作的宣传。2002年采编部加强了与国家海洋局各业务部门以及与地方海洋局的联系，来自基层海洋工作的稿件，从领导的署名文章，到动态稿件，编辑部都十分重视，加大了报道的力度，如对“大洋一号”、“海洋4号”、“海监一支队”等基层海洋单位、海洋站的报道，如刊发的“基层海洋管理工作者的酸甜苦辣”就很有代表性。通过对它们不同角度、不同侧面的报道，使读者能够真正认识、了解、理解海洋工作，体会到海洋工作的重要意义。2002年还刊登了全国主要海水浴场预报，为了能及时准确地刊发，编辑部多次与有关部门联系、协商，反复核对，刊登后各地反映不错，对当地的旅游经济产生了巨大的促进作用。一些地区主动与报社联系，要求在海洋报上发布相关信息。

2. 改革推动发展，探索文化产业经营之路

1）大胆运营周刊，实践两翼拓展思路。

(1) 2002年是报社拓展版面——《水产周刊》试点的第二年，《海洋经济》周刊试点的第一年。一年来两份周刊基本实现了平稳运营，尤其《水产周刊》紧紧围绕水产市场做文章，突出实用性和引导性，版面内容得到广大业界读者的认可。

积极策划和参与社会活动。2002年由《水产周刊》编辑部牵头，依靠记者站和发行部举办了"WTO与中国水产加工业"的沿海行活动，历时半年，行程遍及沿海近11个省市，发稿数十篇，进一步扩大了海洋报在水产加工行业的影响，并获得了第一手调研资料。与福建记者站合作开办了"福建海洋与渔业龙头企业风采展示"专栏，对福建的发行经营工作起到了积极的推动作用。编辑部还在浙江三门青蟹节期间成功组织了"中国海洋论坛——区域经济与名牌发展战略"研讨会，在中国渔业博览会期间举办了"水产品保鲜加工专题报告会"等，通过各种活动和报道，既扩大了海洋报《水产周刊》的社会知名度和影响力，又做出了一些有价值、有意义的新闻栏目和选题，更加贴近读者、吸引读者，同时还促进了广告创收。

(2) 大胆改进版式，精心制作标题。2002年11月份编辑部重新设计版式，采用现代、简约、横题、五栏、模块式、主打超粗黑字体等模式，使版面富有现代感。编辑部对标题制作也非常用心。如"域外传真"栏目一组标题：(欧盟）亮红灯、(日本）遭冷眼、(坦桑尼亚）失良机、(挪威）遇寒流、(马来西亚）出新招。又如"福建为冷水鱼加温"、"浙江虾兵蟹将何以横行上海"。这些标题口语化、醒目、比较吸引人，可以看出是经过编辑仔细推敲、精心制作出来的。2002年年终专稿是非常出彩的策划，经过编辑部精心策划，全体采编人员走向社会，从不同角度，对不同类型的水产界的人士进行了采访，集中反映了2002年水产行业的特点，各类人的心态，大大增加了文章的可读性。

(3) 自办发行卓有成效，与上年相比翻了两番。《水产周刊》自办发行大有"燎原之势"，从上年通过联系紧密的记者站"一点"发行，逐步扩展到去年沿海其他记者站"一线"发行，一方面加深了与各地记者站的联系与合作，另一方面通过记者站的传播，使得《水产周刊》能够为更多的企业和读者所熟知。善于推销自己也是《水产周刊》工作的突出特点。一年中凡是有水产展会的地方，都留下了《水产周刊》人的身影，周刊的人员不辞辛苦大量发送报纸和宣传品，最大限度地扩大自身的影响力。通过他们的努力，自办发行比上年增加300%以上。全年共寄送报纸25万余份。

(4) 在探索调整中向前推进。《海洋经济周刊》创刊以来，版面在不断探索调整中向前推进。编辑部特别策划的"与高层官员话海洋经济"、"海洋人物志"等栏目，一年来得到了各级管理人员和企业界人士的认同，各地官员和企业家都争相要求上稿，宣传本地本企业的亮点，扩大社会影响力。一年来周刊超额完成了年初预定的目标，为报纸向新领域拓展做出了积极的贡献。

2）做好报纸营销工作。报社作为文化产业的经营主要是要依靠事业部和发行部的营销推广工作。

(1) 积极探索"邮发自办相结合"的发行途径。2002年报社发行部及时组织召开了站长发行工作会，并从南到北，从北到南，反复深入省市县乡等基层单位，广泛开展沟通交流工作，主动进行发行调研，在此基础上，制定了2003年发行奖励办法。同时与辽宁、山东、江苏等沿海省市及当地发行网络单位进行了磋商，初步形成了今后合作意向。2002年的自办发行工作有了初步拓展，邮发报纸回款额也有了提高。

(2) 活动推广工作在积极展开。2002年事业部不断寻找新的经营资源，培养新的广告客户，扩展新的经营空间。①一年来事业发展部重点策划并参与了一些大型社会活动，在推广报纸影响力的基础上创造业绩。如"青岛海洋节"、"全国海岛县渔民画邀请赛"、"海洋文学征文"等。2002年10月第十二届全国海岛县县（市）长联席会议在浙江岱山县举行。报社积极与浙江省文化厅、岱山县政府共同举办了"全国海洋文学征文比赛"和"全国海岛县渔民画邀请赛"。活动发起后在全国反响热烈，共收到900多篇征文和100多幅渔民画，联席会议期间在当地文化广场举行了画展，当地群众争相观看。海洋报用了整版的篇幅刊登了获奖作品，并将本期报纸赠送给海岛会议的与会代表，本次活动得到了当地政府和广大参赛者的好评，参赛作者表示非常感谢《中国海洋报》社对海洋文化活动的大力支持。②在全国组织《海域使用管理法》知识有奖问答活动和组织出版《海域使用管理法》普法特刊。这项活动由国家海洋局办公室、海域司和报社共同主办，全国各级海洋行政主管部门认真组织人员参与了此项活动。通过这些社会参与活动，一定程度上扩大了海洋报的社会影响力，同时也获得了社会各界的积极支持和赞助。③报社还积极为客户做好年度宣传策划，以整体或系统宣传赢得客户的信任和支持，避免一次性广告的负面影响。

3. 加强制度管理，提供保障服务

(1) 加强制度管理，做好监督工作。2002 年报社办公室加强了财务管理工作，根据报社制定的财务管理办法做好独立经营部门的成本核算和固定资产清查工作，逐步实现成本管理目标。办公室还根据报社考核奖惩办法加强对部门考核督查工作，各部门根据月度考核制度坚持对员工每月进行部门考核，使员工的全年表现一目了然，考核结果成为年度考核的重要依据。

(2) 加强人力资源管理，实现队伍的优胜劣汰。报社因发展需要，急需各方面人才，但由于国家现行户口和编制等政策暂时难以按传统方式解决，报社采取了灵活的用人方式，两条腿走路，改变了原有单一的用人机制。一是实行了不拘一格选聘人才的政策。我们陆续引入和聘用了一批骨干力量，充实到报社各部门的关键岗位。二是积极申请进京指标，招收了 3 名应届本科生和硕士生，为报社采编和行政部门增添了新生力量。在分配问题上，在国家允许范围内分配政策体现出向骨干倾斜，使报社骨干的岗位绩效和年终奖金高于一般员工。对各地记者站长也采取了任人唯贤，向优秀人才倾斜的政策，工资待遇与绩效挂钩。对表现较差或精力在外、又想长期在报社混的员工，通过末位淘汰制度劝其自动离职。2002 年有两名员工被劝自动离职。

(3) 更新办公设备，提供保障服务。2002 年报社更新了一批电脑设备，并为编辑部门配置了方正飞腾电脑组版软件，使编辑画版工作迈上了一个新的台阶，从传统的纸上画版升级为电脑画版，使编辑的设计意图直接在电脑上体现出来，大大提高了编辑效率。2002 年，报社办公室也更新了办公家具，改造了机房线路，从整体上改善了报社的办公条件，全社办公环境焕然一新。

(4) 成功承办海洋新闻宣传工作会。2002 年 9 月，报社与国家海洋局办公室联合组织召开了“全国海洋新闻宣传工作会议”，报社承担了会议全部的组织承办工作。接待了国家海洋局系统和地方海洋局系统以及报社各地记者站的与会代表，会议规模将近百人。这是国家海洋局建局以来召开的第二次全国性海洋新闻宣传会，局领导高度重视。分管局领导亲自到会做了重要讲话，强调了海洋新闻宣传工作的重要性，提出海洋新闻宣传工作要适应新形势，不断“开拓创新、与时俱进”，努力开创海洋新闻宣传工作的新局面。这次会议形成了今后一段时期海洋新闻宣传工作的新思路，并向全国海洋行政管理系统下发了“关于加强海洋新闻宣传工作的通知”和局领导的讲话。会议取得了圆满成功，收到了预期的效果。这次会议大大提升了全局上下对海洋新闻宣传工作的重视程度。 （海　欣）

【中国海洋石油报】《中国海洋石油报》由中国海洋石油总公司主办，经国家新闻出版署批准，于 1993 年 9 月 29 日试刊，1994 年 2 月 21 日正式创刊，1995 年 7 月由每周一刊改为每周两刊。截至 2002 年底共出版 835 期。

中国海洋石油报社实行总编辑负责制，下设三部两室（采编一部、采编二部、信息服务部、总编室、办公室）及天津、湛江、广州、海南四个记者站。2002 年底在编人员 30 人。

2002 年中国海洋石油报社在总公司党组的领导下，紧跟党中央的战略部署，高举邓小平理论伟大旗帜，紧紧围绕中国海洋石油总公司的中心工作，全力宣传中国海洋石油总公司及其所属单位的改革、生产、经营、管理和企业文化建设等方面的成就。全年的宣传报道工作可以概括为抓住主线、突出重点、强调特色。

首先，紧紧抓住宣传“三个代表”思想的宣传报道主线。陆续开设了“学决定，正作风”、“实践三个代表、促进海油发展”和“学习十六大精神”三个专栏，刊发了大量的学习体会文章、系列言论和各单位学习“十六大精神”，实践“三个代表”，关心群众生活的重头稿件。

其次，把中国海洋石油总公司的生产经营作

为宣传报道的重中之重。2002 年是中国海洋石油生产、经营、管理和企业改革都取得丰硕成果的一年，这一年里中国海洋石油总公司的一系列重大举措在国内外都产生了强烈反响。为了尽快将这些信息报道出去，鼓舞广大职工的士气，中国海洋石油报社按照事件的时间节点调整出报时间，增强时效性。并给重大事件的报道留足版面，增大报道的信息量。同时还组织力量进行事后的深度报道。对专业公司重组上市、中国海洋石油总公司成功进行国际并购、初步形成金融板块、全面展开下游项目等重要事件都进行了及时的报道。

第三，突出宣传有海洋石油特色的企业文化。中国海洋石油总公司成立 20 周年是 2002 年初总公司的一件大事，报社对此进行了全面多角度的报道，并以此为切入点，突出宣传了海洋石油“海味”、“油味”、“洋味”的特色企业文化。通过长篇通讯《国门从海上开启》揭示了海洋石油在中国对外开放史上的开创地位；通过长篇纪实文章《在历史和未来的画卷中》和系列述评《辉煌二十年》对中国海油成立 20 年来的历程进行了全景式的描述；通过开展“我爱海洋石油”征文、“那一天令我难忘”征文和“寻访老海洋”征文表现中国海洋石油总公司 20 年来多姿多彩各个侧面。中国海洋石油报用增版、彩版的方式对总公司 20 周年庆典进行了浓墨重彩的宣传。

2002 年中国海洋石油报社积极推进改革，对部室及岗位进行了重新设置。将原来的新闻部和专刊部调整为采编一部、采编二部。非采编部门也在简化程序基础上把广告发行部和信息技术室合并为信息服务部。重新修订了岗位职责以及素质要求，制订修改了新的工效挂钩考核方案，对采编流程也进行了调整。

此次改革在一定程度上调动了报社全体人员的工作积极性，初步形成了各部门间工作既有竞争又有合作的良性关系。

改革后的中国海洋石油报重新定位为：强化海洋石油总公司特色；贯彻核心文化；服务企业职工。

《中国海洋石油报》是“风向标”、是“晴雨表”、是“经纬仪”，是连接上下的桥梁，是沟通内外的纽带，是广大读者了解海洋石油的窗口。

（崔　忻）

【《海洋石油》杂志】　由中国石油化工股份有限公司上海海洋油气分公司主办，创刊于 1981 年 8 月 15 日。设有论文篇、译文篇和信息篇三大板块。除刊出海洋油气勘探、油气田开发、试采及集输、石油地质、海洋地质、物化探、钻井完井、地层古生物、实验分析等方面的学术论文以及国内外油气勘探开发方面的最新动态等行业信息外，还向广大读者介绍国外石油界、地质界各专业研究成果的新进展、新成果、新方法、新理论。《海洋石油》为双月刊，大 16 开本，每季度末月 22 日出版发行。2002 年，《海洋石油》共计刊出专业论文 42 篇、专业译文 13 篇、行业信息 34 条，总字数约 56 万字。

（中国石油化工股份有限公司　彭伟欣）

【中国船舶报】　作为行业报，为中国船舶企业集团公司、中国船舶重工两大船舶工业集团公司及地方船舶工业服务始终是《中国船舶报》的宗旨。2002 年，《中国船舶报》进一步发挥自己的职能，在宣传报道方面进行了更多更好地探索，为宣传中国船舶工业和海洋事业发挥了不可多得的作用。

2002 年，《中国船舶报》在报道上做到了既全面报道又突出重点，共编辑出版各类专版 25 个，如“两会”专版，两大船舶集团公司工作会专版等。2002 年 5 月 15 日至 9 月 23 日，由两艘我国自行设计建造的舰船——“青岛”号导弹驱逐舰和“太仓”号综合补给舰组成的我人民海军舰艇编队首次成功进行了环球航行访问。《中国船舶报》在对出访做及时报道的同时，辟出专版对此进行了全面系统的报道。

找出中国造船与世界造船的差距，是促进中国造船发展的强大动力，因此，2002 年，《中国船舶报》组织了一系列找差距文章，在一片“每周话题”位置，连续发表了近 20 篇“找差距，促发展，增强综合竞争力”系列讨论文章，收到了令人满意的效果。

2002 年，国务院总理朱镕基对船舶工业发展作了重要批示，《中国船舶报》对此进行了适当报道。

2002 年 8 月 30 日、12 月 20 日，由中国造船企业建造的两艘 VLCC 先后建成交付使用，这标志着中国已成功进入了世界上少数几个能设计、建造 VLCC 国家的行列，《中国船舶报》对此进行了连续的报道。

此外，2002 年，《中国船舶报》还对以下几件大事进行了重点报道：

一是中国船舶重工集团公司对第七研究院管理体制进行重大改革；二是我国船舶出口再创新高；三是大型船用曲轴生产企业在上海成立；四是我国首次以伙伴国身份参加汉堡海事会；五是我国实现建造 LNG 船零的突破；六是“大型、高附加值液货船”引进技术消化吸收项目全面完成。

发挥以往优势，2002 年，《中国船舶报》在对行业进行常规报道的同时，继续开办了《经营·贸易》版、《渔船》版、《经济广角》版、《法苑》版、《港口航运》版，并于 2002 年中期恢复了一度停刊的《修船》版，受到修船企业的热烈欢迎。

从 2003 起，中国船舶工业将开始向世界造船大国目标迈出重要的一步，中国船舶工业的发展速度将明显加快，国家对船舶工业的重视程度将进一步加深，作为行业喉舌的《中国船舶报》，将进一步履行好自己的职责，真正使自己成为“船舶行业中最具权威的大报，海事界中不可多得的信息来源，专业人士理想的参考资料，企事业单位宣传自我、提高知名度的首选媒体”。（魏敬民）

海洋出版工作
Marine Publication Work

【海洋出版社】 2002 年，海洋出版社认真贯彻落实党的十六大精神，坚持以“三个代表”重要思想统领全局，本着突出主业、优化结构、强化品牌、丰富品种的出书思路，努力开创海洋出版工作的新局面。全年出书总量再上一个新台阶，海洋科技类图书所占比重继续加大，多种图书荣获国家、省、部级奖，发行码洋再创历史新高，人员结构进一步优化。

2002 年海洋出版社共出版图书 415 种，其中新版图书 304 种，再版图书 111 种，图书再版率 26.7%，同比增长 4.7%个百分点。每种图书平均印刷 7 252 册，同比增长 20%。

2002 海洋出版社图书自办发行码洋比往年有了较大的增长，全年图书发行总码洋 5 389 万元，全年回款 735 万元，同比增长 26.8%；追缴欠款的工作也更加深入细致。

2002 年海洋出版社的人员结构得到了进一步优化。全年共接收应届毕业生 8 人，其中 3 人为海洋专业硕士研究生。35 岁以下人员和 36～45 岁人员占职工总数的比例，分别由 19%和 34%提高到 30%和 35%，两者之和占职工总数的 65%。大学本科以上学历人员占职工总数的比例提高到 45%。全社的人员结构正在向年轻化、知识化、专业化的方向发展。

为了让海洋品牌打得更响、更硬，保证海洋精品图书出得更精、更好，海洋出版社努力加大“海洋科技著作出版基金”的资助力度，仅 2002 年就有 6 本图书获得资助，资助金额为 25.2 万元。使一些因资金不足而束之高阁的海洋科技著作得到广泛的传播和应用。同时，也为创海洋品牌图书培育了肥沃的土壤。

2002 年，《海洋动物》系列图书荣获第十三届中国图书奖，这是海洋出版社自建社以来第三次获此殊荣。《海岸工程》和《长江、珠江口及临近海域陆海相互作用》荣获 2002 年国家海洋局优秀图书奖。《海洋学报》同年先后荣获第二届国家期刊奖百种重点期刊奖和第三届中国科协优秀期刊三等奖。

海洋出版工作特点

1）坚持“主旋律、高品位”的出书方针。按专业分工投身市场竞争是我国出版业的特点。海洋出版社近些年的书刊出版一直是围绕着打铸“海洋品牌”，走特色发展之道的工作思路开展的。为了实施特色战略，海洋出版社主要抓了两类图书的出版：一类是具有突破性、前瞻性的海洋专业著作的出版。为了提高此类图书的品位和水准，特设立海洋科技著作出版基金扶持海洋原创性作品的出版，力求通过海洋类图书的出版满足我国海洋事业发展的需要，创出海洋图书的精品；第二类是抓具有大众性、普及性和渗透性的海洋科普书的出版。组织这类图书，注重启动作者、编辑的创造性思维，用心寻找读者需求的切入点，让所出图书突出读者化、市场化，使海洋科普技术类图书能直接为涉海企业所用，同时也能令广大青少年读者感受到海洋科普知识图书的魅力。

2）避开选题工作误区，抓住出版工作繁荣的关键。在知识经济背景下，选题的好坏是出版社可持续发展的保证。海洋出版社近年来在选题工作中一直坚持“突出主业，优化结构，强化品牌”的选题思路，并在不断总结以往的选题工作的基础上，找出误区，有意识地加以改正。

(1) 走出“广种薄收”的误区，确立有所为，有所不为的经营思想，因地制宜地构建适合海洋出版社发展的选题思路，集中力量在确定的出书领域内拓展、凝聚自己的优势，最终整合成海洋出版特色。

(2) 走出平庸、雷同选题唱主角的误区，开发融文化积累性、科学知识性和实用传播性为一体的选题。坚持：①加强选题的论证工作，从出书工作的源头上杜绝没特色的“克隆”选题；②根据海洋出版社确定的选题方向，精心研究市场、精心策划选题、精心选择作者、精心组织稿件，建立、健全优质选题策划机制，为两效图书的出台奠定基础。

(3) 走出选题缺乏整体规划的误区，制定选题计划突出连续性。对开发成功的产品顺势挖掘潜力，加强了选题的整体开发。从横向上，注意把内容相同的选题按同一个风格整合成套书、丛书选题出版，拓展选题的优势。从纵向上，选题计划注重连续性，努力实现出版今年的，准备明年的，策划后年的滚动式的选题发展模式。

3) 深化内部经营机制的改革。深化内部经营机制的改革，建立现代企业制度意义上的新型的出版企业是形势对出版企业的要求。海洋出版社近年来在深化内部经营机制改革方面做了以下工作：

(1) 在原有的人事制度改革的基础上，又进一步落实了“社长负责，按需设岗，竞争上岗，人尽其才，人适其所，全员聘用，职位聘用，能进能出，能上能下”的人事制度改革的目标模式，努力实现岗位价值和个人价值的有机结合。

(2) 大胆进行分配激励制度的改革。在这项改革中，以“岗位为中心、效益是依据、奖罚要并重、能高也能低”为目标模式，具体做法是：①以最大限度地调动各岗位员工的积极性和各部门协调运作产出最大效益为原则，按市场经济的需求，确定各部门的考核指标、考核体系；②以岗位为中心，分配向优秀人才和关键岗位倾斜，让奉献、责任、效益、能力等要素参与分配，确定收益与责任、义务相对等的分配标准，使良好的表现和创造性劳动在海洋出版社得以充分肯定和回报；③根据出版资源的开发利用程度、市场份额的占有水平及岗位达标的情况，奖优罚劣、奖勤罚懒；④水涨船高，设立年度整体效益奖。其奖励比例和奖金的有无完全视盈亏状况而定。

海洋出版社在今后的出版工作中将不辱使命，按照既定的出版方向和范围，突出海洋特色，牢记向海而兴，背海而衰的道理，出版好各层面的海洋品牌图书，具体从以下几方面入手。

(1) 实施精品战略。精品出版物反映的是当代社会科学和自然科学发展的最高水平，是久远的标志性出版物，具有明显的社会效益和经济效益。海洋出版将让精品书唱主角，杜绝出版平庸书。

(2) 调整组织结构。根据发展目标和任务，按照科学、合理、精简、高效的原则，调整机构和岗位设置，改变计划经济体制下的机构设置。面向市场，进一步加强选题策划和市场研发，强调质量控制和管理等部门职能，真正实现从生产型组织结构向生产经营型组织结构的转变。

(3) 调整人才结构。树立人才资源是第一资源的观念，充分调动每个人的积极性。根据全社岗位设置让职工挑选适合发挥个人特长的岗位，使各个部门和岗位的人才结构更趋科学合理。

全社编辑实行分流，让其在最适合的岗位上发挥各自特长，最大限度发挥编辑的个体效能和整体效能。让那些能力强、思维敏锐、信息灵通、精力旺盛、社会接触面广而且有较强市场观念和经营意识的编辑把主要精力放在对市场的调研和选题的策划上。而那些具有较好的编辑专业技能，责任心强，有较高编、审、校能力的编辑则主要从事书稿的生产加工。策划编辑对所筹划图书的社会效益和经济效益负责，文案编辑对书稿的编、校质量负责。策划编辑和文案编辑实行动态管理，根据个人具体工作情况及时调整工作岗位。

(4) 理顺分配结构和运行机制。贯彻按劳分配为主，技术和管理等要素参与分配的原则，正确处理好部门与部门之间、个人与国家、集体之间利益关系。

(5) 健全管理体系。完善岗位职责，建立健全岗位考核体系；健全质量管理体系，狠抓书、刊的编校质量和印制质量。

(6) 加快信息化建设。①网站建设。在完成全社网络化建设的基础上，加强网站的建设、维护、开发和利用，当前及今后网络化建设重点是确保社内局域网络的完善和畅通。②开发出版管理信息系统。要以最快的速度建立起自身的出版管理信息系统，基本上实现现代化办公，实现信息管理网络化，实现资源的共享和各项管理的高度透明。

(7) 建立人力资源开发体系。制订人才预测规划和职业生涯规划，有计划、有目的地开展从业人员培训工作，按总体人才战略规划确定培训的方式、方法，切实解决好培训的目的及培训所达到的预期目标等方面的问题，做到有的放矢，为精品出版物的出版培养创作生产群体和后备力量。

获奖图书及重点图书

(1) 获奖图书：

2002 年海洋出版社出版的《海洋动物》系列图书获“第十三届中国图书奖”。

“海洋动物”系列图书是海洋出版社引进出版的海洋科普读物，共分 10 册，每册集图书、磁带、玩具于一体，分别介绍了章鱼、白鲸、青蟹、大白鲨、斑海豹、龙虾、海豚、海龟、小丑鱼、宽吻豚 10 种海洋动物的生活习性和成长历程。

本系列图书以倡导保护海洋生物为宗旨，通过大量、细致的描述，潜移默化地萌发青少年从小热爱海洋动物、保护海洋生物的思想，是目前不多见的优秀的科普图书。此系列图书的出版、获奖对于普及海洋知识，激发青少年关爱生命，提高全民族的海洋意识具有积极意义。

(2) 海洋重点图书：

《海岸工程》 严恺主编，16 开本，定价 198 元，精装。

该书共 10 章，全面清晰地探讨了海岸环境特征，海岸带开发与海岸工程的形成发展；论述了与之有关的海岸动力因素，海岸泥沙运动与岸滩演变及波浪与海工建筑的相互作用；概括了海岸防护工程，海港工程与河口治理工程当代国内外的最新成就；阐述了工程环境资料的现场量测手段与分析研究技术，工程方案的物理模型验证实验及数据模拟技术。书末附录中还介绍了与近海工程交叉的人工岛工程。

《东海海洋通量关键过程》 胡敦欣、杨作升等著，定价 48 元，精装，16 开本。

该书清楚地论及了国家自然科学基金同时支持研究的“东海陆架边缘海洋通量研究”和“东海海洋通量关键过程研究”两项重点研究成果。该两项成果使我国成为国际“全球海洋通量联合研究（JGOFS）”计划中最早开展陆架海洋通量研究的国家。该书论述了东海海洋通量的有关关键过程和机理，在海-气碳量估算，细颗粒物质输运沉积机理，冷涡区沉积动力学，浮游生物在垂直碳量过程中的作用等方面的创新成果。

我国的海洋科学家们对该书出版给予了极高评价，他们认为该书“有很多创新的科学思想和成果”，“是第一部有关海洋通量的中文著作”，“它将在今后海洋通量的研究中发挥重要作用。”

《中国边缘海的形成演化及重大资源的关键问题》 高抒、李家彪主编，定价 28 元，16 开本，平装。

自板块构造理论问世以来，边缘海的成因一直是地球科学关注的焦点之一。边缘海位于大陆和大洋两大构造-地貌单元之间，是大陆和大洋岩石层的过渡地带。中国边缘海包括东海与南海，是太平洋板块、印度洋-澳大利亚板块与欧亚板块俯冲、碰撞，在中国大陆边缘发育的独特的复杂构造单元。东海有典型的海沟-岛弧-弧后盆地的聚敛型板块边界，冲绳海槽是西太平洋最年轻的边缘海盆。南海位于西太平洋边缘海与地中海-喜马拉雅构造带的交接部位，是研究特提斯构造域与太平洋构造域相互作用的关键地区。当今国际地球科学界认为，西太平洋的洋陆岩石层相互作用和边缘海发生发展的构造过程是认识洋陆板块相对运动、物质交换、能量传递的窗口。

《江苏省大比例尺海洋功能区划》 江苏省海洋渔业局编，定价 60 元，16 开本，平装。

江苏省大比例尺海洋功能区划工作，是为满足海洋经济可持续发展和海洋综合管理需要而开展的一项大型海洋基础工作。其基本方法是在调查、了解有关资料和数据的基础上，对全省管辖海域及必要依托陆域各区域的功能属性进行分类，研究确定某块区域的主导功能，然后根据主导功能进行分区划片，并以区划图、区划报告、功能区划登记表、基础资料汇编和实施办法等形式反映出来，经报批并向社会公众发布后执行。之所以称之为大比例尺海洋功能区划，是因为在20世纪90年代江苏省曾进行过一次海洋功能区划工作，那时要求的制图比例尺小于1:20万，而本次海洋功能区划要求的比例尺为1:5万。

《世界各国和地区渔业概况（上册）》 世界各国和地区渔业概况研究课题组编，定价50元，16开本，平装。

该书主要内容有各国和地区发展渔业的自然条件、生产状况、渔获物的加工和利用、水产品供应和进出口贸易、渔业管理和保护、渔业科研和教育、国际合作以及存在的问题和发展前景等。与20世纪90年代初由中国水产科学研究院科技情况研究所主编的《国外渔业概况》相比，该次撰写的国家和地区，首先着眼于亚洲、非洲、拉丁美洲和大洋洲，特别是大洋洲，这与我国发展远洋渔业是紧密相关联的。

《对虾健康养殖问答》 宋盛宪编著，定价14元，32开本，平装。

该书内容包括虾场的建造，养殖的模式，清塘除害，纳水，培养基础生物所需的营养盐，种苗的选择，放养密度，饲料营养，中间养殖的水环境调控，饲料的科学投喂等，很有实用价值。

《海洋法基本文件集》 刘振民编著，定价40元，大32开本，平装。

该书是为纪念《联合国海洋法公约》签署20周年并反映过去20年海洋法的发展而出版的。本书收集了《联合国海洋法公约》、《关于执行1982年12月10日〈联合国海洋法公约〉第十一部分的协定》、《关于执行〈联合国海洋法公约〉有关养护和管理跨界鱼类种群和高度洄游鱼类种群的规定的协定》、《“区域”内多金属结核探矿和勘探规章》、第三次联合国海洋法会议最后文件、关于执行《联合国海洋法公约》第十一部分的协定的决议等文件。

本书适合广大海洋工作者、海洋法研究者、大中专院校师生阅读。

《福建省大比例尺海洋功能区划研究》 福建省大比例尺海洋功能区划研究课题组编，定价56元，16开本，平装。

该书是在福建省大比例尺海洋功能区划工作的基础上编辑出版的。全书共分为：前言；绪论；基础条件评价；开发现状和存在的问题；海洋功能区划的原则和方法；海洋功能区划分类体系和类型划分指标；海洋功能区划；海洋功能区划管理信息系统；贯彻实施海洋功能区划的措施和建议；附录。

该书适合海域管理部门工作人员、沿海各级政府工作人员和广大海洋类高等院校教师、学生阅读。

《锰质核形石：大洋多金属结核》 陈建林主编，定价30元，16开本，平装。

该书主要研究内容有：大洋多金属结核成因研究简史、结核粒径分形特征、锰质叠层石分类及其化学与生物矿物学特征、建造多金属结构的超微生物化石种、叠层石纹层与超微生物关系、叠层石纹层的韵律周期、锰质叠层石柱体的构筑以及人工1纳米锰矿相的金属阳离子交换能力与结构稳定性的研究等。认为大洋多金属结核是核形石的一种新类型——锰质核形石，它是超微生物千百万年世代繁衍的结果。在此基础上对多金属结核进行新的分类。本书中还简要介绍了通过对海洋深处不同种类细菌的生理生化研究，以探讨其对多金属结核形成的影响。此外，还提出了集矿机设计的初步设想。全书共分11章。该书可供从事多金属结核（结壳）开发研究的海洋、地质、冶金部门及大专院校等人员参考阅读。

《海南经济可持续发展文集》 江泽林主编，定价40元，16开本，平装。

该文集是从2001年海南海洋经济可持续发展专题研讨会上的发言稿和征集的论文中筛选、整理形成的，凝聚着海南省各界关注海洋事业的各位领导、专家、学者和海洋管理、海洋科技工作者的心血。他们从不同的侧面、不同的视角分析了海南省海洋经济发展的现状、制约因素和有利条件，展望了广阔的发展前景，并提出了适合海南海洋经济可持续发展的战略和对策。

本书适合沿海各级政府领导、决策者以及广大海洋使用管理者等阅读。

《生态水文学》 赵文智等编译，定价40元，16开本，平装。

该书阐述和探讨了各种环境植物与水分的相互作用问题。第一流的生态学家和水文学家针对干旱区（旱地）、湿地、湿带森林与热带森林、河流和湖泊五大生态系统的生态水文问题进行了总结性的评述。各位执笔者提供了从个体细胞到植物群丛（林分）方面背景信息，深入讨论了尺度和数学模型在生态水文学中的应用问题。本书是综述有关陆生环境和水生环境植物与水分关系方面的第一本书，对于水文学家、生态学家、自然保护学家以及研究生态系统、植物生活和水文过程的其他学者都有很大的参考价值。

《专属经济区和大陆架基本制度划界方法、开发保护》 国家海洋局海洋发展战略研究所编，定价65元，16开本，精装。

该书是“我国专属经济区和大陆架勘测”专项研究成果之一。研究人员系统研究了《联合国海洋法公约》中关于专属经济区和大陆架制度的有关规定，我国专属经济区和大陆架的环境和资源问题、划界矛盾、划界理论和方法，开发保护中存在的问题，以及海域划界、维护海洋权益、开发海洋资源、生态环境保护战略。本书适合于各级海洋管理部门的工作人员、海洋法律专业人员、海洋调查科技人员阅读参考。

《治淮闸坝工程水力学论文集》 周名德著，定价38元，16开本，平装。

该论文集共选论文25篇，系作者于1962～1999年所写作，其中大部分论文曾在《水利学报》、《水利水运科学研究》、《江苏水利科技》等刊物及全国性和国际学术讨论会上发表。主要内容包括：水闸消能防冲和老化加固、涵闸高淹没度泄流能力、闸基渗流和排水减压、大型立交地涵防淤减淤、闸坝水力学原型观测、灌区量水设备、水工闸门和输水管振动等专题，基本上概括了以中、低水头闸坝为主的水工水力学技术关键问题。

该论文集中的论文紧密联系工程建设实际，可供广大水利科技工作者及设计管理人员参考，特别对21世纪持续治淮和防洪减灾工程有技术借鉴价值。

《外源强迫与波流作用动力学原理》 徐祥德、高守亭著，定价58元，16开本，平装。

该书作者通过多年教学与研究，并借鉴国内外在外源强迫与波流相互作用研究途径，撰写了《外源强迫与波流作用动力学原理》这部学术专著，全书共分4章，系统地阐述了低频波理论的演化与广义波射理论，瞬变波与纬向平均流相互作用原理，波流作用中的非线性稳定性理论以及广义外强迫与不同时空尺度波流型遥响应。全书以尽可能精炼的语言及公式，来说明有关波流作用方面的理论和要领，并尽可能做到理论同应用紧密结合，使各方面的读者都能由浅入深地加以理解并得到收益。该书适合于有一定基础的大学生、研究生、研究人员及台站预报人员学习使用，可供大专院校、气象等研究部门作教学研究用书。

《波浪对海上建筑物的作用》 李玉成、滕斌编著，定价45元，16开本，平装。

该书是关于波浪对海上工程设施作用的专著。书中论述了波浪对海上结构物作用的基本理论，总结了国内外和作者的新近研究成果，全书内容系统、新颖、实用性强。系统的分析评述有助于读者对内容的理解。

全书分9章。第1～4章为波浪对海上建筑物作用基本理论的介绍；第5章为波浪传递过程中的能耗计算和波浪遇障碍时反射量的分离计算方法；第9章为波浪对桩结构的作用。

该书可供从事港口工程、海岸工程以及海洋工程等专业的科技人员参考使用，并可供有关专业的研究生使用。

《广东海洋产业发展方向与对策》 容景春等编著，定价14元，32开本，平装。

该书是广东省重大科研项目（软科学部分）“广东海洋产业发展方向与对策”课题的研究成果。它从发展广东海洋经济的需要出发多层次、多方位、系统性地透视关联产业的发展历史，发展现状，认清产业发展的战略地位，提出其产业发展的科学对策。课题研究资料翔实、立论正确、分析深入系统、理论性强、可信度高。研究的定论符合广东的实际。对广东政府管理部门在广东建立海洋大省中如何发展相关产业具有重要的战略指导意义，对具体产业行业的发展对策具有应用价值；而且对我国沿海地区发展海洋经济也有参考作用。该书可作为政府部门领导干部调研、决策参考书，也可供从事海洋经济、涉海产业研究的科研人员和大专院校师生阅读参考。

《第十六届全国水动力学研讨会文集》 周连第等主编，定价120元，16开本，平装。

该书是《水动力学研究与进展》编委会、中国力学学会、中国造船工程学会、中山大学、澳门大学、澳门科学技术协进会、水动力学国家级重点实验室、上海市力学学会联合举办的第十六届全国水动力学研讨会文集，共选收论文100余篇，主要反映水动力学基础；计算流体力学；船舶与海洋工程水动力学；水电与河流动力学；海岸、环境与地球物理流体力学；工业流体力学；近代测试设备与技术等方面的新进展、新水平、新面貌，可供有关专业人员和教学人员参考。

海洋科技著作出版基金 为了支持优秀海洋科技著作的出版，繁荣海洋科技出版工作，促进海洋事业的发展，海洋科技著作出版基金第二次资助项目评审通过了6个参评项目，即《石花菜育苗与养殖》、《海洋可再生能源开发》、《渤海石油工程海冰预报原理》、《波浪对海上建筑物的作用》、《中国近海赤潮生物图谱》、《南海近海海水与沉积环境化学研究》。海洋科技著作出版基金每年进行一次资助出版图书的评选工作。海洋科技著作出版基金委员会根据专家们的建议，对今后资助的对象和范围进行了调整，即在原资助范围不变的基础上，允许对有价值的译著类海洋学术专著进行资助。

（海洋出版社）

【中国海洋大学出版社】

2002年中国海洋大学出版社海洋书刊出版情况

书名	作者	字数（万）	开本	定价
《海洋行政管理》	滕祖文	54	大32开	48.00
《海域使用管理基本问题研究》	李永祺	21.6	大32开	19.50
《海水贝类养殖学》	王如才	57.6	16开	38.00
《海洋随机资料分析》	方欣华	23.5	16开	20.00
《海洋行政管理》	郑敬高	25.4	大32开	14.50
《化学海洋学的无机量痕分析》	张经	21.9	16开	14.00
《海洋旅游》	董玉明	20	大32开	16.00
《中国东南近海冬季逆风海流》	管秉贤	22	大32开	29.00
《海洋水产三字经》	王兴章	13.3	大32开	10.00

（中国海洋大学 吴俊龙）

【《东海西湖凹陷含油气系统与油气资料评价》一书出版】 由中国石油化工股份有限公司上海海洋油气分公司贾键谊教授、顾惠荣高级工程师等主编的《东海西湖凹陷含油气系统与油气资料评价》专著，2002年8月由地质出版社正式出版。专著汇集了上海海洋油气分公司20余年来生产与科研的最新成果，必将促进西湖凹陷的天然气资源的开发。

（中国石油化工股份有限公司 彭伟欣）

海洋影视工作
Marine Film and Video

【中国气象局华风气象影视集团】 华风气象影视集团是直属于中国气象局的高新技术企业，成立于2002年8月28日。集团主要从事气象电视节目的制作，向公众及国家决策机构发布气象预

华风影视信息集团2002年播出的涉海科普专题片

（在《今日气象》栏目中的《气象百科》版块播出）

序号	时间	片名
1	2002年1月	《中国海岸线与气候》
2	2002年1月	《寻找消失的海洋》
3	2002年7月4日	《台风天气及防御》
4	2002年7月27，28日	《飓风》上下
5	2002年8月2日	《观沧海》
6	2002年8月10日	《南大洋的夏季》（译制片）
7	2002年8月30日	《可怕的飓风》
8	2002年8月31日、9月1日	《飓风过后》（上、下）
9	2002年9月20日	《海蚀地貌博物馆——平潭岛》
10		《厄尔尼诺》（五集）
11		《青岛海雾海牛之迷》
12		《扬帆出海》
13		《海陆风》
14		《气象词典》之《海雾》
15		《龙卷风袭荆州》
16		《跟踪厄尔尼诺》
17		《神秘的海市蜃楼》
18		《汛期过后话台风》（上下）
19		《地球水循环》
20		《龙卷风》（上、下）（译制片）
21		《伊尼凯飓风》（译制片）
22		《米奇飓风》（译制片）
23		《超级台风》（译制片）
24		《南大洋的春季》（上下）（译制片）

海洋军事

Military Oceanography

【不断发展壮大的中国海军】 海军是以军舰为作战平台的，海军的部署就是军舰的部署。

我国海军成立于1949年4月23日。海军的作战单位为北海舰队、东海舰队和南海舰队以及海军航空兵和海防部队。多年来中国海军的装备不断地走向现代化。

改革开放之后，人民海军的对外交往越来越多。其中最为引人注目的是1997年2月，中国海军两支舰艇编队同时走出国门，先后出访美洲4国和东南亚3国，总航程3万余海里。两支远航舰艇编队的“领头雁”就是素有“中华第一舰”美称的新型导弹驱逐舰“哈尔滨”号及其姊妹舰“青岛”号。

“哈尔滨”号和“青岛”号是中国海军第二代导弹驱逐舰，是目前中国海军最新、最先进的驱逐舰。1994年，“哈尔滨”号建成服役。该舰满载排水量4 200吨，采用了柴油机-燃气轮机联合动力，航速31节，续航力可达到5 000海里。装备了“鹰击1”反舰导弹和“海响尾蛇”舰对空导弹，并装有2架舰载直升机。此外，国际上流行的隐身技术在该级舰上也得到了应用，使该级驱逐舰的隐蔽性、生存能力大大提高。为充分发挥各种先进武器装备的效能，该级舰还装备了能将10余个武器系统连接成一体的作战指挥中心。作战系统能做到早期预警、适时判断、集中指挥、分散控制、快速反应、软硬武器综合使用。

中国的常规潜艇也早已由购买阶段、仿制阶段而进入了自行研制并全部采用国产材料及设备的阶段，现已开始全面向现代化迈进。自20世纪80年代起，为增加常规潜艇的攻击作战能力，我国海军潜艇逐步装备了反舰导弹，并且出现了装载战略导弹的常规潜艇。其中R级巡航导弹潜艇是在原R级鱼雷潜艇基础上改进而成的。为适应装载巡航导弹的需要，该级潜艇的排放量有较大增加，除装备6枚“鹰击1”反舰巡航导弹外，还有8具533毫米鱼雷发射管，在必要时可由20枚水雷代替鱼雷。在此之后，随着我国战略导弹的研制成功，中国海军又研制和建造出了自已的G级战略导弹常规潜艇。该级潜艇水下排水量2 950吨，武器装备除2枚潜射弹道导弹外，还装有10具533毫米鱼雷发射管。

当今，随着科学技术的突飞猛进，导弹化、核能化已成为世界海军装备发展的趋势。早在20世纪80年代初，我国核潜艇就进行了多次远航训练。我国核潜艇的首次远航训练，是由新中国第一艘核潜艇——“长征1号”进行的。1985年冬，我海军“长征3号”核潜艇又一次进行远洋航行训练。在这次远航中，该艇进行了深海最大自给力的试验。在长达数月之久的深海航行中，该艇打破了美国“鹦鹉螺”号核潜艇最大自给力84天的记录，充分显示出我国核潜艇良好的机动性、隐蔽性、适航性和动力系统运行稳定可靠的优点。

报及灾害性天气警报。另外，集团还从事与之相关的电视图形图像处理系统、多媒体及网络气象服务产品的开发、推广和广告创意设计等业务。中央电视台气象节目全部是华风气象影视集团制作提供的。目前，集团每天为中央电视台CCTV1、4、5、7、9、10及新闻频道7个频道提供26档节目，同时还为中国旅游卫视TSTV提供累计制作时长为90分钟气象节目，节目播出量每天达3小时。节目可分为4大类，包括气象新闻类、预报整版服务类、专题片类及资讯谈话类节目。内容涉及早、中、晚气象服务，新闻、专题、科教、海外气象、旅游气象、体育气象、西部气象、英语、服务等多个方面。

（中国气象局北京华风气象影视信息集团综合办公室 贾 敏）

【海军测绘部队完成我国首次海洋国土调查测量】 2002年12月初，中国人民解放军海军宣布：经过海测部队官兵53年征战，我国300万平方千米海洋国土的调查测量工作已经胜利完成。

海洋国土测量是法律赋予人民海军的义务。2002年12月1日，新修订的《中华人民共和国测绘法》开始实施。神圣的法律，再一次把这项任务赋予了海军。

新中国成立之初，我国海洋测绘领域几乎是一张白纸。由于没有精确海图，新中国自行设计制造的第一艘万吨远洋轮“跃进”号在首航日本时，就因触上“苏岩”暗礁而悲壮沉没！为了准确丈量蓝色国土，海测兵利用水铊、测杆等简易测量工具，编制出了新中国第一期航海通告；测量出了供解放沿海岛屿使用的准确海区资料。以后随着测绘科学技术的发展，他们又先后测清了我国沿海岛屿的数量和面积；先后两次精确测量我国领海基点等，填补了一个又一个空白。

为保护、开发海洋资源，捍卫领海主权，从1990年起，北海、东海舰队海测部队奉命联合进行东海大陆架测量。东海是全球著名的“风窝”，测区海况恶劣，浪大涌急，素有“无风三尺浪，微风浪翻船”之说。2 200余名官兵苦战3年，胜利完成东海大陆架全部测量任务，受到国务院、中央军委的赞扬。

南沙群岛远离祖国大陆，像一枚枚宝石，镶嵌在碧波万顷的南中国海。早在1983年11月，南海舰队某测量船就曾勇闯这一海域，填补了“中版海图”这一块空白。1987年3月，联合国教科文组织海委会通过我国在南沙建立海洋观测站的决议，承担建站勘测任务的海测官兵，在犬牙交错的珊瑚礁上连续奋战45个昼夜，确定了南沙第一个“北京坐标系”控制点、建起了南沙第一个验潮站、探测发现了南沙第一个深水良港。2001年3月起，海军三大舰队又展开了规模空前的南沙测量大会战。

中国海测兵，共测绘各种比例尺海图 2 300余幅，测量岛屿 6 500 余座，探测航行障碍物14 000余个，总测线里程达290余万千米，相当于环绕地球赤道70余周。先后有15个集体、36人次荣立一、二等功或被授予荣誉称号。

目前，海军出版社出版的 2 300 余幅覆盖全部中国海区、拥有完全自主知识产权的各种比例尺海图，成为一个泱泱海洋大国伟大复兴的新见证。

【北海舰队海洋水文气象保障能力实现新突破】北海舰队某海洋水文气象中心以中心保障军事训练、执行重大任务为契机，在保障中搞科研，在研究中促保障，圆满完成首次环球航行水文气象保障等任务，水文气象保障能力实现四大突破。

为适应跨越岛链走向大洋的目标，该水文气象中心党委组织技术人员利用执行保障任务的时机，根据需要搞设计创新，建立了水文气象业务自动化系统，综合保障能力实现了全球水文气象保障的突破，实现了水文气象自动化分析、中长期天气预报、灾害性天气形势预测、远程通讯系统的突破，同时实现了海上战斗群或单舰之间水文气象资料共享和全球任意海区水文气象资料多渠道多手段获取的突破。

首次环球航行编队总指挥北海舰队司令员丁一平中将在首航归来记者招待会上宣布：“我们具备了自己的全球水文气象保障能力。” （李世华）

【新型高效减水剂研制成功】 在混凝土中掺入一种添加剂，可使海防工程变得更加坚固，延长工程寿命。由海军工程设计局和海军工程大学共同研制的这种新型高效多功能减水剂，经专家鉴定，该产品关键技术被确认为达到了国际同类产品的先进水平。

该系列减水剂最适于海港、高层建筑、道路、桥梁、机场等混凝土工程建设。它还适应于炎热天气条件下的混凝土施工和大体积混凝土的浇筑，可避免混凝土早期出现网状微裂缝。

（杨宏斌 刘海洋）

【海军工程兵爆破北仑拦门礁】 2002年3月初，海军东海舰队某工程船大队官兵进驻宁波北仑拦门礁工地，执行海底钻孔、爆破、清碴任务，并顺利打下了第一个炮眼。

拦门礁地处宁波外峙岛与外神岛之间。是北仑穿山港船只通向外海的重要航道。由于拦门礁航道只有30余米宽，低潮位时，大面积的礁石露出水面，严重地威胁着来往船只的航行安全。

炸掉拦门礁，该航道将拓宽到100余米宽，水深达10米左右，可供万吨轮船自由进出。拦门礁水道畅通后，还将改变穿山港的水流状况，使穿山港淤泥淤积量大大减少。因此，炸掉拦门礁成为开发大榭岛、促进宁波经济发展的当务之急。

拦门礁水深、流急，航道窄，船只过往多，施工作业要在边通航边爆破中进行，施工难度非常大。东海舰队工程船大队组建30余年来，先后完成了秦山核电站、台州热电厂、镇海炼化码头等20余项海底爆破施工任务，每次都圆满成功。

（杨云中）

【减压病气泡定量检测技术与装置问世】 由海军医学研究所承担的减压病时肺微循环变化及减压气泡的定量检测研究，在上海通过专家鉴定。该成果经国家一级科技查新咨询机构认定，研制的减压病气泡定量检测技术与装置属国际领先，有5项科研指标开创了攻克减压病研究的先河。为减压病气泡检测和该病的早期诊断提供了客观、实时、定量的技术方法，对指导治疗减压病有着重要的实际意义。（腾晓波　潘志宇）

【《中国近代海战纪实丛书》出版】 《中国近代海战纪实丛书》由学苑出版社出版发行。学苑出版社向海军官兵赠送了价值2万元的丛书。

该丛书共分10部，以海战场为切入点，披露了许多鲜为人知的史料，吸收了最新的史学研究成果，全面、系统、翔实、形象地再现了我国近代抵御外寇入侵的海战历史。丛书描写细腻，场面宏大，人物鲜明。被海军政治部列入“闪光的金锚”读书活动和建党80周年读书推荐书目。

（普建军　高　坤）

【电视片《中国人民解放军海军博物馆》封镜】 中央电视台《爱我中华》系列电视片——《中国人民解放军海军博物馆》，在青岛封镜。

为增强全民族的国防意识和海洋国土观念，中宣部命名了第二批“全国百个爱国主义教育示范基地”，海军博物馆被列入其中。为更好地发挥其教育作用，中宣部拍摄一部全国爱国主义教育示范基地系列电视片，海军博物馆为其中一部。该馆坐落在青岛，馆藏展品2 800余件，是我国惟一一座全面反映我国海军发展史的博物馆。

（李世华　张文君）

【海军航空与导弹领域有了首批博士后】 海军航空工程学院举行“海上联合作战系统信息融合技术研究”、“固体火箭发动机无损检测自动化系统”等3个专业6名项目博士后研究人员进站仪式，从而结束了海军航空和导弹工程领域无博士后高层次人才的历史。

此次6名项目研究生进站，是国家人事部博士后管委会于2001年底批准，同意该院依托3个全军重点预研项目招收项目博士后研究人员开展科研工作，这标志着海军在航空和导弹工程领域人才培养工作走向更高的层次。

（糜玉林　杨振勃）

【海军与中国海洋大学签订培养干部协议书】 海军政治部干部部部长金克大校与中国海洋大学副校长于志刚代表双方签订了海军依托中国海洋大学选拔培养干部协议书。海军北海舰队政委陈少锋中将和中国海洋大学校长管华诗院士为同时设立的“中国人民解放军驻中国海洋大学后备军官选拔培训工作办公室”揭牌。

根据协议，中国海洋大学将通过6种方式为海军培养干部：一是按照军队院校招收学员的基本条件，从被中国海洋大学录取的普通高中毕业生中招收国防生，毕业后分配到海军工作；二是从中国海洋大学在校生中选拔国防生；三是从应届毕业的本科生、研究生中选拔优秀毕业生到海军部队工作，其中本科生考取中国海洋大学研究生的，可先办理入伍手续后留校读研或在部队工作，一两年后返校攻读硕士学位；四是军地联合培养，采用“4＋X”、“2＋2”、“3＋1”等形式，选拔部分优秀应届本科毕业生和高年级本科生到海军院校进行专业培训，学生入海军院校后即办理参军手续；五是推荐本科毕业生报考海军院校研究生；六是选拔海军干部入海大攻读研究生。

（纪玉洪）

【海军官兵紧急救援“5·7”空难】 5月7日晚21时24分，一架中国北方航空公司客机在大连市香炉礁海域上空失事。当晚，江泽民等中央领导同志指示有关部门和部队全力抢救失事飞机乘客及机组人员。22时许，海军石云生司令员、杨怀庆政委在得知空难消息后，立即下令启动紧急救援机制，亲自部署救援兵力，指示北海舰队驻大连、旅顺军港的舰船全力以赴投入空难救援。与此同时，海军某基地已经成立救援指挥所，司令员张治新、政委何春喜和参谋长肖新年在作战值班室调兵遣将。救生船、护卫舰、猎潜艇、登陆艇紧急备航，10余艘舰船从3个驻泊地火速向失事海域集结。15分钟后，救援舰船陆续赶到空难海域，开始仔细搜索每一寸海面。

岸上应急医疗救护分队、救生装备保障分队、后勤补给分队快速集结待命，急救药品、医疗器械和搜救物资源源不断地送上码头。

5月10日，中共中央政治局委员、国务院副总理吴邦国登上138船，代表江泽民主席向正在空难现场执行搜寻打捞任务的全体海军官兵表示亲切慰问。吴邦国在听取海军搜救情况汇报后，动情地说："5月7日空难发生后，海军部队坚决贯彻江主席的重要指示，投入大量兵力参与救援，在不到3天时间里，就打捞出22具遇难者遗体、2 000余件遗物及部分飞机碎片，充分体现了海军官兵过硬的作风和很强的战斗力。"

【海军工程设计研究局为海防工程跨越式发展拼搏】 海军工程设计研究局近年来承担的海防工程和国家重点工程勘察设计任务相当于10年来工作量的总和。近年来，该局科技人员足迹遍及高山、海岛、滩涂、礁盘，为坐落在万里海疆上的数十项大中型海防工程和国家重点工程描绘蓝图，为我国海防工程跨越式发展和经济建设作出了突出贡献。

该局是我军综合性最强的工程勘察设计研究机构，曾在新中国海防工程建设史上留下了辉煌记录。近年来，该局锻炼和培养了一批一专多能新型人才，并聘请国内著名院士、专家、教授加盟工程设计，形成了密集雄厚的人才方阵；投资近千万元购置了全站仪、GPS全球定位系统、地质物探检测仪等设备，全面推广计算机辅助设计和网络技术，实现了内外作业成图一体化；计算机出图率达到100%；建起了具有国内先进水平的军港工程试验大厅，先进的造波、测试设备能够模拟各种波浪提供试验。该局获奖的34个设计项目，应用先进技术产生的直接经济效益就高达1.2亿元。

先进设计手段的运用和高素质人才群体的崛起，为该局出色完成急、难、险、重任务创造了条件。某珊瑚岛远离大陆，数百万立方米的建材用海军最大的登陆舰运输，也需两年半。该局设计人员创造性地用珊瑚礁砂代替常规建材用于道面基层和填海工程，节约水泥1.1万吨，经费近700万元；在设计中，他们还打破常规，将飞行区设计成"V"形，变排水为收集雨水，每年为驻岛官兵节约运水费用千万元，结束了该岛饮用水依靠外运的历史。在某军港防波堤的设计中，该局设计人员采用爆炸排淤填石筑堤和新型防浪护面块体等两项新技术，解决了在水深达16米的淤泥上修建防波堤的软基础问题，节省投资50%，提前3年完成工期。

【中国海军舰艇编队首次出访韩国】 在中韩建交10周年之际，由"嘉兴"号、"连云港"号导弹护卫舰组成的舰艇编队，在海军副参谋长周伯荣少将率领下，作为祖国的特别外交使者，于2002年5月6～13日首次访问了隔海相望的韩国，谱写了中韩两国海军交往史上的新篇章。

韩国军政高级官员对我国舰艇到访极为关注，特别安排编队主要指挥员、海军副参谋长周伯荣少将，编队副指挥员、东海舰队副参谋长王志国大校，"嘉兴"号导弹护卫舰舰长周桂良，"云港连"舰舰长王明勇中校一行，赴汉城拜会了韩国防部长官金东信、韩参谋长联席会议主席李南信上将。韩国防部长官金东信8日中午，亲自设宴款待我编队主要军官一行。宴会上，"嘉兴"号导弹护卫舰舰长周桂良送给金东信一件特别的礼物——2001年10月26日金东信访问中国时，在舰长周桂良的陪同下参观"嘉兴"号的彩色照片，金东信高兴地握着周舰长的手连连致谢。5月10日晚，我舰艇编队在"嘉兴"舰举行甲板招待会，韩海军参谋总长张正吉上将率9名韩国将军和美国、加拿大、英国等11个国家驻韩大使馆的武官和外交官120余人出席，与我舰艇官兵广泛交流，共进晚餐。

在舰艇编队对外开放的3天里，有数千名华人华侨从汉城、釜山等地赶到仁川上舰参观，他们对祖国政治稳定、经济发展、民族团结、社会进步、国力增强的成就大加赞赏，共同祝愿祖国早日统一。

【亚洲最大陆用加压舰群落户北海舰队】 由海军航保部监制的陆用加压舱群，近日通过技术认定，并在北海舰队某防救船大队建成。该加压舱群是由烟台宏远氧气业有限公司按海军标准，参照有关国际标准建造的。它适用于潜水员、潜艇员加压训练、潜水疾病的抢救与治疗，以及高压氧适应症治疗等，提高了海军潜艇和防险救生部队的快速反应能力。

（孙建中）

【中央军委给马伟明记一等功】 （见附录3）

【海航某部荣立集体二等功】 2002年被海军荣记二等功的海军航空兵某舰载直升机部队召开庆功大会，隆重接受党和人民的褒奖。

作为我军第一支舰载直升机部队，他们着眼部队军事斗争的需要，发扬海空先锋精神，向科技练兵要战斗力。在没有经验可借鉴的情况下，几代舰载机人积极探索，敢为人先，实现了由“岸基”到“舰基”、由近海到远洋，由担负一般运输救护任务到执行搜索反潜作战任务的三个历史性转变。实现了我军历史上十多个第一。

22年来，完成上级赋予的近百次艰难险重任务，先后随舰艇编队出访了30余个国家和地区，航迹遍布五大洲、四大洋。1994年2月，团队所属的飞行一大队被海军授予“海空先锋大队”荣誉称号，涌现出一大批先进典型，先后有80余篇论文被上级转发，有20余项科技成果获得全军科技进步奖，诞生了一批“飞行迷、军舰通”。

在部队的基础建设上，团党委一班人坚持按照“用硬件带软件”的工作思路，近年来，共投资上千万元，加大对部队硬件设施的改造、营区环境美化和亮化，解决了干部常年住房难的实际问题，给广大官兵营造了拴心留人的环境，使部队战斗力年年得到提升。

【潜用气溶胶监测报警仪造福水兵】 2002年9月上旬，国内首台潜用便携式气溶胶监测报警仪样机在海军医学研究所研制成功。

气溶胶是分散在空气中的固态或液态颗粒而形成的一种大气物质，当这种颗粒直径小于10微米时可吸附有毒气体，被人体吸入后危及健康。海军医学研究所科研人员，针对潜艇舱室容积小、空气流动难以畅通的特点，研究出灵敏度高、稳定性强、体积小、重量轻、无噪声、操作简单的潜用便携式气溶胶监测报警仪。该机能够适应不同温差、高湿、油雾、烟雾等特殊环境，具有抗冲击、抗颠振、抗摇摆和电磁兼容的特性，可广泛使用在舰艇舱室等特殊环境中监测气溶胶浓度，及时提醒官兵采取有效措施，保障自身健康。 （腾晓波　余　浩）

【中国海军舰艇编队首次环球航行】 2002年5月15日至9月23日，由“青岛”号导弹驱逐舰、“太仓”号综合补给舰组成的中国海军舰艇编队，首次进行了环球航行访问。此次航行横跨印度洋、太平洋、大西洋，远涉亚洲、非洲、欧洲、南美洲和大洋洲，先后对新加坡、埃及等10个国家进行了友好访问，总航程3万余海里，创造了人民海军舰艇编队出访时间最长、航程最远、航经海域最广、访问国家最多等纪录。这次环球航行具有跨时代的历史意义，在人民海军航海史上具有里程碑意义。

【海军环球航行舰队受表彰，“青岛”舰记集体一等功】 海军舰艇编队首次环球航行访问总结表彰大会在青岛举行。会上宣读了北海舰队丁一平司令员和陈先锋政委给“太仓”舰机电长王庆俊等20名个人记功的通令，并宣布呈报海军给“青岛”舰记集体一等功、给“太仓”舰记集体二等功、给李玉杰等4名同志分别记二等功和三等功。

此次海军环球航行访问舰艇编队以“圆千年之梦、创环球壮举”的豪迈气概，跨越三大洋，访问五大洲，是人民海军史上具有里程碑意义的重大军事外交活动。出访过程中，编队临时党委紧紧围绕国家和平外交政策核心，精心组织兵力行动，履行军事外交使命，以崇高的使命感和责任感，把“展民族形象、扬国威军威、促和平友谊、创环球壮举”的誓言落实到了出访全过程，创下人民海军史上出访时间最长、航程最远、航经海域最广、访问国家最多的纪录。 （青　新）

【海军南海舰队某工建处援建我国首座岸式波浪能电站】 我国海浪能资源丰富，而利用则相当滞后。为了开发海浪能发电，中国科学院专家在20世纪90年代初期就对广东3 200千米的海岸线进行了全面勘查，研究开发出了我国第一座100千瓦岸式波力电站的实验成果，被国家定为“九五”重点科技攻关项目。

波力电站的功能特殊，站址必须选在风大浪高的海边。而海岸岩石林立，土建施工难度非常大。最后这项工程由完成南沙建礁、大亚湾核电站基础工程大爆破任务的“海上铁军”——南海舰队某工建处中标。

2002年年初，由该工建处援建的我国首座岸式波浪能电站竣工。中国科学院组织专家对该项目进行了综合验收，将其评为“国家重点科技项目优质工程”，并称赞工程二队利用最低造价建成了世界一流的波浪能电站，创造了奇迹。

【海军创亚洲快漂记录】 海军 3 名潜水员成功地进行了从潜水试验舱模拟的 153 米“海底”快速上浮脱险(简称快漂)试验，创造了亚洲“快漂”新记录，这一成果标志着人民海军援潜救生能力和潜水医学保障水平有了新的突破，使我国成为世界上少数几个能进行超大深度快漂试验的国家之一。

快漂是指潜艇失事后艇员在常压环境下着快速上浮脱险服，在脱险舱内快速加压与调压后快速上浮水面，途中不停留减压而脱离险境的全过程。由于此技术为先进的自救脱险方法，具有重要的军事价值，近些年来，我国加大了对这一技术的研究力度。这次快漂试验全部采用国产设备，这些国产装备的可靠性得到了实战的检验，试验摸索了艇员快速上浮脱险方法、程序以及各种医学保障方案和应急预案，取得了大深度潜艇艇员快速上浮脱险所需的大量技术参数。 （忠 欣）

【“船艇综合训练系统”获全军科技奖】 由上海海运学院航海科学研究所承担的“船艇综合训练系统”，荣获全军科技进步一等奖。

该系统集船艇操纵模拟和机舱操纵为一体，在国内首次实现了在室内船艇驾驶与机舱联网、联动的全功能仿真。可进行船艇航行，避让、夜航、雾航以及恶劣环境下的航行训练。机舱操纵模拟系统可进行日常值班和操作程序训练、故障分析和排除、应急情况处理和事故处理训练等。

该系统功能完备、结构清晰、规模大，研制技术难度高，填补了我军陆军船艇部队训练的全功能仿真系统的空白，具有重大的军事、经济和社会效益。目前，该系统已投入部队的训练。其优良的训练效果和完善的设备功能得到了总装备部、军区首长和高层专家们的一致肯定。

（胡荣山）

【海军航空兵某团荣立二等功】 2002 年 11 月 6 日上午，海军航空兵在青岛隆重举行庆功大会，为连续安全飞行 20 年的某水上飞行团荣记集体二等功。海军司令员石云生、政委杨怀庆签署了通令。

该团是我国惟一的一支水上飞行部队。48 年来，这支英雄部队出色地完成了海上巡逻、长江口救灾、大兴安岭和黄岛油库灭火等百余次急难险重任务，多次受到周恩来、邓小平、江泽民等党和国家领导人的检阅和高度赞扬。

近年来，该部不断加大科技兴训力度，完成了远海巡逻侦察、对“敌”港口布雷、低空深弹轰炸等多种战法的演练，部队战斗力明显增强，成为我海军航空兵一支重要海空力量。

（崔伟光 姜 毅 秦永诚）

【海军授予 759 艇“科技练兵模范艇”荣誉称号】

2002 年，海军党委授予东海舰队某快艇支队 759 艇“科技练兵模范艇”荣誉称号命名大会在福州隆重举行。海军政委杨怀庆、福建省委书记宋德福出席命名大会，并向 759 艇颁授奖旗。

759 艇是我国自行研制生产的新型导弹护卫艇。全艇官兵认真学习实践“三个代表”重要思想，牢记一线部队使命，大力开展科技练兵，先后完成数十次重大军事演习和战备训练任务，连续 6 年被上级评为先进党支部，连续 5 年被上级评为基层建设标兵单位，3 次荣立集体三等功，3 次荣立集体二等功。2002 年 11 月 1 日，海军石云生司令员、杨怀庆政委签署命名，授予 759 艇“科技练兵模范艇”荣誉称号。 （徐纲要 裴学泽）

【美军“福斯特”号驱逐舰访问青岛】 11 月 24 日上午，美国海军“福斯特”号驱逐舰开始对青岛进行为期 5 天的友好访问。随舰来访官兵共 353 人。

北海舰队在码头举行了欢迎仪式。我国国防部外办美洲大洋洲局李际副局长、青岛市政府外办及青岛警备区有关领导、美驻华海军武官及驻青岛部队官兵 200 余人参加欢迎仪式。美驻华武官毛可升准将和“福斯特”舰舰长约翰·尼高准将等一行拜会了北海舰队司令员丁一平中将，美舰代表参观了海军博物馆。在访问期间，两国官兵还举行了其他文体比赛和参观活动。 （米晋国）

【中国海洋大学首届国防生与海军签约】 中国人民解放军海军在(青岛)与中国海洋大学举行了首届国防生签约仪式，55 名本科生与学校、海军三方签了约。此次签约的国防生是经过军地双方半年考察、培训后选拔出来的优秀学生。签约国防生在校期间除完成基本学业以外，要按总参、总政颁发的《国防生军政训练计划》完成500小时的军政训练，并享受国防奖学金，接受训练期间佩戴军校学员肩章。毕业考试合格者，直接分配到部队工作。

建立依托地方高等教育培养干部制度，是贯彻落实江泽民关于“军队生长干部要逐步走军队自己培养和依托国民教育培养并举的路子，从更大的范围选拔培养高素质的人才”指示精神的重要举措，对加速我军革命化、现代化、正规化建设，将产生积极深远的影响。（王松岐）

【海军舰艇码头首套自动输油系统建成】 由海军后勤部和有关部门投资150万元研制建成的海军首套舰艇码头自动输油系统，在某综合仓库投入使用。

以前，该仓库依靠人工开启阀门加油，不仅油料计量精确度不够，而且费时费力。该套系统克服了以上缺点，实现了油料计量和输油管阀门开启电脑自动化。操作人员只需按电脑程序将加油人员代号、油量、油号等数据输入控制台，就能轻松完成舰艇的油料收发补给，增强了部队战斗保障能力。（吴　丹等）

※ 资料来源：中国海洋报。

中国海洋年鉴编辑部

地　　址：天津市河东区六纬路 93 号

邮政编码：300171

电　　话：（022）24010825

传　　真：（022）24010825

E-mail:　coy@mail.nmdis.gov.cn

2003

中国海洋年鉴

极地与国际海底

Polar and International Seabed

CHINA

OCEAN YEARBOOK

极地工作

Polar Research Work

综 述
Summary

【概况】 2002 年度，是极地考察工作取得重大进展的一年。在国家海洋局极地考察办公室全体干部职工的共同努力下，全面完成了年初国家海洋局确定的完成极地考察年度任务、开展极地工作战略研究，承办好第 27 届南极研究科学委员会和第 14 届国家南极局局长理事会等重点工作任务。各方面工作取得突破性进展，获得良好成效，为今后工作的深入开展奠定了基础。

在 2002 年年初，国家海洋局党组确定的该年度 10 项重点工作任务中，由国家海洋局极地考察办公室承担组织实施的工作有 3 项，即：完成极地考察年度任务，开展极地工作战略研究；承办好第 27 届南极研究科学委员会（SCAR）会议和第 14 次国家南极局局长理事会（COMNAP）会议；落实极地考察能力建设项目计划。极地办紧紧围绕国家海洋局党组年初部署的重点工作，集中力量，全力以赴，认真抓落实，安全圆满地完成了中国第 18 次南极考察、组织实施了中国第 19 次南极考察的组队任务；出色组织了 SCAR 和 COMNAP 会议，成为国家海洋局工作的闪光点之一；极地考察“十五”能力建设项目已经通过中国国际咨询公司立项评估，上报国家计委。

极地考察活动
Polar Research

【第 18 次南极考察】 中国第 18 次南极考察队是新世纪首次执行“一船两站”考察任务，具有承前启后、继往开来的特殊意义。考察队自 2001 年 11 月 15 日奔赴南极以来，在国家海洋局领导下，在极地考察办公室的精心组织和指挥下，全体考察队员和“雪龙”号船员充分发扬“爱国、拼搏、求实、创新”的南极精神，克服了惊涛骇浪、冰情严重、狂风暴雪等重重困难，紧密团结，齐心协力，互相支持，昼夜奋战，历时 140 天，安全航行 24 000 余海里，圆满完成了度夏科学考察、南大洋考察、两站基础设施建设、两站人员交换和物资补给等艰巨任务。

在长城站，由上海宝山钢铁公司捐助的 400 平方米长城站发电楼于 2002 年 3 月初竣工，并完成了全套发电设备的更新。在长城站还建立了国家重点野外科学观测试验站，各项科考工作按计划完成，实现了新世纪南极考察的开门红。

在中山站内陆冰盖考察中，内陆冰盖考察队钻取冰芯深度达 102.1 米，为我国南极内陆科学考察钻取冰芯样本最深的一次，并首次在南极大陆冰原上，建立起自动气象观测站；在装备使用上，国内的民用直升飞机首次飞临南极上空，并深入到南极内陆冰盖，进行人员及物资的运送。在中山站区近岸冰情严重的情况下，直升飞机在勘察冰情、运送考察队员、卸运考察站物资补给等方面，发挥了重要的作用。在中山站区近岸冰情严重，“雪龙”船无法靠近岸边的情况下，经过认真勘察，抓住有利时机，果断实施冰上卸货，创造了在南极夏季 2 月份，连续 6 天 6 夜作战，进行冰上卸货 400 吨的奇迹。在站区建设方面，在中山站生活栋建设中，创造了建成 1 000 平方米楼房主体仅用 14 天，比原计划提前 21 天的奇迹。在大洋调查中，第 18 次南极考察队在南大洋重点区域测点达到 83 个，成为作业点数最多、作业区域最广、获取资料样品最丰富的一次大洋考察。

2002 年 2 月 8 日，温家宝副总理和有关部委领导莅临国家海洋局，亲切慰问了奋战在冰天雪地的第 18 次南极考察队员。温家宝副总理的春节慰问和王曙光局长的重要讲话，是对极地工作的极大关心，使第 18 次南极考察队的全体同志受到极大鼓舞。

2002 年 4 月 2 日，“雪龙”船顺利返回上海码头，国家海洋局局长王曙光、国家海洋局副局长陈连增、上海市副市长韩正等领导亲临上海迎接凯旋的考察队员和“雪龙”船船员，对第 18 次南极考察队的精神风貌和工作业绩给予了高度评价。

在第18次南极考察队的整个考察过程中，极地办领导和各部门的同志始终与考察队、“雪龙”船、长城站、中山站、智利办事处保持密切联系，及时向国家海洋局领导报告考察工作进展情况，同考察队商议解决遇到的各种问题，并及时传达局领导对第18次考察队的指示和关心，努力做好组织指挥和各项保障工作，为第18次南极考察队顺利完成任务，极地办全体同志竭尽了全力。为此，国家海洋局对第18次南极考察队和有关人员给予了通报表彰，魏文良、夏立民等同志荣立三等功。

【第19次南极考察】 第18次南极考察队返回后，国家海洋局极地考察办公室全体同志，立即开始了第19次南极考察队的组队及出航前的各项组织工作。极地办党委书记魏文良同志根据工作需要，再次出征，担任第19次南极考察队领队。

在组织准备第19次南极考察的过程中，国家海洋局极地考察办公室组织完成了考察队员的挑选、组织、训练，各种物资装备采购计划、船舶维修计划、油料补给计划等的制定，完成了中国第19次南极考察队总体任务方案的制定。本次考察队任务艰巨，是历次执行“一船两站”任务中时间最短、现场科考任务最重的一次。共有包括生态环境研究、内陆综合考察、冰架考察、格罗夫山地形图测绘、宽频带地震观测、南大洋生物资源研究等在内的23项现场实施计划。其中不少项目紧随国际南极科研主流，直接聚焦于全球变化与人类可持续发展研究，具有重要的科学意义和突出的国家显示度，体现了南极科学考察工作的发展与进步。在后勤保障方面，19次队的主要任务是完成拆除长城站旧发电栋、装修中山站新生活栋、站区规划、两站人员更换、物资补给、建筑垃圾回运和设备维护等任务，其中第一次出现在项目书上的站区规划工作，标志着两站布局将朝着科学有序的方向发展，使两站不仅成为支撑具有国际领先水平科学研究的平台，也成为展示我国不断提升的综合实力的窗口。

在第19次南极考察队出发前，国家海洋局极地考察办公室邀请俄罗斯船舶建造维修专家，参与了对“雪龙”号船的检查维修工作，以确保本次南极考察船舶的航行安全。第19次南极考察队共分成3个批次，分别乘坐飞机、澳大利亚船舶和“雪龙”号船分赴长城站、中山站。为此，极地办多方联系，确保了各批次考察队员按计划出发，简化了为“雪龙”号船和第19次南极考察队的送行仪式，既做到了隆重热烈，又节约了资金。

第19次南极考察队于2002年11月20日乘“雪龙”号船自上海出发奔赴南极，先后经受了热带气旋、西风带狂风恶浪的考验，并按计划进行着考察任务。2002年12月25日，“雪龙”船安全到达长城站锚地，经过6昼夜奋战，考察队提前完成了长城站各项工作。其中，在科考方面，完成了长城站2003年国际GPS联测，生态环境监测站的建立与生态环境监测，GOES卫星接收系统建设，南极基础测绘，长城站宽频带地震观测，人类活动对南极环境生态的影响研究。在后勤保障方面，完成了长城站物资的卸运、旧发电栋拆除、站区规划、卫星天线基础工程、地震台工程等7项任务。

为确保第19次南极考察队的各项任务按期顺利完成，极地办及时提出阶段性指导意见，并做好组织保障工作。

2002年春节前，在国家海洋局领导的直接指挥领导下，有关部门的大力支持配合下，较好地完成了政治局常委、国务院副总理温家宝春节慰问考察队活动的组织工作。温家宝副总理的亲切关怀、国家海洋局领导的热忱慰问，极大地鼓舞南极考察队的全体同志，大家纷纷表示，要在风雪南极实践“三个代表”的重要思想，力争全面胜利完成任务，不负祖国和人民的重托。

（国家海洋局极地考察办公室）

【中国南极气象考察】 中国的南极考察是由国家南极考察委员会(现为国家海洋局极地考察办公室)归口管理的。1984年，在国家南极考察委员会筹备组织我国首次南极考察时，中国气象局在中国气象科学研究院设立了“南极气象研究室”(后改名为极地气象研究室)，专门承担南极气象台站建设和南极气象科学考察与研究的任务。南极气象台站的业务维持由中国气象局所属中国气象科学研究院承担，人员由中国气象科学研究院及国家海洋局海洋环境预报中心共同派出，有140余人次的气象人员参加了考察。在南极地区，我国进行的大气科学考察主要有：

(1) 中国南极考察站常规气象观测。目前，在中国南极科学考察站中建有长城气象站和中山气象台，常规气象观测是其主要科学考察活动之一。

目前这两个气象台站已初具规模，地面观测系统，发报、气象通讯系统基本实现了遥测和自动化，达到国外站同类水平。

(2) 中山站大气臭氧观测。从1993年起，中山站用BREWER臭氧探测仪器（#074）进行了大气臭氧总量、二氧化硫、二氧化氮总量及紫外UVB观测。所用探测方法与国内BREWER站相同，按中国气象局大气特种监测网“BREWER仪器观测规范”进行。1999/2000年在澳大利亚气象局和南极局协助下对中山站的臭氧仪进行了标定，仪器工作正常。我国中山站处于臭氧洞的边缘地带，经常可以观测到臭氧洞的进退和伸缩，对研究南极臭氧洞及相关过程十分有利。中山站的大气臭氧监测为完成南极“八五”和“九五”国家科技攻关任务提供了基础数据，也得到了WMO等国际组织的密切关注。

(3) 近地面物理观测。在国家自然科学基金项目、南极“八五”国家科技攻关项目、南极“九五”国家科技攻关项目支持下，1985年以来，先后在长城站和中山站进行了近地面辐射和微气象观测实验。其中观测时间较长的有：1985年4月至1986年2月、1987年12月至1988年3月长城站及邻近地区辐射和热状况观测；1990年2月至1991年1月中山站及邻近地区辐射和热状况观测；从1993年起，近地面辐射平衡在南极两站均列为常年观测项目。1994年12月至1995年1月在中山站附近的大陆冰盖上进行了包括超声风温脉动观测在内的近地面物理观测。

(4) 深入南极内陆考察时的气象观测。前面所述的各项考察都是在长城站、中山站站区及邻近地区进行的，离站区最大距离不超过50千米。“九五”和“十五”期间，随着中国南极考察向南极内陆的延伸，在赴DOME-A及格鲁夫山考察时也进行了气象观测。

2001年，我国与澳大利亚合作，在离我国南极中山站250千米的南极冰盖上设置了自动气象站，直接通过卫星传输资料（DCP），目前已在北京通过互联网调用到该自动气象站资料。

(5) 南极考察航渡时的气象观测。在“向阳红10”号、“极地”号和“雪龙”号等3艘科学考察船执行南极考察任务赴南极考察航渡期间，考察船上都进行了常规的海洋气象观测。该项工作由国家海洋环境预报中心派出人员承担，按国家海洋局有关观测规范执行。南极考察航渡期间在考察船上进行的科学考察，大多是由各研究课题支持的。

(6) 其他与气象有关的观测。1985年4～11月在长城站进行降水及冰雪采样和化学组分测定。1989～1990年与澳大利亚合作，进行了凝结核特性的观测。1998年1～9月在长城站进行了酸雨监测和样品采集。

在长城站和中山站得到的气象考察资料，是我国独立在南极取得的，它对我们认识南极是非常宝贵的。在国家海洋局极地考察办公室的大力支持下，由极地气象研究室整编的长城站和中山站1992年前的逐日常规气象资料及部分辐射和大气臭氧资料，已以“南极考察资料报告”(CHINARE DATA REPORT)的形式，分成7集由气象出版社出版，除提供国内有关单位使用外，也与国外极地研究机构进行交换。长城站和中山站的常规气象考察资料，已列入科技部基础性工作专项支持的气象资料共享系统和SCAR制作的南极气候资料光盘，在南极“八五”和“九五”国家科技攻关课题的气象、海洋、地理地貌、冰川、生物、医学、环境、建筑等学科研究中已得到了广泛应用。

【中国北极气象考察】 自20世纪90年代起，在国家南极考察委员会（现为国家海洋局极地考察办公室）、国家自然科学基金会、中国科学院和中国科协、中国科学探险协会等单位支持下，我国科学家先后参加了中外合作及我国政府和民间组织的多次北极综合考察。其中，作为国家行为，影响较大的有：

(1) 中国首次北极考察。该次考察由国家海洋局极地考察办公室具体组织实施。1999年7～9月，中国首次北极科学考察队，搭乘中国“雪龙”号极地考察破冰船，在北冰洋及白令海，以考察船、直升飞机、浮冰站为观测平台，进行了海洋-海冰-大气-生物的多学科联合综合观测。除在考察航线上进行海洋气象、地面臭氧、紫外UV-B、臭氧探空等观测外；还在北极联合冰站进行了近地层大气物理（梯度和超声）、边界层大气结构（TMT软气象塔）、高空大气探测（GPS探空和臭氧探空）、极区大气化学和海水微量元素以及大气气溶胶和低层大气温室气体采集。

(2) 中国第二次北极考察。在国家海洋局极地考察办公室具体组织下，2003 年 7～9 月，中国第二次北极科学考察队，再次搭乘中国“雪龙”号极地考察破冰船，在北冰洋及白令海，以考察船、直升飞机、浮冰站和冰下机器人为观测平台，进行了海洋-海冰-大气的多学科联合综合观测。考察地点超越了 80°N。

(3) 2003 年我国在北极斯瓦尔巴群岛的新奥尔松建立了中国第一个北极陆地科学考察站。中国是 1925 年“斯瓦尔巴条约”成员国之一，根据该条约规定，中国人有权在该地区从事科学考察，建立科学考察站，甚至开采矿产；此外的北极地区绝大部分陆地已有领土归属，中国不能建站。

（中国气象科学院　陆龙华）

【落实“十五”极地考察能力建设项目计划】 极地考察是各国展示国家综合实力的舞台，是体现未来国家战略利益的焦点。同时，极地考察又是一项涉及多学科，综合技术复杂的系统工程，需要先进的科学观测设备、适合极地特点的考察运载工具和有效的后勤保障体系。因此，迫切需要在“十五”期间提高我国极地科学考察的综合能力。国家海洋局极地考察办公室组织完成了《中国极地考察“十五”能力建设项目建议书》，并在 2001 年 8 月上报计委、财政部的基础上，2002 年第一季度，极地办又全力以赴，围绕这一重点任务的落实，做了两个方面的工作：首先，加强和健全对项目落实的组织领导，拟订了《关于极地考察“十五”能力建设工作组织领导机构和职责的设想》，成立了由国家海洋局副局长陈连增挂帅的“十五”能力建设项目领导小组；其次，积极开展和有关部委的沟通与联络。在 2001 年年底成功组织了由有关部委处级领导参加的南极考察慰问处长团的基础上，2002 年春节后，又组织了由国务院办公厅、外交部、计委、财政部、科技部等部委参加的“政府南极考察慰问团”赴长城站进行考察和慰问。代表团在亲临了长城站和周边国外站后，感触很深。在南极长城站考察期间组织的座谈会上，代表团成员纷纷表示，极地考察是我国拓展可持续发展空间的重要领域，涉及我国在南极领域权益的争取与巩固，与我国的近期和长远利益密切相关。大家同时表示，将高度关注和大力支持我国的极地考察事业。

2002 年 4 月，根据国家计委委托的“十五”极地考察能力建设项目评估单位——中国国际工程咨询公司提出的调研要求，国家海洋局极地考察办公室和中国极地研究中心的同志们加班加点，认真准备介绍材料，组织做好向中咨公司专家调研组的汇报和接待工作，使专家们对“十五”极地考察能力建设项目有了较为全面的了解，同时提出了许多宝贵意见和建议。根据专家们的意见、建议和中咨公司的要求，极地办组织人员编写了项目建议书补充材料，为中咨公司对项目的评估工作打下了良好的基础。5 月 29～31 日，中咨公司组织专家对项目进行正式评估，目前评估报告正在国家计委审批当中。为了做好“十五”极地考察能力建设项目可行性研究工作，专门组织了由中国国际咨询公司的领导和专家赴南极长城站实地考察，使极地考察能力建设工作进一步得到了专家们的理解与支持，收到了良好的效果。

【做好宣传科普教育工作，争取社会各方面的支持】 2001 年以来，极地办通过多种渠道、多种方式争取社会各界对极地考察的支持，这其中比较突出的是：上海宝钢公司赞助 200 万元建成了长城站新的发电楼；山东省委、省政府赞助了“雪龙”船、长城站、中山站全套的瓷制餐具，价值 50 万元；安利公司赞助第 19 次南极考察队、长城站、中山站价值 30 万元的环保保洁商品；浙江省海洋与渔业局赞助考察队、长城站、中山站价值 10 万元的体育健身器材等。这些赞助活动不仅改善了南极考察站的基础设施，同时向社会各界很好地宣传了我国的极地科学考察事业。

在国家海洋局新闻办公室的组织领导下，采取多种形式，利用《中国海洋报》、《海洋开发与管理》和《海洋世界》杂志，各主要新闻宣传媒体等，对极地考察有关的重大活动进行了及时的宣传报道，积极培植、推进大连极地海洋动物馆作为极地科普教育基地的建设，支持大连圣亚海洋世界在北京地区开展的极地科普教育展览活动，邀请极地考察的专家学者，在中小学中开展了百人、百场、百校科学普及系列讲座活动，取得了良好的社会效益。

（国家海洋局极地考察办公室）

极地科学研究
Polar Scientific Research

【18次队完成的极地科学研究任务】

长城站科学考察

(1) 人类活动对乔治王岛海鸟生态的影响。南极乔治王岛是国际南极科学考察、旅游等人类活动最为频繁的地区之一，岛上自然生态环境由此遭受极大影响。近年来，人类活动对南极环境生态的影响和南极生态环境监测与保护已经成为乔治王岛各国考察站的重点研究项目。18 次队进行了“人类活动对乔治王岛生态的影响”项目的第二次南极现场考察，通过考察获取了法尔兹半岛贼鸥种群生态、长城站附近区域贼鸥食性分析和雏鸟生长率，以及巨海燕种群等海鸟观测资料，采集了海洋食物链终端生物如企鹅、巨海燕、贼鸥等海鸟和海豹等粪土堆积层有机污染毒物分析样品，同时，较为详细地进行了本地区外国主要考察站的环境状况与人类活动包括航空器和船只活动等情况报告。

(2) 长城站区湖泊沉积与环境事件研究。考察队员在长城站夏季 2 个多月的科学考察期间，对法尔兹半岛湖泊沉积及其周边生态环境进行了全面考察，并进行了相关样品的采集工作；对苔原土壤生源温室气体的排放状况进行了两个月的定期、定时连续监测；对海岸阶地、凹槽沉积环境也进行了考察和野外样品采集工作，取得了大量的原始资料和宝贵的实验样品，圆满完成了科考任务。

(3) 长城站及其邻近海域生态环境监测站前期考察。该项目对长城站及周边陆地生态环境、长城站及周边湖泊生态环境、长城湾海洋生态环境进行了考察，为长城站生态实验室建设和长城站及其邻近海域长期生态监测的断面、站位的设计提出合理的建议。

(4) 南极现代地壳运动和内陆冰盖运动及其动力学研究。本次 GPS 国际联测历时 50 多天，每日连续 24 小时观测，采集和处理大量原始数据，数据接收完全，处理正确。

(5) 长城站常规气象观测。该项目进行了常规气象观测、气象资料接收、天气分析和预报、太阳辐射观测，其中气象观测项目有：云量、云状、云高、能见度、天气现象、气温、气压、湿度、风向、风速以及要素的极值、地面 0 厘米温度、地面最高（低）温度、较深层地温、降水、蒸发、日照等。

中山站科学考察

(1) 中山站区冰缘湖泊沉积环境事件调查。在中山站近 1 个月的度夏科学考察期间，对中山站区湖泊沉积环境及其周围的地形地貌特征进行了全面考察，并进行了相关样品的采集工作，取得了大量的原始资料和宝贵的实验样品，顺利完成了科学考察计划。

(2) 南极拉斯曼丘陵格林威尔地质事件的探究及其构造意义。考察对拉斯曼丘陵及其邻区详细的野外地质工作主要集中在该区域弱变形区域的早前寒武纪高级变质基性岩、变泥质岩、变沙泥岩等的分布，变质程度，变质变形关系进行野外地质研究。对半岛和岛礁典型的正、副片麻岩和花岗岩以及镁铁质-超镁铁质岩石间的接触关系、它们不同期次的变质变形关系和程度以及岩石部分熔融作用和岩浆活动等也进行了详细的野外地质工作。共采集同位素年代学、地球化学、岩石等样品 149 块，为下一阶段的室内研究工作打下了坚实的基础。

(3) 拉斯曼丘陵冰盖环境变迁考察。考察采集了7个基岩剖面宇宙成因核素等年代测试样品，在拉斯曼丘陵斯托尼斯半岛东部地区采集了新生代土壤，完成了对拉斯曼丘陵米洛半岛、布洛克尼斯半岛岩性建造、变质作用等综合地质考察，取得了岩性、产状及接触关系等重要的野外数据和地质样品。

(4) 常规气象、卫星遥感、海冰、辐射观测。在越冬期间正常接收了高分辨卫星云图、中山站地区地面和高空天气实况图，对普里兹湾地区太阳辐射及冰雪面反射及海表层水温进行了观测，对地表温度进行了观测。

(5) 气象常规与臭氧观测。该项目进行了气象常规观测、近地面辐射平衡观测和 BREWER 臭氧观测，获得了大量温度、风向、风速、气压、太阳总辐射、紫外辐射、反射辐射、净辐射、臭氧总量、二氧化硫、二氧化氮总量等的原始数据。

(6) 中山站高空大气物理观测。该项目的观测内容和日常工作为：DPS-4 数字式电离层测高仪，多通道扫描光度计，全天空电视摄像机，成像式宇宙噪声接收机，磁通门磁力计，感应磁力计，CCD 单色极光全天空摄像机。通过观测，共获得数字化数据 180G，模拟数据有 102 盘 VHS 和 8 盘 SVHS 录像带和 2 张 LD。

(7) 地磁常规观测。南极地区是地球地磁极所在地，这里的地磁场变化比中、低纬度复杂得多、丰富得多，是研究地球磁场得重要窗口。南极地区还是太阳风、磁层、高层大气能量耦合和交换得重要区域。观测分为地磁场的绝对观测和相对观测。绝对观测主要是测量地球磁场的总强度值、磁偏角、磁倾角、目标方位角，绝对观测主要是在中山站这样一个典型的极区环境下，测量地球磁场的地磁三个分量值及记录纸、记录盘等。通过越冬期间的工作，圆满完成了该项目。

(8) 电波观测。该项目进行了短波场强测试，ALPHA 数字式甚低频接收机观测、六通道扫描极光光度计观测、GPS 信号闪烁测试，大气平均电场测试。通过观测，获得了大量原始数据。

(9) 中山站 GPS 基准站国际联测。观测内容包括中山站常年 GPS 跟踪观测，GPS 国际联测等。

(10) 内陆冰盖冰雪综合考察。在国家“九五”实施中山站至 DOME A 连续 3 次断面考察基础上，“十五”期间仍将中山站至 DOME A 断面上高分辨率气候环境记录研究列为南极考察的重点内容，并在 DOME A 顶点实施中等深度的冰钻计划。此外，中国科学院也在 2000 年初将该条断面上的全球变化研究确立为“知识创新工程”重要方向项目，给予较大力度支持。本次考察具有承上启下、为“十五”计划实施奠定基础的作用，也是中国 ITASE 计划深入执行的必要步骤，意义深远。本次考察的核心任务是中澳合作自动气象站安装，并在冰盖边缘的高积累区钻取一支 100 米左右的冰芯，以高分辨率地恢复该地区气候、环境的演变。此外，兼顾表面物质平衡常规观测、遥感地面验证、冰雪物理、冰雪化学的观测、采样等。经过艰苦工作，按计划成功安装了自动气象站，对安装时的实时气象要素进行了现场观测，并将结果通知澳大利亚以供对比。该气象站运行正常，向 ARGOS 系统的发射也完全正常。同时，考察队钻取了高分辨率冰芯，冰芯总长度 102 米。同时，钻取了用于测试海洋生物有机酸的浅雪芯，采集了雪坑重金属样品和 1 米深雪样，采集了沿途每 10 千米间隔的表面雪样，测量了 102 米钻孔温度，复测了沿线物质平衡花杆及花杆网阵。

南大洋科学考察

(1) 南大洋 ADCP 走航观测。在全航次观测中平均文件采样间隔为 300 秒，日平均数据量为 8M。

(2) 南大洋 CTD 观测。本航次在普里兹湾及其以北海域的重点测区作业，对该区域进行物理海洋温、盐、深的测量和采水，共完成 CTD 测站 69 个，在重点测区共完成 CTD 观测 67 站次。

(3) 表层水测盐和普里兹湾 CTD 水样盐度数据校正。走航表层盐度观测，每天采样 4 次，并分为 3 部分，即上海—克赖斯特彻奇—长城站航段，长城站—中山站航段，中山站—弗里曼特尔—上海航段，采集了上百个样品。

(4) EK500 走航观测与普里兹湾及其外海磷虾资源声学调查评估。本次考察的主要工作内容为：EK500 GPS 导航数据的获取，EK500 作业性能的调试，EK500 走航观测，磷虾映像 IKMT 拖网试捕，本底噪声测定，普里兹湾及其外海磷虾资源声学评估。

(5) 碳循环的生物地球化学特征和碳通量模式研究航次报告。测区大洋考察分两个阶段进行，共完成了 47 个大面站位的采样、样品处理及有关项目的分析，同时在长城站、中山站布放沉积物捕捞器，采集到沉积物柱状样。

(6) 低层大气采样。该项目研究目标是利用持续的大气采样，通过分析重要温室气体含量，二氧化碳和甲烷的碳同位素组成、大气氧/氮比以及弗里昂气体含量等，来研究这些气体和碳稳定同位素的纬度分布特征及其原因。反映大气对流层底部大气化学特点。

(7) 南极和南大洋气溶胶采样。采集了大量大气气溶胶样品和测区表层海水样品。

(8) 南大洋海冰区夏季海-气二氧化碳交换和上层海洋二氧化碳体系及其热力学过程观测采样。该考察利用多种仪器设备进行采样，按计划进行现场走航对大气和海水表层二氧化碳分压的测定并记录了数据。

(9) 南大洋磷虾生态和铁的地球化学。本航次共在 47 个站位采集富有动物样品，在 51 个站位采集浮游植物样品。在测区和环南极航行期间用 IKMT 采样 22 次，高速采集器采集浮游动物样品 127 次。在测区的大洋区、中部和近岸各进行富有植物铁的加富培养实验，获得上百个数据，圆满完成任务。

(10) 南大洋生产力采样。本航次完成了 13 个测站的采样作业，获得了几百份样品，并对样品进行了相应的预处理。

(11) 南大洋生物的初级生产力和新生产力。在上海-利特尔顿-长城站-中山站-弗里曼特尔-上海的航度中进行全航程的表层水采样，观测项目为表层叶绿素 a 和脱美叶绿素浓度，及富有植物定量定性分析采样。

(12) 低温生物采样。采集大量表层水样，回国分析研究。

(13) 南极生物基因特性及遗传多样性研究现场采样。实验方案为采集南极生物样品，分离、纯化南极泥、水、冰样及大型生物体内生存的微生物，通过对比、分离、提取等方法进行研究，为基因工程应用研究奠定基础。

(14) 南大洋低温微生物采样。本航次低温微生物样品的采集主要分为走航过程中的样品采集、普里兹湾测区样品的采集和长城站长城湾、长城站锚地、中山站锚地、戴维斯站锚地等地水和泥样的采集。

(15) 太平洋-印度洋暖池、环流系统和海气相互作用的预研究。在海上观测的基础上，研究工作强调 3 个方面：强化对历史资料的分析，旨在发现暖池变异的新特征；加强对 ARGO 这种新型资料的分析；针对新的观测事实，研究其内在机理。（国家海洋局极地考察办公室）

【中国的极地科学研究】 自 1984 年以来，我国建成了中国南极长城和中山两个科学考察站，并先后组织了 20 次南极考察和 2 次北极考察。在进行极地考察的同时，开展了有关极地气象和全球变化、地-气相互作用物理过程的考察和研究工作。这方面的研究主要由中国气象局、中国科学院、国家海洋局的有关研究机构承担：在中国气象局系统，主要是中国气象科学研究院极地气象研究室；在中国科学院系统，主要是大气物理研究所、海洋研究所和寒区旱区环境与工程研究所；在国家海洋局系统，主要是中国极地研究中心、海洋环境预报中心和国家海洋局第一、第二、第三海洋研究所。1990 年前，有关南极的研究主要是由各单位分散进行的，南极中山站建立后，我国南极考察和研究的重点由以考察站建设为主转向以开展极地科学研究为主。通过“八五”和“九五”国家科技攻关研究，我国在“南极与全球气候环境相互作用和影响”、“南极大气和空间物理过程及其对全球变化响应”和“中国首次北极科学考察”等方面都取得了长足进展。

在南极研究方面，对南极地区的气候变化的时空多样性；南极臭氧和紫外辐射变化；长城站和中山站地区的辐射平衡特征；南极不同下垫面大气边界层结构特征；极冰变化与我国冬夏降水、温度异常的关系；关键区极冰的不同空间分布对我国降水和温度异常的影响；南极冰异常影响中国地区的天气气候的遥相关机制；南极洲海冰变化规律及海冰监测、气象预报服务等研究方面作出了很好成果。

在北极研究方面，在北冰洋联合冰站，用国际先进的观测仪器获得了海面和浮冰区辐射和湍流交换的第一手资料；研究了北冰洋地区夏季大气边界层结构和下垫面能量平衡各个分量的变化特征；指出了北冰洋夏季海-气和冰-气之间边界层物理过程有明显差异；揭示了考察航线上，紫外 UV-B 辐射的时空变化特征、北极地区大气气溶胶和大气化学特征。

（中国气象科学院　陆龙华）

极地国际合作
International Polar Cooperation

【成功地承办了第 27 届南极研究科学委员会(SCAR)大会和第 14 届南极局长理事会(COMNAP)大会】 南极研究科学委员会(SCAR)会议和南极局局长理事会（COMNAP）会议是国际南极事务中具有重要影响的会议。国家海洋局有关部门精心组织会务工作，成立了由国家海洋局副局长陈连增挂帅、国家海洋局机关、国家海洋局极地考察办公室、中国极地研究中心及上海市有关部门领导为成员的地方组委会，各项会务工作考虑周密、计划详尽、责任到人，同时，上海市、外交部、国家自然科学基金委等各有关部门通力协作、密切配合，为会议的成功举办奠定了基础。通过承办这次会议，进一步显示了我国政府对南极事务的高度重视，充分展示了我国的综合国力，很好地履行了我国在极地事务中的国际义务，极大地提高了我国在南极国际事务中的地位和作用，对国际南极考察事业在21世纪的健康发展起到了积极的促进作用。

2002年7月15日，第27届南极研究科学委员会会议和第14届国家南极局局长理事会会议在上海展览中心隆重召开，温家宝副总理为大会发来了贺电，大会开幕式由国家海洋局副局长陈连增主持，国家海洋局局长王曙光、上海市副市长韩正、会议两主席分别致辞。温家宝副总理在给会议发来的贺信中指出，科学发现的大量事实证明，南极洲与全球气候、生态环境以及人类社会未来发展等一系列重大问题密切相关。目前，对南极的探索已经引起国际社会的广泛关注。他同时指出，20世纪80年代以来，中国科学家一直为揭开南极大陆的奥秘而辛勤工作，做出了自己的贡献。王局长在致辞中阐明了我国以“为人类和平利用南极做出贡献”为宗旨开展南极考察的立场，表达了中国愿与世界各国共同为南极科学考察事业的发展而努力的愿望。与会各国代表对王曙光局长的讲话和地方组委会为大会顺利召开所做出的努力给予了高度评价，会议取得了圆满成功。

第27届SCAR会议是新世纪首次南极科学盛会，共有来自30多个国家近400名正式代表和观察员与会，国际生物科学联合会、国际地质科学研究联合会、国际气象组织等7个国际组织也派代表出席了会议。其中，本届SCAR主席为美国得克萨斯大学原校长，COMNAP主席为美国前总统科技顾问，澳大利亚南极局局长、英国南极局局长、挪威极地研究所所长、日本极地研究所所长等都作为国家代表与会。我国派出了以国家海洋局极地考察办公室主任曲探宙为团长的共35位成员的代表团。会议不仅探讨了21世纪南极科学研究的重点和发展趋势，而且还进行了机构改革，将原设的7个工作组改为3个大组，旨在加强与全球科学研究的融合。本届COMNAP会议就解决后勤支援领域存在的问题和加强相互合作进行了全面探讨，取得了显著成果。在SCAR会议中，中国代表团通报了多项科学研究成果，并积极支持机构改革，引起了高度关注；在COMNAP会议中，中国代表团就后勤支援领域的各项热点问题审时度势，阐明观点，发挥了积极作用。这两个会议表明，未来10年国际南极科学考察的发展趋势仍将直接聚焦于全球变化研究，其中，南极臭氧空洞变化的研究、陨石的收集和研究、南极冰盖的进退和环境演化研究、南极冰下湖考察、极地钻探、南极断面网考察和建立高度共享的南极数据库等与人类社会息息相关的课题已成为当前南极领域最热门的科学主题。通过会议，我国加强了与各国的交流，特别是与欧美等传统南极领域强国建立了广泛联系，确定了实质性的合作。会议期间，我国代表就大气物理和化学观测研究、南极海冰涛动与厄尔尼诺关系、陨石研究、冰川研究、生物学研究、极区空间环境研究等10多个问题向大会报告了研究内容和研究成果，引起了各国代表的重视，有些研究项目还成为该工作组将要提出的国际合作项目的重要支撑。在各国提交和探讨的科学与后勤支援报告中，有不少与我国密切相关，如陨石研究、冰盖考察、东南极航空网建立、南极环境保护、南极旅游、应急系统等，我国就这些问题与美国、澳大利亚、俄罗斯、英国、挪威、智利、日本、韩国等就目前及未来的合作进行了深入交流，建立了广泛联系。

【积极开展极地科学考察发展战略、规划、立法的调查研究】 2002年，极地科学密切跟踪国际南北极科学前沿，使极地科学考察工作由常规性环境调查逐步过渡到着眼于权益和资源性的考察。

2002年是执行国家“十五”公益性研究项目“南极地区地球环境监测和关键过程研究”的第一年，为此专门成立了项目领导小组和项目领导小组办公室，认真做好项目的管理和协调工作，保障项目的顺利实施，为2003年的继续滚动延续打好基础。

在极地工作发展规划方面，着重做好5方面工作：一是组织制定中国极地科学考察和研究的中长期规划。在这个规划中，充分体现调整科考方向，将科考工作重心转移到资源性考察上来这个指导思想。二是加强政策研究需求的科学基础研究，为国家的极地政策如国际南极条约政策、环境保护(CEP)项目及对策、南极海洋生物资源保护公约（CCAMLR）和北极科学理事会（IASC）对策、南北极科学活动管理等组织相关政策研究服务。三是积极与科技部沟通，做好国家极地社会公益性项目、数据库项目、“863”项目、“973”项目、重点台站实验室建设等项目的组织、论证工作，并促进形成有利于极地科学发展的科学技术创新机制和管理方式以及国家极地科学政策环境。四是密切与国家自然科学基金委的联系，争取更多的重点、重大基金项目，力争把极地科学考察纳入国家的大型科学计划。五是建立北极研究体系，把“以我为主”与“加强国际合作”相结合，完成了2003年北极考察计划、中国北极科学考察站建设总体方案的编制、论证工作。北极建站是我国极地考察事业“十五”能力建设的重要内容之一，极地办为此做了充分的前期准备工作，并邀请国内有关单位领导和专家就北极建站展开研讨。2002年9月，国家海洋局副局长陈连增率团对北极斯瓦尔巴岛地区进行了实地考察，与挪威政府有关部门进行了会谈，考察访问结束后，写出了专题报告发送到国务院有关部委，并同中科院、气象局等部门就北极建站问题进行了专门磋商，编制了《中国北极科学考察站建设总体方案》，组织召开了专家论证会和改组后的极地考察工作咨询委员会会议，对该方案进行了论证，至此中国北极科学考察站的建设工作正式拉开了帷幕。

在维护我国在极地领域的权益方面，重点开展了 4 项工作：一是根据“关于保护环境的南极条约议定书”的有关条款，制定我国南极考察活动的管理制度和规章，继续推进“十五”南极立法工作；二是开展南极特别管理区及特别保护区的研究和划定工作，做好中、俄、澳三方合作的“拉斯曼丘陵特别管理区计划”的制订工作，积极提出我方的意见和建议。开展南极乔治王岛地区特别区域管理的预研工作；三是针对我国目前北极考察的现状，为进一步规范管理我国境内单位和个人从事北极考察活动，拟定了“北极考察活动管理办法”，并召开了专家咨询会议征求意见，经进一步修改后，将以适当方式对外发布执行。

南极条约协商国大会，是各南极条约成员国就南极事务进行协商的政治性会议。2002年6月极地办派员参加了第25届南极条约大会的预备性会议，就建立条约大会秘书处问题进行协商。2002年9月，在波兰举行的第25届南极条约协商大会上，极地办同外交部条法司一同积极准备各项参会对策，就涉及南极秘书处设置、经费分摊、南极环境保护、数据交换及南极保护区等问题向大会提交了报告和提案，阐明了我国的立场，产生了积极的影响。

在外交部条法司的大力协助下，收集了大量有关北极考察国家和南极条约协商国关于极地考察的立法情况及有关的法律法规，为我国制定南、北极考察管理法规提供参考，同时为我国在南、北极国际事务中的对外政策方面提供依据和参考资料。针对国内有关部门和一些民间组织到北极考察的问题，国家海洋局领导非常重视，办公室做了大量协调和磋商，并做出了明确的答复，履行了极地考察的管理职能。

【北极建站考察】 北极建站是我国极地考察事业“十五”能力建设的重要内容之一，2002年9月，国家海洋局副局长陈连增率领由国务院秘书局、财政部、科技部、我国驻挪威使馆等部门成员组成的代表团对北极斯瓦尔巴岛地区进行了实地考察。

访问挪威期间，代表团参观了位于斯瓦尔巴岛的新奥勒松地区，着重考察了站址、考察站的建筑、实验室等科研设备及后勤保障设施等，并与挪威政府外交部、环境部、司法部、工业贸易部等有关部门进行了会谈。会后，代表团还访问了挪威极地研究所特罗姆索本部及斯匹次卑尔根分部和斯匹次卑尔根群岛行政长官办公室，及当地有关挪威公司进行了广泛的接触，获得了第一手信息和资料。

考察访问结束后，代表团写出了专题报告发送到国务院有关部委，并同中科院、气象局等部门就北极建站问题进行了专门磋商，编制了《中国北极科学考察站建设总体方案》，组织召开了专家论证会和改组后的极地考察工作咨询委员会会议，对该方案进行了论证。中国将于2003年下半年计划在斯瓦尔巴岛建立中国第一个北极考察站。

（国家海洋局国际合作司　王安涛）

【第25届南极条约协商会议在波兰召开】 第25届南极条约协商会议(ATCM XXV)于 2002 年 9 月10～20日在波兰华沙举行。共有28个南极条约协商国，17个非协商国及9个与南极有关的国际组织派代表团出席了会议，与会人员近 250 人。我国也派出代表团参加了会议，我国代表团由外交部条法司、国家海洋局国际合作司和国家海洋局极地考察办公室共 7 人组成，团长为外交部原条法司司长陈士球大使。9月10～16日，举行了第5届南极环境保护委员会会议（CEP V）和秘书处组会议；9月16～20日，分别举行了南极事务组、责任组、法律与机构组会议。我国代表团出席了所有小组的会议。

CEP V会议由CEP主席Olav Orheim博士(挪威)主持。会议共讨论了28份工作报告和57份情况报告，主要议题涉及执行议定书及5个附件的情况、南极环境监测、南极国家环境报告、紧急事故应急处理和意外事故应急计划、数据和信息交换。我国向本届大会提交了2001/2002年度中国南极环境报告、中国南极陨石研究和管理、中国南极科研数据库3份报告。

秘书处组会议由意大利的Francesco Francioni教授主持，就设立秘书处的法律程序、职责、法律地位、豁免、经费等问题进行了讨论。会议同意在提交协商国批准期间先设立临时秘书处，其经费由各国自愿捐助。会费问题及预算、财务规定、秘书处人员遴选办法等提交下届会议讨论。

南极事务组由智利大使Jose Manuel Ovalle主持，主要讨论了南极条约的视察情况、各国科学考察、教育、信息交换、南北极相关发展等问题。

责任组由新西兰大使Don Mackay主持，对责任附件适用范围、行为人定义、赔偿行动、保险及环保基金等问题进行了有限的磋商，分歧较大。

法律与机构组由荷兰的Jan Huber主持，讨论了南极条约的标志、批准措施的生效程序、文件分发和处理、旅游和非政府活动等问题。虽然旅游问题在CEP、南极事务组、责任组中也都进行了讨论，本届会议第一次专门成立法律与机构组讨论该问题。会议同意设立会间联络小组对此问题进行研究。

大会通过ATCM XXV的最后报告，确定了4个决定，2个决议和1个措施。通过了CEP报告和26届ATCM会议初步日程安排。会议决定26届ATCM于2003年6月在西班牙马德里举行。

（国家海洋局国际合作司　梁金哲）

【积极开展极地领域对外合作与调研工作】 我国的极地科学考察工作从一开始就是站在一个国际合作的平台上的，没有国内水平，只有国际水平。无论从加入相关的国际条约，还是从开展科学考察研究、后勤保障、紧急救助、人员运输、物资支援以及其他众多领域都离不开各国之间的支持与合作，从以往、现今和将来发展情况看，这方面工作显得尤为重要。因此，为使我国的极地科学考察工作更好地与国际接轨，进一步密切与有关国家的合作关系，2002年极地考察办公室在开展国际交流与合作方面进一步加大了工作力度。2002年通过与澳大利亚南极局的合作，将在中山站突发脑血栓的魏禧同志在尽可能早的时间内，乘坐澳大利亚考察船转送回国治疗。第19次队部分考察队员也是搭乘澳大利亚考察船，先期到达中山站。2002年极地办还接待了来访的智利空军南极处处长，为我国人员2003年赴长城站航班落实工作创造了良好基础。与智利空军长期的友好合作，不仅保障了考察队员的进出长城站需要，而且为政府南极考察慰问团的活动提供了便利。

2002年2月11～17日，应美国阿拉斯加大学的邀请，极地办组团参加了美国2002年海洋年会，在会上介绍了我国在南、北极考察方面的工作情况。应中方要求，会议专门就北极科学考察合作举行了讨论会，中国、美国、加拿大、日本等国家的科学家参加了专题讨论，探讨了2002年合作开展北极科学考察的前景。2002年3月，极地办组团赴荷兰参加北极科学高峰会议，同时，极地办还积极与美国海洋大气局、加拿大海洋与渔业部商谈北极双边合作、北极浮标系统有关技术支持和北极考察的大洋和冰上工作合作事宜。极地办还派员参加了中美海洋渔业合作协议2002年工作年会，成立了双边极地工作小组。2002年5月在青岛举办了首次中美国际极地科学研讨会，中美科学家就日后的合作领域和项目进行了实质性讨论，美方还要请两名中国科学家参加他们2002年夏季北极航次考察，双方签署了合作意向书，2003年双方还将召开协调工作组会议以推进两国间极地合作的发展。2002年10月下旬，极地办应邀参加了在澳大利亚召开的南极海洋生物资源养护公约第21次会议，进一步了解了有关公约及其体系内的科学工作。为进一步研究公约乃至南极条约提供了基础资料。

在原有对外合作的基础上，极地办同智利极地研究所和智利空军方面进一步探讨了开展双边科研与后勤保障方面的方法和途径。经过多次磋商，国家海洋局副局长陈连增与秘鲁驻华大使共同签署了在南极领域开展双边合作谅解备忘录。应秘鲁方面的邀请，2002年11月29日至12月

国际海底

International Seabed

综 述
Summary

【国际海底区域和国际海底管理局】 国际海底区域（简称“区域”）是指国家管辖海域以外的海床洋底及其底土，也就是领海、专属经济区和大陆架以外的深海洋底及其底土，面积约 2.517 亿平方千米，占地球表面积的 49%。已有的科学发现表明，“区域”内蕴藏着丰富的战略金属、能源和生物资源，国际海底区域是地球上尚未被人类充分认识和利用的最大的战略资源体系，国际海底区域蕴藏多种战略性资源。目前已经认识和发现的资源主要有：①分布于水深 4 000～6 000 米海底，富含铜、镍、钴、锰等金属的多金属结核，仅太平洋海底具有商业开发潜力的多金属结核资源总量就达 700 亿吨；②分布于海底山表面的富钴结壳和分布于大洋中脊和断裂活动带的海底热液硫化物，资源总量尚待调查确定；③生活于深海热泉区的生物，因其基因有许多特殊价值，已引起国际社会的高度重视，一些发达国家已有专门机构从事研究开发；④据国际天然气潜力委员会的初步统计，世界各大洋中（包括国际海底区域和国家管辖海域）天然气水合物的总量换算成甲烷气体约为 1.8×10^{16}～2.1×10^{16} 立方米，大约相当于全世界煤、石油和天然气等总储量的两倍，被认为是一种潜力很大、可供 21 世纪开发的新型能源。国际海底区域有可能成为 21 世纪多种自然资源的战略性开发基地，可能形成包括深海采矿业、深海生物技术业、深海技术装备制造业等产业门类的深海产业群。

随着陆地资源的日趋减少与科学技术的发展，从 20 世纪中期开始国际海底区域逐渐引起国际社会的关注。经过近 30 年的努力，1982 年《联合国海洋法公约》明确宣布国际海底区域及其资源是全人类的共同继承财产，区域内资源的一切权利属于全人类，并成立了专门的国际组织国际海底管理局（International Seabed Authority，简称 ISA）代表全人类管理国际海底区域及其资源，国际海底区域成为地球上具有特殊法律地位的最大的政治地理单元。

【国际海底区域形势】 国际海底管理局于 2000 年第六次会议上完成多金属结核勘探规章的制订工作，2001 年与包括中国大洋协会在内的 7 个先驱投资者签订了为期 15 年的勘探合同，合同规定了 2001～2005 年的活动计划和资金投入。在 2002 年举行的管理局第八次会议上，法律技术委员会对合同承包者提交的2001 年度工作报告和财务报告进行了严格审议，表明管理局作为代表全人类管理国际海底区域的一个机构，正在行使对“区

---

12 日，国家海洋局长王曙光亲自率领中国政府代表团对秘鲁、巴西、乌拉圭、阿根廷等南美国家进行了正式访问，就双边开展南极合作研究的具体内容与各国政府主管部门进行了深入探讨，签署了中秘南极科学技术及后勤合作协定。代表团到访的各国政府主管部门均表示出愿与我国开展合作的强烈愿望，这为今后开展极地科学考察研究与后勤支援双边合作的开展奠定了良好的基础，访问取得了圆满成功。

2002 年 7 月 1 日，挪威极地研究所所长来访，与极地办签署了双方合作备忘录，挪威驻华大使、参赞和文化专员出席了签字仪式，为 2002 年下半年国家海洋局组团就北极考察建站等问题赴挪威考察访问取得成功和日后开展北极双边合作研究奠定了基础。

为做好“雪龙”号船 2003 年特检工作，2002 年 6 月 30 日至 7 月 12 日，极地办组团赴俄罗斯进行了专项考察，为争取国家专项经费支持和保证 2003 年“雪龙”船特检工作的顺利完成，打下了良好的基础。 （国家海洋局极地考察办公室）

域”内活动的监督管理。

1998年俄罗斯代表团向国际海底管理局提出了制订多金属硫化物和富钴结壳探矿和勘探规章的要求。按照公约规定“有关多金属结核以外任何资源的勘探和开发规则、规章和程序，应于管理局任何成员向其要求制订之日起3年内予以制定”。因此，国际海底管理局通过多金属结核的勘探规章后，将主要精力放在了多金属硫化物和富钴结壳探矿和勘探规章的制订上。2001年国际海底管理局第七次会议上，秘书处准备了一份文件，主要涉及多金属硫化物和富钴结壳探矿和勘探规章制订的各种考虑，并起草了一个标准条款。2002年国际海底管理局第八次会议上，理事会和法律技术委员会对多金属硫化物和富钴结壳的探矿和勘探的规则、规章和程序方面的一些问题进行了审议。会议还邀请了5位世界知名海洋地质和生物学家就这两种新资源的研究现状、前景及在热液周围富硫环境中生物多样性尤其是基因资源作了报告。新的一轮海上圈地运动在即。俄罗斯等国早在20世纪70年代就已经开始了以上两种资源的勘查研究，近几年已经做好圈定矿区的准备，发展中国家如韩国、印度等也加大了工作力度。

深海海底、特别是热液口的特殊生态环境，形成了特殊的生物基因。这些基因在工业、医疗保健、环境保护、国防军事等方面具有重大的用途。另外，深海嗜热细菌生存的环境与地球形成初期的原始环境十分接近，因此对这些细菌的研究将有望揭开地球生命产生的奥秘。世界各国都开展了深海基因资源的争夺。与深海矿产资源不同，对生物基因的开发和占有无需大规模的采集，只需采集特殊的生物样品，提取其基因序列。如果某一国家有成熟技术，就可以抓住当前世人所知甚少的时机，迅速获得深海基因的知识产权，从而获得巨大的投资收益。目前国际深海生物基因资源的研究开发处于一种暗流汹涌的状态。日本、美国等发达国家纷纷投入巨资进行研究开发，韩国、印度和新加坡等新的工业国家也奋起直追。

【中国大洋矿产资源研究开发协会的有关活动】

中国大洋矿产资源研究开发协会（简称中国大洋协会）对外作为在联合国登记注册的国际海底先驱投资者，为巩固和提高中国的国际地位，参与“区域”国际事务，起到了积极的作用；对内作为政府与企事业的中介和桥梁，在国家大洋专项的管理和实施过程中进行了大量的组织协调工作。

2002年是我国国际海底区域“十五”计划全面展开的一年。中国大洋协会按照协会理事会审议通过的2002年工作计划，坚持“持续开展深海勘查、大力发展深海技术、适时建立深海产业”的我国国际海底区域工作战略方针，在中国大洋协会理事会、常务理事会的正确领导下，在综合部门和业务主管部门的热情指导和关怀下，特别是在各理事单位的大力支持和参与下，经中国大洋协会办公室、首席科学家、责任专家和承担任务的各单位及其有关人员的共同努力，2002年中国大洋协会工作任务基本完成，各项重点业务工作进展基本顺利，为全面完成“十五”计划目标奠定了基础。

2002年中国大洋协会各级机构积极工作。理事会、常务理事会对协会的重要业务问题，包括协会年度工作安排、经费预算、项目设置、经费安排等进行了审议，指导着我国国际海底区域工作稳健发展。协会办公室及时组织国内优势力量贯彻落实协会理事会、常务理事会的决定。

2002年中国大洋协会积极履行了根据《勘探合同》我国应承担的国际义务，在多金属结核合同区进行了资源勘查，并结合国际海底区域活动对富钴结壳资源调查的迫切需要，开展了钴结壳靶区资源评价和环境研究工作。协会基础设施建设在2002年上了一个新台阶，我国执行大洋资源海上调查和研究任务的主力船只“大洋一号”增改装工程顺利完成。同时为适应国际海底区域开发新形势，提高我国海洋科学调查水平，加强大洋工作的能力建设，根据深海勘查技术涉及研究面广、技术含量高、研究难度大的特点，“十五”深海勘查技术采用技术引进与自主研发相结合，发挥全国技术和人才优势，进行研究开发，2002年协会积极提高富钴结壳、热液硫化物、深海生物基因及深海环境等多种资源、多个方面的勘查能力。

中国大洋矿产资源研究开发协会
China Ocean Mineral Resources R&D Association

【概况】 中国大洋矿产资源研究开发协会是1991年经国务院批准成立的社会团体，负责组织协调我国在国际海底区域矿产资源研究和开发活动。1991年中国大洋协会在联合国登记注册为国际海底区域先驱投资者。中国大洋协会的宗旨是通过国际海底区域矿产资源的研究开发活动，为我国经济可持续发展储备新的矿产资源和能源，促进我国深海高新技术产业的形成与发展，维护我国在国际海底区域的权益，并为人类开发利用国际海底资源做出贡献。中国大洋协会主要机构为理事会、常务理事会和协会办公室。理事会为协会的最高权利机关，对有关协会发展的重大事项作出决定；常务理事会由国家有关部门推荐、经协会理事会选举的常务理事组成，是协会的执行机关，主要负责审定协会的重大业务问题；办公室为协会的常设办事机构，根据协会理事会和常务理事会决定，负责承办协会日常事务。协会现任理事长为陈炳鑫同志，秘书长为毛彬同志，马洪先生为协会高级经济顾问，倪征 先生为协会高级法律顾问，王淀佐院士、李廷栋院士和陈毓川院士为协会高级技术顾问，中国驻国际海底管理局代表处大使为协会特别顾问。

【中国大洋协会第四届理事会第二次会议】 中国大洋协会理事会应就协会权限范围内的任何问题或事项制订有关规章。理事会的主要职责包括：根据协会各成员单位的推荐，增补或更换理事会成员；选举产生协会常务理事会；审议核准协会有关规则、规章和程序及其修正案；审查协会业务规划和中期计划等。

中国大洋协会第四届理事会第二次会议于2002年5月28～29日在新疆召开，会议认真审议了《中国大洋协会第四届理事会第二次会议工作报告》，听取了资源评价、环境研究、资源加工利用和技术发展项目首席科学家关于各项目年度工作进展情况以及“大洋一号”船管理工作的报告。会议在审议协会2002年工作计划时，建议协会办公室要从我国国民经济持续稳定发展、进行矿产资源战略储备角度出发，加大大洋工作力度，积极提高我国国际海底区域资源研究开发的国际竞争力和发展潜力，在“持续开展深海勘查、大力发展深海技术”的同时，明确发展深海产业的思路，重点突破，适时建立深海产业；针对激烈竞争的国际海底区域活动形势，确保“十五”计划完成的同时，为“十一五”大洋工作奠定基础，并增加深海勘查技术设备的投入。所有这些建议为协会2002年计划的制定和工作的开展发挥了重要的指导作用。

【2002年中国大洋协会常务理事会会议】 中国大洋协会常务理事会由国家有关部门推荐、经协会理事会选举的常务理事组成。常务理事会根据国家有关政策和协会章程，制订协会对于其权限范围以内的任何问题或事项所应遵循的具体规定。常务理事会主要职责为：审议协会年度计划和经费预算；审议协会与有关国际组织签订的合同与协议；审定协会报国际海底管理局的年度报告；制订协会内部行政与财政管理条例；审查协会办公室提出的重大业务问题和有关报告等。

2002年共召开3次常务理事会，认真审议了《协会2003年预算方案》、拟提交国际海底管理局的《2002年度工作报告》、协会2002度业务工作总结和2003年工作计划等协会重要文件。常务理事们总揽全局，从国家资源储备的战略高度出发，对关系到协会发展的重大业务问题及时决策，有力推动了协会工作的顺利开展。

【中国大洋协会办公室】 中国大洋协会办公室作为国家大洋专项的常设办事机构，根据协会理事会和常务理事会的决定，组织落实经协会理事会、常务理事会确定的工作，并承办协会日常事务。根据1999年国家海洋局“关于中国大洋协会办公室机构调整的批复”，协会办公室现内设机构为秘书处、项目管理处、计划财务处和技术开发处。办公室的主要职责为：①执行协会理事会和常务理事会的决定和指示；②组织研究我国国际海底区域资源研究开发战略，拟定规划、计划和规范；③组织有关国际海底区域制度等方面的研究，向国家提出有关的决策建议；④组织协调我国在国际海底区域的勘探、环境评价、采矿、冶炼等研究开发活动，进行业务监督；⑤组织实施协会对外交流与合作计划；⑥组织实施协会应履行的国际义务；⑦组织项目的立项论证，签订合同、中期评估和验收工作；⑧负责国家大洋专项经费的日常管理工作；⑨向协会常务理事会、协会业务主管部门和国际海底管理局提交工作报告。2002年协会办公室在协会理事会、常务理事会领导下，扎实工作，认真做好办公室的日常事务，稳步组织开展协会主体业务工作，保证了理事会和常务理事会的各项决议顺利实施。

2002年中国大洋协会办公室基础能力建设工作取得实质性进展。协会办公室办公自动化工作2002年取得实质性进展，2002年3月开始调研论证，5月开始组网建设，7月开始网上办公办文试运转，协会办公室基本实现了内部网络化及办公自动化。为落实中国大洋协会档案资料管理规定，检查和了解大洋档案管理工作，确保大洋档案的准确、系统、完整，大洋协会办公室根据《档案法》及上级有关部门对档案管理的要求，对各有关单位大洋档案归档情况进行了调研并请各有关单位对从事大洋调查、科研（包括船舶、仪器设备）等各项活动形成的档案材料进行了一次认真的清理，同时对1997年颁布的《中国大洋矿产资源研究开发档案资料管理暂行规定》提出了修改意见。

【2002年协会业务工作重点】 2002年是我国国际海底区域研究开发“十五”计划各项目工作全面展开的重要年度，根据国际海底区域活动形势，为顺利完成协会“十五”工作，中国大洋协会2002年工作的指导思想是：①按照国务院批复同意的“持续开展深海勘查，大力发展深海技术，适时建立深海产业”的方针，合理部署各项业务工作；②密切关注国际海底区域资源研究开发的最新形势，及时调整业务方向；③适应我国社会主义市场经济发展、政府科研体制改革和国际海底区域开发形势，从资金、技术、人才和机制等方面加强我国国际海底区域活动可持续发展能力。

2002年中国大洋协会业务工作重点一是在国际海底区域执行以富钴结壳靶区资源评价为主兼顾多金属结核合同区资源详查和环境评价的海上任务；二是完成对“大洋一号”船的增改装工程和引进调查设备的安装调试和验收。通过2002年的工作，将进一步完成国际海底区域富钴结壳资源矿区申请的准备工作，逐步发展我国深海技术能力，为顺利完成协会“十五”工作计划奠定坚实的基础。（王秀梅）

国际海底管理局的活动
Activities of International Seabed Authority

【国际海底管理局第8届会议】 国际海底管理局第8届会议于2002年8月5～16日在牙买加首都金斯敦举行。包括中国在内的62个成员国和7个观察员代表团出席了会议。中国派出了以外交部、国家海洋局、中国大洋协会、国土资源部、中国长驻国际海底管理局代表处共同组成的代表团出席了会议。大会通过了管理局2003～2004年间的双年度财政预算；进行了理事会一半成员的更换选举;通过了国际海底管理局的正式印章、旗帜和徽章。大会重点讨论秘书长提交第8届会议审议的年度，秘书长在年度工作报告中提出，管理局近期的实质性工作将集中于4个主要领域：①行使对勘探合同的监督职能；②促进并鼓励在“区域”内进行海洋科学研究；③收集信息以及建立和发展科学技术信息数据库；④继续为“区域”内其他资源的勘探开发制定适当的规章。

大会注意到管理局的发展取决于其实质性工作的有效开展，管理局实质性工作日益强调技术与科学知识。应某些代表团的要求，秘书长通报大会，将编写一份关于全球金属市场趋势的文件或报告。尽管认识到管理局对海洋科学研究本身没有调控职能，但大会指出管理局在推动和鼓励“区域”海洋科学研究方面可以发挥重要作用。大会赞同秘书长报告中提出的推动研究项目的国际合作的提议，此类研究项目旨在增强关于深海环境及其资源的科学知识。

根据《公约》，大会每两年将更换理事会一半成员的席位。在各地区集团和利益集团磋商的基础上，本届大会成功地改选了理事会。

理事会审议了法律技术委员会与财务委员会的报告，特别是财务委员会有关管理局2003～2004年双年度预算比额分摊问题。着重审议了多金属硫化物和富钴结壳探矿勘探规章的制订事宜。理事会指出，需要采用灵活的方式来制订探矿和勘探规章，特别是鉴于缺乏有关深海生态系统的科学知识。此外，多金属硫化物和富钴结壳显然与多金属结核不同，而且这两种资源本身也相互不同，位于热液喷口处的多金属硫化物尤其涉及生态问题。出于这些原因，一些代表团赞成为这两种资源制订不同的规章，并建议在制订规章时审慎行事。与此同时，理事会指出任何规章都必须符合《公约》中的整个制度、有关协定和关于多金属结核的现有规章。从潜在投资者的角度来看，最困难的问题是如何确定开采区域的大小，以便使开采具有商业可行性，同时避免垄断。相对为国家管辖区域规定的制度而言，有关“区域”的制度应该具有竞争性。

法律技术委员会(法技委)着重审议了承包者按照《“区域”内多金属结核探矿和勘探规章》提交的年度报告和“区域”内多金属硫化物和富钴结壳探矿和勘探规章。法技委在审查承包者提交的年度报告时指出，所有承包者都已努力遵守合同规定的有关要求提交了年度报告，但尚须完整齐全，以便法技委妥善了解情况。法技委对每一承包者提出了一些具体建议，请秘书长要求承包者满足合同标准条款第10节的规定要求，并强调，承包者应严格遵守在每年结束后90天内提交年度报告的要求。就多金属硫化物和富钴结壳勘探规章的制订问题，法技委对秘书处文件中建议的方法进行初步讨论。讨论中强调，考虑到“区域”内活动所涉及的不确定性，任何探矿和勘探计划在经过一个初期阶段以后，都应接受审查。在鼓励探矿和勘探，并据此向潜在探矿者提供对特定区域的权利以及申请勘探合同的优先权的同时，也必须确保管理局得到充分的数据和资料，特别是有关保护和保全海洋环境方面的资料 。

财务委员会着重审查了管理局2003～2004年财政预算，建议理事会和大会核准总金额为10 509 700美元的双年度预算。鉴于联合国经常预算经费分摊比额表已作调整，委员会建议2003和2004年管理局预算分摊比额表应分别以联合国2002年和2003年经常预算经费分摊比额表为基础，最高比率应定为22%，最低比率保持2001年和2002年的水平。

中国代表团全面参与了大会的各项活动，尤其是在其他资源的勘探规章的制定方面，充分表明我立场，维护国家海洋主权从源头上做起。

中国代表团就制订多金属硫化物和富钴结壳的勘探规章问题表明了下例立场：

(1) 处理好法律的一致性或连续性与资源的不同性的平衡关系问题。在制订新的勘探规章时，要考虑到确保法律的安全和法律的一致性，要充分利用好多金属结核勘探规章的有关规定。在确保法律一致性的前提下，对不同的资源制订不同的规则。

(2) 关于将多金属硫化物与富钴结壳分开处理的问题。多金属硫化物与富钴结壳资源差别很大。因此，无论将来是制订一套规章，还是两套规章，都需要对这两种资源作出不同的规定，从而可使新的勘探规章更有操作性。

(3) 关于“勘探区块的面积”问题。在充分考虑到多金属硫化物和富钴结壳两种资源分布特点的前提下，“勘探区块面积”的确定需要达到两个目标，第一个目标是，要让投资者获得足够商业开采的区块，以鼓励投资；第二个目标是，要有利于避免垄断，以鼓励所有投资者都有信心投资。希望法律技术委员会，在基于以上两个原则的科学论证的基础上，提出合理可行的勘探区面积方案。

(4) 关于开发制度。考虑到多金属硫化物和富钴结壳两种资源的分布特点，在制订勘探规章时，首先要确保国际海底区域的开发制度与有关国家专属经济区的开发制度具有竞争性，以鼓励投资者到国际海底区域投资。不管是采用“平行开发制”，还是采用“联合企业”制，都应该对陆地、大陆架和专属经济区有关资源开发的各种投资制度进行充分调研，并进行分析对比，以提出适合这两种资源的开发制度；同时，确定有关的开发制度时，应给予投资者一定的选择权。

此外，中国代表团还就下列问题表明了立场：

(1) 关于“区域”海洋科学研究。中国代表团认为，开展“区域”内的海洋科学研究，对于提高人类对海洋的认识、对于推动国际海底区域更好地为全人类服务均具有十分重要的意义。希望加强“区域”内海洋科研的国际合作，“区域”内有关科研及其成果能切实地为全人类所分享。为此，本届大会有必要就“区域”内海洋科研问题认可秘书处的努力，鼓励加强国际合作，请秘书处继续举办有关研讨会，以推动海洋科研成为管理局的一项日常工作，并推动加强海洋科研中的国际合作。

(2) 关于国际海底区域内生物多样性保护问题。中国代表团赞同秘书长的观点，即虽然管理局在管理“区域”内活动方面的作用主要在于勘探和开采矿物资源的活动，但管理局在保护和保全海洋环境（包括其生物多样性）方面拥有广泛的职责。在这个问题上，管理局应该更新观念，要充分认识到“区域”内资源的开发与“区域”内生物多样性的保护是相互依存的不可分割的问题，只有通过同一个机制才能解决，管理局应勇敢地承担起责任。中国代表团也支持大会能就该问题通过一项决定。

(3) 关于管理局的“今后走向”。中国代表团认为，这一问题是非常重要、非常复杂、非常敏感的政治问题。管理局“今后走向”问题的核心应该是确定管理局的活动范围和活动目标以及进一步扩大管理局的作用，而不是会议安排等程序问题。中国代表团支持加强管理局在海洋科学研究中的协调作用，支持管理局承担起与管理国际海底及其资源相关的一切工作。只有这样，管理局才能够增强活力，才能够更好地履行《公约》赋予的职责。

【“海洋环境研究的国际合作前景”研讨会】 国际海底管理局于2002年7月29日至8月2日在金斯敦召开了“海洋环境研究的国际合作前景”研讨会。有关领域的科学家、各承包者代表、法律技术委员会委员共约50人参加了会议。研讨会围绕2002年3月科学家准备会议上提出的4个方面展开研讨。这四个专题是：①深海海盆多金属结核区，特别是C-C区的生物多样性程度、物种范围和基因流动的速率；②采矿作业所造成的海底扰动，生物再居过程，以及采矿悬浮物的再沉淀过程；③采矿悬浮物对水体生态系统的影响；④多金属结核区生态系统的自然变化以及控制这种变化的过程。

中国大洋协会组织专家参加了这次研讨会，在会上报告了其在保护保全海洋环境方面所作的努力，以及近期的“区域”活动计划以和未来五年内的航次安排。

本次研讨会反映出如下特点：①在当前深海商业性开发前景不明的形势下，“区域”活动已表现出合作大于竞争，竞争寓于合作的趋势；②在管理局的积极倡导下，促进“区域”海洋科研合作已成为管理局的实质性工作之一；③有关各方对第1专题的参与热情从一个侧面表明了各国对深海生物基因资源的关注。 （毛 彬 金建才）

国际海底区域资源调查与研究
International Seabed Investigation and Research

【海上调查】 根据“十五”航次调查的总体规划，2002年计划安排了2个海上调查航次：DY105-12和DY105-13，计划由“大洋一号”和“海洋四号”分别执行。后因“大洋一号”增改装工程船厂施工延期，DY105-12航次未能在2002年度执行。

DY105-13航次由广州地质调查局负责组织实施。黄永样任首席科学家。航次的目标和任务是：对富钴结壳新区和“九五”预选区进行加密调查，为基本圈定满足商业开发规模所需资源量要求的富钴结壳区域打下基础；在多金属结核合同区进行示范区的详细调查，为结核分布规律研究和基本圈定商业性开采的矿址提供基础资料；开展“973”项目的部分深海前瞻性、基础性的科学调查工作。

“海洋四号”2002年5月10日由广州出发，10月30日回到母港，海上历时172天。在富钴结壳调查区共完成地球物理调查：多波束测量4 362.7千米（覆盖面积31 500平方千米）、海洋重力测量3 928.9千米、海洋磁力测量3 411.9千米、浅层剖面测量432.3千米、海底摄像22个测站；地质取样调查：对6座海山进行了拖网、箱式和抓斗3项取样工作。其中结壳拖网共完成117个测站，拖获样品总重量13 404.2千克；现场X荧光分析共计111个富钴结壳样片。在多金属结核合同区的示范区详细调查共完成了107个无缆取样、12个重力柱状取样、20个箱式取样；投放拖网13次，拖获结核总重量7 425千克。对121个现场制作的结核测试样品进行了金属品位测定。同时，对示范区海底沉积物工程物理力学性质进行测试。

【富钴结壳资源评价研究】 富钴结壳资源评价研究紧密围绕十五计划总目标并与海上调查航次相结合，根据调查获得的资料开展研究工作。2002年落实了课题之间的分工和协作，部署开展了样品的分析测试工作；在结壳资源量和金属品位分布等方面取得了初步研究成果并对海上的调查工作提出了进一步的建议。为了更全面地进行资源评价，搜集了国外上万个有关结壳调查的站位数据（包括结壳类型、厚度、品位、采样位置、水深等多项参数），并依据国内外富钴结壳调查的部分研究成果和资源评价技术，开始着手进行富钴结壳调查和研究专用数据库的建设；同时，启动了有关矿区圈定、资源量计算方法及其应用软件的研究工作。

【多金属结核资源评价研究】 多金属结核资源评价研究工作围绕多金属结核成矿时空演化模型及我国合同区资源综合评价研究展开。根据调查获得的多金属结核丰度、覆盖率、金属品位等资料，对DY105-13航次勘探示范区的多金属结核资源量开展评价；在收集资料的基础上，开始着手建立多金属结核数据库，并确定了适合多金属结核资源评价特点的综合评价系统软件平台，作了二次开发的初步尝试；开展了多金属结核资源评价方法的对比研究；在建立了多金属结核粒径分布以及丰度和覆盖率分布的分形模型的同时，对多金属结核的丰度和品位在空间上的分维分布及结核与沉积物中的铁、锰、铁/锰比的分形演化进行了初步研究。

【硫化物及其他资源评价研究】 2002年在收集和初步分析研究国外有关海底热液硫化物资源的文献资料及有关航次报告的基础上，提出了热液硫化物资源调查靶区选择的基本原则和方法，确定了近期调查和研究的预选目标，开展了2003年硫化物调查航段的备航工作。同时，与台湾中山大学陈镇东教授合作，对台湾东北部龟山岛附近采到的海底浅水型烟囱体样品进行了研究并取得了初步的进展。参加了2002年4月19～26日在俄罗斯圣彼得堡召开的“大洋矿产资源国际会议”和2002年12月13～14日由国家自然科学基金委、科技部和中国科学院联合组织的深海基础研究战略研讨会。

全国首届海底热液活动研究学术讨论会于2002年9月17～18日在青岛召开。参会人员达76人。有19位参会代表分别就我国的深海热液硫化物调查技术、热液硫化物靶区的选择、海底热液活动的基础理论研究以及热液区中有关的生物活动等方面作了学术报告。会议形成了《第一届海底热液活动学术讨论会论文集》和《海底热液活动探索》两个出版物。

在深海天然气水合物的研究方面，根据各种相关资料的综合分析，认为在洋底也具备形成天然气水合物的温压条件和物源条件，已初步发现一系列与天然气水合物有关的异常标志。并初步选定了西南太平洋、西太平洋、东太平洋和南极近海地区等重点海区。利用有关的数据和计算方法等，对澳大利亚以东海域的天然气水合物进行了地热模拟和稳定带厚度计算。

在收集国内外陆地和大洋粘土的研究资料的同时，整理和分析了中国大洋调查区前期工作中所获取的黏土沉积物的数据及资料，并对2002年度所获样品进行了初期实验及数据处理工作。

【基础地质研究】 2002年大洋基础地质研究的进展主要集中在下列几个方面：

(1) 实验方法与测试技术：开发成功高温催化氧化制备二氧化碳，高精度气体质谱仪测定碳同位素组成的方法；确定了分子化石分析流程，6个有代表意义的结壳样品分子化石组成图谱正在生成中；解决了用于扫描核探针（SNM）测试研究的样品制备方法，并对富钴结壳中微量元素的微区分布特征进行了初步的研究；完成小体积激光剥蚀池的设计和加工，使分析结壳中微量和痕量元素的灵敏度提高了一倍。

(2) 地球物理方面：据对地球物理资料的综合解释，得出了有关不同海山区的山体间的地磁异常特征和地质构造背景。认为重磁异常均表明火山的形成与岩石圈张性裂隙的岩浆侵入活动有关。

(3) 有机地化方面：根据对大洋表层沉积物有机碳（氮）、氨基酸、氨基糖、δ13Corg分析结果，讨论了赤道太平洋两侧海域的生物生产力、太平洋底层富氧海水对有机质的氧化作用，以及各类海洋微生物活动的有机地球化学标志。

(4) 沉积学、微体古生物学和古海洋学方面：对东太平洋低纬度柱状沉积物的研究，发现了原本产于南极水域的放射虫；放射虫生物地层学与矿物学证据显示有一较大的沉积间断面，中间缺失了晚第四纪至中新世-渐新世的地层。碳酸钙含量、蛋白石含量、有机碳含量和粒度都在沉积间断处发生较大的变化，可能与南极底层流的活动相关；矿物学证据表明，季风强度变化在沉积物中留有较完整记录。在结壳中发现了一些断代超微化石，这些化石的发现为下一步工作的开展打下了良好的基础。

(5) 圈层相互作用和成矿作用方面：对国外资料的初步整理发现，西太平洋存在若干个洋壳活动区，对于认识洋壳与海水的物质能量交换，以及硫化物勘查靶区的选定有参考价值。

(6) 同位素与古成矿环境方面：根据对富钴结壳样品的 Nd-Pb 同位素分析，恢复了中北太平洋 70Ma（百万年）以来的 Nd-Pb 同位素演化历史。把国际上现有的 Nd-Pb 同位素演化数据向前推进了约 50Ma。

(7) 年代学、地球化学方面：采用铀系测年法实测我国结壳勘查区内富钴结壳的生长速率，并和钴年代计相结合，给出了中、西太平洋结壳 CAD15 和 MHD59 的起始生长年代、发生磷酸盐化事件的年代及结壳每一层段的生成年代等，为元素地球化学和古海洋学研究奠定重要基础；获得了 18 种常、微量元素在结壳各层段、各沥取相的分配及深度分布特征并阐明了这些元素在结壳中的赋存状态；获得我国富钴结壳勘查区内未磷酸盐化结壳层段中若干 REE 地球化学参数的时间演化图像。

【环境研究和评价】 对未来深海采矿所引起的潜在环境影响进行研究，提出保护深海环境和深海生态系的理论和方法是“大洋环境研究和评价”项目的根本任务。作为与国际海底管理局签订了勘探合同的一方，大洋协会一直致力于这一领域的工作。由中国科学家提出并得到了国际同行的赞誉的 NaVaBa 计划，仍是 2002 年大洋环境研究工作的重点。通过国际海底管理局认可的 NaVaBa 计划，协会积极参与了 2002 年度国际海底管理局组织的环境方面的相关活动。

多金属结核合同区和邻域环境基线及其自然变化机理研究：生物基线方面，基本完成 DY105-11 航次生物基线调查采集的叶绿素 a、浮游植物粒级、初级生产力、微小型藻类、大型底栖生物、小型底栖生物和沉积物叶绿体色素等样品的分析工作。化学基线方面，完成了 DY105-11 航次样品的分析工作；利用“海洋四号”执行的 DY105-13 航次在多金属结核合同区进行了 3 个站位的水柱化学的现场测定和有机碳的采样工作。物理基线方面，根据现有的流和 CTD 资料对开辟区底层的一些动力特征进行了研究，完成论文初稿《中国多金属结核开辟区近底低频流动特征》。

跃层上下之间的物质迁移及其对海洋浮游生态系统的影响：主要进行了基础资料的收集与分析，并对将要进行的海上调查实验工作做好准备。

深部生物圈的群落结构及其在碳循环中的作用：在深海微生物对碳源利用特征和微生物代谢生态指纹、深海细菌丰度及其分布特征和抗铬细菌对 Cr^{6+} 的转化解毒作用及其环境意义等方面取得了初步的研究结果。

大洋水柱颗粒物循环、输出与再矿化的同位素示踪研究：建立了溶解态和颗粒态 ^{234}Th 的小体积水样测定方法、颗粒物有机物中 ^{13}C、^{15}N 的测定方法及颗粒物中 POC、TSM 的测定方法；进行了沉降与悬浮颗粒物中核素测定方法的探索；颗粒物中有机组分的测定方法尚在进一步完善中。

近底雾状层的侧向迁移和羽状流研究：检修了现有设备并制定了 2003 年航次的观测计划；对以前航次采集得到的沉积物样品作了沉速试验和粒度分析实验并初步确定了羽状流模拟的水动力模式；完成论文《中国多金属结核开辟区近底层涡动混合特征》初稿。

环境参照区选择的标准及关键参数研究：完成了 2001 航次的样品分析工作；开始收集国外有关环境参照区选择的文献资料并将对“八五”和“九五”环境调查的历史资料进行整理和分析。基于目前的认识，提出了选择环境参照区所必须考虑的关键参数，诸如底栖生物种类多样性、底栖生物种类的经纬度分布特征、底层流的流速、流向和有机物质通量的空间梯度以及结核覆盖率和沉积物类型特征等。

【生物基因资源的研究】 2002 年度的工作主要集中在具有潜在工业价值和科学意义的深海环境极端微生物和酶的筛选、深海基因文库构建、嗜冷蛋白酶和纤维素酶的基因克隆及工业化应用等方面。

深海环境下极端微生物的分离、鉴定和极端酶的筛选取得了重大进展，利用 DY105-11 和 DY105-13 航次获得的太平洋中部近赤道区 10 余个站点水深 1 900～5 800 米的深海沉积物样品，成功地培养鉴定出深海嗜压、嗜冷、嗜盐、嗜酸、嗜碱等极端微生物，并筛选出了相关的 7 种可用于工业、医药和环保等领域的极端酶。使我国成为了世界上少数几个分离培养成功深海嗜压微生物的国家之一。深海环境随机基因库构建方面，在调查了合同区、太平洋中区和西太平洋暖池区深海沉积物中细菌、古菌、微型生物、浮游生物种类、数量及基因资源分布情况的基础上，获得了北太平洋近赤道区10余个站点的深海环境随机DNA样品50余份，其分子大小超过20Kb，证实研究工作达到目前国际水准。在深海生物基因及活性物质的产业化初步研究中，分离和筛选到低温蛋白酶产生菌和低温纤维素产生菌等。目前已完成生长曲线、产酶条件研究和粗酶液的生物化学特性分析等，并开展了菌株基因组文库的构建工作。深海药物前体物的筛选工作也取得进展，目前已获得3株有活性的菌株。

本项目的国际合作与交流取得新进展。与海金联、美国、韩国等就大洋矿产资源加工研究开展了技术交流，并就进一步合作进行了深入探讨；与日本、法国、美国等就生物基因资源开发进行了交流。接待了来自海金联、美国、日本、韩国的相关领域专家；访问法国海洋研究院，考察了热液微生物的培养设备与技术；访问美国夏威夷大学，就大洋多金属结核及结壳浸出渣的综合利用进行交流。（周 宁）

深海资源勘探开发技术
Exploring and Exploiting Technology in Deep Seabed

【“大洋一号”增改装】 为适应国际海底区域开发新形势，提高我国海洋科学调查水平，加强大洋工作的能力建设，在国家综合部门支持下，2002年1月我国执行国际海底区域勘查任务的主力船舶“大洋一号”增改装工程在上海中华船厂开始施工，“大洋一号”增改装工程是协会“十五”计划能力建设的核心任务，由于制定了较好的实施计划，增改装工程进展基本顺利，于2002年12月竣工并完成了“大洋一号”的交接，先进的装备加上科学的管理将使“大洋一号”成为现代化的、具有世界先进水平的远洋科学考察船，极大提高了我国大洋调查的综合能力。

本次增改装，主要涉及船舶（动力定位系统、甲板吊放设施、生活及安全设施、实验室、船只网络建设、通信导航驾驶系统）和调查能力（地球物理调查设备、地质采样设备、环境调查设备、深潜器AUV&ROV、甲板和原位测试设备）两方面，同时对“大洋一号”的动力系统（包括主机系统、主机监控系统、轴带发电机、可调桨系统、舵机系统、锚机系统、锅炉系统）也进行了大修和更新。

增改装之后的“大洋一号”满载排水量5 500吨，自持力为60天，为无限航区，全船有75个床位。调查能力已与国际先进水平接轨，能够进行大洋综合地质、地球物理、环境调查研究和深海设备试验等。装备有SeaBeam深水多波束系统、Topas浅地层剖面仪、ADCP和超短基线定位系统、声学拖体等探测系统，恢复了地震系统的高压空气系统。尾部新A型架的拖曳能力为25吨，收放时最大安全工作载荷为10吨；右舷小A型架的起吊能力为1.5吨；右舷新折臂吊最大工作半径13米，安全工作负荷4吨；左舷新折臂吊最大工作半径14米，安全工作负荷4吨。艏部左舷新增一部1吨折臂吊，作用距离10米。绞车间内有钢缆、同轴电缆、光电复合缆等3部万米绞车，甲板面设有一个6 000米水文绞车和一个地磁绞车。新增全船动力定位系统，可在1节海流、6级风的海况下实现定点控位，并具有ROV跟踪和航迹保持能力，利用广域差分全球卫星定位系统（DGPS）定位精度不低于40米。

改装后全船有15个实验室，面积达531平方米，样品库总容积为120立方米，甲板作业面为230平方米。设有多波束及浅剖实验室、全船网络及数据处理中心、ADCP及重力实验室、深拖及海底照相实验室、海洋地震实验室、ROV和AUV实验室、甲板共用实验室、地磁实验室、综合电子实验室、化学与生物实验室、水文实验室、地质实验室、生物基因实验室以及照相暗室等，同时设有普通样品库、生物样品冷藏库、生物样品冷冻库。新增设的大型设备维修间、艉部综合控制室、工具维修间大大改善了海上作业条件。网络系统能实现采集数据的收集、处理、存储和内外传输。住舱设有闭路电视和短波广播，住舱和实验室均有网络接口，并可通过卫通B站连接到Internet上，其出口速率达64 000比特/秒。

为使“大洋一号”增改装工作能够科学、合理并顺利实施，协会和办公室领导都非常重视，采取了一系列有力、有效措施，先后成立了专家组、增改装领导小组和现场工作组。专家组对国内外的科学调查船进行了广泛的调研，多次查访用船单位，对增改装的内容进行了充分论证，领导小组和现场工作组在组织协调方面做了大量工作，解决了施工中出现的重大问题。采用招投标方式选择了701所作为增改装设计单位，中华船厂作为施工单位。上述措施从组织上保证了增改装的顺利进行。增改装后的“大洋一号”将为我国国际海底区域资源研究开发海上调查工作提供坚实的平台。（邬长斌）

【深海采矿技术发展】 大洋多金属结核中试采矿系统1 000米海试，根据“十五”采矿系统1 000米海试的总体目标和要求，在2001年湖试的基础上，协会组织专家对《深海多金属结核中试采矿系统1 000米海试系统总体方案》（总体方案）进行了论证，分析了印度2000年完成的500米水深的采砂试验以及美国、挪威对库克群岛结核矿区进行的开采可行性研究方案，修改并完善了1 000米海试系统的构成和主要技术参数指标，制订了《大洋多金属结核中试采矿系统1 000米海上试验总体设计》并拟订了1 000米海试的工作计划：利用5年的时间，建造出一套能用于1 000米海上试验的深海采矿系统，包括完善“九五”期间研制的集矿机；研制出扬矿系统关键部件提升泵、软硬管和中间仓；改造水面支持船并研制出配套的装备等；完成系统集成与调试并进行1 000米的海上试验任务。2002年4月和8月分别对海试系统相关的立项申请进行了专业评审和综合评审，12月签订了有关的课题合同。

与此同时，开展了深海多金属结核开采虚拟现实的研究工作，以在实际1 000米海试作业之前进行中试过程的计算机模拟，为实际海试提供技术参考，并为后续工作验证理论模型。

在钴结壳采集模型机及相关技术方面，进行了采矿头、集矿与模拟材料制做和行走方式等3个方面的研究工作。（周 宁）

【深海勘查技术】 为适应国际海底区域开发新形势，提高我国海洋科学调查水平，加强大洋工作的能力建设，根据深海勘查技术涉及研究面广、技术含量高、研究难度大的特点，“十五”深海勘查技术采用技术引进与自主研发相结合，发挥全国技术和人才优势，进行研究开发，我国深海资源勘查的能力将从比较单一的大洋多金属结核资源的调查评价扩展到富钴结壳、热液硫化物、深海生物基因及深海环境等多种资源和多个方面的调查研究。研制和开发具有自主知识产权的深海勘探技术设备是“大力发展深海技术”方针的具体体现。在有限目标的原则下，优先开展既能填补空白，满足大洋“十五”计划的执行，又能兼顾工程应用，具有一定市场前景的项目一直是协会努力的目标。3 000米深海观测和取样型ROV研发项目是协会在深海技术开发领域填补空白的一项突破。采用请进来、走出去、再请进来的方式，经过对国外8家ROV公司的实地考察和多轮谈判，初步选定了3家作为潜在的谈判对象，我方提出的联合设计、合作开发的方式已为外方所接受；6 000米光学深拖系统的自主升级改造已完成了论证，该项目是第一个实现拥有自主知识产权并能替代进口同类产品的大型深海技术设备。3 000米深海浅钻的改进，提高了水下作业的可靠性和稳定性，将在2003年航次中进行海试；与“863”计划820主题相结合进行研发的大洋技术开发项目，如深海电视抓斗、深海彩色摄像系统和6 000米多功能声学拖体等已完成设备调试，将于2003年进行海上试验。

同时，依据《国际海底区域研究开发“十五”总体设计》，2002年协会结合航次工作的要求，协会办公室还进行了勘查技术立项，初步确定立题14个。我国深海资源勘查的能力将从比较单一的大洋多金属结核资源的调查评价扩展到富钴结壳、热液硫化物、深海生物基因及深海环境等多种资源和多个方面的调查研究。（邬长斌）

【深海矿物资源加工利用技术】 资源加工和利用作为资源开发的最终环节，肩负着向市场提供产品服务、实现资源开发效益最大化的重任。基于高新技术的深海资源开发产业将会逐步建立和发展，并最终有望成为21世纪的重要产业。2002年是“十五”计划执行的关键一年，大洋资源加工项目各课题进入了实施阶段。来自国内13所科研院所和大学的近百名研究人员参与了大洋矿产资源加工项目2002年的研究开发工作。包括了大洋多金属结核冶炼加工中间试验、富钴结壳冶炼加工扩大试验、前瞻性冶金方法探索、资源的非传统应用技术及选冶尾渣的综合利用等。

大洋多金属结核冶炼加工完成了中试方案和中试车间设计，进行了浸出渣重要理化性能参数测定以及常规金属外其他有价金属综合回收的前期研究等。富钴结壳冶炼加工完成了扩试技术方案的制定工作，对原料的物理化学参数进行测定，开展了熔炼试验和浸出单元试验。

前瞻性冶金方法探索方面的各课题均在基础理论研究的基础上制定了具体试验方案，试验研究取得了良好的开端。其中“三相氧化法清洁生产新工艺”制定了氧化、重选、金属回收的技术方案；开展温度和碱锰配比等条件优化的小型试验研究，找到锰酸钾非电解法制造高锰酸钾的方法和条件。“矿浆电解处理技术”完成了相关的电化学基础理论研究，性能参数测定和物相分析工作；开展了浸出条件试验和综合条件试验，获得了较理想的有价金属浸出率。“生物冶金技术研究”进行了还原大洋多金属矿微生物作用机制研究，开展了生物还原浸出实验和氢还原实验。“预处理技术”对富钴结壳进行了详细的工艺矿物学研究和选矿预处理试验。在资源的非传统应用技术及选冶尾渣的综合利用方面，进行了浸出渣纳米环境功能材料、大洋铁锰矿物的复合改性功能材料和选冶尾渣的新型改性矿物复合材料的研究开发。 （周　宁）

【7 000 米载人潜水器】 7 000 米载人潜水器是国家“十五”“863”计划的重大专项之一，2002 年 6 月，由科技部批复正式启动。国家海洋局是项目的组织部门，中国大洋矿产资源研究开发协会作为 7 000 米载人潜水器项目业主，具体负责专项的组织实施。

国内中船重工集团公司第 702 所、中国科学院沈阳自动化所、中国科学院声学所、中船重工集团公司第 701 所等优势单位参加专项研发工作。7 000 米载人潜水器的研制将会在如下 4 个方面取得标志性成果：

在世界上同类型的载人潜水器中具有最大工作深度 7 000 米，可以覆盖海洋面积的 99%；

具有针对作业目标稳定的悬停定位能力，能够完成高精度作业任务；

具有先进的水声通信和海底微地形地貌探测能力，能够高速传输图像和语音，探测海底小目标；

能够在复杂海洋环境和海底地质条件下完成保温保压取样和岩芯取样等作业任务。

2002 年，7 000 米载人潜水器专项建立较为完善的组织保证体系。成立由科技部、国家海洋局、中国科学院、中船重工集团公司、中国大洋矿产资源研究开发协会、“863”自动化领域专家委员会等领导和专家组成的专项领导小组，负责专项的领导和决策；根据科技部“863”计划重大专项管理办法，成立了“7 000 米载人潜水器”总体专家组，负责潜水器本体、水面支持系统、驾驶员培训、潜水器应用等技术层面的协调；成立了“7 000 米载人潜水器”本体研制总设计师组，负责载人潜水器本体研制的技术协调工作。

潜水器研制单位开展了广泛的技术调研，先后走访了国内十几家海洋单位，收集了丰富的海洋资源、海洋环境、海洋生物等方面的技术资料，认真听取了未来用户单位对潜水器的具体技术要求，积累了大量的一手资料。与此同时，邀请熟悉美国“阿尔文”号载人潜水器的有关专家来华讲学，进行技术交流，并对美国目前正在研制的“新阿尔文”号载人潜水器进行全过程跟踪。

通过研制单位的不懈努力，基本确定了浮力材料、深海水泵、水声通信设备、钛合金耐压构件的加工或引进的技术方案；明确了各分系统之间以及与总体之间的技术接口；基本完成了总体布局、结构、动力源、电气、液压、作业、控制、声学等分系统的方案设计工作；基本完成了支持母船方案论证工作；完成了 1：3 模型阻力试验和 1：6 模型风洞试验等试验工作。

为了贯彻“自行开发与技术引进相结合”的技术路线，并保证我国拥有“自主知识产权”，专项课题组同俄罗斯、乌克兰等专家进行了技术交流，部分引进部件的进口渠道得到了明确。

潜水器研制开发的同时，中国大洋矿产资源研究开发协会与科技部高新技术司联合召开了深海载人潜水器应用研讨会，来自海洋矿产资源、海洋油气资源、海洋生物、海军等方面的 20 余家单位的专家参加了会议。各用户单位对载人潜水器提出了明确的使用要求。 （刘　峰）

国际合作
International Cooperation

【概况】 2002 年 3 月 25 日至 4 月 5 日，大洋协会船舶动力定位设备验收团前往挪威、荷兰对为“大洋一号”引进安装的动力定位设备进行了验收。验收团团长由大洋协会办公室副主任兼总工程师郭世勤担任，参加验收的还有来自哈尔滨工程大学、武汉船舶设计研究所、沪东中华造船（集团）有限公司的专家。

2002 年 5 月，大洋协会船舶甲板收放设备验收团前往美国对为“大洋一号”船引进的折臂吊、A 型架、光缆绞车等设备进行了验收。验收团团长由大洋协会办公室副主任沈继刚担任，参加验收的还有来自北海分局、武汉船舶设计研究所、中华造船厂的专家。

2002 年 10 月 12～19 日，“国际海洋金属联合组织”总裁考特林斯基等一行 2 人应邀访问了中国大洋协会。双方对前期的合作协议进行了细化，对冶炼技术、环境研究以及采矿技术等领域的合作项目提出了具体执行措施，并签定了访问纪要。

2002 年 11 月 11～13 日，韩国代表团一行 9 人来华参加了“中韩深海矿产资源开发合作会议”和“中韩深海采矿技术研讨会”。双方确定了在国际海底管理局事务、资源勘探、环境研究、采矿技术以及冶炼技术等方面的合作内容，并签定了会议纪要。

2002 年 11 月 6～18 日，中国大洋协会“7 000 米载人潜水器”技术代表团访问了俄罗斯有关潜水器及部件的研究、设计和制造单位。此次访问的目的是深入了解俄罗斯深海载人潜水器的设计和建造能力；参观俄罗斯 6 000 米载人潜水器；洽谈 7 000 米载人潜水器的合作事项。通过这次访问，选定了克雷洛夫船舶研究院作为主要合作伙伴，并基本确定了合作模式与合同价格。7 000 米载人潜水器总体组组长、大洋协会办公室主任助理刘峰担任代表团团长，参加人员分别来自国家“863”计划自动化领域专家委员会、中国船舶重工集团 702 研究所、701 研究所、中国科学院沈阳自动化研究所等有关单位。（吴桂凤）

2003

中国海洋年鉴

海洋国际合作

International Marine Cooperation

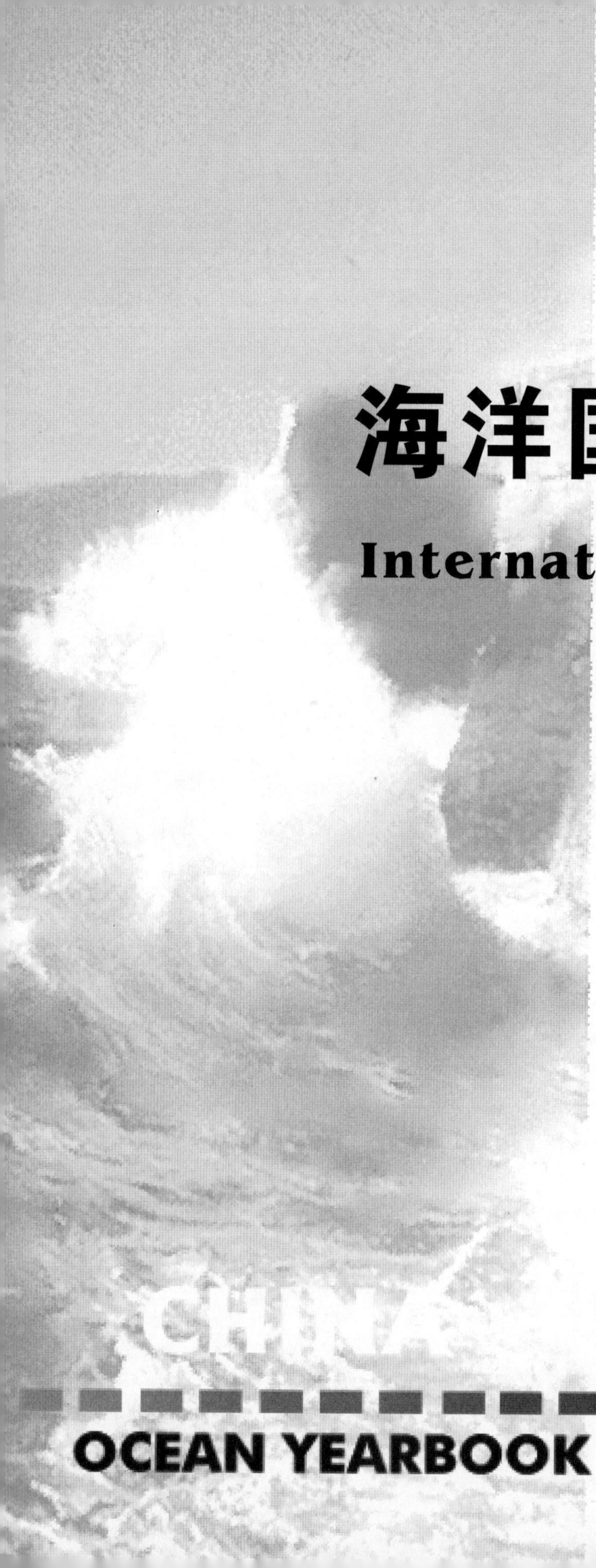

海洋国际合作

International Marine Cooperation

海洋经济合作

International Marine Economic Cooperation

【海洋油气业合作】 遵循双赢互利的原则，中国石化胜利油田、上海海洋油气分公司在海洋油气的勘探开发及海洋工程施工等方面加强国际合作。

胜利浅海埕子口区块勘探 2002年胜利油田浅海地区埕子口区块的勘探工作由美国EDC公司承担，CZK2井2002年8月8日开钻，9月11日钻至设计深度2400米，完钻于古生界白云岩。

胜利浅海埕岛西A区块开发工程 自2000年国家计委批准了埕岛西A区块的整体开发方案以来，胜利油田与美国EDC公司按照43∶57的比例进行了开发投资，2002年完成了导管架的预制和安装、开发井组的钻井和完井、开发平台的预制和安装、海底输油管线的预制和安装、陆上设施的建设等。胜利油田海洋钻井公司的两条平台总包了17口井的钻井工作。胜利油田油建公司承担的埕岛西项目钻采修一体化平台2002年8月完成大部分的预制工作，9月2日采用浮式安装法顺利就位于导管架上；8千米海底输油管线于2002年10月底完成施工，12月初平台初步达到了投产的要求。

国际反承包项目——我国浅海海域最大的ODA平台 由胜利油田油建公司承建的——中国石油化工集团与阿帕契（中国）合作开发的大港油田赵东海上开发区块ODA平台，于2002年10月9日正式装船出海，完成海上就位与安装。

“发现号”在古巴海域的二维地震作业 中国石化集团公司上海海洋石油局第一海洋地质调查大队所属的发现号二/三维海洋地震作业专用船从2002年9月23日至12月31日，在古巴海域为加拿大的Pebercon公司提供二维地震作业服务，共完成1 100千米的二维地震工作量。

（中国石油化工股份有限公司 贾文昌 宋占魁 黄蓓蓓等）

海外并购取得重大成功 1月，中国海洋石油总公司收购了西班牙瑞普索公司在印度尼西亚五大油田的部分权益，而后又收购了澳大利亚NWS天然气项目部分权益和印度尼西亚东固气田部分权益。

中国海洋石油总公司对外合作又取得一批新成果 中国海洋石油总公司与德士古签订渤中25-1/25-1南跨界开发协议；与哈斯基签订了南海珠江口盆地深水区石油合同；与菲利普斯合作的中国最大的海上油田蓬莱19-3油田投产。

（中国海洋石油总公司 崔 忻）

【海洋渔业合作】 为了在实施中日、中韩渔业协定中争取我国渔业最大利益，分别与日、韩两国就我国渔船在这两个国家管辖水域的作业船数、捕捞配额问题举行谈判，与越南就《中越北部湾渔业协定》生效问题也进行了艰苦的谈判。在其他双边渔业关系中，与美国就共同关心的全球渔业问题进行磋商并启动了两国渔政执法人员互访机制，加强了双方的合作关系；与斐济和乌拉圭签署了部门间渔业合作谅解备忘录，与斯里兰卡正在协商签署政府间渔业合作协定事宜；拓宽了与东盟有关国家的双边渔业合作，与印度尼西亚签订了渔业合作协议，确定了两国新的渔业合作方式。在多边领域，加强了与粮农组织等全球和区域渔业组织的合作，密切了与有关区域渔业管理组织的合作关系，为我国远洋渔业的发展创造了良好的国际环境。为加强北部湾渔业管理，维护我渔民权益，农业部连续组织中国渔政南海总队和广东、广西、海南三省区的渔政船进行了10次专项渔政执法行动，解救了多艘被越方抓扣的我国渔船。与俄罗斯进行两江渔政联合检查，与韩国在中韩渔业协定水域进行联合执法检查。我国还首次派渔政船到北太平洋公海进行渔政执法，对我在北太作业的远洋渔船进行监督，履行船旗国的责任。此外，农业部还配合有关部门对日本在我国东海海域打捞不明外国沉船进行了现场监控，较好地完成了要求日方对我国渔业损失赔偿的谈判任务。 （中国水产科学研究院 刘大安）

【国际海运合作概况】 2002年中国在水运领域与其他国家的国际合作和交往继续深入发展，并取得了一系列重要成果。

4月11～15日，中国与伊朗海运协定会谈在德黑兰举行；4月20日，由黄镇东部长与伊交通部艾哈迈德·霍拉姆部长在德黑兰正式签署海运协定。

4月16日，中国与突尼斯海运协定由外交部杨文昌副部长与突尼斯交通部国务秘书法尔哈特·梅迪尼在突尼斯签署。

4月29～30日，中意修改海运协定议定书谈判在北京举行，双方就议定书文本达成一致并草签。6月3日，交通部洪善祥副部长访问意大利期间，与意大利外交部副部长玛格丽塔·波尼维埃在罗马签署中意海运协定修改议定书。

6月14日，中朝海运协定由胡希捷副部长与朝鲜陆海运省副相罗东熙在平壤签署。

12月6日，中国与欧盟海运协定由张春贤部长与欧盟部长理事会主席本特森、欧盟委员会副主席德帕拉西奥以及欧盟15国交通部长在布鲁塞尔正式签署。中欧领导人第四次峰会期间，双方达成一致意见，决定谈判签署海运协定。经过双方一年多富有成效的共同努力，欧盟历史上的第一个海运协定，终于在中国加入WTO一周年之际正式签署，标志着中国与欧盟在海运领域的友好合作又揭开新的篇章。双方对协定的签署都给予了高度重视。欧盟方面更是在其历史上首次同时以部长理事会、欧盟委员会和各成员国的代表一起共同签署该协定。中欧海运协定的签订，使双方在WTO谈判中关于海运领域达成的一致，再次在协定中得到体现。

截止到2002年底，中国政府已与63个国家签订了双边海运协定（包括个别过境运输协定和河运协定）。 （交通部科教司 李 奇）

海洋环境管理合作
International Marine Environmental Cooperation

【全球环境基金“公共私人伙伴关系”中型项目获得通过】 2002年12月财政部正式批准我国参加执行全球环境基金“在环境投资中的公共私人伙伴关系概念的发展与应用”中型项目（简称“公共私人伙伴关系”中型项目）。该中型项目是在GEF/UNDP/IMO“建立东亚海域环境保护与管理的伙伴关系”计划（简称“伙伴关系”计划）第八次项目指导委员会上应各国代表的要求提出的。它将作为“伙伴关系”计划下的子项目来实施。“公共私人伙伴关系”中型项目选定中国渤海、印度尼西亚巴厘岛、越南岘港、马来西亚Klang以及菲律宾马尼拉湾等5个海岸带管理示范区作为实施地点。目的是通过将“公共私人伙伴关系”这种新的管理理念应用到海洋环境管理中，调动私人企业开展海洋环保和治理的积极性，吸引私人企业向海洋环保领域投资，从而产生“双赢”的结果。

“公共私人伙伴关系”中型项目是我国在海洋环境保护和治理方面的一次新的尝试，将为解决我国现阶段所面临的海洋环境问题，探索新的海洋环境投资机会，更加有效地保护我国海洋环境起到积极的作用。

（国家海洋局国际司 唐冬梅）

【“中美环境对话”会议】 应我国外交部邀请，美国主管海洋、科技、环保的助理国务卿约翰·特纳先生率领美国代表团一行17人于2002年7月16～17日访问中国，就环境与卫生问题与我国进行磋商。水利部、交通部、国家林业总局、国家环保总局、国家海洋局、国家气象局、农业部渔业局和中国海事局分别组成专题小组，参加了水问题、森林问题、环境管理问题，海洋问题及持续有机污染物和沙尘暴问题的对话。

以国家海洋局国际合作司李景光巡视员为团长，由国家海洋局海域司、环保司、科技司和国际司组成的海洋问题专题组参加了关于海洋问题的对话。中方指出中国是一个发展中的沿海国家，拥有18 000千米长的海岸线，根据联合国海洋法规定拥有广泛的管辖海域。中国政府高度重视海洋工作，把发展海洋事业作为国家发展战略，不断完善海洋法律制度，加强海洋综合管理和环境保护，积极发展海洋科学技术和教育，积极参与联合国系统的海洋事务，推进国家间和地区性海洋领域的合作。中方还向美方介绍了沿海地带综合管理情况，指出海洋综合管理是还海洋可持续发展战略的重要组成部分，中国政府根据经济和社会发展的需要，先后制定了一系列涉海法律法规，初步建立了海洋综合管理体制，设立了国家级海洋管理职能部门；编制了全国海洋开发规划，开展了全国及省、市、县各级海洋功能区划工作。中国政府一贯重视海洋环境保护工作，投入了巨大的人力和物力，在海洋环保立法、海洋环境监测管理和海洋生态保护、海洋赤潮防灾减灾等方面取得了明显效果。中国海洋科技近些年来迅速发展，在海洋调查、海洋高新技术研究与应用及海洋科学研究等方面取得了巨大的成就。美方提出可以在海洋监测、人员培训、教育方面进行合作，在进出口水产品方面提供清单和微生物信息方面进行交流，并在海洋资源生态保护、海洋污染及船舶压舱水处理标准方面进行合作。

通过本次中美对话，增进了中美双方在环境问题上彼此立场的了解，建立了双方合作的渠道，同时双方都表现出积极的姿态，未来将在水环境问题、环境管理、海洋、林业及外来物种入侵等领域展开广泛的合作与交流。（王安涛）

【全球环境基金“中国南部沿海生物多样性保护项目”获得批准】 2002年10月14～15日在北京召开了全球环境基金理事会会议，会议审议批准了国家海洋局与联合国开发计划署共同提交的总额为2 300万人民币的“中国南部沿海生物多样性保护项目”。该项目的主要目标是：①提高现有海洋自然保护区核心区内具有全球生物重要性的生物多样性的保护能力；②通过消除海洋自然保护区的缓冲区和实验区及其外围生物多样性的活动，成功地示范适当可行的保护与可持续利用途径；③保证从示范区活动中获得的经验教训推广到面临同样威胁的其他项目区。拟选定的示范区包括：南麂列岛海洋自然保护区、海南三亚珊瑚礁自然保护区、广西山口红树林保护区及其相关的海洋生态系统，以及福建—广东洄游海洋物种的洄游通道。

“中国南部沿海生物多样性保护项目”将于2003年开始执行，历时约为5年。国内组织实施机构为国家海洋局，浙江、福建、广东、广西和海南等省（区）的海洋有关部门将参与。

（陈 越）

【考察日本濑户内海环境治理】 2002年11月24日至12月3日，以国家海洋局海洋环境保护司司长李晓明为团长的国家海洋环境代表团赴日本对濑户内海环境治理情况进行了考察。

国家海洋局这次组团是专题对日本濑户内海环境治理情况进行考察。代表团先后到了兵库会馆、兵库县民生活部环境局、濑户内海环境保全协会、濑户内海环境保全联络会、封闭海域环境管理中心、兵库县水产实验中心、兵库县健康环境科学研究所、产业技术总合研究所和环境省水环境部。在与上述单位有关官员接触中，对濑户内海环境治理有了较多了解。

濑户内海是一个典型的封闭式内海，沿岸经济发达，人口密集，工业密集。大量工业废水、生活污水直接影响濑户内海海洋环境。在濑户内海环境全面治理之前，海洋环境状况很差，各类污染对濑户内海的环境造成了严重影响，污染事故、污染案件频发，被戏称为污染的“百货大楼”。1973年出台的《濑户内海环境保全临时措置法》标志着濑户内海环境治理工作全面展开。经过30年的治理，濑户内海的环境大为改善，基本恢复到了污染前的状况。

濑户内海环境治理的成就主要表现在以下几方面：

健全的法律。1973年出台了《濑户内海环境保全临时措置法》，在此3年前已有了水环境方面法规，这为全面实施濑户内海环境保全临时措置法奠定了良好的基础。此后不断完善，先后出台了1980年《第一次COD总量规制》、1987年《第二次COD总量规制》、1991年《第三次COD总量规制》和1996年《第四次COD总量规制》。除此之外，还有县、市制定的有关规章，这些都为不断地推进濑户内海环境整治提供了保证。

完善的组织系统。濑户内海沿岸县、市成立了非常完善的组织，召开县知士、市长联席会议，签属共同的文件，制定地方相关的命令。对企业排海废水实施严格的总量控制标准，对生活污水实施处理排放。国家海洋部门和地方相互配合紧密。

科学的监测。全海域的统一监测（时间因海况原因前后不差两天）、两个月一次的高频率监测（个别项目一个月一次）、监测部门与企业之间监测资料的相互交流，这些工作成果对制定濑户内海环境治理政策起到了科学作用。

广泛的公众配合。日本环境官员介绍说：只有好的政策法规也很难实施对整个濑户内海的环境治理，公众的呼声和意愿起到了决定性作用。公众对治理濑户内海污染的呼声很高，要求采取有力的治理措施，从而迫使企业遵循法规，为法规政策的有效实施创造了有力条件。例如在赤潮监测中，养殖渔民大部分都有显微镜，能及时发现异常情况报告有关部门采取措施。

强大的财力。从濑户内海环境治理看到了日本是一个环境意识很强的国家，这与所处的地理条件有关，加上经济发达，从而在环境治理上投入很大，投入资金渠道很多，这些资金有各级政府的投入，有来自企业方面的资金，还有一些基金等。

濑户内海环境治理走过了30年的历程，而这项工作还在继续，还有新的日标、新的要求。濑户内海环境治理给世界沿海国家海洋环境治理工作提供了经验，特别是为我国渤海环境的治理以及海洋环境管理工作提供了许多可借鉴的经验。

（葛奇远）

【全球环境基金第二届国际水域大会在大连成功举办】 2002年9月25～29日，国家海洋局与全球环境基金在大连共同举办了第二届全球环境基金国际水域大会。这次会议的主题是：回顾全球环境基金国际水域项目的执行情况，促进项目参与国、项目执行机构以及私人和非政府机构之间的交流与合作。来自世界各地62个国家的186名代表参加了会议。国家海洋局局长王曙光、辽宁省副省长杨新华和大连市副市长刘文俊出席了开幕式并讲话。

王曙光局长在讲话中高度赞扬了全球环境基金通过资助130余个国家在国际水域领域的100余个项目，对实现全球可持续发展发挥了不可替代的作用。中国积极参与实施了东亚海海洋污染防治和管理、减轻黄海环境压力、扭转南中国海和泰国湾环境退化趋势以及图们江、海河治理等项目。在新的历史时期，中国正在逐步实现建设海洋强国的设想。为此专门设置了主管全国海洋事务的职能机构，并围绕监督管理海域使用、保护海洋环境、依法维护海洋权益、执法监察以及组织重大海洋调查科研活动等开展工作。经过近40年的努力，中国政府已经拥有了一支基本适应形势和职能需要、结构合理的组织机构和工作队伍，并拥有了包括船舶、飞机、浮标、重点实验室、卫星和各种先进仪器设备在内的工作手段。最近，中国政府有关部门正在运筹建设现代化海洋强国战略，建立和完善海洋规划、海洋法律和海洋管理三大体系，努力实现海洋工作管理体制系统化、执法监察一体化、行政管理法制化和行为规范国际化的“四化”目标。在此过程中，国家海洋局作为国家海洋行政主管部门发挥了重要影响。

杨新华副省长代表辽宁省人民政府对全球环境基金继2000年在大连召开了“东亚海环境保护与管理项目指导委员会第七次会议暨渤海论坛”并签署了《渤海宣言》两年后又将会址再次选在大连表示衷心的感谢。辽宁省是中国北方的重要省份，濒临黄海与渤海，海洋资源丰富，是环渤海经济圈的组成部分和中国东北地区对外开放的前沿与“窗口”。1986年，省委、省政府提出建设“海上辽宁”战略，在海洋经济迅速发展的同时，制定水域保护规划和行动计划，采取多种措施，防治水域污染，取得了一定成效。开展国际合作项目，治理水域环境的潜力巨大，前景广阔。

随后，国家海洋局国际合作司司长李海清做了关于中国海岸和海洋环境资源管理实践的主旨报告。

大会就国际水域的4个领域即跨边界合作、海洋生态系统管理、淡水盆地管理以及如何实现可持续发展进行了讨论和交流。特别值得一提的是，会议专门安排了一天为“东亚日”，交流东亚地区在全球海洋环境管理方面所取得的成功经验。其中历时半天的中国国际水域项目实施情况介绍给会议代表们留下了深刻的印象。中国积极参加的东亚海海洋污染防止和管理项目于1993～1994年在厦门市建立了一个海岸带综合管理示范区，在海域使用立法、管理机制、科技支撑体系以及培训人才等方面积累了充分的经验，已向国内其他地区以及其他发展中国家推广。会议同时还举办了展览。其中“渤海海洋环境管理项目”展览，以其丰富的内容和新颖的形式受到会议代表的好评。

为期5天的第二次国际水域大会是我国政府与全球环境基金在海洋环境保护领域一次成功的合作。合作清楚地表明：中国政府为保护全球海洋环境所做的努力已经得到国际社会的认可，中国作为全球环境基金项目的参与国之一正在发挥积极的、越来越重要的作用。 （陈　越）

【中韩黄海环境联合调查】 根据国家环境保护总局和韩国海洋水产部签定的黄海环境合作研究

协议（1998 年），中韩双方继续共同执行了 2002 年度中韩黄海环境联合调查研究工作。

2002 年 7 月，第五次中韩黄海环境联合调查研究的成果发布会在青岛市举行，双方项目执行专家介绍了第五次联合调查所取得的研究成果。随后召开了第六次（2002 年度）中韩黄海环境联合调查研究项目工作会议。

根据《中华人民共和国国家环境保护总局与大韩民国海洋水产部第六次黄海环境联合调查研究项目工作会议纪要》，由中国环境监测总站近岸海域环境监测中心站和韩国海洋水产部国立水产科学院西海水产研究所有关专家，于 2002 年 11 月 3～15 日历时 13 天，共同完成了“中韩第六次黄海环境联合调查研究项目”在黄海海域 3 条调查航线 24 个测点的海上调查、采样工作。此后，由中方 15 位科研人员和韩方 6 位专家组成的研究小组，于 2002 年 11 月 15～29 日历时 15 天，分成 6 个专题研究小组，在中国环境监测总站近岸海域环境监测中心站进行了海洋水质、海洋沉积物和海洋生物等要素 33 个项目的共同分析工作。11 月 28 日圆满完成预定的工作任务，并由中韩双方首席科学家共同签署了第六次中韩黄海环境联合调查研究的英文初步报告。其间，中韩双方研究人员举行了多次的专业研讨，在科学的基础上取得了满意的结果。

【西北太平洋行动计划】 西北太平洋行动计划（NOWPAP）第七次政府间会议于 2002 年 3 月 20～22 日在俄罗斯海参崴举行。会议由联合国环境署组织，俄罗斯政府承办。中国、俄罗斯、日本、韩国 4 个成员国派政府代表团与会，朝鲜民主主义人民共和国作为观察员也派团参加了本次会议。另外，联合国环境署国际海洋学委员会、联合国环境署防止陆源污染全球行动计划秘书处也分别派代表参加了会议。按照会议议程此次会议审议通过了一个区域协调处（RCU）两个办公室的组建计划；审议并通过了 2002～2003 年 NOWPAP 经费预算与工作计划；审议了 NOWPAP 信托基金的筹资和使用情况，各成员国确认 2002 年信托基金摊款维持现执行额度不变；讨论并同意防止陆上活动影响海洋项目在全西北太平洋区域范围内组织实施。

根据西北太平洋行动计划各个子项目的组织实施计划和相应要求，经征求有关单位意见，选定并向联合国环境署推荐了综合数据库和管理信息系统项目国家联络员、常规监测项目国家联络员、特别监测项目国家联络员。

为执行西北太数据网络项目，该项目区域活动中心（DIN/RAC）于 2002 年 11 月 25～28 日组织召开了项目的第一次国家联络员会议。来自俄罗斯、韩国、日本、中国 4 个国家的联络员到会。此次会议听取了西北太工作组成员一年来所做工作的总结汇报，讨论了 DIN/RAC 提出的今后的工作思路和工作方向，确认了 2003 年度各成员国项目执行工作任务。

【东亚海协作体 COBSEA】 东亚海协作体 2002 年度除执行 UNEP/GEF“扭转南中国海及泰国湾环境退化趋势”项目外，还有东亚海行动计划的珊瑚礁保护与监测项目。

珊瑚礁保护和管理示范区区域合作专家会议于 2002 年 1 月 27 日在赴泰国普吉岛召开，会议目的是研讨确定东亚海协作体国家的珊瑚礁保护和管理示范区。会上中方专家介绍了南海海域的珊瑚礁保护和管理，尤其是海洋保护区/海洋公园方面的管理工作情况。经努力争取，国家三亚珊瑚礁保护区被列为国际珊瑚礁行动网资助的珊瑚礁 “保护管理工作目标区”。该示范区工作由国家海洋环境保护总局海洋环境保护办公室负责协调和管理，海南省海洋与环保管理部门具体实施。

为实施珊瑚礁保护和管理示范区区域合作，东亚海协作体秘书处 8 月 27～31 日在泰国普吉岛召开了“东亚海珊瑚礁监测与管理区域工作会议”，海南省环保与海洋管理部门的专家代表三亚珊瑚礁保护区参加了会议。会议讨论了珊瑚礁管理措施及所需要的监测支持。

【南中国海项目】 UNEP/GEF“扭转南中国海及泰国湾环境退化趋势”项目（简称南中国海项目）2002 年开始进入执行实施阶段。按照项目实施工作计划与时间表，在区域、国家和专题 3 个层面召开了一系列项目管理与技术会议，各专题机构根据项目执行的区域要求和国内实际工作需要，积极开展项目设计的各项活动，项目执行取得了阶段性成果。

项目技术协调管理单位和红树林、海草、湿

地以及防治陆源污染 4 个专题的执行机构分别与国家环保总局海洋环境管理办公室签订了项目执行合同，根据项目设计内容组织开展工作。

项目区域系列会议。第二次项目指导委员会(PSC)会议 2002 年 12 月 16～18 日在越南河内召开，认可了执行首年度项目进展，讨论并批准了项目执行后 3 年经费概算调整，项目协调主任表达了UNEP执行主任对中国政府对本项目的实质投入与支持的赞赏。项目科技委员会和 6 个专题的区域技术工作组开始分别在 7 个项目参加国按轮庄制召开了两轮会议，会议讨论协调项目活动工作内容的深度与进度。

项目国内管理与技术系列会议。项目部际委员会(IMC)于 11 月召开了第二次会议，会议评估了项目执行国内进展，认可了项目国家技术工作组对项目执行质量与进度的评价，为使项目执行成果在项目执行地区生态环境保护工作中发挥应有的作用，完善了国家执行项目的协调机制，IMC成员增加了南海沿岸的广东、广西和海南 3 省区人民政府，名称亦改为部、省际委员会。国家技术工作组召开了第 2～4 次会议和两次工作会议，分别对各专题实施工作计划、实施方案和进度进行了评估和协调。国家技术工作组各专题分组还分别召开了多次会议就本专题各项活动任务执行进行讨论与评估。

项目在 2002 年按照原计划执行，项目执行取得了重要成果，在南海周边 3 省区的调查有重大发现。据联合国环境署项目协调办公室的反映，在南海周边 7 个参加国中，我国的项目执行进度与质量属于前列。项目技术协调工作得到联合国环境署项目协调办公室和区域会议的高度评价。

海草专题首次应用国际标准规范在南海周边 3 省地区进行了海草资源及其生境状况的普查和重点区域海草场的调查。调查发现南海 3 省区海草面积约 2 200 公顷，取得了拍摄的海草场水下和水上照片和海草场水下录像资料；采集到一批海草标本。

红树林专题调查统计出南海 3 省区红树林面积约 22 000 公顷，首次系统编写了《国家南海红树林信息和资料报告》，完成了 7 处重要红树林分布地区的生境调查，发现了我国北部湾海域保存最完整和最原始的银叶树野生种群、红树林滨海沙丘植被、半红树植被过渡带群落，初步完成了广东、广西和海南红树林 GIS。

湿地专题起草了南中国海湿地保护区优先准则，调查了项目区域沿海与浅海湿地，收集了有关生物多样性的现状、威胁及直接原因等资料信息，初步确定了珠江口等 8 个重要优先湿地，并建立了南海沿岸湿地 GIS。

防治陆源污染专题初步完成了南海 3 省区与陆源污染有关的社会经济与环境现状和变化资料调查统计与分析工作，特别是对珠江口等 3 个热点区的重点调查工作。建立了陆源污染信息系统数据库。 （国家环境保护总局 佟 羽）

【UNEP/GEF 海草项目】 联合国环境署（UNEP）/全球环境基金（GEF）“扭转南中国海及泰国湾环境退化趋势”项目的中国项目由国家环境保护总局负责执行，中国科学院南海海洋研究所承担了 4 个专题（红树林、海草、湿地和陆源污染）中的海草专题。参加海草专题的国家包括：中国、越南、菲律宾、马来西亚、印度尼西亚、泰国和柬埔寨等，本专题从 2002 年 3 月正式开始执行。

一年多来，本专题已完成的工作主要包括：收集、整理中国南海地区海草的数据资料；相关法律、法规与管理制度的评述；华南沿海海草资源及其生境状况的普查，主要包括地理分布，主要种类和所受到的威胁等；重点海草场（广东的流沙湾，广西的合浦海域和珍珠港，海南的黎安港和新村湾）的详查，包括生物量、生产力、覆盖率、生物多样性和生境特征等，并建立了重点海草场的信息数据表；海草场所面临的威胁及其因果链；海草场经济价值评估；确定国家级海草场优先保护区；初步建立海草场的 GIS 系统等。

经过课题组的努力，海草专题取得了一些重要的成果，主要包括：经过本专题的调查，新发现了 8 个海草场（面积近 2 000 公顷）；采集了多种的海草标本，拍摄完成了海草水下照片 100 多张和水下录像 3 个多小时，填补了中国内地在该方面研究的空白；首次在中国进行海草场经济价值的评估和初步建立华南地区海草场的 GIS 系统；初步掌握了中国华南沿海地区主要海草场的地理分布、主要种类、密度、生产力、生物多样性、生境特征和所面临的主要威胁等（初步确定华南地区海草场的面积为 2 600 公顷，海草种类 8 种）。

海草场与红树林、珊瑚礁一样，是三大典型

海洋生态系统之一。海草场不仅具有很高的生产力，而且具有重要的生态功能和丰富的生物种类多样性。海草场是一些珍稀生物活动和觅食的场所（如儒艮和海龟等），也是许多海洋经济生物栖息、繁育和避难的场所，海草场还可净化水质、抗击风浪、保护海岸。中国对海草的调查与研究工作很少，对海草在海洋生态系统中的重要性认识不足，缺乏保护海草及其生境的意识。本项目旨在通过国际合作，在掌握了解海草场的地理分布、生物多样性特点和生态功能等基础上，提出保护行动计划，为加强海草场保护管理及合理利用提供科学依据。

（中国科学院南海海洋研究所　黄小平）

【全球环境基金委派记者抵厦采访】 7月8～14日，全球环境基金委派的两位记者抵厦门进行为期6天的采访活动。这次采访，旨在制作包括反映厦门海洋和海岸带综合管理经验的电视专题片《厦门故事》。在厦期间记者先后采访了厦门市张昌平代市长和潘世建分管副市长。实地拍摄了筼筜湖、鼓浪屿、自然保护区、厦门港口、环岛路以及街景等。通过筼筜湖如何从污染严重的湖转变为清洁的海湖，通过实施《厦门海域功能区划》，减少航运、养殖和旅游等的冲突；通过海洋珍稀物种的保护；通过作为市中心旅游区鼓浪屿的保护和发展；通过沙滩保护及环岛路等一系列生动的画面，反映厦门自1994年以来开展东亚区域示范项目所取得的成功经验，多侧面地展现厦门市领导及社会各界在保护海域环境、协调环境保护和经济发展方面所作的努力。

（厦门市海洋与渔业局）

海洋科技合作
International Marine Scientific and Technological Cooperation

【中美海洋与渔业合作联合工作组第15次会议】 根据中美海洋和渔业科技合作议定书，应美国国家海洋大气局邀请，国家海洋局副局长孙志辉率团于2002年3月4日访问美国，出席了在华盛顿举行的中美海洋和渔业科技合作联合工作组第十五次会议。

会议回顾和讨论了双方自第14次会议以来合作项目的实施情况，并对取得的成果感到满意。双方表示愿意恢复气候变化协调组和海洋服务协调组，以更好地组织和协调双方在上述领域的合作；双方同意建立临时极地科学研究协调组，成立正式极地协调组将由联合工作组16次会议做出决定；双方同意进一步加强两国在议定书框架下现有5个领域的合作，特别是海洋在气候预测与预报中的作用、资料与信息的交换、海岸带综合管理及极地等领域的合作。双方就今后的合作设想进行了充分的交流与沟通，分别提出一些新的合作建议。中方提出的新的合作领域包括海洋减灾与防灾、深海生物基因资源利用和可持续渔业管理等。

会议希望中美两国科技合作关系不断扩大和加深，以进一步推动两国在海洋与渔业议定书框架下的合作伙伴关系。

【中加海洋与渔业科技合作】 应加拿大海洋与渔业部的邀请，国家海洋局副局长孙志辉率团于2002年3月11～12日出席了在渥太华举行的中加海洋与渔业科技合作联委会第五次会议，就今后加强双方合作达成了新的共识。

双方回顾了上次会议以来合作项目的进展情况，并就今后新合作设想和项目建议进行了讨论，最后双方同意将合作领域按双方提出的优先合作项目进行了重新划分，新划分的合作领域为：海岸带综合管理、海洋环境保护、气候和海洋过程及海洋减灾防灾、海洋渔业与养殖和极地研究。在此基础之上，双方提出的新项目建议以及上次联委会确定的合作项目共计26项。

会议期间，孙志辉副局长前往加拿大海洋与渔业部拜会了该部负责科学事务的拉邦特副部长，双方就进一步加强两国在海洋领域的合作交换了意见。

（王安涛）

【中韩海洋科技合作】 中韩海洋科技合作联合委员会第六次会议和中韩海洋科学共同研究中心管理委员会第七次会议在杭州召开。根据《中韩海洋科技合作谅解备忘录》，中韩海洋科技合作联合委员会第六次会议（以下简称联委会）和中韩海洋共同研究中心（以下简称中韩中心）管理委员会（以下简称管委会）第7次会议于2002年5月20～21日在中国杭州举行。以国家海洋局国际合作司司长李海清为团长的中国代表团和以韩国海洋水产部海洋政策局局长李龙雨为团长的韩国代表团出席了联委会；以国家海洋局科学技术司司长周庆海为团长的中国代表团和以韩国海洋水产部海洋政策局海洋开发课课长金锡荣为团长的韩国代表团出席了管委会。

李海清司长介绍了国家海洋局和中国近期海洋工作进展情况，李龙雨局长介绍了韩国海洋水产部和韩国近期海洋政策的有关情况。联委会回顾了第五次会议以来合作项目的执行情况，对实施情况表示满意。中方建议双方合作领域从注重海洋科技向海洋政策、立法和海洋综合管理等领域扩展，同时为更有效地开展两国海洋合作、加强对合作项目的协调和管理、推动中韩海洋合作向更高层次发展，对项目进行分类管理，韩方表示原则同意。联委会确认了中韩海洋科学共同研究中心通过设立和运营“中韩海洋科学技术合作咨询委员会（暂定名）”，加强其在联络和协调中韩海洋科技合作中的地位和作用。联委会重新确认了双方的组长和联系人。

管委会通过了中韩中心副主任谭攻克先生所做的《中韩中心 2001 年度工作报告》。管委会认为，2001 年中韩中心的运营从摸索阶段向发展阶段过渡，在两国政府及中国国家海洋局第一海洋研究所和韩国海洋研究所的支持下，起到了中韩海洋科技交流和合作的“桥梁”作用，集中力量把中心的职能从日常运营转变为促进合作研究。管委会审议并通过了《中韩中心 2001 年度财务决算报告》。管委会审议了中韩中心李东永主任所做的《2002 年工作计划》和《2002 年预算》，认为计划具体切实可行并予以通过。管委会高度评价了中韩中心在 2002 年减少支出、加强学术活动所做出的安排。双方一致同意将在今后加大对中韩中心的支持。管委会同意今后将中韩中心领导换届时间从 2003 年 5 月 12 日调整为 2005 年 1 月 12 日，管委会同意成立“中韩海洋科学技术合作咨询委员会（暂定名）”，其名称和职能希望中韩中心向管委会提出具体建议。管委会同意中韩中心开展“中韩中心发展计划和运营改善方案”的起草工作，在下次管委会会议提交审议。

（梁金哲）

【中朝海洋科技合作第十一次会议】　根据中朝海洋科技合作议定书和中朝海洋科技合作第十次会议纪要，应国家海洋局邀请，以朝鲜民主主义人民共和国气象水文局副局长许昌淑为团长的朝鲜代表团一行 5 人于 2002 年 12 月 2～9 日访问了我国，与以国家海洋局副局长孙志辉为团长的中国代表团举行了中朝海洋科技合作第十一次会议。

会议由孙志辉副局长和许昌淑副局长共同主持。孙志辉副局长向朝方代表团介绍了国家海洋局在海洋立法、海岸带管理、海洋科技和国际合作等方面的海洋工作近况，许昌淑副局长向中方代表团介绍了朝鲜气象水文局近期在海洋观测和减灾防灾等方面的工作情况。双方回顾并总结了上次联委会以来中朝海洋科技合作项目计划的进展情况，高度评价了以吴辉碇研究员为团长的国家海洋局海洋专家代表团一行 6 人于 2002 年 8 月对朝鲜气象水文局的访问以及双方在卫星监测风暴潮、海冰、海温预报技术和方法等方面进行的学术交流。双方还就今后的合作项目交换了意见，并商定了新的合作交流计划。2003 年下半年，国家海洋局将派海洋预报专家代表团访问朝鲜，就海流、海浪、风暴潮、海温、海冰和海雾预报技术研究，进行为期 10 天的交流活动。2004 年下半年朝方将派两位海洋专家代表团访问中国，进行为期 4 周的访问，向国家海洋局学习通过表层水温预测深层水温的技术。中方原则同意将向朝方提供中国生产的海洋观测仪器设备。

访华期间，朝鲜代表团还参观访问了国家海洋局南海分局、中国极地研究所和国家海洋局第二海洋研究所。

（王安涛）

【ARGO 全球海洋观测网计划科学组第四次会议】
ARGO 全球海洋观测网计划科学组第四次会议于 2002 年 3 月 11～14 日在澳大利亚霍巴特召开。国家海洋局第二海洋研究所许建平教授作为该科学组成员参加了会议。本次会议的主要目的是：①推动 ARGO 浮标在南大洋的投放，以提高该区域海洋观测能力，促进海洋与大气的研究；②考虑到全球范围内 ARGO 浮标数量的日益增多，尤其是在一些科学研究热点区域的投放密度，为合理配置有限资源，探讨建立一种区域协调机制；③就 ARGO 计划的进展，提出并探讨目前所出现的一些如盐度校准、数据的接收、资料质量控制等技术性问题。会上，CLIVAR 南大洋小组做了关于南大洋物理海洋方面的研究及观测报告；接收了各参与国投放 ARGO 浮标的国家报告及 2003 年的投放计划。

（朱文熙）

国际交流
Marine International Interflow

【国家海洋局代表团访问秘鲁、巴西、乌拉圭、阿根廷】 经国务院批准，以国家海洋局局长王曙光为团长的中国政府海洋代表团一行 6 人于 2002 年 12 月 2~11 日，访问了秘鲁、巴西、乌拉圭、阿根廷等国的南极和海洋机构，就开展南极科学研究、南极考察后勤保障及海洋领域合作进行了探讨，并同秘鲁签订了《中国国家海洋局与秘鲁共和国南极研究院关于南极科学技术及后勤合作协定》。

代表团访问秘鲁期间，拜会了秘鲁外交部、秘鲁南极研究院、秘鲁海军、气象及海洋水产研究所等部门人士，并举行了联合会谈，就中秘开展南极和海洋方面的合作进行了探讨和交流。中方表示希望利用秘鲁方面的船只和飞机进行南极乔治王岛地区的后勤补给，提出了 4 个南极科学考察合作项目框架。秘方表示愿意同中国在南极考察领域开展全面的合作。在海洋科学研究合作方面，中秘双方就开展厄尔尼诺现象的研究交换了意见。会谈结束后，王曙光局长同秘鲁南极研究院凯色尔大使签署了《中国国家海洋局与秘鲁共和国南极研究院关于南极科学技术及后勤合作协定》。

此外，代表团还访问了秘鲁国家科学技术委员会、秘鲁国家海洋研究所和国家厄尔尼诺研究中心、秘鲁国家水利和航海局、天气预报和水利中心，并参观了秘鲁南极考察船“HUMBOLDT”号。

访问巴西期间，巴西方面派出了科技部、外交部、环境部、农业部和海军等 5 个部门 22 人参加同中方代表团的会谈。中方代表团访问巴西的目的就是要建立双方海洋事务方面的联系渠道，为今后双方海洋合作打下基础。

在访问乌拉圭期间，代表团拜会了乌拉圭南极委员会。乌方对中国长城站的建筑设施感兴趣，希望进一步了解中方长城站发电栋的建设资料。中方表示希望利用乌拉圭飞机和船只协助中方运输人员和物资。双方表示将就进一步的合作加强联系和沟通。

在访问阿根廷期间，代表团拜会了阿根廷外交部国际协调与合作副国务秘书卡罗斯和对外政策副国务秘书菲尔南多；同阿外交部和阿根廷极地研究所举行了会谈，并参观了阿根廷南极破冰船“Almirante Irizar”号。阿方对中国支持在阿设立南极条约秘书处表示感谢。之后，代表团又访问了阿根廷南极研究院，该院院长默里那瑞博士及有关部门负责人会见了代表团，并介绍了阿南极研究院的情况。阿方表示希望同中国开展南极方面的合作，并希望将来同中国签订合作协定。

通过此次南美 4 国访问，国家海洋局与秘鲁南极研究院签署了《中国国家海洋局与秘鲁共和国南极研究院关于南极科学技术及后勤合作协定》，建立了同秘鲁南极考察机构的正式关系，就中秘南极考察合作达成了一致性意见。同阿根廷、巴西、乌拉圭等国的南极考察机构建立了正式联系，为我国进一步扩展在南极半岛地区的考察活动开辟了新的渠道。实地考察和了解了秘鲁、阿根廷、巴西、乌拉圭等国的海洋资源开发及科学研究状况，并同其相应的海洋机构建立了联系，初步确定了今后开展海洋合作的方向。（王安涛）

【海域使用管理考察团访问法国】 为了贯彻落实《中华人民共和国海域使用管理法》，借鉴法国沿海各大区对国有海域及其资源的管理情况，2002 年 10 月下旬，以国家海洋局副局长张宏声为团长、国务院法制办公室、财政部、海域司、国际司和中国海监总队组成的海域使用管理考察团对法国进行了考察。代表团先后拜访了法国海洋秘书总局和法国海洋开发研究院，还参观了欧洲航海展，受到法方热情、友好的接待。

法国地处欧洲，其本土西南部面对大西洋；西北部位于英吉利海峡的东侧，与北海相通；东南部邻接地中海；加上在太平洋和大西洋的若干海外领地，法国海岸线总长度为 5 000 余千米，还有约 1 000 万平方千米的专属经济区。因此，法国的海洋管理任务十分繁重。法国的海洋管理主要表现在以下几个方面：

(1) 涉海部门多、管理分散。超过 10 个政府部门涉及日常海洋事务，包括海军（国防部）、海关（经济财政与工业部）、海事（设备和运输部）、宪兵队（国防部）、民事安全（内政部）、海上搜救协会（政府支持的私人志愿者和救生协会）等。

(2) 中央与地方协调得力。在地区一级，将本土海区分为大西洋海区、北海海区和地中海海区，由省长兼海军司令（也称“海军省长”）负责管理海洋事务。由于是军民结合的身份，“海军省长”可以很快地解决问题。中央一级由总理领导下的海洋秘书总局负责协调制订法规并解决涉及多个部门的具体问题，并领导3个“海军省长”，其协调方式是召开部际间会议。另外，该局还负责每两年一次向总理提出海洋政策方面的建议。

(3) 海洋法制健全。由于法国海洋事务内涵复杂，涉及部门广，没有也不可能有一部专门的海洋法，但1996年出台了《海岸带管理法》和《矿产资源法》，其他有关海洋事务的法律与法规散见在如海港法、环境法和交通运输法等国内法的有关章节中。

(4) 强有力的科技支撑。法国海洋开发研究院负责海洋科研和开发方面的技术支撑，工作范围涉及海域环境管理、生物资源管理、大洋研究、海洋技术开发和海洋研究船舶的设备管理。

(5) 海洋技术领先。法国在深潜技术、造船技术等领域技术先进，特别是在6 000米深海底商业探测器及近海巡航执法船舶等技术方面值得借鉴。

法国结合自身特点开展的海洋管理工作有其特色，为其他沿海国包括我国的海洋管理工作提供了可以借鉴的经验。 （陈 越）

【ESCAP/WMO台风委员会第35次届会】 ESCAP/WMO台风委员会第35次届会于2002年11月19～25日在泰国清迈举行，中国气象局副局长李黄率团参加了会议。台风委员会12个成员（中国内地、中国香港特别行政区和澳门特别行政区、日本、老挝、马来西亚、菲律宾、韩国、新加坡、泰国、美国、越南）派代表团出席了本次会议。出席会议的还有来自亚太经社理事会（ESCAP）、WMO、台风委员会秘书处（TCS）的代表，以及来自俄罗斯、国际民航组织、湄公河委员会和泰国红十字会的观察员，会议代表共71人。

会议主要议程包括2002年台风委员会在气象、水文、防灾减灾、科研、培训五方面的活动及2002年台风季节回顾，WMO热带气旋计划与其他活动的协调，2002年及以后的工作计划，对台风委员会各项计划的支持等。

会上各成员通报了自上届会议以来在气象、水文、防灾减灾、科研和培训等方面的进展情况。中国代表团在会上介绍了我国热带风暴预报服务情况及FY-1D卫星发射、多普勒雷达建设、自动气象站建设、数值预报模式更新等现代化建设的成就，并专题介绍了我国台风科研工作取得的最新进展。 （中国气象局预测减灾司 田翠英）

【中国海军对外交往有关情况】 2002年5月15日至9月23日，中国人民解放军海军舰艇编队首次进行环球航行，航行3万余海里，访问了新加坡、埃及、土耳其、乌克兰、希腊、葡萄牙、巴西、厄瓜多尔、秘鲁、法属波利尼西亚（帕皮提）10个国家。5月6～13日，海军舰艇编队首次出访韩国。

2002年，中美海上军事安全磋商机制共召开了3次会议，分别为4月10～12日在中国上海召开的2002年年度会晤，8月6～9日在美国夏威夷召开的海空军事安全工作小组第一次会议，12月4～6日在中国青岛召开的海空军事安全工作小组第二次会议。

2002年1月，中国海军派员观摩了新加坡主办的西太平洋地区海军扫雷演习，4月派员观摩了日本主办的西太平洋地区法区潜艇搜救演习，5月派员观摩了美国、泰国、新加坡“金色眼镜蛇”联合军事演习。

此外，中国海军还派员参加了西太平洋地区海军论坛等活动。 （海司航保部 郑 宏）

国际海洋组织及会议
International Marine Organizations and Meetings

【北太平洋海洋科学组织（PICES）第十一届年会在青岛召开】 北太平洋海洋科学组织（PICES）第十一届年会于2002年10月18～26日在青岛召开，由农业部黄海水产研究所和青岛市共同承办。此次与会人员约350人，主要来自中国、韩国、日本、俄罗斯、加拿大和美国等成员国，准备加入该组织的墨西哥和一些国际海洋科学组织也派观察员与会。我国派出了以国家海洋局国际合作司司长李海清为团长、农业部以及各部门专家参加的国家代表团。

此次会议分10次分会、5个工作组会议和专业组会议召开。近年来，PICES活动呈现出以下特点：参加活动的科学家不断增加；研究领域的交叉也在不断扩大，出现了许多个专业科学委员会共同发起一个研究课题的情况；另外，研究内容也在不断深化，从单一区域的研究扩大到太平洋东西沿岸的比较研究。本届年会举办的学术报告的主题有：

(1) 海洋科学研究技术的发展。

(2) 边缘海食物网动力学：自然过程和人类活动的影响。

(3) 浅海海洋有机生物的生物-物理耦合的重要性。

(4) 高营养级捕食者对可利用被捕食者变化的反应：营养链的研究。

(5) 北太平洋边缘海小型中上层生物生产力比较。

(6) 影响狭鳕生活史和种群结构的物理压力：认识关键时空尺度的新途径。

(7) 富营养化、有害藻类水华和营养盐以及铁施肥试验。

(8) 物理和生物机制变化的探测。

(9) 厄尔尼诺和南方涛动与北太平洋生态系统的10年变化。

(10) 北太平洋近岸和大洋生态系统的物理过程、渔业、气候变化的耦合。

(11) 北太平洋气候变化与容纳量：北太平洋GLOBEC项目的最新成果。

(12) 观测系统中支撑先进技术发展的数据系统。 （唐冬梅）

【JCOMM管理委员会第一次会议】 世界气象组织和政府间海洋学委员会（WMO/IOC）关于海洋学和海洋气象学联合技术委员会（JCOMM）的管理委员会第一次会议于2002年2月6～9日在日内瓦的WMO总部召开。这次会议的主要议题有：①由JCOMM两主席和秘书处向大会报告JCOMM第一次会议的有关情况以及自第一次会议之后的有关活动情况；②讨论有关JCOMM战略问题及其机构建设；③重点讨论了JCOMM的工作计划；④关于JCOMM今后的工作情况。

根据JCOMM第一次会议的决定，管理委员会是由JCOMM两主席、4个计划领域协调员，全球海洋观测系统（GOOS）指导委员会，全球气候观测系统（GCOS）指导委员会以及国际海洋资料交换（IODE）等机构的高级代表组成。在JCOMM第一次会议上，原国家海洋信息中心主任王宏被确定为JCOMM资料管理协调组主席和资料管理计划领域协调员。由于其工作调动不能出席这次会议，经国家海洋局同意，并报WMO/IOC同意由国家海洋信息中心常务副主任林绍花教授以资料管理计划领域代理协调员身份参加了这次会议。

在这次会议上讨论的与资料管理和海洋服务有关的问题有以下几方面：

(1) 关于专门海洋学中心（SOC）。JCOMM管理委员会注意到在原来的综合全球海洋服务系统（IGOSS）框架下建立起来的11个专门海洋学中心。这些中心的主要任务是通过全球通讯系统（GTS）搜集相关资料，并负责这些资料的加工、处理并报送IGOSS的责任国家海洋资料中心进行质量控制、产品制作和保管任务。管理委员会认为这些专门海洋学中心是与资料管理计划领域有关还是与服务计划领域有关还不清楚，对这些中心近年来的活动情况也不太清楚。为此，管理委员会责成一些成员对这一事务进行个别调查并向管理委员会进行报告。委员会决定另外成立一个专门起草小组对专门海洋学中心系统进行研究，以便考虑JCOMM资料管理方面的基础设施问题。该小组将在资料管理协调组第一次会议上对此作出报告。

(2) 与其他组织和机构之间的关系。委员会认识到国际海洋勘探理事会的资料搜集、断面和测站代表着潜在的有价值的JCOMM的资料来源，认为有必要鼓励对这些资料的实时交换。委员会决定邀请国际海洋开发理事会（ICES）参与资料管理计划领域的工作，在这两个组织之间建立起网络上的联系。

(3) 资料管理计划领域。林绍花教授根据JCOMM第一次会议决议4的要求对资料管理协调组的目标进行了回顾。委员会决定要特别强调资料管理协调组对JCOMM资料管理战略的发展以及更好地与各IOC计划，特别是资料管理方面的结合。委员会注意到IODE在其第十六次会议上作出了很重要的决定和建议来加强资料管理工作，特别要加强对生物、化学和近海海洋学资料的管理，认识到延时和实时数据之间的界限越来越模糊。这些决议和建议急需在国家这一层面上付诸行动（例如通过扩大国家海洋资料中心的作用和增加资源等）。委员会建议起草一个决议提交下次IOC

执行理事会（2002年6月4～14日），要求各成员国采取紧急行动。

在此指导下，气象资料中心和海洋资料中心需要改进其合作和分担其责任。

委员会建议起草第二个决议草案递交给下一届IOC理事会，号召制定IOC综合资料管理战略来包括IOC所有计划。为了协助这一任务的完成，委员会要求IODE对现有海洋学、海洋气象计划和项目的资料与资料产品进行评价，以确认目前的各类资料中心是否可以满足这些要求。建议考虑利用制定GOOS资料管理计划（1998～1999）以及GCOS的经验作为样板。

委员会注意到资料管理协调组(DMCG)还没有资料流通方面的专家，要求委员会各成员国在2月底前提名候选人。

委员会强调DMCG的资料管理要同等地覆盖于海洋学和海洋气象学。尽管目前海洋气候专家组的工作计划还没有，但这个计划应尽快分发。委员会注意到对两个资料管理专家组的相互作用应给予支持，可以通过身居两个专家组的沃尔克·瓦格纳来实现。

能力建设计划领域：能力建设计划领域代理协调员M·安德利奥里先生介绍了该领域工作战略草案。这个工作战略将分为两部分：①第一阶段，对各成员和成员国进行调查，了解对JCOMM能力建设的要求，确定下一步能力建设的具体行动；确定区域能力建设的优先领域；②第二阶段，与其他能力建设计划建立联系［如IODE的OceanTeacher系统，非洲、加勒比海/南美的海洋资料信息网（ODIN）计划］；与GOOS的地区组织和GCOS的地区研讨会建立联系，协助海冰专家组编写能力建设材料。

JCOMM今后的工作：关于经费问题，委员会已注意到WMO和IOC在2004年以后的经费要比现在紧张。为了解决这个问题，委员会建议：①IOC和WMO对JCOMM采取奇偶资助法；②通过合理安排JCOMM、IODE和GOOS的下属机构的活动，特别通过对一些会议的和成员的合并或联合会节约开支；③建议从外部寻求经费来源支持一些具体的JCOMM计划和活动。

网络建设：IOC海洋服务处的彼得·皮思尔森斯先生向大会介绍了IODE的网略建设情况，该网可以用于对JCOMM系统的服务，包括成员介绍、在线新闻服务、大事记、论坛、通讯录、电子图书馆等栏目。他还演示了IOC的海洋资料和信息目录网站以及基于目录的搜索情况。他同意利用这套系统为JCOMM服务，并设立独立的域名http://www.jcomm.net。

委员会注意到系统内的通讯联系、信息交流、报告和监督系统的重要性，对IOC的提议表示欢迎。委员会要求JCOMM两主席进一步与IOC秘书处就具体的技术问题和组织问题进行磋商。

（赵绪才）

【联合国可持续发展高峰会（WSSD）“四筹”会议】联合国可持续发展高峰会第四次筹备会议于2002年5月23日至6月7日在印度尼西亚巴厘岛举行。会议的目的是为2002年8月下旬在南非召开的高峰会议作准备，主要就未来的全球可持续发展行动纲领和高峰会首脑宣言统一意见。出席会议的有来自160余个国家、近40个国际组织和众多非政府组织的代表6 000余人。联合国常务副秘书长和印度尼西亚总统出席会议并讲话。许多国家派了庞大的代表团，美国代表团近90人。我国政府代表团由国家环境保护总局、外交部、财政部、国家发展和改革委员会、科技部、水利部、经贸部、国家海洋局、林业局、中国气象局、中国科学院等部门的代表29人组成，另外还有一些事业单位和非政府组织的代表。

会议分三个阶段。第一阶段为预备会议，讨论“三筹”会议提出的可持续发展行动纲领草案；第二阶段为正式会议，核定行动纲领；第三阶段为部长级会议，主要讨论部长宣言。

行动纲领是会议讨论的主体，内容分为：消除贫困；改变不可持续的生产和消费方式；保护和管理经济与社会发展所需的自然资源；全球化世界中的可持续发展；卫生与可持续发展；小岛国家的可持续发展；非洲的可持续发展；其他地区的可持续发展；实施方式；可持续发展的机制框架。海洋属自然资源部分。

由于各国对海洋的关注和各自的利益不同，讨论海洋问题时分歧较大。为此，大会专门成立了“海洋问题接触组”。各主要沿海国家均积极参加此会议。发达海洋国家如美国、加拿大、澳大利亚、新西兰、挪威、意大利、冰岛、西班牙（代表欧盟）、韩国、日本等态度尤为积极，发展中国家如墨西哥、南非、巴西、智利、印度尼西亚等也十分积极。

经过讨论，会议在推进海洋综合管理，加强海洋环保、海洋科研和能力建设等方面认识达成了共识。但在海洋问题的国际与区域协调、公海渔业与生物资源保护与利用、海洋环境状况评价等问题上争论激烈。

会议认为，海洋、海岛和沿海地区是地球生态系统不可分割的重要组成部分，对确保全球食品供应、经济的繁荣和人类福利具有至关重要的作用。为了保证海洋的可持续发展，会议认为需要开展国际、区域和国家层次上的协调，尤其提出要在联合国内设立机构间协调机制，促进各沿海国家开展海洋综合管理、制定海洋政策和建立综合管理机制，并将海洋综合管理贯穿到各主要涉海行业中。关于海洋事务的国际和区域协调，欧盟持积极态度，并建议今后继续召开“联合国海洋与海洋法非正式磋商进程”会议。但一些国家出于维护其海洋渔业及其他自身利益的需要，对此持反对态度。

由于过度捕捞和环境的恶化，全球渔业资源不断下降。为此，会议建议采取下列行动：①各国认真执行1982年联合国海洋法公约关于保护和管理跨界鱼类和高度洄游鱼类的条款、1993年粮农组织关于管理公海渔船的协定和“1995负责任的渔业行为准则”；尽快根据粮农组织的行动计划制定国家和区域计划，使取缔“非法、未经报告、未经管理的”捕鱼活动的行动计划和管理捕捞能力的行动计划能分别在2004年和2005年得以实施。②对渔船实行有效监督、报告、执法和控制，以便有效防止、遏制和取缔非法捕鱼活动。③取消有助于非法捕鱼和过度捕捞能力的渔业补贴。

关于公海渔业资源分配问题，77国集团在会上提出要给发展中国家分配公海渔业资源，发达国家对此提出异议。后各方的妥协方案为：“鼓励有关区域渔业组织和安排在研究跨界鱼类和高度洄游鱼类资源的份额分配时，适当考虑发展中国家的权利”。

鉴于海洋生物资源和生物多样性不断遭到破坏的现状，各方一致认为要认真执行保护海洋生物多样性的雅加达委托书，尤其要设法保护重要和脆弱海域的生产力和生物多样性，制定保护包括珊瑚礁、海藻床、滩涂在内的沿海湿地系统的联合管理计划，并建立国际网络，在2010年前制定国家、区域和国际计划。

澳大利亚等国坚持在联合国海洋非正式磋商进程几届会议上提出的关于建立公海自然保护区的建议，少数国家由于害怕影响其公海捕鲸等利益而坚决反对。最后各方妥协，不提“公海”，案文变为“根据国际法和在科学信息的基础上建立海洋保护区”。

会议认为应努力保护海洋环境，当前的重点是控制陆源污染和船舶污染。关于控制陆源污染，要求努力实施控制陆源污染的全球行动计划（GPA）和蒙特利尔宣言。“在2002～2006年期间，重点关注城市污水、生境的物理改变和破坏以及营养盐问题”（引自蒙特利尔宣言）。会议要求各国在2006年下次GPA会议之前在控制陆源污染方面取得实质性进展。关于船舶污染，美国、澳大利亚建议尽快采取措施解决船舶压载水引起的外来物种入侵问题。会议对此表示支持，并敦促国际海事组织尽快制定控制船舶压舱水和沉积物的国际公约。

会议认为，科学地了解海洋和海洋生态系统是决策的基础，应加强全球和区域的海洋科技合作，推动海洋科学技术转让。要发展海洋观测能力，以便及时预报和评价海洋环境状况；要加强海洋科研、信息和海洋管理的能力建设。

欧盟等提出了建立全球海洋环境状况评价和报告制度的建议，该报告和评价还包括环境变化对国家社会、经济的影响等。多数发展中国家对此持保留意见。后有些国家建议将此制度建立在“现有区域评价的基础上”并置于“联合国体系下”，各方才达成一致意见。（李景光）

【国际海底管理局第八届会议】 2002年8月5～16日，国际海底管理局第八届会议在牙买加首都金斯敦召开。按惯例，我国代表团由外交部、国家海洋局、大洋协会、中国地质调查局和中国常驻管理局代表处组成。

会议选举了大会和理事会主席和副主席；按惯例改选了理事会的一半席位（由于我国于2000年连任为B类理事国，任期4年，故本届会议未参加两年一次的改选）；通过了2003～2004双年度预算和会费分摊比额；法律和技术委员会和理事会还审议了大洋协会等先驱投资者根据《多金属结核勘探规章》提交的年度报告；此外，会议还主要对以下方面进行了讨论。

(1) 关于多金属硫化物和富钴结壳勘探规章的制订。在1998年管理局第四届会议上，俄罗斯代表首先请求管理局制订多金属硫化物和富钴结壳勘探规章。为此，管理局从1999年就开始着手这两类资源的研究。尤其是2000年通过《多金属结核的勘探规章》后，管理局更是将精力集中到新资源规章的制订上。在2001年第七届会议上，各代表团对要否马上启动制订程序表明了不同的态度。俄罗斯先前工作做得较充分，意在通过立法形式来率先划定自己的利益范围；拉美、加勒比国家由于本身国力有限，不可能投入大的力量，因此，迫切想通过立法来限制其他发达国家。相反，英、日、德、意、美等西方发达国家以人类对两种新资源认识尚不充足为由，需要更多有关的资料，反对目前启动制订程序。由于各方立场分歧较大，没有就是否启动程序达成一致，只是要求秘书处收集和汇编信息以供今后进一步讨论。

本次会议上，会议首先专门安排了一天的讲座，邀请了5名海洋地质和生物学家就这两种新资源的研究现状、前景及在热液周围富硫环境中生物多样性尤其是基因资源作了报告。

经过激烈的讨论，理事会要求法技委继续在休会期间进行工作，秘书处在此期间要起草一套新资源的勘探规章供法技委讨论。会议强调，尤其考虑到缺乏与深海生态系统有关的科学知识，在制定规章的过程中，要采取灵活的方式。同时，考虑到这两种新资源性质的差异以及与先前的多金属结核的不同，尤其是多金属硫化物存在的热液喷口生物多样性的问题，制订规章时还要采取谨慎的态度。会议最后决定下届会议时，法技委将开始审议由秘书处准备的规章草案，理事会将继续对有关事项进行讨论。

(2) 秘书长年度报告。过去5年来，管理局主要工作是作为联合国系统内一个自治国际组织运转，包括管理局各机关机构的选举，通过了这些机构的议事规则，通过了财务条例和细则、工作人员条例和细则以及总部协定，制定预算和会费分摊表。其最实质的工作，就是在2000年通过了区域内多金属结核探矿和勘探规章，以及随后与已登记的先驱投资者签定勘探合同。目前，已有中国、阿根廷、巴西、智利、哥斯达黎加、古巴、法国、加蓬、海地、意大利、牙买加、墨西哥、荷兰、特立尼达和多巴哥设立了常驻管理局代表团。

将来，管理局的实质工作将集中于四个主要领域：第一，管理局将行驶对勘探合同的监督职能。管理局已与包括我国大洋协会在内的7个先驱投资者全部签订了合同。根据合同条款，承包者有义务向管理局提交年度报告，供法技委审议，以使管理局能够获得必要信息。同时，根据公约履行保护海洋环境的责任，使其免受区域内活动的有害影响。第二，促进并鼓励在区域内进行海洋科学研究，协调及传播这类研究和分析的成果。根据公约第二五六条，所有国家和有关国际组织都有权在区域内进行海洋科学研究。但与其他管辖区的情况不同，在区域内进行的海洋科学研究应为全人类的利益。第一四三条第二款规定，管理局应促进和鼓励在区域内进行海洋科学研究，并应协调和传播所得到的这种研究和分析的结果。根据第三款，缔约国应促进区域内海洋科学研究方面的国际合作，确保通过管理局或其他国际组织，为了发展中国家和技术不太发达国家的利益，制定各种国际计划，加强它们的研究能力。为此，管理局已开始通过其举办多次研讨会来履行其职责。第三，建立中央数据库，收集和集中管理所有关于海洋矿物资源的公共数据和私人数据。第四，继续就区域内多金属硫化物和富钴结壳勘探规章的制订工作。

秘书长的报告得到了与会各方的高度评价，包括我国在内的许多国家纷纷发表评论，建议管理局重视海底潜在资源的信息搜集和整理；把促进区域内海洋科学研究作为管理局的一项长期工作；同时建议管理局应持续关注国际金属市场的走向等。

(3) 关于预算分摊比额和信托基金。由于联合国大会在2000年12月决定，2001～2003年期间的联合国预算分摊比额表的最高分摊比率应定为22%，因此，在管理局2003～2004年度财政预算报告草案中，财务委员会建议参照联合国分摊比额表，把管理局预算的最高分摊比率由25%调整至22%，最低比率则保持在以前各年的0.01%。由于美国不是公约缔约国(并已失去临时成员资格，现为观察员身份)，目前不缴纳会费，日本则成为最大的缴款国。在理事会的讨论中，以智利、阿根廷为代表的拉美集团、非洲集团一致反对该建议，认为降低最高比率势必会增加他们的分摊。

同时，草案还建议管理局设立信托基金，通过捐款等其他资金来源以资助发展中国家的法技委和财委委员能参加会议，此建议得到了发展中国家的一致赞成，但日本认为怕承担过多的捐款义务，对该建议持反对态度。

最后，经过磋商和妥协，拉美、非洲集团同意2003～2004年度最高比率为22%，但在下一个双年度还将对该分摊比额表再次进行审议。同时，日本也同意作为一项临时措施设立信托基金，并把从正常预算中拨款也作为一种可能方式。

（朱文熙）

【联合国教科文组织政府间海洋学委员会第35届执行理事会】 联合国教科文组织政府间海洋学委员会（简称海委会）第35届执行理事会于2002年6月4～14日在巴黎召开。海委会40个执理国以及世界气象组织（WMO）、联合国环境署（UNEP）、北太平洋海洋科学组织（PICES）等国际组织派出代表出席了会议。经批准，以国家海洋局国际合作司李海清司长为团长的中国代表团出席了会议，教科文全委会秘书处也派人出席了会议。会议就涉及海委会未来发展的政策问题、海委会计划和预算的执行情况，以及海委会有关业务计划的实施进行了审议。现将出席此次会议的情况报告如下。

1. 值得关注的重要议题

海委会的经费预算。会议回顾了海委会2000～2001年度财政执行情况，审议了2002年预算和项目执行情况。各执理国均表示了目前教科文组织预算零增长给项目执行所带来的种种困难。会议呼吁教科文成员国在下一届执行局大会时，支持海委会2004～2005年度项目与预算草案。

由于本次会议上许多议题涉及经费状况，针对海委会要不要按章程第十条四款筹措其他来源的资金，与会各国进行了激烈的辨论。以美国为首的一些国家为避免承担过多的财政义务，认为目前还没有必要实施该条款，而以葡萄牙为首的一些国家则极力主张海委会应开始启动此程序，旨在改善经费，获得更大的发展空间。中方代表团发言给予了积极支持。

自我国苏纪兰教授竞选连任主席后，为表明中国对海委会的一贯支持，扩大我国在海委会中的影响，代表团在我国教科文组织全国委员会的大力支持下，再次向海委会捐款2万美元，得到了各方好评。

关于全球海洋环境定期评价进程。联合国环境署（UNEP）2001年第21届执行局会议上通过决议：UNEP执行主任应和海委会及其他UN机构、区域海计划合作，探讨建立一种全球海洋环境状况评价定期进程的可能性。决议还强调这种进程应建立在已有的评价进程基础上。

针对该议题，会上展开了激烈的辩论，中方代表团认为该国际事务已由环境署牵头，并已得到第三次海洋问题非正式磋商进程（ICP）的确认，但由于环境署缺乏必要的专业技能和经验，海委会应努力在该计划的实施过程中起到领导作用。这样对国内工作的开展也非常有利。而美国等代表团关心的只是业务化海洋学问题，他们主张海委会应在全球海洋观测系统的建设上下力气，并予以资金保证，而不应分散有限的资金。

经过辩论，会议最终采纳了中方的建议，并通过了决议，要求执行秘书接受UNEP的请求，多方筹措相应的人力和财力，积极参与到该计划的建立中，并努力争取在该计划中起到领导作用。

关于海委会海洋法公约咨询专家组(ABE-LOS)。作为联合国系统内惟一的协调海洋科学事务的国际组织，海委会对执行《联合国海洋法公约》第十三条（海洋科学研究）和第十四条（海洋技术转让）有着不可推卸的领导责任。海委会于1997年成立了海洋法专家咨询组。目前，根据21届大会的要求，该咨询组正从事的工作有根据海洋法公约起草海洋技术转让标准与指南、国际组织在沿海国管辖海域进行科研调查的程序制定以及收集沿海国在海洋科研和海洋技术转让方面的国家实践等。会议审议了第二次会议的报告并要求该专家组继续工作并完成各项工作的制定，呈送下届大会审议通过。

从会上有关辩论分析，西方海洋大国以海委会是科学组织和海洋科研自由为由，不愿让海委会过多涉足海洋法事务，以免产生限制其海洋科研自由的不利结果。一些重要的发展中国家如巴西、阿根廷，比较重视沿海国的权利，反对西方竭力扩大国家海洋科研自由空间的主张，强烈要求发达国家尽快实施科技转让，主张制定较严格的程序来维护自身的海洋权益。

2. 海委会的重要动向

关于海委会与"可持续发展峰会"。"可持续发展峰会"于2002年8月26日至9月4日在南非召开，该会是为纪念1992年联合国环发大会召开10周年而举行的，会议回顾环发大会召开以来所取得的成就，并对新世纪在环境与发展方面的工作进行展望和部署。世界各国政要均出席。

为了回顾在海洋领域过去10年内所取得的进展，并为峰会可持续发展实施计划草案提供建议。海委会于2001年12月3～7日在巴黎召开了"里约10周年——海洋与海岸带管理大会"。一些主要海洋国家主管海洋事务的部长、涉海国际组织、社会名流以及非政府组织近500名代表出席了会议。在随后召开的海委会特别执理会上通过了《海委会宣言》。宣言强调了海洋在全球环境中的重要性，尤其是强调了海委会在联合国系统内海洋科学和服务中所起到的独特作用。宣言还回顾了执行21世纪议程所采取的措施，展望了下一个十年战略。

会上，执行秘书提请大家注意，该宣言已递交WSSD筹备委员会，在先前召开的筹备会议上，海委会积极呼吁海洋在可持续发展中的重要性，并取得了一定效果。与会代表注意到：在同时召开的可持续发展峰会筹备委员会第四次会议上制定的可持续发展峰会执行计划草案中新增添了许多关于海洋的条文。如肯定了海洋、岛屿与海岸带地区是全球生态系统中重要的组成部分，对全球食物来源、可持续发展意义重大。宣言同时指出要实现海洋的可持续发展，需要各级和各组织的广泛协调与合作；草案还要求在联合国系统内建立一个处理海洋事务的有效的、公开的、正规的机构间协调机制；要求在国家层次上实行综合的、跨学科、跨部门的管理，并协助沿海国制定关于海岸带综合管理的政策和机制。

会议高度评价了海委会在筹备WSSD过程中所起的作用，并要求在即将召开的峰会上，进一步突出海洋在可持续发展中及海委会在世界海洋事务中的作用。

关于海委会中期战略（2002～2007）。在2001年召开的21届大会上，各成员国要求海委会制定其中期发展战略，以有效地迎接新形势的挑战。目前，中期战略草案已完成。该草案提出：海委会在21世纪的第一个10年内，将继续在全球范围内协调海洋科学研究和海洋服务，目的是保全地球生命支持系统的完整性，有助于实现海洋与海岸带的可持续发展，保护全球海洋生态系统，促进海洋资源的可持续开发利用。因此，在随后的6年中，海委会将继续协调重大的海洋科学计划并评估人类活动对海洋的影响，发展并实施全球海洋观测系统以提高对自然现象的预报和海岸带及其资源的管理，推动发展中国家能力建设，尤其是获取、管理和交换可持续发展所需的资料。会议上，与会各国对该战略草案中关于预期成果、财政及人力资源、筹资需求、与其他组织包括非政府组织合作进行了讨论。与会各国建议草案应将WSSD成果、第三次海洋事务非正式磋商进程会议结果、57届联大海洋与海洋法等成果考虑进去。会议责成秘书处在充分考虑各方建议的基础上，完成草案的修改，提交2003年的大会讨论通过。

外部评价后续行动。1999～2000年，教科文组织曾委托国际独立机构对海委会进行评估，评估报告对海委会的战略定位、当前绩效和管理质量三个方面提出了建议。在21届大会上，要求秘书处就所取得的成果定期向成员国进行报告。会议讨论了自2001年以来所做的后续行动，包括海洋科学重组、议事规则的修改、积极参加联合国海洋事务非正式磋商进程（ICP）和联大会议。

会议还认为，未来后续行动的重点是优先考虑海委会如何在国际海洋事务中发挥领导作用。因此，会议认为应立即把联合国-世界粮农组织-教科文-世界气象组织-国际海事组织与海洋学有关的科学项目联合秘书处（ICSPRO）更新为一个国际协调机制以替代联合国行政协调委员会海洋与沿海地区分委会（ACC-SOCA），而海委会成为这一协调机制的牵头组织应该加以考虑。会议还认为海委会应尽一切可能成为全球海洋环境评价项目的秘书处。会议认识到应充分发挥海委会地区机构的潜力和国家机构应更有效地执行后续行动。

会议还通报了自上届大会以来，秘书处根据成员国的要求，针对如何发展、巩固和加强海委会，特别是在如何使海委会在各国政府中得到进一步加强，海委会能否成为条约组织、如何进一步增加海委会的资金来源，以及如何扩大海委会秘书处的规模等方面，发函征询各成员国的意见，结果回应者并不多，为此，会议责成执行秘书继续鼓励成员国多提建议，并将结果向2003年举行的海委会第22届大会报告。

3. 海委会业务计划进展

关于海委会重组科学计划：在第21届大会上，海委会提出以海洋与气候、海洋生态系统科学和海洋环境保护以及海洋科学为海岸带综合管理服务三个方面为内容的科学计划重组方案，以取代过去以学科为基础的传统海洋科学模式。这从一个侧面反映了国际上在环发大会以后提倡以综合性、跨学科性、跨部门和以生态系为特征的海洋学研究和管理的趋势。届会期间，海委会组织制定并重新界定了新的三个方面的业务范围，对一些正在开展的项目进行了范围划分，并提出了随后两年内的预期目标。

关于全球海洋观测系统（GOOS）。海委会从1992年起，一直致力于全球海洋观测系统（GOOS）的建设。目前GOOS的整体设计业已完成，其中海洋气象方面的业务化海洋学部分在海委会和世界气象组织的共同努力下已经进入实施阶段。已成立了东北亚GOOS、太平洋GOOS、欧洲GOOS、地中海GOOS、非洲GOOS、加勒比海GOOS等，东南亚GOOS正在发起之中。形成了政府间海洋观测系统委员会（I-GOOS）和海洋观测系统科学指导委员会（J-GOOS），前者主要负责有关海洋观测系统的政策制定，后者主要负责GOOS的科学设计和科学咨询。另外还形成了GOOS执行办公室，其设在海委会秘书处，负责组织实施全球海洋观测系统。

本次会议上，美国新任商务部副部长、海洋大气局局长Lautenbacher中将专门做了一个关于发展全球气候观测系统、海洋观测系统的主旨报告。此外，来自美国的一些科学家和经济学家也从科学研究、技术应用、对社会经济的投入产出的贡献率方面对发展GOOS的重要性进行了阐述。这些报告表明了美国希望其他国家共同推动GOOS的强烈意图。

关于JCOMM。制定海委会资料管理战略计划。WMO-IOC海洋学与海洋气象联合技术委员会（JCOMM）管理委员会于2002年召开了第一次会议，由于海委会不同的项目资料的管理并不统一，会议要求制定一个JCOMM资料管理战略。为此，JCOMM管委会呼吁海委会执理会通过决议制定一个统一的资料管理战略。经过讨论，与会人员充分认识到此项工作的重要性，并决定成立一个任务小组制定一个统一的、综合的海委会海洋资料管理战略计划。

关于与世界气象组织签署理解备忘录。由于海委会与世界气象组织共同建立了海洋学与海洋气象技术委员会，为保证该委员会的正常运转，海委会大会和世界气象组织大会要求两者秘书处共同制定一些程序和规则，以理解备忘录的形式达成一致。该备忘录对成员资格、主席和副主席、代表团全权证书、法定人数、工作方式、选举权等方面分析了两个组织的现有状况，并在此基础上形成协议。会议责成秘书处修改后，提交下一届大会讨论通过。 （朱文熙）

【可持续发展世界首脑大会】 可持续发展世界首脑大会于9月2～4日在南非约翰内斯堡举行。这是继1992年巴西里约环发大会之后又一次级别最高、规模最大的全球盛会。全世界193个国家，91个国际组织、政体、地区组织和机构，以及非政府组织的代表团，共约5万余人与会。近100个国家的政府首脑或国家元首出席会议并讲话。我国出席会议的代表共约300余人，其中国家海洋局科技司司长周庆海和海洋发展战略研究所所长高之国参加了大会。

本次可持续发展首脑大会以正式官方文件形式推出了《执行计划》和《政治宣言》，以及非政府组织性质的《伙伴关系倡议》。具有实质意义的《执行计划》将成为未来10年指导全球性可持续发展行动的重要文件。

会议的核心是《执行计划》和《政治宣言》的内容问题。对《执行计划》争论的焦点，可归纳为“共同但有区别的原则”和“可预防原则”这两大原则，另包括“良政”的问题。围绕这“两大原则”和“良政”问题，欧盟、伞型国家（美、日、加、澳、新）和77国集团＋中国三大力量等从各自的利益和本国自身利益出发展开了激烈的争论。最后，在取消了诸如时间、数字目标等硬指标的情况下，终于达成妥协，使得《执行计划》得以通过。

“共同但有区别的原则”是里约环发大会确定的一个重要原则。所谓“共同但有区别的原则”，是指对现在全球气候变暖等问题，世界各国都负有责任，但发达国家负有更大的责任，在这一点上，是共同的但又有区别的责任。因此，在减少二氧化碳排放方面，像美国和欧洲等国要承担更大的减排义务，由此须调整工业布局，减少石油、天然气和煤炭等能源的消费，这当然会影响到经济的发展。我国和印度等发展中国家处于经济大发展时期，属能源消费大国，因此，就这点上与美国的观点是一致的（美国不承认此原则，不愿多减排）。而欧盟清洁能源技术比较成熟，可再生能源资源丰富，加之欧盟是环境问题上的激进派，因此欧盟极力推进与减少石油能源和煤炭消耗有关的条款，如“到 2010 年使可再生能源在 2000 年基础上与全球矿物能源消耗总量之比增加到 15%……”的条款。77 国＋中国冲在前面，美国躲在其后，与欧盟在这一点上始终进行了尖锐的对抗，直到部长级磋商仍未达成一致，使最终取消了上述条款。

所谓“可预防原则”，是指对所有环境、生态、气候和社会问题，都要在“可预防原则”下去思考计划和实施各种经济、贸易和社会活动。比如贸易产品在生产过程中不能对环境和生物多样性造成破坏，建造水利工程不能破坏生态环境，食品和生物制品及其在生产过程中不能对人体和生态造成破坏并在出口时加贴“生态标签”等，这将势必制约发展中国家的发展，因此 77 国＋中国坚决反对。而美国的国情（如基因产品等）也不允许美国同意此类条款。但欧盟比较成熟，故此态度强硬。所以，在此问题上，77 国＋中国和美国等对垒欧盟。最终还是以双方妥协告终，去掉了此类内容的有关硬指标。

所谓“良政”问题，是发达国家对发展中国家的责难。他们把现在世界上某些国家存在的腐败、管理不善和政治制度不健全等问题，归结为所谓“不良政务”，把经济技术援助与之挂钩，由此向发展中国家在争取外援问题上施压。其意是“先解决良政问题再谈外援”。对此问题欧盟与美国等意见一致，77 国＋中国极力反对。最终也是以双方妥协告终。

对本次大会的成果问题，意见不一，欧盟认为是一次失败的大会，而 77 国＋中国和伞型国家等则认为是成功的大会。总的看来，是一次成功的会议，是人类在文明进步、可持续发展方向又迈进了一步。人们对资源、环境、经济和社会可持续发展的理念和内涵进一步取得了共识。使人们认识到可持续发展是人类发展的必由之路，尽管各国的态度在某些问题上与之相反，但那也只是从其自身的短期利益所考虑，是暂时的。

大会的成果可简单概括为：

(1) 在推进“共同但有区别的原则”上有进展；

(2) 在生产与环境与消耗的关系认识和处理上有进展；

(3) 在资金的筹措上有进展；

(4) 在生物多样性的保护上有进展；

(5) 在水资源的保护上有进展。

海洋问题在《执行计划》中虽未列专门章节，大会全体会议也虽未将海洋问题专门讨论，但海洋内容却贯穿整个《执行计划》。海洋是全球实施可持续发展的重要领域，海洋资源的可持续发展利用和环境保护是全球可持续发展的重要方面，海洋的综合管理是实施海洋可持续发展的重要保证，是一个不存在争议的共识问题。海洋问题在《执行计划》中明确指出的有：

(1) 海、大洋、岛屿和沿海区域是全球生态系统的完整和必不可少的组成部分，是全球粮食安全、经济持续繁荣的重要保证，尤其是发展中国家富裕的关键。保证海洋的可持续发展需要有关机构，包括全球性和区域性的有效协调和合作，并在各级采取相关行动；

(2) 在联合国系统内建立有效的、透明和常设性的机构间的海洋和沿海问题协调机制；

(3) 促进国家级多学科跨部门的海洋及其海岸带的综合管理，协助海洋国家制定海洋综合管理的海洋政策并建立海洋综合管理的机制。

（周庆海）

【联合国大陆架界限委员会第十、十一次会议】
大陆架界限委员会于 3 月 25 日至 4 月 12 日和 6 月 24～28 日在联合国总部召开了第十次、十一次会议。委员会的中国委员国家海洋局第二海洋研究所吕文正教授参加了会议。会议主要议程为审议俄罗斯外大陆架划界案。这是联合国海洋法公约自 1994 年正式生效 8 年来，大陆架界限委员会成立 5 年后，在第一届委员会任期即将届满之际，大陆架界限委员会接受和审议的第一个划界案，世界各国都十分关注。在联合国对俄罗斯划界案摘要公告发布后，丹麦、加拿大、美国、挪威和日本政府为此向联合国递交了照会表示对俄罗斯划界案的关切和保留。由于情况复杂，第十次会议最终未完成审议俄罗斯划界案。此后，委员会中小组委员会先后召开三次会议，终于完成了对划界案的审议并提交委员会审议。最后，在第十一次会议上，委员会一致通过了小组委员会的建议书。最终结果是：俄划界案中巴伦支海和鄂霍次克海方案因涉及与挪威和日本之间的争端，要求其与挪威、日本协商解决；对作为划界案重点的北冰洋方案（面积超过 100 万平方千米）未予同意。对白令海划界方案（面积为 2 140 平方千米）给予基本肯定，将在俄政府同意后作为永久固定边界。（朱文熙）

【国际海洋事务和海洋法非正式磋商进程第 3 次会议】“联合国海洋事务和海洋法磋商进程”第 3 次会议于 2002 年 4 月 8～15 日在纽约联合国总部举行。参加会议的我国代表团由外交部、国家海洋局和我国常驻联合国代表团的代表组成。

会议重点讨论了海洋环境保护、能力建设、区域合作和海洋综合管理等问题，同时讨论了国际海洋计划的协调与磋商进程的走向等。

(1) 海洋环境与资源的保护。会议认为，由于各种原因，海洋资源和环境的状况在不断恶化，各国应采取综合管理办法保护海洋环境和资源，并要求各国认真履行已经生效的国际公约，对于那些尚未生效的公约，各国应尽快采取有关行动，使其早日生效。

从 2000 年磋商进程第一次会议起，澳大利亚就开始提出公海生物资源的保护问题，并建议建立国家管辖海域以外的公海自然保护区，但当时只有少数国家支持，而本次会议上支持声音明显变大。日本表示坚决反对。部分国家担心建立公海自然保护区会改变目前的公海自由制度。就公海生物多样性保护问题，一些国家请“生物多样性保护公约”秘书处等机构着手考虑如何管理公海生物资源问题，会议未就此达成一致意见。

联合国环境规划署(UNEP)提出了开展全球环境状况评价的建议，得到了许多国家和组织的支持。广大发展中国家提出此项工作必须自愿参与和自由参加，以维护发展中国家的利益。挪威建议发挥 UNEP 的资源信息数据库(Resource Information Database）的作用，使其具有管理全球海洋环境资料的功能，尤其是要利用该数据库来帮助发展中国家管理根据联合国海洋法公约第 248 条和 249 条通过开展海洋科研调查获得的资料。挪威还借此机会表示他们愿意协助 UNEP 在挪威建立为发展中国家服务的外大陆架地质和地球物理资料库，欧共体等对挪威提议进行了质疑，最后未达成一致意见。

(2) 海洋综合管理。海洋综合管理仍为本次会议热门议题。各国认为，海洋对当今和未来人类的社会和经济发展有着极其重要的作用，人类应共同努力实现海洋的可持续发展，重要途径之一是开展多学科、跨部门和基于海洋生态系的海洋综合管理，并把渔业管理和海洋生态管理纳入海洋综合管理范畴。会议指出，由于海洋的整体性、流动性和相互关联性，海洋综合管理不仅要在国家一级进行，而且还要在区域和全球范围内进行。

(3) 区域合作与协调。鉴于过去在开展全球性海洋计划方面的困难，会议特别强调通过区域合作来推动海洋可持续发展工作。

关于联合国有关海洋机构与计划的协调，本次会议也展开了热烈讨论。许多国家对撤销海洋与近海领域问题协调委员会表现出担忧，建议在联合国下设立一个海洋问题协调机制，以便定期审议海洋问题并协调有关计划和工作。

(4) 能力建设。会议认为，为了有效地管理、保护和开发利用海洋，各国必须加强能力建设，要采取措施帮助发展中国家尤其是最不发达国家加强海洋领域的能力建设。另外，鉴于目前一些国家不认真履行国际公约的现状，会议建议要把履行国际公约的能力问题也作为能力建设的重要内容。

(5) 非正式磋商进程的未来走向。多数与会国家对 3 年的磋商会议结果表示满意，会议建议联合国大会做出继续支持此会的决定。（李景光）

【联合国海洋法公约第 12 次缔约国会议】“联合国海洋法缔约国大会”第 12 次会议于 2002 年 4 月 16～26 日在纽约联合国总部举行。参加会议的我国代表团由外交部、国家海洋局和中国常驻联合国代表团的代表组成。135 个缔约方及一些国际组织和非政府组织的代表参加了会议。

会议的主要议题是：讨论国际海洋法法庭 2001 年工作报告；讨论国际海洋法庭 2003 年预算草案；选举国际海洋法法庭 7 名法官和大陆

架界限委员会21名委员；审议《国际海洋法法庭财务条例》。

(1) 选举。选举7名海洋法庭法官和21名大陆架界限委员会委员是本届会议的重要内容。我国两位候选人顺利当选。在127个有效票中，许光建法官获得119票的支持；在124个有效票中，吕文正教授获102票支持。

(2) 国际海洋法法庭预算。会议讨论并通过了法庭2003年预算，会议同意法庭2003年预算为779.83万美元，比2001年略低，实现了预算的零增长。在讨论预算时，日本代表团再次提出按联合国该财政年度的分摊比例确定，即上限为22%。由于一些国家的反对，会议未达成一致意见。

(3) 法庭财务条例。本次会议继续对法庭财务条例进行讨论。主要焦点是法庭经费是以美元还是用欧元计算问题。经过激烈讨论，会议同意以欧元为预算货币，但各国可选用欧元或美元交付费用。会议结束了对财务条例的审议，决定提交明年会议讨论通过。

(4) 观察员资格。海底管理局和日本财团基金（Nippon Foundation）向会议提出了观察员资格申请，会议同意海底管理局的申请，日申请被搁置。（李景光）

【西太分委会第五次会议】 政府间海委会西太分委会第五次会议2002年9月在澳大利亚举行。参加会议的人员除来自各成员国外，还有海委会执行秘书、西太秘书处人员以及其他国际组织和研究计划的代表约80人。中国余宙文、朱文熙、汪品先3人参加了会议，会上，朱文熙被推举为报告员，协助西太秘书处进行会议报告的编写工作。会议情况如下：

1. 西太科研计划结构重组

1999～2000年教科文组织曾委托国际独立机构对海委会进行外部评估，并将报告提交给了海委会第33届执理会，评估报告要求西太分委会根据海委会新的章程对其科学计划的结构、优先领域和管理机制进行重整，以更大程度地反映地区各成员国的兴趣，更有效地利用有限资源；另一方面，在2001年海委会第21届大会上，海委会也提出以海洋与气候、海洋生态系统科学和海洋环境保护以及海洋科学为海岸带综合管理服务等三个方面为内容的重组计划，以取代过去以学科为基础的传统海洋科学模式。

目前海委会西太分委会科学计划仍按照1996年西太第三次会议所决定的六个方面进行划分：与生物资源有关的海洋科学、与非生物资源有关的海洋科学、海洋动力与气候、海洋污染研究与监测、综合学科研究和海洋服务领域。这种设置显然已不能适应国际上提倡以综合性、跨学科性、跨部门和以生态系为特征的海洋学研究和管理的趋势。

本次会议上，秘书处准备了一份关于西太科研计划结构调整的文件。各国进行了热烈的讨论，中方代表团对此项工作表示积极支持，并指出今后应多设置成员国政府感兴趣的、并能予以支持的业务化海洋学项目；同时指出在项目立项初期就应考虑到获得经费的可能性，避免像当前一些项目多年来因经费原因毫无进展，仍年复一年地只停留在工作计划上的现象。

会议认为，这份文件为将来计划的重整提供了很有价值的指南，但仍需修改，会议决定成立一个工作组就西太科学计划的结构和工作方式进行研究，并提交下一届大会批准；会议决定目前西太分委会科学计划结构要与海委会所确定的主线一致，这个调整应在下一个三年工作计划中予以体现。

经过调整后，同济大学汪品先教授将担任海洋与气候领域下古环流计划协调人；张经担任海洋生态系和环境保护的科学领域下大气输入研究计划协调人；黄韦艮担任跨学科领域下海洋遥感计划中赤潮监测项目负责人。

2. 关于东南亚海洋观测系统（SEA-GOOS）

在1998年第四届西太国际科学研讨会上，与会人员就对建立东南亚海洋观测系统的必要性进行了研讨。在2001年召开的第五届西太科学研讨会上，形成了三个项目建议和声明，主要内容是"支持在东南亚地区建立SEA-GOOS，全体参加者同意协助制订该系统的发展计划，呼吁西太分委会正式确认SEA-GOOS为GOOS的一个'区域联盟'（REGIONAL ALLIANCE），提议建立西太SEA-GOOS特别工作组"。

本次会议上，SEA-GOOS发起人之一马来西亚皇家海军学院HASSAN准将介绍了推进SEA-GOOS所面临的困难，一是资金和专业人员的缺乏，二是政府的参与程度不够，导致不能取得实质性的进展。

同以往一样，与会人员对此议题均表示出积极的态度，纷纷阐述建立和推进SEA-GOOS的重要性和必要性。会议通过了建议案：邀请所有在该区域有相关观测项目或需求的西太成员国参加SEA-GOOS；决定成立一个协调委员会作为管理和协调机构。

3．关于西太制图（IBCWP）

由于西太制图的责任主编侯文峰未能到会，马来西亚 YABOB BIN ISMAIL 代表编委会介绍了该项目进展情况。自 2000 年西太制图第三次编委会以来，由于资金问题和资料缺少QA/QC检验，不能对质控的数据进行批准和印刷，导致进展不大。会议呼吁有关各国能以各种方式支持该项目的发展。

4．关于选举

从1996年起，西太分委会主席一直由日本人TAIRA担任并在1999年连任。根据海委会议事规则，本次会议要进行主席和副主席的改选。改选结果是主席为韩国徐亨泽先生（前PICES主席），副主席为中国国家海洋局国际合作司司长李海清，另一位副主席为越南的国家海委会主席，这也在一定程度上表明了我国在此区域的影响和国际地位。

此外，中方代表团还在会上承诺举办2004年第六届西太国际科学研讨会，得到了与会各国代表的好评。（朱文熙）

【亚太经济合作组织海洋资源保护工作组第15次会议】 亚太经济合作组织海洋资源保护工作组第15次会议于2002年6月11～13日在澳大利亚堪培拉举行。出席会议的有澳大利亚、文莱、加拿大、智利、中国、中国香港特别行政区、日本、韩国、新西兰、巴布亚新几内亚、中国台湾省和美国等 12 个经济成员体共 34 位代表。本次会议的主席是澳大利亚环境部的 Alison Russell French 女士，她于 2001 年当选为本工作组现任牵头人。鉴于此次会议是加拿大与澳大利亚共同出资举办的，来自加拿大海洋与渔业部的 Laura Richards 女士担任了会议的共同主席。

会议主席首先总结了2001～2002年工作组进行的主要工作，主要有：中国台湾省 2001 年 10 月在高雄举办了私营部门介入海洋资源保护工作研讨会；2001年11月在澳大利亚召开了外来海洋害虫研讨会；2002年4月在韩国举办了第一次海洋部长级会议，并通过了《汉城海洋宣言》；2002年 6 月在澳大利亚召开了亚太经济合作组织第二次海洋综合管理研讨会等。

会议随后听取了各经济成员体报告的一年来在各自海洋资源保护领域所做的努力和工作进展。

会议还审议了由亚太经济合作组织赞助、本工作组负责实施的有关项目的执行情况。

会议重点听取了牵头人对工作组近年来工作的评价。认为过去工作组一直强调经济体之间的科学技术合作，对促进各成员体的海洋资源保护工作发挥了较大的作用。但建议今后还应向政策方面发展，作为科技合作的补充。经过讨论，工作组会议同意：①今后要在海洋与海岸带综合管理方面发挥更大的作用，包括与其他工作组密切合作，鼓励参与共同感兴趣的项目等；②建立一个“非正式的海洋政策组”，分析海洋资源保护工作组传统和历史的作用以及在新的领导人宣言的形势下新的政策方向，特别是要加强本工作组在亚太经济合作组织区域内海洋与海岸带管理方面的作用；澳大利亚将作为工作组的牵头人，鼓励所有经济成员体参加并于2002年9月底前告知是否参加及联络人；③建立一个小组审议本工作组执行《亚太经济合作组织海洋环境可持续性行动计划》的情况；同样，澳大利亚将作为牵头人并鼓励所有经济成员体参加并于2002年9月底前告知是否参加及联络人；④建议寻找一个合适的项目能够跨越经济体内、外部的海洋活动范围并向部长级会议发出相应的信息。

会议还就制订一个2003年工作组的业务计划问题达成了一致。该计划将于2002年9月前由工作组牵头人起草并征求各经济成员体意见，2003年的第16次会议讨论通过。（陈 越）

【亚太经济合作组织海洋部长级会议通过《汉城海洋宣言》】 由韩国倡议召开的亚太经济合作组织第一次海洋部长级会议于 2002 年 4 月 25～26 日在韩国汉城举行。来自韩国、印度尼西亚、日本、美国、加拿大、澳大利亚、墨西哥和智利等 21 个 APEC 成员经济体的海洋和渔业部长出席了会议。会议通过了《汉城海洋宣言》。宣言的全文如下：

我们，亚太经合组织海洋相关的部长们，代

表着21个毗邻世界最大的海洋的经济体：

(1) 认识到海洋对亚太经合组织地区的食物保证、可持续经济发展和社会与环境价值的重要性；

(2) 认识到，由于亚太经合组织地区占世界渔业捕捞量的75%以上，世界水产养殖量的90%以上，以及占世界上全球鱼产品消费量的70%，因而，养护和管理海洋生物资源具有重要意义；

(3) 承认亚太经合组织经济体当前为应对与海洋有关问题的挑战以及利用共同的经验、吸取的教训和一系列管理工具所做的努力；

(4) 决定进一步增强实施茂物宣言，大阪行动议程、1997年海洋环境可持续性行动计划、1998年夏威夷亚太经合组织海洋大会宣言、2001年领导人反恐声明的势头；

(5) 注意到多哈发展议程启动了新的一轮谈判以及支持谈判获得成功，并欢迎通过该议程；

(6) 意识到负责任的关心海洋需要领导、改善区域协调及合作；

(7) 认识到基于生态系统的方法对沿岸和海洋管理的价值以及这种方法在综合和跨部门方式的管理中的重要性；

(8) 认识到从海洋和大气观测中所取得的改进的预报对亚太经合组织经济体经济、社会和环境的好处；

(9) 认识到现有的措施、框架、计划和正在进行的国际努力的价值和指导作用，它们可能有助于解决区域的和内部的可持续海洋管理问题；

(10) 意识到确保成员经济体的努力与相关的国际法律文件相一致的需要；

(11) 注意到决策过程中有关部门和利益相关者的利益相一致，包括非政府组织和私营部门介入的重要性；

(12) 忆及2001年亚太经合组织领导人在上海的承诺对可持续发展世界峰会的成功的贡献，断言在2002年8月的峰会上亚太经合组织能够从区域的角度对海洋主题做出贡献。

决定：

1. 内部行动

(1) 用基于生态系统的方法，以综合的方式，制定和促进更好的沿岸与海洋管理，包括亚区域海以及毗连沿岸地区的河流流域的管理；

(2) 改善和加强基于市场的海洋资源可持续管理的法律文件、规章和执法机制；

(3) 依照可适用的国际法，制定和促进可持续管理的各种工具的使用，包括成员经济体管辖范围之内的海洋保护区、环境影响评价以及海洋和海岸带综合管理的政策和框架；

(4) 促进有关海事安全、海洋污染、船舶造成的环境损害的赔偿和责任，以及使用有害防污涂料的国际法律文件的通过和实施；

(5) 为控制和管理船舶压舱水和积淀物的更进一步的国际努力做作贡献。

2. 内部和区域行动

(1) 改善对重要的和关键的沿岸和海洋栖息地及有关生态系统的保护与可持续管理；

(2) 通过信息交换，促进全球渔业法律文件有效的区域性实施，以便实现负责任的渔业和可持续性水产养殖；

(3) 在亚太经合组织地区消灭非法的、无序的和未经报告的捕捞活动；

(4) 支持渔业和可持续性水产养殖的科学研究的发展，以增加我们的知识，改善我们的决策，提高将生态系统因素合并到是发展一个对支持基于生态系统的方法的管理的概念和实践的科学依据的一个共同理解中；

(5) 促进解决外来海洋虫害、破坏性捕鱼活动以及来自海上和陆上污染源造成的威胁的努力；

(6) 加强对影响和可能影响海洋和沿岸环境的旅游活动的可持续性管理；

(7) 采取进一步措施吸收所有利益相关者，包括私营部门、非政府组织和学术机构，作为推行可持续发展的伙伴。

3. 区域行动

(1) 加强在能力建设方面的合作，共享信息和技能，包括海洋科学和技术、负责任渔业和可持续水产养殖以及综合的沿岸和海洋管理；

(2) 加强合作，尤其是通过亚太经合组织的贸易与投资自由化基金的活动，促进渔业产品的负责任贸易；

(3) 通过诸如制定相当的捕捞标准和水产养殖产品标准，以及利用“危险分析和临界控制点”，鼓励食品安全方面的能力建设；

(4) 促进改进的区域性科学合作与协调，发展和促进海洋观测、评价和预报系统以及对极端天气和气候事件的快速响应机制；

(5) 同经济体和相关区域性研究机构合作，

针对包括生物探矿和非生物资源等一系列问题开发海洋科学研究能力；

(6) 鼓励开展计划中的和现有的方针政策及区域性研究、教育和培训活动，欢迎韩国建立“亚太经合组织海洋环境培训教育中心”。

4. 亚太经合组织的响应

(1) 继续改善亚太经合组织论坛同包括海洋资源养护、渔业、运输、旅游、工业科学技术以及能源等工作组的海洋有关活动的合作与协调；

(2) 指示海洋资源保护工作组、渔业工作组以及其他相关的亚太经合组织论坛制定与实施本宣言内涵的政策目标，并向亚太经合组织高官汇报进展情况；

(3) 加速海洋扩展计划以适应亚太经合组织中的利益相关者；

(4) 欢迎印度尼西亚慷慨表示愿意举办第二届亚太经合组织海洋部长级会议。

5. 亚太经合组织对可持续发展世界峰会的贡献及其后续行动

(1) 在准备可持续发展世界峰会中考虑本宣言；以及

(2) 亚太经合组织正对食品安全、可持续发展和减轻饥饿做出重要贡献，也反映该组织对可持续发展世界峰会广泛的全球议程的区域性的方法。

（陈　越）

【亚太安全合作理事会】 12月10～11日，亚太安全合作理事会（CSCAP）海事合作工作组在新加坡召开第12次会议，并与信任措施工作组举行了联席会议。来自中国、美国、俄罗斯、日本、韩国、澳大利亚、加拿大、柬埔寨、马来西亚、泰国、菲律宾、印度、印度尼西亚、新加坡、新西兰、巴布亚新几内亚等国、欧盟、联合国环境规划署以及中国台湾省（以其他参加者身份）约50名代表出席了会议。中国外交部条法司副处长王丽玉、国家海洋局海洋发展战略研究所所长高之国和徐贺云、海军军事学术研究所田士臣等4人与会。会议由海事合作工作组联合主席澳大利亚的Sam Bateman和印尼的Sunardi共同主持。会议讨论的内容包括在孟加拉湾和安达曼海的合作与信任措施；港口与集装箱安全；建立海上信任措施与海洋环境管理；常规海军武备采购；《南海各方行为宣言》等问题。主要情况如下：

(1) 关于孟加拉湾和安达曼海的合作与信任措施，印方指出，孟加拉湾和安达曼海存在着海盗、偷猎、走私、武器转运、非法活动训练等问题。问题发生的主要原因包括初检不严格、缺乏情报和不愿分享情报等。打击这些非法活动需要包括印度、印度尼西亚、孟加拉、缅甸、泰国、马来西亚、新加坡及其他国家在内的双边和地区合作。情报及其分享是调查、逮捕和惩治罪犯的关键，因此建议各方应确保承诺并由政府达成合作协议后转到工作层面执行，改进通讯和联系，加强工作层面的协调，使用共同的操作程序和训练来增强合作的有效性，通过双方接受的规则和程序来调查、搜捕和惩治罪犯。泰方提出，应加强信息交换和合作。印度尼西亚提出，应加强该地区国家海军之间的合作，以应对包括恐怖主义在内的各种安全问题。

(2) 港口与集装箱安全。香港大学学者认为，海上恐怖主义对海上贸易的攻击将影响全球经济。集装箱数量多，易于逃避海关检查和规避执法，使得集装箱极易被用于实施恐怖主义活动。

因此，海上运输安全受到严重的潜在威胁。减少这些威胁的措施可以包括：①美国提出的集装箱安全倡议（CSI）。CSI旨在确保进入美国的集装箱安全，目前仅限于包括香港、上海在内的驶入美国船舶数量最多的前20个港口。CSI核心内容包括：对高度危险的集装箱进行识别；在出发港对集装箱进行预先检查；使用X光机、辐射探测器对高危集装箱进行技术检查；开发使用智能安全型集装箱。②海关贸易联合反恐措施（C-TPAT），旨在从出发地到目的地进行全程监控。③国际措施，包括国际海事组织正在进行的对《海上人命安全公约》第六章的修改；国际劳工组织加强对海员身份的确认和检查；世界海关组织正在考虑所有成员国采用类似CSI的措施；APEC地区贸易安全组织（STAR）进一步强化成员国安全措施的实施。④采用先进技术。采取以上措施也存在问题，如成本高，缺少基础设施和相应的立法，容易引发主权争议，缺少全球或地区规模的措施等。解决以上问题需要所有沿海国家共同努力，在情报共享、机构协调、电子数据交换、人员培训等方面加强合作。

新方介绍了美国集装箱安全倡议（CSI）的现状和发展趋势，提出为更好落实CSI美国应妥善解决以下问题：现实结果与合理方法之间的平衡；驻外海关官员与驻在国的主权；费用分摊、技术合作与能力建设；国内机构之间的分工和协调问题。

新方还提出，加强海上安全的国内和国际措施都有进展，大量信息技术和其他高技术应用也有发展。但这方面仍存在挑战和问题。新方认为，安全问题仍将得到最优先的考虑，技术将继续发挥重要作用。

(3) 海洋环境管理。联合国环境规划署(UNEP)官员介绍了作为东亚海区协调机构的东亚海区地区协调处的运作情况。UNEP 官员认为，红树林、珊瑚礁、海草等海洋环境对人类经济生活具有重要意义。污染、人为损坏等使海洋环境恶化，严重影响海洋生态系统。对此管理应进行长期规划，由政府制定政策，实行使用者付费，发挥当地社团的作用，采取预防措施等。

澳方提出，非法的、无报告的、无节制的捕鱼（IUU Fishing）已成为国际社会关注的全球性问题。IUU 破坏了国家和地区组织进行持续渔业管理的努力，威胁到海洋生物多样性以及国家、地区和全球的食物安全。打击 IUU 的主要措施包括批准和执行相关国际公约、进行国家立法、对本国国民渔业活动进行管理、监视、控制、监督、双边和多边合作、发展国家行动计划等。

中方代表应邀作了“海洋信息资料收集和数据交换”的专题发言，向与会代表报告了国际上海洋信息收集和数据交换的发展趋势和亚太地区各国相关网站的建设情况，指出了目前亚太安全合作理事会成员国之间海洋信息资料和数据收集和交换中存在的问题，并就解决上述问题和进一步促进海洋信息资料交换提出了相关意见和建议。中方代表在报告中还重点介绍了中国政府为东盟地区论坛（ARF）建立的“东盟地区海洋信息网站”的过程、特点及其主要内容，并指出该网站目前是亚太地区惟一的区域性的海洋信息公众网站。美方代表在评论发言时指出，中方建立的海洋信息网站是 ARF 工作方面的惟一的重要性进展。

(4) 海上信任措施。美方认为，亚太地区的建立海上安全信任措施取得了进展，同时也存在一些问题。其进展主要包括中日、日韩、中韩渔业协定；中日关于在权利主张重迭区域进行科学研究要进行事先通报的协定；印美在马六甲海峡的联合巡逻；双边和多边海军演习网的建设。存在问题主要是中国船舶在日本水域进行情报收集；美国 EP-3 侦察机事件；日本在中国专属经济区击沉朝鲜船事件，以及韩日俄渔业争端。

美方还报告了合作监控中心（CMC）与两位中国台湾省学者在海上合作和建立信任措施方面的研究成果。该研究提出的新的海上合作概念，包括利用非官方渠道建立信任措施；在海上人道安全方面进行技术合作；提出先进行保护海上航线的合作，再建立海上信任措施，最后达成海上防事故协议。美方设想该研究成果适用于朝鲜半岛，通过双边贸易、防治石油泄漏、海上搜救等方面的海上合作，最终达成双边的海上防事故协议。

中方与会代表指出，《联合国海洋法公约》是一个各方妥协的一揽子协议。尽管不是一个完美的公约，但遵守公约要比违反好。在专属经济区的任何活动都应遵循海洋的开发利用只能用于和平目的的原则，在专属经济区内的军事侦察活动明显地违反了这一原则。

(5) 常规海军武备采购。美方认为，亚太地区的海军武备采购虽暂不构成军备竞赛，但有些武备采购应引起各方关注。在亚太各国对海上航线依赖性增强、海上恐怖主义造成新威胁的情况下，需要重新认识亚太海军武备采购，特别是海上合作。因此，应在巩固已有信任措施的基础上开展亚太海上行动合作（APMOC），以应对共同的海上恐怖主义新威胁，其合作的重点是海上安全及对重要地区海上航线和交通要道的更加协调的、多边的、能共同操作的巡逻。美方还提出了使亚太海上行动合作正式化的三个渠道：一是通过海事合作工作组提出建议作为 2003 年 7 月西太海军论坛工作小组会的讨论基础；二是由西太海军论坛 2003 年工作小组会和 2004 年年度会晤进行讨论；三是由海事合作工作组向 2003 年春季东盟地区论坛建立信任措施会间会提出初步意见。

澳方认为，东亚海域的潜艇扩散使整个地区的安全环境更加复杂，未来发生意外“入侵”潜艇事件的危险程度增加，并可能导致巡航导弹和大规模杀伤武器的扩散。这不利于建立海上信任措施，应引起各方关注。澳方建议通过东盟地区论坛、西太海军论坛以及亚太安全合作理事会在一、二轨道同时讨论地区潜艇扩散和相对应的海上安全信任措施，其中包括签署防止海上事故协议，建立地区潜艇移动咨询机构，制定处理领海内发现的不明潜艇的地区规则，建立潜艇禁区等。

马方提出建立“亚太海上武器登记”作为建立信任措施的建议，包括建立一个储存武器转让的保管中心，成员国国防政策、发展趋势及意向的可靠信息和定性分析，以及必要的磋商机制。

日方表示，美第七舰队的存在是亚太地区的重要稳定力量。为打击海上恐怖主义，日海上自卫队将向美国或其他国家提供后勤支持，并对其他非法活动做出反应。

(6)《南海各方行为宣言》（以下简称《宣言》）。柬方认为，《宣言》的签署增强了中国与东盟间的信任与安全，有助于双方的合作，减缓了该地区的紧张局势。《宣言》作为政治性的文件没有法律拘束力，各方需继续工作以制定行为准则。《宣言》是各方妥协的结果，其重要内容是维持现状，呼吁各方进行信息交换，强调不使用武力解决争端等。东盟内部对《宣言》存在不同认识，但普遍认为《宣言》为进一步合作铺平了道路。

菲方认为，《宣言》的签署是建立信任措施，但并没有解决领土争端；《宣言》作为制定有拘束力的行为准则过程中的一个阶段，使东盟和中国的关系在存在领土争端的情况下得到了最大程度的发展。双方将继续努力以制定有拘束力的行为准则。

中方与会代表表示，《宣言》是中国和东盟磋商的成果，是南海地区的第一个多边文件。尽管不是条约，《宣言》的签署表明：东盟和中国能够通过对话与协商解决边界问题与争端。中国与东盟的友谊与合作得到增强，有助于促进双方发展平等互信的伙伴关系。双方将以和平方式和公认的国际法原则解决南海争端。双方将依《宣言》来调整各自的行为以防止发生影响该地区和平与稳定的事件。双方认识到需要共同创造南中国海地区和平、友好、和谐的环境以增强该地区的和平、稳定、经济增长及繁荣。双方将在海洋环境保护、科学调查、渔业、通讯等方面进行广泛合作。《宣言》的签署有助于促进该地区的和平与稳定，增强该地区的互信与合作。

澳方联合主席认为，《宣言》的签署是该地区重要的信任措施。中国台湾省学者对《宣言》给予了积极的评价，指出《宣言》是各方妥协的结果，它打破了长期存在的僵局，体现了国际法的诚信原则。在短期内，《宣言》有助于约束南海地区各方的行为，有助于建立其他信任与安全措施，有助于东盟和中国在海洋管理、海洋信息交换、环保等方面的合作。这些合作项目的执行将有助于各方在共同开发资源、渔业等其他方面的合作。同时，《宣言》对航行和飞越自由的尊重有助于避免与南海地区以外国家的纠纷；使打击海上恐怖主义的努力得到增强。《宣言》的签署表明第二轨道安全机制的重要性，有助于促进地区各国间的相互信任与合作。中国与东盟应该邀请南海地区的所有权利主张者加入《宣言》并参与未来的行为准则的制定。中国台湾省学者建议，把南中国海问题纳入工作小组的议事日程，以检验各方对《宣言》的遵守或违反情况。

会议还讨论了海事合作工作组下一步的工作情况。会议初步计划2003年的海事合作工作组的第一次会议将在新西兰或菲律宾召开。（徐贺云）

【1972伦敦公约缔约国第24次协商会议】《防止倾倒废物及其他物质污染海洋的公约》（简称1972伦敦公约）缔约国第24次协商会议于2002年11月11～15日在国际海事组织总部所在地伦敦召开。由国家海洋局、交通部、外交部和中国驻英使馆代表共6人组成的中国政府代表团出席了会议。

出席本次会议的有32个缔约国代表团和其他一些国际组织、非政府间组织、非缔约方国家的代表。会议主要议程：伦敦公约现状与1996议定书前景展望；审议缔约国履行公约义务情况；伦敦公约组织的管理与财务；审议第25次科学组会议提交的报告；对南非约翰内斯堡地球峰会成果的讨论；伦敦公约的解释；放射性废弃物的海洋处置及豁免浓度标准的制定。

1．伦敦公约现状与1996议定书前景展望

目前有78个国家批准加入了伦敦公约；18个缔约国签署了1996议定书，16个国家批准了1996议定书（其中13个为1972伦敦公约缔约国，3个为非伦敦公约缔约国）。会议对1996议定书的最终生效持乐观态度。中、美等14个缔约国向会议就本国批准1996议定书的有关准备情况作了简短说明。14个国家中，除中国、法国、日本和阿根廷外，比利时、巴西、埃及、芬兰、伊朗、意大利、荷兰、韩国、新加坡、美国等均表示有可能在2003年度批准加入1996议定书。会议估计，1996议定书将可能在2004～2005年间生效。

2. 伦敦公约组织的行政与财务管理

会议围绕此议题进行了长时间的讨论。巴西代表团积极主张将伦敦公约的活动与国际海事组织的活动合并，引起了与会各国的高度关注。但多数国家认为巴西建议尚不具备可操作性。荷兰代表团就伦敦公约的未来走向问题提出了3种选择：①保持现状；②基本保持现状，但需要改进；③将伦敦公约和1996议定书扩大到其他海洋环保领域，包括陆源排放。

会议对此展开了热烈讨论。多数国家认为应保持现状，同时可对公约的工作做适当改进。会议达成如下共识：为确保伦敦公约与海事组织的工作效率和经费的有效使用，同意保持目前的组织管理形式；关于伦敦公约技术合作与援助计划与国际海事组织综合技术合作计划的合并问题，目前条件尚不成熟；为了保证公约秘书处实现工作目标，每年至少需要1.5个全职工作人员，而且每年需要分别召开为期各一周的科学组会议和缔约国协商会议。

3. 缔约国履约问题

会议对各缔约国提交的倾废报告进行了认真审议。会议建议各国今后在提交报告时，要把"惰性无机地质物质"细化，列出具体的废物名称。我国代表团就1998年倾废报告的有关情况向会议作了说明。

2001年协商会议针对一些国家在海上非法倾倒废物问题，决定围绕非法倾倒事件的报告问题成立特设工作组，并起草了"关于发现可能违反伦敦公约及1996议定书的倾倒事件的报告程序"（草案）。美国在本次会上提交了修改过的"报告程序"，该程序要求海上作业者发现海上非法倾倒后，向有关沿海国家的航海业务联系人报告，并抄送伦敦公约和1996议定书办公室以及最近的沿海国海洋环保执法部门、船旗国或飞机管辖国。会议原则认可了这一报告程序，将提交海事组织环境保护委员会征求意见，以便下次协商会议最后通过。

我国代表对报告程序的名称、适用范围、通过程序及具体内容提出了意见，会议表示将在最后通过时予以修改。

4. 其他事项

(1)"工业废物"的解释。近几年来，由于日本在海上倾倒铝矾土矿渣而引起了关于如何解释"工业废物"的问题。英、德等西方国家对日本的观点表示明确和强烈的反对，认为铝矾土矿渣属于"工业废物"。

(2) 俄罗斯的放射性废物处置问题。俄罗斯在海上处置报废潜水艇的放射性废物问题一直是会议的焦点之一。会上，俄代表团指出他们仍面临着一系列问题，但表示将尽力早日接受公约51（16）决议。挪、日、美等对俄态度表示遗憾，要求俄尽快结束放射性废物的海上处置。

(3) 遇险沉船的处置。会议就遇险船及其货物的海上处置以及是否纳入伦敦公约管理等问题进行了讨论，但未取得一致意见。

(4) 会议审议了第25次科学组会议提交的报告，并对科学组在诸多领域所取得的进展表示满意。

(5) 大会选举了协商会议主席和副主席。

（李景光）

【第十六届国际海道测量组织大会在摩纳哥召开】 2002年4月14～19日，第十六届国际海道测量组织大会在摩纳哥召开。来自国际海道测量组织64个成员国、20个非成员国、12个相关国际组织的近300名代表和观察员出席了本届大会。

出席本届大会的中国代表团由交通部、海军、香港海事处和澳门港务局派出的8名代表组成。中国驻法国马赛总领事馆陈美芬总领事应邀出席了大会开幕式和闭幕式。

本届大会的议题包括四个方面：审议、通过各类工作报告和提案；指导委员会换届选举；通过财务报告和预算；修改战略计划工作组的组成和职责。

大会审议通过了5个工作报告；对29项提案进行了审议，表决通过了其中的12项正式提案和4项技术性提案。大会选举了新一届IHO指导委员会，来自希腊的亚历山大·马拉托斯、美国的肯尼斯·巴博、智利的雨果·戈瑞格利亚，分别当选为指导委员会主席和局长。大会期间，举办了海道测量技术和海图展览，有25个国家展示了本国海图产品，海司航保部代表中国参展的2幅纸质海图和3幅数字海图受到了与会代表好评。

（海司航保部　郑　宏）

附　录

Appendixes

附录1　2002年海洋科研项目获奖成果

Appendix 1　Award-Winning Achievements of the Marine Scientific Research Projects During　2002

【2002年部分获国家级奖成果简介】

1. 2002 年国家科技进步二等奖——紫菜种苗工程

(1) 项目研究的主要科学技术内容及所取得的成果。本项目经过10余年循序渐进的系统研究，利用组织培养技术和现代细胞生物技术培育出性状稳定的纯系紫菜苗种，首先解决了栽培藻类中紫菜的良种培育问题，接着又解决了将紫菜良种大规模导入生产以及苗种的高质量、稳定化生产的技术关键。紫菜种苗工程的成功说明其他生物种苗的良种培育和工程化生产也是可能的。

(2) 主要技术性能及指标。以紫菜自然群体和栽培群体中选出的单株个体为材料，成功地建立了紫菜丝状体细胞的分离、纯化和保存的方法体系，利用该方法体系收集了来自中国、东南亚和北美洲的23种共119个品系的紫菜丝状体细胞种质，建成了国内在紫菜生物多样性上最丰富的紫菜细胞种质库。发展出配套的海上出苗装置和操作方法，并以此申请国家专利4项，其中1项已获发明专利授权，2项获实用新型专利授权。

(3) 主要经济指标。本项目采用纯化的子一代丝状体细胞接种贝壳的途径向生产导入性状稳定的良种，纯系紫菜细胞用于接种贝壳育苗，其用量只有0.075克鲜细胞/亩。一些特征明显的良种紫菜子一代品系，经过9年的考验，仍旧保持了其固有的遗传特征，自1991年以来，增产效果明显，培养出的紫菜纯系良种品系10个，一般可比混杂种增产20%～70%，已逐步辐射到江苏省条斑紫菜的许多生产单位，发展迅速。配套的紫菜育苗专利技术可使紫菜优质苗网的育成率由30%提高到85%，成为强大的技术支撑，

(4) 与国内外同类研究成果的对比情况。日本和韩国是世界上最早开展紫菜良种选育和导入生产的国家，主要使用常规技术；我国采用组织培养结合细胞生物技术在研发速度、水平和发展规模上后来居上，并已迅速进入生产应用；美国和西欧藻类学界的紫菜研究仅限于基础研究，应用开发方面远远落后于中国、日本和韩国。经过多年的考察和交流，美国C. Yarish教授（现任美国藻类学会主席）等美国资深专家更加看重我国“紫菜种苗工程”项目组的研究和应用开发所取得的迅速进展，先后4次专程来华进行考察交流，并3次提供资助邀请项目组成员去美国讲学及开展合作研究，取得了满意的结果。本项目已通过中国科学院组织的技术鉴定，以沈允钢院士为首的鉴定委员会认为该项成果“目前在总体上达到国际先进水平”。

(5) 推广应用及取得效益情况。目前，“紫菜种苗工程”良种导入生产技术体系已进入实际应用，推广范围占我国条斑紫菜主产区（江苏沿海）栽培面积的50%以上，到2001年为止累计创利税3.4亿元，创经济效益10.5亿元，创外汇0.92亿美元；带动了一批相关产业，出现了近十个千万元紫菜户和几十个百万元户，创造了大量的就业机会，在沿海地区社会经济生活中起到了重要的作用；此外，由于紫菜生长利用海水中的氮、磷等作为营养元素，栽培紫菜可以净化浅海海水，其巨大的环境效益也是不容忽视的。该研究及时总结了不同时期获得的进展，并在国内外学术刊物上进行报道，先后发表论文报告23篇，申请专利4项，引起了国内外藻类界同行的注意和重视，推动了我国与美国、日本和韩国藻类学家在紫菜种苗生物学方面的频繁合作和交流活动。

2. 2002 年度国家科学进步二等奖——海洋环境钢铁设施腐蚀及其防腐蚀技术系统

海洋环境腐蚀作为一门应用性较强的多学科交叉的新兴边缘科学，主要研究材料在海洋环境中发生一系列的化学和电化学反应而劣化的自然现象。海洋环境腐蚀的研究方向是密切结合海洋开发过程中涉及的腐蚀问题，以减少腐蚀破坏所造成的损失为目标。近年来，中国科学院海洋研究所以解决上述问题为背景，从

研究海洋环境腐蚀规律和钢铁构筑物相关防腐新技术等方面内容入手，取得了一大批重大的创新性科技成果。

在海洋环境腐蚀规律方面的成果包括以下主要内容：①海洋环境因子与海洋腐蚀的相关性理论并提出了电连接模拟海洋腐蚀实验方法和装置，利用该装置获得了大量的数据，取得了一系列有较高理论水平的成果；②研究了钢铁在海水-海气界面的腐蚀机理，深入探讨了锈层的重要作用；③开发了Kelvin探头参比电极技术，并研究其在海洋大气区腐蚀中的应用；④研究了钢铁在海水潮差区-海水全浸区的腐蚀机理，提出了宏观电池理论，并在英国腐蚀杂志发表；⑤研究了钢铁在海水-海泥界面区的腐蚀机理，发现了海泥中的极性逆转现象；⑥提出了海底沉积物腐蚀定量研究方法——“移植埋片法”以及原位测试法和二元评价法。课题组对所有纵向区带界面的不同腐蚀环境的腐蚀机理，及其所对应不同区带的防腐蚀技术进行了研究开发。建立这样一套完整的防腐蚀系统是本推荐奖项的特征。

在钢铁设施相关防腐新技术方面包括以下主要内容：①新型铝基牺牲阳极的制造技术及相关性能研究；②码头钢桩的外加电流阴极保护技术；③海洋环境中钢铁设施锌铝合金与有机覆盖层防腐新技术特点；④海洋环境钢结构物腐蚀状态跟踪扫描技术。

这些成果在石油平台、钢桩码头、船舶的防腐中得到了广泛应用，有的还实现了产品系列化，如Ⅰ型和Ⅱ型腐蚀状态自动跟踪扫描系统，和海龙Ⅰ型和海龙Ⅱ型铝基牺牲阳极等。这些系列产品的推广应用，不仅解决了国民经济中的许多实际问题，同时也创造了十分显著的经济效益和社会效益。

（中国科学院海洋研究所　王利民）

【国家海洋局创新成果奖】

国家海洋局2002年海洋创新成果奖经专家评审，从49项初审合格项目中评选出24项获奖项目。其中一等奖3项，二等奖21项。

一等奖：

(1) 海洋微（超）微型光合浮游生物的生态生理研究

完成单位：国家海洋局第二海洋研究所

完成人：宁修仁、蔡昱明、D·沃洛、J·克劳恩、刘子琳、史君贤、李国维、朱根海、刘诚刚

(2) 南极地区对全球变化的响应与反馈作用研究

完成单位：中国极地研究所、中国科学院寒区旱区环境与工程研究所、中国气象科学研究院、中国科学院地质与地球物理研究所、中国科学院海洋研究所、北京师范大学、中国科技大学、国家海洋局海洋预报中心、国家海洋局第一海洋研究所、国家海洋局第二海洋研究所

完成人：陈立奇、秦大河、董兆乾、卜林根、刘小汉、孙松、赵俊琳、任贾文、孙立广、刘瑞源、赵越、黄奕普、李院生、张海生、解思梅

(3) 低洼盐碱地以渔改碱技术及渔农综合利用结构模式研究

完成单位：山东淡水水产研究所

完成人：段登选、杨立邦、刘树云、梁益岭、肖汉纲、葛文萍、杜兴华、顾海林、马国红、孙栋、马荣棣、王钦东、陈金萍、陈有光、任曰达

二等奖：

(1) 三峡工程对长江口及其邻近海域的环境和生态系统的影响研究

完成单位：国家海洋局东海分局、华东师范大学

完成人：刘阿成、沈焕庭、茅志昌、蒋晓山、苏诚、潘仁良、杨元利、王金辉、黄清辉、秦榜辉

(2) 长江口海域波浪分析研究

完成单位：国家海洋局东海分局、中国海洋大学

完成人：张惠荣、胡德宝、李宝泰、管长龙、周根元、沙伟、隋洪波、许啸春、徐亦农、陆祖明

(3) 上海市大比例尺海洋功能区划

完成单位：国家海洋局东海分局

完成人：房建孟、杨开良、顾学俊、金左文、何佺、孙瑞文、沈庆红、高爱仙、管永华

(4) 便携式全光纤荧光计的研制与开发

完成单位：国家海洋局第一海洋研究所、燕山大学

完成人：夏达英、王振先、史锦珊、尚丽平、张士魁、李宝华、孙培光、马小兵、张淑清、王书涛

(5) 海洋生物质量标准制订

完成单位：国家海洋局第三海洋研究所

完成人：王初升、黄自强、王明俊、郑金树、许章程、何进金、林汝榕、张林、洪专

(6) 重组鱼促长素酵母添加剂

完成单位：国家海洋局第三海洋研究所

完成人：杨丰、陈荣忠、徐洵、双宝、曾润颖、张锐、刘小青、潘登、徐丽美、陈兴群

(7) 中华人民共和国海洋沉积物质量标准制定

完成单位：国家海洋环境监测中心

完成人：马德毅、汤烈风、王菊英、闫启仑、马永安、王洪源

(8) 《中国近海赤潮生物图谱》

完成单位：国家海洋环境监测中心、大连水产学院

完成人：郭皓、王健国、易晓蕾、赵文、冯志权、温泉、曲丹

(9) 海洋生物分类代码

完成单位：国家海洋信息中心、中国科学院海洋研究所、中国海洋大学

完成人：郭丰义、马志华、王立明、张桂芬、孙松、李新正、陈清潮、杨得渐、徐怀恕、马绣同

(10) 大洋矿产资源研究开发信息系统

完成单位：国家海洋信息中心

完成人：殷汝广、程永寿、薛惠芬、张义钧、王斌良、杨鹰、李炳兰、潘学良、王学锋、张冬生

(11) 加快我国海水利用技术产业发展及政策研究

完成单位：中国高科技产业化研究会海洋分会、国家海洋局杭州水处理技术开发中心、国家海洋局海水淡化与综合利用研究所、山东海化集团有限公司、中国华北电力集团公司大港发电厂、国家城市给水排水工程技术研究中心、山东省社会科学院海洋经济研究所

完成人：高从阶、何纯渤、张宝印、张耀江、吴观泉、张悦、徐质斌、侯文峰、谭永文、秦裕伦

(12) 黄河三角洲生态调控绿色养虾技术研究

完成单位：东营市水产养殖服务中心

完成人：张士华、刘艳春、林式柱、魏文英、张兆坦、苑春亭、燕会东、曲玉环、王法琴、郭东升

(13) 渤海湾卤虫卵精加工技术研究与开发

完成单位：山东省滨州港友发水产有限公司

完成人：蔡含筠、侯林、傅华雁、蔡蔚、傅华顿、傅利明、周萃兰

(14) 江苏省海洋污染基线调查

完成单位：南京师范大学、河海大学、中国科学院南京地理与湖泊研究所、江苏省海洋与渔业局

完成人：张鹰、谢金赞、季子修、刘伟、张忍顺、姚琪、李建宏、向立平、潘少明、蒋自巽

(15) 南沙群岛海域珊瑚礁鱼类资源调查、评估与管理

完成单位：中国水产科学研究院南海水产研究所、农业部南海区渔政渔港监督管理局

完成人：李永振、曾晓光、林昭进、陈丕茂、孙典荣、陈炎、曾嘉、彭昌翰、袁蔚文、郭金富

(16) 长江口无机氮控制机制的研究

完成单位：中国科学院海洋研究所

完成人：沈志良、刘群、张淑美、张平

(17) 对虾病害综合防治和高产技术研究

完成单位：中国科学院海洋研究所、防城港市海洋科技开发中心

完成人：朱校斌、吴世海、王新亭、莫永杰、王志成、梁志辉、周浩郎、李祥兴、赖陈民乐、全秀梅

(18) 海洋微生物几丁质酶研究及应用

完成单位：中国海洋大学

完成人：韩宝芹、刘万顺、贺君、刘成圣、李静、戴继勋、刘晨光

(19) 海藻工具酶及其应用研究

完成单位：中国海洋大学

完成人：戴继勋、刘万顺、韩宝芹、王海、杨震、刘涛、杨坤峰、徐加元、沈颂东

(20) 海洋初级生产力结构、新生产力及微型生物生产过程与机制

完成单位：中国科学院海洋研究所、厦门大学、国家海洋局第一海洋研究所

完成人：焦念志、王荣、朱明远、杨燕辉、王永华、李瑞香、王勇、陈念红、李炜、柳承璋

(21) 大型抗风浪深水网箱高效设备研制

完成单位：浙江海洋学院、浙江大学海洋科技有限公司、浙江省海洋水产研究所

完成人：吴常文、苗振清、朱爱意、陈志海、陈雷、王日昕、张惠业、金卫红、刘雪珠

（国家海洋局科技司）

表1 中国科学院系统2002年海洋科研获奖成果一览表

序号	成果名称	获奖情况	主要完成单位	主要完成人员
1	南海北部边缘深部地壳结构与新生代构造演化	广东省科学技术二等奖	中国科学院南海海洋所	丘学林 周蒂 夏戡原 阎贫 施小斌 吴世敏 颜文 王平 孙珍
2	华南海岸和南海诸岛地貌与环境	广东省科学技术二等奖	中国科学院南海海洋所 中山大学地球科学系	赵焕庭 张乔民 宋朝景 袁家义 邱章 林锡贵 温孝胜 李少英 余克服 徐锡祯
3	海平面上升对广东沿海经济发展的影响及对策研究	广东省科学技术二等奖	中国科学院广州分院 广东省科学院广州地理所 中国科学院南海海洋所 珠江水利委员会 广东省水利厅	黄镇国 陈特固 范锦春 张伟强 黄本胜 李平日 赖冠文 方国祥 谢先德 陈碧琛
4	第三世界科学网络组织农业奖	国际奖	中国科学院海洋研究所	张福绥
5	美国库什曼有孔虫杰出人才奖	国际奖	中国科学院海洋研究所	郑守仪
6	紫菜种苗工程	科技部科学技术进步二等奖	中国科学院海洋研究所	费修绠 许璞等
7	钢铁设施在海洋环境中的腐蚀及其腐蚀技术	科技部科学技术进步二等奖	中国科学院海洋研究所	侯保荣 孙虎元等
8		山东省政府最高科学技术奖	中国科学院海洋研究所	曾呈奎
9	南美白对虾规模化育苗与推广研究	山东省科学技术进步二等奖	中国科学院海洋研究所	张乃禹 张伟权等
10	对虾病毒综合性防治和高产技术研究	国家海洋局海洋创新成果二等奖	中国科学院海洋研究所	朱校斌 王新亭等
11	长江口无机氮控制机理的研究	国家海洋局海洋创新成果二等奖	中国科学院海洋研究所	沈志良 刘群等
12	海洋初级生产力结构、新生产力及微型生物生产过程与机制	国家海洋局海洋创新成果二等奖	中国科学院海洋研究所	焦念志 王荣等

（中国科学院）

表2 高校系统2002年海洋科研获奖成果一览表

序号	项目名称	奖励部门及等级	完成单位	完成人
1	日本海极地底压的研究	山东高等学校优秀科研成果奖一等奖	中国海洋大学	傅刚
2	鲍鱼的营养学研究	山东高等学校优秀科研成果奖一等奖	中国海洋大学	麦康森
3	Numerical analusis of the transport and restoratio	山东高等学校优秀科研成果奖二等奖	中国海洋大学	郑西来
4	非洲爪蟾孵化酶的理论研究	山东高等学校优秀科研成果奖二等奖	中国海洋大学	樊廷俊
5	微生物驱油过程	山东高等学校优秀科研成果奖二等奖	中国海洋大学	牟伯中
6	水下目标跟踪与定位技术研究	山东高等学校优秀科研成果奖二等奖	中国海洋大学	李华军
7	海洋平台结构振动控制技术研究	山东高等学校优秀科研成果奖二等奖	中国海洋大学	李华军
8	军队建立海洋观教育体系……	山东高等学校优秀科研成果奖二等奖	中国海洋大学	干焱平
9	对虾池封闭式综合养殖基础研究	山东省科技进步奖二等奖	中国海洋大学	李德尚
10	沿黄低洼盐碱地以渔改碱综合治理技术研究	山东省科技进步奖（合作）二等奖	中国海洋大学	李德尚
11	注海水自动化监、检测系统	教育部提名国家科学技术奖一等奖	中国海洋大学	李华军
12	卫星高度计海洋观测新方法研究及应用	教育部提名国家科学技术奖一等奖	中国海洋大学	陈戈
13	海洋生物酶及其应用技术	教育部提名国家科学技术奖二等奖	中国海洋大学	刘万顺
14	冲绳海槽的岩浆作用与海底热液活动研究	教育部提名国家科学技术奖二等奖	中国海洋大学	翟世奎

续表

序号	项目名称	奖励部门及等级	完成单位	完成人
15	海岸工程设防标准	青岛市科技进步奖一等奖	中国海洋大学	刘德辅
16	北支盐水入侵对长江口水源的影响研究	上海市科学技术奖励委员会科技进步一等奖	华东师范大学（第二完成单位）	恽才兴　沈焕庭　巩彩兰　茅志昌
17	海岸波浪场新型模式研究	国家教育部自然科学二等奖	华东师范大学	黄　虎　丁平兴
18	三峡工程对长江口及其临近海域环境和生态系统的影响	国家海洋局科技创新二等奖	华东师范大学（第二完成单位）	沈焕庭　茅志昌
19	深水防波堤新型结构型式研究和斜向波与直立式防波堤相互作用研究	国家科技进步二等奖	大连理工大学（第二完成单位）	李玉成　孙昭晨
20	高拱坝应力控制标准研究	中国电力科学技术一等奖	大连理工大学（第四完成单位）	赵国藩　宋玉普
21	多向不规则波的折射、绕射研究	教育部自然科学二等奖	大连理工大学	俞聿修　柳淑学　赖国璋
22	极平缓海滩上的波浪浅化	教育部科技进步二等奖	大连理工大学	李玉成　于　洋　孙大鹏　董国海　腾　斌

（中国海洋大学　华东师范大学李俊经　大连理工大学韩丽洁）

【部分获奖成果简介】

2002年广东省科学技术奖二等奖

成果名称：华南海岸和南海诸岛地貌与环境

主要完成人：赵焕庭、张乔民、宋朝景、袁家义、邱章、林锡贵、温孝胜、李少英、余克服、徐锡祯

主要完成单位：中国科学院南海海洋研究所、中山大学地球科学系

任务来源：国家科技攻关：南沙综考项目“七五”87000号，“八五”85-927号，“九五”97-926号；红树林造林与经营项目“八五”85-19号，“九五”96-007号。国家自然科学基金：华南潮汐汊道现代过程课题，4870290号；珊瑚礁生物地貌课题，49776303号。还有有关单位委托的多个研究课题。

项目起止时间：1987年4月1日至1999年10月30日

本项目属地球科学的地貌学、第四纪地质学和海岸河口学学科的基础和应用基础研究，研究处于热带和南亚热带的华南海岸与南海诸岛的各类海岸与海岛地貌与环境问题，主要是珊瑚礁、红树林海岸、河口三角洲、沙坝-潟湖-潮汐通道体系、基岩港湾式海岸等几大类地质地貌体，以积累40年的丰富的第一性资料，总结地貌形成演变规律，系统揭示区内第四纪环境变化，详尽展示区内现代自然环境与自然资源。该成果包括《华南海岸和南海诸岛地貌与环境》专著（科学出版社，1999）和100余篇学术论文。

它具有突出的特点：①充分显示了华南海岸和南海诸岛的热带地貌特色，对热带特有的生物地貌珊瑚礁和红树林海岸，以及在热带和南亚热带条件下河口三角洲、潮汐汊道和港湾的动力-沉积-地貌-年龄-发育史，作了最新、最完整的论述，发展了热带海岸、海岛地貌学理论；②它同全球变化研究紧密联系，系统论述了华南海岸和南海诸岛区域第四纪地质环境，包括古气候凉热、海平面升降、新构造运动、海陆变迁和生物群落变迁的规律，对本区环境变化的深刻认识，加深了对中国及全球变化的了解；③对华南海岸和南海诸岛的现代区域地质地貌、气候水文与自然地理环境特征的论述，集中地反映了该区热带-南亚热带自然环境特色，同时详细论述了区内蕴藏丰富的自然资源及其开发与自然保护问题，对这一区域可持续发展提供了很重要的、详细的科学依据。

本项研究成果发展了海岸地貌学和海洋地理学理论，向社会提供了大量的新资料、新知识和新见解，已为同行广为引用，推动了地貌第四纪地质学和海岸河口学的科学研究的发展。这些论著包含详尽的科学资料，已成为中国有关部门、企业事业单位对海岸与海洋开发及保护进行规划或计划，以及国防建设的科学依据，并产生巨大的效益，例如，促使新港口和新港区的建成，令老大港口航道旧貌换新颜、港口吞吐量大增；临海大企业核电站和海洋石油化工基地的建成投产；三角洲围堤改建增强抗灾能力；船舶在珊瑚

礁区的安全航行与锚泊避风有了可靠的保证；有关南海珊瑚礁体地理、航空照片的地貌解译等内部资料，已用于中国军队战备工作。

（中国科学院南海海洋研究所 赵焕庭）

【江苏省2002年海洋科研获奖成果】

(1)“江苏省海洋污染基线调查”项目获国家海洋局2002年海洋创新成果奖二等奖。完成单位：南京师范大学、河海大学、中国科学院南京地理与湖泊研究所、江苏省海洋与渔业局等。

(2)“紫菜栽培种质更新及应用”项目获江苏省科技进步二等奖。完成单位：江苏省海洋水产研究所。

（钱林峰）

【中国石油化工集团公司获奖项目】

(1) 滩海油田开发注水及集输技术研究

完成单位：中国石油化工集团公司胜利石油管理局

获奖类别、等级：中国石油化工集团公司科技进步奖一等奖

(2) 胜利埕岛油田采油平台遥控系统研究

完成单位：中国石油化工集团公司胜利石油管理局

获奖类别、等级：中国石油化工集团公司科技进步奖二等奖 （中国石化股份公司 贯文昌 杨荣才 彭伟欣等）

附录2　中国海洋学术团体

Appendix 2　Marine Learned Societies of China

【中国海洋学会】

组织建设工作

(1) 推进学会改革工作。根据中国科协六届二次常委会的决定，中国海洋学会被列为50个改革试点单位之一。为贯彻落实中国科协《关于推进所属全国性学会改革的意见》精神，中国海洋学会于2002年1月5～6日在北京召开了2002年关于改革工作座谈会，杨文鹤理事长主持会议，学会秘书长及部分分支机构秘书长参加了会议。与会人员认真学习了中国科协《关于推进所属全国性学会改革的意见》有关精神，明确了全国性学会改革工作的方针、原则以及改革重点，在统一思想的基础上结合中国海洋学会自身实际情况提出了学会的改革方案框架。

(2) 召开第五届第四次常务理事会。3月28日，在北京召开了中国海洋学会第五届第四次常务理事会。会议由杨文鹤理事长主持，主要内容：①会议听取并通过了“中国海洋学会2001年工作总结”。②审议并通过了“中国海洋学会2002年工作计划要点”。③听取了杨文鹤理事长关于中国科协部署的学会改革工作的情况介绍，重点审议并通过了学会改革方案（草案）。④会议就海洋环境科学分会第五届委员会和潮汐与海平面专业委员会第三届委员会领导班子成员，海洋工程分会、海洋地质分会增补领导班子成员；以及拟成立的赤潮专业委员会和海底科学专业委员会领导班子成员进行了审议，并提出了增补意见。⑤审议通过了关于舟山海洋教育教学研究中心、湖南长沙海底世界和上海海底世界作为中国海洋学会海洋科普教育基地的提案。

(3) 完成学会分支机构的复查登记。为进一步摸清分支机构的情况，提高分支机构依法开展活动的意识，加强对分支机构的管理，根据民政部第23号关于《社会团体分支机构、代表机构登记办法》和中国科协的有关规定，自2001年11月起，中国海洋学会对所属的17个分支机构进行复查登记工作。在各分支机构的大力支持与配合下，学会秘书处如期完成上报工作。

(4) 新建分支机构的登记工作。根据国家民政部和中国科协的部署，按照登记部门和业务主管部门的要求，完成了经常务理事会审议通过的海底科学专业委员会，军事海洋学专业委员会和赤潮专业委员会等3个新建分支机构的申报工作。

(5) 建立“学科带头人和科技专家库”的工作开始启动。鉴于目前海洋学科的迅速发展，有大量的科研课题和应用技术项目在开展和进行中，涌现出大批的学科带头人和海洋科技专家。为了了解掌握海洋界学科带头人和海洋科技专家，便于今后的项目申报、成果评奖、学术交流、遴选院士候选人和向有关单位和项目推荐专家等工作的开展，学会自2002年底起，着手建立学科带头人和科技专业骨干人才库。

(6) 中国海洋学会荣获中国科协先进学会称号。中国海洋学会是中国科协业务主管的187个全国性学会中的一员。在1月22～24日召开的中国科协五届四次全国委员会会议上，中国科协对包括中国海洋学会在内的24个全国性学会进行表彰，授予中国科协先进学会光荣称号。1月24日，中国海洋学会杨文鹤理事长在全委会上领取了先进学会的荣誉证书和奖牌。这是中国海洋学会自1979年成立以来首次获此荣誉。

学术交流工作

(1) 积极参与中国科协《白皮书》和《绿皮书》的研讨与编写工作。中国海洋学会组织赤潮、风暴潮、厄尔尼诺和海冰减灾以及海洋生物等专家参加了中国科协“2002年减轻自然灾害”和“2002病虫害防治分析”研讨会，并参与编撰向国务院有关部门呈送的《2002年减轻自然灾害白皮书》和《2002年病虫害防治绿皮书》。海洋专家就海洋灾害与水产养殖病害的分析、预测及发生趋势的主报告、分报告得到有关领导与专家的关注与重视，并全部收入《白皮书》和《绿皮书》中。中国海洋学会推荐的两名专家当选为减轻自然灾害第二届专家组成员。为表彰作为牵头全国性学会近年来在该项活动的组织工作中，为国家决策部门以及各地的减灾防灾工作所做的积极贡献，2002 年 1 月，中国科协先后向中国海洋学会授予“减轻自然灾害学术活动”和“病虫害防治学术活动”两项优秀组织奖，并颁发奖状和奖牌。

(2) 组织专家参与《2001 年学科发展蓝皮书》的编写。根据中国科协《关于组织编写中国科协〈2001 年学科发展蓝皮书〉的通知》，2002 年，组织了有关专家参加该蓝皮书海洋学科的编写工作。①反映 2001 年海洋学科国内外科技最新进展情况；②介绍 2001 年评出的五项海洋创新成果奖；③对 2001 年《海洋学报》刊登的学术论文进行分析，以反映海洋学科发展的动向；④对学会召开的学术年会和《海洋科技名词》的编写工作进行报道。

(3) 召开 2002 年国际亚太环境遥感学术大会。10 月 23～27 日，由中国海洋学会与国际光学工程学会（美国 SPIE）共同举办，国家海洋局第二海洋研究所承办的“2002 国际亚太环境遥感学术大会”在杭州召开。会议的主题是：大气、海洋、环境与空间遥感。本届大会得到了国家科技部、中国科协、国家海洋局、中国气象局、国家航天局、国家自然科学基金委员会、中国航天科技集团、杭州市政府、南京气象学院、中国科学院遥感中心和新疆大学的大力支持与资助。

(4) 2002 年国际潮流动力和环境学术会议。2002 年 8 月，在中国海洋学会与有关单位共同支持下，南京大学海岸与海岛开发教育部重点实验室主办了 2002 年国际潮流动力和环境学术会议。中国海洋学会副理事长王颖院士任会议组织委员会主席，中国海洋学会副理事长苏纪兰院士出席了会议并致辞。来自美国、加拿大、英国、韩国、日本、新西兰和中国（含香港特别行政区、台湾省代表）的 7 个国家和地区的 86 位代表参加了会议。本次会议共有 8 个大会报告，51 个分会报告。会后，已遴选的 35 篇文章将在《国际海岸研究》（JCR，SCI 期刊）上正式发表。本次会议得到中外科学家的一致称赞与好评，认为是一次高水平、成功的国际学术会议。

(5) 中国江河河口研究及治理、开发问题研讨会。2002 年 12 月，中国海洋学会作为协办单位之一参加了由全国政协人口资源环境委员会、中国科协和广东省水利厅联合主办的“中国江河河口研究及治理、开发问题研讨会”。全国人大、政协、中国科协和广东省有关领导出席了会议。中国海洋学会组织了包括陈吉余院士、河口海岸分会丁平兴主任在内的有关河口海岸专家参加了研讨会，并作了大会报告。会后由 11 名主要专家签名向国家有关部门提出“关于加强中国江河河口研究及治理开发的建议”。

(6) 2002 中国气象科技和环境工程研讨会。中国海洋学会和中国气象学会、中国地球物理学会、中国空间学会和中国地震学会于 2002 年 10 月底联合举办了“2002 中国气象科技和环境工程国际研讨会及设备展”。会议就“中国气象科技的发展规划、气象与经济、高空大气海洋与生态环境、中国巨灾预测和中国环境变异等热点问题进行研讨。中国海洋学会组织了赤潮和南极学科研究方面的两位专家做了大会报告。

(7) 推进《海洋科技名词》编审工作。2002 年 5 月，在全国名词委员会的指导下，中国海洋学会召开了《海洋科技名词》编审委员会第二次工作会议。本次会议总结了一年的工作，交流了经验，解决了名词编写中的若干问题，确定了下一步的工作以及进度安排，编发了三期简报。为便于整体工作的开展成立了总编小组，并先后召开了两次会议。

《海洋科技名词》的编审工作不同于一般科研课题，它是引导社会，服务于社会的一项基础性的社会公益事业，对促进海洋科技领域的发展具有重要的历史和现实意义。尽管经费困难，但许多专家不计名利得失，很多单位给予经费与人力的支持，均表示愿为国家的海洋公益事业，保质保量完成任务。

(8) 奥运帆船赛场环境研讨会。2002 年 7 月 17 日，由中国海洋学会等联合主办的“2008 年奥运帆船赛场环境学术研讨会”在青岛市召开。来自高等院校、科研院所、政府有关部门及产业的专家、学者和领导 200 余人参加了会议，会议提交了论文 33 篇，会上交流了 21 篇，就奥运帆船赛场的气象、水文、水质、水深地形、地质地貌、城市形象、陆域规划、旅游产业发展及利用地理信息系统加强管理，把青岛海上帆船比赛办成“数字奥运”等方面内容进行了广泛的交流与探讨。会议就 2008 年奥运帆船赛场环境提交了建议书，并得到奥运会青岛分赛区组委会的重视和谢意。

(9) 举办纪念《联合国海洋法公约》签署 20 周年学术研讨会。由中国海洋法学会和厦门大学联合主办的纪念《联合国海洋法公约》签署 20 周年学术研讨会，2002 年 11 月 27 日在厦门举行。来自国家和地方有关职能部门、高等院校和科研机构的专家学者 50 余人参加了会议。与会者就海洋法律和海洋政策有关问题，进行了广泛而深入地交流和研讨，对发展我国海洋事业、加强海洋法律和法律政策研究提出了价值的意见和建议。中国海洋法学会会长、国家海洋局原局长张登义致开幕辞。中国海洋学会推荐的专家做了《海洋在国民经济中的地位与作用》的报告，100 余人参加了会议。

科普宣传工作　2002 年中国海洋学会积极开展了各种形式的科普活动。

(1) “全国科技活动周”的组织与实施。根据中宣部、科技部、中国科协对 2002 年全国科技活动周的部署，中国海洋学会承办了主题为“科技创造未来”的“2002 年全国科技活动周”海洋部分的工作，并取得圆满成功，社会反响良好。围绕活动周中国海洋学会进行了以下工作：①绘制了 18 块《面向广阔蔚蓝色 拓展生存新空间》展板；②编印了《海洋科技》宣传画册；③演示了《走进蓝色的梦》多媒体科普光盘；④邀请了 3 名海洋专家，为公众咨询答疑有关海洋知识。

(2) 参加“国际地球日”的宣传。4 月 22 日，中国海洋学会参加了由中国地质学会牵头，以“保护我们的地球”为主题的“国际地球日”的宣传日活动，中国海洋学会设计制作了以“海洋与人类”为主题的 12 块展板，同时邀请有关专家回答公众提出的我国海洋开发、海洋环保等相关问题。中国科协的领导和国土资源部的领导及 10 余个相关的学会参加了此次活动，在社会上产生了较大影响。

(3) 报批并增加了海洋与科普教育基地。2002 年，为加大海洋科普教育力度与广泛性，经中国科协批准，中国海洋学会增加了舟山海洋教育教学研究中心、湖南长沙海底世界和上海海底世界三个海洋科普教育基地。

(4) 2002 年遥感技术设备展览会。会、展并举是当前国际学术会议的一个发展趋势。中国海洋学会 2002 年国际亚太环境遥感学术大会期间，举办了为期两天的遥感科技成果展览会，来自美国国家航空航天局、美国海洋大气局、日本 CRL 以及中国的有关公司和研究单位共 10 个展台，展示了当今国内外最新遥感技术研究与应用成果。既丰富了大会的内容，又为一些单位和厂家提供了宣传和展示自己产品的机会，受到与会代表和展商们的欢迎。

(5) 2002 中国气象科技和环境工程国际研讨会及设备展。由中国海洋学会和中国气象学会、中国地球物理学会、中国空间学会和中国地震学会等五个全国性学会联合举办的“2002 中国气象科技和环境工程国际设备展”于 10 月 30 日至 11 月 1 日在上海展览中心隆重举行。来自美国、德国、日本、英国、芬兰、挪威、法国、中国内地以及香港特别行政区、台湾省等 10 余个国家和地区的百余家公司踊跃参展。

我国国家气象卫星中心和国家卫星海洋应用中心提供展示的“风云一号”卫星及“海洋一号”卫星模型，在展会上特别引人注目。展会期间还特邀国内、外知名的专家、学者，在“中国气象科技和环境工程技术高级研讨会”上作了大会报告，共同探讨了 21 世纪的气象科技、环境工程和海洋科学技术发展的热点问题。

其他工作

(1) 2002 年，中国海洋学会主办的《海洋学报》已被列入第二届国家期刊奖入围重点科技期刊公示名单，并获第三届中国科协优秀科技期刊三等奖。《海洋学报》中文版作为国家百种重点科技期刊的“双百”期刊进入“中国期刊方阵”，在我国科学引文数据库数据统计排名一直名列前茅。

中国海洋学会主办的《海洋工程》作为核心期刊被联合国《水科学和渔业文摘》所收录，同时还被中国科学文献计量评价研究中心认定为《中国科学引文数据库》与《中国学术期刊综合评价数据库》的来源期刊。

(2) 参与“郑和下西洋 600 周年纪念活动”的筹备工作。2001 年中央书记处第 22 次会议通过的中宣部商各有关部门提出的“郑和下西洋 600 周年纪念活动方案”，确定“热爱祖国、睦邻友好、科学航海”为本次活动的指导思想与主题。中国海洋学会作为筹备领导小组成员单位之一参与了活动筹备工作，主要任务是：配合有关部门参加以文化部为主，国家文物局参加的北京大型纪念展览；承办由交通部、国家海洋局和上海市政府举办的2005年“国际海洋博览会”。年内中国海洋学会先后参加了组委会两次领导小组和一次联络员会议，并开展了相应的工作。

(3) 进行海水资源开发利用调研工作。中国海洋学会参与国家海洋局科技司关于“推动我国沿海地区海水资源开发利用工作”的组织与协调。主要完成了筹建工作小组，提出预研方案，组织专家起草向有关部门领导汇报的关于推动我国开发利用海水资源的产业化工作报告，拟定调研计划等项工作。

(4) 承担国家海洋局“海洋科技创新成果奖”和国家海洋局“青年海洋科学基金申请”的组织专家评审工作。对申请创新成果奖一等奖的36个项目共组织了66位专家提出了108份评审意见，同时请专家对参评项目进行评估；对申请青年科学基金的90个项目，组织了140位专家提出了270份评审意见。 （中国海洋学会办公室）

【中国海洋湖沼学会】 2002年中国海洋湖沼学会以党的十六大提出的“三个代表”重要思想为指导，密切配合国家科教兴国战略，大力开展学术交流活动，进一步提高了学术活动质量，更加注重社会主义市场经济下的社会效益，体现了新形势下学会工作改革的进一步深入发展。全年组织召开了“中国海洋湖沼学会第八次会员代表大会暨学术年会”、“紫菜种苗与栽培工程技术研讨会”、“2002年鱼类学青年学者学术研讨会”、“中国首次海底热液活动学术讨论会”等学术会议（活动）11次，参加人数1 608人，交流论文925篇。

2002年是中国海洋湖沼学会召开全国会员代表大会的换届之年，围绕大会召开，选举新一届的领导班子，更换增添新理事等若干问题，分别召开了理事、常务理事等会议，商讨、确定代表大会上要解决的有关事宜。中国海洋湖沼学会第八届理事会理事长：胡敦欣；副理事长（按姓氏拼音为序）：曹文宣、管华诗、苏纪兰、汪品先、相建海、张长宽；常务理事（按姓氏拼音为序）：曹文宣、陈宜瑜、丁德文、董兆乾、冯士筰、管华诗、何　岩、胡敦欣、胡鸿钧、李乃胜、李世杰、刘　健、刘永定、齐雨藻、施　平、苏纪兰、苏永全、孙　松、唐启升、王　颖、王志远、汪品先、相建海、袁业立、曾庆存、翟世奎、张长宽、张　经、张仁和、赵法箴、周名江。2002年中，学会的计算海洋物理专业委员会、地质学分会分别进行了换届选举。按照中国科协、国家民政部的部署，进行了所属分会的重新登记工作。学会的张福绥院士获第三世界科学网络组织农业奖；郑守仪院士获美国库什曼有孔虫杰出人才奖；费修绠研究员的“紫菜种苗工程”获国家科技进步二等奖；侯保荣研究员的“海洋钢铁设施腐蚀状态跟踪扫描系统”获国家科技进步二等奖；曾呈奎院士获山东省最高科学技术奖；张乃禹研究员的“南美白对虾规模化育苗与推广研究”获山东省科技进步二等奖；曾呈奎院士、相建海研究员编著的《海洋生物技术》获山东省自然科学三等奖。在2002年，学会发展新会员44人（其中有教授、高工、博士、硕士）。

2002年学会受卓达集团委托，对卓达集团根据海南省人民政府的要求，提出的《中国·三亚“蓝硅谷”热带海洋科技开发区项目建议与开发计划书》组织了部分院士、专家进行了咨询、评价工作。院士及专家们就“南中国海和热带海洋资源在我国海洋科技和海洋经济发展中的战略地位和作用”；“海南省重点发展海洋经济与其资源和区位优势是否相符，对大特区建设是否具有战略意义”；“采用‘政府＋企业’的模式，以建设海洋科技开发区推动海洋产业和海洋经济的发展是否符合海南省的实际情况和具有可行性？项目建议及存在哪些问题和不足”等咨询提纲，分别认真负责地发表了各自的评价意见和建议。

2002年，学会开展了多种形式的科普、青少年科技教育活动，继续把“大手拉小手，青少年科技传播行动”作为青少年科技教育活动的重要内容之一，与青岛市文登路小学的少先队员们共同制作了“保护海洋生物”科技展版，参加由青岛市举办的“世界地球日”的科技展览活动；举办了“与院士牵手走向海洋”的科普活动；还举办了4次科普讲座，听讲人数1 180人；举办了1次科普展览，参观人数5 000人次。

2002年学会编辑出版工作严把刊物的学术质量和编校质量关，开拓进取，更好地为国家经济建设和社会市场经济体制服务。《海洋与湖沼》中文版在保质保量完成全年编辑出版任务的同时，还超额完成了一期国家“973”基金资助项目成果——海洋浮游动物专辑的出版。《海洋与湖沼》中文版被国际上最权威的6大检索系统中的5大检索系统收录为引文，列为水科学领域之首。该刊物的发行量也逐年扩大，稿件的科技含量受到科学出版社和有关专家的肯定。2002 年该刊已成为中科院出版委首批向 SCI 推荐的刊物。被列入“中国百种杰出学术期刊”。《中国海洋湖沼学报》（英文版）目前已被 CA、BA、SA 等国内外 10 余家著名检索机构收录。为了提高刊物国际性水平，该刊物还聘请了 14 位国外学者为该刊国际编委，现该刊已与 21 个国家 66 个单位建立交换关系，已有美、英、德、日、法、俄等 20 余国家的学者在该刊发表论文。《湖泊科学》发表的论文已被国内外十几家相关的检索刊物或数据库收录，其来稿率逐年提高，青年作者占 60%左右。

（中国海洋湖沼学会　张首临）

【中国大洋协会】

中国大洋矿产资源研究开发协会第四届理事会第二次会议　中国大洋矿产资源研究开发协会第四届理事会第二次会议于 2002 年 5 月 28～29 日在新疆维吾尔自治区乌鲁木齐市召开，会议由协会常务理事会主持，协会理事、理事代表、高级顾问、协会“十五”各项目首席科学家和协会办公室有关人员共 50 余人参加了会议。

会议听取了关于协会秘书长和个别理事人选变更的说明，听取了陈炳鑫理事长所作的《中国大洋协会第四届理事会第二次会议工作报告》和毛彬秘书长所作的《中国大洋协会经费财务报告》，听取了资源评价、环境研究、资源加工利用和技术发展项目首席科学家关于各项目年度工作进展情况以及“大洋一号”船管理工作的报告。会议邀请外交部条法司刘振民副司长、国际海底管理局财务委员会委员刘健先生、国际海底管理局法律技术委员会委员李裕伟先生和国家海洋局第三海洋研究所肖湘博士分别作了《海洋法的发展动向》、《国际海底区域投资政策探讨》、《我国和世界铜、钴、镍、锰等矿产资源的供需形势》和《基因资源和国际海底区域战略》的学术报告。

理事会同意常务理事会关于由毛彬接替金建才为常务理事、担任协会秘书长职务的提议。会议认为金建才担任大洋协会秘书长职务期间对我国大洋事业的发展做出了重大的贡献，会议对其卓有成效的工作予以感谢。理事会同时通过中国地质调查局关于由张海启接替王建桥担任协会理事的提议。会议认为：工作报告全面、客观地反映了协会 2001 年工作的成绩：协会 2001 年按照国务院确定的“持续开展深海勘查、大力发展深海技术、适时建立深海产业”的我国国际海底区域“十五”工作战略方针，着眼于国家的长远利益，紧跟国际国内形势，积极开拓创新，推进了我国大洋事业的发展，我国国际海底区域工作向多种资源全方位战略转移迈出了可喜的一步；2002 年工作安排充分考虑到国际海底区域活动激烈竞争的发展态势，指导思想明确，重点突出，提出的 2002 年协会业务工作恰当。

会议对协会高级顾问张炳熹院士、协会原高级法律顾问赵理海先生的去世表示深切的哀痛，并对他们表示深深的怀念。与会代表一致认为张炳熹院士和赵理海先生的高风亮节、渊博的学识和心系大洋事业的情怀是大家学习的楷模。

中国大洋矿产研究开发协会第四届常务理事会第四次会议　中国大洋矿产资源研究开发协会第四届常务理事会第四次会议于 2002 年 1 月 21 日在北京召开，会议由陈炳鑫理事长主持，协会常务理事、常务理事代表和协会办公室有关人员共 18 人参加了会议。会议审议通过了国家海洋局提出的协会秘书长和常务理事人员调整事宜，审议并原则通过了《中国大洋协会 2001 年工作总结》和《中国大洋协会 2002 年业务计划要点》，并对协会第四届理事会第二次会议作出安排。

根据国家海洋局对中国大洋矿产资源研究开发协会办公室领导调整的决定，常务理事会同意由毛彬接替金建才为常务理事，担任协会秘书长职务，并即时执行相应职责，该项变动将提交协会第四届理事会第二次会议确认。同时为工作方便，会议决定由协会办公室主持日常工作的副主任毛彬担任中国大洋矿产资源研究开发协会法人代表。会议对金建才担任中国大洋矿产资源研究开发协会秘书长职务期间卓有成效的工作予以肯定。

会议对协会 2001 年工作予以肯定，在协会理事会、常务理事会的正确领导下，在综合部门的热情指导和关怀下，经协会办公室、首席科学家、责任专家的共同努力，2001 年协会工作任务基本完成，海上调查工作为富钴结壳矿区选取和环境研究提供了宝贵的资料和数据，项目立项和管理工作有条不紊地展开，“大洋一号”船增改装前期准备工作顺利完成，在国际海底管理局地位逐步上升。确定2002年业务工作重点为富钴结壳资源海上调查和“大洋一号”船增改装工作，同时立足于增强协会的发展潜力，加强能力建设提到议事日程，在认真调研论证的基础上，2002年重点要进行样品库建设，并逐步进行其他技术支撑点建设工作。会议就2002年工作目标进行了讨论，责成协会办公室在此基础上对《中国大洋矿产资源研究开发协会2002年业务计划要点》进行修改后执行。

会议确定协会第四届理事会第二次会议在2002年5月中旬召开，会议由国土资源部中国地质调查局承办。

中国大洋矿产资源研究开发协会第四届常务理事会第五次会议 中国大洋矿产资源研究开发协会第四届常务理事会第五次会议于2002年5月9日在北京召开，会议由陈炳鑫理事长主持，协会常务理事、常务理事代表和协会办公室有关人员共16人参加了会议。会议审议了拟提交第四届理事会第二次会议审议的《中国大洋协会第四届常务理事会第二次会议工作报告》，听取了协会办公室关于“大洋一号”船增改装工作进展、7 000米水下载人潜器立项工作进展、DY105-12和DY105-13航次准备情况的汇报，讨论了第四届理事会第二次会议议程。

会议认为，中国大洋矿产资源研究开发协会办公室拟定的工作报告内容丰富，切实反映了2001年工作取得的成绩，并从改进工作、促进大洋事业发展的角度对2001年协会工作进行总结；2002年业务工作安排符合我国国际海底区域“十五”计划的要求。会议对工作报告的结构等提出调整意见，要求报告应更加简明扼要，突出重点。会议责成协会办公室根据常务理事会的意见对工作报告进行修改，由常务理事会将修改后的工作报告提交协会第四届理事会第二次会议审议。

会议原则同意中国大洋矿产资源研究开发协会办公室提交的第四届理事会第二次会议议程，并且决定会议期间组织学术报告，报告将结合国际和国内经济、法律的发展对国际海底区域工作的有关问题进行分析。

中国大洋矿产资源研究开发协会办公室简要报告了协会样品库、深海生物基因资源研究开发基地等基本建设的有关情况，会议认为这些建设将增强我国国际海底区域工作的国际竞争力和发展潜力，但应加强有关制度的研究。

中国大洋矿产资源研究开发协会对外交流与合作项目管理规定 2002年，根据中国大洋矿产资源研究开发协会“十五”期间项目的安排情况，为了适应当前国际合作形势的需要，中国大洋矿产资源研究开发协会办公室对原有的《中国大洋协会对外交流与合作项目暂行规定》进行了修改补充。并交协会常务理事会四届三次会议审定。

大洋档案归档情况调查研究 2002年，为落实中国大洋矿产资源研究开发协会档案资料管理规定，检查和了解大洋档案工作，确保大洋档案的集中统一管理和准确、系统、完整，中国大洋矿产资源研究开发协会办公室根据《中华人民共和国档案法》及上级有关部门对档案管理的要求对大洋档案归档情况进行一次调查研究。调查研究的主要内容有各有关单位从事大洋调查、科研（包括船舶、仪器设备）等各项活动形成的档案材料。

我国拥有第一个国家大洋样品库 经中国大洋矿产资源研究开发协会批准，国家第一个储存大洋深海底地质样品的样品库落户在青岛国家海洋局第一海洋研究所。2001年12月23日中国大洋矿产资源研究开发协会与国家海洋局第一海洋研究所在青岛举行了签字仪式。国家海洋局倪岳峰副局长及青岛市政府的领导参加了签字仪式。

大洋样品库将建成面积为3 000平方米共四层楼房的样品库。样品库分为常温常压库、保鲜库、低温库、超低温库、特种样品库。超低温度库库温最低可达到-60℃，能保存南北极环境下的地质样品或生物基因样品。该样品库的各项技术指标与国际接轨，将装备各种先进的管理系统和设备，建立一整套先进的管理机制，如样品属性数据陈列系统、样品库管理信息系统等。预计整个工程建设2003年建成并投入使用，2004年以前完成国内外大洋样品及我国海区海洋样品的收集整理工作。随着我国大洋样品库的建成，将在国内建立适合中国大洋矿产资源研究开发工作需求的地质样品共享机制，供国内各相关科研机构使用。

近十余年来，我国深海地质矿产机构“中国大洋矿产资源开发协会”曾多次组织科考船只进行大洋深海科学考察，用先进的科学手段在深海中采集了不同海区的地质样品，供海洋科学机构进行深入研究。但由于我国不具备长期贮存样品的大型样品仓库，致使这些珍贵的地质样品得不到很好保存，丧失了其科学研究价值，也耗费了国家大量资金。国内已有较小型地质样品库5～6个，但无论从规模、样品贮存条件和管理水平上均达不到地质样品库国际存放标准。目前，美国、加拿大、俄罗斯、韩国、印度、巴基斯坦等国均拥有国家级的相当先进的海洋地质样品库，而且实现了集中管理和有序使用。中国大洋样品库的建成，将填补我国在这方面的空白，使我国海洋科学家们随时提取大洋深海地质样品进行研究成为现实。

“大洋一号”海洋科学考察船增改装工程 大洋一号”是中国大洋协会一艘具有国际先进水准的现代化的综合性海洋科学考察船，排水量5 600吨级。具备海洋地质、海洋地球物理、海洋化学、海洋生物、物理海洋等多学科的研究条件，能够满足我国在未来10～15年期间大洋资源调查研究的需求。从1995年开始，“大洋一号”先后执行了中国大洋矿产资源研究开发专项的5个远洋调查航次和大陆架勘查多个航次的调查任务，是中国大洋调查的主力船舶。该船船籍港为青岛，由国家海洋局北海分局代为管理。

为了适应中国大洋资源研究开发面向国际海底多种资源的战略转变，以顺利完成“十五”计划所提出的各项任务，中国大洋协会于2001年12月开始对“大洋一号”进行现代化改装，历时1年。改装的重点内容是：增装动力定位系统和关键调查设备；更新甲板收放设备；改善生活及安全设施；对实验室进行统一布局和建设；构建船舶现代化计算机网络系统；提高通信、导航和驾驶能力。

该船的航区为无限航区（冰区除外），能够在太平洋及世界其他大洋进行综合的地质地球物理、海洋环境等海洋资源调查研究和深海设备试验。改装完以后全船人员数量为75人，其中船员30人（含实验室人员），科学调查人员45人。

该船装备有深水多波束系统（升级）、浅地层剖面仪、声学多普勒剖面仪、超短基线定位系统、底栖声学拖体等声学探测系统，可进行地质、地球物理、环境调查、深拖、自制水下机器人和有缆机器人作业。改装工程恢复了地震实验用高压空气系统。

艉部新A型架的拖曳能力为25吨，变幅时最大安全工作载荷为10吨；右舷小A型架的起吊能力为2吨；右舷新折臂吊最大工作半径13米，安全工作负荷4吨；左舷新折臂吊最大工作半径14米，安全工作负荷4吨。艏部左舷设有一部1吨折臂吊，作用距离10米。船上的绞车间内有钢缆、同轴电缆、光缆等3部万米绞车，甲板面上还设有一个6 000米水文绞车和一个地磁绞车。

新增全船动力定位系统，可以在1节海流、6级风的海况下实现动力定位，具有定点控位、ROV跟踪、航迹保持能力，在利用广域差分全球卫星定位系统（DGPS）时定位精度不低于40米。

新增全船网络系统，能够实现采集数据的收集、处理、存储和内外传输。改装后，全船实验室面积531平方米，样品库的总容积为120立方米，甲板面作业区的总面积为230平方米。

“大洋一号”船的增改装工作已经圆满完成，交接仪式于12月18日在上海举行。增改装完工后的“大洋一号”船将以全新的面貌，对国内外科研单位、高等院校、专家学者开放。(大洋协会)

【中国海洋法学会】 中国海洋法学会和厦门大学于2002年8月21日在厦门举行了“纪念《联合国海洋法公约》签署20周年学术研讨会”。来自国家和地方职能部门的同志及北京、青岛、武汉、上海、杭州、福州、厦门、湛江、海口和香港等地的高等院校和科研机构的专家学者50余人参加了会议。与会者就与海洋法律和海洋政策有关的问题进行了广泛而深入的交流和研讨，就相关问题达成了一致认识，对发展我国海洋事业，加强海洋法律和法律政策研究提出了有价值的意见和建议。

2002年，中国海洋法学会办理会员登记、制作分发会员通讯。接收新会员34人；制作会员通讯2期。

2002年，中国海洋法学会协同外交部条法司、国家海洋局国际司及中国国际法学会等单位于2002年12月在京举办了“纪念《联合国海洋法公约》签署20周年学术研讨会”。

2002年，中国海洋法学会办理学会因法人变更引起的更换法人登记证等工作以及与之相关的财务审计等工作。

2002年，中国海洋法学会筹备出版海洋法论文集。 (中国海洋法学会)

【中国水产学会】 理事长：唐启升；副理事长（以姓氏笔划为序）：王衍亮、刘身利、朱作言、张铭羽、卓友瞻、周应祺、林浩然、相建海、贺寿仑、赵法箴、夏德全、徐洵、钱志林、管华诗；秘书长：张铭羽(兼)；副秘书长：曲善庆、王淑欣。

2002 年，中国水产学会全面落实“七大”决议。一年来，该会在中国科协和农业部领导下，用“三个代表”重要思想指导全局工作，充分发挥理事会、常务理事会集体领导职能，调动秘书处全体职工的积极性，立足于学会工作主战场，深入开展国内、外学术交流，开拓科普工作局面，积极为政府部门服务，不断加强自身建设。通过大家的开拓创新、团结奋进，使水产学会在社会上的影响力明显扩大，财务状况有所改观，各项工作均取得一定的成效。

国内学术交流 2002 年是该会国内学术交流活动最多的一年。一年来，为努力繁荣学术园地，倡导学术民主，选择符合当前渔业生产、经营及科研的热点、难点问题，依托国内、外水产科研院所及地方水产学会，组织了一批有影响、有特色、有集成度和显示度的学术交流活动。据统计，全年在国内共组织召开了学术会议 12 次，5 000 余人次参加。

(1) 组织召开 2002 年世界水产养殖大会。2002 年世界水产养殖大会是在我国水产学术会议史上规模最大的一次国际性渔业盛会。有来自 82 个国家和地区的 3 000 余人参加了大会，其中外宾 1 500 余人。大会共收到论文 1 086 篇。同时，附设的水产养殖技术展览会，有世界 16 个国家和地区的 112 个企业参展。全国政协副主席、中国工程院院长宋健，中国科协党组书记、副主席张玉台，农业部副部长齐景发，国家自然基金管理委员会副主任朱作言院士，农业部渔业局局长杨坚，中国水产学会理事长唐启升院士，中国水产学会名誉理事长张延喜、涂逢俊，世界水产养殖学会主席 James H. Tidwell 等国内外有关人士出席了开幕式。宋健和张玉台分别在开幕式上做了热情洋溢的讲话。齐景发做了题为《中国水产养殖业发展与展望》的主题报告。会后，为记录大会丰硕成果，该会组织参会专家撰写了《世界水产养殖科学技术大趋势》一书。会议的成功举办，对促进世界渔业的发展产生了积极的推动作用；同时，也为我国渔业界提供了一个了解世界水产养殖业先进技术及动态，学习和借鉴国际渔业先进科技、管理体制的良好机会；其次，对展示我国渔业所取得的成就，促进我国水产科技的繁荣发展及人才的成长，进一步推动我国水产养殖业的发展，提高我国渔业的国际地位都具有十分重要的意义。另外，对提高该会的国际影响，加强与国际民间渔业组织的联系起了极大的推动作用；也为我国社团在举办国际会议方面积累了经验。

(2) 分支机构的学术活动。淡水养殖分会、海水养殖分会、渔业资源与环境分会、水产品加工和综合利用分会、水产捕捞分会、水产动物营养与饲料专业委员会、鲑鱼类专业委员会、渔业信息专业委员会和由中国水产学会主办的全国虾蟹协作网络学术年会，都认真根据专业发展的特点，依靠挂靠单位的支持，克服人员兼职和经费紧张等困难，先后召开换届成立大会暨学术交流会。据不完全统计，有 1 200 人次参加学术交流。分支机构的学术交流，对促进学科发展，为更多的科技工作者提供了发表学术成果、学术观点的平台，为他们提供交流、交友的机会。

(3) 坚持和完善学术年会制度。从 1999 年起，中国水产学会建立了中国水产学会学术年会制度，每年举办一次跨学科、综合性、开放性、大规模的学术年会。2002 年的学术年会为使国内代表特别是来自生产第一线的代表感受国际会议氛围，与 2002 年世界水产养殖大会同期举行。中国水产学会已将 2001 年和 2002 年学术年会论文编辑成《2001～2002 中国水产学会学术年会论文集》出版。

国际民间的交流与合作 中国水产学会努力拓宽国际民间交流渠道，注重加强与国际学术团体和组织的合作，扩大在国际上的影响。

(1) 组织专家出国交流考察。7 月 26 日至 8 月 7 日和 9 月 2～12 日中国水产学会应邀两次组团分别到美国和冰岛进行渔业考察。代表团 19 名成员了解了发达国家渔业发展情况，对今后从事科研、生产、管理都起到了一定的启迪和指导作用，同时也结识了一些国际知名专家，为他们今后开展科技合作也打下了基础。

(2) 与欧盟合作，共同举办“中欧水产养殖研讨会”。4 月 28～30 日，中国水产学会与欧盟在北京共同举办了“中欧水产养殖研讨会”。有来自欧盟、中国及亚洲地区的 40 余名代表参加了会议。

研讨会就水产养殖与区域经济的发展及水产养殖与食品安全等课题进行了研讨。会议对促进欧盟与中国在水产养殖科研项目的合作、水产养殖健康发展、中欧养殖水产品贸易等方面将发挥积极的作用。

(3) 加强与FAO联系，承办和承担有关项目。2月7～8日中国水产学会与联合国粮农组织（FAO）共同举办了“中国水产养殖状况调研研讨会”。中方7名专家和FAO的4名专家参加了会议，并形成“中国水产养殖状况的调研报告”。

2月18～22日，中国水产学会承办了由农业部与FAO共同举办渔业委员会水产养殖分会第一次会议。来自50余个国家或国际组织的120名代表参加会议。

8月11～23日，中国水产学会INFOYU与FAO在上海共同举办了“中国水产品风险分析”培训班。来自国内渔业管理部门、科研机构和院校的40余名从事水产品质量管理和控制的专家参加了为期两周的培训。参加培训的学员学到了许多水产品质量管理的新理念、新方法，对今后的水产品质量管理工作将会有很大的帮助。

从6月1日起，中国水产学会和东海所受渔业局委托与FAO共同在浙江象山组织实施了为期一年的“东海区海洋捕捞统计情况调查”项目。通过项目的实施，将进一步摸清东海区海洋捕捞品种构成及产量统计情况，对验证我国渔业统计制度，树立负责任渔业大国形象具有重大意义。

台湾省、香港特别行政区民间科技交流与合作　为推动海峡两岸渔业交流，促进两岸渔业发展与合作，应台湾省水产协会理事长胡兴华的邀请，5月10～17日，唐启升理事长率团一行10人，到台湾省参加了两岸第六次“工业化水产养殖研讨会”。参会代表100余人，就两岸海、淡水工业化养殖进行了广泛的交流。

11月22～24日，中国水产学会与香港特别行政区水产学会、深圳市农林渔业局共同在深圳市举办军曹鱼开发推广研讨会。有120名代表参加了会议。会议邀请专家对军曹鱼的繁育、养殖、加工及市场开发进行讲座，特别邀请香港著名电视名厨方太主厨烹饪品尝和游钓等。这对开拓市场、促进消费都起到积极的效应。

刊物出版　中国水产学会主办的《水产学报》、《科学养鱼》，在挂靠单位的大力支持下，根据各自的办刊宗旨，加强管理、改进栏目设置、不断提高刊物水平和编辑出版质量。目前《水产学报》已由原来的季刊改为双月刊，成为我国水产类期刊学术水平最高的刊物和中国自然科学核心期刊，成为广大水产科技工作者发表科研成果和进行学术交流的重要园地，也成为国外同行了解我国水产科研发展的主要窗口。《科学养鱼》月发行量不断扩大，已成为我国科普类水产期刊发行量最大的杂志之一，对水产科学技术的宣传、推广、普及工作起到了极大的推动作用。

《INFOYU 贸易快讯》作为我国惟一的一份中英双语内部刊物，今年对刊物中的栏目进行了适当的调整，增加了国外水产品聚焦和国内市场分析两栏目，同时改进了印刷质量，完成了12期编辑发行，并与FAO及国际渔业信息组织保持联系，定期提供有关信息。

组建新一届科普工作委员会　为加强中国水产学会科普工作，9月17～18日，中国水产学会在吉林成立了七届科普工作委员会并召开了第一次会议。会议认真学习了《科普法》，传达了中国科协“十五”期间科普事业发展规划，分析了该会开展科普工作中存在的困难和问题，并提出了今后开展科普工作的任务和思路。

建立“中国水产学会上海水产科普示范基地”　为充分调动社会力量兴办科普事业，推动科普工作向群众性、社会化方面发展，中国水产学会与上海湖旺特种水产养殖营销有限公司合作，在上海奉贤区建立了“中国水产学会上海水产科普示范基地”，示范基地将每年组织1～2次科普活动，让基层了解水产科技工作进展。

第二届全国鲟鱼养殖技术与发展研讨会　为保护和合理开发鲟鱼资源，提高鲟鱼养殖水平，促进鲟鱼养殖健康发展，3月26～28日，中国水产学会和山东省水产学会共同主办了“第二届全国鲟鱼养殖技术与发展研讨会”。有60余人参加了会议。

为政府部门服务　中国水产学会在原承担部渔业局的渔业统计和渔业市场信息体系建设及中国科协病虫害预测及防治工作的基础上，2002年又利用智力密集，跨部门、跨行业以及地位超脱的优势，为政府开展了加入WTO后有关政策研究和渔业经济政策调研工作，向党和政府建言献策，为宏观决策提供依据与参考。

(1) 渔业统计。按照渔业局提出统计改革的要求，编写了渔业统计改革方案，分别于4月和7月份两次组织召开渔业统计指标体系改革研讨会和由15人组成的专家座谈会，对现行的渔业统计指标体系进行了全面的分析与论证，对报表的指标、样式进行了全面修改。目前已基本形成了与国际接轨、又适合中国国情的渔业统计指标体系的改革草案，待农业部审定后上报国家统计局批准执行。

(2) 水产品市场信息体系建设。按照农业部建设农业（渔业）信息体系的总体要求，在建立和完善水产品市场信息管理机制，扩大网络成员，按时完成水产品市场信息收集、整理和发布的基础上，为增强水产品市场信息的发布功能，更好地为政府和渔业生产与经营者服务，2002年该会重点对水产品市场信息网站进行了全面开发与设计，以政府域名注册了“中国水产市场网”。网站设计了政策法规、统计数据、价格信息等十几个特色栏目，不仅体现了渔业主管部门对水产品市场信息网站的重视，同时也体现了网站信息的权威性和真实性。目前，网站已进入试运行阶段。同时，还出版了《2001年中国水产品进出口贸易统计资料》（中英文对照）。

(3) 渔业WTO研究和新一轮谈判。2002年是我国正式成为世界贸易组织成员的第一年，渔业局对WTO研究和谈判工作给予高度重视。为此，中国水产学会积极配合渔业局开展WTO的研究和渔业补贴谈判工作，组织国内15名专家历时4个月就入世对我国渔业发展影响进行了专题研究，并完成了“加入WTO后我国渔业发展对策研究”的主报告。目前已由农业部上报国务院。同时印刷出版了《WTO与中国渔业》。渔业补贴问题作为新一轮WTO谈判的主要议题之一，得到了所有WTO成员的密切关注，该中国水产学会积极配合渔业局做好有关渔业补贴的研究工作，组织5名专家开展渔业补贴的研究，并初步形成了渔业补贴专题研究报告和中方谈判立场的建议。同时，协助渔业局准备WTO有关渔业补贴谈判的口径、立场和发言提纲，并受渔业局委托，中国水产学会派员参加了在日内瓦召开的WTO渔业补贴谈判，努力维护我国渔业的权益。

(4) 渔业经济政策调研。为研究当前和乃至今后一个时期我国渔业发展战略和思路，中国水产学会以渔业局渔业经济政策调研网络和渔业经济联系点为支撑，从我国渔业发展的战略高度，配合渔业局政策法规处就渔业经济发展的热点、难点问题开展研究，为政府决策提供科学依据和参与。组织撰写了《当前我国渔业经济运行状况分析》，编辑出版了2002年全国渔业经济调研论文集，组织评选了第五届优秀渔业经济政策调研论文，组建了第六届渔业经济政策调研网络。并与渔业局政策法规处于12月2～3日在成都召开全国渔业经济政策研讨会。

(5) 编写渔业病虫害防治绿皮书。作为牵头学会，年初组织5名水产专家参加了由中国科协主持召开的病虫害防治分析研讨会，并以学会名义撰写了年度水产养殖病害流行趋势分析及防治对策，并印送各级渔业行政主管部门，供决策参考，受到了领导的欢迎。2002年3月，副总理温家宝对此项工作予以充分肯定。

(6) 建言献策。鉴于我国水生生物资源及其生境面临的状况，中国水产学会与渔业局组织了19位院士、专家进行了研讨，会后联名起草了《尽快制定〈水生生物资源保护国家行动计划〉的建议》。建议从战略的高度，提出全面加强水生生物资源及其生境的保护、治理、修复和养护水生生物资源及其水域生态环境，有效遏制水域生态荒漠化的趋势，促进我国经济社会的可持续发展的意义。中国水产学会以专家建议形式向国务院领导呈报了建议，得到了温家宝副总理的重视和批示。

另外，5月20～21日，中国水产学会组织了副理事长赵法箴、林浩然院士等9位专家对深圳市东部海洋生物高新科技产业区总体规划进行了评审。

深化改革，加强自身建设

(1) 起草《中国水产学会改革方案》。按照中国科协《关于推进所属全国性学会改革意见》的要求，该会结合实际，起草了《中国水产学会改革方案》，待常务理事会批准后，报上级主管部门审批后实施。

(2) 七届三次常务理事会。2002年7月21日，中国水产学会七届三次常务理事扩大会在宁夏区银川市举行，30位常务理事及代表和秘书处有关同志参加了会议，会议由唐启升理事长主持。会议听取了中国水产学会秘书处关于七大以来的工作汇报；审议了关于纪念中国水产学会成立40周年活动的方案；审议了中国水产学会分支机构管理办法和分支、内设机构组成成员名单；增补夏德全院士为中国水产学会常务理事、副理事长。

(3) 二级机构的复查登记。按照民政部《社会团体分支机构、代表机构登记办法》(民政部第23号令)要求，中国水产学会在广泛调研基础上，对1999年中国水产学会在民政部社团清理整顿工作中备案的16个专业委员会（研究会）和没有备案的观赏鱼研究会、水产动物营养与饲料专业委员会进行了全面自查，并以通讯形式召开了七届二次常务理事会，经投票表决后，现已通过中国科协报民政部，除观赏鱼分会、水产动物营养与饲料专业委员会、渔船和渔业机械分会和渔业工程专业委员会需重新办理申报登记手续外，其它11个分支机构都已通过审查登记，待公报。

(4) 制定相关管理办法。根据民政部及中国科协关于加强对分支机构与会员管理工作要求，按照中国水产学会《章程》先后制定了《中国水产学会分支机构管理办法》,《中国水产学会会员管理办法》和《中国水产学会单位会员发展办法》、《中国水产学会资深会员发展办法》、《中国水产学会普通会员发展办法》，经常务理事会审议通过。这些办法的制定对于规范管理起到了积极的保障作用。

(5) 为会员服务。会员是社团生存与发展的基础，按照该会会员发展和管理办法，加强了对会员的发展与服务工作力度。到目前为止，共发展单位会员65家，资深会员700人、学生会员近百人；重新登记普通会员 3 000 余人，共收取会费12余万元。为强化服务工作，除定期向资深会员和单位会员寄送《中国水产学会会讯》外，还定期向各类会员赠送《水产学报》、《科学养鱼》、《中国渔业报》等报刊。

(6) 密切与地方学会的关系。9月27～28日，中国水产学会秘书处以沟通情况、交流经验、密切协作、加深友谊为主题，在青岛市召开了“全国水产学会秘书长工作座谈会”。会议就学会如何坚持“三主一家”的宗旨，发挥群众团体的优势，开展行之有效的活动，增强学会的吸引力和凝聚力，在改革中求生存、求发展等问题进行了深入的探讨和广泛交流。

(7) 秘书处自身建设。①把思想政治建设放在秘书处建设首要位置。②完善了《中国水产学会秘书处职责与工作制度》。③努力探索奖勤罚懒、效率优先、兼顾公平的工资分配机制，制定了《中国水产学会秘书处分配制度改革办法》，将每人的工作与绩效挂钩。④为充分调动了大家的积极性、主动性和创造性，拟定了中国水产学会秘书处人事制度改革方案，待上报批准后实施。

(中国水产学会　赵文武)

【中国造船工程学会】 理事长：黄平涛；副理事长：于世春、金才宽、李科浚、金矛、包盛清、周守为、刘宝和、何生厚、陈洪生、林建清、张圣坤、黄胜、方书甲、孙英；秘书长：罗季燕。学会主办的主要刊物：《中国造船》(SHIPBUILDING OF CHINA)，主编：吴有生；

《船舶工程》(SHIP ENGINEERING)，主编：冯永祥；《舰船知识》(NAVAL&MERCHANT SHIPS) 主编：王义山。

中国造船工程学会 2002 年在理事会的领导下，认真贯彻三个代表重要思想，团结广大会员和船舶与海洋工程科技工作者，开展了多种形式的学术交流、科学普及、科技咨询、编辑出版等活动，促进了船舶与海洋工程学科的发展，发挥了党和政府联系广大科技工作者的桥梁与纽带作用，为国民经济建设和国防建设贡献了力量。

召开第七次全国会员代表大会 中国造船工程学会第七次全国会员代表大会于 2002 年 7 月 7～8 日在北京举行，来自全国各地的近200位会员代表出席了大会，大会特邀学会名誉理事长出席会议，邀请各省（区）、市造船工程学会以及学会各分支机构的秘书长列席了会议。中国科协徐善衍副主席、国防科工委张广钦副主任、海军装备部耿广生副部长出席了大会开幕式。刘华清名誉理事长在会议期间亲切看望与会代表，并与大家合影。

代表大会由大会主席团主持。王荣生同志致开幕词，中国科协徐善衍副主席、国防科工委张广钦副主任发表了讲话。大会听取并审议通过了黄平涛同志代表十一届理事会所作的《解放思想、团结奋斗、开创学会工作新局面》的工作报告、周光霁同志《关于中国造船工程学会章程修改草案的说明》、第七次全国会员代表大会筹备工作报告、《中国造船工程学会 1997～2001 年度经费收支情况报告》和《关于推进中国造船工程学会改革的意见》；表彰了十一届理事会期间学会优秀活动项目和学会先进工作者；选举产生了中国造船工程学会第十二届理事会。最后，金才宽副理事长代表新一届理事会致闭幕词。代表大会圆满完成了各项议程，胜利闭幕。

学术交流活动 2002年各学术委员会作了大量工作，全年完成学术活动计划项目38项，参加活动会员1804人次，交流学术论文688篇。

(1) 跟踪造船先进技术，促进学科发展。

船舶力学学术委员会4月举行学术报告会，全国船舶力学界的专家百余人聚集一堂，由出任第23届ITTC及第15届ISSC各委员会的委员，向大会介绍了所在国际学术组织的工作和活动，并就所涉及研究领域专业的研究现状和发展趋势作了综述报告，使与会者及时了解国际船舶力学界的最新发展动态。

船舶轮机学术委员会在改选换届的同时，举行了学术报告会，专家们就船舶轮机发展的趋势、国际大功率柴油机的发展动向、船舶辅机新技术新产品等做了综合性学术报告，对推动船舶轮机科学技术进步和轮机工业发展起到了促进作用。

船舶仪器仪表学术委员会举行了“全国水声物理与水声工程技术交流会”，来自全国水声界80余位专家出席会议，会议就海洋环境噪声、舰船噪声、声呐目标的反射与散射、水声信号处理技术、水声对抗等进行了交流，出版了论文集，对水声科学的发展注入了新思想。

船舶材料学术委员会举行了“材料科学与工程学术交流会”，45人出席。会议就金属材料、非金属材料、焊接技术、热加工工艺和高技术性材料等主题进行了研讨和交流，共交流论文72篇，反映了船舶材料发展研究的新动向。

(2) 面向船舶与海洋工程业，联合开展学术交流活动。

近海工程学术委员会与中国海洋石油总公司、中国石油天然气集团公司、中国石油化工集团公司和国际海洋工程师协会等联合举行“2002年海洋工程学术会议”，来自全国51个单位的89名代表以及国际海洋工程师协会的8位代表出席了会议。会议以“海洋与滩海油气资源开发工程关键技术和管理”为题，并针对深海平台、滩海石油、造船工业在开发生产中的关键技术、新型平台、新船型的推广应用以及海洋工程在墨西哥湾等国外最新发展动向等方面的内容进行了研讨和学术交流，共交流论文61篇，其中，曾恒一院士的《海洋石油的发展与造船工业面临的挑战》就海洋石油与造船工业的共同发展问题提出了重要思考。

(3) 面向市场，服务行业。

2002年修船技术学术委员会做了很多有实效的工作，下属4个学组及全国修船企业协调会议，相继召开学术会议，共有181个单位，290人次参加有关会议，共发表论文65篇。其中，全国修船企业协调会议是在我国加入WTO和经济全球化的新形势下产生的，由修船技术学术委员会组织国内修船总产值超亿元的十强企业，以“加强合作，协调行动”为宗旨，全年定期举办了四次会议，通过充分酝酿，民主协商，深入研讨，求同存异，达成了9项“上海共识”，通过了“全国修船企业协调会议（斯佩克）”运行规则，提出了修船价格警戒线，通报了“高风险船东”，征求了会议标志，确定了工作计划，并形成了会议纪要，对规范修船市场起到了促进作用。

(4) 加强海军装备技术研究，为国防建设服务。

水中兵器学术委员会2002年完成《鱼雷自导引信技术学术研讨会》、《舰船测磁技术与设备研讨会》、《深弹反潜学术交流会》、《鱼雷能源动力技术交流会》和《鱼雷发射装置学术研讨会》等5项学术交流活动，共交流学术论文188篇，参加人数152人。一些有价值的新理论、新思想受到行业关注。

电子技术学术委员会召开了“可靠性学术交流会”、“21世纪水中探测技术研讨会”和“雷达与对抗学术交流会”，征集论文114篇，参加会议人数154人次，出版论文集两集，对进一步提高电子技术水平，发展我国电子对抗装置提出了新的见解。

水面兵器学术委员会召开“水面兵器在未来作战中的地位及其发展方向学术研讨会”，交流论文40余篇。会议就水面兵器的发展趋势、水面兵器在局部战争中的作用与地位、水面兵器在反恐怖战争中的作用与地位进行了研讨，提出了发展水中兵器技术的新设想。

(5) 做好中国科协交办的有关工作。

根据中国科协关于撰写《2001年学科发展蓝皮书》的通知精神，学术工作委员会与学会秘书处组织有关专家按照要求，分别撰写了《综合篇》、《成果篇》、《论文篇》和《记事篇》，按时完成了任务。

计算机应用学术委员会负责为中国科协主办的第六届全国计算机应用联合学术会议征集船舶

行业的论文，经过筛选和评审，共向大会推荐了13篇较高质量的论文。

积极参加国际及地区学术组织及活动　在第23届ITTC各委员会中，我国共有10名学者出任委员。2002年9月在意大利举行的第23届ITTC大会也是换届的大会。为保持和发挥我国学者在国际学术舞台上的地位和作用，船舶力学委员会和CTTC积极组织国内学者参加ITTC大会。经过努力，在第24届ITTC的相关委员会中，我国有9名学者担任委员，其中，吴有生院士出任执委会委员，中国船舶科学研究中心和上海交通大学仍是顾问委员会成员单位。

2003年是第15届ISSC大会举行之年。船舶力学学术委员会正在组织有关高校、研究所、船检部门以及船厂的专家进行参加会议的准备，并力争继续成为ISSC中的第三大成员国。

船史研究学术委员会2002年分别接待了韩国航海学会张保皋研究所3位专家和中国台湾成功大学原校长、美国工程院院士吴京教授一行4人的访问，对张保皋船队的复原研究和两岸纪念郑和下西洋600周年等事宜进行了交流，加强了双边的联系。

组织和制度建设　按照国家民政部的统一部署，2002年中国科协和民政部对该会的分支机构进行了重新审查和登记，前后经过了近一年的时间。该会3个工作委员会和14个专业学术委员会按要求开展了复查登记工作，通过了中国科协和民政部的审查，并予以登记。

2002年，学术工作委员会、船舶力学学术委员会、船舶设计学术委员会、船舶轮机学术委员会、水面兵器学术委员会以及修船技术学术委员会等，按期进行了改选换届。

根据学会七大通过的学会改革意见的精神，学会加强了制度建设，2002年，学会秘书处组织起草或修改了有关管理办法和条例，其中有：《中国造船工程学会学生会员管理条例》、《中国造船工程学会普通会员管理条例》、《中国造船工程学会高级会员管理条例》、《中国造船工程学会团体会员管理条例》、《中国造船工程学会科学技术奖励办法（试行）》、《中国造船工程学会科学技术奖实施细则（试行）》、《中国造船工程学会收缴会费办法（试行）》、《中国造船工程学会学术工作委员会工作条例》等。这些办法和条例提交这次常务理事会审议批准。

此外，与海军装备部就海军人员参加学会活动、科普工作委员会改选换届以及调整挂靠单位等问题交换了意见，提出了建议。

科普工作　《舰船知识》杂志社协助国家体总模型训练中心主办“我爱祖国海疆”全国青少年航海模型竞赛；还组织参加了“全国国防教育征文”活动，有4篇文章获奖。在第三次全国科普工作会议上，《舰船知识》杂志社获得全国科普工作先进集体，副主编俞东海获得科普先进工作者。

科技咨询与研究工作　2002年，造船学会参加了中央政策研究室与国防科工委联合组织的《关于如何尽快使中国成为世界第一造船大国》的研究；参加了国家计委组织的《中国船舶工业中长期发展规划研究》，承担了其中一个子课题；参加国家科技部组织的《加快提升船舶科技创新能力》研究课题；学会联合中国船舶工业行业协会、中国船级社、中国船舶工业集团公司、中国船舶重工集团公司、万邦集团、中国远洋运输（集团）总公司等单位，进行“优选型散货船”项目研究。　（中国造船工程学会　金向军）

【中国气象学会】　该学会由高鲁、蒋丙然、竺可桢等人共同发起，以谋求“气象学术之进步与测候事业之发展”为宗旨，于1924年10月10日在青岛成立，是我国最早成立的全国性自然科学之一。

学会成立后，在开展气象学术交流，出版《气象学报》，培养气象人才，普及气象知识等方面做了大量工作，对民族气象事业的发展和现代气象科学的建立具有重要的推动作用。

新中国成立后，中国气象学会在北京重建，成为中国共产党领导下的气象学术组织。自1958年9月起，中国气象学会成为中国科协的组成部分。1966年因受“文革”影响，学会暂停活动。

1978年，中国气象学会重新恢复活动。此后，在中国科协和中国气象局的领导下，学会全方位的开展活动，充分发挥了其在促进气象科技进步、推动气象现代化建设和气象事业发展中的不可替代的特殊作用，成为在国内外均具有重要影响的气象科技社团。

第25届理事会成立于2002年10月，由127名理事组成。伍荣生任理事长，黄荣辉、陈联寿、

附录3 2002年海洋界知名人物、新增中国科学院和工程院院士名录

Appendix 3 Name List of Celebrities and Academicians of the Chinese Academy of Sciences and the Chinese Academy of Engineering from the Marine Community During 2002

中央军委给马伟明记一等功 中央军委主席江泽民日前签署命令，给海军工程大学电气工程系电力电子技术应用研究室教授马伟明记一等功。7月16日上午，海军在海军工程大学隆重举行中央军委给马伟明记一等功庆功大会，海军政治部副主任张双虎少将宣读了中央军委的命令，海军政治委员杨怀庆上将为马伟明颁发了军功章。据悉，马伟明是海军院校第一位被中央军委记一等功的教授。

马伟明多年致力于舰船电力系统研究，创建并发展了十二相发电机整流供电系统的理论体系，研制出具有自主知识产权、达到国际先进水平的十二相整流发电机，发明了世界上第一台能同时发出交直流电的双流发电机。他的数十项发明成果，使我国舰船、飞机、移动通讯等领域的供电方式实现了质的飞跃，在国防现代化建设和国民经济建设中发挥了巨大的军事、经济效益。

近5年来，马伟明在教学科研中，为我国培养出40余名电气工程学科专家型人才。马伟明先后获得国家科技进步一等奖1项、军队科技进步一等奖和二等奖6项，国家发明奖2项，国家发明专利4项。1996年他被评为国家中青年有突出贡献专家，1999年获国家十大“杰出专业技术人才”奖。2001年，41岁的马伟明当选为中国工程院最年轻的院士。 （海 报）

郑守仪荣获2003年库什曼有孔虫研究杰出奖

从12月14日闭幕的中国致公党第十二次全国代表大会上获悉，全国政协常委、致公党中央原副主席、中国科学院院士、中国科学院海洋研究所研究员郑守仪近日荣获2003年度库什曼(CUSHMAN)有孔虫研究奖，并将于2003年11月赴美国西雅图领奖。

库什曼研究奖是1978年美国库什曼基金会董事会设立，旨在奖励在有孔虫研究领域做出杰出贡献的学者。每年选出一名或两名获奖者。迄今为止，世界上已有26位学者获此殊荣，中国只有包括郑守仪院士在内的两名学者跻身其中。

郑守仪1931年出生于菲律宾一个华侨家庭。1951年毕业于菲律宾商科学校，1955年免试进入国立菲律宾大学研究生院专修生物学。1956归国就职于中国科学院青岛海洋生物研究室，从事现代有孔虫分类与生态研究。2001年当选为中国科学院院士。1983年，郑守仪加入中国致公党，连续担任中国致公党中央八、九、十、十一届中央副主席和全国政协六、七、八、九届常委。

（中国科学院海洋研究所）

郑国光、唐万年、刘建发、李万彪任副理事长。王春乙任秘书长。理事会下设大气物理与人工影响天气委员会、农业气象与生态学委员会、天气与极地气象学委员会、动力气象学委员会、水文气象学委员会、大气环境学委员会、卫星气象与空间天气学委员会、航空与航天气象学委员会、台风委员会、热带与海洋气象学委员会、干旱气象学委员会、军事气象学委员会、城市气象学委员会、气象软科学委员会、气候学委员会、统计气象学委员会、大气探测与仪器委员会、数值天气预报委员会、气象通信与信息技术委员会、大气科学名词审定委员会、气象史志研究会、气象教育与培训委员会、气象影视与广播技术委员会、雷电防护研究会等24个学科委员会及气象科学普及工作委员会、《气象学报》编审委员会、《气象知识》编审委员会、涂长望青年气象科技奖评选委员会等4个工作委员会。

学会出版学术期刊《气象学报》(中、英文版)及科普期刊《气象知识》，每年各出版6期。

（中国气象学会 黄锡成）

徐世浙　院士。男，1936 年出生于浙江台州，1956 年毕业于长春地质学院，先后在长春地质学院、中国科技大学、青岛海洋大学任教。徐世浙在计算地球物理领域，进行了系统、创造性的工作。20 世纪 60 年代中期，他根据复变函数理论，用购制保角变换坐标网的方法，首次解决了任意地形二维位场的曲线延拓和电阻率法的地形改正问题，1978 年获中国科学院重大科技成果奖；他是国际上最早将力学中的边界单元法应用于地球物理勘探的学者之一，他的研究成果使得我国在这一领域的成就居国际领先地位；徐世浙曾多次获得省部级科技进步奖，他的三部计算地球物理系列专著受到国内外专家的高度评价，《地球物理中的边界单元法》是该领域国际上的首部著作，被评价为“是对地球物理学的一个重要贡献”（摘自英文版序）；他还编著了我国第一部古地磁学专著《古地磁学概论》，对我国开展古地磁工作起到了重要的推动作用。2001 年当选为中国科学院院士。　（浙江大学　李世伦）

宋微波荣获第五届“中国青年科学家奖”

2002 年 5 月 23 日，第五届“中国青年科学家奖”在京揭晓，中国海洋大学水产学院教授、长江学者奖励计划获得者宋微波喜获殊荣。中国青年科学家奖评审工作由团中央、中组部、科技部、人事部主办，中华全国青年联合会、中国青基会承办，旨在表彰奖励在科技领域取得重大科技成果的青年科学家。该奖项自 1992 年以来每两年评审一次，至今已评选 5 届。据悉，全国共有 11 名青年科学家获得第五届中国青年科学家奖，分别来自数理、化学、生命、地球、技术、管理等学科领域。

宋微波，江苏省人，1982 年 7 月本科毕业于中国海洋大学（前青岛海洋大学），1985 年在该校获硕士学位，1985～1989 年就读于德国波恩大学并获博士学位。现为中国海洋大学教授、博士生导师，教育部海水养殖重点实验室主任。1985 年开始享受国务院特殊津贴，教育部“长江学者奖励计划”特聘教授，国务院学位委员会学科评议组成员。国家自然科学基金委员会动物学科专家组成员，中国原生动物学会副理事长，国际刊物《Jouranl of Eukaryotic Microbi.logy》、《Protozoological Monographs》编委，《海洋与湖沼》编委。

自 1982 年起，从事原生动物的细胞发生学、系统学与形态分类学、病害学以及生态学研究，先后对淡水、土壤、海洋与极地等生境中各类原生动物开展了较为系统深入的研究。他先后主持完成了包括国家杰出青年基金、国家自然科学基金等在内的近 10 项课题，成果填补了国内外相关领域的多项空白。迄今在国内外共发表研究论文 160 余篇，包括 SCI 收录源刊物 57 篇，出版专著/专集 3 部。所主持完成的成果曾获教育部高校自然科学成果一等奖（2001）、教育部科技进步成果一等奖（1998）、国家海洋局科技进步成果一等奖（1997）、国家教委科技进步成果三等奖（1993）、山东省科委科技进步成果三等奖（1991）各一项。1992 年获国际原生动物学会 Foissner 研究基金奖；1994 年获国家首届“杰出青年基金”资助。自 1992 年以来，先后被授予山东省“十大杰出青年”、“十大优秀教师”和山东省劳动模范等称号。

（中国海洋大学）

附录4 海洋机构变动情况及部分涉海机构、组织简介

Appendix 4 Changes of Marine Institutions and Brief Introduction to Part of the Ocean-Related Institutions and Entities

国家海洋局系统

【2002年国家海洋局机构编制变动情况】

3月7日，中编办批复成立国家海洋局北京教育培训中心。

3月19日，海域管理司海域使用管理处、开发管理处、海岸带海岛管理处分别更名为海域管理处、海底管理处、资质管理处；海洋环境保护司观测预报处更名为监测预报处。

8月8日，分别成立中国海监东海航空支队、中国海监南海航空支队。

【2002年国家海洋局领导人事变动情况】

1月11日，于青松任国家海洋局海域管理司副司长。

4月9日，滕征光兼任中国海监北海总队总队长、政治委员。

4月16日，惠绍棠任国家海洋局天津海水淡化与综合利用研究所所长，李常建任国家海洋局天津海水淡化与综合利用研究所常务副所长，张耀江、侯纯扬任国家海洋局天津海水淡化与综合利用研究所副所长。

6月25日，赵吉浩任中共国家海洋技术中心委员会书记、兼任国家海洋技术中心副主任，免去傅鸿才担任的中共国家海洋技术中心书记职务。

7月12日，尹卫平、蔡锋任国家海洋局第三海洋研究所副所长。

7月15日，沈家法、李家彪任国家海洋局第二海洋研究所副所长。

7月22日，林绍花任国家海洋信息中心主任，何广顺、石绥祥任国家海洋信息中心副主任。

9月24日，高丰舟任国家海洋预报中心、国家卫星海洋应用中心副主任，免去刘建成担任的国家海洋预报中心、国家卫星海洋应用中心副主任职务。

9月24日，刘建成任国家海洋局机关服务中心、国家海洋局北京教育培训中心主任，黄钦国、王亚杰、叶加平任国家海洋局机关服务中心、国家海洋局北京教育培训中心副主任。

10月11日，王玉银兼任国家海洋局杭州水处理研究开发中心副主任，免去其担任的国家海洋环境监测中心副主任职务，免去宫美乐担任的国家海洋局杭州水处理研究开发中心副主任职务。

4月16日，惠绍棠任中共国家海洋局天津海水淡化与综合利用研究所委员会委员、常委，免去于振山担任的中共国家海洋局天津海水淡化与综合利用研究所委员会书记、常委、委员职务，免去刘铁华担任的中共国家海洋局天津海水淡化与综合利用研究所委员会副书记、常委、委员及兼任的中共国家海洋局天津海水淡化与综合利用研究所纪律检查委员会书记职务。

4月16日，李红锋任国家海洋局直属机关工会第四届委员会主席。

4月19日，周铮任中共国家海洋局天津海水淡化与综合利用研究所委员会书记。

9月20日，傅鸿才任中共国家海洋局直属机关委员会专职副书记兼直属机关纪律检查委员会书记，免去周铮担任的中共国家海洋局直属机关委员会专职副书记兼直属机关纪律检查委员会书记职务。

10月10日，王玉银任中共国家海洋局杭州水处理研究开发中心委员会书记，免去叶荣亮担任的中共国家海洋局杭州水处理研究开发中心委员会书记职务。 （国家海洋局人事司）

【国家海洋局北海分局】 国家海洋局北海分局成立于1965年，是国家海洋局设在北海区的海洋行政主管机构，主要职能是代表国家海洋局在北海区（南起苏鲁交界的绣针河口，北至鸭绿江口的中国海域）组织开展海洋行政管理、执法监察、科学调查和公益服务工作。负责监督管理海域使用、海洋环境保护、依法维护国家海洋权益、管

理中国海监北海总队，对北海区三省一市（辽宁、河北、山东、天津）的海洋管理工作负有指导、监督、协调、服务职责。2002 年，在职干部职工 1 750 人，其中行政管理、执法监察人员 700 余人，具有高级技术职称的专业技术人员 100 余人；拥有 6 艘海监执法船舶、2 架海监飞机、1 艘远洋调查船舶和 2 艘运输船舶。海洋行政管理能力不断增强，执法监察力度逐步加大，科研调查实力日渐雄厚，公益服务水平显著提高。

2002 是海洋行政管理年，在国家海洋局党组的正确领导下，北海分局全面贯彻实施《海域使用管理法》和《海洋环境保护法》及其配套法规，推动北海区海洋管理工作走上法制化轨道。

科研调查及公益服务工作　认真组织实施国家重点科研课题和专项调查任务。海上作业历时 262 天，多波束测线 17 800 千米，完成 18 条断面、393 个站位的水体和气象观测及悬浮体调查任务。积极协助国家海洋局推进渤海综合整治"十五"能力建设项目，顺利完成了国家计委中咨公司的评估，为项目及早立项做出了贡献。"海洋一号"卫星"海洋污染与环境监测服务示范系统"项目已经完成。"渤黄海区域海洋管理研究"课题取得阶段性成果。承担的"九五""863""赤潮航空高光谱遥感监测技术研究"课题已进入结题阶段。

所属的青岛、烟台、大连、秦皇岛、天津 5 个海洋环境监测中心站顺利通过国家计量认证。公益服务面向社会，为青岛承办 2008 年奥运帆船赛和日照申办 2005 年欧洲级世界帆船锦标赛及其后继工作做出突出贡献；发布海洋环境监测预报 19 500 份，预报准确率达 88%以上；获得海洋监测数据 3 400 万组，浮标实施资料 28 200 组，船舶测报资料 8 400 组，质量优秀；向地方各级政府及有关涉海部门发布台风、风暴潮、大浪警报 100 多份，为防灾减灾做出了贡献。牵头承担"十五""863"课题 3 项、参与课题 5 项，有 4 项课题获国家海洋局经费支持，1 项课题获局青年海洋科学基金支持，显示了强劲的科研和调查实力。

基础能力建设　2002 年共投入 1 700 余万元，用于基础能力和装备建设。从发达国家进口世界领先的多波束、数字式声呐、双频 GPS 定位系统、原子吸收等系列设备；对执法装备进行了补充、更新，购置先进执法取证设备；协助国家海洋局完成新建海监船专业调查设备的配置、选型、技术和商务谈判等工作；圆满完成投资 1.2 亿元的"大洋一号"调查船增改装工程，使其成为目前国内领先、国际一流水平的远洋调查船；对海监飞机配置先进的航空遥感及监察设备，提高海洋航空监测和监察整体技术水平和能力；把先进的船舶管理模式引入船舶管理中，建立并运行船舶安全管理体系，提高了船舶在航率，船舶安全航行 49 航次，航程 55 251.1 海里，飞机飞行 59 架次，208.4 小时，确保各项任务的圆满完成。

精神文明建设和海洋宣传工作　"大洋一号"船被国家海洋局党组授予先进基层党支部称号，日照海洋环境监测站荣获"全国青年文明号信用建设示范单位"。海洋宣传工作取得突出成绩，在中央、国家级新闻媒体上，发表各类宣传文章 50 余篇，系列报道 24 次，形象宣传 70 次，扩大了海洋工作在全社会的影响力，提升了分局在海区的地位，树立了国家海洋管理部门在公众中的良好形象。　（国家海洋局北海分局信息处）

【国家海洋局第一海洋研究所】　国家海洋局第一海洋研究所是国家著名的综合性非盈利海洋研究所。有在职职工 518 人，其中科技人员 437 人，中国工程院院士 2 人、外聘中国科学院院士 1 人；博士生导师 20 人；博士（含博士后）73 人、硕士 105 人；研究员和副研究员级 233 人、外聘国内外客座研究员 42 人、享受国务院特殊津贴的 32 人。由海洋环境科学与数值模拟国家海洋局重点实验室、海洋生物活性物质国家海洋局重点实验室、海洋生态环境科学与工程国家海洋局重点实验室、海洋沉积与环境地质国家海洋局重点实验室、海洋遥感与信息系统所级重点实验室、海洋高新技术发展研究中心、海岸带开发与管理研究中心、海洋测绘与工程勘察技术研究中心、海洋信息中心组成。辖青岛海洋工程勘测设计研究院、中韩海洋科学共同研究中心。

全年安排计划性科研项目 126 项，其中国家"973"项目 15 项、国家"863"项目 21 项、其他国家科技专项 7 项、大洋矿产资源勘察专项 6 项、国家自然科学基金项目 24 项、国家科技攻关项目 1 项、国家科技部项目 6 项、国家海洋局科技项目 20 项、山东省和青岛市科技项目 13 项、科技开发项目 97 项；完成科技计划项目 24 项、科技开发项目 51 项。

调整重点实验室结构和学科布局，按需设岗，竞争上岗，按岗聘用。精简机关，定岗定责。进行工程院、研究中心和后勤服务中心改革。制定了“转岗分流暂行办法”、“科技创新岗位竞争上岗实施办法”，本着公开、公正、平等竞争的原则，按照论文与论著、课题、获奖与专利三项赋分标准对责任研究员、副责任研究员及岗位助理研究员分别以不同形式和要求进行了评审和遴选，有 38 名责任研究员、33 名副责任研究员和 45 名岗位助理研究员被选聘上岗；按照机关各部门定岗、定责、定员的要求，在全所范围内进行竞争上岗，选拔、聘任了机关处室干部和管理人员 24 名。

新获准科技计划项目 57 项，其中“863”项目 22 项、“973”项目 4 项、国家自然科学基金项目 6 项、国家海洋局科技项目（含青年基金）13 项、国际合作项目 6 项、青岛市科技项目 5 项、国家科技部项目 1 项、大洋矿产资源勘察专项 2 项、科技开发项目 75 项等。

共发表研究论文 148 篇，其中 SCI 论文 6 篇、EI 论文 10 篇、核心期刊论文 50 篇、其他论文 82 篇。评出所科技进步奖 6 项，其中一等奖 4 项、二等奖 2 项，获国家海洋局科技进步二等奖 1 项。投入 1 065 万元经费，购置了 280 台件仪器设备。完成了 6 800 平方米科学家活动中心楼的建设。

【国家海洋局第三海洋研究所】 原为中国科学院华东海洋研究所，创建于 1959 年，属公益性综合型海洋科学研究机构，是国务院学位委员会第二批批准的硕士研究生学位授予单位。持有国家技术监督局颁发的《中华人民共和国计量认证合格证书》，建设部颁发的《海洋工程设计证书》（甲级）、《环境工程设计证书》（乙级），国家环保总局颁发的《建设项目环境影响评价证书》（甲级），国家海洋局颁发的《海域使用可行性论证资格证书》（甲级），ISO9001：2000 质量管理体系认证合格证书。在职职工 363 人，其中中国工程院院士 3 人（其中兼职 2 人），正高级科技人员 44 人、副高级科技人员 127 人、中级科技人员 142 人，博士/硕士 65 人，进入国家百千万人才工程 1 人，国家海洋局双百人才工程 15 人，获政府特殊津贴 21 人。拥有占地面积 6.3 万平方米，建筑面积 4.4 万平方米，资产总值达 1 亿余元；仪器设备 2 500 余台/套，总价值达 5 000 万元，其中万元以上仪器设备 440 余台/套；馆藏中外科技书刊 8 万余册，并主办期刊《台湾海峡》。1997 年 5 月国家科委公布的全国百强综合性研究所中，名列综合实力第 69 位，运行绩效第 76 位。

研究室设置 设有国家海洋局海洋生物工程重点实验室、国家海洋局海洋-大气化学与全球变化重点实验室、中国大洋生物基因研究开发基地等 5 个重点（开放）实验室和 6 个技术研究中心。

研究方向 在海洋生物技术、海洋大气化学与全球变化、海洋生态与环境科学、海洋声学、海洋动力与地质环境、海岸带综合管理等优势领域开展科研攻关和研究。

交流合作 以海洋工程勘察设计、环境影响评价、环境监测、污水处理等特色技术为地方经济部门提供技术服务，为管理开发利用海洋资源、保护海洋生态环境、促进海洋经济的可持续发展、预防与减轻海洋灾害、维护海洋权益、促进两岸统一的战略目标提供公益性、应用基础性科研成果与公共技术服务；积极参加大洋和南北极的科学考察与研究工作，为我国参与国际海洋资源开发的竞争与和平利用南北极做出贡献；与世界上 30 余个国家和地区开展了广泛的科技合作与交流，在东南亚和港台地区乃至国际上享有较高的知名度。

主要成就 近三年来，承担了国家攻关、国家攀登计划、国防建设专项、国家“863”计划、国家“973”计划、福建省重大科技计划等大中型项目 400 余项；承揽和完成了福建省、厦门市和其他沿海市县政府及经济部门委托的大中型建设项目的前期可行性调查、论证、环境影响评价、海洋工程勘察设计、海洋环境监测、整治与规划等任务 200 余项；开发出重组基因鱼生长素、对虾病毒 PCR 检测试剂盒、高纯河豚毒素（TTX）制备及其在戒毒新药领域的应用研究、药用壳聚糖、“海洋宝”系列产品、“深海鱼油”等拥有自主知识产权和具有市场前景的科研成果，并取得了较好的社会和经济效益。由中国工程院院士徐洵教授领导的生物工程重点实验室在世界上率先完成了对虾白斑杆状病毒基因组全部密码的破译和分析工作，该项成果于 1999 年和 2000 年连续入选中国科技进展十大新闻。

2002 年实现科研和横向服务经费总收入

4 155万元，其中承担指令性项目(课题)140项，项目课题20项，验收（鉴定）8项，如科技部重大基础性工作项目“海洋药源生物资源及基因库的构建”完成或超额完成合同书的指标得到提前验收，福建省科技厅项目“高纯河豚毒素(TTX)中试研究”提前完成各项研究内容并通过了省科技厅组织的专家鉴定，项目成果总体达到国际领先水平；评定所科技进步奖5项，获国家海洋局科技成果创新二等奖2项，申请国家专利2项，发表科学论文76篇(其中收录SCI 10篇)；承担“福建省县际间海域勘界”、“厦门东通道工程可行性研究”、“日本电气硝子有限公司福建显像管玻壳项目环境影响评价”、“泉州湾湿地保护区科学考察”等为地方经济建设服务的技术开发与服务项目100余项；执行外事计划项目27项。

（国家海洋局第三海洋研究所）

【海洋出版社】 海洋出版社成立于1978年6月2日，是中央级出版社，新闻出版总署评定的全国良好出版社。

海洋出版社的任务是出好海洋专业书刊，介绍和推广国内外海洋科学技术新成就，普及海洋知识，加强国际交流，促进和推动海洋事业发展。出版范围是出版海洋综合管理、开发研究的科技著作、应用技术和知识性图书；与海洋相关的基础科学、通用技术、工具书、科普读物、海洋专业大专院校和职工培训教材；与海洋相关的其他科技图书。

多年来，海洋出版社认真贯彻党的新闻出版方针、政策，坚持社会效益第一，社会效益与经济效益统一原则。出版了大量高品位、高质量、高科技图书，有130余种书、刊获得国家、省部级和地区优秀图书奖，为海洋事业和社会主义精神文明建设做出了贡献。根据海洋专业书刊鲜明的地域性特点，海洋出版社立足国内，面向世界，积极拓展对外业务，先后与27个国家和地区的多家出版社、出版公司合作，出版了英、德、日等文种书、刊百余种，使我国海洋书刊在世界图书市场占有一席之地。

海洋出版社现有海洋、教育、计算机3个图书出版中心，海洋学报编辑部，海洋开发与管理、海洋世界杂志社，国际部，总编室，发行部，印务储运部，财务部，服务中心，办公室等部门，另有蓝鲸海洋文化发展中心、海洋印刷厂、海洋书店等独立经营部门，基本形成了立足海洋、面向全国、走向世界的具有海洋特色的书刊出版体系。

由邓小平同志题写报名的《中国海洋报》于1989年9月27日正式创刊，是国家海洋局主管的中央级报纸，是我国惟一一张面向整个海洋界的综合性报纸。它的办报宗旨是：宣传国家涉海政策，交流管海用海经验，传递沿海经济信息，传播海洋科技知识，促进海洋经济发展，增强全民海洋意识。

《中国海洋报》面向全国涉海的管理、渔业、航运、港口、石油、造船、盐业、部队、海关、环保、科研、教育等领域，立足海洋，面向沿海，辐射内地，是联系海洋各界的纽带，沟通沿海与内地的桥梁。

《中国海洋报》除主报外，还编辑出版《水产周刊》，以期为读者提供多层面、大范围的咨询服务，促进海洋经济的发展。

报社设有采编部、水产周刊编辑部、办公室、事业发展部（通联部）和发行部。 （赵 觅）

中国科学院系统

【中国科学院海洋研究所】 中国科学院海洋研究所始建于1950年8月，是目前我国规模最大、综合实力最强的海洋科学研究机构。现有科技人员461人，其中：中国科学院院士5人，中国工程院院士1人，第三世界科学院院士1人，高级研究人员162人，博士生导师84人。设有5个博士点和9个硕士点，是我国海洋科学一级学科博士学位授予单位，中国科学院博士研究生重点培养基地和国家海洋科学博士后流动站。2002年有在学博士生156人、硕士生134人，在站博士后14人。

海洋研究所是中国科学院知识创新工程试点单位，面向国家战略需求，面向国际海洋科学前沿，在蓝色农业优质、高效、持续发展的理论基础与关键技术，海洋环境与生态系统动力过程，海洋环流与浅海动力过程，大陆边缘地质演化与资源环境效应等4个优先发展领域的9个科学方向上开展基础性、战略性和前瞻性研究。在国家“973”海洋领域的6个项目中，作为首席科学家主持3项并参与另外2项，第一单位主持课题14项；主持“863”课题26项、国家自然科学基金等46项。2002年取得国际奖2项，国家奖2项，省部级科技成果奖 11 项，申请国家专利 33 项，获国家专利授权 18 项；发表专著 7 部；发表学术论文 279 篇，其中：在 SCI 上发表 27 篇、在 EI 上发表 9 篇、在 CSCD 上发表 184 篇。

海洋研究所设有实验海洋生物学与生物技术、海洋生态与环境科学院级重点实验室和海洋环流与波动、海洋地质过程与古环境开放实验室等 4 个基础性研究室，海洋生物工程技术和海洋环境工程技术 2 个应用研究发展中心；还有中科院现代海底热液活动研究青年实验室、胶州湾生态系统研究站和收藏 67 万余号的海洋生物标本馆；还与国外联合建有 3 个开放实验室（研究中心）；与青岛市共建 2 个重点实验室。该所还有文献信息中心、分析测试中心；拥有一支包括“科学一号”、“金星二号”在内的远洋科学考察船队。

主办的学术刊物有《海洋与湖沼》、《中国海洋湖沼学报》（英文版）、《海洋科学》、《海洋科学集刊》。

【中国科学院南海海洋研究所】 中国科学院南海海洋研究所成立于 1959 年 1 月，是目前我国规模最大的综合性海洋研究机构之一和全国海洋科研机构首家获得 ISO9002 质量体系认证的科研单位，并已进入中国科学院知识创新工程试点序列。现有职工 434 人，其中科技人员 345 人（有博士生导师 27 人，研究员 43 人，副研究员 92 人，中级科技人员 128 人）。有博士学位授予点 2 个，硕士授予点 6 个。在读硕士生 65 人，博士生 47 人，博士后 4 人，客座流动人员 10 人。到位“百人计划”共 5 人。已初步形成一支具有热带海洋学科特色、有创新力的高素质人才队伍。

该所拥有国家、中国科学院、省重点实验室（站），包括中科院热带海洋环境动力学重点实验室，广东省海洋药物重点实验室，物理海洋研究室、海洋环境与生态研究室、应用海洋生物研究室、海洋地质研究室，边缘海与古环境开放实验室，海南热带海洋生物实验站（国家野外重点试验站和中国生态系统研究网络“CERN”站）、大亚湾海洋生物综合实验站（中科院开放站和中国生态系统网络“CERN”重点站）、湛江海洋经济动物实验站、汕头海洋植物实验站，海洋工程中心和产品开发中心，并拥有两艘大型海洋科学考察船、图书馆和海洋生物标本馆。研究重点领域是热带海洋环境动力过程、边缘海地质演化、热带海洋生物资源可持续利用。

正在研究的重大项目有国家重大专项、国家“863”、“973”、攻关、自然科学基金和中科院、广东省重大重点项目共 119 项。例如国家“十五”科技部社会公益专项“南沙群岛及其邻近海区综合科学考察”、国家重点基金“热带太平洋年际与年代际海洋环流变异规律”、“全新世特征时期年际-年代际气候变化的南海珊瑚记录”、国家杰出青年基金“浮游藻类营养盐吸收动力学和种群组成演替：紫外线（UV）影响”、香港青年学者合作基金“珠江口海洋浮游动物对碳和痕量金属的摄食、消化和吸收”、国家“973”课题“南海多涡结构的形成与演变规律”、“中国边缘海新生代沉积盆地的基底特征及其构造格局”、“南海萜类与生物碱活性先导物的构效关系及其作用机制”、“南海珊瑚礁记录的全新世冷、暖气候事件及其生态影响”、国家成果转化项目“对虾集约化防病养殖系统与应用示范”、国家“863”项目“海洋光学浮标系统”等。

截至 2002 年，该所共取得科研成果 526 项，获国家、中国科学院、部委和省市级成果奖 213 项（其中国家级奖 12 项，省、部级奖 110 项）；申请专利 51 项，其中授权专利 18 项；2002 年发表 SCI、EI 论文 35 篇。

主办的学术刊物有《热带海洋学报》、《南海海洋科学集刊》、《南海研究与开发》等。图书馆藏书 20 万余册，其中期刊 3 000 余种。此外，广东省海洋湖沼学会和广东海洋学会、中国海洋学会海洋物理分会、中国第四纪研究委员会珊瑚礁分委员会、广州欧美同学会留苏分会挂靠在该所。

该所与世界 41 个国家和地区建立了学术联系和技术合作，10 多年来完成和正在进行的科研与技术国际合作项目 30 余项。与香港科技大学共建了海洋科学联合研究实验室，牵头组建了广东省海洋药物重点实验室。

【中国科学院大气物理研究所】 大气物理研究所现任常务副所长王会军（研究员），党委副书记洪延超（研究员），名誉所长叶笃正（院士）。现有职工 326 人，其中研究员 54 人，中国科学院院士 6 人，他们是叶笃正、陶诗言、曾庆存、黄荣辉、吴国雄和李崇银。

大气物理研究所设综合处、科技处、组织人事处和计划财务处，以及两个国家重点实验室、两个国际性科学中心和四个研究部。即大气科学和地球流体力学数值模拟国家重点实验室、大气边界层物理与大气化学国家重点实验室；全球变化东亚区域研究中心、国际气候和环境科学中心；气候系统动力学与预测理论研究部、大气环境动力学与预测理论研究部、中层大气与遥感理论和技术研究部、中小尺度天气与减灾研究部；另外还设有计算信息科学中心和图书情报室。

2002 年大气物理研究所承担主要科研任务近百项，其中参加海洋科学研究重大项目共 2 项（参加国家海洋局“十五”攻关项目的“海洋环境预报及减灾技术”子课题 1 项，参加同济大学 973 项目子课题“地球圈层相互作用中的深海过程和深海记录”1 项），一般项目 3 项。主要开展了海洋模式、海-气耦合数值模式研制、海温资料同化、海流模拟和海气相互作用等方面的科学研究，2002 年在海洋模式、海气耦合模式的研制、改进方面取得了如下重要进展：

在 LASG/IAP 第三代全球海洋模式 L30T63 基础上，成功发展了较高分辨率（0.5×0.5）的全球大洋环流模式，并稳定积分 40 余年，结果表明该模式可更真实地再现海洋大尺度的热力结构和环流场的基本特征，模拟的上层海温、上层盐度、海表高度、正压流函数、经圈流函数等的结构更为合理。模拟的赤道太平洋上层风生环流、赤道潜流和北赤道逆流较原模式改进最为明显。

在模式研制中还设计和构建了“精简网格框架”方案，改善了球面模式普遍存在的经线向极点辐合的问题。另外，以耦合器 Flux Coupler 为连接，成功地构建了两个“非通量调整型”的海气耦合模式，能够部分地模拟大气 ENSO 的许多观测事实和海表温度的季节变化。　（中国科学院）

地方海洋管理机构及科研单位

【上海市海洋局】　上海市海洋局是上海市人民政府管理上海市海洋事务的职能部门，业务上接受国家海洋局的指导。1991 年成立以来，与国家海洋局东海分局实行“一套二牌”管理体制，履行双重职能。

根据上海市海洋工作新的形势和任务，2002 年，上海市政府（沪府[2002]98 号）调整充实了上海市海洋局的职能，其履行的工作职能，一是组织制订上海市海洋工作长期规划和五年计划；会同有关部门组织制定上海市海洋功能区划、海洋开发规划、海洋科技规划和科技兴海战略。管理上海市海洋基础数据，承担海洋经济与社会发展统计工作。管理上海市海洋资源综合调查和开发的档案资料；二是贯彻有关海洋管理工作的方针、政策和法律、法规和规章；结合上海市实际，研究起草有关地方性法规、规章草案和政策，并组织实施有关地方性法规、规章和政策；三是负责上海市海域使用的监督管理，审核海域使用申请，按规定实施海域有偿使用制度。负责海底电缆、管道的审批和监督管理，组织上海市海域勘界；四是会同有关部门开展海洋环境的监督管理，组织制定海洋环境保护与整治规划和规范，负责防治海洋石油勘探开发、海洋工程建设项目和海洋倾倒废弃物对海洋环境污染损害的环境保护工作。会同有关部门制定地方性海洋环境质量标准和进行海域排污总量控制。管理海洋环境调查、监测、监视和评价。监督海洋生物多样性和海洋生态环境保护，监督管理海洋自然保护区。对海岸工程环境影响报告书提出审核意见，核准海洋工程环境影响报告书；五是依法实施海域巡航监视、监督管理，查处违法活动；六是组织海洋基础与综合调查、海洋重大科技攻关和海洋高新技术研究；管理海洋观测监测、灾害预报警报、综合信息、标准计量等公益服务系统；负责发布海洋灾害预、警报和海洋环境预报；七是负责协调海洋石油勘探开发污染损害事故、海底管道事故、赤潮灾害等突出事件的应急处理，参与上海市沿海核设施的应急处理；八是监督管理涉外海洋科学研究，依法监督涉外的海洋设施建造、海底工程和其他海洋开发活动。

上海市海洋局现有干部职工 740 人，专业技术人员 262 人，其中高级职称 33 人。拥有行政管理、执法监察和海洋技术三支队伍，执法监察、海洋监测、环境预报、后勤保障四类处级事业单位 7 个；局机关内设机构 14 个处室，1 个直属部门。（见结构图）

拥有 2 套海上观测专用浮标、2 对 4 座地波雷达等一批大型装备，以及海洋勘探、监测调查、测试分析、观测预报等方面的先进仪器设备。具有承担海洋工程勘探、水下地形测量、海洋环境

上海市海洋局组织结构图

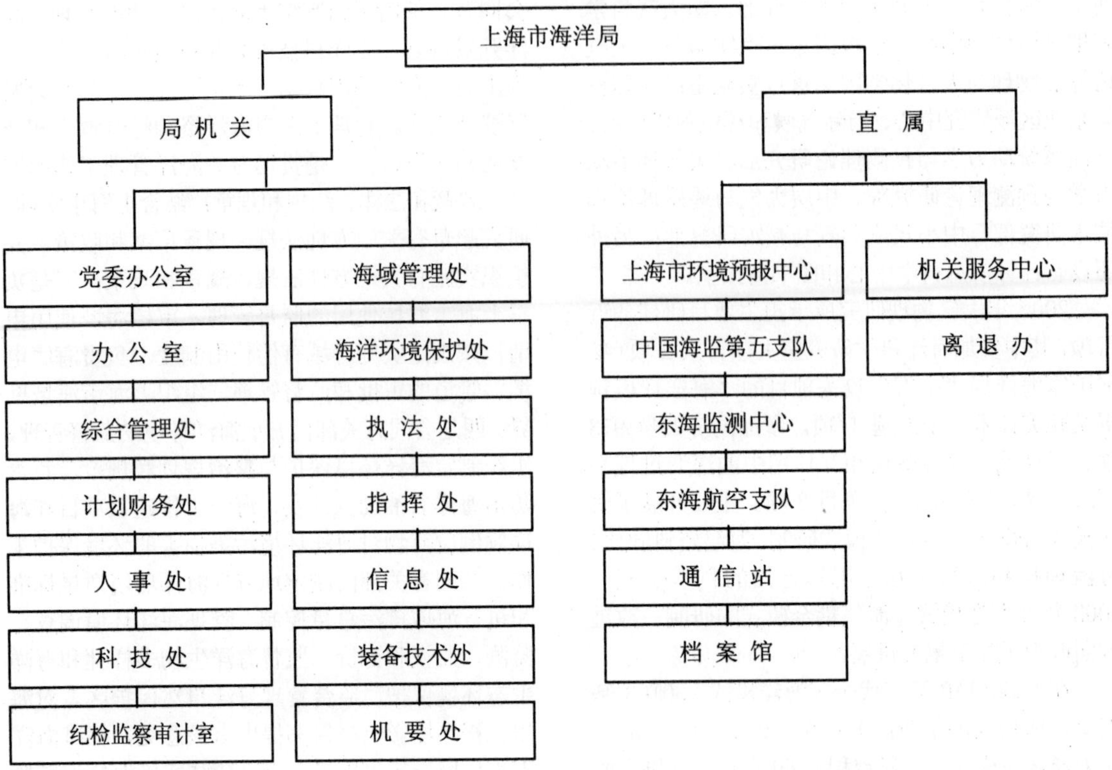

监测、水动力要素观测、气象要素观测、生物种类鉴定、放化残毒分析、海域使用可行性论证、海洋环境评价、海洋环境要素预报、海洋灾害预测预报的能力。 （上海市海洋局 张华明）

【厦门市海洋与渔业局】 2002 年 1 月市政府机构改革成立，由原厦门市人民政府海洋管理办公室和原厦门市水产局整合，是市政府主管海洋与渔业行政管理的工作部门，加挂厦门市海岸带综合管理国际示范项目执行办公室、厦门市珍稀海洋物种国家级自然保护区管理委员会办公室。人员编制 39 人，在职职工 25 人。

职能设置 ①贯彻执行国家和省有关海洋与渔业方针政策和法律法规，研究提出厦门市海洋与渔业发展的战略和相关政策，拟定海洋综合管理与渔业行业管理的法规、规章，并监督实施；组织实施国家和省海洋资源、渔业资源管理技术标准和渔业行业各类产品、质量标准规程、规范和办法。②组织编制海洋功能区划、海域使用与海岛开发规划、海洋与渔业发展总体规划并监督实施，协调指导涉海各部门、行业的海洋开发利用活动。③负责厦门市海域使用的综合管理。监督管理国家授权的海域及厦门市海岸带、海岛使用，负责海域、海岸带自然资源的招投标出让等资产化管理，监督实施海域使用证制度和海域有偿使用制度，维护海域所有权和海域使用权人的合法权益；监督管理海洋工程（含海底电缆、管道的铺设）和海岛的开发与保护活动；承担组织海域勘界。④负责海洋环境、海洋与渔业水域生态环境保护的监督管理工作。协同有关部门制订陆源污染物排海标准和总量控制制度并监督实施；负责管理海洋环境监测、监视综合信息系统及其网络建设，组织海洋环境的调查、监测、监视及评价，发布海洋环境质量公报和海洋灾害预报警报；主管防止海洋开发和海洋工程、海域使用倾倒废弃物对海洋污染损害的环境保护，调查处理渔港、海洋和淡水渔业水域污染事故；核准新建、改建、扩建海洋工程项目环境影响报告书，负责海洋工程建设项目环境保护设施的“三同时”制度的监督实施及检查、批准、验收，负责审核新建、改建、扩建海岸工程建设项目环境影响报告书。⑤监督实施海洋与渔业行政执法。依法维护生产秩序，保护渔业资源所有者和使用者和合法权益；授权实施辖区内的巡航监视，发布巡航通报，督促各涉海部门履行各自的管理职责。监督实施海域使用证和海域有偿使用制度、渔业许可证和休渔期制度，监督管理重要水生野生动物利用、海洋动植物物种引进工作；依法对厦门市渔港水域、渔船和渔业电信实施安全监督管理，实施渔船和船用产品检验，调查处理渔业安全生产和渔船安全事故；负责厦门市水产品质量和批发市场交易的监督管理；依法维护海洋开发和渔业生产秩序，协调处理海域使用权益与渔事纠纷。负责海洋与渔业行政执法工作的监督和业务指导，办理行政投诉、行政复议和议案提案。⑥负责渔业行业管理。负责渔业产业结构和布局的调整，指导渔业经济体制改革，指导协调养殖业、捕捞业、水产品加工与流通、远洋渔业开发活动；管理水产种质资源和水产苗种的生产、经营，组织实施水生动植物的防疫检疫，参加鱼用药物和饲料的监督管理；负责渔港、水产原（良）种场、水产养殖病害防治体系的规划和建设管理，协助组织指导水产品市场与流通信息体系的规划和建设管理；监督、指导和组织实施渔业防灾减灾与抢险救助工作；监督管理减轻渔民负担工作。⑦负责海洋与渔业科技管理，组织实施“科技兴海”、“科教兴渔”战略。研究拟制海洋与渔业发展的重大科学技术进步措施，组织制定海洋与渔业的科技发展规划及有关政策；组织重点科技攻关项目和高新技术及其产业化研究，负责重大科研项目研究成果及成果转化工作的管理；负责海洋科技信息市场的管理及其网络建设；负责海洋与渔业专业人才的培训教育。⑧组织开展有关海洋与渔业对外对台经济、技术交流与合作；监督执行国际海洋、渔业公约和双边、多边协定；组织研究维护国家海洋与渔业权益的政策、措施，依法监视涉外海洋科学调研、海洋设施建造、海底工程和其他海洋开发活动，对外行使海洋与渔业的监督管理权；处理涉外渔事纠纷和有关涉外事务。⑨负责海洋与渔业经济的统计、财务、信息、资料、档案管理和服务工作；负责全市性海洋与渔业社团组织的行业领导和业务指导，以及对区镇政府的海洋与渔业业务指导。⑩承办市政府交办的其他事项。

机构设置：内设办公室（计划财务处）、政策法规处、海域管理处、资源环境保护处、渔业管理处、科技与外经外事处等。

主要工作和成就 ①开展西海域禁止水产养殖综合整治，整治前，西海域有网箱养殖 55 154 个、吊养 306.5 公顷、滩涂养殖 1 543 公顷；截至 12 月底，已自行拆除网箱养殖 84.3%、吊养 100%、滩涂围网养殖 94.7%，剩余网箱 10 744 个、未拆除围网 49.33 公顷、未整治滩涂 629.4 公顷；②认真做好机构改革的各项工作；③加快高崎闽台渔轮避风港等工程建设，避风港一期工程进展顺利，加快筹建病害防治中心、白海豚救助中心、同安水产综合试验场；④加强海域使用管理，实施海洋功能区划、海域使用权属管理和海域有偿使用制度，办理各类海域使用申请和用海咨询项目 77 项，做好海域勘界和实施《厦门市无居民海岛保护与利用管理办理》的前期工作，完成《厦门市沿海滩涂整治与防护林建设规划》、《厦门大桥周边海域环境综合整治规划》等修订和开展《厦门市海域功能区划》的各个子课题的调研工作，厦门市被国家海洋局评为全国海域管理先进单位；⑤强化海洋监察和渔业执法，参与《厦门市港口管理条例》等涉海法规规章的起草和修订，抓好对水生野生动物保护管理工作，开展伏季休渔工作，查处 20 余起（艘）违法电炸鱼船，清理“三证不齐”、“三无”渔船 809 艘新登记和年检渔船 3 942 艘，与有关涉海部门开展联合执法行动；⑥加强国内、国际合作交流，履行第二轮厦门海岸带综合管理国际示范项目合作协议，成功主办第二届东亚海域环境管理地方政府区域性网络年会、东亚海域环境管理领导人研讨会、厦门海岸带综合管理等系列国际会议，成功举办闽、粤、港、台中华白海豚保育暨保护区管理工作研讨会，编制和发布《2001 年厦门市海洋环境质量年报》、《2001 年厦门市渔业环境质量公报》；⑦实施“科技兴海”战略，加快渔业产业结构调整，以增加渔（农）村发展为目的，突出抓好渔业经济结构调整，加强水产品质量安全检验，实施“放心食品工程”，开展城市渔民和同安、海沧渔区现状的调研；⑧办好人大政协议案提案 19 件，积极开展海洋宣传教育，编发《厦门海洋管理》等海洋与渔业信息、宣传材料4万余份。

【厦门市海洋专家组】 专家组隶属于厦门市人民政府。组长：洪华生（厦门大学教授）副组长：阮五崎（福建海洋研究所研究员）成员：徐洵（国家海洋局第三海洋研究所院士）、郭允谋（福建海洋研究所研究员）、李立（国家海洋局第三海洋研究所研究员）、戴辉旺（厦门港务集团高级工程师）、林汉宗（厦门市环保局高级工程师）、张珞平（厦门大学研究员）、边经卫（厦门市城市规划设计院高级规划师）、曾志南（福建省水产研究所研究员）、康涛（市计委经济师）、潘伟然（厦门大学副研究员、博士）、曾超（厦门市路桥建设投资总公司高级工程师、博士）顾问：张斌生（厦门市人大常委会副主任）、郑镇安（福建省水产研究所研究员）、郑金沐（市外商协会高级经济师）、李少菁（厦门大学教授）、陈文庆（厦门市工程咨询中心高级工程师）。

【中国海监第六支队（厦门海洋管区）】 成立于1985年6月，隶属于国家海洋局东海分局和中国海监东海总队的海洋监察执法机构。管辖海域范围南起诏安湾，北至沙埕港，东到台湾海峡中线。在职职工68人，其中大专以上文化程度22人，高级职称4人，中级职称9人，持有海洋监察证26人，持有职务船员适任证书21人。拥有实验室及执法调查取证设备等固定资产1 300余万元，拥有4艘海洋执法船舶。

机构设置 内设指挥（信息）科、装备技术科、巡航执法科（海洋管理科）、海洋执法监察队等。

职能设置 担负福建沿海我国管辖海域（包括海岸带）的巡航监察执法任务。为确保海洋法律、法规和规章的贯彻执行，承担着及时发现海上侵权、违法和违规行为，并依照有关法律、法规和规章的授权，开展执法监督检查，对侵犯海洋权益、违章使用海域、损害海洋环境与资源等违法违规事件进行调查取证和查处。并根据有关行政机关的委托承担其他海上执法任务。配合有关部门参与海上救助及其他军事保障工作。

主要工作和成就 积极参加市政府的西海域综合整治联合执法活动；出色完成东海专属经济区对日本保安厅打捞不明国籍沉船活动进行监管，受到国家海洋局东海分局的通报表彰；与海关、边防等部门联合执行海上缉私任务；监测管理厦门港、泉州湾、湄洲湾、闽江口三类疏浚物倾倒区；开展赤潮的监测监视，“厦门西海域赤潮的监测及灾害预警研究”课题项目获市科技进步二等奖；完成西北太平洋环境调查2万千米浅水多波束测线任务。

【中华人民共和国厦门渔港监督局（厦门渔业船舶检验局）】 隶属于厦门市海洋与渔业局的行政职能型事业单位，一套人马，两块牌子。人员编制28人，在职职工25人，其中高级工程师1人，副研究员1人，工程师5人，助理工程师5人，技术员1人。拥有固定资产总值679万元，渔业执法船艇2艘，万元以上仪器设备13台（套）。

机构设置 内设渔港监督科、渔船管理科、船员管理科、渔业船舶检验科等，并有沙坡尾渔港监督、东渡渔港监督、刘五店渔港监督、海沧签证站4个派出机构。

职能设置 渔港监督局：监督检查有关渔港监督的法律、法规的执行，维护水上交通安全秩序；办理渔业船舶登记，核发各类登记证书；负责渔业船舶船员的考试、发证；办理船舶进出港签证；调查处理渔港水域内的交通事故和其他沿海水域渔业船舶之间的交通事故；监督管理渔港岸线、码头及其附属设施的使用、维护和建设，审批在渔港内建造、改造、扩建各种设施或者进行其他水上、水下施工作业及易燃、易爆、有毒等危险货物装卸作业；依法征收港航规费；法律、法规和规章的授权规定的其他职责。渔业船舶检验局：对辖内所有渔业船舶进行图纸审查、初次（含建造和重大改建）检验、营运检验，并签发相应的船舶检验证书；对涉及渔业船舶航行、作业安全的和防止水域环境污染的船用产品进行监督检验，并签发船用产品证书；办理渔业船舶海损、机损鉴定和公证性检验；负责辖内渔船修造厂、船用产品厂、渔船设计部门的资格认可初审及监督管理；负责督促、组织辖区渔业船舶及船用产品厂焊工参加培训、考试；法律、法规和规章的授权规定的其他职责。

主要工作和成就 圆满地完成安全生产、伏季休渔、渔监、船检等正常业务工作；完成西海域整治、打击非法捕捞等上级交给的各项任务；保障了渔船渔港的安全；一年里先后被省人事厅、省海洋与渔业局联合授予“全省海洋与渔业系统先进集体”，被农业部东海区渔政渔港监督管理局授予“海洋渔业安全监督管理先进单位”；被省海洋与渔业局评为“福建渔监、船检系统先进单位”。

【厦门市渔政管理处】　隶属于厦门市海洋与渔业局的行政职能型事业单位。编制人数 24 人，在职职工 22 人，其中中级职称 7 人，初级职称 7 人；拥有固定资产总值 352 万元，渔业执法船艇 4 艘，万元以上仪器设备数量 17 台（套）。

机构设置　内设法规科、资源环保科、市区渔政站、渔政船队、中华白海豚保护区办公室等。

职能设置　监督检查《中华人民共和国渔业法》、《中华人民共和国野生动物保护法》、《中华人民共和国水污染防治法》等法律及其有关法规、规章的执行情况；保护、增殖渔业资源，征收渔业资源增殖保护费；受渔业行政主管部门委托审批发放、年审、注销渔业捕捞许可证和特许品种的生产、收购、运输许可证；维护渔场生产秩序，协调处理渔事纠纷，打击、查处电毒炸鱼等违法捕捞行为和事件；保护水生野生动物，对违反法律、法规、规章的规定从事捕捉、运输、驯养、繁殖、出售、展览、经营利用等行为进行查处；负责对重要水生动物苗种、亲体和浅海滩涂水产增养殖的保护和管理工作；负责渔业水域生态环境的保护，调查处理损失额度为 100 万元以下的水域污染事故造成渔业资源损失的事件；对从事捕捞、养殖、购销等各种渔业活动及其渔业证件、渔船、渔具、作业类型、捕捞场所、捕捞时限、渔获物等进行监督检查；负责对厦门海域中华白海豚及其生态环境的保护和监督、行使保护区的职责和监督管理权；承办政府及上级部门交办的有关事项，协助涉海单位管理厦门海域，共同维护厦门港的良好环境和安全通航秩序及其他渔政管理事项。

主要工作和成就　完成伏季休渔监管工作；参与、配合清理“三无”、“三证不齐”渔船，累计清理 1 300 余艘捕捞渔船；年审捕捞渔船 1 971 艘，收取渔业资源费约 46 万元（含省以上及各区站）；开展为期三个月的鳗苗专项管理工作，海上巡查 173 航次，出动执法人员 621 人次，驱赶违章占道渔船 51 艘，清除障航物、网具 76 个；严厉打击电炸毒鱼违法行动，共查获电渔船 51 艘（其中没收 16 艘），罚没人民币近 5 万元，没收电鱼机工具、设备等 62 台件；积极介入渔业水域污染案件的查处工作，会同及协助有关部门查处 12 起渔业水域污染事件；认真组织开展浅海滩涂水产增养殖规范普查登记工作；加大海上执法检查力度，出动执法人员 2 630 人次，检查作业渔船 1 049 艘次；积极参与西海域整治工作，出航巡查 135 天，参加人员 1 650 人次；深入贯彻落实福建省第 12 个野生动物保护宣传月活动，发送张贴环保宣传画计 4 583 张，宣传图片 2 100 枚，制作悬挂多幅宣传标语；加大市场巡查、监管力度，全年出警 33 次，查获及收缴中国鲎等保护动物 128 只计 155.5 千克，处理其他事件 8 起，受委托全程跟踪监管 2 只搁浅及误捕的宽吻海豚；不断强化厦门中华白海豚自然保护区的建设与监管。按计划进行以保护中华白海豚为主的濒危物种保护中心的建设项目；具体承办的“闽粤港台中华白海豚保育暨保护区管理工作研讨会”，来自 4 省地及国际环保组织的专家等近 40 人参加；组织我国鲸豚专家对 2 次白海豚死亡事件进行事故调查和死因鉴定；进一步强化对保护区四个炸礁工程的监管，未发现白海豚伤亡事件。

【厦门市海洋管理监察大队】　成立于 1997 年，隶属于厦门市人民政府海洋管理办公室的事业单位。内设大队部和 2 个中队。人员编制 27 人。拥有固定资产总值 79 万元，其中万元以上的设备 7 台（套）。

职能设置　保障国家和厦门市各项海洋管理法律、法规、规章以及厦门市海域功能区划的贯彻实施；依法监察管理海洋开发利用行为，维持海域使用秩序，保障海上作业安全，保护海洋资源和生态环境；制止、纠正和处理海上违反法律、法规、规章和海域功能区划的行为；完成市政府和上级下达的海上紧急任务以及处理解决群众来信、来访、投诉等所涉及海洋管理方面的问题；完成上级交办的各项工作任务，通过日常的执勤、监督、协调、表彰、处罚等方面落实各项海洋管理工作。

主要工作和成就　全力以赴做好西海域禁止水产养殖综合整治的执法检查监控工作，发现、制止和处理了 10 余起新增养殖设施行为；组织海上巡航 451 次，岸线巡查 481 次，查处违法违章行为32起，其中立案6起，终结2起，发出违章整改通知书20份；认真办理政协提案3件，及时查处相关部门转办件和群众投诉42件；完成厦门文昌鱼的调研课题，加强厦门文昌鱼保护区海域的执法监察力度，有效地保护了文昌鱼保护区的海域环境。

【厦门市渔业无线电管理站】 隶属于厦门市海洋与渔业局的行政职能型事业单位。人员编制9人，在职职工6人，其中中级职称2人，初级职称1人。拥有固定资产总值74万元，其中万元以上的仪器设备8套。

职能设置 在省海洋与渔业局、省渔业无线电管理委员会的领导下，具体承办辖区有关无线电管理事宜；执行国家无线电管理条例和渔业无线电管理规定，在国家无委授权范围内，指配本系统无线电台（站）的频率、呼号，核发电台执照、证书；监督、检查本系统渔业电台（站）的设置，通信网络的组织和协调；负责对渔业船舶报务人员的培训和考试。

主要工作和成就 充分发挥渔业无线电通讯在安全生产、后勤保障及抢险救灾等方面的特殊职能，坚持安全应急台24小时值班制度，确保海上渔业安全生产通讯的畅通，特别是在台风季节，及时、准确地向上级领导和有关部门通报台风气象；加强辖区渔业无线电通信、导航设备的管理，共年检船只49艘，审核单边带电台51台，超短波对讲机153台，雷达和卫星导航仪92台，收取频率占用费3 880元；加强伏休期间的通信监管力度，积极配合渔政、渔监做好对渔民的宣传工作和海上的动态管理；继续"海陆通信无线-有线转接系统"的建设工作。

【厦门市鱼市场管理处】 原厦门市鱼市场管理站，成立于1989年4月，1994年更名，是隶属于厦门市海洋与渔业局的事业单位，实行自收自支、企业化管理。内设质量检验室、东渡站、沙坡尾站等。人员编制60人，在职职工49人，其中中级职称1人，初级职称8人，专业技术人员9人。拥有固定资产总值1 100万元。

职能设置 负责对全市水产品批发市场的交易进行监督管理。维护市场交易秩序；查处市场内销售有毒、有害、腐烂、灌水、变质的水产品；查处交易中以次充好、掺杂使假、短斤少两及在市场内哄抬物价、欺行霸市等其他扰乱市场秩序的行为；受理群众对水产品质量的投诉，查处违反规定未经批准私自在其他交易场所交易的行为；受税务、工商部门委托代征水产品交易税收；负责对进入东渡水产品批发市场销售的水产品进行销前检测，配合市质量技术监督局、市卫生防疫站查处各种违法经营不符合卫生要求的水产品；配合工商、计量认定机构查处弄虚作假、计量器具不符合计量标准等违法行为；完成上级下达的各项联合执法行动。

主要工作和成就 协同有关部门整顿东渡水产品批发市场；加大对流通环节中的水产品质量检测力度，查处违法销售浸泡甲醛水产品600千克，没收并销毁假黄花鱼100余千克，查处没收多批违规销售的织纹螺；伏季休渔期间广泛开展各种宣传活动，为渔民提供网具寄存、船舶维修、加冰、加水、补网场地等后勤保障工作；联合有关部门整治白城沙滩占道经营现象。

【厦门市水产技术推广站】 隶属于厦门市海洋与渔业局的公益型事业单位，也是全国渔业行业职业技能鉴定站厦门工作站、厦门市水产行业职业技能鉴定站、厦门市水产养殖病害防治中心。人员编制17人，在职职工16人，其中工程师6人，助理工程师4人。拥有固定资产总值590余万元，万元以上仪器设备10台，图书资料400余册。

机构设置 内设养殖组、捕捞组、病害防治组等，拥有水产养殖中试基地试验场。

职能设置 水产新技术、新品种的引进、试验、示范、推广；水产养殖病害的预报测报，病害防治技术的研究、试验和推广；水生动物防疫检疫；厦门市渔业行业职业技能鉴定，水产技术培训；无公害水产品养殖技术的试验、示范和推广；渔业环境监测；渔业资源增殖。

主要工作和成就 开展建国以来首次的全市水产苗种场普查，对全市8个区15个镇46个行政村的241家水产苗种场进行全面普查登记，编制《厦门市水产苗种场普查汇编》；开展全市渔业状况普查，对全市的海、淡水养殖情况作全面普查登记；根据农业部的职业培训体系要求，建立"厦门市水产行业职业技能鉴定站"，35名渔（农）民接受培训，33名获国家劳动部门颁发的职业技能鉴定证书；实施“底拖网渔船改灯围作业试验”和“灯光围网网具及光源改革”课题，效果良好；积极开展病害测报工作，在全市 11 个养殖片区布设 52 个点建立病害测报网络，聘请 52 名病害测报信息员、12 名测报员，同时聘请高校、研究所的专家为病害防治工作的顾问，在专家、测报员和信息员之间建立联系卡片，形成病害信息快速反应机制，提高了养殖业者的科学防治意识；积极筹建农业部下达的“水产养殖病害防治中心”建设项目。

交流合作　与厦门市水产研究所合作开展渔业环境监测；与台湾业者开展“无特异病源健康南美白对虾苗种”培育项目。

发展方向　根据国家关于“国家开办的农业技术推广机构将以执行社会公益型职能为主”的精神，以及厦门的实际，着力加强以下几个体系的建设：海洋与渔业执法管理的技术支撑体系、渔业生产的服务体系（包括水产养殖病害预报测报体系、原良种体系、水生动物防疫检疫体系、渔业信息服务体系、水产品质量监控体系）；有计划地开展渔业技术培训，努力提高全社会从业者的技术水平和科学意识。

【厦门市水产养殖良种繁育场】　隶属于厦门市海洋与渔业局的国有企业，是省级水产良种引育种中心。人员编制 21 人，在职职工 16 人，其中初级职称 2 人；固定资产总值 709 万元，万元以上仪器设备数量 2 台（套）。

机构设置　内设生产技术部等。

工作领域　淡水优良养殖苗种繁育培育，为本地区及周边地区提供优良养殖苗种。

主要工作和成就　生产培育优良鱼苗鱼种 5 100 万尾，推广养殖面积 3 300 余公顷，社会产量 1.8 万吨，社会产值 1.44 亿元；承担主管局下达的《攀山鲈池塘驯养及人工繁殖技术》、《倒刺鲃人工繁育》两个课题并完成阶段验收，攀山鲈人工育苗成功为国内首创。

【厦门市渔轮避风港建设发展有限公司】　隶属于厦门市海洋与渔业局的国有企业。在职职工 12 人，其中工程师 3 人，助理工程师 4 人；拥有固定资产总值 8 300 余万元（在建工程未交付使用），万元以上的仪器设备 3 台（套）。

机构设置　内设工程部等。

工作领域　承担厦门高崎闽台渔轮避风港的建设、管理和开发任务，建成后为闽台渔轮提供避风及后勤补给。

主要工作和成就　组织实施避风港一期工程的建设，完成东堤 500 米、南堤 711 米、部分西堤 152 米的主体工程建设，挖、吹泥 90 万立方米，基本形成 15 万平方米的港池锚泊地及进港航道；完成南分隔围堰 776 米、排水明沟护岸 1 119 米，形成 28 万平方米的吹填区；完成消防兼污水接收船的设计招标、设计和建造招标并开始建造。着手准备二期工程（北堤 688 米、部分西堤 222 米、北围堰 297 米）水工部分的施工图设计及报审。

【福建海洋研究所】　该研究所成立于 1979 年，隶属于福建省科技厅的公益型综合性海洋科学研究开发单位。在职职工 65 人，其中高级职称 17 人，中级职称 28 人。持有国家海洋局、省测绘局等部门颁发的工程勘察证书（乙级）、测绘资格证书（乙级）、海域使用论证资质证书（乙级）、海域使用测量资质证书（乙级）。拥有固定资产 1 100 万元，排水量 800 吨级可乘载海洋科考人员 30 人的海洋综合调查船 1 艘，可在我国全海域进行海洋综合性考查；万元以上仪器设备 58 台（套），馆藏中外文图书 3 万余册。

研究室设置　内设海洋生物研究室、海洋化学研究室、海洋地质地貌研究室、海洋水文气象研究室、教育部和福建省海洋环境科学联合重点实验室以及海洋勘察中心等。

研究方向　台湾海峡区域海洋学、海洋生物、近海环境、港口工程、海水增养技术、水产养殖新品种的培育、新型饵料、病害防治及防病药物的研究与开发，福建近海及沿岸区域的地理信息系统，综合应用遥感（RS）、卫星全球定位（GPS）、地理信心系统（GIS）和网络技术。

主要成就　承担省科技厅、省海洋与渔业局等各级政府部门和合作单位的科研项目 47 项，其中“厦门文昌鱼自然保护区资源调查及开发利用研究”等多个项目通过评审验收，“福建省污染基线”项目获省科技进步三等奖；加强信息化建设与管理，开发研制“福建省海域使用综合管理信息系统”等拥有自主知识产权的软件，建设海洋所网站。

交流合作　与10余个国家、地区、国际组织及单位开展技术交流、资料交换等合作。

【厦门市水产研究所（厦门市渔业环境监测站、厦门市渔业质量监测站）】　成立于1956年，曾先后易名为福建省水产研究所厦门分所和厦门市水产科学试验站等，隶属于厦门市科委和厦门市海洋与渔业局的公益型科研事业机构，2001年加挂成立厦门市渔业环境监测站和厦门市渔业质量监测站。人员编制22人，其中专业技术人员19人，高级职称3人，中级职称10人，硕士学位2人。

研究室设置　内设水产养殖及病害实验室、渔业资源及捕捞实验室、厦门市渔业环境监测站、厦门市渔业质量监测站、前埔水产中试基地。其中前埔中试基地是福建省海洋与渔业局（厦门）海水水产繁育基地，也是厦门市水产科技成果转化基地。拥有实验室800平方米，万元以上仪器设备近百台。

研究方向　鱼、虾、贝、藻、鳖、牛蛙等苗种培育和养成技术研究以及水产经济动物的病害防治技术、机帆船围网捕捞技术研究，渔业环境监测、预报和评价以及渔业质量的监测。

主要工作和成就　几年来，共承担或参与国家、省、市下达的科研项目60余项，其中获全国科技大会奖励1项、获省部级奖励10项、获市级奖励12项。2002年承担的科研项目10余项，完成国家“863”项目“大黄鱼养殖病害防治技术研究”、“水产育苗池活菌型水质改良剂”、“东风螺集约化高密度养殖技术研究”等课题，开展龙胆石斑鱼引种及种苗培育研究、三疣梭子蟹人工育苗技术研究、马銮湾网箱养殖区死鱼事故调查，编制出版《2002年厦门市渔业环境年报》、《厦门市海域管理功能区环境监测工作报告》。

交流合作　1998年与厦门大学海洋系建立科技共建关系，聘请厦门大学有关专家作为该所的兼职研究员。（厦门市海洋与渔业局　李晓阳）

【青岛国家海洋科学研究中心】　2001年7月8日，由中国科学院海洋研究所、农业部黄海水产研究所、国家海洋局第一海洋研究所和青岛海洋大学向国家科学技术部呈报了“关于建立青岛国家海洋科学研究中心的请示”。2001年7月13日，国家科学技术部作出批复。批复指出：青岛是一个海洋科技力量非常集中的城市，拥有国内一流的海洋科研、教学机构，海洋专业人员占全国同类人员的一半以上，大部分学科带头人也在青岛。因此，尽快组建青岛国家海洋科学研究中心既是我国海洋科技体制创新的需要，也是适应经济建设和科技发展新形势的需要，对促进海洋科研资源的优化配置、强化海洋科研创新能力将发挥重要的作用。青岛国家海洋科学研究中心的组建应以现有重点实验室为基本单位，按照“集成力量，优势互补，资源共享，平等互利”的原则，对青岛地区现有的基础科研力量实行强强联合、资源优化配置；要加强各相关单位之间的合作、联合与整合，突出学科发展重点，促进学科交叉渗透，使青岛成为一个开放型、国际化的海洋科学研究与交流中心。“中心”的定位应围绕国家需求和海洋科学发展前沿，以基础研究和应用基础研究为主，实行首席科学家制，通过吸引国内外的优秀人才，承担国家科研任务，开展高水平的研究，发展成为国家海洋科学知识创新的源头。青岛国家海洋科学研究中心应本着共建、共管和共同支持的原则。

由教育部中国海洋大学、农业部黄海水产研究所、国家海洋局第一海洋研究所、中国科学院海洋研究所和青岛市科技局组成筹建组，于2002年完成了“青岛国家海洋科学研究中心组建方案”、“青岛国家海洋科学研究中心章程”和“青岛国家海洋科学研究中心管理暂行办法”的制定。提出了“中心”为共建的公益科研机构，实行理事会领导下的中心主任负责制，设立办公室、后勤部等办事机构和学术委员会；以中国科学院海洋研究所、教育部青岛海洋大学、国家海洋局第一海洋研究所、农业部黄海水产研究所和中国地质调查局海洋地质研究所已建的部门重点实验室为基础，重新组建海洋渔业科学国家重点实验室、海洋生态环境科学国家重点实验室、海洋环境与陆-海-气相互作用国家重点实验室、海洋药物国家重点实验室、动力海洋学国家重点实验室、海洋地质学国家重点实验室、实验海洋生物及生物技术国家重点实验室；建立海洋科考船及船舶基地、海洋科技信息计算中心、检测分析中心、模拟海洋实验室、国际学术交流中心和海洋科技样本馆组成的公用科技平台；“中心”的主要研究方向为物理海洋学、实验海洋生物学、海洋地质学、海洋生物资源综合开发利用、海洋渔业生物资源可持续利用和海洋生态环境科学与工程；制定了决策管理、实验室管理、项目管理、财务管理和日常工作管理等管理办法。年初和年终，科技部副部长程津培和司长阎金先后两次到青岛召开座谈会，检查筹建工作的进展，征求对筹建方案的意见，促使“中心”的筹建工作取得了重要进展。

（国家海洋局第一海洋研究所　路应贤）

【国家海洋药物工程技术研究中心】　国家海洋药物工程技术研究中心是经科技部批准，依托于中国海洋大学组建的国家级工程中心，主要从事海洋药物的工程化研究以及中、高级人才的培养、培训。该中心于2000年8月正式通过科技部验收。组建国家海洋药物工程技术研究中心旨在对已有的海洋活性物质的分离、提取及合成、半合成的技术进行系统的组装集成并完善配套，在此基础上，再进一步研究开发海洋药物的技术过程及系列产品，使其直接应用于海洋制药产业，加速海洋药物开发技术及成果的产业化进程，进而促进海洋制药的发展。该中心现拥有三条现代化的中试体系即：药用微藻大量生物培养、浓缩、收集的工程化技术体系；海洋生物活性物质提取分离的工程化技术体系；海洋天然产物化学改性及活性物质人工合成的工程化技术体系。

该中心三个工程化技术体系的建立，形成了国内惟一的从海洋生物药源到海洋生物活性物质的分离提取再到海洋天然产物化学改性及活性物质人工合成完整的海洋药物研究与开发的中试技术体系。中心还具备了工程化研究、开发、设计和试验的综合能力，能够迅速将本行业或相关行业内的实验室科研成果进行系统化、配套化和工程化开发。

该中心自投入运行以来，先后已有十多项上游单位的实验室成果在中心进行孵化、成熟并工程化，三个国家一类新药 PV-911、916、D-聚甘酯的成功中试，不仅获得了临床研究需要的原料药，而且获得了中试放大必需的各项技术参数，成果达到国际领先水平。该中心在重点进行海洋药物的工程化研究与开发的同时，积极进行新产品的研发，由中心自主开发的研究项目“精制脱腥鱼油及其系列产品的开发”填补了国内空白，产品已经实现大批量生产并出口日本，用户反映较好。

国家海洋药物工程技术研究中心实行管理委员会领导下的中心主任负责制。中国工程院院士、中国海洋大学校长管华诗任该中心主任。中心目前共配置专职及兼职人员 36 人，其中高级职称 8 人，中级职称 6 人，是一支结构合理、业务水平较高的技术和管理队伍。

经过近三年的努力，工程中心已具备良好的工程化研究及对外服务条件，拥有一批既懂技术，又懂经营、管理的高级复合型人才，具有承担天然产物及化学合成药物中试项目的条件和能力，成为我国独具特色的海洋药物及海洋制药的技术源和辐射源，同时也成为我国海洋药物工程化研究和人才培养的基地。中心积极支持和欢迎业内各界人士来该处进行工程化研究开发及人才培训与交流工作，面向国内外开放。（海　网）

中国气象局系统

【国家气象中心】　国家气象中心的前身是中央气象台，成立于1950年3月1日。50多年来，国家气象中心有了巨大发展。2001年，为了优化资源配置，原国家气象中心和国家气候中心等单位重组为新的国家气象中心，新增了农业气象、遥感应用和环境气象业务。新中心下设中央气象台、气候中心和气象信息中心三个分中心。中央气象台主要负责天气和环境监测及预报警报工作；气候中心主要负责短期气候预测和气候变化工作；信息中心主要负责气象信息的收集分发以及通信、计算机网络和气象资料的运行管理工作。

国家气象中心是全国天气预报、气候预测、气候变化研究、气象信息收集分发服务的国家级中心，也是世界气象组织亚洲区域气象中心、核污染扩散紧急响应中心、亚洲气象通信枢纽、世界资料中心中国气象资料分中心，并即将成为区域气候中心。国家气象中心的气象服务包括为党中央、国务院和有关政府部门制订指导国民经济发展、组织指挥防灾减灾科学决策所需气象信息的决策气象服务，通过电视、广播、报纸、网站等媒介为公众提供公益气象服务，向国家重点工程、企事业单位趋利避害组织生产所需的专业气象服务，为全国省级气象部门提供指导性气象服务，为国家参与政府间气候变化委员会（IPCC）和《联合国气候变化框架公约》履约等活动提供科学技术支持。国家气象中心的气象服务已覆盖了农业、林业、畜牧业、交通、能源、水利、海洋、环保、保险和商业等国民经济各大门类。

为满足社会不同领域不断增长的需求，国家气象中心将依靠科技进步，积极与国内外科研教育单位合作，继续发展数值天气预报和气候预测系统，提高国家台风、暴雨、强对流天气、干旱、沙尘暴、大气环境质量等的预测预报以及气候变化监测、情景预测、气候变化影响评价和对策水平。国家气象中心还将加强天气、气候、环境、应用气象、遥感应用、信息技术应用等领域的研究开发工作，不断拓展业务领域，为国家防灾减灾、可持续发展和提高人民生活质量做出更大的贡献。

（中国气象局国家气象中心办公室　宋　云）

【中国气象科学研究院】 中国气象科学研究院成立于1978年5月，前身为1956年8月成立的中央气象科学研究所和气象科学技术情报所。1991年更名为中国气象科学研究院。2000年被国家科技部列为公益类院所科技体制改革试点单位，2001年起中国气象科学研究院进入科技部支持的国家公益类研究院。中国气象科学研究院是隶属于中国气象局的最高研究机构，是我国国内多学科、以研究大气探测的新理论、新技术和新方法；研究大气动力、物理、化学和生态的基本过程及其变化规律，开拓天气和环境监测和预测的新理论和新技术；研究气候系统中五大圈层，即大气圈、水圈、冰雪圈、生物圈和岩石圈为主攻方向的大气科学综合研究基地之一。

中国气象科学研究院现有一支结构较为合理、适应我国气象现代化需求、能紧密跟踪国际大气科学前沿领域中热点问题进行研究的实力雄厚的科研队伍。全院现有正式职工310名。其中中国科学院院士1名，中国工程院院士1名；正研级科研人员38名，副研级科研人员92名，中级技术人员122名。有42名科研人员享受政府特殊津贴。院长、党委书记张人禾；第一副院长薛纪善；副院长、党委常务副书记王祖亭；副院长卞林根、郭亚曦。

中国气象科学研究院由气候与环境变化研究所、生态环境与农业气象研究所、灾害性天气研究所、大气探测研究所、人工影响天气研究所以及数值预报研究中心6个科研所；院办公室、科技管理处、人事处、党委办公室、计划财务处5个职能处和研究生部、大气科学信息部2个科研支撑部门组成。拥有3个部门级重点开放实验室：强风暴实验室、云雾环境实验室、大气化学实验室。1992年，中国气象科学研究院进入全国科研院所综合科技实力、运行绩效评价前300强。

近年主持承担和参加的国家重点科研项目

由中国气象科学研究院主持承担的国家重点基础研究发展规划项目有："我国重大天气灾害形成机理和预测理论的研究"、"首都北京及周边地区大气污染机理与调控原理"；国家基础性研究重大关键项目、国家攀登计划B"青藏高原地-气系统物理过程及其对全球气候和中国灾害性天气影响的观测和理论研究"（气象部门四大科学试验之一）；国家"九五"攀登计划专项"海峡两岸及邻近地区暴雨试验研究"（气象部门四大科学试验之一）；国家自然科学基金重大项目"长江三角洲低层大气物理化学过程及其与生态系统的项目作用"；国家自然科学基金重点项目"特征地质时期和现代东亚季风—水文—生态相互作用"、"中国强降水天气数值预报的研究"、"ARGO浮标资料的同化技术及其在短期气候预测中的应用"等。主持完成了"全国天气雷达定标"、"全国天气雷达终端改造"等中国气象局两大工程项目；并承担完成了中国气象局新一代天气雷达建设有关的功能需求、技术、规格数据格式以及验收标准等一系列重要文件的技术依据内容。目前正承担着"西北地区人工影响天气基地建设"和中国气象局"沙尘暴监测预警服务系统一期工程建设"任务。承担的国家科技部攻关项目有："中国数值预报技术创新研究"、"农业气象灾害预警评估技术研究"、"人工增雨技术研究示范"等。

取得的重大科研成果 近20年来中国气象科学研究院取得了丰硕的成果，获得国家科技进步二等以上奖31项。其中："灾害性天气监测和短时预报系统"、"UHF多普勒测风系统"、"北方层状云人工降水试验研究"、"全国农业气候资源和农业气候区划研究"获国家科技进步一等奖；"东亚季风研究"获国家自然科学二等奖；"中国历史气候变迁规律的研究"之一、三、八部分获国家自然科学四等奖；"714型台风警戒雷达系统"、"华北平原作物水分胁迫和干旱"、"北方冬小麦卫星遥感动态监测及估产系统"获国家科技进步二等奖。参加的"卫星通信气象综合业务系统（9210工程）"获国家科技进步二等奖；"农业气象灾害防御技术研究”、“城市空气污染指数数值预报系统推广应用”、“CAWS600系列自动气象站”等三项获中国气象局气象科研开发奖。

期刊出版与人才培养　中国气象科学研究院发行高级学术刊物《应用气象学报》、《中国气象科学研究院英文年报》及《气象》、《气象科技》等专业刊物。中国气象科学研究院为国务院首批批准的大气科学硕士学位授予单位，1998年增设大气物理学和大气环境博士授予点，2002年10月国家人事部授予博士后科研工作站。现有博士研究生导师16名；硕士研究生导师63名；在读博士研究生24名，硕士研究生69名；建院以来，共培养博士研究生43名；硕士研究生354名，为全国气象部门培养和输送了大批专业人才。

国际合作与交流　建院以来，与国外诸多国家和地区的科研单位、有关院校开展了广泛的技术合作与学术交流。涉及的领域有：大气物理、大气化学、地球环境、人工影响天气、农业气象、大气探测、中尺度气象、极地气象、天气动力、气候、气象仪器计量对比以及气象科技资料与学术刊物交流等。同美国、日本、韩国、澳大利亚、加拿大、芬兰、越南、朝鲜、俄罗斯等40多个国家开展了较为全面的合作与交流。自1978年成立院以来，共派出897人次分赴40多个国家和地区进行合作研究或参加国际会议；同时，有40个国家和地区约1 487人次来院进行合作研究或参观访问。（中国气象科学研究院办公室　黄幸媛）

【华风气象影视信息集团】　北京华风气象影视信息集团是直属于中国气象局的高新技术企业，成立于2002年8月28日。集团的前身为1993年成立的北京市华风声像技术中心。集团主要从事气象电视节目的制作，向公众及国家决策机构发布气象预报及灾害性天气警报。另外，集团还从事与之相关的电视图形图像处理系统、多媒体及网络气象服务产品的开发、推广和广告创意设计等业务。

华风气象影视集团拥有华风楼，四个大演播室及相应制作机房，配备了先进的广播级数字视音频系统和高档图形图像及数字处理工作站。2001年，华风建成了新一代数字化电视天气预报节目制作系统，使我国气象部门在电视天气预报制作方面达到了世界先进水平。

华风气象影视集团目前的员工总数已达160余人。其中包括气象、计算机、电视工程、编导、摄像、美术设计等高中级专业人员百余名。

1981年10月1日，华风气象影视集团和中央电视台合作推出第一台电视天气预报节目。1986年，华风气象影视集团开始独立制作预报节目，使我国成为世界上惟一的由气象部门独立制作电视天气预报节目的国家。为了提高节目播出时效，中国气象局投资120万元铺设连接华风气象影视集团与中央电视台的专用光缆。1991年1月1日起，华风气象影视中心正式通过光缆向中央电视台传输电视天气预报节目。

集团制作的电视天气预报的品种不断更新，由过去单一电视天气预报发展到目前拥有《环境气象》、《今日气象》、《旅游气象站》、《太空气象站》综合环境、科普、旅游等内容于一体的多种节目。目前中央电视台所有气象节目全是由风气象影视集团制作提供的。集团每天为CCTV1、4、5、7、9、10及新闻频道共7个频道提供26档节目，同时还为中国旅游卫视TSTV提供气象节目，节目播出量每天达3小时。分气象新闻类、预报整版服务类、专题片类及资讯谈话等4大类。内容涉及早、中、晚气象服务，新闻、专题、科教、海外气象、旅游气象、体育气象、英语、西部气象服务等多个方面。迄今为止，集团已完成560部新闻专题片，360余部气象科普片的拍摄，内容丰富，系列化程度高。集团制作的专题片曾多次获奖。其中，《气象灾害的预防》获广播电影电视部全国优秀社教节目奖，《气象漫谈》获中央电视台优秀节目奖，《中期数值天气预报》、《气象与航空》、《气象知识》系列片等9部获中国气象局全国优秀电视奖。集团部分节目的收视率高于40%，是央视各个栏目中收视率最高，最受欢迎，最具权威性和影响力的节目。2002年全国电视观众收视调查显示，每晚19：31在CCTV-1套播出的天气预报节目排在收视排行榜首。

集团研制开发的科技产品及成果多次获国家和部委科技进步奖，多媒体微机电视天气预报制作系统也已推广到20多个省地市气象部门。应世界气象组织要求，1994年，华风向非洲埃塞俄比亚提供了气象节目制作的专项技术援助；集团节目曾两次获法国国际气象电视节提名奖（前三名），并在欧美展播中受到了广泛称赞。

党和国家领导人对华风集团的工作非常重视：江泽民总书记（时任）、李鹏总理（时任）、乔石委员长（时任）等国家领导都曾亲临华风集团视察，并且充分肯定华风的工作。江泽民总书记说："我天天看你们作的天气预报。"2002年10月，朱镕基总理（时任）视察华风时，主动要求和华风的气象节目主持人合影，并亲笔题词"最受群众欢迎的气象明星"。

为了进一步普及气象科技知识，使社会各界增进对气象科学的了解与支持，集团于2002年6月向国家自然基金委员会申请基金以拍摄《地球大气，天气与气候科普系列知识》。此片共9部，30余集，将系统地揭示天气气候与经济，社会及生态环境，历史文化，人类文明进程等的联系；并将以全新视角展现地球大气，天气与气候的丰富多彩。

为适应中央电视台等媒体新增频道和栏目的需求，集团将在CCTV-12（中国西部频道）推出呈现更新风格的气象节目。目前，集团还在积极筹建《中国气象频道》，届时将24小时滚动播出最新气象信息，自制节目将达8～10小时。

目前，华风气象影视集团正在策划制作各种类型，内容涵盖天气、气候、大气环境、生态环境、人文地理气候变化等的专题片，力争发展成为世界上先进的气象信息节目制作公司。

（中国气象局北京华风气象影视信息集团综合办公室　贾　敏）

【中国气象局上海台风研究所】 中国气象局上海台风研究所是在原上海市气象科学研究所（上海台风研究所）的基础上，经国家科学技术部、财政部、中央编制办公室批准于2001年底重新组建成立的国家级公益性研究机构，是全国气象部门惟一以开展热带气旋基础研究和应用基础研究为主要发展方向的专业研究所。

上海台风研究所人员编制总数50人，现正式在岗科研及管理人员共计28人。其中，研究员2人，副研究员（含副研究员级的高级工程师）8人，助理研究员（含工程师）9人，硕士研究生导师2人。全所拥有博士学位研究人员5人，在读博士3人，硕士17人，硕士以上学历人数比例高达80%。

上海台风研究所立足于国家战略需求，根据国家防灾减灾的需要，确定了卫星、雷达等非常规资料在热带气旋数值天气预报中的应用技术开发、热带气旋路径突变理论及客观预报方法的技术研究、热带气旋结构和强度突变理论及预报技术的研究、热带气旋短期气候变化机制及预测技术的研究、热带气旋登陆过程及灾情评估技术的研究和海-陆-气耦合模式及区域气候预测技术研究等主要研究领域；热带气旋发生、发展规律及预测技术研究，热带气旋防灾、减灾对策研究，热带气旋探测资料信息化及应用技术研究和热带气旋数值天气预报技术方法的研究等四个主要研究方向。

目前，上海台风研究所科研工作进展顺利，承担着国家、地方及部门级科研课题近40项。其中独立承担国家自然科学基金项目3.5项，与其他单位合作开展国家自然科学基金项目3项；独立承担国家科技部科技基础性工作专项2项，社会公益研究专项资金项目2项；与中国气象科学研究院合作，开展国家"973"计划项目1项、科技部国家"十五"科技攻关项目3项、科技部基础性及社会公益性研究项目3项；承担中国气象局下达重点课题2项，上海市气象局下达课题7项。

2002年，上海台风研究所科研人员在国内外各类学术期刊共发表论文35篇，于"九五"期间承担的国家重中之重攻关项目"长江三角洲及上海地区主要气象灾害短期气候预测系统的研究"获上海市科学技术进步二等奖。

2002年，上海台风研究所科技图书馆全面开始了自动化业务管理系统的建设工作，年底开通了美国气象学会《AMS》网上2002年以来全文电子文献检索。由上海台风研究所编辑出版的《大气科学研究与应用》期刊全年发行2期，发表学术论文、科技报告及短论近40篇。

【广州热带海洋气象研究所】 中国气象局广州热带海洋气象研究所是国家级非营利性科研机构，其前身是创办于1976年6月的广东省热带海洋气象研究所，1991年更名为"广州热带海洋气象研究所"。2001年10月，根据科技部、财政部、中央编办联合下发的《关于对水利部等四部门98个科研机构分类改革总体方案的批复》，中国气象局所属的30多个气象科研院所进行了分类改革，广州热带海洋气象研究所与中国气象科学院及其他7个省级专业气象研究所列入了国家级非营利性科研机构，并更名为"中国气象局广州热带海气象和海洋气象方面的应用基础和应用研究为己任，主要研究方向为：热带大气环流与天气系统、海气相互作用对中国天气气候的影响、热带气象预报技术。同时它也是华南区域气象业务发展的技术开发基地。

广州热带所现任所长王东晓，执行所长梁建茵。核定编制50人，现有研究员4人，客座研究员9人，副研究员和高级工程师14人，博士4人，硕士15人，在读博士5人，是一支平均年龄37岁的以年青学术带头人和学术骨干为主体的科研队伍。内部设有办公室、热带海洋气象研究室、热带气象预报研究室、热带大气边界层探测和应用研究室、热带气象信息与应用研究室。

为了将广州热带海洋气象研究所建设成为高水平的专业气象研究所，近年来加大了对科研条件建设的投入。目前其拥有峰值速度达240Gfloat的曙光3 000并行计算机1台，建立了1 000M高速局域网并以10M速率与国际互联网相联接，初步建立起移动式大气边界层探测系统，460多个站点组成了自动站网、7部多普勒组成的天气雷达网。

2002年初，根据国家科技部关于深化科技体制改革的总体要求，按照中国气象局对部门科研机构改革的总体部署，广州热带所按照“开放、流动、竞争、协作”的方针进行了深化改革，加大人员结构调整力度，实施了理事会、科学咨询委员会、所务管理委员会、所学术委员会综合管理的运行机制，岗位聘用、开放、流动的用人机制，与业绩挂钩的分配机制，以客观定量的考核为基础的激励机制。2002年以来，承担国家级项目9项，争取的科研经费创历史新高，在SCI刊物发表论文3篇，核心刊物发表论文19篇，完成技术报告46篇，获省部级科技进步奖3项。研究开发的南海台风数值预报系统、广州中尺度数值预报系统、空气质量预报系统、广东短期气候预报系统达国内先进水平。中尺度数值预报系统在灾害性天气预报、空气污染数值预报、环境气象预报、南岭雾的预报、核应急气象保障、重大事件的气象保障等气象服务中发挥了重要作用。台风数值预报效果显著，中国台风专家组2002年给出的评定报告中指出，广州热带所的台风路径数值预报在国内各方法中平均误差最小，已接近日本数值预报水平。环境气象预报成果已推广到中山、惠州、环保局等10多个部门使用，社会效益极为显著。

广州热带所主办的刊物有：《热带气象学报》（中、英文版）、《热带气象通讯》，其中《热带气象学报》是国内气象科技界较有影响的核心刊物之一。

【广州热带所科学咨询委员会】　首届科学咨询委员会由周秀骥院士、陈联寿院士、吴国雄院士等11位专家组成，科学咨询委员会主任由周秀骥院士担任。其主要职责是：审议广州热带所学术发展方向及中长期科技发展规划；对广州热带所拟申报的国家级和省部级项目进行评审和推荐；对广州热带所在研项目中遇到的技术问题进行技术咨询；对广州热带所需引进的大型设备进行技术咨询和把关；评议广州热带所科研成果并向相关部门推荐优秀成果；评估广州热带所科研工作并提出合理化建议；不定期到广州热带所进行学术讲座；审议广州热带所与科研工作相关的其他重要事项。

【广州热带海洋所学术委员会】　由广州热带海洋所学科带头人和学术骨干组成。其主要职责审议年度科研计划、组织实施项目申报、对年青科研人员进行技术咨询、对研究项目进行咨询和不定期检查等。　（中国气象局广州热带海洋气象所　易燕明）

涉海企业机构

【中国石油化工集团公司涉海单位】　总部设在北京，下属涉海单位有：胜利石油管理局、胜利油田有限公司、上海海洋石油局、上海海洋油气分公司。

胜利石油管理局党委书记：董丕久；局长：曹耀峰；下属二级单位：胜利石油管理局海洋钻井公司、胜利油田胜利石油化工建设有限责任公司。

【胜利石油管理局海洋钻井公司】　海洋钻井公司是负责海上探井、生产井、开发井组的钻井施工、投产作业、修井、海上定位等业务的专业化公司。现拥有钻井平台8条，其中座底式3条、自升式5条。作业水深0～35米，最大钻井能力9 000米，年钻井进尺可达10万米。1994～2002

年底，海上钻井总进尺 689 440 米（其中探井 226 214 米，开发井 463 226 米）。

党委书记：孙月明；经理：党良昌。

【胜利油田胜利石油化工建设有限责任公司】

胜利油田胜利石油化工建设有限责任公司（简称胜利油建有限公司）是胜利石油管理局的控股子公司。自1993年进入滩浅海工程施工领域以来，逐步发展形成了一整套国内独有的滩浅海领域工程施工技术，研究攻关和配套完善了海底输油、注水、输气管线的系列施工工艺。公司具有海洋石油工程施工专业承包一级资质，在东营和龙口建有专门用于海洋平台、海底管道、海底电缆预制安装的海上工程模块建造基地，可以满足模块制作和装运的所有需求。先后研制完成了海上桩管自动切割和焊接设备，建造了抛锚艇和滩海铺管敷缆船；拥有 180 千瓦、400 千瓦、600 千瓦变频震动打桩锤、33tm 柴油冲击打桩锤、500kNm 液压打桩锤、45 千瓦水下液压震动打桩锤各 1 套，桩管内高压射水液化土壤清泥装置 1 套，水力埋冲敷缆装置1套；引进了1套荷兰 ϕ1 000-ϕ1 600 毫米、100 吨级液压内夹具吊索，1 套意大利水下自行挖沟装置。公司还拥有各种陆地运输拖管车 53 辆，150～60 吨吨位的各种起重吊车 32 台，起重能力从 1.5～50 吨的各种卷扬机 21 台。在赵东、EDC 平台建造过程中，完成了大型平台装船与海上就位技术、大型重物重心测控及移位技术、有轨托载拉力千斤顶技术以及即时潮差浮装技术的研究与应用。

公司董事长、党委书记：苏福成；

公司副董事长、总经理：崔光明。

胜利油田有限公司董事长：曹耀峰；总经理：李阳；下属二级单位有：胜利油田有限公司海洋石油开发公司、胜利油田有限公司海洋石油船舶公司。

【胜利油田有限公司海洋石油开发公司】 海洋石油开发公司主要担负着胜利海上油田——埕岛油田的开发建设任务。管理着海上各类采油平台 76 座，其中中心平台 2 座、开发平台 3 座、井组平台 41 座、单井平台 27 座。公司坚持以科技为先导，以经济效益为中心，以原油生产为重点，原油产量连续实现稳步增长，建成了我国第一个 200 万吨级浅海大油田。

党委书记：朱庆国；经理：董法昌。

【胜利油田有限公司海洋石油船舶公司】 海洋石油船舶公司是中国陆地石油石化系统惟一从事近海、浅海及潮间带海洋石油勘探开发、海工建设的专业化船舶服务公司，可承担各类海洋石油钻采、作业平台的拖航就位、物资供应、应急守护及油类运输、试油作业、大型海洋工程吊装、港池航道疏浚、特大型结构件江海直达运输、海洋地质调查、海洋环境监测、溢油回收、海上消防救护等任务。公司拥有拖轮、货轮、油轮、浮吊、驳船等各型船舶 31 艘，拥有 3 个 5 000 吨级泊位、4 个 3 000 吨级泊位的一类开放码头，1 500 吨级修船滑道和 2 000 吨级成品油库，6 个微波通讯站等，公司现有持证高级船员 330 人。

党委书记：李书勤；经理：张韶光。

【上海海洋油气分公司】 经理刘申叔，副经理汪建华、贾健谊、封瑞良、李上卿，总会计师王雯，副总地质师夏金宝。下设办公室、人力资源处、计划财务处、勘探处、开发（工程）处、科技处、对外合作处、物资装备处、安全环保处、审计处，附属机构为信息中心，下属单位为研究院。上海海洋油气分公司和上海海洋石油局具有共同的党委、纪委、工会等组织。

上海海洋油气分公司从事近海海域的油气勘探工作，同时受中国石化集团公司委托，代表中国石化参与平湖油气田的开发工作以及东海西湖凹陷天然气的勘探开发工作。

（中国石化股份公司　贾文昌　杨荣才　彭伟欣等）

【天津航道局】 天津航道局系国家航道工程施工一级企业，由成立于 1897 年的海河工程局沿革而来，隶属中国港湾建设集团总公司。本局施工业绩卓著，足迹遍布祖国江河湖海和国外，累计完成疏浚和吹填土方量达 8 亿余立方米。从 1986 年改为企业以来，本局坚持奉行“立足北方，面向全国，走向世界”的经营战略和“诚实经营，科学管理，优质服务，恪守信誉”的经营方针，坚持外抓市场，内抓管理，内强素质，外塑形象，把业主、用户当“上帝”，竭诚为业主、用户服务，企业信誉不断提高，实力不断增强，成为中国航道疏浚业雄居中国北方，享誉南方，跻身于世界的骨干企业。一直保持了“天津市重合同、守信誉单位”称号，连续数年被银行系统评为信用等级 AAA 级企业，1999 年 6 月通过 ISO 9002 质量体系认证，2000 年被评为全国优秀施工企业。

本局现有职工 4 000 余名，专业技术人员占 1/3 以上，拥有从国外引进的各类型挖泥船和辅助船舶 93 艘。年疏浚能力约 5 000 万立方米，不仅能在海港等复杂海域施工，还能在江河湖泊从事环保水利疏浚，且设备技术在国内处于领先水平，加之严格科学的管理，本局疏浚市场占有率名列前茅。本局经营范围为：港口航道疏浚、环保水利疏浚、采砂供砂，吹填造地、航道港口工程设计、勘察测量、船员劳务、物资贸易与储运、船员培训、技术咨询等。

天津航道局下属单位有：天津航道局第一疏浚公司、天津航道局第二疏浚公司、天津航道局第三航道工程处、天津航道局物资公司、天津航道局职工中等专业学校、天津航道局勘察设计研究院。

【中国港湾建设集团总公司】　中国港湾建设集团总公司是国家大型企业工作委员会管理的 163 家国有大型企业之一，是目前国内外工程承包市场及大型港口机械设备制造安装市场上的主力军。中国港湾建设集团总公司主要从事国内外港口、航道设计、科研、咨询、建设和疏浚吹填工程及港口机械，航标制造的国有大型集团公司，同时还从事桥梁、公路、隧道、机场、环保、市政、工民建工程和进出口贸易、房地产开发、工程监理、金融投资、远洋拖带等多项业务。中国港湾建设集团总公司具有较强的科技开发和科研创新能力，有各类现代化的大型施工设备和工程船舶 3 800 台（艘）以及各类先进的设计科研设备，拥有逾万名经验丰富的高级管理人员和专业技术人员。1992 年以来。连续入选美国工程新闻记录（ENR）杂志评选的世界 225 家最大建筑承包商行列，1997 年被列入中国 120 家国家大型企业试点集团行列，于 1999 年被列入国家重点企业行列。

中国港湾建设集团总公司作为母公司，其前身成立于 1980 年的中国港湾工程公司（后于 1988 年 12 月更名为中国港湾建设总公司）并于 1996 年 10 月根据国家的有关政策，现为中国港湾建设集团总公司。它的全资子公司的 15 家企业组成了企业集团，主要有：中港第一、二、三、四航务工程局；天津、上海、广州航道局；中交第一、二、三、四航务工程勘察设计院；上海港机厂；广州港机实业有限公司、上海航标厂、中交水运规划设计院。　（天津航道局　张炤斌）

民间海洋组织

【中国老教授协会海洋经济技术分会】　中国老教授协会海洋经济技术分会是中国老教授协会所属的跨地区（沿海省市）、专业性社会团体分支机构。会址设在青岛市。

该分会经国家教育部审核同意并报请国务院民政部批准，于 1995 年 9 月成立，并于 2002 年 10 月 18 日复审发证，登记证书为：社证字第 4302-20 号，活动地域全国，业务范围：科学研究、技术咨询服务，教育培训、学术交流、编辑著作。

该分会由 55 岁以上从事海洋方面工作具有高级职称的专家、教授所组成，其中不少是造诣较深、在海洋及其相关领域建树颇丰的知名学者，包括博士生导师、中国科学院和中国工程院院士，现有会员 756 名。

该会本着充分发挥会员的才能和作用，实现二次智力开发，为建设海洋经济强国继续贡献力量，在科技、经济、教育和文化领域内积极开展科研、教学、开发和咨询工作，以及接受各行业、各单位有关委托的任务。分会成立以来，组织会员做了以下工作：

（1）组织学术活动。著书立说，为社会留下宝贵财富，由中国科学院资深院士曾呈奎牵头组织海洋专家编写了《海洋生物学》、《海洋物理与物理海洋学》、《海洋化学》、《海洋地质学》、《海洋经济学》、《海洋环境科学》、《海洋工程》、《中国海洋科学史》等 8 部著作，约 500 万字。

（2）开展学术研讨、信息交流，为开发海洋服务。该分会开过多次学术研讨会。其中有主题分别为“21 世纪海洋开发前景与战略”、“青岛海上奥林匹克运动中心工程”、“把青岛建成北方国际航运中心”、“新世纪江苏渔业发展趋势”、“首届海滨旅游地理研讨会”等学术研讨会，供当地政府决策参考。

（3）广泛开展科技服务，“把才能变财富”。

在青岛市建设跨海大桥工程前期工作中，有10位海洋工程方面的专家被青岛市政府聘任为工作顾问，专家们的出色工作获得了市政府领导的好评。为更好开展技术咨询服务，在青岛市民间组织管理局和科技局的支持下，于2000年成立了民办非企业单位“青岛泰杰海洋工程技术咨询开发研究院”。该院承担了青岛市科技发展项目，即从美国、中国台湾引进适合深海网箱养殖的优良鱼种。并于2002年被青岛市政府评为“企业先进单位”。

该分会分别与江苏赣榆县和山东威海市联合在当地组建了“海洋科技产业化基地”和“海洋科技服务中心”等。

【青岛泰杰海洋工程技术咨询开发研究院】 该院是中国老教授协会海洋经济技术分会主办、经青岛市科技局审核同意、青岛市民间组织管理局批准登记的咨询开发研究机构（法人单位），登记字号为鲁民证字第B00409号，代码为7240195-3。具有国家海洋局颁发的海域使用论证资质证书和青岛市计委颁发的工程咨询资格证书。院部设在享有“中国海洋科技城”之称的青岛市。

该院的宗旨 团结组织海洋科技界的老专家、老教授，充分发挥其知识和才能，继续为实施“科教兴海”和可持续发展战略，为建设海洋经济强国服务。同时，实现老专家、老教授高智人才资源的第二次开发利用。变才能为财富，为国家和企业创造经济效益和社会效益。

该院有专职和兼职的老专家、老教授740余人。他们在长达几十年的海洋科教工作实践中，陶冶了忠诚海洋科教事业的高贵品德，积累了丰富的知识，造就了精深的专门才能。他们之中有我国海洋科学的奠基人、开拓者、学科带头人和技术骨干，为我国海洋科技与教育事业做出了重大贡献。如著名的海藻生物科学家、中国科学院资深院士曾呈奎研究员，国际盛名的海浪科学家、中国科学院院士文圣常教授，海洋药物、保健品研制专家、中国工程院院士管华诗教授，对虾养殖与实验生态专家、中国工程院院士赵法箴研究员，海洋环境工程专家、中国科学院院士胡敦欣研究员，渔业资源与海洋生态专家、纽约科学院院士杨纪明研究员，国家遥感应用工程技术研究中心主任、欧亚科学院院士崔伟宏教授等。

该院具有人才多、学科全、联系广、学识高的突出优势，可以为科教兴海、建设海洋经济强国承担多方面的任务。是人才荟萃、知识密集、信息灵通的工程科技咨询单位。该院有下列职能：

海域论证 对拟使用海域自然地理条件、资源环境状况、区位条件、社会经济状况、区域生产力布局、用海历史沿革、海域功能、海域使用损益及灾害防治、国防安全等方面的勘测、调查、评估，为政府审批用海项目提供科学依据。

水产养殖 海水淡水养殖品种的育苗、养成，饵料配方，防病治病，保活保鲜以及水产品加工等技术和研究开发，及其配套工程设计。

海洋工程 海港码头、防波堤、护岸、海洋石油钻探、海洋旅游、船舶等工程项目的规划、勘测、设计和施工的技术咨询和技术服务。

海洋工程地质与海洋矿产 工程物探及灾害地质分析；基础工程地质和沉积分析；土工试验及桩基、地基稳定性分析；地震烈度、地震动与砂土液化势评估；工程地质综合评价；沉积矿产普查、勘探开采及其评价。

海洋药物与海洋食品 研究开发海洋中药材、中成药、现代海洋湖沼药物、保健食品、美容化妆品、海洋医用生物材料、海洋农作物生长促进剂及病虫害防治等领域的新产品、新技术、新材料及进行成果转让、技术咨询服务。

防腐防污与环保工程 腐蚀、污染及环境保护的调查、评价，防腐防污及环保技术产品的研究开发、咨询服务。

海洋经济与管理 海洋资源开发与保护战略规划的研究制订，海洋政策法规与管理的研究与咨询服务，发展海洋科技产业的策划。

海洋国际信息网 收集整理信息，信息服务。

环境传感测量技术：对海洋、大地灾害的研究、测量、控制、预测、预警。

近年来该院已为国家有关部门、地区、企事业单位承担专业咨询多项，成效显著，影响良好。

（孙 斌 贺岳先）

附录 5　国外海洋工作简况

Appendix 5　Summary of Foreign Marine Work

当今世界海洋对于人类生存和发展的重大战略意义已被普遍认识和重视，世界沿海国家纷纷把目光投向海洋，全球正在兴起一场以开发海洋资源，发展海洋经济为目标的“蓝色革命”，海洋已成为新世纪各沿海国家大规模开发和激烈竞争的重要领域，世界许多沿海国家都把开发海洋、利用海洋列为国家的发展战略。海洋综合管理日益加强，海洋资源开发利用规模迅速扩大，海洋经济已成为振兴国家经济的重要支柱。

海 洋 管 理

【美国制定新海洋政策】　美国为制定新的国家海洋政策，特成立了“国家海洋委员会”和“国家政策委员会”，国家海洋委员会在沿海地区多次召开海洋问题听证会，并走访了一些海洋科研机构和各界人士，于 2002 年 9 月向美国国会和总统提交了《中期报告》。《中期报告》反映了即将出台的《美国国家海洋政策》基本框架和内容要点。

(1) 协调和综合体制。确定各级政府、私营企业、公民和居留者在海洋与近海资源管理中的适当作用；

(2) 海洋资源可持续利用。脆弱而特殊的海岸带和海域的充分保护；

(3) 海洋事务和海洋科学的公众教育。提高国民关于近海和大洋丰富资源及海洋与大气相互作用的意识，认识海洋资源利用的潜在效益及高成本；阐述各级政府、公民和居留者作为海洋服务员的作用；

(4) 海洋领域的技术知识。包括关于海洋和大气相互作用、海洋特征、动力学以及可用来改善海洋资源可持续利用和保护的生态系统的资料信息；

(5) 持续开展海洋监测。这是海洋资源适应性管理的保障；

(6) 公众安全与保险。预防自然及人为灾害，以及来自美国海岸沿线、港口和航道的威胁；

(7) 向人民提供充分的机会。欣赏海洋环境，并从中受益，保护自然舒适度、自然景观、历史与文化资源等；

(8) 美国对全球海洋事务的承诺。就有关大洋与近海监督管理、服务、教育、科学和勘探等事项，与其他国家开展技术和信息交流；

(9) 投资。为了美国和世界利益，公、私部门应增加对涉海经济、海洋技术研制、资源保护和利用、环境恢复、娱乐、海洋知识推广等的投入；

(10) 精心设计的管理系统。监督国家海洋政策各项措施的贯彻实施，并持续予以关注。

基于美国目前海洋与近海资源开发管理面临的挑战，海洋政策委员会初步拟定了《国家海洋政策》以下 9 个标题：①海洋生物资源；②污染与水质；③监督管理；④海岸带管理；⑤非海洋生物资源；⑥科研、勘探和检测；⑦教育；⑧技术与海洋作业；⑨投资和联邦政府的措施。

【俄罗斯制定至 2020 年期间海洋政策】　俄罗斯首次制定的国家级海洋政策《俄罗斯联邦至 2020 年期间的海洋政策》不仅为未来的海洋政策提供了法律依据，而且还从根本上把部门所属和条块分割管理海洋的模式改为统一管理模式。

《俄罗斯海洋政策》全面阐述了俄罗斯联邦今后 20 年海洋政策的走向，从政治、经济、军事、科技各个角度对制定俄罗斯海洋政策的原则作了详尽的概括。

(1) 政治上，俄罗斯以海洋大国的姿态俯视世界各大洋，其政策制定的范围几乎涵盖了世界上所有的海洋；

(2) 经济上，俄罗斯的主要目的是尽可能地获取更多的资源，其开发资源的目标已从大陆架延伸到了大洋底层。同时，对亚太地区各国，也表现出关注；

(3) 科技方面，除提出加强与海洋有关的科技活动外，俄罗斯还强调对各大洋地层生物和矿物资源的勘探和开发；

(4) 在军事上，俄罗斯宣布要确保俄罗斯联邦海军在世界海洋的存在，并为此在各海域确定了明确的走向。

《俄罗斯海洋政策》在结束语中宣告："俄罗斯联邦公布海洋政策的目的，就是要坚决和牢固地加强自己在主要海洋大国中的地位"。

俄罗斯海军司令库耶多夫为此专门撰文指出《俄罗斯海洋政策》的实施将极大地提高俄罗斯的海上活动能力，有利于国家的持续发展和增强俄罗斯的国家威望。

【加拿大制定新海洋战略】 2002 年 7 月加拿大水产海洋部（DFO）正式公布《加拿大海洋战略》。其宗旨是促进有关政策按相关法规、概念和原则制定综合管理方法。其目的是为现代和后代加拿大人的利益改善海洋管理，保证关于加拿大每项海洋开发活动的决定"对社会是负责的，具有环境和经济可持续性"。

加拿大海洋战略的核心内容是：

(1) 综合运用科学和传统知识，加深对海洋生态系统的认识；海上活动和陆上活动对海洋和沿岸水域都有影响，过度捕捞、航运、陆源污染及开发等对海岸线和海洋水域也有影响。同样，海岸线开发可能改变岸线性质和岸线演变过程，从而影响该地区的旅游和生态。因此，有必要输入科学的和传统的知识，开展生动活泼的公众辩论、监测、评价和报告；新技术及对传统生态知识的新认识，将成为综合管理方式的组成部分。

(2) 减少海洋污染；工业排放物、农业经流和人类生活污水等形式的陆源污染增加了污染物流入海域生态系的负担，对于人类健康也有潜在影响。合作计划，如《全国预防陆地活动，保护海洋环境行动计划》帮助联邦、省和领地政府控制或最大限度减少陆源污染，保护近岸和沿海生境。

(3) 加速全国海洋保护区网的发展；加拿大水产渔业部代表政府，协调全国海洋保护区网的发展。全国海洋保护区网的建立将为大生态系尺度确认的特殊生境和敏感资源提供适当程度的保护。

(4) 采用综合管理原则，解决海域多样化利用的利益冲突。综合管理的突出目标是海域及其资源的可持续发展。为达此目标，必须采取的管理模式是维持生态系统整体性和健康，解决一定海洋空间内用户冲突和多种活动长年累月的影响的模式。

(5) 加强管理，提高公众环保意识。综合管理的核心在于民众最广泛意义的参与意识，即各级政府，土著民族、公司、企业和社会利益团体非政府组织和加拿大人的广泛参与。

(6) 加强国际合作，保护全球共享的渔业资源和其他海洋资源，水产海洋部和联邦其它部门与国内和国际有关利益集团合作，在领导综合管理计划的制定方面起着更大的作用。

【韩国 21 世纪海洋政策】 进入 21 世纪，韩国出台了新的海洋开发计划——《韩国 21 世纪海洋》。旨在解决食物、资源、环境、空间等紧迫问题及 21 世纪面临的挑战，通过保护、开发、利用海洋，成为超级海洋强国。

(1) 提高海洋科技水平。提高韩国海洋科学技术水平，到 2010 年达到 7 国集团的水平。重点是加速可能形成巨大市场的海洋生物技术产业的发展，使该产业市场到 2010 年达到 4 倍于现在半导体市场的规模。由韩国海洋研究与开发研究所(KORDI)负责，重点研究深海在食物、海水养殖、自然材料等方面的开发利用，包括太平洋深海矿产资源开发技术、海洋能利用技术、海洋生物技术以及建立高级海洋观测网，向沿海渔业、海上安全航行和海洋休闲运动提供海洋信息，提高韩国积极参加全球海洋观测系统的地位。

(2) 保护海洋环境。制定和实施以"创建清洁而生机勃勃海洋环境"为宗旨的海洋环境保护综合计划，包括 5 项政策目标，83 项具体任务，并建立广泛的监测科学数据管理系统、海区区划可持续管理系统、近海和大洋综合管理系统。制定潮滩保护措施，开发潮滩生态旅游示范区，建立人工潮滩，开发沿海生态系恢复技术。实施海岸带改善和维护 10 年计划（2000～2009)、全国海岸带围垦 10 年计划（2001～2011）和海岸带综合管理计划，建立海洋保护区。

(3) 建立港口物流系统。建立以汉城为航运和金融中心，以 Busan(釜山)为港口相关产业的地区枢纽港中心，以 Jeju(济州)为船舶注册核心等海事功能相结合系统。建立港口物流系统，健全港口作业信息网，扩大港务局自主权，国营公司根据公司会计制度自主进行港口管理、营运和开发。加速超大集装箱港的发展，扩大民间在港口设施建设和营运方面的参与权，发展贸易、银行等相关产业，通过高附加值国际物流活动，吸引国外投资，增加就业。

（4）加强海上安全。为提高韩国在国际海事活动中的地位，2002年韩国开始履行国际公约义务的5年计划，并提出实质性的后续措施，如扩大技术及财政支持，成立一个专门小组，专门负责国际海事组织（IMO）招投标，达到与其他海事大国相当的平等地位。

建立海上安全综合信息中心，以保证对所有港口、近海海域、专属经济区和远洋海上交通的良好协调和可靠管理。

加强海洋污染响应及处理能力建设，开展响应培训和公私双方联合响应训练，出版海洋污染响应指南，以便最大限度地减轻海洋污染损失，保护海洋环境。

（5）建立可持续发展的渔业生产基础。加强渔业环境保护与改善，作为一项支持措施，政府计划颁布《水产养殖促进条例》，将“捕捞型渔业”向“资源管理和养殖型”转变。建立以市场为导向的资源管理系统。为了以合理而有效的自愿方式保护和利用沿海渔业资源，启动“沿岸和近海渔业重组计划项目”和“共管渔业计划”，为了扩大“共管渔业计划”，韩国政府努力解决相关体系，采取各种鼓励措施，如自愿参加原则，加强渔民培训等，并建立了渔业社区教育与信息系统。

（6）加强海洋和渔业的国际合作。为了增强远洋渔业的竞争力，加强与美国、加拿大、俄罗斯、日本、中国等国间的海洋合作，积极参与海洋有关的国际组织。在东北亚建立像东北亚海运论坛和渔业资源管理组织的国际合作体。建立南北韩联合渔区，保持和稳定海外渔场。

海洋环境保护

【全球海洋环境评价】　2002年联合国大会第57届会议通过A/57/151号决议，规定至2004年，建立“联合国体系下”的全球海洋环境状况测报和评价常规程序，并要求联合国所属有关部门和项目提出部门间全球海洋评价计划建议。其主要目的是：在正规、及时和科学的基础上，开展海洋生态系统各方面的状况和趋势的必要评价。这类评价应建立在与海洋环境评价相关和（或）有关的现有机制的基础上，而且应涉及国家、地区和全球三级的决策者和利益相关者，并为他们所利用，以促进地区和学科之间合作，改善与海洋环境评价有关问题的国际网络。

（1）为了保证合法性、可靠性和特色性，全球海洋环境评价的利益相关者集团应在地区一级予以确定。

（2）拟采取的方式为公认的以生态边界为依据的大生态系统，以解决海区和人类活动频繁区的生态系统保护问题，解决当前的评价活动没有覆盖或没有充分覆盖的海区的问题。初步考虑的重点评价海区包括：①公海、深海和开阔海；②发展中国家和小岛屿国家的海洋环境；③海洋系统和淡水系统相互作用的海域。

（3）为确保全球海洋环境评价采用数据的可靠性，提供的数据和信息应符合国际认可的标准，并有质量保证措施，因此评价数据的提供者应是国际组织、国家政府部门和科研机构，其他有价值的相关数据源也应进行调查。

（4）评价以现有组织、方法和程序等评价资源为基础，适用并加强地区评价机制和伙伴关系，避免或减少重复。评价机制应利用现有的地区能力，以利于技术转让，有利于技术缺乏地区和主要领域的能力建设。

（5）全球海洋环境评价在评价过程中应重视发挥私营企业、工业和环境非政府组织等利益相关者的作用。

（6）评价机制必须保证终端用户（尤其是国家和地区决策者）的参与权和所有权，以便在情况突然变化时，有充分的灵活性。

（7）评价成果应接受高度透明的公开审查，以“双层”格式呈报，第一层是科学和技术报告，第二层是以同样信息为基础的政策性报告。

（8）全球海洋环境评价提高评价层次的设想是：①联合国海洋正式协商会议；②可持续发展世界首脑会议；③制定地区公约和行动计划。

（9）在国家、地区和全球组织主持下现已开展的或将要开展的评价和有关评价活动将要确定其覆盖的范围、现状和时间等的空白。确定这些评价和有关评价活动可能与全球海洋环境评价过程结合的方式。

【东亚12国通过海洋可持续发展战略】　2003年东亚国家通过了一项保障东亚海洋水域保持永久发展的策略性计划。关于编制《东亚海可持续发展战略》（以下简称《战略》）的决定是2000年7月在大连召开的东亚11国政府间会议上作出的。

这些国家是：文莱、柬埔寨、中国、朝鲜人民民主共和国、印度尼西亚、马来西亚、菲律宾、韩国、新加坡、泰国和越南。PEMSEA（现在日本也已参加）2002 年 3 月政府间会议原则上批准该《战略》并同意继续进行国家、地区及国际一级的部门间磋商。《战略》是有关国家和其他利害关系人（集团）通过 3 年的磋商和在各级达成共识基础上共同努力的成果。

可持续发展战略是为了实现东亚海可持续发展的一整套可适用的原则，相关的现行地区和国际行动计划，协议及文件，以及实施方法。它为有关国家和其他利害关系人（集团）以综合或整体的方式履行已做出的承诺而不承担新的法律义务提供了一个区域性框架。体现了东亚海沿岸国家和其他利害关系人（集团）的共识以及它们达成这种共识的方式。《战略》提出了一种区域性的观点，原则及指导方针，并为每个国家发挥和加强各自的作用并相互合作处理共同关心问题提供一个平台。

可持续发展战略代表了环境及其资源综合管理和可持续利用的实施方法，目的是带来下列利益：

(1) 政府机构，非政府组织，私营部门以及其他利害关系人（集团）之间的区域性伙伴关系安排；

(2) 能够使在该地区各级运作的有关组织和计划为了其国家和其他利害关系人（集团）的利益而促进其努力和专长的协作增效和累积的作用；

(3) 为各国和其他利害关系人（集团）提供一套有助于他们制定战略、政策及实施计划以满足特定的国家、地方及部门所需的指导方针，参考资料及例证；

(4) 提供一套通过该地区 10 年的示范和推广活动已证明是适合的沿海和海洋可持续发展工作方法和措施；

(5) 有助于目前处于不同社会经济发展阶段的各国之间进行经济、知识、技术与技能的共享和转让以及相互援助；

(6) 便于有关金融机构和援助机构资助和援助的流通，以及沿海和海洋可持续发展的自立资助机制的建立和投资机会的创造。

《战略》是基于一种纲领性的做法，并以各国和其他利害关系人（集团）特别是就需要，性质及目的，基本任务和职能，应用范围及主要内容等方面所达成的共识为依据。

《战略》在指出海洋环境问题是国际性问题的同时，呼吁地区各国接受东亚海洋共享的理念，并且以实际行动加以保护。《战略》并没有提出新的法律规范，但其研究了一套指导原则，期待能确保各国永久使用沿岸和海洋资源，并且发展生态稳固的经济活动。

【里海、黑海及西非国家的海洋环境保护措施】 为保护海洋环境，世界各沿海国家和地区均采取了联合行动，利用合作和建立伙伴关系共同肩负起区域海洋环境保护的责任。里海沿岸阿塞拜疆、伊朗、哈萨克斯坦、俄罗斯和土库曼斯坦等 5 国 2003 年在德黑兰签署了《里海海洋环境保护公约》，承诺通过单独或共同方式，采取一切措施减少和控制里海的污染；拯救、保护和恢复里海的环境资源；减少对里海生物环境的破坏；开展多边合作。这是里海沿岸 5 国近年来签署的第一个具有法律约束的文件，该公约为 5 国建立解决里海问题的法律机制奠定了基础。

为了防止黑海地区环境污染，黑海沿岸的罗马尼亚、保加利亚、乌克兰、俄罗斯、格鲁吉亚和土耳其 6 国于 1992 年签署了《布加勒斯公约》，十多年来，6 国在公约框架内采取了一系列防治本地区环境污染的措施，其中包括近年来 6 国相继批准的关于联合防治黑海石油污染的计划。2003 年保加利亚批准了该计划。该计划规定，黑海 6 国的职能部门将建立一个“跨国合作和互动机构”，以便在石油污染时联合采取紧急行动。该机构还将设立“黑海石油污染信息报告机制”，负责向 6 国通报所发生的污染情况。

2003 年国际自然及自然资源保护联盟在南非宣布，西非沿海国家将联合起来，共同保护海洋资源。西非沿海 6 国政府及其 50 多个组织将实施一项“海岸与海洋资源保护”计划，在今后 5 年内把现有的海洋保护区连结到一起，并创建新的保护区和独特的政府与民间组织合作模式。

海洋科学研究

【科学大洋钻探计划（ODP 1985～2003）】 科学大洋钻探计划（ODP）始自 1985 年，到 2002 年 6 月为止，“JOIDES・决心号”共接受来自 40 多个国家的近 2 700 名科学家上船参加考察，钻取的岩芯累计长达 215 千米，钻探最深大海底以下 2 111 米，钻探的最大水深达 5 980 米。科考船足迹遍及世界各大洋，在全球各大洋共留下了 1 700 多个钻孔。为人类增进对地球的外部和内部动力学过程的了解起到了重要作用。

大洋钻探计划取得的主要成就包括：

在地球环境动力学方面，ODP 将深海沉积物中记录的气候变化记录与理论计算的地球轨道参数的变化联系起来，论证了轨道参数变化在驱动气候变化中的作用。通过对获取的保存在海洋沉积物中的纪录的研究，证实了十年至千年际的洋流循环变化；揭示了瞬时气候事件可能是由于气候系统对内部反馈或外部驱动机制响应的快速转型和气候周期演变中热带碳循环的作用，为全球海洋缺氧事件提供了新的启示。在对南极和北极相关海域钻探研究中，发现了南极古新世末的增温事件、始新世大暖期、早渐新世冰盖增大事件以及新生代变冷的原因之争的洋流说等。为人类探测整个地球系统打开了异常广阔的视野。对海洋沉积物和玄武质洋壳的钻探发现了一个多样而活跃的微生物生态系统。在对汇集大陆边缘中滑脱带及逆冲断层带的钻探验证了三维地震资料的解释结果，激流体沿断层倾向发生迁移，这些具有特定地球化学特征的流体有可能对逆冲断层的活动产生影响。

在地球内部动力学探测研究方面，揭示了洋底高原的起源以及洋壳扩张速率与洋壳热体制、岩浆通量以及洋壳结构的关系。在对大洋中脊热液系统的钻探研究结果表明海底硫化物矿床与陆地上的巨型硫化物矿床之间在矿床的成矿过程、矿化的规模和级别等方面可以进行直接类比。在对洋壳上的热点轨迹的探测中验证了板块构造关于火山链成因的假说。对非火山型张裂边缘的钻探结果和地震资料揭示了在基本不伴随火山活动时，大陆地壳张裂、拉张变形的新模式。对火山型大陆边缘的钻探，揭示了岩浆活动在边缘形成中的主导作用。

【上层海洋-低层大气科学研究计划（SOLAS）】
上层海洋与底层大气研究（SOLAS，Surface Ocean-Lower Atmosphere Study）作为国际地圈生物圈计划(IGBP)第二阶段的第一个核心计划，由 IGBP、SCOR、世界气候研究计划（WCRP）和国际大气化学与全球污染委员会（CACGP）于 2000 年联合提出的，并且分别于 2001 年初和 2002 年初被 IGBP 委员会和 SCOR 认定为其重点支持的核心研究计划。SOLAS 国际研究计划的科学目的旨在取得对生物地球化学和物理过程在海洋与大气之间相互作用的定量理解，以及这个耦合系统如何通过环境和气候的改变来相互影响。其核心科学研究领域主要有 3 个：①海洋与大气之间的生物地球化学相互作用和反馈；②海-气界面的交换过程和海洋大气边界层的输运和转换作用；③二氧化碳和其他长寿命辐射活性气体海-气界面通量。SOLAS 研究计划不仅有助于深入了解海-气界面上的生物地球化学和物理过程耦合作用，有助于证实上述诸多有关海洋生态环境与气候变化及大气环境反馈关系的假设，而且有助于提高气候模式对气候变化的预测水平，从而降低计算结果的不确定性。

国际 SOLAS 计划自提出之后，得到了许多国家的积极响应，目前已有 20 多个国家完成了科学计划的框架或确定了主要负责人。其中美国、加拿大、德国等国已经制定了详细的科学计划并开始实施。

【海洋生物学研究】　当前国际上对海洋微生物的研究十分重视，日本、德国相继从海洋微生物中分离得到一系列结构新颖的生物活性分子。如美国加州大学首次发现并成功培养了一属全新的海洋放线菌，命名为 *Marinospora* 。这种菌只能在有盐的条件下生长，具有独特的 16S rDNA 序列。对 100 株这种菌进行了抗菌及抗肿瘤活性筛选试验，结果有 80%的培养液体提取物显示出明显的活性。对其中的一株菌的发酵进行化学研究，结果从中分离鉴定出一系列结构新颖的化合物，命名为 *Salinosporamides* 。

对结构复杂，有重要生物活性的海洋天然产物的全合成研究是海洋生物研究领域的另一个热点。当前处于国际领先地位的有日本东京大学对西加毒素的全合成工作以及西班牙 PharmaMar 的科学家对抗肿瘤新药 ET-743 的产业化合成途径的重大突破，目前正在欧洲和美国进行二期临床试验。

以美国、法国和以色列等国科学家组成的研究组于 2003 年绘出了原绿球藻（*Prochlorococcus*

marinus）和一种聚球藻（*Synechococcus* sp.）的基因组序列图，这一新成果在全球气候变化研究、可再生能源技术开发和生物多样性保护等领域都有重要的应用价值。这是迄今公布的首批海洋微生物基因序列图。

原绿球藻和聚球藻这两种单细胞微生物个头都很小，只及人发丝直径的百分之一，但它们在海洋生态系统的光合作用、碳循环及食物链中却扮演着举足轻重的角色。全球海洋中所有的原绿球藻和聚球藻每年要从大气中吸收 100 亿吨碳，相当于海洋固定大气二氧化碳总量的 2/3。这两种微生物能够在海洋的上层随波浪浮动，利用光合作用将太阳能转换成化学能，同时吸收大气中的二氧化碳。因此，搞清它们如何参与全球碳循环及如何进行能量转换，将有助于加深对全球变暖等问题的认识，并为寻找更有效利用太阳能的途径提供了依据。

海洋开发

【海洋石油天然气开发】 近年来，随着世界各国对能源需求的增加及陆上和海上浅水区油气发现难度的增大，深水油气资源成为人类关注的焦点。目前，在全球 6 大洲 18 个深水盆地（水深大于 500 米）中已发现约 580 亿桶油当量的油气资源，其中，原油和凝析油 390 亿桶，天然气 3.17×10^{12} 立方米。大部分油气资源集中在墨西哥湾、巴西和西非地区，墨西哥湾、巴西和西非已成为世界深水油气勘探的热点地区。近年来在全球水深约大于 500 米的区域发现 8 个大油田，全部集中在这 3 个地区，其中西非在 8 个大发现中占据 5 个。目前，巴西、美国墨西哥湾的深海油气田已经投入生产，且产量不断增加，西非地区也已进入开发阶段。西北欧、地中海以及亚太地区的许多国家也都在积极开展深水油气勘探开发。海上油气钻探不断向深水区和超深水区发展，如 Unocal 公司在墨西哥湾的 Alaminos Canyon 903 区块的一口探井水深达 2 953 米。

巴西近年来海洋石油产量的 70％是来自 400～2 000 米的深水区。巴西石油公司在坎帕斯盆地中开发的油气田日产原油 68 万桶，日产气 1 060 万立方米。美国目前在墨西哥湾的石油生产其中一半以上产于水深大于 200 米的区域。在西非，安哥拉的深水油气的勘探和开发位居首位。安哥拉重要的含油气区主要位于下刚果盆地的 14、15、17、18 区块，这几个区块原油可采储量在 100 亿桶以上。

【海洋渔业资源开发】 2002 年世界渔业的总产量为 1.3 亿吨，中国渔产量居世界之首，达 4 280 万吨，第二位是秘鲁，为 1 070 万吨。随着签署《海洋法公约》的国家越来越多，各国实施排它性经济水域制（EEZ），远洋渔场均已各有其主，入渔需双方签订协议，各国普遍强化资源管理，远洋渔业受到影响。为此各国采取积极措施以改变其被动局面，如日本采取跑全球，运用外交、经济双管齐下战术，以维持经营其远洋渔业大国的名号。韩国采取更新远洋渔船，增加和扩充竞争力。同时积极开展对日、俄等国的双边协议，使本国渔业得以拓展。西欧一些国家则主要采取以大量资金投入为前提，造新船、大船；改进新渔具、渔法；探索新渔场、尤其是 200 海里经济比邻区和深海渔场探查。

另外，近年来，在一些发达国家，休闲渔业发展迅速，2002 年，全美国的私家船艇拥有量约有 1 735 万艘，大部分的船艇都不同程度地参与了水上垂钓等休闲渔业活动，捕获量占其商业海洋捕捞的 6％。在加拿大休闲渔业已成为其渔业的重要组成部分，目前约有 500 万人从事游钓活动，产值约为 60 亿加元。

近年来，由于限制捕捞渔业发展水产养殖，水产养殖占全球渔业总产量的比率倍增。世界一些沿海国家采取以养为主的渔业政策，例如，日本一方面利用自己拥有的在公海寻找渔业资源的能力，扩大在公海的捕鱼量，另一方面将海洋渔业的重心从远洋转向日本周围海域，利用现代化声、光、电及生物工程技术发展“资源管理型渔业”和“创造培育型渔业”，加强对日本周边海域渔业资源现状、动向预测，开发管理技术，制定渔场开发建造计划。建立了外海和黑潮水域海洋牧场。“栽培渔业”的品种有黑金枪鱼、牙鲆、日本对虾、三疣梭子蟹、鲍鱼、海胆等近 80 种。目前，日本海水养殖年产量约为 180 万吨，占渔业总产量的 15％。

英国大力发展养殖业，主要养殖对象为鲑、鳟和贝类（包括贻贝、牡蛎、扇贝等）。目前英国已拥有鲑鱼养殖场 124 个，拥有其他种类养殖场 258 个，从事养殖的公司达 153 个，从业人员达

1 320 余名。韩国政府颁布了《水产养殖促进条列》并在最近几年投入了共计 400 亿韩元，建立了高附加值品种的集约化水产养殖设施、饵料储藏室、海洋鱼类和贝类孵化场，购置高技术养殖设备。

【海洋能源开发】 2002 年世界第一座商用水下潮汐能发电站在挪威哈默菲斯特沿岸建成发电。这座潮汐能发电站的发电装置是固定在位于海底的 20 米的钢柱顶端，当海水流过时，直径 10 米的叶片就会随之转动，产生电能。其发电功率为 300 千瓦，可供哈默菲斯特的 30 个挪威家庭使用。若运行成功，开发商将在哈默菲斯特海岸再建 20 个同样的发电机，并计划开发出第二代发动机，在两年内批量生产。

由德国、英国和欧盟联合开发的开放式“风车”潮汐发电机在英国试验成功。这项耗资 600 万欧元的研究项目有数家欧洲研究机构参与。首台被命名为“海流”的试验样机安装在英国西海岸布里斯托尔湾海水下 20 米深处。机组宛如一个倒立的风车，其叶片直径为 11 米，以每分钟 15 转的速度随海水水流旋转。与传统水力发电机设备的涡轮机组安装在封闭管道内不同，海下“风车”的叶片转动装置是开放式的，因此，无需建造水坝。此外，由于海水水流中的能量密度在同等情况下比空气大许多，因此发电设备尺寸相对较小。这项新技术主要适用于英国等拥有较长海岸线的国家。据估算，利用这项技术将可满足英国 20%～30%的电力需求。

此外，2002 年英国还启动一项大型沿海风力发电计划，这是英国对风能进行的第二轮大规模开发利用。风能发电厂将集中建在英格兰东海岸的浅水滩地区、伦敦东部的泰晤士河入海口地区、英格兰东北部和威尔士地区等。目前已有 29 家公司在 70 个地点投标建厂，绝大多数电厂将于 2008 年建成。英国这项沿海风能发电计划预计将为 300 万户家庭提供电力并创造 2 万个就业机会。

【港口开发】 近年来，在经济全球化推动下，促使世界航贸界的主型船舶向大型化和超大型化发展，使国际枢纽港的建设向深水化方向发展。同时，由于船舶的超特大型化，促使全球港口形成新网络。据港务专家分析，港口新网络将由赤道环球线中心港区域性国际枢纽港和大量的区域性喂给港组成。港口城市一般处于海陆空各种运输方式的交汇点。因此，随着现代物流的兴起，港口在现代物流中的核心与枢纽地位将被突显出来。港口深水化、网络化和物流化的发展趋势，将促使港口管理信息化。目前，世界上的各大港口都加快了港口物流的发展，荷兰的鹿特丹港是全球吞吐量最大的港口，大量的货物在港口通过一流的内陆运输网进行中转，运抵欧共体各成员国。目前，鹿特丹港为了跟上全球贸易、国际运输和全球物流的发展趋势，不断进行功能调整，由传统的港务功能向物流链管理功能转变。

香港是世界上最大的港口物流中心，自 1993 年以来，连续 7 年保持世界第一繁忙货柜港的美誉。香港特区政府一直重视物流业的发展，提出把香港建成国际及地区首选的运输及物流枢纽中心。为此，成立了物流发展督导委员会，并于 2002 年底成立了香港物流发展局。

新加坡港是世界上第二大集装箱枢纽港，前不久，新加坡总理吴作栋在庆祝新加坡建立集装箱码头 30 周年的集会上提出，新加坡要成为全球物流综合枢纽。目前，新加坡港致力于物流与高科技的结合，新加坡的两个网络系统——贸易网（TRADENET）和海港网（PORTNET）已成为政府部门、航运公司、货运代理和船东之间有效的、无纸化的沟通渠道。

海洋探测技术

【海洋水文地质观测技术】 科学大洋钻探计划推进了海洋探测技术的开发和发展，目前 ODP 已经开发并比较成功应用的有循环扰动海底观测工具箱（ACORKs）及一系列水文地质观测仪。

(1) 海底观测工具箱 ACORKs。海底下的地层中的流体循环影响着大量的地质作用，因此需要在钻孔完钻、测井以及完井之后，对裸孔进行长期的观测，尤其在裸孔恢复到原始状态下进行。为了有效的利用裸孔作为水文地质实验室，通过直接取样和裸孔试验，去了解这些水文地质系统，就需要把钻孔密封，以使之从钻探扰动状态恢复到原始状态，ACORKs 的作用就在于此。ACORKs 可以在一个钻孔中封隔出多个密封区，使其与自然状态下的水文地质结构更相一致，为海底之下的水文地质观测开创了新途径。通过在 ACORKs 内安装的各种仪器可以进行长期的实地物理、化学及生物特性的观测，这些观测结果将在对地球系统的研究中起重要作用。同时应用其他由ACORKs隔离于裸孔中的地球物理设备，进行水文学的监测和测试，以及对海底下的流体和微生物取样，将为天然气水合物研究和深海生物圈研究提供重要的技术保障。

(2) 区域应力观测仪。这是一种长期应力监测设备。使用这种观测仪可以在深海台地的板块相互作用所形成的震发带上观测与板块边缘变动（特别是在消减板块边界处的板块相互作用）关系密切的应力变化。这种技术的使用对研究应力场的变化，更好地了解区域构造情况具有重要作用。

(3) 地壳增生观测仪。又叫洋脊轴裸孔观测仪（RABO），用来监测从大洋中脊到远离脊轴方向的流体流动和渗透力的演化；测试洋脊轴处大洋底壳内的流体的化学组成和温度；监测与热液循环有关的裂隙渗透率的演化；研究构造事件和流体扰动及流体化学成分之间的关系。

(4) 气体水合物观测仪。主要用来观测充填有水合物的沉积物、天然气聚集带、水合物之上的沉积物的物理性质、水利学传导率；孔隙压力和孔隙水的流动速率；对流体进行温度的测试；观测水合物对温度及压力的响应等。

【海洋声学探测仪】 2002年底俄罗斯“银幕”科学生产企业和季霍米罗夫仪器制造科学研究所联合开发出携带方便、使用简单的水下声呐探测装置，可快速精确地绘制出海底地形和物体的详细三维图像。这一装置可安装在所有类型的船只上，其用来发射和接收信号的天线安装在船甲板两侧，相互之间呈 50°～60°角，这可使超声波以发散的锥体形状发出声波信号，从而对运动船只进行左右两侧水底探测。探测装置发射的声波信号遇到障碍物体被反射回来后被接收天线捕获，经转换放大后利用专门的电脑程序进行分析处理，结合船舶运动速度、超声波在水中的传播速度、船体横向倾斜度及其他参数，并借助干涉仪的帮助，精确详细的绘制出水下物体的三维立体图像。对 1～80 米的海底进行探测，所得到的三维图像的清晰度可达5厘米。这种装置可以用来探测水下地形，指引航道，检查水下设施等，还可用来帮助打捞沉船等水下目标。

【新型海底深潜器】 2002年7月，日本东京大学和三井造船公司共同研制开发了名为“r2D4”的新型海底机器人。该潜水器长4.4米，重约1.6吨，潜水深度达4 000米，以锂电池为能源，可连续航行60千米。

新型海底深潜器搭载的探测装置能够准确探明周围环境，遇到障碍物时可自动避开，到达指定目的地的距离偏差仅约30米。它还可借助传感器检测水温和水中的混浊度，并可用于探测海底火山、沉船、海底矿产资源和生物等。

该深潜器将于2003年初在冲绳县和那国岛探测海底喷涌热水区域，2003年5月到达马里亚纳海沟进行深海探测。

（国家海洋信息中心　于保华）

家海洋局北海分局局长王志远、青岛市海洋与渔业局局长克松陪同国家海洋局局长王曙光考察海岛资源状况

“九三”学社中央副主席、全国政协常委黄其兴视察国家海洋局北海分局

国家海洋局北海分局

国家海洋局北海分局成立于1965年，是国家海洋局设在北海区的海洋行政主管机构，主要职能是代表国家海洋局在北海区（南起苏鲁交界的绣针河口，北至鸭绿江口的中国海域）组织开展海洋行政管理、执法监察、科学调查和公益服务工作。负责监督管理海域使用、海洋环境保护、依法维护国家海洋权益、管理中国海监北海总队，对北海区三省一市（辽宁、河北、山东、天津）的海洋管理工作负有指导、监督、协调、服务职责。2002年，在职干部职工1750人，其中行政管理、执法监察人员700余人，具有高级技术职称的专业技术人员100余人；拥有6艘海监执法船舶、2架海监飞机、1艘远洋调查船舶和2艘运输船舶。北海分局海洋行政管理能力不断增强，执法监察力度逐步加大，科研调查实力日渐雄厚，公益服务水平显著提高。

2002是海洋行政管理年，在国家海洋局党组的正确领导下，北海分局全面贯彻实施《海域使用管理法》和《海洋环境保护法》及其配套法规，推动北海区海洋管理工作走上法制化轨道。

执法人员在调查取证

执法人员检查石油平台

国家海洋局东海分局
上海市海洋局

国家海洋局东海分局是国家海洋局设在上海的东海区海洋行政管理机构。2002 年，东海分局认真履行国家海洋局赋予的职责，出色完成了国家下达的维护海洋权益、保障海洋资源的合理利用与开发、保护海洋环境、预防及减少海洋灾害等任务。在海洋环境监测系统建设中，全面建立了海洋环境监测质量管理体系，通过了国家计量认证并获取国家级 CMA 资质证书。尤其在长达 9 个月的“东海维权执法行动”中，严密组织、精心指挥、稳妥实施，对在我专属经济区的日本船只、飞机及水下调查和打捞不明国籍沉船活动实施了全程监视和监管，严正捍卫了我国对专属经济区的主权权利和管辖权利。

2002 年，上海市海洋局海洋行政管理工作取得新进展，开创了新局面：确立了上海市海洋经济发展联席会议制度，组织编制的《上海海洋经济发展规划》获上海市政府批转实施；上海市人民政府正式赋予了上海市海洋局 9 项新的工作职能，进一步明确分局与上海市海洋局实行“一套二牌”的工作体制和承担市政府管理上海市海洋事务的职能；首批 4 本海域使用权证书经市政府批准发放；上海市海域使用管理立法全面启动，立法计划被列入上海市的立法大框架之中。

2002 年 4 月 14 日，成立了国家海洋局东海维权行动总指挥部，建立了行动三级指挥体系。东海分局局长张有份（左 3）为前出指挥部指挥员，召集前出指挥部成员共同研究维权行动实施方案

在 2002 年 1 月至 9 月东海维权执法中，中国海监 3808 飞机议（上图）和中国海监 40 船（下图）监视外国打捞船只

2002 年 12 月，国家计量认证海洋评审小组对东海分局所属海洋环境监测系统进行计量认证评审检查

国家海洋局南海分局

国家海洋局南海分局是国家海洋局在广州设立的南海区海洋行政管理机构，并对中国海监南海总队实施管理。南海分局机关设12个职能处室，直辖15个处级单位（中国海监南海总队直辖第七、第八、第九支队以及陆航执法监察队）。南海分局现有职工1421人。拥有海洋水文、化学、地质、气象、生物、遥测浮标、海洋计量检定、海洋环境质量评价、海洋信息服务等专业队伍，有遍布在广东和广西沿海的观测站网和遥测海洋环境数据的浮标网，有7艘装备比较先进的海洋执法和科研调查船。

国家海洋局南海分局的主要任务是按照国家有关法规和规定，代表国家海洋局履行在南海区的海洋行政管理职能，在海区组织开展海洋行政管理、执法监督和公益服务等项工作。

为适应当前国际海洋权益斗争形势和国内经济建设的需要，国家海洋局南海分局坚持以发展海洋经济为中心，围绕“权益、资源、环保、减灾”的目标，以海洋行政管理、执法监督和公益服务为主线，完成科研、减灾防灾等任务，在维护海洋权益、开发海洋资源、保护海洋环境和为地方海洋经济发展提供保障和服务方面发挥了积极作用。

国家海洋权益维护行动

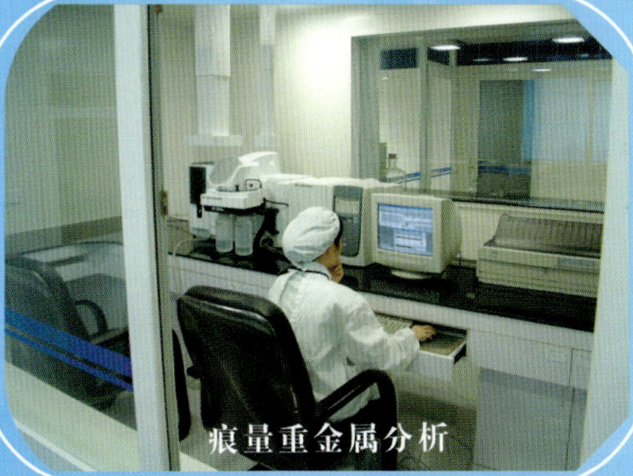

痕量重金属分析

中国海监飞机正在监视陆源排污

布放在南海的浮标

执法人员登检石油平台

海砂检查现场

国家海洋局第一海洋研究所

国家海洋局第一海洋研究所是基础研究与公益服务并重的综合性海洋研究所，主要使命是开展国家海洋局职能内的海洋科学技术研究及国家海洋科学基础研究、应用基础研究和高新技术研究。

该所由海洋地球流体力学与数值模拟国家海洋局重点实验室、海洋生物活性物质国家海洋局重点实验室、海洋生态环境科学与工程国家海洋局重点实验室、海洋沉积与环境地质国家海洋局重点实验室、海洋遥感研究室、海洋高新技术研究中心、海岸带科学与工程勘察研究中心和海洋测绘与工程信息研究中心组成。与山东省海洋工程研究院共建了山东海洋生化工程技术研究中心。中韩海洋科学共同研究中心挂靠在该所。

主要研究方向有：1. 物理海洋学；2. 海洋地质与地球物理学；3. 海洋生物学；4. 遥感海洋学；5. 海洋化学；6. 海洋高新技术；7. 海洋工程学。建所四十多年来，一直从事中国近海、邻近大洋和极地海域自然环境要素分布及变化规律、海洋资源开发条件及可持续利用、海洋灾害发生机理及预测预报、海域划界环境条件、海洋环境与海上军事活动的关系、海洋生态环境变化规律及控制条件、海洋环境评价、保护和治理、海洋高新技术发展以及海洋综合管理等基础、应用基础和公益服务性研究。

该所科研力量雄厚，现有 518 名员工中，研究员级 80 人，副研究员级 131 人；有中国工程院院士 2 名，中国科学院院士 1 人；博士生导师 20 人，具有博士学位的 49 人，硕士学位 140 人；在国内外聘请客座知名教授、研究员 23 人。近年来，该所承担一系列国家重大科技专项、国家“973”项目、国家“863”项目、国家科技攻关项目、国家重大和重点基金项目、国防科工委重点项目、大型国际合作项目及海洋工程勘探开发项目。成果令人瞩目，社会效益和经济效益良好。

所长袁业立院士

该所主办的国际会议

海洋调查

该所研制的海洋活性物质产品

海洋沉积与环境地质国家海洋局重点实验室

KEY LABORATORY OF MARINE SEDIMENTOLOGY & ENVIRONMENTAL GEOLOGY, SOA (MASEG)

学术委员会主任
秦蕴珊院士

实验室主任石学法研究员

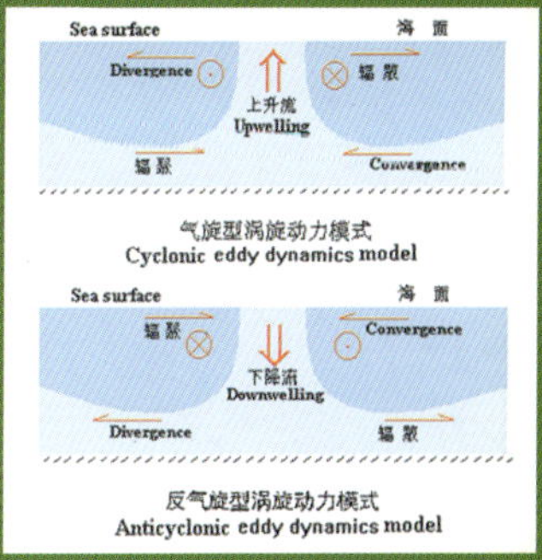

南黄海气旋型涡旋和反气旋型涡旋沉积作用模式

海洋沉积与环境地质国家海洋局重点实验室成立于 2002 年，是国家海洋局部门开放实验室。该实验室以国家海洋局第一海洋研究所为依托单位，以国家海洋局第一海洋研究所海洋地质研究室、海岸带开发与管理研究中心和海洋工程勘察设计研究中心为基础组建。实验室主任为石学法博士，学术委员会主任为秦蕴珊院士。实验室现有固定科研人员 32 人，以中青年科学家为主体，平均年龄 38 岁，其中博士生导师 9 人，12 人具有博士学位，研究员（含教授级高工）17 人，副研究员（含高工）8 人。实验室拥有重力仪、磁力仪、地震、多波束、激光粒度分析仪、全谱直读等离子体光谱仪、气体比值质谱仪、X 射线衍射仪等大型调查设备和实验室分析仪器。本实验室先后完成国家重大专项、“863”项目、国家自然科学基金项目、大洋矿产资源调查研究开发项目 30 余项，国际合作项目 10 余项，完成其他项目及地方委托项目逾百项。近 5 年来，发表学术论文 286 篇，获得发明专利 4 项，出版专（译）著 6 部。现正主持国家专项、“863”课题、国家自然科学基金项目、大洋矿产资源研究开发项目等近 40 项。

实验室目前确立 5 个研究方向：海洋沉积与古环境演化、海岸带环境与工程、海洋地球物理与海底构造、海洋地球化学与沉积成矿作用、海底探测与信息技术。在海洋环境地质方面，本实验室将致力于海洋沉积作用、全球变化的海洋记录和响应、海岸带演变过程及工程地质与灾害地质研究以及大陆边缘岩石圈组成、演化及其资源环境效应研究。在海洋矿产方面，本实验室将侧重于大洋铁锰矿床成矿作用和天然气水合物的环境效应研究。在海底探测技术方面，该实验室着力发展海洋沉积取样技术、高分辨率地震探测技术、沉积物现场测试技术、海底样品保存技术和海洋地质地球物理综合信息解译技术。实验室力争在较短的时间内建成高水平的海洋沉积地质与海洋环境地质研究中心。

实验室以流动、开放、合作、创新、进取为宗旨，积极开展国内国际合作研究，大力支持开放研究。多年来，与美国、德国、法国、韩国、日本、丹麦、加拿大等国家，以及我国台湾省、香港特别行政区建立了良好的合作调查研究与学术交流关系。

地址：青岛市高科园仙霞岭路 6 号（266061）
Add：6 Xianxialing Road, High-tech, Industry Garden, Qingdao 266061, China
电话（Tel）：086-532-8897491，8897604，8884514
传真（Fax）：086-532-8897491
E-mail：maseg@china.com

自行研制的重力活塞取样器（863 技术）在冲绳海槽取样

国家海洋局第二海

浙江省委书记习近平一行于 2003 年 4 月 27 日到该所视察。图为潘德炉院士向习书记等介绍海洋遥感成果（从左到右依次为潘德炉院士、该所张海生所长、习近平书记、王永明副省长、该所周友根书记）

“中国大洋勘查技术与深海科学研究开发基地”于 2003 年 3 月 20 日在杭州成立。国家海洋局陈连增副局长（左 4）、杭州市委副书记于辉达（右 4）、刘光鼎院士（左 3）、苏纪兰院士（右 3）和省市有关领导到会祝贺

国家海洋局第二海洋研究所是一个享誉国内外、学科齐全、科学力量雄厚、仪器设备先进的综合型公益性海洋研究机构。

建有国家海洋局首批设立、以金翔龙院士为主任的国家海洋局海底科学重点实验室，研究大洋和边缘海的海底基础环境，探索海底基本特征、自然环境演变与矿产资源形成机制的理论问题，发展相应的高新技术探测手段。现已具有与国际接轨并跻身于世界先进行列的海底探测技术和海洋环境调查技术与科研能力。

建有以苏纪兰院士为主任、潘德炉院士为学科带头人的国家海洋局动力过程与卫星海洋学重点实验室，其研究工作紧紧围绕海洋现象和过程，全力解决与国民经济建设有关的重要理论问题，并在海洋环流与海洋动力过程、海洋遥感与卫星海洋学等方向上，针对国际前沿科学问题，力求并拥有创新性成果。

建有以张海生所长为学科带头人的国家海洋局第二海洋研究所区域海洋学重点实验室，主要研究海洋环境对全球变化的影响及反馈作用，研究海洋生物、生态、地球化学演变过程的时空变化规律，评价和预测人类活动对海洋过程和海洋生态系统的影响。

建有（杭州）国家海洋工程勘测设计研究院，于 1999 年通过 ISO9001 质量体系认证，在海洋工程环境综合调查研究、海底光缆与管道路由勘察、透空栅栏式防波堤设计等若干领域形成了优势和特色，完成了一批有影响的工程项目。并同时进行工程海洋学领域的应用基础研究和技术创新。

建有中国大洋勘查技术与深海科学研究开发基地，其目标是成为资源研究与技术开发的中心、海洋产业与技术推广的桥梁、人才培养与知识创新的摇篮。其主要任务是深海勘查技术研究开发、深海勘查技术保障、深海资源评价与研究、深海勘查技术培训、产品开发与市场经营。

该所近年来主持完成国家多项高水平、综合性重大项目，主持承担多项国家高技术项目（“863”）、国家重大基础研究项目（“973”）、国家专项、国家自然科学基金重大和重点项目以及国际合作项目等，是我国海洋科学调查研究对外合作的重要窗口之一，具有较高的国际信誉和知名度。

第五次国际 ARGO 科学组会议于 2003 年 3 月 4-6 日在杭州召开。苏纪兰院士（中）以及联合国政府间海洋学委员会（IOC）主席与会，国家海洋局国际合作司李海清司长（右 2）参加了会议

美国自然科学基金委海洋部主任（左 3）于 2002 年访问该所。图为金翔龙院士（左 2）、张海生所长（右 1）与外宾亲切交谈

洋研究所

由该所完成的“南麂列岛国家级海洋自然保护区管理信息系统”，包括“遥感动态监测信息系统”和“综合数据库系统”两个子系统。“遥感动态监测信息系统”实现南麂列岛空间数据的管理、显示、查询、处理和输出等功能。“综合数据库系统”的主要功能是实现南麂列岛贝藻类及其图谱数据、气象水文环境数据的管理、查询和输出等功能

该所科技人员参加了历次南、北极考察。图为参加十八次南极考察的科技人员正在收回自制的沉积物多管取样器

2002 年 9 月 14 日，国家海洋局主持，在杭州召开了“春晓气田群开发建设项目海底管道路由调查成果验收会”

平顶与尖顶海山

由结核胶结成的似板状结壳

富钴结壳与沉积物的界线

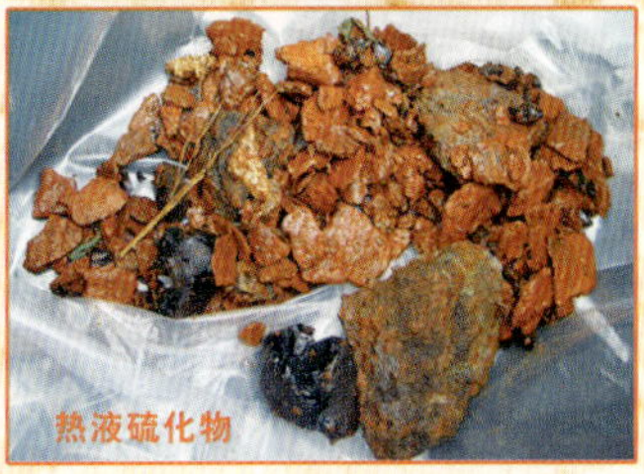

热液硫化物

2003 年 4 月 10 日至 12 月 17 日，由该所为技术总负责单位，使用高新技术装备，进行了历时 252 天、安全航行 46416 海里的 DY105－12、14 航次勘查任务，勘查项目有富钴结壳、多金属结核、热液硫化物、环境、生物基因等。图为勘查成果之一

与时俱进　开拓创新

中共中央政治局委员、广东省委书记张德江（右3），副书记欧广源（右2）在广东省海洋与渔业局局长李珠江陪同下视察渔业产业化龙头企业

21世纪是海洋的世纪。2003年广东省海洋与渔业局牢固树立和落实科学的发展观，坚持与时俱进，不断创新海洋经济发展思路，实现了海洋经济的快速增长。

认真贯彻落实《海域使用管理法》，切实加强海域使用管理。积极推进海域使用证的发证工作，实现了新的重大用海项目全部按海域法办理了申办手续以及非农业用海项目确权发证工作的全方位覆盖。

组织实施省人大人工鱼礁建设议案，加强海洋生态环境建设。从2002年到2011年，省市财政将累计投资8亿元建设100座人工鱼礁，再造海洋牧场，改善海洋生态环境。

彻底理顺执法队伍管理体制，率先推进统一综合执法工作。广东率先将海监渔政总队、渔船渔港监督管理总队及广东渔船检验局三支队伍合署，组建为广东省海监总队（副厅级建制），统一使用行政执法专项编制，执法经费列入同级财政预算，队伍综合战斗力及调控力大大提高。

继续组织实施重大科技兴海项目，促进科技成果转化。广东对海洋产业急需解决的八大科技兴海项目实施公开招标，投入大量资金组织联合攻关，八大类项目已基本实现合同指标。为提升海洋与渔业技术，广东全面启动了广东省海洋与水产高科技园建设。

2003年12月，广东省委、省政府召开了全省海洋经济工作会议，提出认真实施《全国海洋经济发展规划纲要》，重点建设海洋基础设施、科技创新和技术推广、海洋资源环境保护、海洋综合管理和水产品质量安全管理等五大体系，建成具有全国领先水平的蓝色产业带，实现沿海地区全面建设小康社会的目标。

2003年12月，中共广东省委、广东省人民政府召开广东省海洋经济工作会议

广东省海洋与水产高科技园

——前进中的广东省海洋与渔业局

对虾育苗基地

罗非鱼加工生产线

大亚湾海域的人工鱼礁投放

湛江港集装箱码头

深圳盐田港之夜

中国海洋大学物理海

中国科学院院士冯士筰教授领衔的中德渤海生态系研究，被德国政府评价为历时长、最具实质性的中德合作研究

物理海洋教育部重点实验室成立于1987年，是利用世界银行贷款110万美元和等值的国内配套经费建设的，1989年被批准为国家教委部门开放研究实验室，1999年被首批确认为教育部重点实验室。实验室拥有物理海洋、气象学、环境科学和大气物理与大气环境等博士点，设有海洋科学、大气科学博士后流动站，以物理海洋国家重点学科和海洋学国家理科人才培养基地为依托。实验室拥有大型风－浪－流水槽、内波水槽、旋转平台、SGI工作站、计算机集群等大型设备以及一大批先进的外海和室内观测仪器。实验室是中国海洋大学3500吨“东方红2号”综合科学考察船的主要用户。实验室学术委员会主任委员由美国Woods Hole海洋研究所黄瑞新教授担任，苏纪兰（中国科学院院士）、袁业立（中国工程院院士）、孙孚教授任副主任委员。实验室开展物理海洋、海洋－大气相互作用等方面基础研究，同时从事海洋水文气象环境方面的技术服务工作。目前主要承担“973”、“863”、国家攻关和国家自然科学基金（重大、重点、面上）等项目。实验室主任：管长龙教授

入选全国百篇优秀博士论文的作者吴克俭博士与导师中国科学院院士文圣常教授

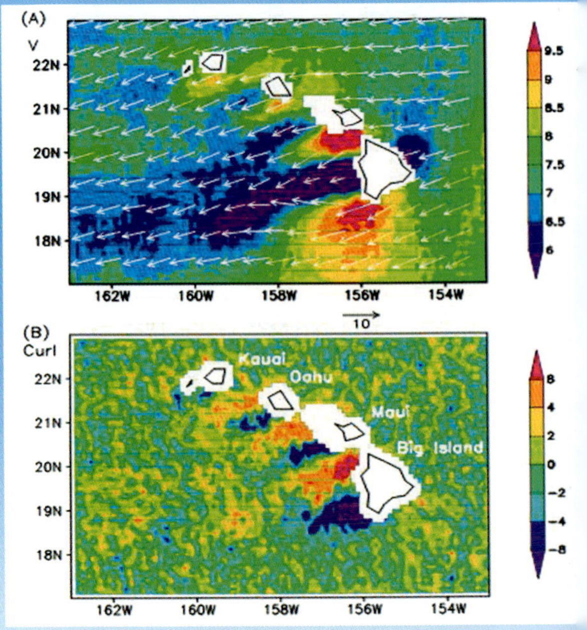

夏威夷群岛对太平洋海洋－大气系统的长程作用，该成果发表在《Science》上

电　话：0532-2032363
传　真：0532-2032471
E-mail：pol@ouc.edu.cn

洋教育部重点实验室

实验室自行研制的大型三维内波水槽，可实现密度连续分层

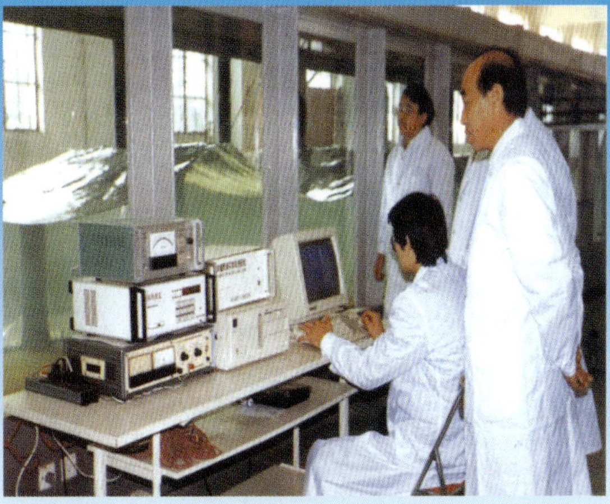

大型风－浪－流水槽（长 65 米、宽 1.2 米、高 1.8 米），最大风速可达 15 米／秒

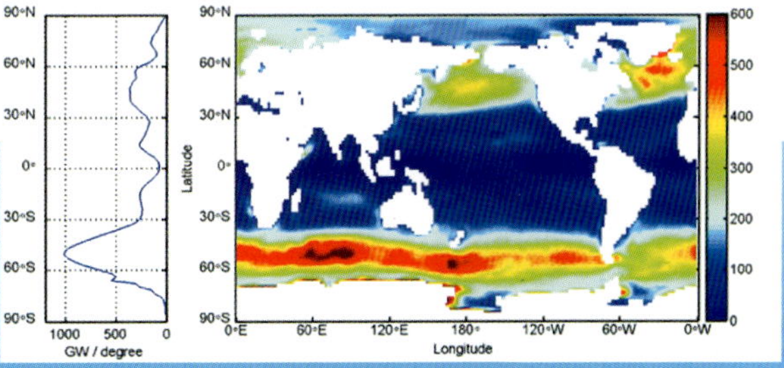

由观测资料估计的风应力对表面波做功的空间分布和沿纬度分布

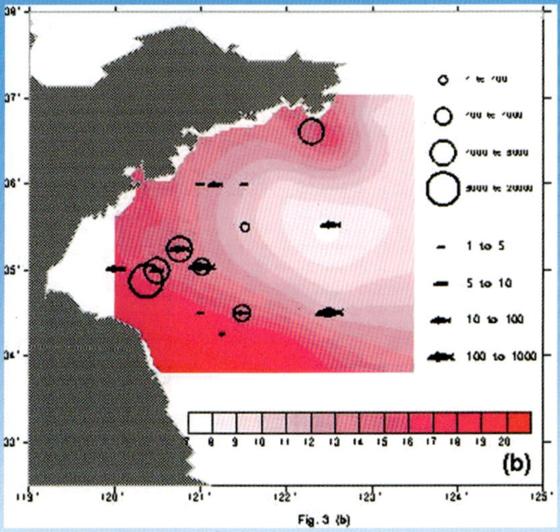

在黄海进行的观测分析表明，鱼卵和仔鱼分布与潮汐锋分布密切相关

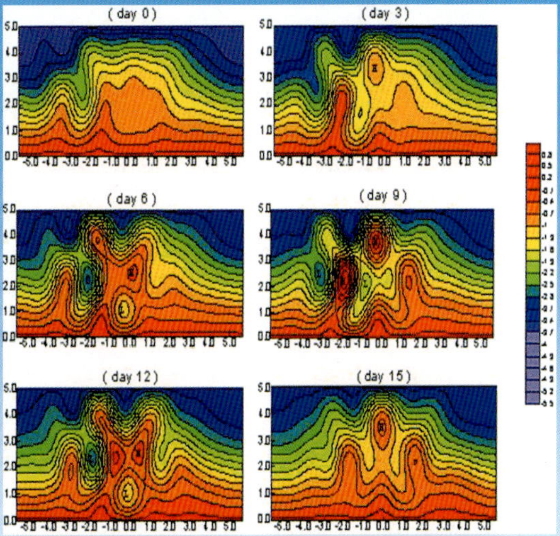

阻塞与天气尺度波相互作用的理论结果

湛江海

湛江海洋大学是经教育部批准在原湛江水产学院和原湛江农业专科学校实质性合并的基础上成立的省重点建设大
管、法（包括艺术）等学科协调发展；以本科教育为主体，积极发展研究生教育；以应用学科见长，兼有理论学科的综

学校主校区位于湛江市西郊国家地质公园——湖光岩风景区旁，占地280公顷，依山面海，环境优美；同时在湛

学校下辖水产学院、农学院、工程学院、食品科技学院、经济管理学院、航海学院、信息学院、理学院、文法学院
专专业16个，硕士点8个，省级重点学科1个，省级重点课程8门。全日制在校生超过2万人，2003年面向19个省
其中拥有高级职称者近300人，拥有中级职称者500多人，具有博士、硕士学位者近300人。

学校办学条件日臻完善，教学楼、科技楼、图书馆、陈列馆、学生公寓、空调学生食堂以及文化广场、运动场和标
算机网络技术实验室3个省级重点实验室在内的20余个实验室，拥有水生生物博物馆等一批校内外教学科研实习基地
国高校惟一的珍珠研究室等21个科研机构。广东省海洋开发研究中心、广东省沿海市县干部培训基地和一个省级科技
为地方经济建设服务，一批技术成果的推广应用取得了良好的经济效益和广泛的社会效益，其中部分技术达到国内外先
洋大学中国海洋大学和台湾海洋大学签订了联合办学协议，与欧美、日本、澳大利亚等国家和地区的同行学校建立了学

21世纪是海洋世纪。在海洋世纪曙光中诞生的湛江海洋大学，以振兴海洋事业，促进地方经济社会发展为己任，

广东省省委书记张德江视察湛江海洋大学

原教育部副部长周远

洋大学

1997 年 1 月 10 日正式挂牌。经过七年的建设和发展，学校现已成为一所以海洋学科为特色，文、理、工、农、经、
洋大学。
有三片校区：霞山校区、海滨校区和寸金校区，总占地面积 313.33 余公顷。
学院、外语学院、成教学院、职业技术学院、海滨学院、寸金学院等 15 个二级学院。现有本科专业 34 个，高职高
自治区招收各类别、各层次学生 8148 人。通过大力引进人才，学校已形成一支 800 多人的专职教师和科研人员队伍，

地等基本教学生活设施一应俱全，而且规模大、标准高。拥有包括现代化生化实验中心、海洋药物研究与开发中心、计
WTO 研究中心、海洋生物研究所、农业生物技术研究所、海洋经济研究所、海洋文化研究所、机电工程研究所和全
范基地亦设在湛江海洋大学。学校办有船舶公司、珍珠公司、网厂、家禽育种中心等校办产业，通过产学研结合积极
。学校广泛开展对外学术交流与合作，与中国歌舞团联合成立了“湛江海洋大学中歌艺术学院”，与海峡两岸另两所海
，聘请了一批校外著名学者为名誉教授和兼职教授。
面建设小康社会的征途上不断开拓前进！

领导的陪同下视察该校

2003 年湛江海洋大学中歌艺术学院正式成立

福建省海洋与渔业局

目标：建设海洋经济强省

海是福建省的重要优势和特色之一。近年来，海洋经济成为福建省经济增长的一个亮点，在全省国民经济发展和社会进步中发挥着越来越重要的地位。2003年全省海洋经济总产值达 1450 亿元，同比增长 13.1 %，比 1998 年 734 亿元翻了一番；海洋经济增加值 640 亿元，占全省 GDP 的 12.3%，比 1998 年增加 2.23 个百分点。福建省在开展海洋综合管理工作中有思路、有创新、有亮点，在全国率先成立了省及沿海市、县政府领导担任组长的各级海洋开发领导小组，率先开展并全面完成河海划界工作，勘界工作进度也位居全国首位。福建省还是全国为数不多的已全面实施省、市、县三级海域功能区划的省份。福建省海洋宏观协调机构完善，综合管理体系健全，海洋管理制度配套，海域功能区划完备，海洋环境监测网络已经形成。福建省在国家海洋局开展的 2003 年度评比中，在海域管理、海洋环保、海洋执法和海洋科技等全部 4 个奖项中名列前茅，被国家海洋局授予“全国海洋综合管理特等奖”，成为全国惟一获此殊荣的省份。

按照省委、省政府的总体部署，以建设海洋经济强省为目标，福建省确定了 2004 年海洋经济发展新目标——海洋经济总产值达到 1653 亿元，海洋经济增加值达到 730 亿元；全年海域使用金征收 2500 万元；全面完成沿海市县海域勘界和全省海河划界工作。

福建省海洋与渔业局领导班子成员

新落成的福建省海岸带管理中心大

国家海洋局局长王曙光与海监执法人员亲切握手

2002年青岛市海洋监察联合执法行动动员大会

青岛市海洋与渔业局

青岛市海域使用规划（2002~2015）专家评审会

青岛市海域勘界及海洋功能区划会议

大连海洋与渔业局

大连市海洋与渔业局是大连市海洋与渔业行政管理部门，为市政府直属机构，正局级建制，内设11个处室。按照建立服务型政府的要求，大连市海洋与渔业局将转变职能、转变作风，提高办事效率，按照《中华人民共和国海域使用管理法》和《中华人民共和国渔业法》的规定，坚持可持续发展战略，强化海域使用管理和海洋环境保护，促进渔业经济从数量型向效益型转变，为早日完成“海上大连”建设目标而努力奋斗。

海之韵广场

虎滩渔港

大连善岛食品有限公司的水产品加工车间

大连富谷水产有限公司河鲀鱼养殖车间

大连港

南澳县海洋与渔业局

南澳县是全国 12 个海岛县之一，也是广东省惟一的海岛县，地处粤、闽、台三省海域交界，地理位置独特。由南澳岛、南澎列岛、勒门列岛、猎屿、凤屿等 36 个岛屿组成，总面积 108.9 平方千米，其中主岛南澳岛面积 106.14 平方千米。南澳属亚热带海洋季风气候，气候温和，海洋生物种类繁多，其中经济种类达 700 余种，以盛产石斑鱼、龙虾、宅鱿、鲍鱼、章鱼、太平洋牡蛎、龙须菜、紫菜等而闻名遐迩。海域渔场和海滩涂面积广阔，是发展海洋捕捞和发展海水养殖业的优良场所。

海洋渔业是南澳的传统支柱产业，占全县国民经济总量的 60%，素有“一渔兴百业”之称，南澳也被农业部列为“全国渔业百强县”之一。海洋捕捞主要作业类型有拖网、流刺、钓业、笼捕、围网等，拥有渔船近 800 艘。近年来，南澳积极调整优化渔业产业结构，在巩固海洋捕捞的基础上，充分发挥得天独厚的自然优势，大力发展海水养殖业，海洋渔业又步上新的台阶。2003 年全县水产品总产量为 11.9 万吨、总产值 36960 万元。其中海洋捕捞产量 79884 吨；海水养殖产量 39072 吨，面积 2213 公顷 。

通过多年的努力，南澳海洋与渔业外部环境有了较大的改善。联合国东山—南澳海洋生物多样性保护、南澎列岛海洋自然保护区、人工鱼礁等项目已相继得到确认并正在实施中；白沙湾太平洋牡蛎和竹栖湾扇贝两个养殖基地通过了省级产地认定；“国家一级”群众渔港云澳渔港正在申报为国家中心渔港，同时，南澳已被国家海洋局列为乡镇政府和村委会参与养殖用海管理试点单位。南澳海洋与渔业正在为“生态岛”建设和“海洋经济强县”目标做出新的贡献。

“海上渔村”——网箱养殖鱼排

渔船生产归港后的繁忙景象

南澳“宅鱿”闻名海内外，图为晒“宅鱿”场景

白沙湾无公害太平洋牡蛎养殖基地

番禺区海洋

番禺渔政大队渔政执法人员

番禺区地处珠江口
4.6 万公顷，占全区总面
公顷，占全区总面积的
是典型的渔米之乡。多
紧围绕渔业增效、渔民
充分发挥本区海洋与渔
势，坚持可持续发展、
大战略，加快渔业产业
业生产向高产、高效、
管理与综合开发，强化
源环境保护、海洋产业
导海洋资源的开发和利
化；多层次、全方位的
2003 年，全区渔业生产
总量 21.85 万吨，生产
持占整个农业生产总值
业经济的支柱产业。

广州番禺小虎麻虾种苗繁育场 2003 年获农业部颁布的“全国（首批）统一标志的无公害农产品认证证书”。它标志着番禺区渔业生产由“量变”向“质变”的逐渐转变，并促进了全区渔业生产向标准化、机械化、产业化和无公害化发展

2002 年番禺区海域使用普查结果，全区共有修造船厂、油气化工、港口码头、农业围垦等用海项目 102 宗，力争完成 100% 确权发证。图为大型石油化工用海项目

番禺莲花山渔港是农业部公布的 129 个重点渔港之一。渔港海岸线长约 1150 米，可供停泊水域面积 57500 平方米。有渔业户数 3600 多户，渔业人口约 12000 人，渔业劳动力 6500 余人，年捕捞量 1.6 万余吨（不包含贝类），年捕捞产值 1.7
亿余元，占全区渔业捕捞产量的八成以上

与渔业局

线 290 千米，海域面积
5%，滩涂面积 1.94 万
水网密布，河涌众多，
番禺区海洋与渔业局紧
区繁荣稳定的目标，
的历史、资源、区位优
海（渔）和外向带动三
调整步伐，大力促进渔
向发展；加强海洋综合
用、海洋监察、海洋资
海洋科技 5 项管理，引
法制化、科学化、规范
区海洋与渔业经济。
25 万公顷，渔业生产
94 亿元，连续 3 年保
渔业已逐渐成为区农

获“全国（首批）统一标志的无公害农产品”之称的“番禺黄阁小虎麻虾”

莲花山公益性红树林海洋生态环境保护区位于石楼镇莲花山东面，狮子洋西岸，是该区海洋荒漠化整治工程试点之一

广东省 2003 年渔业资源人工增殖放流中心自 1982 年首次实施渔业资源人工增殖放流活动起，番禺区海洋与渔业局在区沙湾水道、蕉门水道等渔业水域投放各种苗种共 2.2 亿尾，有效缓解了近海渔业捕捞量日益增大与天然渔业种苗资源日渐匮乏之间的矛盾

在中国渔政 44163 船交接仪式上，广东省海洋与渔业局局长李珠江（右 4）、番禺区政府副区长廖昌（左 2）等为仪式剪彩

国家海洋局南海环境监测中心

国家海洋局南海环境监测中心是隶属于南海分局的独立法人事业单位。承担国家海洋局在南海区的科技调查和公益服务两大支撑任务，坚“科学、规范、严谨、公正”的质量方针和 “为海洋事业发展提供海洋境监测服务”的宗旨，开展海洋环境监测与评价，赤潮灾害监测预报与究，海洋环境监测业务管理，海洋环境与生态保护研究，海洋环境治理测调查与研究，海洋环境监测技术支持与技术培训。对海洋石油（气）发、工程建设、航道疏浚、海洋排污、倾废等进行调查监测、影响评估对海损事故、核电辐射跟踪监测；赤潮监测与发生机理及危害研究。

现有各类专业人员 86 人，其中工程技术带头人 4 名、高级工程师 14 名、工程师 25 名。涵盖物理海洋、气象地质、化学、生物、生态、放射化学等十多门学科。

拥有 100 级洁净实验室，原子吸收分光光度仪、气相色谱仪、液相色谱－质谱联用仪、营养盐自动分析仪、绿素分析仪、蔡司荧光显微镜等完善的国内外先进测试分析仪器和海洋仪器，完善的电脑网络系统、电子制图设备

近几年来，中心抓住海洋事业飞速发展机遇，积极参与地区和国际间海洋科技研究合作，承担国内国际重大海环境调查、研究工程，完成了国家和部门一大批重大环境监测和评价任务，取得了丰硕的科技成果、良好的经济效和社会效益；同时，大力推进单位的科学管理与能力建设，使中心事业得到跨越发展。

中心拥有一支规范的、具有丰富的海洋环境作业经验、团结协作的科技队伍。图为海上作业现场

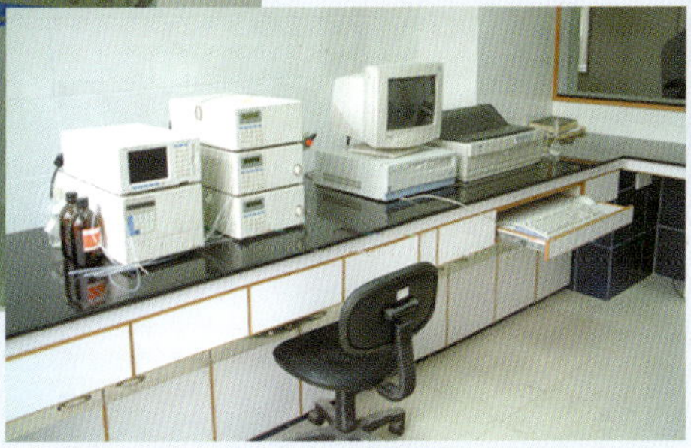

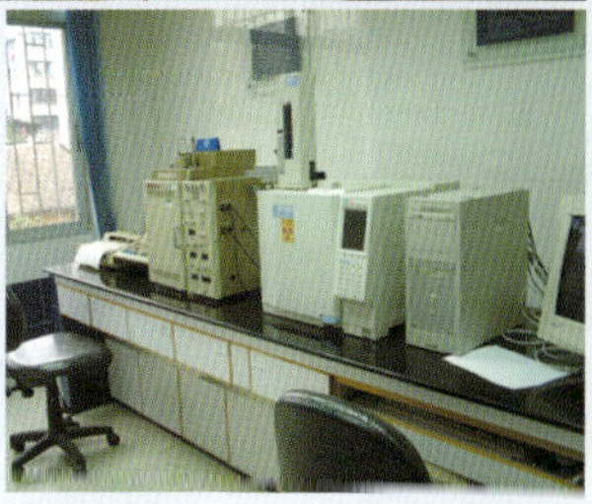

南海环境监测中心的 100 级超净实验室，
以及部分先进分析测试仪器

洁净明亮的实验楼走廊，设备完善的培训部、
培训部电脑室

以人为本的环境条件。中心的职工健身房，美化的大楼周边环境

國家海洋局宁波海洋环境监测中心站

国家海洋局宁波海洋环境监测中心站（宁波市海洋预报台、宁波市海洋环境监测中心），现有人员 179 名，其中教授级高级工程师和高级工程师 25 名，工程师、助理工程师等专业技术人员 91 名。内设办公室、组织人事科、总工室、调查室、监测室、预报室、测报信息中心、综合室和宁波市渔业环境监测站，下辖分驻宁波、舟山两地区的 5 个海洋环境监测站（镇海、石浦、沈家门、岱山、嵊山）以及宁波海洋工程勘察研究院。

业务能力：海洋与渔业环境监测与评价，赤潮灾害监视监测与预警，海洋环境监测业务管理，渔业污染事故调查鉴定，海洋环境预报及海洋专项预报服务，海洋倾倒区选划与监测、倾废管理受理，海岸和海洋工程建设项目监测、勘察，海域使用测量、论证和环境影响评价。

资质资信：海域使用测量甲级资质证书（国海测字第 02015 号）、专项海洋环境预报服务甲级资格证书（海甲 009）、国家认证认可监督管理委员会颁发的计量认证合格证书（量认国字 Z2216 号和 Z2217 号）、渔业污染事故调查鉴定丙级资格证书（C—0005）。

主要业绩：承担或参与过国家自然科学基金项目、国家“863”计划项目及南极考察等国家和地方近百个重大海洋环境监测、预报和工程勘察调查研究项目。主要有中日联合黑潮调查，中美西北太平洋锰结核联合调查和光缆调查，东海断面监测，东海近岸海域趋势性监测，赤潮监控区监测，江、浙、沪两省一市的海岸带调查，宁波市海岛资源综合调查、宁波近岸海域趋势性监测、重点排污口监测，象山港环境容量研究和生态调查，宁波市防潮警戒水位核定研究，宁波市及周边海域的潮位、波浪、水温、赤潮、海水浴场、海水养殖区等海洋环境监测和预报，上海、宁波、舟山、台州、温州等地港口、码头、航道、渔港及东海海底管道铺设、海上油气田等工程建设项目勘察、监测和评价论证。

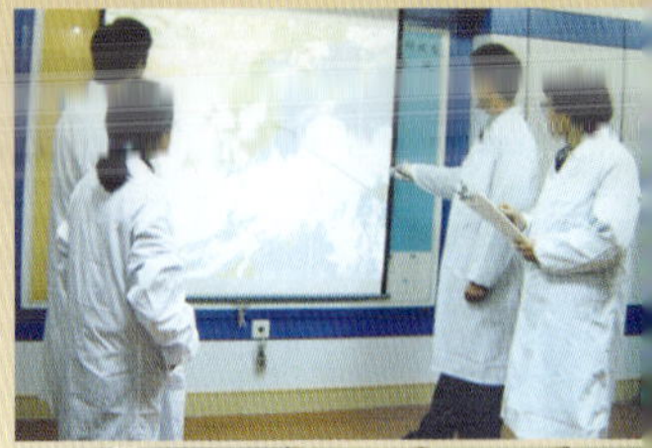
预报会商

监测分析

水文观测

赤潮

验潮井

上海 东海海洋工程勘察设计研究院

上海东海海洋工程勘察设计研究院（简称东勘院）是国家海洋局东海分局为服务浦东开发、服务以上海为龙头的长三角经济区及长江沿岸经济带的开发、服务全国海洋经济发展的需要，于 1996 年组建成立的具有独立法人资格，由事业单位改制而成的科技型国有企业，前身为国家海洋局东海海洋工程勘察设计研究院。

业务范围：海岸及海洋工程勘察、海洋环境调查、海域使用测量、海域使用论证、海洋环境评价、海洋功能区划等。

工程资质：《工程勘察证书（海洋工程勘察综合类甲级）》（建设部）、《中华人民共和国计量认证合格证书》（国家技术监督局）、《海域使用论证资质证书（甲级）》（国家海洋局）、《海域使用测量资质证书（甲级）》（国家海洋局）、《ISO9001：2000 质量体系认证证书》以及上海市测绘管理办公室认可的甲级测绘资质。

技术人员及专业结构：教授级高级工程师和高级工程师 35 名，外聘技术专家和顾问 20 多名，专业结构涉及地质、测绘、水文、气象、遥感、图像处理、物探、通信、法律、经济、物理、化学、数学、计算机、生物、微生物、环境、管理等多种学科。

主要仪器设备：拥有包括多波束测深仪、测扫声呐、浅地层剖面仪、测量型 DGPS （RTK）、ADCP、CTD、Seapac2100 波潮流仪，全站仪等在内的，齐备的海洋地质与地球物理勘察、海洋测绘、海洋水文气象、海洋环境调查仪器设备。

作业平台：海监飞机、各型专业海洋调查船舶、海洋浮标以及各类物理、化学、生态及微生物实验室等。

近年主要业绩：为上海国际航运中心洋山深水港、长江口深水航道治理、上海市漕泾化学工业区、上海金山石化、中美国际海底光缆、C2C 国际海底光缆、连云港田湾核电站、秦山核电站、海上石油天然气（平湖油气田、春晓油气田）、舟山 － 大陆引水工程、温州浅滩工程等国家重大项目。完成海洋工程勘察、监测调查评价、海域使用测量、海域使用论证、海洋环境、海洋功能区划等工作 100 余项；参加国家“863”项目、第二次全国海洋污染基线调查、全国海域勘界、三峡工程对长江口及其邻近海域的环境和生态系统的影响研究、赤潮多发区监控等国家重大科研项目数十项。获得部级优秀海洋工程勘察金奖 1 次，部级海洋科技创新奖 3 次，局级科技进步奖十多次。

优势条件：

- 熟悉有关海洋工程建设项目论证、申报方面的法规与程序和各种国家规范；
- 有一批从事海洋调查、水文泥沙测验的专业人员，海上实际工作经验丰富；具有国家海洋水文气象观测、调查的上岗证书；
- 可根据需要随时调用 300~3000 吨级的专业海洋调查船；
- 海上施测时，现场配有专职的海洋预报员，可确保海上作业安全；
- 有完善的质量保证体系；
- 多年在东海海域的海洋调查，积累了相当数量的潮、流、泥沙及海洋环境调查资料；
- 具有资料快速处理、计算的计算机软、硬件系统。

海上遥测浮标平台

洋山港水文泥沙测验成果评审会

地址：上海市源深路 355 号鑫陇大厦 4 楼
邮编：200135
传真：021—58514600
Email：esiosd@online.sh.cn，
semei@vip.163.com
联系电话：021—58510406

浅地层剖面仪在工作中

Seapac2100 波潮流仪投放

沉积物重力柱状取样

野外勘测

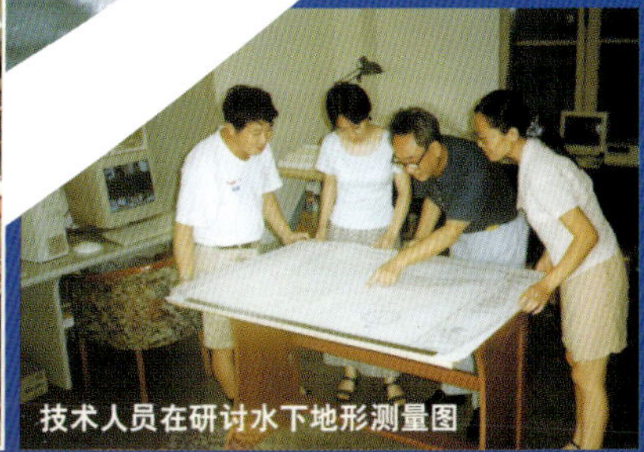

技术人员在研讨水下地形测量图

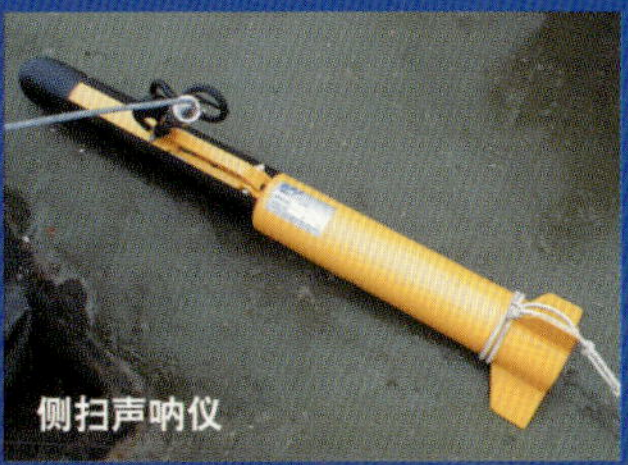

侧扫声呐仪

安放多波束仪

国家海洋信息中心

2002年8月17日，国家海洋局副局长孙志辉莅临国家海洋信息中心指导工作

国家海洋信息中心主任：林绍花

国家海洋信息中心是国家海洋局直属的归口管理全国海洋信息资源、提供综合性海洋信息技术和公益性服务的事业单位。

该中心在海洋基础数据信息积累、海洋信息技术支撑和服务等方面具备了相当的规模和能力，并通过了ISO9001：2000质量认证。在海洋综合管理、保护海洋环境、维护国家海洋权益和海域使用秩序及增强国防建设等方面取得了一批高水平的创新成果。

海域使用管理信息系统已在沿海各地区推广使用

中国海洋信息网，可提供INTERNET各级联机服务

中国海及全球海洋水文查询显示系统，可提供海洋信息及信息产品服务

世界数据中心——中国海洋学中心（WDC-D）设在国家海洋信息中心，该中心建有WDC-D海洋学科数据库群及国家海洋基础信息网